2025 建設工事

標準품셈

土木, 建築, 機械設備, 維持管理

大韓建設振興會
(주)건설교통저널

발 간 사

　大韓建設振興會 (주)건설교통저널에서는 예년처럼 2025년도 적용, 건설공사 표준품셈을 발간하였습니다.

　본회는 전·현직 건설관계공무원을 회원으로 하는 비영리 사단법인체로서 1984년도부터 건설공사 표준품셈의 적정화를 위하여 힘써 왔으며 지속적인 연구와 자료수집을 통하여 내용의 충실과 완벽을 기하고 있습니다.

　본 표준품셈은 건설공사 계획, 설계, 시공, 감리 등에 종사하는 기술자가 이용하는데 간편, 용이하도록 원문에 충실하였고 신공법을 시도하는데 도움이 되는 참고제안 등 실무처리 보완자료를 수록하였습니다.

　또한 본 표준품셈은 토목·건축·기계설비·유지관리 등을 총 수록하여 공사비 산출을 이 한권으로 해결할 수 있게 배려했으며 건설기술의 향상과 공법개량, 공사비의 적정화 등에 일조가 되리라 자부합니다.

　또한 본 표준품셈의 전량을 당사 홈페이지(www.ltm.or.kr)에 공개하고 있으니 활용하시기 바랍니다.

2025年 1月

大韓建設振興會
(주)건설교통저널
대표이사 박상운

차 례

제1편 공통부문

제1장 적용기준

1-1	**일반사항**	46
1-1-1	목적	46
1-1-2	적용범위	46
1-1-3	적용방법	46
1-2	**설계 및 수량**	47
1-2-1	수량의 계산	47
1-2-2	단위표준	48
1-2-3	토질	51
1-2-4	재료 및 자재의 단가	56
1-2-5	인력	62
1-2-6	공구 및 경장비	63
1-2-7	운반	64
1-2-8	작업조 구성 및 적용	69
1-3	**재료 및 노임의 할증**	70
1-3-1	재료의 할증	70
1-3-2	노임의 할증	75
1-4	**품의 할증**	75
1-4-1	적용기준	75
1-4-2	할증의 중복가산요령	75
1-4-3	작업지연	76
1-4-4	지세/지형	77
1-4-5	위험	81
1-4-6	작업제한	83
1-4-7	작업환경	84
1-5	**기타**	85
1-5-1	품질관리비	85
1-5-2	산업안전보건관리비	86
1-5-3	산업재해보상 보험료 및 기타	86
1-5-4	환경관리비	86

1-5-5	안전관리비		87
1-5-6	사용료		87
1-5-7	현장시공상세도면의 작성		88
1-5-8	종합시운전 및 조정비		88
1-5-9	시공측량비		88
1-5-10	표준품셈 보완실사		89

제2장 가설공사

2-1	**가설물의 한도**	90
2-1-1	현장사무소 등의 규모(토목)	90
2-1-2	현장사무소 등의 규모(건축 및 기계설비)	91
2-2	**손율**	94
2-2-1	적용기준	94
2-2-2	주요자재	94
2-2-3	가설시설물	95
2-2-4	구조물 동바리	96
2-2-5	구조물 비계	97
2-2-6	축중계	97
2-2-7	규준틀	98
2-3	**가설건축물**	98
2-3-1	철제조립식 가설건축물 설치 및 해체	98
2-3-2	콘테이너형 가설건축물 설치 및 해체	99
2-4	**가설울타리 및 가설방음벽**	99
2-4-1	강관 지주 설치 및 해체	99
2-4-2	H형강 지주 설치 및 해체	100
2-4-3	가설울타리판 설치 및 해체	100
2-4-4	세로형 가설방음판 설치 및 해체	101
2-4-5	가로형 가설방음판 설치 및 해체	101
2-5	**규준틀**	102
2-5-1	토공의 비탈 규준틀 설치 및 철거	102
2-5-2	도로용 목재 수평규준틀 설치 및 철거	102
2-5-3	도로용 철재 수평규준틀 설치 및 철거	102
2-5-4	평·귀규준틀 설치 및 철거	103
2-6	**동바리**	103
2-6-1	강관 동바리 설치 및 해체(토목)	103
2-6-2	강관 동바리 설치 및 해체(건축, 기계설비)	104

2-6-3	시스템 동바리 설치 및 해체		105
2-6-4	알루미늄 폼 동바리 설치 및 해체		105
2-6-5	잭서포트 설치 및 해체		106
2-7	**비계**		106
2-7-1	강관비계 설치 및 해체		106
2-7-2	시스템비계 설치 및 해체		107
2-7-3	강관틀 비계 설치 및 해체		107
2-7-4	강관 조립말비계(이동식)설치 및 해체		107
2-7-5	경사형 가설 계단 설치 및 해체		108
2-7-6	타워형 가설 계단 설치 및 해체		109
2-7-7	비계용 브라켓 설치 및 해체		109
2-8	**추락재해방지시설**		109
2-8-1	낙하물 방지망(비계) 설치 및 해체		109
2-8-2	낙하물 방지망(플라잉넷) 설치 및 해체		110
2-8-3	낙하물 방지망(시스템방호) 설치 및 해체		111
2-8-4	교량 방호선반 설치 및 해체		111
2-8-5	교량 낙하물방지망 설치 및 해체		112
2-8-6	철골 안전망 설치 및 해체		112
2-8-7	비계주위 보호망 설치 및 해체		113
2-8-8	갱폼주위 보호망 설치 및 해체		113
2-8-9	수직형 추락방망 설치 및 해체		114
2-8-10	안전난간대 설치 및 해체		114
2-8-11	계단난간대 설치 및 해체		115
2-8-12	안전난간대 설치 및 해체(토목)		115
2-8-13	엘리베이터 난간틀 설치 및 해체		116
2-8-14	엘리베이터 추락방호망 설치 및 해체		116
2-8-15	개구부 수평보호덮개 설치 및 해체		117
2-8-16	강재거푸집 작업용 난간 설치 및 해체		117
2-8-17	수평지지로프 설치 및 해체		117
2-9	**통행안전시설**		118
2-9-1	타워크레인 방호울타리 설치 및 해체		118
2-9-2	건설용리프트 방호선반 설치 및 해체		118
2-9-3	보행자 안전통로 설치 및 해체		118
2-9-4	PE드럼 설치 및 해체		119
2-9-5	PE가설방호벽 설치 및 해체		119
2-9-6	PC가설방호벽 설치 및 해체		120

2-9-7	가설휀스(H-Beam기초) 설치 및 해체	120
2-9-8	PE가설휀스 설치 및 해체	120
2-9-9	가림막 가설휀스 설치 및 해체	121
2-9-10	점멸등 설치 및 해체	121
2-9-11	유도등 설치 및 해체	121
2-9-12	사각지대 충돌방지장치 설치 및 해체	121
2-10	**피해방지시설**	**122**
2-10-1	비계주위 보호막 설치 및 해체	122
2-10-2	방진망 설치 및 해체	122
2-10-3	터널방음문 설치 및 해체	123
2-10-4	박스형 간이흙막이 설치 및 해체	123
2-10-5	조립식 간이흙막이 설치 및 해체	124
2-10-6	비탈면 보양	124
2-11	**현장관리**	**124**
2-11-1	건축물보양	124
2-11-2	건축물 현장정리	125
2-11-3	준공청소	125
2-11-4	입주청소	126
2-11-5	비산먼지 발생 억제를 위한 살수	126
2-11-6	자동세륜기 설치 및 해체	126
2-11-7	슬러지 제거	127
2-11-8	지능형 CCTV 설치 및 해체	127
2-11-9	지능형 출입관리 설치 및 해체	128
2-12	**공통장비**	**128**
2-12-1	건설용리프트 설치 및 해체	128
2-12-2	마스트 설치 및 해체	129
2-12-3	축중계 설치 및 해체	129
2-12-4	파이프 루프공	130

제3장 토공사

3-1	**공통사항**	**132**
3-1-1	적용기준	132
3-1-2	작업조 및 품의 변화	132
3-2	**굴착**	**133**
3-2-1	굴착(인력/토사)	133
3-2-2	굴착(인력/암반)	133

3-2-3	흙깎기(기계)		134
3-2-4	터파기(기계)		136
3-3	**암발파 및 파쇄**		**138**
3-3-1	암발파(미진동굴착 TYPE-Ⅰ)		138
3-3-2	암발파(정밀진동제어발파 TYPE-Ⅱ)		138
3-3-3	암발파(소규모진동제어발파 TYPE-Ⅲ)		138
3-3-4	암발파(중규모진동제어발파 TYPE-Ⅳ)		139
3-3-5	암발파(일반발파 TYPE-Ⅴ)		139
3-3-6	암발파(대규모발파 TYPE-Ⅵ)		139
3-3-7	암발파(소형브레이커)		142
3-3-8	암파쇄(유압식 할암공법)		142
3-3-9	수중발파		143
3-4	**쌓기**		**144**
3-4-1	흙쌓기		144
3-4-2	암쌓기		145
3-4-3	흙 다지기		145
3-4-4	뒤채움 및 다짐(소형장비)		146
3-4-5	뒤채움 및 다짐(대형장비)		146
3-4-6	되메우기 및 다짐(소형장비)		147
3-4-7	되메우기 및 다짐(대형장비)		148
3-4-8	기초지정		148
3-5	**절토부대공**		**149**
3-5-1	절토면 고르기		149
3-5-2	암반청소		149
3-6	**성토부대공**		**150**
3-6-1	성토면 고르기		150
3-6-2	식재면 고르기		150
3-7	**비탈면 보호공**		**151**
3-7-1	프리캐스트 콘크리트 블록설치		151
3-7-2	지압판블록 설치		152
3-7-3	천연섬유사면보호공 설치		152
3-7-4	절토사면 녹화		153
〈참고제안〉	친환경 생태복원공법[특수토양살포공1]		155
〈참고제안〉	친환경 생태복원공법[특수토양(GRP) 살포공2]		156
〈참고제안〉	친환경 생태복원공법(GRP습식시스템)		157
〈참고제안〉	친환경생태복원공법 GM-SOIL(greento)		162
〈참고제안〉	친환경생태복원공법 GM-Ⅰ, GM-Ⅱ		164

〈참고제안〉	친환경생태복원공법 에스엠플러스(SM+)	165
〈참고제안〉	환경생태복원공법 GM-RCT	167
〈참고제안〉	기능성 멀칭제 파종공법	168
〈참고제안〉	친환경 방초매트	169
〈참고제안〉	친환경매트 배수로	170
〈참고제안〉	거적덮기 법면보호공(토사 성토부)	171
〈참고제안〉	COIR-NET 법면보호공(토사 절토부)	171
〈참고제안〉	생태복원(SSAF-SOIL)/생분해성녹화칩(S.R.C)공법	172
〈참고제안〉	산성배수녹화(P.N.S)공법	173
〈참고제안〉	생태복원(SSAF-SOIL) 유실사면 표토 안정녹화공법	175
〈참고제안〉	친환경(CHK)녹화공법	176
〈참고제안〉	녹매토 생태기반환경녹화공법	178
〈참고제안〉	녹매토 종자분사파장 + 거적덮기공	181
3-7-5	비탈면 보강공	182
3-8	**보강토 옹벽**	184
3-8-1	패널 설치	184
3-8-2	블록 설치	185
3-8-3	버팀목 설치 · 해체	185
3-8-4	뒤채움 및 다짐	186
3-9	**벌개제근**	186
3-9-1	벌목	186
3-9-2	뿌리뽑기	187
3-10	**개간**	188
3-10-1	답면고르기	188
3-11	**스마트 토공**	188
3-11-1	머신 가이던스(MG) 굴착기	188
3-11-2	머신 컨트롤(MC) 굴착기	190
3-11-3	머신 가이던스(MG) 불도저	191
3-11-4	머신 컨트롤(MC) 불도우저	192

제4장 조경공사

4-1	**잔디 및 초화류**	194
4-1-1	잔디붙임	194
4-1-2	초류종자 살포(기계살포)	194
4-1-3	초화류 식재	195
〈참고제안〉	론생(씨앗부착용 자재) 식재공법	196

〈참고제안〉	Lonseng Soil(론생토) 공법	199
4-1-4	거적덮기	201
4-2	**관목**	201
4-2-1	굴 취	201
4-2-2	식재(단식(單植))	202
4-2-3	식재(군식(群植))	202
4-3	**교목**	203
4-3-1	뿌리돌림	203
4-3-2	굴취(나무높이)	204
4-3-3	굴취(근원직경)	205
4-3-4	식재(나무높이)	206
4-3-5	식재(흉고직경)	207
4-4	**조경구조물**	208
4-4-1	정원석 쌓기 및 놓기	208
4-4-2	조경유용석 쌓기 및 놓기	208
4-4-3	잔디블록 포장	209
4-4-4	야자섬유매트포장	209

제5장 기초공사

5-1	**흙막이 및 물막이**	210
5-1-1	P.P마대 및 톤마대 쌓기·헐기	210
5-1-2	H-Beam 설치	210
5-1-3	H-Beam 철거	212
5-1-4	흙막이판 설치·철거	213
5-1-5	어스앵커 공법	214
5-2	**연약지반처리**	217
5-2-1	매트부설	217
5-2-2	고압분사 주입공법	218
5-2-3	플라스틱 보드 드레인(PBD)	522
5-2-4	다짐말뚝	225
5-3	**말뚝**	228
5-3-1	기성말뚝 기초	228
5-3-2	말뚝박기용 천공	233
5-3-3	말뚝두부정리(강관)	236
5-3-4	말뚝두부정리(콘크리트)	237
5-3-5	현장타설말뚝	237
5-4	**차수**	243
5-4-1	차수재공	243

제6장 철근콘크리트공사

6-1	콘크리트	245
6-1-1	레디믹스트콘크리트 타설	245
6-1-2	현장비빔타설	246
6-1-3	표면 마무리	246
6-1-4	콘크리트 펌프차 타설	247
6-1-5	에폭시(Epoxy) 콘크리트 접착제 바르기	249
6-1-6	콘크리트 치핑(Chipping)	250
6-2	철근	251
6-2-1	적용범위	251
6-2-2	현장가공	252
6-2-3	현장조립	252
6-2-4	공장가공	253
6-2-5	철근의 기계적 이음	253
6-3	거푸집	254
6-3-1	합판거푸집 설치 및 해체	254
6-3-2	강재거푸집 설치 및 해체	257
6-3-3	유로폼 설치 및 해체	259
6-3-4	문양거푸집(판넬) 설치 및 해체	260
6-3-5	합성수지(P.E)원형 맨홀 거푸집 설치 및 해체	261
6-3-6	슬립폼 공법	261
6-3-7	알루미늄폼 설치 및 해체	263
6-3-8	갱폼 설치 및 해체	264
6-3-9	지수판 설치	265
6-3-10	신축이음(Expansion Joint) 설치	266
6-4	포스트텐션(Post Tension) 구조물 제작	267
6-4-1	PSC빔 제작	267
6-4-2	PSC BOX 설치	271
6-5	교량 가설공	274
6-5-1	빔 가설공	274
6-5-2	솔 플레이트(Sole Plate) 용접	276
6-6	교량 부대공	277
6-6-1	교량받침 설치(육상)	277
6-6-2	교량받침 설치(수상)	278
6-6-3	교량신축이음장치 설치(도로교)	280
6-6-4	교량신축이음장치 설치(철도교)	280

6-6-5	교량점검시설 점검통로 설치	281
6-6-6	교량점검시설 점검계단 설치	282
6-6-7	프리캐스트 콘크리트 패널 설치	282
6-6-8	교량배수시설 설치	283
6-7	**조립식 구조물 설치공**	**284**
6-7-1	플륨관 설치	284
6-7-2	조립식 PC맨홀 설치	284
6-7-3	PC BOX 설치	285
6-7-4	PC기둥 설치	286
6-7-5	PC벽체 설치	286
6-7-6	PC거더 설치	287
6-7-7	PC슬래브 설치	287
6-7-8	모르타르 주입	288
6-7-9	모듈러 건축 설치	289

제7장 돌공사

7-1	**돌쌓기**	**290**
7-1-1	메쌓기	290
7-1-2	찰쌓기	290
7-2	**돌붙임**	**292**
7-2-1	메붙임	292
7-2-2	찰붙임	292
7-3	**전석쌓기 및 깔기**	**293**
7-3-1	전석쌓기	293
7-3-2	전석깔기	294
7-4	**석재판 붙임**	**294**
7-4-1	습식공법	294
7-4-2	앵커지지 공법	295
7-4-3	강재트러스 지지공법	295

제8장 건설기계

8-1	**적용기준**	**296**
8-1-1	건설기계 선정기준	296
8-1-2	공사규모별 표준건설기계	297
8-1-3	운반 및 수송	298

8-1-4	시공능력 산정 기본식	301
8-1-5	기계경비 용어와 정의	302
8-1-6	기계경비 적산요령	303
8-1-7	손료보정 등	304
8-2	**시공능력**	**305**
8-2-1	불도저	305
8-2-2	리퍼(유압식)	308
8-2-3	굴착기	310
8-2-4	트랜처	312
8-2-5	로더	314
8-2-6	모터 스크레이퍼	317
8-2-7	모터 그레이더	319
8-2-8	덤프트럭	321
8-2-9	롤러	325
8-2-10	아스팔트 플랜트	329
8-2-11	스테이빌라이저(노상안정기)	330
8-2-12	크러셔	331
8-2-13	대형브레이커	339
8-2-14	압쇄기(콘크리트 소할용)	341
8-2-15	법면다짐기	342
8-2-16	골재세척설비	343
8-2-17	콘크리트 믹서	343
8-2-18	콘크리트 배치플랜트(강제 혼합식)	343
8-2-19	콘크리트 운반	344
8-2-20	기관차	346
8-2-21	경운기	347
8-2-22	디젤 파일 해머	348
8-2-23	유압 파일 해머	354
8-2-24	진동파일 해머	359
8-2-25	진동파일해머(워터제트 병용 압입공)	366
8-2-26	유압식 압입 인발기(유압식 압입 인발공)	371
8-2-27	수중펌프	374
8-2-28	터널전단면 굴착기(TBM)	376
8-2-29	펌프식 준설선	377
8-2-30	그래브 준설선	383
8-2-31	쇄암선(중추식)	387

8-2-32	이동식 임목파쇄기	388
8-2-33	하천골재채취선	390
8-3	**기계손료**	**392**
8-3-1	[00]토공기계	392
8-3-2	[10]다짐기계	400
8-3-3	[20]운반 및 하역기계	403
8-3-4	[30]포장기계	411
8-3-5	[40]콘크리트기계	415
8-3-6	[50]골재생산기계 등	419
8-3-7	[60]기초공사용 기계	431
8-3-8	[70]기타기계	438
8-3-9	[80]스마트 건설장비	452
8-3-10	[90]해상장비	453
8-4	**운전경비 산정**	**457**
8-4-1	[00]토공기계	457
8-4-2	[10]다짐기계	459
8-4-3	[20]운반 및 하역기계	460
8-4-4	[30]포장기계	462
8-4-5	[40]콘크리트기계	463
8-4-6	[50]골재생산기계 등	464
8-4-7	[60]기초공사용 기계	465
8-4-8	[70]기타기계	466
8-4-9	[90]해상기계	469
8-5	**기계가격**	**472**
8-5-1	[00]토공기계	472
8-5-2	[10]다짐기계	473
8-5-3	[20]운반 및 하역기계	473
8-5-4	[30]포장기계	474
8-5-5	[40]콘크리트기계	475
8-5-6	[50]골재생산기계 등	476
8-5-7	[60]기초공사용기계	477
8-5-8	[70]기타기계	478
8-5-9	[80]스마트 건설장비	480
8-5-10	[90]해상기계	481

제2편 토목부문

제1장 도로포장공사

1-1		공통사항	484
	1-1-1	교통통제 및 안전처리	484
	1-1-2	유도선 설치 및 해체	484
1-2		동상방지층	485
	1-2-1	인력식 소규모장비 포설	485
	1-2-2	기계포설(길어깨)	485
	1-2-3	기계포설(본선)	486
1-3		보조기층	486
	1-3-1	인력식 소규모장비 포설	486
	1-3-2	기계포설(길어깨)	487
	1-3-3	기계포설(본선)	487
1-4		입도조정기층	488
	1-4-1	인력식 소규모장비 포설	488
	1-4-2	기계포설(길어깨)	488
	1-4-3	기계포설(본선)	489
1-5		아스콘 포장	489
	1-5-1	텍코팅 및 프라임 코팅 살포	489
	1-5-2	아스팔트 기층 소규모포설	490
	1-5-3	아스팔트 기층 기계포설(소형장비)	490
	1-5-4	아스팔트 기층 기계포설(대형장비)	491
	1-5-5	아스팔트 표층 소규모포설	492
	1-5-6	아스팔트 표층 기계포설(소형장비)	492
	1-5-7	아스팔트 표층 기계포설(대형장비)	493
	1-5-8	쇄석 매스틱 아스팔트(SMA) 표층 포설	494
	1-5-9	배수성·저소음 아스팔트 표층 포설	495
1-6		콘크리트 포장	496
	1-6-1	린 콘크리트 기층 포설	496
	1-6-2	표층 인력포설	496
	1-6-3	콘크리트 표층 기계포설(소형장비)	497
	1-6-4	콘크리트 표층 기계포설(대형장비)	498
	1-6-5	기계포설 장비조립 및 해체	499
	1-6-6	포장줄눈 절단	500

1-6-7	포장줄눈 설치	500	
1-7	**저속도로포장**	500	
1-7-1	보도용 블록 설치(소형)	500	
1-7-2	보도용 블록 설치(대형)	501	
1-7-3	투수아스팔트 표층 소규모포설	502	
〈참고제안〉	시멘트 콘크리트 포장 성형줄눈재 공법	503	
1-7-4	투수아스팔트 표층 기계포설(소형장비)	505	
1-7-5	탄성포장재 포설	505	
1-8	**교통시설공**	506	
1-8-1	교통 안전표지판 설치	506	
1-8-2	도로 표지판 설치	506	
1-8-3	도로반사경 설치	507	
1-8-4	도로표지병 설치	508	
1-8-5	시선유도표지 설치	508	
1-8-6	볼라드 설치	508	
1-8-7	주차 블록 설치	509	
1-8-8	차선규제봉 설치	509	
1-8-9	차선도색	510	
1-8-10	가드레일 설치	514	
1-8-11	중앙분리대 설치(가드레일식)	515	
1-8-12	중앙분리대 설치(콘크리트포설식)	516	
1-8-13	유색포장(미끄럼방지)	516	
1-8-14	표시못 설치	517	
〈참고제안〉	노면 요철포장공법	518	
〈참고제안〉	복합 그루빙공법	520	
1-8-15	L형측구 설치(포설식)	522	
1-9	**부대공**	522	
1-9-1	방음벽 설치	522	
1-9-2	보차도 및 도로경계블록 설치	524	
1-9-3	낙석방지책 설치	525	
1-9-4	낙석방지망 설치	526	

제2장 하천공사

2-1	**사석**	528	
2-1-1	사석부설	528	
2-1-2	사석고르기	528	

2-2	**돌망태**	529
2-2-1	타원형 돌망태 설치	529
2-2-2	매트리스형 돌망태 설치	529
2-2-3	돌망태형옹벽 설치	530
2-3	**하천호안공**	530
2-3-1	식생매트 설치	530
2-3-2	블록 붙이기(인력)	531
2-3-3	블록 붙이기(기계)	531
〈참고제안〉	친환경사석매트공법(Eco-M.S)	532
〈참고제안〉	미세먼지 저감시스템 설치(설비공사 제외)	533
〈참고제안〉	천연식생매트공법	534
〈참고제안〉	인공식물섬 설치공법	535
〈참고제안〉	친환경생태복원공법 GM-BRT	537

제3장 터널공사

3-1	**공통사항**	539
3-1-1	터널노임 산정식	539
3-1-2	터널 여굴(餘掘)량	540
3-2	**터널굴착**	540
3-2-1	터널굴착 1발파당 싸이클 시간(Cycle Time)	540
3-2-2	기계굴착의 능력	543
3-2-3	천공기계의 천공속도	543
3-2-4	터널 굴착시 천공 및 버력처리 장비의 조합	544
3-2-5	터널굴착 1발파당 작업인원	546
3-3	**현장타설 콘크리트 라이닝**	547
3-3-1	터널 철재거푸집 설치 · 해체 · 이동	547
3-4	**부대공**	547
3-4-1	터널 방수	547
3-4-2	작업대차 조립 및 해체	548
3-4-3	터널바닥 암반청소	548

제4장 궤도공사

4-1	**공통공사**	549
4-1-1	철도안전처리	549
4-2	**자갈궤도**	549
4-2-1	궤광조립	549

4-2-2	궤도양로		550
4-2-3	자갈살포		550
4-2-4	자갈고르기		551
4-3	**콘크리트 궤도**		551
4-3-1	궤광조립		551
4-3-2	궤광거치		552
4-3-3	타설후 정리		553
4-4	**분기기**		553
4-4-1	분기기 부설		553
4-4-2	신축이음매 부설		554
4-5	**궤도용접**		554
4-5-1	가스압접		554
4-5-2	테르밋 용접		555
4-5-3	장대레일 설정		556
4-6	**부대공사**		557
4-6-1	자갈채집 및 운반		557
4-6-2	레일 절단		557
4-6-3	레일 천공		557
4-6-4	침목천공		558
4-6-5	파워렌치 조임 및 해체		558
4-6-6	타이템퍼 다짐		558
4-6-7	교상발판 설치		558
4-6-8	교상가드레일 설치		559
4-6-9	교량침목고정장치 설치		559
4-6-10	목침목 탄성체결장치 설치		559

제5장 강구조공사

5-1	**강교제작(공장제작)**		560
5-1-1	강교 기본제작공수		560
5-1-2	강교 제작공수 산정방법		561
5-1-3	재료비		565
5-2	**강교도장**		566
5-2-1	소재 표면처리		566
5-2-2	제품 표면처리		566
5-2-3	도장재료 사용량		567
5-2-4	도장		568

5-3	강재거더 가설	569
5-3-1	강재거더 지조립	569
5-3-2	강재거더 가설	570
5-3-3	기타 부재 설치	571

제6장 관부설 및 접합공사

6-1	공통사항	572
6-1-1	적용기준 및 범위	572
6-2	주철관	573
6-2-1	타이튼 접합 및 부설	573
6-2-2	K.P 메커니컬 접합 및 부설	575
6-2-3	관 절단	576
6-3	강관	577
6-3-1	부설	577
6-3-2	용접 접합	578
6-3-3	도장	579
6-3-4	절단	580
6-4	P.V.C관	581
6-4-1	T.S 접합 및 부설	581
6-4-2	고무링 접합 및 부설	581
6-5	P.E관	582
6-5-1	조임식 접합 및 부설	582
6-5-2	밴드 접합 및 부설	582
6-5-3	소켓융착 접합 및 부설	583
6-5-4	바트융착 접합 및 부설	583
6-5-5	분기관 천공 및 접합	584
6-6	원심력 철근콘크리트관	585
6-6-1	소켓관 부설 및 접합	585
6-6-2	수밀밴드 접합 및 부설	586
6-6-3	절단	587
6-6-4	천공 및 접합	588
〈참고제안〉	파형강관을 사용한 지중 구조물 시공 공법	589
6-7	기타관	590
6-7-1	PC관 부설 및 접합	590
6-7-2	파형강관 부설 및 접합	591

6-7-3	유리섬유복합관 부설 및 접합	592
6-7-4	내충격PVC수도관 부설 및 접합	593
6-7-5	강관압입추진공	594
6-8	**밸브**	**597**
6-8-1	주철제 게이트 제수밸브 부설 및 접합	597
6-8-2	강관제 게이트 제수밸브 부설 및 접합	598
6-8-3	주철제·강관제 버터플라이 제수밸브 부설 및 접합	599
6-8-4	부단수 할정자관 부설 및 접합	601
6-8-5	부단수 천공 분기점 분기	602
6-8-6	부단수 천공 새들분수전 분기점 분기	603
6-8-7	플랜지 조인트 접합	605

제7장 항만공사

7-1	**설계기준**	**606**
7-1-1	수중공사	606
7-1-2	예인선 조합	607
7-1-3	준설선 선단 조합	607
7-1-4	준설선 취업시간 및 운전시간	608
7-2	**사석**	**609**
7-2-1	적재 및 운반	609
7-2-2	해상투하	610
7-2-3	육상투하	610
7-2-4	수상고르기	611
7-2-5	수중고르기	611
7-3	**블록**	**612**
7-3-1	케이슨 진수	612
7-3-2	케이슨 거치	612
7-3-3	일반블록 거치	613
7-3-4	소파블록 거치	613
7-4	**준설**	**614**
7-4-1	배송관 접합	614
7-4-2	배송관 띄우개(부함) 접합	615
7-4-3	배송관 진수	616
7-4-4	준설여굴	617
7-4-5	펌프준설 매립시의 유보율 등	617

7-4-6	펌프준설 매립시의 유실률		617
7-4-7	매립설계수량		617

제8장 지반조사

8-1	**보링**		618
8-1-1	기계기구 설치		618
8-1-2	천공(토사, 자갈 및 호박돌층)		618
8-1-3	천공(암반층)		619
8-2	**시험**		620
8-2-1	표준관입시험		620
8-2-2	베인전단시험		621
8-2-3	자연시료 채취		621
8-2-4	평판재하시험		622
8-2-5	동재하시험		622
8-2-6	정재하시험		623
8-2-7	콘관입시험		623
8-3	**물리탐사**		624
8-3-1	굴절법 탄성파 탐사		624
8-3-2	2차원 전기비저항탐사		624
8-4	**대구경 보링(지하수개발)**		625
8-4-1	천공(토사, 모래, 자갈 및 호박돌층)		625
8-4-2	천공(암반층)		626
8-4-3	폐공 되메우기		629

제9장 측 량

9-1	**기준점 측량**		630
9-1-1	GNSS에 의한 기준점 측량		630
9-1-2	1급 기준점 측량		631
9-1-3	2급 기준점 측량		634
9-1-4	3급 기준점 측량		636
9-1-5	4급 기준점 측량		639
9-2	**수준측량**		641
9-2-1	기본 수준측량		641
9-2-2	1급 수준측량		644
9-2-3	2급 수준측량		646

9-2-4	3급 GNSS 높이측량	649
9-2-5	4급 GNSS 높이측량	651
9-3	**지형 및 토지측량**	**653**
9-3-1	지형현황	653
9-3-2	하천측량	659
9-3-3	택지조성측량	663
9-3-4	구획정리 확정측량	667
9-3-5	용지측량	676
9-3-6	도시계획선(인선)	678
9-4	**노선측량**	**679**
9-4-1	노선측량(철도, 도로 신설)	679
9-4-2	수도노선측량	682
9-4-3	디지털 도로대장 작성	684
9-5	**지도제작**	**694**
9-5-1	항공사진촬영	694
9-5-2	대공표지	707
9-5-3	사진 기준점 측량	708
9-5-4	수치지도 작성	709
9-5-5	건물 및 지상물체 항공사진 「판독작업」	767
9-5-6	지도제작(기본도)	768
9-5-7	토지이용 현황도 제작	772
9-5-8	상각비 산정	773
9-5-9	정밀도로지도 구축	773
9-5-10	무인비행장치 측량	775
9-6	**지적기준점측량**	**780**
9-6-1	지적삼각측량	780
9-6-2	지적도근점측량	782
9-6-3	지적기준점현황조사	784
9-7	**신규등록측량**	**786**
9-7-1	신규등록측량(도해)	786
9-7-2	신규등록측량(수치)	789
9-7-3	토지구획정리 신규등록 측량(수치)	791
9-7-4	경지구획정리 신규등록 측량(수치)	793
9-8	**등록전환 측량**	**796**
9-8-1	등록전환 측량(도해)	796
9-8-2	등록전환 측량(수치)	798

9-9	**분할측량**	800
9-9-1	분할측량(도해)	800
9-9-2	분할측량(수치)	803
9-10	**축척변경 측량**	806
9-10-1	축척변경 측량(도해지역에서 도해지역으로)	806
9-10-2	축척변경 측량(도해지역에서 수치지역으로)	808
9-11	**지적확정측량**	810
9-11-1	토지구획정리 지적확정측량	810
9-11-2	경지구획정리 지적확정측량	814
9-12	**예정지적좌표도 작성업무**	817
9-12-1	예정지적좌표도 작성업무	817
9-13	**지적재조사측량**	818
9-13-1	지적재조사측량	818
9-14	**경계복원 측량**	820
9-14-1	경계복원 측량(도해)	820
9-14-2	경계복원 측량(수치)	822
9-15	**지적현황 측량**	825
9-15-1	지적현황 측량(도해)	825
9-15-2	지적현황 측량(수치)	828
9-15-3	지적불부합지조사 측량(도해)	831
9-16	**도시계획선명시 측량**	833
9-16-1	도시계획선명시 측량(도해)	833
9-16-2	도시계획선명시 측량(수치)	836
9-17	**도면작성 및 조서작성**	839
9-17-1	자동제도(좌표독취)	839
9-17-2	자동제도(좌표입력)	840
9-17-3	자동제도(파일제공)	841
9-17-4	도면작성	842
9-17-5	조서작성	843

제3편 건축부문

제1장 철골공사

1-1		**철골 가공 조립(공장생산)**	846
	1-1-1	기본철골공수	846
	1-1-2	철골공수 산정방법	846
	1-1-3	기본용접공수	847
	1-1-4	용접공수 산정방법	848
1-2		**철골 세우기**	849
	1-2-1	현장 세우기	849
	1-2-2	탑다운공법 지하 현장 세우기	851
	1-2-3	철골세우기 장비의 작업능력	852
	1-2-4	고장력 볼트 본조임	852
	1-2-5	현장용접	853
	1-2-6	앵커 볼트 설치	854
	1-2-7	철골세우기용 장비의 가설 및 해체이동	854
1-3		**데크플레이트**	855
	1-3-1	데크플레이트 가스절단	855
	1-3-2	데크플레이트 플라즈마 절단	856
	1-3-3	데크플레이트 설치	856
1-4		**부대공사**	857
	1-4-1	부대철골 설치	857
	1-4-2	스터드볼트(Stud bolt) 설치	857
	1-4-3	철골 내화 피복뿜칠	858
	1-4-4	경량형강철골조 조립설치	858

제2장 조적공사

2-1		**벽돌**	860
	2-1-1	벽돌 쌓기	860
	2-1-2	치장쌓기 및 줄눈설치	861
	2-1-3	아치쌓기	862
	2-1-4	아치쌓기 치장줄눈 설치	862
	2-1-5	인방보 설치	863
2-2		**블록**	864
	2-2-1	블록쌓기	864
	2-2-2	블록 보강쌓기	865

2-3		ALC	866
	2-3-1	ALC블록 쌓기	866
	2-3-2	ALC패널 설치	867

제3장 타일공사

3-1		공통공사	868
	3-1-1	바탕 고르기	868
	3-1-2	타일줄눈 설치	868
3-2		타일 붙임	869
	3-2-1	떠붙이기	869
	3-2-2	압착 붙이기	870
	3-2-3	접착 붙이기	871
	3-2-4	접착 붙이기(에폭시 접착제)	871

제4장 목공사

4-1		구조목공사	872
	4-1-1	먹매김	872
	4-1-2	마루틀 설치	872
	4-1-3	마루바탕 설치	873
	4-1-4	마루널 설치	873
4-2		수장목공사	873
	4-2-1	벽체틀 설치	873
	4-2-2	칸막이벽틀 설치	874
	4-2-3	벽체합판 설치	874
	4-2-4	수장합판 설치	874
	4-2-5	커튼박스 설치	875
4-3		부대목공사	875
	4-3-1	토대설치	875
	4-3-2	목재데크틀 설치	876
	4-3-3	목재데크 설치	876

제5장 수장공사

5-1		바닥	877
	5-1-1	PVC계 바닥재 설치	877
	5-1-2	카페트 설치	877

5-1-3	플로어링 마루 설치	878
5-1-4	이중바닥 설치	878
5-2	**천장**	879
5-2-1	흡음텍스 설치	879
5-2-2	열경화성수지천장판 설치	879
5-2-3	석고판 설치(나사고정)	880
5-3	**벽**	880
5-3-1	석고판 설치(나사고정)	880
5-3-2	석고판 설치(접착제 붙임)	880
5-3-3	샌드위치(단열)패널 설치	881
5-3-4	흡음판 설치	882
5-3-5	걸레받이 설치	882
5-3-6	마루귀틀 설치	883
5-3-7	도배바름	883
5-4	**단열**	884
5-4-1	단열재 공간넣기	884
5-4-2	단열재 접착제 붙이기	884
5-4-3	단열재 격자넣기	885
5-4-4	단열재 핀사용 붙이기	886
5-4-5	단열재 타정 부착	886
5-4-6	단열재 콘크리트타설 부착	887
5-4-7	단열재 슬래브위 깔기	887
5-4-8	방습필름설치	888
5-4-9	외벽단열공법	889

제6장 방수공사

6-1	**공통공사**	890
6-1-1	바탕처리	890
6-1-2	방수프라이머 바름	890
6-1-3	방수층보호재 붙임	891
6-1-4	방수층 누름철물 설치	891
6-2	**도막방수**	891
6-2-1	도막바름	891
6-2-2	보강포 붙임	892
6-2-3	마감도료(Top-coat) 바름	892

6-3	**시트 방수**	892
6-3-1	가열식시트 붙임	892
6-3-2	접착식시트 붙임	893
6-3-3	자착식시트 붙임	893
6-4	**시멘트 모르타르계 방수**	894
6-4-1	시멘트 액체방수 바름	894
6-4-2	폴리머 시멘트 모르타르방수 바름	894
6-4-3	방수모르타르 바름	895
6-4-4	시멘트 혼입 폴리머계 도막방수 바름	895
6-5	**기타방수**	896
6-5-1	규산질계 도포방수 바름	896
6-5-2	액상형 흡수방지방수 도포	896
6-5-3	벤토나이트방수 붙임	897
〈참고제안〉	콘크리트 구체방수	898
6-6	**부대공사**	899
6-6-1	수밀코킹	899
6-6-2	줄눈 절단	899
6-6-3	줄눈 설치	899

제7장 지붕 및 홈통공사

7-1	**지붕**	900
7-1-1	금속기와 잇기	900
7-1-2	금속판 평잇기	900
7-1-3	금속판 돌출잇기 현장제작	901
7-1-4	금속판 돌출잇기	901
7-1-5	아스팔트싱글 설치	902
7-1-6	폴리카보네이트 설치	903
7-1-7	후레싱 설치	903
7-2	**홈통**	904
7-2-1	금속 처마홈통 설치	904
7-2-2	염화비닐 처마홈통 설치	904
7-2-3	금속 선홈통 설치	905
7-2-4	염화비닐 선홈통 설치	905
7-2-5	물받이홈통 설치	905
7-3	**드레인**	906
7-3-1	루프드레인 설치	906

제8장 금속공사

8-1		제품	907
	8-1-1	계단논슬립 설치	907
	8-1-2	코너비드 설치	907
	8-1-3	와이어메시 바닥깔기	907
	8-1-4	인서트(Insert) 설치	908
	8-1-5	조이너 및 몰딩 설치	909
	8-1-6	천장점검구 설치	909
8-2		시설물	910
	8-2-1	용접식난간 설치	910
	8-2-2	앵커고정식난간 설치	911
	8-2-3	철조망 울타리 설치	911
	8-2-4	경량천장철골틀 설치	912
	8-2-5	경량벽체철골틀 설치	912
8-3		기타공사	913
	8-3-1	잡철물 제작 및 설치	913

제9장 미장공사

9-1		모르타르 바름 및 타설	914
	9-1-1	모르타르 배합	914
	9-1-2	모르타르 바름	915
	9-1-3	모르타르 타설	916
	9-1-4	표면 마무리	916
	9-1-5	라스 붙임	917
9-2		콘크리트면 마무리	917
	9-2-1	콘크리트면 정리	917
	9-2-2	부분 마감	918
	9-2-3	전면 마감	918
9-3		충전	919
	9-3-1	창호주위 모르타르 충전	919
	9-3-2	창호주위 발포우레탄 충전	919
	9-3-3	주각부 무수축 모르타르 충전	920
	9-3-4	우레탄폼 분사 충전	920

건축 29

제10장 창호 및 유리공사

10-1	창호	921
10-1-1	목재창호 설치	921
10-1-2	강재창호 설치	921
10-1-3	알루미늄창호 설치	922
10-1-4	합성수지창호 설치	922
10-1-5	셔터설치(장치포함)	923
10-2	부속자재	923
10-2-1	도어체크 설치	923
10-2-2	플로어힌지 설치	923
10-2-3	도어록 설치	924
10-3	유리	924
10-3-1	창호유리 설치	924
10-3-2	커튼월유리 설치	925
10-4	커튼월	926
10-4-1	알루미늄 프레임 설치	926
10-4-2	외벽 패널 설치	926
10-4-3	코킹	927

제11장 칠공사

11-1	공통공사 928	
11-1-1	콘크리트·모르타르면 바탕만들기	928
11-1-2	석고보드면 바탕만들기	929
11-1-3	철재면 바탕만들기	929
11-1-4	목재면 바탕만들기	930
11-1-5	도장 후 퍼티 및 연마	930
11-1-6	비닐 보양	931
11-2	페인트	931
11-2-1	수성페인트 붓칠	931
11-2-2	수성페인트 롤러칠	932
11-2-3	수성페인트 뿜칠	932
11-2-4	유성페인트 붓칠	933
11-2-5	유성페인트 롤러칠	933
11-2-6	녹막이 페인트칠	934
11-2-7	오일스테인칠	935

11-2-8	에폭시 페인트칠	935
11-2-9	낙서방지용 페인트칠	936
11-2-10	걸레받이용 페인트칠	936
11-3	**스프레이**	**937**
11-3-1	무늬코트칠	937
11-3-2	탄성코트칠	937
11-3-3	석재도료칠	938

제4편 기 계 설 비 부 문

제1장 배관공사

1-1	**강관**	**940**
1-1-1	용접접합	940
1-1-2	용접배관	941
1-1-3	나사식 접합 및 배관	942
1-1-4	그루브조인트식 접합 및 배관	943
1-2	**동관**	**944**
1-2-1	용접접합	944
1-2-2	용접배관	945
1-3	**스테인리스 강관**	**946**
1-3-1	용접접합	946
1-3-2	용접배관	947
1-3-3	그루브조인트식 접합 및 배관	949
1-3-4	프레스식 접합 및 배관	950
1-3-5	주름관 접합 및 배관	951
1-4	**주철관**	**951**
1-4-1	기계식접합 및 배관	951
1-4-2	수밀밴드 접합 및 배관	952
1-5	**경질관**	**953**
1-5-1	접착제 접합 및 배관	953
1-5-2	고무링 캡조임 접합 및 배관(일반 PVC)	954
1-5-3	고무링 캡조임 접합 및 배관(고강도PVC)	955
1-6	**연질관**	**955**
1-6-1	폴리부틸렌(PB) 일반접합 및 배관	955

1-6-2	폴리부틸렌(PB) 이중관 접합 및 배관	956
1-6-3	가교화 폴리에틸렌관 접합 및 배관	956

제2장 덕트공사

2-1	**덕트**	957
2-1-1	아연도금강판덕트(각형덕트) 설치	957
2-1-2	아연도금강판덕트(스파이럴덕트) 설치	958
2-1-3	스테인리스덕트(각형덕트) 설치	959
2-1-4	PVC덕트 설치	959
2-1-5	세대내 환기덕트 설치	960
2-1-6	플렉시블덕트 설치	960
2-2	**덕트기구**	961
2-2-1	취출구 설치	961
2-2-2	흡입구 설치	962
2-2-3	덕트 플렉시블 조인트 설치	962
2-2-4	일반댐퍼(사각) 설치	963
2-2-5	일반댐퍼(원형) 설치	963
2-2-6	제연댐퍼 설치	963

제3장 보온공사

3-1	**배관보온**	965
3-1-1	일반마감 배관보온	965
3-1-2	칼라함석마감 배관보온	966
3-2	**밸브보온**	967
3-2-1	일반마감 밸브보온	967
3-2-2	함석마감 밸브보온	968
3-3	**덕트보온**	969
3-3-1	각형덕트 보온	969
3-3-2	원형덕트 보온	969
3-4	**발열선**	970
3-4-1	발열선 설치	970
3-4-2	분전함 설치	970

제4장 펌프 및 공기설비공사

4-1		**펌프**	971
	4-1-1	일반펌프 설치	971
	4-1-2	집수정 배수펌프 설치	972
	4-1-3	펌프 방진가대 설치	973
4-2		**송풍기 및 환풍기**	974
	4-2-1	송풍기 설치	974
	4-2-2	벽걸이 배기팬 설치	975
	4-2-3	욕실배기팬 설치	975
	4-2-4	무덕트 유인팬 설치	976
	4-2-5	레인지후드 설치	976

제5장 밸브설비공사

5-1		**밸브**	977
	5-1-1	일반밸브 및 콕류 설치	977
	5-1-2	감압밸브장치 설치	977
5-2		**증기트랩**	978
	5-2-1	스팀트랩 장치 설치	978
5-3		**플랙시블 이음 및 팽창이음**	978
	5-3-1	익스팬션조인트 설치	978
	5-3-2	플랙시블커넥터 설치	979
5-4		**수격방지기**	980
	5-4-1	수격방지기 설치	980

제6장 측정기기공사

6-1		**유량계**	981
	6-1-1	직독식 설치	981
	6-1-2	원격식 설치	982
6-2		**적산열량계**	982
	6-2-1	세대용 설치	982
	6-2-2	건물용 설치	983
	6-2-3	산업용 설치	983

제7장 위생기구설비공사

7-1	위생기구류	984
7-1-1	소변기 설치	984
7-1-2	대변기 설치	984
7-1-3	도기세면기 설치	985
7-1-4	카운터형 세면기 설치(일체형)	985
7-1-5	카운터형 세면기 설치(분리형)	985
7-1-6	욕조 설치	986
7-1-7	청소용 수채 설치	986
7-2	수전	986
7-2-1	매립형 욕조수전 설치	986
7-2-2	샤워수전 설치	987
7-2-3	세면기수전 설치	987
7-2-4	씽크수전 설치	988
7-2-5	손빨래수전 설치	988
7-3	욕실 부착물	988
7-3-1	욕실거울 설치	988
7-3-2	욕실금구류 설치	989
7-3-3	바닥배수구 설치	989
7-3-4	안전손잡이 설치	990

제8장 공기조화설비공사

8-1	냉동기 및 냉각탑	991
8-1-1	냉동기 반입	991
8-1-2	냉동기 설치	991
8-1-3	냉각탑 설치	992
8-2	공기조화기	993
8-2-1	공기가열기, 공기냉각기, 공기여과기 설치	993
8-2-2	패키지형 공기조화기 설치	994
8-2-3	공기조화기(Air Handling Unit) 설치	994
8-2-4	천장형 에어컨 설치	995
8-2-5	전열교환기 설치	996
8-3	보일러 및 방열기	997
8-3-1	보일러 설치	997
8-3-2	경유보일러 설치	997

8-3-3	가스보일러(가정용) 설치	998
8-3-4	온수보일러 설치	998
8-3-5	전기보일러 설치	999
8-3-6	방열기	999
8-3-7	전기콘벡터 설치	1000
8-4	**온수기 및 온수분배기**	**1000**
8-4-1	전기온수기 설치	1000
8-4-2	전기온수기(벽걸이형) 설치	1001
8-4-3	온수분배기 설치	1001
8-5	**탱크 및 헤더**	**1002**
8-5-1	오일서비스탱크 설치	1002
8-6	**부수장비**	**1002**
8-6-1	로터리 오일 버너	1002
8-6-2	건타입 오일버너	1003

제9장 기타공사

9-1	**지지금구**	**1004**
9-1-1	입상관 방진가대 설치	1004
9-1-2	잡철물 제작 및 설치	1005
9-2	**도장**	**1006**
9-2-1	바탕만들기	1006
9-2-2	녹막이페인트 칠	1006
9-2-3	유성페인트 칠	1007
9-3	**슬리브**	**1007**
9-3-1	슬리브 설치	1007
9-3-2	배관을 위한 구멍뚫기	1008
9-4	**배관관리 및 시험**	**1009**
9-4-1	기밀시험	1009
9-4-2	시험점화	1010
9-5	**시운전 및 조정**	**1010**
9-5-1	시운전	1010
9-5-2	건물의 냉난방 및 공조설비 정밀진단(T.A.B)	1011
〈참고제안〉	미세먼지 저감시스템 설치(설비공사 제외)	1012

제10장 소방설비공사

10-1	**소화함**	1013
10-1-1	옥내소화전함 설치	1013
10-1-2	소화용구 격납상자 설치	1013
10-2	**소방밸브**	1014
10-2-1	알람밸브 설치	1014
10-2-2	준비작동식밸브 설치	1014
10-2-3	드라이밸브 설치	1015
10-2-4	관말시험밸브 설치	1015
10-3	**옥외소화전**	1015
10-3-1	지하식 설치	1015
10-3-2	지상식 설치	1016
10-4	**송수구**	1016
10-4-1	일반송수구 설치	1016
10-4-2	방수구 설치	1016
10-4-3	연결송수구설치	1016
10-5	**탱크**	1017
10-5-1	압력공기탱크설치	1017
10-5-2	마중물탱크설치	1017
10-6	**소방용 유량계**	1017
10-6-1	유량측정장치설치	1017
10-7	**소화용 헤드**	1018
10-7-1	스프링클러 헤드설치	1018
10-7-2	스프링클러 전기설비설치	1018
10-8	**소화기**	1018
10-8-1	소화약제 소화설비설치	1018
10-8-2	자동식 소화기 설치	1019
10-9	**피난기구**	1020
10-9-1	완강기 설치	1020

제11장 가스설비공사

11-1	**강관**	1021
11-1-1	용접접합	1021
11-1-2	용접식 부설	1021
11-1-3	나사식 접합 및 배관	1023

11-2	**PE관**	1023
11-2-1	버트 융착식 접합 및 부설	1023
11-3	**부속기기**	1025
11-3-1	분기공 설치	1025
11-3-2	밸브 설치	1025
11-3-3	직독식 가스미터 설치	1026
11-3-4	원격식 가스미터 설치	1026

제12장 자동제어설비공사

12-1	**계기반 및 함류**	1027
12-1-1	계기반 설치	1027
12-1-2	플랜트 계기 설치	1028
12-2	**자동제어기기**	1030
12-2-1	자동제어기기 설치	1030
12-2-2	계량기 설치	1031
12-2-3	도압배관	1031
12-2-4	Control Air 배관	1032
12-2-5	압축공기 발생장치 및 공기관 배관	1033
12-3	**전선배선**	1034
12-3-1	중앙처리장치(CPU) 설치	1034
12-3-2	입·출력장치(I/O Equipment) 설치	1034
12-3-3	콘솔(Console) 설치	1035

제13장 플랜트설비공사

13-1	**플랜트 배관**	1036
13-1-1	플랜트 배관 설치	1036
13-1-2	관만곡(Pipe Bending) 설치	1049
13-1-3	밸브 취부	1052
13-1-4	Fitting 취부	1054
13-1-5	Flange 취부	1056
13-1-6	Oil Flushing	1059
13-1-7	장거리 배관	1060
13-1-8	이중보온관 설치	1061
13-2	**플랜트 용접**	1066
13-2-1	강관절단	1066

13-2-2	강판절단	1068
13-2-3	강관용접	1069
13-2-4	강판 전기아크용접	1074
13-2-5	예열(Electric Resistance Heating)	1079
13-2-6	응력제거	1080
13-2-7	아세틸렌량의 환산	1080
13-3	**배관 및 기기보온**	**1084**
13-3-1	Pipe보온	1085
13-3-2	기기보온	1085
13-4	**강재 제작 설치**	**1092**
13-4-1	보통 철골재	1093
13-4-2	철골 가공조립	1093
13-4-3	STORAGE TANK	1094
13-4-4	강재류 조립설치	1095
13-4-5	도장 및 방청공사	1099
13-4-6	기계설비 철거 및 이설공사	1100
13-4-7	탱크청소	1100
13-5	**화력발전 기계설비**	**1101**
13-5-1	보일러 설치	1102
13-5-2	보일러 드럼 설치	1105
13-5-3	덕트제작(Air, Gas)	1108
13-5-4	덕트 설치	1109
13-5-5	공기예열기(Preheater) 설치	1110
13-5-6	Soot Blower	1111
13-5-7	Fan 설치	1112
13-5-8	터빈 설치	1113
13-5-9	발전기 설치	1117
13-5-10	복수기 설치	1120
13-5-11	왕복압축기 설치	1121
13-5-12	펌프 설치	1122
13-5-13	Boiler Feed Pump 설치	1124
13-5-14	Heater 및 Tank 설치	1126
13-6	**수력발전 기계설비**	**1128**
13-6-1	수차 설치	1128
13-6-2	발전기 설치	1132
13-6-3	수문 제작	1136

13-6-4	수문 설치	1140
13-6-5	Stop-Log 제작	1143
13-6-6	Stop-Log 설치	1145
13-6-7	수문 Hoist 설치	1147
13-6-8	Spiral Casing 설치	1149
13-6-9	Steel Penstock 제작	1152
13-6-10	Steel Penstock 현장설치	1154
13-6-11	Roller Gate Guide Metal 제작	1156
13-6-12	Roller Gate Guide Metal 설치	1158
13-6-13	Tainter Gate Guide Metal 제작	1160
13-6-14	Tainter Gate Guide Metal 설치	1161
13-6-15	Trash Rack 제작	1163
13-6-16	Trash Rack 설치	1164
13-6-17	Tainter Gate Anchorage 제관	1166
13-7	**제철기계설비**	**1168**
13-7-1	고로본체 및 부속기기 설치	1168
13-7-2	노정장입 장치 기기 설치	1169
13-7-3	노체 4본주 및 DECK 설치	1170
13-7-4	열풍로 본체 및 부속설비 설치	1170
13-7-5	열풍로 DECK 설치	1171
13-7-6	주선기 본체 및 부속기기 설치	1171
13-7-7	Edge Mill 설치	1172
13-7-8	제진기 본체 및 부속설비 설치	1173
13-7-9	Ventri Scrubber 본체 및 부속설비 설치	1173
13-7-10	전동 Mud Gun 설치	1174
13-7-11	내화물(제철축로) 쌓기	1175
13-7-12	Craft 및 Tomlex Spray 공사	1176
13-7-13	Castable Spray 공사	1176
13-7-14	혼선로 및 전로 본체 조립 설치	1176
13-7-15	O2, N2 Spherical Gas Holder 조립설치	1177
13-7-16	가열로 본체 및 Recuperator실 조립설치	1178
13-7-17	균열로 본체 및 Recuperator실 조립설치	1179
13-7-18	가열로 및 균열로 부속기기 조립설치	1180
13-7-19	Mill Line 기기류 조립설치	1181
13-7-20	Roller Table 조립설치	1182

13-7-21	전기집진기 설치(Electric Precipitator)	1183
13-7-22	노 기밀 시험	1184
13-8	**쓰레기소각 기계설비**	1185
13-8-1	소각로 설치	1186
13-8-2	폐열보일러 설치	1188
13-8-3	덕트 제작 및 설치	1189
13-8-4	반건식 반응탑 설치	1190
13-8-5	탈질설비 설치	1191
13-8-6	여과집진기 설치(Bag filter)	1193
13-8-7	활성탄·반응조제 및 소석회 공급설비 설치	1195
13-9	**하수처리 기계설비**	1196
13-9-1	수중펌프 설치	1196
13-9-2	모노레일 설치	1197
13-9-3	산기장치 설치	1198
13-9-4	오수처리시설 설치	1198
13-10	**운반기계설비**	1200
13-10-1	OPEN BELT CONVEYOR 설치	1200
13-10-2	OVER HEAD CRANE 설치	1202
13-10-3	GANTRY CRANE 설치	1204
13-10-4	천장크레인 레일설치	1206
13-11	**기타 기계설비**	1207
13-11-1	일반기기 설치	1207
13-11-2	Cooling Tower 설치	1207
13-11-3	Batcher Plant 설치	1208
13-11-4	가설자재 손료율	1211
13-11-5	공사별 설치 소모자재[참고]	1212

제5편 유지관리부문

제1장 공 통

1-1	토공사	1216
1-1-1	비탈면 보강공	1216
1-1-2	지압판블록 설치	1217
1-1-3	비탈면 점검로 설치	1218
1-2	조경공사	1219
1-2-1	교통통제 및 안전처리	1219
1-2-2	일반전정	1219
1-2-3	조형전정	1220
1-2-4	가로수 전정	1221
1-2-5	관목 전정	1222
1-2-6	수간보호	1222
1-2-7	줄기싸주기	1223
1-2-8	인력관수	1223
1-2-9	살수차관수	1224
1-2-10	제초	1224
1-2-11	잔디깎기	1225
1-2-12	예초	1225
1-2-13	교목시비(喬木施肥)	1226
1-2-14	관목시비(灌木施肥)	1227
1-2-15	잔디시비	1227
1-2-16	약제살포(기계)	1227
1-2-17	약제살포(인력)	1228
1-2-18	방풍벽 설치(거적세우기)	1228
1-2-19	은행나무 과실채취	1229
1-2-20	가로수 제거	1229
1-3	철근콘크리트공사	1230
1-3-1	콘크리트 균열 보수(표면처리공법)	1230
1-3-2	콘크리트 균열 보수(주입공법)	1231
1-3-3	콘크리트 균열 보수(패커주입공법)	1231
1-3-4	콘크리트 균열 보수(충전공법)	1232
〈참고제안〉	콘크리트 구조물 보강용 불연성 FRP 패널 및 이를 이용한 콘크리트구조물의 보수보강공법(NCP공법)	1233

〈참고제안〉	콘크리트 구조물의 섬유보강시트 및 이를 이용한 콘크리트구조물의 보강방법(CFMC공법)	1236
1-3-5	콘크리트 단면처리	1240
1-3-6	콘크리트 단면복구	1240
1-3-7	워터젯 치핑	1241
1-3-8	교량받침 교체	1242
1-3-9	교량신축이음 교체	1244
1-3-10	플륨관 해체	1245

제2장 토 목

2-1	도로포장공사	1246
2-1-1	교통통제 및 안전처리	1246
2-1-2	포장 절단	1246
2-1-3	아스팔트 포장 절삭 후 아스팔트 덧씌우기(1회 절삭, 1회 포장)	1247
2-1-4	아스팔트 포장 절삭 후 아스팔트 덧씌우기(1회 절삭, 2회 포장)	1248
2-1-5	절삭 후 콘크리트 덧씌우기	1249
2-1-6	아스팔트 절삭 및 덧씌우기	1250
2-1-7	콘크리트 포장 절삭 후 아스팔트 덧씌우기	1251
2-1-8	소파보수(표층)	1252
2-1-9	소파보수(포장복구)	1253
2-1-10	소파보수(도로복구)	1255
2-1-11	맨홀보수	1257
2-1-12	차선도색	1258
2-1-13	차선도색제거	1262
2-1-14	슬러리실	1263
2-1-15	표면평탄작업	1263
2-1-16	현장가열 표층재생공법	1264
2-1-17	재래난간 철거공	1264
2-1-18	교통 안전표지판 철거	1265
2-1-19	교통 안전표지판 교체	1266
2-1-20	도로반사경 철거	1266
2-1-21	도로반사경 교체	1267
2-1-22	도로표지병 제거	1267
2-1-23	시선유도표지 철거	1267
2-1-24	보도용 블록 인력철거	1268

2-1-25	보도용 블록 장비사용 철거	1268
2-1-26	보도용 블록 재설치(소형)	1269
2-1-27	보도용 블록 재설치(대형)	1270
2-1-28	보도용 블록 소규모보수	1271
2-1-29	보차도 및 도로경계블록 철거	1271
2-1-30	보차도 및 도로경계블록 재설치	1272
2-1-31	가드레일 철거	1273
2-2	**궤도공사**	1273
2-2-1	철도안전처리	1273
2-2-2	궤광철거	1274
2-2-3	분기기 철거	1274
2-2-4	레일교환(인력)	1275
2-2-5	레일교환(기계)	1276
2-2-6	침목교환(인력)	1277
2-2-7	침목교환(기계)	1278
2-2-8	분기기교환(인력)	1279
2-2-9	분기기교환(기계)	1279
2-2-10	도상자갈철거(인력)	1280
2-2-11	도상자갈철거(기계)	1281
2-2-12	도상갱환	1281
2-2-13	궤도정정 및 이설	1283
2-2-14	교상가드레일 철거	1283
2-2-15	목침목 탄성체결장치 철거	1284
2-3	**교량공사**	1284
2-3-1	강교보수 바탕처리(인력)	1284
2-3-2	강교보수 바탕처리(장비)	1285
2-4	**관부설 및 접합**	1286
2-4-1	상수관 세척	1286
2-4-2	하수관 세정	1286
2-4-3	관세관(스크레이퍼+워터젯트 병행 방법)	1287
2-4-4	하수관 수밀시험	1288
2-4-5	하수관 공기압시험	1289
2-4-6	하수관 준설(버킷식)	1289
2-4-7	하수관 준설(흡입식)	1290
2-4-8	하수도 수로암거 준설(흡입식)	1291
2-4-9	빗물받이 준설(인력식)	1292

2-4-10	빗물받이 준설(흡입식)		1292
2-4-11	CCTV조사		1293
2-4-12	주철관 철거		1293
2-4-13	원심력철근콘크리트관 철거		1294

제3장 건 축

3-1	**구조물 철거공사**		1295
3-1-1	콘크리트구조물 헐기(인력)		1295
3-1-2	콘크리트구조물 헐기(기계)		1295
3-1-3	철골재 철거(인력)		1296
3-1-4	철골재 철거(기계)		1297
3-1-5	석축 헐기(인력)		1298
3-2	**해체공사**		1298
3-2-1	금속기와 해체		1298
3-2-2	흡음텍스 해체		1299
3-2-3	경량천장철골틀 해체		1299
3-2-4	조적벽 해체		1299
3-2-5	경량벽체철골틀 해체		1300
3-2-6	석고판 해체		1300
3-2-7	도배 해체		1301
3-2-8	PVC계바닥재 해체		1301
3-2-9	타일 해체		1301
3-2-10	기존방수층 및 보호층 철거		1302
3-2-11	기존방수층 제거 및 바탕처리		1302
3-2-12	석면건축자재 해체		1303
3-3	**칠공사**		1304
3-3-1	재도장 시 바탕처리(콘크리트 · 모르타르면)		1304
3-3-2	재도장 시 바탕처리(철재면)		1304
3-3-3	재도장 시 바탕처리(목재면)		1305
3-4	**수선 및 보수공사**		1305
3-4-1	지붕 덧씌우기		1305
3-4-2	지붕 재설치		1306
3-4-3	도배 교체		1306
3-4-4	PVC계바닥재 교체		1307
3-4-5	타일 교체		1307

제4장 기계설비

4-1	**일반기계설비 해체**	1308
4-1-1	배관 해체	1308
4-1-2	각형덕트 해체	1309
4-1-3	스파이럴덕트 해체	1309
4-1-4	배관보온 해체	1310
4-1-5	덕트보온 해체	1310
4-1-6	펌프 해체	1311
4-1-7	일반기계설비 철거 및 이설	1312
4-2	**자동제어설비 해체**	1313
4-2-1	철거 및 이설	1313
4-3	**수선 및 보수공사**	1314
4-3-1	유량계 교체	1314
4-3-2	관갱생공	1315
4-3-3	배관누수 검사	1316

제6편 부 록

1. 예정가격 작성기준   1318
2. 공사계약 일반조건   1362
3. 2024년 상반기 적용 노임단가   1409

제1편
공통부문

제1장 / 적용기준
제2장 / 가설공사
제3장 / 토공사
제4장 / 조경공사
제5장 / 기초공사
제6장 / 철근콘크리트공사
제7장 / 돌공사
제8장 / 건설기계

제 1 장 적 용 기 준

1-1 일반사항

1-1-1 목 적

정부 등 공공기관에서 시행하는 건설공사의 적정한 예정가격을 산정하기 위한 일반적인 기준을 제공하는 데 있다.

1-1-2 적용범위('12년 보완)

국가, 지방자치단체, 공기업·준정부기관, 기타공공기관 및 위 기관의 감독과 승인을 요하는 기관에서는 본 표준품셈을 건설공사 예정가격 산정의 기초로 활용한다.

1-1-3 적용방법('05, '08, '09, '12, '14, '23년 보완)

1. 공사의 예정가격 산정은 본 표준품셈을 활용한다.
2. 본 표준품셈에서 제시된 품은 일일 작업시간 8시간을 기준한 것이다.
3. 본 표준품셈은 건설공사 중 대표적이고 보편적이며 일반화된 공종, 공법을 기준한 것이며 현장여건, 기후의 특성 및 조건에 따라 조정하여 적용하되, 예정가격작성기준 제2조에 의거 부당하게 감액하거나 과잉 계산되지 않도록 한다.
4. 본 표준품셈에 명시되지 않는 사항은 각종 사업을 시행하는 국가기관, 지방자치단체, 공기업·준정부기관, 기타공공기관 등의 장의 책임하에 적정한 예정가격 산정 기준을 적의 결정하여 사용한다.
5. 건설공사의 예정가격 산정시 공사규모, 공사기간 및 현장조건 등을 감안하여 가장 합리적인 공법을 채택 적용한다.
6. 본 표준품셈에 명시되지 않은 품으로서 타부문(전기, 통신, 문화재 등)의 표준품셈에 명시된 품은 그 부분의 품을 적용하고, 타부문과 유사한 공종의 품은 본 표준품셈을 우선하여 적용한다.
7. 소방법, 총포·도검·화약류 등 단속법, 산업안전보건법, 산업재해보상보험법, 건설기술 진흥법, 대기환경 보건법, 소음·진동규제법 등 관계법령이나 계약 조

건에 따라 소요되는 비용은 별도로 계상한다.
8. 각 발주기관에서 4항에 의하여 별도로 결정하여 적용한 품셈이 표준품셈 보완에 반영할 필요가 있다고 인정될 경우에는 그 자료를 표준품셈 관리단체(한국건설기술연구원)에 제출한다.

1-2 설계 및 수량

1-2-1 수량의 계산('05년, '23년 보완)

1. 수량의 단위 및 소수자리는 표준품셈 단위표준에 의한다.
2. 수량의 계산은 지정 소수자리 아래 1자리까지 산출하여 반올림 한다.
3. 계산에 쓰이는 분도(分度)는 분까지, 원둘레율(圓周率), 삼각함수(三角函數) 및 호도(弧度)의 유효숫자는 3자리(3位)로 한다.
4. 곱하거나 나눗셈에 있어서는 기재된 순서에 따라 계산한다.
5. 면적 및 체적의 계산은 측량 결과 또는 설계도서를 바탕으로 수학적 공식에 의해 산출함을 원칙으로 한다.
6. 다음에 열거하는 것의 체적과 면적은 구조물의 수량에서 공제하지 아니한다.
    가. 콘크리트 구조물 중의 말뚝머리
    나. 볼트의 구멍
    다. 모따기 또는 물구멍(水切)
    라. 이음줄눈의 간격
    마. 포장공종의 1개소당 0.1㎡ 이하의 구조물 자리
    바. 강(鋼)구조물의 리벳 구멍
    사. 철근 콘크리트 중의 철근
    아. 기타 전항에 준하는 것
7. 성토 및 사석공의 준공토량은 성토 및 사석공 설계도의 양으로 한다.
    그러나 지반침하량은 지반성질에 따라 가산할 수 있다.
8. 절토(切土)량은 자연상태의 설계도의 양으로 한다.

1-2-2 단위표준 (2012, 2023년 보완)

1. 설계서의 단위 및 소수의 표준

종 목	규격		단위수량		비고
	단위	소수자리	단위	소수자리	
공 사 연 장	m	2	m	−	
공 사 폭 원	−	−	m	1	
직 공 인 부	−	−	인	2	
공 사 면 적	−	−	m^2	1	
용 지 면 적	−	−	m^2	−	
토적(높이・너비)	−	−	m	2	
토 적 (단 면 적)	−	−	m^2	1	
토 적 (체 적)	−	−	m^3	2	
토 적 (체 적 합 계)	−	−	m^3	−	
떼	cm	−	m^2	1	
모 래 ・ 자 갈	cm	−	m^3	2	
조 약 돌	cm	−	m^3	2	
견 치 돌 ・ 깬 돌	cm	−	m^2	1	
견 치 돌 ・ 깬 돌	cm	−	개	−	
야 면 석 (野面石)	cm	−	개	−	
야 면 석 (野面石)	cm	−	m^3	1	
야 면 석 (野面石)	cm	−	m^2	1	
돌 쌓 기 및 돌 붙 임	cm	−	m^3	1	
돌 쌓 기 및 돌 붙 임	cm	−	m^2	1	
사 석 (捨 石)	cm	−	m^3	1	
다듬돌(切石・板石)	cm	−	개	2	
벽 돌	mm	−	개	−	
블 록	mm	−	개	−	
시 멘 트	−	−	kg	−	
모 르 타 르	−	−	m^3	2	
콘 크 리 트	−	−	m^3	2	

제 1 장 적용기준 49

종 목	규격		단위수량		비고
	단위	소수자리	단위	소수자리	
석 분	-	-	kg	-	
석 회	-	-	kg	-	
화 산 회	-	-	kg	-	
아 스 팔 트	-	-	kg	-	
목 재 (판 재)	길이 m	1	m^2	2	
목 재 (판 재)	폭·두께	1	m^3	3	
목 재 (판 재)	cm	1	m^3	3	
합 판	mm	-	장	1	
말 뚝	길이 m	1	개	-	
	지름 mm				
철 강 재	mm	-	kg	3	총량표시는 ton으로 한다
용 접 봉	mm	-	kg	1	
구 리 판 · 함 석 류	-	-	m^2	2	
철 근	mm	-	kg	-	
볼 트 · 너 트	mm	-	개	-	
꺽 쇠	mm	-	개	-	
철 선 류	mm	1	kg	2	
P C 강 선	-	-	kg	2	
돌 망 태	길이 m	1	m	1	망눈(網目)cm
	지름·높이 m	-	개	-	
로 프 류	mm	-	m	1	
못	길이 cm	1	kg	2	
석유 · 휘발유 · 모빌유	-	-	ℓ	2	
구 리 스	-	-	kg	2	
넝 마	-	-	kg	2	
화 약 류	-	-	kg	3	
뇌 관	-	-	개	-	
도 화 선	-	-	m	1	

종 목	규격		단위수량		비고
	단위	소수자리	단위	소수자리	
석탄·목탄·코크스	-	-	kg	1	
산　　　　소	-	-	ℓ	-	
카 바 이 트	-	-	kg	1	
도 료 (塗 料)	-	-	ℓ 또는 kg	2	
도 장 (塗 裝)	-	-	m²	1	
관 류 (管 類)	길이 m	2	개	-	
	지름·두께 ㎜	-			
수 로 연 장	-	-	m	1	
옹　　　　벽	-	-	m²	1	
승강장옹벽 및 울타리	-	-	m	1	
궤 도 부 설	-	-	km	3	
시 험 하 중	-	-	ton	-	
보 링 (試 錐)	-	-	m	1	
방 수 면 적	-	-	m²	1	
건 물 (면 적)	-	-	m²	2	
건물(지붕·벽붙이기)	-	-	m²	1	
우　　　　물	깊이	-	m	1	
마　　　　대	-	-	매	-	

[주] ① 설계서 수량의 단위와 소수자리 표시는 본 표에 따르며, 반올림하여 적용한다.
　② 품셈 각 항목에서 제시한 소수자리가 본 표의 내용과 상이할 경우 항목에서 제시하는 소수자리를 우선하여 적용한다.
　③ 본 표에 제시하지 않은 품의 경우 유사 품의 규격과 단위수량을 참고하여 적용하며, C.G.S 단위로 하는 것을 원칙으로 한다.

2. 금액의 단위표준

종　목	단위	자리	비고
설 계 서 의　총 액	원	1,000원	미만버림
설 계 서 의　소 계	원	1원	미만버림
설 계 서 의　금 액 란	원	1원	미만버림
일위대가표의　계금	원	1원	미만버림
일위대가표의 금액란	원	0.1원	미만버림

[주] 일위대가표 금액란 또는 기초계산금액에서 소액이 산출되어 공종이 없어질 우려가 있어 소수자리 1자리 이하의 산출이 불가피할 경우에는 소수자리의 정도를 조정 계산할 수 있다.

1-2-3 토질 ('99 · '14 · 2023년 보완)

1. 지반설계

지하지반은 토질조사시험에 따라 설계하는 것을 원칙으로 한다. 다만, 공사량이 소규모인 경우에는 지형 또는 표면상태에 의하여 추정 설계할 수 있다.

2. 토질 및 암의 분류

가. 보통 토사 : 보통 상태의 실트 및 점토 모래질 흙 및 이들의 혼합물로서 삽이나 괭이를 사용할 정도의 토질(삽작업을 하기 위하여 상체를 약간 구부릴 정도)

나. 경질 토사 : 견고한 모래질 흙이나 점토로서 괭이나 곡괭이를 사용할 정도의 토질(체중을 이용하여 2~3회 동작을 요할 정도)

다. 고사 점토 및 자갈 섞인 토사 : 자갈질 흙 또는 견고한 실트, 점토 및 이들의 혼합물로서 곡괭이를 사용하여 파낼 수 있는 단단한 토질

라. 호박돌 섞인 토사 : 호박돌 크기의 돌이 섞이고 굴착에 약간의 화약을 사용해야 할 정도로 단단한 토질

마. 풍화암 : 일부는 곡괭이를 사용할 수 있으나 암질(岩質)이 부식되고 균열이 1~10㎝ 정도로서 굴착 또는 절취에는 약간의 화약을 사용해야 할 암질

바. 연암 : 혈암, 사암 등으로서 균열이 10~30cm 정도로서 굴착 또는 절취에는 화약을 사용해야 하나 석축용으로는 부적합한 암질
사. 보통암 : 풍화상태는 엿볼 수 없으나 굴착 또는 절취에는 화약을 사용해야 하며 균열이 30~50cm 정도의 암질
아. 경암 : 화강암, 안산암 등으로서 굴착 또는 절취에 화약을 사용해야 하며 균열상태가 1m 이내로서 석축용으로 쓸 수 있는 암질
자. 극경암 : 암질이 아주 밀착된 단단한 암질

[주] 표준 품셈에 표시되는 돌재료의 분류는 다음을 기준으로 한다.
　① 모암(母岩) : 석산에 자연상태로 있는 암을 모암이라 한다.
　② 원석(原石) : 모암에서 1차 파쇄된 암석을 원석이라 한다.
　③ 건설공사용 석재 : 석재의 품질은 그 용도에 적합한 강도를 갖고 균열이나 결점이 없고 질이 좋은 치밀한 것이며 풍화나 동결의 해를 받지 않는 것이라야 한다.
　④ 다듬돌(切石) : 각석(角石) 또는 주석(柱石)과 같이 일정한 규격으로 다듬어진 것으로서 건축이나 또는 포장 등에 쓰이는 돌
　⑤ 막다듬돌(荒切石) : 다듬돌을 만들기 위하여 다듬돌의 규격 치수의 가공에 필요한 여분의 치수를 가진 돌
　⑥ 견치돌(間知石) : 형상은 재두각추체(裁頭角錐體)에 가깝고 전면은 거의 평면을 이루며 대략 정사각형으로서 뒷길이(控長), 접촉면의 폭(合端), 뒷면(後面) 등이 규격화된 돌로서 4방락(四方落) 또는 2방락(二方落)의 것이 있으며 접촉면의 폭은 전면 1변의 길이의 1/10 이상이라야 하고 접촉면의 길이는 1변의 평균 길이의 1/2 이상인 돌

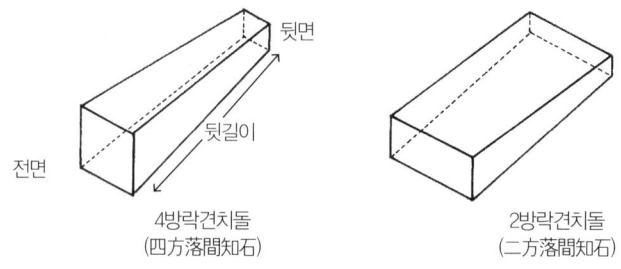

4방락견치돌
(四方落間知石)

2방락견치돌
(二方落間知石)

⑦ 깬 돌(割石) : 견치돌에 준한 재두방추형(裁頭方錐形)으로서 견치돌보다 치수가 불규칙하고 일반적으로 뒷면(後面)이 없는 돌로서 접촉면의 폭(合端)과 길이는 각각 전면의 일변의 평균길이의 약 1/20과 1/3이 되는 돌
⑧ 깬 잡석(雜割石) : 모암에서 일차 폭파한 원석을 깬 돌로서, 깬 돌(割石)보다도 형상이 고르지 못한 돌로서 전면의 변의 평균 길이는 뒷길이의 약 2/3이 되는 돌
⑨ 사석(捨石) : 막 깬 돌 중에서 유수에 견딜 수 있는 중량을 가진 큰 돌
⑩ 잡석(雜石) : 크기가 지름 10~30㎝ 정도의 것이 크고 작은 알로 고루고루 섞여져 있으며 형상이 고르지 못한 큰 돌
⑪ 전석(轉石) : 1개의 크기가 0.5㎥ 내·외의 정형화되지 않은 석괴
⑫ 야면석(野面石) : 천연석으로 표면을 가공하지 않은 것으로서 운반이 가능하고 공사용으로 사용될 수 있는 비교적 큰 석괴
⑬ 호박돌(玉石) : 호박형의 천연석으로서 가공하지 않은 지름 18㎝이상의 크기의 돌
⑭ 조약돌(栗石) : 가공하지 않은 천연석으로서 지름 10~20㎝ 정도의 계란형의 돌
⑮ 부순돌(砕石) : 잡석을 지름 0.5~10㎝ 정도의 자갈 크기로 작게 깬 돌
⑯ 굵은 자갈(大砂利) : 가공하지 않은 천연석으로서 지름 7.5~20㎝ 정도의 돌
⑰ 자갈(砂利) : 천연석으로서 자갈보다 알이 작고 지름 0.5~7.5㎝ 정도의 둥근 돌
⑱ 역(礫) : 천연석인 굵은 자갈과 작은 자갈이 고루고루 섞여 있는 상태의 돌
⑲ 굵은 모래(粗砂) : 천연산으로서 지름 0.25~2㎜ 정도의 알맹이의 돌
⑳ 잔모래(細砂) : 천연산으로서 지름 0.05~0.25㎜ 정도의 알맹이의 돌
㉑ 돌가루(石粉) : 돌을 부수어 가루로 만든 것
㉒ 고로슬래그 부순돌 : 제철소의 선철(銑鐵) 제조 과정에서 생산되는 고로슬래그를 0~40㎜로 파쇄 가공한 돌

3. 체적환산계수

가. 토공에 있어 토질은 시험하여 적용하는 것을 원칙으로 하나 소량의 토량인 경우에는 표준품셈의 체적환산계수표에 따를 수도 있다.

나. 체적의 변화

$$L = \frac{\text{흐트러진 상태의 체적(m}^3)}{\text{자연상태의 체적(m}^3)}$$

$$C = \frac{\text{다져진 상태의 체적(m}^3)}{\text{자연상태의 체적(m}^3)}$$

다. 체적의 변화율

종별	L	C
경암(硬岩)	1.70~2.00	1.30~1.50
보통암(普通岩)	1.55~1.70	1.20~1.40
연암(軟岩)	1.30~1.50	1.00~1.30
풍화암(風化岩)	1.30~1.35	1.00~1.15
폐콘크리트	1.40~1.60	별도설계
호박돌(玉石)	1.10~1.15	0.95~1.05
역(礫)	1.10~1.20	1.05~1.10
역질토(礫質土)	1.15~1.20	0.90~1.00
고결(固結)된 역질토(礫質土)	1.25~1.45	1.10~1.30
모래(砂)	1.10~1.20	0.85~0.95
암괴(岩塊)나 호박돌이 섞인 모래	1.15~1.20	0.90~1.00
모래질흙	1.20~1.30	0.85~0.90
암괴(岩塊)나 호박돌이 섞인 모래질흙	1.40~1.45	0.90~0.95
점질토	1.25~1.35	0.85~0.95
역(礫)이 섞인 점질토(粘質土)	1.35~1.40	0.90~1.00
암괴(岩塊)나 호박돌이 섞인 점질토	1.40~1.45	0.90~0.95
점토(粘土)	1.20~1.45	0.85~0.95
역이 섞인 점질토	1.30~1.40	0.90~0.95
암괴(岩塊)나 호박돌이 섞인 점토	1.40~1.45	0.90~0.95

[주] 암(경암·보통암·연암)을 토사와 혼합성토할 때는 공극채움으로 인한 토사량을 계상할 수 있다.

라. 체적환산계수(f)표

기준이 되는 q \ 구하는 Q	자연상태의 체적	흐트러진 상태의 체적	다져진 후의 체적
자연상태의 체적	1	L	C
흐트러진 상태의 체적	1/L	1	C/L

4. 토취장 및 골재원
가. 토취장 및 골재원(석산, 콘크리트 및 포장용 재료, 기타)을 필요로 하는 공사에는 설계서에 그 위치를 명시할 수 있다.
나. 토취장 및 골재원은 품질과 경제성(수량, 거리, 채집방법, 거래가격 등) 및 관련 법적규제 등을 고려하여 설계한다.
다. 모암을 발파하여 깬돌 등 규격품을 채취할 경우 규격품으로 사용할 수 없는 파쇄된 돌의 발생량은 10~40%를 표준으로 하며, 이때 파쇄된 돌의 유용이 가능하여 유용할 경우 이에 따른 경비는 별도 계상하고, 그 발생량에 대해서는 무대(無代)로 한다.
라. 잡석을 부순 돌(碎石)로 사용하려 할 때에는 채집비를 계상할 수 있다.
마. 원석대와 채취장 및 기타 보상비는 실정에 따라 별도 계상할 수 있다.
바. 국유지인 경우에는 필요한 조치를 취하여 사용토록 한다.
사. 토취장 및 골재원은 사용 후 정리하여 사방을 하거나 조경을 하여야 하며 정리비, 사방비 및 조경비는 별도 계상한다.

5. 오픈케이슨 기초
오픈케이슨 기초굴착시 굴착토량은 외토 침입률을 감안하여 산정한다.

1-2-4 재료 및 자재의 단가 (2012년 · 2022년 · 2023년 보완)

1. 주요자재

가. 공사에 대한 주요자재의 관급은 "국가를당사자로하는계약에관한법률시행규칙" 및 기획재정부 회계예규 등 관계규정이나 계약조건에 따른다.

나. 자재구입은 필요에 따라 시방서를 작성하고 그 물건의 기능, 특징, 용량, 제작방법, 성능, 시험방법, 부속품 등에 관하여 명시하여야 한다.

다. 국내에서 생산되는 자재를 우선적으로 사용함을 원칙으로 하고 그 중에서도 한국산업규격표시품(KS), 우수재활용제품(GR) 또는 건설기술진흥법 제60조제1항의 규정에 의한 국·공립시험기관의 시험결과 한국산업규격표시품과 동등 이상의 성능이 있다고 확인된 자재를 우선한다.

라. 한국산업규격에 없는 제품 사용시 공사조건에 맞는 관련규격 및 시방(외국규격 등) 등을 검토하여 사용토록 한다.

2. 재료 및 자재의 단가

가. 건설재료 및 자재의 단가는 거래실례가격 또는 통계법 제15조의 규정에 의한 지정기관이 조사하여 공표한 가격, 감정가격, 유사한 거래실례가격, 견적가격을 기준하며, 적용순서는 국가를 당사자로 하는 계약에 관한 법률 시행규칙 제7조의 규정에 따른다.

나. 재료 및 자재단가에 운반비가 포함되어 있지 않은 경우 구입 장소로부터 현장까지의 운반비를 계상할 수 있다.

다. 품셈의 각 항목에 명시되어 있지 않는 재료 및 자재는 설계수량을 적용하고, 잡재료 및 소모재료는 '[공통부문] 1-2-4/7. 잡재료 및 소모재료' 등을 따른다.

3. 재료의 단위 중량
 재료의 단위중량은 입경, 습윤도 등에 따라 달라지므로 시험에 의하여 결정하여야 하며, 일반적인 추정 단위중량은 다음과 같다.

종 별	형 상	단위중량(kg/m^3)	비고
암 석	화 강 암	2,600~2,700	자연상태
	안 산 암	2,300~2,710	〃
	사 암	2,400~2,790	〃
	현 무 암	2,700~3,200	〃
자 갈	건 조	1,600~1,800	〃
	습 기	1,700~1,800	〃
	포 화	1,800~1,900	〃
모 래	건 조	1,500~1,700	〃
	습 기	1,700~1,800	〃
	포 화	1,800~2,000	〃
점 토	건 조	1,200~1,700	〃
	습 기	1,700~1,800	〃
	포 화	1,800~1,900	〃
점 질 토	보 통 의 것	1,500~1,700	〃
	력 이 섞 인 것	1,600~1,800	〃
	력이 섞이고 습한것	1,900~2,100	〃
모 래 질 흙		1,700~1,900	자연상태
자 갈 섞 인 토사		1,700~2,000	〃
자 갈 섞 인 모 래		1,900~2,100	〃
호 박 돌		1,800~2,000	〃
사 석		2,000	〃
조 약 돌		1,700	〃
주 철		7,250	
스 테 인 리 스	STS 304	7,930	KSD 3695
	STS 430	7,700	
강 · 주강 · 단철		7,850	
연 철		7,800	
놋 쇠		8,400	

종 별	형 상	단위중량(kg/m³)	비고
구 리		8,900	
납 (鉛)		11,400	
목 재	생송재(生松材)	800	
소 나 무	건 재 (乾材)	580	
소나무(적송)	건 재	590	
미 송		420~700	
시 멘 트		3,150	
시 멘 트		1,500	자연상태
철근콘크리트		2,400	
콘 크 리 트		2,300	
시멘트모르타르		2,100	
역 청 포 장		2,350	
역청재(방수용)		1,100	
물		1,000	
해 수		1,030	
눈	분말상(粉末狀)	160	
눈	동 결 (凍結)	480	
눈	수분포화(水分飽和)	800	
고로슬래그부순돌		1,650~1,850	자연상태

[주] ① 부순돌 및 조약돌 등은 모암의 암질(巖質)을 고려하여 결정한다.
　　② 본 표에 없는 품종에 대하여는 단위중량 시험에 의해 결정함을 원칙으로 하며, 필요시 (재료량이 소규모인 경우 등) 문헌에 의한 결과를 참고한다.

4. 재료시험 결과 이용

설계는 재료시험에 의하여 제원을 결정함을 원칙으로 한다.

5. 발생재의 처리

사용고재 등 발생재의 처리는 다음 표에 의하여 그 대금을 설계당시 미리 공제한다.

품 명	공제율
사용고재(시멘트 공대 및 공드람 제외)	90%
강 재 스 크 랩 (S c r a p)	70%
기 타 발 생 재	발생량

[주] ① 공제금액 계산 : 발생량×공제율×고재단가
② 기존시설물의 철거, 해체, 이설 등으로 인한 발생재는 '예정가격 작성기준 제17조'를 따른다.

6. 강관배관의 부자재 산정요율

가. 일반업무용 건물

(강관금액에 대한 %)

시공부위별 \ 건물규모별	관이음부속			관지지물		
	소	중	대	소	중	대
가. 냉온수배관						
기계실	75	70	65	30	15	15
옥내일반	45	45	45	40	25	25
나. 냉각수배관						
기계실	75	75	75	7	7	7
옥내일반	70	55	40	9	9	9
다. 증기배관						
기계실	75	65	50	30	30	30
옥내일반	45	45	45	30	30	30
라. 급수・급탕배관						
기계실	80	80	80	15	15	15
옥내일반	60	60	60	15	15	15
마. 보일러급유배관	50	50	50	15	15	15
바. 통기배관	30	30	30	10	10	10
사. 소화배관						
옥내소화전	65	55	50	10	10	10
스프링쿨러	70	70	70	15	15	15

[주] ① 상기요율은 일반 업무용 건물의 배관재로 사용하는 일반탄소강관에 대한 관이음부속 및 관지지물의 금액비율이다.
② 건물규모별 소, 중, 대는 다음과 같다.
　소 : 연면적 5,000㎡ 이하의 건물
　중 : 연면적 5,000㎡ 초과 30,000㎡ 미만의 건물
　대 : 연면적 30,000㎡ 이상의 건물
③ 관이음부속류는 엘보, 티, 레듀서, 유니온, 소켓, 캡, 플러그, 니플, 부싱, 플랜지 등을 말한다.
④ 관이음부속류에는 각종 밸브장치, 증기트랩장치, By Pass관 장치 및 계량기장치의 관이음부속과 각종 펌프토출측의 연결용 플랜지는 제외되었다.
⑤ 관지지물류는 클레비스행거, 보온용 클레비스행거, 파이프클램프, 롤러행거, 행거볼트, U-볼트, 파이프앵커, 턴버클, 나비밴드 등을 말한다.
⑥ 관지지물에는 단열지지대 및 관지지가대가 제외되어 있으므로 별도 계상한다.
⑦ 증기배관의 관지지물에는 ⑥항 및 롤러, 새들, 보온재 보호판이 제외되어 있으므로 별도 계상한다.
⑧ 통기배간의 요율은 환상통기식이므로 각개 통기방식일 때는 별도 계상할 수 있다.
⑨ 상기부자재 산정요율 계산방식과 도면에 의한 물량산출 방식을 병행 사용할 수 있다.

나. 병원건물

(강관금액에 대한 %)

시공부위별	관이음부속	관지지물
가. 냉·온수배관		
기계실	80	50
옥내일반	40	30
나. 증기배관		
기계실	55	20

(강관금액에 대한 %)

시공부위별	관이음부속	관지지물
다. 급수·급탕배관		
기계실	70	15
옥내일반	50	40
라. 통기관	30	8
마. 소화배관		
옥내소화전배관	45	10
스프링쿨러배관	75	20

[주] ① 상기 요율은 병원건물의 배관재로 사용하는 일반 탄소 강관 금액에 대한 관이음부속 및 관 지지물의 금액비율이다.

② 관이음 부속류는 엘보, 티, 레듀서, 유니온, 소켓, 캡, 플러그, 니플, 부싱, 플랜지 등을 말한다.

③ 관이음 부속류에는 각종 밸브장치, 증기트랩장치, By Pass관 장치 및 계량기 장치의 관이음 부속과 각종 펌프, 토출측의 연결용 플랜지는 제외되어 있다.

④ 관 지지물에는 단열 지지대 및 공동구내관 지지대, 롤러스탠드새들, 보온재 보호판 등은 제외되어 있다.

⑤ 소화배관 요율에는 소화펌프의 토출측 밸브류 방진이음용 플랜지 유니온은 제외되어 있다.

⑥ 수직관은 2개층마다 플랜지 또는 유니온을 적용하였다.

7. 잡재료 및 소모재료

각 항목에 명시되어 있는 잡재료 및 소모재료에 대해서는 이를 계상하고, 명시되어 있지 않는 잡재료 및 소모재료 등을 계상하고자 할 때에는 주재료비(재료비의 할증수량 제외)의 2~5%까지 별도 계상하되 산정근거를 명시하여야 한다.

1-2-5 인력 (2022년 신설·2023·2025년 보완)

1. 직종의 선정
각 항목에 명시되어 있는 직종은 보편적이며 일반화된 직종을 기준한 것이며, 통계법 제17조의 지정통계에 의한 「건설업 임금실태 조사 보고서」와 엔지니어링 산업진흥법에 의한 「엔지니어링업체 임금실태조사」의 직종해설에 따라 변경·적용할 수 있다.

2. 작업반장
작업조건에 따른 작업조의 편성 시 작업조장은 기능 인력을 중심으로 편성하며, 다수의 보통인부에 대한 원활한 지휘통제가 필요할 경우 작업반장을 계상할 수 있다.

[참고]

현장작업조건	작업반장수
작업장이 광활하여 감독이 용이하고 고도의 기능이 필요치 않을 경우	보통인부 25인~50인에 1인
작업장이 협소하고 감독시야가 보통이며 약간의 기능을 요하는 경우	보통인부 15인~25인에 1인
고도의 기능과 철저한 감독이 요구되는 경우	보통인부 5인~15인에 1인

3. 신호수 등
공사 중 안전을 위해 배치되는 각종 신호수, 감시자 등의 인력은 각 항목에서 제외되어 있으며, 해당 법령(규정, 지침, 규칙 등)에서 규정하는 인력 및 설계자의 판단(현장여건 및 조건 등 고려)에 의해 필요한 인력은 별도 계상한다.

1-2-6 공구 및 경장비 ('93·2023년 보완)

각 항목에 명시되어 있는 공구손료 및 경장비의 기계경비에 대해서는 이를 계상하고, 명시되어 있지 않는 공구손료 및 경장비의 기계경비 등을 계상하고자 할 때에는 다음에 따라 별도 계상하되 산정근거를 명시하여야 한다.

1. 공구손료

일반공구 및 시험용 계측기구류의 손료로서 공사 중 상시 일반적으로 사용되는 것이며, 인력품(노임할증과 작업시간 증가에 의하지 않은 품할증 제외)의 3%까지 계상하며 특수공구(철골공사, 석공사 등) 및 검사용 특수계측기류의 손료는 별도 계상한다.

[참고]

일반공구 및 일반시험용 계측기구 : 스패너류, 렌치류, 턴버클, 샤클, 스프레이건, 바이스, 클립 또는 클램프류, 용접봉건조통, 게이지류, V블록, 마이크로메타, 버어니어캘리퍼스 및 이와 유사한 것으로 공사 중 상시 일반적으로 사용하는 것으로서 별도의 동력을 필요로 하지 않는 것.

2. 경장비의 기계경비

아래 참고와 같은 경장비류의 손료 및 운전경비(운전원 제외)이며, 손료는 기계경비 산정표에 명시된 가장 유사한 장비의 제수치(내용시간, 연간표준 가동시간, 상각비율, 정비비율, 연간관리비율 등)를 참조하여 계상한다.

[참고]

경장비 : 휴대용 전기드릴, 휴대용 전기그라인더, 체인블럭, 콘크리트브레이커(기초수정용), 임팩트렌치, 전기용접기, 윈치, 세어링머신, 벤딩롤러, 수압펌프(수압시험용) 및 이와 유사한 것, 주로 동력에 의하여 구동되는 장비류로서 기계경비산정표에 명시되지 아니한 소규모의 것.

1-2-7 운반 ('08 · '10 · '16 · 2022 · 2023년 보완)

1. 소운반의 운반거리

가. 품에서 자재의 소운반은 포함하며, 품에서 포함된 것으로 규정된 소운반 거리는 20m 이내의 거리를 의미한다.
나. 경사면의 소운반 거리는 직고 1m를 수평거리 6m의 비율로 본다.
다. 현장 내 운반거리가 소운반 범위를 초과하거나, 별도의 2차 운반이 발생될 경우 별도 계상한다.

2. 인력운반 기본공식

$$Q = N \times q$$

$$N = \frac{T}{\frac{60 \times L \times 2}{V} + t} = \frac{VT}{120L + Vt}$$

여기서   Q : 1일 운반량(㎥ 또는 kg)
  N : 1일 운반횟수
  q : 1회 운반량(㎥ 또는 kg)
  T : 1일 실작업시간(480분-30분)
  L : 운반거리(m)
  t : 적재 적하 시간(분)
  V : 평균왕복속도(m/hr)

[주] 삽으로 적재할 수 없는 자재(시멘트, 목재, 철근, 말뚝, 전주, 관, 큰 석재 등)의 인력적사는 기본공식을 적용하되 25kg을 1인의 비율로 계산하고 t 및 V는 자재 및 현장여건을 감안하여 계상한다.

3. 지게운반

종류\구분	적재적하 시간(t)	평균 왕복속도(m/hr)		
		양호	보통	불량
토사류 석재류	1.5분 2분	3,000	2,500	2,000

[주] ① 절취는 별도 계상한다.
② 양호 : 운반로가 평탄하며 보행이 자유롭고 운반상 장애물이 없는 경우
　　보통 : 운반로가 평탄하지만 다소 운반에 지장이 있는 경우
　　불량 : 보행에 지장이 있는 운반로의 경우, 습지, 모래질, 자갈질, 암반 등 지장이 있는 운반로의 경우
③ 1회 운반량은 보통토사 25kg으로 하고, 삽작업이 가능한 토석재를 기준으로 한다.
④ 석재류라 함은 자갈, 부순돌 및 조약돌 등을 말한다.
⑤ 고갯길인 경우에는 직고(直高) 1m를 수평거리 6m의 비율로 본다.
⑥ 적재운반 적하는 1인을 기준으로 한다.

4. 벽돌운반

(1,000매당)

구 분	단위	수량(층수)				
		1층	2층	3층	4층	5층
보통인부	인	0.44	0.56	0.74	0.96	1.19
비고	— 리프트를 사용할 경우 보통인부 0.31인을 적용한다.					

[주] 본 품은 기본벽돌(19×9×5.7cm)을 인력으로 층별(층고 3.6m) 운반하는 기준이다.

5. 인력운반(기계설비)
장대물, 중량물 등 인력운반비 산출공식
가. 기본공식

$$운반비 = \frac{M}{T} \times A\left(\frac{60 \times 2 \times L}{V} + t\right)$$

여기서　A : 인력운반공의 노임
　　　　M : 필요한 인력운반공의 수(총운반량/1인당 1회 운반량)
　　　　L : 운반거리(km)
　　　　V : 왕복평균속도(km/hr)
　　　　T : 1일 실작업시간
　　　　t : 준비작업시간(2분)

인력운반공의 1회 운반량(25kg)
왕복평균속도 : 도로상태 양호 : 2km/hr
　　　　　　　도로상태 보통 : 1.5km/hr
　　　　　　　도로상태 불량 : 1km/hr
　　　　　　　도로상태 물논 : 0.5km/hr
※도로상태 구분은 토목부분 참조

나. 경사지 운반 환산계수(α), 경사지 환산거리 α×L

경사도	%	10	20	30	40	50	60	70	80	90	100
	각도	6	11	17	22	27	31	35	39	42	45
환산계수(α)		2	3	4	5	6	7	8	9	10	11

6. 운반로의 개설 및 유지보수

　운반로의 신설 또는 유지보수는 작업량을 감안하여 작업속도가 증가됨으로써 신설 또는 유지 보수하지 않을 때보다 경제적일 경우에만 계상해야 한다.

7. 화물자동차의 적재량
　가. 중량으로 적재할 수 있는 품종에 대하여는 중량적재 하는 것을 원칙으로 한다.
　나. 중량적재가 곤란한 것에 대하여는 적재할 수 있는 실측치에 의한다.
　다. 화물자동차의 적재량은 중량적재나 용량적재 그 어느 쪽의 제한 범위도 벗어나지 않도록 해야 하며, 운반로의 종별(공도, 사도) 및 상태에 따라서도 달라질 수 있다.
　라. 화물자동차의 적재량은 중량으로 적재하거나 특수한 품목을 제외하고는 일반적으로 다음의 값을 기준으로 한다.

| 종　별 | 규격 | 단위 | 적재량 | | | | 비고 |
			6톤 차량	8톤 차량	11톤 차량	20톤 트레일러	
목재(원목)	길이가 긴 것은 낱개	m³	7.7	10	13	–	
목재(제재목)	〃	〃	9.0	12	16	–	
경유·휘발유	200ℓ	드럼	30	40	55	–	
아스팔트	〃	〃	24	35	50	–	

종 별	규 격	단위	적재량				비고
			6톤 차량	8톤 차량	11톤 차량	20톤 트레일러	
새 끼	12mm, 9.4kg	다발	480	640	–	–	
벽 돌	19×9×5.7cm(표준형)	개	2,930	3,900	5,300	–	
기 와	34×30×1.5cm	매	1,860	2,480	3,400	–	
보 도 블 록	30×45×6cm	개	490	650	890	–	
견 치 돌 블 록	뒷길이 45cm	개	100	135	180	–	
	두께 10cm	〃	650	860	1,180	–	
〃	두께 15cm	개	450	600	820	–	
〃	두께 20cm	〃	350	460	630	–	
타 일	두께 6mm (8mm)	m²	500 (350)	660 (460)	–	–	모자이크 포함
크링커타일	두께 24mm	〃	150	200			
합 판	12×900×1,800mm	매	450	600	820	–	
유 리	두께 3mm	m²	700	930	–	–	
페 인 트	4ℓ(18ℓ)/통	통	1,300 (300)	1,720 (400)	2,365 (550)		
아 스 타 일	3mm×30cm×30cm	매	9,600	12,800	17,600	–	
흄 관	ø 300mm, L=2.5m	본	27	36	52	–	
〃	ø 450 〃	〃	15	20	27	–	
〃	ø 600 〃	〃	8	12	15	–	
〃	ø 800 〃	〃	4	6	9	–	
〃	ø 900 〃	〃	4	5	7	–	
〃	ø 1,000 〃	〃	3	4	5	10	
〃	ø 1,200 〃	〃	2	3	4	7	
〃	ø 1,500 〃	〃	1	2	2	5	
콘크리트관	ø 250mm, L=1m	본	60	80	110	–	
〃	ø 300 〃	〃	52	70	96	–	
〃	ø 350 〃	〃	42	60	82	–	
〃	ø 450 〃	〃	25	30	41	–	
〃	ø 600 〃	〃	16	20	27	–	
〃	ø 900 〃	〃	9	12	16	–	
〃	ø 1,000~1,500 〃	〃	3~6	4~8	5~10	12	

종 별	규 격	단위	적재량				비고
			6톤 차량	8톤 차량	11톤 차량	20톤 트레일러	
주 철 관	ø 80~150㎜ L=6.0m	본	42~111	46~123	–	–	
〃	ø 200~450 〃	〃	9~30	10~34	–	–	
〃	ø 500~600 〃	〃	6	6~9	–	–	
〃	ø 700~900 〃	〃	3	3~5	–	–	
〃	ø 1,000 〃	〃	2	2	–	–	
도복장강관	ø 300~450㎜ L=6.0m	본	10~18	14~22	–	–	
〃	ø 500~700 〃	〃	3~9	6~10	–	–	
〃	ø 800~1,000 L=6.0m	본	1~3	3	–	–	
〃	ø 1,200~2,100 〃	〃	1	1	–	–	
〃	ø 2,200~2,300 〃	〃	–	1	–	–	
P · C 파 일	ø 300~400㎜ L=9.0m	본	–	–	6~10	11~18	
〃	ø 450~500 〃	〃	–	–	4~5	8~9	
시 멘 트	40kg	대	150	200	275	637 (25.5톤 화물차는 풀가 고기준)	
전 주	10m(일반용)	본	–	–	12	23	
〃	체신주 8m	〃	–	17	23	43	

1-2-8 작업조 구성 및 적용 (2024년 신설)

1. 작업조 구성
   가. 표준품셈의 작업조는 대표적이고, 보편적이며 일반화된 투입 요소를 제시한다.
   나. 현장여건에 따라 투입자원(인력, 장비 등)의 변경이 필요한 경우 이를 보완할 수 있으며, 산정근거를 명시하여야 한다.

2. 작업조 적용
   가. 작업조는 일당시공량을 시공하기 위한 필수자원(인력, 장비)의 조합으로 제시 되어있다.
   나. 시설물의 설계조건 및 현장여건에 따라 복수의 작업조를 적용할 수 있다.

3. 시공단위의 품 산정
   가. 작업조 기준의 일당시공량이 제시된 항목을 시공단위(m당, ㎡당, ㎥당, ton당 등)의 품으로 산정하는 경우에는 다음 표를 참고하여 산출하되, 품의 규격과 단위수량을 고려하여 소수자리의 정도를 조정하여 적용할 수 있다.

일당시공량	1단위이하	10단위	100단위	1,000단위	10,000단위
소수자리	2	3	4	5	6

[참고] 시공단위의 품으로 산정하는 경우 소수자리 표기 예시

구분	단위	수량	일당시공량 (예시)				
			1단위이하 (3㎡)	10단위 (30㎡)	100단위 (300㎡)	1,000단위 (3,000㎡)	10,000단위 (30,000㎡)
인력	인	1	0.33	0.033	0.0033	0.00033	0.000033
	인	3	1.00	0.100	0.0100	0.00100	0.000100
	인	5	1.67	0.167	0.0167	0.00167	0.000167
장비	대	1	2.67	0.267	0.0267	0.00267	0.000267

※ 인력품 산정(인) : 인력(인) ÷ 시공량(일당)
※ 장비품 산정(hr) : 장비(대) × 8(hr) ÷ 시공량(일당)

1-3 재료 및 노임의 할증

1-3-1 재료의 할증 (2011 · 2012 · 2018 · 2019년 · 2022년 · 2023년 보완)

공사용 재료의 할증률은 일반적으로 다음 표의 값 이내로 한다. 다만, 품셈의 각 항목에 할증률이 포함 또는 표시되어 있는 것에 대하여는 본 할증률을 적용하지 아니한다.

1. 콘크리트 및 포장용 재료

종 류	정치식(%)	기타(%)
시 멘 트	2	3
잔 골 재 · 채 움 재	10	12
굵 은 골 재	3	5
아 스 팔 트	2	3
석 분	2	3
혼 화 재	2	-

[주] 속채움 재료의 경우에도 이 값을 준용한다.

2. 노상 및 노반재료(선택층, 보조기층, 기층 등)

종 류	할증률(%)
모 래	6
부 순 돌 · 자 갈 · 막 자 갈	4
점 질 토	6

3. 관 및 구조물기초 부설재료

종 류	할증률(%)
모 래	4

4. 토사(해상)

종 류	할증률(%)	비고
치 환 모 래 (置換砂)	20	표면건조 포화상태의 모래에 대한 할증률
깔 모 래 (敷砂)	30	
사항용모래(砂杭用砂)	20	
압 입 모 래 (壓入砂)	40	

5. 사석(해상)

종류 \ 사석두께 \ 지반	보통지반		모래치환지반		연약지반	
	2m 미만	2m 이상	2m 미만	2m 이상	2m 미만	2m 이상
기 초 사 석	25%	20%	30%	25%	50%	40%
피복석(被覆石)	15	15	15	15	20	20
뒤 채 움 사 석	20	20	20	20	25	25

[주] 사석의 재료할증률은 공사의 위치, 자연조건(수심, 조류, 파랑, 조위, 해저지질 등)과 제체의 규모 및 공사의 종류 등 현장조건에 적합하게 적용할 수 있다.

6. 속채움(해상)

종류	할증률(%)	비고
모래	10	케이슨 또는 세라 블록 등의 속채움시
사석	10	단, 블록 또는 콘크리트의 속채움재는 제외

7. 강재류

종 류	할증률(%)
원 형 철 근	5
이 형 철 근	3
이형철근(교량·지하철 및 이와 유사한 복잡한 구조물의 주철근)	6~7
일 반 볼 트	5
고 장 력 볼 트 (H . T . B)	3
강 판 (板)	10
강 관	5
대 형 형 강 (形 鋼)	7
소 형 형 강	5
봉 강 (棒 鋼)	5
평 강 대 강	5
경 량 형 강, 각 파 이 프	5

종 류	할증률(%)
리 벳 (제 품)	5
스 테 인 리 스 강 판	10
스 테 인 리 스 강 관	5
동 판	10
동 관	5
덕 트 용 금 속 판	28
프 레 스 접 합 식 스 테 인 리 스 강 관	5
이 음 부 속 류	5

[주] ① 이형철근의 경우, 해당 공사 또는 구조물의 시공실적에 따라 조정하여 적용할 수 있다.

② 강관, 스테인리스강관의 할증률(%)은 옥외공사를 기준한 것이며, 옥내공사용 재료의 할증률은 10% 이내로 한다.

③ 형강(形鋼)의 대형구분은 100㎜ 이상을 말한다.

④ 현장 여건상 절단 및 가공 등이 불필요한 경우, 상기 할증률을 조정하여 적용할 수 있다.

8. 기타 재료

재 료 별		할증률(%)
목 재	각 재	5
	판 재	10
합 판	일반용합판	3
	수장용합판	5
쉬 즈 관		8
P V C 관 / P E 관		5
원 심 력 철 근 콘 크 리 트 관		3
조 립 식 구 조 물 (U 형 플 륨 관 등)		3
도 료		2
벽 돌	붉은벽돌	3
	시멘트벽돌	5
	내화벽돌	3
	경계블록	3
	콘크리트블록	4
	호안블록	5
원 석 (마 름 돌 용)		30
석 재 판 붙 임 용 재	정 형 돌	10
	부 정 형 돌	30
조 경 용 수 목		10
잔 디 및 초 화 류		10
레디믹스트콘크리트타설 (현장플랜트포함)	무근구조물	2
	철근구조물	1
	철골구조물	1
현장혼합콘크리트타설 (인력 및 믹서)	무근구조물	3
	철근구조물	2
	소형구조물	5
콘 크 리 트 포 장 혼 합 물 의 포 설		4
아스팔트 콘크리트 포설(현장플랜트 포함)		2
졸 대		20

재 료 별	할증률(%)
텍스	5
석고판 (못 붙임용)	5
석고판 (본드붙임용)	8
콜크판	5
단열재	10
유리	1
테라콧	3
블록	4
기와	5
슬레이트	3
타일 ─ 모자이크	3
─ 도기	3
─ 자기	3
─ 아스팔트	5
─ 리노륨	5
─ 비닐	5
─ 비닐렉스	5
─ 크링카	3
테라죠판	6
위생기구 (도기, 자기류)	2

[주] ① 거푸집 및 동바리, 가건축물 또는 품셈에 할증률이 포함 또는 표시되어 있는 것에 대하여는 본 할증률을 적용하지 아니한다.

② 개별 부재의 설계조건에 의해 제작이 완료된 상태의 PC부재(PC암거, 건축용 구조부재 등)는 할증수량을 적용하지 않는다.

③ PVC, PE관의 할증률(%)은 옥외공사 기준이며 옥내공사용 재료의 할증률은 10% 이내로 한다.

④ 현장 여건상 절단 및 가공 등이 불필요한 경우, 상기 할증률을 조정하여 적용할 수 있다.

1-3-2 노임의 할증 (2023 · 2025년 보완)

1. 노임은 관계법령의 규정에 따른다.
2. 근로시간을 벗어난 시간외, 유급휴일, 야간 및 휴일의 근무가 불가피한 경우에는 근로기준법 제50조, 제55조, 제56조, 유해 위험작업인 경우 산업안전보건법 제139조에 정하는 바에 따른다.

1-4 품의 할증 ('97, '01, '03, '11, '14, '15, '16, '17년 보완)

1-4-1 적용기준 (2023년 보완)

1. 품의 할증은 필요한 경우 다음의 기준 이내에서 적정공사비 산정을 위하여 공사규모, 현장조건 등을 감안하여 적용한다.
2. 할증의 적용은 품셈 각 항목에서 발생하는 보편적인 작업환경에서 벗어나는 경우에 고려되어야 하며, 항목별로 별도의 할증이 명시된 경우에는 각 항목별 할증을 우선 적용한다.
3. 품의 할증은 생산성에 영향을 받는 품 요소(인력 및 건설기계)에 적용함을 원칙으로 한다.
4. 품의 할증은 각각의 할증 요소에서 제시하고 있는 기준과 동일하거나 유사한 시공조건에서 적용할 수 있으며, 할증의 적용에 판단이 필요한 경우는 발주기 관의 장 또는 계약 당사자간 협의하여 적용함을 원칙으로 한다.
5. 할증율(%)은 요소별 일반적인 작업조건을 기준으로 제시하였으며, 일부의 작업에 영향을 미치는 경우 할증율의 범위내에서 보완하여 적용할 수 있다.

1-4-2 할증의 중복가산 요령

$$W = 기본품 \times (1 + a_1 + a_2 + a_3 + \cdots\cdots\cdots a_n)$$

단, 동일성격의 품 할증요소의 이중적용은 불가함.
여기서 W : 할증이 포함된 품
　　　　기본품 : 각 항 [주]란의 필요한 할증 · 감 요소가 감안된 품
　　　　$a_1 \sim a_n$: 품 할증요소

1-4-3 작업지연 (2023년 보완)

공사 수행 시 특정 시공조건 발생(출입통제, 중단, 이동 등)하여 일일 작업시간에 제약을 받는 경우를 대상으로 한다.

1. 현장조건

구 분	적용조건	할증
통 제 보 안 지 역	보안구역 등 작업인력의 출입통제로 작업에 지장을 받는 경우	20%
군 (軍) 통 제 지 역	인근 사격훈련 등 군(軍) 관련 지역 내 출입통제 등으로 작업에 지장을 받는 경우	50%
도 서 지 역	본토와 도서지구간 인력의 이동(출퇴근) 발생으로 작업에 지장을 받는 경우	50%
공 항 지 역	공항 내 이착륙(1일 20회 이상)발생으로 작업에 지장을 받는 경우	50%

[주] ① 본 할증은 인력의 출입 및 작업 통제에 의해 실 작업시간이 줄어드는 경우에 적용한다.
　② 도서지역에서 자원(인력, 자재, 건설기계)의 수급에 영향을 받는 경우는 본 할증과 무관하며, 별도 반영하여야 한다.

2. 열차의 운행빈도

구 분	적용조건	할증
본 선 상 작 업	열차운행횟수(8시간) 13회 이하 열차운행횟수(8시간) 14~18회 이하 열차운행횟수(8시간) 19회 이상	14% 25% 37%
열 차 운 행 선 인 접 작 업	열차운행횟수(8시간) 13회 이하 열차운행횟수(8시간) 14~18회 이하 열차운행횟수(8시간) 19회 이상	3% 5% 7%

[주] ① 열차 통과에 따라 작업이 중단(지장 또는 대피)되는 경우에 적용한다.
　② 열차운행선 인접공사시 열차통과에 따라 작업이 중단되어 작업능률이 저하되는 경우 대피 할증률을 적용하며, 선로와의 이격거리는 철도안전법 기준을 적용한다.

3. 건물 층수

구 분	적용조건	할증
지 상 층	2~5층	1%
	10층 이하	3%
	15층 이하	4%
	20층 이하	5%
	25층 이하	6%
	30층 이하	7%
	30층 초과	5층마다 1%씩 가산
지 하 층	지하 1층	1%
	지하 2~5층	2%
	지하 2층 초과	1층마다 1%씩 가산

[주] ① 시설(건물 등) 내부에서 작업자의 이동에 따라 작업능률이 저하되는 경우에 적용한다.
② 층의 구분을 할수 없는 경우 층고를 3.6m로 기준하여 환산한다.

1-4-4 지세/지형 (2023년 보완)

시공위치의 형상(산지 등), 환경(교통, 주거등) 등의 조건에 의해 작업효율에 영향을 받는 공종에 한하여 적용한다.

1. 지세

구 분		할 증	적용조건
산 지	산 지 A	15%	– '산지의 등급 구분' 참조
	산 지 B	25%	
	산 지 C	50%	
경 사 지	경사지 A	10%	– 비탈면 등 경사면 작업으로 작업에 지장을 받는 경우
	경사지 B	20%	– '경사지의 등급 구분' 참조
습지/해안지		20%	– 습지(물이있는 논 등) 또는 해안지역(갯벌, 간척지, 모래사장 등)에서 직접 작업하는 경우

[주] ① 시공위치의 형상 변화(간섭, 경사 등)로 인해 작업에 지장을 받는 경우에 적용한다.
② 작업 조건의 개선(지형 평탄화, 탑승장비 활용 등)으로 본 작업의 영향을 받지 않는 경우 적용하지 않는다.

③ '산지의 등급 구분'은 아래와 같다.

구 분	산 지 A	산 지 B	산 지 C
적용대상	- 국도 주변 야산지 - 지방도 주변 야산지 - 시가지 주변 야산지 - 마을 주변 야산지	- 순수 야산지 - 해안 야산지	- 산악지

④ '경사지의 등급 구분'은 아래와 같다.

구 분	경 사 지 A	경 사 지 B
적용대상	- 수평각 15도 ~ 30도 미만 경사	- 수평각 30도 이상 경사

[참 고] 지세구분

구분	지구	평탄지	산 지 A (국도 등 주변야산지)	산 지 B (야산지)	산 지 C (산악지)
지 형		평지 또는 보통 야산으로 교통이 편리한 곳	험한 야산지대 및 수목이 우거진 보통 산악지대	험한 야산지대 및 수목이 우거진 보통 산악지대로서 교통이 불편한 곳	산림이 우거진 험준한 산악지대로서 교통이 극히 불편한 곳
지 세		평지 또는 보통 야산	험한 야산 또는 보통 산악	험한 야산 또는 보통 산악	험한 산악
높이 기준	해발 표고	100m 미만 50m 미만	300m 미만 150m 미만	300m 미만 150m 미만	400m 미만 200m 미만
통행 조건	도로 구배 통행	대소로(유) 완만 양호	대소로(유) 완만 양호	대로(무) 완급 불편	대소로(무) 극급 극히 불량
자연 환경	지세 수목 기상	양호 소수 또는 소목 보통	불편 보통 또는 약간 울창 불편	불편 보통 또는 약간 울창 불편	불량 울창 불편

구분\지구	평탄지	산지 A (국도 등 주변야산지)	산지 B (야산지)	산지 C (산악지)
기타 조건	교통 숙소 통신 인력동원	도로에서 500m 이내 편리 편리 편리	도로에서 500m 이내 편리 편리 편리	도로에서 1km 이내 불편 불편 불편	도로에서 1km 이상 극히 불편 불가 불가

[주] ① 교통
  - 도로 : 도시·군계획시설의 결정·구조 및 설치기준에 관한 규칙 제9조 참고
  - 편리 : 대형차의 통행가능
  - 불편 : 소형차 또는 리어카 정도의 통행가능
  - 극히 불편 : 사람 이외의 통행불가
② 표고 : 활동 중심구역에서의 거리 300m 기준
③ 구배
  - 완만 : 사거리 100m 미만으로 수평각 15도 미만 정도
  - 완급 : 사거리 100m 이상으로 수평각 30도 미만 정도
  - 극급 : 사거리 100m 이상으로 수평각 30도 이상 정도
④ 선정기준 : 상기 구분기준 중 4개 이상에 해당되는 경우를 대상으로 함

2. 도심지

구 분	할 증		적 용 조 건
도로점유 차도공사	차도 A (2차로)	30%	- 교행불가 발생으로 인해 작업에 영향을 받는 경우
	차도 B (4차로 이하)	25%	- 통행제한 또는 저속통행으로 인해 작업에 영향을 받는 경우
	차도 C (4차로 초과)	20%	- 교통량 과다로 인한 차량통행에 영향을 받는 경우
주거지 및 상업지 공사	보행자 및 차량통행	15% (상한)	- 보행자 또는 차량통행으로 인해 작업에 영향을 받는 경우
	주거환경영향		- 주변환경 영향으로 인해 작업에 영향을 받는 경우
	현장협소		- 현장내 자재 적치 또는 장비의 설치/운전이 어려운 경우

구 분	할 증		적 용 조 건
주거지 및 상업지 공사	지하매설물	15%	- 지하매설물의 간섭으로 인해 작업에 영향을 받는 경우
지하/지반 공 사	고층/초고층 건축물	10%	- 장시간 연속타설이 필요한 기초공사 등 - 초대형 장비(대구경 천공기/대형 크레인 등)의 설치/운전이 어려운 경우
	대심도굴착 A	20%	- 대심도 수직구 굴착공사에서 도심지 작업으로 인해 작업에 영향을 받는 경우 (자재반입, 버력반출 제약 등) - 수직구 깊이 40m ~ 60m 이하
	대심도굴착 B	30%	- 대심도 수직구 굴착공사에서 도심지 작업으로 인해 작업에 영향을 받는 경우 (자재반입, 버력반출 제약 등) - 수직구 깊이 60m 초과

[주] ① 도로점유 차도 공사는 도로를 점유하여 작업하는 공종을 기준으로 한다.
② 주거 및 상업지 공사는 '국토의 계획 및 이용에 관한 법률'에 따른 주거지역 및 상업지역과 공업지역 중 준공업지역을 기준으로 하며, 그 밖의 지역에서 시공환경이 유사한 경우 이를 준용하여 적용할 수 있다.
③ 지하/지반 공사는 도시지역 내 현장부지가 협소하거나 보행자 및 차량통행 등으로 현장진입이 원활하지 않은 경우에 적용한다.
④ 고층 및 초고층 건축물의 구분은 '건축법' 및 '건축법 시행령'을 기준으로 한다.

1-4-5 위험 (2023년 보완)

작업 위치 및 환경에 따른 위험요소의 발생과 위험의 노출로 인해 작업능률의 저하가 예상되는 경우에 적용한다.

1. 고소작업

구 분	적용조건	할증
비 계 사 용	10m 미만 10m 이상 ~ 20m 미만 20m 이상 ~ 30m 미만 30m 이상 ~ 40m 미만 40m 이상 ~ 50m 미만 50m 이상 ~ 60m 미만 60m 초과	- 5% 8% 12% 16% 20% 10m마다 4%씩 가산
고소작업차 사용	10m 미만 10m 이상 ~ 20m 미만 20m 이상 ~ 30m 미만 30m 이상 ~ 40m 미만 40m 이상 ~ 50m 미만 50m 이상 ~ 60m 미만 60m 초과	- 4% 6% 8% 10% 12% 10m마다 2%씩 가산

[주] ① 비계 사용은 기설치 된 비계(강관비계, 시스템비계 등)위에서 작업하는 기준이며, 고소작업차 사용은 고소작업차에 탑승하여 작업하는 기준이다.
② 굴착 등 지하에서 작업할 경우 본표의 높이별 할증률을 동일하게 적용하며 비계 또는 고소작업차의 설치 위치를 기준으로 한다.
③ 특수 조건의 고소작업(비계틀 불사용 등)은 별도 계상한다.

2. 교량상 작업

구 분	적용조건	할증
슬 래 브 (도 상) 위	작업자의 추락 위험이 비교적 낮은 작업	15%
무도상 교량 / 난간 설치 및 철거	작업자의 추락 위험이 높은 작업	30%

[주] 교량상 작업은 교량위에서 작업자의 안전시설(안전로프 등) 착용이 필요한 작업 기준이다.

3. 터널내 작업

구 분	적용조건	할증
도 로/보 행 터 널	업자의 대피가 용이한 터널	15%
철 도 터 널	작업자의 대피거리가 길고, 별도의 대피공간이 필요한 터널	30%
비 고	터널내 사다리작업으로 작업능률이 현저하게 저하될 시는 위 할증률에 10%까지 가산할 수 있다.	

[주] 터널내 작업은 완공되어 운영중인 터널의 입구에서 25m이상 진입하여 보수 및 보강, 유지보수 등의 작업 시에 적용한다.

4. 유해 작업

구 분	적용조건	할증
활 선 근 접	고온 · 고압기기 접근작업 [참고] AC140kV급이상(4m이내), 60kV급이상(3m이내), 7kV급이상(2m이내), 600V이상(1m이내)	30%
기 타	고열 · 위험물 · 극독물의 보관실내 작업	20%
	정화조, 축전지실, 제방실내 등 유해가스 발생장소	10%

[주] 유해작업은 유해시설과 인접하여 작업하는 경우에 적용한다.

1-4-6 작업제한 (2023년 보완)

휴전, 단수, 선로사용중지 등 작업시간 제한 발생 또는 1일 작업물량 미만의 소규모 시공 등 일일 작업시간(8시간) 미만의 시공이 발생하는 경우를 대상으로 한다.

1. 작업시간 제한

구 분	적용조건	할증
작 업 가 능 시 간	2시간 이하 3시간 " 4시간 " 5시간 " 6시간 "	50% 35% 25% 20% 15%

[주] ① 휴전, 단수, 선로사용중지 등 일일 작업시간이 제한되는 경우에 적용한다.
② 작업가능시간은 작업준비, 대기 등을 제외한 실질적인 시공위치의 점유가 가능한 시간이다.

2. 소규모(작업물량 제한)

"시공량/일"로 명시된 항목 중 총 시공량이 본 품(시공량/일)의 기준 미만인 소규모 공사인 경우 다음과 같이 적용하며, "시공량/일"이 제시되지 않는 항목의 경우 시공수량과 투입자원(인력, 장비)의 작업능력을 고려하여 산정한다(재료량에는 적용하지 않는다).

구분	조건	적용시공량
1	A ≦ B/2 일 경우	Q = B/2
2	B/2 〈 A ≦ B 일 경우	Q = B

[주] 시공량(A), 1일시공량(표준품셈)(B), 적용시공량(Q)
※ 시공량(A)은 일반적으로 총 시공량을 적용한다. 다만, 외부환경(교통통제 및 발주물량 제한으로 "시공량/일"이 제한되는 경우 등)으로 인해 "시공량/일" 미만이 발생되는 경우 해당 시공량으로 적용한다.

1-4-7 작업환경 (2023년 보완)

공사외적 시공환경(작업 시간대, 환경(소음 · 진동 등), 위치 이동 및 분산 등) 변화 또는 특수작업이 발생하는 경우를 대상으로 한다.

1. 야간

구 분	적용조건	할증
야 간	정상작업시간에 추가하여 야간공사 수행(돌관공사) 공사성격에 따라 야간작업으로 계획	25%

[주] 공정계획에 의해 정상작업(정상공기)에 의한 작업이 불가능한 경우 또는 공사성격 상 야간작업을 수행하는 경우에 적용한다.

2. 특수작업

구 분	적용조건	할증
특 수 작 업	중요기기 및 설비의 분해, 가공 또는 조립작업 특별한 사양 및 공법에 의한 작업 기타 중요한 기기 및 설비를 취급하는 작업	5%~10%
비 고	원자력 발전소와 같이 작업단계별 품질 및 안전도 검사 등이 엄격히 적용되는 공정의 경우에는 각 공정에 따라 품 할증을 별도 가산한다.	

[주] 작업의 중요도가 높거나 특별 시방에 따라 특수한 기술과 안전관리가 필요한 작업(원자력 발전소 등)에 적용한다.

3. 기타

구 분	적용조건	할증
기 타	작업공간의 협소(작업간섭) 동일장소에서 수종의 장비가동 소음 · 진동 발생 위험 발생	50%
	원거리, 계속이동작업, 분산작업 등 이동시간 과다발생	50%

[주] ① 현장 조건에 따라 작업능력 저하가 발생하는 경우에 적용한다.

② 1개 이상의 적용조건이 발생하는 경우 개별 할증을 중복 가산하지 않으며, 현장 전반의 작업환경을 종합적으로 고려하여 할증율을 적용한다.
③ 이동으로 인한 작업시간 손실이 1시간 이내의 경우는 할증을 적용하지 않는다.
④ 작업환경에 따라 작업시간 감소가 예상되는 경우 '1-5-6 작업제한/작업시간제한' 할증율 참고하여 적용한다.

1-5 기타

1-5-1 품질 관리비 (2014년 보완)

1. 건설공사의 품질관리에 필요한 비용은 건설기술진흥법 제56조제1항의 규정에 따라 공사금액에 계상하여야 한다.
2. 품질관리비는 동법시행규칙 제53조제1항에서 규정하고 있는 바와 같이 품질관리계획 또는 품질시험계획에 따른 품질관리활동에 필요한 비용을 말한다.

[참고]
건설공사의 품질관리 시험비 계상시 건설기술진흥법 시행규칙에 명시되지 않은 것으로 고려할 사항은 시험시공비, 특수시험비(수압시험, X-Ray 시험 등) 특수공종의 측량 및 규격검측비 등이 있다.

1-5-2 산업안전보건관리비 (2012년, 2020년, 2023년 보완)

1. 건설공사현장에서 산업재해 예방에 필요한 비용인 산업안전보건관리비는 산업안전보건법 제72조제1항의 규정에 의거 공사금액에 계상하여야 한다.
2. 공사금액에 계상된 산업안전보건관리비는 고용노동부가 고시한 "건설업 산업안전보건관리비 계상 및 사용기준"에 따라 사용하여야 한다.
3. 산업안전보건기준에관한규칙 제146조 및 제241조의2에서 정하고 있는 타워크레인 신호업무담당자, 화재감시자의 인건비는 공사도급 내역서에 반영할 수 있다.

1-5-3 산업재해보상 보험료 및 기타

1. 공사원가계산에 있어 간접노무비, 경비, 일반관리비, 이윤과 산업재해보상 보험료 및 기타 이와 유사한 사항은 기획재정부 회계예규와 산업재해 보상보험법 등 관계 규정에 따른다.
2. 시공과정에서 필요로 하는 보상비(직접, 간접 및 일시보상 등)는 현장실정에 따라 별도 계상할 수 있다.

1-5-4 환경관리비 (2011 · 2014 · 2017 · 2020년 보완)

1. 건설공사에서 환경오염을 방지하고 폐기물을 적정하게 처리하기 위해 필요한 환경보전비 · 폐기물처리 및 재활용비 등 환경관리비는 「건설기술진흥 법 시행규칙」 제61조의 규정을 따른다.
2. 공사현장에서 발생되는 건설폐기물의 일반적인 단위면적당 발생량의 산출은 다음을 참조할 수 있으며, 건축물 해체의 경우는 설계도서에 따라 산출함을 우선으로 한다.

(단위 : TON/㎡)

구 분			폐콘크리트류	폐금속류	폐보드류	폐목재류	폐합성수지류	혼합폐기물
신축	주거용	단독주택	0.03200	–	0.00051	0.00300	0.00174	0.00653
		아파트	0.03561	–	0.00066	0.00416	0.00233	0.00874
	비주거용	철근콘크리트조	0.04888	–	0.00117	0.00141	0.00445	0.00664
		철골조	0.02920	–	0.00117	0.00071	0.00167	0.00353
		철골철근콘크리트조	0.04087	–	0.00117	0.00128	0.00167	0.00418

구 분			폐콘크리트류	폐금속류	폐보드류	폐목재류	폐합성수지류	혼합폐기물
해체	주거용	단독주택	1.3321	0.0010	-	0.0968	0.0263	0.2030
		아파트	1.4770	0.0655	-	0.0150	0.0261	0.1637
	비주거용	철근콘크리트조	1.4028	0.0170	-	0.0638	0.0215	0.1348
		철골조	0.9167	0.0550	-	0.0194	0.0261	0.1348
		철골철근콘크리트조	1.5861	0.1220	-	0.0018	0.0245	0.1452

[주] ① 폐콘크리트류에는 폐콘크리트, 폐아스팔트콘크리트, 폐벽돌, 폐기와 등이 포함되어 있다.
② 폐금속류는 구조물을 구성하는 철골량이 포함되어 있으며, 철골량은 실측에 의하여 별도 산정할 수 있다.
③ 지반 안정화를 위하여 파일 시공을 실시할 경우(연면적/건축면적)이 20미만일 경우 15%, 20을 초과할 경우 20%이내에서 폐 콘크리트 수량을 증가할 수 있다.
④ 폐기물관리법 및 건설기술진흥법에 따른 공사현장 환경시설 중 진출입로에 세륜시설을 설치할 경우 개소당 3% 이내에서 폐콘크리트의 수량을 증가 할 수 있다.
⑤ 건축물의 특성, 시공방법 및 공사현장의 여건에 따라 조정하여 사용한다.

1-5-5 안전관리비 ('04 · '06 · '11 · '14 · '23년 보완)

1. 건설기술진흥법 제62조의 규정에 따라 건설공사의 안전관리에 필요한 안전관리비를 공사금액에 계상하여야 하며, 이 비용의 포함 항목은 동법 시행규칙 제60조제1항의 규정에 따른다.
2. 이 비용은 건설기술진흥법 시행규칙 제60조제2항에서 규정하고 있는 기준에 따라 공사금액에 계상하여야 한다.

1-5-6 사용료

1. 계약에 따른 특허료와 기술료 등에 대한 비용을 계상할 수 있다.
2. 공사에 필요한 경비 중 전력비, 수도광열비, 운반비, 기계정비, 가설비, 시험검사비 등을 계상할 수 있다.

3. 공사용수

구 분	단위	수량
거 푸 집 씻 기	m^3/m^2	0.04
콘 크 리 트 혼 합 및 양 생	m^3/m^3	0.27
경량콘크리트혼합 및 양생	m^3/m^3	0.24
보 통 벽 돌 쌓 기	$m^3/1{,}000$ 매	0.18
돌 쌓 기 모 르 타 르	m^3/m^2(표면적)	0.06
돌 씻 기	m^3/m^2(표면적)	0.17
미 장	m^3/m^2(표면적)	0.02
타 일 붙 임 모 르 타 르	m^3/m^2(표면적)	0.01
타 일 씻 기	m^3/m^2(표면적)	0.013
잡 용 수	m^3	사용량비의 40~50%

[주] 본 표는 양생에 필요한 물의 양을 포함한 것이다.

1-5-7 현장시공상세도면의 작성 (2011 · 2014 · 2020년 보완)

1. 공사의 시공을 위하여 시공상세도면(입체도면 포함)을 작성하는 경우에는 이에 필요한 인건비, 소모품비 등 소요비용을 별도 계상하며, 엔지니어링진흥법 제31조제2항에 따른 「엔지니어링사업대가의 기준」을 적용할 수 있다.
2. 공사진행 단계별로 작성할 시공상세도면의 목록은 건설기술진흥법 시행규칙 제42조 규정에 의하여 발주청에서 공사시방서에 명시하여야 한다.

1-5-8 종합시운전 및 조정비

공사완공 후 각 기기의 단독시운전이 끝난 다음에 장치나 설비 전체의 종합적인 시운전 및 조정을 위하여 필요한 품은 계상할 수 있다.

1-5-9 시공측량비 (2022년 신설)

시공 중 발생되는 측량(시공 전 측량, 시공 측량, 준공 측량 등)은 필요 시 별도 계상한다. 다만, 품셈의 각 항목에 측량이 포함 또는 표시되어 있는 것에 대하여는 제외한다.

1-5-10 표준품셈 보완실사

품을 신설 또는 개정하기 위하여 항목을 배정받은 실사기관에서는 대상 공사에 대하여 실사에 소요되는 조사자의 인건비, 소모품비 등 소요비용을 설계에 반영할 수 있다.

제 2 장 가 설 공 사

2-1 가설물의 한도

2-1-1 현장사무소 등의 규모(토목) (2002 · 2022년 보완)

직접노무비	현장사무소(㎡)		기자재창고 (㎡)	숙소 (㎡)
	감독 · 감리자	수급자		
1.5억 미만	40	50	40	60
1.5억~3억	60	75	50	70
3억~9억	80	100	60	80
9억~30억	100	130	80	100
30억~90억	150	200	100	180
90억~150억	200	300	120	260
150~300억	260	440	130	360
300~500억	280	490	135	400
500억 이상	300	520	140	420

[주] ① 직접노무비는 가설물의 조립해체(부지조성비 포함)에 소요되는 노무비를 제외한 모든 직접노무비의 총금액으로 한다.
② 수급자 현장사무소의 면적은 원수급자 기준이며, 하수급자 현장사무소 면적은 하수급 규모, 운영기간, 상주인력 등을 고려하여 별도 계상한다.
③ 가설물 종류의 선택은 공사종류 및 규모에 따라 선정하여 적용한다.
④ 가설물은 공사의 성질과 소요재료의 수급계획에 따라 증감할 수 있다.
⑤ 시험실의 규모는 건설기술진흥법 시행규칙 [별표5. 건설공사 품질관리를 위한 시설 및 건설기술자 배치기준]규정에 따른다.
⑥ 가설물 부지조성비용은 별도 계상한다.
⑦ 가설공사비는 그 성질에 따라 계상할 수 있다.

2-1-2 현장사무소 등의 규모(건축 및 기계설비) (2022년 보완)

직접노무비	현장사무소(㎡)		기자재창고 (㎡)
	감독·감리자	수급자	
1.5억 미만	30	30	27
1.5억~3억	40	50	30
3억~9억	50	70	40
9억~30억	70	90	50
30억~90억	100	140	70
90억~150억	140	210	80
150~300억	180	300	90
300~500억	190	330	95
500억 이상	210	360	100

[주] ① 직접노무비는 가설물의 조립해체(부지조성비 포함)에 소요되는 노무비를 제외한 모든 직접노무비의 총금액으로 한다..
② 수급자 현장사무소의 면적은 원수급자 기준이며, 하수급자 현장사무소 면적은 하수급 규모, 운영기간, 상주인력 등을 고려하여 별도 계상한다..
③ 가설물 종류의 선택은 공사종류 및 규모에 따라 선정하여 적용한다.
④ 가설물은 공사의 성질과 소요재료의 수급계획에 따라 증감할 수 있다.
⑤ 시험실의 규모는 건설기술진흥법 시행규칙 [별표5. 건설공사 품질관리를 위한 시설 및 건설기술자 배치기준]규정에 따른다.
⑥ 가설물 부지조성비용은 별도 계상한다.
⑦ 가설공사비는 그 성질에 따라 계상할 수 있다.

[참고자료] 가설물 면적
① 가설건물규모는 필요면적을 설계하여 산출하거나 본 표의 시설물 면적에 비례한 계산치를 적용할 수 있다.

○ 시멘트 창고, 동력소 및 변전소 필요면적 산출

시멘트 창고	동력소 및 변전소
$A = 0.4 \times \dfrac{N}{n}$ (㎡) A=저장면적 N=저장할 수 있는 시멘트량 n=쌓기 단수(최고 13포대) 시멘트량이 600포대 이내일 때는 전량을 저장할 수 있는 창고를 가설하고, 시멘트량이 600포대 이상일 때는 공기에 따라서 전량의 1/3을 저장할 수 있는 것을 기준으로 한다.	$A = 3.3\sqrt{W}$ A=면적(㎡) W=전력용량(kWH)

② 식당, 근로자숙소, 휴게실, 화장실, 탈의실, 샤워장 등은 현장여건에 따라 다음의 가설물면적에 의거하여 별도 계상할 수 있다.

○ 가설물 면적

종 별	용 도	면적	비 고
식 당	30인 이상일 때	1㎡	1인당
근 로 자 숙 소		4.2㎡	1인당
휴 게 실	기거자 3명당 3㎡	1.0㎡	1인당
화 장 실	대변기 : 　남자 20명당 1기 　여자 15명당 1기 소변기 : 　남자 30명당 1기	2.2㎡	1변기당(대 · 소변)
탈의실 · 샤워장		2.0㎡	1인당
창 고	시멘트용	1식	수급계획에 의한 순환 저장용량 비교
목 공 작 업 장	거푸집용	20㎡	거푸집사용량 1,000㎡당
철 근 공 작 업 장	가공 · 보관	30~60㎡	사용량 100ton당
철 골 공 작 업 장	공작도 작성 현장가공 및 재료보관	30㎡ 200㎡	사용량 100ton당(필요시) 사용량 100ton당
미 장 공 작 업 장	믹서 및 재료설치	7~15㎡	미장면적 330㎡당
함 석 공 작 업 장	가공 및 재료설치	15~30㎡	함석 330㎡당
석 공 작 업 장	가공 및 공작도 작성	70~100㎡	매월 가공량 10㎥당(필요시)
콘 크 리 트	주위벽 막을 때	0.7㎡	골재 1㎥당
골 재 적 치 장	주위벽 안할 때	1.0㎡	골재 1㎥당

③ 자재창고

(㎡당)

구 분	자재종류	규 격	단위	수량	쌓기단수
미장재료창고	석 회	17kg들이	포	75~100	15~20
철물잡품창고	함 석	#28, 90cm×180cm	매	100~300	200~600
	못	60kg/통, 직경 48cm	통	4~8	1~2
	철 선	50kg/권, #10경 100cm, 높이 17cm	권	5~7	5~7
	루 핑	19.8㎡/권, 경 21cm, 길이 97cm	권	23~46	1~2
	합 판	두께 6mm, 90cm×180cm	매	50~100	100~200
	텍 스	두께 12mm, 90cm×180cm	매	50~75	100~150
도 료 창 고	페인트	25kg 22cm×40cm	통	12~36	1~3

④ 가설전등

(등/㎡당)

구 분	수량	비 고
사 무 실	0.15	1. 등당 100W를 기준함.
창 고	0.06	2. 전등설치에 필요한 재료 및 품은 별도 계상
작업장(일간)	0.10	
숙 소	0.075	

⑤ 인공조명 또는 야간작업이 필요한 개소 및 장소에서의 가설전등은 별도 계상할 수 있다.
⑥ 위생시설(오폐수처리시설 등) 및 전기·수도 인입시설, 층별간이화장실(기성제품), 소각장은 현장여건에 따라 별도 계상한다.

⑦ 건설기계 주기장 산정

대당 소요면적	기　준
36m²	- 대당 소요면적은 덤프트럭, 기중기 등 대형 타이어식 건설기계를 기준한 것이며, 기타 주기장에 주기할 필요가 있는 건설기계에 대하여는 실제대당 소요면적의 1.2배 기준으로 한다. - 주기장 면적은 주기장에 주기를 필요로 하는 건설기계대수가 가장 많을 때의 소요면적의 70%로 한다. 단, 공사성질상 주기장이 불필요한 현장에서는 계상하지 아니한다.

2-2 손율

2-2-1 적용기준 (2016·2022·2023년 보완)

사용기간 및 횟수에 따라 감가상각되는 가설시설물의 재료비는 거래형태 등을 고려하여 손료 또는 임대료로 산정한다.
- 손료 : 표준품셈 제시 손율과 자재수량을 참고하여 적용한다.
- 임대비 : 현장거래 임대료 또는 전문가격조사기관이 공표한 가격 등을 참고하여 적용한다.

2-2-2 주요자재 (2022년 보완)

구분\사용기간별	3개월(%)	6개월(%)	1개년(%)	1개년초과 평균손율(%)
철　　　물	30	45	60	80
창　　　호	30	40	60	80
흄　　　관	80	100	100	100
강　재　류	15	30	50	75

[주] ① 철물 및 강재류의 경우 다음 사항을 고려한다.
　　　㉮ 재료의 길이가 2m 이하인 것은 1회 사용 후 손율은 100%로 계상한다.
　　　㉯ 강재(강널말뚝, 강관파일, H파일, 복공판 등)는 토류벽과 가교 등의 재료로 사용할 때의 기준이다.

②강재의 손료 산정방법은 다음과 같다.
　㉮ 강재를 절단하지 않고 사용하는 경우
　　손료 = 강재수량×(1+재료의 할증률)×신재단가×손율
　㉯ 강재를 절단하여 사용하는 경우(할증량이 스크랩으로 발생되는 경우)
　　손료 = 강재수량×신재단가×손율+할증량×신재단가-할증량
　　×공제율×고재단가

2-2-3 가설시설물 (2022년 보완)

1. 철제조립식 가설건축물

(바닥면적 ㎡당)

구분	기간	3개월	6개월	12개월	24개월	36개월	48개월	60개월 이상
손 율(%)		12	16	25	38	53	70	100
부자재율 (%)	사무실	36	28	19	13	11	9	7
	창고	42	32	22	15	12	10	8

[주] ① 부자재는 주자재의 손율에 대한 구성비율이다.
　② 주자재는 [참고자료] 조립식 가설건축물의 주자재'를 참고한다.

[참고자료] 조립식 가설건축물의 주자재

(바닥면적 ㎡ 당)

구 분	규 격	단위	수량	
			사무소	창고
Base Channel	두께 : 2.0mm 이상	m	0.44	0.44
Top Channel	두께 : 2.0mm 이상	〃	0.44	0.44
외부 Panel(벽)	1,200 × 2,400mm	매	0.20	0.23
〃 (창문)	〃	〃	0.12	0.08
〃 (철재문)	〃	〃	0.03	0.04
내부 Panel(벽)	〃	매	0.15	—
〃 (목재문)	〃	〃	0.05	—
Panel Joint(Al-Bar)	L=2,400mm	조	0.31	0.31

구 분	규 격	단위	수량 사무소	수량 창고
Canopy(출입구 채양)	600×1,200mm	매	0.03	0.04
박공 Panel		〃	0.02	0.02
Roof Sheet	0.5mm color sheet	m²	1.23	1.23
트러스	L=7.2m	개	0.07	0.07
중도리(Purin)	두께 : 2.0 이상	〃	1.52	1.52
천장판	미장합판+50mm glass wool	매	0.69	-
T-bar		m	1.53	-

2. 콘테이너형 가설건축물 (2022년 신설)

구분 \ 기간	3개월	6개월	12개월	24개월	36개월	48개월 이상
손율(%)	18	23	34	56	78	100

3. 가설울타리 및 가설방음벽 (2022년 보완)

사용시간 \ 재료	손율(%) 전기아연도금강판	손율(%) 재생플라스틱 방음판	손율(%) 스틸 방음판
3개월	29	31	33
6개월	33	36	38
12개월	43	45	47
24개월	62	63	64
36개월	81	82	82
48개월	100	100	100

[주] 기둥 및 띠장은 '[공통부문] 2-2-5 구조물 비계'를 따른다.

2-2-4 구조물 동바리 (2022년 보완)

구분 \ 기간	1개월	3개월	6개월	12개월
손율(%)	4	6	10	19

[주] 강관 동바리, 시스템 동바리, 알루미늄 동바리 등에 적용한다.

2-2-5 구조물 비계 (2022년 보완)

재료 \ 공기	손율(%)				비고
	강관, 비계기본틀, 비계장선틀, 가새	받침철물 조절받침철물 비계안전발판	조임철물 이음철물	철물 (앵커용)	
3개월	6	9	12	100	
6개월	10	15	20	100	
12개월	19	29	38	100	
18개월	28	42	56	100	
24개월	37	56	74	100	
30개월	46	69	92	100	
36개월	55	83	100	100	
42개월	64	96	100	100	
48개월	73	100	100	100	
54개월	84	100	100	100	
60개월	91	100	100	100	
66개월	100	100	100	100	

[주] ① 강재비계 내구연한 5.5년을 기준한 것이다.
② 비계매기용 강관, 강관틀, 받침철물, 조임철물, 이음철물을 활용하는 일반적인 비계 매기 기준이다.

2-2-6 축중계 (2009년 신설, 2010년 보완)

기간 구분	3개월	6개월	9개월	12개월	24개월	36개월	48개월	60개월	120개월
손율(%)	3	5	8	10	20	30	40	50	100

2-2-7 규준틀 (2022년 신설)

구 분	목재규준틀	철재규준틀
손율(%)	100%	'[공통부문] 2-2-2 주요자재'의 철물을 따른다.

2-3 가설건축물

2-3-1 철제조립식 가설건축물 설치 및 해체 (2022년 보완)

(바닥면적 ㎡ 당)

구 분	규 격	단 위	사무실	창고
건 축 목 공		인	0.26	0.20
보 통 인 부		인	0.11	0.09
크 레 인	10ton	hr	0.19	0.15

[주] ① 본 품은 샌드위치판넬을 사용한 조립식 가설건축물의 설치 및 해체 기준이다.
② 창고는 내부 패널, 천장재가 없는 구조에 적용한다.
③ 본 품은 먹매김, 내·외부 패널(벽, 창문, 지붕 등) 설치, 지붕트러스, 천장판 설치를 포함한다.
④ 기초공사, 창호 및 유리공사, 수장공사, 전기 및 기계설비공사는 별도 계상한다.
⑤ 크레인 규격은 작업여건(작업범위, 위치 등)에 따라 변경할 수 있다.
⑥ 공구손료 및 경장비(절단기, 발전기 등)의 기계경비는 인력품의 2%로 계상한다.

2-3-2 콘테이너형 가설건축물 설치 및 해체 (2009년 · 2022년 보완)

(개소당)

구 분	규 격	단 위	3.0×3.0m	3.0×6.0m	3.0×9.0m
비 계 공	-	인	0.40	0.58	0.78
특 별 인 부	-	인	0.18	0.34	0.38
크 레 인	10ton	hr	2.00	2.00	2.00

[주] ① 본 품은 콘테이너형 가설건축물의 설치 및 해체 기준이다.
　　② 기초공사, 전기 및 기계설비공사는 별도 계상한다.
　　③ 복층으로 설치하는 경우 계단, 난간, 캐노피 등은 별도 계상한다.
　　④ 가설건축물의 운반비는 별도 계상한다.
　　⑤ 크레인 규격은 작업여건(작업범위, 위치 등)에 따라 변경할 수 있다.

2-4 가설울타리 및 가설방음벽 (2017년 보완)

2-4-1 강관 지주 설치 및 해체 (2017년 보완)

(10m 당)

구 분	규 격	단 위	지주높이 3.5m이하		지주높이 6m이하	
			설치	해체	설치	해체
비 계 공		인	0.30	0.12	0.46	0.18
보 통 인 부		인	0.11	0.04	0.16	0.06
굴 착 기	0.2m³	hr	0.35	0.14	0.35	0.14

[주] ① 본 품은 강관을 사용한 지주(지주간격 2.0m)의 설치 및 해체작업을 기준한 것이다.
　　② 본 품은 지반평탄작업, 강관매입, 보조기둥 설치 및 해체 작업을 포함한다.
　　③ 콘크리트 기초, 출입구문, 방진망 작업은 별도 계상한다.
　　④ 공구손료 및 경장비(전동드릴 등)의 기계경비는 인력품의 3%로 계상한다.
　　⑤ 재료량은 설계수량을 적용한다.

2-4-2 H형강 지주 설치 및 해체 (2022년 보완)

(10m 당)

구 분	규격	단위	지주높이 4m이하		지주높이 7m이하	
			설치	해체	설치	해체
비 계 공		인	0.49	0.20	0.99	0.40
보 통 인 부		인	0.18	0.07	0.35	0.14
굴 착 기	0.2㎥	hr	0.63	0.25	0.63	0.25
트럭탑재형크레인	5ton	hr	0.73	0.29	1.09	0.44

[주] ① 본 품은 H형강을 사용한 지주(지주간격 2.0m)의 설치 및 해체작업을 기준한 것이다.
② 본 품은 지반평탄작업, 강관매입, H형강 근입 및 해체 작업을 포함하며, H형강 설치를 위한 천공 작업은 제외되어 있다.
③ 콘크리트 기초, 출입구문, 방진망 작업은 별도 계상한다.
④ 공구손료 및 경장비(전동드릴 등)의 기계경비는 인력품의 2%로 계상한다.

2-4-3 가설울타리판 설치 및 해체 (2022년 보완)

(10m 당)

구 분	단위	설치높이 3m이하		설치높이 6m이하	
		설치	해체	설치	해체
비 계 공	인	0.26	0.10	0.30	0.12
보 통 인 부	인	0.09	0.04	0.11	0.05

[주] ① 본 품은 후크볼트를 사용한 전기아연도금강판(EGI휀스, 폭 550mm이하) 설치 및 해체작업을 기준한 것이다.
② 문양이나 도색 등이 필요한 경우에 별도 계상한다.
③ 공구손료 및 경장비(전동드릴 등)의 기계경비는 인력품의 3%로 계상한다.

2-4-4 세로형 가설방음판 설치 및 해체 (2022년 보완)

(10m 당)

구 분	단위	설치높이 3m이하		설치높이 6m이하	
		설치	해체	설치	해체
비 계 공	인	0.24	0.10	0.28	0.11
보 통 인 부	인	0.09	0.03	0.10	0.04

[주] ① 본 품은 조이너클립을 사용한 재생플라스틱 방음판(폭 650mm이하) 설치 및 해체작업을 기준한 것이다.
② 문양이나 도색 등이 필요한 경우에 별도 계상한다.
③ 공구손료 및 경장비(전동드릴 등)의 기계경비는 인력품의 3%로 계상한다.

2-4-5 가로형 가설방음판 설치 및 해체 (2022년 보완)

(10m 당)

구 분	규격	단위	설치높이 3m이하		설치높이 6m이하	
			설치	해체	설치	해체
비 계 공		인	0.72	0.29	0.84	0.34
보 통 인 부		인	0.26	0.10	0.30	0.12
트럭탑재형크레인	5ton	hr	0.95	0.38	1.11	0.44

[주] ① 본 품은 H-bar를 사용한 스틸 방음판(500mm×30T×1,980mm) 설치 및 해체작업을 기준한 것이다.
② H-bar 설치 및 해체를 포함하며, 문양이나 도색 등이 필요한 경우에 별도 계상한다.
③ 공구손료 및 경장비(전동드릴 등)의 기계경비는 인력품의 2%로 계상한다.

2-5 규준틀

2-5-1 토공의 비탈 규준틀 설치 및 철거 (2009년, 2022년 보완)

(개소당)

구 분	단위	수량
건축목공	인	0.16
보통인부	〃	0.14

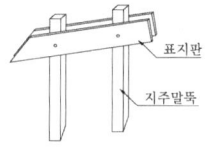

[주] ① 본 품은 높이 0.5m, 표지판 2개를 설치한 비탈규준틀의 제작, 도색, 가설, 철거작업을 포함한다.

2-5-2 도로용 목재 수평 규준틀 설치 및 철거 (2022년 보완)

(개소당)

구 분	단위	수량
건축목공	인	0.21
보통인부	〃	0.19

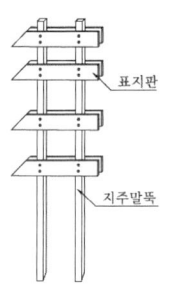

[주] ① 본 품은 높이 2.4m, 표지판 8개를 설치한 수평규준틀의 제작, 도색, 가설, 철거작업을 포함한다.

2-5-3 도로용 철제 수평규준틀 설치 및 철거 (2022년 보완)

(개소당)

구 분	단위	규준틀 높이	
		5m 이하	10m 이하
건축목공	인	0.14	0.17
보통인부	〃	0.12	0.14

[주] ① 본 품은 제작된 수평규준틀을 기준한 것이며, 조립, 설치 및 철거 작업을 포함한다.

2-5-4 평·귀규준틀 설치 및 철거 (2022년 보완)

(개소당)

구 분	단위	종별	
		평규준틀	귀규준틀
목재	m³	0.014	0.022
건축목공	인	0.15	0.30
보통인부	인	0.30	0.45

[주] 본 품은 제작, 도색, 가설, 철거작업을 포함한다.

2-6 동바리

2-6-1 강관 동바리 설치 및 해체(토목) (2016·2022년 보완)

(10공·m³ 당)

구 분	단위	수량		
		2.5m 이하	2.5m초과 ~ 3.5m이하	3.5m초과 ~ 4.2m이하
형틀목공	인	0.54	0.58	0.63
보통인부	인	0.21	0.23	0.25

비고:
- 수평연결재가 필요한 경우는 다음과 같이 계상한다.

(1단설치일 때, m²당)

구분	규격	단위	수량
형틀목공	설치, 해체	인	0.02
보통인부	설치, 해체	인	0.01

※ 전체동바리 연결을 기준으로 산정된 것이다.

- 설치간격에 따른 요율은 다음 기준을 적용한다.

설치간격	0.6m이하	0.6m초과~0.8m이하	0.8m 초과
요율(%)	120%	100%	90%

※ 설치간격은 멍에간격을 기준한 것이다.

[주] ① 본 품은 강관동바리(설치높이 4.2m까지) 설치 및 해체작업을 기준한 것이다.
② 본 품은 멍에의 설치, 해체 작업이 포함되어 있다.
③ 동바리를 지반에 설치할 경우에 지반고르기 및 콘크리트타설 등은 별도 계상한다.
④ 잡재료 및 소모재료(고정못 등)는 주재료비의 5%로 계상한다.

2-6-2 강관동바리 설치 및 해체(건축, 기계설비) (2016 · 2022년 보완)

(㎡당)

구 분	단위	수량	
		3.5m 이하	3.5m 초과~4.2m 이하
형틀목공	인	0.05	0.06
보통인부	인	0.01	0.01
비고	\- 수평연결재가 필요한 경우는 다음과 같이 계상한다. (1단 설치일 때, ㎡당) | 구분 | 규격 | 단위 | 수량 | |---|---|---|---| | 형틀목공 | 설치, 해체 | 인 | 0.02 | | 보통인부 | 설치, 해체 | 인 | 0.01 | ※ 전체동바리 연결을 기준으로 산정된 것이다. \- 설치간격에 따라 다음 요율을 적용한다. | 설치간격 | 0.6m이하 | 0.6m초과~0.8m이하 | 0.8m 초과 | |---|---|---|---| | 요율(%) | 120% | 100% | 90% | ※ 설치간격은 멍에간격을 기준한다.		

[주] ① 본 품은 강관동바리(설치높이 4.2m까지) 설치 및 해체작업을 기준한 것이다.
② 본 품은 멍에의 설치, 해체 작업이 포함되어 있다.
③ 동바리를 지반에 설치할 경우에 지반고르기 및 콘크리트 타설 등은 별도 계상한다.
④ 잡재료 및 소모재료(고정못 등)는 주재료비의 5%로 계상한다.

2-6-3 시스템동바리 설치 및 해체 (2016 · 2022년 보완)

(10공㎥ 당)

구 분	단위	수량		
		10m이하	10m초과~ 20m이하	20m초과~ 30m이하
형틀목공	인	0.58	0.68	0.87
보통인부	인	0.18	0.21	0.27
크 레 인	hr	0.17	0.25	0.28
비고	• 설치간격에 따라 다음 요율을 적용한다. <table><tr><td>설치간격</td><td>0.6m 이하</td><td>0.6m초과~1.2m이하</td><td>1.2m 초과</td></tr><tr><td>요율(%)</td><td>120%</td><td>100%</td><td>90%</td></tr></table> ※ 설치간격은 멍에간격을 기준한다.			

[주] ① 본 품은 시스템동바리의 설치 및 해체작업을 기준한 것이다.
② 본 품은 멍에의 설치, 해체 작업이 포함되어 있다.
③ 동바리를 지반에 설치할 경우에 지반고르기 및 콘크리트타설 등은 별도 계상한다.
④ 크레인 규격은 다음 기준을 적용하며, 작업여건에 따라 변경할 수 있다.

높 이	20m이하	20m초과~30m이하
크레인 규격	15톤	20톤

2-6-4 알루미늄 폼 동바리 설치 및 해체 (2016년 보완)

(㎡ 당)

구 분	단위	수량
형틀목공	인	0.03
보통인부	인	0.01

[주] 본 품은 알루미늄 폼 동바리 설치 및 해체작업을 기준한 것이다.

2-6-5 잭서포트 설치 및 해체 (2022년 신설)

(개 당)

구 분	단위	수량
형틀목공	인	0.06
보통인부	인	0.02

[주] ① 본 품은 중하중 골조용 동바리(설치높이 5m이하)를 설치 및 해체하는 기준이다.
② 본 품은 멍에(고무판)의 설치, 해체 작업을 포함한다.
③ 지반에 설치할 경우에 지반고르기 및 콘크리트 타설 등은 별도 계상한다.

2-7 비계

2-7-1 강관비계 설치 및 해체 (2016 · 2022년 보완)

(m^2 당)

구 분	규 격	단위	수량		
			10m이하	10m초과~20m이하	20m초과~30m이하
비계공	설치, 해체	인	0.05	0.06	0.07
보통인부	설치, 해체	인	0.02	0.02	0.02

[주] ① 본 품은 쌍줄비계의 설치 및 해체작업을 기준한 것이다.
② 본 품은 비계(발판 및 이동용 내부계단) 설치, 해체 작업이 포함되어 있다.
③ 높이 30m 초과 시 비계설치, 해체 및 비계안전 보강재 설치 품은 별도 계상한다.
④ 가설계단 및 방호시설은 별도 계상한다.
⑤ 공구손료 및 경장비(전동드릴 등)의 기계경비는 인력품의 2%로 계상한다.

2-7-2 시스템비계 설치 및 해체 (2016년 신설 · 2022년 보완)

(㎡ 당)

구 분	규 격	단위	수 량		
			10m이하	10m초과~ 20m이하	20m초과~ 30m이하
비계공	설치, 해체	인	0.04	0.05	0.06
보통인부	설치, 해체	인	0.01	0.01	0.01

[주] ① 본 품은 시스템비계(연결핀 조립)의 설치 및 해체작업을 기준한 것이다.
② 본 품은 비계(발판 및 내부계단 포함) 설치, 해체 작업이 포함되어 있다.
③ 높이 30m 초과 시 비계설치, 해체 및 비계안전 보강재 설치 품은 별도 계상한다.
④ 가설 계단 및 방호시설은 별도 계상한다.
⑤ 현장여건에 따라 장비(크레인 등)가 필요한 경우 기계경비는 별도 계상한다.

2-7-3 강관틀 비계 설치 및 해체 (2016 · 2022년 보완)

(㎡ 당)

구 분	규격	단위	수량	
			10m 이하	10m 초과 ~ 20m 이하
비 계 공	설치, 해체	인	0.02	0.03
보통인부	설치, 해체	인	0.01	0.01

[주] ① 본 품은 강관틀 비계 설치 및 해체작업을 기준한 것이다.
② 본 품은 비계(발판 및 이동용 내부계단) 설치, 해체 작업이 포함되어 있다.
③ 높이 20m 초과 시 비계설치, 해체 및 비계안전 보강재 설치 품은 별도 계상한다.
④ 가설계단 및 방호시설은 별도 계상한다.

2-7-4 강관 조립말비계(이동식) 설치 및 해체 (2016 · 2022년 보완)

(1대당)

구 분	규 격	단위	수량	
			높이 2m	높이 4m
비계공	설치, 해체	인	0.25	0.41
보통인부	설치, 해체	인	0.14	0.24

[주] ① 본 품은 강관 조립말비계(이동식) 1회 설치, 해체작업을 기준한 것이다.

[참고자료] 강관 조립말비계(이동식) 재료량

(1대당 높이 2m 기준)

구 분	규격	단위	수량	비고
비계기본틀(기둥)	H1700×W1219	개	2	
가 새	L1518-2개	조	2	
수 평 띠 장	L1829	개	4	
손 잡 이 기 둥		개	4	
손 잡 이	L1219	개	2	
	L1829	개	4	
바 퀴		개	4	
자 키		개	4	
발 판	45×200×2,000	장	7	

※ 1대당 비계기본틀(기둥) 높이가 증가할 때는 연결핀 및 암록을 별도 계상한다.
※ 손율은 '[공통부문] 2-2-5 구조물비계'를 따른다.

2-7-5 경사형 가설 계단 설치 및 해체 (2016 · 2022년 보완)

(㎡ 당)

구 분	규격	단위	수량
비 계 공	설치, 해체	인	0.27
보 통 인 부	설치, 해체	인	0.09

[주] ① 본 품은 높이 6m이하에서 강관(φ 48.6㎜), 조립형 발판을 사용하여 가설 계단을 경사 형태로 조립·설치하는 기준이다.
② 가설계단 폭은 0.9m이하, 면적은 디딤판의 면적(계단참 포함)을 기준한 것이다.
③ 본 품은 비계 및 발판 설치·해체 작업이 포함되어 있다.
④ 방호시설은 별도 계상한다.
⑤ 공구손료 및 경장비(전동드릴 등)의 기계경비는 인력품의 2%로 계상한다.

2-7-6 타워형 가설 계단 설치 및 해체 (2022년 보완)

(m² 당)

구 분	규격	단위	수량
비 계 공	설치, 해체	인	0.20
보 통 인 부	설치, 해체	인	0.07
크 레 인	10ton	hr	0.06

[주] ① 본 품은 일체형 발판을 사용하여 가설계단을 타워 형태로 설치하는 기준이다.
② 가설계단 폭은 0.9m이하, 면적은 디딤판의 면적(계단참 포함)을 기준한 것이다.
③ 본 품은 비계 및 발판 설치·해체 작업이 포함되어 있다.
④ 방호시설은 별도 계상한다.
⑤ 크레인 규격은 현장여건을 고려하여 변경할 수 있다.

2-7-7 비계용 브라켓 설치 및 해체 (2016년·2022년 보완)

(10개소당)

구 분	규격	단위	수 량			
			벽용		슬래브발코니,난간용	
			설치	해체	설치	해체
비계공	설치, 해체	인	0.45	0.34	0.34	0.26

[주] ① 본 품은 벽, 슬래브, 난간에 비계용 브라켓의 설치 및 해체작업을 기준한 것이다.

2-8 추락재해방지시설
2-8-1 낙하물 방지망(비계) 설치 및 해체 (2020년 보완)

(10m² 당)

구 분	규격	단위	수량
비 계 공	설치, 해체	인	0.30
보 통 인 부	설치, 해체	인	0.10

[주] ① 본 품은 비계 외부에 강관을 사용한 낙하물방지망(수평방향 3m이하)을 설치 및 해체하는 기준이다.
② 본 품은 지지대, 연결재, 그물망 설치 및 해체 작업을 포함한다.
③ 타워크레인 또는 크레인이 필요한 경우 기계경비는 별도 계상한다.
④ 공구손료 및 경장비(전동드릴 등)의 기계경비는 인력품의 2%로 계상한다.
⑤ 재료량은 다음을 참고하며, 강관 및 부속철물의 손율은 '[공통부문] 2-2-5 구조물비계'를 따른다.

(㎡ 당)

구 분	규격	단위	수량
강 관	ø48.6mm×2.4mm	m	2.70
브 라 켓		개	0.26
철 선		kg	0.25
클 램 프		개	0.27
그 물 망		㎡	1.24

※ 위 재료량은 할증이 포함되어 있으며, 그물망의 손율은 1회사용 후 100%로 한다.

2-8-2 낙하물 방지망(플라잉넷 설치 및 해체)

(2009년 신설, 2017년, 2020년 보완)

(10㎡ 당)

구 분	규격	단위	수량
비 계 공	설치, 해체	인	0.20
보 통 인 부	설치, 해체	인	0.10

[주] ① 본 품은 구조체 외부에 사다리(플라잉넷)를 사용한 낙하물방지망(수평방향 3m이하)을 설치 및 해체하는 기준이다.
② 본 품은 브라켓, 사다리, 와이어로프, 그물망 설치 및 해체 작업을 포함한다.
③ 공구손료 및 경장비(전동드릴 등)의 기계경비는 인력품의 3%로 계상한다.
④ 재료량은 다음을 참고하며, 강관 및 부속철물의 손율은 '[공통부문] 2-2-5 구조물비계'를 따른다.

(m² 당)

구 분	규격	단위	수량
강 관	ø48.6mm×2.4mm	m	0.167
브 라 켓		개	0.116
사 다 리	폭 30cm×길이 3m 기준	m	0.111
와이어로프	ø6	m	0.764
클 램 프		개	0.127
그 물 망		m²	1.390

※ 위 재료량은 할증이 포함되어 있으며, 그물망의 손율은 1회사용 후 100%로 한다.

2-8-3 낙하물 방지망(시스템방호) 설치 및 해체 (2020년 신설)

(10m² 당)

구 분	단위	수량
비 계 공	인	0.25
보 통 인 부	인	0.10

[주] ① 본 품은 구조체 외부에 강관을 사용한 낙하물방지망(수평방향 4m이하) 설치 및 해체하는 기준이다.
② 본 품은 지지대, 연결재, 그물망 설치 및 해체 작업을 포함한다.
③ 타워크레인 또는 크레인이 필요한 경우 기계경비는 별도 계상한다.
④ 공구손료 및 경장비(전동드릴 등)의 기계경비는 인력품의 2%로 계상한다

2-8-4 교량 방호선반 설치 및 해체 (2011·2023년 보완)

(10m² 당)

구 분	규격	단위	수량
비 계 공	-	인	0.25
보 통 인 부	-	인	0.12

구 분	규격	단위	수량
크 레 인	5 ton	hr	0.10
고 소 작 업 차	5 ton	hr	0.43

[주] ① 본 품은 교량(거더 하부)에 방호선반을 설치 및 해체하는 기준이다.
　　② 본 품은 브라켓 및 비계파이프 설치, 합판 거치, 천막지 설치, 안전난간 및 보호망 설치 작업을 포함한다.
　　③ 장비의 규격은 작업여건(작업범위, 위치 등)을 고려하여 변경할 수 있다.
　　④ 공구손료 및 경장비(와이어윈치 등)의 기계경비는 인력품의 3%로 계상한다.

2-8-5 교량 낙하물방지망 설치 및 해체 (2023년 신설)

(10㎡ 당)

구 분	규격	단위	수량
비 계 공	-	인	0.14
보 통 인 부	-	인	0.07
고 소 작 업 차	5 ton	hr	0.33

[주] ① 본 품은 교량 거더 하부에 낙하물방지망을 설치 및 해체하는 기준이다.
　　② 본 품은 브라켓 및 비계파이프 설치, 그물망 설치 작업을 포함한다.
　　③ 장비의 규격은 작업여건(작업범위, 위치 등)을 고려하여 변경할 수 있다.
　　④ 공구손료 및 경장비(와이어윈치 등)의 기계경비는 인력품의 3%로 계상한다.

2-8-6 철골 안전망 설치 및 해체 (2018년 보완)

(10㎡ 당)

구 분	단위	수량
비 계 공	인	0.17
보 통 인 부	인	0.05

[주] ① 본 품은 철골공사 시공 중 철골사이에 설치되는 안전망을 기준한 것이다.
　　② 본 품은 안전망, 보강재 및 결속선의 설치 및 해체 작업이 포함된 것이다.

③ 재료량은 다음을 참고하여 적용한다.

(10㎡ 당)

구 분	규 격	단위	수량
그 물 망		㎡	12.4
보 강 재		m	4.0
결 속 선	#10	kg	0.3~0.4

※ 재료량은 할증이 포함되어 있으며, 그물망의 손율은 1회 사용후 100%로 한다.

2-8-7 비계주위 보호망 설치 및 해체 (2017년 보완)

(10㎡ 당)

구 분	단위	수량
비계공	인	0.10

[주] ① 본 품은 낙하물방지 등을 목적으로 비계주위에 설치하는 보호망(그물망 등) 설치 및 해체 작업을 기준한 것이다.
② 재료량은 다음을 참고하며, 설치에 필요한 부속재료는 별도 계상한다.

(㎡ 당)

구 분	단위	수량
보호망	㎡	1.05

※ 위 재료량은 할증이 포함되어 있으며, 보호망의 손율은 1회사용 후 100%로 한다.

2-8-8 갱폼주위 보호망 설치 및 해체 (2017년 보완)

(10㎡ 당)

구 분	단위	수량
비계공	인	0.04

[주] ① 본 품은 낙하물방지 등을 목적으로 갱폼주위에 설치하는 보호망(그물망 등) 설치 및 해체 작업을 기준한 것이다.

② 재료량은 다음을 참고하며, 설치에 필요한 부속재료는 별도 계상한다.

(m^2 당)

구 분	단위	수량
보호망	m^2	1.05

※ 위 재료량은 할증이 포함되어 있으며, 보호망의 손율은 1회사용 후 100%로 한다.

2-8-9 수직형 추락방망 설치 및 해체 (2020년 신설)

(10개소당)

구 분	단위	개구부 면적				
		1.0m^2이하	1.0~3.0m^2이하	3.0~6.0m^2이하	6.0~9.0m^2이하	9.0~12.0m^2이하
비계공	인	0.49	0.63	1.01	1.30	1.60

[주] ① 본 품은 창호, 발코니 등 개구부에 추락의 위험을 방지하기 위한 수직형 방망을 설치 및 해체하는 기준이다.
② 본 품은 앵커 구멍뚫기, 방망 설치 및 해체 작업을 포함한다.
③ 공구손료 및 경장비(전동드릴 등)의 기계경비는 인력품의 2%로 계상한다.

2-8-10 안전난간대 설치 및 해체 (2020년 신설)

(10m당)

구 분	단 위	브라켓형		앵커형	
		2단	3단	2단	3단
비 계 공	인	0.56	0.62	0.64	0.70
비 고	- 난간기둥 간격에 따라 다음 요율을 적용한다.				
		설치간격	1.0m이하	1.5m이하	1.5m초과
		요율	110%	100%	90%

[주] ① 본 품은 발코니, 슬래브 등에 추락 등의 위험을 방지하기 위한 가설난간대를 설치 및 해체하는 기준이다.
② 2단은 상부난간대와 중앙에 중간난간대를 설치하는 기준이며, 3단은 상부난간대와 중간난간대 2개소 설치하는 기준이다.
③ 본 품은 난간 기둥, 상부난간대, 중간난간대 설치 및 해체 작업을 포함한다.
④ 발끝막이판 및 보호망의 설치 및 해체는 별도 계상한다.
⑤ 공구손료 및 경장비(전동드릴 등)의 기계경비는 인력품의 2%로 계상한다.

2-8-11 계단난간대 설치 및 해체 (2020년 신설)

(10개소당)

구 분	단 위	브라켓형	앵커형
비 계 공	인	1.40	1.45

[주] ① 본 품은 계단구간에 추락 등의 위험을 방지하기 위한 가설난간대를 설치 및 해체하는 기준이다.
② 난간대 규격은 길이 2.5m이하, 난간대 2단 기준이다.
③ 본 품은 난간 기둥, 상부난간대, 중간난간대 설치 및 해체 작업을 포함한다.
④ 발끝막이판 및 보호망의 설치 및 해체는 별도 계상한다.
⑤ 공구손료 및 경장비(전동드릴 등)의 기계경비는 인력품의 2%로 계상한다.

2-8-12 안전난간대 설치 및 해체(토목) (2021년 신설)

(10m당)

구 분	단 위	2단	3단
비 계 공	인	0.62	0.67
비고	− 난간기둥 간격에 따라 다음 요율을 적용한다.			
	설치간격	1.0m이하	1.5m이하	1.5m초과
	요율	110%	100%	90%

[주] ① 본 품은 토공구간에 지주를 박아서 매설하는 가설난간대의 설치 및 해체 기준이다.
　　② 2단은 상부난간대와 중앙에 중간난간대를 설치하는 기준이며, 3단은 상부난간대와 중간 난간대 2개소 설치하는 기준이다.
　　③ 본 품은 난간 기둥, 상부난간대, 중간난간대 설치 및 해체 작업을 포함한다.
　　④ 보호망의 설치 및 해체는 별도 계상한다.
　　⑤ 공구손료 및 경장비(전동드릴 등)의 기계경비는 인력품의 2%로 계상한다.

2-8-13　엘리베이터 난간틀 설치 및 해체 (2020년 신설)

(10개소당)

구　분	단　위	수　량
비 계 공	인	0.80

[주] ① 본 품은 엘리베이터 개구부에 추락 등의 위험을 방지하기 위한 가설난간 틀을 설치 및 해체하는 기준이다.
　　② 난간틀 규격은 높이 1.4m이하, 길이 1.3m이하를 기준한다.
　　③ 본 품은 난간틀 설치 및 해체 작업을 포함한다.

2-8-14　엘리베이터 추락방호망 설치 및 해체 (2020년 신설)

(10개소당)

구　분	단　위	수　량
비 계 공	인	1.50

[주] ① 본 품은 엘리베이터 통로 내 추락 등의 위험을 방지하기 위한 수평방향의 방호망을 설치 및 해체하는 기준이다.
　　② 추락방호망 규격은 5~9㎡이하를 기준한다.
　　③ 본 품은 방호망 설치 및 해체 작업을 포함한다.
　　④ 공구손료 및 경장비(전동드릴 등)의 기계경비는 인력품의 2%로 계상한다.

2-8-15 개구부 수평보호덮개 설치 및 해체 (2022년 신설)

(개당)

구 분	단 위	개당 면적	
		1.0㎡이하	3.0㎡이하
비 계 공	인	0.05	0.07

[주] 본 품은 추락 등의 위험이 있는 수평개구부에 보호덮개를 설치 및 해체하는 기준이다.

2-8-16 강재거푸집 작업용 난간 설치 및 해체 (2022년 신설)

(10m당)

구 분	단 위	수 량
비 계 공	인	0.82

[주] ① 본 품은 강재거푸집 상단에 작업자의 이동 및 작업을 위한 가설난간대를 설치 및 해체하는 기준이다.
② 난간은 상부난간대와 중앙에 중간난간대를 설치하는 2단난간 기준이다.
③ 본 품은 난간 기둥, 상부난간대, 중간난간대 발판 설치 및 해체 작업을 포함한다.
④ 발끝막이판 및 보호망의 설치 및 해체는 별도 계상한다.
⑤ 공구손료 및 경장비(전동드릴 등)의 기계경비는 인력품의 3%로 계상한다.

2-8-17 수평지지로프 설치 및 해체 (2023년 신설)

(m당)

구 분	단 위	수 량
비 계 공	인	0.02

[주] ① 본 품은 고소작업 시 안전대를 걸기 위해 수평지지로프(구명줄)를 설치 및 해체하는 기준이다.
② 본 품은 브라켓 지주, 수평지지로프 설치 작업을 포함한다.

2-9 통행안전시설

2-9-1 타워크레인 방호울타리 설치 및 해체 (2020년 신설)

(m당)

구 분	단 위	수 량
비계공	인	0.12

[주] ① 본 품은 타워크레인 주위에 방호울타리를 설치 및 해체하는 기준이다.
② 본 품은 울타리 높이 2.0m 기준이다.
③ 본 품은 앵커구멍 뚫기, 울타리 및 출입문 조립설치 · 해체 작업을 포함한다.
④ 우수방지책를 설치 및 해체는 별도 계상한다.
⑤ 공구손료 및 경장비(전동드릴 등)의 기계경비는 인력품의 2%로 계상한다.

2-9-2 건설용리프트 방호선반 설치 및 해체 (2023년 신설)

(개소당)

구 분	단 위	수 량
비 계 공	인	0.95
보 통 인 부	인	0.26

[주] ① 본 품은 건설용리프트(싱글 1.2ton) 주위에 방호선반을 설치 및 해체하는 기준이다.
② 본 품은 방호선반틀(파이프) 조립, 경사로 설치, 발판 및 난간대 설치 작업을 포함한다.
③ 공사안내판 및 보호망의 작업은 별도 계상한다.
④ 공구손료 및 경장비(전동드릴 등)의 기계경비는 인력품의 2%로 계상한다.

2-9-3 보행자 안전통로 설치 및 해체 (2021년 신설)

(통로길이 m당)

구 분	단 위	수 량
비계공	인	0.20

[주] ① 본 품은 강관파이프 및 발판을 조립하여 설치하는 보행자 안전통로의 설치 및 해체 기준이다.
② 본 품은 높이 3.0m이하, 폭 2.0m 기준이다.
③ 본 품은 통로틀, 바닥판 및 천장판, 보호망의 설치 및 해체 작업을 포함한다.
④ 안내판은 별도 계상한다.
⑤ 공구손료 및 경장비(전동드릴 등)의 기계경비는 인력품의 2%로 계상한다.

2-9-4 PE드럼 설치 및 해체 (2022년 신설)

(개당)

구 분	단 위	수 량
특 별 인 부	인	0.06

[주] ① 본 품은 가설 PE드럼을 설치 및 해체하는 기준이다.
② 본 품은 PE드럼 설치, 모래주머니 만들기, PE드럼 해체 작업을 포함한다.

2-9-5 PE가설방호벽 설치 및 해체 (2022년 신설)

(개당)

구 분	규 격	단 위	수 량
특 별 인 부		인	0.09
살 수 차	1,800 ℓ	hr	0.03

[주] ① 본 품은 가설 PE방호벽을 설치 및 해체하는 기준이다.
② 본 품은 PE방호벽 설치 및 해체, 물충전 작업을 포함한다.
③ 델리네이터 및 윙카호스가 필요한 경우 '2-8-20 PE드럼 설치 및 해체'를 따른다.

2-9-6   PC가설방호벽 설치 및 해체 (2022년 신설)

(개당)

구 분	규 격	단 위	수 량
특 별 인 부		인	0.12
크 레 인	5ton	hr	0.21

[주] ① 본 품은 가설 PC방호벽을 설치 및 해체하는 기준이다.
② 본 품은 PC방호벽 설치 및 결속, 해체 작업을 포함한다.
③ 델리네이터 및 윙카호스가 필요한 경우 '2-8-20 PE드럼 설치 및 해체'를 따른다.
④ 도색은 필요한 경우 별도 계상한다.

2-9-7   가설휀스(H-Beam기초) 설치 및 해체 (2022년 신설)

(m당)

구 분	규 격	단 위	수 량
특 별 인 부		인	0.01
크 레 인	5ton	hr	0.02

[주] ① 본 품은 H-Beam을 기초로 제작된 가설휀스를 설치 및 해체하는 기준이다.
② 본 품은 가설휀스 설치 및 해체 작업을 포함한다.
③ 델리네이터 및 윙카호스가 필요한 경우 '2-8-20 PE드럼 설치 및 해체'를 따른다.
④ 가설휀스 제작은 별도 계상한다.

2-9-8   PE가설휀스 설치 및 해체 (2023년 신설)

(개당)

구 분	단 위	수 량
특 별 인 부	인	0.02

[주] ① 본 품은 PE가설휀스(L1.5xH0.9m)를 설치 및 해체하는 기준이다.
② 본 품은 휀스 조립 및 설치, 하부 보강(강관파이프, 모래주머니) 작업을 포함한다.

2-9-9 가림막 가설휀스 설치 및 해체 (2023년 신설)

(개당)

구 분	단위	수량
특 별 인 부	인	0.04

[주] ① 본 품은 가림막 가설휀스(L2.0×H1.2~1.8m)를 설치 및 해체하는 기준이다.
② 본 품은 블록 고정, 휀스 및 지지대 설치 작업을 포함한다.

2-9-10 점멸등 설치 및 해체 (2023년 신설)

(개당)

구 분	단위	수량
특 별 인 부	인	0.01

[주] 본 품은 점멸등(델리네이터)을 설치 및 해체하는 기준이다.

2-9-11 유도등 설치 및 해체 (2023년 신설)

(m당)

구 분	단위	수량
특 별 인 부	인	0.01

[주] 본 품은 유도등(윙카호스)을 설치 및 해체하는 기준이다.

2-9-12 사각지대 충돌방지장치 설치 및 해체 (2025년 신설)

(개당)

구 분	단위	수량
중 급 기 술 자	인	0.25
특 별 인 부	인	0.25

[주] ① 본 품은 굴착기 사각지대 충돌방지장치를 설치 및 해체하는 기준이다.
② 본 품은 카메라 장착, 모니터 타공 및 고정, 통신라인 연결 및 조정, 작동 상태 확인 작업을 포함한다.
③ 공구손료 및 경장비(전동드릴 등)의 기계경비는 인력품의 1.0%로 계상한다.

2-10 피해방지시설

2-10-1 비계주위 보호막 설치 및 해체 (2017년 보완)

(10㎡ 당)

구 분	단위	수량
비 계 공	인	0.20

[주] ① 본 품은 시공안전, 미관, 외부차단 등을 목적으로 비계에 설치하는 보호막 설치 및 해체 작업을 기준한 것이다.
② 재료량은 다음을 참고하며, 설치에 필요한 부속재료는 별도 계상한다.

(㎡ 당)

구 분	단위	수량
보 호 막	㎡	1.05

※ 위 재료량은 할증이 포함되어 있으며, 보호막의 손율은 1회사용 후 100%로 한다.

2-10-2 방진망 설치 및 해체 (2017년 보완)

(10㎡ 당)

구 분	단위	수량
비 계 공	인	0.16

[주] ① 본 품은 가설울타리 및 가설방음벽 상부에 설치하는 그물망 설치 및 해체 작업을 기준한 것이다.
② 비계 등의 가시설이 필요한 경우 별도 계상한다.
③ 재료량은 다음을 참고한다.

(㎡ 당)

구 분	단위	수량
방진망	㎡	1.06
철 선	kg	0.115

※ 위 재료량은 할증이 포함되어 있으며, 방진망의 손율은 1회사용 후 100%로 한다.

2-10-3 터널방음문 설치 및 해체 (2019년 신설)

(개소당)

구 분	규 격	단위	수량 설치	수량 해체
철 공		인	2.81	2.53
용 접 공		인	1.13	-
보 통 인 부		인	1.13	1.02
크 레 인	50ton	hr	8.0	5.6
크 레 인	10ton	hr	8.0	5.6

[주] ① 본 품은 제작된 터널방음문(3차로 이하)을 부위별로 반입하여 현장에서 조립 설치·해체하는 기준이다.
② 앵커 구멍뚫기, 방음문 조립 및 해체, 보강(용접) 작업을 포함한다.
③ 기초 콘크리트, 환기설비에 대한 재료 및 품은 별도 계상한다.
④ 공구손료 및 경장비(용접기 등)의 기계경비는 인력품의 2%로 계상한다.

2-10-4 박스형 간이흙막이 설치 및 해체 (2022년 신설)

(개당)

구 분	규격	단위	설치깊이 H=3.0m이하	설치깊이 4.0m이하
특 별 인 부		인	0.17	0.24
보 통 인 부		인	0.06	0.09
크 레 인	10ton	hr	0.26	0.44

[주] ① 본 품은 버팀대(연결대) 및 판넬이 Box형태로 조립된 상태의 간이흙막이를 설치 및 해체하는 기준이다.
② 간이흙막이(판넬)의 개당 길이는 3.0m 이하, 폭은 2.0m 이하 기준이다.
③ 가설흙막이 설치를 위한 터파기 및 뒤채우기 등의 토공작업은 별도 계상한다.

2-10-5 조립식 간이흙막이 설치 및 해체 (2022년 신설)

(m당)

구 분	규격	단위	설치깊이			
			H=3.0m이하	H=4.0m이하	H=5.0m이하	H=6.0m이하
특별인부		인	0.19	0.28	0.40	0.57
보통인부		인	0.07	0.10	0.15	0.22
크레인	10ton	hr	0.46	0.90	1.48	2.20

[주] ① 본 품은 간이흙막이를 조립하면서 설치 및 해체하는 기준이다.
② 본 품은 기둥(레일), 버팀대(연결대), 판넬의 조립, 설치 및 해체를 포함한다.
③ 가설흙막이 설치를 위한 터파기 및 뒤채우기 등의 토공작업은 별도 계상한다.

2-10-6 비탈면 보양 (2023년 신설)

(㎡당)

구 분	단위	수량
특별인부	인	0.02
보통인부	인	0.01

[주] ① 본 품은 비탈면의 토사유출 등 방지하기 위해 보양재(천막 등)를 설치 및 해체하는 기준이다.
② 본 품은 보양재 설치, P.P마대 만들기 및 설치 작업을 포함한다.

2-11 현장관리

2-11-1 건축물 보양 (2023년 보완)

(보양면적 ㎡당)

구 분	단위	부직포 깔기	보양지 붙이기	목재 붙이기
건축목공	인	-	-	0.03
보통인부	인	0.003	0.01	-

[주] ① 본 품은 시공부위의 파손 및 오염을 방지하기 위하여 보양재를 설치 및 철거하는 기준이다.

② 부직포 깔기는 보양재를 바닥에 깔기하는 작업 기준이다.
③ 보양지 붙이기는 천막지 및 골판지 등 보양지를 절단하여 테이프로 붙이는 작업 기준이다.
④ 목재 붙이기는 판재·각재로 주위를 보호하는 기준이다.
⑤ 보양재는 신품을 기준하며, 재료의 손율은 100%를 적용한다.
⑥ 재료량은 다음을 참고하여 적용한다.

구 분		단위	수량
부 직 포 깔 기	부직포	m²	1.10
보 양 지 붙 이 기	하드롱지	m²	1.20
	풀	kg	0.06
목 재 붙 이 기	목재	m³	0.007
	못	kg	0.02

2-11-2 건축물 현장정리 (2023년 보완)

(연면적 m²)

구 분	단위	철근콘크리트조·철골·철근콘크리트조	목조·철골조·조적조
보통인부	인	0.13	0.05

[주] ① 본 품은 공사 중 옥·내외를 청소하는 기준이다.
② 재료량(청소용 소모품 등)은 별도 계상한다.

2-11-3 준공청소 (2023년 신설)

(연면적 m²)

구 분	단위	수량
보통인부	인	0.02

[주] ① 본 품은 준공 시 시공으로 인한 오염물질을 제거하고 청소하는 기준이다.
② 본 품은 보양지 제거, 옥내·외 청소(마감재, 창호, 유리 등) 및 뒷정리 작업을 포함한다.
③ 재료량(청소용 소모품 등)은 별도 계상한다.

2-11-4 입주청소 (2023년 신설)

(바닥면적 m²)

구 분	단위	수량
보통인부	인	0.03

[주] ① 본 품은 입주 시 실내를 청소하는 기준이다.
② 본 품은 마감재, 창호, 유리 등 청소 및 뒷정리 작업을 포함한다.
③ 재료량(청소용 소모품 등)은 별도 계상한다.

2-11-5 비산먼지 발생 억제를 위한 살수 (2002년 신설 · 2009년 보완)

(100m² 당)

구 분	규격	단위	수량
물탱크(살수차)	16,000 ℓ	시간	0.008

[주] ① 본 품은 공사현장의 비산먼지 발생억제를 위하여 물탱크(살수차)로 살수하는 품이다.
② 본 품의 살수두께는 1.5㎜/회를 기준한 것이며, 살수폭은 4.0m를 기준한 것이다.
③ 본 품은 1회당의 살수작업을 기준한 것이므로, 살수면적은 살수횟수를 감안하여 산출해야 하며, 살수횟수는 현장여건을 고려하여 정한다.

> 〈살수면적 계산 예〉
> ○ 폭이 6m이고 길이가 100m인 부지를 1일 5회 살수하며, 살수 일수가 10일인 경우
> - 살수면적 = 6m×100m×5회/일×10일 = 30,000㎡

④ 살수에 필요한 물을 현장에서 구득하기 어려워 급수시설을 설치하거나 상수도 등을 이용해야 할 경우에는 그 비용을 별도 계상한다.

2-11-6 자동세륜기 설치 및 해체 (2019년 보완)

(회당)

구 분	규격	단위	수량 설치	수량 해체
특별인부		인	1.59	2.44
크레인	10ton	hr	2.60	3.30

[주] ① 본 품은 자동세륜기(8롤, 10롤)를 설치 및 철거하는 기준이다.
   ② 설치는 수조함 설치, 세륜기 설치, 슬러지함 설치 작업을 포함한다.
   ③ 해체는 슬러지 청소, 퇴수, 슬러지함 철거, 세륜기 철거, 수조함 철거 작업을 포함한다.
   ④ 터파기, 골재포설, 콘크리트 타설 및 깨기 작업은 별도 계상한다.
   ⑤ 자동세륜기 가동을 위한 전기배선 및 급수 등에 소요되는 재료 및 품은 별도 계상한다.
   ⑥ 공구손료 및 경장비(살수장비, 양수기 등)의 기계경비는 인력품의 2%로 계상한다.

2-11-7 슬러지 제거 (2019년 신설)

(회당)

구 분	규격	단위	수량
특 별 인 부		인	0.63
굴 착 기	0.2m³	hr	1.00

[주] ① 본 품은 자동세륜기(슬러지함 2.0x1.2x1.2m) 슬러지를 제거하는 기준이다.
   ② 세륜기 세척, 슬러지 제거, 공급수 교체 작업을 포함한다.
   ③ 공구손료 및 경장비(살수장비, 양수기 등)의 기계경비는 인력품의 7%로 계상한다.

2-11-8 지능형 CCTV 설치 및 해체 (2024년 신설)

(개당)

구 분	규격	단위	수량	
			지상 또는 건물 설치	타워크레인 설치
S/W 시험사	설치	인	0.2	0.5
중 급 기 술 자	설치, 해체	인	0.5	1.0
특 별 인 부	설치	인	0.2	0.5

[주] ① 본 품은 건설현장 내 IT기반 지능형 CCTV(고정형)를 설치 및 해체하는 기준이다.
   ② 본 품은 CCTV설치 및 결선, 유무선연결, 시운전 및 교정을 포함하며 라인포설, 고정대(용접) 또는 폴대설치 등은 제외한다.

③ 브라켓 및 고정대 등 용접 작업, 고소작업차 등은 필요 시 별도 계상한다.
④ 공구손료 및 경장비(전동드릴 등)의 기계경비는 인력품의 1.0%로 계상한다.

2-11-9 지능형 출입관리 설치 및 해체 (2024년 신설)

(개당)

구 분	규격	단위	수량
S/W 시험사	설치	인	1.0
중급기술자	설치, 해체	인	2.0
특별인부	설치	인	1.0

[주] ① 본 품은 지능형 출입관리시스템 중 턴게이트방식 및 안면인식 장비를 설치 및 해체하는 기준이다.
② 본 품은 턴게이트 및 안면인식장비 설치 및 결선, 소프트웨어 설치 및 통신연결, 시운전 및 교정, 해체 작업을 포함하며, 라인포설 작업은 제외한다.
③ 용접 작업은 필요 시 별도 계상한다.
④ 공구손료 및 경장비(전동드릴 등)의 기계경비는 인력품의 1.0%로 계상한다.

2-12 공통장비
2-12-1 건설용리프트 설치 및 해체 (2009 · 2023년 보완)

(대당)

구 분	규격	단위	수량
기계설비공	-	인	1.31
비계공	-	인	2.04
보통인부	-	인	0.87
지게차	5 ton	hr	1.95

[주] ① 본 품은 건설용리프트(싱글 1.2ton)를 설치 및 해체하는 기준이다.
② 본 품은 운반구 설치, 구동장치 및 제어판 조립, 작동시험을 포함한다.
③ 기초콘크리트 및 전기 인입공사는 별도 계상한다.
④ 낙하물 방지를 위한 방호선반은 '2-9-2 건설용리프트 방호선반 설치 및 해체'를 따른다.

⑤ 지게차의 진입이 불가능 한 경우 크레인 등 장비를 변경할 수 있다.
⑥ 공구손료 및 경장비(윈치 등)의 기계경비는 인력품이 3%로 계상한다.

2-12-2 마스트 설치 및 해체 (2023년 신설)

(층당)

구 분	단위	수량
비 계 공	인	0.80
보 통 인 부	인	0.27

[주] ① 본 품은 건설용리프트(싱글 1.2ton)의 마스트를 설치 및 해체하는 기준이다.
② 본 품은 마스트 설치, 층간 출입구 및 작동센서 설치와 해체 작업을 포함한다.
③ 높이에 따라 다음 할증률에 의한 품을 가산할 수 있으며 19층 이상은 매 3층 증가마다 4%씩 가산할 수 있다.

지하층 및 1~3층	4~6층	7~9층	10~12층	13~15층	16~18층
0	5%	8%	12%	16%	20%

※ 외벽에서 층의 구분을 할 수 없을 때에는 층고를 3.6m로 기준하여 층수를 환산 적용한다.
④ 공구손료 및 경장비(윈치 등)의 기계경비는 인력품이 3%로 계상한다.

2-12-3 축중계 설치 및 해체 (2009년 신설, 2010년 보완)

(회당)

구 분	단위	수량
특별인부	인	0.051

[주] ① 본 품은 이동식 축중계 및 계측기의 조립·설치·해체 기준이다.

2-12-4 파이프 루프공 (2009 · 2012년 보완)

1. 장비조립해체

(회당)

구 분	명칭	규격	단위	수량	비고
편성인원	일반기계운전사		인	1	파이프추진기
	기 계 설 비 공		〃	1	
	보 통 인 부		〃	2	
편성장비	크레인(타이어)	20ton	대	1	
소요일수	조 립		일	3	
	해 체		일	2	

2. 작업편성인원

(일당)

명 칭	단위	추진관경		
		300~600mm	700~900mm	1,000~1,200mm
중급기술자	인	1	1	1
특 별 인 부	〃	2	2	2
보 통 인 부	〃	1	1	2
용 접 공	〃	2	2	2

3. 작업편성장비

(일당)

장비명	규격	단위	수량	비고
파이프추진기	140~300ton	대	1	강관추진
크레인(타이어)	20ton	〃	1	강관거치, 오거연결 운반
발전기	50kW	〃	1	
용접기	200AMP	〃	2	강관 및 기타용접

4. 작업능력

(m/일)

토질별	관경(mm)	추진장				
		0~10m	0~20m	0~30m	0~40m	0~50m
점토·실트	300~500 600~700 800~1,000 1,100~1,200	13 10.5 7.5 6.5	12 10 7 6	11 8.5 6.5 5	10.5 8 6 4.5	10 8 6 4.5
사질토	300~500 600~700 800~1,000 1,100~1,200	11.5 9 6.5 5.5	10.5 8.5 6 5	9.5 7.5 5.5 4.5	9 7 5 4	9 7 5 4
자갈모래층 풍화암	300~500 600~700 800~1,000 1,100~1,200	8.5 6.5 4.5 4	7.5 6 4 3.5	7 5.5 4 3	6.5 5 4 3	6.5 5 3.5 3
호박돌섞인 자갈모래층	300~500 600~700 800~1,000 1,100~1,200	– 5 3.5 3	– 4.5 3 2.5	– 4 3 2.5	– 4 3 2.5	– 4 3 2.5

5. 기계이동 설치

(회당)

이동구분	이동용장비	소요시간(분)	비고
수평이동	크레인(20ton)	90	
수직이동	크레인(20ton) 잭	120 180	
경사이동	크레인(20ton) 잭	150 240	

[주] ① 강관의 용접품은 포함되어 있으며 재료비는 별도 계상한다.
② 추진기의 이동설치에 필요한 인원 편성은 강관추진공과 같다.
③ 강관 set, 추진, 오거인발 및 오거스크류의 소운반을 포함한다.
④ 본 품은 강관장 6.0m를 기준한 것이다.

제 3 장   토 공 사

3-1 공통사항

3-1-1 적용기준 (2020년 보완 · 2025년 보완)

1. '제3장 토공사'는 보편적인 작업을 기준하며, 설계 및 현장 여건 변화로 인해 '제3장 토공사'의 규격, 시공량 등 적용이 어려운 경우 [제8장 건설기계 8-2 시공능력]의 작업 능력(Q)을 산정하여 활용한다.
2. 토공사의 본 품은 현장시공에 투입되는 자원(인력, 장비)이며, 교통통제 및 안전처리를 위한 인력(신호수 등) 및 시설은 제외되어 있으므로 필요시 현장조건을 고려하여 별도 계상한다.

3-1-2 작업조 및 품의 변화 (2025년 신설)

1. 현장 여건에 따라 장비구성 및 조합을 변경하여 적용할 수 있다.
2. 시공량 변화
   가. 설계조건의 변화(토질 및 규모)가 확인되는 경우 해당 규격의 시공량을 적용한다.
   나. [1-4 품의 할증] 적용이 필요한 경우 할증 수량을 계상하여 적용한다.
3. 장비단독 작업의 현장관리 인력 반영
   가. 장비단독 작업(깎기, 터파기, 부대공 등)에 적용한다.
   나. 작업 위치의 현장관리(작업보조 등)에 인력이 투입되는 경우 [특별인부]를 작업조에 추가 반영한다.
   ※ 단, 아래와 같이 동일 작업구간에 복수의 작업이 발생하는 경우 통합 현장관리 여건을 고려하여 반영한다.
      ① 본 작업과 동일 장소에서 연계 시공되는 공종(운반 등)의 발생
      ② 복수의 작업조가 동일 구간에서 시공되는 경우

3-2 굴착

3-2-1 굴착(인력/토사) (2025년 보완)

(일당)

구 분	단위	수량	시공량(㎥)			
			보통토사	경질토사	고사점토 및 자갈 섞인 토사	호박돌 섞인 토사
특별인부	인	1	3.6	2.7	2.2	1.2
비고	\multicolumn{6}{l}{− 현장 내에서 소운반하여 깔고 고르는 잔토처리는 ㎥당 보통인부 0.2인을 별도 계상한다. − 주위에 장애물이 없고, 넓은 구역의 터파기인 경우에는 시공량을 40%까지 가산한다.}

[주] ① 본 품은 자연상태 토사를 기준한 것이며, 깊이 1m이하의 인력에 의한 구조물 터파기 또는 흙깎기 등에 적용한다.
② 본 품은 굴착 및 면고르기를 포함한다.
③ 흙막기 및 물푸기 품은 필요시 별도 계상한다.
④ 용수가 있는 곳은 시공량의 33%까지 감할 수 있다.

3-2-2 굴착(인력/암반) (2025년 보완, 2028년 삭제 예정)

(㎥ 당)

암질 \ 구분	착암공 (인)	보통인부 (인)	공기압축기 (시간)	소형브레이커 (시간)	비고
풍 화 암	0.33	0.16	0.30	1.26	공기압축기 7.1㎥/min 소형브레이커 1.3㎥/min 4대 기준
연 암	0.41	0.21	0.48	1.68	
보 통 암	0.58	0.29	0.60	2.40	
경 암	0.94	0.48	0.96	3.90	

[주] ① 버력적재 및 운반은 별도 계상한다.
② 굴착토량은 단위개소당 10㎥미만의 경우 또는 대형브레이커나 화약사용이 불가능한 경우에 적용한다.
③ 기계 및 기구 경비는 별도 계상한다.
④ 잡재료는 인력품의 1%까지 계상할 수 있다.

3-2-3 흙깎기(기계) (2025년 신설)

1. 토공 장비에 의한 깎기, 집토 작업을 포함한다.
2. 흙의 외부 반출을 위한 적재 및 운반 작업은 제외되어 있다.
3. 공사규모의 구분은 다음에 준하여 적용한다.

대규모	중규모	소규모
공사수량이 100,000㎥ 이상인 경우	공사수량이 100,000㎥ 미만인 경우	공사수량 10,000㎥ 미만인 경우 또는 작업공간이 협소 등 장비운영이 원활하지 않은 경우

※ 공사수량은 시설물(교량, 터널 등) 및 지형조건(하천, 도로, 철도 등)에 의해 단절되는 토공 작업구간의 시공량을 말하며, 공사기간 및 현장여건을 감안하여 공사규모를 판단한다.

4. 체적환산계수를 기반영한 것으로 자연상태의 토량에 적용한다.

가. 보통토사

(일당)

구 분	규격	단위	대규모		중규모		소규모	
			수량	시공량(㎥)	수량	시공량(㎥)	수량	시공량(㎥)
불 도 우 저	32ton	대	1	930	-	560	-	310
불 도 우 저	19ton	대	-		1		-	
굴 착 기	1.0㎥	대	-		-		1	

나. 혼합토사

(일당)

구 분	규격	단위	대규모		중규모		소규모	
			수량	시공량(㎥)	수량	시공량(㎥)	수량	시공량(㎥)
불 도 우 저	32ton	대	1	640	-	390	-	230
불 도 우 저	19ton	대	-		1		-	
굴 착 기	1.0㎥	대	-		-		1	

[주] ① 혼합토사는 다음을 준하여 적용할 수 있다.
　　㉮ 토질이 견고하여 리퍼 작업이 병행 시공 되는 경우
　　㉯ 호박돌, 자갈 등이 혼합되어 버킷을 가득 채우기 어려운 경우
② 유압식 리퍼의 경비는 깎기장비 기계경비(재료비, 노무비, 경비)의 2%로 계상한다.

다. 암

(일당)

구 분	규격	단위	수량	시공량(㎥)			
				풍화암	연암	보통암	경암
굴 착 기	1.0㎥	대	1	65	50	30	25
대형브레이커	1.0㎥	대	1				

[주] ① 본 품은 집토 작업을 포함하지 않으며, 집토 작업을 별도 수행하는 경우 다음을 따른다.

(일당)

구 분	규격	단위	수량	시공량(㎥)			
				풍화암	연암	보통암	경암
불 도 우 저	32ton	대	1	550	520	450	450

② 소모재료(치즐)는 깎기장비(굴착기) 기계경비(재료비, 노무비, 경비)에 다음 요율을 반영한다.

구 분	풍화암	연암	보통암	경암
굴착기 기계경비의	1%	2%	5%	7%

3-2-4 터파기(기계) (2025년 신설)

1. 토공 장비에 의한 터파기, 드러내기 작업을 포함한다.
2. 흙의 외부 반출을 위한 적재 및 운반 작업은 제외되어 있다.
3. 규격 구분은 다음에 준하여 적용한다.

구 분	적용기준
Type I	- 지반 및 현장조건이 일반적인 경우
Type II	- 지장물, 가시설 등에 의해 연속작업이 곤란하며 작업방해가 발생하는 조건
Type III	- 작업공간이 협소(측구 터파기 등)하여 작업효율이 현저하게 저하하는 경우

※ 도심지/주택가 지역에서 상하수도 관로부설 등의 공사시 작업장소가 협소하고 지하 매설물 등으로 인하여 작업이 현저하게 저하되는 경우에는 '[공통부문] 8-2-3 굴착기'를 적용하여 산정한다.

4. 체적환산계수를 기 반영한 것으로 자연상태의 토량에 적용한다.

가. 보통토사

(일당)

구 분	규격	단위	Type I 수량	Type I 시공량(m^3)	Type II 수량	Type II 시공량(m^3)	Type III 수량	Type III 시공량(m^3)
굴 착 기	1.0m^3	대	1	560	1	420	–	190
굴 착 기	0.6m^3	대	–		–		1	
비 고	\multicolumn{8}{l}{- 용수 발생으로 인해 터파기 작업에 지장이 발생하는 경우 시공량을 25% 감하여 적용한다. - 굴착 깊이가 5m를 초과하는 경우 시공량을 9% 감하여 적용한다.}

나. 혼합토사

(일당)

구 분	규격	단 위	Type I		Type II		Type III	
			수량	시공량(m³)	수량	시공량(m³)	수량	시공량(m³)
굴 착 기	1.0m³	대	1	390	1	300	–	150
굴 착 기	0.6m³	대	–		–		1	
비 고			– 용수 발생으로 인해 터파기 작업에 지장이 발생하는 경우 시공량을 25% 감하여 적용한다. – 굴착 깊이가 5m를 초과하는 경우 시공량을 9% 감하여 적용한다.					

[주] ① 혼합토사는 다음을 준하여 적용할 수 있다.
　㉮ 토질이 견고하여 리퍼 작업이 병행 시공 되는 경우
　㉯ 호박돌, 자갈 등이 혼합되어 버킷을 가득 채우기 어려운 경우
② 유압식 리퍼의 경비는 깎기장비 기계경비(재료비, 노무비, 경비)의 2%로 계상한다.

다. 암

(일당)

구 분	규격	단 위	수량	암분류	시공량(m³)	
					Type I	Type II
굴 착 기	1.0m³	대	1	풍화암	38	35
				연암	30	28
대형브레이커	1.0m³	대	1	보통암	22	19
				경암	16	14
비 고		– 용수 발생으로 인해 터파기 작업에 지장이 발생하는 경우 시공량을 25% 감하여 적용한다.				

[주] ① 소모재료(치즐)는 터파기 장비(굴착기) 기계경비(재료비, 노무비, 경비)에 다음 요율을 반영한다.

구 분	풍화암	연암	보통암	경암
굴착기 기계경비의	1%	2%	5%	7%

3-3 암발파 및 파쇄

3-3-1 암발파(미진동굴착 TYPE-Ⅰ) (2020년 보완)

(m³ 당)

구 분	규격	단위	수량
화 약 취 급 공		인	0.040
보 통 인 부		인	0.060
유 압 식 크롤러드릴	110kW	hr	0.100
굴착기＋대형브레이커	1.0m³	hr	0.040

3-3-2 암발파(정밀진동제어발파 TYPE-Ⅱ) (2020년 보완)

(m³ 당)

구 분	규격	단위	수량
화 약 취 급 공		인	0.023
보 통 인 부		인	0.032
유 압 식 크롤러드릴	110kW	hr	0.080
굴착기＋대형브레이커	1.0m³	hr	0.025

3-3-3 암발파(소규모진동제어발파 TYPE-Ⅲ)

(m³ 당)

구 분	규격	단위	수량
화약취급공		인	0.012
보통인부		인	0.017
유압식 크롤러드릴	110kW	hr	0.049
굴착기	1.0m³	hr	0.013

3-3-4 암발파(중규모진동제어발파 TYPE-Ⅳ)

(㎥ 당)

구 분	규격	단위	수량
화약취급공		인	0.007
보통인부		인	0.009
유압식 크롤러드릴	110kW	hr	0.021
굴착기	1.0㎥	hr	0.009

3-3-5 암발파(일반발파 TYPE-Ⅴ)

(㎥ 당)

구 분	규격	단위	수량
화약취급공		인	0.004
보통인부		인	0.006
유압식 크롤러드릴	110kW	hr	0.014
굴착기	1.0㎥	hr	0.008

3-3-6 암발파(대규모발파 TYPE-Ⅵ) (2020년 보완)

(㎥ 당)

구 분	규격	단위	수량
화약취급공		인	0.002
보통인부		인	0.003
유압식 크롤러드릴	110kW	hr	0.012
굴착기	1.0㎥	hr	0.004

[주] ① 본 품의 각 공법별 구분은 국토교통부 "도로공사노천발파설계·시공지침"에 따른다.
② 본 품은 천공, 장약 및 전색재 채움, 발파선 설치, 발파, 발파암 허물기 작업이 포함되어 있으며, 적용범위는 다음과 같다.

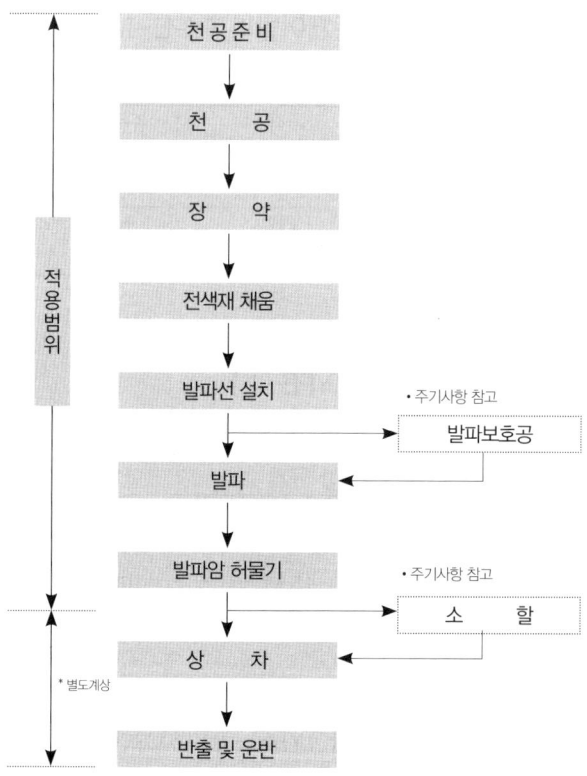

③ 미진동굴착공법과 정밀진동제어발파는 대형브레이커에 의한 2차 파쇄가 포함되어 있다.
④ 발파암 집토(필요시), 상차, 반출 및 운반은 별도 계상한다
⑤ 뇌관은 M.S전기뇌관을 기준한 것으로 현장여건상 비전기식뇌관을 사용할 경우에는 별도로 계상한다.
⑥ 발파석의 비산방지를 위한 발파보호공이 필요한 경우에는 다음에 따라 계상한다.

(회당)

구 분	규격	단위	수량
보통인부		인	0.125
굴착기	1.0㎥	hr	1.000

※ 보호매트의 재료비는 별도 계상한다.

⑦ 발파작업에 사용되는 재료(폭약, 뇌관)는 "도로공사노천발파설계·시공지침"에 따라 계상하고, 발파선, 전색재료 등의 잡재료는 재료비의 5%로 계상한다.

⑧ 유압식 크롤러드릴 및 대형브레이커의 소모자재(비트, 로드, 섕크로드, 슬리브, 치즐) 비용은 다음과 같이 기계경비의 요율로 계상한다.

구 분	유압식 크롤러드릴	굴착기+대형브레이커
기계경비의 %	24	5

※ 굴착기+대형브레이커는 2차파쇄(미진동굴착공법, 정밀진동제어발파공법)에 적용한다.

⑨ 발파암 유용(미진동굴착공법, 정밀진동제어발파공법 제외)시 기계소할 품은 다음과 같으며, 이때 소할물량은 유용량의 15%로 적용한다.

구 분	규격	작업능력(㎥/hr)	
		30cm 미만	30cm 이상
굴착기+대형브레이커	0.6~0.8㎥	9	11

⑩ 시공면의 면 고르기가 필요한 경우에는 면고르기품을 별도로 계상한다.
⑪ 다공질암을 적용하는 경우에는 별도로 계상한다.

3-3-7 암발파(소형브레이커) (2025년 보완, 2028년 삭제 예정)

(m³ 당)

구 분	규격	단위	수량
폭 약		kg	0.35
뇌 관		개	1.0
비 트		개	0.008
화 약 취 급 공		인	0.041
착 암 공		인	0.041
보 통 인 부		인	0.103
소 형 브 레 이 커	2.7m³/min	hr	0.203
공 기 압 축 기	10.3m³/min	hr	0.074

[주] ① 본 품은 소형브레이커에 의한 천공 후 폭약을 장약하여 발파하는 공법으로, 절취폭이 4m 미만인 경우 등 작업장소가 협소하거나 현장여건상 크롤러드릴 사용이 곤란한 경우에 적용한다.

② 소형브레이커를 사용한 "터파기"의 경우에는 현장조건을 감안하여 재료비(폭약, 뇌관, 비트)를 제외한 품의 50%를 가산할 수 있다.

3-3-8 암파쇄(유압식 할암공법) (2020년 보완)

(m³ 당)

구 분	규격	단위	수량
기 계 설 비 공		인	0.068
특 별 인 부		인	0.271
유 압 식 크 롤 러 드 릴	110kW	hr	0.121
발 전 기	25kW	hr	0.486
유 압 식 할 암 기	Ø80mm	hr	0.486
굴착기+대형브레이커	1.0m³	hr	0.121

[주] ① 본 품은 천공 홀에 할암봉을 삽입하여 암반에 균열을 내서 파쇄하는 기준이다
② 본 품은 천공, 암파쇄 및 허물기, 2차파쇄 작업을 포함한다.
③ 시공면의 면 고르기가 필요한 경우에는 면 고르기품을 별도로 계상한다.

④ 유압식 크롤러드릴 및 대형브레이커의 소모자재(비트, 로드, 생크로드, 슬리브, 치즐) 비용은 다음과 같이 기계경비의 요율로 계상한다.

구 분	유압식 크롤러드릴	굴착기+대형브레이커
기계경비의 %	24	2

⑤ 유압할암봉 소모자재 비용은 별도 계상한다.

3-3-9 수중발파

(m^3 당)

구 분	규격	단위	수량	
			우물통발파	우물통발파 이외
폭 약		kg	0.96	0.92
뇌 관		개	3.0	1.2
비 트		개	0.009	0.006
화 약 취 급 공		인	0.11	0.07
착 암 공		인	0.094(0)	0.064(0)
보 통 인 부		인	0.19	0.11
잠 수 부		조	0.5(1.0)	0.3(0.6)
소형브레이커	2.7m^3/min	hr	0.474	0.313
공 기 압 축 기	10.3m^3/min	hr	0.158	0.104

[주] ① 본 품은 천공발파를 기준한 것으로, ( )내는 잠수부 천공시의 품이다.
② 본 품은 수심 2.5m이상~8m미만을 기준한 것으로, 수심 2.5m미만에서는 재료비(폭약, 뇌관)를 제외한 품의 20%를 감할 수 있으며, 수심이 8m이상~15m미만에서는 재료비(폭약, 뇌관)를 제외한 품의 50%를 가산할 수 있다.
③ 작업용 선박이나 가시설 등이 필요한 경우에는 별도로 계상한다

3-4 쌓기 (2025년 신설)

3-4-1 흙쌓기 (2025년 신설)

1. 토공 장비에 의한 포설, 다짐 작업을 포함한다.
2. 재료의 함수비 조절을 위한 살수작업을 포함한다.
3. 규격 구분은 다음에 준하여 적용한다.

구 분	두께 30cm	두께 20cm
다짐도(%)	90% 이상	95% 이상

4. 체적환산계수를 기 반영한 것으로 다짐상태(비다짐 : 흐트러진 상태)의 토량에 적용한다.

가. 흙쌓기(다짐)

(일당)

구 분	규격	단위	수량	시공량(m^3)	
				두께 30cm	두께 20cm
특 별 인 부	-	인	1	1,150	770
모터그레이더(일반용)	3.6m	대	1		
진동롤러(자 주 식)	10.0ton	대	1		
굴 착 기	0.6m^3	대	1		
물 탱 크 (살 수 차)	16,000ℓ	대	0.5		

나. 흙쌓기(비다짐)

(10m^2 당)

구 분	규격	단위	수량	시공량(m^3)
불도우저	32ton	대	1	1,300

[주] 비다짐은 토공장비에 의한 정지작업을 기준한다.

3-4-2 암쌓기 (2020 · 2025년 보완)

(일당)

구 분	규격	단위	수량	시공량(m³)
특 별 인 부		인	1	1,380
양족식롤러(자주식)	32ton	대	1	
진 동 롤 러	10ton	대	1	
불 도 우 저	32ton	대	1	

[주] ① 본 품은 도로 노체 형성을 위한 암쌓기 기준이며, 다짐두께 60㎝ 기준이다.
② 포설 및 다짐작업을 포함한다.

3-4-3 흙 다지기 (2025년 신설)

(일당)

구 분	규격	단위	수량	다짐두께	시공량(m³)	
					토사	점토
특 별 인 부	-	인	1	15cm	18	11
보 통 인 부	-	인	1			
플 레 이 트 콤 팩 터	1.5ton	대	1	30cm	24	15
특 별 인 부	-	인	1	15cm	14	9
보 통 인 부	-	인	1			
래 머	80kg	대	1	30cm	20	13

[주] ① 본 품은 흐트러진 상태의 흙 두께를 깔아서 다져진 상태의 토량 기준이다.
② 본 품은 흙다지기 및 흙고르기를 포함한다.
③ 플레이트 콤팩터, 래머 기계경비 산정시 조정원은 계상하지 않는다.
④ 모래밭은 적용되지 않는다.
⑤ 살수품은 물의 운반거리에 따라 별도 가산한다.

3-4-4 뒤채움 및 다짐(소형장비) (2025년 보완)

(일당)

구 분	규격	단위	수량	시공량 (㎥)
특 별 인 부		인	1	110
보 통 인 부		인	1	
굴 착 기	0.2㎥	대	1	
진동롤러(핸드가이드식)	0.7ton	대	1	
살 수 차	5,500ℓ	대	0.5	

[주] ① 본 품은 소형 다짐장비를 사용한 구조물 뒤채움 기준이다.
② 본 품은 포설 및 고르기, 다짐 작업을 포함한다.
③ 투입장비는 작업여건에 따라 장비조합을 변경하여 적용할 수 있다.
④ 진동롤러(핸드가이드식) 기계경비 산정시 조정원은 계상하지 않는다.

3-4-5 뒤채움 및 다짐(대형장비) (2025년 보완)

(일당)

구 분	규격	단위	수량	시공량 (㎥)
특 별 인 부		인	1	250
보 통 인 부		인	1	
굴 착 기	0.6㎥	대	1	
진 동 롤 러	10ton	대	1	
진동롤러(핸드가이드식)	0.7ton	대	1	
살 수 차	5,500ℓ	대	0.5	

[주] ① 본 품은 대형 다짐장비를 사용한 구조물 뒤채움 기준이다.
② 본 품은 포설 및 고르기, 다짐 작업을 포함한다.
③ 투입장비는 작업여건에 따라 장비조합을 변경하여 적용할 수 있다.
④ 진동롤러(핸드가이드식) 기계경비 산정시 조정원은 계상하지 않는다.

3-4-6 되메우기 및 다짐(소형장비) (2025년 신설)

(일당)

구 분	규격	단위	수량	시공량 (m³)
특 별 인 부		인	1	130
보 통 인 부		인	1	
굴 착 기	0.2m³	대	1	
진동롤러(핸드가이드식)	0.7ton	대	1	
살 수 차	5,500ℓ	대	0.5	

[주] ① 본 품은 소형 다짐장비를 사용한 되메우기 기준이다.
② 본 품은 포설 및 고르기, 다짐 작업을 포함한다.
③ 투입장비는 작업여건에 따라 장비조합을 변경하여 적용할 수 있다.
④ 진동롤러(핸드가이드식) 기계경비 산정시 조정원은 계상하지 않는다.

3-4-7 되메우기 및 다짐(대형장비) (2025년 신설)

(일당)

구 분	규격	단위	수량	시공량 (m³)
특 별 인 부		인	1	290
보 통 인 부		인	1	
굴 착 기	0.6m³	대	1	
진 동 롤 러	10ton	대	1	
진동롤러(핸드가이드식)	0.7ton	대	1	
살 수 차	5,500ℓ	대	0.5	

[주] ① 본 품은 대형 다짐장비를 사용한 되메우기 기준이다.
② 본 품은 포설 및 고르기, 다짐 작업을 포함한다.
③ 투입장비는 작업여건에 따라 장비조합을 변경하여 적용할 수 있다.
④ 진동롤러(핸드가이드식) 기계경비 산정시 조정원은 계상하지 않는다.

3-4-8 기초지정 (2025년 보완)

(일당)

구 분	규격	단위	모래지정 수량	모래지정 시공량 (m³)	자갈지정 수량	자갈지정 시공량 (m³)	잡석지정 수량	잡석지정 시공량 (m³)
특 별 인 부		인	1	110	1	100	1	90
보 통 인 부		인	1		1		1	
굴 착 기	0.2m³	대	1		1		1	
플 레 이 트 콤 팩 터	1.5ton	대	1		-		-	
진동롤러(핸드가이드식)	0.7ton	대	-		1		1	

[주] ① 본 품은 모래, 자갈, 잡석을 사용한 기초지정 기준이다.
② 본 품은 포설 및 고르기, 다짐 작업을 포함한다.
③ 투입장비는 작업여건에 따라 장비조합을 변경하여 적용할 수 있다.
④ 플레이트 콤팩터, 진동롤러(핸드가이드식) 기계경비 산정시 조정원은 계상하지 않는다.

3-5 절토부대공 (2025년 보완)

3-5-1 절토면 고르기 (2008년 · 2020년 · 2025년 보완)

(일당)

구 분	규격	단위	수량	토질(암) 분류	시공량(㎥)
굴 착 기	1.0㎥	대	1	모래 · 사질토 · 점토 · 점질토 연질토 · 불순자갈 호박돌 섞인 고결토 · 경질토 풍화암	390 250 230 120
굴 착 기 대형브레이커	1.0㎥ 1.0㎥	대 대	1 1	연암 보통암 · 경암	80 60

[주] ① 본 품은 굴착기를 사용한 절토 비탈면의 고르기 기준이다.
② 호박돌 섞인 고결토 · 경질토 및 풍화암은 리퍼를 사용한 기준이며, 리퍼의 기계경비는 굴착기 기계경비의 2%로 계상한다.

3-5-2 암반청소 (2025년 보완)

(일당)

구 분	규격	단위	수량	시공량(㎡)	
				댐	교량, 옹벽 등
특 별 인 부	-	인	2	19	25
보 통 인 부	-	인	5		
굴 착 기	0.2㎥	대	1		

[주] ① 본 품은 압력살수에 의한 기초 바닥면 청소 기준이다.
② 본 품은 면 고르기(기계 및 인력), 살수, 청소 작업을 포함한다.
③ 물공급을 위한 살수차는 별도 계상한다.
④ 공구손료 및 경장비(양수기, 동력분무기 등)의 기계경비는 인력품의 2%로 계상한다.

3-6 성토부대공

3-6-1 성토면 고르기 (2025년 보완)

(일당)

구 분	규 격	단 위	수 량	시공량(㎡)
굴 착 기	1.0㎥	대	1	1,060

[주] ① 본 품은 하천제방, 램프 등 성토 비탈면의 고르기 기준이다.
② 본 품은 점토, 점질토, 모래, 사질토 기준이다.

3-6-2 식재면 고르기 (2013년 신설 · 2025년 보완)

(일당)

구 분	단위	수량	수량
조 경 공	인	1	670
보 통 인 부	인	5	

[주] ① 본 품은 부토 및 면고르기가 완료된 상태에서 인력으로 잔돌제거 등 식재면을 정비하는 작업이다.
② 본 품은 식재면고르기가 필요한 공종에 별도 계상한다.

3-7 비탈면 보호공

3-7-1 프리캐스트 콘크리트 블록설치 (2025년 보완)

(일당)

구 분		단위	수량	시공량(㎡)		
				비탈경사 1:1.5 이상	비탈경사 1:1.0이상~ 1:1.5 미만	비탈경사 1:1.0 미만
인력	특별인부	인	2	27	24	22
	보통인부	인	3			
기계	특별인부	인	2	41	38	35
	보통인부	인	2			
	크레인	대	1			
비 고				– 비탈틀을 고정하기 위한 유항(留杭)을 설치하는 경우는 보통인부 0.4인/10본당을 계상한다.		

[주] ① 본 품은 비탈면 보호를 위해 프리캐스트 콘크리트 블록을 이용하여 비탈틀을 설치하는 기준이며, 시공범위는 수직고 20m 이하 기준이다.
② 인력은 블록중량이 50kg/개 미만으로서 평균 비탈길이가 15m 이하인 경우에 적용한다.
③ 기계는 블록중량이 50kg/개 이상인 경우 또는 50kg/개 미만에도 평균 비탈길이가 15m를 초과하는 경우에 적용한다.
④ 본 품은 면고르기, 보호블록 설치를 위한 터파기 및 되메우기, 블록 설치 및 고정을 포함한다.
⑤ 속채움이 필요한 경우 품은 별도 계상한다.
⑥ 장비(크레인)의 규격은 작업여건(시공높이, 시공위치 등) 및 안전율(적정하중, 작업반경 등)을 고려하여 적합한 규격을 적용한다.

3-7-2 지압판블록 설치 (2020년 신설 · 2025년 보완)

(일당)

구 분	규격	단위	수량	시공량(개소)
중급기술자	-	인	1	
보 링 공	-	인	1	
특 별 인 부	-	인	2	
보 통 인 부	-	인	2	11
크 레 인	-	대	1	
고소작업차	-	대	1	
강연선인장기	60ton	대	1	

[주] ① 본 품은 비탈면에 앵커를 사용한 프리캐스트 콘크리트 블록(2ton이하) 설치 기준이다.
② 본 품은 비탈경사 1:1.5이하, 수직고 30m까지 기준이다.
③ 본 품은 블록 인양 및 설치, 지압판 및 웨지 조립, 인장 작업을 포함한다.
④ 장비(크레인, 고소작업차)의 규격은 작업여건(시공높이, 시공위치 등) 및 안전율(적정하중, 작업반경 등)을 고려하여 적합한 규격을 적용한다.
⑤ 공구손료 및 경장비(절단기, 발전기 등)의 기계경비는 인력품의 6%로 계상한다.

3-7-3 천연섬유사면보호공 설치 (2025년 보완)

(일당)

구 분	단위	수량	시공량(㎡)
특 별 인 부	인	3	
보 통 인 부	인	2	290

[주] ① 본 품은 토공사면(비탈경사 1:1.0~1.5)에 천연섬유매트 설치 기준이다.
② 본 품은 비탈경사 1:1.0~1.5이하, 높이 30m 기준이다.
③ 본 품은 인력 흙고르기, 매트깔기 작업을 포함한다.
④ 비탈면 고르기는 별도 계상한다.

3-7-4 절토사면 녹화 (2013년 · 2019년 · 2025년 보완)

1. 부착망 설치

(일당)

구 분	단 위	수량	뿜어붙이기 두께	시공량(㎡)
특별인부	인	3	10cm이하	160
보통인부	인	1		
크 레 인	대	1	15cm	130
비 고	수직고 20m 이상인 경우 시공량에 다음 할증률을 감한다.			
	수직고	20 ~ 30m	30 ~ 50m	50m 이상
	할증률(%)	18	24	30

[주] ① 본 품은 절토면의 식생기반제 뿜어붙이기를 위한 부착망 설치 작업으로 철망(PVC코팅) 설치 기준이다.
② 본 품은 부착망펼치기, 앵커핀 및 착지핀 설치, 정리작업을 포함한다.
③ 면 고르기가 필요할 경우 별도 계상한다.
④ 장비(크레인)의 규격은 작업여건(시공높이, 시공위치 등) 및 안전율(적정하중, 작업반경 등)을 고려하여 적합한 규격을 적용한다.
⑤ 공구손료 및 경장비의 기계경비(소형천공기, 발전기 등)는 인력품의 6%를 계상한다.
⑥ 잡재료비는 재료비의 3%를 계상한다.

[참고자료]
재료량은 다음을 참고하여 적용한다.

구 분	앵커핀(개)	착지핀(개)	부착망(㎡)	철선(m)
규 격	ø16, 0.5m	ø16, 0.35m	ø3.258×58 PVC코팅	#8 PVC코팅
t=10cm 이하	2.3	5	13	13
t=15cm	4.6	5	13	17

※ 재료 할증량은 포함되어 있다.

2. 식생기반제 뿜어붙이기 (2025년 보완)

가. 기계기구 설치 및 해체

(회)

구 분	단위	수량
특 별 인 부	인	2
보 통 인 부	인	0.5
크 레 인	hr	4

[주] ① 본 품은 식생기반재 뿜어붙이기 작업을 위한 기계기구 설치작업 기준이다.
② 본 품은 장비세팅, 배관연결, 시험운전, 작업 후 해체정리 작업을 포함한다.
③ 장비(크레인)의 규격은 작업여건(시공높이, 시공위치 등) 및 안전율(적정하중, 작업반경 등)을 고려하여 적합한 규격을 적용한다.

나. 뿜어붙이기

(일당)

구 분	규격	단위	수량	뿜어붙이기 두께	시공량(㎡)
조 경 공	-	인	1	5cm	250
기 계 설 비 공	-	인	1		
특 별 인 부	-	인	2		
보 통 인 부	-	인	2	7cm	200
취 부 기 (녹 생 토)	18.65kW	대	1		
공 기 압 축 기	21㎥/min	대	1	10cm	140
트 럭 탑 재 형 크 레 인	-	대	1		
물 탱 크	5,500ℓ	대	1		
트 럭	6ton	대	1	15cm	100

비 고	수직고 20m 이상인 경우 시공량에 다음 할증률을 감한다.				
	수직고	20 ~ 30m	30 ~ 50m	50m 이상	
	할증률(%)	18	24	30	

[주] ① 본 품은 식생기반제와 종자를 혼합하여 비탈면에 뿜어붙이는 기준이며, 비탈면 녹화를 위한 유사공법에 적용할 수 있다.
② 장비(크레인)의 규격은 작업여건(시공높이, 시공위치 등) 및 안전율(적정하중, 작업반경 등)을 고려하여 적합한 규격을 적용한다.
③ 공구손료 및 경장비의 기계경비(발전기 등)는 인력품의 4%를 계상한다.
④ 재료량은 각 공법의 설계기준에 따라 계상하며, 잡재료비는 재료비의 3%로 계상한다.

[참고제안]

친환경 생태복원공법 [특수토양 살포공 1]

(단위 : ㎡ 당)

항목		품명	규격	단위	성토부 토사	절토부 일반토사 T=1cm	절토부 경질토사 T=2cm	절토부 풍화토 T=3cm	절토부 풍화암(리핑암) T=5cm
자재	표면안정보조제	코이어넷트	ø3~6, 20×20	㎡				1.1	1.1
		고정핀	L200~400mm	개				1	1
		접속선	#20 0.9mm	개				0.005	0.005
		잡재료비	재료비의 3%	식					
	GRPS취부	GRPS	습식 유기질 토양	㎥	0.003	0.011	0.022	0.033	0.055
		GRPS활성제		ℓ	0.005	0.005	0.01	0.01	
		혼합종자	생태복원용	g	20	25	25	25	70
		잡재료비	재료비의 3%	식					
인력	보조재설치	특별인부		인				0.008	0.008
		보통인부		〃				0.012	0.012
		공구손료	노무비의 2%	식					
	취부공	작업반장		인					
		조경공		〃	0.001	0.01	0.003	0.003	
		특별인부		〃		0.004	0.008	0.008	0.007
		기계공		〃					0.003
		보통인부		〃	0.002	0.002	0.005	0.005	0.007
		공구손료	노무비의 2%	식					
장비	취부공	종자살포기(아스팔트디시트리뷰터)	3,000ℓ	hr	0.01	0.015	0.02	0.02	
		취부기(녹생토)		〃					0.026
		공기압축기	21㎥/min	〃					0.026
		발전기	5kW	〃					0.05
		트럭탑재형크레인	5ton	〃	0.005	0.01	0.01	0.01	0.026
		물탱크	5,500ℓ	〃		0.01	0.01	0.01	0.01
		덤프트럭	6ton	〃		0.01	0.01	0.01	0.026

친환경 생태복원공법 [특수토양(GRP) 살포공 2]

(단위 : ㎡ 당)

품명		규격	단위	적용 두께 (cm)			
				T=5	T=7	T=10	T=15
앵커핀 및 착지핀 설치	착암공		인	0.001	0.001	0.001	0.0015
	앵 커 핀	ø16×300	EA	0.23	0.23	0.23	0.046
	착 지 핀	ø16×200	〃	0.5	0.5	0.5	0.5
부착망 설치	철망(PVC부착망)	ø3.2, 5.8×5.8 PVC코팅	㎡	1.3	1.3	1.3	1.3
	철 선	#8, PVC코팅	m	1.3	1.3	1.3	1.7
	특별인부		〃	0.025	0.025	0.025	0.03
	보통인부		〃	0.007	0.007	0.007	0.02
취부공	GRPS건식토양		㎥	0.055	0.077	0.110	0.165
	생태복원용 향토목본류 (5종이상)		g	70	80	100	120
	취부기(녹생토)	18.65kW	hr	0.026	0.036	0.050	0.08
	발 전 기	50kW	〃	0.026	0.036	0.050	0.08
	덤프트럭	6ton	〃	0.026	0.036	0.050	0.08
	트럭탑재형크레인	5ton	〃	0.026	0.036	0.050	0.08
	공기압축기	21㎥/min	〃	0.026	0.036	0.050	0.08
	작업반장		인			0.050	0.08
	특별인부		〃	0.007	0.009	0.014	0.020
	기 계 공		〃	0.003	0.004	0.0065	0.010
	보통인부		〃	0.007	0.009	0.014	0.090
잡 재 료 비		재료비의 3%	식				
기 계 손 료		노무비의 2%	〃				

파괴된 자연을 회복시키는 친환경 생태복원공법 "GRPS"

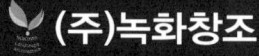
(주)녹화창조

❖ 법면녹화용 조성물 및 이를 이용한 법면녹화공법 (특허 제10-1645894호)
❖ 이식대상인 보호수의 뿌리코팅용 조성물 및 이를 이용한 이식방법
  (특허 제10-1780550호)
❖ GRPS 서비스표 등록(제41-0380162호)

충청남도 보령시 성주면 만수로 812-4   Tel.(041)931-5626(代) Fax.(041)931-5624   E-mail : qkrejrtls1213@hanmail.net

[참고제안]

친환경 생태복원공법 [GRP습식시스템]

(단위 : ㎡ 당)

구 분				성토부	절토부			
품 명		규 격	단위	토사	일반토사	경질토사	풍화토	풍화암 (리핑암)
					T=1cm	T=2cm	T=3cm	T=5cm
1. 자재								
표면안정보조재	코 이 어 넷 트	Ø3~6 20×20	㎡		1.2	1.2	1.2	1.2
	결 속 선	#20 0.9mm	kg		0.005	0.005	0.005	0.005
	고 정 판	L200~400mm	개		1	1	1	1
	잡 재 료 비	재료비의 3%	식					
GRPS취부	G R P S	습식유기질토양	㎥	0.006	0.011	0.022	0.033	0.055
	GRPS활성제	옥신+사이토키닌	ℓ	0.01	0.02	0.02	0.03	0.05
	피 복 양 생 제	FIBER	g	10				
	침 식 안 정 제	C.M.C	〃	5				
	혼 합 종 자	생태복원용	〃	25	25	25	40	60
	잡 재 료 비	재료비의 3%	식					
2. 노무								
보조재설치	작 업 반 장		인		0.002	0.002	0.002	0.004
	특 별 인 부		〃		0.01	0.01	0.01	0.015
	보 통 인 부		〃		0.02	0.02	0.02	0.02
	공 구 손 료	노무비의 2%	식					
취부공	작 업 반 장		인					0.004
	특 별 인 부		〃	0.002	0.004	0.008	0.01	0.008
	기 계 공		〃					0.004
	보 통 인 부		〃	0.006	0.012	0.03	0.03	0.05
	공 구 손 료	노무비의 2%	식					
3. 장비								
취부공	살 포 기	3,000ℓ	hr	0.01	0.02	0.04	0.04	
	취 부 기	25ℓ	〃					0.03
	공 기 압 축 기	21㎥/min	〃					0.03
	발 전 기	50kW	〃					0.03
	트럭탑재형크레인	5ton	〃	0.008	0.015	0.028	0.028	
	물 탱 크	5,500ℓ	〃	0.008	0.015	0.028	0.028	
	덤 프 트 럭	6ton	〃	0.008	0.015	0.028	0.028	0.03

파괴된 자연을 회복시키는 친환경 생태복원공법 "GRPS"

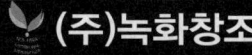

❖ 법면녹화용 조성물 및 이를 이용한 법면녹화공법 (특허 제10-1645894호)
❖ 이식대상인 보호수의 뿌리코팅용 조성물 및 이를 이용한 이식방법
  (특허 제10-1780550호)
❖ GRPS 서비스표 등록(제41-0380162호)

충청남도 보령시 성주면 만수로 812-4 Tel.(041)931-5626(代) Fax.(041)931-5624 E-mail : qkrejrtls1213@hanmail.net

1. 본 공법은 친환경자재 GRP토양을 사용하여 생태복원을 주목적으로 하는 친환경공법이다.
2. GRP토양은 인위적으로 조성된 절·성토지역에 식물발아에 필요한 양분을 공급하는 생태복원용 유기질토양이다.
3. 본 품은 재료 할증이 포함된 것이고, 면고르기품은 별도 계상한다.
4. 수직고 높이 20m이상인 경우에는 아래와 같은 기준에 따라 인력할증을 계상한다.

수직고	20~30m 미만	30~50m 미만	50m 이상
할증율(%)	20	30	40

5. 시공두께 적용기준 : 시공두께는 절개지역의 경사, 토질에 따라 구분 적용한다.

시공두께 적용기준

구 분	시공두께	적용대상지역	비 고
성·절토부	T=1cm	기울기 1:1.2 이상 일반토사지역	
절토부	T=2cm	기울기 1:1.2 내외 경질토사지역	
	T=3cm	기울기 1:1.0 내외 풍화토지역	고사점토 및 자갈이 약간 혼재된 지역
	T=5cm	기울기 1:1.0 내외 리핑암지역	호박돌이 약간 혼재된 지역

※ 본 공법은 GRP습식토양을 사용함으로 시공 후 재료의 수축변형으로 인해 시공두께가 10~30% 정도의 차이가 날 수도 있다.

6. 비탈면 상태(기울기, 표면요철, 표층안정성)에 따라 보조제(천연섬유망, 거적, PE망)를 품에 별도 계상하여 선택적으로 사용할 수 있다.
7. 종자 사용량은 국토부 "도로비탈면 녹화공사설계 및 시공지침"에 준용하며 현장여건에 따라 조정하여 사용할 수 있다.

파괴된 자연을 회복시키는 친환경 생태복원공법 "GRPS"

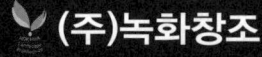

❖ 법면녹화용 조성물 및 이를 이용한 법면녹화공법 (특허 제10-1645894호)
❖ 이식대상인 보호수의 뿌리코팅용 조성물 및 이를 이용한 이식방법
  (특허 제10-1780550호)
❖ GRPS 서비스표 등록(제41-0380162호)

충청남도 보령시 성주면 만수로 812-4 Tel.(041)931-5626(代) Fax.(041)931-5624 E-mail : qkrejrtls1213@hanmail.net

[참고제안]

친환경 생태복원공법 [GRP시스템] 내륙(해안) 생태복원용 (초본+관목혼합형)

(단위 : ㎡ 당)

품명	규격	단위	적용두께(cm)				비고
			T=5.0	T=7.0	T=10.0	T=12.0	
1. 앵커핀 및 착지핀 홀천공							
착암공		인	0.005	0.005	0.005	0.01	
보통인부		인	0.005	0.005	0.005	0.01	
핸드드릴 및 비트손료	품의 2.5%	식					
2. 앵커핀 및 착지핀 설치							
앵커핀	Φ16×300	EA	0.23	0.23	0.23	0.23	
착지핀	Φ16×200	EA	0.5	0.5	0.5	0.5	
특별인부		인	0.004	0.004	0.004	0.006	
보통인부		인	0.004	0.004	0.004	0.006	
3. 부착망 설치							
철망(PVC부착망)	Φ3.2 5.8× 5.8pvc코팅	㎡	1.3	1.3	1.3	1.3	
철선	#8, PVC코팅	m	1.3	1.3	1.3	1.3	
작업반장		인	0.003	0.005	0.005	0.005	
특별인부		인	0.01	0.01	0.015	0.02	
보통인부		인	0.007	0.007	0.007	0.007	
4. 취부공							
GRPS건식토양		㎥	0.055	0.077	0.11	0.13	
생태복원용 향토목본류(5종이상)		g	60	70	80	100	
취부기(녹생토)	25L	hr	0.03	0.045	0.05	0.05	
발전기	50kW	hr	0.03	0.045	0.05	0.05	
덤프트럭	6TON	hr	0.03	0.045	0.05	0.05	
트럭탑재형크레인	5TON	hr	0.03	0.042	0.051	0.054	
공기압축기	21㎥/min	hr	0.03	0.045	0.05	0.05	
작업반장		인	0.004	0.005	0.007	0.008	
특별인부		인	0.008	0.01	0.014	0.035	
기계공		인	0.004	0.005	0.007	0.007	
보통인부		인	0.05	0.052	0.07	0.08	

1. 본 공법은 생태복원을 주목적으로 하는 친환경공법이다.
2. GRPS토양은 식생기반 조성을 위해 특수 배합된 유기질토양이다.
3. 잡재료비는 재료비의 3%, 공구손료는 노무비의 2%를 계상한다.
4. 본품은 재료 할증이 포함된 것이고, 면고르기품은 별도 계상한다.
5. 수직고 높이 20m이상인 경우에는 아래와 같은 기준에 따라 인력할증을 계상한다.

수직고	20~30m 미만	30~50m 미만	50m 이상
할증율(%)	20	30	40

6. 시공두께 적용기준 : 시공두께는 절개지역의 경사, 토질 및 암질에 따라 다음과 같이 구분 적용한다.

시공두께 적용기준

시공두께	적용대상지역	비 고
T=5cm	구배가 1:0.7 이상 풍화암 및 리핑암 혼재지역	
T=7cm	구배가 1:0.7 내외의 완만한 풍화암, 연암지역 또는 보통암이 약간 혼재된 지역	
T=10cm	구배가 1:0.5 내외의 보통암 및 경암지역	
T=12cm	구배가 1:0.5 내외의 발파암 지역	구배가 1:0.5보다 급한 지역은 식생이 불량

7. 종자 사용량은 국토부 "도로비탈면 녹화공사설계 및 시공지침"에 준용하며 현장여건에 따라 조정하여 적용할 수 있다.

파괴된 자연을 회복시키는 친환경 생태복원공법 "GRPS"

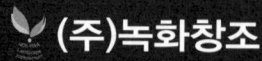 **(주)녹화창조**

❖ 법면녹화용 조성물 및 이를 이용한 법면녹화공법 (특허 제10-1645894호)
❖ 이식대상인 보호수의 뿌리코팅용 조성물 및 이를 이용한 이식방법 (특허 제10-1780550호)
❖ GRPS 서비스표 등록(제41-0380162호)

충청남도 보령시 성주면 만수로 812-4   Tel.(041)931-5626(代) Fax.(041)931-5624   E-mail : qkrejrtls1213@hanmail.net

거적덮기 법면보호공(성토사면용)

(단위 : ㎡ 당)

공종	거적덮기 시공						SEED-SPRAY 살포(1회 살포 기준)					
	거적	앵커핀	착지핀	비닐끈	품	종자	비료	피복제	침식방지 안정제	색소	종자 살포기	품
규격 (단위)	100× 100㎜	Φ10㎜, L=300㎜	L=200㎜	Φ3㎜	보통 인부	혼합 종자	복합 비료	제지 Fiber	합성 접착제	M-Green	2,500ℓ ~3,000ℓ	특별 인부	보통 인부
	(㎡)	(개)	(개)	(m)	(인)	(g)	(g)	(g)	(g)	(g)	(hr)	(인)	(인)
수량	1.1	0.60	0.50	1.5	0.0075	25	100	30	15	2	0.0064	0.003	0.007

1. 면고르기품은 별도 계상한다.
2. 거적덮기 법면보호공 중 절토면용은 성토면용의 노임품을 30% 높게 계상하여 산출한다.

GRPS생태복원+거적덮기

(단위 : ㎡ 당)

구분	자재					장비				품		비고
	혼합 종자	GRPS 토양	GRPS 활성제	피복제	침식방지 안정제	살포기	물탱크	덤프 트럭	크레인			
규격 (단위)	(g)	(㎡)	(ℓ)	(g)	(g)	3,000ℓ (hr)	5,500ℓ (hr)	5TON (hr)	6TON (hr)	특별인부 (인)	보통인부 (인)	
0.2T	25	0.001	0.001	10	3	0.003	0.0044	0.0044	0.0044	0.0004	0.0012	
0.1T	25	0.0005	0.001	10	3	0.002	0.004	0.004	0.004	0.0004	0.0012	

1. 거적설치는 일반거적덮기 설치품을 계상한다.
2. 절·성토부 양질의 토사지역에 적용한다.

파괴된 자연을 회복시키는 친환경 생태복원공법 "GRPS"

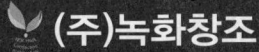(주)녹화창조

- 법면녹화용 조성물 및 이를 이용한 법면녹화공법 (특허 제10-1645894호)
- 이식대상인 보호수의 뿌리코팅용 조성물 및 이를 이용한 이식방법 (특허 제10-1780550호)
- GRPS 서비스표 등록(제41-0380162호)

충청남도 보령시 성주면 만수로 812-4   Tel.(041)931-5626(代)   Fax.(041)931-5624   E-mail : qkrejrtls1213@hanmail.net

참고제안

친환경생태복원공법 GM-SOIL(greento)

(m² 당)

공 종	규 격	단위	T=2cm	T=3cm	T=5cm	T=5cm	T=7cm	T=10cm	T=12cm
			천연섬유망 적용			부착망적용			
			비탈면 기울기 1:1.5~1:1이하			비탈면 기울기 1:1이상~1:0.3이하			
1. 앵커 및 착지핀 홀 천공									
발전기	50kW	hr				0.015	0.015	0.015	0.015
품	착암공	인				0.01	0.01	0.01	0.01
품	보통인부	인				0.01	0.01	0.01	0.01
2. 앵커핀 및 착지핀 설치									
앵커핀 및 착지핀	ø16, L=350mm	개				0.8	0.8	0.8	0.8
고정편	L=200mm, 철판편	개	1.0	1.0	1.0				
품	특별인부	인				0.003	0.003	0.003	0.003
품	보통인부	인				0.003	0.003	0.003	0.003
3-1. 부착망 설치									
PVC코팅철망	#10, 58×58	m²				1.3	1.3	1.3	1.3
PVC코팅철선	#8	m				1.3	1.3	1.3	1.3
품	작업반장	인				0.005	0.005	0.005	0.005
품	특별인부	인				0.01	0.01	0.01	0.02
품	보통인부	인				0.01	0.01	0.01	0.02
3-2. 천연섬유망 설치									
천연섬유망	ø1~5, 10-100	m²	1.2	1.2	1.2				
품	작업반장	인	0.01	0.01	0.01				
품	특별인부	인	0.02	0.02	0.02				
품	보통인부	인	0.01	0.01	0.01				
4. 1차 생육기반재 취부단계(기반층)									
배합토조성물	GMS생육기반재	ℓ	11	22	44	44	66	99	121
취부기	18.65kW	hr	0.015	0.027	0.04	0.04	0.055	0.06	0.07
공기압축기	21m³/min	hr	0.015	0.027	0.04	0.04	0.055	0.06	0.07
발전기	50kW	hr	0.015	0.027	0.04	0.04	0.055	0.06	0.07
트럭탑재형크레인	5ton	hr	0.02	0.03	0.05	0.05	0.07	0.075	0.08
덤프트럭	8ton	hr	0.015	0.025	0.045	0.045	0.07	0.085	0.09
품	작업반장	인	0.002	0.003	0.0035	0.0035	0.006	0.007	0.008
품	특별인부	인	0.013	0.02	0.02	0.02	0.03	0.03	0.035
품	기계공	인	0.003	0.003	0.005	0.005	0.006	0.007	0.007
품	보통인부	인	0.02	0.02	0.02	0.02	0.05	0.08	0.08

제 3 장 토공사

공 종	규 격	단위	T=2cm	T=3cm	T=5cm	T=5cm	T=7cm	T=10cm	T=12cm
			천연섬유망 적용			PVC코팅 부착망 적용			
			구배 1:1.5~1:1이하			구배 1:1이상~1:0.3이하			
5. 2차 식생기반재 취부단계(종자층)									
배합토조성물	GMS식생기반재	ℓ	11	11	11	11	11	11	11
GM안착제	합성고무라텍스	g	15	15	15	15	15	15	15
종 자	혼합종자	g	25	25	25	25	25	25	25
트럭탑재형크레인	5ton	hr	0.0064	0.0064	0.0064	0.0064	0.0064	0.0064	0.0064
종자살포기	습식취부기 3000ℓ	hr	0.001	0.001	0.001	0.001	0.001	0.001	0.001
물탱크	5500ℓ	hr	0.01	0.01	0.01	0.01	0.01	0.01	0.01
품	작업반장	인	0.001	0.001	0.001	0.001	0.001	0.001	0.001
	특별인부	인	0.001	0.001	0.001	0.001	0.001	0.001	0.001
	보통인부	인	0.010	0.010	0.010	0.010	0.010	0.010	0.010

1. 면고르기는 별도 계상한다.
2. 천연섬유망 설치시 암 천공이 필요할 경우 PVC코팅 부착망에 적용된 T=5cm의 앵커핀, 착지핀 홀 천공과 설치 비용을 추가 계상한다. 단, 현장여건에 따라 천연섬유망은 PE합사망으로 대체할 수 있다.
3. GM-SOIL[greento](상표등록:제41-0208339호, 제41-0219898호)공법에 사용되는 배합조성물은 특허 제10-0517277호에 의해 특수 제조된 유기질토양으로 재료 할증 10%가 포함되어 있다.
4. 본 공법은 2층 뿜어붙이기(생육기반층을 우선 조성하고 그 위에 종자층을 분리하여 시공하는 공법)방법으로 시공하며, 종자사용량은 규격에 상관없이 1m²당 25g을 적용하되, 국토교통부 지침의 경관위주형은 30g, 야생초화류형은 20g을 적용한다.
5. 상기공법을 T=1cm로 적용시 기계경비 및 인력품에 대하여는 상기한 종자층의 기계경비 및 인력품의 2배수를 적용한다.
6. 잡재료비는 재료비의 3%, 공구손료는 노무비의 2%를 별도 계상한다.
7. 앵커핀 및 착지핀 홀 천공시 드릴 및 비트손료는 천공품의 2.5%를 계상한다.
8. 시공 두께는 비탈면의 경사, 토질 및 암질에 따라 적용한다.(적용기준 에스엠플러스 시공 두께 기준참조)
9. 인공지반(콘크리트, 숏크리트 등)에 본 공법 적용시는 인공지반 위에 보온덮개 등을 설치한 후 부착망 +T=12cm를 적용하여야하며, 보온덮개 설치비용은 본품의 3-2 천연섬유망 설치품을 추가 계상한다.
10. 상기한 두께는 취부직후의 평균 두께를 기준으로 한다.

참고제안

친환경생태복원공법 GM-Ⅰ, GM-Ⅱ

(m^2 당)

공종	규격	단위	GM-Ⅰ 성토부토사	GM-Ⅱ 절토부토사
1. 자재				
배합토조성물	GMS식생기반재	ℓ	0.55	1.1
GM안착제	합성고무라텍스	g	15	20
GM양생제	섬유소	kg	0.1	0.2
종자	혼합종자	g	25	30
2. 장비				
종자살포기	습식취부기3000ℓ	hr	0.02	0.03
물탱크	5500ℓ	hr	0.003	0.004
트럭탑재형크레인	5ton	hr	0.004	0.005
3. 노무비				
품	작업반장	인	0.001	0.001
	특별인부	인	0.002	0.002
	보통인부	인	0.01	0.01

1. 면고르기는 별도 계상한다.
2. GM-Ⅰ,Ⅱ(상표등록 : 제41-0207355호, 제41-0207356호)공법은 신기술(332호)지정 및 GM-안착제(합성고무라텍스) 특허 제10-0356921호와 배합토조성물 특허 제10-0517277호를 혼합하여 성, 절토면의 토사구간과 하천변(제내외지역)의 토사구간에 적용하는 공법으로서 우기 시 비탈면 세굴방지 효과가 탁월한 특징을 가진다.
3. GM-Ⅰ, Ⅱ공법에 사용되는 배합토조성물에는 고기능성 수분보습제(Soil Moist) 및 고차 입단제가 포함되어 있다.
4. 상기한 혼합종자는 국토교통부지침을 기준하였으며, 별도의 야생초화류형 등 경관조성 용에도 적용할 수 있다.
5. 야생초화류형은 GM-Ⅰ,Ⅱ 혼합종자 1m^2당 20g을 공통 적용한다.
6. 잡재료비는 재료비의 3%, 공구손료는 노무비의 2%를 별도 계상한다.

친환경생태복원공법
GM-SOIL(greento), GM-Ⅰ, GM-Ⅱ, 에스엠플러스, GM-BRT, 기능성멀칭제 파종
「건설신기술 제 332호」

◆전국우수산림생태복원지선정표창 ◆벤처기업확인 인증 ◆INNO-BIZ 인증 ◆ISO9001인증 ◆ISO14001 인증 ◆부설/연구전담부서 인증

- 특허 제 10-0356921호
- 특허 제 10-0517277호
- 특허 제 10-0873741호
- 특허 제 10-1210865호
- 특허 제 10-1085340호
- 서비스등록 제 41-0207998호

(주)예원개발
Yewon Development Co.,LTD

◆서비스표(상표)등록 : ㉾ GM-SOIL ㉾ 에스엠플러스 ㉾ GM-BRT, GM-Ⅰ, GM-Ⅱ, greento

- 서비스등록 제 41-0208339호
- 서비스등록 제 41-0207355호
- 서비스등록 제 41-0207356호
- 서비스등록 제 41-0219898호
- 서비스등록 제 41-0219899호
- 서비스등록 제 41-0222052호

TEL : (033)762-2312, 2328 FAX : (033)762-2329 주소 : 강원도 원주시 호저면 살감길 8-8 http:// yewonok.com

참고제안

친환경생태복원공법 에스엠플러스(SM⁺)

(m^2 당)

공종	규격	단위	얇은 식생기반재취부공			두꺼운 식생기반재취부공		
			SEED형	T=2cm	T=3cm	T=5cm	T=7cm	T=10cm	T=12cm
			무망	천연섬유망		PVC코팅 철망		
1. 앵커핀 및 착지핀 홀 천공								
발전기	50kW	hr				0.015	0.015	0.015
품	착암공	인				0.01	0.01	0.01
2. 앵커핀 및 착지핀 설치								
앵커핀	Ø16, L=350mm	개				0.3	0.3	0.3
착지핀	Ø16, L=350mm	개				0.5	0.5	0.5
고정핀	L=200mm, 철판핀	개	1.0	1.0	1.0			
품	특별인부	인				0.003	0.003	0.003
	보통인부	인				0.003	0.003	0.003
3-1. PVC코팅철망 설치								
PVC코팅철망	#10, 58×58	m^2				1.3	1.3	1.3
PVC코팅철선	#8	m				1.3	1.3	1.3
품	작업반장	인				0.005	0.005	0.005
	특별인부	인				0.02	0.02	0.02
3-2. 천연섬유망 설치								
천연섬유망	Ø1~5, 10-100	m^2	1.2	1.2	1.2			
품	작업반장	인	0.005	0.005	0.005			
	특별인부	인	0.007	0.007	0.007			
4. 1차 생육기반재 취부단계(기반층)								
배합토조성물	SM생육기반재	ℓ	11	22	44	66	99	121
취부기	18.65kW	hr	0.011	0.021	0.025	0.032	0.045	0.054
공기압축기	21㎥/min	hr	0.011	0.021	0.025	0.032	0.045	0.054
발전기	50kW	hr	0.011	0.021	0.025	0.032	0.045	0.054
트럭탑재형크레인	5ton	hr	0.011	0.021	0.025	0.032	0.045	0.054
덤프트럭	8ton	hr	0.011	0.021	0.025	0.032	0.045	0.054
품	작업반장	인	0.0013	0.002	0.003	0.004	0.005	0.007
	특별인부	인	0.009	0.012	0.018	0.023	0.031	0.035
	기계설비공	인	0.001	0.002	0.003	0.004	0.005	0.006
	보통인부	인	0.011	0.013	0.02	0.032	0.042	0.055

공 종	규 격	단위	얇은 식생기반재취부공			두꺼운 식생기반재취부공			
			SEED형	T=2cm	T=3cm	T=5cm	T=7cm	T=10cm	T=12cm
			무망	천연섬유망		PVC코팅 철망		

5. 2차 식생기반재 취부단계(종자층)

공 종	규 격	단위	SEED형	T=2cm	T=3cm	T=5cm	T=7cm	T=10cm	T=12cm
배합토조성물	SM식생기반재	ℓ	4.4	11	11	11	11	11	11
토양안착제	NR-텍	g	3	3	3	3	3	3	3
양생제	섬유소	kg	0.1						
종자	생태형종자	g	25	25	25	25	25	25	25
트럭탑재형크레인	5ton	hr	0.005	0.006	0.006	0.006	0.006	0.006	0.006
종자살포기	습식취부기3000ℓ	hr	0.001	0.001	0.001	0.001	0.001	0.001	0.001
물탱크	5500ℓ	hr	0.001	0.001	0.001	0.001	0.001	0.001	0.001
품	작업반장	인	0.015	0.01	0.01	0.01	0.01	0.01	0.01
	특별인부	인	0.002	0.001	0.001	0.001	0.001	0.001	0.001
	보통인부	인	0.015	0.01	0.01	0.01	0.01	0.01	0.01

1. 면고르기는 본 품에 제외되어 있으며, 현장여건상 필요시 별도 계상한다.
2. 에스엠플러스공법에 사용되는 배합토조성물은 특수제조된 유기질토양으로 재료 할증 10%가 포함되어 있다.
3. 에스엠플러스공법(상표등록 : 제41-0219899호)은 GM-SOIL(greento)과 GM-I,II공법의 장점을 활용하여 개발된 신공법(수분보습제와 토양안착제를 이용한 식생기반재 및 이를 활용한 비탈면 생태복원공법, 특허 제10-0873741호)이다.
4. 에스엠플러스공법에 사용되는 배합토조성물에는 고기능성 수분보습제(Soil Moist) 및 고차입단제가 포함되어 있다.
5. 천연섬유망 설치시 암 천공이 필요할 경우 PVC코팅철망의 앵커핀 및 착지핀 홀 천공과 설치 비용은 추가 계상한다. 단, 현장여건에 따라 천연섬유망은 PE합사망으로 대체할 수 있으며, 설계변경 시 철망으로 시공할 수 있다.
6. 본 공법은 2층 뿜어붙이기(생육기반층을 우선 조성하고 그 위에 종자층을 분리하여 시공하는 공법) 방법으로 시공하며, 종자 사용량은 규격에 상관없이 1m²당 25g을 적용하되, 국토교통부지침의 경관위주형은 30g 야생초화류형은 20g을 적용한다.
7. 상기공법을 T=1cm로 적용시 기계경비 및 인력품에 대하여는 상기한 종자층의 기계경비 및 인력품의 2배수를 적용한다.
8. 잡재료비는 재료비의 3%를, 공구손료는 노무비의 2%를 별도 계상한다.
9. 앵커핀 및 착지핀 홀 천공시 드릴 및 비트손료는 천공품의 2.5%를 계상한다.
10. 시공 두께는 비탈면의 경사, 토질 및 암질에 따라 다음과 같이 적용한다.

SEED형	비탈면기울기 1:1.2보다 완만한 성, 절토 일반 토사지역
T=2cm	비탈면기울기 1:1.2보다 완만한 절개지의 경질토(고사점토, 리핑암 제외)
T=3cm	비탈면기울기 1:1~1:1.2 사이의 고사점토 지역(리핑암 제외)
T=5cm	비탈면기울기 1:1이상 절개지의 견질 마사토 또는 리핑암이 혼재된 지역
T=7cm	비탈면기울기 1:1~1:0.7 사이의 리핑암 및 풍화암 지역
T=10cm	비탈면기울기 1:1~1:0.5 사이의 풍화암 및 발파암 지역
T=12cm	비탈면기울기 1:1~1:0.3 사이의 발파암 지역

11. 상기한 두께는 취부직후의 평균 두께를 기준으로 한다.

친환경생태복원공법
(Green Milk Recycle Tec.)

1. 망 설치공 (㎡ 당)

구분	(1)앵커핀 및 고정핀 홀 천공		(2)앵커핀 및 고정핀 설치				(3)부착망 설치			
	발전기	품	앵커핀	고정핀	품		부착망	철선	품	
	50kW (hr)	착암공 (인)	Ø 16 L=350mm (개)	L=200mm 철판편(개)	특별인부 (인)	보통인부 (인)	섬유망Ø1~5, 10-100(㎡) PVC철망 #10,58×58(㎡)	PVC철선 #8 (m)	작업반장 (인)	특별인부 (인)
섬유망				1.0			1.2		0.01	0.02
철 망	0.015	0.01	0.8		0.003	0.003	1.3	1.3	0.005	0.01

2. 녹화공(기반층 + 종자층)

구분		규격	단위	얇은 식생기반재 취부공			두꺼운 식생기반재 취부공		
				T=1cm	T=2cm	T=3cm	T=5cm	T=7cm	T=10cm
(1)자 재	배합토조성물	RC생육기반재	ℓ	11	22	33	55	77	110
	토양안착제	NR-텍	g	20	20	20	20	20	20
	종 자	생태복원형	g	25	25	25	25	30	30
(2)장 비	취부기	18.65kW	hr	0.015	0.015	0.018	0.025	0.04	0.045
	공기압축기	21㎥/min	hr	0.015	0.015	0.018	0.025	0.04	0.045
	발전기	50kW	hr	0.015	0.015	0.018	0.03	0.04	0.045
	트럭탑재형크레인	5ton	hr	0.018	0.02	0.022	0.04	0.05	0.055
	물탱크	5500 ℓ	hr	0.018	0.02	0.022	0.04	0.05	0.055
	덤프트럭	8ton	hr	0.015	0.015	0.018	0.03	0.04	0.045
(3)노무비	품	작업반장	인	0.003	0.004	0.005	0.005	0.01	0.01
		특별인부	인	0.001	0.001	0.002	0.002	0.004	0.005
		기계설비공	인	0.003	0.004	0.005	0.005	0.006	0.007
		보통인부	인	0.005	0.015	0.02	0.03	0.035	0.04

■ 공법 설계 기준

두께	부착망 설치 기준	적용 지역 기준
T=1cm	무 망	비탈면기울기 1:1.2보다 완만한 성, 절토 일반 토사지역
T=2cm	무망 또는 섬유망	비탈면기울기 1:1.2보다 완만한 절토지역의 경질토(고사점토, 리핑암 제외)
T=3cm	무망 또는 섬유망	비탈면기울기 1:1~1:1.2 사이의 고사점토 지역(리핑암 제외)
T=5cm	섬유망 또는 철망	비탈면기울기 1:1이상 절개지의 견질 마사토 또는 리핑암이 혼재된 지역
T=7cm	섬유망 또는 철망	비탈면기울기 1:1~1:0.7 사이의 발파암이 혼재된 리핑암 및 풍화암 지역
T=10cm	철 망	비탈면기울기 1:1~1:0.5 사이의 발파암 지역

1. 면고르기는 별도 계상한다.
2. GM-RCT공법은 농림수산부 주관으로 강원대학교와 ㈜예원개발이 공동개발한 목질분쇄재를 이용한 리사이클 녹화공법으로 특허 제10-1210865호 및 특허 제10-1085340호에 의해 제조된 배합토조성물을 사용하여 산림훼손지 복구와 도로, 하천변(제내, 외지역) 친환경조성에 적합한 공법으로서 세굴방지 효과가 탁월한 특징을 가진다.
3. 상기 공법은 현장여건에 따라 무망, 천연섬유망, 철망을 적용 설치하여 시공할 수 있다.
4. 상기한 혼합종자는 국토교통부지침을 기준하였으며, 별도의 야생초류형 등 경관조성용에도 적용할 수 있다.
5. 야생초화류형은 규격에 상관없이 1㎡당 20g을 공통 적용한다.
6. 잡재료비, 공구손료는 별도 계상한다. (잡재료비는 재료비의 3%, 공구손료는 노무비의 2%)
7. 상기한 두께는 취부직후의 평균두께를 기준으로 한다.
   (단, 시공 후 두께 검측이 불가한 경우 현장내 자재반입량 검수로 취부 두께 검수를 대체할 수 있다.)

친환경골프장 조성을 위한 기능성 멀칭제 파종공법

공종	규격	단위	수량					
			Green	Tee	Fair Way, A Rough	B Rough	성토부 토사비탈면	절토부 토사비탈면
1. 자재								
기능성멀칭제	Wood-LokBFM	g			168	168	336	336
기능성멀칭제	Wood-Lok	g	336	336	168	168		
비료	복합비료	g	40	40	40	40	40	40
종자		g	8	18	18	25	25	25
2. 장비								
종자살포기	습식취부기3000ℓ	hr	0.01	0.01	0.009	0.009	0.009	0.009
물탱크	5500ℓ	hr	0.02	0.02	0.02	0.02	0.02	0.02
3. 노무비								
품	작업반장	인	0.002	0.002	0.001	0.001	0.001	0.001
	특별인부	인	0.002	0.002	0.002	0.002	0.002	0.002
	보통인부	인	0.03	0.025	0.025	0.025	0.025	0.025

1. 면고르기는 별도 계상한다.
2. 상기 품은 골프장 적용 품이며, 이와 유사한 현장에도 적용 가능하다.
3. 본 품은 친환경골프장조성을 위한 좀더 향상된 기능성 멀칭제를 이용한 파종공법이며, 장섬유 및 단섬유가 이상적으로 혼합된 천연우드화이버에 Guar계열의 기능성 천연접착제가 포함되어 있다.
4. 기능성 멀칭제 파종공법은 기능성결합제재가 빠르게 분산되어 Fair-way, Rough는 물론 Green, Tee에서도 파종된 종자의 우수한 피복율 및 향상된 발아율이 장점이며, 특히 안정된 피복으로 세굴 방지 효과가 탁월한 골프장전문 공법이다.
5. 본공법에 사용되는 여러가지 기능성물질은 건조 후 강우로 인해 피복 표토층이 다시 젖더라도 흘러내리거나 번지지 않아 안전하며, 100% 천연소재로 잔디 조성 후에는 자연분해되어 토양을 이롭게 한다.
6. 기능성 멀칭제 파종공법은 진한 옥색의 천연색소가 첨가되어 있다.
7. 기능성 멀칭제 파종공법은 조형 또는 선형 등 디자인 요구도가 높은 경우에 적용하기 적합하다.
8. Point 파종인 야생초화류형 혼합종자는 1m²당 15g을 공통 적용한다.
9. 종자 및 비료 사용량은 일반적 기준이며, 별도의 특기시방서에 의한 사용량을 증감할 수있다.
10. 잡재료비는 재료비의 3%를, 공구손료는 노무비의 2%를 별도 계상한다.
11. 기타 기능성을 가진 멀칭제(목재 또는 제지 등 기능성을 갖는 멀칭제)는 본 품을 적용할 수 있다.

친환경 방초매트(Eco Friendly Mat)

(m 당)

품 명	규 격	단 위	신설도로			유지관리도로		
			지주2m	지주3m	지주4m	지주2m	지주3m	지주4m
1. 자재비								
방초매트	EF-Mat, W=1m	m	1.0	1.0	1.0	1.0	1.0	1.0
지주보강매트	300×300mm	개	0.50	0.333	0.25	0.50	0.333	0.25
지주홀더고정링	ø140mm×0.5mm	개	0.50	0.333	0.25	0.50	0.333	0.25
고정핀	S/T, L=200mm	개	2.5	2.5	2.5	2.5	2.5	2.5
다이크고정핀	Φ5mm×22mm	개	2.5	2.5	2.5	2.5	2.5	2.5
매트전용접착제	실리콘(270㎖/개)	개	0.4	0.35	0.3	0.4	0.35	0.3
2. 방초매트 설치비								
노무비	작업반장	인	0.003	0.003	0.003	0.003	0.003	0.003
	특별인부	인	0.050	0.045	0.040	0.050	0.045	0.040
	보통인부	인	0.050	0.048	0.046	0.050	0.048	0.046

1. 본 공법은 도로변 길어깨 등에 친환경방초매트(Eco Friendly Mat)를 설치하여 잡초의 생장 및 침입을 차단함으로써 삭초시 우려되는 안전사고 및 시거확보를 위한 유지관리 대안공법이다.
2. 지주 없는 일반구간은 지주간격4m에 사용되는 자재(지주보강매트, 지주홀더고정링 제외) 및 품을 적용한다.
3. 방초매트 시공지 현장여건상 토공면고르기 및 잡초제거가 필요한 경우 아래 품을 별도(추가) 계상한다.

품 명	규격	단위	신설도로			유지관리도로		
			지주2m	지주3m	지주4m	지주2m	지주3m	지주4m
3. 노견 면고르기	보통인부	인	0.004	0.003	0.002	0.006	0.005	0.004
4.노견제초 및 제거	보통인부	인	0.02	0.015	0.01	0.035	0.03	0.025

4. 잡재료비는 재료비의 3%, 공구손료는 노무비의 2%를 계상 한다.

친환경매트 배수로(Eco Friendly Mat Drainage)

1. 부착망 설치공
(m 당)

구분	(1)착지핀 및 고정핀 홀천공			(2)착지핀 및 고정핀 설치				(3)부착망 설치			
	발전기	품		착지핀	매트고정핀	품		식생매트	부착망	품	
	50kW (hr)	착암공 (인)	보통인부 (인)	Ø16 L=500 mm (개)	L=200mm, 철판핀(개)	특별인부 (인)	보통인부 (인)	W2m×T8mm (m)	PVC철망 #10.58× 58(㎡)	작업반장 (인)	특별인부 (인)	보통인부 (인)
소단측구					4.0	0.002	0.005	1.1		0.005	0.005	0.005
수평측구				3.0	4.0	0.005	0.01	2.2	2.2	0.007	0.007	0.007
산마루측구	0.015	0.005	0.005	4.0	5.0	0.006	0.02	2.2	2.2	0.01	0.01	0.01

2. 녹화공(기반층 + 종자층)
(m 당)

구분		규 격	단위	소단측구 (H=0.1m)		수평측구 (H=0.3m)		산마루측구 (H=0.4m)	
				토 사 T=1cm	리핑암 T=3cm	토 사 T=3cm	리핑암 T=5cm	토 사 T=5cm	리핑암 T=7cm
자재배	배합토조성물	GMS생육기반재	ℓ		22	40	80	100	132
	배합토조성물	GMS식생기반재	ℓ	11	11	22	22	22	22
	GM안착제	합성고무라텍스	g	15	20	20	20	20	20
	종자	생태복원형	g	25	25	25	25	30	25
장 비	취부기	18.65kW	hr	0.012	0.021	0.021	0.025	0.025	0.045
	공기압축기	21㎥/min	hr	0.012	0.021	0.021	0.025	0.025	0.045
	발전기	50kW	hr	0.012	0.021	0.021	0.025	0.025	0.045
	트럭탑재형크레인	5ton	hr	0.012	0.021	0.021	0.025	0.025	0.045
	물탱크	5500 ℓ	hr	0.012	0.021	0.021	0.025	0.025	0.045
	덤프트럭	8ton	hr	0.012	0.021	0.021	0.025	0.025	0.045
노무비	품	작업반장	인	0.0015	0.002	0.002	0.003	0.003	0.005
		특별인부	인	0.006	0.012	0.012	0.018	0.018	0.002
		기계설비공	인	0.001	0.002	0.002	0.003	0.003	0.005
		보통인부	인	0.007	0.013	0.013	0.02	0.02	0.03

1. 수로터파기는 현장 토질에 따라 장비:인력(6:4)터파기 품을 별도 계상한다.
2. 상기한 부착망 설치공 중 (1)착지핀 및 고정핀 홀천공은 암(리핑암, 발파암 등)에 적용하며, 토사구간에서는 제외한다.
3. 친환경매트 배수로공법은 신기술(332호)지정된 합성고무라텍스(GM안착제) 및 특허 제10-1210865호 등록에 의해 제조된 식생기반재를 사용하여 기존 콘크리트제품 및 pe제품의 단점을 보완한 식생형 배수로공법으로 공기가 짧고 공종이 간단하며, 시공비용이 낮은 효과적인 친환경 배수로(측구) 공법이다.
4. 상기한 혼합종자는 배수로임을 감안하여 국토교통부지침 종자배합기준을 따르지 않는다.(목본류, 키큰 야생화 등 제외)
5. 잡재료비, 공구손료는 별도 계상한다. (잡재료비는 재료비의 3%, 공구손료는 노무비의2%)
6. 상기한 두께는 취부직후의 평균두께를 기준으로 한다.

거적덮기 법면보호공(토사 성토부)

(m² 당)

공종	거적덮기 시공				SEED-SPRAY 살포(1회 살포 기준)							
품목	거적	착지핀	고정철판	비닐끈	품	종자	비료	피복제	침식방지안정제	색소	종자살포기	품
규격	100×100 mm	L=200~300	110×100, t=1.2 mm	ø3M	보통인부	혼합종자 8종이상	복합비료	섬유소	NR-텍	M-Green	습식취부기 3000ℓ	작업반장	특별인부	보통인부
수량	1.2	1	0.25	1.5	0.0075	20	0.1	0.25	0.03	2	0.0064	0.001	0.002	0.01
단위	m²	EA	EA	m	인	g	kg	kg	kg	g	HR	인	인	인

1. 거적덮기 법면보호공 중 절토부 적용 시 성토부용 노임품의 30% 높게 계상하여 산출한다.

COIR-NET 법면보호공(토사 절토부)

(m² 당)

공종	COIR-NET 시공				SEED-SPRAY 살포(2회 살포 기준)							
품목	COIR-NET	착지핀	고정철판	품	종자	비료	피복제	침식방지안정제	색소	종자살포기	품
규격	25×25×ø5mm	L=200~300	110×100, T=1.2 mm	보통인부	혼합종자 8종이상	복합비료	섬유소	NR-텍	M-Green	습식취부기 3000ℓ	작업반장	특별인부	보통인부
수량	1.1	1	0.25	0.05	20×2	0.1	0.25×2	0.03	2×2	0.0064×2	0.001	0.002	0.01
단위	m²	EA	EA	인	g	kg	kg	kg	g	HR	인	인	인

1. 면고르기 및 관수작업은 필요시 별도 계상한다.
2. 적용범위 : 법면구배 1 : 1.2보다 완만한 절토부 토사지역에 적용한다.
3. NR-텍은 침식방지안정제로서 강우 시 법면세굴방지가 뛰어나고 토양속의 수분 증발과 무기양분유실을 억제하여 사면을 안정시키는 신 개념의 소재로서 이와 유사한 공법에도 본 품을 적용할 수 있다.

참고제안: 생태복원(SSAF-SOIL)공법/생분해성녹화칩(S.R.C)공법

(단위: ㎡ 당)

품목 규격 두께	자재(㎥)							
	식생기반재(㎥)	부착망(㎡)		철선(m)	앵커(EA)			종자(g)
	생태복원토/ 생분해성녹화칩토	천연섬유NET (ø3, 50×50)	능형망 (ø32, 58×58)	#8, PVC코팅	L=200 ~300	ø10, L=300	ø16, L=350	혼합 종자
SSAF-SOIL SPRAY/ S.R.C SPRAY	0.0055	−	−	−	−	−	−	20
T=1cm	0.011	−	−	−	−	−	−	25
T=2cm	0.022	−	−	−	−	−	−	30
T=3cm	0.033	1.3	−	−	1.2	−	−	30
T=5cm(섬유망)	0.055	1.3	−	−	−	1.2	−	60
T=5cm(능형망)	0.055	−	1.3	1.3	−	−	0.73	60
T=7cm	0.077	−	1.3	1.3	−	−	0.73	70
T=10cm	0.110	−	1.3	1.3	−	−	0.73	90
T=15cm	0.165	−	1.3	1.3	−	−	0.73	120

품목 규격 두께	품(㎡)				장비(㎥)				
	작업 반장	기계공	착암공	보통 인부	공기 압축기	취부기	트럭탑재형 크레인	물탱크	발전기
	(인)	(인)	(인)	(인)	(HR)	(HR)	5TON(HR)	5500ℓ(HR)	(HR)
SSAF-SOIL SPRAY/ S.R.C SPRAY	0.002	0.003	−	0.004	0.005	0.010	0.011	−	−
T=1cm	0.003	0.004	−	0.008	0.01	0.016	0.023	0.016(0.016)	−
T=2cm	0.0035	0.005	−	0.01	0.015	0.024	0.035	0.024(0.024)	−
T=3cm	0.004	0.006	−	0.012	0.02	0.032	0.046	0.032(0.032)	0.035
T=5cm(섬유망)	0.008	0.012	−	0.025	0.03	0.048	0.069	0.048(0.048)	0.045
T=5cm(능형망)	0.012	0.018	0.018	0.03	0.03	0.048	0.069	0.048(0.048)	0.065
T=7cm	0.012	0.018	0.018	0.036	0.04	0.064	0.092	− (0.048)	0.065
T=10cm	0.015	0.023	0.018	0.045	0.05	0.080	0.115	− (0.048)	0.085
T=15cm	0.018	0.028	0.018	0.054	0.06	0.100	0.120	− (0.048)	0.1

1. 본 품은 생태복원(SSAF-SOIL) 공법과 생분해성녹화칩(S.R.C) 공법에 적용하는 품으로 물탱크의 ( ) 숫자는 S.R.C공법에만 적용된다.
2. 면고르기 품은 별도 계상한다.
3. 본 품은 재료의 할증이 포함된다.
4. 적용공법 T=3, 5, 7cm공법 중 부착망을 설치하지 않을 경우 작업반장, 보통인부 품의 30%를 감한다.
5. 잡재료비는 재료비의 3%, 공구손료는 노무비의 2%를 계상한다.

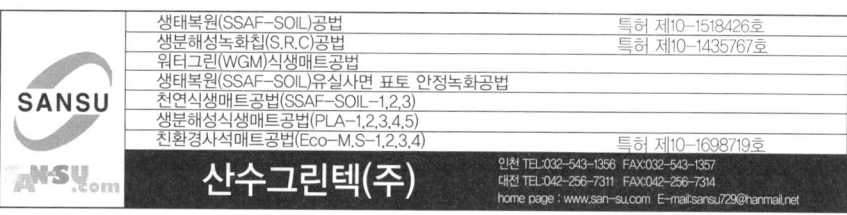

6. 종자배합비율은 국토해양부(2009) 도로비탈면 녹화공사의 설계 및 시공지침 기준에 따라 초본위주형, 초본·관목혼합형, 목본군락형, 자연경관복원형으로 구분한다.
7. 수직고 20m 이상일 때는 인력품에 다음의 할증을 가산한다.

수직고	20m 이하	20~50m	50m 이상	비고
할증률(%)	0	10	20	

8. 현장 여건에 따라 섬유네트 시공시 횡선을 설치할 수 있다.
9. 본 공법적용기준

시공두께(cm)	적용대상지역	구배
SSAF-SOIL SPRAY/ S.R.C SPRAY	절·성토면, 양질토사	1:1이상
T=1cm	절·성토면, 보통토사지역	1:1이상
T=2~3cm	경질토사, 자갈섞인토사	1:1내외
T=5cm	강마사, 리핑암	1:1내외
T=7cm	풍화암, 연암	1:0.7내외
T=10cm	연암, 보통암	1:0.7내외
T=15cm	경암, 급경사지역	1:0.7이하

산성배수녹화(P.N.S)공법

(단위: m² 당)

두께 \ 품목 규격	산성반응 억제제 P.N. 억제제(ℓ)	산성 중화제 P.N.S 중화제(m²)	식생 기반재 생태 복원토	부착망 (m²) 천연섬유NET (ø3, 50×50)	부착망 (m²) 능형망 (ø32, 58×58)	철선 (m) #8 PVC코팅	앵커 (EA) L=200~300	앵커 (EA) ø10, L=300	앵커 (EA) ø16, L=350	종자 (g) 혼합종자
P.N.S SPRAY	2.4	-	0.0055	-	-	-	-	-	-	20
T=1cm	2.4	-	0.011	-	-	-	-	-	-	25
T=2cm	2.4	0.011	0.011	-	-	-	-	-	-	25
T=3cm	2.4	0.011	0.022	1.3	-	0.6	-	-	-	30
T=5cm(섬유망)	2.4	0.022	0.033	1.3	-	-	-	0.6	-	30
T=5cm(능형망)	2.4	0.022	0.033	-	1.3	1.3	-	-	0.73	30
T=7cm	2.4	0.022	0.055	-	1.3	1.3	-	-	0.73	60
T=10cm	2.4	0.033	0.077	-	1.3	1.3	-	-	0.73	70
T=15cm	2.4	0.055	0.110	-	1.3	1.3	-	-	0.73	90

산성배수녹화(P.N.S)공법		특허 제10-0885039호
산성배수녹화(P.N.S)공법-A	석회고토를 이용한 산성, 고농도식물 가용AI 및 Mn 토양의 개량 및 식생피복	특허 제10-1064159호
산성배수녹화(P.N.S)공법-B	석회석과 유기물질이 첨가된 토양의 복토 및 식생기반재 취부를 이용한 산성배수발생 비탈면의 식생녹화공법	특허 제10-1150893호
산성배수녹화(P.N.S)공법-C	산성배수 발생억제 및 식생피복 촉진을 위한 코팅제	특허 제10-0868776호
산성배수녹화(P.N.S)공법-D	오염토양 차단층 및 이를 이용한 기능성 다층객토 복원방법	특허 제10-0881977호
산성배수녹화(P.N.S)공법-E	산성배수 발생 양석 및 토양처리제 조성물 및 이를 이용한 비탈면 색생피복 방법	특허 제10-1828057호

삼건이앤씨(주) 주소: 충북 청주시 청원구 오창읍 중심삼업로 27 전화: (043) 868-1248 팩스: (043) 868-1249
에스알그린텍(주) 주소: 충북 청주시 청원구 오창읍 중심삼업로 27 전화: (043) 273-7577 팩스: (043) 276-6198

두께 \ 규격	품(m^2)					장비(m^2)				
	작업반장 (인)	특별인부 (인)	기계공 (인)	착암공 (인)	보통인부 (인)	공기압축기 (HR)	취부기 (HR)	트럭탑재형 크레인 5TON(HR)	물탱크 5500ℓ (HR)	발전기 (HR)
P.N.S SPRAY	0.002	0.003	0.003	–	0.0055	–	0.01	–	0.0208	–
T=1cm	0.004	0.006	0.006	–	0.0135	–	0.016	0.023	0.0268	–
T=2cm	0.005	0.008	0.008	–	0.014	0.01	0.016	0.023	0.027	–
T=3cm	0.006	0.01	0.01	–	0.020	0.015	0.024	0.035	0.035	–
T=5cm(섬유망)	0.008	0.018	0.012	–	0.027	0.02	0.032	0.046	0.054	0.035
T=5cm(능형망)	0.008	0.018	0.018	0.018	0.032	0.02	0.032	0.046	0.054	0.040
T=7cm	0.012	0.023	0.018	0.018	0.038	0.04	0.064	0.092	0.0588	0.045
T=10cm	0.015	0.023	0.023	0.018	0.047	0.05	0.080	0.115	0.075	0.065
T=15cm	0.018	0.028	0.028	0.018	0.056	0.05	0.080	0.115	0.091	0.085

1. 본 공법은 국토해양부(2009) 도로비탈면 녹화공사의 설계 및 시공지침 기준(p30)에 의거 개발행위로 인한 절·성토사면의 황화광물을 포함한 산성토양, 폐탄광, 폐중금속광산에서 발생되는 산성배수 유출에 따른 토양중금속 유출 문제를 해결하고 토양치환 없이 식생불량 개선 등에 효과적인 친환경 생태복원공법이며, 암석의 경우 pH4.5 이하에 적용하고 토양은 pH6.0 이하를 적용 대상으로 한다.
2. 산성배수 발생 개연성은 문헌 및 현장조사, 시료화학적 분석, 황화광물 산출, 비탈면 pH6.0 이하 산성배수, 침전물 색깔(붉은색, 흰색, 노란색) 등으로 판단할 수 있다.
3. 본 품은 재료의 할증이 포함되며 면고르기 및 성토다짐 품은 별도 계상한다.
4. 본 적용공법 중 사면의 경사에 따라 부착망을 설치하지 않을 경우 작업반장, 특별인부, 보통인부의 품의 20%를 감한다.
5. 잡재료비는 재료비의 3%, 공구손료는 노무비의 2%를 계상한다.
6. 본 표의 종자는 산성토양 개선 효과가 큰 종자를 국토교통부 도로비탈면 녹화공사의 설계 및 시공지침 기준에 따라 사용한다.
7. 수직고 20m 이상일 때는 인력품에 다음의 할증을 가산한다.

수직고	20m 이하	20~50m	50m 이상	비고
할증률(%)	0	10	20	

8. 본 공법 적용기준(본 공법의 시공두께는 PH 및 산성배수의 농도에 따라 전문가의 자문을 받아 두께를 조정할 수 있음)

시공두께(cm)	적용대상지역	구배 및 토질(암질)	PH기준
P.N.S SPRAY	성토구간	구배가 1:1보다 완만한 성토지역	PH6.0 이하
T=1~2cm	절·성토구간	구배가 1:1보다 완만한 성토지역	〃
T=3~5cm	〃	구배가 1:1내외 경질토사지역	〃
T=7cm(능형망)	절토구간	구배가 1:1내외 강마사·리핑암지역	PH4.5 이하
T=10cm	〃	구배가 1:0.7내외 풍화암·연암지역	〃
T=15cm	〃	구배가 1:0.7이하 연암·경암지역	〃

생태복원(SSAF-SOIL) 유실사면 표토 안정녹화공법

(단위: ㎡ 당)

두께	자재(㎡)								
	록볼트 (EA)	그라우팅 (EA)	착지판 (EA)	지압판 (EA)	너트 (EA)	토압지지봉(M)	부착망(㎡)	식생기반재(㎡)	종자(g)
	ø25, L=1200~1500	레진캡슐	ø16, L=350	150×150 ×3	D25	D10mm	#10, PVC 코팅망	생태복원토	혼합종자
토사(T=5cm)	0.27	0.27	0.83	0.27	0.27	2.4	1.3	0.055	60
리핑암(T=7cm)	0.27	0.27	0.83	0.27	0.27	2.4	1.3	0.077	70
발파암(T=10cm)	0.27	0.27	0.83	0.27	0.27	2.4	1.3	0.110	90

두께	품목 규격	품(㎡)					장비(㎡)			
		작업반장 (인)	기계공 (인)	착암공 (인)	철공 (인)	보통인부 (인)	취부기 (HR)	트럭탑재형 크레인 5TON(HR)	발전기 (HR)	공기압축기 (HR)	착암기 (HR)
토사(T=5cm)		0.008	0.05	0.05	0.032	0.025	0.048	0.069	0.065	0.03	0.2
리핑암(T=7cm)		0.012	0.05	0.05	0.032	0.036	0.064	0.092	0.085	0.04	0.2
발파암(T=10cm)		0.018	0.05	0.05	0.032	0.052	0.080	0.115	0.1	0.05	0.2

1. 본 공법은 절·성토사면의 표토유실 및 절리에 따른 불안정 사면에 적용하는 공법으로 전체적인 지반조건과 현장 여건에 부합한 사면안정성 평가가 이루어진 후 시행하는 표면유실에 관한 안정화 공법이다.(표토유실구간 안정화 두께는 THK300-500mm임)
2. 포토유실사면의 정도에 따라 록볼트의 조정하여 시공할 수 있다.(토목 사면보강공법인 쏘일네일링 등과 혼용하여 시공할 수 있다)
3. 면고르기 및 유실지역 흙채움품은 별도 계상한다.
4. 본 품은 재료의 할증이 포함된다.
5. 잡재료비는 재료비의 3%, 공구손료는 노무비의 2%를 계상한다.
6. 종자배합비율은 국토해양부(2009) 도로비탈면 녹화공사의 설계 및 시공지침 기준에 따라 초본위주형, 초본·관목혼합형, 목본군락형, 자연경관복원형으로 구분한다.
7. 수직고 20m 이상일 때는 인력품에 다음의 할증을 가산한다.

수직고	20m 이하	20~50m	50m 이상	비고
할증률(%)	0	10	20	

8. 사면이 역구배나 요철이 심할 경우 토압지지봉 대신 와이어로프를 설치할 수 있다.
9. 그라우팅(레진캡슐)은 현장 여건을 고려하여 선택하여 적용할 수 있다.

생태복원(SSAF-SOIL)공법	특허 제10-1518426호	
생분해성녹화칩(S.R.C)공법	특허 제10-1435767호	
워터그린(WGM)식생매트공법		
생태복원(SSAF-SOIL)유실사면 표토 안정녹화공법		
천연식생매트공법(SSAF-SOIL-1,2,3)		
생분해성식생매트공법(PLA-1,2,3,4,5)		
친환경사석매트공법(Eco-M.S-1,2,3)	특허 제10-1698719호	

산수그린텍(주)

참고제안 친환경(CHK)녹화공법

(m² 당)

구 분	규 격	단위	Seed	1cm	2cm	3cm	4cm	5cm	7cm	10cm	12cm	15cm
1. 고정핀, 착지핀 천공												
발 전 기	100kW	hr								0.016		
착 암 공		인								0.005		
보통인부		″								0.005		
손 료	드릴비트	%								2.5		
2. 고정핀, 착지핀 설치												
고 정 핀	D16-350mm	개								0.23		
착 지 핀	D16-250mm	″								0.5		
특별인부		인								0.004		
보통인부		″								0.004		
3. 부착망 설치												
섬 유 망	D 3~5 10~100	m²			1.2							
고 정 핀	D16-250mm	개			0.5							
작업반장		인			0.004							
특별인부		″			0.007							
보통인부		″			0.009							
철 망		m²								1.3		
철 선		m								1.3		
작업반장		인								0.004		
특별인부		″								0.01		
보통인부		″								0.01		

비탈면(암반, 토사, 하천)에 꽃과 나무가 어우러진 친환경적인 생태복원형 공법

친환경(CHK)녹화공법 발명특허 제0439008호(공법)

- 초화, 목본이 함께 생육되는 환경친화적인 국산습식공법

(주)토림산업

TEL. 031)440-9879
FAX. 031)440-9878
www.treefull.co.kr

4. 취부공

구 분	규 격	단위	두 께									
			Seed	1cm	2cm	3cm	4cm	5cm	7cm	10cm	12cm	15cm
환 토	유기질토양	ℓ	0.70	11.50	23.00	34.50	46.00	57.50	80.5	115.0	138.0	172.5
침 방 제		kg	0.400	0.500	1.000	1.500	2.000	2.500	3.500	5.000	6.000	7.500
종 자	15종이상	g	30.0	30.0	30.0	30.0	30.0	30.0	30.0	30.0	30.0	30.0
잡 재 료 비	재료비의	%	2.0										
취 부 기	18.65kw(25hp)	hr	0.004	0.008	0.010	0.020	0.030	0.040	0.064	0.090	0.110	0.120
공기압축기	17㎥/min	〃	0.004	0.008	0.010	0.020	0.030	0.040	0.064	0.090	0.110	0.120
발 전 기	100kW	〃	0.004	0.008	0.010	0.020	0.030	0.040	0.064	0.090	0.110	0.120
트럭크레인	5.0ton	〃	0.004	0.008	0.010	0.020	0.030	0.040	0.064	0.090	0.110	0.120
물 탱 크	5,500 ℓ	〃	0.004	0.008	0.010	0.020	0.030	0.040	0.064	0.090	0.110	0.120
덤 프 트 럭	6.0ton	〃	0.004	0.008	0.010	0.020	0.030	0.040	0.064	0.090	0.110	0.120
작 업 반 장		인	0.002	0.003	0.004	0.005	0.006	0.008	0.011	0.014	0.016	0.017
특 별 인 부		〃	0.003	0.004	0.005	0.006	0.007	0.009	0.012	0.015	0.017	0.018
기 계 공		〃	0.002	0.003	0.004	0.005	0.006	0.008	0.011	0.014	0.016	0.017
보 통 인 부		〃	0.005	0.006	0.007	0.008	0.009	0.010	0.012	0.015	0.017	0.018
기 구 손 료	노무비의	%	2.0										

적 용 기 준

구 분	구 배	두 께
성 토	1:1.5	Seed
절토토사	1:1.0	무망 1T
경질토, 강마사	1:1.0	섬유망 3T
리핑암	1:1.0	섬유망 5T
	1:0.7	철망 5T
발파암	1:1.0	철망 5T
	1:0.7	철망 7T
	1:0.5	철망 10~12T
저류지 녹화공	저류지 주변 비탈면 녹화용	섬유망 2T

① 표면불량(암반표면의 굴곡편차가 10cm이상, 기준토질과 상이)우려시 적용기준의 최대두께 적용
② 면고르기는 별도계상
③ 수직고별 인력품 할증 -20~30m : 20%

비탈면(암반, 토사, 하천)에 꽃과 나무가 어우러진 친환경적인 생태복원형 공법
친환경(CHK)녹화공법 발명특허 제0439008호(공법)

- 초화, 목본이 함께 생육되는 환경친화적인 국산습식공법
- (주)토림산업
- TEL. 031)440-9879
- FAX. 031)440-9878
- www.treefull.co.kr

참고제안 녹매토 생태기반환경녹화공법
[특허 제10-1326152호]

(m² 당)

품명	규격	단위	적용두께(cm) T=0.5	T=1.0	T=2.0	T=3.0	비고
1. 천연섬유망							
천연섬유망	ø2~4, 20~30	m²	필요시 별도계상	필요시 별도계상	1,200	1,200	
고정핀	L=200mm	개			1,000	1,000	
2. 천연섬유망설치공							
작업반장		인	필요시 별도 계상	필요시 별도 계상	0.001	0.001	
특별인부		인			0.020	0.020	
보통인부		인			0.030	0.030	
3. 취부공							
녹매토	생육기반재	m³	0.006	0.011	0.022	0.033	
종자	혼합	g	25.0	30.0	30.0	35.0	
안정제	토양응집제	kg	0.007	0.010	0.014	0.020	
종자살포기	습식-3000L	hr	0.019	0.028	0.029	0.035	
물탱크	5500L	hr	0.019	0.028	0.029	0.035	
트럭탑재형크레인	5ton	hr	0.019	0.028	0.029	0.035	
덤프트럭	6ton	hr	0.019	0.028	0.029	0.035	
작업반장		인	0.001	0.002	0.0021	0.0022	
특별인부		인	0.004	0.006	0.006	0.007	
보통인부		인	0.007	0.016	0.017	0.018	

1. 본 공법은 생물다양성증진 및 생태기반환경 조성을 위한 친환경 비탈면녹화공법이다.
2. 잡재료비는 재료비의 3%, 기계손료는 노무비의 2%를 별도 계상한다.
3. 혼합종자배합비율은 지역, 적용범위에 따라 조정할 수 있다.

녹매토 생태기반환경녹화공법 발명특허 (제10-1326152호)

(주)대영녹화산업 영업종목 : 조경식재, 조경시설물설치공사업

Tel.(02)412-7364~5 Fax.(02)412-7366 서울시 송파구 마천로 79 (장한빌딩 302)

4. 본 품은 재료의 할증이 포함된 것이며, 면고르기 품은 포함되지 않았다.
5. 녹매토란 생물다양성 증진을 위한 생태기반환경 조성을 위해 배합된 친환경 배합토양을 말한다.
6. 수직고 20m 이상인 경우에는 인력품에 다음의 할증률을 가산한다.

수직고	20~30m 미만	30~50m 미만	50m 이상
할증률(%)	20	30	40

7. 본 공법은 습식공법으로 시공 후 재료의 수축변형으로 인한 시공두께가 10~20% 정도의 차이가 나타날 수도 있다.
8. 시공두께는 비탈면의 경사, 토질 및 암질에 따라 다음과 같이 적용한다.

시공두께	적용대상지역	구배 및 토질	비고
T = 0.5cm	쌓기, 깍기부	1:1 이상 보통토사지역	
T = 1.0cm	쌓기, 깍기부	1:1 이상 보통토사지역	
T = 2.0cm	쌓기, 깍기부	1:1 내외 경질토사, 자갈섞인 토사지역	
T = 3.0cm	쌓기, 깍기부	1:1 내외 경질토사, 자갈섞인 토사지역	

9. 비탈면상태(기울기, 표면요철)에 따라 안정보조재 천연섬유망을 품에 별도 계상하여 선택, 사용할 수 있다.

녹매토 생태기반환경녹화공법 발명특허 (제10-1326152호)

 (주)대영녹화산업 영업종목 : 조경식재, 조경시설물설치공사업

Tel.(02)412-7364~5 Fax.(02)412-7366 서울시 송파구 마천로 79 (장한빌딩 302)

참고제안

녹매토 생태기반환경녹화공법
[특허 제10-1326152호]

(m² 당)

품명	규격	단위	적용두께(cm)				비고
			T=5.0	T=7.0	T=10.0	T=12.0	
1. 부착망 설치							
발　전　기	50kW	hr	0.023	0.023	0.023	0.023	
트럭탑재형크레인	5ton	hr	0.005	0.005	0.005	0.005	
특　별　인　부	인	인	0.020	0.020	0.020	0.020	
보　통　인　부	인	인	0.020	0.020	0.020	0.020	
2. 앵커 및 착지핀 홀천공							
앵　　커　　핀	ø16, 0.5m	개	0.230	0.230	0.230	0.230	
착　　지　　핀	ø16, 0.35m	개	0.500	0.500	0.500	0.500	
부　　착　　망	PVC코팅 58×58	m²	1.300	1.300	1.300	1.300	
철　　　　　선	#8, PVC코팅	m	1.300	1.300	1.300	1.300	
3. 기반층 뿜어붙이기							
녹　　매　　토	식생기반재	m³	0.033	0.055	0.088	0.110	
종　　　　　자	혼합	g	20.0	30.0	40.0	50.0	
취　　부　　기	11.94kW	hr	0.021	0.042	0.048	0.065	
공　기　압　축　기	21m³/min	hr	0.021	0.042	0.048	0.065	
발　　전　　기	50kW	hr	0.021	0.042	0.048	0.065	
트럭탑재형크레인	5ton	hr	0.021	0.042	0.048	0.065	
물　　탱　　크	5500L	hr	0.021	0.042	0.048	0.065	
덤　　프　　트　　럭	6ton	hr	0.021	0.042	0.048	0.065	
조　　경　　공		인	0.003	0.005	0.006	0.007	
기　계　설　비　공		인	0.003	0.005	0.006	0.007	
특　별　인　부		인	0.013	0.026	0.029	0.033	
보　통　인　부		인	0.025	0.052	0.055	0.063	
4. 종자층 뿜어붙이기							
녹　　매　　토	생육기반재	m³	0.022	0.022	0.022	0.022	
종　　　　　자	혼합	g	45.0	60.0	60.0	70.0	
안　　정　　제	토양응집제	kg	0.014	0.014	0.014	0.014	
종　자　살　포　기	습식-3000L	hr	0.029	0.029	0.029	0.029	
물　　탱　　크	5500L	hr	0.029	0.029	0.029	0.029	
트럭탑재형크레인	5ton	hr	0.029	0.029	0.029	0.029	
덤　　프　　트　　럭	6ton	hr	0.029	0.029	0.029	0.029	
작　　업　　반　　장		인	0.0021	0.0021	0.0021	0.0021	
특　별　인　부		인	0.006	0.006	0.006	0.006	
보　통　인　부		인	0.017	0.017	0.017	0.017	

1. 본 공법은 생물다양성증진 및 생태기반환경 조성을 위한 친환경 비탈면녹화공법이다.
2. 잡재료비는 재료비의 3%, 기계손료는 노무비의 2%를 별도 계상한다.
3. 혼합종자배합비율은 지역, 적용범위에 따라 조정할 수 있다.

4. 본 품은 재료의 할증이 포함된 것이며, 면고르기 품은 포함되지 않았다.
5. 녹매토란 생물다양성 증진을 위한 생태기반환경 조성을 위해 배합된 친환경 배합토양을 말한다.
6. 수직고 20m 이상인 경우에는 인력품에 다음의 할증률을 가산한다.

수직고	20~30m 미만	30~50m 미만	50m 이상
할증률(%)	20	30	40

7. 본 공법은 기반층과 종자층으로 시공 후 재료의 수축변형으로 인한 시공두께가 10~20% 정도의 차이가 나타날 수도 있다.
8. 시공두께는 비탈면의 경사, 토질 및 암질에 따라 다음과 같이 적용한다.

시공두께	적용대상지역	구배 및 토질	비고
T = 5.0cm	깍기부	1:1 내외 풍화암, 연암지역	능형망
T = 7.0cm	깍기부	1:0.7 내외 풍화암, 연암지역	능형망
T = 10.0cm	깍기부	1:0.7 내외 경암, 급경사지역	능형망
T = 12.0cm	깍기부	1:0.5 내외 경암, 급경사지역	능형망

녹매토 종자분사파종 + 거적덮기공

(㎡ 당)

공종	NET(거적)설치시공				녹매토 종자분사파종						적용품		
품목	NET (거적)	고정핀	황마끈	적용품	녹매재	종자	안정제	트럭탑재 형크레인	덤프트럭	종자살포기	물탱크	적용품	
규격 (단위)	100×100 (㎡)	L=200mm (개)	ø4mm (m)	조경공 (인)	보통인부 (인)	생육기반재 (㎡)	혼합 (g)	토양응집제 (kg)	5ton (hr)	6ton (hr)	3000L (hr)	5500L (hr)	작업반장 (인)	특별인부 (인)	보통인부 (인)
T=0.2cm	1.1	1.0	1.5	0.002	0.0007	0.002	25.0	0.03	0.005	0.005	0.005	0.005	0.001	0.002	0.003

1. 본 품은 쌓기비탈면에 적용하는 품으로 재료의 할증이 포함된 것이며, 면고르기 품은 포함되지 않았다.
2. 잡재료비는 재료비의 3%, 기계손료는 노무비의 2%를 별도 계상한다.
3. 혼합종자배합비율은 지역, 적용범위에 따라 조절할 수 있다.
4. 깍기비탈면 토사적용시 인력품보다 30%까지 증하여 적용한다.

녹매토 생태기반환경녹화공법 발명특허 (제10-1326152호)

 (주)대영녹화산업 영업종목 : 조경식재, 조경시설물설치공사업

Tel.(02)412-7364~5 Fax.(02)412-7366 서울시 송파구 마천로 79 (장한빌딩 302)

3-7-5 비탈면 보강공 (2025년 보완)

1. 장비 조립·해체

(회당)

구 분	단위	수량
특 별 인 부	인	1
보 통 인 부	인	3
트럭탑재형크레인	hr	8

[주] ① 본 품은 천공 및 그라우팅 작업을 위해 크레인으로 장비(그라우팅펌프, 그라우팅믹서, 공기압축기)를 최초 조립 및 해체하는 기준이며, 현장조건에 따라 이동, 조립 및 해체가 발생되는 경우 추가 적용한다.
② 장비(크레인)의 규격은 작업여건(시공높이, 시공위치 등) 및 안전율(적정하중, 작업반경 등)을 고려하여 적합한 규격을 적용한다.

2. 인력 및 장비 편성

(인/일)

구 분	규격	단위	수량
보 링 공	—	인	1
특 별 인 부	—	인	3
보 통 인 부	—	인	1
크롤러드릴(공기식)	17㎥/min	대	1
공 기 압 축 기	21㎥/min	대	1
크 레 인		대	1

[주] ① 본 품은 크롤러바퀴가 제거된 상태의 보링장비를 크레인을 활용하여 경사면에 위치하여 타격식으로 천공하는 기준이다.
② 장비(크레인)의 규격은 작업여건(시공높이, 시공위치 등) 및 안전율(적정하중, 작업반경 등)을 고려하여 적합한 규격을 적용한다.
③ 보링장비가 지반위에 위치할 수 있어 장비 및 자재의 이동이 원활한 경우 크레인을 제외할 수 있다.
④ 천공에 필요한 비트, 물 등 소모재료는 별도 계상한다.

3. 일당시공량

(일당)

구 분	시공량 (m)					
	토사	혼합층	풍화암	연암	보통암	경암
크 레 인 작 업	38	41	67	48	38	27
지 반 작 업	41	44	71	51	41	29

[주] ① 본 품의 시공량은 천공구경 105~127mm의 타격식 기준이다.
② 본 품의 크레인작업은 보링장비의 크롤러바퀴가 제거된 상태에서 크레인에서 시공하는 기준이며, 지반작업은 보링장비가 지반위에 위치할 수 있어 크롤러바퀴를 제거하지 않고 시공하는 기준이다.
③ 토사층은 케이싱을 활용한 시공을 기준하며, 혼합층은 케이싱을 사용할 수 없는 지반에서 자갈, 전석, 지하수로, 공동 등으로 인해 홀 막힘이 발생되는 경우에 적용한다.
④ 본 품은 작업준비, 마킹, 천공, 보강재 삽입 작업을 포함한다.
⑤ 철근을 보강재로 사용하기 위해 현장에서 가공이 필요한 경우, '[공통부문] 6-2 철근'을 참조하여 적용하며, 보강재 조립(접착판, 스페이서 등 부착)품은 다음과 같다.

(일당)

구 분	단위	수량	시공량(ton)
철 근 공	인	2	3.0
보 통 인 부	인	1	

4. 그라우팅

(일당)

구 분	규격	단위	수량	시공량 (m³)
보 링 공		인	1	
기 계 설 비 공		인	1	
특 별 인 부		인	2	3.2
그 라 우 팅 믹 서	190×2ℓ	대	1	
그 라 우 팅 펌 프	30~60ℓ/min	대	1	
고 소 작 업 차	-	대	1	

[주] ① 본 품은 고소작업차를 활용하여 경사면에 직접 시공하는 기준이다.
② 작업인력이 지반에 위치하여 작업하는 경우 고소작업차를 제외한다.
③ 장비(고소작업차)의 규격은 작업여건(시공높이, 시공위치 등) 및 안전율(적정하중, 작업반경 등)을 고려하여 적합한 규격을 적용한다.
④ 물 공급을 위해 살수차 등의 장비가 필요한 경우 기계경비는 별도 계상한다.
⑤ 공구손료 및 경장비(발전기 등)의 기계경비는 인력품의 11%를 계상한다.
⑥ 소모재료(시멘트, 혼화재, 물)는 별도 계상한다.

3-8 보강토 옹벽

3-8-1 패널 설치 (2020년 보완)

(m^2 당)

구 분	규격	단위	수량
특 별 인 부		인	0.10
보 통 인 부		인	0.06
철 근 공		인	0.03
형 틀 목 공		인	0.04
크 레 인	10ton	hr	0.20

[주] ① 본 품은 보강재(그리드)를 사용한 패널식 옹벽(1.5m×1.5m) 설치 기준이다.
② 본 품은 패널 설치, 보강재 설치, 빗장고리 설치, 수평 및 수직채움재, 앵커철근 설치, 마감면 정리 작업을 포함한다.
③ 터파기 및 기초콘크리트 타설은 별도 계상한다.
④ 트럭이 필요한 경우 별도 계상한다.
⑤ 재료량(패널, 보강재, 빗장고리, 수평채움재, 수직채움재, 앵커철근)은 설계 수량에 따른다.

3-8-2 블록설치 (2020년 보완)

(㎡ 당)

구 분	규격	단위	수량
특 별 인 부		인	0.21
보 통 인 부		인	0.09
크 레 인	10ton	hr	0.50

[주] ① 본 품은 보강재(그리드)를 사용한 블록식 옹벽 설치 기준이다.
② 본 품은 블록(기초블록, 마감블록 등) 설치, 유공관 및 보강재 설치를 포함한다.
③ 터파기 및 기초콘크리트 타설은 별도 계상한다.
④ 재료량(블록, 보강재, 쇄석, 유공관)은 설계수량에 따른다.

3-8-3 버팀목 설치 · 해체

(m 당)

구 분	규격	단위	수량
형 틀 목 공		인	0.06
보 통 인 부		인	0.03

[주] ① 본 품은 패널식옹벽 하부에 지지하기 위한 버팀목 설치 및 해체 기준이다.
② 본 품은 버팀목 제작 및 설치, 해체 작업을 포함한다.
③ 공구손료 및 경장비(절단기 등)의 기계경비는 인력품의 1%를 계상한다.
④ 재료량은 다음을 참고하여 적용한다

구 분	규격	단위	수량
각 재	10cm×10cm	㎥	0.036

※ 잡재료비는 주재료(각재)비의 2%로 계상한다.

3-8-4 뒤채움 및 다짐

(10m³ 당)

구 분	규격	단위	수량
보 통 인 부		인	0.07
굴 착 기	0.6m³	hr	0.31
진 동 롤 러	10ton	hr	0.19
진동롤러(핸드가이드식)	0.7ton	hr	0.18

[주] ① 본 품은 보강토 옹벽의 뒤채움 및 다짐 작업 기준이다.
② 본 품은 블록 속채움 및 뒤채움, 다짐 작업을 포함한다.
③ 지지력 시험은 별도 계상한다.
④ 투입장비는 작업여건에 따라 장비조합을 변경하여 적용할 수 있다.

3-9 벌개제근

3-9-1 벌목

(1,000m² 당)

구 분	규격	단위	나무높이		
			5m 미만	5m 이상~8m 미만	8m 이상
벌 목 부		인	2.14	2.80	3.65
보 통 인 부		인	0.51	0.66	0.87
굴착기+부착용집게	0.2m³	hr	2.71	3.54	4.61
비 고	본 품의 집재거리는 100m까지를 기준한 것이므로, 이를 초과하는 경우 매 100m 증가마다 품을 30%씩 가산한다.				

[주] ① 본 품은 인력과 장비에 의한 벌목작업 기준이며, 나무높이는 평균높이로 한다.
② 본 품은 나무베기, 잔가지 정리, 집재 및 반출을 위한 정리작업을 포함한다.
③ 장비의 규격은 작업여건(작업범위, 위치 등)에 따라 변경할 수 있다.
④ 위험지역(가옥주변, 기존도로 인접구간 등)의 수목은 장비를 추가 반영할 수 있다.
⑤ 공구손료 및 경장비(엔진톱, 톱날, 휘발유 등)의 기계경비는 인력품의 10%로 계상한다.

3-9-2 뿌리뽑기 (2020년 보완)

(1,000㎡ 당)

구 분	규격	단위	수량
보 통 인 부		인	1.06
굴착기+부착용집게	0.2㎥	hr	3.76
비 고	본 품의 집재거리는 100m까지를 기준한 것이므로, 이를 초과하는 경 우 매 100m 증가마다 품을 30%씩 가산한다.		

[주] ① 본 품은 벌목 후 지표에 있는 나무 뿌리, 초목 등을 제거하는 기준이다.
② 본 품은 입목본수도 50~60%, 수경 10~20cm이하 기준이다.
③ 본 품은 뿌리 및 초목 제거, 집재 및 정리 작업을 포함한다.

[참고자료]
입목본수도는 다음을 참고한다.

(992㎡ 당)

수경(樹徑)(cm)	연료림(개)	용재림(개)	수경(樹徑)(cm)	연료림(개)	용재림(개)
4	314	235	28	57	43
6	272	204	30	52	39
8	231	174	32	48	36
10	187	140	34	44	33
12	154	115	36	40	30
14	131	98	38	37	28
16	110	82	40	35	26
18	97	73	42	32	24
20	84	63	44	29	22
22	75	57	46	28	21
24	68	51	48	26	20
26	63	47	50	24	18

3-10 개간

3-10-1 답면고르기 (2003년 신설)

블록크기(m²)	시간당작업량(m²/hr)
2,000 미만	281
2,000 이상~4,000 미만	404
4,000 이상~6,000 미만	526
6,000 이상~8,000 미만	648
8,000 이상~10,000 미만	771

[주] ① 본 품은 습지불도저(4톤)를 사용하여 답면(畓面)을 고르는 품으로, 블록간 이동이 포함된 것이다.
② 물 가두기가 필요한 경우에는 보통인부 1인을 별도로 계상한다.

3-11 스마트 토공

3-11-1 머신 가이던스(MG) 굴착기 (2023년 신설, 2024·2025년 보완)

1. 3D GNSS 머신 가이던스 장비 조합·해체

(회당)

구 분	단위	수량
고 급 기 술 자	인	1
중 급 기 술 자	인	1
용 접 공	인	1
조 립	일	1
해 체	일	1

[주] ① 본 품은 머신 가이던스 장치들을 굴착기에 조립 및 해체하는데 소요되는 품이며, GNSS(Global Navigation Satellite System) 기준국(Base station) 설치 및 해체품은 별도 계상한다.
② 공구손료 및 경장비의 기계경비(측량기기, 용접기 등)는 별도 계상한다.

2. 3D GNSS 머신 가이던스 굴착기 작업능력

(일당)

공 종	규격	시공량	단위
터 파 기	1.0 m³	850	m³
	0.6 m³	500	m³
성 토 면 고 르 기	1.0 m³	1,200	m²

[주] ① 머신 가이던스는 건설 장비의 위치와 자세 정보를 이용하여 설계 목표 대비 현재 작업정보(작업종류, 작업상황, 목표수치, 지면과의 거리 등)를 장비 조종자에게 실시간으로 제공하는 시스템이다.
② 3D GNSS 머신 가이던스는 3차원 도면과 GNSS를 이용한 머신 가이던스 시스템을 말한다.
③ 3D GNSS 머신 가이던스의 구성품은 머신 가이던스 장치(GNSS 이동국, 관성 측정 장치(Inertial Measurement Unit; IMU), 케이블 및 브라켓, 메인 통합 컨트롤러, 머신 가이던스 디스플레이 화면) 등을 포함한다.
④ 본 품은 굴착기의 말단 장치(End-Effector)에 별도의 어태치먼트(예: 틸트, 로테이터 등)을 부착하지 않은 기본 버킷 규격품을 기준으로 한다.
⑤ 3D GNSS 머신 가이던스 굴착기의 운용에 3D 도면 제작·변환 작업이 필요한 경우 별도 계상한다.
⑥ 장비는 현장여건에 따라 장비 규격을 변경하여 적용할 수 있다.
⑦ 본 품은 전체 토공량이 중규모(10,000m³) (8-1-2 공사규모별 표준건설기계) 이상의 공사 규모에 대한 품으로 중규모 미만의 공사에 적용할 수 없다.
⑧ 본 품은 연속터파기 작업이 가능하고 작업 방해가 없는 조건에 한하여 적용한다.
⑨ 3D GNSS 머신 가이던스를 사용하는 굴착기는 주연료에 15% 할증을 적용한다.

3-11-2 머신 컨트롤(MC) 굴착기 (2024년 신설)

1. 3D GNSS 머신 컨트롤 장비조합·해체

(회당)

구 분	단위	수량
고 급 기 술 자	인	1
중 급 기 술 자	인	1
용 접 공	인	1
조 립	일	1.5
해 체	일	1

[주] ① 본 품은 머신 컨트롤 장치들을 굴착기에 조립 및 해체하는데 소요되는 품이며, GNSS(Global Navigation Satellite System) 기준국(Base station) 설치 및 해체품은 별도 계상한다.

② 공구손료 및 경장비의 기계경비(측량기기, 용접기 등)는 별도 계상한다.

2. 3D GNSS 머신 컨트롤 굴착기 작업능력

(일당)

공 종	시공량	단위	비고
터 파 기	880	m³	

[주] ① 본 품은 3D GNSS 머신 컨트롤(Machine Control) 시스템을 1.0m³ 굴착기에 적용하여 시공하는 기준이다.

② 머신 컨트롤(Machine Control)는 건설 장비의 위치와 자세 정보를 이용하여 설계 목표 대비 현재 작업정보(작업종류, 작업상황, 목표수치, 지면과의 거리 등)를 장비 조종자에게 실시간으로 제공함과 동시에 반자동 또는 자동으로 작업을 수행하는 시스템이다.

③ 3D GNSS 머신 컨트롤은 3차원 도면과 GNSS를 이용한 머신 컨트롤 시스템이다.

④ 3D GNSS 머신 컨트롤의 구성품은 머신 컨트롤 장치(GNSS 이동국, 관성 측정 장치(Inertial Measurement Unit; IMU, 유압 제어 키트), 케이블 및 브라켓, 메인 통합 컨트롤러, 머신 가이던스 디스플레이 화면, 머신 컨트롤용 조종 인터페이스 등을 포함한다.

⑤ 본 품은 굴착기의 말단 장치(End-Effector)에 별도의 어태치먼트(예: 틸트, 로테이터 등)을 부착하지 않은 기본 버킷 규격품을 기준으로 한다.
⑥ 3D GNSS 머신 컨트롤 굴착기의 운용에 3D 도면 제작·변환 작업이 필요한 경우 별도 계상한다.
⑦ 장비는 현장여건에 따라 장비 규격을 변경하여 적용할 수 있다.
⑧ 본 품은 전체 토공량이 중규모(10,000 m^3) (8-1-2 공사규모별 표준건설기계) 이상의 공사 규모에 대한 품으로 중규모 미만의 공사에 적용할 수 없다.
⑨ 본 품은 연속터파기 작업이 가능하고 작업 방해가 없는 조건에 한하여 적용한다.
⑩ 3D GNSS 머신 컨트롤을 사용하는 굴착기는 주연료에 15% 할증을 적용한다.

3-11-3 머신 가이던스(MG) 불도저 (2024년 신설, 2025년 보완)

1. 3D GNSS 머신 가이던스 장비조합·해체

(회당)

구 분	단위	수량
고 급 기 술 자	인	1
중 급 기 술 자	인	1
용 접 공	인	1
조 립	일	1
해 체	일	1

[주] ① 본 품은 머신 가이던스(불도저용) 장치들을 굴착기에 조립 및 해체하는데 소요되는 품이며, GNSS 기준국(Base station) 설치 및 해체품은 별도 계상한다.
② 공구손료 및 경장비의 기계경비(측량기기, 용접기 등)는 별도 계상한다.

2. 3D GNSS 머신 가이던스 불도저 작업능력

(일당)

공 종	시공량	단위	비고
흙 깎 기	630	m^3	

[주] ① 본 품은 3D GNSS 머신 가이던스(Machine Guidance) 시스템을 19 ton 무한궤도식 불도저에 적용하여 시공하는 기준이다.
② 머신 가이던스는 건설 장비의 위치와 자세 정보를 이용하여 설계 목표 대비 현재 작업정보(작업종류, 작업상황, 목표수치, 지면과의 거리 등)를 장비 조종자에게 실시간으로 제공하는 시스템이다.
③ 3D GNSS 머신 가이던스는 3차원 도면과 GNSS를 이용한 머신 가이던스 시스템이다.
④ 3D GNSS 머신 가이던스의 구성품은 머신 가이던스 장치(GNSS 이동국, 관성 측정 장치(Inertial Measurement Unit; IMU), 케이블 및 브라켓, 메인 통합 컨트롤러, 머신 가이던스 디스플레이 화면 등을 포함한다.
⑤ 3D GNSS 머신 컨트롤 굴착기의 운용에 3D 도면 제작·변환 작업이 필요한 경우 별도 계상한다.
⑥ 장비는 현장여건에 따라 장비 규격을 변경하여 적용할 수 있다.
⑦ 본 품은 전체 토공량이 중규모(10,000 ㎥) (8-1-2 공사규모별 표준건설기계) 이상의 공사 규모에 대한 품으로 중규모 미만의 공사에 적용할 수 없다.
⑧ 본 품은 보통토사의 깎기, 집토 및 소운반 작업에 적용한다.
⑨ 3D GNSS 머신 가이던스를 사용하는 불도저는 주연료에 15% 할증을 적용한다.

3-11-4 머신 컨트롤(MC) 불도우저 (2025년 신설)

1. 3D GNSS 머신 컨트롤 장비조립·해체

(회당)

구 분	단위	수량
고 급 기 술 자	인	1
중 급 기 술 자	인	1
용 접 공	인	1
조 립	일	1.5
해 체	일	1

[주] ① 본 품은 머신 컨트롤(불도우저용) 장치들을 불도우저에 조립 및 해체하는데 소요되는 품이며, GNSS 기준국(Base station) 설치 및 해체품은 별도 계상한다.
② 공구손료 및 경장비의 기계경비(측량기기, 용접기 등)는 별도 계상한다.

2. 3D GNSS 머신 컨트롤 불도우저 작업능력

(일당)

공 종	시공량	단 위	비 고
흙 깎 기	320	m³	

[주] ① 본 품은 3D GNSS 머신 컨트롤(Machine Control) 시스템을 10ton 무한궤도식 불도우저에 적용하여 시공하는 기준이다.
② 머신 컨트롤(Machine Control)은 건설 장비의 위치와 자세 정보를 이용하여 설계 목표 대비 현재 작업정보(작업종류, 작업상황, 목표수치, 지면과의 거리 등)를 장비 조종자에게 실시간으로 제공함과 동시에 반자동 또는 자동으로 작업을 수행하는 시스템이다.
③ 3D GNSS 머신 컨트롤은 3차원 도면과 GNSS를 이용한 머신 컨트롤 시스템이다.
④ 3D GNSS 머신 컨트롤의 구성품은 머신 컨트롤 장치(GNSS 이동국, 관성 측정 장치(Inertial Measurement Unit; IMU, 유압 제어 키트), 케이블 및 브라켓, 메인 통합 컨트롤러, 머신 가이던스 디스플레이 화면, 머신 컨트롤용 조종 인터페이스 등을 포함한다.
⑤ 3D GNSS 머신 컨트롤 불도우저의 운용에 3D 도면 제작·변환 작업이 필요한 경우 별도 계상한다.
⑥ 장비는 현장여건에 따라 장비 규격을 변경하여 적용할 수 있다.
⑦ 본 품은 전체 토공량이 중규모(10,000 m³) (8-1-2 공사규모별 표준건설기계) 이상의 공사 규모에 대한 품으로 중규모 미만의 공사에 적용할 수 없다.
⑧ 본 품은 보통토사의 깎기, 집토 및 소운반 작업에 적용한다.
⑨ 3D GNSS 머신 컨트롤을 사용하는 불도우저는 주연료에 15% 할증을 적용한다.

제 4 장 조경공사

4-1 잔디 및 초화류

4-1-1 잔디붙임 (2013년 · 2019년 · 2024년 보완)

(일당)

구 분	단위	수량	시공량(㎡)	
			줄떼	평떼
조 경 공	인	1	170	150
보 통 인 부	인	4		

[주] ① 본 품은 재배잔디를 붙이는 기준이다.
　　② 줄떼는 10~30㎝ 간격을 표준으로 한다.
　　③ 홈파기, 떗밥주기, 물주기 및 마무리 작업을 포함한다.
　　④ 식재 시 1회 기준의 물주기는 포함되어 있으며, 유지관리는 '[유지관리] 1-2 조경공사'에 따라 별도 계상한다.
　　⑤ 물주기를 위해 살수차 등의 장비가 필요한 경우 기계경비는 별도 계상한다.

4-1-2 초류종자 살포(기계살포) (2019년 · 2024년 보완)

(일당)

구 분	규격	단위	수량	시공량(㎡)
조 경 공		인	2	
보 통 인 부		인	1	
취 부 기	11.94kW	대	1	3,100
트 럭	4.5ton	대	1	
펌 프	ø50mm	대	1	

[주] ① 본 품은 트럭에 종자살포기가 장착되어 살포하는 기준이다.
　　② 재료배합, 종자살포 작업을 포함한다.
　　③ 살수양생 및 객토가 필요한 때는 별도 계상한다.

[참고자료] 초류종자 살포(기계살포) 재료량

(100㎡당)

구 분	규격	단위	수량
종 자		kg	2~3
비 료	복합비료	kg	10
피 복 제	화이버/펄프류	kg	18
침 식 방 지 안 정 제	합성접착제	kg	5~15
색 소	착색제	kg	0.2

4-1-3 초화류 식재 (2019년 · 2024년 보완)

(일당)

구 분	단위	수량	시공량(주)		
			양호	보통	불량
조 경 공	인	3	2,700	1,800	1,100
보 통 인 부	인	1			

[주] ① 본 품은 본 품은 초화류 식재, 물주기 및 마무리를 포함한다.
② 특수화단(화문화단, 리본화단, 포석화단)은 시공량을 17%까지 감할 수 있다.
③ 식재 시 1회 기준의 물주기는 포함되어 있으며, 유지관리는 '[유지관리부문] 1-2 조경공사'에 따라 별도 계상한다.
④ 물주기를 위해 살수차 등의 장비가 필요한 경우 기계경비는 별도 계상한다.
⑤ 초화류 식재품의 적용은 아래의 조건을 감안하여 적용한다.
 ㉮ 양호 : 작업장소가 넓고 평탄하며, 식재의 내용이 단순하여 작업속도가 충분히 기대되는 조건인 경우
 ㉯ 보통 : 작업장소에 교목류, 조경석 등 지장물이 있어 식재 작업에 지장을 받는 경우
 ㉰ 불량 : 작업장소가 경사지로서 작업조건이 복잡한 경우, 도로변·하천변·절개지 등 안전사고의 위험이 있는 경우

[참고제안] 론생(씨앗부착형 자재) 식재공법

한국론타이(주) 제공

1. 론생볏짚(씨앗부착볏짚덮기) 〈성토면, 절토면 토사부〉 (m² 당)

구 분	규 격	단 위	수 량	비 고
론 생 볏 짚	1m×20m	m²	1.1	로스 10%
고 정 핀	Ø3×20cm	개	1.0	
보 통 인 부	소운반	인	0.012	
보 통 인 부	면고르기	인	0.019	
보 통 인 부	볏짚덮기	인	0.012	
특 별 인 부	볏짚덮기	인	0.012	
보 통 인 부	핀설치 및 복토	인	0.012	

2. 론생네트(씨앗부착네트덮기) 〈절토면〉 (m² 당)

구 분	규 격	단 위	수 량	비 고
론 생 네 트	1m×20m	m²	1.1	마사네트
앙 카 핀	L=20cm	개	1.0	10%할증
보 통 인 부	소운반	인	0.012	
보 통 인 부	면고르기	인	0.019	
보 통 인 부	네트덮기	인	0.012	
특 별 인 부	네트덮기	인	0.008	
보 통 인 부	핀설치 및 복토	인	0.012	

3. 론생리핑네트(특수비료대부착) 〈성, 절토면, 리핑면, 마사토〉 (m² 당)

구 분	규 격	단위	수 량		비고
			론생리핑네트A형(성, 절토면)	론생리핑네트B형(성토면)	
론생리핑네트	1m×10m	m²	1.1	1.1	마사네트
앙 카 핀	L=20cm	개	1.0	1.0	10%할증
보 통 인 부	면고르기	인	0.020	0.012	
보 통 인 부	소운반	인	0.036	0.019	
보 통 인 부	네트덮기	인	0.024	0.024	
특 별 인 부	네트덮기	인	0.016	0.016	
보 통 인 부	핀설치 및 복토	인	0.024	0.024	

4-1. 론생매트A형(야자섬유부착) 〈절, 성토면 및 하천사면〉 (m² 당)

구 분	규 격	단 위	수 량	비 고
론 생 매 트	1m×10m	m²	1.1	
앙 카 핀	L=20cm	개	1.0	
보 통 인 부	소운반	인	0.016	
보 통 인 부	면고르기	인	0.019	
보 통 인 부	네트덮기	인	0.012	
특 별 인 부	네트덮기	인	0.012	
보 통 인 부	핀설치 및 복토	인	0.012	

4-2. 론생매트B형〈산책로〉
(㎡ 당)

구 분	규 격	단 위	수 량	비 고
론 생 매 트	0.6m×10m	㎡	1.1	
	1.0m×10m			
	1.2m×10m			
	1.5m×10m			
앙 카 핀	Ø10, L=300㎜	개	2.0	
보 통 인 부	소운반	인	0.077	
보 통 인 부	네트덮기	인	0.012	
특 별 인 부	네트덮기	인	0.012	
보 통 인 부	핀설치 및 정리	인	0.024	

5. 론생리핑매트(특수비료대 및 야자섬유부착)〈성, 절토면, 리핑면, 마사토 및 하천사면〉
(㎡ 당)

구 분	규 격	단 위	수 량	비 고
론생리핑매트	1m×10m	㎡	1.1	
앙 카	L=20m	개	1.0	
보 통 인 부	면고르기	인	0.020	
보 통 인 부	소운반	인	0.036	
보 통 인 부	네트덮기	인	0.024	
특 별 인 부	네트덮기	인	0.016	
보 통 인 부	핀설치 및 복토	인	0.024	

6-1. 론생백A형(씨앗부착토낭)〈사태지, 소규모 암반녹화, 식생배수로〉
(㎡ 당)

구 분	규 격	단 위	옹벽형쌓기공(수량)	격자틀식재공(수량)
론 생 백	40cm×60cm	매	15	6
보 통 인 부	면고르기	인	0.032	
보 통 인 부	흙채우기	인	0.254	0.110
보 통 인 부	소운반	인	0.198	0.077
보 통 인 부	수직운반	인	0.375	0.103
특 별 인 부	면다지기	인	0.021	0.021
특 별 인 부	마대쌓기	인	0.198	0.077

6-2. 론생백B형(씨앗부착토낭)〈사태지, 소규모 암반녹화〉
(㎡ 당)

구 분	규 격	단 위	옹벽형쌓기공(수량)	비 고
론 생 백	50cm×110cm	매	6.25	
결 속 판	30cm×10cm	개	6.25	
보 통 인 부	면고르기	인	0.030	
보 통 인 부	흙채우기	인	0.235	
보 통 인 부	소운반	인	0.184	
보 통 인 부	수직운반	인	0.343	
특 별 인 부	면다지기	인	0.020	
특 별 인 부	마대쌓기	인	0.184	

7. 론생쉬트(씨앗부착식생지) 〈평지부, 공원〉

(m^2 당)

구 분	규 격	단 위	수 량	비 고
론 생 쉬 트	1m×50m	m^2	1.1	로스 10%
보 통 인 부	법면고르기	인	0.012	
특 별 인 부	쉬트깔기 및 복토	인	0.012	

8-1. 론생배수판(종배수판)

(m 당)

구 분	규 격	단 위	수 량	비 고
종 배 수 판	20cm×600cm	m	1.0	
부 직 포	1m×20m	m	1.0	
자 갈	Ø25mm	m^3	0.150	
보 통 인 부	터파기	인	0.220	
특 별 인 부	배수판설치	인	0.180	
보 통 인 부	자갈채우기	인	0.245	
특 별 인 부	부직포 및 흙덮기	인	0.053	
보 통 인 부	면다지기	인	0.021	

8-2. 론생배수판(횡배수판)

(m 당)

구 분	규 격	단 위	수 량	비 고
횡 배 수 판	450cm×30cm	m	1.0	
ㄱ 자 앵 글	40mm×3mm	m	1.0	
부 직 포	1m×20m	m	1.0	
자 갈	Ø25mm	m^3	0.150	
보 통 인 부	터파기	인	0.220	
특 별 인 부	배수판설치	인	0.200	
보 통 인 부	자갈채우기	인	0.245	
특 별 인 부	부직포 및 흙덮기	인	0.053	
보 통 인 부	면다지기	인	0.021	

※ 배수판설치가 ㄱ자 앵글고정포함임

Lonseng Soil(론생토) 공법

한국론타이(주)제공(㎡ 당)

구 분			기울기1:1.5 이상(토사)	기울기1:1.5이상 (점질토사, 사질토사, 역질토사, 풍화토)		
품명	규격	단위	T=0.7cm	T=1cm	T=2cm	T=3cm
			수량	수량	수량	수량
Lonseng Soil(론생토)		kg	0.56000	0.8000	1.6000	2.4000
생육보조제(H-E-P)		L	0.0100	0.0150	0.0150	0.0150
천연섬유넷	Ø5×30mm×30mm	㎡				1.2000
고정핀	L=220mm	개				1.0000
고정핀	Ø10, L=300mm	개				
혼합종자	초본형	g	25	25	25	25
덤프트럭	10.5ton	hr	0.0070	0.0100	0.0150	0.0190
물탱크	5,500ℓ	hr	0.0028	0.0040	0.0050	0.0070
잡재료비	재료비의 3%	식	1.0000	1.0000	1.0000	1.0000
공구손료	인건비의 2%	식	1.0000	1.0000	1.0000	1.0000
설치비	작업반장	인				0.0010
설치비	특별인부	인				0.0080
설치비	보통인부	인				0.0120
살포공	작업반장	인	0.0027	0.0039	0.0050	0.0100
살포공	특별인부	인	0.0027	0.0039	0.0050	0.0100
살포공	기계공	인	0.0027	0.0039	0.0050	0.0100
살포공	보통인부	인	0.0027	0.0039	0.0050	0.0100
덤프트럭	10.5ton	hr	0.0070	0.0100	0.0150	0.0190
물탱크	5,500ℓ	hr	0.0028	0.0040	0.0050	0.0070
취부기(습식)	25HP	hr	0.0200	0.0290	0.0300	0.0350
덤프트럭	10.5ton	hr	0.0070	0.0100	0.0150	0.0190
물탱크	5,500ℓ	hr	0.0028	0.0040	0.0050	0.0070

① Lonseng Sil(론생토)란 식생기반조성을 위해 특수배합된 생태복원용 인공토양을 지칭한다.
② 본 품은 재료할증 포함이며, 면고르기 품은 별도 계상한다.
③ 천연섬유NET 설치공이 필요한 경우에는 별도 계상한다.
④ 수직높이 20m이상인 경우에는 인력품의 20% 할증 계상한다.
⑤ 비탈면 상태(요철, 기울기, 표면요철) 등에 따라 종자, 생육보조제 등이 증·감될 수 있다.
⑥ Lonseng Sil(론생토)는 친환경 습식자재로 건조시 30% 내외의 두께 차이를 보일 수 있다.

〈비탈면 녹화 자재 "론생" 시리즈〉※친환경 암반녹화 공법 "Lonseng Soil(론생토)" 출시
★ 론생볏짚(씨앗부착볏짚덮기)   ★ 론생네트   ★ 론생화이바   ★ 코아네트 시공
★ 론생백(씨앗부착토낭)   ★ 론생리핑네트   ★ 볏짚거적   ★ 암반녹화공 시공
★ 론생매트   ★ 론생배수판   ※ 유사품 주의

한국론타이주식회사
http://www.rontai.co.kr E-mail:korearontai@naver.com
경기도 김포시 김포한강1로 274, 410호
TEL (02)812-2377, (031)984-3478
FAX (02)816-2377

Lonseng Soil(론생토) 공법

한국론타이(주)제공(m² 당)

구 분			기울기1:1이상 (풍화암, 리핑암)		기울기1:1이상 (발파암-연암, 경암)	
규격	규격	단위	T=5cm	T=6cm	T=8cm	T=11cm
			수량	수량	수량	수량
1. 앙카핀 및 착지핀 홀천공						
발전기	50kW	hr			0.0150	0.0150
핸드드릴및 비트손료	인건비의 2.5%	식			1.0000	1.0000
착암공		인			0.0120	0.0120
보통인부		인			0.0120	0.0120
2. 앙카핀 및 착지핀 설치						
고정핀	Ø10, L=300mm	개	1.0000	1.0000		
앙카핀	Ø16, L=350mm	개			0.2300	0.2300
착지핀	Ø16, L=300mm	개			0.5000	0.5000
설치비	작업반장	인	0.0010	0.0010		
설치비	특별인부	인	0.0080	0.0080	0.0060	0.0060
설치비	보통인부	인	0.0120	0.0120	0.0060	0.0060
3. 부착망설치						
천연섬유넷	Ø5×30mm×30mm	m²	1.2000	1.2000		
부착망	#10,58×58PVC코팅	m²			1.3000	1.3000
철선	#8, PVC코팅	m			1.3000	1.3000
작업반장		인			0.0050	0.0050
특별인부		인			0.0200	0.0200
보통인부		인			0.0200	0.0200
4. 취부공						
론생토조성물		m³	0.0571	0.0714	0.1000	0.1430
Lonseng Soil(론생토)		kg	0.8000	0.8000	0.8000	0.8000
생육보조제(H-E-P)		L	0.0150	0.0150	0.0150	0.0150
혼합종자	초본형	g	25.0	25.0	25.0	25.0
공기압축기	21m³/min	hr	0.0254	0.0317	0.0458	0.0500
발전기	50kW	hr	0.0254	0.0317	0.0458	0.0500
트럭탑재크레인	5ton	hr	0.0317	0.0400	0.0550	0.0619
물탱크	5,500ℓ	hr	0.0254	0.0317	0.0458	0.0500
물탱크(습식)	5,500ℓ	hr	0.0040	0.0040	0.0040	0.0040
덤프트럭	6ton	hr	0.0032	0.0040	0.0550	0.0619
덤프트럭(습식)	10.5ton	hr	0.0100	0.0100	0.0100	0.0100
작업반장		인	0.0037	0.0047	0.0068	0.0073
특별인부		인	0.0128	0.0160	0.0232	0.0251
기계공		인	0.0030	0.0038	0.0057	0.0060
보통인부		인	0.0240	0.0300	0.0039	0.0462
살포공	작업반장	인	0.0039	0.0039	0.0039	0.0039
살포공	특별인부	인	0.0039	0.0039	0.0039	0.0039
살포공	기계공	인	0.0039	0.0039	0.0039	0.0039
살포공	보통인부	인	0.0039	0.0039	0.0039	0.0039
취부기	25HP	hr	0.0254	0.0317	0.0458	0.0500
취부기(습식)	25HP	hr	0.0290	0.0290	0.0290	0.0290

4-1-4 거적덮기 (2019년 · 2024년 보완)

(일당)

구 분	단위	수량	시공량(㎡)
조 경 공	인	3	1,600
보 통 인 부	인	1	

[주] ① 본 품은 성토 또는 절토사면에 거적을 덮어 설치하는 기준이다.
② 거적깔기, 핀설치 및 고정 작업을 포함한다.
③ 재료량(거적, 고정핀, 착지핀, 매트고정판, 비닐끈 등)은 설계수량에 따라 별도 계상한다.

4-2 관목

4-2-1 굴 취 (2013년 · 2024년 보완)

(일당)

구 분	단위	수량	나무높이(m)	시공량(주)
조 경 공	인	3	0.3미만	480
			0.3~0.7이하	230
보 통 인 부	인	1	0.8~1.1이하	150
			1.2~1.5이하	100

[주] ① 본 품은 근원부에서 분지되어 다년생으로 자라는 관목수종의 굴취 기준이다.
② 본 품은 분을 보호하지 않은 상태(녹화마대, 녹화끈 등 활용)로 굴취하는 작업 기준이다.
③ 나무높이가 1.5m를 초과할 때는 나무높이에 비례하여 시공량을 감할 수 있다.
④ 나무높이보다 수관폭이 더 클 때는 그 크기를 나무높이로 본다.
⑤ 굴취수목의 운반을 위하여 운반로를 개설하여야 하는 경우에는 그 비용을 별도 계상한다.
⑥ 녹화마대, 녹화끈을 사용하여 분을 보호할 경우 '4-3-2 굴취(나무높이)'를 적용한다.
⑦ 굴취 시 야생일 경우에는 시공량을 17%까지 감할 수 있다.

4-2-2 식 재(단식(單植)) (2013년 · 2019년 · 2024년 보완)

(일당)

구 분	단위	수량	나무높이(m)	시공량(주)
조 경 공	인	3	0.3미만	160
			0.3~0.7이하	125
보 통 인 부	인	1	0.8~1.1이하	75
			1.2~1.5이하	55

[주] ① 본 품은 근원부에서 분지되어 다년생으로 자라는 관목수종의 식재 기준이다.
② 터파기, 가지치기, 나무세우기, 묻기, 물주기, 손질, 뒷정리 작업을 포함한다.
③ 나무높이가 1.5m를 초과할 때는 나무높이에 비례하여 시공량을 감할 수 있다.
④ 나무높이보다 수관폭이 더 클 때에는 그 수관폭을 나무높이로 본다.
⑤ 식재 시 1회 기준의 물주기는 포함되어 있으며, 유지관리는 '[유지관리부문] 1-2 조경공사'에 따라 별도 계상한다.
⑥ 물주기를 위해 살수차 등의 장비가 필요한 경우 기계경비는 별도 계상한다.
⑦ 암반식재, 부적기식재 등 특수식재는 품을 별도 계상할 수 있다.

4-2-3 식 재(군식(群植)) (2013년 · 2019년 · 2024년 보완)

(일당)

구 분	단위	수량	나무높이(m)	시공량(주)
조 경 공	인	3	0.3미만	440
			0.3~0.7이하	300
보 통 인 부	인	1	0.8~1.1이하	200
			1.2~1.5이하	140

[주] ① 본 품은 근원부에서 분지되어 다년생으로 자라는 관목수종의 식재 기준이다.
② 터파기, 가지치기, 나무세우기, 묻기, 물주기, 손질, 뒷정리 작업을 포함한다.
③ 나무높이가 1.5m를 초과할 때는 나무높이에 비례하여 시공량을 감할 수 있다.
④ 나무높이보다 수관폭이 더 클 때에는 그 수관폭을 나무높이로 본다.
⑤ 식재 시 1회 기준의 물주기는 포함되어 있으며, 유지관리는 '[유지관리부문] 1-2 조경공사'에 따라 별도 계상한다.

⑥ 물주기를 위해 살수차 등의 장비가 필요한 경우 기계경비는 별도 계상한다.
⑦ 암반식재, 부적기식재 등 특수식재는 품을 별도 계상할 수 있다.
⑧ 군식은 일반적으로 아래의 식재밀도 이상인 경우이다.

(주/㎡)

수관폭(cm)	20	30	40	50	60	80	100
주수	32	14	8	5	4	2	1

4-3 교 목

4-3-1 뿌리돌림 (2013년 · 2019년 보완)

(주 당)

근원직경(cm)	수량		근원직경(cm)	수량	
	조경공(인)	보통인부(인)		조경공(인)	보통인부(인)
3	0.03	0.01	36	1.86	0.22
5	0.06	0.01	42	2.04	0.25
7	0.11	0.01	48	2.32	0.28
9	0.17	0.02	54	2.79	0.33
11	0.23	0.03	60	3.07	0.36
13	0.30	0.03	66	4.18	0.50
15	0.37	0.05	72	4.65	0.55
18	0.56	0.06	78	5.21	0.62
21	0.65	0.08	84	6.51	0.78
24	0.74	0.09	90	7.06	0.85
30	1.58	0.19	100	7.90	0.95

[주] ① 뿌리돌림은 수목 이식 전에 뿌리 분 밖으로 돌출된 뿌리를 깨끗이 절단하여 주근 가까운 곳의 측근과 잔뿌리의 발달을 촉진시키는 작업이다.
② 분은 근원직경의 4~5배로 한다.
③ 뿌리 절단 부위의 보호를 위한 재료비는 별도 계상한다.

4-3-2 굴취(나무높이) (2013년 · 2019년 · 2024년 보완)

(일당)

구 분		규격	단위	수량	나무높이(m)	시공량(주)
인력시공	조 경 공		인	4	2.0이하	70
	보 통 인 부		인	2	3.0이하	45
					5.0이하	30
기계시공	조 경 공		인	3	2.0이하	90
	보 통 인 부		인	2	3.0이하	60
	굴 착 기	0.4m³	대	1	5.0이하	40
비고	분이 없는 경우 시공량의 25%를 가산한다.					

[주] ① 본 품은 흉고직경 또는 근원직경을 추정하기 어려운 수종 기준이다.
② 분은 근원직경의 4~5배로 한다.
③ 준비, 구덩이파기, 뿌리절단, 분뜨기, 운반준비 작업을 포함한다.
④ 굴취시 야생일 경우에는 시공량의 17%까지 감할 수 있다.
⑤ 굴취수목의 운반을 위하여 운반로를 개설하여야 하는 경우에는 그 비용을 별도 계상한다.
⑥ 분뜨기, 운반준비를 위한 재료비는 별도 계상한다.

4-3-3 굴취(근원직경) (2019년 · 2024년 보완)

(일당)

구 분		규 격	단위	수량	근원(흉고) 직경(cm)	시공량(주)
인력시공	조 경 공		인	4	5(4)이하	50
	보 통 인 부		인	2	6~7(5~6)	30
					8~9(7~8)	15
기계시공	조 경 공		인	3	5(4)이하	70
	보 통 인 부		인	1	6~7(5~6)	40
					8~9(7~8)	25
	굴 삭 기	0.4m³	대	1	10~14(8~12)	15
					15~19(13~16)	10
기계시공	조 경 공		인	3	20~29(17~24)	7
	보 통 인 부		인	1	30~39(25~32)	5
	굴 삭 기	0.6m³	대	1	40~49(33~41)	4
	크 레 인		대	1	50~60(42~50)	3
비고	분이 없는 경우 시공량의 25%를 가산한다.					

[주] ① 본 품은 교목류 수종의 굴취 기준이다.
  ② 분은 근원직경의 4~5배로 한다.
  ③ 준비, 구덩이파기, 뿌리절단, 분뜨기, 운반준비 작업을 포함한다.
  ④ 굴취시 야생일 경우에는 시공량의 17%까지 감할 수 있다.
  ⑤ 굴취수목의 운반을 위하여 운반로를 개설하여야 하는 경우에는 그 비용을 별도 계상한다.
  ⑥ 크레인의 규격은 작업여건(시공높이, 시공위치 등) 및 안전율(적정하중, 작업반경 등)을 고려하여 적합한 규격을 적용한다.
  ⑦ 분 뜨기, 운반준비를 위한 재료비는 별도 계상한다.

4-3-4 식 재(나무높이) (2013년 · 2019년 · 2024년 보완)

(일당)

구 분		규 격	단위	수량	나무높이(m)	시공량(주)
인력시공	조 경 공		인	4	2.0이하	40
	보 통 인 부		인	2	3.0이하	20
					5.0이하	12
기계시공	조 경 공		인	3	2.0이하	55
	보 통 인 부		인	1	3.0이하	30
	굴 착 기	0.4m³	대	1	5.0이하	20
비고	지주목을 세우지 않을 때는 시공량의 11%를 가산한다.					

[주] ① 본 품은 흉고 또는 근원직경을 추정하기 어려운 수종에 적용한다.
② 터파기, 나무세우기, 묻기, 물주기, 지주목세우기, 뒷정리 작업을 포함한다.
③ 식재 시 1회 기준의 물주기는 포함되어 있으며, 유지관리는 '[유지관리부문] 1-2 조경공사'에 따라 별도 계상한다.
④ 물주기를 위해 살수차 등의 장비가 필요한 경우 기계경비는 별도 계상한다.
⑤ 암반식재, 부적기식재 등 특수식재시는 품을 별도 계상할 수 있다.

4-3-5 식재(흉고직경) (2019년 · 2024년 보완)

(일당)

구 분		규격	단위	수량	흉고(근원)직경(cm)	시공량(주)
인력시공	조 경 공		인	4	5(6)이하	30
	보 통 인 부		인	2	6~7(7~8)	15
기계시공	조 경 공		인	3	5(6)이하	45
	보 통 인 부		인	1	6~7(7~8)	22
					8~9(9~11)	17
	굴 삭 기	0.4m³	대	1	10~17(12~20)	12
기계시공	조 경 공		인	3	18~24(21~29)	9
	보 통 인 부		인	1	25~34(30~41)	7
	굴 삭 기	0.6m³	대	1	35~44(42~53)	5
	크 레 인		대	1	45~50(54~60)	4
비고	지주목을 세우지 않을 때는 시공량의 11%를 가산한다.					

[주] ① 본 품은 교목류 수종을 식재하는 기준이다.
② 흉고직경은 지표면에서 높이 1.2m 부위의 나무줄기 지름이다.
③ 터파기, 나무세우기, 묻기, 물주기, 지주목세우기, 뒷정리 작업을 포함한다.
④ 식재 시 1회 기준의 물주기는 포함되어 있으며, 유지관리는 '[유지관리부문] 1-2 조경공사'에 따라 별도 계상한다.
⑤ 물주기를 위해 살수차 등의 장비가 필요한 경우 기계경비는 별도 계상한다.
⑥ 암반식재, 부적기식재 등 특수식재시는 품을 별도 계상할 수 있다.
⑦ 크레인의 규격은 작업여건(시공높이, 시공위치 등) 및 안전율(적정하중, 작업반경 등)을 고려하여 적합한 규격을 적용한다.

4-4 조경 구조물

4-4-1 정원석 쌓기 및 놓기 (2013년 보완)

(ton 당)

구 분	규격	단위	수량			
			쌓기		놓기	
			20ton 미만	20ton 이상	20ton 미만	20ton 이상
조 경 공		인	1.212	1.040	0.968	0.836
굴 착 기	0.7m^3	hr	0.657	0.684	0.657	0.684

[주] ① 본 품은 수석, 자연석 또는 조경석을 단독 또는 무리로 설치하여 미관이 고려 된 경관(글자석, 상징석 등)을 조성하는 경우에 적용한다.
② 본 품은 다짐 및 정지 작업을 포함한다.
③ 지형 등 작업의 난이도에 따라 20%까지 가산할 수 있다.
④ 공구손료는 인력품의 3%로 계상한다.
⑤ 사이목 식재는 별도 계상한다.

4-4-2 조경 유용석 쌓기 및 놓기 (2013년 신설·2024년 보완)

(일당)

구 분	규 격	단 위	수 량	시공량(ton)
조 경 공		인	1	
석 공		인	3	13
굴 착 기	0.6m^3	대	1	

[주] ① 본 품은 조경석이나 현장유용석을 활용하여 긴 선형의 화단, 수로 경계 등의 수직 방향의 사면을 조성하는 경우에 적용한다.
② 본 품은 위치선정, 쌓기 및 놓기, 다짐 및 정지 작업을 포함한다.
③ 석재 운반비 및 사이목 식재 비용은 별도 계상한다.
④ 부착용 집게를 사용하는 경우 기계손료를 추가 계상하고 시공량은 동일하게 적용한다

4-4-3 잔디블록 포장 (2019년 신설 · 2024년 보완)

(일당)

구 분	규 격	단 위	수 량	시공량(㎡)
조 경 공		인	3	65
보 통 인 부		인	1	
굴 착 기	0.6㎥	대	1	
플레이트콤팩터	1.5ton	대	1	

[주] ① 본 품은 모래를 부설하면서 대형잔디블록을 설치하는 기준이다.
② 모래 부설, 다짐 및 고르기, 잔디블록 절단 및 설치, 잔디식재 작업을 포함한다.
③ 장비의 규격은 작업여건(작업범위, 위치 등)에 따라 변경할 수 있다.
④ 블록절단 시 절단기를 사용할 경우 기계경비는 별도 계상한다.

4-4-4 야자섬유매트포장 (2022년 신설 · 2024년 보완)

(일당)

구 분	단 위	수 량	시공량(㎡)	
			폭 1.5m 이하	폭 2.0m 이하
조 경 공	인	2	90	130
보 통 인 부	인	1		

[주] ① 본 품은 설치위치의 토공사가 완료된 상태에서 야자섬유매트로 포장하는 기준이다.
② 본 품은 매트포장면 정리, 야자섬유매트 및 고정핀 설치, 매트연결 및 고정, 마무리 작업을 포함한다.
③ 설치위치의 토공작업은 필요시 별도 계상한다.

제 5 장   기초공사

5-1 흙막이 및 물막이

5-1-1 P.P마대 및 톤마대 쌓기·헐기 (2014년, 2021년 보완)

(10개 당)

구 분	규격	단위	P.P 마대 (0.024m³/개)			톤마대 (0.7m³/개)		
			만들기	쌓기	헐기	만들기	쌓기	헐기
보통인부		인	0.15	0.06	0.06	0.38	0.18	0.18
특별인부		인	-	-	-	-	0.09	0.09
굴착기	0.2m³	hr	-	-	-	1.34	-	-
	1.0m³	hr	-	-	-	-	0.7	0.7

[주] 본 품은 P.P마대 및 톤마대의 만들기, 쌓기, 헐기하는 기준이며, 토사 채움을 기준한다.

5-1-2 H-Beam 설치 (2021년 보완)

(본 당)

구 분		단위	H = 300 ~ 500				
			5m이하	6~8m	9~11m	12~14m	15~18m
띠장	철골공	인	0.16	0.18	0.21	0.23	0.25
	용접공	인	0.38	0.41	0.49	0.54	0.59
	보통인부	인	0.14	0.15	0.18	0.19	0.21
	크레인	hr	0.33	0.40	0.52	0.60	0.69
버팀보	철골공	인	0.34	0.36	0.40	0.43	0.45
	용접공	인	0.17	0.19	0.20	0.22	0.23
	보통인부	인	0.13	0.14	0.15	0.16	0.17
	크레인	hr	0.29	0.35	0.45	0.53	0.61

구 분		단위	H = 600 ~ 800				
			5m이하	6~8m	9~11m	12~14m	15~18m
띠장	철 골 공	인	0.21	0.23	0.27	0.29	0.32
	용 접 공	인	0.48	0.54	0.62	0.68	0.74
	보 통 인 부	인	0.17	0.19	0.22	0.24	0.27
	크 레 인	hr	0.42	0.51	0.66	0.77	0.81
버팀보	철 골 공	인	0.43	0.46	0.51	0.54	0.58
	용 접 공	인	0.22	0.24	0.26	0.28	0.29
	보 통 인 부	인	0.16	0.17	0.19	0.20	0.22
	크 레 인	hr	0.36	0.44	0.57	0.67	0.77

[주] ① 본 품은 수평지보공(H-Beam)의 띠장 및 버팀보 설치 품이다.
② 본 품은 소운반, H-Beam 가공, 연결재, 보강재, 충전재의 설치작업을 포함한다.
③ 연결재, 보강재, 충전재의 현장 가공 및 제작은 제외되어 있다.
④ H-Beam 설치를 위한 받침재 및 브레이싱 설치는 별도 계상한다.
⑤ 소모재료는 설계수량에 따라 별도 계상한다.
⑥ 공구손료 및 경장비(용접기 등)의 기계경비는 인력품의 3%를 계상한다.
⑦ 크레인은 크레인(타이어) 25ton급을 기준하며, 작업여건에 따라 변경할 수 있다.
⑧ 본 품의 적용범위는 다음을 참고한다.

적용 항목	적용 범위	미적용 범위

사전작업
(제작장
작업)
	· H-Beam 현장 절단
	· 잭 및 연결재(쐐기 등)의
	  H-Beam 연결(볼트 연결)
	  (구멍뚫기 제외)
		· H-Beam 마감판 가공 및 접합
		  * 마감판 보강재 용접포함
		· 연결재, 보강재, 충전재 제작
		· 연결재 구멍뚫기

H-Beam
현장설치
	· H-Beam 이음
	  * 띠장 : 연결재 용접
	  * 버팀보 : 볼트/용접 이음
	· H-Beam 연결(볼트 연결)
	  * H-Beam 구멍뚫기 포함
		· 브라켓 설치
		  * 피스브라켓 및 보걸이
		· 브레이싱 설치

보강재 설치	· 띠장 : 보강재 충전재 설치 · 버팀보 : 보강재 설치	—

5-1-3 H-Beam 철거 (2021년 보완)

(본 당)

구분		단위	H = 300 ~ 500				
			5m이하	6~8m	9~11m	12~14m	15~18m
띠장	철골공	인	0.10	0.11	0.13	0.14	0.15
	용접공	인	0.23	0.26	0.29	0.32	0.35
	보통인부	인	0.08	0.09	0.11	0.12	0.13
	크레인	hr	0.23	0.28	0.36	0.42	0.49
버팀보	철골공	인	0.20	0.22	0.24	0.26	0.27
	용접공	인	0.10	0.11	0.12	0.13	0.14
	보통인부	인	0.08	0.08	0.09	0.10	0.10
	크레인	hr	0.20	0.24	0.32	0.37	0.43

구분		단위	H = 600 ~ 800				
			5m이하	6~8m	9~11m	12~14m	15~18m
띠장	철골공	인	0.12	0.14	0.16	0.18	0.19
	용접공	인	0.29	0.32	0.37	0.41	0.45
	보통인부	인	0.10	0.12	0.13	0.15	0.16
	크레인	hr	0.29	0.36	0.46	0.54	0.62
버팀보	철골공	인	0.26	0.28	0.30	0.32	0.35
	용접공	인	0.13	0.14	0.16	0.17	0.18
	보통인부	인	0.10	0.11	0.12	0.12	0.13
	크레인	hr	0.25	0.31	0.40	0.47	0.54

[주] ① 본 품은 수평지보공(H-Beam)의 띠장 및 버팀보 해체 품이다.
② 본 품은 소운반, 연결해체, H-Beam 해체, 잭, 연결재, 보강재, 충전재의 해체 작업을 포함한다.
③ 운반을 위한 H-Beam의 상차 및 운반은 제외되어 있다.
④ 받침재 및 브레이싱 해체는 별도 계상한다.
⑤ 소모재료는 설계수량에 따라 별도 계상한다.
⑥ 공구손료 및 경장비(용접기 등)의 기계경비는 인력품의 3%를 계상한다.
⑦ 크레인은 크레인(타이어) 25ton급을 기준하며, 작업여건에 따라 변경할 수 있다.
⑧ 본 품의 적용범위는 다음을 참고한다.

적용 항목	적용 범위	미적용 범위
H-Beam 현장해체	· H-Beam 이음부 및 연결부 해체 * 볼트풀기 * 용접부 해체	
철거	· H-Beam 내리기	
보강재 철거	· 띠장 : 보강재 충전재 분리 · 버팀보 : 연결재, 보강재 분리	· 마감판 해체

5-1-4 흙막이판 설치 및 철거(2009년 · 2014 · 2021년 보완)

(10㎡ 당)

구 분	규격	단위	수량 설치	수량 철거
형 틀 목 공		인	0.73	0.58
보 통 인 부		인	0.38	0.30
굴 착 기	0.2㎥	hr	1.92	1.54

[주] ① 본 품은 흙막이판(각재 및 강재, 높이 200㎜이하)의 절단, 설치, 뒤채우기 및 마무리 작업을 포함한다.
② 공구손료 및 경장비(엔진톱 등)의 기계경비와 잡재료(철선 등)는 인력품의 3%를 계상한다.
③ 흙막이판의 손율은 다음 표에 따른다.

구 분			손율(%)	비 고
각재	사용 횟수별	1회	50	1회당 사용기간이 3개월 미만인 경우에 적용
		2회	75	
		3회	90	
	사용 기간별	3월 이상~6월 미만	75	1회로서 사용기간이 3개월 이상인 경우에 적용
		6월 이상~12월까지	90	
강재	'[공통부문] 2-2-1 주요자재 / 강재류'를 적용한다			

5-1-5 어스앵커공법 (2020년 보완)

1. 장비조립 · 해체

(회당)

구 분	규격	단위	수량
특 별 인 부		인	1
보 통 인 부		인	3
크 레 인	5ton	hr	8

[주] 본 품은 천공 및 그라우팅 작업을 위해 크레인으로 장비(그라우팅펌프, 그라우팅믹서, 공기압축기)를 최초 조립 및 해체하는 기준이며, 현장조건에 따라 이동, 조립 및 해체가 발생되는 경우 추가 적용한다.

2. 인력 및 장비 편성

(인/일)

구 분	규격	단위	수량	
			타격식	회전식
보 링 공	-	인	1	1
특 별 인 부	-	인	2	3
보 통 인 부	-	인	1	1
크 롤 러 드 릴 (공기식)	17m³/min	대	1	-
공 기 압 축 기	21m³/min	대	1	-
크 롤 러 드 릴 (탑승유압식)	110kW	대	-	1

[주] ① 본 품은 크롤러형 보링장비를 지반에 위치하여 천공하는 기준이다.
② 타격식은 케이싱 사용을 통한 2회 천공(1차 케이싱삽입, 2차 비트천공) 기준이며, 회전식은 유압크롤러드릴과 케이싱을 활용하는 이수가압식천공 기준이다
③ 천공에 필요한 비트, 물 등 소모재료는 별도 계상한다.

3. 작업소요시간

구 분	개요	산출방법
T	작업소요시간	$T = t_1/f$
t_1	천공시간	$t_1 : \Sigma(L_1 \times a_1)$ L_1 : 지층별 굴착연장, a_1 : 지층별 굴착시간
f	작업계수	0.8

[주] ① 천공시간은 작업준비, 마킹, 천공, 보강재 삽입이 포함된 것으로 천공 구경은 105~127mm 기준이다.
② 타 공종(토공사 등)과 간섭, 작업시간 통제 등 공사시간의 제약으로 작업시간의 현저한 저하가 예상되는 경우 작업계수를 조정하여 적용할 수 있다.

○ 지층별 굴착시간(a_1)

(min/m)

구 분		토사	혼합층	풍화암	연암	보통암	경암
작업량	타격식	9.38	8.70	5.41	7.50	9.38	13.33
	회전식	5.36	-	-	-	-	-

※ 혼합층은 케이싱을 사용할 수 없는 지반에서 자갈, 전석, 지하수로, 공동 등으로 인해 홀 막힘이 발생되는 경우에 적용한다.

4. 그라우팅

(일당)

구 분	규격	단위	수량	시공량(㎥)
보 링 공		인	1	
기 계 설 비 공		인	1	
특 별 인 부		인	2	3.2
그 라 우 팅 믹 서	190×2ℓ	대	1	
그 라 우 팅 펌 프	30~60ℓ/min	대	1	

[주] ① 물 공급을 위해 살수차 등의 장비가 필요한 경우 기계경비는 별도 계상한다.
　　② 공구손료 및 경장비(발전기 등)의 기계경비는 인력품의 11%를 계상한다
　　③ 소모재료(시멘트, 혼화재, 물)는 별도 계상한다.

5. 인장

(일당)

구 분	규격	단위	수량	시공량(개소)
중급기술자		인	1	
보링공		인	1	
특별인부		인	2	15
보통인부		인	1	
강연선 인장기	60ton	hr	1	

[주] ① 본 품은 인장작업이 필요한 앵커체(강연선 4가닥 기준)의 인장작업에 적용한다.
　　② 본 품은 지압판 설치, 웨지조립 및 인장작업이 포함되어 있으며, 좌대는 기성제품 사용을 기준한다.
　　③ 인장에 필요한 좌대 설치는 다음 품을 적용한다.

(10개소당)

구 분	단위	수량
철공	인	0.41
보통인부	인	0.82

　　④ 인장을 위하여 별도의 브라켓 설치가 필요한 경우는 재료 및 품을 별도로 계상한다.
　　⑤ 강연선 인장기 규격은 소요 긴장력을 고려하여 변경할 수 있다.
　　⑥ 공구손료 및 경장비(절단기, 발전기 등)의 기계경비는 인력품의 9%를 계상한다.
　　⑦ 소모재료는 별도 계상한다.

5-2 연약지반처리

5-2-1 매트부설 (2016 · 2018 · 2021년 보완)

(100㎡ 당)

구 분	규격	단위	육상			수중	
			사면	연약지반		사면	연약지반
				도로/철도	매립지		
특 별 인 부		인	0.07	0.09	0.10	0.16	0.24
보 통 인 부		인	0.04	0.05	0.05	0.12	0.12
잠 수 조		조	-	-	-	0.08	0.15
굴 삭 기	0.4㎥	hr	0.10	0.15	0.19	-	-

[주] ① 본 품은 연약지반 및 호안 등 사면에 합성수지 계통 토목섬유 매트의 포설 및 봉합작업을 기준한 것이다.
② 본 품은 매트부설, 매트봉합 및 마무리 작업이 포함된 것이다.
③ 수중매트 부설에 따른 선박 등 기계경비는 별도 계상한다.
④ 항만 매립지 등에서 토질 특성으로 인해 시공장비 개선(철판, 연결로프 등 사용) 또는 특수장비를 활용한 시공이 필요한 경우 별도 계상한다.
⑤ 수중부설의 수심은 10m 이하를 기준한 것이며, 수심이 10m 이상일 경우 현장조건에 따라 조정 적용한다.
⑥ 조수 및 파랑 등의 현장 조건에 따라 본 품을 조정 적용할 수 있다.
⑦ 공구손료 및 경장비(봉합기)의 기계경비는 인력품의 4%로 계상한다.
⑧ 장비(굴착기) 규격은 현장조건을 고려하여 적용한다.

[참고자료]
매트고정이 필요한 경우 재료량은 다음을 참고한다.

(100㎡ 당)

구 분	매트 (㎡)	P.P로프(9mm) (m)	모래주머니 (개)	철근(19mm) (m)
육상부설	110	98	64	19
수중부설	115	53	38	11

※ 재료량은 할증이 포함되어 있다.

5-2-2 고압분사 주입공법 (2015년, 2021년 보완)

1. 적용범위

    ① 본 품은 고압분사 주입공법(유효직경 800~2,000㎜)을 기준한 것이다.
    ② 본 품은 장비조립 및 해체, 천공, 분사주입 작업을 포함하며, 적용범위는 다음과 같다.

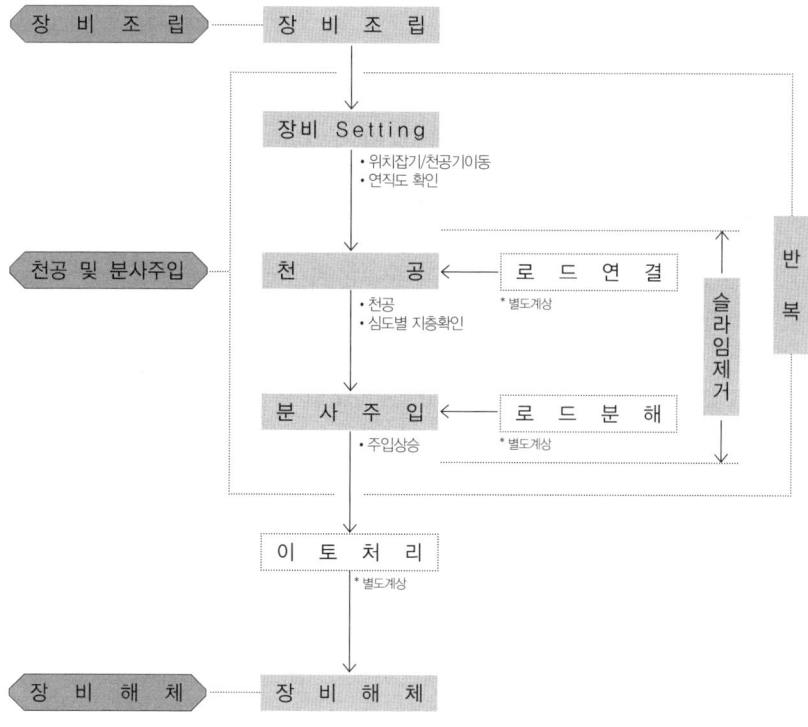

    ③ 이토처리는 별도 계상한다.

2. 장비 조립 · 해체

(회 당)

구 분		단위	외부 반출/반입	작업구간 이동
기 계 설 비 공		인	1	1
철 공		〃	2	2
특 별 인 부		〃	1	1
크 레 인		대	1	1
소요일수	조 립	일	2.5	1.5
	해 체	〃	1	0.5

[주] ① 본 품은 시공장비(전용장비 조립 및 부대설비(그라우팅 시스템 등) 설치)를 1회 조립 및 해체하는 기준이며, 시공조건(외부 반출/압입, 작업구간 내 해체 후 이동조립 등)에 따라 조립 · 해체가 반복되는 경우 추가 계상한다.
② 공구손료 및 경장비(발전기, 전동드릴 등)의 기계경비는 인력품의 3%로 계상한다.
③ 크레인 규격은 양중능력 및 현장조건에 고려하여 적용한다.

3. 인력편성

(인/일)

직 종	단위	수량	
		토사	자갈/호박돌
보 링 공	인	1	1
기 계 설 비 공	〃	1	1
특 별 인 부	〃	1	2
보 통 인 부	〃	1	2

4. 장비편성

	명 칭	규격	단위	수량	천공		분사주입
					토사	자갈/호박돌	
선천공	유압식 크롤러드릴	110kW	대	1	−	○	−
	케 이 싱		식	1	−	○	−
분사주입	고압분사전용장비	고압분사용	대	1	○	−	○
	초 고 압 펌 프	200~400kg/cm²	〃	1~2	○	−	○
	공 기 압 축 기	10.3m³/min	〃	1	○	−	○
	발 전 기	150kW	〃	1	○	−	○
	자동화 믹서플랜트	0.5m³	〃	1	○	−	○
굴 삭 기		0.4m³	대	1	○	○	○

[주] ① 부속장비(사일로, 호스, 양수기, 모터 등)의 경비는 '3.인력편성' 노무비에 다음 요율을 계상한다.

구 분	선천공 미수행시	선천공 수행시
요율(%)	19	13

② 기종의 선정은 다음을 기준한다.

지질특성	시공유형	고압분사 전용장비	유압식 크롤러드릴
점토/모래	천공	○	-
	분사+주입	○	-
자갈/호박돌	천공	-	○
	분사+주입	○	-

※ 현장작업조건을 고려하여 장비조합 및 규격을 변경할 수 있다.

5. 작업소요시간

$T = T_1 + T_2$

T_1(천공시간) : $(\Sigma(L_1 \times t_1) + t_2)/f_1$

L_1 : 지층별 천공길이

t_1 : 지층별 천공시간

(min/m)

구 분	천공구경 (mm)	토사		자갈	전석/ 호박돌
		점질토	사질토		
고압분사 전용장비	89	3.5	5.0	-	-
크롤러드릴	145	-	-	9.0	11.0

※ 크롤러 드릴은 케이싱 연결 및 해체 시간이 포함되어 있다.

t_2(로드 연결) : 3min(개소당)

※ 로드연결은 장비조립 시 수행하며, 현장여건에 따라 천공 중 로드연결이 필요한 경우에 적용한다.

f_1(작업계수) : 0.8

T_2(분사주입시간) : $(\Sigma (L_2 \times t_3) + t_4)/f_2$

　L_2 : 유효직경별 분사주입 길이

　t_3 : 유효직경별 분사주입 시간

(min/m)

구 분	유효직경(mm)				
	800	1,000	1,200	1,500	2,000
분사주입시간 (min/m)	3.61	5.64	8.12	12.69	22.57

t_4(로드분해) : 3min(개소당)

※ 로드분해는 장비해체 시 수행하며, 현장여건에 따라 분사주입 중 로드분해가 필요한 경우에 적용한다.

f_2(작업계수) : 0.8

[참고자료]

가. 2중관주입공법(J.S.P) 지층별 재원

(1본 당)

구 분	단위	점토층		모래층			자갈층· 호박돌층	비 고
		N 0~2	N 3~5	N 0~4	N 5~15	N 16~30		
유효직경	m	1.0	0.8	1.2	1.0	0.8	0.8	
단위분사량	ℓ/분	160	160	160	160	160	160	
시멘트량	kg/m	351	401	351	401	451	451	
물	ℓ	351	401	351	401	451	451	

나. 분사주입 재료비

(시간 당)

종 별	규격	단위	수량	비고
더 블 쉬 벨 본 체	3.0m	개	0.072	
더 블 쉬 벨 부 품		조	0.240	
더 블 로 드		본	0.072	
N. J. V 본 체		개	0.090	
N. J. V 부 품		조	0.240	
노　　　　즐		조	0.240	

[주] 분사 재료비는 분사주입 시간(T_2)에 적용한다.

다. 천공 재료비

(시간 당)

종 별	규격	단위	수량	
			점토층	모래층
메탈크라운비트		개	0.023	0.019
더블쉬벨본체		〃	0.003	0.003
더블쉬벨부품		조	0.023	0.020
더블로드		본	0.007	0.006
N.J.V 본체		개	0.003	0.003
노 즐		〃	0.002	0.002

[주] ① 본 품은 고압분사전용장비에 의한 천공에 적용한다.
② 유압식크롤러드릴의 천공에 소요되는 케이싱 및 비트손료는 별도 계상한다.

5-2-3 플라스틱 보드 드레인(PBD) (2013년 신설, 2021년 보완)

1. 적용범위
    ① 본 품은 유압식 PBD천공기를 활용하여 플라스틱 재질의 연직배수재를 설치하는 기준이다.
    ② 본 품은 PBD천공기 147kW(리더 38m)는 평균심도 35m기준한 것으로 평균심도 35m 이상은 PBD천공기 184kW(리더 53m)를 사용할 수 있다.
    ③ 본 품은 연속적인 작업이 가능한 조건에 적용하며, 선천공으로 인해 PBD 작업이 지속적으로 영향을 받는 경우 작업조건을 고려하여 별도 계상한다.

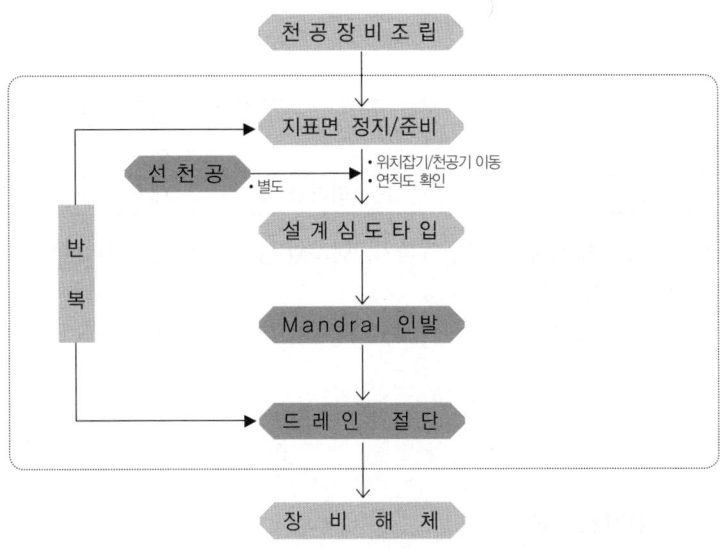

2. 장비조립 및 해체

(회당)

구 분		단위	수량
인력	기계설비공	인	1
	철공	인	2
	특별인부	인	1
장비	크레인	대	1
소요일수	조립	일	2
	해체	일	1

[주] ① 본 품은 PBD천공기를 1회 조립 및 해체하는 기준이며, 시공조건(외부 반입/반출)에 따라 조립·해체를 반복 적용한다.
② 공구손료 및 경장비(발전기 등)의 기계경비는 인력품의 3%로 계상한다.
③ 크레인 규격은 양중능력 및 현장조건에 고려하여 적용한다.

3. 장비 및 인력편성

구분	명칭	규격	단위	수량
인력	특 별 인 부		인	2
	보 통 인 부		인	1
장비	PBD 천공기	147kW, 38m(리더길이)	대	1

[주] ① 부속장비(자동기록기, 계측기, 맨드릴 등)의 경비는 '인력편성' 노무비에 15%를 계상한다.
② 재료량(앵커, 드레인 보드(재료할증 4%))은 설계수량을 따른다.

4. 작업능력

$$Q = \frac{3{,}600 \times L \times E}{cm}$$

Q : 시간당 작업량 (m/hr)
L : 드레인 보드 1본당 타설깊이(m/본)
E : 작업효율

구 분	도로/철도	항만/매립지
효 율	0.75	0.85

※ 도로/철도에서 시설물(교량/터널 등) 및 지형조건(하천 등) 등에 의한 작업방해 없이 연속적인 천공이 가능한 경우에 항만/매립지의 작업효율 적용이 가능하며, 항만/매립지에서 시설물 및 지장물 등에 의한 작업방해로 연속적인 천공이 불가능한 경우에 도로/철도의 작업효율 적용이 가능하다.

cm : 1회 싸이클 타임(sec)

$cm = t_1 + t_2 + t_3$

t_1 : 준비 및 이동시간(sec)

L	25 이하	30 이하	35 이하	40 이하	45 이하	50 이하	55 이하
t_1	27	31	35	39	43	47	51

t_2 : 타입시간 = $\dfrac{L}{V_1}$ (sec)

t_3 : 인발시간 = $\dfrac{L}{V_2}$ (sec)

V_1 : 표준타입속도(m/sec)
V_2 : 표준인발속도(m/sec)

구 분	N치	
	5미만	5이상
V_1	2.54	1.52
V_2	2.33	1.40

5-2-4 다짐말뚝 (2016년, 2021년 보완)

1. 적용범위

   ① 본 품은 진동파일해머에 의한 천공 및 모래 및 자갈(쇄석) 말뚝조성 작업에 적용한다.

말 뚝 종 류	말 뚝 직 경(mm)
다짐말뚝	ø 700mm

② 본 품은 장비조립 및 해체, 말뚝 타설 및 다짐 작업이 포함된 것이며, 적용범위는 다음과 같다.

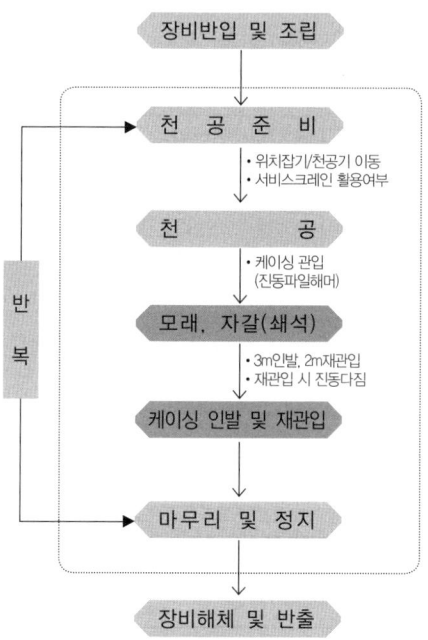

〈다짐말뚝〉

2. 장비조립 · 해체

(회 당)

구 분		단위	외부 반출/반입	작업구간 이동
기 계 설 비 공		인	1	1
철 공		〃	2	2
특 별 인 부		〃	1	1
크 레 인		대	1	1
소요일수	조 립	일	3	1.5
	해 체	〃	1.5	1

[주] ① 본 품은 말뚝 시공장비(전용장비 조립 및 부대설비 설치 등)를 1회 조립 및 해체하는 기준이며, 시공조건(외부 반출/반입, 작업구간 내 해체 후 이동조립 등)에 따라 조립·해체를 반복 적용한다.
② 공구손료 및 경장비(발전기, 전동드릴 등)의 기계경비는 인력품의 3%로 계상한다.
③ 크레인 규격은 양중능력 및 현장조건에 고려하여 적용한다.

3. 인력편성

직 종	단위	수량
보 링 공	인	1
특 별 인 부	〃	1
보 통 인 부	〃	1

4. 장비편성

| 구 분 | 규격 | | 단위 | 수량 | 작업시간 | 비고 |
	L=20m이하	L=20m~35m				
다짐말뚝 전용장비	100ton	120ton	대	1	T	
진 동 파 일 해 머	90kW	120kW	대	1	T	
공 기 압 축 기	17.0㎥	21.0㎥	대	1	T	
발 전 기	350kW	350kW	대	1	T	
로 더	1.34㎥	1.34㎥	대	1	T	

[주] 부속장비(스킵버킷, 공기탱크, 자동기록장치 등)의 기계경비 및 소모자재(용접봉, 호스 등)는 '3. 인력편성' 노무비의 9%를 계상한다.

5. 작업소요시간(본당)

$T = (T_1+T_2)/f(min/본)$

T_1(준비시간) : 2min(본 작업전 이동, 위치잡기)

T_2(시공시간) : $L_1 \times t_1$

L_1 : 타설길이

t_1 : 타설시간 : 1min

f(작업계수) : 0.8

5-3 말뚝

5-3-1 기성말뚝 기초 (2020년 보완)

1. 적용범위

① 본 품은 다음 규격의 기성말뚝 천공 및 말뚝조성 작업에 적용한다.

말뚝종류	말뚝직경(mm)
강 관 말 뚝	400~800
기 성 콘 크 리 트 말 뚝	

② 본 품은 장비조립 및 해체, 천공, 말뚝조성 작업이 포함된 것이며, 적용범위는 다음과 같다.

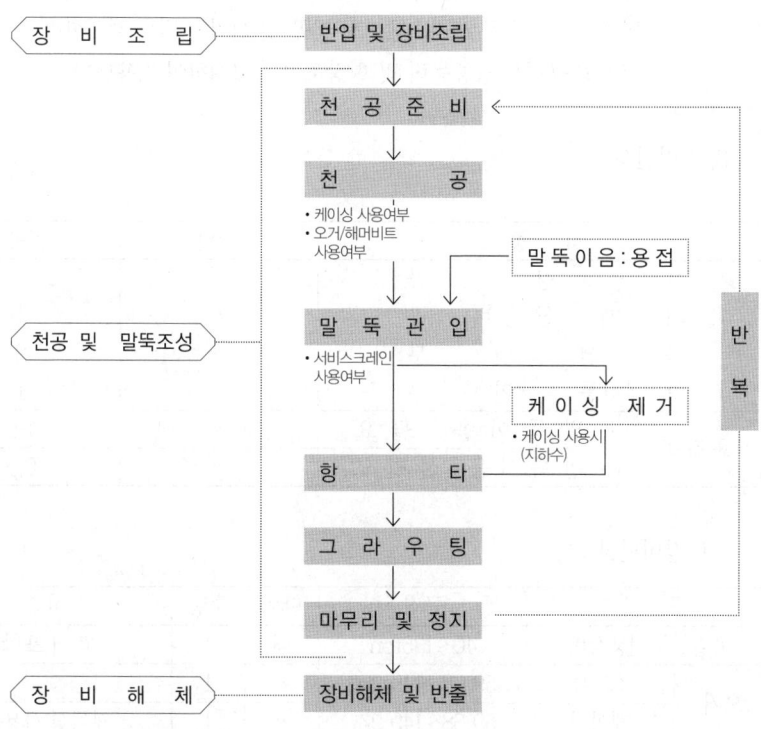

2. 장비조립·해체

(회 당)

구 분		단위	수량	
			외부 반출/반입	직업구간내 이동
기 계 설 비 공		인	1	1
칠 공		〃	2	2
특 별 인 부		〃	1	1
크 레 인		대	1	1
소 요 일 수	조 립	일	3	2
	해 체	〃	1.5	1

[주] ① 본 품은 기성말뚝 시공장비(파일천공전용장비 및 그라우팅 시스템 등)를 1회 조립 및 해체하는 기준이며, 시공조건(외부 반출/반입, 작업구간 내 해체 후 이동조립 등)에 따라 조립·해체를 반복 적용한다.
② 말뚝이음을 위한 서비스케이싱 천공 및 설치는 별도 계상한다.
③ 크레인 규격은 양중능력 및 현장조건을 고려하여 적용한다.

3. 인력편성

(인/일)

직 종		단위	수량
보 링 공		인	1
기 계 설 비 공		〃	1
특 별 인 부		〃	2
보 통 인 부		〃	1
용 접 공	말뚝이음 필요	〃	1.5
	말뚝이음 불필요	〃	0.5

4. 장비편성

구 분		규격	단위	수량	비고
파일천공전용장비		40~135ton	대	1	리더 포함
오거	스크류	59.68~149.2kW	〃	1	
	케이싱	59.68~149.2kW	〃	1	케이싱 사용시
발전기		450kW	〃	1	오거 구동용
발전기		100kW	〃	1	믹서플랜트 구동용
발전기		50kW	〃	1	용접용
공기 압축기	오거비트	21m³/min	〃	1	
	해머비트	25.5m³/min	〃	1~2	천공조건 반영
지게차		5ton	〃	1	파일운반
굴착기		0.2m³	〃	1	배토처리
크레인		50ton	〃	1	말뚝근입/운반
비고	- 시공조건(말뚝이음 유무, 동일 작업장에 2대 이상의 파일천공전용장비 가동, 타공종과 병행사용 등)에 따라 투입장비 및 수량(적용시간)을 변경하여 적용한다.				

[주] ① 부속장비(그라우팅 장비, 용접장비, 드롭해머 등)의 경비는 '3. 인력편성' 노무비에 다음 요율을 계상한다.

구 분	단말뚝	이음말뚝
요 율(%)	16	13

② 소모자재(용접봉, 오거스크류, 오거헤드, 케이싱 등) 등의 손료는 '3. 인력편성' 노무비 에 다음 요율을 계상한다.

구 분	단말뚝(%)	이음말뚝(%)
케이싱 사용시	28	30
케이싱 미 사용시	22	25

※ 해머비트(개량형 비트 포함)의 손료는 별도 계상한다.

③ 전용장비 규격의 기준은 다음과 같다.

말뚝직경 (mm)	천공길이 (m)	파일천공 전용장비 (ton)	오거 (kW)
500미만	20미만	100이하	59.68~89.52
	20이상		89.52~111.90
500~600미만	20미만	100이하	89.52~111.90
	20이상	100~135이하	111.90
600이상	-	120~135이하	111.9~149.2

※ 현장작업조건 및 말뚝의 종류/중량 등을 고려하여 장비조합을 변경할 수 있다.
※ 전용장비의 규격은 최대운전하중을 기준으로 한 것이다.

5. 작업소요시간(본당)

구분	개요	산출방법		
T	작업 소요시간	$T=(t_1+t_2+t_3+t_4)/f$ * 말뚝이음은 별도의 천공홀을 이용한 병행용접 기준이며, 천공홀에서 직접 용접할 경우 t_5(용접)시간을 추가 계상한다.		
t_1	준비시간 (이동/위치잡기)	5min		
t_2	천공시간	$t_2 : \Sigma(L_1 \times a_1)$ L_1 : 지층별 굴착연장 a_1 : 지층별 굴착시간(m당)		
t_3	말뚝근입/ 항타	케이싱 미사용 시 : 5min 케이싱 사용 시 : 8min		

		그라우팅 (min)		
t_4	그라우팅	말뚝길이 \ 직경(mm)	400~600	700~800
		10m미만	2	4
		10~20미만	4	6
		20~30미만	6	8

		용접 (min)					
t_5	용접 (2회용접 기준)	직경(mm)	400	450	500	600	700	800
		시간(min)	15	16	18	22	25	29

f	작업계수	− 도로/철도 교량기초 : 0.75 − 건축기초 : 0.85

○ 지층별 굴착시간(a_1)

(min/m)

구분	말뚝직경 (mm)	토사		풍화암	연암	경암	혼합층
		점질토	사질토				
오거 비트	500미만	0.74	0.96	4.08	−	−	−
	500~600	0.91	1.18	4.99	−	−	−
	700~800	1.24	1.61	6.80	−	−	−
개량형 비트	500미만	0.74	0.96	3.80	−	−	3.28
	500~600	0.91	1.18	4.61	−	−	4.01
	700~800	1.24	1.61	6.32	−	−	5.46

구분	말뚝직경 (mm)	토사		풍화암	연암	경암	혼합층
		점질토	사질토				
해머비트	500미만	-	-	3.66	8.56	11.93	-
	500~600	-	-	4.48	10.48	14.61	-
	700~800	-	-	6.12	14.32	19.96	-

※ 개량형비트는 오거비트와 해머비트가 복합된 비트이며, 혼합층(호박돌, 전석발생 등 지질 특성으로 오거비트에 의한 굴착이 어렵거나 작업효율의 현저한 저하가 예상되는 경우)에서 적용 가능하다.

5-3-2 말뚝박기용 천공 (2020년 보완)

1. 적용범위 및 시공절차
   ① 본 품은 말뚝구경 500mm미만의 말뚝박기용 천공을 기준한 것이다.
   ② 본 품은 장비조립 및 해체, 천공, 파일근입, 마무리 및 뒷정리 작업을 포함하며 품의 적용범위는 다음과 같다.

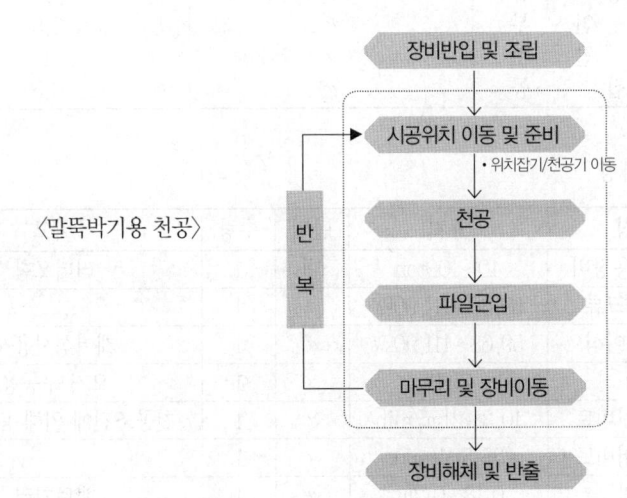

〈말뚝박기용 천공〉

2. 장비조립 · 해체

(회 당)

구 분		단위	수량
특 별 인 부		인	1
보 통 인 부		〃	1
용 접 공		〃	1
크 레 인		대	1
소 요 일 수	조 립	일	1
	해 체	〃	0.5

[주] ① 본 품은 크레인으로 천공 장비를 최초 조립 및 해체하는 기준이며, 현장조건에 따라 조립 · 해체가 반복되는 경우 추가 계상한다.
② 크레인 규격은 양중능력 및 현장조건을 고려하여 적용한다.

3. 인력편성

(인/일)

구 분	단위	수량
보 링 공	인	1
특 별 인 부	〃	0.5
보 통 인 부	〃	1
용 접 공	〃	0.5

4. 장비편성

명 칭		규격	단위	수량	비고
파일천공전용장비		40~100ton	대	1	리더포함
오거	스크류	59.68~111.90kW	〃	1	
	케이싱	59.68~111.90kW	〃	1	케이싱사용시
발전기		450kW	〃	1	오거 구동용
공기 압축기	오거비트	10.3~21m³/min	〃	1	천공조건에 의해 용량결정
	해머비트	25.5m³/min	〃	1	
굴 삭 기		0.18~0.2m³	〃	1	배토처리
크 레 인		25ton	〃	1	파일근입/이동

명 칭	규격	단위	수량	비고
비고	- 시공조건(말뚝이음 유무, 동일 작업장에 2대 이상의 파일천공전용장비 가동, 타공종과 병행사용 등)에 따라 투입장비 및 수량을 변경하여 적용한다.			

[주] ① 부속장비(용접장비 등)의 경비 및 소모자재(용접봉, 오거스크류, 케이싱 등) 손료는 '3. 인력편성'노무비에 다음 요율을 계상한다.

구 분	케이싱 미사용시	케이싱 사용시
요 율(%)	8	9

② 해머비트(개량형 비트 포함) 손료는 별도 계상한다.
③ 전용장비 규격의 기준은 다음과 같다.

말뚝직경(mm)	천공길이(m)	전용장비(ton)	오거(kW)
500미만	10m미만	40ton	59.68~89.52kW
	10~20m미만	60ton	
	20m이상	100ton	89.52~111.90kW

※ 현장작업조건 및 천공길이를 고려하여 장비규격 및 조합을 변경할 수 있다.

5. 작업소요시간

T (작업시간) : $(T_1+T_2+T_3)/f$

T_1(준비시간) : 3 min (천공위치 확인, 천공준비)

T_2(천공시간) : $\Sigma (L_1 \times t_1)$

L_1 : 지층별 천공연장

t_1 : 지층별 천공시간(m당)

(min/m)

구 분	말뚝직경 (mm)	토사		풍화암	연암	경암	혼합층
		점질토	사질토				
오거비트	500미만	0.74	0.96	4.08	-	-	-
개량형비트	500미만	0.74	0.96	3.80	-	-	3.28
해머비트	500미만	-	-	3.66	8.56	11.93	-

※ 개량형비트는 오거비트와 해머비트가 복합된 비트이며, 혼합층(호박돌, 전석 발생 등 지질 특성으로 오거비트에 의한 굴착이 어렵거나 작업효율의 현저한 저하가 예상되는 경우)에서 적용 가능하다.

T_3(말뚝근입시간) : 2min

※ 항타작업이 필요한 경우에는 '[공통부문] 5-3-1 기성말뚝 기초'의 t_3(말뚝근입/항타)의 작업시간을 참고하여 적용한다.

f(작업계수) : 0.8

5-3-3 말뚝두부정리(강관) (2015년 보완)

(본 당)

구 분	규격	단위	수량				
			ø400	ø500	ø600	ø700	ø800
용접공		인	0.038	0.047	0.058	0.067	0.077
보통인부		〃	0.038	0.047	0.058	0.067	0.077
굴착기	0.2㎥	hr	0.046	0.052	0.070	0.082	0.094

[주] ① 본 품은 강관말뚝 조성 완료 후 자동절단기(산소+LPG)를 사용하여 설계 높이에 맞게 말뚝두부를 절단하는 기준이며, 말뚝머리 보강에 필요한 품은 별도 계상한다.
② 본 품은 작업준비, 강관말뚝 절단, 작업정리 및 마무리 작업을 포함한다.
③ 공구손료 및 경장비(자동절단기 등)의 기계경비는 인력품의 4%를 계상한다.
④ 자재소모량은 다음 기준을 적용한다.

구분	단위	수량				
		ø400	ø500	ø600	ø700	ø800
산소	L	95	113	138	185	220
LPG	kg	0.1	0.13	0.15	0.18	0.21

*산소량은 대기압상태의 기준량이며, 압축산소는 35℃에서 150기압으로 압축 용기에 넣어 사용하는 것을 기준한다.

5-3-4 말뚝두부정리(콘크리트) (2020년 보완)

(본 당)

구 분	규격	단위	수량				
			ø400	ø500	ø600	ø700	ø800
할석공		인	0.039	0.054	0.063	0.071	0.080
보통인부		〃	0.039	0.054	0.063	0.071	0.080
굴착기	0.2㎥	hr	0.063	0.089	0.102	0.114	0.127

[주] ① 본품은 콘크리트파일 조성 완료 후 그라인더를 사용하여 설계높이에 맞게 자르는 기준이며, 말뚝머리 보강에 필요한 품은 별도 계상한다.
② 본 품은 작업준비, 콘크리트말뚝 절단, 작업정리 및 마무리 작업을 포함하며, 절단된 말뚝두부의 파쇄는 제외되어 있다.
③ 공구손료 및 경장비(그라인더 등)의 기계경비는 인력품의 3%로 계상한다.
④ 잡재료 및 소모재료(그리인더날, 철선, 파일캡 등)는 인력품의 9%로 계상한다.

5-3-5 현장타설말뚝 (2015년, 2021년 보완)

1. 적용범위
① 본 품은 다음 규격의 현장타설 말뚝에 적용한다.

적용공법	말뚝직경(mm)
R.C.D(Reverse Circulation Drill) 요동식 올케이싱 전회전식 올케이싱	1,000~3,000

② 본 품은 장비조립 및 해체, 천공 및 말뚝조성 작업이 포함된 것이며, 적용범위는 다음과 같다.

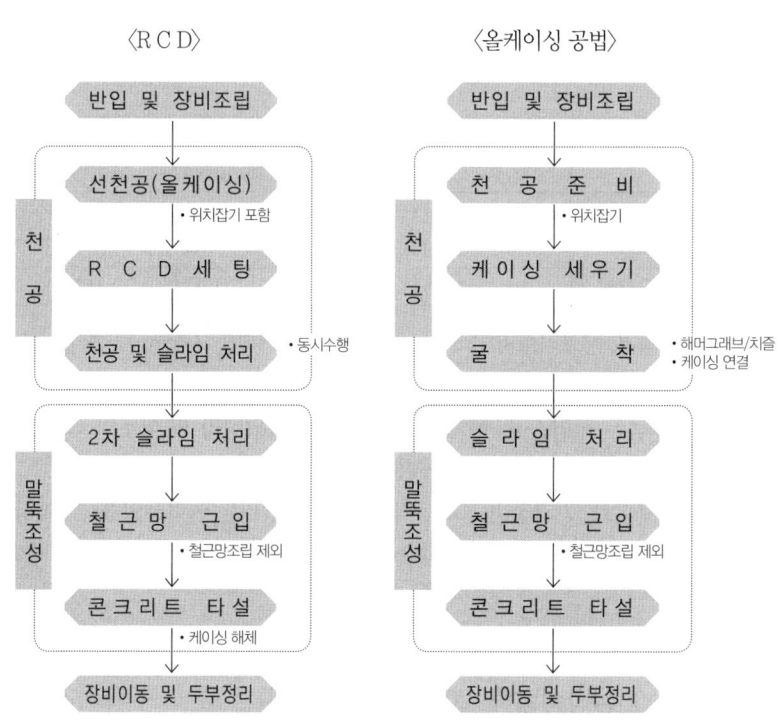

2. 장비조립 · 해체

(회 당)

구 분		단위	외부 반출/반입	작업구간 이동
기 계 설 비 공		인	1	1
철 공		〃	2	2
특 별 인 부		〃	1	1
크 레 인		대	1	1
소요일수	조 립	일	3	1.5
	해 체	〃	1.5	1

[주] ① 본 품은 말뚝 시공장비(천공장비, 말뚝조성 및 철근망 제작장비 등)를 1회 조립 및 해체하는 기준이며, 시공조건(외부 반출/반입, 작업구간 내 해체 후 이동조립 등)에 따라 조립 · 해체를 반복 적용한다.

② 공구손료 및 경장비(발전기, 전동드릴 등)의 기계경비는 인력품의 3%로 계상한다.
③ 크레인 규격은 양중능력 및 현장조건에 고려하여 적용한다.

3. 굴착

가. 인력편성

(인/일)

구 분	단위	수량
보 링 공	인	1
특 별 인 부	〃	2
보 통 인 부	〃	1
용 접 공	〃	1

나. 장비편성

명 칭	규격	단위	수량	작업시간	R.C.D	올케이싱	
						요동식	전회전식
크레인	70~120ton	대	1	T	○	○	○
R.C.D 장비	1,000~3,000mm	〃	1	T	○	-	-
오실레이터	1,000~3,000mm	〃	1	T	-	○	-
전회전식천공기	1,000~3,000mm	〃	1	T	-	-	○
발전기	150kW	〃	1	T	○	○	○
공기압축기	25㎥/min	〃	1	T	○	-	-
굴착기	0.4~0.6㎥	〃	1	T	-	○	○

[주] ① 케이싱은 굴착깊이+1.5m를 계상한다.
② 부속장비(강재탱크, 해머그래브, 용접기, 치즐 등)의 경비는 '1. 인력편성' 노무비에 다음 요율을 계상한다.

구 분	R.C.D	올케이싱
요 율(%)	8%	16%

③ 소모자재(용접봉, 철판재, 호스 등)의 손료는 '1. 인력편성' 노무비의 11%를 계상한다.
④ 케이싱 및 비트 손료는 별도 계상한다.
⑤ 현장작업조건을 고려하여 장비조합 및 규격을 변경할 수 있다.

다. 작업소요시간(본당)

$T = (T_1+T_2)/f$

T_1(준비시간)

구 분	R.C.D	요동식	전회전식
소요시간(hr)	2	2	2

[주] R.C.D공법은 올케이싱에 의한 굴착 후 후속 굴착작업을 기준한다.

T_2(천공시간) : $\Sigma(L_1 \times t_1)+t_2$

L_1 : 지층별 천공길이

t_1 : 지층별 천공시간

(hr/m)

구 분	말뚝직경 (mm)	토사			풍화암	연암	경암
		점질토	사질토	자갈			
R.C.D	1000	-	-	-	1.04	1.42	2.48
	1500	-	-	-	1.23	1.71	2.97
	2000	-	-	-	1.29	1.82	3.17
	2500	-	-	-	1.35	1.95	3.38
	3000	-	-	-	1.41	2.07	3.61
요동식	1000	0.21	0.30	0.59	0.67	-	-
	1500	0.26	0.35	0.62	0.69	-	-
	2000	0.31	0.40	0.64	0.83	-	-
	2500	0.36	0.45	0.67	0.97	-	-
	3000	0.41	0.50	0.69	1.10	-	-

(hr/m)

구 분	말뚝직경 (mm)	토사			풍화암	연암	경암
		점질토	사질토	자갈			
전회전식	1000	0.20	0.29	0.57	0.64	1.18	1.88
	1500	0.25	0.34	0.59	0.67	1.60	2.55
	2000	0.29	0.39	0.62	0.80	2.02	3.23
	2500	0.34	0.44	0.64	0.93	2.44	3.90
	3000	0.39	0.48	0.66	1.06	2.86	4.57
비고	— 극경암 등 이상 지질층 발생으로 천공 효율이 떨어지는 경우 천공시간을 증가하여 적용할 수 있다.						

t_2 : 로드연결 해체 및 케이싱 연결

(회당)

구 분	로드연결/해체(R.C.D)	케이싱 연결(올케이싱)
소요시간(hr)	0.4	0.4

f : 공법별 작업계수

구 분	R.C.D	올케이싱
작업계수(f)	0.85	0.8

4. 말뚝조성

가. 인력편성

(인/일)

구 분	단위	수량
보 링 공	인	1
콘 크 리 트 공	〃	1
특 별 인 부	〃	2

나. 장비편성

명 칭		규격	단위	수량	작업시간	R.C.D	올케이싱	
							요동식	전회전식
굴착전용장비	오실레이터	1,000~3,000mm	대	1	T	○	○	-
	전회전식 굴착기	1,000~3,000mm	〃	1	T	-	-	○
크레인		25ton	〃	1	T	○	○	○
발전기		150kW	〃	1	T	○	○	○

[주] ① 트레미파이프는 굴착깊이+1.5.m를 계상한다.
② 부속장비(슬라임제거기, 수중펌프, 트레미파이프 등) 경비 및 잡재료 손료 (용접봉, 철판재, 호스 등)는 '1.인력편성' 노무비에 다음 요율을 계상한다.

요동식+R.C.D	올케이싱
3.0%	5.0%

※ 요동식+R.C.D는 요동식과 R.C.D천공이 연속된 작업을 기준한다.
③ 현장작업조건을 고려하여 장비조합 및 규격을 변경할 수 있다.

다. 작업소요시간(본당)

$T = (T_1+T_2+T_3+T_4)/f$

T_1(준비시간) : 1.0hr

T_2(이토제거)

구 분	R.C.D	올케이싱
소요시간(hr)	1.0	2.0

T_3(타설준비) : t_1+t_2

t_1(철근망 이동·설치 및 이음) : 0.17hr+a_1

a_1(철근망 이음)

(철근망이음 횟수당)

구 분	1,000mm	1,500mm	2,000mm	2,500mm	3,000mm
적용시간	0.26hr	0.32hr	0.39hr	0.45hr	0.51hr

※ 철근망 가공 조립은 별도 계상한다.

t_2(트레미파이프 설치) : 0.092hr/개소당
※ 호퍼 및 수중펌프 설치 시간은 포함되어 있다.

T_4(콘크리트 타설) : 0.037hr/㎥당
[주] ① 본 품은 케이싱 및 트레미파이프 해체 작업이 포함되어 있다.
　　② 1본당 타설량(Q)은 다음과 같다.
　　　　$Q = \pi/4 \times D^2 \times L \times \beta$
　　　　D : 말뚝직경(m)
　　　　L : 말뚝길이(m)
　　　　β : 보정계수

구　분	R.C.D	올케이싱
β	1.14	1.08

f(작업계수) : 0.85

5-4 차수
5-4-1 차수재공

(㎡ 당)

구　분		명칭	규격	단위	수량
부직포	자재	부직포	-	㎡	1.1
	인력	방수공		인	0.002
		보통인부		〃	0.001
	장비	크레인		hr	0.002
지오 콤포지트	자재	지오콤포지트	6.0mm	㎡	1.1
	인력	방수공		인	0.003
		보통인부		〃	0.001
	장비	크레인		hr	0.002

구 분		명칭	규격	단위	수량
벤토나이트 매트	자재	벤토나이트매트	6.0mm	m²	1.1
	인력	방수공		인	0.003
		보통인부		〃	0.001
	장비	크레인		hr	0.002
HDPE 시트	자재	HDPE 시트	2~2.5mm	m²	1.1
	인력	방수공		인	0.007
		보통인부		〃	0.002
	장비	크레인		hr	0.006

[주] ① 본 품은 부직포, 지오콤포지트, 벤토나이트매트, HDPE Sheet(고밀도 폴리에틸렌)의 재료를 각각 1겹 설치하는 기준으로 2겹을 설치할 경우에는 해당 품의 2회를 적용한다.
② 자재를 종류별로 선택하여 설치할 경우에는 해당 자재품만 적용한다.
③ 재료의 할증은 포함되어 있다.
④ 본 품은 소운반, 부설, 연결 및 접합, 정리 작업을 포함한다.
⑤ 본 품은 수직고 50m 이하를 기준한 것으로, 높이 할증은 별도 계상하지 않는다.
⑥ 본 품의 크레인 규격은 다음 기준을 적용한다.

수직고	크레인 규격
30m 이하	30톤급 크레인
30m초과~50m이하	50톤급 크레인

⑦ 크레인의 규격은 작업여건(작업높이, 크레인 위치 등)에 따라 변경할 수 있다.
⑧ 공구손료 및 경장비(발전기, 자동융착기 등)의 기계경비는 구분(인력품)에 다음 요율을 적용한다.

구 분	부직포	지오콤포지트	벤토나이트매트	시트
요 율	2%	2%	2%	5%

⑨ 지반고르기, 되메우기가 필요한 경우 별도 계상한다.

제 6 장 철근콘크리트공사

6-1 콘크리트 (2025년 보완)

○ 콘크리트량이 많거나 소량이라 할지라도 그 품질상 필요한 경우에는 반드시 배합설계를 하여야 한다.
○ 레미콘은 그 경제성 및 품질을 현장 콘크리트와 비교하여 사용여부를 결정하여야 한다.
○ 본 품에서 타설 시 수행하는 양생준비 작업은 포함하고 있으며, 타설 이후 살수양생을 하는 경우 특별인부를 추가 계상한다.

6-1-1 레디믹스트콘크리트 타설 (2008년 · 2017년 · 2024년 보완)

(일당)

유 형	구 분	규격	단위	수량	시공량(㎥)	
					무근구조물	철근구조물
인력운반 타설	콘크리트공	-	인	3	23	20
	보통인부	-	인	3		
장비사용 타설	콘크리트공	-	인	3	63	55
	보통인부	-	인	1		
	굴착기	0.6~0.8㎥	대	1		

비고	- 개소별 소량(12㎥ 이하)의 타설 위치가 산재하는 경우 본 작업량을 50%까지 감하여 적용한다. - 본 품의 타설유형은 다음의 경우에 적용한다.		
	구 분	내용	
	인력운반타설	- 인력운반 장비(손수레 등)로 콘크리트를 운반하여 시공하는 기준이다.	
	장비사용타설	- 믹서트럭에서 콘크리트를 굴착기로 공급받아 근접된 타설 위치에 직접 시공하는 기준이다.	

[주] ① 본 품은 현장 내 콘크리트 운반, 타설, 다짐 및 양생준비를 포함한다.
② 미장공에 의한 표면 마무리가 필요한 경우 '[공통부문] 6-1-3 표면 마무리'를 따른다.

③ 양생은 양생방법 및 시간을 고려하여 별도 계상한다.
④ 공구손료 및 경장비(콘크리트 진동기 등) 기계경비는 인력품의 2%로 계상한다.

6-1-2 현장비빔 타설

(m³ 당)

유 형	구분	단위	수량		
			무근구조물	철근구조물	소형구조물
기계비빔타설	콘크리트공	인	0.15	0.17	0.24
	보통인부	인	0.46	0.68	0.94
인력비빔타설	콘크리트공	인	0.85	0.87	1.29
	보통인부	인	0.82	0.99	1.36

[주] ① 본 품은 현장 내 콘크리트 운반, 타설, 다짐 및 양생준비를 포함한다.
② 소형구조물은 소량의 콘크리트 구조물(인력비빔 3m³내외, 기계비빔 10m³내외)이 산재되어 있는 경우에 적용한다.
③ 미장공에 의한 표면 마무리가 필요한 경우 '[공통부문] 6-1-3 표면 마무리'를 따른다.
④ 콘크리트 용수를 현장에서 구득하기 어려운 경우에는 운반비를 별도 계상한다.
⑤ 양생은 양생방법 및 시간을 고려하여 별도 계상한다.
⑥ 비빔 및 타설에 필요한 장비(배합기, 진동기 등)의 기계경비는 별도 계상한다.

6-1-3 표면 마무리

(100m² 당)

구 분	단위	수량
미장공	인	0.34

[주] 본 품은 콘크리트 타설 후 쇠흙손을 이용하여 마감하는 기준이다.

6-1-4 콘크리트 펌프차 타설 (2008 · 2009 · 2017 · 2022 · 2024년 보완)

1. 적용범위
    가. 본 품은 콘크리트펌프차(80㎥/hr 이상)를 활용한 콘크리트 타설에 적용한다.
    나. 펌프차 타설은 단일 구조물의 일일 타설(1회 셋팅 및 마감)을 기준으로 하며, 일 작업시간내에 인접되어 있는 두개 이상의 구조물을 연속하여 타설할 경우 타설량을 합산하여 계상한다.
    다. 본 품은 펌프차를 활용한 타설, 다짐, 양생준비 작업을 포함한다.
    라. 타설 횟수는 설계(시공단계에 따른 타설 위치) 및 시공조건(일 작업시간, 시공이음, 1회가능 타설수량 등)을 고려하여 적용한다.
    마. 타설 후 별도의 표면 마무리가 필요한 경우 '[공통부문] 6-1-3 표면 마무리'를 따른다.
    바. 콘크리트 펌프차 규격은 타설높이 및 수평거리를 고려하여 선정한다.
    　　배관타설은 붐 타설이 곤란한 경우, 혹은 현장조건 등에 따라 배관타설이 적당한 경우에 적용하며, 배관의 설치 및 철거는 '4.압송관 설치 및 철거'를 따른다.
    사. 양생은 양생방법 및 시간을 고려하여 별도 계상한다.
    아. 소모재료(양생제 등)가 필요한 경우 별도 계상한다.

2. 인력 및 장비 편성

구 분	단위	작업조		비고
		무근콘크리트	철근콘크리트	
콘 크 리 트 공	인	3	4	타설/진동기/면정리
특 별 인 부	인	2	2	배관타설 : 1인 추가
보 통 인 부	인	1	1	현장정리/보조
콘크리트펌프차	대	1대(80㎥/hr 이상)		시공조건에 따른 규격 선정

[주] ① 본 편성인력은 콘크리트 진동기 사용 기준으로 진동기를 사용하지 않는 경우 콘크리트공과 특별인부를 각 1인 제외한다.
　　② 공구손료 및 경장비(콘크리트 진동기 등)의 기계경비는 편성인력 노무비의 5%를 적용한다.

3. 일일시공량

(일당)

슬럼프	기준 시공량(m³)	
	무근구조물	철근구조물
8~12cm	130	125
15cm	135	130
18cm이상	145	140

[주] ① 본 시공량은 펌프차를 활용한 일일 타설량을 기준한다.
　② 일당 시공량은 기준시공량에 시설유형(f1), 현장조건(f2)에 따라 시공량에 다음 계수를 곱하여 적용한다.
　　- 시공량(m³) : 기준시공량 × f1 × f2
　※ 펌프차의 타설범위(타설높이 및 수평거리)를 초과하여 펌프차 이동 및 재 셋팅이 필요한 경우 회당 시공량의 5%을 감하여 적용한다.

가. 시설유형(f1)

유 형	Type-Ⅰ	Type-Ⅱ	Type-Ⅲ	Type-Ⅳ
f1	1.4	1.0	0.8	0.3

[주] ① 시설유형 별 적용기준은 다음과 같다.

구분	적용기준
Type-Ⅰ	매트기초 등 펌프차 작업에 제약이 없는 시설물
Type-Ⅱ	벽, 기둥, 보, 슬라브, 교대, 교각 등 펌프차 작업에 큰 지장이 없어 일반적인 시공이 가능한 시설물
Type-Ⅲ	옹벽, 줄기초, 슬래브 없는[월거더:wall girder]구조의 기둥과 보 등 펌프차 작업에 제약을 받는 타설부위가 좁거나 깊은 시설물
Type-Ⅳ	절·성토부 비탈면에 시공되는 구조물 등 펌프차 작업에 제약이 매우 큰 시설물

나. 현장조건(f2)

유 형	Type-Ⅰ	Type-Ⅱ	Type-Ⅲ
f2	1.2	1.0	0.8

[주] ① 현장조건 별 적용기준은 다음과 같다.

구 분	적용기준
Type-Ⅰ	대기공간이 충분히 넓어 믹서트럭 2대가 병렬로 타설준비가 가능하며 지속적인 타설을 수행하는 경우
Type-Ⅱ	믹서트럭이 1대씩 직렬로 대기하며 순차적으로 타설준비하여 타설하는 일반적인 경우
Type-Ⅲ	믹서트럭의 대기공간이 매우 협소하고 진출입 길이가 길어 연속적인 타설이 어려운 경우

4. 압송관 설치 및 철거

(일당)

구 분	단위	수량	시공량(m)	
			설치	철거
비계공	인	2	220	330

6-1-5 에폭시(Epoxy) 콘크리트 접착제 바르기
(2008년 · 2011년 · 2022년 보완)

(m^2 당)

구 분	재료명	단위	수량	도장공
신구-콘크리트 접착제 바르기	Epoxy신구 – 콘크리트 접착제	kg	1.2	0.12인
	시너	ℓ	0.2	
콘크리트 및 고무 기타 접착제 바르기	Epoxy – 콘크리트 고무접착제	kg	1.2	0.12인
	시너	ℓ	0.2	
비고	상부 슬래브 등 천정 시공은 본 품을 20% 가산한다.			

[주] ① 본 품은 신구(新舊) 콘크리트를 접착시키기 위하여 에폭시(Epoxy) 접착제를 바르는 품이다.
② 비계사용시 높이에 따라 다음 할증률에 의한 품을 가산할 수 있으며 19층 이상은 매 3층 증가마다 4%씩 가산할 수 있다.

지하층 및 1~3층	4~6층	7~9층	10~12층	13~15층	16~18층
0	5%	8%	12%	16%	20%

※ 층의 구분을 할 수 없을 때에는 층고를 3.6m로 기준하여 환산 적용한다.
③ 공구손료는 인력품의 2%로 계상한다.
④ 현장조건에 따라 부득이 바름두께가 커질 때는 다음 산식을 적용한다.
　소요량 = 1.0m×1.0×두께×비중(1.2)

6-1-6 콘크리트 치핑 (2008년, 2021년 보완)

(㎡ 당)

구 분	단위	수량
특 별 인 부	인	0.12
보 통 인 부	인	0.02

[주] ① 본 품은 소형치핑장비(소형브레이커, 치핑기)를 활용한 인력에 의한 작업 기준이다.
② 본 품에는 치핑, 청소 및 정리품을 포함한다.
③ 벽체, 천장 등 치핑을 위한 가시설물이 필요한 경우는 별도 계상한다.
④ 공구손료 및 경장비(소형브레이커, 치핑기 등)의 기계경비는 인력품의 8%로 계상한다.
⑤ 대형 장비(굴착기 등)를 활용한 기계치핑의 경우는 별도 계상한다.

6-2 철근

6-2-1 적용범위 (2008 · 2014 · 2022 · 2024년 보완)

인력에 의한 철근 가공 및 조립을 기준하며, 현장여건(주철근 규격 35㎜ 초과 등)으로 인하여 인력에 의한 단독시공이 불가능한 경우 크레인 등 기계경비를 별도 계상한다.
철근 시공상세도(shop drawing) 작성비용은 별도 계상한다.
PC강선의 가공 및 조립은 별도 계상한다.
철근 가공 및 조립의 Type은 아래 표 유형의 각 호중 어느 하나에 해당하는 경우에 적용한다.

1. 토목

구 분		유 형
Type-Ⅰ	Ⅰ-1	철근가공 및 조립 작업이 일반적인 토목시설 (반중력식 옹벽, L형 옹벽, 교량 슬래브, 매트기초, 수문 등)
	Ⅰ-2	특정위치에서 철근의 가공 및 조립이 반복되는 경우 (빔제작, 철근망 등)
Type-Ⅱ	Ⅱ-1	철근가공 및 조립 작업이 복잡한 토목시설 (라멘교, 교대, 암거, 지하차도, 부벽식 옹벽 등) Type-Ⅰ 시설에서 직경 13mm 이하 철근이 전 철근중량의 50% 이상인 경우
	Ⅱ-2	콘크리트대비 소량의 철근이 사용되는 경우 (측구/개거, 중력식 옹벽, 일체형 중앙분리대 등)
Type-Ⅲ	Ⅲ	철근가공 및 조립 작업이 매우 복잡한 토목시설 (교각, 구주식 교대 등) 특수 구조시설물에서 철근직경 35mm를 초과하여 인력에 의한 단독시공이 어려운 경우(플랜트, 원자력 발전소 등)

2. 건축

구 분	유 형
Type-Ⅰ	직경 13mm 이하 철근이 전 철근중량의 50% 미만인 경우
Type-Ⅱ	직경 13mm 이하 철근이 전 철근중량의 50% 이상인 경우 또는 철골과 병행 시공되는 경우 직경 13mm 이하 철근이 50% 미만이나 철근가공 및 조립 작업이 복잡한 구조시설물(하수종말처리장, 폐기물처리장 등)

6-2-2 현장가공 (2008 · 2014 · 2022 · 2024년 보완)

(일당)

구 분	단위	수량	시공량(ton)		
			Type-I	Type-II	Type-III
철 근 공	인	3	4.5	4.0	3.5
보 통 인 부	인	1			

[주] ① 가공은 절단, 절곡(밴딩) 등 철근의 변형을 요하는 작업이며, 가공수량은 전체 철근조립 수량을 기준한다.
② 철근가공에 사용되는 공구손료 및 경장비(철근 가공기 등)의 기계경비는 인력품의 9%를 계상한다.
③ 가공장과 조립 위치의 철근 운반 및 양중에 소요되는 크레인의 기계경비는 별도 계상한다.

6-2-3 현장조립 (2008 · 2014 · 2022 · 2024년 보완)

(일당)

구 분	유 형		인력(인)		시공량 (ton)
			철근공	보통인부	
토 목	Type-I	I-1	6	2	3.5
		I-2	4	1	2.2
	Type-II	II-1	5	2	2.5
		II-2	2	1	1.0
	Type-III		5	2	2.5
건 축	Type-I		6	2	3.5
	Type-II		6	2	3.0
비 고	개소별 소량(0.5ton 미만)의 시공 위치가 산재하는 경우 시공량의 50%까지 감하여 적용한다. 현장여건(고소작업, 철근 적재공간 협소 등)에 따라 상시적인 크레인을 활용한 시공이 필요한 경우 해당 장비를 작업조에 추가하여 계상하고, 시공량은 감하지 않는다.				

[주] ① 철근의 기계적 이음(나사 및 원터치식) 및 간격재 설치를 포함한다.

② D35mm 이상에서 화약을 이용하여 용접하는 기계적 이음은 별도 계상한다.
③ 철근 조립에 사용되는 공구손료 및 경장비(철근 절단기 등)의 기계경비는 인력품의 2%를 계상한다.
④ 간격재, 결속선 등 소모재료 재료비는 별도 계상하며, 결속선의 표준 사용량은 다음을 참고한다.

(ton 당)

구 분	Type-Ⅰ	Type-Ⅱ	Type-Ⅲ
사용량(kg)	6.5	8.0	9.5

6-2-4 공장가공 (2008년 신설, 2022년 보완)

(ton 당)

구 분	단위	Type-Ⅰ	Type-Ⅱ	Type-Ⅲ
철 근 공	인	0.23	0.30	0.38
보 통 인 부	인	0.03	0.04	0.06

[주] ① 본 품에는 가공 및 상차작업이 포함되어 있다.
② 운반비는 별도 계상한다.
③ 공장관리비는 노무품의 60%까지 계상할 수 있다.
④ 철근의 나사 가공 등 특수 공장가공은 별도 계상한다.

6-2-5 철근의 기계적 이음

(개소당)

구 분	단위	수량	비고
아 세 틸 렌	ℓ	133	
산 소	〃	744	
용 접 공	인	0.06	수평, 수직이음 공통
연 마 공	〃	0.15	
절 단 공	〃	0.09	
조 력 공	〃	0.11	
비고	철근 두께 3mm 증가시마다 인력품의 5%를 가산한다.		

[주] ① 본 품은 D 35mm 이상 철근의 기계적 이음 중 화약을 이용하여 용접하는 품이다.
② 공구 손료 및 잡재료비는 별도 계상한다.
③ 본 품은 높이 10m 미만을 기준한 것이며 높이에 따라 다음과 같이 인력품을 별도 계상할 수 있다.

높 이	10~20m 미만	20m 이상
할증률(%)	10	20

④ 이음자재(Splices Kit)는 별도 계상한다.
⑤ 품질관리를 위한 검사비용은 별도 계상할 수 있다.
⑥ 본 품은 원자로 격납시설물 등 특수구조물의 철근 이음을 하는 경우 적용한다.

6-3 거푸집

6-3-1 합판거푸집 설치 및 해체 (2017 · 2018 · 2022 · 2024년 보완)

1. 사용횟수

사용횟수는 구조물 형상 또는 시공조건(타설횟수, 시공물량, 복잡도 등)에 따라 반복 재사용이 가능한 사용횟수를 산출하여 적용한다.
현장 여건상 특수거푸집(종이거푸집, 문양거푸집 등)을 사용할 경우 별도 계상한다.

[참고자료]
사용횟수에 따른 유형별 적용시설은 다음을 참고한다.

사용횟수	유형	구조물
1~2회	제물치장	제물치장 콘크리트
2회	매우복잡	T형보, 난간, 복잡한 구조의 교각, 교대, 수문관의 본체 등 매우 복잡한 구조
3회	복잡	교대, 교각, 파라펫트, 날개벽 등 복잡한 벽체 구조, 건축 라멘 구조의 보, 기둥
4회	보통	측구, 수로, 우물통 등 비교적 간단한 벽체 구조, 교량 및 건축 슬래브
6회	간단	수문 또는 관의 기초, 호안 및 보호공의 기초 등 간단한 구조

2. 자재수량

(㎡ 당)

구 분	단위	수량	1회 사용 자재비의 %				
		1회	2회	3회	4회	5회	6회
합판	㎡	1.03	55.0%	44.3%	38.0%	35.0%	32.7%
각재	㎥	0.038					
소모자재 (박리재 등)	주자재비의 %	4.0%	7.0%	8.0%	9.0%	10.0%	11.0%
비고							

[주] ① 자재수량은 설계조건에 따라 별도 계상할 수 있다.
② 2회 이상에서는 1회 사용수량에 대해 해당 요율을 적용한다.
③ 제물치장에 소요되는 볼트, 나무덧쇠, 파이프 등은 별도 계상한다.
④ 폼타이(Form Tie) 사용시 소요수량은 콘크리트의 측압에 따라 다음에 의거 계상한다.

(조/㎡ 당)

규격 \ 측압	3 t/㎡	4 t/㎡	5 t/㎡	6 t/㎡
7.9mm	1.07	1.42	1.80	2.14
9.5mm	0.71	0.97	1.19	1.43
12.7mm	0.53	0.72	0.88	1.07

㉮ 폼타이(D형 1/2인치 경우) 소요량은 거푸집 ㎡당 2.14본(1.07조)으로 하고 사용횟수는 10회로 한다.
㉯ 특수한 경우(거푸집 측압이 6t/㎡이상)에는 폼타이 수량을 적의 조정하여 사용한다.
㉰ 세퍼레이터는 필요한 경우에 소모재료로 계상한다.
※ 폼타이 규격은 12.7mm를 기준한 것이며, 코킹재를 사용할 경우 별도 계상한다.
⑤ 폼 타이 제거 후 구멍땜이 필요한 경우 다음 표를 기준으로 계상한다.

(100개소당)

구 분	단위	수량	비고
시멘트	kg	6.99	배합비 1 : 3 기준
모래	㎥	0.015	
혼화재	g	-	(필요에 따라서 별도계상)
보통인부	인	0.62	

3. 설치 및 해체 (2022년 · 2024년 보완)

(일당)

구 분	단위	수량	시공량(㎡)				
			제물치장	매우복잡	복잡	보통	간단
형틀목공	인	5	20	25	30	45	50
보통인부	인	2					
비 고	현장여건(고소작업, 거푸집 적재공한 협소 등)에 따라 상시적인 크레인을 활용한 시공이 필요한 경우 해당 장비를 작업조에 추가하여 계상하고, 시공량은 감하지 않는다. 본 품은 수직고 7m까지 적용하며, 장비를 활용하지 않고 수직고가 7m를 초과하는 경우 매 3m마다 시공량을 9%까지 감한다. 지붕 슬래브 설치(경사도 20° 미만)에서는 시공량의 17%를 감한다. 조적턱, 창호턱 등 소량의 거푸집이 산재되어 시공되는 경우 '매우복잡'을 적용한다.						

[주] ① 본 품은 설치면적을 기준한 것이며, 합판거푸집(내수합판 12㎜기준)의 가공, 제작, 조립, 해체를 포함한다.
② 본 품에는 청소, 박리제 바름 및 보수 품이 포함되어 있으며, 동바리 설치(재료포함)는 제외되어 있다.
③ 곡면 및 특수형상 부분의 품은 별도 계상할 수 있다.
④ 공구손료 및 경장비 기계경비는 인력품의 1%로 계상한다.

6-3-2 강재 거푸집 설치 및 해체 (2017년 · 2022년 보완)

1. 사용횟수

구 조 물	사용횟수	유형	비고
간 단 한 구 조	50~60	측구, 기초, 수로	잔존율 10%
약 간 복 잡 한 구 조	40~50	옹벽, 교대, 호안	
복 잡 한 구 조	30~40	형교, 곡면거푸집, 우물	
터 널	100		

[주] ① 강판의 두께와 형태에 따라 사용횟수를 조정하여 적용할 수 있다.
　　② 강재거푸집은 두께 3.2㎜(터널 6㎜)를 기준으로 한 것이다.
　　③ 강재거푸집 제작(현장제작 포함)은 별도 계상한다.

2. 인력 설치 및 해체

(100㎡ 당)

명 칭	단위	설치	해체	계
형 틀 목 공	인	4.5	1.7	6.2
비 계 공	인	4.5	4.5	9.0
보 통 인 부	인	7.5	4.5	12.0
비고	수직고 7m 이상인 경우에는 3m 증가마다 품을 10%까지 별도 가산할 수 있다.			

[주] ① 본 품은 인력에 의한 강재거푸집 설치 및 해체를 기준한 것이다.
　　② 본 품은 강재만으로 U클립, 핀, 볼트 및 너트 등으로 조립되는 거푸집을 기준한 것이다.
　　③ 고임 및 쐐기용 목재손료는 별도 계상한다.

3. 장비조합 설치 및 해체

(일당)

구 분		단위	수량	시공량(㎡)
일반	형틀목공	인	4	80
	보통인부	인	1	
	크레인	대	1	
코핑	형틀목공	인	5	45
	보통인부	인	1	
	크레인	대	1	
교각	형틀목공	인	4	55
	보통인부	인	1	
	크레인	대	1	

[주] ① 일반 유형은 빔 제작 등 고소 작업이 불필요하고 설치 및 해체가 동일 조건에서 반복 발생하는 시설에 적용하며, 코핑/교각은 고소작업이 필요한 교량의 교각 및 코핑과 같은 시공조건에서 강재거푸집을 설치·해체하는 기준이다.
② 본 품은 강재만으로 U클립, 핀, 볼트 및 너트 등으로 조립되는 거푸집을 기준한 것이다.
③ 크레인의 규격은 작업여건(시공높이, 시공위치 등) 및 안전율(적정하중, 작업반경 등)을 고려하여 적합한 규격을 적용한다.
④ 공구손료 및 경장비(전동드릴 등)의 기계경비는 인력품의 4%로 계상한다.
⑤ 고임 및 쐐기용 목재손료는 별도 계상한다.

6-3-3 유로폼 설치 및 해체 (2017 · 2021 · 2022 · 2024년 보완)

1. 사용횟수

자재비는 거래형태 등을 고려하여 임대료 또는 손료로 산정하되, 임대료는 시중 물가정보자료 등을 참고하여 결정하고 손료는 아래를 참고하여 산정한다.

구 분	사용조작회수
패널류	12회사용 잔존율 25%
보, 드롭헤드, 강관파이프, 후크클램프, 웨지핀	25회 사용 잔존율 10%

2. 자재수량

자재비는 거래형태 등을 고려하여 임대료 또는 손료로 산정하되, 임대료는 시중 물가지 등을 참고하여 결정한다.

자재수량은 일반적인 패널 규격과 난이도에 따른 부자재 사용량을 참고하여 계상한 결과이며, 구조물 형상, 시공조건(복잡도 등)에 따라 자재수량을 산출하여 적용한다.

(10㎡ 당)

구 분	규격	단위	수량			
패 널	600×1,200mm	매	0.89			
내부패널	(200+200)×1,200mm	매	0.03			
부자재 (웨지핀, 플랫타이, 강관파이프, 후크)	주자재비의	%	- 설치 유형에 따라 다음 주자재비에 다음 요율을 적용한다.			
			구분	간단	보통	복잡
			요율	24%	52%	79%
소모자재 (박리재드 등)	주자재비의	%	5%			

[주] ① 재료량에는 재료의 할증 및 손율이 포함되어 있다.
　　② 플랫 타이(Flat Tie) 대신 폼타이(Form Tie) 사용시 소요수량은 '[공통부문] 6-3-1 합판거푸집 설치 및 해체' 자재 기준을 따른다.

3. 설치 및 해체

(일당)

구 분	단위	수량	시공량(㎡)		
			복잡	보통	간단
형 틀 목 공	인	4	25	35	40
보 통 인 부	인	1			
비 고	\multicolumn{5}{l}{현장여건(고소작업, 거푸집 적재공한 협소 등)에 따라 상시적인 크레인을 활용한 시공이 필요한 경우 해당 장비를 작업조에 추가하여 계상하고, 시공량은 감하지 않는다.\newline 본 품은 수직고 7m까지 적용하며, 장비를 활용하지 않고 수직고가 7m를 초과하는 경우 매 3m마다 시공량을 9%까지 감한다.}				

[주] ① 본 품은 유로폼 패널의 벽체조립 및 해체를 기준한 것이다.
　　② 본 품에는 청소, 박리제 바름 및 보수 품이 포함되어 있다.
　　③ 공구손료 및 경장비의 기계경비는 인력품의 3%로 계상한다.
　　④ 유형별 적용시설은 다음표를 참고하며, 구조물 형상 또는 현장 조건에 제한을 받는 경우에는 이를 고려하여 결정할 수 있다.

구분	유형
복 잡	토목 : 교대, 날개벽 등 복잡하고 보강이 많은 구조 건축 : 외부 벽체, 보/기둥
보 통	측구, 수로, 옹벽, 일반적인 벽체, 박스 등
간 단	수문 또는 관의 기초, 건축 매트기초 등 간단한 구조

6-3-4　문양거푸집(판넬) 설치 및 해체 (2016년 신설)

(㎡ 당)

구 분	단위	수량
형 틀 목 공	인	0.07
보 통 인 부	인	0.03

[주] ① 본 품은 거푸집에 문양거푸집(판넬)의 설치 및 해체 (1회사용)작업을 기준한 것이다.
　　② 거푸집 설치(합판, 유로폼 등)는 별도 계상한다.
　　③ 잡재료 및 소모재료(고정못 등)는 주재료비의 2%로 계상한다.

6-3-5 합성수지 (P.E)원형 맨홀 거푸집 설치 및 해체 (2008년 보완)

(개소당)

구 분	공종	단위	ø740	ø900	ø1200	ø1500	ø1800	비고
기초 및 슬래브	특별인부	인	0.13	0.14	0.15	0.17	0.21	
	보통인부	〃	0.17	0.25	0.30	0.40	0.50	
벽 체	특별인부	〃	0.23	0.26	0.31	0.37	0.42	H=1.0m 기준
	보통인부	〃	0.39	0.47	0.63	0.80	0.97	

[주] ① 본 품은 기성제품인 합성수지 원형 맨홀거푸집을 조립, 해체하는 품이다.
② 본 품의 벽체는 높이 1.0m를 기준한 것으로 높이에 따라 벽체품을 계상 적용한다.
③ 수직고 H=2.0m 이상인 경우에는 비계를 별도 계상할 수 있다.
④ 합성수지 원형 맨홀거푸집의 사용횟수는 10회로 한다.

6-3-6 슬립폼 공법

1. 설치 및 해체

(m² 당)

설 치			해 체		
구 분	단 위	수 량	구 분	단 위	수 량
비 계 공	인	0.199	특수비계공	인	0.154
보 통 인 부	〃	0.091	보 통 인 부	〃	0.064
크 레 인	hr	0.132	크 레 인	hr	0.170

[주] ① 슬립폼 제작비용은 별도 계상하되, 단면형상은 고정단면을 기준으로 한 것이다.
② 거푸집은 높이 1.2m, 교량(교각)을 기준으로 제작된 것이다.
③ 크레인은 설치(50~100ton), 해체(80~200ton) 기준이다.
④ 고재처리비용은 별도 계상한다.

2. 인상(SLIP-UP)

(m² 당)

구 분	단위	수량
기계설비공	인	0.034
보 통 인 부	〃	0.073

[주] ① 거푸집 높이는 1.2m기준이나, 적용면적은 벽체 전체면적에 해당된다.
② 단면형상은 교량(교각)의 고정단면을 기준으로 한 것이다.
③ 슬립폼 거푸집은 당해 현장에서만 사용하며 전용횟수는 별도로 정하지 않는다.
④ 슬립폼 인상은 24시간 연속작업으로 하며, 야간작업시 할증은 별도계상 한다.
⑤ 본 품은 거푸집 인상에 따른 수직면 계측·정리, 호이스트 운행 및 마감면 정리 일체가 포함되어 있다.

3. 철근조립 및 콘크리트타설

구 분	단위	수량
철 근 공	인/ton	0.887
콘크리트공	인/m³	0.125

[주] ① 본 품은 슬립폼 내부에서 철근조립 및 콘크리트 타설 기준이며, 철근가공은 '[공통부문] 6-2-1 / 6-2-2 현장가공 및 조립'의 품에 준하여 적용한다.
② 단면형상은 교량(교각)의 고정단면을 기준으로 한 것이다.
③ 슬립폼 인상 시 철근조립 및 콘크리트 타설은 24시간 연속작업으로 하며, 야간작업 시 할증은 별도 계상한다.
④ 철근운반 비용은 별도 계상한다.
⑤ 크레인 비용은 별도 계상한다.

6-3-7 알루미늄폼 설치 및 해체 (2008년 신설, 2017년 · 2024년 보완)

1. 적용범위
   ① 본 품은 철근콘크리트 벽식구조에서 일반 알루미늄 폼의 조립, 해체를 기준한 것이다.
   ② 본 품에는 조립, 해체, 청소, 보수작업이 포함되어 있으며, 동바리 설치 및 해체는 별도 계상한다.
   ③ 알루미늄 판넬은 150회 사용을 기준한다.
   ④ 재료 및 기계경비는 별도 계상한다.
   ⑤ 알루미늄 폼의 품 적용은 다음을 참조한다.

구 조 물	적용면적(㎡)
셋 팅 층	알루미늄폼이 설치되는 최저층
마 감 층	알루미늄폼이 해체되는 최상층
일 반 층	전체층수-2개층(셋팅층, 마감층)

   ⑥ 본 품은 단면에 변화가 없는 기준이며, 단면의 형태 및 크기의 변화가 발생되는 경우 현장여건에 따라 '셋팅층 및 마감층의 설치 및 해체'를 조정하여 별도 계상한다.

2. 설치 및 해체

   (일당)

구 분		단위	수량	시공량(㎡)
셋팅층	형 틀 목 공	인	4	30
	보 통 인 부	인	1	
마감층	형 틀 목 공	인	4	40
	보 통 인 부	인	1	
일반층	형 틀 목 공	인	4	70
	보 통 인 부	인	1	

   [주] ① 셋팅층은 알루미늄폼을 현장 반입하여 최저층에서 최초 조립 · 해체하는 기준이다.
   ② 마감층은 최상층에서 알루미늄폼을 조립하여 해체 정리하는 기준이다.
   ③ 일반층은 셋팅층 이후 최상층 전까지 각 층마다 조립 후 해체하는 기준이다.

6-3-8 갱폼 설치 및 해체 (2017년 · 2024년 보완)

1. 적용범위
   - 본 품은 철근콘크리트 구조의 갱폼을 조립·해체하는 기준이다.
   - 본 품에는 조립, 해체, 청소, 보수 작업을 포함한다.
   - 양중에 소요되는 장비(크레인 등)의 기계경비는 별도 계상한다.
   - 크레인의 규격은 작업여건(시공높이, 시공위치 등) 및 안전율(적정하중, 작업반경 등)을 고려하여 적합한 규격을 적용한다.
   - 공구손료 및 경장비(전동드릴 등)의 기계경비는 인력품의 2%로 계상한다.
   - 재료 및 손료는 별도 계상한다.
   - 갱폼용 핸드레일 및 작업발판의 재료 및 품은 별도 계상한다.
   - 갱폼의 품 적용은 다음을 참조한다.

구 조 물	적용면적(㎡)
셋 팅 층	갱폼이 설치되는 최저층
마 감 층	갱폼이 해체되는 최상층
일 반 층	전체층수-2개층(셋팅층, 마감층)

   - 본 품은 단면에 변화가 없는 기준이며, 단면의 형태 및 크기에 변화가 발생되는 경우 현장 여건에 따라 '2. 셋팅층 및 마감층 설치 및 해체'을 조정하여 별도 계상한다.

2. 설치 및 해체

(일당)

구 분		단 위	수 량	시공량(㎡)
셋팅층	형틀목공	인	5	40
	보통인부	인	1	
	크레인	대	1	
마감층	형틀목공	인	5	50
	보통인부	인	1	
일반층	형틀목공	인	5	90
	보통인부	인	1	

[주] ① 셋팅층은 갱폼을 현장 반입하여 최저층에서 최초 조립, 해체하는 기준이다.
② 마감층은 최상층에서 갱폼을 조립 및 해체 정리하는 기준이다.
③ 일반층은 셋팅층 이후 최상층전까지 각 층마다 조립 후 해체하는 기준이다.

6-3-9 지수판 설치 (2018년 보완)

1. PVC 용접

(m 당)

구 분	단 위	수 량
특별인부	인	0.151
보통인부	인	0.116

[주] ① 본 품은 PVC 용접기를 사용한 지수판 설치를 기준한 것이다.
　　② 공구손료 및 경장비(PVC 용접기 등)의 기계경비는 인력품의 3%로 계상한다.
　　③ 재료량은 다음을 참고하여 적용한다.

(m 당)

구 분	규격	단위	수량
PVC 지수판	200×5t	m	1.04
PVC 용접봉		kg	0.042
철 선	#8	kg	0.21

※ 재료량은 할증이 포함되어 있으며, 설계에 따라 재료를 증감할 수 있다.

2. 소켓 연결

(m 당)

구 분	단 위	수 량
특별인부	인	0.085
보통인부	인	0.029

[주] ① 본 품은 지수판 연결재(소켓)를 사용한 지수판 설치를 기준한 것이다.
　　② 본 품은 지수판 절단 및 설치, 소켓 연결, 실란트 마감 작업이 포함된 것이다.

6-3-10 신축이음(Expansion Joint) 설치 (2018년 신설)

1. 다웰바 설치

(ea 당)

구 분	단 위	수 량
형틀목공	인	0.043
보통인부	인	0.009

[주] ① 본 품은 콘크리트 구조물의 신축이음부 설치를 기준한 것이다.
② 다웰바의 설치 간격은 150mm를 기준한 것이다.
③ 녹막이 페인트 작업은 '[건축부문] 11-2-6 녹막이페인트칠'을 따른다.

2. 채움재 설치

(m^2 당)

구 분	단 위	수 량
형틀목공	인	0.029
보통인부	인	0.006

[주] ① 본 품은 콘크리트 구조물의 신축이음부 설치를 기준한 것이다.
② 채움재(발포폴리스티렌)는 두께 20mm를 기준한 것이다.

3. 실링 마감

(m 당)

구 분	단 위	수 량
방수공	인	0.021
보통인부	인	0.004

[주] ① 본 품은 콘크리트 구조물의 신축이음부 마감을 기준한 것이다.
② 본 품은 V컷팅, 프라이머 바름, 백업재 삽입, 실링재 주입작업이 포함된 것이다.
③ 공구 손료는 인력품의 1%를 계상한다.

6-4 포스트텐션 (Post Tension) 구조물 제작

6-4-1 PSC 빔 제작 (2016년, 2021년, 2025년 보완)

1. 적용범위

① 본 품은 PSC 빔 제작 시 필요한 포스트텐션(Post Tension) 시공에 적용한다.
② 본 품은 제작대 설치 및 해체, 쉬즈관, 정착구, 강연선 설치, 인장 및 그라우팅 작업을 포함하며, 적용범위는 다음과 같다.

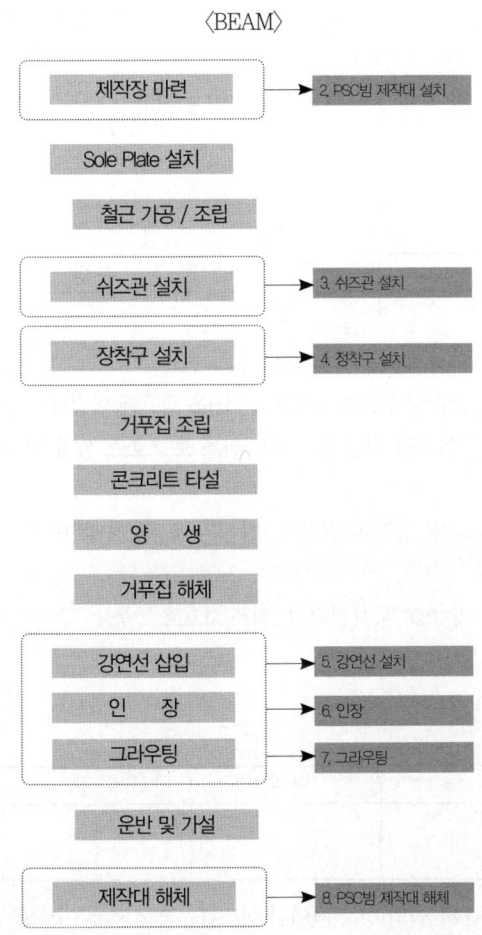

2. PSC빔 제작대 설치

(일당)

구 분	규 격	단 위	수 량	시공량(m)
형 틀 목 공		인	2	
보 통 인 부		인	1	45
굴 삭 기	0.6m³	대	1	
지 게 차	2.5ton	대	1	

[주] ① 본 품은 PSC 빔을 제작하기 위한 제작대 설치작업 기준이다.
② 빔 제작장의 지반 조건이 불량하여 콘크리트 타설 등의 기초공사가 필요한 경우는 별도 계상한다.
③ 재료량 및 자재량은 설계수량을 적용한다.

3. 쉬즈관 설치

(일당)

구 분	단 위	수 량	시공량(m)
철 근 공	인	2	90
보 통 인 부	인	1	

[주] ① 본 품은 PSC빔 쉬즈관(ø85mm 이하)을 철근에 연결하여 설치하는 기준이다.
② 본 품은 쉬즈관 절단 및 조립, 쉬즈 보호호스 삽입 및 제거작업이 포함되어 있다.
③ 공구손료 및 경장비(절단기, 발전기 등)의 기계경비는 인력품의 2%로 계상한다.
④ 잡재료 및 소모재료(결속선, 쉬즈 보호호스 등)는 주재료비의 5%로 계상한다.

4. 정착구 설치

(일당)

구 분	단 위	수 량	시공량(개수)
형 틀 목 공	인	1	12
보 통 인 부	인	1	

[주] ① 본 품은 PSC빔의 정착구(연결 쉬즈관규격 ø85mm 이하)를 설치하는 기준이다.

② 본 품은 정착구 고정 및 설치작업이 포함된 것이다.
③ 정착구 보강철근의 시공은 '[공통부문] 6-2-2 현장가공, 6-2-3 현장조립'을 적용한다.
④ 공구손료 및 경장비(드릴 등)의 기계경비는 인력품의 5%로 계상한다.

5. 강연선 설치

(일당)

구 분	단 위	수량	시공량(강연선 규격, ton)	
			Ø 12.7mm	Ø 15.2mm
기 계 설 비 공	인	1	5.0	6.0
철 근 공	인	3		
보 통 인 부	인	1		

[주] ① 본 품은 쉬즈관 내부에 강연선을 삽입하여 설치하는 기준이다.
② 본 품은 강연선 삽입, 절단작업이 포함되어 있다.
③ 공구손료 및 경장비(강연선삽입기, 절단기 등)의 기계경비는 인력품의 9%로 계상한다.

6. 인장

(일당)

구 분		규 격	단위	수량	수 량(강연선 규격, 개소)	
					Ø 12.7mm	Ø 15.2mm
인력	기계설비공		인	1	22	20
	특별인부		인	3		
	보통인부		인	1		
장비	강연선인장기	250t	대	1		
	크레인	5ton	대	1		

[주] ① 본 품은 강연선의 양측면 인장작업 기준이다.
② 본 품은 앵커헤드 및 웨지설치, 인장작업 및 절단작업이 포함되어 있다.
③ 강연선 인장기의 규격은 소요 긴장력을 고려하여 변경할 수 있다.
④ 공구손료 및 경장비(절단기, 윈치 등)의 기계경비는 인력품의 5%로 계상한다.

7. 그라우팅

(일당)

구 분		규 격	단위	수량	시공량(㎥)
인력	기계설비공		인	1	1.50
	특별인부		인	3	
	보통인부		인	1	
장비	그라우팅믹서	190×2ℓ	대	1	
	그라우팅펌프	30~60ℓ/min	대	1	

[주] ① 본 품은 쉬즈관 내부 그라우팅 작업 기준이다.
② 본 품은 주입호스 설치 및 그라우팅 준비, 시멘트 배합 및 주입작업, 그라우팅 후 주입호스 정리 및 청소 작업이 포함되어 있다.
③ 물 공급을 위해 살수차 등의 장비가 필요한 경우 기계경비는 별도 계상한다.
④ 공구손료 및 경장비(주입장치, 발전기 등)의 기계경비는 인력품의 6%로 계상한다.
⑤ 잡재료 및 소모재료(시멘트, 혼화재, 물)는 별도 계상한다.

8. PSC빔 제작대 해체 (2025년 신설)

(일당)

구 분	규 격	단 위	수 량	시공량(m)
특 별 인 부		인	2	400
보 통 인 부		인	4	
지 게 차	2.5ton	대	1	
트 럭	2.5ton	대	1	

[주] ① 본 품은 PSC빔 제작을 위해 설치한 제작대를 해체하는 작업을 기준으로 한다.
② 빔 제작대 해체는 제작장에서 반출이 완료된 빔 제작대의 각재와 판재 등을 철거하고, 원활한 빔 반출을 위해 바닥을 정리하는 작업을 기준으로 한다.

6-4-2 PSC BOX 설치 (20016년, 2021년 보완)

1. 적용범위
   ① 본 품은 PSC BOX 제작 시 필요한 포스트텐션(Post Tension) 시공에 적용한다.
   ② 본 품은 정착구, 쉬즈관, 강연선 설치, 인장 및 그라우팅 작업을 포함하며, 적용범위는 다음과 같다.

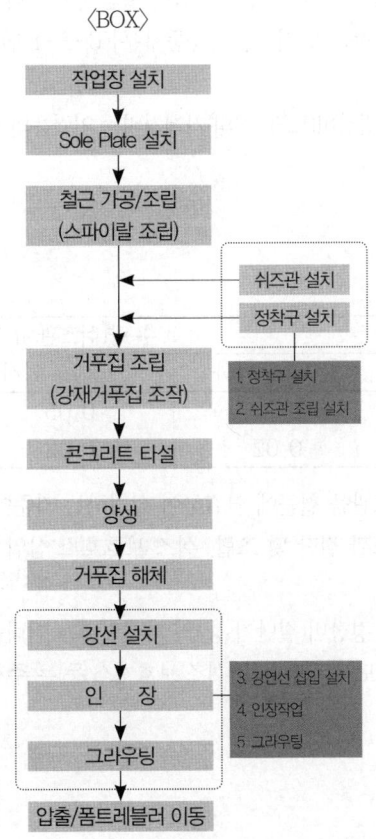

2. 정착구 설치

(개당)

구 분	단위	수 량(쉬즈관 규격)		
		Ø75mm 이하	Ø100mm 이하	Ø130mm 이하
형틀목공	인	0.38	0.48	0.61
보통인부	인	0.18	0.23	0.29
비 고	- 연결정착구의 설치는 본품의 50%를 가산한다.			

[주] ① 본 품은 긴장단 및 고정단의 정착구 설치작업을 기준한 것이다.
② 본 품은 정착구 고정 및 설치작업이 포함되어 있다.
③ 정착구 보강철근의 시공은 '[공통부문] 6-2-1 현장가공 및 조립(토목)'을 적용한다.
④ 공구손료 및 경장비(드릴 등)의 기계경비는 인력품의 4%로 계상한다.

3. 쉬즈관 설치

(m 당)

구 분	단위	수 량(쉬즈관 규격)		
		Ø75mm 이하	Ø100mm 이하	Ø130mm 이하
철근공	인	0.03	0.05	0.07
보통인부	인	0.02	0.02	0.03

[주] ① 본 품은 쉬즈관을 철근에 연결하여 설치하는 기준이다.
② 본 품은 쉬즈관 절단 및 조립, 쉬즈 보호호스 삽입 및 제거작업이 포함되어 있다.
③ 공구손료 및 경장비(절단기 등)의 기계경비는 인력품의 2%로 계상한다.
④ 잡재료 및 소모재료(결속선, 쉬즈 보호호스 등)는 주재료비의 5%로 계상한다.

4. 강연선 설치

(ton 당)

구 분	단위	수량(강연선 규격)	
		Ø 12.7mm	Ø 15.2mm
철 근 공	인	1.61	1.39
보통인부	인	0.65	0.56

[주] ① 본 품은 쉬즈관 내부에 강연선 삽입 및 설치작업 기준이다.
② 본 품은 강연선 삽입 및 절단작업이 포함되어 있다.
③ 공구손료 및 경장비(강연선삽입기, 절단기 등)의 기계경비는 인력품의 5%로 계상한다.

5. 인장

(개소당)

구 분 || 규격	단위	수량(강연선 규격)								
				Ø 12.7mm				Ø 15.2mm			
				7	12	19	31	7	12	19	31
1단 인장	기계설비공		인	0.26	0.37	0.58	0.87	0.30	0.43	0.67	1.01
	특별인부		인	0.21	0.31	0.48	0.71	0.25	0.35	0.55	0.83
	보통인부		인	0.11	0.16	0.24	0.36	0.13	0.18	0.28	0.42
	강연선인장기	300t	hr	0.66	0.93	1.45	2.18	0.76	1.08	1.68	2.53
양단 인장	기계설비공		인	0.49	0.71	1.07	1.51	0.56	0.83	1.08	1.52
	특별인부		인	0.40	0.58	0.87	1.23	0.46	0.67	0.88	1.24
	보통인부		인	0.20	0.29	0.44	0.62	0.23	0.34	0.44	0.62
	강연선인장기	300t	hr	1.33	1.94	2.94	4.15	1.53	2.25	3.41	4.81

[주] ① 본 품은 강연선의 단측면 및 양측면 인장작업 기준이다.
② 본 품은 앵커헤드 및 웨지설치, 인장작업 및 절단작업이 포함되어 있다.
③ 강연선 인장기의 규격은 소요 긴장력에 따라 변경할 수 있다.
④ 공구손료 및 경장비(절단기, 윈치 등)의 기계경비는 인력품의 5%로 계상한다.

6. 그라우팅

(m³ 당)

구 분		규 격	단위	수량
인력	기계설비공		인	1.43
	특별인부		인	2.40
	보통인부		인	1.12
장비	그라우팅 믹서	190×2ℓ	hr	4.43
	그라우팅 펌프	30~60ℓ/min	hr	4.43

[주] ① 본 품은 쉬즈관 내부 그라우팅 작업 기준이다.
② 본 품은 주입호스 설치 및 그라우팅 준비, 시멘트 배합 및 주입작업이 포함되어 있다.
③ 물 공급을 위해 살수차 등의 장비가 필요한 경우 기계경비는 별도 계상한다.
④ 공구손료 및 경장비(주입장치 등) 기계경비는 인력품의 5%로 계상한다.
⑤ 잡재료 및 소모재료(시멘트, 혼화재, 물)는 별도 계상한다.

6-5 교량 가설공

6-5-1 빔 가설공 (2008년, 2021년, 2025년 보완)

(일당)

구 분			규격	단위	수량	일당가설중량(본)		
						80ton/개 미만	80~160ton/개 미만	160ton/개 이상
빔 가설	인력	특별인부		인	7	11	10	9
		보통인부		인	2			
		용접공		인	3			
	장비	크레인		대	2			
		고소작업차	5ton	대	1			
빔 상차	인력	특별인부		인	2			
		보통인부		인	1			
	장비	크레인		대	2			
비고	교량을 확폭하거나 가도교, 과선교 지하 통로내(낙석, 낙설방지)인 때는 일당 가설 톤수를 15% 감한다.							

[주] ① 본 품은 제작 완료된 빔을 상차하고, 가설 위치로 운반이 완료된 상태의 빔을 장비(크레인)로 가설하는 기준이다. 다만, 가설 위치까지의 현장내 운반비는 현장여건과 거리에 따라 별도 계상한다.
② 본 품에서 가설은 빔 양중 및 가설, 위치고정, 전도방지시설 설치를 포함한다. 다만, 재료비(스크류 잭, 쐐기목, 와이어로프, 턴버클 등)는 설계수량을 적용한다.
③ 본 품은 높이의 할증을 추가 계상하지 않는다.
④ 현장에 반입되어 조립이 완료된 크레인에 의하여 빔을 가설하는 기준으로, 크레인의 운반 및 조립은 별도 계상한다.
⑤ 빔 가설 중 크레인을 이동 설치를 위한 지면 평탄화 및 안정화, 접근로 정리에 굴착기가 필요한 경우 추가 반영한다.
⑥ 장비의 규격은 작업여건(가설높이, 작업반경, 시공위치 등)을 고려하여 적합한 규격의 크레인을 선정하여 계상한다.
⑦ 공구손료 및 경장비(용접기 등)의 기계경비는 인력품의 3%로 계상한다.
⑧ 크레인, 트레일러 등의 반입을 위한 토공사 및 가시설설치, 빔 가설용 가도 및 가교각 설치, 트레일러 진입 보조장비 등이 필요한 경우에는 별도 계상한다.
⑨ 포스트텐션 빔에 있어서 제작·가설 공정에 따라 필요한 회송비 및 시공도중에서의 회송비는 별도 계상한다.
⑩ 빔 가설위치가 하천통과구간, 지장물에 의한 저촉 등 가설조건이 불량한 경우 현장여건에 따라 500ton급을 초과하는 대형크레인의 적용이 가능하며, 가설품은 크레인 가설능력과 현장 상황에 따라 조정하여 별도 계상할 수 있다.

6-5-2 솔 플레이트(Sole Plate) 용접 (2025년 신설)

(개/일당)

구 분		규격	단위	수량	시공량(m)		
					2.5m~ 3.0m 미만	3.0m~ 3.5m 미만	3.5m 이상
인력	용접공		인	2	18	16	14
	보통인부		인	1			
장비	고소작업차	5ton	대	1			

[주] ① 본 품은 가설된 빔의 솔 플레이트와 교량 받침(Shoe)을 용접으로 설치하는 기준이다.
② 본 품은 솔플레이트와 슈를 CO_2 용접으로 반자동 용접하는 기준이다.
③ 시공량 구분 기준은 솔플레이트 한 개를 슈(Shoe)에 용접하는 길이이다.
④ 본 품은 녹제거, 용접 준비, 용접 및 정리작업이 포함된 것이다.
⑤ 용접 완료 후 도장은 '[토목부문] 5-2-4 도장(현장도장)'을 적용한다.
⑥ 별도의 방풍설비가 필요한 경우 별도로 계상한다.
⑦ 공구손료 및 경장비(용접기, 발전기 등)의 기계경비는 인력품의 3%로 계상한다.
⑧ 솔 플레이트 용접을 위한 소모재료(용접봉, CO_2 와이어, 탄산가스 등)는 설계수량에 따른다.

6-6 교량 부대공

6-6-1 교량받침 설치(육상) (2016년 · 2021년 · 2024년 보완)

(일당)

구 분		단위	수량	시공량(개)		
				설치높이 20m이하	설치높이 40m이하	설치높이 40m초과
교량받침 1기당 중량 0.2ton이하	특별인부	인	2	8.5	7.0	5.5
	보통인부	인	1			
	용접공	인	1			
	크레인	대	1			
	고소작업차	대	1			
교량받침 1기당 중량 0.3ton이하	특별인부	인	2	6.0	5.0	4.0
	보통인부	인	1			
	용접공	인	1			
	크레인	대	1			
	고소작업차	대	1			
교량받침 1기당 중량 0.5ton이하	특별인부	인	3	5.0	4.0	3.5
	보통인부	인	1			
	용접공	인	1			
	크레인	대	1			
	고소작업차	대	1			
교량받침 1기당 중량 1.0ton이하	특별인부	인	3	4.0	3.5	3.0
	보통인부	인	1			
	용접공	인	1			
	크레인	대	1			
	고소작업차	대	1			
교량받침 1기당 중량 1.5ton이하	특별인부	인	4	3.5	3.0	2.5
	보통인부	인	1			
	용접공	인	1			
	크레인	대	1			
	고소작업차	대	1			
교량받침 1기당 중량 1.5ton초과	특별인부	인	4	3.0	2.5	2.0
	보통인부	인	1			
	용접공	인	1			
	크레인	대	1			
	고소작업차	대	1			

[주] ① 본 품은 교량의 교대 및 교각의 교량받침(포트받침, 탄성받침 등)을 육상에서 설치하는 기준이다.
② 본 품은 콘크리트 치핑 및 청소, 용접, 위치확인, 받침설치, 무수축 모르타르 타설 및 양생작업이 포함되어 있다.
③ 비계 및 발판, 난간 등의 설치는 별도 계상한다.
④ 크레인 및 고소작업차의 규격은 작업여건(시공높이, 시공위치 등) 및 안전율(적정하중, 작업반경 등)을 고려하여 적합한 규격을 적용한다.
⑤ 공구손료 및 경장비(치핑기, 용접기, 발전기, 핸드믹서기 등)의 기계경비는 인력품의 3%로 계상한다.
⑥ 교량받침 설치를 위한 소모재료(무수축 모르타르 등)는 설계수량에 따른다.

6-6-2 교량받침 설치(수상) (2021년 · 2024년 보완)

(일당)

구 분		단위	수량	시공량(개)		
				설치높이 20m이하	설치높이 40m이하	설치높이 40m초과
교량받침 1기당 중량 0.2ton이하	특별인부	인	2	5.0	4.0	3.5
	보통인부	인	1			
	용접공	인	1			
	크레인	대	1			
	고소작업차	대	1			
교량받침 1기당 중량 0.3ton이하	특별인부	인	2	3.5	3.0	2.5
	보통인부	인	1			
	용접공	인	1			
	크레인	대	1			
	고소작업차	대	1			
교량받침 1기당 중량 0.5ton이하	특별인부	인	3	3.0	2.5	2.0
	보통인부	인	1			
	용접공	인	1			
	크레인	대	1			
	고소작업차	대	1			

(일당)

구 분		단위	수량	시공량(개)		
				설치높이 20m이하	설치높이 40m이하	설치높이 40m초과
교량받침 1기당 중량 1.0ton이하	특별인부	인	3	2.5	2.0	1.7
	보통인부	인	1			
	용접공	인	1			
	크레인	대	1			
	고소작업차	대	1			
교량받침 1기당 중량 1.5ton이하	특별인부	인	4	2.3	1.8	1.5
	보통인부	인	1			
	용접공	인	1			
	크레인	대	1			
	고소작업차	대	1			
교량받침 1기당 중량 1.5ton초과	특별인부	인	4	2.0	1.5	1.3
	보통인부	인	1			
	용접공	인	1			
	크레인	대	1			
	고소작업차	대	1			

[주] ① 본 품은 교량의 교대 및 교각의 교량받침(포트받침, 탄성받침 등)을 수상에서 설치하는 기준이다.
② 본 품은 콘크리트 치핑 및 청소, 용접, 위치확인, 받침설치, 무수축 모르타르 타설 및 양생작업이 포함되어 있다.
③ 비계 및 발판, 난간 등의 설치는 별도 계상한다.
④ 크레인 및 고소작업차의 규격은 작업여건(시공높이, 시공위치 등) 및 안전율(적정하중, 작업반경 등)을 고려하여 적합한 규격을 적용한다.
⑤ 공구손료 및 경장비(치핑기, 용접기, 발전기, 핸드믹서기 등)의 기계경비는 인력품의 3%로 계상한다.
⑥ 교량받침 설치를 위한 소모재료(무수축 모르타르 등)는 설계수량에 따른다.

6-6-3 교량신축이음장치 설치(도로교) (2016, 2021, 2024년 보완)

(일당)

구 분	규 격	단 위	수 량	절단폭(mm)	시공량(m)
용 접 공		인	2	900이하	17
콘 크 리 트 공		인	1		
특 별 인 부		인	3	1,200이하	15
보 통 인 부		인	1	1,500이하	13
크 레 인		대	1	1,800이하	10
굴착기+브레이커	0.2m³	대	1		

[주] ① 본 품은 교량에 설치되는 신축이음장치 설치 기준으로, 도로교에서 주로 사용되는 형태(모노셀형, 핑거형, 레일형 등)로 기존 포장 및 콘크리트 파쇄 후 설치하는 기준이다.
② 본 품은 포장절단 및 뜯기, 신축이음장치 설치, 철근가공조립, 보강철근 용접, 간격재(거푸집) 설치, 무수축 콘크리트 타설 및 양생을 포함한다.
③ 크레인의 규격은 작업여건(시공높이, 시공위치 등) 및 안전율(적정하중, 작업반경 등)을 고려하여 적합한 규격을 적용한다.
④ 공구손료 및 경장비(발전기, 소형브레이커, 용접기, 절단기 등)의 기계경비는 인력품의 6%로 계상한다.
⑤ 재료량은 설계수량을 적용한다.

6-6-4 교량신축이음장치 설치(철도교) (2021년 신설, 2024년 보완)

(일당)

구 분	단 위	수 량	시공량(m)
특 별 인 부	인	4	7.5
보 통 인 부	인	1	

[주] ① 본 품은 교량에 설치되는 신축이음장치 설치 기준으로, 철도교에서 주로 사용되는 형태로 포장 및 콘크리트의 파쇄 없이 타설전에 매립하여 설치하는 기준이다.

② 본 품은 콘크리트 타설 전 고정레일(알루미늄 프레임) 설치, 고무배수판 삽입, 덮개판 시공을 포함한다.
　③ 공구손료 및 경장비(드릴, 절단기 등)의 기계경비는 인력품의 3%로 계상한다.
　④ 재료량은 설계수량을 적용한다.

6-6-5　교량점검시설 점검통로 설치 (2021 · 2024년 보완)

(일당)

구 분	단 위	수 량	시공량(발판면적 ㎡)	
			높이 20m이하	높이 40m이하
철　　　공	인	3	65	50
보 통 인 부	인	1		
크　레　인	대	1		
고 소 작 업 차	대	1		

[주] ① 본 품은 교량의 점검 및 유지관리를 위해 제작이 완료된 교량 점검시설을 교대 및 교각 등에 설치하는 기준이다.
　② 본 품은 천공, 앵커볼트 설치, 점검통로 설치 및 고정, 난간 설치를 포함한다.
　③ 본 품은 육상에서 크레인을 이용하여 시공하는 경우를 기준한 것으로, 크레인 진입이 불가하여 비계를 설치하여 작업하는 경우 및 교량상판 위에서 작업하는 경우, 육상이 아닌 해상에서 작업하는 경우 등에 있어서는 각각의 시공방법에 맞도록 별도로 계상하여야 한다.
　④ 크레인 및 고소작업차의 규격은 작업여건(시공높이, 시공위치 등) 및 안전율(적정하중, 작업반경 등)을 고려하여 적합한 규격을 적용한다.
　⑤ 공구손료 및 경장비(전동드릴 등)의 기계경비는 인력품의 3%로 계상한다.

6-6-6 교량점검시설 점검계단 설치 (2021·2024년 보완)

(일당)

구 분	단위	수량	시공량(발판면적 m²)	
			높이 20m이하	높이 40m이하
철 공	인	3	17	15
보 통 인 부	인	1		
크 레 인	대	1		
고 소 작 업 차	대	1		

[주] ① 본 품은 교량의 점검 및 유지관리를 위해 제작이 완료된 교량 점검시설을 교대 및 교각 등에 설치하는 기준이다.
② 본 품은 교량 점검시설 출입을 위한 경사형 계단 기준으로 계단참을 포함한다.
③ 본 품은 천공, 앵커볼트 설치, 점검계단 설치 및 고정을 포함한다.
④ 본 품은 육상에서 크레인을 이용하여 시공하는 경우를 기준한 것으로, 크레인 진입이 불가하여 비계를 설치하여 작업하는 경우 및 교량상판 위에서 작업하는 경우, 육상이 아닌 해상에서 작업하는 경우 등에 있어서는 각각의 시공방법에 맞도록 별도로 계상하여야 한다.
⑤ 크레인 및 고소작업차의 규격은 작업여건(시공높이, 시공위치 등) 및 안전율(적정하중, 작업반경 등)을 고려하여 적합한 규격을 적용한다.
⑥ 공구손료 및 경장비(전동드릴 등)의 기계경비는 인력품의 3%로 계상한다.

6-6-7 프리캐스트 콘크리트 패널 설치 (2008년 신설, 2021·2024 보완)

(일당)

구 분		규격	단위	수량	시공량(m²)
대차시공	특 별 인 부		인	4	85
	보 통 인 부		인	1	
	콘 크 리 트 공		인	1	
	이동용대차+크레인		대	1	
	지 게 차	5ton	대	1	

(일당)

구 분		규격	단위	수량	시공량(㎡)
크레인시공	특 별 인 부		인	4	70
	보 통 인 부		인	1	
	콘 크 리 트 공		인	1	
	크 레 인		대	1	
	지 게 차	5ton	대	1	

[주] ① 본 품은 교량 거더위에 콘크리트 패널을 설치하는 기준으로, 패널설치의 시공타입은 다음을 기준한다.

구 분	적용기준
대 차 시 공	교량상부(거더)에 전용 대차(이동용대차+크레인)를 설치하여 시공하는 경우
크레인 시공	교량 외부에서 크레인으로 시공하는 경우

② 본 품은 면정리, 고무패드 설치, 패널 설치, 이음부 모르타르 타설 작업을 포함한다.
③ 크레인과 대차를 활용하여 시공하는 기준이며, 레일을 사용한 대차의 레일 설치 및 철거 비용과 대차의 기계경비는 별도 계상한다.
④ 크레인의 규격은 작업여건(시공높이, 시공위치 등) 및 안전율(적정하중, 작업반경 등)을 고려하여 적합한 규격을 적용한다.

6-6-8 교량배수시설 설치 (2018년 신설, 2021년, 2024년 보완)

(일당)

구 분	단위	수량	시공량(m)
배 관 공	인	3	14
보 통 인 부	인	1	
고 소 작 업 차	대	1	

[주] ① 본 품은 교량의 노출 배수관 설치 기준이다.
② 배수관 규격은 Ø150~250㎜이하이며, 재질은 알루미늄관, FRP관 기준이다.
③ 본 품은 지지철물 설치, 배수관(직관, 곡관) 절단 및 접합, 코킹 작업이 포함된 것이며, 배수구 및 매립 배수관 설치는 제외되어 있다.
④ 공구손료 및 경장비(전동드릴, 절단기 등)의 기계경비는 인력품의 3%로 계상한다.
⑤ 고소작업차의 규격은 작업여건(시공높이, 시공위치 등) 및 안전율(적정하중, 작업반경 등)을 고려하여 적합한 규격을 적용한다.

6-7 조립식 구조물 설치공

6-7-1 플륨관 설치 (2016년, 2018년, 2021년, 2025년 보완)

(일당)

구 분		단위	수량	시공량(본) 본당 중량(kg)								
				50~150 미만	150~300 미만	300~500 미만	500~700 미만	700~900 미만	900~1,100 미만	1,100~1,300 미만	1,300~1,500 미만	1,500~1,800 미만	1,800~2,100 미만
인력	특별인부	인	2	75	63	52	42	36	31	27	23	20	17
	보통인부	인	1										
장비	크레인	대	1										

[주] ① 본 품은 철근 콘크리트 플륨관 및 벤치 플륨의 설치 기준이다.
② 본 품은 플륨관의 절단 및 설치, 이음 모르타르 설치 작업을 포함한다.
③ 터파기, 기초(콘크리트, 자갈, 모래), 지반고르기, 되메우기 등은 별도 계상한다.
④ 굴착기 규격은 작업여건(시공높이, 위치 등) 및 안전율을 고려하여 적합한 규격을 적용한다.
⑤ 공구손료 및 소모재료(이음 모르타르 등)는 인력품의 8%로 계상한다.

6-7-2 조립식 PC맨홀 설치 (2007년 신설, 2017·2021년 보완)

(개당)

구 분	규격	단위	수량							
			D 900		D 1,200		D 1,500		D 1,800	
			하부구체+상판	연직구체	하부구체+상판	연직구체	하부구체+상판	연직구체	하부구체+상판	연직구체
특별인부		인	0.48	0.25	0.64	0.33	0.80	0.41	0.96	0.46
보통인부		인	0.23	0.12	0.30	0.15	0.38	0.19	0.48	0.23
크레인	10ton	hr	0.98	0.50	1.12	0.57	1.25	0.64	1.44	0.83

[주] ① 본 품은 조립식 PC맨홀 설치를 기준한 것이다.
② 본 품은 연직구체 1개 설치기준으로 설치수량에 따라 추가 계상한다.
③ 본 품은 맨홀 설치 및 조정, 접합부 연결(고무링, 연결핀, 모르타르 등)을 포함한다.
④ 터파기, 지반고르기, 되메우기, 맨홀뚜껑설치는 별도 계상한다.
⑤ 크레인 규격은 작업여건에 따라 변경할 수 있다.
⑥ 재료량은 별도계상 한다.

6-7-3 PC BOX 설치 (2023년 신설, 2024년 보완)

(일당)

구 분	단위	규격	수량	단위중량(ton)	시공량(개소)	
					Type-Ⅰ	Type-Ⅱ
기계설비공	인		2	5ton미만	20	15
특별인부	인		4			
보통인부	인		2	10ton미만	16	12
크레인	대		1	15ton미만	14	11
강연선인장기	대	120ton	1			

[주] ① 본 품은 수로암거, 전력구, 공동구 등 일체형 1련 PC BOX를 설치하는 기준이다.
② 본 품은 PC구조물 인양 설치, 강연선 인장작업, 실링 및 정착구 마감 작업을 포함한다.
③ PC구조물 인양 및 설치 작업 환경 조건에 따라 Type-Ⅰ 또는 Type-Ⅱ를 적용한다.

구 분	작 업 환 경
Type-Ⅰ	PC구조물 인양 및 설치 시 장애물이 없고 연속작업이 가능하거나 이에 준하는 작업환경일 경우
Type-Ⅱ	가설 흙막이, 지장물 등 장애물이 있고 연속작업이 어렵거나 이에 준하는 작업환경일 경우

④ 토공사(터파기, 되메우기, 고르기 등) 및 기초(콘크리트 등), 측량, 그라우팅 충전, 방수공사 작업은 별도 계상한다.
⑤ 크레인의 규격은 작업여건(시공높이, 시공위치 등) 및 안전율(적정하중, 작업반경 등)을 고려하여 적합한 규격을 적용한다.
⑥ 강연선인장기의 규격은 소요 긴장력에 따라 변경할 수 있다.
⑦ 공구손료 및 경장비(발전기, 절단기 등) 기계경비는 인력품의 2.5%로 계상한다.

6-7-4 PC기둥 설치 (2023년 신설, 2024년 보완)

(일당)

구 분	단위	수량	단위중량	시공량(개소)
형틀목공	인	3	2ton미만	16
			5ton미만	15
보통인부	인	2	10ton미만	13
			20ton미만	10
크 레 인	대	1	30ton미만	8
비 고	시공높이 30m를 초과하는 경우 시공량의 10%를 감하여 적용한다.			

[주] ① 본 품은 PC건축물의 기둥을 설치하는 기준이다.
② 본 품은 PC부재 인양 설치, 서포트 설치 및 해체, 수직도 확인 작업을 포함한다.
③ 기초콘크리트 및 기초 앵커볼트 설치 작업은 별도 계상한다.
④ 크레인의 규격은 작업여건(시공높이, 시공위치 등) 및 안전율(적정하중, 작업 반경 등)을 고려하여 적합한 규격을 적용한다.
⑤ 공구손료 및 경장비(자체추진 고소작업대(시저형) 등) 기계경비는 인력품의 17%로 계상한다.

6-7-5 PC벽체 설치 (2024년 신설)

(일당)

구 분	단위	수량	단위중량	시공량(개소)
형틀목공	인	3	2ton미만	12
			5ton미만	11
보통인부	인	2	10ton미만	10
			20ton미만	8
크 레 인	대	1	30ton미만	6
비 고	시공높이 30m를 초과하는 경우 시공량의 10%를 감하여 적용한다.			

[주] ① 본 품은 PC건축물의 벽체를 설치하는 기준이다.
② 본 품은 PC부재 인양 설치, 서포트 설치 및 해체, 수직도 확인 작업을 포함한다.
③ 기초콘크리트 및 기초 앵커볼트 설치 작업은 별도 계상한다.
④ 크레인의 규격은 작업여건(시공높이, 시공위치 등) 및 안전율(적정하중, 작업

반경 등)을 고려하여 적합한 규격을 적용한다.
⑤ 공구손료 및 경장비(자체추진 고소작업대(시저형) 등) 기계경비는 인력품의 17%로 계상한다.

6-7-6 PC거더 설치 (2023년 신설 · 2024년 보완)

(일당)

구 분	단위	수량	단위중량	시공량(개소)
형틀목공	인	3	2ton미만	21
특별인부	인	1	5ton미만	19
			10ton미만	17
보통인부	인	2	20ton미만	15
크 레 인	대	1	30ton미만	12
비 고	시공높이 30m를 초과하는 경우 시공량의 10%를 감하여 적용한다.			

[주] ① 본 품은 PC건축물의 거더를 설치하는 기준이다.
② 본 품은 PC부재 인양설치, 다웰바 고정, 서포트 설치 및 해체, 우레탄폼 충전 및 실링 작업을 포함한다.
③ 크레인의 규격은 작업여건(시공높이, 시공위치 등) 및 안전율(적정하중, 작업반경 등)을 고려하여 적합한 규격을 적용한다.
④ 공구손료 및 경장비(자체추진 고소작업대(시저형) 등) 기계경비는 인력품의 15%로 계상한다.

6-7-7 PC슬래브 설치 (2023년 신설 · 2024년 보완)

(일당)

구 분	단위	수량	단위중량(ton)	시공량(개소)
형틀목공	인	3	2ton미만	27
특별인부	인	1	5ton미만	25
보통인부	인	2		
크 레 인	대	1	10ton미만	22
비 고	시공높이 30m를 초과하는 경우 시공량의 10%를 감하여 적용한다.			

[주] ① 본 품은 PC건축물의 슬래브를 설치하는 기준이다.
② 본 품은 PC부재 인양설치, 서포트 설치 및 해체, 우레탄폼 충전 및 실링 작업을 포함한다.
③ 크레인의 규격은 작업여건(시공높이, 시공위치 등) 및 안전율(적정하중, 작업반경 등)을 고려하여 적합한 규격을 적용한다.
④ 공구손료 및 경장비(자체추진 고소작업대(시저형) 등) 기계경비는 인력품의 15%로 계상한다.

6-7-8 모르타르 주입 (2024년 신설)

(일당)

구 분	단위	수량	시공량(㎥)
미 장 공	인	3	0.3
보 통 인 부	인	1	

[주] ① 본 품은 PC건축물 부재(기둥, 벽)의 접합을 위해 모르타르를 충전하는 기준이다.
② 본 품은 거푸집 설치 및 해체, 모르타르 비빔 및 주입, 면정리 작업을 포함한다.
③ 공구손료 및 경장비(모르타르 믹서 등) 기계경비는 인력품의 5%로 계상한다.

6-7-9 모듈러 건축 설치 (2024년 신설, 2025 보완)

(일당)

구 분	단위	수량	단위규격	시공량(개소)		
				4층 이하	12층 이하	13층 이상
철 골 공	인	4	3.3m x 12m 이내	12	6	4
특 별 인 부	인	2				
보 통 인 부	인	1				
크레인(크롤러)	대	1				

[주] ① 본 품은 동일 규격의 철골 모듈러 건축(적층식) 구조물 1개 유닛(공동주택, 학교 등)을 양중 및 설치하는 기준이다.

② 본 품은 모듈러 건축 구조물 인양 조립, 접합플레이트 설치 및 연결부 볼트 체결 작업을 포함한다.
③ 모듈러 유닛 적층 후 실시하는 본조임은 제외한다.
④ 모듈러 내부 접합시 내외부 마감 작업은 별도 계상한다.
⑤ 크레인의 경우 작업여건(시공높이, 시공위치 등) 및 안전율을 고려하여 적합한 규격을 적용하며, 장애물 등 현장 여건 및 조건에 따라 양중장비 1대가 부족할 경우 추가 반영한다.
⑥ 공구손료 및 경장비(자체 추진 고소작업대 등) 기계경비는 인력품의 5.0%로 계상한다.

제 7 장 돌 공 사

7-1 돌 쌓 기

7-1-1 메쌓기 (2012년 · 2019년 보완)

(㎡ 당)

구 분	규격	단위	수량(뒷길이)		
			35cm이하	55cm이하	75cm이하
석 공		인	0.10	0.09	0.08
보 통 인 부		인	0.05	0.04	0.03
굴착기+부착용집게	0.6㎥	hr	0.39	0.37	0.35

[주] ① 본 품은 잡석을 채움재로 사용하는 깬돌 및 깬잡석의 골쌓기 기준이다.
　　② 경사도가 1:1 보다 급한 경우이며, 높이 3m이하 기준이다.
　　③ 규준틀 설치, 돌쌓기, 잡석 채움, 배수파이프 설치 작업을 포함한다.
　　④ 기초다짐 및 뒤채움은 '[공통부문] 3-4-2 / 3-4-3 기초다짐 및 뒤채움'을 따른다.
　　⑤ 굴착기 규격은 작업여건(작업범위, 위치 등)에 따라 변경할 수 있다.
　　⑥ 재료량은 설계수량을 적용한다.

7-1-2 찰쌓기 (2012 · 2018년 · 2019년 보완)

(㎡ 당)

구 분	규격	단위	수량(뒷길이)		
			35cm이하	55cm이하	75cm이하
석 공		인	0.09	0.08	0.07
보 통 인 부		인	0.05	0.04	0.03
굴착기+부착용집게	0.6㎥	hr	0.31	0.30	0.28

[주] ① 본 품은 콘크리트를 채움재로 사용하는 깬돌 및 깬잡석의 골쌓기 기준이다.
　　② 경사도가 1:1 보다 급한 경우이며, 높이 3m이하 기준이다.

③ 규준틀 설치, 돌쌓기, 콘크리트 채움, 배수파이프 설치, 줄눈메꿈 작업을 포함한다.
④ 기초다짐 및 뒤채움은 '[공통부문] 3-2-2 / 3-2-3 기초다짐 및 뒤채움'을 따른다.
⑤ 굴착기 규격은 작업여건(작업범위, 위치 등)에 따라 변경할 수 있다.
⑥ 재료량은 설계수량을 적용한다.

[참고자료] 돌쌓기 규격별 소요량

구 분		단위	수량 (뒷길이)						
			25cm	30cm	35cm	45cm	55cm	60cm	75cm
돌의 전면규격		cm	17x17	20x20	25x25	30x30	35x35	40x40	50x50
㎡당 개수		개	33	24	17	12	9	6	4
고임돌 (돌쌓기)	깬잡석	m³	0.09	0.11	0.13	0.16	0.19	0.21	0.26
	깬돌	m³	-	0.10	0.12	0.15	0.18	0.20	0.25
틈메우기돌 (돌붙임)		m³	- 고임돌(돌쌓기)의 15%까지 계상할 수 있다.						
채움 콘크리트		m³	0.11	0.14	0.16	0.20	0.25	0.27	0.34
줄눈메꿈 모르타르		m³	0.009	0.009	0.009	0.009	0.009	0.009	0.009

[주] 돌의 중량은 돌의 형상, 종류, 부피 등을 고려하고 '[공통부문] 1-3-3 재료의 단위중량'을 참고하여 계상한다.

[참고자료] 돌쌓기 표준도

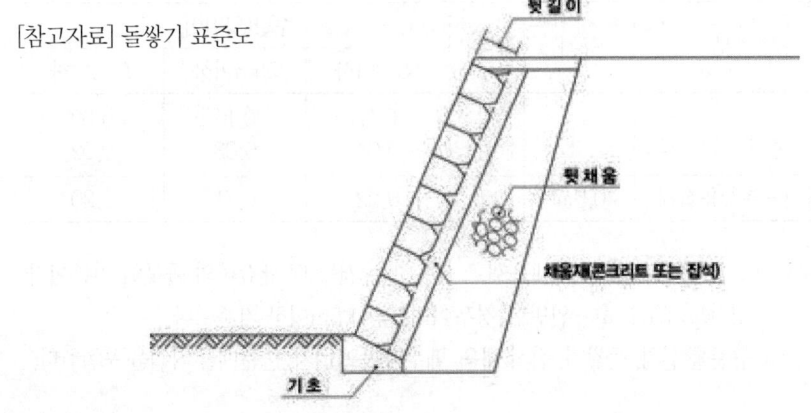

7-2 돌붙임

7-2-1 메붙임 (2012년 · 2019년 보완)

(㎡ 당)

구 분	규격	단위	수량(뒷길이)		
			35cm이하	55cm이하	75cm이하
석 공 보 통 인 부		인 인	0.13 0.04	0.12 0.03	0.11 0.02
굴착기+부착용집게	0.6㎥	hr	0.25	0.24	0.22

[주] ① 본 품은 잡석을 채움재로 사용하는 깬돌 및 깬잡석의 돌붙임 기준이다.
② 경사도가 1:1 보다 완만한 경우이며, 높이 5m이하 기준이다.
③ 규준틀 설치, 돌붙임, 잡석 채움, 배수파이프 설치 작업을 포함한다.
④ 기초다짐 및 뒤채움은 '[공통부문] 3-4-2 / 3-4-3 기초다짐 및 뒤채움'을 따른다.
⑤ 굴착기 규격은 작업여건(작업범위, 위치 등)에 따라 변경할 수 있다.
⑥ 재료량은 설계수량을 적용한다.

7-2-2 찰붙임 (2012년 · 2019년 보완)

(㎡ 당)

구 분	규격	단위	수량(뒷길이)		
			35cm이하	55cm이하	75cm이하
석 공 보 통 인 부		인 인	0.11 0.04	0.10 0.03	0.09 0.02
굴착기+부착용집게	0.6㎥	hr	0.22	0.21	0.20

[주] ① 본 품은 콘크리트를 채움재로 사용하는 깬돌 및 깬잡석의 돌붙임 기준이다.
② 경사도가 1:1 보다 완만한 경우이며, 높이 5m이하 기준이다.
③ 규준틀 설치, 돌쌓기, 잡석 채움, 배수파이프 설치, 줄눈메꿈 작업을 포함한다.

④ 기초다짐 및 뒤채움은 '[공통부문] 3-4-2 / 3-4-3 기초다짐 및 뒤채움'을 따른다.
⑤ 굴착기 규격은 작업여건(작업범위, 위치 등)에 따라 변경할 수 있다.
⑥ 재료량은 설계수량을 적용한다.

7-3 전석쌓기 및 깔기

7-3-1 전석쌓기 (2012 · 2018년 보완)

(m^2 당)

구 분	규 격	단 위	수 량
석 공		인	0.13
보 통 인 부		인	0.02
굴 삭 기	$0.6m^3$	hr	0.43

[주] ① 본 품은 굴착기를 이용하여 전석($0.3m^3$~$0.5m^3$급)을 쌓는 품이다.
② 본 품은 전석쌓기, 고임돌 및 채움 콘크리트 시공이 포함된 것이다.
③ 기초 콘크리트, 고임돌 소요량은 별도 계상한다.
④ 기초 콘크리트 타설품은 별도 계상한다.
⑤ 장비의 규격은 작업여건(작업범위, 위치 등)에 따라 변경할 수 있다.
⑥ 재료량은 다음을 참고하여 적용한다

(m^2 당)

구 분	단 위	수 량
채 움 콘 크 리 트	m^3	0.2

7-3-2 전석깔기 (2018년 신설)

(m² 당)

구 분	규 격	단 위	수 량
석 공		인	0.06
보통인부		인	0.02
굴 삭 기	0.6m³	hr	0.17

[주] ① 본 품은 굴착기를 이용하여 전석(0.3m³~0.5m³급)을 바닥에 까는 품이다.
② 본 품은 전석깔기, 고임돌 시공이 포함된 것이다.
③ 콘크리트, 고임돌 소요량은 별도 계상한다.
④ 콘크리트 타설품은 별도 계상한다.
⑤ 장비의 규격은 작업여건(작업범위, 위치 등)에 따라 변경할 수 있다.

7-4 석재판 붙임

7-4-1 습식공법 (2012년 · 2019년 보완)

(m² 당)

구 분	단위	수량			
		테라조판		화강석	
		바닥	계단부	바닥	계단부
석 공	인	0.26	0.29	0.31	0.35
보통인부	인	0.12	0.13	0.14	0.16

[주] ① 본 품은 모르타르를 사용한 바닥 및 계단부(계단챌판, 계단디딤판, 계단참)에 석재판을 붙이는 기준이다.
② 모르타르 비빔, 모르타르 포설 및 고르기, 석재판 절단 및 붙임, 줄눈채움, 보양 작업을 포함한다.
③ 공구손료 및 경장비(절단기 등)의 기계경비는 인력품의 1%로 계상한다

7-4-2 앵커지지 공법 (2019년 보완)

(㎡ 당)

구 분	단위	수량(석재판 규격)	
		0.3㎡이하	0.3㎡초과~0.8㎡이하
석 공	인	0.39	0.35
보 통 인 부	인	0.15	0.17

[주] ① 본 품은 구조물 벽체에 앵커로 고정하여 석재판을 설치하는 기준이다.
　　② 앵커 구멍뚫기, 지지철물 설치, 석재판 절단 및 설치, 줄눈코킹 작업을 포함한다.
　　③ 석재설치 후 보양을 하는 경우 '[공통부문] 2-9-1 건축물 보양'에 따른다.
　　④ 공구손료 및 경장비(절단기, 윈치 등)의 기계경비는 인력품의 3%로 계상한다.

7-4-3 강재트러스 지지공법 (2019년 보완)

(㎡ 당)

구 분	단위	수량(석재판 규격)			
		0.3㎡이하		0.3㎡초과~0.8㎡이하	
		강재트러스 설치	석재판 붙임	강재트러스 설치	석재판 붙임
석 공	인	-	0.25	-	0.23
보 통 인 부	인	-	0.16	-	0.15
용 접 공	인	0.20	-	0.18	-
철 공	인	0.07	-	0.06	-

[주] ① 본 품은 구조물 벽체에 강재트러스를 설치한 후 석재판을 설치하는 기준이다.
　　② 앵커 및 지지철물 설치, 강재트러스 절단 및 용접, 석재판 절단 및 설치, 줄눈(코킹) 작업을 포함한다.
　　③ 석재설치 후 보양을 하는 경우 '[공통부문] 2-9-1 건축물 보양'에 따른다.
　　④ 공구손료 및 경장비(절단기, 용접기 등)의 기계경비는 인력품의 3%로 계상한다.

제 8 장   건 설 기 계

8-1 적용기준

8-1-1 건설기계 선정기준 (2017년 · 2025년 보완)

1. 작업종류별

작업종류	건설기계종류
벌개, 제근	불도저(레이크도우저)
굴 착	로더, 굴착기, 불도저, 리퍼
굴착, 적재	로더, 굴착기
굴착 · 운반	불도저, 스크레이퍼
운 반	불도저, 덤프트럭, 벨트컨베이어
부 설	불도저, 모터그레이더
함수량조절	살수차
다 짐	롤러(타이어, 탬핑, 진동, 로드), 불도저, 진동콤팩터, 래머, 탬퍼
정 지	불도저, 모터그레이더

2. 운반거리별

작업구분	운반거리	표준
절붕 · 압토	평균 20m	불도저
토 운 반	60m 이하	불도저
	60~100m	• 불도저 • 로더+덤프트럭 • 굴착기+덤프트럭
	100m 이상	• 로더+덤프트럭 • 굴착기+덤프트럭 • 모터스크레이퍼

8-1-2 공사규모별 표준건설기계 (2025년 보완)

1. 건설공사 설계시 적정 공사비 산정을 위해 건설현장의 제반사항(공사규모 및 난이도 등)을 고려하여 건설기계의 종류 및 규격을 선정하여 적용한다.

   가. 작업 규모별 구체적인 운반장비(덤프트럭)의 규격은 도로상태, 시공성, 시공규모 등을 감안하여 현장 실정에 맞도록 조정 적용한다.

   나. 덤프트럭

작업종류 \ 구분	작업규모	표준규격
덤프트럭운반	소규모	덤프트럭 8톤이하
	중규모	〃 8~15톤
	대규모	〃 15톤이상

   [주] ① 각 작업규모별 구체적인 덤프트럭 규격(2.5, 4.5, 6, 8, 10.5, 15, 20, 32톤)은 도로상태, 시공성, 시공규모 등을 감안하여 현장 실정에 맞도록 조정해 적용한다.
   ② 타장비와의 조합 작업 및 암석운반 등 가혹한 작업의 경우는 경제적인 방법으로 선정한다.

2. 공사 규모의 구분은 다음을 참고한다.

대규모	중규모	소규모
공사수량이 100,000m³ 이상인 경우	공사수량이 100,000m³ 미만인 경우	공사수량 10,000m³ 미만인 경우 또는 작업공간이 협소 등 장비운영이 원활하지 않은 경우

※ 공사수량은 시설물(교량, 터널 등) 및 지형조건(하천, 도로, 철도 등)에 의해 단절되는 토공 작업구간의 시공량을 말하며, 공사기간 및 현장여건을 감안하여 공사규모를 판단한다.

   [주] ① 공사규모의 구분은 편의상 시공량으로 표시한 것인 바, 실제 적용과정에서는 공사량, 공사기간, 현장조건에 따라 공사규모를 판단하여야 한다.

② 선형공사(도로, 철도, 관로 등)의 경우는 공사여건을 감안하여 장비규격을 적정 선정한다.
③ 모든 공사목적에 완전히 부합되는 건설기계는 없으므로 실제 공사시공과정에서는 여기에 선정된 표준기계에 절대적으로 구애받지 말고 선정된 표준기계를 기준하여 현장여건에 따라 탄력적으로 이를 보완 선정 하여야 한다.
④ 공사를 시행하는 데 있어 특정한 기계 및 특정규격의 사용이 요구될 때는 본 기준에 의하지 않고 개별적으로 그 특성에 의한 작업능력과 제경비를 산정하여 적용한다.

8-1-3 운반 및 수송 (2010 · 2017년 보완)

1. 운반 차량의 구분

    공사용 자재의 운반차량은 덤프트럭을 원칙으로 하되 덤핑으로 인하여 훼손 또는 파괴되거나 위험이 수반되는 기자재(드럼들이 아스팔트, 석유류, 시멘트, 관류 등)는 화물 자동차로 운반하는 것으로 한다.

2. 수송비 (2010년 보완)

    가. 건설용기계의 공사 현장까지의 왕복 수송비는 건설공사장에서 가장 가까운 시 · 도 · 군 · 구청소재지(서울특별시, 광역시 포함)로부터 공사현장까지의 수송에 필요한 경비(공인된 수속비, 인건비 등 포함)를 계상한다. 다만, 구득이 곤란하다고 인정되는 기종에 대하여는 그 기종이 소재한다고 인정되는 가장 가까운 시 · 도 · 군 · 구청소재지(서울특별시, 광역시 포함)로부터의 수송비를 계상할 수 있다.

    나. 자주식 건설기계로서 자주로 이동할 경우의 수송비는 다음의 이동속도를 기준으로 하여 수송비를 계상하며 이때의 경비는 건설기계 사용료와 운전경비의 합계액으로 한다.

자주식 건설기계의 이동속도

(km/hr)

도로구분 \ 기종	덤프 트럭	로더 (타이어)	크레인 (타이어)	모터 그레이더	스크레이퍼	아스팔트 디스트리뷰터 슬러리실 기계	트럭 트랙터및 트레일러	리프트 트럭
포장도로 (고속4차선)	60	–	–	–	–	–	–	–
포장도로 (고속2차선)	50	–	–	–	–	50	50	–
포장도로	40	25	30	25	35	40	40	25
사리도로 (양호)	25	15	15	15	25	25	20	15
사리도로 (불량)	10	10	10	10	10	10	10	10

3. 회항비

가. 작업선의 회항비는 공사에 제공되는 피예인선의 편도 수송시간에 대한 선원의 노임, 예인선의 왕복운항시간에 대한 손료 및 운전경비와 예인선 및 피예인선의 회항보험금의 합계액으로 한다. 다만, 공사현장에 투입되는 예인선의 회항비는 편도 운항경비만을 계상한다.

나. 자항작업선인 경우에는 편도수송시간에 대한 손료 및 운전경비와 회항보험금의 합계액으로 한다.

4. 분해조립비

분해 및 조립을 필요로 하는 기계는 이에 소요되는 경비를 계상한다.

가. 아스팔트 믹싱 플랜트(定置式)

나. 크러싱 플랜트(〃)

다. 콘크리트 플랜트(〃)

라. 벨트 컨베이어(〃)

마. 디젤 파일 해머

바. 크레인류
사. 골재세척설비
아. 기타 분해조립이 필요하다고 인정되는 기계

5. 운전사의 구분

구 분	해 당 기 계
건설기계운전사	건설기계관리법 시행령 제2조에 규정한 기계로서 다음과 같은 기종을 말한다. 불도저, 굴착기, 로더, 지게차, 스크레이퍼, 덤프트럭(12ton이상), 기중기(차륜 및 무한궤도), 모터 그레이더, 롤러, 노상안정기, 콘크리트배치플랜트, 콘크리트 피니셔, 콘크리트스프레더, 콘크리트 믹서($0.55m^3$ 이상), 콘크리트 펌프($5m^3$이상), 아스팔트 믹싱플랜트, 아스팔트피니셔, 아스팔트살포기, 슬러리실기계, 골재살포기, 쇄석기, 천공기, 항타 및 항발기(0.5ton이상), 사리채취기, 노면파쇄기 기타 이와 유사한 기계
화물차운전사	자동차관리법 시행규칙 제2조에 규정한 차량류로서 12ton 미만의 덤프트럭, 화물트럭, 살수차, 트랙터, 제설차, 노면청소차, 트럭탑재형 크레인, 기타 공업용 소형트럭 등을 말한다.
일반기계운전사	건설기계관리법 및 자동차관리법에 규정되어 있지 아니한 기계로서 소형의 공기압축기, 양수기, 소형믹서, 윈치, 소형항타기, 소형그라우트펌프, 벨트컨베이어, 발전기, 래머, 콤팩터, 콘크리트파쇄기, 공기압축기($2.83m^3$/min 이상), 기타 소형기계 등을 말한다.

6. 운전사 노임

운전사(건설기계운전사, 화물차운전사, 일반기계운전사)의 노임은 상시 고용일 경우에 월정액을 지급함을 원칙으로 하며 예정가격 작성기준(기획재정부회계예규)에 의거 계상한다.

7. 운반기계의 유류산정

트럭 또는 기타 운반기계로 기자재를 운반할 경우 적재 또는 적하에 소요되는 시간이 10분을 초과할 때는 적재 또는 적하를 제외한 시간의 유류만을 계상한다.

8-1-4 시공능력의 산정 기본식

$Q = n \cdot q \cdot f \cdot E$

여기서 Q : 시간당 작업량(m^3/hr 또는 ton/hr)
   n : 시간당 작업싸이클 수
   q : 1회 작업싸이클당 표준작업량(m^3 또는 ton)
   f : 체적환산계수
   E : 작업효율

[주] ① 계산값의 맺음
   Q : 소수점 이하 3자리까지 계산하고 사사오입한다.
   n : 소수점 이하 2자리까지 계산하고 사사오입한다.
   ㎝ : 소수점 이하 3자리까지 계산하고 사사오입한다.
② 기계의 작업시간
   기계의 시간당 작업량은 기계의 운전시간당 작업량으로 하고, 이 운전시간은 기계의 주기관이 회전하거나 주작동부가 가동하는 시간을 말하며 주목적의 작업을 하는 실작업시간 외에 작업 중의 기계이동, 기관 또는 주작동부의 예비가동, 운전시간 중의 점검 또는 조정, 주유 조합기계 때의 대기 등이 포함된다.
③ 시간당 작업량(Q)
   토공에 있어서의 작업능력은 일반적으로 m^3/hr로 표시되고 자연상태의 토량, 흐트러진 상태의 토량, 다져진 후의 토량의 세 가지 표시방법이 있으며 기계 종류에 따라서 (ton/hr), (m^3/hr), (m/hr) 등으로 작업량을 표시할 때도 있다.
④ 1회 작업 싸이클당 표준작업량(q)
   기계는 일련의 동작을 되풀이 하는 작업을 하게 되고 이때의 1회 싸이클의 동작으로 이루어지는 표준적인 작업조건과 작업관리 상태에 있어서의 작업량을 1회 작업 싸이클당 표준작업량이라고 하며 토량인 경우에는 흐트러진 상태에서 취급되는 것이 일반적이고 보통 (m^3) 또는 (ton)으로 표시한다.

⑤ 시간당 작업싸이클 수(n)

$$n = \frac{60}{cm(min)} \text{ 또는 } \frac{3,600}{cm(sec)}$$ 으로 표시, cm는 싸이클 시간으로서

기계의 작업속도나 주행속도에 따라 분(min) 또는 (sec)로 표시한다.

⑥ 작업효율(E)

기계의 시간당 작업량은 그 기계고유의 일정한 값이 아니고 작업현장의 제반 조건에 따라 변화하는 것이므로 표준적인 작업 능력에 작업현장의 여러가지 여건에 알맞는 효율을 고려하여 산정함이 필요하며 이 작업효율은 일반적으로 능력적 요소와 시간적 요소로 구분된다.

작업효율(E) = 현장 작업 능력계수 × 실작업 시간율

⑦ 현장작업 능력계수

기계의 표준적인 작업능력에 영향을 미치는 기상, 지형, 토질, 공사규모, 시공방법, 기계의 종류, 기계 조정원의 기능도, 해상에서는 파도 및 풍향 등의 작업현장 여건을 고려한 계수를 말한다.

⑧ 실작업시간율

기계의 상태, 공사규모, 시공방법 등에 의하여 변화하며 다음과 같이 표시한다.

$$\text{실작업시간율} = \frac{\text{실작업시간}}{\text{운전시간}}$$

8-1-5 기계경비 용어와 정의

1. 상각비 : 기계의 사용에 따르는 가치의 감가액을 말한다.
2. 정비비 : 기계를 사용함에 따라 발생하는 고장 또는 성능 저하부분의 회복을 목적으로 하는 분해수리 등 정비와 기계 기능을 유지하기 위한 정기 또는 수시 정비에 소요되는 비용을 말한다.
3. 정비비율 : 기계의 경제적 내용시간 동안에 소요되는 정비비 누계액의 기계 취득 가격에 대한 비율을 말한다.
4. 관리비 : 보유한 기계를 관리하는 데 필요로 하는 이자 및 보관 격납비용을 말한다.
5. 연간관리비율 : 연간 소요되는 기계관리비의 평균취득 가격에 대한 비율을 말한다.

6. 평균취득가격 : 취득가격 $\times \dfrac{1.1 \times \text{경제적 내용년수} + 0.9}{2 \times \text{경제적 내용년수}}$

   로 계산한 값을 말한다.
7. 취득가격 : 수입가격에 대하여는 C·I·F 가격에 인정할 수 있는 수입에 따르는 제경비를 포함한 가격으로 하고 국산기계는 표준규격에 의한 표준시가로 한다.
8. 경제적 내용시간 : 잔존율이 취득가격의 10%인 경우에 경제적 사용이 가능하다고 인정되는 운전 시간을 말한다.
9. 잔존율 : 경제적 내용시간이 끝날 때의 기계잔존가치의 취득가격에 대한 비율을 말하며 0.1로 한다.
10. 연간표준 가동시간 : 기계가 연간 운전하는 데 가장 표준이라고 인정되는 시간을 말한다.
11. 경제적 내용년수 : 경제적 내용시간을 연간 표준가동시간으로 나눈 값을 말한다.
12. 시간당 손료 : 손료산정의 시간당 손료계수 합계에는 시간당 상각비 계수, 정비비 계수 및 평균취득가격에 의한 시간당 관리비 계수가 포함된 것으로서 시간당 손료는 취득가격에 시간당 손료계수의 합계를 곱한 값을 말한다(원 미만의 값은 절사한다).

8-1-6 기계경비 적산요령

1. 기계경비 : 기계손료, 운전경비 및 수송비의 합계액으로 하되 특히 필요하다고 인정될 때에는 조립 및 분해조립 비용을 포함한다.
2. 기계손료 : 상각비, 정비비 및 관리비의 합계액으로 한다. 다만, 관리비에 대하여는 1일 8시간을 초과할 경우라도 8시간으로 계산하여야 한다.
3. 운전경비 : 기계를 사용하는 데 필요한 다음 각호 경비의 합계액으로 한다.
   가. 연료·전력·윤활유 등
   나. 운전수의 급여 또는 임금과 기타의 운전 노무비
   다. 정비비에 포함되지 않는 소모품비
4. 건설기계 가격 : 건설기계 가격은 부가가치세가 제외된 것으로 단위는 천원이다.

8-1-7 손료보정 등 (2025년 보완)

1. 기계손료의 보정

   다음 건설기계가 암석굴착, 암석적재, 암석운반 등의 가혹한 작업에 사용되는 경우에는 그 손료(관리비 제외)를 다음과 같이 보정 가산할 수 있다.

기 종	가산비율	
	암석작업 (연암·보통암·경암)	전석섞인 토사
불도저(19ton 이상 제외)	25	10
굴착기(무한궤도) 및 로더(무한궤도)	20	10
덤프트럭	25	10

[주] ① 전용덤프트럭(18ton 이상)과 불도저(19ton 이상)의 경우는 보정하지 않는다. 단, 타이어 불도저, 습지 불도저는 보정할 수 있다.
   ② 전석섞인 토사는 전석($0.5m^3$ 이상)의 혼입률이 30% 이상을 말한다.

2. 기계경비의 보정

   건설기계의 운전시간이 현장조건 및 공정계획상 연간 표준가동시간보다 현저하게 저하될 경우에는 기계손료 중 관리비와 운전경비 중 인건비를 별도 산정할 수 있다.
3. 펌프식 준설선으로 자갈 및 역전석과 쇄암된 암이 포함된 흙을 준설할 때에는 과다 마모로 인한 수리비의 증가를 고려하여 손료를 보정계상할 수 있다.
4. 손료산정에서 동력이 포함되어 있지 않은 경우에는 해당되는 디젤, 가솔린엔진 또는 모터의 손료 및 운전경비를 적용한다.
5. 유류가격은 해당지역의 가격으로 한다.
6. 타이어, 삽날 등 기타 가격은 공신력 있는 기관에서 인정하는 가격으로 한다.
7. 불도저 집토거리는 최소 20m를 표준으로 하여 현장여건에 따라 증가할 수 있다.
8. 사석적재 및 투하시의 기중기 효율

   사석을 적재할 때의 효율은 0.8로 하고 해상 작업시에는 0.75로 한다.

8-2 시공능력

8-2-1 불도저 (2025년 보완)

※ 굴착(깎기, 터파기)작업에 불도저를 활용하는 하는 경우 '[공통] 제3장 토공사'를 우선 적용하며, 해당 품의 작업조건과 상이하다고 판단되는 경우 본 항목을 활용하여 작업능력을 계상하여 적용한다.

$$Q = \frac{60 \cdot q \cdot f \cdot E}{cm}, \quad q = q^\circ \times e$$

여기서　Q : 시간당 작업량(m^3/hr)
　　　　q : 삽날의 용량(m^3)
　　　　q° : 거리를 고려하지 않은 삽날의 용량(m^3)
　　　　e : 운반거리계수
　　　　f : 체적환산계수
　　　　E : 작업효율
　　　　cm : 1회 싸이클 시간

1. q°, e, E의 값

　가. q°의 값(m^3)

종별 \ 급수(ton)	4 (초습지)	7	10	12	13 (습지)	15	19	28	32	33
무한궤도	0.5	1.1	1.5	2.0	1.5	–	3.2	–	5.5	–
타이어	–	–	–	–	–	3.1	–	4.0	–	5.7

　나. e의 값

운반거리(m)	10 이하	20	30	40	50	60	70	80
e	1.00	0.96	0.92	0.88	0.84	0.80	0.76	0.72

다. E의 값

토질명 \ 현장조건	자연 상태			흐트러진 상태		
	양호	보통	불량	양호	보통	불량
모 래, 사 질 토	0.80	0.65	0.50	0.85	0.70	0.55
자갈섞인 흙, 점성토	0.70	0.55	0.40	0.75	0.60	0.45
파 쇄 암					0.35	0.25

[주] ① 양호 : 작업현장이 넓고(배토판 폭의 3배 이상), 지반의 요철 등에 의한 미끄럼이 없고, 또한 하향 구배 등으로서 작업속도가 충분히 기대되는 조건인 경우
② 보통 : 작업현장은 넓으나 작업속도가 기대되지 않는 경우, 작업현장은 좁으나(배토판 폭의 3배 미만) 작업속도가 충분히 기대되는 등 제조건이 중간으로 판단되는 경우
③ 불량 : 작업현장이 좁고 지반상태를 고려한 미끄럼이 많고 또 상향구배 등으로서 작업속도를 저해하는 조건인 경우
④ 정지작업을 겸하는 경우는 0.1을 뺀 값으로 한다.
⑤ 터파기에 대해서는 0.05를 뺀 값으로 한다.
⑥ 리핑한 것은 리핑된 상태를 고려하여 그 상태에 해당하는 토질에서의 값을 취한다.

2. 1회 싸이클시간

$$cm = \frac{L}{V_1} + \frac{L}{V_2} + t$$

여기서 cm : 1회 싸이클시간(분)
L : 운반거리(m)
V_1 : 전진속도(m/분)
V_2 : 후진속도(m/분)
t : 기어 변속시간(0.25분)

가. 무한궤도의 V_1 및 V_2의 값

규격 (ton)	전진속도(m/분)				후진속도(m/분)		
	1단	2단	3단	4단	1단	2단	3단
4(초습지)	40	57	100	–	63	85	–
7	43	67	92	116	53	78	107
10	42	64	88	116	50	75	105
12	40	55	75	107	48	70	100
13(습지)	40	55	75	–	48	70	–
19	40	55	75	103	46	70	98
32	40	52	70	91	43	58	78

[주] ① 굴착 또는 굴착운반, 발근, 석재류집적 작업 등에는 전진 1단, 후진 1단을 사용한다.
② 흐트러진 상태의 토사운반 작업 등에는 전진 2단, 후진 2단을 사용한다.
③ 평탄하고 흐트러진 상태의 정지 전압작업 등의 작업에는 전진 3단, 후진 3단을 사용한다.
④ 제방과 같은 상향작업시에는 전진 1단, 후진 2단을 사용한다.
⑤ 수중작업시에는 전진 1단, 후진 1단을 사용한다.
⑥ 작업현장에서의 이동에는 전진 3단 또는 4단을 사용한다.

나. 타이어형 V_1 및 V_2 값

규격 (ton)	전진속도(m/분)			후진속도(m/분)	
	1단	2단	3단	1단	2단
15	83	200	415	92	125
28	92	200	482	92	200
33	92	210	546	110	250

[주] ① 흐트러진 상태의 토량운반, 연한 지반의 굴착 운반작업 등에는 전진 1단, 후진 1단을 사용한다.
② 평탄하고 흐트러진 상태에 정지 및 전압작업 등에는 전진 2단, 후진 2단을 사용한다.
③ 작업현장에서의 이동에는 전진 2단 또는 3단을 사용한다.

8-2-2 리퍼 (유압식) (2025년 보완)

※ 굴착(깎기, 터파기)작업에 리퍼(유압식)를 활용하는 하는 경우 '[공통] 제3장 토공사'를 우선 적용하며, 해당 품의 작업조건과 상이하다고 판단되는 경우 본 항목을 활용하여 작업능력을 계상하여 적용한다.

$$Q = \frac{60 \cdot An \cdot \ell \cdot f \cdot E}{cm}$$

여기서 Q : 운전시간 1시간당 파쇄량(m^3/hr)
  ℓ : 1회의 작업거리(m)
  An : 1회 리핑의 단면적(m^2)
  f : 체적환산계수
  E : 작업효율
  cm : 1회 싸이클 시간(분)
  cm : 0.05 ℓ + 0.25

1. 1회 리핑단면적(An)

트랙터의 규격 (ton)	1회당 리핑단면적(m^2)		
	1본	2본	3본
20	0.15	0.30	0.45
30	0.20	0.40	0.60

[주] 리퍼의 cm는 불도저의 cm산정식과 같으므로 파쇄되는 암질과 상태에 따라 다르고 작업(전진)시에는 1단 속도가 0.6~0.9 정도로 감소되므로 일반적으로 위의 산정식을 사용토록 한다.

2. 작업효율(E)

암질	발톱수	20ton급		30ton급	
		탄성파속도 (m/sec)	E	탄성파속도 (m/sec)	E
연질	3 본	500	0.85	600	0.85
		700	0.65	800	0.65
		900	0.50	1,000	0.45
중질	2 본	700	0.80	900	0.70
		900	0.60	1,200	0.50
		1,200	0.40	1,400	0.40
경질	1 본	1,000	0.70	1,200	0.80
		1,300	0.50	1,500	0.50
		1,600	0.30	1,800	0.30

[주] 암질과 탄성파속도와의 관계는 다음과 같다.

암의 종류 \ 구분 암질	탄성파속도(m/sec)		
	연질	중질	경질
사 암 (砂 岩)	1,000 이하	1,000~1,500	1,500~2,000
점 판 암 (粘 板 岩)	1,000	1,000~1,500	1,500~2,000
석 영 반 암 (石 英 班 岩)	900	900~1,200	1,200~1,500
석회암(石灰岩), 혈암(頁岩)	600	600~1,000	1,100~1,500
화 강 암 (花 崗 岩)	600	600~1,000	1,100~1,500

8-2-3 굴착기 (2007 · 2009 · 2025년 보완)

※ 굴착(깎기, 터파기)작업에 굴착기를 활용하는 하는 경우 '[공통] 제3장 토공사'를 우선 적용하며, 해당 품의 작업조건과 상이하다고 판단되는 경우 본 항목을 활용하여 작업능력을 계상하여 적용한다.

$$Q = \frac{3{,}600 \cdot q \cdot k \cdot f \cdot E}{cm}$$

여기서 Q : 시간당 작업량(㎥/hr)
  q : 버킷용량(㎥)
  f : 체적환산계수
  E : 작업효율
  k : 버킷계수
  cm : 1회 싸이클의 시간(초)

1. 버킷계수(k)

현장조건	k
용이하게 굴착할 수 있는 연한 토질로서 버킷에 산적으로 가득 찰 때가 많은 조건이 좋은 모래, 보통토인 경우	1.10
위의 토질보다 약간 단단한 토질로서 버킷에 거의 가득 채울 수 있는 모래, 보통토 및 조건이 좋은 점토인 경우	0.90
버킷에 가득 채우기가 어렵거나 가벼운 발파를 필요로 하는 것으로서 단단한 점토질, 점토, 역토질인 경우	0.70
버킷에 넣기 어렵고 불규칙한 공극이 생기는 것으로서 발파 또는 리퍼작업 등에 의하여 얻어진 암과 파쇄암, 호박돌, 역 등인 경우	0.55

[주] ① 굴착기는 위치한 지면보다 낮은 데 있는 토량의 굴착에 사용되는 것이 일반적이다.
  ② 버킷계수는 굴착하는 토질과 굴착 작업의 높이 또는 깊이에 따라 다르나 작업 현장 조건을 고려하여 기종이 선택되므로 특수한 경우를 제외하고는 굴착작업의 깊이는 버킷계수에 영향을 주지 않는 것으로 한다.

③ 굴착기는 굴착된 토량을 운반하는 기계와의 상태가 작업상 균형이 유지되고 굴착기에 대한 운반기계의 적재높이가 적합토록 이루어져야 한다.

2. 작업효율(E)

토질명 \ 현장조건	자연 상태			흐트러진 상태		
	양호	보통	불량	양호	보통	불량
모 래 , 사 질 토	0.85	0.70	0.55	0.90	0.75	0.60
자갈섞인 흙, 점성토	0.75	0.60	0.45	0.80	0.65	0.50
파 쇄 암					0.45	0.35

[주] ① 자연상태의 굴착시 작업효율
   ㉮ 양호 : 자연지반이 무르고, 절토작업이 최적으로 연속작업이 가능하고, 작업방해가 없는 등의 조건인 경우
   ㉯ 보통 : 자연지반은 단단하지만 절토작업이 최적인 경우, 또는 자연지반은 무르지만 절토작업이 곤란한 경우 등 제조건이 중간으로 판단되는 경우
   ㉰ 불량 : 자연지반이 단단하고 또한 연속작업이 곤란하며 작업방해가 많은 등의 조건인 경우
② 흐트러진 상태의 적용은 상기 ①항의 조건 중 자연지반 상태의 조건을 제외한 기타의 조건을 감안하여 결정한다.
③ 작업장소가 수중 또는 용수작업인 경우는 불량을 적용한다.
④ 터파기에 대하여는 0.05를 뺀 값으로 한다.
⑤ 리핑한 것은 리핑된 상태를 고려하여 그 상태에 해당되는 토질에서의 값을 취한다.
⑥ 굴착작업시 지하매설물(각종 매설관 등)로 인하여 작업이 현저하게 저하하는 경우는 작업효율을 별도로 정할 수 있다.
⑦ 주택가지역에서 상하수도관로부설 등의 공사시 작업장소가 협소하고 지하매설물 등으로 인하여 작업이 현저하게 저하하는 경우에는 다음의 작업효율(E)을 적용할 수 있다.

토질명	현장조건	자연 상태	
		보통	불량
모 래, 사 질 토		0.30	0.19
자갈섞인 흙, 점성토		0.26	0.15

㉮ 보통 : 작업현장이 보통의 경우나, 지하장애물이 약간 있는 경우로서 연속적인 굴착이 불가능한 지역

㉯ 불량 : 작업현장이 협소한 경우나, 지하장애물이 많은 경우로서 연속적인 굴착이 불가능한 지역

3. 1회 싸이클시간(cm)

규격(m^3) \ 각도(도)	싸이클시간(Sec)			
	45	90	135	180
0.12~0.4	13	15	18	20
0.6~0.8	16	18	20	22
1.0~1.2	17	19	21	23
2.0	22	25	27	30

8-2-4 트랜처 (2028년 삭제 예정)

1. 적용범위 본 작업은 트랜처에 의한 농지의 지하배수시설의 시공에 적용한다.
2. 작업 능력 산정

$$Q = \frac{60 \times L \times d \times E}{cm}$$

Q : 시간당 작업량(m/hr)
L : 1열 실작업거리(편도 m)
d : 굴착심도계수
E : 작업효율
cm : 1회 싸이클시간(min)
   = $t_1 + t_2 + t_3$

가. 굴착심도 계수(d)

굴착심도	0.6m	0.7m	0.8m	0.9m	1.0m	1.1m	비 고
d	1.29	1.13	1.00	0.90	0.82	0.69	

나. 작업효율(E)

토질별	양호	보통	불량
사질토	0.8	0.65	0.50
점질토	0.7	0.55	0.40

다. 1회(1열) 싸이클 시간(분)

　　cm = $t_1 + t_2 + t_3$

　(1) 흡수관 삽입 및 수평조절 시간(t_1)

　　　t_1=2.33분(열당)

　(2) 1열 왕복시간(t_2) = $\dfrac{L_1}{V_1} + \dfrac{L_2}{V_2}$ (분)

　　　L_1 : 1열 전진거리(m)

　　　L_2 : 1열 후진거리(m)

　　　V_1 : 전진속도(5.3m/분)(d=0.7m일 때 기준)

　　　V_2 : 후진속도(15.6m/분)

　(3) 회전 및 기어 변속시간 흡수관 끝봉합 시간(t_3) = 2.5분(열당)

[주] ① 작업보조인부는 트랜처에 왕겨적재 2인, 조절 1인, 유공관유도조정 1인 등 4인 1조다.
　② 소요자재(유공관 등)는 별도 계상한다.
　③ 자재의 소운반은 별도 계상한다.
　④ 되메우기 및 잔토처리는 별도 계상한다.
　⑤ 본 품은 소수재를 왕겨로 기준한 것이므로 모래 등일 때는 별도 산출한다.

8-2-5 로더 (2007 · 2020년 보완)

$$Q = \frac{3{,}600 \cdot q \cdot k \cdot f \cdot E}{cm}$$

여기서 Q : 운전시간당 작업량(m^3/hr)
  q : 버킷용량(m^3)
  k : 버킷계수
  E : 작업효율
  f : 체적환산계수
  cm : 1회 싸이클의 시간(초)
    $cm = m \cdot \ell + t_1 + t_2$
    m : 계수(초/m) 무한궤도식 : 2.0 / 타이어식 : 1.8
  ℓ : 편도주행거리(표준을 8m로 한다)
  t_1 : 버킷에 토량을 담는 데 소요되는 시간(초)
  t_2 : 기어변화 등 기본 시간과 다음 운반기계가 도착될 때까지의 시간(14초)

1. t_1의 값

| 기종별 | 무한궤도식 | | 타이어식 | |
작업방법 현장조건	산적상태에서 담을 때	지면부터 굴착 집토하여 담을 때	산적상태에서 담을 때	지면부터 굴착 집토하여 담을 때
용이한 경우	5	20	6	22
보통인 경우	8	29	9	32
약간곤란한경우	9	36	14	41
곤란한 경우	11	–	18	–

2. k의 값

현장조건	계수
굴착기계로 깎거나 쌓아 모은 산적상태에서 적재하는 것으로 굴착력을 필요로 하지 않고 쉽게 버킷에 산적할 수 있는 것, 즉 조건이 좋은 모래, 보통토 등	1.2
흐트러진 산적상태에서 적재하는 것으로 위 상태보다 약간 삽날이 들어가기 어려운 토질로서 버킷에 가득 채울 수 있는 것, 즉 점토, 역질토	1.0
모래, 사력보통토, 점토, 역질토 등 직접 자연상태에서 굴착적재할 수 있는 여건으로 버킷에 평적에 약간 미달되게 채울 수 있는 것	0.9
버킷에 가득 채울 수 없는 것으로 다른 기계로 쌓아 모아놓은 부순돌 및 점질토나 역질토로서 굳어진 덩어리 상태로 되어 있는 것	0.7
버킷에 넣기 어렵고 허술하며 불규칙한 공극이 생긴 것, 예를 들면 발파 또는 리퍼로 깎은 암괴, 호박돌, 역 등	0.55

[주] ① k치의 적용에 있어 토질 분류에 의한 판단보다는 실지 적재 가능한 양의 판단에 따라 적용하여야 한다.
② 위 표는 타이어식 로더를 기준으로 한 것이다. 단, 발파암 및 암괴 등을 적재할 경우는 무한궤도식 로더로 계상할 수 있다.
③ 함수 조건에 따라 차이가 있는 것으로 저지대 작업 등 특별한 경우는 현실에 맞게 조정할 수 있다.

3. E의 값

토질명 \ 현장조건	자연 상태			흐트러진 상태		
	양호	보통	불량	양호	보통	불량
모 래 , 사 질 토	0.70	0.55	0.40	0.75	0.60	0.45
자갈섞인 흙, 점성토	0.60	0.45	0.30	0.60	0.50	0.35
파 쇄 암				0.55	0.35	0.25

[주] ① 양호 : 자연지반이 무르고 적입형식이 덤프트럭 이동형으로서 작업방해가 없고 절토높이가 최적(1~3m) 등의 조건인 경우, 터널 내 암버럭 적재 시

② 보통 : 적입형식은 덤프트럭 이동형이지만 작업방해 등이 있는 경우, 또는 적입형식은 덤프트럭 정치형이지만 작업방해가 없는 경우 등 제조건이 중간으로 판단되는 경우
③ 불량 : 자연지반이 단단하여 굴착이 곤란하고, 적입형식은 덤프트럭 정치형으로서 작업방해가 많고, 절토높이가 최적이 아닌 경우
④ 흐트러진 상태의 토사적재의 경우는 상기의 조건 중 단단한 조건을 뺀 기타의 조건을 감안하여 수치를 정하는 것으로 한다.
⑤ 터파기에 대하여는 0.05를 뺀 값으로 한다.
⑥ 리핑한 것은 리핑된 상태를 고려하여 그 상태에 해당되는 토질에서의 값을 취한다.
⑦ 작업방해란 도로개량공사 등에서 시간당 최대교통량이 100대 이상이거나, 현장조건이 이와 유사하다고 판단되는 경우를 말한다.
⑧ 타이어식 로더의 적용은 흐트러진 상태에서 파쇄암 이외의 토질 적재시 현장조건은 양호한 것으로 한다.

※ 적입형식

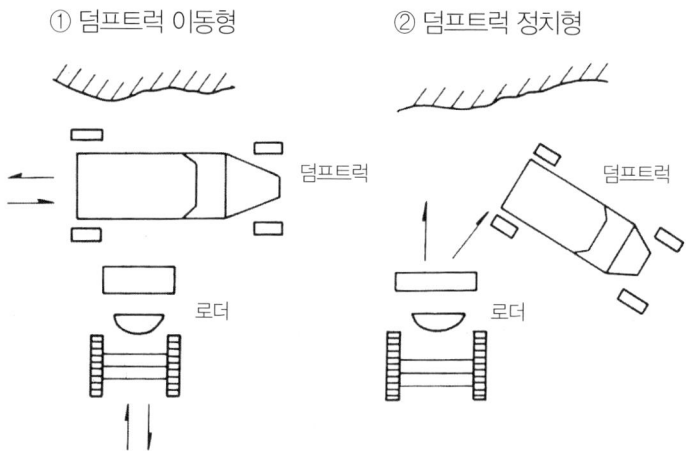

8-2-6 모터 스크레이퍼 (2028년 삭제 예정)

$$Q = \frac{60 \cdot q \cdot f \cdot E}{cm}$$

여기서 Q : 시간당 작업량(m^3/hr)
  q : 적재함용적 × 적재계수(k)
  f : 체적환산계수
  E : 작업효율
  cm : 1회 싸이클 시간

1. 적재계수(k)

토질상태	적재계수
조건이 좋은 보통도	1.13
조건이 좋은 모래, 보통토	1.00
역질토, 모래, 역이 섞인 점질토, 점토	0.90
조건이 좋은 점질토, 점토	0.90
조건이 나쁜 점질토, 점토, 암괴, 호박돌, 역	0.80

[주] ① 30cm 이상의 호박돌이 있을 때에는 사용하지 않는 것이 좋다.
  ② 좋은 조건이란 적재함에 산적이 되고 공극(空隙)이 적은 경우를 말한다.
  ③ 나쁜 조건이란 함수비가 극히 높고 적재된 토질이 덩어리가 되어 공극이 많은 경우를 말한다.

2. 작업효율(E)

현장조건	E
작업현장이 넓으며 지형과 토질조건이 좋고 어느 정도 모여 있으므로 작업이 순조롭게 될 때	0.85
작업현장이 넓으나 함수비로 토질의 변화가 일어나기 쉬운 때 등으로 작업이 보통으로 진행될 때	0.80

현장조건	E
작업현장이 넓지 않고 다른 작업기계와의 교차가 많고 토질조건도 좋지 않으므로 작업이 순조롭지 못할 때	0.70
작업현장이 좁고 작업이 복잡할 때, 또는 토질조건이 나쁘므로 작업진행이 불량할 때	0.60

3. 1회 싸이클시간(cm)

$$cm = \frac{L_1}{V_1} + \frac{L_2}{V_2} + t$$

여기서 cm : 1회 싸이클시간(분)
   L_1 : 적재시의 주행거리(m)
   L_2 : 공차시의 주행거리(m)
   V_1 : 적재시의 주행속도(m/분)
   V_2 : 공차시의 주행속도(m/분)
   t : 적토, 사토 및 기어변속시간(푸쉬도저를 사용할 때 1.6분, 사용하지 않을 때 2.8분)

4. V_1 및 V_2의 값

구분 도로상태	적재시 주행 속도(m/분)	공차시 주행 속도(m/분)
노면이 단단하고 안전한 도로로서 주행시 타이어가 노면에 침투되지 않고 살수 등 유지된 도로	400	600
노면상태가 별로 좋지 않고 주행시 타이어가 노면에 약간 침투되며 살수된 도로	300	400
노면상태가 잘 정비되어 있지 않으므로 다소 정비는 하나 주행시 타이어가 노면에 약간 침투되는 도로	200	300
노면이 차량에 의하여 울퉁불퉁하여졌고 잘 정비되어 있지 않아 주행시 타이어가 노면에 심하게 침투되는 도로	150	200
흐트러진 모래 또는 자갈	100	150
노면이 극히 불량한 상태	80	100

8-2-7 모터 그레이더 (2025년 보완)

※ 흙쌓기 및 도로포장 작업에 활용하는 모터 그레이더는 표준품셈 해당항목의 일당시공량을 우선 적용하며, 해당 품의 작업조건과 상이하다고 판단되는 경우 본 항목을 활용하여 작업능력을 계상하여 적용할 수 있다.

$$A = \frac{60 \cdot D \cdot W \cdot E}{P_1Cm_1 + P_2Cm_2 + \cdots P_iCm_i} \qquad Q = \frac{60 \cdot \ell \cdot D \cdot H \cdot f \cdot E}{P \cdot cm}$$

여기서
- A : 1시간당 작업량(m^2/hr)
- Q : 1시간당 작업량(m^3/hr)
- D : 1회의 작업거리(편도 m)
- W : 작업장 전체의 폭(m)
- E : 작업효율
- P_i : 작업장 전체의 폭을 V_i 속도로 행하는 작업횟수
- Cm_i : 작업속도 V_i 때의 싸이클시간(분)
- H : 굴착 깊이 또는 흙고르기 두께(m)
- ℓ : 블레이드의 유효길이(m)
- f : 체적환산 계수
- P : 부설횟수

1. cm 산출공식

   가. 방향변환 또는 블레이드를 선회하여 왕복작업을 할 때

   $$cm = 0.06 \times \frac{D}{V_1} + t$$

   나. 전진 작업만을 하고 후진으로 되돌아오거나 회송이 필요할 때

   $$cm = 0.06 \times (\frac{D}{V_1} + \frac{D}{V_2}) + 2t$$

   - D : 작업거리 또는 되돌아 오는 거리(편도 m)
   - V_1 : 작업속도(km/hr)
   - V_2 : 후진 또는 회송속도(km/hr)
   - t : 방향 변환 또는 블레이드 선회 기어변속에 소요되는 시간(분)

○ V_1 및 V_2의 값(km/hr)

작업종류 \ 속도 현장조건	작업			후진			회송		
	양호	보통	불량	양호	보통	불량	양호	보통	불량
토 사 도 보 수	10	7	4	9	6.5	4	24	18	12
측 구 굴 착	4	3	2						
비탈면의 마무리	3	2.5	2						
흙 고 르 기	8	6	4						
마 무 리	8	6	4						
혼 합	10	7	4						
제 설	10	8	6						

[주] ① 작업 및 후진속도에 있어서의 현장조건

  ㉮ 양호 : 작업현장이 넓고 토질의 상태, 지형, 교통량, 함수비 등 조건이 좋아서 목적하는대로 순조롭게 작업이 진행될 때

  ㉯ 보통 : 작업현장이 작업에 지장을 주지 않을 정도로 넓고 토질의 상태, 지형, 교통량, 함수비 등 조건이 고르지 않아서 작업속도에 약간의 변동이 있을 때

  ㉰ 불량 : 작업현장이 협소하고 토질의 상태, 지형, 교통량, 함수비 등 조건이 불량하여 작업속도에 영향을 가져올 때

② 회송속도의 현장조건

  ㉮ 양호 : 2차선 이상으로 완전한 포장도로 또는 노면이 좋은 토사도인 경우

  ㉯ 보통 : 2차선 미만이나 교차가 가능하고 노면보수가 좋은 도로인 경우

  ㉰ 불량 : 작업현장 내의 도로 또는 노면보수가 불량한 경우

○ t의 값

작업종류	t(분)
작업거리가 비교적 짧은 경우	2.5
도 로 보 수	1.5
흙 고 르 기	0.5

2. ℓ의 값

작업종류	블레이드의 작업각도	블레이드의 길이(3.6m)
단단한 토질에서의 깎기	45°	2.3
부드러운 토질에서의 깎기	55°	2.7
흙 밀 기 · 제 설 (除 雪)	60°	2.9
마　　무　　리	90°	3.4

3. E의 값

작업종류	현장조건		
	양호	보통	불량
토사도의 보수 및 정지 등	0.8	0.7	0.6
흙 고 르 기 　 등	0.7	0.6	0.5

[주] ① 양호 : 작업현장이 넓고 지형 및 토질상태, 기타 작업을 위한 여건이 좋아서 기대하는 작업속도를 충분히 얻을 수 있을 때
② 보통 : 작업현장이 작업에 지장을 주지 않을 정도의 넓이로서 작업속도에 영향을 주는 장애물이 없을 때
③ 불량 : 작업현장이 좁고 지형 및 토질상태가 작업속도에 영향을 주는 장애물이 있을 때

8-2-8 덤프트럭 (2017년 보완)

$$Q = \frac{60 \cdot q \cdot f \cdot E}{cm}$$

$$q = \frac{T}{\gamma_t} \cdot L$$

여기서　Q : 1시간당 작업량(m^3/hr)
　　　　q : 흐트러진 상태의 덤프트럭 1회 적재량(m^3)

γ_t : 자연상태에서의 토석의 단위 중량(습윤밀도)(t/m³)
T : 덤프트럭의 적재용량(ton)
L : 체적환산계수에서의 체적변화율

$$L = \frac{흐트러진\ 상태의\ 체적(m^3)}{자연상태의\ 체적(m^3)}$$

f : 체적환산계수
E : 작업효율(0.9)
cm : 1회 싸이클시간(분)
cm = $t_1+t_2+t_3+t_4+t_5+t_6$

1. 적재시간(t_1) : 적재방법에 따라 산출된다.
2. 왕복시간(t_2) :

$$왕복시간(분) = \frac{운반거리}{적재시\ 평균주행속도} + \frac{운반거리}{공차시\ 평균주행속도}$$

3. 운반도로와 평균주행속도(km/hr)

도로상태	평균속도	
	적재	공차
토치장 또는 토사장 등 열악한 조건의 도로	7	8
교차가 힘든 산간지도로 및 제방 등의 도로	10	15
교차가 가능한 산간지도로 및 제방도로, 미포장도로	15	20
2차로 이상의 공사용도로	30	35
2차로 교통량 및 교통대기가 많은 시가지 포장도로 (7,000대/일 이상)	20	25
4차로 이상의 교통량 및 교통대기가 많은 시가지 포장도로 (40,000대/일 이상)	20	25
2차로 시가지 포장도로(7,000~2,000대/일)	25	30
4차로 이상의 시가지 포장도로(40,000대/일 미만)	30	35
2차로 교외 포장도로(2,000대/일 이상)	30	35
4차로 이상의 교외 포장도로(40,000대/일 이상)	30	35

도로상태	평균속도	
	적재	공차
2차로 교외 포장도로(2,000대/일 미만)	35	35
4차로 이상의 교외 포장도로(40,000대/일 미만)		
2차로 고속도로 또는 교통량(편도) 1일 40,000대 이상의 4차로 고속도로	50	55
4차로 고속도로(편도 교통량 1일 40,000대 미만)	60	60

[주] 차로는 왕복기준이며, 주행속도는 차로수·교통량 등 현장 조건에 따라 주행속도를 측정하여 사용할 수 있다.

4. 적하시간(t_3)

적재한 토량을 내리는 데 소요되는 시간으로 차례를 기다리는 시간이 포함된다.

토 질	작업조건(분)		
	양호	보통	불량
모래, 역, 호박돌	0.5	0.8	1.1
점질토, 점토	0.6	1.05	1.5

[주] ① 양호 : 사토장이 넓고 정지된 상태에서 일시에 적하하는 경우
② 보통 : 사토장이 넓으나 움직이는 상태에서 적하하는 경우
③ 불량 : 사토장이 넓지 않고 천천히 움직이는 상태에서 적하하는 경우

5. 적재장소에 도착한 때로부터 적재사업이 시작될 때까지의 시간(t_4)
   (1) 적재장소가 넓어서 트럭이 자유로이 목적장소에 진입할 수 있을 때
   ··0.15분
   (2) 적재장소가 넓지는 않으나 목적장소에 불편없이 진입할 수 있을 때
   ··0.42분
   (3) 적재장소가 좁아서 목적장소에 진입하는 데 불편을 느낄 때
   ··0.70분

6. 적재함 덮개 설치 및 해체시간(t_5)

구 분	인력에 의한 경우	자동덮개시설의 경우
시간(분)	3.77	0.5

7. 세륜기통과시간(t_6)

세륜시간(min)	1.5

8. 적재기계를 사용하는 경우에는 싸이클시간의 산정은 다음에 의한다.

$$cmt = \frac{cms \cdot n}{60 \cdot Es} + (t_2+t_3+t_4+t_5)$$

여기서 cmt : 덤프트럭의 1회 싸이클시간(분)
cms : 적재기계의 1회 싸이클시간(초)
Es : 적재기계의 작업효율
n : 덤프트럭 1대의 토량을 적재하는 데 소요되는 적재기계의 싸이클 횟수

$$n = \frac{Q_t}{q \cdot k}$$

Q_t : 덤프트럭 1대의 적재토량(m^3)
q : 적재기계의 덤퍼 또는 버킷용량(m^3)
k : 리퍼 또는 버킷계수

9. 인력 적재를 하는 경우에는 싸이클 시간 및 적재비를 다음에 의거 산정한다.

종류 \ 구분	적재시간(분/m^3)	조건
토사류	10	적재인부 5인 기준
석재류	12	평지인 경우

8-2-9 롤러 (2017 · 2025년 보완)

※ 흙쌓기 및 도로포장 작업에 활용하는 롤러장비는 표준품셈 해당항목의 일당 시공량을 우선 적용하며, 해당 품의 작업조건과 상이하다고 판단되는 경우 본 항목을 활용하여 작업능력을 계상하여 적용할 수 있다.

$$Q = 1{,}000 \cdot V \cdot W \cdot D \cdot E \cdot \frac{f}{N}$$

$$A = 1{,}000 \cdot V \cdot W \cdot E \cdot \frac{1}{N}$$

여기서   Q : 시간당 다짐토량(㎥/hr)
           A : 시간당 다짐면적(㎡/hr)
           W : 롤러의 유효폭(m)
           D : 펴는 흙의 두께(m)
           f : 체적환산계수
           N : 소요다짐횟수
           V : 다짐속도(km/hr)
           E : 작업효율

[주] ① 다짐기계는 토질 및 지형조건에 따라 다음의 표를 참조하여 다짐효과를 얻을 수 있도록 선정하여야 한다.

다짐기계의 종류	암괴 호박돌 역	역질토	모래	사질토	점토 및 점질토	역이섞인 점토 및 점질토	연약한 점토및 점질토	단단한 점토및 점질토
로 드 롤 러	B	A	A	A	B	B	C	C
자주식타이어롤러	B	A	A	A	A	A	C	B
탬 핑 롤 러	C	C	B	B	B	B	C	A
진 동 롤 러	A	A	A	A	C	B	B	C
콤 팩 터 래 머	A	A	A	A	C	B	B	C
래 머	B	A	A	A	B	B	C	C
불 도 저	A	A	A	A	B	B	C	C
습 지 불 도 저	C	C	C	C	B	B	A	C

㉮ 여기서 A는 효과적이고 적당한 방법이며, B는 따로 적당한 기계가 없을 때 사용하여야 하고, C는 부적당하다.

㉯ 로드 롤러(머캐덤, 탠덤)는 노면 등의 마무리에 사용한다.
㉰ 타이어 롤러로 하는 흙쌓기 부분의 다짐에는 일반으로 자주식을 사용하는 것이 경제적이나 지형이 복잡하고 여러 공구를 동시에 작업할 경우 등에는 견인식을 사용하는 것도 검토할 필요가 있다.
㉱ 불도저를 흙쌓기 비탈면의 다짐에 사용할 때에는 비탈면의 경사가 1 : 1.8 보다 낮아질 경우에 능률적이다.
㉲ 래머콤팩터는 구조물의 뒤채움 등 국부적인 장소의 다짐에 사용한다.
㉳ 습지도우저를 흙쌓기 비탈면의 다짐에 사용할 경우에는 qc(콘지수)=4이하의 대단히 연약한 점질토, 점토 등에 적용한다.

1. 다짐기계의 유효다짐폭(W)과 다짐속도(V)

다짐기계	규격 (ton)	유효다짐폭 (m)	표준다짐속도(km/hr)		
			노체, 축제 노 상	보조기층 기 층	표층
머 캐 덤 롤 러	6~8 8~10 10~12 12~15	0.7 0.8 0.8 0.9	2.0	2.5	3.0
탠 덤 롤 러	5~8 8~10 10~14	1.1 1.1 1.2	2.0	–	3.0
타 이 어 롤 러	5~8 8~15 15~25	1.4 1.8 2.0	2.5	4.0	4.0
불 도 저	12 19	0.7 0.8	4.0	–	–
자주식, 양족식 롤러	19	1.8	4.0	–	–
진 동 롤 러 (자 주 식)	2.5 4.4 6.0 10.0	0.7 0.8 1.5 1.9	1.0 1.0 3.0 4.0	1.0 1.0 3.0 4.0	

2. 소요다짐 횟수(N) 및 다짐두께(D)

공 종		다짐두께 (cm)	다짐기계	규격 (ton)	다짐횟수	다짐도 (%)
노 체		30	진 동 롤 러 타 이 어 롤 러	10 8~15	6 4	90이상
노 상		20	진 동 롤 러 타 이 어 롤 러	10 8~15	6 4	95이상
동상방지층		20	진 동 롤 러 타 이 어 롤 러	10 8~15	7 4	95이상
보조기층		15~20	진 동 롤 러 타 이 어 롤 러	10 8~15	8 4	95 이상
입도조정기층		15	진 동 롤 러 타 이 어 롤 러	10 8~15	8 7	95이상
기 층 (아스팔트 안정처리)		7.5~10	머 캐 덤 롤 러 타 이 어 롤 러 탠 덤 롤 러	10~12 8~15 10~14	4 10 4	96 이상
표 층		5	머 캐 덤 롤 러 타 이 어 롤 러 탠 덤 롤 러	8~10 8~15 10~14	2 10 4	96 이상
저수지	심벽(점토)	20	양족식롤러(자주식)	19	10	95 이상
	성 토	30	〃	19	8	95 이상
축제	점 성 토	30	〃	19	5	90 이상
	사 질 토	30	진 동 롤 러 타 이 어 롤 러	10 8~15	6 4	90 이상

[주] ① 다짐횟수는 동일지점을 하중륜이 통과한 횟수로 한다.
② 다짐두께는 다져진 상태의 두께다.
③ 다짐기계의 규격 및 조합은 보편화된 규격 및 조합방법을 기준한 것이다.
④ 성토용 다짐재료는 다짐이 용이한 실트질흙, 보조기층 재료는 부순자갈을 기준한 것이다.
⑤ 다짐횟수는 보편화된 조건에서 표준적인 횟수를 정한 것이다.

⑥ 다짐횟수에 따른 다짐도는 다짐장비의 규격과 조합, 토질의 종류, 함수비, 입도 분포 등에 따라 각기 상이하므로 실제 적용 과정에서는 공사규모, 현장조건 등에 따라 다짐기계규격 및 조합방법을 결정하고 시험시공을 통하여 규정된 다짐 효과를 얻도록 다짐횟수를 결정한다.
⑦ 다짐도는 최대건조 밀도에 대한 다짐 후 건조밀도의 백분율이다.

3. 작업효율(E)

공종	다짐기계	현장조건 양호	보통	불량
표 층	머 캐 덤 롤 러	0.75	0.55	0.35
	타 이 어 롤 러	0.65	0.45	0.25
	탠 덤 롤 러	0.60	0.45	0.30
기 층	진 동 롤 러	0.80	0.60	0.40
	머 캐 덤 롤 러	0.70	0.50	0.30
보조기층	타 이 어 롤 러	0.60	0.40	0.20
노 체 축 제 노 상	불 도 저 타 이 어 롤 러 진 동 롤 러 양족식 롤러(자주식)	0.80	0.60	0.40

[주] 작업효율의 결정은 다음 사항을 고려하여 이들의 조건이 보통의 경우보다 좋은 때에는 양호측으로, 나쁠 때에는 불량측의 값을 택한다.
① 흙쌓기 재료 또는 노반재료의 공급능력과 다짐 작업과의 균형(평형 또는 공급 능력이 상회하였을 때에는 작업효율은 양호)
② 흙쌓기 재료 또는 노반재료의 토질, 함수비, 입도 배합 등의 적정
③ 작업현장에서의 작업방해의 정도
④ 작업현장의 요철(凸凹) 굴곡 등 지형상황

8-2-10 아스팔트 플랜트

1. 시간당 생산능력 표준(ton/hr)

혼합재의 종류 플랜트규격(ton)	A (ton)	B (ton)	C (ton)	D (ton)
40	32.0	28.8	25.6	19.2
60	48.0	43.2	38.4	28.8
80	64.0	57.6	51.2	38.4
100	80.0	72.0	64.0	48.0
120	96.0	86.4	76.8	57.6

[주] ① 아스팔트 플랜트의 기계효율을 80%로 한 시간당 생산량을 말한다.
　　② 혼합재의 종류는 다음과 같다.
　　　　A. 밀 조립식 안정처리
　　　　B. 아스팔트(콘크리트)
　　　　C. 소일 아스팔트(현지 흙을 사용할 경우)
　　　　D. 샌드 아스팔트

2. 아스팔트 플랜트의 실작업시간
　　가. 아스팔트 플랜트의 작업효율은 적용하지 아니한다.
　　나. 아스팔트 플랜트의 일생산시간은 6시간으로 한다(준비예열 및 끝맺음 시간은 1시간으로 한다).

8-2-11 스테이빌라이저 (노상안정기)

$$A = \frac{W \cdot V \cdot E}{P}$$

여기서 A : 시간당 작업량(㎡/hr)
　　　W : 유효혼합폭(m)
　　　V : 작업속도(1,000m/hr)
　　　E : 작업효율
　　　P : 혼합횟수

1. 유효혼합폭(W)
   W=Rotor 폭−0.4m

2. 작업효율(E)
   용이한 경우 0.8
   보통의 경우 0.7
   곤란한 경우 0.6

3. 혼합횟수(평균 3회)
   재래의 사리노면을 안정처리할 경우 모터 그레이더의 스캐리 파이어 등으로 파 일으키는 것을 고려하여야 하므로 혼합횟수에 대해서는 실정에 맞도록 적용.

[주] ① 시멘트 및 역청안정처리 공법을 기준한 것이며 1층의 마무리 두께 7~12㎝의 것에 적용한다.
　　② 혼합기계는 자주식(타이어식)으로 횡축식 Road Stabilizer를 사용하는 것을 표준으로 한다.

8-2-12 크러셔

1. 정치식 크러셔

   가. 벨트컨베이어 운반능력(ton/hr)

폭(mm)	운반능력	폭(mm)	운반능력
400	120	750	450
450	150	900	600
600	300		

   [주] 컨베이어 속도 90m/min, 20°경사, 단위용적중량 1.6ton/m^3의 부순돌을 운반할 때를 기준으로 한다.

   나. 에이프런 피더 운반능력(ton/hr)

속도(m/min) \ 폭(mm)	750	900	1,050
10	246	354	494

   [주] 암석단위용적중량 1.6ton/m^3, 피더 속도 10m/min을 기준으로 한 것으로 보통의 경우 효율을 75%로 본다.

   다. 죠 크러셔 생산능력(ton/hr)

출구간격 \ 규격	025040	025060	045091	063101	106121
19	10~20	10~30	—	—	—
25	15~25	15~40	—	—	—
40	20~35	25~55	40~80	—	—
50	25~45	35~70	50~100	—	—
65	30~55	40~80	60~120	—	—
80	30~65	45~95	70~140	—	—
90	35~75	55~105	80~160	80~160	—
100	—	—	85~165	90~180	180~360

출구간격 \ 규격	025040	025060	045091	063101	106121
125	–	–	115~230	110~220	225~450
150	–	–	135~265	140~280	275~550
175	–	–	–	180~360	315~630
200	–	–	–	200~400	360~720
250	–	–	–	–	450~900

[주] ① 규격의 앞의 세 숫자는 죠간의 최대거리, 뒤의 세 숫자는 죠의 폭을 cm로 각각 표시한다(예시 : 063101은 죠간의 거리 63cm, 폭 101cm을 말함).
② 출구 간격은 mm 단위이다.
③ 위의 표는 부순돌 상태에서 단위용적중량 1.6ton/m³을 기준으로 한 능력이다.
④ 생산능력은 투입되는 암석의 크기, 단위용적중량, 공급량, 운전조건, 암질 등 작업조건에 따라 변동되므로 작업효율을 아래와 같이 적용한다.
　㉮ 양호 : 위 표의 최대치를 사용한다.
　㉯ 보통 : 위 표의 평균치를 사용한다.
　㉰ 불량 : 위 표의 최소치를 사용한다.
⑤ 1회 통과식(Open Circuit)에서의 생산골재의 크기에 따르는 시간당 생산량은 〈별표 1〉을 사용하여 산정한다.
⑥ 재투입식(Closed Circuit)에서의 생산골재의 크기에 따르는 시간당 생산량은 〈별표 2〉를 사용하여 산정한다.
⑦ 이동식(견인식)의 경우에도 본 품을 적용한다.

〈별표 1〉

1회 통과시 크러셔의 골재 크기에 따르는 생산량 비율(%)

줄구간격(mm) 골재의 크기(mm)	19	25	40	50	65	80	90	100	125	150	175	200	250
250	-	-	-	-	-	-	-	-	-	6.0	18.0	27.0	40.0
250~225	-	-	-	-	-	-	-	-	-	6.0	6.0	5.0	5.0
225~200	-	-	-	-	-	-	-	-	7.0	8.0	7.0	7.0	5.0
200~175	-	-	-	-	-	-	-	-	10.0	8.0	7.0	7.0	6.0
175~150	-	-	-	-	-	4.0	13.0	10.0	9.0	9.0	8.0	6.5	5.5
150~125	-	-	-	-	5.0	12.0	13.0	12.0	10.0	9.0	7.0	6.5	6.5
125~100	-	-	-	-	5.0	12.0	13.0	13.0	10.0	8.0	7.0	6.5	5.0
100~90	-	-	-	-	8.0	8.0	8.0	7.0	6.0	5.0	4.5	3.5	3.5
90~80	-	-	-	7.0	9.0	9.0	8.0	6.0	5.0	4.5	4.0	3.5	3.0
80~70	-	-	-	5.0	4.5	4.5	4.0	3.5	3.0	2.5	2.0	2.0	1.5
70~65	-	-	4.0	6.0	5.5	4.5	3.5	3.5	3.0	2.5	2.5	2.0	1.5
65~56	-	-	3.0	6.0	5.0	4.5	3.5	3.5	3.0	2.5	2.0	1.7	1.5
56~50	-	-	6.0	7.0	6.0	4.5	4.0	3.5	3.0	2.5	2.0	1.8	1.6
50~45	-	2.0	7.0	7.0	5.0	5.0	4.0	3.5	3.0	2.5	2.5	2.0	1.8
45~40	-	6.0	9.0	7.5	7.0	5.5	4.5	4.0	3.5	3.0	2.5	2.5	1.6
40~30	3.0	6.0	8.5	6.5	5.0	4.5	4.0	3.5	2.5	2.5	2.1	1.8	1.4
30~25	7.0	13.0	10.5	8.0	6.5	5.5	5.0	4.5	3.5	3.0	2.5	2.0	1.7
25~22	4.0	7.0	5.5	4.0	3.5	2.5	2.5	2.4	2.0	1.5	1.5	1.1	0.9
22~19	11.0	11.0	7.5	5.5	4.5	4.0	3.5	2.8	2.5	2.0	1.7	1.5	1.2
19~16	8.0	5.5	3.8	3.3	2.7	2.5	2.0	1.8	1.5	1.2	1.1	0.9	0.6
16~13	11.0	8.0	5.4	4.2	3.4	3.0	2.2	2.2	1.7	1.6	1.3	1.1	0.9
13~10	14.0	10.5	7.3	5.5	4.8	3.8	3.6	3.1	2.6	2.2	1.9	1.7	1.2
10~8	4.0	3.0	2.5	1.8	1.4	1.4	1.2	1.1	0.8	0.7	0.7	0.5	0.3
8~6	6.5	5.0	3.0	2.7	2.0	1.6	1.4	1.3	1.1	1.0	0.8	0.7	0.5
6~4	7.5	5.5	4.2	3.0	2.7	2.3	2.0	1.9	1.5	1.3	1.0	0.9	0.6
No.4~No.8	10.5	7.6	5.5	4.3	3.6	3.1	2.8	2.5	2.0	1.6	1.4	1.1	0.7
No.8 미만	13.5	9.9	7.3	5.7	4.9	4.3	3.8	3.4	2.8	2.4	2.0	1.6	1.0
합계(%)	100	100	100	100	100	100	100	100	100	100	100	100	100

재투입식 죠 크러셔의 골재크기에 따르는 생산량 비율(%)

〈별표 2〉

출구간격(mm) 골재의 크기(mm)	19	25	40	50	65	80	90	100
100~90	—	—	—	—	—	—	—	10
90~80	—	—	—	—	—	—	9	9
80~70	—	—	—	—	—	8	7	7
70~65	—	—	—	—	—	8	8	7
65~56	—	—	—	—	7	7	7	5
56~50	—	—	—	—	8	8	7	6
50~45	—	—	—	9	9	7	7	7
45~40	—	—	—	8	8	7	7	7
40~30	—	—	11	9	8	7	7	6
30~25	—	—	13	12	11	8	6	5
25~22	—	8	7	7	6	6	5	4
22~19	—	9	8	8	6	4	4	3
19~16	12	12	8	7	6	5	5	4
16~13	13	12	9	7	5	5	4	4
13~10	15	12	9	7	7	6	5	5
10~8	8	7	5	5	4	2	2	2
8~6	8	7	6	4	3	2	2	2
6~No.4	10	7	5	5	4	4	3	2
No.4~No.8	15	11	7	4	2	2	1	1
No.8 미만	19	15	12	8	6	4	4	4
합계(%)	100	100	100	100	100	100	100	100

〈별표 3〉

롤 크러셔의 골재크기에 따르는 생산량 비율(%)

출구간격(mm) 골재의 크기(mm)	6	13	19	25	30	40	45	50	56	65	70	80	90	100
125~	–	–	–	–	–	–	–	–	–	–	–	4.0	13.0	22.0
125~100	–	–	–	–	–	–	–	–	–	5.0	10.0	12.0	13.0	13.0
100~90	–	–	–	–	–	–	–	–	7.0	8.0	9.0	8.0	8.0	7.0
90~80	–	–	–	–	–	–	–	7.0	9.0	9.0	9.0	9.0	8.0	6.0
80~70	–	–	–	–	–	4.0	4.0	5.0	4.5	4.5	4.5	4.5	4.0	3.5
70~65	–	–	–	–	–	–	5.0	6.0	5.5	5.5	5.0	4.5	4.0	3.5
65~56	–	–	–	–	–	3.0	6.0	6.0	5.5	5.0	4.5	4.5	3.5	3.5
56~50	–	–	–	–	5.0	6.0	6.0	7.0	6.5	6.0	5.0	4.5	4.0	3.5
50~45	–	–	–	2.0	5.0	7.0	7.0	7.0	6.0	5.0	5.0	5.0	4.0	3.5
45~40	–	–	–	6.0	8.0	9.0	10.0	7.5	7.0	7.0	6.0	5.5	4.5	4.0
40~30	–	–	–	6.0	7.0	8.5	7.0	6.5	6.0	5.0	5.0	4.5	4.0	3.5
30~25	–	–	10.0	13.0	13.0	10.5	9.0	8.0	7.0	6.5	6.0	5.5	5.0	4.5
25~22	–	–	4.0	7.0	6.0	5.5	4.5	4.0	3.5	3.5	3.0	2.5	2.5	2.4
22~19	–	8.0	11.0	11.0	9.0	7.5	7.0	5.5	5.0	4.5	4.5	4.0	3.5	2.8
19~16	–	4.0	8.0	5.5	4.5	3.8	3.5	3.3	3.0	2.7	2.5	2.5	2.0	1.8
16~13	–	10.0	11.0	8.0	7.0	5.4	5.0	4.2	3.5	3.4	3.0	3.0	2.2	2.2
13~10	3.0	20.0	14.0	10.5	8.5	7.3	6.5	5.5	5.2	4.8	4.3	3.8	3.6	3.1
10~8	5.0	5.0	4.0	3.0	3.0	2.5	1.9	1.8	1.6	1.4	1.4	1.4	1.2	1.1
8~6	13.0	10.0	6.5	5.0	4.0	3.0	2.8	2.7	2.3	2.0	2.0	1.6	1.4	1.3
6~No. 4	20.0	10.5	7.5	5.5	5.0	4.2	3.6	3.0	2.8	2.7	2.3	2.3	2.0	1.9
No. 4~No. 8	26.0	14.5	10.5	7.6	6.5	5.5	4.8	4.3	3.9	3.6	3.4	3.1	2.8	2.5
No. 8 미만	33.0	18.0	13.5	9.9	8.5	7.3	6.4	5.7	5.2	4.9	4.6	4.3	3.8	3.4
합계(%)	100	100	100	100	100	100	100	100	100	100	100	100	100	100

라. 롤 크러셔의 생산능력(ton/hr)

출구 간격 (mm)	규 격	040040	060040	076045	076063	076076	101063	104076	139076
	최대출구간격(cm)	28	47	66	66	66	82	82	82
	상용출구간격(cm)	19	40	56	56	56	80	80	80
100		−	−	−	−	−	−	−	1,245
90		−	−	−	−	−	964	1,092	1,092
80		−	−	−	−	−	825	936	936
70		−	−	−	−	858	743	858	858
65		−	−	468	639	780	673	780	780
56		−	−	432	585	702	614	702	702
50		−	333	378	519	624	548	624	624
45		−	291	327	456	548	482	548	548
40		−	249	282	390	468	413	468	468
25		168	168	186	261	312	274	312	312
19		126	126	141	165	234	205	234	234
13		84	84	93	129	156	139	156	156
6		42	42	45	96	78	69	78	78

[주] ① 규격의 앞 세 숫자는 롤의 직경, 뒤의 세 숫자는 롤의 폭을 cm로 각각 표시한 것이다(예시 : 101063은 직경 101cm 폭 63cm을 말함).
② 위 표는 부순돌 상태에서 단위용적중량 1.6ton/m^3를 기준으로 한 능력이다.
③ 생산능력은 투입되는 암석의 크기, 단위용적중량, 공급중량, 운전조건, 암질 등 작업조건에 따라 변동되므로 작업효율을 아래와 같이 적용한다.
  ㉮ 양호 : 효율 65%를 사용한다.
  ㉯ 보통 : 효율 50%를 사용한다.
  ㉰ 불량 : 효율 35%를 사용한다.
④ 롤 크러셔의 생산골재 크기에 따르는 시간당 생산량은 〈별표 3〉을 사용하여 산정한다.

마. 스크린 통과능력(ton/hr)

체의 규격	크러셔의 조합방법	1회 통과식	재 투입식
2.5		0.65	0.85
5		1.10	1.50
6		1.35	1.90
10		1.70	2.45
13		2.05	2.95
16		2.40	3.45
19		2.70	3.85
22		2.95	4.20
25		3.10	4.45
30		3.55	5.05
40		3.90	5.60
45		4.20	6.00
50		4.50	6.45
65		4.95	7.10
80		5.40	7.70
90		5.65	8.10
100		5.90	8.40

[주] ① 체의 규격은 ㎜ 단위이다.
② 위의 표는 930㎠당 통과량을 말한다.
③ 위의 표는 깨어진 자갈(모래 등 포함)을 공급할 때를 기준으로 한다.
④ 롤 크러셔는 1회 통과식을 적용한다.
⑤ 스크린의 효율을 고려한 전체 통과량은 〈별표 4〉를 사용하여 산정한다.
 (예) : 통과량(ton/hr)=930㎠당 통과능력
 (ton/hr)×A×B×C×D×E×체적면적(㎠)×$\dfrac{1}{930}$

〈별표 4〉

스크린의 효용

계수 A		계수 B		계수 C		계수 D		계수 E	
스크린매의 수에 따르는 계수		스크린구격 ½보다 작은 물제의 양(%)에 따르는 계수		물을 스크린에 직접 분사할 때 스크린의 구격에 따르는 계수		스크린 구격보다 큰 물제의 양(%)에 따르는 계수		재료의 종류에 따르는 계수	
매의수	계수A	물제량(%)	계수B	스크린구격(mm)	계수C	물제량(%)	계수D	재료분석	계수E
1	1.00	0	0.40	2.5	2.60	10	1.07	1. 최고 5% 수분을 포함한 깨어지지 않는 자갈	1.15
2	0.90	5	0.47	5.0	2.50	20	1.04		
3	0.80	10	0.53	6.0	2.40	30	1.00	2. 최고 5% 수분을 포함한 50% 깨어진 자갈	1.00
4	0.70	15	0.59	10.0	2.10	40	0.95		
		20	0.66	13.0	1.85	50	0.90	3. 5% 수분을 포함한 100% 깨어진 자갈이나 부순 돌	1.90
		25	0.73	19.0	1.50	60	0.85		
		30	0.82	25.0	1.15	70	0.79	4. 박판상(薄板狀) 또는 후판상(厚板狀)으로 100% 깨어진 부순 돌	0.60
		35	0.90	28.0	1.00	80	0.70		
		40	1.00			90	0.55		
		45	1.10			92	0.50		
		50	1.20			94	0.44		
		55	1.30			96	0.35		
		60	1.40			98	0.20		
		65	1.50			100	0.00		
		70	1.60						
		80	1.80						
		90	1.92						
		100	2.00						

2. 이동식 크러셔

규격 (ton)	출구간격(㎜) 입구간격(㎜)	생산능력(ton/hr)								출력 (kW)
		10	13	16	20	25	30	40	50	
50	85×90	20	25	30	38	45	50	(57)		93
100	125×140	(35)	45	55	70	80	90	105		155
150	170×190	(54)	72	90	110	135	155	185	200	260
200	180×200	(70)	(90)	110	130	160	180	215	230	326

[주] ① 이동식 크러셔는 죠 및 콘크러셔가 단일기계로 조합된 것이다.
  ② 본 품은 부순 돌 상태에서 단위용적중량 1.6ton/㎥을 기준으로 한 능력이다.
  ③ 생산능력은 투입되는 암석의 크기, 단위용적중량, 공급량, 운전조건, 암질에 따른 스크린 통과율 등 작업조건에 따라 변동되므로 작업 효율을 아래와 같이 적용한다.

양호	보통	불량
0.45	0.40	0.36

  ④ 강자갈의 경우 효율을 양호로 적용한다.

8-2-13 대형브레이커 (2014 · 2017 · 2025년 보완)

※ 굴착(깎기, 터파기) 작업에 대형 브레이커를 활용하는 하는 경우 해당항목의 일당 시공량을 우선 적용하며, 해당 품의 작업조건과 상이하다고 판단되는 경우 본 항목을 활용하여 작업능력을 계상하여 적용한다.

1. 조합기계
    대형브레이커 + 굴착기 0.6~0.8㎥

2. 작업능력
    가. 구조물 헐기

(㎥/hr)

구 분	무근 구조물	철근 구조물
구조물의 평균두께 30㎝ 미만	3.3~5.9	1.6~3.3
구조물의 평균두께 30㎝ 이상	2.6~4.6	1.4~2.7
간이철근 구조물	2.8~5.0	-
교량상부 강교슬래브	-	1.8~3.7

(m³/hr)

구 분	무근 구조물	철근 구조물
아스콘 포장 30㎝ 미만	16.0	
아스콘 포장 30㎝ 이상	12.5	

[주] ① 본 품은 도로(콘크리트, 아스콘), 하천, 해안 사방공사의 기설 콘크리트 및 구조물의 헐기품이다.
② 터파기, 되메우기, 파쇄물 집적 및 소운반, 싣기 및 운반 등은 포함되지 않았으므로 별도 계상한다.
③ 작업보조로서 보통인부 1인을 별도 계상한다.
④ 철근절단 및 절단기 손료는 별도 계상한다.
⑤ 굴착기 0.4㎥를 조합 사용하는 경우는 상기 작업능력의 하한치를 적용한다.(아스콘 포장 제외)
⑥ 인구 밀집지역의 소규모 지선도로 포장깨기에는 0.2㎥ 굴착기를 조합사용할 수 있으며 이때의 작업능력은 1.75㎥/hr를 적용한다.(아스콘 포장 제외)
⑦ 굴착기(0.4㎥ 이하)로 아스콘 포장 깨기를 하는 경우 다음을 기준으로 적용한다.

구 분	규격	단위	수량	비고
굴착기+브레이커	0.4㎥	㎥/hr	6.9	두께 20㎝이하
	0.2㎥	㎥/hr	4.1	

나. 굴 삭

(m³/hr)

암분류 \ 시공형태	암파쇄	터파기
연 암	4.5~5.5	3.2~3.8
보 통 암	3.1~3.7	2.2~2.8
경 암	2.3~2.9	1.6~2.0

[주] ① 작업 범위는 상하 5m를 기준으로 한다.
② 경사면 고르기, 파쇄물 집적 · 적입 등 운반작업은 포함되지 않았다.
③ 시공형태가 지반 이하 또는 터파기라 하더라도 기계가 굴착 개소 내에 들

어가 작업할 수 있을 때에는 암파쇄를 적용한다.
④ 현무암 작업시는 30%까지 작업능력 감소를 감안할 수 있다.

다. 적용방법
(1) 작업현장이 넓고 장해물 없이 작업이 순조롭게 진행될 때 상한치.
(2) 작업현장이 작업에 지장을 주지 않을 정도로 넓고 장해물이 있어 작업진행에 약간의 지장이 있을 때 평균치.
(3) 작업현장이 협소하고 장해물이 많아 작업진행에 영향을 가져올 때 하한치.

라. 치즐 소모량

(본/h)

구 분	연암	구조물헐기	보통암	경암
0.4㎥용		0.008		
0.7㎥용	0.006	0.010	0.02	0.03

8-2-14 압쇄기 (콘크리트 소할용) (2017년 보완)

1. 조합기계
   압쇄기(펄버라이저) + 굴착기 1.0㎥

2. 작업능력
   Q = q × E
   여기서 Q : 시간당 작업량(㎥/hr)
   　　　　q : 작업능력(3.26㎥/hr)
   　　　　E : 작업효율(0.95)

[주] ① 본 품은 콘크리트구조물 헐기 후 발생된 폐콘크리트를 성토용으로 재활용할 수 있도록 압쇄기(펄버라이저)를 이용하여 100㎜이하로 소할하는 품이다.
② 폐콘크리트가 여러곳에 산재되어 일정장소에 적치하여 소할할 경우 이에 따른 운반비는 별도 계상한다.
③ 철근 제거가 필요한 경우 보통인부 1인을 별도 계상한다.

8-2-15 법면다짐기

1. 장비조합

    굴착기 부착용 유압식 진동콤팩터 + 굴착기 0.7m^3
    또는 법면다짐판 + 굴착기 1.0m^3

2. 작업능력

구 분	다짐력	플레이트규격 (cm)	작업량 (m^2/h)	비고
유압식진동콤팩터	6~9ton	76×84	77.7	최대건조밀도 90% 이상 기준
법 면 다 짐 판	-	80×80	22.7	-

[주] ① 성토부 비탈면 다짐 또는 이와 유사한 작업에 적용할 수 있다.
② 법면 다짐판 사용시는 다짐판 손료는 계상하지 아니한다.

8-2-16 골재세척설비 (2001년 신설)

1. 적용범위

    본 공법은 콘크리트 등의 생산시 굵은골재 세척작업에 적용한다.

2. 작업능력 산정식

    $Q = q \times E$
    여기서 Q : 시간당 작업량
            q : 시간당 표준작업량(62.5m^3/hr)
            E : 작업효율(0.8)

8-2-17 콘크리트 믹서

$$Q = \frac{60}{4} \cdot q \cdot E$$

여기서 Q : 콘크리트 믹서의 시간당 생산량(m^3/hr)
  4 : 재료투입 혼합배출 등 작업시간(분)
  q : 콘크리트 믹서용량(m^3)
  E : 작업효율(0.8)

8-2-18 콘크리트 배치플랜트 (강제혼합식) (2011년 보완)

$$Q = \frac{60 \cdot q \cdot E}{cm}$$

여기서 Q : 시간당 작업량(m^3/hr)
  q : 믹서의 실용량
  E : 작업효율
  cm : 1회 싸이클시간(1.5분)

[주] 본 품을 터널 숏크리트용 배치플랜트로 적용시 cm은 강섬유를 혼합할 경우에는 2.5분, 혼합치 않을 경우에는 1.5분을 적용한다.

1. 믹서의 실용량(q)

규 격		60m^3/h (96kW)	90m^3/h (144kW)	120m^3/h (160kW)	150m^3/h (177kW)	180m^3/h (213kW)	210m^3/h (233kW)
슬럼프	5cm 이상	1.0m^3	1.5m^3	2m^3	2.5m^3	3.0m^3	3.5m^3
	5cm 미만	0.75m^3	1.13m^3	1.5m^3	1.88m^3	2.25m^3	2.63m^3

2. 작업효율(E)

현장조건 \ 공종	도로포장	교량	터널	사방
양호	0.90	0.50	0.75	0.85
보통	0.70	0.45	0.65	0.75
불량	0.50	0.40	0.55	0.65

[주] ① 타설조건과 조합기계로 인하여 콘크리트 배치플랜트의 대기시간이 적은 경우에는 양호, 대기시간이 많은 경우에는 불량으로 한다.
② 터널 숏크리트용 배치플랜트의 경우 현장조건이 매우 불량한 경우에는 작업효율을 0.40으로 적용할 수 있다.

8-2-19 콘크리트 운반

1. 콘크리트 믹서트럭 운반

$$Q = \frac{60 \times W \times E}{cm}$$

여기서 Q : 시간당 운반량(m³/hr)
W : 적재용량
cm : $t_1 + t_2 + t_3 + t_4$(분)
t_1 : 적입시간 t_2 : 주행시간
t_3 : 배출시간 t_4 : 대기시간

$$t_1 = \frac{w}{q} \cdot cmc \text{ (콘크리트플랜트 싸이클시간 참조)}$$

$$t_2 = \frac{운반거리}{적재시\ 평균주행속도} + \frac{운반거리}{공차시\ 평균주행속도}$$

t_3 = 배출시간

슬럼프 4cm 이하(3~4분)

슬럼프 5cm 이상(2~3분)

※ 단, 콘크리트 펌프와 조합작업시는 10분을 가산한다.

t_4 = 대기시간(5~10분)

E : 작업효율(0.95)

2. 덤프트럭 운반

$$Q = \frac{60 \times W \times E}{cm}$$

여기서 Q : 시간당 운반량(m^3/hr)

W : 적재량(m^3)

cm : cm_1 + cm_2

cm_1 : 1회 싸이클의 주행시간(분)

cm_2 : 1회 싸이클의 작업하역시간 및 대기시간의 합계(분)

가. 적재량

(m^3)

규격	8ton	10.5ton	15ton
W	3.3	4.4	6.0

나. 주행시간

(min)

표준치	cm_1=3L+5	비 고
범위	±5	L : 편도운반거리(km) L : 15km까지 적용

$$cm_2 = \frac{W}{q} cmc + t_1 + t_2 (분)$$

여기서 $\dfrac{W}{q}$ cmc = 작업시간(콘크리트플랜트 싸이클 시간 참조)

t_1 = 하역시간(1~2분)
t_2 = 대기시간(5~10분)

다. 작업효율 E(0.95)

[주] 콘크리트 운반은 콘크리트 믹서트럭으로 운반함을 원칙으로 하되 콘크리트 포장 등과 같이 작업물량이 많고 슬럼프치가 낮아 믹서트럭 운반이 부적합할 경우에는 덤프트럭 운반으로 할 수 있다.

8-2-20 기관차

$Q = C \cdot N \cdot f \cdot E$

$N = \dfrac{60}{t_1 + \dfrac{L}{V_1} + \dfrac{L}{V_2} + t_2}$

$C = n \times q$

여기서 Q : 시간당 작업량(m^3/hr)
N : 1시간당 운반횟수
C : 1회 운반토량(m^3)
f : 체적환산계수
E : 작업효율
t_1 : 입환소요시간(5분)
t_2 : 적재 적하 소요시간(토사류는 17분, 석재류는 20분)
L : 평균 운반편도(m)
V_1 : 적재시 기관차의 주행속도(140m/분)
V_2 : 공차시 기관차의 주행속도(200m/분)
n : 1회 운반시의 대차수(5t일 때 12대, 7t일 때 15대)
q : 대차의 용량(m^3)

8-2-21 경운기

작업량 산정식

$$Q = \frac{60 \cdot q \cdot f \cdot E}{cm}$$

여기서 Q : 시간당 작업량(m^3/hr) q : 흐트러진 상태의 경운기 1회 적재량
 f : 체적환산계수 E : 작업효율(0.9)

1. 싸이클 시간(cm)

$$cm = \frac{L}{V_1} + \frac{L}{V_2} + t$$

여기서 V_1 : 적재시 속도(m/분) V_2 : 공차시 속도(m/분)
 L : 거리(m) t : 적재 적하시간(분)

2. 적재 적하시간 및 속도

종류	구분	적재 적하 시간	평균주행속도(m/분)					
			적재			적하		
			양호	보통	불량	양호	보통	불량
토사류 석재류		11분 13분	83m/분	57m/분	35m/분	117m/분	83m/분	57m/분

[주] ① 삽작업이 가능한 토석재를 기준한다.
 ② 적재 적하는 2인을 기준한다.
 ③ 절취는 별도 계상한다.
 ④ 작업로에 따른 구분
  양호 : 작업로가 구배가 없고 평탄할 때
  보통 : 작업로가 약간 요철이 있는 경우
  불량 : 작업로가 구배가 약간 있고(7% 이하) 요철이 있는 경우

8-2-22 디젤 파일 해머

$$T_c = \frac{T_b + T_w + T_s + T_t + T_e}{F}$$

여기서 T_c : 파일 1본당 시공시간(분)
  T_b : 파일 1본당 타격시간(분)
  T_w : 파일 1본당 용접시간(분)
  T_s : 파일 1본당 세우기 및 위치 조정시간(분)
  T_t : 파일 1본당 해머의 이동 및 준비시간(분)
  T_e : 파일 1본당 해머의 점검 및 급유 등 기타시간(분)
  F : 작업계수

1. 강관파일의 경우
   가. 파일 1본당 타격시간(분) : T_b
   $T_b = 0.05\alpha \cdot \beta \cdot L(N+2)$
     α : 토질계수
     β : 해머계수
     N : 파일 끝이 들어가는 전층의 평균 N치
     L : 파일 끝이 들어가는 전층의 길이(m)
     (파일이 들어가는 전장으로 표시)

   (1) 토질계수(α)

계수 \ 토질	점토·부식토	실트·로움·모래	자갈
α	4.0	1.0	1.4

[주] 2종 이상의 토질로 구성되어 있는 경우는 토층의 두께에 따라 가중 평균을 내어 토질계수를 산출한다.

(2) 해머 계수(β)

파일경(m/m)	파일해머의 램 중량			
	1.5t급	2.2t급	3.2t급	4.0t급
400	1.2	0.6		
500		1.0	0.6	
600		1.4	0.9	0.6
800			1.5	1.2
900				1.4
1,000				1.7

(3) 평균 N치 = $\dfrac{\text{파일이 들어가는 통과길이 1m당 N치의 합계}}{\text{파일이 들어가는 전장}}$

단, N치 1 이하의 경우는 1로 한다.

[주] 토질별 N치

토 질		
구 분	상 태	N치
점 토 질 토 사	연 니 (軟 泥)	4 이하
	연 질 (軟 質)	4~10
	중 질 (中 質)	10~20
	경 질 (硬 質)	20~30
	최경질(最硬質)	30~40
	극경질(極硬質)	40~50
사 질 토 사	연 질 (軟 質)	10 이하
	중 질 (中 質)	10~20
	경 질 (硬 質)	20~30
	최경질(最硬質)	30~40
	극경질(極硬質)	40~50
자갈혼합사질토토사	연 질 (軟 質)	30 이하
	경 질 (硬 質)	30 이상
자 갈 혼 합 사 질 토 사	연 질 (軟 質)	40~50
	경 질 (硬 質)	50~60

나. 파일세우기 및 위치조정시간(분) : Ts

　　Ts : 7Ns

　　Ns : 파일세우기 횟수

다. 파일 1본당 이동 및 준비시간(분) : Tt

$$Tt = \frac{a + \{LS \cdot (S-1)\}/n}{V}$$

　　a : 파일의 평균간격(m)

　　LS : 블록간의 거리(m)

　　S : 블록수

　　n : 파일의 전 시공 본수

　　V : 크롤러식 항타기의 자주에 의한 표준주행속도 (2.5m/min)

　[주] ① 블록간 이동에 분해수송이 필요한 경우의 소요비용은 별도 계상한다.

　　　② 블록간 이동에 필요한 운반로의 조성 등이 필요한 경우의 소요비용은 별도 계상한다.

라. 급유 점검 등의 기타시간(분) : Te

해머 규격	1.5t급	2.2t급	3.2t급	4.0t급
Te(분)	4	6	8	10

마. 작업계수(F)

평탄성	항타 현장조건	F
	작업현장의 넓이와 상태	
양 호	현장이 넓으며 작업에 장애물이 없는 경우	1.0
	현장이 협소하여 작업에 장애물이 있는 경우	0.8
불 량	현장이 넓으며 작업에 장애물이 없는 경우	0.8
	현장이 협소하여 작업에 장애물이 있는 경우	0.6

　[주] ① 노면 상태는 지역이 넓고 평탄하며 보조크레인이 말뚝 운반에 지장이 없는 상태를 양호로 한다.

　　　② 넓은 지역은 폭이 25m 이상되는 지역을 말한다.

③ 장애물이란 가옥, 시설구조물, 도로, 철도 부근 등으로 안전관리를 요하는 것을 말한다.

바. 파일 1본당 용접시간(분) : Tw

Tw = tw×Nw

여기서 tw : 이음 1개소당 용접시간(분)

Nw : 파일 1본당의 이음수

[주] 항판의 두께가 다른 경우는 박판을 기준한다.

(1) 반자동 아크(Arc) 용접기에 의한 용접이음 개소당 용접시간(분)

파일경 (m/m)	관두께(m/m)					
	8	9	10	12	14	16
400	20	20	20	20	25	30
500	20	20	25	25	30	30
600	20	25	25	30	35	35
800	25	30	30	35	40	45
900	30	30	35	35	45	50
1,000	30	30	35	40	45	50

[주] 작업준비, 검사, 냉각 등의 시간 10분을 포함한 용접작업 종료까지의 시간이다.

(2) 수동아크 용접기에 의한 용접이음 1개소당 용접시간

파일경 (m/m)	관두께(m/m)					
	8	9	10	12	14	16
400	40	45	50	35	40	50
500	50	60	60	40	50	60
600	60	35	40	50	60	80
800	50	45	50	70	80	100
900	45	50	60	80	90	110
1,000	50	60	70	90	100	130

[주] 굵은 선내의 수치는 용접기 2대 사용의 것이다.

(3) 파일 해머와 용접기의 조합

기계명	규격	대수	비고
반자동 아크 (Arc) 용접기	교류 500A 교류 아크 (Arc) 용접기가 딸림	1대	교류 아크(Arc) 용접기는 40kVA(500A)를 표준으로 한다.
수동 아크 (Arc) 용접기	교류 500A	1대 2대	교류 아크(Arc) 용접기는 20kVA(500A)를 표준으로 한다.

(4) 수동 아크(Arc) 용접기에 의한 용접이음 1개소당의 용접봉 소요량(kg)

파일경 (m/m)	관두께(m/m)					
	8	9	10	12	14	16
400	0.9	1.0	1.4	1.8	2.3	2.8
500	1.1	1.3	1.7	2.2	2.8	3.5
600	1.3	1.5	2.1	2.6	3.4	4.1
800	1.8	2.0	2.8	3.5	4.5	5.5
900	2.0	2.3	3.1	4.0	5.1	6.2
1,000	2.2	2.5	3.5	4.4	5.7	6.9

(5) 용접이음 1개소당 전력 소비량(kW/h)

파일경 (m/m)	관두께(m/m)					
	8	9	10	12	14	16
400	5.7	6.9	7.6	10.7	13.9	17.0
500	7.1	8.6	9.4	13.4	17.3	21.2
600	8.5	10.3	11.3	16.0	20.7	25.4
800	11.0	13.7	15.0	21.3	27.6	33.9
900	13.0	15.0	17.0	24.0	31.2	38.2
1,000	14.0	17.3	18.9	26.7	34.5	42.4

2. 콘크리트 파일(PC, RC)의 경우

　가. 파일 1본당 타격시간(분) : Tb

　　Tb = 0.08α · β · L(N+2)

　　여기서　α : 토질계수(강관 파일의 경우와 동일)
　　　　　　β : 해머계수
　　　　　　L : 파일 끝이 들어가는 전층의 길이(m)
　　　　　　　　(파일이 들어가는 전장으로 표시)
　　　　　　N : 평균 N치(강관 파일의 경우와 동일)

　○ 해머의 계수(β)

파일경(mm) 파일해머규격	250	300	350	400	450	500
1.5ton 급	0.6	0.8	1.0			
2.2ton 급				0.6	0.8	1.0

　나. 파일 세우기 및 위치조정시간(분) : Ts

　　Ts = 3Ns(파일경이 250, 300mm의 경우)

　　Ts = 5Ns(파일경이 350, 400, 450, 500mm의 경우)

　다. 이동 및 준비시간(분) : Tt

　　일률적으로 3분으로 한다.

　라. 점검 및 급유등 기타 시간(분) : Te

해머규격	1.5t 급	2.2t 급
Te(분)	4	6

3. 파일해머와 크레인의 조합

파일해머 규격	1.5t 급	2.2t 급	3.2t 급	4.0t 급
크레인 규격	20ton	25ton	30ton	35ton

[주] ① 본 규격은 파일 12m를 기준으로 한 것이며 파일의 길이, 현장작업조건 등을

감안하여 조정할 수 있다.
② 해상작업인 경우는 이에 준하지 않는다.

4. 배치인원 (인/일)

비계공	보통인부	용접공
3	2	1(2)

[주] ① 용접공은 강관파일의 경우에만 적용한다.
② ( )내의 숫자는 용접기 2대 사용의 경우다.

8-2-23 유압파일 해머

1. 작업시간

가. 강관파일의 경우

$Tc = α · β · Ta$

여기서 Tc : 파일 1본당 시공시간(분)
α : 토질계수
β : 판두께계수
Ta : 파일규격에 따른 시공시간(분/본)

(1) 토질계수(α)

계수 \ N치의 범위	20 미만	20 이상
α	1.0	1.19

[주] N치는 타입층의 평균 N치로 한다.

$$평균\ N치 = \frac{파일이\ 들어가는\ 통과\ 길이\ 1m당\ N치의\ 합계}{파일이\ 들어가는\ 전장(m)}$$

단, N치 1 이하의 경우는 1로 한다.

(2) 판두께 계수(β)

항타길이(m)	판두께(mm)			
	8~10	12	14	16
16 이하	1.00	1.00	1.00	1.00
17~32	1.00	1.14	1.29	1.48
33~48	1.00	1.18	1.37	1.63
49~64	1.00	1.22	1.45	1.73

(3) 파일규격에 따른 시공시간(Ta)

항타길이(m)	파일경(mm)		
	400~500	500~800	800~1,200
16 이하	58	58	58
17~32	86	110	120
33~48	134	168	182
49~64	163	216	241

[주] ① 블록간 이동에 분해수송이 필요한 경우의 소요비용은 별도 계상한다.
② 블록간 이동에 필요한 운반로의 조성 등이 필요한 경우의 소요비용은 별도 계상한다.
③ 말뚝두부정리에 필요한 소요비용은 별도 계상한다.
④ 파일이음에 따른 용접시간은 포함되어 있다.

나. 콘크리트 파일의 경우(PC, RC, PHC)

$Tc = \alpha \cdot Ta$

여기서 Tc : 파일 1본당 시공시간(분)
   α : 토질계수
   Ta : 파일규격에 따른 시공시간(분/본)

(1) 토질계수(α)

계수 \ N치의 범위	20 미만	20 이상
α	1.0	1.13

[주] N치는 타입층의 평균 N치로 한다.

$$평균\ N치 = \frac{파일이\ 들어가는\ 통과\ 길이\ 1m당\ N치의\ 합계}{파일이\ 들어가는\ 전장(m)}$$

단, N치 1 이하의 경우는 1로 한다.

(2) 파일규격에 따른 시공시간(Ta)

(min/본)

항타길이(m)	파일경(mm)	
	300~600	600~1,000
15 이하	48	58
16~22	82	101
23~29	96	115
30~36	130	158

[주] ① 블록간 이동에 분해수송이 필요한 경우의 소요비용은 별도 계상한다.
　② 블록간 이동에 필요한 운반로의 조성 등이 필요한 경우의 소요비용은 별도 계상한다.
　③ 말뚝두부정리에 필요한 소요비용은 별도 계상한다.
　④ 파일이음에 따른 용접시간은 포함되어 있다.

2. 파일해머의 선정
   가. 강관파일의 경우

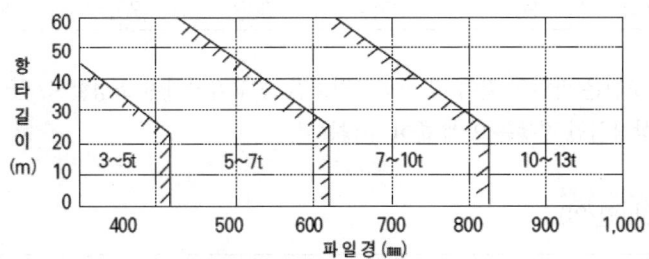

[주] ① 파일의 항타길이가 15m 이상으로 아래 조건의 경우에는 1등급 큰 규격을 사용한다.
   ㉮ N치가 30 이상으로 층두께 3m 이상의 모래층, 모래자갈의 중간층을 관통할 경우
   ㉯ 층두께 3m 이상의 점토(N치 15 이상) 등의 중간층을 관통할 경우
   ② 파일의 항타길이(m)에는 보조파일의 길이(m)를 포함한다.

나. 콘크리트파일의 경우

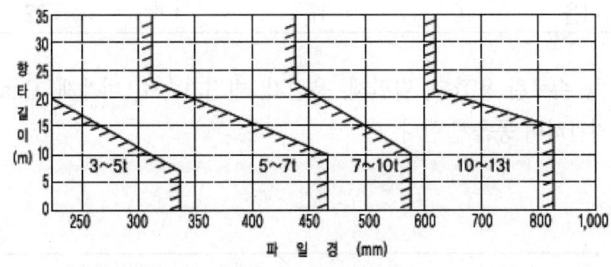

[주] ① 파일의 항타길이가 10m 이상으로 아래 조건의 경우에는 1등급 큰 규격을 사용한다.
   ㉮ N치가 30 이상으로 층두께 3m 이상의 모래층, 모래자갈의 중간층을 관통할 경우
   ㉯ 층두께 3m 이상의 점토(N치 15 이상)등의 중간층을 관통할 경우
   ② 파일의 항타길이(m)에는 보조파일의 길이(m)를 포함한다.

3. 파일해머와 크레인의 조합

파일해머 규격	3t	5t	7t	10t	13t
크레인 규격	30톤	35톤	50톤	80톤	100톤

[주] ① 본 조합은 파일의 길이 및 현장작업조건 등을 감안하여 조정할 수 있다.
　　② 해상작업인 경우는 이에 준하지 않는다.

4. 배치인원 (인/일)

비계공	보통인부	용접공
2	2	1(2)

[주] ① 강관파일의 직경 800mm 이상의 용접이음시에는 용접공을 2명으로 한다.
　　② 파일이음시공이 아닌 경우에는 용접공은 제외한다.

5. 잡재료 등 손료

직접노무비에 다음 표의 비율을 곱한 것을 상한으로 한다.

구 분	단말뚝	이음말뚝
제잡비율	17	22

[주] 잡재료 등 손료란 용접봉, 발판재, 용접기, 발전기손료, 비계재, Cushion재, 수직도 유지관리비 등을 말한다.

6. 장비조합

장 비	규격	수량(대)	작업시간	비고
유압파일해머	3~13톤	1	Tc	
크레인(무한궤도)	30~100톤	1	Tc	
리더(Leader)	24m	1	Tc	
지게차	5톤	1	0.3Tc	파일 소운반

8-2-24 진동파일 해머 (1996년 보완)

1. H파일

$$Tc = \frac{T_s + T_b}{F}$$

여기서 Tc : 파일 1본당 시공시간(분)
    T_s : 파일 1본당 준비시간(분)
    T_b : 파일 1본당 항타 또는 항발시간(분)
    F : 작업계수

가. 파일 1본당 준비시간(분) : T_s

항타	항발
10	6

나. 파일 1본당 항타 또는 항발시간(분) : T_b

$T_b = r \times \ell \times k$

여기서 r : 토질별 항타 또는 항발시간(분/m)
    ℓ : 파일 근입장(m)
    k : 해머계수

(1) 토질별 항타 또는 항발시간(분/m) : r

공종 \ 토질	사질토, 역질토(r_1)	점질토(r_2)
항타	$0.03N_1+0.6$	$0.05N_2+0.6$
항발	0.50	0.80

[주] ① N_1, N_2 : 각 지질별 근입장에 대한 가중 평균 N치
  ② r의 산출은 r_1, r_2를 각각 산출하고 다음 식에 따라 가중 평균한다.

$$r = \frac{r_1 \times \ell_1 + r_2 \times \ell_2}{\ell_1 + \ell_2}$$

여기서 r : 시공토질에 대한 항타 단위 작업시간(분/m)
　　　　r_1 : 사질토, 역질토에 대한 항타 단위 작업시간(분/m)
　　　　r_2 : 점질토에 대한 항타 단위 작업시간(분/m)
　　　　ℓ_1 : r_1에 대한 근입장(m)
　　　　ℓ_2 : r_2에 대한 근입장(m)

(2) 해머계수 : k

구분＼파일크기	H200	H250	H300	H350
항타	0.8	0.95	1.00	1.05
항발	0.8	0.9	0.95	1.05

다. 작업계수 : F
　　○ $F = F_0 + (f_1 + f_2 + f_3 + f_4)$

(1) F_0 값

항타	항발
0.8	0.9

(2) 작업조건에 따른 보정계수 $f_1 \sim f_4$

조건＼보정치		−0.05	0	+0.05	적요
f_1	가옥, 철도, 교량, 도로, 시설, 구조물 등에 의한 장애의 정도	약간 있다	없다	−	작업중단의 유무 및 기계의 행동에 제약이 있다.

조건	보정치	−0.05	0	+0.05	적요
f_2	현장의 넓이에 의한 작업난이 정도	불량	보통	−	기계의 이동 널말뚝의 거치장소, 널말뚝의 세워넣기 등에 충분한 넓이가 있다.
f_3	비계 상황에 따라 작업에 미치는 정도	불량	보통	양호	연약지반 등에 있어서 비계의 양부
f_4	시공규모	적다	보통	많다	시공수량 50~150본 정도를 표준으로 한다.

라. 진동파일해머, 크레인(무한궤도), 발전기의 조합

진동파일해머(kW)	크레인(ton)	동력		비고
		전력(kVA)	발전기	
30	25~35	75~100	100kW	
40~45	35	100~125	100kW	
60	40	125~200	100~150kW	

[주] ① 소운반용 보조 크레인은 10ton급을 표준으로 하고 다음의 경우에 적용한다.
㉮ 시공장소에서 30m 이내에 자재의 적치장을 설치할 수 없을 때
㉯ 민가, 기타시설, 구조물의 파손 또는 위험의 우려가 있을 때
㉰ 보조크레인의 파일 1본당 가동시간은 파일 1본당 항타 또는 항발시간 (T_b)의 60%로 한다.
② 발전기는 전력설비(한국전력)가 없는 경우에 한한다.

마. 진동파일해머 선정

진동파일해머 규격	항타	항발
30kW	L ≦ 8 N ≦ 15	-
40kW	8 < L ≦ 10 15 < N ≦ 25	L ≦ 10
60kW	10 < L ≦ 15 25 < N ≦ 35	L > 10

바. 배치인원(인/일)

비계공	보통인부	작업반장
2	1	1

2. 강널말뚝

가. 적용범위

본 공법은 전동식 진동파일해머 및 유압식 진동파일해머에 의한 강널말뚝의 항타 및 항발의 육상시공에 적용한다.

나. 작업능력 산정

$$Tc = \frac{\{(0.75 + \gamma \times N_{max}) \times \ell + \alpha\} \times k}{F}$$

   Tc : 파일 1본당 시공시간(분/본)
   α, γ : 항타 및 인발에 따른 정수
   L : 항타길이와 인발길이(m)
   N_{max} : 최대 N치
   k : 강널말뚝 종류 및 기계 규격에 따른 계수
   F : 작업계수

(1) α, γ, k값

진동파일해머의 종류		전동식 진동파일해머						유압식 진동 파일해머	
강널말뚝 종류	규격	30kW		45kW		60kW		162kW	
	정수 및 계수	α	k	α	k	α	k	α	k
Ⅱ-TYPE (400×100×10.5)	항타	3.38	1.11	4.04	0.93	4.52	0.83	3.68	1.02
	인발	3.24		3.87		4.34		1.70	
Ⅲ-TYPE (400×150×13)	항타	2.82	1.33	3.38	1.11	3.75	1.00	3.98	1.22
	인발	2.71		3.24		3.60		1.31	
Ⅳ-TYPE (400×170×15.5)	항타	–	–	3.18	1.18	3.57	1.05	2.91	1.29
	인발	–		3.05		3.43		1.58	
γ	항타	0.02							
	인발	0							

(2) 작업계수 : F

○ $F = F_0 + (f_1 + f_2 + f_3)$

• F_0의 값

구분	항타	항발
F_0	0.9	1.0

○ 작업조건에 따른 보정계수 $f_1 \sim f_3$

조건		보정치 -0.05	0	+0.05	적요
f_1	가옥, 철도, 교량, 도로, 시설, 구조물에 의한 장애 정도	약간 있음	없음	–	작업중단 유무, 기계의 행동에 제약 여부
f_2	현장의 넓이에 의한 작업난이 정도	불량	보통	–	기계의 이동 널말뚝의 거치장소, 파일을 세울 수 있는 넓이가 충분한 지의 여부
f_3	시공규모	100본 미만	100본이상 300본미만	300본 이상	

다. 진동해머, 크레인(무한궤도), 발전기의 조합
　　진동파일 해머의 조합장비의 규격은 다음표를 표준으로 하되 현장조건에 따라 본 장비의 적용이 곤란한 경우는 별도로 적용할 수 있다.

기　종	전동식 진동파일해머			유압식 진동파일해머
	30kW	45kW	60kW	162kW
크롤러크레인(기계식)	35ton		40ton	40ton
크레인(타이어)(유압식)	20ton			
발　전　기	100kVA (125kW)	125kVA (150kW)	220kVA (250kW)	-

[주] ① 크레인(타이어)(유압식)은 소운반용으로서 다음의 경우에 계상한다.
　　㉮ 시공장소에서 30m 이내의 장소에 강널말뚝적치장을 설치할 수가 없을 경우
　　㉯ 작업장소가 협소하여 민가, 기타시설, 구조물 등의 파손 또는 위험의 우려가 있을 때
② 발전기는 전동식 진동파일해머 적용시 전력설비(한국전력)가 없는 경우에 계상한다.
③ 전기 용접기가 필요한 경우 별도 계상한다.
④ 유압식 진동파일해머에 의한 인발의 경우 크롤러 크레인 50ton을 사용한다.
⑤ 크레인(타이어)(유압식) 20ton의 파일 1본당 가동시간은 파일 1본당 가동시간(Tc)의 60%로 한다.

라. 진동파일해머 선정
　(1) 항타시
　　(가) 전동식 진동파일해머

토질별	규격	항타	비고
점　성　토	30kW	L≤11 N≤15	
	45kW	11<L≤13 15<N≤30	

토질별	규격	항타	비고
점성토	60kW	13<L≤16 30<N≤40	
사질토·역질토	30kW	L≤8 N≤30	
	45kW	8<L≤11 30<N≤40	
	60kW	11<L≤20 40<N≤50	

[주] 강널말뚝 Ⅳ형에서는 진동파일해머 30kW 범위라도 45kW를 사용한다.

(나) 유압식 진동해머

토질별	규격	항타	비고
점성토	162kW	L≤10 N≤20	
사질토·역질토	162kW	L≤15 N≤50	

(2) 항발시

인발경우는 N치 등에 관계없이 다음 규격을 적용한다.

강널말뚝 종류	전동식 진동파일해머		유압식 진동파일해머	
	인발길이	규격(kW)	인발길이	규격(kW)
Ⅱ-Type	-	30	15m 이하	162
Ⅲ, Ⅳ-Type	15m 이하	45		
	15m를 초과하는 경우	60		

마. 배치인원(인/일)

작업반장	비계공	보통인부
1	2	1

바. 기타
  ○ 전기 용접이 필요한 경우 용접기와 용접공(대당 1일)을 2인까지 별도 계상할 수 있다.
  ○ 직선형 기준틀 제작

비계공	보통인부	비고
3	2	10m 1조당(H형강 4개)

  ○ 직선형 기준틀 사용이 곤란할 경우 현장여건에 따라 별도 계상할 수 있다.
  ○ 필요한 경우 쐐기형 강널말뚝을 강널말뚝 30본당 1본을 추가 적용할 수 있다. 이 경우 쐐기형 강널말뚝 제작비는 별도 계상하며 쐐기형 Sheet Pile은 5회 사용가능하는 것으로 한다.

8-2-25 진동파일해머 (워터제트 병용 압입공)

1. 적용범위
본 공법은 강널말뚝 시공에 있어서 진동파일해머로 항타가 곤란한 견고한 점성토, 모래자갈층 및 일반 암층에 적용한다.

2. 작업능력산정

$$T_c = \frac{T_0 \times \alpha}{F} \text{ (분/본당)}$$

여기서 T_c : 파일 1본(장)당 시공시간(분)
        T_0 : 파일 1본(장)당 기본시공시간(분)
        α : 토질계수
        F : 현장의 조건에 따른 작업계수

가. 파일 1본당 기본 시공시간(분) : T_0
    $T_0 = 0.05L(N+42.5)+9.6$
    여기서 L : 근입길이(m)   N : 근입길이의 가중평균 N치

나. 토질계수 : α

토 질	토질계수(α)
사 질 토	0.60
점 성 토	0.70
모래 · 자갈층	0.80
풍 화 암	1.00
연 암	1.20

[주] 여러 토질이 섞여 있는 경우는 근입길이에 의한 가중평균치를 계산하여 적용한다.

다. 작업계수 : F

$F = F_0 + (f_1 + f_2 + f_3 + f_4)$

(1) F_0의 값

구 분	강널말뚝
F_0	0.95

(2) 작업조건에 따른 보정계수 $f_1 \sim f_4$

조건	보정치	−0.05	0	+0.05	적요
f_1	가옥, 철도, 교량, 도로, 시설, 구조물 등에 의한 장애의 정도	약간 있다	없다	−	작업중단의 유무 및 기계의 행동에 제약이 있다.
f_2	현장의 넓이에 의한 작업 난이 정도	불량	보통	−	기계의 이동, 널말뚝의 거치장소, 널말뚝의 세워 넣기 등에 충분한 넓이가 있다.
f_3	비계상황에 따라 작업에 미치는 정도	불량	보통	양호	연약지반 등에 있어서 비계의 양부
f_4	시공규모	적다	보통	많다	1블록의 시공본수 100~300본 정도를 표준으로 한다.

3. 장비조합

   가. 진동파일해머 선정

토질별	규격	파일연장(m)	최대N치 및 일축압축강도(qu)	비고
점 성 토	60kW	12<L≤16	35<N≤45	
	90kW	16<L≤20	45<N≤50	
사 질 토 역 질 토	60kW	15<L≤20	50<N≤100	
	90kW	20<L≤25	100<N≤150	
	120kW	20<L≤25	150<N≤200	
전 석 및 혼 합 자 갈 층	60kW	11<L≤15	N≤300	
	90kW	15<L≤20	300<N≤500	
	120kW	20<L≤25	300<N≤500	
풍 화 암	60kW	12<L≤15	N≤750	
	90kW	15<L≤20	N≤750	
	120kW	20<L≤25	N≤750	
암 반 층	60kW	7<L≤15	qu≤300	
	90kW	15<L≤20	qu≤300	
	120kW	20<L≤25	qu≤300	

[주] 암반층 항타에서는 강널말뚝 Ⅳ형 이상의 단면을 가진 파일을 사용한다.

   나. 워터제트 펌프선정

토질별	규격	대상토질	비고
점 성 토	96kW×1대	30<평균N≤40, 40<Nmax≤70	
	96kW×2대	40<평균N≤50, 70<Nmax≤100	
사 질 토 역 질 토	96kW×1대	30<평균N≤40, 50<Nmax≤100	
	96kW×2대	40<평균N≤50, 100<Nmax≤300	
전 석 및 혼 합 자 갈 층	96kW×2대	ø max≤100, Nmax≤100	
	96kW×3대	100< ø max≤150, 100<Nmax≤300	
	96kW×4대	150< ø max≤200, 300<Nmax≤500	
풍 화 암	96kW×1대	Nmax≤150	qu=50kg/cm² 이하 지층 대상
	96kW×2대	150<Nmax≤300	
	96kW×3대	300<Nmax≤750	

토질별	규격	대상토질	비고
암 반 층	96kW×2대	qu≤50	암반층 두께 10m이하 지층 대상
	96kW×3대	50<qu≤150	
	96kW×4대	150<qu≤300	

[주] ① 각종 토층이 서로 층을 혼합 형성하고 있는 경우에는 각종의 최대 N치에 의해 기계규격을 선정하고 그 중 최대규격의 것을 사용기종으로 한다.

② 워터제트 96kW(토출압력 150kg/cm², 토출유량 325L/min)를 2대 이상 사용하지 않고 대형워터제트를 사용하는 경우의 조합은 다음과 같다.

96kW×2대=184kW

96kW×3대=221kW

96kW×4대=327kW

③ N치와 일축 압축강도 qu와의 관계는 qu = $\frac{1}{8}$ × N치로 한다.

다. 진동해머, 크레인(무한궤도), 발전기의 조합

진동파일 해머의 조합장비의 규격은 다음표를 기준으로 하되 현장조건에 따라 본 장비의 적용이 곤란한 경우는 별도로 적용할 수 있다.

구 분		크롤러 크레인(ton)		발전기	전기용접기
		L≤22	22<L≤30		
진동해머	60kW	40	50	200kVA (250kW)	250A
	90kW	50	60	300kVA (350kW)	
	120kW	60	80	400kVA (500kW)	

[주] ① 크레인(타이어) 20ton의 파일본당 가동시간은 파일 1본당 시공시간(Tc)의 60%로 하며 다음의 경우에 적용한다.

㉮ 시공장소에서 30m 이내의 장소에 강널말뚝 적치장을 설치할 수 없을 경우

㉴ 작업장소가 협소하여 민가, 기타시설, 구조물 등의 파손 또는 위험의 우려가 있을 때
② 발전기는 전동식 진동파일해머 적용시 전력설비(한국전력)가 없는 경우에 계상한다.

라. 수중 펌프 및 수조선정

워터제트 사용대수		수중펌프	수조(m^3)	비고
96kW	1대	ø 80	5	
	2대	ø 100	10	
	3대	ø 150	20	
	4대		30	

[주] 수원의 공급여건 및 용량에 따라 변경할 수 있다.

4. 배치인원(인/일)

비계공	보통인부	작업반장	용접공
2	1	1	1

[주] 용접공 1인은 워터제트 관입 강관 제작설치 및 해체에 적용되는 품이며, 강널말뚝 항타시 전기용접기가 필요한 경우 용접공 1인까지를 별도 계상할 수 있다.

5. 기타
   가. 워터제트에 소요되는 고압호스, 도수파이프, 노즐, 파이프밴드, 수중펌프장 호수통의 배관계 부재의 손료는 항타기(진동파일해머+워터제트펌프)의 9%를 계상한다.
   나. 용접시 필요한 용접기 및 소모자재는 별도 계상한다.
   다. 직선형 기준틀 제작 및 쐐기형 강널말뚝은 '8 - 29 진동파일해머'에 따라 적용한다.

8-2-26 유압식 압입 인발기 (유압식 압입 인발공)

1. 적용범위

본 공법은 강널말뚝 시공에 있어서 유압 작동에 의한 정하중 압입 인발 공법으로 진동, 소음방지를 필요로 하는 시가지와 공사 및 작업장의 높이와 공간이 제한된 현장에 적용한다.

2. 작업 능력 산정

$$\text{압입 } T_c = \frac{T_s + T_b}{F} = (\text{분/본})$$

$$\text{인발 } T_c = \frac{1.10L + 4.76}{F} = (\text{분/본})$$

여기서 T_c : 강널말뚝 1본당 시공시간(분/본)
  T_s : 압입 강널말뚝 1본당 준비시간(분/본)
  T_b : 압입 강널말뚝 1본당 압입시간(분/본)
  L : 강널말뚝 1본당 인발길이(m)
  F : 작업계수

단, 인발작업은 유압식 압입인발기와 크레인에 의해서 파일을 인발하는 경우가 있음.

가. 준비시간(T_s)

준비시간은 시공기계의 이동, 파일 매달기 및 조정시간 등을 말하며 다음과 같이 산출한다.

T_s : 0.52L+5.12

T_s : 준비시간(분/본)

L : 파일길이(m)

나. 압입시간(T_b)

$T_b : \gamma \times \ell \times k$

여기서 T_b : 파일 1본당 압입시간(분/본)
  γ : 압입단위 작업시간(분/본)

ℓ : 파일 압입 길이(m)
k : 기종 · 규격에 따른 계수
(1) 압입 단위 작업 시간(γ)
γ : 0.035Nmax+1.02
Nmax : 압입길이에 따른 최대 N치
(2) 기종 · 규격에 의한 계수(k)

유압식 압입 인발기 규격	K
100~130ton 급	1.00

다. 작업계수(F)

$F = 1.0 + (f_1 + f_2 + f_3)$

F : 작업계수

작업조건에 따른 보정계수 : $f_1 \sim f_3$

조건	보정계수	−0.05	0	+0.05	적요
f_1	가옥, 철도, 교량, 도로, 시설, 구조물에 의한 장애의 정도	약간 있다	없다	−	작업중단의 유무, 기계의 행동에 제약 여부
f_2	현장의 넓이에 의한 난이도의 정도	불량	보통	−	기계의 이동, 파일의 설치장소, 파일을 세울 수 있는 넓이가 충분한 지의 여부
f_3	시공규모(1블록)당	100본 미만	100본이상 300본미만	300본 이상	

3. 압입 인발기, 발전기의 조합

구분	압입 인발기 규격	압입 및 인발
		100~130ton 급
	크레인(타이어)(유압식)	25ton
	발 전 기	125kW

[주] ① 현장조건이 위 표와 다른 경우는 현장조건에 적합한 규격을 적용한다.
② 발전기는 전력설비(한국전력)가 없는 경우에 계상한다.

4. 압입 인발기 선정

압입 인발기 규격	압입	인발
100~130ton 급	10 〈 N≤30, L≤20	10 〈 N≤50, L≤20

5. 배치인원(인/일)

비계공	특별인부	작업반장
2	1	1

[주] 전기용접이 필요한 경우에는 용접기와 용접공(대당 1인)을 2인까지 별도 계상할 수 있다.

6. 유압식 말뚝 압입 인발기의 설치 및 해체
   설치는 시공전 시공기계의 배치, 시운전조정, 반력가대의 설치와 반력파일의 압입 등을 말하며 해체는 시공 후의 시공기계의 해체, 철거작업을 말한다.
   가. 편성인원 및 조합기계
      편성 인원 및 조합기계는 시공시와 동일한 편성 및 조합으로 한다.

   나. 설치 · 해체
   (시간/대당 · 회당)

작업 구분	항 목		설치 해체 시간	조합기계 운전시간		
				유압식 압입 항타기	트럭 크레인	발동 발전기
압입	공사착공 및 현장내 이설	설치된 파일이 없는 경우	5.3	1.8	2.9	1.8
		설치된 파일이 있는 경우	3.3	0.8	1.5	0.8
인발	공사착공 및 현장내 이설		3.3	0.8	1.5	0.8

[주] ① 공사 착공은 1개 공사에 기계 1조에 대해 1회 계상한다.
② 현장내 이설은 현장 내에 일련의 파일 시공 후 현장 내의 다른 장소로 이동하는 경우이며 이설 횟수에 따라 계상한다.
③ 설치된 파일이 있는 경우(4매 이상)은 이미 설치된 파일에 유압식 압입 인발기를 직접 접속하는 경우에 적용하며 그 이외의 경우는 설치된 파일이 없는 경우를 적용한다.

8-2-27 수중펌프

1. 펌프의 선정

기 종	규격		
	구경(mm)	양정(m)	전동기출력
수중펌프	100	0~10 이하	3.7kW
	150	0~10 이하	7.5kW

[주] ① 공기, 양정, 현장여건이 상기표로서 곤란한 경우는, 현장조건에 맞는 기종, 규격의 펌프를 계상할 수 있다.
② 동력원은 상용전원 또는 발전기이며, 현장여건을 감안 적의 결정한다.
③ 배수작업은 작업시 배수, 상시 배수가 있다.
㉮ 작업시 배수는 작업전(1~3시간)부터 배수를 시작하여 작업종료 후에는 배수를 중지하는 방법이다.
단, 작업시 배수에는 콘크리트 타설 전후 거푸집 조립, 양생 등의 일시적인 주·야 배수를 포함한다.
㉯ 상시배수는 주·야 연속적인 배수방법을 말한다.
④ 적용범위는 수문, 교대, 교각 등의 수중막기, 지중막기의 배수공사에 적용하며 댐 본체공사 등 대규모 공사의 배수공사에는 적용하지 않는다.

2. 펌프 운전공 (인/1개소 · 일)

배수방법 펌프종류	전원	작업시 배수		상시배수	
		상용전원	발전기	상용전원	발전기
수중펌프		0.12	0.16	0.17	0.24

[주] ① 운전일당 운전시간은 작업시 배수 8시간, 상시배수 24시간을 기준으로 한 것이다.
② 노임단가는 시간외 수당을 고려하지 않는다.
③ 배수현장 1개소당 펌프대수가 1~5대의 운전노무비를 표준으로 한 것이며, 여러 곳으로 분할된 현장의 경우는 물막이 한 개소를 1개소로 본다.

3. 전력소비량
   작업시 배수 8시간, 상시배수 24시간

4. 잡재료 비율 (%)

작업시 배수		상시 배수	
상용전원	발전기	상용전원	발전기
3	1	1	1

[주] 잡재료비 = 노무비, 기계손료 및 운전경비의 합 × 잡재료 비율

5. 펌프설치 및 해체 (1개소당)

명 칭	단위	수량
작업반장	인	0.2
보통인부	〃	2.8

[주] ① 인력품 및 운전일수는 한 개소당 펌프설치, 철거대수가 1~5대를 기준으로 한다.
② 펌프설치 및 해체시 소운반비는 별도 계상한다.

8-2-28 터널전단면 굴착기 (TBM)

$$Q = \frac{60 \cdot A \cdot L \cdot E}{cm}$$

여기서 Q : 시간당 작업량(m^3/hr)
　　　　L : 1회의 작업거리(m)
　　　　A : 굴착면적(m^2)
　　　　cm : 1회의 싸이클 시간(분)
　　　　E : 작업효율

1. 굴착면적(A)의 값 : $\frac{\pi D^2}{4}$

   D = 굴착직경(m)

2. 1회의 작업거리(L)

   장비 성능에 따라 결정(ø 4.5m 경우 1.2m)

3. 작업효율(E)

구 분	양호	보통	불량
작업효율	0.75	0.65	0.55

[주] ① 양호 : 암질이 고르고 파쇄층이 5% 이하일 때, 석영분 함유 30% 이하 및 굴진연장 3km 이하일 경우

　　② 보통 : 파쇄층이 5% 이상 10% 이하일 때, 석영분 함유 30~40% 및 굴진연장 3~5km일 경우

　　③ 불량 : 파쇄층이 10% 이상일 때, 석영분이 45% 이상 및 굴진 연장 5km 이상일 경우

　　④ 터널 굴진 연장에 따른 효율은 3km까지는 양호, 3~5km까지는 보통, 5km 이상은 불량으로 각각 구분하여 적용한다.

4. 1회 싸이클 시간

    cm = $T_1 + T_2$

    T_1 = 1스트록 시간

    T_2 = 정치시간(10분)

    $T_1 = \dfrac{L}{R+Pe} \times 100$

    R : 굴착면의 분당 회전속도
    Pe : 굴착면 1회전당 컷터의 투과깊이(cm/회)

[주] ① R, Pe는 장비 제원에 따라 결정한다.
    ② 철분, 석영분 등 함유량이 상이한 경우 실적치를 참조하여 별도 계상할 수 있다.

8-2-29 펌프식 준설선 (2010 · 2011년 보완)

1. 작업능력

    $Q = \dfrac{9 \cdot b_0 \cdot E}{746}$

    여기서   Q : 펌프준설선의 시간당 준설능력(㎥/hr)
            q : 펌프준설선의 전동환산(電動換算) 746kW의 1시간당 준설량
                (㎥/hr)
            bo : 펌프준설선의 전동환산 출력(kW)
            E : 작업효율

2. 전동환산(q표)

전동환산 746kW의 1시간당 준설능력(q) -점성토-

토질분류	기준 N값	배송거리(m)									
		500	600	800	1,000	1,200	1,400	1,600	1,800	2,000	2,200
점성토	0	387	387	387	387	387	387	383	①377	370	②361
	2	341	341	341	341	341	341	335	328	322	315
	5	298	298	298	298	298	294	288	280	275	③268
	10	265	265	265	265	265	260	253	248	242	235
	15	232	232	232	232	229	223	217	212	205	200
	20	199	199	199	199	193	188	182	176	171	④165
	30	①147	147	147	②144	139	133	128	121	116	111
	40	③90	90	90	85	81	76	④71	66	⑤61	57

토질분류	기준 N값	배송거리(m)									
		2,400	2,600	2,800	3,000	3,200	3,400	3,600	3,800	4,000	4,200
점성토	0	355	③347	341	334	327	④320	314	306	300	⑤292
	2	309	303	296	290	281	274	268	261	255	248
	5	262	255	250	244	237	232	225	219	212	207
	10	③230	223	218	212	206	199	191	187	182	175
	15	193	187	182	175	170	165	158	153	147	⑥141
	20	④160	154	148	142	137	131	126	120	114	108
	30	106	101	95	90	85	79	74	69	–	–
	40	⑤51	⑥47	42	36	32	–	–	–	–	–

토질분류	기준 N값	배송거리(m)								
		4,400	4,600	4,800	5,000	5,200	5,400	5,600	5,800	6,000
점성토	0	286	⑤278	270	264	257	250	243	236	⑥229
	2	242	236	229	223	216	210	203	196	189
	5	⑤199	193	186	181	175	168	162	156	–
	10	169	163	157	151	145	140	133	–	–
	15	136	129	124	117	–	–	–	–	–
	20	⑥102	97	92	–	–	–	–	–	–
	30	–	–	–	–	–	–	–	–	–
	40	–	–	–	–	–	–	–	–	–

전동환산 746kW의 1시간당 준설능력(q) －사질토－

토질분류	기준 N값	배송거리(m)									
		500	600	800	1,000	1,200	1,400	1,600	1,800	2,000	2,200
사질토	10	242	242	242	242	237	231	①225	219	②214	③209
	20	204	204	204	202	195	191	185	180	175	170
	30	①180	180	180	②174	170	165	161	155	151	④146
	40	152	152	152	148	142	138	134	128	124	119
	50	③126	126	126	122	115	111	④107	101	97	⑤93

토질분류	기준 N값	배송거리(m)									
		2,400	2,600	2,800	3,000	3,200	3,400	3,600	3,800	4,000	4,200
사질토	10	③203	197	190	185	④180	174	169	163	157	⑤152
	20	165	160	155	150	145	139	135	130	124	⑥118
	30	④141	136	132	126	122	116	111	106	102	96
	40	113	109	104	99	95	90	86	81	－	－
	50	⑤89	83	⑥79	75	70	65	－	－	－	－

토질분류	기준 N값	배송거리(m)								
		4,400	4,600	4,800	5,000	5,200	5,400	5,600	5,800	6,000
점성토	10	⑤146	141	135	130	124	117	112	⑥106	－
	20	⑥114	108	103	99	－	－	－	－	－
	30	－	－	－	－	－	－	－	－	－
	40	－	－	－	－	－	－	－	－	－
	50	－	－	－	－	－	－	－	－	－

[주] ① 펌프준설선의 주기출력에 대응하는 계제선(階梯線)은 다음 표에 의한다.

⟨계제선 적용표⟩

주기출력		계제선(階梯線)의 번호	비고
공칭(b)	전동환산(bo)		
895	716	① - ①	전 동 식
1,641	1,313	② - ②	전 동 식
2,462	1,970	③ - ③	전 동 식
2,984	2,387	④ - ④	전 동 식
4,476	3,581	⑤ - ⑤	전 동 식
5,968	4,774	⑥ - ⑥	전 동 식

bo : 펌프준설선의 전동환산 출력(kW)
bo = 디젤 공칭주기 출력 × 0.8
bo = 터빈 공칭주기 출력 × 0.9

② 본 표는 전동주기 746kW의 1시간당 준설토량을 나타낸 것이다.
③ 본 표에 규정된 토질 이외의 특수한 토질(역전석 등)을 부득이 준설할 필요가 있을 경우에는 실적치를 참조하여 별도로 계상할 수 있다.

3. 단거리의 능력

전동환산표의 배송거리보다 짧은 경우의 746kW당 준설능력은, 전동환산(q표)을 이용하여 다음식으로 산출한다.

$$q = \frac{q_1 + q_2}{2}$$

여기서 q : 단거리 능력 (㎥/hr · 746kW)
　　　q_1 : 단거리의 환산능력 (㎥/hr · 746kW)
　　　　※ 해당토질(N값)과 배송거리의 교차값
　　　q_2 : 적용 최단거리의 환산능력 (㎥/hr · 746kW)
　　　　※ 해당 주기출력의 최소배송거리 작업능력

단, 배송거리가 전동환산(q표)에서 정하는 보정한계 미만인 경우는 보정한계 거리로 산출한 단거리능력과 동일하게 한다.

⟨규격별 보정한계거리(m)⟩

토질 분류	기준N값	전동환산 출력			
		1,970kW	2,387kW	3,581kW	4,774kW
점성토	0	1,600	2,000	2,600	3,400
	2	1,600	1,800	2,600	3,400
	5	1,400	1,600	2,200	2,800
	10	1,200	1,400	2,000	2,600
	15	1,200	1,200	1,600	2,000
	20	1,000	1,200	1,600	1,800
	30	1,000	1,000	1,200	1,600
	40	−	800	1,000	1,200
사질토	10	1,200	1,400	2,200	3,000
	20	1,000	1,200	1,800	2,400
	30	800	1,000	1,400	1,800
	40	−	800	1,200	1,400
	50	−	800	1,000	1,200

⟨단거리 능력의 산정 예⟩

산정조건	단거리의 환산능력(q_1)	적용 최단거리의 환산능력(q_2)	단거리 능력 (q)
토질 : 사질토 N값 : 10 단거리 : 3,000m 규격 : 3,530kW (전동환산출력 b_0)	L : 3,000m $q_1 = 185$	L : 3,400m $q_2 = 174$	산정식에서 $q = \dfrac{185 + 174}{2}$

4. 작업효율(E)

$E = E_1 \times E_2 \times E_3 \times E_4$

여기서 E_1 : 흙의 두께에 따른 효율
　　　　E_2 : 평면형상에 따른 효율
　　　　E_3 : 단면형상에 따른 효율
　　　　E_4 : 해상조건에 따른 효율

(1) 흙의 두께에 따른 효율(E_1)

구분	적당	약간 얇다	얇다
E_1	1.00	0.85	0.75

〈흙의 두께 해설〉

구 분	적용사항
적 당	• 준설구간의 흙두께 또는 계획수심이 커터나이프의 길이보다 깊은 경우
약간 얇다	• 준설구간의 흙두께 또는 계획수심이 커터나이프의 길이보다 50% 이상인 경우
얇 다	• 준설구간의 흙두께 또는 계획수심이 커터나이프의 길이보다 50% 미만인 경우

(2) 평면형상에 따른 효율(E_2)

구분	적당	약간 산재한다	산재한다
E_2	1.10	1.00	0.90

〈평면형상 해설〉

구 분	적용사항
적 당	• 평면형상이 거의 직사각형이며, 적당한 준설폭과 연장을 가지는 경우
약간 산재한다	• '적당'과 '산재한다' 중 어디에도 해당되지 않는 경우
산 재 한 다	• 평면형상이 세로로 길고, 적당한 준설폭을 확보할 수 없는 경우 • 협각이 많거나, 준설개소가 산재해 있는 경우

(3) 단면형상에 따른 효율(E_3)

구분	적당	약간 변화한다	변화한다
E_3	1.10	1.00	0.90

⟨단면형상 해설⟩

구 분	적용사항
적 당	• 단면형상이 평탄한 지반인 경우
약간 변화한다	• '적당'과 '변화한다' 중 어디에도 해당되지 않는 경우
변 화 한 다	• 단면형상의 변화가 큰 지반인 경우

(4) 해상조건에 따른 효율(E_4)

구분	보통	약간 나쁘다	나쁘다
E_4	1.10	1.00	0.90

⟨해상조건 해설⟩

구 분	적용사항
보 통	• 자연지형 또는 방파제 등으로 파랑 또는 너울의 영향을 받지 않는 공사로, 조류, 조위차가 크지 않은 경우
약간 나쁘다	• '보통'과 '나쁘다' 중 어디에도 해당되지 않는 경우
나 쁘 다	• 자연지형 또는 방파제 등에 의한 차단효과를 기대할 수 없고, 파랑 또는 너울의 영향을 받는 공사로, 조류, 조위차가 큰 경우

8-2-30 그래브 준설선 (2010 · 2011년 보완)

$$Q = \frac{3,600q \cdot k \cdot f \cdot E}{cm}$$

여기서 Q : 시간당 준설량(m^3/hr)
　　　　q : 버킷 또는 디퍼의 용량(m^3)
　　　　k : 버킷 및 디퍼의 계수
　　　　f : 현 지반의 토량을 기준하였을 때와의 준설토량의 변화율(체적환산계수)
　　　　cm : 1회 싸이클시간(초)
　　　　E : 작업효율

1. 체적환산계수(f)

구 분	토 질 상 태	N의 값	체적의 변화율(f)
점토질토사	연니(軟泥)	4 이하	1.00
	연 질	4~10	0.95
	보 통 질	10~20	0.90
	경 질	20~30	0.85
	최 경 질	30~40	0.85
	극 경 질	40~50	0.80
모래질토사	연 질	10 이하	0.90
	보 통 질	10~20	0.85
	경 질	20~30	0.80
	최 경 질	30~40	0.80
	극 경 질	40~50	0.75
자 갈 섞 인 점토질토사	연 질	30 이하	0.85
	경 질	30 이상	0.75
자 갈 섞 인 모래질토사	연 질	30 이하	0.85
	경 질	30 이상	0.75
암 반	연 질	40~50	0.75
	연 질	50~60	0.75
	보 통 질		0.65
	경 질		(0.60)
	최 경 질		(0.60)
자 갈	느슨한 것		0.90
	다져진 것		0.75

[주] ( ) 내는 쇄암 또는 발파 후의 준설을 표시한다.

2. 버킷계수(k)

토 질				버킷용량			
분 류		상 태	N의 값	0.65m³	1.0m³	1.5m³	3.0m³
점 토 질 토 사		연 니	4 이하	0.90	0.90	0.90	0.90
		연 질	4~10	0.95	0.95	1.00	1.00
		보 통 질	10~20	0.65	0.65	0.75	0.80
		경 질	20~30	–	–	0.35	0.50
		최 경 질	30~40	–	–	(0.35)	(0.50)
		극 경 질	40~50	–	–	(0.35)	(0.50)
모 래 질 토 사		연 질	10 이하	0.90	0.90	0.95	0.95
		보 통 질	10~20	0.55	0.55	0.75	0.75
		경 질	20~30	–	–	0.40	0.55
		최 경 질	30~40	–	–	(0.40)	(0.55)
		극 경 질	40~50	–	–	(0.40)	(0.55)
점 토 질 토 사		연 질	30 이하	–	–	0.25	0.40
		경 질	30 이상	–	–	(0.25)	(0.40)
자 갈 섞 인 모래질토사		연 질	30 이하	–	–	0.30	0.45
		경 질	30 이상	–	–	(0.30)	(0.45)
암 반		연 질	40~50	–	–	(0.25)	(0.40)
		연 질	50~60	–	–	(0.25)	(0.40)
		보 통 질		–	–	(0.25)	(0.40)
		경 질		–	–	(0.20)	(0.35)
		최 경 질		–	–	(0.15)	(0.30)
자 갈		느슨한것		0.90	0.90	0.95	0.95
		다져진것		–	–	0.50	0.60

[주] ① 모래 함유량 70% 이상을 모래질 토사 그 이하를 점토질 토사로 한다.
② 자갈 함유량 80% 이상의 모래질 토사를 자갈로 한다.
③ ( )내는 쇄암 또는 발파 후의 준설을 표시한다.
④ 중량급 또는 초중량급 버킷은 경질(N치 20 이상)에서만 사용하며 준설토의 상태 및 현장조건에 따라 선택할 수 있으며 k의 값은 실적치에 의하여 산출한다.

3. 1회 싸이클시간(cm)

구 분	버킷용량(m³)								
	0.65	1.0	1.5	3.0	5.0	6.0	7.5	12.5	16.0	25.0
시간(초)	66	69	72	77	111	118	124	147	151	183

[주] 본품은 수심(평균수심) 10m 깊이의 작업조건을 기준한 것이므로, 수심 1m 증감에 따라 2초씩 싸이클시간을 증감한다.

4. 작업효율(E)

$E = E_1 \times E_2$

여기서 E_1 : 흙의 두께에 따른 효율
E_2 : 해상조건에 따른 효율

(1) 흙의 두께에 따른 효율(E_1)

구분	적당	약간 얇다	얇다	매우 얇다
E_1	0.85	0.70	0.60	0.50

[흙의 두께 해설]

구 분	적용사항
적 당	• 준설구간의 흙두께 또는 계획수심이 그래브(버킷)의 길이보다 깊은 경우
약간 얇다	• 준설구간의 흙두께 또는 계획수심이 그래브(버킷)의 길이보다 50% 이상인 경우
얇 다	• 준설구간의 흙두께 또는 계획수심이 그래브(버킷)의 길이보다 25% 이상 ~ 50% 미만인 경우
매우 얇다	• 준설구간의 흙두께 또는 계획수심이 그래브(버킷)의 길이보다 25% 미만인 경우

(2) 해상조건에 따른 효율(E_2)

구분	보통	약간 나쁘다	나쁘다
E_2	0.95	0.90	0.80

[흙의 두께 해설]

구 분	적용사항
보 통	• 자연지형 또는 방파제 등으로 파랑 또는 너울의 영향을 받지 않는 공사로, 조류, 조위차가 크지 않은 경우
약간 나쁘다	• '보통'과 '나쁘다' 중 어디에도 해당되지 않는 경우
나 쁘 다	• 자연지형 또는 방파제 등에 의한 차단효과를 기대할 수 없고, 파랑 또는 너울의 영향을 받는 공사로, 조류, 조위차가 큰 경우

8-2-31 쇄암선 (중추식) (2011년 보완)

$$Q = \frac{60 \cdot d \cdot S \cdot E}{t + \frac{n}{P}}$$

여기서 Q : 시간당 작업능력(m^3/hr)
  d : 1층쇄암 깊이(m):(1m)
  S : 1본당 쇄암면적(m^2)
  E : 작업효율
  t : 쇄암선이 쇄암위치를 이동하는 소요시간 : 1분
  n : 1층의 쇄암깊이(d)를 쇄암하는 데 필요한 낙추횟수
  P : 중추의 1분당 낙추횟수 : (2회/min)

1. 1본당 쇄암면적(S)

토질분류	상태	중추중량(ton)			
		10	20	30	52
자갈섞인토사	경질	2.0	4.0	6.0	7.5
암 반	연질	2.5	5.0	7.0	8.7
	중질	2.5	5.0	7.0	8.7
	경질	2.0	4.0	6.0	7.5

2. 1층 쇄암하는 데 필요한 낙추횟수(n)

토질분류	상태	쇄암장 (m)	중추중량(ton)			
			10	20	30	52
자갈섞인토사	경질	1.0	2.9	3.9	4.5	5.1
암 반	연질	1.0	10.0	9.0	8.4	7.4
	중질	1.0	28.5	22.9	19.7	17.2
	경질	1.0	—	—	48.7	42.8

3. 작업효율(E)

'[공통부문] 8-2-33 그래브 준설선 / 4. 작업효율(E)'를 적용한다.

8-2-32 이동식 임목파쇄기 (2017년 신설 · 2011년 보완)

1. 93.25kW

가. 작업량

$Q = 6.0m^3/hr$

[주] ① 생산능력 및 정산수량은 파쇄후 생산량(파쇄량)으로 한다.
② 장비의 운반비는 별도 계상한다.
③ 동력은 발전기 250kW 기준으로 한다.
④ 작업보조인부 필요시 보통인부 2인을 별도 계상한다.
⑤ 임목파쇄기에 목재를 투입할 시, 굴착기(0.7m^3)에 부착용집게를 부착하여 투입하고 작업량은 임목파쇄기의 작업량에 준한다.

나. 소모품 소모량

소모품	소모율	비고
메인파쇄기날	0.00125개/hr	
분쇄기날	0.005개/hr	42개

2. 354.35~402.84kW

　가. 작업량

　　$Q = q \cdot K \cdot S \cdot E$

　　여기서　Q : 임목파쇄기의 시간당 파쇄능력(m^3/hr)

　　　　　　q : 354.35kW의 시간당 표준파쇄량(m^3/hr)

　　　　　　K : 임목파쇄기의 규격별 능력계수

　　　　　　S : 임목파쇄기의 스크린계수

　　　　　　E : 작업효율

[주] ① 생산능력은 파쇄 후 생산량(파쇄량)으로 한다.
　　② 장비의 운반비는 별도 계상한다.
　　③ 작업보조인부 필요시 보통인부 1인을 별도 계상한다.
　　④ 임목파쇄기에 목재를 투입할 시, 굴착기(0.8m^3)에 부착용집게를 부착하여 투입하고, 작업량은 임목파쇄기의 작업량에 준한다.

　나. 354.35kW의 시간당 표준파쇄량(q) = 26m^3/hr

　다. 규격별 능력계수(k)

계수＼규격	354.35kW	402.84kW
k	1.0	1.5

라. 스크린계수(S)

계수 \ 규격	50mm	75mm	100mm	125mm
S	0.8	1.0	1.1	1.3

마. 작업효율(E)

계수 \ 규격	불량	보통	양호
E	0.9	1.0	1.1

- 불량 : 뿌리류 • 보통 : 팔레트류 • 양호 : 가지, 잡목류

바. 소모품 소모량

소모품	규격	소모율	비고
햄 머	HD12/1:Bolt	0.02개/hr	20개 1조
햄머팁	78×74.5×41.5/1Hole	1개/hr	20개 1조
스크린	6×8HL/1	0.005개/hr	2개 1조

8-2-33 하천골재채취선 (2005년 신설)

1. 하천골재채취선 작업량

$$Q = \frac{q \cdot b \cdot E}{746}$$

여기서 Q : 시간당 준설량(m³/hr)
      q : 하천 골재채취선 746kW의 시간당 준설량(m³/hr)
      b : 하천 골재채취선의 출력(kW)
      E : 작업효율

2. 하천골재채취선 746kW의 시간당 준설량(q표)

구 분	상태	N치	100	150	200	300	400	500
모래질토사	연질	10이하	340	340	340	340	335	330
	중질	10~20	305	305	305	300	295	285
	경질	20이상	270	270	270	265	260	250
자 갈 섞 인	연질	30이하	180	180	180	165	160	150
모 래 질 토 사	경질	30이상	150	150	145	140	130	120

3. 작업효율(E)

천후, 평면형상, 위치 등 \ 유속	느림	보통	빠름
보 통	0.93	0.79	0.68
약간나쁘다	0.88	0.77	0.64
나 쁘 다	0.78	0.68	0.56

4. 배사관 소모율

(시간당)

구 분	자갈함유량(%)	단위	소모율
모래질토사	–	개	1.7×10^{-4}
자갈섞인	20이하	개	4.6×10^{-4}
모래질토사	20이상	개	13.9×10^{-4}

[주] 배사관규격 12″(14″)×12m×12mm 기준

8-3 기계손료

8-3-1 [00] 토공기계 (2019년 보완)

(0101)불도저(무한궤도)

분류 번호	규격 (ton)	내용 시간	연간 표준 가동 시간	상각 비율	정비 비율	연간 관리 비율	시간당(10^{-7})			
							상각비 계수	정비비 계수	관리비 계수	계
0101-0007	7	12,000	1,250	0.9	0.7	0.1	750	583	478	1,811
0010	10	12,000	1,250	0.9	0.7	0.1	750	583	478	1,811
0012	12	12,000	1,250	0.9	0.7	0.1	750	583	478	1,811
0019	19	12,000	1,250	0.9	0.7	0.1	750	583	478	1,811
0032	32	12,000	1,250	0.9	0.7	0.1	750	583	478	1,811

[주] ① 규격은 작업상태에서의 중량을 말한다.
　　② 삽날(귀삽날 포함)은 운전경비에서 별도 계상한다.

(0102)불도저(타이어)

분류 번호	규격 (ton)	내용 시간	연간 표준 가동 시간	상각 비율	정비 비율	연간 관리 비율	시간당(10^{-7})			
							상각비 계수	정비비 계수	관리비 계수	계
0102-0015	15	12,000	1,250	0.9	0.6	0.1	750	500	478	1,728
0028	28	12,000	1,250	0.9	0.6	0.1	750	500	478	1,728
0033	33	12,000	1,250	0.9	0.6	0.1	750	500	478	1,728

[주] ① 규격은 작업상태에서의 중량을 말한다.
　　② 삽날(귀삽날 포함) 타이어는 운전경비에서 별도 계상한다.

(0103) 유압식 리퍼

분류번호	규격(ton)	내용시간	시간당(10^{-7})
0103-0016	16	12,000	795
0019	19	12,000	795
0023	23	12,000	795
0027	27	12,000	795
0032	32	12,000	795

[주] ① 규격은 해당 불도저의 규격을 말한다.
② 불도저의 부수물로서 사용된다

(0121) 습지 불도저

분류번호	규격(ton)	내용시간	연간 표준 가동시간	상각비율	정비비율	연간관리비율	시간당(10^{-7})			
							상각비계수	정비비계수	관리비계수	계
0121-0004	4	12,000	1,250	0.9	0.7	0.1	750	583	478	1,811
0013	13	12,000	1,250	0.9	0.7	0.1	750	583	478	1,811

[주] ① 규격은 작업상태에서의 중량을 말한다.
② 삽날(귀삽날 포함)은 운전경비에서 별도 계상한다.

(0201) 굴삭기(무한궤도)

분류번호	규격(m^3)	내용시간	연간 표준 가동시간	상각비율	정비비율	연간관리비율	시간당(10^{-7})			
							상각비계수	정비비계수	관리비계수	계
0201-0012	0.12	10,000	1,250	0.9	0.7	0.1	900	700	485	2,085
0020	0.2	10,000	1,250	0.9	0.7	0.1	900	700	485	2,085
0040	0.4	10,000	1,250	0.9	0.7	0.1	900	700	485	2,085

분류번호	규격(m³)	내용시간	연간표준가동시간	상각비율	정비비율	연간관리비율	시간당(10⁻⁷)			
							상각비계수	정비비계수	관리비계수	계
0060	0.6	10,000	1,250	0.9	0.7	0.1	900	700	485	2,085
0070	0.7	10,000	1,250	0.9	0.7	0.1	900	700	485	2,085
0080	0.8	10,000	1,250	0.9	0.7	0.1	900	700	485	2,085
0100	1.0	10,000	1,250	0.9	0.7	0.1	900	700	485	2,085
0120	1.2	10,000	1,250	0.9	0.7	0.1	900	700	485	2,085
0200	2.0	10,000	1,250	0.9	0.7	0.1	900	700	485	2,085

(0211) 굴삭기(타이어)

분류번호	규격(m³)	내용시간	연간표준가동시간	상각비율	정비비율	연간관리비율	시간당(10⁻⁷)			
							상각비계수	정비비계수	관리비계수	계
0211-0018	0.18	10,000	1,250	0.9	0.7	0.14	900	700	679	2,279
0060	0.6	10,000	1,250	0.9	0.7	0.14	900	700	679	2,279
0080	0.8	10,000	1,250	0.9	0.7	0.14	900	700	679	2,279
0100	1.0	10,000	1,250	0.9	0.7	0.14	900	700	679	2,279

(0221) 습지굴삭기(무한궤도)

분류번호	규격(m³)	내용시간	연간표준가동시간	상각비율	정비비율	연간관리비율	시간당(10⁻⁷)			
							상각비계수	정비비계수	관리비계수	계
0221-0040	0.4	10,000	1,250	0.9	0.7	0.1	900	700	485	2,085
0070	0.7	10,000	1,250	0.9	0.7	0.1	900	700	485	2,085

(0230) 대형 브레이커

분류 번호	규격 (m^3)	내용 시간	연간 표준 가동 시간	상각 비율	정비 비율	연간 관리 비율	시간당(10^{-7})			
							상각비 계수	정비비 계수	관리비 계수	계
0230-0002	0.2	3,000	890	0.9	0.85	0.1	3,000	2,833	768	6,601
0004	0.4	3,000	890	0.9	0.85	0.1	3,000	2,833	768	6,601
0006	0.6	3,000	890	0.9	0.85	0.1	3,000	2,833	768	6,601
0007	0.7	3,000	890	0.9	0.85	0.1	3,000	2,833	768	6,601
0008	0.8	3,000	890	0.9	0.85	0.1	3,000	2,833	768	6,601
0010	1.0	3,000	890	0.9	0.85	0.1	3,000	2,833	768	6,601

(0240) 유압식 진동콤팩터(굴삭기 부착용)

분류 번호	규격 (m^3)	내용 시간	연간 표준 가동 시간	상각 비율	정비 비율	연간 관리 비율	시간당(10^{-7})			
							상각비 계수	정비비 계수	관리비 계수	계
0240-0007	0.7	6,000	890	0.9	0.6	0.1	1,500	1,000	693	3,193

(0250) 압쇄기(펄버라이저)

분류 번호	규격 (m^3)	내용 시간	연간 표준 가동 시간	상각 비율	정비 비율	연간 관리 비율	시간당(10^{-7})			
							상각비 계수	정비비 계수	관리비 계수	계
0250-0080	0.8	3,000	890	0.9	0.85	0.1	3,000	2,833	768	6,601
0100	1.0	3,000	890	0.9	0.85	0.1	3,000	2,833	768	6,601

[주] 규격은 해당 굴삭기의 규격을 말한다.

(0260) 트랜처

분류 번호	규격 (ton)	내용 시간	연간 표준 가동 시간	상각 비율	정비 비율	연간 관리 비율	시간당(10^{-7})			
							상각비 계수	정비비 계수	관리비 계수	계
0260-0355	3.55	3,600	540	0.9	1.15	0.1	2,500	3,194	1,144	6,838

(0301) 로더(무한궤도)

분류 번호	규격 (m^3)	내용 시간	연간 표준 가동 시간	상각 비율	정비 비율	연간 관리 비율	시간당(10^{-7})			
							상각비 계수	정비비 계수	관리비 계수	계
0301-0057	0.57	10,000	1,250	0.9	1.0	0.1	900	1,000	485	2,385
0076	0.76	10,000	1,250	0.9	1.0	0.1	900	1,000	485	2,385
0095	0.95	10,000	1,250	0.9	1.0	0.1	900	1,000	485	2,385
0115	1.15	10,000	1,250	0.9	1.0	0.1	900	1,000	485	2,385
0134	1.34	10,000	1,250	0.9	1.0	0.1	900	1,000	485	2,385
0153	1.53	10,000	1,250	0.9	1.0	0.1	900	1,000	485	2,385
0172	1.72	10,000	1,250	0.9	1.0	0.1	900	1,000	485	2,385
0287	2.87	10,000	1,250	0.9	1.0	0.1	900	1,000	485	2,385

[주] ① 규격은 버킷용량을 말한다.
　　② 삽날은 운전경비에서 별도 계상한다.

(0302) 로더(타이어)

분류 번호	규격 (m^3)	내용 시간	연간 표준 가동 시간	상각 비율	정비 비율	연간 관리 비율	시간당(10^{-7})			
							상각비 계수	정비비 계수	관리비 계수	계
0302-0025	0.25	10,000	1,250	0.9	0.7	0.1	900	700	485	2,085
0057	0.57	10,000	1,250	0.9	0.7	0.1	900	700	485	2,085

분류번호	규격 (m³)	내용시간	연간 표준 가동 시간	상각 비율	정비 비율	연간 관리 비율	시간당(10^{-7})			
							상각비 계수	정비비 계수	관리비 계수	계
0095	0.95	10,000	1,250	0.9	0.7	0.1	900	700	485	2,085
0134	1.34	10,000	1,250	0.9	0.7	0.1	900	700	485	2,085
0172	1.72	10,000	1,250	0.9	0.7	0.1	900	700	485	2,085
0229	2.29	10,000	1,250	0.9	0.7	0.1	900	700	485	2,085
0287	2.87	10,000	1,250	0.9	0.7	0.1	900	700	485	2,085
0350	3.50	10,000	1,250	0.9	0.7	0.1	900	700	485	2,085
0500	5.00	10,000	1,250	0.9	0.7	0.1	900	700	485	2,085

[주] ① 규격은 버킷용량을 말한다.
② 삽날, 타이어는 운전경비에서 별도 계상한다.

(0406) 스크레이퍼(자주식)

분류번호	규격 (m³)	내용시간	연간 표준 가동 시간	상각 비율	정비 비율	연간 관리 비율	시간당(10^{-7})			
							상각비 계수	정비비 계수	관리비 계수	계
0406-0054	5.4	12,000	1,250	0.9	0.7	0.1	750	583	478	1,811
0115	11.5	12,000	1,250	0.9	0.7	0.1	750	583	478	1,811
0161	16.1	12,000	1,250	0.9	0.7	0.1	750	583	478	1,811
0206	20.6	12,000	1,250	0.9	0.7	0.1	750	583	478	1,811

[주] ① 규격은 적재함 용량을 말한다.
② 삽날(귀삽날 포함), 타이어는 운전경비에서 별도 계상한다.

(0407) 스크레이퍼(피견인식)

분류 번호	규격 (m³)	내용 시간	연간 표준 가동 시간	상각 비율	정비 비율	연간 관리 비율	시간당(10⁻⁷)			
							상각비 계수	정비비 계수	관리비 계수	계
0407-0054	5.4	12,000	1,250	0.9	0.3	0.1	750	250	478	1,478
0092	9.2	12,000	1,250	0.9	0.3	0.1	750	250	478	1,478
0107	10.7	12,000	1,250	0.9	0.3	0.1	750	250	478	1,478
0161	16.1	12,000	1,250	0.9	0.3	0.1	750	250	478	1,478
0206	20.6	12,000	1,250	0.9	0.3	0.1	750	250	478	1,478

[주] ① 규격은 적재함 용량을 말한다.
② 삽날(귀삽날 포함), 타이어는 운전경비에서 별도 계상한다.

(0502) 모터그레이더(일반용)

분류 번호	규격 (m)	내용 시간	연간 표준 가동 시간	상각 비율	정비 비율	연간 관리 비율	시간당(10⁻⁷)			
							상각비 계수	정비비 계수	관리비 계수	계
0502-0036	3.6	14,000	1,250	0.9	0.55	0.1	643	393	472	1,508

[주] ① 규격은 삽의 폭을 말한다.
② 삽날(귀삽날 포함), 타이어는 운전경비에서 별도 계상한다.

(0503) 모터그레이더(사리도)

분류 번호	규격 (m)	내용 시간	연간 표준 가동 시간	상각 비율	정비 비율	연간 관리 비율	시간당(10⁻⁷)			
							상각비 계수	정비비 계수	관리비 계수	계
0503-0036	3.6	14,000	1,250	0.9	0.55	0.1	643	393	472	1,508

(0602) 덤프트럭

분류 번호	규격 (ton)	내용 시간	연간 표준 가동 시간	상각 비율	정비 비율	연간 관리 비율	시간당(10^{-7})			
							상각비 계수	정비비 계수	관리비 계수	계
0602-0025	2.5	7,500	1,250	0.9	0.8	0.14	1,200	1,067	700	2,967
0045	4.5	7,500	1,250	0.9	0.8	0.14	1,200	1,067	700	2,967
0060	6	7,500	1,250	0.9	0.8	0.14	1,200	1,067	700	2,967
0080	8	8,000	1,250	0.9	0.8	0.14	1,125	1,000	695	2,820
0105	10.5	10,000	1,250	0.9	0.7	0.14	900	700	679	2,279
0150	15	10,000	1,250	0.9	0.7	0.14	900	700	679	2,279
0200	20	10,000	1,250	0.9	0.65	0.14	900	650	679	2,229
0240	24	10,000	1,250	0.9	0.65	0.14	900	650	679	2,229
0320	32	10,000	1,250	0.9	0.65	0.14	900	650	679	2,229

[주] ① 규격은 적재중량을 말한다.
② 타이어는 운전경비에서 별도 계상한다.

(0610) 덤프트럭 자동덮개시설

분류 번호	규격 (ton)	내용 시간	연간 표준 가동 시간	상각 비율	정비 비율	연간 관리 비율	시간당(10^{-7})			
							상각비 계수	정비비 계수	관리비 계수	계
0610-0150	15톤용	8,000	1,250	0.9	0.85	0.1	1,125	1,063	496	2,684
0200	20톤용	8,000	1,250	0.9	0.85	0.1	1,125	1,063	496	2,684
0240	24톤용	8,000	1,250	0.9	0.85	0.1	1,125	1,063	496	2,684

8-3-2 [10] 다짐기계

(1106) 머캐덤 롤러(자주식)

분류번호	규격 (ton)	내용시간	연간표준가동시간	상각비율	정비비율	연간관리비율	시간당(10^{-7})			
							상각비계수	정비비계수	관리비계수	계
1106-0010	8~10	12,000	1,070	0.9	0.6	0.1	750	500	552	1,802
0012	10~12	12,000	1,070	0.9	0.6	0.1	750	500	552	1,802
0015	12~15	12,000	1,070	0.9	0.6	0.1	750	500	552	1,802

[주] 규격의 최소치는 자체 중량, 최대치는 드럼에 중량을 추가한 때를 말한다.

(1206) 탠덤 롤러(자주식)

분류번호	규격 (ton)	내용시간	연간표준가동시간	상각비율	정비비율	연간관리비율	시간당(10^{-7})			
							상각비계수	정비비계수	관리비계수	계
1206-0008	5~8	12,000	890	0.9	0.55	0.1	750	458	655	1,863
0010	8~10	12,000	890	0.9	0.55	0.1	750	458	655	1,863
0014	10~14	12,000	890	0.9	0.55	0.1	750	458	655	1,863

[주] 규격의 최소치는 자체 중량, 최대치는 드럼에 중량을 추가한 때를 말한다.

(1209) 탠덤 롤러(진동 자주식)

분류 번호	규격 (ton)	내용 시간	연간 표준 가동 시간	상각 비율	정비 비율	연간 관리 비율	시간당(10^{-7})			
							상각비 계수	정비비 계수	관리비 계수	계
1209-0001	1	9,000	1,250	0.9	0.6	0.1	1,000	667	490	2,157
0002	2	9,000	1,250	0.9	0.6	0.1	1,000	667	490	2,157
0004	4	9,000	1,250	0.9	0.6	0.1	1,000	667	490	2,157
0006	6	9,000	1,250	0.9	0.6	0.1	1,000	667	490	2,157
0007	7	9,000	1,250	0.9	0.6	0.1	1,000	667	490	2,157
0008	8	9,000	1,250	0.9	0.6	0.1	1,000	667	490	2,157
0013	13	9,000	1,250	0.9	0.6	0.1	1,000	667	490	2,157

(1305) 진동 롤러(핸드가이드식)

분류 번호	규격 (ton)	내용 시간	연간 표준 가동 시간	상각 비율	정비 비율	연간 관리 비율	시간당(10^{-7})			
							상각비 계수	정비비 계수	관리비 계수	계
1305-0007	0.7	7,000	890	0.9	0.6	0.1	1,286	857	682	2,825

(1306) 진동 롤러(자주식)

분류 번호	규격 (ton)	내용 시간	연간 표준 가동 시간	상각 비율	정비 비율	연간 관리 비율	시간당(10^{-7})			
							상각비 계수	정비비 계수	관리비 계수	계
1306-0025	2.5	7,000	890	0.9	0.6	0.1	1,286	857	682	2,825
0044	4.4	7,000	890	0.9	0.6	0.1	1,286	857	682	2,825
0060	6	7,000	890	0.9	0.6	0.1	1,286	857	682	2,825
0100	10	7,000	890	0.9	0.6	0.1	1,286	857	682	2,825
0120	12	7,000	890	0.9	0.6	0.1	1,286	857	682	2,825

(1406) 타이어 롤러(자주식)

분류 번호	규격 (ton)	내용 시간	연간 표준 가동 시간	상각 비율	정비 비율	연간 관리 비율	시간당(10^{-7})			
							상각비 계수	정비비 계수	관리비 계수	계
1406-0008	5~8	10,800	1,070	0.9	0.6	0.1	833	556	556	1,945
0015	8~15	10,800	1,070	0.9	0.6	0.1	833	556	556	1,945
0025	15~25	10,800	1,070	0.9	0.6	0.1	833	556	556	1,945

[주] ① 손료에는 타이어 경비가 포함된 것이다.
　　② 규격의 최소치는 자체 중량을 말하며 최대치는 작업시 모래 등 하중을 추가한 중량을 말한다.

(1506) 양족식 롤러(자주식)

분류 번호	규격 (ton)	내용 시간	연간 표준 가동 시간	상각 비율	정비 비율	연간 관리 비율	시간당(10^{-7})			
							상각비 계수	정비비 계수	관리비 계수	계
1506-0011	11	10,500	1,250	0.9	0.6	0.1	857	571	483	1,911
0012	12	10,500	1,250	0.9	0.6	0.1	857	571	483	1,911
0015	15	10,500	1,250	0.9	0.6	0.1	857	571	483	1,911
0019	19	10,500	1,250	0.9	0.6	0.1	857	571	483	1,911
0025	25	10,500	1,250	0.9	0.6	0.1	857	571	483	1,911
0030	30	10,500	1,250	0.9	0.6	0.1	857	571	483	1,911
0032	32	10,500	1,250	0.9	0.6	0.1	857	571	483	1,911
0037	37	10,500	1,250	0.9	0.6	0.1	857	571	483	1,911

[주] 규격은 자체 중량을 말한다.

(1630) 래 머

분류번호	규격 (kg)	내용시간	연간표준가동시간	상각비율	정비비율	연간관리비율	시간당(10^{-7})			
							상각비계수	정비비계수	관리비계수	계
1630-0080	80	5,000	890	0.9	0.6	0.1	1,800	1,200	708	3,708

(1730) 플레이트 콤펙터

분류번호	규격 (ton)	내용시간	연간표준가동시간	상각비율	정비비율	연간관리비율	시간당(10^{-7})			
							상각비계수	정비비계수	관리비계수	계
1730-0015	1.5	5,000	890	0.9	0.6	0.1	1,800	1,200	708	3,708

[주] ① 원동기(전동기)가 부착되어 있는 것으로 운전경비는 별도 계상한다.
② 규격은 전압력(Impacting Force)을 말한다.

8-3-3 [20] 운반 및 하역기계

(2101) 크레인(무한궤도)

분류번호	규격 (ton)	내용시간	연간표준가동시간	상각비율	정비비율	연간관리비율	시간당(10^{-7})			
							상각비계수	정비비계수	관리비계수	계
2101-0010	10 (0.29)	11,200	1,430	0.9	0.65	0.1	804	580	425	1,809
0015	15 (0.38)	12,800	1,430	0.9	0.65	0.1	703	508	420	1,631
0020	20 (0.57)	12,800	1,430	0.9	0.65	0.1	703	508	420	1,631
0025	25 (0.76)	12,800	1,430	0.9	0.65	0.1	703	508	420	1,631
0030	30 (1.15)	12,800	1,430	0.9	0.65	0.1	703	508	420	1,631
0035	35 (1.33)	12,800	1,430	0.9	0.65	0.1	703	508	420	1,631
0040	40 (1.53)	14,000	1,250	0.9	0.75	0.1	643	536	472	1,651

분류번호	규격(ton)	내용시간	연간표준가동시간	상각비율	정비비율	연간관리비율	시간당(10^{-7})			
							상각비계수	정비비계수	관리비계수	계
0050	50 (1.91)	14,000	1,250	0.9	0.75	0.1	643	536	472	1,651
0070	70 (2.29)	14,000	1,250	0.9	0.75	0.1	643	536	472	1,651
0080	80 (2.68)	14,000	1,250	0.9	0.75	0.1	643	536	472	1,651
0100	100	14,000	1,250	0.9	0.75	0.1	643	536	472	1,651
0150	150	14,000	1,250	0.9	0.75	0.1	643	536	472	1,651
0220	220	14,000	1,250	0.9	0.88	0.1	643	629	472	1,744
0280	280	14,000	1,250	0.9	0.88	0.1	643	629	472	1,744
0300	300	14,000	1,250	0.9	0.88	0.1	643	629	472	1,744

[주] ① 규격은 표준붐을 사용하였을 때 최대 인양 하중을 말하며, ( )내는 버킷용량을 m^3로 표시한 것이다.
② 위의 표는 기중기 작업상태 때를 기준으로 한 것이다.

(2104) 크레인(타이어)

분류번호	규격(ton)	내용시간	연간표준가동시간	상각비율	정비비율	연간관리비율	시간당(10^{-7})			
							상각비계수	정비비계수	관리비계수	계
2104-0010	10	8,400	1,250	0.9	0.45	0.14	1,071	536	691	2,298
0015	15	8,400	1,250	0.9	0.45	0.14	1,071	536	691	2,298
0020	20	8,400	1,250	0.9	0.45	0.14	1,071	536	691	2,298
0025	25	9,800	1,250	0.9	0.45	0.14	918	459	680	2,057
0030	30	12,600	1,250	0.9	0.45	0.14	714	357	666	1,737
0035	35	12,600	1,250	0.9	0.45	0.14	714	357	666	1,737
0040	40	12,600	1,250	0.9	0.45	0.14	714	357	666	1,737
0045	45	12,600	1,250	0.9	0.45	0.14	714	357	666	1,737
0050	50	12,600	1,250	0.9	0.45	0.14	714	357	666	1,737
0060	60	14,000	1,250	0.9	0.45	0.14	643	321	661	1,625
0070	70	14,000	1,250	0.9	0.45	0.14	643	321	661	1,625

분류 번호	규격 (ton)	내용 시간	연간 표준 가동 시간	상각 비율	정비 비율	연간 관리 비율	시간당(10^{-7})			
							상각비 계수	정비비 계수	관리비 계수	계
0080	80	14,000	1,250	0.9	0.45	0.14	643	321	661	1,625
0100	100	14,000	1,250	0.9	0.45	0.14	643	321	661	1,625
0130	130	14,000	1,250	0.9	0.50	0.14	643	357	661	1,661
0160	160	14,000	1,250	0.9	0.50	0.14	643	357	661	1,661
0200	200	14,000	1,250	0.9	0.50	0.14	643	357	661	1,661
0220	220	14,000	1,250	0.9	0.50	0.14	643	357	661	1,661
0250	250	14,000	1,250	0.9	0.50	0.14	643	357	661	1,661
0300	300	14,000	1,250	0.9	0.50	0.14	643	357	661	1,661

[주] ① 규격은 표준붐을 사용하였을 때의 최대인양 하중을 말한다.
② 위의 표는 기중기 작업상태 때를 기준으로 한 것이다.
③ 타이어는 운전경비에서도 별도 계상한다.

(2105) 트럭탑재형 크레인

분류 번호	규격 (ton)	내용 시간	연간 표준 가동 시간	상각 비율	정비 비율	연간 관리 비율	시간당(10^{-7})			
							상각비 계수	정비비 계수	관리비 계수	계
2105-0002	2	7,000	890	0.9	0.25	0.14	1,286	357	955	2,598
0003	3	7,000	890	0.9	0.25	0.14	1,286	357	955	2,598
0005	5	7,000	890	0.9	0.25	0.14	1,286	357	955	2,598
0010	10	7,000	890	0.9	0.25	0.14	1,286	357	955	2,598
0015	15	7,000	890	0.9	0.25	0.14	1,286	357	955	2,598
0018	18	7,000	890	0.9	0.25	0.14	1,286	357	955	2,598

(2106) 고소작업차

분류번호	규격 (ton)	내용시간	연간표준가동시간	상각비율	정비비율	연간관리비율	시간당(10^{-7})			
							상각비계수	정비비계수	관리비계수	계
2106-0002	2	7,000	890	0.9	0.25	0.14	1,286	357	955	2,598
0003	3	7,000	890	0.9	0.25	0.14	1,286	357	955	2,598
0005	5	7,000	890	0.9	0.25	0.14	1,286	357	955	2,598

(2107) 터널용고소작업차

분류번호	규격 (ton)	내용시간	연간표준가동시간	상각비율	정비비율	연간관리비율	시간당(10^{-7})			
							상각비계수	정비비계수	관리비계수	계
2107-0005	0.5	7,000	890	0.9	0.25	0.14	1,286	357	955	2,598

(2115) 리 더(Leader : 고정형)

분류번호	규격 (m)	내용시간	연간표준가동시간	상각비율	정비비율	연간관리비율	시간당(10^{-7})			
							상각비계수	정비비계수	관리비계수	계
2115-0024	24	14,000	1,250	0.9	0.9	0.1	643	643	472	1,758
0031	31	14,000	1,250	0.9	0.9	0.1	643	643	472	1,758
0036	36	14,000	1,250	0.9	0.9	0.1	643	643	472	1,758

(2116) 리 더(Leader : 회전형)

분류 번호	규격 (m)	내용 시간	연간 표준 가동 시간	상각 비율	정비 비율	연간 관리 비율	시간당(10^{-7})			
							상각비 계수	정비비 계수	관리비 계수	계
2116-0031	31	14,000	1,250	0.9	0.9	0.1	643	643	472	1,758
0036	36	14,000	1,250	0.9	0.9	0.1	643	643	472	1,758

(2117) 케이싱(Casing)

분류 번호	규격 (m)	내용 시간	연간 표준 가동 시간	상각 비율	정비 비율	연간 관리 비율	시간당(10^{-7})			
							상각비 계수	정비비 계수	관리비 계수	계
2117-0022	22	2,800	1,250	0.9	0.9	0.1	3,214	3,214	601	7,029
0027	27	2,800	1,250	0.9	0.9	0.1	3,214	3,214	601	7,029

(2118) 스킵버킷(Skip Bucket)

분류 번호	규격 (m^3)	내용 시간	연간 표준 가동 시간	상각 비율	정비 비율	연간 관리 비율	시간당(10^{-7})			
							상각비 계수	정비비 계수	관리비 계수	계
2118-0010	10	14,000	1,250	0.9	0.9	0.1	643	643	472	1,758

(2208) 타워크레인

분류 번호	규격 (m×ton)	내용 시간	연간 표준 가동 시간	상각 비율	정비 비율	연간 관리 비율	시간당(10^{-7})			
							상각비 계수	정비비 계수	관리비 계수	계
2208-5008	50×8	12,000	1,780	0.9	0.25	0.1	750	208	346	1,304
5010	50×10	12,000	1,780	0.9	0.25	0.1	750	208	346	1,304
5012	50×12	12,000	1,780	0.9	0.25	0.1	750	208	346	1,304
5016	50×16	12,000	1,780	0.9	0.25	0.1	750	208	346	1,304
5020	50×20	12,000	1,780	0.9	0.25	0.1	750	208	346	1,304

[주] ① 규격은 작업반경(m)×권상능력(ton)을 말한다.
② 부수물과 조립볼트는 별도로 계상한다.
③ 권상용 와이어 소모는 1set(18mm×120m)를 기준으로 하여 시간당 소모율을 0.003으로 계상한다.

(2210) 건설용 리프트(인화물용)

분류 번호	규격	내용 시간	연간 표준 가동 시간	상각 비율	정비 비율	연간 관리 비율	시간당(10^{-7})			
							상각비 계수	정비비 계수	관리비 계수	계
2210-0145	1×45	10,000	1,780	0.9	0.5	0.1	900	500	354	1,754

[주] ① 규격은 권상능력(ton)×작업높이(m)를 말한다.
② 산업안전보건법 검사규정에 의한 검사합격품에 적용한다.
③ 동력은 7.5kW×2대로 한다.

(2330) 디젤 기관차

분류 번호	규격 (ton)	내용 시간	연간 표준 가동 시간	상각 비율	정비 비율	연간 관리 비율	시간당(10^{-7})			
							상각비 계수	정비비 계수	관리비 계수	계
2330-0005	5	10,000	890	0.9	0.75	0.1	900	750	663	2,313
0007	7	10,000	890	0.9	0.75	0.1	900	750	663	2,313

(2402) 경운기

분류 번호	규격 (kg)	내용 시간	연간 표준 가동 시간	상각 비율	정비 비율	연간 관리 비율	시간당(10^{-7})			
							상각비 계수	정비비 계수	관리비 계수	계
2402-0001	1,000	5,000	890	0.9	0.5	0.1	1,800	1,000	708	3,508

(2502) 지게차

분류 번호	규격 (ton)	내용 시간	연간 표준 가동 시간	상각 비율	정비 비율	연간 관리 비율	시간당(10^{-7})			
							상각비 계수	정비비 계수	관리비 계수	계
2502-0020	2.0	10,500	1,340	0.9	0.2	0.1	857	190	453	1,500
0025	2.5	10,500	1,340	0.9	0.2	0.1	857	190	453	1,500
0035	3.5	10,500	1,340	0.9	0.2	0.1	857	190	453	1,500
0050	5.0	10,500	1,340	0.9	0.2	0.1	857	190	453	1,500
0075	7.5	10,500	1,340	0.9	0.2	0.1	857	190	453	1,500

[주] 타이어는 운전경비에서 별도 계상한다.

(2602) 트랙터(타이어)

분류 번호	규격 (ton)	내용 시간	연간 표준 가동 시간	상각 비율	정비 비율	연간 관리 비율	시간당(10^{-7})			
							상각비 계수	정비비 계수	관리비 계수	계
2602-0015	1.5	9,000	1,340	0.9	0.5	0.1	1,000	556	460	2,016
0025	2.5	9,000	1,340	0.9	0.5	0.1	1,000	556	460	2,016
0035	3.5	9,000	1,340	0.9	0.5	0.1	1,000	556	460	2,016
0045	4.5	9,000	1,340	0.9	0.5	0.1	1,000	556	460	2,016

[주] 타이어는 운전경비에서 별도 계상한다.

(2702) 트럭 트랙터 및 평판트레일러

분류 번호	규격 (ton)	내용 시간	연간 표준 가동 시간	상각 비율	정비 비율	연간 관리 비율	시간당(10^{-7})			
							상각비 계수	정비비 계수	관리비 계수	계
2702-0020	20	7,000	1,250	0.9	0.55	0.1	1,286	786	504	2,576
0030	30	7,000	1,250	0.9	0.55	0.1	1,286	786	504	2,576
0040	40	7,000	1,250	0.9	0.55	0.1	1,286	786	504	2,576
0060	60	7,000	1,250	0.9	0.55	0.1	1,286	786	504	2,576

[주] 타이어는 운전경비에서 별도 계상한다.

8-3-4 [30] 포장기계

(3108) 아스팔트 믹싱플랜트

분류 번호	규격 (ton/hr)	내용 시간	연간 표준 가동 시간	상각 비율	정비 비율	연간 관리 비율	시간당(10^{-7})			
							상각비 계수	정비비 계수	관리비 계수	계
3108-0040	40t(80kW)	9,000	890	0.9	0.75	0.1	1,000	833	668	2,501
0060	60t(120kW)	11,000	890	0.9	0.75	0.1	818	682	659	2,159
0080	80t(160kW)	11,000	890	0.9	0.75	0.1	818	682	659	2,159
0100	100t(200kW)	11,000	890	0.9	0.75	0.1	818	682	659	2,159
0120	120t(240kW)	11,000	890	0.9	0.75	0.1	818	682	659	2,159

[주] ① 원동기(전동기)가 부착되어 있는 것으로 정치식을 말하며 운전경비는 별도 계상한다.
② 자동기록장치 등의 부착이 필요할 때는 이에 상당한 경비를 별도 계상할 수 있다.

(3201) 아스팔트 피니셔

분류 번호	규격 (m)	내용 시간	연간 표준 가동 시간	상각 비율	정비 비율	연간 관리 비율	시간당(10^{-7})			
							상각비 계수	정비비 계수	관리비 계수	계
3201-0001	1.7	8,000	890	0.9	0.45	0.1	1,125	563	674	2,362
-0003	3	8,000	890	0.9	0.45	0.1	1,125	563	674	2,362

(3302) 아스팔트 디스트리뷰터

분류번호	규격(ℓ)	내용시간	연간표준가동시간	상각비율	정비비율	연간관리비율	시간당(10^{-7})			
							상각비계수	정비비계수	관리비계수	계
3302-0030	3,000	8,000	890	0.9	0.4	0.14	1,125	500	944	2,569
0038	3,800	8,000	890	0.9	0.4	0.14	1,125	500	944	2,569
0047	4,700	8,000	890	0.9	0.4	0.14	1,125	500	944	2,569
0057	5,700	8,000	890	0.9	0.4	0.14	1,125	500	944	2,569

[주] ① 규격은 아스팔트 탱크의 용량을 말한다.
② 자주식을 말하며 타이어는 운전경비에서 별도 계상한다.

(3430) 아스팔트 스프레이어

분류번호	규격(ℓ)	내용시간	연간표준가동시간	상각비율	정비비율	연간관리비율	시간당(10^{-7})			
							상각비계수	정비비계수	관리비계수	계
3430-0300	300	8,000	890	0.9	0.6	0.1	1,125	750	674	2,549
0400	400	8,000	890	0.9	0.6	0.1	1,125	750	674	2,549

[주] ① 규격은 아스팔트 탱크의 용량을 말한다.
② 수동 견인식이다.

(3450) 현장가열표층재생기

분류번호	규격(kW)	내용시간	연간표준가동시간	상각비율	정비비율	연간관리비율	시간당(10^{-7})			
							상각비계수	정비비계수	관리비계수	계
3450-0642	479	5,250	670	0.9	0.35	0.1	1,714	667	907	3,288

(3530) 스테이빌라이저(안정기)

분류 번호	규격 (kW)	내용 시간	연간 표준 가동 시간	상각 비율	정비 비율	연간 관리 비율	시간당(10^{-7})			
							상각비 계수	정비비 계수	관리비 계수	계
3530-0015	1.5m(3.7)	9,000	890	0.9	0.45	0.1	1,000	500	668	2,168
0036	3.6m(9.0)	9,000	890	0.9	0.45	0.1	1,000	500	668	2,168

[주] 자주식으로 타이어는 별도 계상한다.

(3601) 콘크리트 피니셔(포장용)

분류 번호	규격 (kW)	내용 시간	연간 표준 가동 시간	상각 비율	정비 비율	연간 관리 비율	시간당(10^{-7})			
							상각비 계수	정비비 계수	관리비 계수	계
3601-0102	74.6	8,000	890	0.9	0.4	0.1	1,125	500	674	2,299
0202	160.4	8,000	890	0.9	0.4	0.1	1,125	500	674	2,299
0204	186.5	8,000	890	0.9	0.4	0.1	1,125	500	674	2,299
0302	224.0	8,000	890	0.9	0.4	0.1	1,125	500	674	2,299
0402	299.9	8,000	890	0.9	0.4	0.1	1,125	500	674	2,299

(3611) 콘크리트 피니셔(중앙분리대용)

분류 번호	규격 (kW)	내용 시간	연간 표준 가동 시간	상각 비율	정비 비율	연간 관리 비율	시간당(10^{-7})			
							상각비 계수	정비비 계수	관리비 계수	계
3611-0142	105.9	8,000	890	0.9	0.5	0.1	1,125	625	674	2,424

(3701) 콘크리트 스프레더

분류 번호	규격 (m)	내용 시간	연간 표준 가동 시간	상각 비율	정비 비율	연간 관리 비율	시간당(10^{-7})			
							상각비 계수	정비비 계수	관리비 계수	계
3701-0200	7.95	8,000	890	0.9	0.5	0.1	1,125	625	674	2,424

(3801) 콘크리트 조면 마무리기

분류 번호	규격 (m)	내용 시간	연간 표준 가동 시간	상각 비율	정비 비율	연간 관리 비율	시간당(10^{-7})			
							상각비 계수	정비비 계수	관리비 계수	계
3801-0795	7.95	8,000	890	0.9	0.5	0.1	1,125	625	674	2,424
0120	12.0	8,000	890	0.9	0.5	0.1	1,125	625	674	2,424

(3805) 콘크리트 롤러페이버

분류 번호	규격 (m)	내용 시간	연간 표준 가동 시간	상각 비율	정비 비율	연간 관리 비율	시간당(10^{-7})			
							상각비 계수	정비비 계수	관리비 계수	계
3805-0120	12.0	8,000	890	0.9	0.5	0.1	1,125	625	674	2,424

(3901) 슬러리실 기계

분류 번호	규격 (m)	내용 시간	연간 표준 가동 시간	상각 비율	정비 비율	연간 관리 비율	시간당(10^{-7})			
							상각비 계수	정비비 계수	관리비 계수	계
3901-0300	3.0~3.8	8,000	890	0.9	0.35	0.1	1,125	438	674	2,237

8-3-5 [40] 콘크리트 기계

(4108) 콘크리트 배치플랜트

분류 번호	규격 (㎥/hr)	내용 시간	연간 표준 가동 시간	상각 비율	정비 비율	연간 관리 비율	시간당(10^{-7})			
							상각비 계수	정비비 계수	관리비 계수	계
4108-0060	60(96kW)	11,000	890	0.9	0.65	0.1	818	591	659	2,068
0090	90(144kW)	11,000	890	0.9	0.65	0.1	818	591	659	2,068
0120	120(160kW)	11,000	890	0.9	0.65	0.1	818	591	659	2,068
0150	150(177kW)	11,000	890	0.9	0.65	0.1	818	591	659	2,068
0180	180(213kW)	11,000	890	0.9	0.65	0.1	818	591	659	2,068
0210	210(233kW)	11,000	890	0.9	0.65	0.1	818	591	659	2,068

[주] ① 원동기(전동기)가 부착되어 있는 것으로 진동식을 말하며 운전경비는 별도 계상한다.
② ( )숫자는 전동기 동력(kW)을 나타낸다.

(4115) 사일로(SILO)

분류 번호	규격 (㎥/hr)	내용 시간	연간 표준 가동 시간	상각 비율	정비 비율	연간 관리 비율	시간당(10^{-7})			
							상각비 계수	정비비 계수	관리비 계수	계
4115-0100	100(7.0kW)	10,000	890	0.9	0.3	0.1	900	300	663	1,863
0150	150(7.0kW)	10,000	890	0.9	0.3	0.1	900	300	663	1,863
0200	200(7.7kW)	10,000	890	0.9	0.3	0.1	900	300	663	1,863
0300	300(7.7kW)	10,000	890	0.9	0.3	0.1	900	300	663	1,863

[주] ① 스크류컨베이어, 시멘트 압송관 등 사일로 운영에 필요한 부대설비를 포함한다.
② ( ) 숫자는 전동기 동력(kW)을 나타낸다.

(4205) 콘크리트 믹서

분류 번호	규격 (m³)	내용 시간	연간 표준 가동 시간	상각 비율	정비 비율	연간 관리 비율	시간당(10^{-7})			
							상각비 계수	정비비 계수	관리비 계수	계
4205-0010	0.10	7,000	890	0.9	0.75	0.1	1,286	1,071	682	3,039
0017	0.17	7,000	890	0.9	0.75	0.1	1,286	1,071	682	3,039
0020	0.20	7,000	890	0.9	0.75	0.1	1,286	1,071	682	3,039
0030	0.30	7,000	890	0.9	0.75	0.1	1,286	1,071	682	3,039
0040	0.40	7,000	890	0.9	0.75	0.1	1,286	1,071	682	3,039
0045	0.45	7,000	890	0.9	0.75	0.1	1,286	1,071	682	3,039

[주] ① 동력이 포함되어 있다.
② 손료는 타이어 경비를 포함한다.

(4304) 콘크리트 믹서트럭

분류 번호	규격 (m³)	내용 시간	연간 표준 가동 시간	상각 비율	정비 비율	연간 관리 비율	시간당(10^{-7})			
							상각비 계수	정비비 계수	관리비 계수	계
4304-0060	6.0	7,000	890	0.9	0.5	0.14	1,286	714	955	2,955
0061	6.0(L)	7,000	890	0.9	0.5	0.14	1,286	714	955	2,955

[주] ① (L)은 저슬럼프형 믹서트럭이다.
② 규격은 1회 운반경비에서 별도로 계상한다.
③ 타이어는 운반경비에서 별도로 계상한다.

(4430) 커터(콘크리트 및 아스팔트용)

분류 번호	규격 (mm)	내용 시간	연간 표준 가동 시간	상각 비율	정비 비율	연간 관리 비율	시간당(10^{-7})			
							상각비 계수	정비비 계수	관리비 계수	계
4430-0400	320-400	2,250	670	0.9	0.3	0.1	4,000	1,333	1,021	6,354

(4504) 콘크리트 펌프차

분류 번호	규격 (m) [㎥/hr]	내용 시간	연간 표준 가동 시간	상각 비율	정비 비율	연간 관리 비율	시간당(10^{-7})			
							상각비 계수	정비비 계수	관리비 계수	계
4504-0021	21[65~75]	8,400	1,070	0.9	0.65	0.14	1,071	774	795	2,640
0028	28[65~75]	8,400	1,070	0.9	0.65	0.14	1,071	774	795	2,640
0032	32[80~95]	8,400	1,070	0.9	0.65	0.14	1,071	774	795	2,640
0036	36[80~95]	8,400	1,070	0.9	0.65	0.14	1,071	774	795	2,640
0041	41[80~95]	8,400	1,070	0.9	0.65	0.14	1,071	774	795	2,640
0043	43[80~95]	8,400	1,070	0.9	0.65	0.14	1,071	774	795	2,640
0047	47[80~95]	8,400	1,070	0.9	0.65	0.14	1,071	774	795	2,640
0052	52[80~95]	8,400	1,070	0.9	0.65	0.14	1,071	774	795	2,640

[주] 시간당 토출량[㎥/hr]은 헤드쪽 기준이다.

(4505) 콘크리트 펌프

분류 번호	규격 (㎥/hr)	내용 시간	연간 표준 가동 시간	상각 비율	정비 비율	연간 관리 비율	시간당(10^{-7})			
							상각비 계수	정비비 계수	관리비 계수	계
4505-0015	12~15(22kW)	6,000	890	0.9	0.5	0.1	1,500	833	693	3,026
0026	20~26(30kW)	6,000	890	0.9	0.5	0.1	1,500	833	693	3,026

[주] 동력과 파이프는 별도 계상한다.

(4506) 초고압펌프

분류 번호	규격 (kg/cm²)	내용 시간	연간 표준 가동 시간	상각 비율	정비 비율	연간 관리 비율	시간당(10^{-7})			
							상각비 계수	정비비 계수	관리비 계수	계
4506-0200	200	6,000	890	0.9	0.5	0.1	1,500	833	693	3,026
0400	400	6,000	890	0.9	0.5	0.1	1,500	833	693	3,026

(4611) 콘크리트 진동기

분류 번호	규격 (mm)	내용 시간	연간 표준 가동 시간	상각 비율	정비 비율	연간 관리 비율	시간당(10^{-7})			
							상각비 계수	정비비 계수	관리비 계수	계
4611-0075	전기식 플렉시블형 φ45(0.75kW)	3,000	890	0.9	0.35	0.1	3,000	1,167	768	4,935
0350	엔진식 플렉시블형 φ45(2.6kW)	3,000	890	0.9	0.4	0.1	3,000	1,333	768	5,101

8-3-6 [50] 골재생산기계 등

(5105) 크러셔(이동식)

분류 번호	규격 (ton/hr) (kW)	내용 시간	연간 표준 가동 시간	상각 비율	정비 비율	연간 관리 비율	시간당(10^{-7})			
							상각비 계수	정비비 계수	관리비 계수	계
5105-0050	50(93)	9,000	890	0.9	0.85	0.1	1,000	944	668	2,612
0100	100(155)	9,000	890	0.9	0.85	0.1	1,000	944	668	2,612
0150	150(260)	9,000	890	0.9	0.85	0.1	1,000	944	668	2,612
0200	200(326)	9,000	890	0.9	0.85	0.1	1,000	944	668	2,612

[주] ① 죠, 콘, 스크린, 벨트컨베이어, 피더의 소모품비와 용접비용이 포함되어 있다.
② 손료에는 타이어 경비를 포함한다.
③ 전동기가 부착되어 있는 것으로 운전경비는 별도 계상한다.

(5111) 벨트 컨베이어

분류 번호	규격 (cm × cm)	내용 시간	연간 표준 가동 시간	상각 비율	정비 비율	연간 관리 비율	시간당(10^{-7})			
							상각비 계수	정비비 계수	관리비 계수	계
5111-0040	40.64×15.24 3.73kW	7,000	890	0.9	0.25	0.1	1,286	357	682	2,325
0050	45.72×15.24 5.60kW	7,000	890	0.9	0.25	0.1	1,286	357	682	2,325
0060	60.96×15.24 7.46kW	7,000	890	0.9	0.25	0.1	1,286	357	682	2,325
0076	76.20×15.24 11.19kW	7,000	890	0.9	0.25	0.1	1,286	357	682	2,325

분류번호	규격 (cm×cm)	내용시간	연간표준가동시간	상각비율	정비비율	연간관리비율	시간당(10^{-7})			
							상각비계수	정비비계수	관리비계수	계
5111-0091	91.44×15.24 14.92kW	7,000	890	0.9	0.25	0.1	1,286	357	682	2,325

[주] ① 규격의 앞 숫자는 벨트의 폭, 뒤 숫자는 컨베이어의 길이를 각각 표시한다.
② 동력이 포함되어 있지 않으므로 별도 계상한다.

(5112) 에이프런 피더

분류번호	규격 (cm×cm)	내용시간	연간표준가동시간	상각비율	정비비율	연간관리비율	시간당(10^{-7})			
							상각비계수	정비비계수	관리비계수	계
5112-0001	76.20×243.84 2.24kW	12,000	890	0.9	0.4	0.1	750	333	655	1,738
0002	91.44×243.84 3.73kW	12,000	890	0.9	0.4	0.1	750	333	655	1,738
0003	91.44×365.76 3.73kW	12,000	890	0.9	0.4	0.1	750	333	655	1,738
0004	106.68×304.86 7.46kW	12,000	890	0.9	0.4	0.1	750	333	655	1,738
0005	106.68×426.72 7.46kW	12,000	890	0.9	0.4	0.1	750	333	655	1,738

[주] ① 규격의 앞 숫자는 피더의 폭, 뒤 숫자는 피더의 길이를 각각 표시한다.
② 동력은 포함되어 있지 않으므로 별도 계상한다.

(5113) 죠 크러셔

분류 번호	규격 (cm × cm)	내용 시간	연간 표준 가동 시간	상각 비율	정비 비율	연간 관리 비율	시간당(10^{-7})			
							상각비 계수	정비비 계수	관리비 계수	계
5113-0001	25.4×40.64 18.65kW	12,000	890	0.9	0.85	0.1	750	708	655	2,113
0002	25.4×50.8 22.38kW	12,000	890	0.9	0.85	0.1	750	708	655	2,113
0003	25.4×60.96 29.84kW	12,000	890	0.9	0.85	0.1	750	708	655	2,113
0004	25.4×91.44 44.76kW	12,000	890	0.9	0.85	0.1	750	708	655	2,113
0005	45.72×60.90 55.95kW	12,000	890	0.9	0.85	0.1	750	708	655	2,113
0006	45.72×91.44 82.06kW	12,000	890	0.9	0.85	0.1	750	708	655	2,113
0007	50.8×91.44 104.44kW	12,000	890	0.9	0.85	0.1	750	708	655	2,113
0008	63.5×101.6 111.90kW	12,000	890	0.9	0.85	0.1	750	708	655	2,113
0009	76.2×101.6 141.74kW	12,000	890	0.9	0.85	0.1	750	708	655	2,113
0010	76.2×106.68 141.74kW	12,000	890	0.9	0.85	0.1	750	708	655	2,113
0011	106.68×121.92 231.26kW	12,000	890	0.9	0.85	0.1	750	708	655	2,113

[주] ① 동력, 벨트컨베이어, 에이프런 피더 등은 별도로 계상한다.
② 정비비에는 죠의 교환 및 용접비용이 포함되어 있다.

(5114) 롤 크러셔

분류 번호	규격 (cm×cm)	내용 시간	연간 표준 가동 시간	상각 비율	정비 비율	연간 관리 비율	시간당(10^{-7})			
							상각비 계수	정비비 계수	관리비 계수	계
5114-0001	40.64×40.64 44.76kW	12,000	890	0.9	0.85	0.1	750	708	655	2,113
0002	60.96×40.64 55.95kW	12,000	890	0.9	0.85	0.1	750	708	655	2,113
0003	76.2×45.72 111.90kW	12,000	890	0.9	0.85	0.1	750	708	655	2,113
0004	76.2×63.5 130.55kW	12,000	890	0.9	0.85	0.1	750	708	655	2,113
0005	76.2×76.2 223.80kW	12,000	890	0.9	0.85	0.1	750	708	655	2,113
0006	101.6×66.04 149.20kW	12,000	890	0.9	0.85	0.1	750	708	655	2,113
0007	104.14×76.2 223.80kW	12,000	890	0.9	0.85	0.1	750	708	655	2,113
0008	139.7×76.2 242.45kW	12,000	890	0.9	0.85	0.1	750	708	655	2,113

[주] ① 동력, 벨트 컨베이어 등은 별도로 계상한다.
② 롤의 교환 및 용접비용은 정비비에 포함되어 있다.

(5115) 콘 크러셔

분류 번호	규격 (cm)	내용 시간	연간 표준 가동 시간	상각 비율	정비 비율	연간 관리 비율	시간당(10^{-7})			
							상각비 계수	정비비 계수	관리비 계수	계
5115-0030	60.96 22kW	12,000	890	0.9	0.7	0.1	750	583	655	1,988
0055	91.44 40.5kW	12,000	890	0.9	0.7	0.1	750	583	655	1,988
0075	121.92 55kW	12,000	890	0.9	0.7	0.1	750	583	655	1,988
0095	125.94 70kW	12,000	890	0.9	0.7	0.1	750	583	655	1,988

[주] 동력, 벨트 컨베이어 등은 별도로 계상한다.

(5116) 스크린(2단식)

분류 번호	규격 (cm×cm)	내용 시간	연간 표준 가동 시간	상각 비율	정비 비율	연간 관리 비율	시간당(10^{-7})			
							상각비 계수	정비비 계수	관리비 계수	계
5116-0001	91.44×243.84 5.60kW	12,000	890	0.9	0.55	0.1	750	458	655	1,863
0002	91.44×304.8 5.60kW	12,000	890	0.9	0.55	0.1	750	458	655	1,863
0003	121.91×243.84 7.46kW	12,000	890	0.9	0.55	0.1	750	458	655	1,863
0004	121.91×304.8 7.46kW	12,000	890	0.9	0.55	0.1	750	458	655	1,863
0005	121.91×356.76 11.19kW	12,000	890	0.9	0.55	0.1	750	458	655	1,863

분류 번호	규격 (cm×cm)	내용 시간	연간 표준 가동 시간	상각 비율	정비 비율	연간 관리 비율	시간당(10^{-7})			
							상각비 계수	정비비 계수	관리비 계수	계
5116-0006	121.91×426.72 11.19kW	12,000	890	0.9	0.55	0.1	750	458	655	1,863
0007	152.4×365.76 14.92kW	12,000	890	0.9	0.55	0.1	750	458	655	1,863
0008	152.4×426.72 18.65kW	12,000	890	0.9	0.55	0.1	750	458	655	1,863

[주] 원동기(전동기)가 부착되어 있는 것으로 운전경비는 별도 계상한다.

(5117) 스크린(3단식)

분류 번호	규격 (cm×cm)	내용 시간	연간 표준 가동 시간	상각 비율	정비 비율	연간 관리 비율	시간당(10^{-7})			
							상각비 계수	정비비 계수	관리비 계수	계
5117-0001	91.44×243.84 7.46kW	12,000	890	0.9	0.55	0.1	750	458	655	1,863
0002	109.73×304.8 7.46kW	12,000	890	0.9	0.55	0.1	750	458	655	1,863
0003	121.91×304.8 11.19kW	12,000	890	0.9	0.55	0.1	750	458	655	1,863
0004	121.91×356.76 14.92kW	12,000	890	0.9	0.55	0.1	750	458	655	1,863
0005	121.91×426.72 14.92kW	12,000	890	0.9	0.55	0.1	750	458	655	1,863
0006	152.4×365.76 22.38kW	12,000	890	0.9	0.55	0.1	750	458	655	1,863
0007	152.4×426.72 22.38kW	12,000	890	0.9	0.55	0.1	750	458	655	1,863
0008	152.4×487.68 29.84kW	12,000	890	0.9	0.55	0.1	750	458	655	1,863

[주] 원동기(전동기)가 부착되어 있는 것으로 운전경비는 별도 계상한다.

(5118) 아그리게이트빈

분류번호	규격	내용시간	연간표준가동시간	상각비율	정비비율	연간관리비율	시간당(10^{-7})			
							상각비계수	정비비계수	관리비계수	계
5118-0001	7.65㎥ 7.46kW	12,000	890	0.9	0.25	0.1	750	208	655	1,613
0002	16.06㎥ 11.19kW	12,000	890	0.9	0.25	0.1	750	208	655	1,613
0003	19.11㎥ 14.92kW	12,000	890	0.9	0.25	0.1	750	208	655	1,613
0004	22.94㎥ 14.92kW	12,000	890	0.9	0.25	0.1	750	208	655	1,613
0005	26.76㎥ 18.65kW	12,000	890	0.9	0.25	0.1	750	208	655	1,613
0006	34.41㎥ 22.38kW	12,000	890	0.9	0.25	0.1	750	208	655	1,613
0007	53.52㎥ 29.84kW	12,000	890	0.9	0.25	0.1	750	208	655	1,613

[주] 원동기(전동기)가 부착되어 있는 것으로 운전경비는 별도 계상한다.

(5119) 골재세척설비

분류번호	규격	내용시간	연간표준가동시간	상각비율	정비비율	연간관리비율	시간당(10^{-7})			
							상각비계수	정비비계수	관리비계수	계
5119-0625	15 (62.5㎥/hr)	6,000	1,070	0.9	0.6	0.1	1,500	1,000	589	3,089

[주] ① 규격은 전동기 동력(kW)을 말하며, ( )는 시간당 표준 골재세척능력을 말한다.
② 원동기(전동기)가 부착되어 있는 것으로, 정치식을 말한다.
③ 벨트 컨베이어(2기)가 포함되어 있는 것이며, 규격은 60.96㎝×914㎝를 기준한 것이다.
④ 관정 및 침전조 등 부대시설은 별도 계상한다.

(5202) 파이프추진기(오거부착유압식)

분류번호	규격		내용시간	연간표준가동시간	상각비율	정비비율	연간관리비율	시간당(10^{-7})			
	규격(ton)	굴삭경(m/m)						상각비계수	정비비계수	관리비계수	계
5202-0127	127	600~800	4,500	800	0.9	0.55	0.1	2,000	1,222	788	4,010
0240	240	600~1,200	4,500	800	0.9	0.55	0.1	2,000	1,222	788	4,010
0300	300	1,050	4,500	800	0.9	0.55	0.1	2,000	1,222	788	4,010

(5203) 파이프추진기(공압식)

분류번호	규격			내용시간	연간표준가동시간	상각비율	정비비율	연간관리비율	시간당(10^{-7})			
	램머직경(m/m)	추진파이프직경(mm)	공기소비량(m^3/min)						상각비계수	정비비계수	관리비계수	계
5203-1800	180~195	100~400	5.5	4,000	890	0.9	0.6	0.1	2,250	1,500	730	4,480
2200	220~235	120~500	8.0	4,000	890	0.9	0.6	0.1	2,250	1,500	730	4,480
2700	270~330	200~600	12.0	4,000	890	0.9	0.6	0.1	2,250	1,500	730	4,480
3500	350~400	280~1000	20.0	4,000	890	0.9	0.6	0.1	2,250	1,500	730	4,480
4500	450~510	380~1400	35.0	4,000	890	0.9	0.6	0.1	2,250	1,500	730	4,480

(5204) 유압잭

분류번호	규격(ton)	내용시간	연간표준가동시간	상각비율	정비비율	연간관리비율	시간당(10^{-7})			
							상각비계수	정비비계수	관리비계수	계
5204-0200	200	4,500	800	0.9	0.8	0.1	2,000	1,778	788	4,566
0300	300	4,500	800	0.9	0.8	0.1	2,000	1,778	788	4,566
0400	400	4,500	800	0.9	0.8	0.1	2,000	1,778	788	4,566
0500	500	4,500	800	0.9	0.8	0.1	2,000	1,778	788	4,566
0600	600	4,500	800	0.9	0.8	0.1	2,000	1,778	788	4,566

[주] 유압펌프, 조작 PANEL 및 회로, 유압호스 등이 포함되어 있다.

(5205) 공기압축기(이동식)

분류 번호	규격 (m³/min)	내용 시간	연간 표준 가동 시간	상각 비율	정비 비율	연간 관리 비율	시간당(10⁻⁷)			
							상각비 계수	정비비 계수	관리비 계수	계
5205-0035	3.5	12,000	1,070	0.9	0.5	0.1	750	417	552	1,719
0071	7.1	12,000	1,070	0.9	0.5	0.1	750	417	552	1,719
0103	10.3	12,000	1,070	0.9	0.5	0.1	750	417	552	1,719
0170	17.0	12,000	1,070	0.9	0.5	0.1	750	417	552	1,719
0210	21.0	12,000	1,070	0.9	0.5	0.1	750	417	552	1,719
0255	25.5	12,000	1,070	0.9	0.5	0.1	750	417	552	1,719

[주] ① 부수물(호스 포함)은 별도 계상한다.
　　② 손료에는 타이어 경비가 포함되어 있다.

(5210) 소형브레이커(공압식)

분류번호	규격	내용시간	시간당(10⁻⁷)
5210-0010	1.0 m³/min	3,600	2,500
0013	1.3 m³/min	3,600	2,500
0019	1.9 m³/min	3,600	2,500
0027	2.7 m³/min	3,600	2,500

[주] 공기압축기와 부수물의 관계는 다음과 같다.

(대)

부수물 공기압축기 규격 m³/min		래그 해머	드릴 웨곤	드릴 무한궤도	소형브레이커				바이브레이터			
	규격	2.7 m³/ min	(100mm) 74 〃	(120mm) 15 〃	1.0 m³/ min	1.3 m³/ min	1.9 m³/ min	2.7 m³/ min	25 mm	37 mm	45 mm	60 mm
	사용에어 호스경(mm)	19	38	50	19	19	19	19				
3.5		1	—	—	3	2	1	1	3	3	3	3
7.1		2(1)	—	—	7	5	3	2	7	7	7	7
10.3		3(2)	1	—	13	8	5	3	10	10	10	10

규격\사용공기압축기규격 m^3/min	래그해머 2.7 m^3/min	드릴웨곤 (100mm) 74 "	드릴무한궤도 (120mm) 15 "	소형브레이커 1.0 m^3/min	소형브레이커 1.3 m^3/min	소형브레이커 1.9 m^3/min	소형브레이커 2.7 m^3/min	바이브레이터 25mm	바이브레이터 37mm	바이브레이터 45mm	바이브레이터 60mm
에어호스경(mm)	19	38	50	19	19	19	19				
17.0	5(4)	2	1	17	13	9	6	17	17	17	17
25.5	9(8)	3	1	25	17	13	9	25	25	25	25

※ 숫자는 부수물의 사용가능 대수를 말하며 ( )내의 수치는 수중 4m 이하에서 작업할 경우임.

(5220) 소형브레이커(전기식)

분류번호	규격	내용시간	시간당(10^{-7})
5220-0015	1.5kW	8,000	2,500

(5330) 드릴웨곤

분류번호	규격 (m^3/min)	내용시간	연간표준가동시간	상각비율	정비비율	연간관리비율	시간당(10^{-7}) 상각비계수	정비비계수	관리비계수	계
5330-0074	7.4 (100mm)	6,000	1,070	0.9	0.25	0.1	1,500	417	589	2,506

[주] ① 규격은 1분당 공기소모량을 말하며 ( )내는 드리프터의 피스톤 직경을 말한다.
② 위의 표에는 드릴이 포함되어 있다.
③ 부수물(호스포함)은 별도 계상한다.

(5401) 크롤러드릴(공기식)

분류 번호	규격 (m³/min)	내용 시간	연간 표준 가동 시간	상각 비율	정비 비율	연간 관리 비율	시간당(10^{-7})			
							상각비 계수	정비비 계수	관리비 계수	계
5401-0015	15(120mm)	10,500	1,340	0.9	0.25	0.1	857	238	453	1,548
0017	17(120mm)	6,000	1,070	0.9	0.25	0.1	1,500	417	589	2,506

[주] ① 규격은 1분당 공기소모량을 말하며 ( )내는 드리프터의 피스톤 직경을 말한다.
② 위의 표에는 드릴이 포함되어 있다.
③ 부수물(호스 포함)은 별도 계상한다.

(5405) 크롤러드릴(탑승유압식)

분류 번호	규격 (kW)	내용 시간	연간 표준 가동 시간	상각 비율	정비 비율	연간 관리 비율	시간당(10^{-7})			
							상각비 계수	정비비 계수	관리비 계수	계
5405-0110	110	10,500	1,340	0.9	0.25	0.1	857	238	453	1,548
0150	150	10,500	1,340	0.9	0.25	0.1	857	238	453	1,548

[주] 규격은 엔진 출력을 말한다.

(5501) 유압식할암기

분류 번호	규격 (mm)	내용 시간	연간 표준 가동 시간	상각 비율	정비 비율	연간 관리 비율	시간당(10^{-7})			
							상각비 계수	정비비 계수	관리비 계수	계
5501-0080	ø80	6,300	800	0.9	0.7	0.1	1,429	1,111	759	3,299

[주] ① 규격은 할암봉 직경을 기준한 것이다.
② 유압펌프, 유압호스 등이 포함되어 있다.

(5701) 노면파쇄기

분류 번호	규격 (m)	내용 시간	연간 표준 가동 시간	상각 비율	정비 비율	연간 관리 비율	시간당(10^{-7})			
							상각비 계수	정비비 계수	관리비 계수	계
5701-0010	1.0	4,500	670	0.9	0.5	0.1	2,000	1,111	921	4,032
0020	2.0	4,500	670	0.9	0.5	0.1	2,000	1,111	921	4,032

(5702) 소형노면파쇄기

분류 번호	규격 (m^3)	내용 시간	연간 표준 가동 시간	상각 비율	정비 비율	연간 관리 비율	시간당(10^{-7})			
							상각비 계수	정비비 계수	관리비 계수	계
5702-0095	0.95	4,500	670	0.9	0.5	0.1	2,000	1,111	921	4,032

(5801) 터널전단면 굴착기(TBM)

분류 번호	규격 (m)	내용 시간	연간 표준 가동 시간	상각 비율	정비 비율	연간 관리 비율	시간당(10^{-7})			
							상각비 계수	정비비 계수	관리비 계수	계
5801-0030	3.0	24,000	1,780	0.9	0.4	0.1	375	167	328	870
0035	3.5	24,000	1,780	0.9	0.4	0.1	375	167	328	870
0045	4.5	24,000	1,780	0.9	0.4	0.1	375	167	328	870
0070	7.0	24,000	1,780	0.9	0.4	0.1	375	167	328	870

[주] ① 규격은 굴착경을 말한다.
② Cutter는 별도 계상한다.
③ 정비비에는 벨트 컨베이어의 롤러 교환, 수리비용이 포함되었다.

(5805) 점보드릴

분류 번호	규격 (붐)	내용 시간	연간 표준 가동 시간	상각 비율	정비 비율	연간 관리 비율	시간당(10^{-7})			
							상각비 계수	정비비 계수	관리비 계수	계
5805-0002	2	9,000	800	0.9	0.7	0.1	1,000	777	738	2,516
0003	3	9,000	800	0.9	0.7	0.1	1,000	777	738	2,516

(5901) 코아드릴

분류 번호	규격 (cm)	내용 시간	연간 표준 가동 시간	상각 비율	정비 비율	연간 관리 비율	시간당(10^{-7})			
							상각비 계수	정비비 계수	관리비 계수	계
5901-0006	15.24	3,000	890	0.9	0.45	0.1	3,000	1,500	768	5,268
0010	25.40	3,000	890	0.9	0.45	0.1	3,000	1,500	768	5,268
0016	40.64	3,000	890	0.9	0.45	0.1	3,000	1,500	768	5,268

[주] ① 규격은 최대 천공직경을 말한다.
② 동력은 별도 계상한다.

8-3-7 [60] 기초공사용 기계

(6105) 그라우팅 믹서

분류 번호	규격 (ℓ)	내용 시간	연간 표준 가동 시간	상각 비율	정비 비율	연간 관리 비율	시간당(10^{-7})			
							상각비 계수	정비비 계수	관리비 계수	계
6105-0190	190×2(2kW)	4,000	890	0.9	0.55	0.1	2,250	1,375	730	4,355
0390	390×2(5kW)	4,000	890	0.9	0.55	0.1	2,250	1,375	730	4,355

[주] ① 동력은 포함되어 있으며 ( )내의 숫자는 전동기 동력을 나타낸다.
② 시멘트를 주재료로 한 연동식 믹서를 기준한 것이다.

(6202) 그라우팅 펌프

분류 번호	규격 (ℓ/min)	내용 시간	연간 표준 가동 시간	상각 비율	정비 비율	연간 관리 비율	시간당(10^{-7})			
							상각비 계수	정비비 계수	관리비 계수	계
6202-0060	30~60(3.7)	4,000	890	0.9	0.55	0.1	2,250	1,375	730	4,355
0125	40~125(7.5)	4,000	890	0.9	0.55	0.1	2,250	1,375	730	4,355
0200	50~200(11)	4,000	890	0.9	0.55	0.1	2,250	1,375	730	4,355

[주] ① 시멘트를 주재료로 한 것이다.
② 동력은 포함되어 있으며 ( )내의 숫자는 전동기동력(kW)을 나타낸다.
③ 호스 파이프는 별도 계상한다.
④ 규격은 매분 토출량을 말한다.

(6330) 디젤 파일해머

분류 번호	규격 (ton)	내용 시간	연간 표준 가동 시간	상각 비율	정비 비율	연간 관리 비율	시간당(10^{-7})			
							상각비 계수	정비비 계수	관리비 계수	계
6330-0015	1.5	7,000	890	0.9	0.5	0.1	1,286	714	682	2,682
0022	2.2	7,000	890	0.9	0.5	0.1	1,286	714	682	2,682
0032	3.2	7,000	890	0.9	0.5	0.1	1,286	714	682	2,682
0040	4.0	7,000	890	0.9	0.5	0.1	1,286	714	682	2,682

(6408) 보링 기계

분류 번호	규격 (mm×m)	내용 시간	연간 표준 가동 시간	상각 비율	정비 비율	연간 관리 비율	시간당(10^{-7})			
							상각비 계수	정비비 계수	관리비 계수	계
6408-0015	40.5×150(7.46)	6,300	800	0.9	0.7	0.1	1,429	1,111	759	3,299
0020	50×200(11.19)	6,300	800	0.9	0.7	0.1	1,429	1,111	759	3,299
0030	50×300(11.19)	6,300	800	0.9	0.7	0.1	1,429	1,111	759	3,299
0040	42×400(11.19)	6,300	800	0.9	0.7	0.1	1,429	1,111	759	3,299
0050	66.7×500(14.92)	6,300	800	0.9	0.7	0.1	1,429	1,111	759	3,299
0085	66.7×850(29.84)	6,300	800	0.9	0.7	0.1	1,429	1,111	759	3,299
0100	60×1,000(37.30)	6,300	800	0.9	0.7	0.1	1,429	1,111	759	3,299

[주] ① 규격은 상용, 로드 직경×최대보링 깊이를 나타내며 ( )내의 숫자는 kW를 말한다.
② 로드, 비트, 케이싱 등은 별도 계상한다.
③ 동력은 포함되어 있지 않다.

(6410) 오거

분류 번호	규격 (kW)	내용 시간	연간 표준 가동 시간	상각 비율	정비 비율	연간 관리 비율	시간당(10^{-7})			
							상각비 계수	정비비 계수	관리비 계수	계
6410-0080	59.68	6,300	800	0.9	0.7	0.1	1,429	1,111	759	3,299
0100	74.60	6,300	800	0.9	0.7	0.1	1,429	1,111	759	3,299
0120	89.52	6,300	800	0.9	0.7	0.1	1,429	1,111	759	3,299
0150	111.90	6,300	800	0.9	0.7	0.1	1,429	1,111	759	3,299
0200	149.20	6,300	800	0.9	0.7	0.1	1,429	1,111	759	3,299

(6510) 오실레이터, 로테이터

분류 번호	규격 (mm)	내용 시간	연간 표준 가동 시간	상각 비율	정비 비율	연간 관리 비율	시간당(10⁻⁷)			
							상각비 계수	정비비 계수	관리비 계수	계
6510-0100	1,000	9,800	1,250	0.9	0.7	0.1	918	714	486	2,118
0150	1,500	9,800	1,250	0.9	0.7	0.1	918	714	486	2,118
0200	2,000	9,800	1,250	0.9	0.7	0.1	918	714	486	2,118
0250	2,500	9,800	1,250	0.9	0.7	0.1	918	714	486	2,118
0300	3,000	9,800	1,250	0.9	0.7	0.1	918	714	486	2,118

[주] 파워팩은 포함되어 있다.

(6515) 유압파워팩

분류 번호	규격 (kW)	내용 시간	연간 표준 가동 시간	상각 비율	정비 비율	연간 관리 비율	시간당(10⁻⁷)			
							상각비 계수	정비비 계수	관리비 계수	계
6515-0090	67.14	6,300	800	0.9	0.7	0.1	1,429	1,111	759	3,299

(6516) 강연선인장기 (2016년 보완)

분류 번호	규격 (ton)	내용 시간	연간 표준 가동 시간	상각 비율	정비 비율	연간 관리 비율	시간당(10⁻⁷)			
							상각비 계수	정비비 계수	관리비 계수	계
6516-0060	60	4,500	800	0.9	0.8	0.1	2,000	1,778	788	4,566
0120	120	4,500	800	0.9	0.8	0.1	2,000	1,778	788	4,566
0250	250	4,500	800	0.9	0.8	0.1	2,000	1,778	788	4,566
0300	300	4,500	800	0.9	0.8	0.1	2,000	1,778	788	4,566

[주] 유압펌프, 조작 PANEL 및 회로, 유압호스 등이 포함되어 있다.

(6517) 리버스서큘레이션드릴

분류 번호	규격 (mm)	내용 시간	연간 표준 가동 시간	상각 비율	정비 비율	연간 관리 비율	시간당(10^{-7})			
							상각비 계수	정비비 계수	관리비 계수	계
6517-0100	1,000	14,000	1,250	0.9	0.7	0.1	643	500	472	1,615
0150	1,500	14,000	1,250	0.9	0.7	0.1	643	500	472	1,615
0200	2,000	14,000	1,250	0.9	0.7	0.1	643	500	472	1,615
0250	2,500	14,000	1,250	0.9	0.7	0.1	643	500	472	1,615
0300	3,000	14,000	1,250	0.9	0.7	0.1	643	500	472	1,615

(6518) 전회전식천공기

분류 번호	규격 (mm)	내용 시간	연간 표준 가동 시간	상각 비율	정비 비율	연간 관리 비율	시간당(10^{-7})			
							상각비 계수	정비비 계수	관리비 계수	계
6518-0100	1,000	14,000	1,250	0.9	0.7	0.1	643	500	472	1,615
0150	1,500	14,000	1,250	0.9	0.7	0.1	643	500	472	1,615
0200	2,000	14,000	1,250	0.9	0.7	0.1	643	500	472	1,615
0250	2,500	14,000	1,250	0.9	0.7	0.1	643	500	472	1,615
0300	3,000	14,000	1,250	0.9	0.7	0.1	643	500	472	1,615

(6530) 진동파일 해머(전동식)

분류 번호	규격 (kW)	내용 시간	연간 표준 가동 시간	상각 비율	정비 비율	연간 관리 비율	시간당(10^{-7})			
							상각비 계수	정비비 계수	관리비 계수	계
6530-0030	30	7,000	890	0.9	0.5	0.1	1,286	714	682	2,682
0040	40	7,000	890	0.9	0.5	0.1	1,286	714	682	2,682
0045	45	7,000	890	0.9	0.5	0.1	1,286	714	682	2,682
0060	60	7,000	890	0.9	0.5	0.1	1,286	714	682	2,682
0090	90	7,000	890	0.9	0.5	0.1	1,286	714	682	2,682
0120	120	7,000	890	0.9	0.5	0.1	1,286	714	682	2,682

(6532) 진동파일 해머(유압식)

분류 번호	규격 (kW)	내용 시간	연간 표준 가동 시간	상각 비율	정비 비율	연간 관리 비율	시간당(10^{-7})			
							상각비 계수	정비비 계수	관리비 계수	계
6532-0220	162	7,000	890	0.9	0.5	0.1	1,286	714	682	2,682

(6540) 워터제트

분류 번호	규격 (kW)	내용 시간	연간 표준 가동 시간	상각 비율	정비 비율	연간 관리 비율	시간당(10^{-7})			
							상각비 계수	정비비 계수	관리비 계수	계
6540-0131	96	6,000	1,070	0.9	1.1	0.1	1,500	1,833	589	3,922

(6550) 유압식 압입 인발기

분류 번호	규격 (ton)	내용 시간	연간 표준 가동 시간	상각 비율	정비 비율	연간 관리 비율	시간당(10^{-7})			
							상각비 계수	정비비 계수	관리비 계수	계
6550-0130	100~130	7,000	890	0.9	0.35	0.1	1,286	500	682	2,468

(6630) 유압 파일 해머

분류 번호	규격 (ton)	내용 시간	연간 표준 가동 시간	상각 비율	정비 비율	연간 관리 비율	시간당(10^{-7})			
							상각비 계수	정비비 계수	관리비 계수	계
6630-0003	3	7,000	890	0.9	0.5	0.1	1,286	714	682	2,682
0005	5	7,000	890	0.9	0.5	0.1	1,286	714	682	2,682
0007	7	7,000	890	0.9	0.5	0.1	1,286	714	682	2,682
0010	10	7,000	890	0.9	0.5	0.1	1,286	714	682	2,682
0013	13	7,000	890	0.9	0.5	0.1	1,286	714	682	2,682

[주] 파워팩은 포함되었다.

(6701) PBD천공기(유압식)

분류 번호	규격	내용 시간	연간 표준 가동 시간	상각 비율	정비 비율	연간 관리 비율	시간당(10^{-7})			
							상각비 계수	정비비 계수	관리비 계수	계
6701-0147	147kW, 38m	10,000	1,250	0.9	0.7	0.1	900	700	485	2,085
0184	184kW, 53m	10,000	1,250	0.9	0.7	0.1	900	700	485	2,085

※ 본 장비는 리더를 포함한다.

(6801) 고압분사전용장비

분류 번호	규격 (ton)	내용 시간	연간 표준 가동 시간	상각 비율	정비 비율	연간 관리 비율	시간당(10^{-7})			
							상각비 계수	정비비 계수	관리비 계수	계
6801-0010	20	14,000	1,250	0.9	0.7	0.1	643	500	472	1,615

(6802) 파일천공전용장비

분류 번호	규격 (ton)	내용 시간	연간 표준 가동 시간	상각 비율	정비 비율	연간 관리 비율	시간당(10^{-7})			
							상각비 계수	정비비 계수	관리비 계수	계
6802-0040	40	14,000	1,250	0.9	0.7	0.1	643	500	472	1,615
0060	60	14,000	1,250	0.9	0.7	0.1	643	500	472	1,615
0100	100	14,000	1,250	0.9	0.7	0.1	643	500	472	1,615
0120	120	14,000	1,250	0.9	0.7	0.1	643	500	472	1,615
0135	135	14,000	1,250	0.9	0.7	0.1	643	500	472	1,615
0160	160	14,000	1,250	0.9	0.7	0.1	643	500	472	1,615

[주] ① 규격은 전용장비의 최대운전하중을 기준으로 한 것이다.
② 본 장비는 리더가 포함된 것이다.

(6803) 다짐말뚝 전용장비

분류 번호	규격 (ton)	내용 시간	연간 표준 가동 시간	상각 비율	정비 비율	연간 관리 비율	시간당(10^{-7})			
							상각비 계수	정비비 계수	관리비 계수	계
6803-0100	100	10,000	1,250	0.9	0.7	0.1	900	700	485	2,085
0120	120	10,000	1,250	0.9	0.7	0.1	900	700	485	2,085

(6901) 자동화 믹서플랜트

분류 번호	규격	내용 시간	연간 표준 가동 시간	상각 비율	정비 비율	연간 관리 비율	시간당(10^{-7})			
							상각비 계수	정비비 계수	관리비 계수	계
6901-0010	0.5㎥	16,800	1,250	0.9	0.75	0.1	536	446	467	1,449

[주] 물탱크, 아지데이터, 모터 등 관련 부속기기 포함되어 있다.

8-3-8 [70] 기타기계

(7101) 고성능 착정기

분류 번호	규격 (kW)	내용 시간	연간 표준 가동 시간	상각 비율	정비 비율	연간 관리 비율	시간당(10^{-7})			
							상각비 계수	정비비 계수	관리비 계수	계
7101-0450	335.70	6,300	800	0.9	0.65	0.1	1,429	1,032	759	3,220

[주] ① 트럭 적재식이고 공기압축기 및 동력이 포함되어 있다.
　　② 로드, 비트, 케이싱 등은 별도 계상한다.
　　③ 지하수개발용이다.

(7103) 하수관 천공기

분류번호	규격	내용시간	연간표준가동시간	상각비율	정비비율	연간관리비율	시간당(10^{-7})			
							상각비계수	정비비계수	관리비계수	계
7103-0010	수동식	6,300	800	0.9	0.65	0.1	1,429	1,032	759	3,220

[주] 드릴, 커터 등 소모성 공구가 포함되었다.

(7104) 상수도관 천공기

분류번호	규격	내용시간	연간표준가동시간	상각비율	정비비율	연간관리비율	시간당(10^{-7})			
							상각비계수	정비비계수	관리비계수	계
7104-0010	수동식	6,300	800	0.9	0.65	0.1	1,429	1,032	759	3,220

[주] 어댑터, 드레인콕, 드릴 등 소모성 공구가 포함되었다.

(7106) 골재 살포기(자주식)

분류번호	규격(m)	내용시간	연간표준가동시간	상각비율	정비비율	연간관리비율	시간당(10^{-7})			
							상각비계수	정비비계수	관리비계수	계
7106-0035	3.5	8,000	890	0.9	0.65	0.1	1,125	813	674	2,612

(7110) 진공흡입 준설차

분류번호	규격	내용시간	연간표준가동시간	상각비율	정비비율	연간관리비율	시간당(10^{-7})			
							상각비계수	정비비계수	관리비계수	계
7110-0013	13톤(3.00㎥적)	8,400	1,070	0.9	0.65	0.1	1,071	774	568	2,413
0025	25톤(7.64㎥적)	8,400	1,070	0.9	0.65	0.1	1,071	774	568	2,413

(7120) 버킷식준설기

분류번호	규격 (kW)	내용시간	연간표준가동시간	상각비율	정비비율	연간관리비율	시간당(10^{-7})			
							상각비계수	정비비계수	관리비계수	계
7120-0746	7.46	5,000	890	0.9	0.5	0.1	1,800	1,000	708	3,508

[주] 호퍼식+자동굴절형을 포함한다.

(7202) 자동세륜기(롤 타입)

분류번호	규격 (W×L×H)	내용시간	연간표준가동시간	상각비율	정비비율	연간관리비율	시간당(10^{-7})			
							상각비계수	정비비계수	관리비계수	계
7202-0008	2,200× 5,150×1,000	3,000	540	0.9	0.7	0.1	3,000	2,333	1,169	6,502
0010	2,650× 5,160×1,000	3,000	540	0.9	0.7	0.1	3,000	2,333	1,169	6,502

[주] 자동세륜기 설치 및 해체에 따른 콘크리트 타설 등은 별도 계상한다.

(7204) 물탱크(살수차)

분류번호	규격 (ℓ)	내용시간	연간표준가동시간	상각비율	정비비율	연간관리비율	시간당(10^{-7})			
							상각비계수	정비비계수	관리비계수	계
7204-0018	1,800	11,000	890	0.9	0.7	0.1	818	636	659	2,113
0038	3,800	11,000	890	0.9	0.7	0.1	818	636	659	2,113
0055	5,500	11,000	890	0.9	0.7	0.1	818	636	659	2,113
0065	6,500	11,000	890	0.9	0.7	0.1	818	636	659	2,113
0160	16,000	11,000	890	0.9	0.7	0.1	818	636	659	2,113

[주] ① 트럭적재식이고 모터가 포함되어 있다.
② 타이어는 운전경비에서 별도 계상한다.

(7205) 이동식 임목파쇄기

분류 번호	규격 (kW)	내용 시간	연간 표준 가동 시간	상각 비율	정비 비율	연간 관리 비율	시간당(10^{-7})			
							상각비 계수	정비비 계수	관리비 계수	계
7205-0125	93.25	8,000	890	0.9	1.1	0.1	1,125	1,375	674	3,174
0475	354.35	8,000	890	0.9	1.1	0.1	1,125	1,375	674	3,174
0540	402.84	8,000	890	0.9	1.1	0.1	1,125	1,375	674	3,174

(7206) 부착용 집게

분류 번호	규격 (m^3)	내용 시간	연간 표준 가동 시간	상각 비율	정비 비율	연간 관리 비율	시간당(10^{-7})			
							상각비 계수	정비비 계수	관리비 계수	계
7206-0020	0.2	3,000	890	0.9	1.1	0.1	3,000	3,667	768	7,435
0070	0.6~0.8	3,000	890	0.9	1.1	0.1	3,000	3,667	768	7,435

[주] $0.2m^3$는 철도용 회전집게이며, $0.6~0.8m^3$는 임목파쇄기용 부착집게를 의미한다.

(7210) 동력분무기

분류 번호	규격 (kW)	내용 시간	연간 표준 가동 시간	상각 비율	정비 비율	연간 관리 비율	시간당(10^{-7})			
							상각비 계수	정비비 계수	관리비 계수	계
7210-0485	4.85	8,000	890	0.9	0.8	0.1	1,125	1,000	674	2,799

(7330) 라인 마커

분류 번호	규격 (km/hr)	내용 시간	연간 표준 가동 시간	상각 비율	정비 비율	연간 관리 비율	시간당(10^{-7})			
							상각비 계수	정비비 계수	관리비 계수	계
7330-0010	10	8,000	890	0.9	0.45	0.1	1,125	563	674	2,362

[주] ① 규격은 시간당 작업속도를 나타낸다.
② 타이어는 운전경비에서 별도 계상한다.

(7360) 차선 제거기

분류번호	규격(kW)	내용시간	연간표준가동시간	상각비율	정비비율	연간관리비율	시간당(10^{-7})			
							상각비계수	정비비계수	관리비계수	계
7360-0055	4.10	8,000	890	0.9	0.8	0.1	1,125	1,000	674	2,799
0090	6.71	8,000	890	0.9	0.8	0.1	1,125	1,000	674	2,799

(7430) 윈치(수동, 자동)

분류번호	기종	규격(ton)	내용시간	연간표준가동시간	상각비율	정비비율	연간관리비율	시간당(10^{-7})			
								상각비계수	정비비계수	관리비계수	계
7430-1100	수동 싱글 드럼	1 (11.19)	8,000	890	0.9	1.1	0.1	1,125	1,375	674	3,174
7430-1300		3 (22.38)	8,000	890	0.9	1.1	0.1	1,125	1,375	674	3,174
1500		5 (37.30)	8,000	890	0.9	1.1	0.1	1,125	1,375	674	3,174
2300	더블 드럼	3 (22.38)	8,000	890	0.9	1.1	0.1	1,125	1,375	674	3,174
2500		5 (37.30)	8,000	890	0.9	1.1	0.1	1,125	1,375	674	3,174
7431-1100	자동 싱글 드럼	1 (11.19)	8,000	890	0.9	1.1	0.1	1,125	1,375	674	3,174
1300		3 (22.38)	8,000	890	0.9	1.1	0.1	1,125	1,375	674	3,174

분류번호	기종	규격(ton)	내용시간	연간표준가동시간	상각비율	정비비율	연간관리비율	시간당(10^{-7}) 상각비계수	정비비계수	관리비계수	계
2300	더블드럼	3 (22.38)	8,000	890	0.9	1.1	0.1	1,125	1,375	674	3,174
2500		5 (37.30)	8,000	890	0.9	1.1	0.1	1,125	1,375	674	3,174

[주] ① 규격의 ( )내의 단위는 kW이다.
② 원동기(전동기)가 부착되어 있는 것으로 운전경비는 별도 계상한다.
③ 정비비에는 와이어가 포함되어 있다.

(7505) 발전기

분류번호	규격(kW)	내용시간	연간표준가동시간	상각비율	정비비율	연간관리비율	시간당(10^{-7}) 상각비계수	정비비계수	관리비계수	계
7505-0025	25	8,000	890	0.9	0.45	0.1	1,125	563	674	2,362
0050	50	8,000	890	0.9	0.45	0.1	1,125	563	674	2,362
0100	100	8,000	890	0.9	0.45	0.1	1,125	563	674	2,362
0125	125	8,000	890	0.9	0.45	0.1	1,125	563	674	2,362
0150	150	8,000	890	0.9	0.45	0.1	1,125	563	674	2,362
0200	200	8,000	890	0.9	0.45	0.1	1,125	563	674	2,362
0250	250	8,000	890	0.9	0.45	0.1	1,125	563	674	2,362
0350	350	8,000	890	0.9	0.45	0.1	1,125	563	674	2,362
0450	450	8,000	890	0.9	0.45	0.1	1,125	563	674	2,362
0500	500	8,000	890	0.9	0.45	0.1	1,125	563	674	2,362
0700	700	8,000	890	0.9	0.45	0.1	1,125	563	674	2,362

[주] ① 원동기(전동기)가 부착되어 있는 것으로 운전경비는 별도 계상한다.
② 전선 기타 부속설비는 별도 계상한다.

(7611) 용접기(교류)

분류 번호	규격 (Amp)	내용 시간	연간 표준 가동 시간	상각 비율	정비 비율	연간 관리 비율	시간당(10^{-7})			
							상각비 계수	정비비 계수	관리비 계수	계
7611-0200	200	8,000	890	0.9	0.45	0.1	1,125	563	674	2,362
0300	300	8,000	890	0.9	0.45	0.1	1,125	563	674	2,362
0400	400	8,000	890	0.9	0.45	0.1	1,125	563	674	2,362
0500	500	8,000	890	0.9	0.45	0.1	1,125	563	674	2,362

[주] 공구 및 전선 등은 별도 계상한다.

(7612) 용접기(직류)

분류 번호	규격 (Amp)	내용 시간	연간 표준 가동 시간	상각 비율	정비 비율	연간 관리 비율	시간당(10^{-7})			
							상각비 계수	정비비 계수	관리비 계수	계
7612-0200	200	8,000	890	0.9	0.45	0.1	1,125	563	674	2,362
0300	300	8,000	890	0.9	0.45	0.1	1,125	563	674	2,362
0400	400	8,000	890	0.9	0.45	0.1	1,125	563	674	2,362

[주] 공구 및 전선은 별도 계상한다.

(7613) 융착기

분류 번호	규격 (mm)	내용 시간	연간 표준 가동 시간	상각 비율	정비 비율	연간 관리 비율	시간당(10^{-7})			
							상각비 계수	정비비 계수	관리비 계수	계
7613-0075	20~75	8,000	890	0.9	0.45	0.1	1,125	563	674	2,362
0150	100~150	8,000	890	0.9	0.45	0.1	1,125	563	674	2,362
0300	200~300	8,000	890	0.9	0.45	0.1	1,125	563	674	2,362
0400	350~400	8,000	890	0.9	0.45	0.1	1,125	563	674	2,362
0600	450~600	8,000	890	0.9	0.45	0.1	1,125	563	674	2,362
0900	700~900	8,000	890	0.9	0.45	0.1	1,125	563	674	2,362

[주] 규격은 맞이음(버트융착식) 접합 관경의 규격이다.

(7614) 알곤 용접기

분류번호	규격 (Amp)	내용시간	연간표준가동시간	상각비율	정비비율	연간관리비율	시간당(10^{-7})			
							상각비계수	정비비계수	관리비계수	계
7614-0300	300	8,000	890	0.9	0.45	0.1	1,125	563	674	2,362

[주] 공구, 전선 및 냉각장치 등은 별도 계상한다.

(7620) 절단기

분류번호	규격 (cm)	내용시간	연간표준가동시간	상각비율	정비비율	연간관리비율	시간당(10^{-7})			
							상각비계수	정비비계수	관리비계수	계
7620-0002	5.08~15.24	2,250	670	0.9	0.25	0.1	4,000	1,111	1,021	6,132
0003	40.64	2,250	670	0.9	0.25	0.1	4,000	1,111	1,021	6,132

(7621) 프라즈마 절단기

분류번호	규격 (Amp)	내용시간	연간표준가동시간	상각비율	정비비율	연간관리비율	시간당(10^{-7})			
							상각비계수	정비비계수	관리비계수	계
7621-0100	100	8,000	890	0.9	0.45	0.1	1,125	563	674	2,362

[주] 공구 및 전선 등은 별도 계상한다.

(7730) 건설용펌프(자흡식)

분류 번호	규격 (mm)	내용 시간	연간 표준 가동 시간	상각 비율	정비 비율	연간 관리 비율	시간당(10^{-7})			
							상각비 계수	정비비 계수	관리비 계수	계
7730-0050	50(1.49×10)	7,000	890	0.9	0.55	0.1	1,286	786	682	2,754
0080	80(3.73×15)	7,000	890	0.9	0.55	0.1	1,286	786	682	2,754
0100	100(3.73×20)	7,000	890	0.9	0.55	0.1	1,286	786	682	2,754
0125	125(11.19×20)	7,000	890	0.9	0.55	0.1	1,286	786	682	2,754
0150	150(14.92×20)	7,000	890	0.9	0.55	0.1	1,286	786	682	2,754

[주] ① 동력은 포함되어 있지 않으며 ( )내 숫자는 조합시 필요한 동력(kW)×양정(m)을 말한다.
② 규격은 파이프 직경을 나타낸다.
③ 파이프 또는 호스를 별도로 계상한다.

(7740) 수중모터 펌프

분류 번호	규격 (mm)	내용 시간	연간 표준 가동 시간	상각 비율	정비 비율	연간 관리 비율	시간당(10^{-7})			
							상각비 계수	정비비 계수	관리비 계수	계
7740-0080	80	6,000	1,070	0.9	1.0	0.1	1,500	1,667	589	3,756
0100	100	6,000	1,070	0.9	1.0	0.1	1,500	1,667	589	3,756
0150	150	6,000	1,070	0.9	1.0	0.1	1,500	1,667	589	3,756

[주] ① 모터, 수중케이블, 케이블밴드, 호스커플링이 포함된다.
② 동력은 포함되어 있지 않으며 규격은 파이프 직경을 나타낸다.

(7750) 취부기(녹생토 암절개면 보호식재용)

분류 번호	규격 (kW)	내용 시간	연간 표준 가동 시간	상각 비율	정비 비율	연간 관리 비율	시간당(10^{-7})			
							상각비 계수	정비비 계수	관리비 계수	계
7750-0016	11.94	4,000	890	0.9	0.55	0.1	2,250	1,375	730	4,355
0025	18.65	4,000	890	0.9	0.55	0.1	2,250	1,375	730	4,355

(7770) 실사출기

분류 번호	규격 (노즐류)	내용 시간	연간 표준 가동 시간	상각 비율	정비 비율	연간 관리 비율	시간당(10^{-7})			
							상각비 계수	정비비 계수	관리비 계수	계
7770-0004	4	4,000	890	0.9	0.55	0.1	2,250	1,375	730	4,355

(7800) 엔 진(가솔린, 디젤)

분류 번호	규격 (kW)		내용 시간	연간 표준 가동 시간	상각 비율	정비 비율	연간 관리 비율	시간당(10^{-7})			
								상각비 계수	정비비 계수	관리비 계수	계
7811-0025	가솔린	1.87	8,000	890	0.9	0.8	0.1	1,125	1,000	674	2,799
0030	엔진	2.24	8,000	890	0.9	0.8	0.1	1,125	1,000	674	2,799
0040		2.98	8,000	890	0.9	0.8	0.1	1,125	1,000	674	2,799
0045		3.36	8,000	890	0.9	0.8	0.1	1,125	1,000	674	2,799
0070		5.22	8,000	890	0.9	0.8	0.1	1,125	1,000	674	2,799
0120		8.95	8,000	890	0.9	0.8	0.1	1,125	1,000	674	2,799
7812-0005	디젤	3.73	8,000	890	0.9	0.8	0.1	1,125	1,000	674	2,799
0007	엔진	5.22	8,000	890	0.9	0.8	0.1	1,125	1,000	674	2,799
0009		6.71	8,000	890	0.9	0.8	0.1	1,125	1,000	674	2,799
0015		11.19	8,000	890	0.9	0.8	0.1	1,125	1,000	674	2,799
0018		13.43	8,000	890	0.9	0.8	0.1	1,125	1,000	674	2,799

분류번호	규격 (kW)	내용시간	연간표준가동시간	상각비율	정비비율	연간관리비율	시간당(10^{-7})			
							상각비계수	정비비계수	관리비계수	계
0020	14.92	8,000	890	0.9	0.8	0.1	1,125	1,000	674	2,799
0035	26.11	8,000	890	0.9	0.8	0.1	1,125	1,000	674	2,799
0070	52.22	8,000	890	0.9	0.8	0.1	1,125	1,000	674	2,799
0100	74.60	8,000	890	0.9	0.8	0.1	1,125	1,000	674	2,799
0150	111.90	8,000	890	0.9	0.8	0.1	1,125	1,000	674	2,799
0200	149.20	8,000	890	0.9	0.8	0.1	1,125	1,000	674	2,799

(7830) 우레탄폼 분사용기구

분류번호	규격 (kg/min)	내용시간	연간표준가동시간	상각비율	정비비율	연간관리비율	시간당(10^{-7})			
							상각비계수	정비비계수	관리비계수	계
7830-0081	8.1	6,000	890	0.9	0.5	0.1	1,500	833	693	3,026

[주] 규격은 토출량을 기준으로 한 것이다.

(7930) 모 터

분류번호	규격 (kW)	내용시간	연간표준가동시간	상각비율	정비비율	연간관리비율	시간당(10^{-7})			
							상각비계수	정비비계수	관리비계수	계
7930-0001	0.75	12,100	980	0.9	0.25	0.1	744	207	598	1,549
0002	1.49	12,100	980	0.9	0.25	0.1	744	207	598	1,549
0003	2.24	12,100	980	0.9	0.25	0.1	744	207	598	1,549
0005	3.73	12,100	980	0.9	0.25	0.1	744	207	598	1,549
0007	5.60	12,100	980	0.9	0.25	0.1	744	207	598	1,549
0010	7.46	12,100	980	0.9	0.25	0.1	744	207	598	1,549
0015	11.19	12,100	980	0.9	0.25	0.1	744	207	598	1,549

분류 번호	규격 (kW)	내용 시간	연간 표준 가동 시간	상각 비율	정비 비율	연간 관리 비율	시간당(10^{-7})			
							상각비 계수	정비비 계수	관리비 계수	계
7930-0020	14.92	12,100	980	0.9	0.25	0.1	744	207	598	1,549
0025	18.65	12,100	980	0.9	0.25	0.1	744	207	598	1,549
0030	22.38	12,100	980	0.9	0.25	0.1	744	207	598	1,549
0040	29.84	12,100	980	0.9	0.25	0.1	744	207	598	1,549
0050	37.30	12,100	980	0.9	0.25	0.1	744	207	598	1,549
0075	55.95	12,100	980	0.9	0.25	0.1	744	207	598	1,549
0100	74.60	12,100	980	0.9	0.25	0.1	744	207	598	1,549

(7935) 모터(쉴드TBM용)

분류 번호	규격 (kW)	내용 시간	연간 표준 가동 시간	상각 비율	정비 비율	연간 관리 비율	시간당(10^{-7})			
							상각비 계수	정비비 계수	관리비 계수	계
7935-0180	180	12,100	980	0.9	0.25	0.1	744	207	598	1,549

(7950) 레일천공기

분류 번호	규격 (kW)	내용 시간	연간 표준 가동 시간	상각 비율	정비 비율	연간 관리 비율	시간당(10^{-7})			
							상각비 계수	정비비 계수	관리비 계수	계
7950-0149	1.49	6,300	800	0.9	0.65	0.1	1,429	1,032	759	3,220

(7951) 파워렌치

분류 번호	규격 (kW)	내용 시간	연간 표준 가동 시간	상각 비율	정비 비율	연간 관리 비율	시간당(10^{-7})			
							상각비 계수	정비비 계수	관리비 계수	계
7951-0066	6.6	8,000	890	0.9	0.8	0.1	1,125	1,000	674	2,799

(7952) 침목천공기

분류번호	규격 (kW)	내용시간	연간표준가동시간	상각비율	정비비율	연간관리비율	시간당(10^{-7})			
							상각비계수	정비비계수	관리비계수	계
7952-0246	2.46	6,300	800	0.9	0.65	0.1	1,429	1,032	759	3,220

(7953) 타이템퍼

분류번호	규격 (회/min)	내용시간	연간표준가동시간	상각비율	정비비율	연간관리비율	시간당(10^{-7})			
							상각비계수	정비비계수	관리비계수	계
7953-3400	3,400	3,000	890	0.9	0.35	0.1	3,000	1,167	768	4,935

(7954) 양로기

분류번호	규격 (kW)	내용시간	연간표준가동시간	상각비율	정비비율	연간관리비율	시간당(10^{-7})			
							상각비계수	정비비계수	관리비계수	계
7954-1119	11.19	8,000	890	0.9	0.8	0.1	1,125	1,000	674	2,799

(7991) 모르타르펌프

분류번호	규격	시간당(10^{-7})
7991-0050	3.73kW	4,677
0100	7.46kW	4,677
0500	37kW	4,677

(7992) 모르타르 믹서

분류번호	규격	시간당(10^{-7})
7992-0001	0.3㎥	3,708

(7993) 양수기

분류번호	규격	시간당(10^{-7})
7993-0020	1.49kW	3,375

(7994) POWER TLOWEL

분류번호	규격	시간당(10^{-7})
7994-0050	3.73kW	5,313

(7995) 배관파이프

분류번호	규격	시간당(10^{-7})
7995-0050	ø50-2.6m	5,000

8-3-9 [80]스마트 건설장비 (2024년 신설)

(8202) 3D GNSS 머신 컨트롤(MC) (굴삭기용)

분류 번호	규격 (m^3)	내용 시간	연간 표준 가동 시간	상각 비율	정비 비율	연간 관리 비율	시간당(10^{-7})			
							상각비 계수	정비비 계수	관리비 계수	계
8202-0100	1.0 (3D GNSS MC)	5,000	1,250	0.9	0.8	0.1	1,800	1,600	530	3,930

[주] 3D GNSS 머신 컨트롤의 구성품은 머신 컨트롤 장치(GNSS 이동국, 관성 측정 장치(Inertial Measurement Unit; IMU, 유압 제어 키트), 케이블 및 브라켓, 메인 통합 컨트롤러, 머신 가이던스 디스플레이 화면, 머신 컨트롤용 조종 인터페이스 등을 포함한다.

(8203) 3D GNSS 머신 가이던스(MG) (불도저용)

분류 번호	규격 (ton)	내용 시간	연간 표준 가동 시간	상각 비율	정비 비율	연간 관리 비율	시간당(10^{-7})			
							상각비 계수	정비비 계수	관리비 계수	계
8203-0019	19 ton (3D GNSS MG)	5,000	1,250	0.9	0.8	0.1	1,800	1,600	530	3,930

[주] 3D GNSS 머신 가이던스의 구성품은 GNSS 이동국, 관성 측정 장치(Inertial Measurement Unit; IMU), 케이블 및 브라켓, 메인 통합 컨트롤러, 머신 가이던스 디스플레이 화면 등이다.

(8204) 3D GNSS 머신 컨트롤 (불도우저용) (2025년 신설)

분류 번호	규격 (ton)	내용 시간	연간 표준 가동 시간	상각 비율	정비 비율	연간 관리 비율	시간당(10^{-7})			
							상각비 계수	정비비 계수	관리비 계수	계
8204-0100	3D GNSS MC	5,000	1,250	0.9	0.8	0.1	1,800	1,600	530	3,930

[주] 3D GNSS 머신 컨트롤의 구성품은 GNSS 이동국, 관성 측정 장치(Inertial Measurement Unit; IMU), 케이블 및 브라켓, 메인 통합 컨트롤러, 머신 가이던스 디스플레이 화면, 머신 컨트롤용 조종 인터페이스 등이다.

8-3-10 [90] 해상기계

(9010) 펌프 준설선

분류 번호	규격 형식	규격 출력 (kW)	내용 시간	연간 표준 가동 시간	상각 비율	정비 비율	연간 관리 비율	시간당(10^{-7}) 상각비 계수	시간당(10^{-7}) 정비비 계수	시간당(10^{-7}) 관리비 계수	계
9010-0003	비항	224	30,000	2,670	0.9	0.75	0.09	300	250	199	749
0006	SD	448	30,000	2,670	0.9	0.75	0.09	300	250	199	749
0010		746	30,000	2,670	0.9	0.75	0.09	300	250	199	749
0012		895	30,000	2,670	0.9	0.75	0.09	300	250	199	749
0020		1,492	30,000	2,670	0.9	0.75	0.09	300	250	199	749
0022		1,641	30,000	2,670	0.9	0.75	0.09	300	250	199	749
0033		2,462	30,000	2,670	0.9	0.75	0.09	300	250	199	749
0040		2,984	30,000	2,670	0.9	0.75	0.09	300	250	199	749
0044		3,282	30,000	2,670	0.9	0.75	0.09	300	250	199	749
0060		4,476	30,000	2,670	0.9	0.75	0.09	300	250	199	749
0080		5,968	30,000	2,670	0.9	0.75	0.09	300	250	199	749
0120		8,952	30,000	2,670	0.9	0.75	0.09	300	250	199	749
0200		14,920	30,000	2,670	0.9	0.75	0.09	300	250	199	749

(9020) 그래브 준설선

분류 번호	규격 형식	규격 출력 (kW)	내용 시간	연간 표준 가동 시간	상각 비율	정비 비율	연간 관리 비율	시간당(10^{-7}) 상각비 계수	시간당(10^{-7}) 정비비 계수	시간당(10^{-7}) 관리비 계수	계
9020-0010	비항 SD 0.65㎥	75	20,000	1,780	0.9	0.75	0.1	450	331	331	1,156
0015	1.00	112	20,000	1,780	0.9	0.75	0.1	450	375	331	1,156
0016	1.50	119	20,000	1,780	0.9	0.75	0.1	450	375	331	1,156
0022	3.00	164	20,000	1,780	0.9	0.75	0.1	450	375	331	1,156
0035	5.00	261	20,000	1,780	0.9	0.75	0.1	450	375	331	1,156
0050	6.00	373	20,000	1,780	0.9	0.75	0.1	450	375	331	1,156
0072	7.50	537	20,000	1,780	0.9	0.75	0.1	450	375	331	1,156
0160	12.50	1,194	20,000	1,780	0.9	0.75	0.1	450	375	331	1,156
0180	16.00	1,343	20,000	1,780	0.9	0.75	0.1	450	375	331	1,156
0200	25.00	1,491	20,000	1,780	0.9	0.75	0.1	450	375	331	1,156

[주] 규격 중 0010~0022는 경량급 버킷의 평적용량(Water Level)을 기준으로 한 것이며, 0035~0200은 중량급 버킷의 평적용량을 기준으로 한 것이다.

(9030) 예 선

분류번호	규격		내용시간	연간표준가동시간	상각비율	정비비율	연간관리비율	시간당(10^{-7})			
	형식	출력(kW)						상각비계수	정비비계수	관리비계수	계
9030-0016	SD 10ton	119	28,000	1,430	0.9	0.8	0.1	321	286	401	1,008
0018	40ton	134	28,000	1,430	0.9	0.8	0.1	321	286	401	1,008
0025	50ton	187	28,000	1,430	0.9	0.8	0.1	321	286	401	1,008
0035	65ton	261	28,000	1,430	0.9	0.8	0.1	321	286	401	1,008
0045	80ton	336	28,000	1,430	0.9	0.8	0.1	321	286	401	1,008
0050	90ton	373	28,000	1,430	0.9	0.8	0.1	321	286	401	1,008
0080	120ton	597	28,000	1,430	0.9	0.8	0.1	321	286	401	1,008
0100	150ton	746	28,000	1,430	0.9	0.8	0.1	321	286	401	1,008
0240		1,790	28,000	1,430	0.9	0.8	0.1	321	286	401	1,008

(9040) 양묘선(앵커바지)

분류번호	규격		내용시간	연간표준가동시간	상각비율	정비비율	연간관리비율	시간당(10^{-7})			
	형식	출력(kW)						상각비계수	정비비계수	관리비계수	계
9040-0010	SD	7.5	28,800	1,430	0.9	0.8	0.1	313	278	400	991
0030		22.4	28,800	1,430	0.9	0.8	0.1	313	278	400	991
0050		37.3	28,800	1,430	0.9	0.8	0.1	313	278	400	991
0060		44.8	28,800	1,430	0.9	0.8	0.1	313	278	400	991
0100		74.6	28,800	1,430	0.9	0.8	0.1	313	278	400	991
0120		89.5	28,800	1,430	0.9	0.8	0.1	313	278	400	991
0200		149.2	28,800	1,430	0.9	0.8	0.1	313	278	400	991
0250		186.5	28,800	1,430	0.9	0.8	0.1	313	278	400	991
0300		223.8	28,800	1,430	0.9	0.8	0.1	313	278	400	991
0380		283.5	28,800	1,430	0.9	0.8	0.1	313	278	400	991
0680		507.3	28,800	1,430	0.9	0.8	0.1	313	278	400	991

(9050) 기중기선(비자항)

분류번호	규격		내용시간	연간표준가동시간	상각비율	정비비율	연간관리비율	시간당(10⁻⁷)			
	형식	출력(kW)						상각비계수	정비비계수	관리비계수	계
9050-0075	SD 15ton 달기	56.0	19,200	1,430	0.9	0.75	0.1	469	391	408	1,268
0150		30ton	111.9	19,200	1,430	0.9	0.75	0.1	469	391	408	1,268
0450		60ton	335.7	19,200	1,430	0.9	0.75	0.1	469	391	408	1,268
0750		120ton	559.5	19,200	1,430	0.9	0.75	0.1	469	391	408	1,268
0850		150ton	634.1	19,200	1,430	0.9	0.75	0.1	469	391	408	1,268

(9060) 토운선

분류번호	규격		내용시간	연간표준가동시간	상각비율	정비비율	연간관리비율	시간당(10⁻⁷)			
	형식	출력(kW)						상각비계수	정비비계수	관리비계수	계
9060-	SD										
0060	60m³			19,200	1,430	0.9	0.75	0.1	469	391	408	1,268
0100	100m³			19,200	1,430	0.9	0.75	0.1	469	391	408	1,268
0200	200m³			19,200	1,430	0.9	0.75	0.1	469	391	408	1,268
0300	300m³			19,200	1,430	0.9	0.75	0.1	469	391	408	1,268
0500	500m³			19,200	1,430	0.9	0.75	0.1	469	391	408	1,268
0600	600m³			19,200	1,430	0.9	0.75	0.1	469	391	408	1,268

(9070) 이우선(비자항)

분류번호	규격		내용시간	연간표준가동시간	상각비율	정비비율	연간관리비율	시간당(10⁻⁷)			
	형식(대선/달기)	출력(kW)						상각비계수	정비비계수	관리비계수	계
9070-0015	50ton, 5ton	11.19	16,000	1,430	0.9	0.7	0.1	563	438	413	1,414
0020	80ton, 8ton	14.92	16,000	1,430	0.9	0.7	0.1	563	438	413	1,414

(9080) 대 선

분류 번호	규격		내용 시간	연간 표준 가동 시간	상각 비율	정비 비율	연간 관리 비율	시간당(10^{-7})			
	형식	출력 (kW)						상각비 계수	정비비 계수	관리비 계수	계
9080-0050	SD 50ton		19,200	1,430	0.9	0.7	0.1	469	365	408	1,242
0080	80ton		19,200	1,430	0.9	0.7	0.1	469	365	408	1,242
0100	100ton		19,200	1,430	0.9	0.7	0.1	469	365	408	1,242
0120	120ton		19,200	1,430	0.9	0.7	0.1	469	365	408	1,242
0150	150ton		19,200	1,430	0.9	0.7	0.1	469	365	408	1,242
0200	200ton		19,200	1,430	0.9	0.7	0.1	469	365	408	1,242
0300	300ton		19,200	1,430	0.9	0.7	0.1	469	365	408	1,242
0500	500ton		19,200	1,430	0.9	0.7	0.1	469	365	408	1,242
0700	700ton		19,200	1,430	0.9	0.7	0.1	469	365	408	1,242
1000	1,000ton		19,200	1,430	0.9	0.7	0.1	469	365	408	1,242
1100	1,100ton		19,200	1,430	0.9	0.7	0.1	469	365	408	1,242
1400	1,400ton		19,200	1,430	0.9	0.7	0.1	469	365	408	1,242
1500	1,500ton		19,200	1,430	0.9	0.7	0.1	469	365	408	1,242
1750	1,750ton		19,200	1,430	0.9	0.7	0.1	469	365	408	1,242
2000	2,000ton		19,200	1,430	0.9	0.7	0.1	469	365	408	1,242
3000	3,000ton		19,200	1,430	0.9	0.7	0.1	469	365	408	1,242

(9090) 하천골재채취선

분류 번호	규격		내용 시간	연간 표준 가동 시간	상각 비율	정비 비율	연간 관리 비율	시간당(10^{-7})			
	형식	출력 (kW)						상각비 계수	정비비 계수	관리비 계수	계
9090-0800		597	30,000	2,670	0.9	0.85	0.1	300	283	221	804
1000		746	30,000	2,670	0.9	0.85	0.1	300	283	221	804
1200		895	30,000	2,670	0.9	0.85	0.1	300	283	221	804
1300		970	30,000	2,670	0.9	0.85	0.1	300	283	221	804
1400		1,044	30,000	2,670	0.9	0.85	0.1	300	283	221	804
1500		1,119	30,000	2,670	0.9	0.85	0.1	300	283	221	804
1600		1,194	30,000	3,000	0.9	0.85	0.1	300	283	221	804

8-4 운전경비 산정 (2015 · 2016 · 2017년 보완)
8-4-1 [00] 토공기계

분류번호	기계명	규격	주연료 (ℓ/hr)	잡재료 (주연료의 %)	조종원 (인/일)	비고
0101-0007	불도저(무한궤도)	7ton	9.0	16%	1	
0010		10	12.5	16	1	
0012		12	14.6	16	1	
0019		19	25.0	16	1	
0032		32	41.6	16	1	
0102-0015	불도저(타이어)	15ton	19.2	50	1	
0028		28	36.0	50	1	
0033		33	42.4	50	1	
0121-0004	습지 불도저	4ton	5.4	23	1	
0013		13	14.6	23	1	
0201-0012	굴삭기(무한궤도)	0.12㎥	3.2	21	1	
0020		0.2	5.0	21	1	
0040		0.4	9.9	22	1	
0060		0.6	10.2	22	1	
0070		0.7	11.6	22	1	
0080		0.8	15.3	22	1	
0100		1.0	19.5	22	1	
0120		1.2	20.2	22	1	
0200		2.0	32.8	22	1	
0211-0018	굴삭기(타이어)	0.18㎥	5.6	24	1	
0060		0.6	11.6	24	1	
0080		0.8	16.3	24	1	
0100		1.0	20.5	24	1	
0221-0040	습지굴삭기 (무한궤도)	0.4㎥	9.5	15	1	
0070		0.7	11.0	15	1	
0260-0355	트랜처	3.55톤	6.7	34	1	
0301-0057	로더(무한궤도)	0.57㎥	4.8	21	1	
0076		0.76	6.3	21	1	
0095		0.95	7.4	21	1	

분류번호	기계명	규격	주연료 (ℓ/hr)	잡재료 (주연료의 %)	조종원 (인/일)	비고
0301-0115	로더(무한궤도)	1.15	9.5	21	1	
0134		1.34	11.3	21	1	
0153		1.53	13.3	21	1	
0172		1.72	14.6	21	1	
0287		2.87	25.3	21	1	
0302-0025	로더(타이어)	0.25m³	3.3	44	1	
0057		0.57	3.5	44	1	
0095		0.95	6.2	44	1	
0134		1.34	7.7	44	1	
0172		1.72	9.8	44	1	
0229		2.29	13.3	44	1	
0287		2.87	16.4	44	1	
0350		3.5	19.9	44	1	
0500		5.0	29.4	44	1	
0406-0054	스크레이퍼(자주식)	5.4m³	19.5	22	1	
0115		11.5	41.6	22	1	
0161		16.1	53.6	22	1	
0206		20.6	63.0	22	1	
0502-0036	모터그레이더(일반용)	3.6m	16.2	39	1	
0503-0036	모터그레이더(사리도)	3.6m	16.2	113	1	
0602-0025	덤프트럭	2.5ton	2.9	38	1	
0045		4.5	5.0	38	1	
0060		6	8.0	38	1	
0080		8	9.3	38	1	
0105		10.5	14.1	38	1	
0150		15	15.9	38	1	
0200		20	20.0	38	1	
0240		24	23.0	38	1	
0320		32	29.1	38	1	

8-4-2 [10] 다짐기계

분류번호	기계명	규격	주연료 (ℓ/hr)	잡재료 (주연료의 %)	조종원 (인/일)	비고
1106-0010	머캐덤 롤러(자주식)	8~10ton	7.6	18	1	
0012		10~12	9.3	18	1	
0015	머캐덤 롤러(자주식)	12~15ton	10.9	18	1	
1206-0008	탠덤 롤러(자주식)	5~8ton	5.0	18	1	
0010		8~10	6.8	18	1	
0014		10~14	8.4	18	1	
1209-0001	탠덤 롤러	1ton	2.5	8	1	
0002	(진동자주식)	2	4.1	8	1	
0004		4	8.2	8	1	
0006		6	10.2	8	1	
0007		7	11.2	8	1	
0008		8	11.2	8	1	
0013		13	16.8	8	1	
1305-0007	진동롤러(핸드가이드식)	0.7ton	2.2	13	1	
1306-0025	진동 롤러(자주식)	2.5ton	2.3	13	1	
0044		4.4	3.2	13	1	
0060		6	11.6	30	1	
0100		10	14.4	30	1	
0120		12	15.8	30	1	
1406-0008	타이어롤러	5~8ton	4.9	23	1	
0015	(자주식)	8~15	8.0	23	1	
0025		15~25	10.0	23	1	
1506-0011	양족식롤러	11ton	11.3	18	1	
0012	(자주식)	12	13.7	18	1	
0015		15	22.5	18	1	
0019		19	27.2	18	1	
0025		25	27.2	18	1	
0030		30	32.6	18	1	
0032		32	35.2	18	1	
0037		37	41.4	18	1	
1630-0080	래머	80kg	휘발유0.7	10	1	
1730-0015	플레이터콤펙터	1.5ton	휘발유1.0	20	1	

8-4-3 [20] 운반 및 하역기계

분류번호	기계명	규격	주연료 (ℓ/hr)	잡재료 (주연료의 %)	조종원 (인/일)	비고
2101-0010	크레인 (무한궤도)	10ton(0.29)	5.8	20	1	
0015		15(0.38)	7.2	20	1	
0020		20(0.57)	8.6	20	1	
0025		25(0.76)	9.6	20	1	
0030		30(1.15)	10.5	20	1	
0035		35(1.33)	11.2	20	1	
0040		40(1.53)	11.5	20	1	
0050		50(1.91)	12.0	20	1	
0070		70(2.29)	17.2	20	1	
0080		80(2.68)	19.1	20	1	
0100		100	23.9	20	1	
0150		150	24.4	20	1	
0220		220	25	20	1	
0280		280	28	20	1	
0300		300	28	20	1	
2104-0010	크레인(타이어)	10ton	3.8	39	1	
0015		15	4.7	39	1	
0020		20	5.4	39	1	
0025		25	6.1	39	1	
0030		30	7.7	39	1	
0035		35	7.7	39	1	
0040		40	8.5	57	1	
0045		45	10.0	57	1	
0050		50	10.0	57	1	
0060		60	10.6	57	1	
0070		70	12.3	57	1	
0080		80	12.3	57	1	
0100		100	15.9	57	1	

분류번호	기계명	규격	주연료 (ℓ/hr)	잡재료 (주연료의 %)	조종원 (인/일)	비고
2104-0130	크레인(타이어)	130ton	17.7	63	1	
0160		160	19.6	63	1	
0200		200	22	63	1	
0220		220	22	63	1	
0250		250	24	63	1	
0300		300	24	63	1	
2105-0002	트럭탑재형 크레인	2ton	2.9	20	1	
0003		3	3.1	20	1	
0005		5	5.1	20	1	
0010		10	10.3	20	1	
0015		15	11	20	1	
0018		18	11.3	20	1	
2106-0002	고소작업차	2ton	2.9	20	1	
0003		3	3.1	20	1	
0005		5	5.1	20	1	
2107-0005	터널용고소작업차	0.5ton	5.1	20	1	
2208-5008	타워크레인	50×8	–	–	1	
5010		50×10	–	–	1	
5012		50×12	–	–	1	
5016		50×16	–	–	1	
5020		50×20	–	–	1	
2330-0005	디젤기관차	5ton	3.5	20.2	1	
0007		7	4.2	20.2	1	
2402-0001	경운기	1ton	1.3	20	1	
2502-0020	지게차	2.0ton	4.0	37	1	
0025		2.5	4.0	37	1	
0035		3.5	5.7	37	1	
0050		5.0	5.7	37	1	
0075		7.5	6.6	37	1	
2602-0015	트랙터(타이어)	1.5ton	4.5	29	1	
0025		2.5	6.8	29	1	
0035		3.5	9.2	29	1	

분류번호	기계명	규격	주연료 (ℓ/hr)	잡재료 (주연료의 %)	조종원 (인/일)	비고
2602-0045	트렉터(타이어)	4.5	11.3	29	1	
2702-0020	트럭트랙터 및 평판트레일러	20ton	16.5	39	1	
0030		30	17.2	39	1	
0040		40	20.5	39	1	
0060		60	26.3	39	1	

8-4-4 [30] 포장기계

분류번호	기계명	규격	주연료 (ℓ/hr)	잡재료 (주연료의 %)	조종원 (인/일)	비고
3108-0040	아스팔트믹싱 플랜트	40ton/hr(80kW)	중유487.2	–	2	
0060		60(120)	614.7	–	2	
0080		80(160)	678.4	–	2	
0100		100(200)	746.7	–	2	
0120		120(240)	819.6	–	2	
3201-0001	아스팔트 피니셔	1.7m	7	7	1	
0003		3m	13	7	1	
3302-0030	아스팔트 디스트리뷰터	3,000 ℓ	8.9	25	1	
0038		3,800	10.9	25	1	
0047		4,700	11.3	25	1	
0057		5,700	14.3	25	1	
3430-0030	아스팔트스프레어	300 ℓ	휘발유0.8	6	1	
0040		400	휘발유1.2	6	1	
3450-0642	현장가열표층재생기	479kW	73.7+ 휘발유54.5	20	7	
3530-0015	스테이빌라이저 (안정기)	1.5	17.0	27	1	
0036		3.6m	35.0	27	1	
3601-0102	콘크리트피니셔(포장용)	74.6kW	9.6	14	1	
0202		160.4	20.6	14	1	
0204		186.5	24.0	14	1	
0302		224.0	28.9	14	1	
0402		299.9	38.7	14	1	
3611-0142	콘크리트피니셔 (중앙분리대용)	105.9kW	10.6	18	1	

분류번호	기계명	규격	주연료 (ℓ/hr)	잡재료 (주연료의 %)	조종원 (인/일)	비고
3701-0200	콘크리트스프레더	7.95m	12.7	18	1	
3801-0795	콘크리트조면 마무리기	7.95m	3.9	18	1	
0120		12	휘발유5.1	6	1	
3805-0120	콘크리트롤러페이버	12m	휘발유4.1	6	1	
3901-0300	슬러리실 기계	3.0~3.8m	23.4	29	1	

8-4-5 [40] 콘크리트기계

분류번호	기계명	규격	주연료 (ℓ/hr)	잡재료 (주연료의 %)	조종원 (인/일)	비고
4108-0060	콘크리트배치 플랜트	60㎥/hr(96kW)	—	—	1	
0090		90(144)	—	—	1	
0120		120(160)	—	—	1	
0150		150(177)	—	—	1	
0180		180(213)	—	—	1	
0210		210(233)	—	—	1	
4205-0010	콘크리트 믹서	0.1㎥	휘발유1.3	2	1	
0017		0.17	휘발유1.3	2	1	
0020		0.20	휘발유1.5	2	1	
0030		0.30	휘발유2.0	2	1	
0040		0.40	휘발유3.9	2	1	
0045		0.45	휘발유3.9	2	1	
4304-0060	콘크리트 믹스트럭	6.0㎥	13.0	44	1	
0061		6.0(L)	13.0	44	1	
4430-0400	커터	320~400mm	휘발유5.6	20	1	
4504-0021	콘크리트펌프차	21m	14.7	35	1	
0028		28	15.3	35	1	
0032		32	17.3	35	1	
0036		36	17.7	35	1	
0041		41	23.3	35	1	
0043		43	26.3	35	1	
0047		47	26.3	35	1	
0052		52	31.0	35	1	
4506-0200	초고압펌프	200(kg/㎠)	7.6	16	—	
0400		400	21.7	16	—	
4611-0350	콘크리트진동기	45ø	휘발유1.0	10	—	

8-4-6 [50] 골재생산기계 등

분류번호	기계명	규격	주연료 (ℓ/hr)	잡재료 (주연료의 %)	조종원 (인/일)	비고
5105-0050	크러셔(이동식)	50ton/hr(93kW)	-	-	1	
0100		100(155)	-	-	1	
0150		150(260)	-	-	1	
0200		200(326)	-	-	1	
5119-0625	골재세척설비	15kW (62.5㎥/hr)	-	-	1	
5205-0035	공기압축기	3.5㎥/min	6.2	16	1	
0071	(이동식)	7.1	10.0	16	1	
0103	공기압축기	10.3	14.2	16	1	
0170	(이동식)	17.0	23.5	16	1	
0210		21.0	27.6	16	1	
0255		25.5	32.3	16	1	
5401-0015	크롤러드릴	15(120㎜)	-	-	1	
0017	(공기식)	17(120㎜)	-	-	1	
5405-0110	크롤러드릴	110kW	18.6	23	1	
0150	(탑승유압식)	150	25.7	23	1	
5701-0010	노면파쇄기	1.0m	13.9	16	1	
0020		2.0m	52.7	16	1	
5801-0045	터널전단면굴착기	4.5m	동력330kW	10	-	
5805-0002	점보드릴	2붐	135kW	6	1	
0003		3	239	10	1	

8-4-7 [60] 기초공사용 기계

분류번호	기계명	규격	주연료 (ℓ/hr)	잡재료 (주연료의 %)	조종원 (인/일)	비고
6330-0015	디젤파일해머	1.5ton	7.3	36	1	
0022		2.2	11.8	36	1	
0032		3.2	15.5	36	1	
0040		4.0	20.0	36	1	
6540-0131	워터젯트	96kW	25.0	18	-	
6630-0003	유압파일해머	3ton	15.4	18	-	
0005		5	19.3	18	-	
0007		7	24.0	18	-	
0010		10	31.8	18	-	
0013		13	42.3	18	-	
6701-0147	PBD천공기	147kW(38m)	29.8	15	1	
0184	(유압식)	184kW(53m)	37.5	15	1	
6801-0010	고압분사전용장비	20ton	16.3	16	1	
6802-0040	파일천공전용장비	40ton	9.02	20	1	
0060		60	13.30	20	1	
0100		100	18.69	20	1	
0120		120	20.61	20	1	
0135		135	21.85	20	1	
0160		160	23.85	20	1	
6803-0100	다짐말뚝전용장비	100ton	12	20	1	
0120		120	19.1	20	1	

8-4-8 [70] 기타기계 (2024년 보완)

분류번호	기계명	규격	주연료 (ℓ/hr)	잡재료 (주연료의 %)	조종원 (인/일)	비고
7101-0450	고성능착정기	335.70kW	39.5	50	1	
7106-0035	골재살포기(자주식)	3.5m	3.2	24	1	
7110-0013	진공흡입준설차	13ton(3.00m³적)	15.2	40	1	
0025		25ton(7.64m³적)	27.6	40	1	
7120-0746	버킷식준설기	7.46kW	1.3	20	1	
7202-0008	자동세륜기 (롤타입)	2,200×5,150 ×1,000	동력 15.1kW	–	–	
0010		2,650×5,160 ×1,000	동력 15.1kW			
7204-0018	물탱크(살수차)	1,800 ℓ	8.2	30	1	
0038		3,800	8.6	30	1	
0055		5,500	9.3	30	1	
0065		6,500	9.4	30	1	
0160		16,000	12.9	30	1	
7205-0125	이동식임목파쇄기	93.25kW	–	–	1	
0475		354.35	80.9	24	1	
0540		402.84	95.8	24	1	
7210-0485	동력분무기	4.85kW	휘발유-1.3	20	–	
7330-0010	라인마커	10km/hr	20.7	4	1	
7360-0055	차선제거기	4.10kW	휘발유3.38	20	1	
0090		6.71kW	휘발유5.53	20	1	
7505-0025	발전기	25kW	4.3	24	1	
0050		50	8.7	24	1	
0100		100	17.4	24	1	
0125		125	19.4	24	1	
0150		150	23.0	24	1	
0200		200	30.6	24	1	
0250		250	38.3	24	1	

분류번호	기계명	규격	주연료 (ℓ/hr)	잡재료 (주연료의 %)	조종원 (인/일)	비고
7505-0350	발전기	350	53.6	24	1	
0450		450	68.9	24	1	
0500		500	76.6	24	1	
0700		700	107.3	24	1	
7811-0025	엔진(가솔린)	1.87kW	휘발유0.5	20	-	
0030		2.24	0.6	20	-	
0040		2.98	0.8	20	-	
0045		3.36	0.9	20	-	
0070		5.22	1.4	20	-	
0120		8.95	2.4	20	-	
7812-0005	엔진(디젤)	3.73kW	0.5	16	-	
0007		5.22	0.8	16	-	
0009		6.71	1.0	16	-	
0015		11.19	1.6	16	-	
0018		13.43	2.0	16	-	
0020		14.92	2.2	16	-	
0035		26.11	3.8	16	-	
0070		52.22	7.6	16	-	
0100		74.60	10.8	16	-	
0150		111.90	16.3	16	-	
0200		149.20	21.7	16	-	
7954-1119	양로기	11.19kW	1.6	16	1	
7991-0050	모르타르펌프	3.73kW	3.73kW	-	-	
0100		7.46kW	7.46kW	-	-	
0500		37kW	37kW	-	-	
7992-0001	모르타르 믹서	0.3m³	1.87kW 휘발유1.3	2	-	
7993-0020	양수기	1.49kW	1.49kW	-	-	
7994-0050	POWER TROWEL	3.73kW	휘발유1	10	-	

[주] ① 휘발유 및 경유
   ㉮ 시간당 소비량을 말하며 엔진부하율(Load Factor) 70~80%, 실작업시간은 50/60을 각각 기준으로 하여 산정한 것이다.
   ㉯ 보조엔진에 사용되는 유류는 위의 표에 포함되어 있다.
   ㉰ 주연료란에 휘발유 및 중유로 표시되지 아니한 것은 경유를 말한다(해상장비 포함).
② 엔진유, 기어유, 유압유, 구리스, 넝마 등 잡재료는 크랑크케이스용량, 피스톤 및 링의 상태, 기어박스의 용량, 오일의 교환시간 등을 고려하여 보충량을 포함한 시간당 소비량을 주연료비의 비율로 표기한 것이다.
③ 삽날, 귀삽날, 타이어, 티스의 소모율은 잡재료에 포함되었다.
④ 크러셔(정치식)의 운전경비는 크러셔(이동식)의 운전경비를 준용한다.
⑤ 불도저 및 굴삭기에 리퍼, 브레이커, 부착용집게를 조합하여 사용할 때는 불도저 및 굴삭기의 잡재료 비율을 16%로 계상하고, 리퍼, 브레이커, 부착용 집게의 손료 및 치즐 소모율을 추가하는 것이다.
⑥ 타워크레인의 연료 소모량은 별도 계상한다.

8-4-9 [90] 해상기계

(9010) 펌프준설선

명 칭	단위	규격											비고
		kW 224	kW 448	kW 746	kW 895	kW 1,492	kW 1,641	kW 2,462	kW 2,984	kW 3,282	kW 4,476	kW 5,968	kW 8,952	kW 14,920	
주 연 료	ℓ/hr	50.1	101.9	163.1	222.8	370.0	409.0	560.2	649.4	753.8	1,268	1,690	2,291.9	3,819.9	
잡 재 료	%	36	27	27	27	23	23	23	23	23	23	23	13~18	13~18	주연료의 %
준설선 선장	인	1	1	1	1	1	1	1	1	1	1	1	1	
준설선 기관사	〃	2	2	2	3	3	3	3	3	3	3	3	3	
준설선 운전사	〃	2	2	2	2	2	2	2	2	2	2	2	2	
선 원	〃	3	3	4	4	4	4	4	5	5	6	6	6	8	

(9020) 그래브 준설선

명 칭	단위	규격									비고
		0.65m³ 75kW	1.00m³ 112kW	1.50m³ 119kW	3.0m³ 164kW	5.0m³ 261kW	6.0m³ 373kW	7.50m³ 537kW	12.5m³ 1,194kW	16.0m³ 1,343kW	25.0m³ 1,491kW	
주 연 료	ℓ/hr	12.7	19.1	20.4	28.0	67.9	79.9	91.7	203.7	224.2	250.5	
잡 재 료	%	63	63	63	54	54	27	27	23	23	23	주연료의 %
준설선 선장	인	1	1	1	1	1	1	1	1	1	1	
준설선 기관사	〃	-	1	1	2	2	2	2	3	3	3	
준설선 운전사	〃	1	1	1	1	1	1	1	1	1	1	
선 원	〃	2	2	2	2	2	3	3	3	3	3	

[주] 주연료는 주기관의 연료이며 잡재료에는 윤활유, 구리스, 작동유, 넝마 및 보조기관용 연료 등이 포함되어 있다.

(9030) 예 선

명 칭	단위	규격								비고
		kW 119	kW 134	kW 187	kW 261	kW 336	kW 373	kW 597	kW 746	kW 1,790	
주 연 료	ℓ/hr	23.2	26.2	36.4	50.9	65.5	72.8	116.4	145.5	349.2	
잡 재 료	%	45	45	36	36	32	32	27	27	18	주연료의 %
선 원	인	3	3	3	3	3	3	4	4	4	

(9040) 양묘선(앵커바지)

명 칭	단위	규 격										비고
		1ton 7.5 (kW)	2ton 22.4 (kW)	3ton 37.3 (kW)	4ton 44.8 (kW)	10ton 74.6 (kW)	12ton 89.5 (kW)	20ton 149.2 (kW)	25ton 186.5 (kW)	30ton 223.8 (kW)	40ton 283.5 (kW)	70ton 507.3 (kW)	
주연료	ℓ/hr	1.3	3.8	7.1	7.6	12.7	15.3	25.5	31.8	38.1	48.3	86.3	
잡재료	%	63	63	63	63	63	63	63	63	63	63	63	주연료의 %
선원	인	2	2	2	2	2	2	3	3	3	3	3	

(9050) 기중기선(비자항)

명 칭	단위	규격					비고
		15ton달기 56.0kW	30ton달기 111.9kW	60ton달기 335.7kW	120ton달기 559.5kW	150ton달기 634.1kW	
주 연 료	ℓ/hr	9.5	19.1	57.3	95.5	108.3	
잡 재 료	%	81	73	63	58	56	주연료의 %
건설기계운전사	인	1	1	1	1	1	
선 원	인	2	2	3	4	4	

(9060) 토운선

명 칭	단위	규격						비고
		S60m³적	S100m³적	S200m³적	S300m³적	S500m³적	S600m³적	
주 연 료	ℓ/hr	-	-	-	-	-	-	
잡 재 료	%	-	-	-	-	-	-	주연료의 %
선 원	인	1	1	1	1	1	1	

[주] 토운선 개폐에 대한 주연료 및 잡재료비는 별도 계상한다.

(9070) 이우선(비자항) (2011년 보완)

명 칭	단위	규 격				비고
		1ton 3.73kW	3ton 7.46kW	5ton 11.19kW	8ton 14.92kW	
주연료	ℓ/hr	0.6	1.3	1.9	2.5	
잡재료	%	81	73	63	63	주연료의 %
선 원	인	−	−	−	−	

(9080) 대 선

명칭	단위	규격														비고
		S 50 ton 적	S 80 ton 적	S 100 ton 적	S 120 ton 적	S 150 ton 적	S 200 ton 적	S 300 ton 적	S 500 ton 적	S 700 ton 적	S 1,000 ton 적	S 1,100 ton 적	S 1,400 ton 적	S 1,500 ton 적	S 1,750 ton 적	S 2,000 ton 적	S 3,000 ton 적	
주연료	ℓ/hr	−	−	−	−	−	−	−	−	−	−	−	−	−	−	−	−	
잡재료	%	−	−	−	−	−	−	−	−	−	−	−	−	−	−	−	−	주연료의 %
고급선원	인	1	1	1	2	2	2	2	2	2	2	2	2	2	2	2	2	

(9090) 하천골재채취선

명 칭	단위	규격							비고
		kW597	kW746	kW895	kW970	kW1,044	kW1,119	kW1,194	
주 연 료	ℓ/hr	123.8	152.4	208.3	225.4	242.6	259.8	276.9	
잡 재 료	%	29	29	25	25	25	25	25	주연료의 %
준설선 기관사	〃	1	1	1	1	1	1	1	
준설선 운전사	〃	1	1	1	1	1	1	1	
선 원	〃	1	1	1	1	1	1	1	

[주] 잡재료는 윤활유, 구리스, 작동유 이외에 케이싱, 임펠라 등의 소모품비도 포함되어 있다.

8-5 기계가격 (2025년 보완)
8-5-1 [00] 토공기계

기 종	분류번호	가 격 ₩(천원)	기 종	분류번호	가 격 ₩(천원)
불도저 (무한궤도)	0101-0007	73,892	대형브레이커	0230-0006	13,787
	0010	161,250		0007	16,817
	0012	185,580		0008	22,031
	0019	189,332		0010	27,909
	0032	256,354	유압식 진동콤팩터 (굴삭기 부착용)	0240-0007	11,386
불도저 (타이어)	0102-0015	154,841	압쇄기 (펄버라이저)	0250-0080	23,365
	0028	286,114		0100	27,787
	0033	362,697	트랜쳐	0260-0355	256,808
유압식 리퍼	0103-0016	13,479	로더 (무한궤도)	0301-0057	46,183
	0019	17,033		0076	60,384
	0023	18,880		0095	73,993
	0027	21,988		0115	87,673
	0032	26,705		0134	100,059
습지 불도저	0121-0004	43,260		0153	111,856
	0013	162,028		0172	122,686
굴삭기 (무한궤도)	0201-0012	44,250		0287	194,272
	0020	64,267	로더 (타이어)	0302-0025	29,626
	0040	82,625		0057	34,714
	0060	109,310		0095	45,060
	0070	115,116		0134	89,443
	0080	127,443		0172	114,868
	0100	138,873		0229	125,961
	0120	176,857		0287	149,385
	0200	303,694		0350	181,315
굴삭기 (타이어)	0211-0018	68,088		0500	310,000
	0060	116,118	스크레이퍼 (자주식)	0406-0054	98,358
	0080	135,400		0115	182,974
	0100	140,633		0161	242,197
습지굴삭기 (무한궤도)	0221-0040	97,533		0206	306,453
	0070	157,234			
대형브레이커	0230-0002	4,434			
	0004	8,125			

8-5-1 [00] 토공기계

기 종	분류번호	가 격 ₩(천원)
스크레이퍼 (피견인식)	0407-0054	32,684
	0092	42,540
	0107	56,968
	0161	79,158
	0206	112,450
모터그레이더 (일반용)	0502-0036	300,000
모터그레이더 (사리도)	0503-0036	255,940
덤프트럭	0602-0025	21,572
	0045	25,185
	0060	27,521
	0080	36,694
	0105	51,844
	0150	88,973
	0200	124,965
	0240	145,014
	0320	207,130
덤프트럭 자동덮개시설	0610-0150	1,604
	0200	1,732
	0240	1,861

8-5-2 [10] 다짐기계

기 종	분류번호	가 격 ₩(천원)
머캐덤롤러 (자주식)	1106-0010	55,074
	0012	68,759
	0015	77,120
탠덤롤러 (자주식)	1206-0008	46,748
	0010	48,577
	0014	56,021
탠덤롤러 (진동자주식)	1209-0001	10,637
	0002	19,194
	0004	43,611
	0006	64,039
	0007	82,347
	0008	86,708
	0013	145,695
진동롤러 (핸드가이드식)	1305-0007	6,733
진동롤러 (자주식)	1306-0025	17,893
	0044	20,937
	0060	61,410
	0100	92,722
	0120	100,333
타이어롤러 (자주식)	1406-0008	60,826
	0015	95,173
	0025	135,235
양족식롤러 (자주식)	1506-0011	108,125
	0012	122,178
	0015	140,682
	0019	202,584
	0025	255,796
	0030	306,940
	0032	328,971
	0037	384,046
래머	1630-0080	1,370
플레이트콤펙터	1730-0015	1,617

8-5-3 [20] 운반 및 하역기계

기 종	분류번호	가 격 ₩(천원)	기 종	분류번호	가 격 ₩(천원)
크레인 (무한궤도)	2101-0010	76,836	트럭탑재형 크레인	2105-0010	86,757
	0015	126,625		0015	112,752
	0020	161,604		0018	119,553
	0025	186,931	고소작업차	2106-0002	40,010
	0030	242,405		0003	65,322
	0035	319,171		0005	138,119
	0040	321,421	터널용고소작업차	2107-0005	86,111
	0050	435,347	리더(고정형)	2115-0024	25,380
	0070	494,752		0031	32,784
	0080	626,828		0036	38,071
	0100	683,362	리더(회전형)	2116-00031	82,461
	0150	965,718		0036	87,748
	0220	1,243,509	케이싱	2117-0022	1,207
	0280	2,308,777		0027	1,478
	0300	2,836,279	스킵버킷	2118-0010	9,936
크레인 (타이어)	2104-0010	134,000	타워크레인	2208-5008	285,829
	0015	182,749		5010	351,143
	0020	229,276		5012	415,671
	0025	282,532		5016	497,000
	0030	324,232		5020	694,273
	0035	336,201	건설용리프트(인화물용)	2210-0145	24,404
	0040	387,342	디젤기관차	2330-0005	13,141
	0045	426,176		0007	18,403
	0050	511,858	경운기	2402-0001	2,019
	0060	563,290	지게차	2502-0020	24,458
	0070	663,591		0025	26,816
	0080	825,317		0035	33,468
	0100	982,277		0050	46,922
	0130	1,323,712		0075	62,696
	0160	1,771,738	트랙터 (타이어)	2602-0015	10,766
	0200	1,854,367		0025	15,741
	0220	2,291,039		0035	19,515
	0250	2,672,880		0045	25,048
	0300	3,686,778	트럭트랙터 및 평판트레일러	2702-0020	65,504
트럭탑재형 크레인	2105-0002	32,918		0030	88,264
	0003	36,530		0040	116,448
	0005	39,750		0060	163,025

8-5-4 [30] 포장기계

기 종	분류번호	가 격 ₩(천원)
아스팔트믹싱플랜트	3108-0040	335,350
	0060	441,849
	0080	566,600
	0100	684,375
	0120	761,250
아스팔트피니셔	3201-0001	211,750
	0003	235,493
아스팔트디스트리뷰터	3302-0030	48,369
	0038	60,405
	0047	72,136
	0057	82,337
아스팔트스프레이어	3430-0300	2,223
	0400	3,025
현장가열표층재생기	3450-0642	4,433,492
스테이빌라이저 (안정기)	3530-0015	111,992
	0036	142,488
콘크리트피니셔 (포장용)	3601-0102	165,150
	0202	287,385
	0204	483,625
	0302	682,540
	0402	770,319
콘크리트피니셔 (중앙분리대용)	3611-0142	247,636
콘크리트스프레더	3701-0200	362,696
콘크리트조면마무리기	3801-0795	75,622
	0120	81,924
콘크리트롤러페이버	3805-0120	82,010
슬러리실기계	3901-0300	261,302

8-5-5 [40] 콘크리트기계

기 종	분류번호	가 격 ₩(천원)
콘크리트배치플랜트	4108-0060	198,320
	0090	266,078
	0120	368,002
	0150	441,563
	0180	445,833
	0210	515,667
사일로 (SILO)	4115-0100	31,004
	0150	38,405
	0200	45,808
	0300	53,208
콘크리트믹서	4205-0010	1,817
	0017	3,095
	0020	3,640
	0030	4,380
	0040	5,010
	0045	5,638
콘크리트믹서트럭	4304-0060	85,083
	0061	85,729
커터	4430-0400	3,118
콘크리트펌프차	4504-0021	185,850
	0028	228,691
	0032	268,750
	0036	334,167
	0041	346,833
	0043	436,500
	0047	482,143
	0052	506,333
콘크리트펌프	4505-0015	50,309
	0026	71,637
초고압펌프	4506-0200	65,891
	0400	279,073
콘크리트진동기	4611-0075	141
	0350	261

8-5-6 [50] 골재생산기계 등

기 종	분류번호	가 격 W(천원)	기 종	분류번호	가 격 W(천원)
크러셔 (이동식)	5105-0050	237,733	콘크러셔	5115-0055	90,208
	0100	330,034		0075	137,977
	0150	371,291		0095	152,907
	0200	404,301	스크린 (2단식)	5116-0001	17,889
벨트콘베이어	5111-0040	6,237		0002	19,570
	0050	6,538		0003	20,764
	0060	7,746		0004	21,089
	0076	8,867		0005	21,522
	0091	10,469		0006	22,575
에이프런 피더	5112-0001	31,247		0007	37,185
	0002	34,019		0008	38,483
	0003	44,041	스크린 (3단식)	5117-0001	22,049
	0004	45,687		0002	22,420
	0005	61,296		0003	24,453
죠크러셔	5113-0001	28,746		0004	25,681
	0002	30,850		0005	27,176
	0003	36,232		0006	41,146
	0004	38,837		0007	42,803
	0005	52,120		0008	48,701
	0006	78,814	아그리케이트빈	5118-0001	5,642
	0007	81,635		0002	6,513
	0008	126,582		0003	9,658
	0009	153,061		0004	12,832
	0010	157,384		0005	19,793
	0011	364,229		0006	26,287
롤크러셔	5114-0001	22,405		0007	27,918
	0002	31,459	골재세척설비	5119-0625	66,843
	0003	49,670	파이프추진기 (오거부착 유압식)	5202-0127	161,174
	0004	66,602		0240	360,986
	0005	68,732		0300	575,989
	0006	91,353	파이프추진기 (공압식)	5203-1800	39,414
	0007	128,063		2200	47,547
	0008	158,253		2700	69,796
콘크러셔	5115-0030	58,805		3500	100,050

8-5-6 [50] 골재생산기계 등

기 종	분류 번호	가 격 ₩(천원)
파이프추진기 (공압식)	5203-4500	162,869
유압잭	5204-0200	49,813
	0300	54,917
	0400	57,893
	0500	65,142
	0600	74,955
공기압축기 (이동식)	5205-0035	13,748
	0071	19,899
	0103	33,498
	0170	36,062
	0210	45,116
	0255	70,932
소형브레이커 (공압식)	5210-0010	1,894
	0013	1,918
	0019	2,500
	0027	3,015
소형브레이커 (전기식)	5220-0015	1,335
드릴웨곤	5330-0074	17,689
크롤러드릴 (공기식)	5401-0015	102,119
	0017	50,618
크롤러드릴 (탑승유압식)	5405-0110	157,016
	0150	211,377
유압식할암기	5501-0080	16,762
노면파쇄기	5701-0010	310,000
	0020	423,166
소형노면파쇄기	5702-0095	28,067
점보드릴	5805-0002	585,464
	0003	1,114,943
코아드릴	5901-0006	866
	0010	1,223
	0016	2,187

8-5-7 [60] 기초공사용기계

기 종	분류 번호	가 격 ₩(천원)
그라우팅믹서	6105-0190	2,827
	0390	5,883
그라우팅펌프	6202-0060	3,984
	0125	5,801
	0200	8,377
디젤파일 해머	6330-0015	34,421
	0022	44,454
	0032	66,676
	0040	83,763
보링기계	6408-0015	7,388
	0020	8,302
	0030	8,846
	0040	14,717
	0050	18,101
	0085	22,633
	0100	25,462
오거	6410-0080	67,000
	0100	77,190
	0120	91,933
	0150	181,750
	0200	218,837
오실레이터, 로테이터	6510-0100	331,898
	0150	385,786
	0200	440,898
	0250	551,122
	0300	738,504
유압파워팩	6515-0090	113,790
강연선인장기	6516-0060	6,895
	0120	8,365
	0250	20,820
	0300	22,045
리버스서큘레이션드릴	6517-0100	674,635
	0150	725,644
	0200	799,127

8-5-7 [60] 기초공사용기계

기 종	분류번호	가 격 ₩(천원)
리버스서큘레이션드릴	6517-0250	871,385
	0300	1,006,435
전회전식천공기	6518-0100	1,201,113
	0150	1,350,640
	0200	1,835,485
	0250	2,251,066
	0300	2,770,543
진동파일해머 (전동식)	6530-0030	80,470
	0040	100,413
	0045	111,924
	0060	143,708
	0090	228,009
	0120	295,639
진동파일해머 (유압식)	6532-0220	459,369
워터젯트	6540-0131	210,051
유압식압입인발기	6550-0130	1,042,936
유압파일해머	6630-0003	123,367
	0005	168,766
	0007	186,530
	0010	257,591
	0013	310,884
PBD천공기 (유압식)	6701-0147	489,886
	0184	587,864
고압분사전용장비	6801-0010	250,426
파일천공전용장비	6802-0040	125,835
	0060	287,732
	0100	347,645
	0120	510,095
	0135	1,048,369
	0160	1,917,492
다짐말뚝전용장비	6803-0100	482,046
	0120	684,562
자동화믹서플랜트	6901-0010	90,203

8-5-8 [70] 기타기계

기 종	분류번호	가 격 ₩(천원)
고성능착정기	7101-0450	477,519
하수관천공기 (수동식)	7103-0010	948
상수관 천공기 (수동식)	7104-0010	1,814
골재살포기	7106-0035	59,323
진공흡입준설차	7110-0013	192,388
	0025	295,961
버킷식준설기	7120-0746	42,985
자동세륜기 (롤 타입)	7202-0008	16,454
	0010	21,240
물탱크(살수차)	7204-0018	34,361
	0038	39,849
	0055	46,215
	0065	50,255
	0160	88,637
이동식임목파쇄기	7205-0125	146,814
	0475	507,953
	0540	533,390
부착용집게	7206-0020	4,833
	0070	7,610
동력분무기	7210-0485	902
라인마커	7330-0010	66,782
차선제거기	7360-0055	12,785
	0090	13,146
윈치(수동)	7430-1100	1,387
	1300	2,283
	1500	3,044
	2300	4,871
	2500	6,393
윈치(자동)	7431-1100	3,777
	1300	6,393
	2300	9,894
	2500	22,831

8-5-8 [70] 기타기계

기 종	분류번호	가 격 ₩(천원)	기 종	분류번호	가 격 ₩(천원)
발전기	7505-0025	14,132	수중모터펌프	7740-0080	843
	0050	19,415		0100	987
	0100	23,589		0150	1,895
	0125	28,757	취부기	7750-0016	45,569
	0150	29,673		0025	70,354
	0200	38,595	실사출기	7770-0004	17,900
	0250	51,212	엔진(가솔린)	7811-0025	196
	0350	62,548		0030	215
	0450	91,099		0040	283
	0500	101,848		0045	381
	0700	152,932		0070	499
용접기(교류)	7611-0200	382		0120	1,119
	0300	495	엔진(디젤)	7812-0005	302
	0400	556		0007	351
	0500	651		0009	444
용접기(직류)	7612-0200	1,472		0015	1,161
	0300	1,677		0018	2,357
	0400	2,422		0020	3,155
용착기	7613-0075	3,546		0035	3,679
	0150	5,327		0070	4,724
	0300	7,306		0100	5,619
	0400	9,894		0150	7,113
	0600	12,633		0200	13,490
	0900	33,341	우레탄폼 분사용기구	7830-0081	27,803
알곤용접기	7614-0300	1,914			
절단기	7620-0002	630	모터	7930-0001	164
	0003	1,966		0002	190
프리즈마절단기	7621-0100	3,393		0003	227
건설용펌프 (자흡식)	7730-0050	253		0005	289
	0080	312		0007	367
	0100	359		0010	486
	0125	862		0015	593
	0150	1,130		0020	853

8-5-8 [70] 기타기계

기 종	분류번호	가 격 ₩(천원)
모터	7930-0025	1,119
	0030	1,537
	0040	1,868
	0050	2,141
	0075	3,701
	0100	6,429
모터(쉴드TBM용)	7935-0180	246,763
레일천공기	7950-0149	3,059
파워렌치	7951-0066	7,341
침목천공기	7952-0246	975
타이템퍼	7953-3400	18,352
양로기	7954-1119	32,299
모르타르펌프	7991-0050	16,537
	0100	21,401
	0500	39,864
모르타르믹서	7992-0001	5,569
양 수 기	7993-0020	37
Power Trowel	7994-0050	2,621
배관파이프	7995-0050	17

8-5-9 [80] 스마트 건설장비

기종	분류번호	가격(₩)
3D GNSS 머신 컨트롤 (굴삭기용)	8202-0100	70,000
3D GNSS 머신 가이던스 (불도저용)	8203-0019	60,000
3D GNSS 머신 컨트롤 (불도우저용)	8204-0100	75,000

8-5-10 [90] 해상기계

기 종	분류번호	가 격 ₩(천원)
펌프준설선	9010-0003	708,361
	0006	1,348,092
	0010	2,178,394
	0012	2,614,074
	0020	4,485,475
	0022	5,032,677
	0033	7,709,255
	0040	9,436,656
	0044	10,380,319
	0060	14,216,427
	0080	19,041,093
	0120	28,827,109
	0200	50,535,329
그래브준설선	9020-0010	196,345
	0015	305,428
	0016	418,875
	0022	702,882
	0035	860,663
	0050	1,190,823
	0072	1,890,425
	0160	3,563,357
	0180	4,008,776
	0200	4,486,339
예선	9030-0016	175,440
	0018	181,491
	0025	239,569
	0035	304,906
	0045	377,503
	0050	413,803
	0080	595,294
	0100	750,165
	0240	1,691,981

8-5-10 [90] 해상기계

기종	분류번호	가격 ₩(천원)	기종	분류번호	가격 ₩(천원)
양묘선	9040-0010	25,406		1000	279,317
	0030	39,927		1100	284,877
	0050	65,336	대선	1400	350,938
	0060	78,041		1500	407,652
	0100	163,341		1750	428,009
	0120	196,137		2000	528,437
	0200	326,896		3000	649,222
	0250	408,620	하천골재	9090-0800	630,880
	0300	491,888	채취선	1000	844,664
	0380	625,177		1200	892,406
	0680	1,124,839		1300	967,954
기중기선	9050-0075	167,257		1400	1,042,412
(비자항)	0150	269,068		1500	1,116,869
	0450	488,444		1600	1,191,327
	0750	739,162			
	0850	821,243			
토운선	9060-0060	64,848			
	0100	94,096			
	0200	178,656			
	0300	240,329			
	0500	381,403			
	0600	455,766			
이우선	9070-0015	31,155			
(비자항)	0020	41,059			
대선	9080-0050	32,603			
	0080	40,614			
	0100	45,956			
	0120	54,731			
	0150	67,470			
	0200	86,814			
	0300	118,899			
	0500	158,060			
	0700	200,995			

제2편
토목부문

제1장 / 도로포장공사
제2장 / 하천공사
제3장 / 터널공사
제4장 / 궤도공사
제5장 / 강구조공사
제6장 / 관부설 및 접합공사
제7장 / 항만공사
제8장 / 지반조사
제9장 / 측량

제 1 장 도로포장공사

1-1 공통사항

1-1-1 교통통제 및 안전처리 (2008년 신설, 2017년, 2021년, 2023년 보완)

- 도로의 확포장, 도로시설 유지보수 등 교통통제 및 안전처리를 위한 인력은 각 항목에서 제외되어 있으며, 필요시 배치인원은 현장조건(교통상황, 통제시간 및 범위 등)을 고려하여 별도계상한다.
- 통행안전 및 교통소통을 위해 라바콘, 공사안내판 등 안전시설물을 시공하는 경우 특별인부 2인을 계상하고, 차량 등 장비가 필요한 경우 추가 계상한다.

1-1-2 유도선 설치 및 해체 (2008년 신설, 2017년, 2021년 보완)

(일당)

구 분	단위	수량	시공량(m)	
			설치간격 6m이하	설치간격 10m이하
특별인부	인	2	1,350	1,560
보통인부	인	1		

[주] ① 본 품은 포설 시 위치 및 선형을 잡기 위한 유도선의 설치 및 해체 기준이다.
② 본 품은 위치확인, 스틱 및 유도선 설치 및 해체, 높이 측정 작업을 포함한다.
③ 스틱(철근) 설치를 위해 천공작업이 필요한 경우는 별도 계상한다.

1-2 동상방지층

1-2-1 인력식 소규모 장비 포설 (2008년 신설, 2013년, 2017년, 2021년 보완)

(일당)

구 분	규격	단위	수량	시공량 (㎥)
포설공		인	2	
보통인부		인	2	
굴착기	0.6㎥	대	1	165
진동롤러(핸드가이드식)	0.7ton	대	1	
살수차	5,500 ℓ	대	0.5	
비고	- 순수 인력 살수 시에는 살수품을 100㎡당 1인 가산한다.			

[주] ① 본 품은 소형 다짐장비를 사용한 소규모구간의 동상방지층 포설 및 다짐 기준이다.
② 본 품은 포설준비, 포설 및 고르기, 다짐작업을 포함한다.
③ 장비는 현장여건 및 시험포장 결과에 따라 장비조합 및 규격을 변경하여 적용할 수 있다.
④ 두께 20㎝일 때 100㎡당 살수량은 일반적으로 2ton을 표준으로 한다.

1-2-2 기계포설(길어깨) (2008년 신설, 2013년, 2017년, 2021년 보완)

(일당)

구 분	규격	단위	수량	시공량 (㎥)
포설공		인	2	
보통인부		인	2	
굴착기	1.0㎥	대	1	250
진동롤러	12ton	대	1	
살수차	16,000 ℓ	대	0.5	
비고	- 순수 인력 살수 시에는 살수품을 100㎡당 1인 가산한다.			

[주] ① 본 품은 굴착기를 사용한 소로구간의 동상방지층 포설 및 다짐 기준이다.
② 본 품은 포설준비, 포설 및 고르기, 다짐작업을 포함한다.
③ 장비는 현장여건 및 시험포장 결과에 따라 장비조합 및 규격을 변경하여 적용할 수 있다.
④ 두께 20㎝일 때 100㎡당 살수량은 일반적으로 2ton을 표준으로 한다.

1-2-3 기계포설(본선) (2008년 신설, 2013년, 2017년, 2021년 보완)

(일당)

구 분	규격	단위	수량	시공량 (㎥)
포설공		인	2	600
모터 그레이더	3.6m	대	1	
진동롤러	12ton	대	1	
살수차	16,000ℓ	대	0.5	
비고	- 순수 인력 살수시에는 살수품을 100㎡당 1인 가산한다.			

[주] ① 본 품은 모터그레이더를 사용한 본선구간의 동상방지층 포설 및 다짐 기준이다.
② 본 품은 포설준비, 포설 및 고르기, 다짐작업을 포함한다.
③ 장비는 현장여건 및 시험포장 결과에 따라 장비조합 및 규격을 변경하여 적용할 수 있다.
④ 두께 20cm일 때 100㎡당 살수량은 일반적으로 2ton을 표준으로 한다.

1-3 보조기층

1-3-1 인력식 소규모장비 포설 (2008년 신설, 2013년, 2017년, 2021년 보완)

(일당)

구 분	규격	단위	수량	시공량 (㎥)
포설공		인	2	150
보통인부		인	2	
굴착기	0.6㎥	대	1	
진동롤러(핸드가이드식)	0.7ton	대	1	
살수차	5,500ℓ	대	0.5	
비고	- 순수 인력 살수 시에는 살수품을 100㎡당 1인 가산한다.			

[주] ① 본 품은 소형 다짐장비를 사용한 소규모구간의 보조기층 포설 및 다짐 기준이다.
② 본 품은 포설준비, 포설 및 고르기, 다짐작업을 포함한다.
③ 장비는 현장여건 및 시험포장 결과에 따라 장비조합 및 규격을 변경하여 적용할 수 있다.
④ 두께 20cm일 때 100㎡당 살수량은 일반적으로 2ton을 표준으로 한다.

1-3-2 기계포설(길어깨) (2008년 신설, 2013년, 2017년, 2021년 보완)

(일당)

구 분	규격	단위	수량	시공량 (㎡)
포설공		인	2	225
보통인부		인	1	
굴착기	1.0㎥	대	1	
진동롤러	12ton	대	1	
살수차	16,000ℓ	대	0.5	
비고	− 순수 인력 살수 시에는 살수품을 100㎡당 1인 가산한다.			

[주] ① 본 품은 굴착기를 사용한 소로구간의 보조기층 포설 및 다짐 기준이다.
② 본 품은 포설준비, 포설 및 고르기, 다짐작업을 포함한다.
③ 장비는 현장여건 및 시험포장 결과에 따라 장비조합 및 규격을 변경하여 적용할 수 있다.
④ 두께 20㎝일 때 100㎡당 살수량은 일반적으로 2ton을 표준으로 한다.

1-3-3 기계포설(본선) (2008년 신설, 2013년, 2017년, 2021년 보완)

(일당)

구 분	규격	단위	수량	시공량 (㎡)
포설공		인	2	550
모터 그레이더	3.6m	대	1	
진동롤러	12ton	대	1	
살수차	16,000ℓ	대	0.5	
비고	− 순수 인력 살수시에는 살수품을 100㎡당 1인 가산한다.			

[주] ① 본 품은 모터그레이더를 사용한 본선구간의 보조기층 포설 및 다짐 기준이다.
② 본 품은 포설준비, 포설 및 고르기, 다짐작업을 포함한다.
③ 장비는 현장여건 및 시험포장 결과에 따라 장비조합 및 규격을 변경하여 적용할 수 있다.
④ 두께 20㎝일 때 100㎡당 살수량은 일반적으로 2ton을 표준으로 한다.

1-4 입도조정기층

1-4-1 인력식 소규모 장비 포설 (2017년, 2021년 보완)

(일당)

구 분	규격	단위	수량	시공량 (㎥)
포설공		인	2	
보통인부		인	2	
굴착기	0.6㎥	대	1	135
진동롤러(핸드가이드식)	0.7ton	대	1	
살수차	5,500ℓ	대	0.5	
비고	– 순수 인력 살수 시에는 살수품을 100㎡당 1인 가산한다.			

[주] ① 본 품은 소형 다짐장비를 사용한 소규모구간의 입도조정기층 포설 및 다짐 기준이다.

② 본 품은 포설준비, 포설 및 고르기, 다짐작업을 포함한다.

③ 장비는 현장여건 및 시험포장 결과에 따라 장비조합 및 규격을 변경하여 적용할 수 있다.

④ 두께 20㎝일 때 100㎡당 살수량은 일반적으로 2ton을 표준으로 한다.

1-4-2 기계포설(길어깨) (2017년, 2021년 보완)

(일당)

구 분	규격	단위	수량	시공량 (㎥)
포설공		인	2	
보통인부		인	1	
굴착기	1.0㎥	대	1	200
진동롤러	12ton	대	1	
살수차	16,000ℓ	대	0.5	
비고	– 순수 인력 살수 시에는 살수품을 100㎡당 1인 가산한다.			

[주] ① 본 품은 굴착기를 사용한 소로구간의 입도조정기층 포설 및 다짐 기준이다.

② 본 품은 포설준비, 포설 및 고르기, 다짐작업을 포함한다.

③ 장비는 현장여건 및 시험포장 결과에 따라 장비조합 및 규격을 변경하여 적용할 수 있다.

④ 두께 20㎝일 때 100㎡당 살수량은 일반적으로 2ton을 표준으로 한다.

1-4-3 기계포설(본선) (2017년, 2021년 보완)

(일당)

구 분	규격	단위	수량	시공량 (㎥)
포설공		인	2	500
모터 그레이더	3.6m	대	1	
진동롤러	12ton	대	1	
살수차	16,000ℓ	대	0.5	
비고	- 순수 인력 살수시에는 살수품을 100㎡당 1인 가산한다.			

[주] ① 본 품은 모터그레이더를 사용한 본선구간의 입도조정기층 포설 및 다짐 기준이다.
② 본 품은 포설준비, 포설 및 고르기, 다짐작업을 포함한다.
③ 장비는 현장여건 및 시험포장 결과에 따라 장비조합 및 규격을 변경하여 적용할 수 있다.
④ 두께 20cm일 때 100㎡당 살수량은 일반적으로 2ton을 표준으로 한다.

1-5 아스콘 포장

1-5-1 텍코팅 및 프라임 코팅 살포 (2008년 신설, 2017년 보완)

(일당)

구 분		규격	단위	수량	시공량 (㎡)
인력식	보통인부		인	2	8,000
	아스팔트스프레어 (수동식 살포기)	400ℓ	대	1	
기계식	보통인부		인	1	20,000
	아스팔트디스트리뷰터 (폭 2.4m)	3,800ℓ	대	1	
비고	- 역청재의 비산 방지가 필요한 때는 보통인부를 2,000ℓ당 1인을 가산한다. - 양생에 모래가 필요할 때는 살포 인력품으로 보통인부를 모래 2㎥당 1인을 가산한다.				

[주] ① 본 품은 택코팅 및 프라임코팅 역청재 살포작업을 기준한 것이다.
② 장비는 현장여건 및 시험포장 결과에 따라 장비조합 및 규격을 변경하여 적용할 수 있다.

1-5-2 아스팔트 기층 소규모포설 (2017년, 2021년 보완)

(일당)

구 분	규격	단위	수량	시공량 (㎡)
포장공		인	2	320
보통인부		인	1	
플레이트 콤팩트	1.5ton	대	1	
진동롤러(핸드가이드식)	0.7ton	대	1	
로더(타이어)	0.57㎥	대	1	
살수차	5,500ℓ	대	0.5	

[주] ① 본 품은 소로, 주택가내 도로 등 피니셔를 사용하지 못하는 소규모 아스팔트 기층 포설 기준이다.
② 1층 포설두께는 7.5㎝ 이하 기준이다.
③ 본 품은 포설 및 고르기, 다짐 작업을 포함한다.
④ 현장여건 및 시험포장 결과에 따라 장비조합 및 규격을 변경하여 적용할 수 있다.

1-5-3 아스팔트 기층 기계포설(소형장비) (2017년, 2021년 보완)

(일당)

구 분	규격	단위	수량	시공량 (㎡) 1층 포설두께	
				5~7㎝	8~10㎝
포장공		인	3	1,750	1,600
보통인부		인	1		
아스팔트 피니셔	1.7m	대	1		
굴착기	0.6㎥	대	1		
머캐덤롤러	8~10ton	대	1		

구 분	규격	단위	수량	시공량 (㎡)	
				1층 포설두께	
				5~7cm	8~10cm
타이어롤러	5~8ton	대	1	1,750	1,600
탠덤롤러	5~8ton	대	1		
살수차	5,500ℓ	대	0.5		

[주] ① 본 품은 소형장비(피니셔)를 사용한 아스팔트 기층 포설 기준이다.
　　 ② 본 품은 포설 및 고르기, 다짐 작업을 포함한다.
　　 ③ 현장여건 및 시험포장 결과에 따라 장비조합 및 규격을 변경하여 적용할 수 있다.

1-5-4 아스팔트 기층 기계포설(대형장비) (2017, 2021, 2024년 보완)

(일당)

구 분	규격	단위	수량	시공량 (㎡)			
				2m ≤ 시공폭 < 3m		3m ≤ 시공폭	
				1층 포설두께 5~7cm	1층 포설두께 8~10cm	1층 포설두께 5~7cm	1층 포설두께 8~10cm
포장공		인	4	2,700	2,500	4,900	4,500
보통인부		인	1				
아스팔트피니셔	3m	대	1				
머캐덤롤러	10~12ton	대	1				
타이어롤러	8~15ton	대	1				
탠덤롤러	5~8t	대	1				
살수차	16,000ℓ	대	0.5				

[주] ① 본 품은 대형장비(피니셔)를 사용한 아스팔트 기층 포설 기준이다.
　　 ② 본 품은 포설 및 고르기, 다짐 작업을 포함한다.
　　 ③ 시공폭 2m 이상 3m 미만은 길어깨 등, 시공폭 3m 이상은 본선에 적용한다.
　　 ⑤ 본 품외의 장비(아스팔트온도조절장비 등)를 추가 투입하는 경우에 기계경비는 별도 계상한다.
　　 ⑥ 현장여건 및 시험포장 결과에 따라 장비조합 및 규격을 변경하여 적용할 수 있다.

1-5-5 아스팔트 표층 소규모포설 (2017년, 2021년 보완)

(일당)

구 분	규격	단위	수량	시공량 (㎡)
포장공		인	2	300
보통인부		인	1	
플레이트 콤팩트	1.5ton	대	1	
진동롤러(핸드가이드식)	0.7ton	대	1	
로더(타이어)	0.57㎥	대	1	
살수차	5,500ℓ	대	0.5	

[주] ① 본 품은 소로, 주택가내 도로 등 피니셔를 사용하지 못하는 소규모 아스팔트 표층 및 중간층 포설 기준이다.
② 1층 포설두께는 7.5cm이하 기준이다.
③ 본 품은 포설 및 고르기, 다짐 작업을 포함한다.
④ 현장여건 및 시험포장 결과에 따라 장비조합 및 규격을 변경하여 적용할 수 있다.

1-5-6 아스팔트 표층 기계포설(소형장비) (2017년 신설, 2021년 보완)

(일당)

구 분	규격	단위	수량	시공량 (㎡)
포장공		인	3	1,600
보통인부		인	1	
아스팔트 피니셔	1.7m	대	1	
굴착기	0.6㎥	대	1	
머캐덤롤러	8~10ton	대	1	
타이어롤러	5~8ton	대	1	
탠덤롤러	5~8t	대	1	
살수차	5,500ℓ	대	0.5	

[주] ① 본 품은 소형장비(피니셔)를 사용한 아스팔트 표층 및 중간층 포설 기준이다.

② 1층 포설두께는 5~7㎝ 기준이다.
③ 본 품은 포설 및 고르기, 다짐 작업을 포함한다.
④ 현장여건 및 시험포장 결과에 따라 장비조합 및 규격을 변경하여 적용할 수 있다.

1-5-7 아스팔트 표층 기계포설(대형장비) (2017, 2021, 2024년 보완)

(일당)

구 분	규격	단위	수량	시공량 (㎡)	
				2m≤시공폭〈3m	3m≤시공폭
포장공		인	4	2,600	4,800
보통인부		인	1		
아스팔트피니셔	3m	대	1		
머캐덤롤러	10~12ton	대	1		
타이어롤러	8~15ton	대	1		
탠덤롤러	5~8t	대	1		
살수차	16,000ℓ	대	0.5		

[주] ① 본 품은 대형장비(피니셔)를 사용한 아스팔트 표층 및 중간층 포설 기준이다.
② 1층 포설두께는 5~7㎝ 기준이다.
③ 시공폭 2m 이상 3m 미만은 피니셔를 활용하여 시공이 가능한 길어깨 등을 기준하며, 시공폭 3m 이상은 본선을 기준한다.
④ 본 품은 포설 및 고르기, 다짐 작업을 포함한다.
⑤ 본 품외의 장비(아스팔트온도조절장비 등)를 추가 투입하는 경우에 기계경비는 별도 계상한다.
⑥ 현장여건 및 시험포장 결과에 따라 장비조합 및 규격을 변경하여 적용할 수 있다.

1-5-8 쇄석 매스틱 아스팔트(SMA) 표층 포설 (2024, 2025년 보완)

(일당)

구 분	규격	단위	수량	시공량 (㎡)	
				2m≤시공폭〈3m	3m≤시공폭
포장공		인	4	2,500	4,500
보통인부		인	1		
아스팔트 피니셔	3m	대	1		
머캐덤롤러	10~12ton	대	2		
탠덤롤러	5~8t	대	1		
살수차	16,000ℓ	대	0.5		

[주] ① 본 품은 쇄석 매스틱 아스팔트(SMA) 표층을 포설하는 품으로, 1층 포설두께는 5cm 기준이다.

② 본선은 시공폭 3m 이상을 기준하며, 길어깨는 피니셔를 활용한 시공을 수행하는 시공폭 2m 이상을 기준한다.

③ 시공폭 2m 미만은 '[토목부문] 1-5-6 아스팔트 표층 기계포설(소형장비)'을 적용한다.

④ 본 품은 표층의 포설 및 다짐을 포함한다.

⑤ 본 품외의 장비(아스팔트온도조절장비 등)를 추가 투입하는 경우에 기계경비는 별도 계상한다.

⑥ 현장여건 및 시험포장 결과에 따라 장비조합 및 규격을 변경하여 적용할 수 있다.

1-5-9 배수성·저소음 아스팔트 표층 포설 (2024, 2025년 보완)

(일당)

구 분	규격	단위	수량	시공량 (㎡)	
				2m≤시공폭〈3m	3m≤시공폭
포장공		인	4	2,100	4,000
보통인부		인	1		
아스팔트 피니셔	3m	대	1		
머캐덤롤러	10~12ton	대	2		
탠덤롤러	5~8t	대	1		
살수차	16,000ℓ	대	0.5		

[주] ① 본 품은 배수성·저소음 아스팔트 표층을 포설하는 품으로, 1층 포설두께는 5㎝ 기준이다.
② 본선은 시공폭 3m 이상을 기준하며, 길어깨는 피니셔를 활용한 시공을 수행하는 시공폭 2m 이상을 기준한다.
③ 시공폭 2m 미만은 '[토목부문] 1-5-6 아스팔트 표층 기계포설(소형장비)'을 적용한다.
④ 본 품은 표층의 포설 및 다짐을 포함한다.
⑤ 본 품외의 장비(아스팔트온도조절장비 등)를 추가 투입하는 경우에 기계경비는 별도 계상한다.
⑥ 현장여건 및 시험포장 결과에 따라 장비조합 및 규격을 변경하여 적용할 수 있다.

1-6 콘크리트 포장

1-6-1 린 콘크리트 기층 포설 (2008년 신설, 2017년 보완)

(일당)

구 분	규격	단위	수량	시공량 (m³)	
				일반포장	터널포장
포장공		인	2	550	500
보통인부		인	2		
아스팔트 피니셔	3m	대	1		
타이어롤러	8~15ton	대	1		
진동롤러	10ton	대	1		

[주] ① 본 품은 피니셔를 사용한 린 콘크리트의 기층 포설 기준이다.
② 본 품은 포설, 다짐 및 양생을 포함한다.
③ 현장여건 및 시험포장 결과에 따라 장비조합 및 규격을 변경하여 적용할 수 있다.

1-6-2 표층 인력포설 (2008년 신설, 2021년, 2024년 보완)

(일당)

구 분	단위	수량	시공량 (m³)					
			A-Type			B-Type		
			20cm	30cm	40cm	20cm	30cm	40cm
포장공	인	4	100	150	200	50	75	100
보통인부	인	2						

[주] ① 본 품은 콘크리트믹서트럭으로 직접 타설하는 콘크리트 포장의 인력포설 기준이다.
② 본 품은 비닐깔기 및 철망깔기, 콘크리트 포설, 양생 작업을 포함한다.
③ 거푸집 설치 및 해체, 줄눈작업은 별도 계상한다.
④ 현장 여건별 적용기준은 다음과 같다.

구 분	적용기준
A-Type	- 콘크리트 믹서트럭으로 직접 타설하는 경우
B-Type	- 콘크리트 믹서트럭 후진 진입 또는 경운기 등으로 운반하여 타설하는 경우

※ 경운기 등 기타방법으로 콘크리트를 운반하는 경우 운반에 소요되는 비용은 별도 계산한다.
⑤ 콘크리트와 노반과의 접착부 처리품(모래층 깔기 등)은 별도 계산한다. 모래 부설시 일당 시공량은 보통인부 2인기준 두께 3cm시 660㎡, 두께 6cm시 410㎡ 이다.
⑥ 공구손료 및 경장비(스크리드 등)의 기계경비는 인력품의 3%로 계상한다.
⑦ 비닐, 양생재, 철망 등 재료비 및 잡재료비는 별도 계산한다.

1-6-3 콘크리트 표층 기계포설(소형장비) (2021년 보완)

(일당)

구 분	규격	단위	수량	시공량 (㎥)		
				일반포장	터널포장	공항포장
포장공		인	4	300	270	275
특별인부		인	2			
보통인부		인	2			
콘크리트 페이버	160kW	대	1			
굴착기	1.0㎥	대	1			
살수차	16,000ℓ	대	0.5			
비고	- 공항포장에서 집수정, 기초 등 지장물에 의해 이동이 빈번하게 발생하여 연속적인 포설이 불가능할 경우 시공량의 15%를 감한다.					

[주] ① 본 품은 소형장비(콘크리트 페이버)를 사용한 콘크리트포장의 표층 포설 기준이다.
② 공항포장은 포장두께 50cm이하 포설 기준이다.
③ 본 품은 분리막 설치, 포설 및 다웰바, 타이바 등 철근설치, 면마무리 및 양생을 포함한다.

④ 현장여건 및 시험포장 결과에 따라 장비조합 및 규격을 변경하여 적용할 수 있다.
⑤ 양생제, 마대, 잡품 등 재료비는 별도 계상한다.

1-6-4 콘크리트 표층 기계포설(대형장비) (2021년 보완)

(일당)

구 분	규격	단위	수량	시공량 (㎥)		
				일반포장	터널포장	공항포장
포장공		인	5	700	600	640
특별인부		인	2			
보통인부		인	2			
콘크리트 페이버	300kW	대	1			
굴착기	1.0㎥	대	1			
살수차	16,000ℓ	대	0.5			
비고	- 공항포장에서 집수정, 기초 등 지장물에 의해 이동이 빈번하게 발생하여 연속적인 포설이 불가능할 경우 시공량의 15%를 감한다.					

[주] ① 본 품은 대형장비(콘크리트 페이버)를 사용한 콘크리트포장의 표층 포설 기준이다.
② 공항포장은 포장두께 50cm이하 포설 기준이다.
③ 본 품은 분리막 설치, 포설 및 다웰바, 타이바 등 철근설치, 면마무리 및 양생을 포함한다.
④ 현장여건 및 시험포장 결과에 따라 장비조합 및 규격을 변경하여 적용할 수 있다.
⑤ 양생제, 마대, 잡품 등 재료비는 별도 계상한다.

1-6-5 기계포설 장비조립 및 해체 (2021년 신설)

(회당)

구 분		단위	수량	소요일수(일)	
				조립	해체
외부 반출/반입	기계설비공	인	1	3	2
	철공	인	3		
	특별인부	인	2		
	크레인	대	1		
작업구간 이동	기계설비공	인	1	2	1
	철공	인	2		
	특별인부	인	2		
	크레인	대	1		

[주] ① 본 품은 포설장비(콘크리트페이버)를 조립 및 해체하는 기준이며, 시공조건(외부 반출/ 반입, 현장내 이동)에 따라 반복 적용한다.
② 외부 반출/반입은 외부로 운송하기 위해 조립 및 해체를 하는 경우 적용하며, 작업구간 이동은 작업구간 및 포장규격 변동으로 조립 및 해체를 하는 경우 적용한다.
③ 본 품은 몰드, 오실레이트빔, 기타 부속품(타이바 인서트, 스무더 등) 조립 및 해체, 날개판 등 용접, 부순물(콘크리트) 깨기, 작동시험 작업을 포함한다.
④ 크레인 규격은 현장여건(작업범위, 위치 등)을 고려하여 적용한다.
⑤ 공구손료 및 경장비(소형브레이커, 용접기 등)의 기계경비는 인력품의 3%로 계상한다.

1-6-6 포장줄눈 절단 (2021년, 2024년 보완)

(일당)

구 분	규격	단위	수량	시공량 (m)
특별인부		인	1	
보통인부		인	1	600
커터	320~400mm	대	1	

[주] ① 본 품은 콘크리트포장 표층면을 절단(절단깊이 10 ㎝ 이하)하는 기준이다.
② 본 품은 포장절단, 절단면 물청소를 포함한다.
③ 공구손료 및 경장비(동력분무기 등)의 기계경비는 인력품의 3%로 계상한다.
④ 블레이드 및 물 소비량은 별도 계상한다.

1-6-7 포장줄눈 설치 (2021년 보완)

(일당)

구 분	단위	수량	시공량(m)
특별인부	인	3	
보통인부	인	2	900

[주] ① 본 품은 콘크리트포장 표층면 절단 부위에 줄눈을 설치하는 기준이다.
② 본 품은 백업재 설치, 프라이머 및 줄눈재 시공을 포함한다.
③ 줄눈재, 백업재 등 재료비는 별도 계상한다.

1-7 저속도로 포장

1-7-1 보도용 블록 설치(소형) (2008, 2012, 2021, 2024년 보완)

(일당)

구 분	규격	단위	A-Type		B-Type	
			수량	시공량 (㎡)	수량	시공량 (㎡)
포장공		인	3		2	
특별인부		인	2		2	
보통인부		인	2	300	1	190
굴착기	0.6㎥	대	1		-	
굴착기	0.4㎥	대	-		1	
플레이트콤팩터	1.5ton	대	1		1	

비고	유도·점자블록을 설치하는 경우 시공량의 10%를 감하여 적용한다. 블록 정밀절단(전동절단기)에 의한 시공이 아닌 경우, 특별인부 1인을 감하여 적용한다.

[주] ① 본 품은 규격 0.1㎡ 이하, 두께 8cm 이하 보도용 블록의 설치 기준이다.
② 본 품은 모래 부설, 모래층 다짐 및 고르기, 블록 절단 및 설치, 줄눈채움, 블록설치 후 다짐 작업을 포함한다.
③ 현장 여건별 적용기준은 다음과 같다.

구 분	적용기준
A-Type	공원, 단지·택지조성공사의 보도 등 장비이동 및 적재가 용이한 구간
B-Type	차도인접, 주택가 보도 등 장비이동 및 적재 공간이 협소한 구간

④ 기층에 콘크리트나 아스팔트 등의 안정처리기층을 사용하거나, 지반침하 방지가 필요한 경우 별도 계상한다.
⑤ 공구손료 및 경장비(절단기 등)의 기계경비는 인력품의 5%, 블록 정밀절단 전동절단기)에 의한 시공이 아닌 경우 2%로 계상한다.

1-7-2 보도용 블록 설치(대형) (2024년 신설)

(일당)

구 분	규격	단위	A-Type		B-Type	
			수량	시공량 (㎡)	수량	시공량 (㎡)
포장공		인	3	190	2	120
특별인부		인	2		2	
보통인부		인	2		1	
굴착기	0.6㎥	대	1		-	
굴착기	0.4㎥	대	-		1	
플레이트콤팩터	1.5ton	대	1		1	
비고	- 유도·점자블록을 설치하는 경우 시공량의 10%를 감하여 적용한다. - 블록 정밀절단(전동절단기)에 의한 시공이 아닌 경우, 특별인부 1인을 감하여 적용한다.					

[주] ① 본 품은 규격 0.10㎡ 초과 0.25㎡ 이하, 두께 8cm 이하 보도용 블록의 설치 기준이다.

② 본 품은 모래 부설, 모래층 다짐 및 고르기, 블록 절단 및 설치, 줄눈채움, 블록설치 후 다짐 작업을 포함한다.
③ 현장 여건별 적용기준은 다음과 같다.

구 분	적용기준
A-Type	공원, 단지·택지조성공사의 보도 등 장비이동 및 적재가 용이한 구간
B-Type	차도인접, 주택가 보도 등 장비이동 및 적재 공간이 협소한 구간

④ 기층에 콘크리트나 아스팔트 등의 안정처리기층을 사용하거나 지반침하방지가 필요한 경우 별도 계상한다.
⑤ 공구손료 및 경장비(절단기 등)의 기계경비는 인력품의 5%, 블록 정밀절단(전동절단기)에 의한 시공이 아닌 경우 2%로 계상한다.

1-7-3 투수아스팔트 표층 소규모포설 (2021년 신설, 2025년 보완)

(일당)

구 분	규격	단위	수량	시공량 (m^2)
포장공		인	2	
보통인부		인	1	
로더(타이어)	$0.57m^3$	대	1	250
진동롤러(핸드가이드식)	0.7ton	대	1	
플레이트 콤팩터	1.5ton	대	1	
살수차	5,500L	대	0.5	

[주] ① 본 품은 보도 및 자전거도로 등 피니셔를 사용하지 못하는 소규모 투수아스팔트 표층 포설 기준이다.
② 1층 포설두께는 5~7㎝ 기준이다.
③ 본 품은 표층 포설 및 고르기, 다짐 작업을 포함한다.
④ 필터층(모래층), 보조기층 및 기층 포설은 별도 계상한다.
⑤ 현장여건에 따라 장비조합 및 규격을 변경하여 적용할 수 있다.

> 참고제안

[특허] 시멘트 콘크리트 포장 성형줄눈재 공법

1. 신설공사

(단위 : 100m 당)

구분	항목	단위	4mm 수량	6mm 수량	8mm 수량	12mm 수량	15mm 수량	20mm 수량	30mm 수량
자재	블레이드(컷터날)	개	0.31	0.31	0.31	0.31	0.31	0.31	0.31
	우각부컷터날	〃	0.15	0.15	0.15	0.15	0.15	0.15	0.15
	성형줄눈재	m	100	100	100	100	100	100	100
인력	작업반장	인	0.125	0.125	0.125	0.125	0.125	0.125	0.125
	특별인부	〃	1.16	1.16	1.16	1.16	1.16	1.16	1.16
	보통인부	〃	0.72	0.72	0.72	0.72	0.72	0.72	0.72
장비	컷터기(2차)	hr	1	1	1	1	1	1	1
	우각부컷터기	〃	1	1	1	1	1	1	1
	줄눈재삽입기	〃	1	1	1	1	1	1	1
	살수차(5,500ℓ)	〃	1	1	1	1	1	1	1
	공기압축기(7.1㎥/min)	〃	1	1	1	1	1	1	1
	덤프트럭(4.5ton)	〃	1	1	1	1	1	1	1

2. 유지보수공사

구분	항목	단위	4mm 수량	6mm 수량	8mm 수량	12mm 수량	15mm 수량	20mm 수량	30mm 수량
자재	블레이드(컷터날)	개	0.124	0.124	0.124	0.124	0.124	0.124	0.124
	우각부컷터날	〃	0.15	0.15	0.15	0.15	0.15	0.15	0.15
	성형줄눈재	m	100	100	100	100	100	100	100
인력	작업반장	인	0.313	0.313	0.313	0.313	0.313	0.313	0.313
	특별인부	〃	2.498	2.498	2.498	2.498	2.498	2.498	2.498
	보통인부	〃	2.065	2.065	2.065	2.065	2.065	2.065	2.065

시멘트 콘크리트 포장 성형줄눈재 설계 및 시공 전문업체(특허 제0536368호 외 7건)

[주]라인크로스테크놀로지

주소 : 서울 광진구 능동로40길 8, 2층 (중곡동, 정암빌딩)
TEL. (02)412-7311   FAX. (02)423-1970
E-mail : linecross3000@hanmail.net

구분	항 목	단위	4mm	6mm	8mm	12mm	15mm	20mm	30mm
			수량	수량	수량	수량	수량	수량	수량
장비	히 트 렌 서	hr	2.5	2.5	2.5	2.5	2.5	2.5	2.5
	컷 터 기 (2 차)	〃	2.5	2.5	2.5	2.5	2.5	2.5	2.5
	우 각 부 컷 터 기	〃	2.5	2.5	2.5	2.5	2.5	2.5	2.5
	줄 눈 재 삽 입 기	〃	2.5	2.5	2.5	2.5	2.5	2.5	2.5
	살 수 차 (5 , 5 0 0 ℓ)	〃	2.5	2.5	2.5	2.5	2.5	2.5	2.5
	공기압축기(7.1㎥/min)	〃	2.5	2.5	2.5	2.5	2.5	2.5	2.5
	덤프트럭(2.5ton)	〃	2.5	2.5	2.5	2.5	2.5	2.5	2.5
	덤프트럭(4.5ton)	〃	2.5	2.5	2.5	2.5	2.5	2.5	2.5

《주》공통사항 (신설.유지보수)

① 본 품에는 콘크리트포장 1차커팅 품은 포함되어 있지 않다.
  (2차컷팅이후, 주간작업기준)
② 줄눈규격에 따라 컷터날 및 성형줄눈재의 단가적용이 상이하므로 설계시 다음을 고려 한다.

컷터날 규격	단위	4mm	6mm	8mm	12mm	15mm	20mm	30mm
14″×3t	개	1	2	2	4	5	7	9

③ 자재(성형줄눈재) 할증은 10%를 가산한다.
④ 우각부 컷터기 및 줄눈재삽입기의 장비손료는 별도 계상한다.
⑤ 콘크리트 포장 파손 부위는 보수비를 별도 계상한다.
⑥ 유지보수공사는 교통관리비를 별도 계상한다.
⑦ 터널 및 야간공사시 인건비는 50%를 가산한다.

시멘트 콘크리트 포장 성형줄눈재 설계 및 시공 전문업체(특허 제0536368호 외 7건)

[주]라인크로스테크놀로지

주소 : 서울 광진구 능동로40길 8, 2층　　　TEL. (02)412-7311　　　FAX. (02)423-1970
　　　(중곡동, 정암빌딩)　　　　　　　　　E-mail : linecross3000@hanmail.net

1-7-4 투수아스팔트 표층 기계포설(소형장비) ('21년 신설, 2025년 보완)

(일당)

구 분	규격	단위	수량	시공량 (㎡)
포장공		인	3	
보통인부		인	1	
아스팔트피니셔	1.7m	대	1	1,200
굴착기	0.6㎥	대	1	
머캐덤롤러	8~10ton	대	1	
탠덤롤러	5~8t	대	1	
살수차	16,000ℓ	대	0.5	

[주] ① 본 품은 보도 및 자전거도로 등 소형장비(피니셔)를 사용한 투수아스팔트 표층 포설 기준이다.
② 1층 포설두께는 5~7cm 기준이다.
③ 본 품은 표층 포설 및 고르기, 다짐 작업을 포함한다.
④ 필터층(모래층), 보조기층 및 기층 포설은 별도 계상한다.
⑤ 현장여건에 따라 장비조합 및 규격을 변경하여 적용할 수 있다.

1-7-5 탄성포장재 포설 (2021년 신설)

(일당)

구 분	규격	단위	수량	시공량 (㎡)
특별인부		인	5	
보통인부		인	3	120
믹서	0.2㎥	대	1	

[주] ① 본 품은 탄성포장재(포장두께 7.5cm 이하)를 포설 및 다짐하는 기준이다.
② 본 품은 프라이머 바름, 탄성재 배합, 기층 및 표층 포설 및 다짐, 양생을 포함한다.
③ 표층을 다양한 무늬로 포설하는 경우 별도 계상한다.
④ 공구손료 및 경장비(발전기, 다짐롤러 등)의 기계경비는 인력품의 2%로 계상한다.

1-8 교통시설공 (2016년 보완)

1-8-1 교통 안전표지판 설치 (2020년 보완)

(일당)

구 분	규격	단위	수량	시공량 (개소)	
				지주	표지판
특 별 인 부		인	2	12	-
보 통 인 부		인	1		
트럭탑재형크레인	5ton	대	1		
특 별 인 부		인	2	-	22
보 통 인 부		인	1		

[주] ① 본 품은 단주식 지주와 교통안전표지 설치 기준이다.
　　② 지주의 규격은 ø60.5~89.1×3.2×3,000~3,600mm이며, 안전표지판의 규격은 1.0㎡이하 기준이다.
　　③ 기초제작 및 폐자재 운반은 별도 계상한다.
　　④ 상기 품과 다른 형식 및 규격으로 표지를 설치할 경우 별도 계상할 수 있다.
　　⑤ 공구손료 및 경장비(드릴, 발전기 등)의 기계경비는 인력품의 2%로 계상한다.

1-8-2 도로 표지판 설치 (2020년 보완)

(일당)

구 분	단위	수량	시공량(개소)		
			복주식 + 표지판 (8㎡이하 1개)	편지식 + 표지판 (12㎡이하 1개)	문형식+표지판 (8㎡이하 2개)
특 별 인 부	인	3	8	8	1
보 통 인 부	인	1			
크 레 인	대	1			

[주] ① 본 품은 복주식, 편지식, 문형식의 도로표지 설치 기준이다.
　　② 본 품은 형태별 지주 및 규격별 표지판 설치 작업을 포함한다.
　　③ 기초제작 및 폐자재 운반은 별도 계상한다.

④ 표지판을 추가 설치하는 경우에는 다음의 품을 적용한다.

구 분	규격	단위	표지판 설치 규격(개소당)			
			4㎡이하	8㎡이하	12㎡이하	16㎡이하
특별인부		인	0.09	0.11	0.14	0.16
보통인부		인	0.03	0.04	0.05	0.05
크 레 인		hr	0.24	0.29	0.36	0.43

⑤ 지주설치 크레인의 규격은 다음을 기준한 것이며, 작업여건에 따라 변경할 수 있다.

구분	복주식	편지식	문형식
장비	트럭탑재형크레인(5ton)	크레인(25ton)	크레인(50ton)

⑥ 공구손료 및 경장비(드릴, 발전기 등)의 기계경비는 인력품의 2%로 계상한다.

1-8-3 도로반사경 설치

(일당)

구 분	단위	수량	시공량(본)	
			1면	2면
특별인부	인	1	4	3
보통인부	인	1		

[주] ① 본 품은 도로반사경과 지주의 설치 기준이다.
② 도로반사경의 규격은 아크릴스테인리스제 ø800~1,000㎜이며, 지주의 규격은 ø76.3×4.2×3,750㎜ 기준이다.
③ 공구손료 및 경장비(전동드릴, 발전기 등)의 기계경비는 인력품의 3%로 계상한다.

1-8-4 도로표지병 설치 (2020년 보완)

(일당)

구 분	단위	수량	시공량 (개소)
특별인부	인	1	70
보통인부	인	1	

[주] ① 본 품은 포장면에 천공하여 부착하는 표지병 설치 기준이다.
② 본 품은 천공, 접착제 도포, 표지병 설치를 포함한다.
③ 공구손료 및 경장비(전동드릴 등)의 기계경비는 인력품의 5%로 계상한다.
④ 잡재료비(접착제 등)는 주재료비의 5%로 계상한다.

1-8-5 시선유도표지 설치 (2020년 보완)

(일당)

구 분	단위	수량	시공량(개소)		
			흙속매설용	가드레일용	옹벽용
특별인부	인	1	60	150	60
보통인부	인	1			

[주] ① 본 품은 시선유도표지 설치 기준이다.
② 흙속 매설용은 지주를 박아서 매설하는 경우 또는 터파기 후 되메우기 하여 매설하는 경우에 적용하는 것이며, 콘크리트 기초를 두어 설치하는 경우에는 별도로 계상한다.
③ 공구손료 및 경장비(전동드릴 등)의 기계경비는 인력품의 3%로 계상한다.

1-8-6 볼라드 설치 (2020년 보완)

(일당)

구 분	단위	수량	시공량(개소)
특별인부	인	2	13
보통인부	인	1	

[주] ① 본 품은 ø100㎜~150㎜의 볼라드 설치 기준이다.
　　② 본 품은 천공(코어뚫기), 볼라드 설치, 마무리 작업을 포함한다.
　　③ 공구손료 및 경장비(코어드릴, 발전기 등)의 기계경비는 인력품의 5%로 계상한다.

1-8-7 주차 블록 설치 (2020년 보완)

(일당)

구 분	단위	수량	시공량(개소)
특별인부	인	2	90
보통인부	인	1	

[주] ① 본 품은 길이 750~1000㎜의 주차블록 설치 기준이다.
　　② 본 품은 천공, 앵커고정, 주차 블록 설치, 마무리 작업을 포함한다.
　　③ 공구손료 및 경장비(전동드릴, 발전기 등)의 기계경비는 인력품의 5%로 계상한다.

1-8-8 차선규제봉 설치 (2020년 보완)

(일당)

구 분	단위	수량	시공량(개소)
특별인부	인	2	100
보통인부	인	1	

[주] ① 본 품은 높이 450~750㎜의 시선유도봉 설치 기준이다.
　　② 본 품은 천공, 앵커고정, 차선규제봉 설치, 마무리 작업을 포함한다.
　　③ 공구손료 및 경장비(전동드릴, 발전기 등)의 기계경비는 인력품의 5%로 계상한다.

1-8-9 차선도색 (2016 · 2017 · 2020년 보완)

1. 차선 밑그림

(일당)

구 분	규격	단위	수량	시공량 (㎡)			
				실선	파선	횡단보도, 주차장	문자, 기호
특별인부		인	2	900	450	342	162
보통인부		인	2				
트 럭	2.5ton	대	1				

[주] ① 본 품은 도로 신설공사의 차선도색을 위한 사전 밑그림 작업 기준이다.
② 본 품은 먹줄치기, 밑그림 도색 작업을 포함한다.
③ 트럭은 자재, 공구 및 경장비의 현장내 운반 작업에 적용한다.
④ 사전 청소가 필요한 경우에는 별도 계상한다.

2. 수용성형 페인트 수동식

(일당)

구 분	규격	단위	수량	시공량 (㎡)			
				실선	파선	횡단보도, 주차장	문자, 기호
특별인부		인	2	900	450	342	162
보통인부		인	2				
트 럭	4.5ton	대	1				
비 고	노면에 표지병 등이 설치되어 작업능률이 저하되는 경우에는 시공량을 10%까지 감하여 적용한다.						

[주] ① 본 품은 도로 신설공사의 핸드가이드식 라인마커를 사용한 수용성형페인트 차선도색 기준이다.
② 본 품은 차선도색, 유리알 살포 작업을 포함한다.
③ 트럭은 자재, 공구 및 경장비의 현장내 운반 작업에 적용한다.
④ 사전 청소가 필요한 경우에는 별도 계상한다.

⑤ 공구손료 및 경장비(라인마커 등)의 기계경비는 인력품의 3%로 계상한다.
⑥ 잡재료 및 소모재료는 주재료비의 1%로 계상한다.
⑦ 페인트 재료량 및 유리알 살포량은 별도 계상한다.

3. 수용성형 페인트 기계식

(일당)

구 분	규격	단위	수량	시공량 (m²)	
				실선	파선
특 별 인 부		인	1	5,300	2,650
보 통 인 부		인	1		
라인마커트럭	10km/hr	대	1		
트 럭	2.5ton	대	1		
비 고	노면에 표지병 등이 설치되어 작업능률이 저하되는 경우에는 시공량을 10%까지 감하여 적용한다.				

[주] ① 본 품은 도로 신설공사의 자주식 라인마커 트럭을 사용한 수용성형 페인트 차선도색 기준이다.
② 본 품은 차선도색, 유리알 살포 작업을 포함한다.
③ 트럭은 자재, 공구 및 경장비의 현장내 운반 작업에 적용한다.
④ 사전 청소가 필요한 경우에는 별도 계상한다.
⑤ 잡재료 및 소모재료는 주재료비의 1%로 계상한다.
⑥ 페인트 재료량 및 유리알 살포량은 별도 계상한다.

4. 융착식 도료 수동식 (2025년 보완)

(일당)

구 분	규격	단위	수량	시공량 (㎡)			
				실선	파선	횡단보도, 주차장	문자, 기호
특별인부		인	2	700	350	266	126
보통인부		인	2				
트 럭	4.5ton	대	1				
	2.5ton	대	1				
비 고	노면에 표지병 등이 설치되어 작업능률이 저하되는 경우에는 시공량을 10%까지 감하여 적용한다.						

[주] ① 품은 도로 신설공사의 핸드가이드식 라인마커를 사용한 융착식 도료 차선도색 기준.
② 본 품은 도료배합, 차선도색, 유리알 살포 작업을 포함한다.
③ 트럭은 다음의 작업에 적용한다.

구분	4.5ton	2.5ton
작업	용해기 운반	자재, 공구 및 경장비 운반

④ 사전 청소가 필요한 경우에는 별도 계상한다.
⑤ 공구손료 및 경장비(라인마커, 용해기 등)의 기계경비는 인력품의 10%로 계상한다.
⑥ 잡재료 및 소모재료는 주재료비의 1%로 계상한다.
⑦ 페인트 재료량 및 유리알 살포량은 별도 계상하고, 기타 자재의 수량은 다음을 참고한다.

(10㎡당)

구 분	단위	수량
프라이머	kg	2.0
프로판가스	kg	2.0

※ 위 재료량은 할증이 포함되어 있다.

5. 상온경화형 플라스틱 도료 구동식 (2025년 신설)

(일당)

구 분	규격	단위	수량	시공량 (㎡)			
				실선	파선	횡단보도, 주차장	문자, 기호
특별인부		인	2	730	365	275	130
보통인부		인	2				
트 럭	2.5ton	대	2				
비 고	노면에 표지병 등이 설치되어 작업능률이 저하되는 경우에는 시공량을 10%까지 감하여 적용한다.						

[주] ① 본 품은 도로 신설공사의 라인마커(탑승형)를 사용한 상온경화형 플라스틱 도료를 차선도색 기준이다.
② 본 품은 차선도색, 유리알 살포 작업을 포함한다.
③ 트럭은 자재, 공구 및 경장비의 현장내 운반 작업에 적용한다.
④ 사전 청소가 필요한 경우에는 별도 계상한다.
⑤ 공구손료 및 경장비(핸드믹서 등)의 기계경비는 인력품의 2%로 계상하고, 라인마커의 기계경비는 별도계상한다.
⑥ 잡재료 및 소모재료는 주재료비의 1%로 계상한다.
⑦ 페인트 재료량 및 유리알 살포량은 별도 계상한다.

1-8-10 가드레일 설치 (2008·2020년 보완)

1. 지주 설치

(일당)

구 분	규격	단위	수량	시공량(m)	
				지주간격 2m	지주간격 4m
특별인부		인	2	420	840
보통인부		인	1		
굴착기+대형브레이커	0.6m³	대	1		
트럭	2.5ton	대	1		

[주] ① 본 품은 노측의 토공구간에 가드레일 지주 설치 기준이다.
② 본 품은 기준선 설치, 지주 항타 및 보강재 설치를 포함한다.
③ 트럭은 자재, 공구 및 경장비의 현장내 운반 작업에 적용한다.

2. 판 설치

(일당)

구 분	규격	단위	수량	시공량(m)			
				지주간격 2m		지주간격 4m	
				2W	3W	2W	3W
특별인부		인	4	520	440	680	560
보통인부		인	2				
트럭	2.5ton	대	1				

[주] ① 본 품은 본당길이 4m의 가드레일 판 설치 기준이다
② 본 품은 간격재 조립, 판 설치 및 볼트고정, 단부마감 작업을 포함한다.
③ 트럭은 자재, 공구 및 경장비의 현장내 운반 작업에 적용한다.
④ 램프구간 등 곡선구간의 가드레일 설치 시 시공량의 40%범위 내에서 감하여 적용할 수 있다.
⑤ 공구손료 및 경장비(전동드릴 등)의 기계경비는 인력품의 5%로 계상한다.

1-8-11 중앙분리대 설치(가드레일식) (2020년 보완)

1. 지주설치

(일당)

구 분	규격	단위	수량	시공량(m)	
				지주간격 2m	지주간격 4m
특별인부		인	3	260	520
보통인부		인	1		
굴착기+대형브레이커	0.6㎥	대	1		
크롤러드릴(공기식)	17.0㎥/min	대	1		
공기압축기	17.0㎥/min	대	1		
트럭	2.5ton	대	1		

[주] ① 본 품은 포장층을 천공하는 중앙분리대 지주 설치 기준이다.
② 본 품은 천공, 청소, 항타기준선 설치, 지주 및 보강재 설치, 모르타르 및 모래채우기를 포함한다.
③ 트럭은 자재, 공구 및 경장비의 현장내 운반 작업에 적용한다.
④ 장비의 규격은 현장여건에 따라 변경할 수 있다.

2. 판 설치

(일당)

구 분	규격	단위	수량	시공량(m)			
				지주간격 2m		지주간격 4m	
				2W	3W	2W	3W
특별인부	인	인	4	260	220	340	280
보통인부	인	인	2				
트럭	2.5ton	대	1				

[주] ① 본 품은 본당길이 4m 가드레일의 양면에 판 설치 기준이다.
② 본 품은 간격재 조립 및 판 설치, 볼트고정, 단부마감 작업을 포함한다.
③ 트럭은 자재, 공구 및 경장비의 현장내 운반 작업에 적용한다.
④ 공구손료 및 경장비(전동드릴 등)의 기계경비는 인력품의 5%로 계상한다.

1-8-12 중앙분리대 설치(콘크리트 포설식) (2024년 보완)

(일당)

구 분	규격	단위	수량	시공량 (m)	
				높이 0.81m	높이 1.27m
포장공		인	2	350	300
철근공		인	1		
보통인부		인	2		
콘크리트 피니셔	105.9kW	대	1		
굴착기	1.0m³	대	1		

[주] ① 본 품은 콘크리트 피니셔를 사용한 중앙분리대 포설 기준이다.
② 본 품은 철망 조립 및 설치, 콘크리트 포설, 신축이음재 설치, 면마무리 및 양생 작업을 포함한다.
③ 유도선 설치, 균열유발이음(수축줄눈) 설치 작업은 별도 계상한다.
④ 장비의 규격은 현장여건에 따라 변경할 수 있다.

1-8-13 유색포장(미끄럼방지) (2025년 신설)

(일당)

구 분	규격	단위	수량	시공량 (m²)	
				A-Type	B-Type
도장공		인	3	300	200
보통인부		인	2		
트럭	2.5ton	대	1		

[주] ① 본 품은 도로포장 노면에 미끄럼방지를 위해 유색포장(열경화성 아크릴수지+규사)를 도포하는 기준이다.
② 본 품은 노면 청소, 테이프 마킹 및 제거, 자재 혼합 및 도포, 요철마감 작업을 포함한다.

③ 각 유형별 적용기준은 다음과 같다.

구분	적용기준
A-Type	미끄럼 대상 전체 구간에 설치하는 전면처리방식
B-Type	미끄럼 대상 구간에 띠 모양으로 일정 간격씩 띄워 설치하는 이격식 처리방식

④ 트럭은 자재, 공구 및 경장비의 현장내 운반 작업에 적용한다.
⑤ 공구손료 및 경장비(핸드믹서 등)의 기계경비는 인력품의 3%로 계상한다.

1-8-14 표시못 설치 (2020년, 2024년 보완)

(일당)

배치인원(인)	규격	단위	수량	시공량(개소)	
				A-Type	B-Type
특별인부		인	1	20	60
보통인부		인	1		
트 럭	2.5ton	인	1		

[주] ① 본 품은 아스팔트, 콘크리트, 보도블록 노면에 관로표시못 설치 기준이다.
② 본 품은 천공, 접착제 도포, 표시못 설치 작업을 포함한다.
③ 트럭은 자재, 공구 및 경장비의 현장내 운반 작업에 적용한다.
④ 공사의 종류는 다음과 같이 구분한다.

A-Type	골목길 또는 주택가에 소화전 또는 수도관로 표시를 위해 표시못 위치가 산재되어 있는 구간
B-Type	일반도로 및 인도내에 표시못 위치가 밀집되어 있는 구간

⑤ 공구손료 및 경장비(전동드릴, 발전기 등)의 기계경비는 인력품에 다음 요율을 계상한다

구 분	A-Type	B-Type
요율(%)	2	4

⑥ 잡재료(채움모르타르 등)는 주재료비의 2%로 계상한다.

p.512

> [참고제안]

노면 요철포장 공법

노면요철포장(부착형)의 품셈
1. 자재
(단위 : m 당)

TYPE	포장종별	규격(mm) 높이×폭×간격×넓이	칼블럭	해머드릴비트 (TE-CX)	접착제 (KG)	부착형노면 요철(개)
1	아스콘	6.5×50×300×400	9.9	0.0500	0.1122	3.30
2	콘크리트		9.9	0.1000		
3	아스콘	6.5×50×300×400	6	0.0500	0.0680	2.00
4	콘크리트		6	0.1000		

2. 인원
(단위 : m)

TYPE	포장종별	규격(mm) 높이×폭×간격×넓이	작업반장 (인)	특별인부 (인)	보통인부 (인)	비고
1	아스콘	6.5×50×300×400	0.0120	0.0200	0.0200	커브구간
2	콘크리트		0.0250	0.0500	0.0500	
3	아스콘	6.5×50×500×400	0.0120	0.0150	0.0150	직선구간
4	콘크리트		0.0250	0.0400	0.0400	

3. 장비
(단위 : m)

TYPE	포장종별	규격(mm) 높이×폭×간격×넓이	사용시간(hr) 해머드릴(TE-2)	사용시간(hr) 발전기(50kW)	비고
1	아스콘	6.5×50×300×400	0.0020	0.2500	커브구간
2	콘크리트			0.2500	
3	아스콘	6.5×50×500×400	0.0012	0.1500	직선구간
4	콘크리트			0.1500	

[주] ① 1일 장비 사용량 기준 : 해머드릴공구 사용량은 1일 8시간으로 계상한다.
　　　　기타 다른 해머드릴공구 및 자재는 별도 계상한다.
　　② 본품은 준비작업, 장비의 소운반, 현장이동에 대한 품을 포함한다.
　　③ 공구손료 및 잡재료는 재료비의 5%로 한다.

노면요철포장(직육면체용)
1. 자재
(단위 : ㎡ 당, m 당)

절단 방향	포장종별	규격(mm) 폭×간격×깊이	블레이드사용량 /그루버 1대	블레이드 소모량(매)	폐기물 (kg)	비고
종절단	아스팔트	9×49×6	4mm 20매	0.0131	1.43	㎡당
	콘크리트	9×49×6	4mm 20매	0.0231	1.43	
횡절단	아스팔트	9×49×6	4mm 20매	0.0131	1.43	
	콘크리트	9×49×6	4mm 20매	0.0231	1.43	

절단 방향	포장종별	규격(mm) 폭×간격×깊이	블레이드사용량 /그루버1대	블레이드 소모량(매)	폐기물 (kg)	비고
홈절단	아스팔트	40×10	4mm 7매	0.0050	0.82	m당
	콘크리트	40×5	4mm 7매	0.0050	0.41	
노견용	아스팔트	5×80×150×400	6mm 80매	0.0160	1.48	
	콘크리트	5×80×150×400	6mm 80매	0.0187	1.48	

2. 인원

(단위 : m^2 당, m 당)

절단 방향	포장종별	규격(mm) 폭×간격×깊이	작업반장 (인)	특별인부 (인)	보통인부 (인)	비고
종절단	아스팔트	9×49×6	0.0045	0.0090	0.0180	m^2당
	콘크리트	9×49×6	0.0067	0.0135	0.0270	
횡절단	아스팔트	9×49×6	0.0067	0.0135	0.0270	
	콘크리트	9×49×6	0.0101	0.0202	0.0404	
홈절단	아스팔트	40×10	0.0068	0.0136	0.0272	m당
	콘크리트	40×5	0.0090	0.0181	0.0363	
노견용	아스팔트	5×80×150×400	0.0048	0.0084	0.0172	
	콘크리트	5×80×150×400	0.005	0.0101	0.0200	

3. 장비

(단위 : m^2 당, m 당)

절단 방향	포장종별	규격(mm) 폭×간격×깊이	사용시간(hr) Rumble Strip 기계	트럭4.5ton (단축)	트럭탑재형 크레인(5ton)	비고
종절단	아스팔트	9×49×6	0.0360	0.0180	0.0090	m^2당
	콘크리트	9×49×6	0.0540	0.0270	0.0135	
횡절단	아스팔트	9×49×6	0.0540	0.0270	0.0135	
	콘크리트	9×49×6	0.0808	0.0404	0.0202	
홈절단	아스팔트	40×10	0.0544	0.0272	0.0136	m당
	콘크리트	40×5	0.0727	0.0363	0.0181	
노견용	아스팔트	5×80×150×400	0.0235		0.0006	
	콘크리트	5×80×150×400	0.0267		0.0007	

* 일 장비 사용량 기준:Rumble Strip:기계 8시간/일, 운반트럭:4시간/일, 카고크레인 : 2시간/일
① 본품은 준비작업, 소운반, 현장이동에 대한 품이 포함된 것이다.
② 주로 차량통행이 빈번한 도로에 시설하므로 교통 안전 시설비를 별도 계상할 수 있으며, 난이한 현장이나 야간작업시에는 작업 할증률을 25%까지 가산 적용할 수 있다.
③ 공구손료 및 잡재료는 재료비의 5%로 한다.

노면요철포장(특허 제10-1542722호)의 품셈

1. 자재

(단위 : m)

TYPE	포장종별	규격(mm) 깊이×폭×간격×넓이	블레이드 사용량	블레이드 소모량(매)	폐기물(kg)	비고
1	아스콘	5×80×150×300	11″×6mm 80매	0.0167	2.25	
2	콘크리트			0.0195	1.79	

2. 인원

(단위 : m)

TYPE	포장종별	규격(mm) 깊이×폭×간격×넓이	작업반장(인)	특별인부(인)	보통인부(인)	비고
1	아스콘	5×80×150×300	0.0108	0.0218	0.0433	
2	콘크리트		0.0135	0.0270	0.0544	

3. 장비

(단위 : m)

TYPE	포장종별	규격(mm) 깊이×폭×간격×넓이	사용시간(hr) Rumble strip machine	사용시간(hr) 트럭탑재형 크레인 (5ton)	비고
1	아스콘	5×80×150×300	0.0774	0.0142	
2	콘크리트		0.0987	0.0188	

[주] ① 1일 장비 사용량 기준 : Rumble strip machine 8시간/일,
　　　트럭탑재형 크레인(5ton) : 2시간/일, 야간 및 소규모 현장의 경우 작업 할증률을 25%까지 가산 적용할 수 있다.
　　② 본품은 준비작업, 장비의 소운반, 현장이동에 대한 품을 포함한다.
　　③ 공구손료 및 잡재료는 재료비의 5%로 한다.

복합 그루빙공법(특허 제 10-1631868호)의 품셈

1. 자재

(단위: m²당, m당)

절단 방향	포장종별	규격(mm) 폭×간격×깊이	블레이드 사용량 /그루버 1대	블레이드 소모량(매)	폐기물(kg)	비고
종절단	아스팔트	9×50×4	4mm 20매	0.0101	1.52	m²
	콘크리트	9×50×4	4mm 20매	0.0202	1.49	
	아스팔트	4×28×4	6mm 20매	0.0079	1.16	
	콘크리트	4×28×4	6mm 20매	0.0158	1.14	
횡절단	아스팔트	9×50×4	4mm 20매	0.0121	1.52	m²
	콘크리트	9×50×4	4mm 20매	0.0242	1.49	
	아스팔트	4×28×4	6mm 24매	0.0095	1.16	
	콘크리트	4×28×4	6mm 20매	0.0190	1.14	
홈절단	아스팔트	40×160×5	4mm 24매	0.0120	2.34	m당
	아스팔트	36×10	4mm 6매	0.0020	0.84	
	콘크리트	36×5	4mm 6매	0.0027	0.41	

2. 인원

(단위: ㎡당, m당)

절단 방향	포장종별	규격(mm) 폭×간격×깊이	작업반장(인)	특별인부(인)	보통인부(인)	비고
종절단	아스팔트	9×50×4	0.0045	0.0180	0.0180	㎡
	콘크리트	9×50×4	0.0068	0.0272	0.0272	
	아스팔트	4×28×4	0.0035	0.0141	0.0141	
	콘크리트	4×28×4	0.0091	0.0213	0.0213	
횡절단	아스팔트	9×50×4	0.0054	0.0216	0.0216	
	콘크리트	9×50×4	0.0082	0.0326	0.0326	
	아스팔트	4×28×4	0.0042	0.0169	0.0169	
	콘크리트	4×28×4	0.0109	0.0256	0.0256	
	아스팔트	40×160×5	0.0115	0.0450	0.0450	
홈절단	아스팔트	36×10	0.0038	0.0151	0.0151	m당
	콘크리트	36×5	0.0057	0.0228	0.0228	

3. 장비

(단위: ㎡당, m당)

절단 방향	포장종별	규격(mm) 폭×간격×깊이	사용시간(hr)			비고
			건식 그루버	트럭 4.5ton (단축)	트럭탑재형 크레인(5ton)	
종절단	아스팔트	9×50×4	0.0364	0.0182	0.0091	㎡
	콘크리트	9×50×4	0.0541	0.0271	0.0136	
	아스팔트	4×28×4	0.0285	0.0142	0.0071	
	콘크리트	4×28×4	0.0423	0.0212	0.0106	
횡절단	아스팔트	9×50×4	0.0437	0.0218	0.0109	
	콘크리트	9×50×4	0.0649	0.0325	0.0163	
	아스팔트	4×28×4	0.0341	0.0171	0.0085	
	콘크리트	4×28×4	0.0507	0.0254	0.0128	
	아스팔트	40×160×5	0.0910	0.0450	0.0235	
홈절단	아스팔트	36×10	0.0306	0.0153	0.0076	m당
	콘크리트	36×5	0.0454	0.0228	0.0114	

* 일 장비 사용량 기준 : 그루버 8 시간/일, 운반트럭 : 4 시간/일, 카고크레인 : 2 시간/일

◎ 해설 : ① 본 품은 채움재(도색 또는 미끄럼방지 등)의 품을 별도 산정한다.
② 본 품은 준비작업, 소운반, 현장이동에 대한 품이 포함된 것이다.
③ 주로 차량통행이 빈번한 도로에 시설하므로 교통 안전 시 설비를 별도 계상할 수 있으며, 난해한 현장이나 야간작업시에는 20%의 작업능률 저하를 적용할 수 있다.
④ 공구손료 및 잡재료는 재료비의 5%로 한다.

1-8-15 L형측구 설치(포설식) (2021년 신설, 2024년 보완)

(일당)

구 분	규격	단위	수량	시공량 (m)	
				H=0.5m이하	H=1.2m
포 장 공		인	3	550	350
보 통 인 부		인	2		
콘크리트 페이버	105.9kW	대	1		
굴 착 기	0.6m³	대	1		

[주] ① 본 품은 콘크리트 페이버를 사용한 L형측구 포설 기준이며, H=1.2m는 2회 포설하는 기준이다.
② 본 품은 몰드 교체, 콘크리트 포설, 시공이음(철근) 설치, PVC관 매립, 신축이음재 설치, 면마무리 및 양생 작업을 포함한다.
③ 유도선 설치, 터파기 및 되메우기, 균열유발이음(수축줄눈) 설치 작업은 별도 계상한다.
④ 현장여건에 따라 장비조합 및 규격을 변경하여 적용할 수 있다.

1-9 부대공

1-9-1 방음벽 설치 (2008년, 2017년, 2021년 보완)

1. 앵커볼트 설치

(일당)

구 분	단위	수량	시공량(개)
철 공	인	2	40
보 통 인 부	인	1	

[주] ① 본 품은 매설앵커볼트(L형)를 기준한 것이며, 이와 시공방법이 다를 경우에는 별도로 계상한다.
② 본 품은 앵커볼트와 철근의 용접을 포함한다.
③ 공구손료 및 경장비(용접기 등)의 기계경비는 인력품의 3%로 계상한다.

2. 지주설치

(일당)

구 분	규격	단위	수량	시공량 (개소)			
				지주높이	지주 간격		
					2m	3m	4m
철 공		인	3	3m 이하	23	22	21
보 통 인 부		인	1				
트럭탑재형크레인	5 ton	대	1	7m 이하	20	19	18
철 공		인	3	9m 이하	17	–	–
보 통 인 부		인	2				
트럭탑재형크레인	5 ton	대	1	11m 이하	13	–	–

[주] ① 본 품은 매설앵커방식으로 지주를 세울 경우에 적용하며, 이와 시공방법이 다를 경우에는 별도로 계상한다.
② 본 품은 지주세우기, 고정 및 조정, 마무리 작업을 포함한다.
③ 고가도로 등 현장여건에 따라 고소작업차가 필요한 경우, 추가 계상이 가능하다.
④ 현장작업조건을 고려하여 규격을 변경하여 적용할 수 있다.
⑤ 공구손료 및 경장비(전동드릴 등)의 기계경비는 인력품의 3%로 계상한다.

3. 방음판 설치

(일당)

구 분	규격	단위	수량	시공량 (개)				
				지주높이	방음벽 개당 면적			
					$1m^2$ 이하	$2m^2$ 이하	$3m^2$ 이하	$4m^2$ 이하
철 공		인	4	3m 이하	109	87	85	72
보 통 인 부		인	2					
트럭탑재형크레인	5ton	대	1					
철 공		인	4	5m 이하	138	121	111	77
보 통 인 부		인	3	7m 이하	129	103	90	–
트럭탑재형크레인	5ton	대	1	9m 이하	119	95	–	–
고 소 작 업 차	3ton	대	1	11m 이하	108	86	–	–

[주] ① 본 품은 금속제 및 투명 방음판의 설치 기준이다.

② 본 품은 방음벽 설치 및 고정, 하부 패드설치, 상부 마감을 포함한다.
③ 현장작업조건을 고려하여 규격을 변경하여 적용할 수 있다.
④ 공구손료 및 경장비(전동드릴 등)의 기계경비는 인력품의 3%로 계상한다.

1-9-2 보차도 및 도로경계블록 설치 (2021년, 2024년 보완)

(일당)

구 분		규 격	단위	수량	규격 (아래폭 +높이㎜)	시공량 (m)	
						직선구간	곡선구간
A-Type	특 별 인 부		인	3	300미만	170	150
	보 통 인 부		인	1	350미만	145	125
					400미만	130	110
	굴 삭 기	0.4㎥	대	1	500미만	90	80
					500이상	60	50
B-Type	특 별 인 부		인	2	300미만	115	110
	보 통 인 부		인	1	350미만	100	85
					400미만	90	75
	굴 삭 기	0.2㎥	대	1	500미만	65	60
					500이상	40	35

[주] ① 본 품은 화강암 및 콘크리트 경계블록(길이 1.0m)을 설치하는 기준이다.
② 본 품은 위치확인, 경계블록 절단 및 설치, 이음모르타르 바름 작업을 포함한다.
③ 기초 콘크리트, 거푸집, 터파기 및 되메우기, 잔토처리는 현장 여건에 따라 별도 계상한다.
④ 현장 여건별 적용기준은 다음과 같다.

구 분	적용기준
A-Type	공원, 단지·택지조성공사의 보도 등 장비이동 및 적재가 용이한 구간
B-Type	차도인접, 주택가 보도 등 장비이동 및 적재 공간이 협소한 구간

⑤ 장비의 종류 및 규격은 현장여건에 따라 변경할 수 있다.
⑥ 공구손료 및 경장비(절단기 등)의 기계경비는 인력품의 2%로 계상한다.

1-9-3 낙석방지책 설치 (2008년 · 2022년 보완)

1. 지주 설치

(일 당)

구 분	규격	단위	수량	시공량(개)
용 접 공		인	1	40
특 별 인 부		인	3	
보 통 인 부		인	2	
크 레 인	10ton	대	1	

[주] ① 본 품은 낙석방지책의 지주(높이 3m이하)를 설치하는 기준이다.
② 본 품은 앵커 설치, 지주 세우기 작업을 포함한다.
③ 터파기, 기초콘크리트, 되메우기 작업은 별도 계상한다.
④ 공구손료 및 경장비(용접기 등)의 기계경비는 인력품의 2%로 계상한다.

2. 와이어 설치

(일 당)

구 분	단위	수량	시공량(m)
특 별 인 부	인	4	200
보 통 인 부	인	2	

[주] ① 본 품은 높이 3m이하 낙석방지책의 와이어를 설치하는 기준이다.
② 본 품은 와이어 설치, 단부 고정, 간격유지장치 설치 작업을 포함한다.
③ 비계가 필요한 경우 별도 계상한다.
④ 공구손료 및 경장비(절단기 등)의 기계경비는 인력품의 2%로 계상한다.

3. 철망설치

(일 당)

구 분	단위	수량	시공량(m²)
특 별 인 부	인	4	360
보 통 인 부	인	2	

[주] ① 본 품은 높이 3m이하 낙석방지책의 철망을 설치하는 기준이다.
② 본 품은 철망 설치, 결속 작업을 포함한다.
③ 비계가 필요한 경우 별도 계상한다.
④ 공구손료 및 경장비(절단기 등)의 기계경비는 인력품의 2%로 계상한다

1-9-4 낙석방지망 설치 (2022년 보완)

1. 기초 착암

(일당)

구 분	규격	단위	수량	시공량(㎡)
착 암 공		인	2	
비 계 공		인	3	
보 통 인 부		인	2	800
공 기 압 축 기	10.3㎥/min	대	1	
소 형 브 레 이 커	2.7㎥/min	대	2	

[주] ① 본 품은 낙석방지망(포켓식, 비포켓식)의 설치를 위한 기초천공 작업 기준이다.
② 본 품은 기초천공, 고정핀 및 앵커볼트 삽입, 주입재 충전 작업을 포함한다.
③ 비탈면 고르기는 별도 계상한다.
④ 재료량은 설계수량을 적용한다.

2. 철망 및 와이어 설치

(일당)

구 분		규격	단위	수량	시공량(㎡)
기 계 식	특별인부		인	2	
	보통인부		인	3	400
	크 레 인	50ton	대	1	
인 력 식	특별인부		인	2	100
	보통인부		인	3	

[주] ① 본 품은 낙석방지망(포켓식, 비포켓식)의 철망 및 와이어로프를 설치하는 기준이다.

② 본 품은 철망 설치, 와이어로프 설치 및 결합, 조립구 고정 작업을 포함한다.
③ 재료량은 설계수량을 적용한다.

[참고자료] 낙석방지망 재료량

(m^2당)

구 분	단위	수량	비고
철 망	m^2	1.15	
결 속 선	m	0.3	
에 폭 시	kg	0.01	포켓식의 경우에만 계상
산 출 기 준	\- 재료량(지주, 고정핀, 클립, 모르타르 등)은 설계에 따라 별도 계상 \- 와이어로프는 결속되는 지주 및 좌우 고정핀 1개소당 1m씩의 여유 길이를 고려하여 산정 \- 와이어로프 설치간격 　㉮ 포 켓 식 : 종로프 2m, 횡로프 5m 　㉯ 비포켓식 : 종로프 및 횡로프 각각 3m \- 조립구는 와이어로프 교차점마다 1개씩 계상 \- 결속선(철망겹침부의 결속 및 철망과 와이어로프의 결속) 대신 결속 스프링 사용가능			

제 2 장   하 천 공 사

2-1 사석

2-1-1 사석부설 (2012년 보완)

(m³ 당)

구 분	규격	단위	수량
보통인부		인	0.004
굴 착 기	1.0m³	hr	0.027

[주] ① 본 품은 굴착기를 사용하여 사석을 부설하는 기준이다.
② 본 품은 사석 부설 및 정리 작업이 포함된 것이다.
③ 필터매트 설치는 '[공통부문] 5-2-1 매트부설'을 따른다.

2-1-2 사석 고르기 (2012년 신설·2019년 보완)

(m² 당)

구 분	규격	단위	수량
보 통 인 부		인	0.005
굴착기+부착용집게	1.0m³	hr	0.070

[주] ① 본 품은 사석 부설 후 굴착기(집게)를 사용하여 표면부 사석을 돌출되지 않게 고르는 기준이다.
② 사석 고르기, 잡석 채움 작업을 포함한다.

2-2 돌망태

2-2-1 타원형 돌망태 설치 (2012년 · 2019년 보완)

(㎡ 당)

구 분	규격	단위	수량(돌망태 높이)				
			40	45	50	60	70
석 공		인	0.039	0.044	0.049	0.063	0.073
특별인부		인	0.013	0.014	0.016	0.019	0.024
보통인부		인	0.005	0.006	0.007	0.008	0.010
굴 착 기	1.0㎥	시간	0.026	0.030	0.033	0.040	0.046

[주] ① 본 품은 타원형 돌망태를 설치하는 기준이다.
② 망태석 포설, 망태 조립 및 설치, 망태석 채움, 망태조임 및 마무리 작업을 포함한다.
③ 필터매트를 설치할 경우 '[공통부문] 5-2-1 매트부설'을 따른다

2-2-2 매트리스형 돌망태 설치 (2012년 보완)

(㎡ 당)

구 분	규격	단위	수량
석 공	-	인	0.027
특별인부	-	인	0.010
보통인부	-	인	0.010
굴 착 기	1.0㎥	hr	0.025

[주] ① 본 품은 매트리스형 돌망태(폭 200㎝, 높이 30㎝)를 설치하는 기준이다.
② 본 품은 망태 조립 및 설치, 망태석 채움, 덮개 조립 작업이 포함된 것이다.
③ 필터매트 설치는 '[공통부문] 5-2-1 매트부설'을 따른다.

2-2-3 돌망태형 옹벽 설치 (2012년 · 2019년 보완)

(m³ 당)

구 분	규격	단위	수량
석 공	–	인	0.190
특 별 인 부	–	인	0.134
보 통 인 부	–	인	0.117
굴 착 기	0.6m³	hr	0.281

[주] ① 본 품은 높이 5m이하의 돌망태옹벽(GABION 철망태)을 설치하는 기준이다.
② 철망태의 조립 및 설치, 망태석 채움, 덮개조립 작업을 포함한다.
③ 터파기 및 지반고르기는 별도 계상한다.
④ 필터매트를 설치할 경우 '[공통부문] 5-2-1 매트부설'을 따른다

2-3 하천호안공

2-3-1 식생매트 설치 (2012년 신설 · 2019년 보완)

(m² 당)

구 분	규격	단위	수량	
			식생매트설치	복토
특별인부		인	0.014	–
보통인부		인	0.003	0.005
굴 착 기	0.6m³	hr	–	0.031

[주] ① 본 품은 호안등사면에 식생매트를 설치하는 기준이다.
② 인력 흙고르기, 식생매트 깔기, 복토 작업을 포함한다.
③ 매트부설 이외 기타공종(종자살포, 잔디심기, 관수, 시비 등)는 별도 계상한다.

2-3-2 블록 붙이기 (인력) (2012년 보완)

(㎡ 당)

구 분	규격	단위	수량
특별인부		인	0.076
보통인부		인	0.066

[주] ① 본 품은 하천제방에 인력으로 호안블록을 설치하는 기준이다.
　　② 본 품은 호안블록 설치, 철물 연결 작업이 포함된 것이다.
　　③ 비탈면 고르기, 흙 채움 및 잔디심기가 필요한 경우에는 별도 계상한다

2-3-3 블록 붙이기 (기계) (2012년 보완)

(㎡ 당)

구 분	규격	단위	수량
특별인부		인	0.017
보통인부		인	0.007
크 레 인	10ton	시간	0.048

[주] ① 본 품은 하천제방에 장비를 사용하여 호안블록을 설치하는 기준이다.
　　② 본 품은 호안블록 설치, 철물 연결 작업이 포함된 것이다.
　　③ 비탈면 고르기, 흙 채움 및 잔디심기가 필요한 경우에는 별도 계상한다.
　　④ 현장여건에 따라 크레인을 굴착기(규격 0.2㎥, 사용시간 0.063hr)로 적용할 수 있다.

[참고제안] 친환경사석매트공법(Eco-M.S)

규격\품목	식생기반재(m^3)	돌망태(m^2)			현장채취토(m^3)	섬유매트(m^2)	식생매트(PA)	채움돌(m^3)	고정말뚝(m)	앙카핀(EA)	종자(g)	식생형포트	구조지지대	초화류
두께	생태복원토	매트리스형 (0.2×1.0×1.0)	매트리스형 식생박스 (0.2×1.0×1.0)	매트리스형 식생박스 (0.3×1.0×1.0)	양질토	ø3.50×50	T=15mm	ø50~400mm	ø60×1000	ø16.1500mm	혼합종자	ø100	ø80	ø80
친환경사석매트 (Eco-M.S-1)	0.022	1.03	-	-	-	1.1	0.162	0.525	-	30	-	-	-	-
친환경사석매트 (Eco-M.S-2)	0.022	1.03	-	-	-	1.1	0.162	0.525	-	30	-	-	-	-
친환경사석매트 (Eco-M.S-3)	0.022	-	1.03	-	-	-	0.162	-	1.2	30	0.5	2.2	0.5	
친환경사석매트 (Eco-M.S-4)	0.033	-	-	1.03	-	-	0.243	-	1.2	30	1	2.2	1	

규격\품목	취부공							설치공		초화류식재	
	품(m^2)			장비(m^2)				보통인부 (돌망태 설치 외)	특별인부 (돌망태 설치 외)	보통인부 (조화류 식재)	조경공 (조화류 식재)
두께	작업반장	기계공	보통인부	취부기	공기압축기	트럭탑재형크레인	물탱크				
	(인)	(인)	(인)	(HR)	(HR)	5TON (HR)	5,500L (HR)	(인)	(인)	(인)	(인)
친환경사석매트 (Eco-M.S-1)	0.0035	0.005	0.01	0.024	0.015	0.035	0.024	0.146	0.017	-	-
친환경사석매트 (Eco-M.S-2)	0.0035	0.005	0.01	0.024	0.015	0.035	0.024	0.146	0.017	-	-
친환경사석매트 (Eco-M.S-3)	0.0035	0.005	0.01	0.024	0.015	0.035	0.024	0.096	0.017	0.00075	0.0004
친환경사석매트 (Eco-M.S-4)	0.004	0.006	0.012	0.032	0.02	0.046	0.032	0.128	0.024	0.0015	0.0008

1. 본 공법은 강성호안 등의 원지반에 돌망태를 설치하고 천연섬유망·PA매트·식생형포트·식생구조지지대를 사양별 선택 시공하고 생태복원토취부, 채움돌을 포설하는 친환경 식생 매트리스형 돌망태를 설치, 고정하는 방법으로 기존 돌망태공법은 사석 및 복토용 토사를 채취하여 반입하고 복구하는 등, 중복으로 공사비용이 소요되는 비효율적인 공사방법을 현장 채취 토석활용 및 식생도입으로 경제성, 경관성 등에서 우수한 친환경 사석매트 녹화공법이다.
2. 본 품 중 비탈면고르기는 별도 계상한다.
3. 현장 채취토양이 부적절할 경우 외부 반입 비용은 별도 계상한다.
4. 본 품은 재료의 할증이 포함되어 있다.
5. 잡재료비는 재료비의 3%, 공구손료는 노무비의 2%를 계상한다.
6. 높이 5m 이상일 때는 품의 10%를 계상한다.
7. 종자배합비율은 국토해양부(2009) 지침안에 기준하여 현장 여건에 따라 자연생태복원전문가의 자문을 득하여 조정할 수 있다.
8. 고정말뚝과 앙카핀 중에서 현장 원지반의 여건을 고려하여 선택적으로 적용할 수 있다.
9. 구조지지대의 재질을 생분해성 재질로 변경시 별도 계상한다.
10. 식생형 포트에 식재되는 초종 및 수량은 자연생태복원전문가의 자문을 받아 변경할 수 있다.

미세먼지 저감시스템 설치(설비공사 제외)

품 명	규 격	기계설비공 (인)	배관공 (인)	보통인부 (인)	크레인 (hr)	고소작업차 (hr)
미세먼지 저감시스템 (FDR-1)	H=20.0m	3.29	2.64	2.28	11.85	13.28
미세먼지 저감시스템 (FDR-2)	H=15.0m	2.25	1.82	1.56	8.12	9.1
미세먼지 저감시스템 (FDR-3)	H=7.0m	1.92	1.51	1.28	6.96	7.56
미세먼지 저감시스템 (FDR-4)	H=6.0m	1.63	1.28	1.09	5.92	6.44

[주] ① 본 품은 미세먼지 저감시스템을 설치하는 품이다.(설비공사 제외)
② 터파기, 되메우기, 잔토처리, 콘크리트 기초, 앵커볼트 설치는 별도 계상한다.
③ 현장교통정리 필요시 보통인부(0.13/조) 별도 계상한다.
④ 철거 50%, 재사용 철거 80%, 이설은 180%를 적용한다.
⑤ 기계장비의 경비(기계손료, 운전경비, 수송비)는 "기계경비산정"을 적용한다.
⑥ 본 품의 크레인 규격은 다음을 기준으로 한다.

높이(m)	규격(톤)	설치장비
6~10	5	트럭탑재형 크레인
11~20	10	크레인(타이어)

⑦ 현장조건상 본 품의 크레인 적용이 어려운 경우, 동급 또는 그 이상 규격(톤)의 크레인(무한궤도, 타이어)을 적용할 수 있다.
⑧ 본 품의 고소작업차 규격은 다음을 기준으로 한다.

높이(m)	장비규격
6~10	3ton
11~20	5ton

천연식생매트공법

두께	품목 / 규격	자재(㎡)			
		식생기반재(㎡) 생태복원토	부착망(㎡) 천연섬유NET(2중) (Ø3, 50×50㎜)	고정핀(EA) L=200~300	종자(g) 혼합종자
천연식생매트(SSAF-SOIL-1)		0.0055	2.6	1.1	20
천연식생매트(SSAF-SOIL-2)		0.011	2.6	1.1	25
천연식생매트(SSAF-SOIL-3)		0.022	2.6	1.1	30

두께	품목 / 규격	취부공			장비(㎡)				네트설치공 보통인부 (섬유네트)
		작업반장 (인)	기계공 (인)	보통인부 (인)	취부기 (HR)	공기압축기 (HR)	트랙탑재형크레인 5TON(HR)	물탱크 5500ℓ(HR)	(인)
천연식생매트(SSAF-SOIL-1)		0.002	0.003	0.004	0.01	0.005	0.011	-	0.1
천연식생매트(SSAF-SOIL-2)		0.003	0.004	0.008	0.016	0.01	0.023	0.016	0.1
천연식생매트(SSAF-SOIL-3)		0.0035	0.005	0.01	0.024	0.015	0.035	0.024	0.1

1. 본 공법은 하천의 둔치, 저·고수호안 부위에 천연섬유네트와 생태복원토를 취부하여 하천지반안정 및 침식방지와 식생에 의한 조기녹화, 계절별 경관향상을 도모하여 식생종의 다양성 확보를 유도하는 공법이다.
2. 본 품 중 비탈면고르기는 별도 계상한다.
3. 재료비 할증은 포함되어 있으며 잡재료비는 재료비의 3%, 공구손료는 노무비의 2%를 계상한다.
4. 종자배합비율은 국토해양부(2009) 지침안에 기준하여 현장 여건에 따라 자연생태복원전문가의 자문을 득하여 조정할 수 있다.

> [참고제안]

인공식물섬 설치공법

1. 인공식물섬 설치공

(1개당)

구 분 규격	인공식물섬 제품(개)	품		
		작업반장	특별인부	보통인부
1㎡	1	0.1	0.10	0.2
2㎡	1	0.1	0.25	0.4
4㎡	1	0.1	0.45	0.6
8㎡	1	0.2	0.65	0.8

2. 계류장치(수중고정닻) 설치공

구 분	규격	단위	수량	품			
				작업반장	특별인부	보통인부	잠수부
소형 고정닻	Ø300×300	개소	1	0.2	0.3	0.5	
중형 고정닻	Ø500×500	개소	1	0.5	0.5	1.0	0.5
대형 고정닻	1000×1000	개소	1	1	1	2	0.5
비고	- 소형 및 중형 고정닻 설치 시 필요한 바지선 또는 보트 포함이나 대형 고정닻 설치 시 필요한 바지선은 별도로 계상한다.						

3. 인공식물섬 예초 및 제초

(㎡ 당)

구 분	규격	단위	수량
수상 풀깎기(기계+인력)	특별인부	인	0.016
수상풀모으기 및 제거	특별인부	인	0.008
제초(수상)	특별인부	인	0.08
비고	- 본 품은 수상작업으로 기계경비는 각 공정별 (풀깎기, 풀모으기 및 제거, 제초) 인력품의 10%를 계상한다. - 본 품은 400㎡이상 작업 시 적용하며, 400㎡ 미만 작업 시 현장실정에 따라 별도 계상한다. - 풀모으기 및 제거는 인력에 의한 풀모으기 및 수상 인근 지상까지 운반작업을 기준하며 폐기물 처리비는 별도 계상한다. - 정기적인 예초작업이 진행되지 않아 대상지역 풀의 밀도가 높고 길이가 길게 자란 경우 본 품의 10%까지 가산한다. - 작업자 이동 및 자재운반에 따르는 장비비용은 별도로 계상한다.		

인공식물섬 설치기준

1. 본 공법의 특징은 수면위에 인공식물섬을 띄워 경관효과와 수질 정화 및 수변 생태계를 복원시켜 주며, 물속의 N, P 농도 저감과 녹조현상 방지에 효과가 탁월하다.
2. 인공식물섬은 물 위에 부유할 수 있도록 만들어진 제품에 수생식물이 생육할 수 있도록 식재되어 있으며(16본/㎡), 단독 또는 조합할 수 있도록 제작되어 있다.
3. 수생식물 수종의 선택은 발주자와 협의하여 선정한다.
4. 인공식물섬은 기본 Unit(1~10㎡)을 조합하여 다양한 디자인으로 제작할 수 있다.
5. 인공식물섬 설치 기준면적은 연못 등의 소단위 면적은 20%, 저수지 댐 등 대단위 면적은 주변환경을 고려하여 10% 내외로 설치할 때 최대효과를 기할 수 있다.
6. 일시적인 홍수, 태풍, 강우 등에 의한 유입수의 수체내 대규모 유입으로 인해 수체의 흐름이 빨라지고 (1m/sec) 파랑, 부유, 쓰레기, 유속 등의 영향이 우려되는 곳에서는 인공식물섬을 보호하기 위하여 보호틀을 설치하여야 한다.
7. 계류장치 설치기준은 인공식물섬을 1개씩 단독으로 설치할 경우는 2개소, 일정한 면적을 조합하여 설치할 경우는 양사방에 1개소씩(4개소) 설치한다.
   (조합형일 경우, 10~20㎡당 1개 이상의 계류장치 설치)

   ex) (1) 단독(계류장치 : 2개소)   (2) 조합(계류장치 : 4개소)

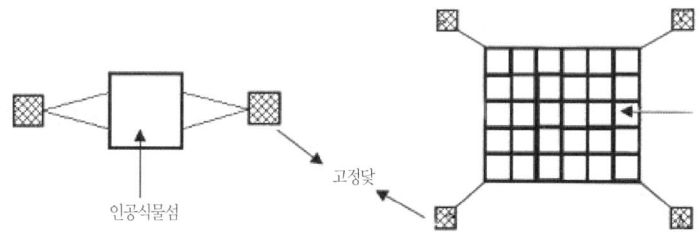

8. 본 공법의 품적용에 있어서 특수한 조건을 갖춘 현장은 별도로 품을 정할 수 있다.
9. 고정계류 장치 개소는 현장여건에 따라 그 크기와 수량을 달리 적용한다.

제 2 장 하천공사 537

참고제안

친환경생태복원공법　GM-BRT

1. 망 설치공 (1㎡ 당)

구분	(1)착지핀 및 고정핀 홀천공			(2)착지핀 및 고정핀 설치				(3)부착망				
	발전기	품		착지핀	고정핀	품		부착망	철선	품		
	50kW (hr)	착암공 (인)	보통 인부(인)	ø16mm L=350mm (EA)	L=200mm 철판핀 (EA)	특별 인부 (인)	보통 인부 (인)	섬유망 ø1~5, 10~100 철망 #10 58×58	PVC #8(m)	작업 반장 (인)	특별 인부 (인)	보통 인부 (인)
섬유망						1.0		1.2		0.001	0.01	0.01
철망	0.015	0.01	0.01	0.8		0.003	0.003	1.3	1.3	0.005	0.02	0.02

2. 녹화공(기반층 + 종자층) (1㎡ 당)

구 분		규격	단위	제내, 외지역 (H.W.L 상단 적용)		제외지역 (H.W.L 하단 적용)	
				토사구간		돌망태 및 매트리스개비온	콘크리트 블록 및 암반사면
				T=0.5cm	T=3cm	T=5cm	T=7cm	T=10cm
자재	배합토조성물	GMS 생육기반재	ℓ		22	44	66	99
	배합토조성물	GMS 식생기반재	ℓ	5.5	11	11	11	11
	GM안착제	합성고무라텍스	g	15	20	20	20	20
	종 자	생태복원형	g	25	25	25	30	30
장비	취부기	18.65kW	hr	0.01	0.018	0.029	0.04	0.05
	공기압축기	21㎥/min	hr	0.01	0.018	0.029	0.04	0.05
	발전기	50kW	hr	0.01	0.018	0.029	0.04	0.05
	트럭탑재형크레인	5ton	hr	0.011	0.022	0.035	0.05	0.06
	물탱크	5500 ℓ	hr	0.01	0.017	0.029	0.04	0.05
	덤프트럭	8ton	hr		0.017	0.029	0.04	0.05

(m² 당)

구 분		규격	단위	제내, 외지역 (H.W.L 상단 적용)			제외지역 (H.W.L 하단 적용)	
				토사구간			돌망태 및 매트리스개비온	콘크리트 블록 및 암반사면
				T=0.5cm	T=3cm	T=5cm	T=7cm	T=10cm
노무비	품	작업반장	인	0.0015	0.004	0.0040	0.006	0.007
		특별인부	인	0.0039	0.001	0.0016	0.0023	0.0034
		기계설비공	인	0.0013	0.002	0.0035	0.005	0.007
		보통인부	인	0.0065	0.002	0.0029	0.004	0.006

적용기준

구분	적용지역	두께
토사구간	제내지 및 제외지 H.W.L 상단의 토사구간에 적용	무망+T=0.5cm
	제외지 중 유속이 느린 하천 비탈면	섬유망+T=3cm
	제외지 중 유속이 느린 하천 비탈면(담수 예상 지역)	섬유망+T=5cm
돌망태공	매트리스개비온, 돌망태공, 다공성 생태블록에 적용	무망+T=7cm
구조물공	일반호안블록 또는 암지역에 적용	철망+T=10cm

1. 면고르기는 별도 계상한다.
2. GM-BRT공법(상표등록 : 제41-0222052호)은 신기술(332호)지정된 합성고무라텍스(GM안착제) 및 특허 제10-0517277호 등록에 의해 제조된 배합토조성물을 사용하여 친환경 하천변(제내, 외지역)조성에 적합한 공법으로서 비탈면 세굴방지 효과가 탁월한 특징을 가진다.
3. 토사구간과 돌망태공은 무망으로 시공한다. 단, 현장조건에 따라 천연섬유망 설치시 상기품을 계상 적용한다.
4. 상기한 혼합종자는 국토교통부지침을 기준하였으며, 별도의 야생초화류형 등 경관조성용에도 적용할 수 있다.
5. 야생초화류형은 규격에 상관없이 1m²당 20g을 공통 적용한다.
6. 잡재료비, 공구손료는 별도 계상한다. (잡재료비는 재료비의 3%, 공구손료는 노무비의 2%)
7. 상기한 두께는 취부직후의 평균두께를 기준으로 한다.
   (단, 돌망태공은 불규칙한 돌틈사이를 충진하는 공법으로 시공 후 검측이 불가함으로 자재반입량으로 대체한다.)

제 3 장 터 널 공 사

3-1 공통사항

3-1-1 터널노임 산정식 (2013년 보완)

노임구분	산정식	비고
노임합계	PW	P+PO	· 터널작업 노임은 1일 8시간 기준
기본노임	P	P	· β : 할증율
할증노임	PO	P×β	

[주] ① 본 노임 산정표준은 연장 1,000m까지의 일반터널의 경우이며, 장대터널은 별도 장대터널 할증을 가산할 수 있다.
② 3교대 이상인 때와 특수한 조건일 때 별도 계상할 수 있다.
③ 근로자에 대한 유해, 위험 예방조치에 필요한 비용은 별도 계상한다.
④ 장대 터널 할증률(a_1)

갱구에서부터 뚫기점까지의 거리	할증률 (%)	갱구에서부터 뚫기점까지의 거리	할증률 (%)
갱구에서 500m까지	–	3,000m~3,500m까지	60
500m~1,000m 〃	10	3,500m~4,000m 〃	70
1,000m~1,500m 〃	20	4,000m~4,500m 〃	80
1,500m~2,000m 〃	30	4,500m~5,000m 〃	90
2,000m~2,500m 〃	40	5,000m 이상	100
2,500m~3,000m 〃	50		

⑤ 터널굴착시 발생하는 잡재료비(록볼트 표시기, 전설걸이, 마대 등) 및 경장비의 기계경비는 인력품의 3%로 계상한다.
⑥ 버력처리비(적재, 운반, 버리기), 조명비, 동바리비, 착암설비(컴프레서, 소형브레이커, 송기관, 공기탱크), 배수처리비, 기계장치비, 가설비, 환기설비 등 갱내외 설비비는 굴착공법과 조건에 따라 별도 계상한다.

⑦ 환기설비는 갱구에서 200m 이상일 때 필요에 따라 별도 계상하며, 갱구에서 200m 미만은 자연환기로 한다. 단, 200m 미만이라도 필요에 따라 환기시설을 별도 계상할 수 있다.
⑧ 터널연장이 1000m 이상 시에는 급·배기 시설을 별도 계상할 수 있다.

3-1-2 터널 여굴(餘掘)량 (2007년·2017년 보완)

터널굴착에 따른 여굴량은 다음 표를 표준으로 한다.

구 분	아치	측벽	바닥 및 인버트	비고
여굴두께(cm)	12~19	12~18	10~15	

[주] ① 본 여굴량은 발파공법(NATM)을 기준으로 한 것이다.
② 암질의 절리 및 풍화가 발달하여 터널타입과 관계없이 과다 여굴이 발생되거나, 해저터널에서 강관다단 등 터널보강이 필요하여 공법상 불가피하게 추가 여굴이 발생되는 경우에는 여굴기준의 20%이내에서 추가 적용 할 수 있다.
③ '바닥 및 인버트' 구간은 버력을 제거한 후 콘크리트 등으로 채우는 경우에 적용하며, 암질에 따라 달리 적용할 수 있다. 다만, 수로터널 등 단면이 적은 경우는 5cm 이내에서 현장 여건에 따라 적용할 수 있다.

3-2 터널굴착

3-2-1 터널굴착 1발파당 싸이클 시간 (Cycle Time) (2020년 보완)

작업종별		발파 굴착			비고 (하반)
		A군	B군	C군	
착암	천공준비(내공측량/암판정)	30	30	30	65%
	측량 및 마킹	5~10	10~15	15~20	65%
	천공	T_1	T_1	T_1	공사물량
	장약 및 발파	30~40	40~50	50~60	65%
	환기	15~20	20~25	25~30	100%

작업종별		발파 굴착			비고 (하반)
		A군	B군	C군	
버력처리	버력처리준비	10	10	10	100%
	버력처리	T_2	T_2	T_2	공사물량
	운반차 입환	3~5	3~5	–	100%
	부석제거 및 뒷정리	20~30	30~40	40~50	65%
숏크리트	타설준비	10	10	(10)	100%
	바닥청소 및 면정리	T_3	T_3	T_3	공사물량
	지보설치	25~30	30~35	40~45	65%
	와이어메시설치	T_4	T_4	T_4	공사물량
	뿜어 붙이기	T_5	T_5	T_5	공사물량
	잔재제거	20	20	20	65%
	장비점검	10	10	10	100%
록볼트	설치준비	10	10	(10)	100%
	천공시간(분/공)	T_6	T_6	T_6	공사물량
	공내청소(분/공)	1	1	1	공사물량
	충전(분/공)	2	2	2	공사물량
	정착(분/공)	2	2	2	공사물량
	이동 및 기타	15	15	15	100%

[주] ① 운반차 입환시간은 차량교행이 가능한 경우 계상하지 않는다.
② 숏크리트 타설 준비시간은 1,2,3차를 여러 스팬에 동시 타설하므로 준비시간은 1회에 한하여 계상한다.
③ 강섬유보강 숏크리트 적용시 T_4는 계상하지 않는다.
④ ( )은 차량교행이 가능하여 동시작업이 가능하므로 싸이클 타임에서는 제외하고 장비 손료 산정시에 적용한다.
⑤ A, B, C군의 상하반 분할굴착시 하반의 경우 비고를 따른다.
⑥ 터널굴착시 보조공법의 싸이클 타임은 필요시 별도로 계상할 수 있다.
⑦ 용수발생으로 굴착작업에 지장을 받는 경우 굴착 사이클을 30%까지 증가하여 계상할 수 있다.
⑧ 암질종류 및 단면적에 따라 싸이클 타임을 차등적용하거나 최소 및 최대치를 구분하여 적용할 수 있다.
⑨ 바닥청소 및 면 정리 (T_3) : 64㎡/hr

⑩ 와이어메시 설치 (T_4)
　㉮ Pin 구멍천공 : 소형브레이커 사용천공
　㉯ Pin 고정 : 1분/개
⑩ 뿜어붙이기 (T_5)
　Q = q×E(1−손실률) (㎥/hr)
　여기서, q : 뿜어붙임 기계의 능력 (㎥/hr)
　　　　　E : 효율 (0.55)

$$손실률 = \frac{반발되어\ 떨어진\ 재료의\ 전중량(kg)}{뿜어붙임콘크리트에\ 사용되는\ 재료의\ 전중량(kg)} \times 100\%$$

$$T_3 = \frac{V}{Q}$$

여기서, V : 숏크리트 타설 대상수량

⑪ 버력처리시 적재장비의 K, E 값은 '[공통부문] 8-2-5 로더'를 참고하며, 로더와 운반장비의 원활한 조합이 어려운 경우(수직구를 이용한 반출 등) 작업효율(E)을 조정할 수 있다.
⑫ 소형터널(단면적 10㎡미만의 터널)의 싸이클 타임에서 착암 및 버력처리의 싸이클 타임은 A군을 적용하며, 숏크리트 및 록볼트 작업이 필요치 않은 경우에는 해당 작업의 싸이클 타임은 적용하지 않는다. 다만, 동바리 설치 시간은 다음과 같이 적용한다.

(분)

	작업종별	소형터널
동바리	동바리 준비	10 ~ 20
	동바리 세우기	40 ~ 80

3-2-2 기계굴착의 능력 (2007년 보완)

구 분		작업능력(m^3/hr)	비고
소형브레이커(1.3m^3/min)	풍화암	0.38	A군 터널에 적용
대형브레이커 + 굴착기 0.7m^3	풍화암	5.6~6.8	B,C군 터널에 적용
	연암	4.5~5.5	
	보통암	3.1~3.7	
	경암	2.3~2.9	

[주] ① A, B, C군의 구분은 '[토목부문] 3-2-4 터널 굴착시 천공 및 버력처리 장비의 조합 [주]④' 기준이다.
② 현장조건에 따라 사용장비를 변경하여 적용할 수 있다.

3-2-3 천공기계의 천공속도 (2007년·2011·2020년 보완)

구 분		소형브레이커	점보드릴	비고
암 종	풍화암	27cm/min		A군 터널에 적용
	연암	20cm/min		
	보통암	16cm/min		
	경암	12cm/min		
굴진장	1.2m이하		75~85cm/min	B, C군 터널에 적용
	1.2~2.0m 이하		85~95cm/min	
	2.0~3.0m 이하		95~105cm/min	
	3.0m 초과		105~120cm/min	
- 점보드릴 천공능력은 풍화암~경암 구간에서 암 종류와 관계없이 굴진장에 따라 적용하나, 극경암 또는 토사구간에서 점보드릴에 의한 천공효율에 영향을 받는 경우 천공시간을 조정하여 적용할 수 있다.				

[주] ① A, B, C군의 구분은 '[토목부문] 3-2-4 터널 굴착시 천공 및 버력처리 장비의 조합 [주] ④' 기준이다.
② 소형브레이커는 공기소비량 2.7m^3/min 기준이다.
③ 소형브레이커는 천공구멍 이동, 공 자리잡기, 공내청소, 비트 바꾸기를 포함하며, 점보드릴은 천공구멍이동, 공 자리잡기, 공내청소 등을 포함한다.
④ 소형터널(단면적 10m^2미만의 터널)의 굴착에는 다음 기준을 적용한다.

구분 \ 암질별			연암			보통암		경암	
1발파 진행거리(m)			0.8	1.0	1.1	1.2	1.3	1.4	1.5
굴착단면 1㎡ 당 천공수	도갱면적 (㎡)	5.3	2.1	2.4	3.3	3.5	3.8	4.1	4.5
		9.7	2.0	2.2	3.2	3.4	3.7	4.0	4.3
1구멍당 천공길이(m)			1.0	1.2	1.3	1.4	1.5	1.6	1.7
뚫기 1구멍 1m 당 폭약량(kg/m)			0.25	0.30	0.30	0.32	0.35	0.38	0.40
심빼기구멍수			4	5	6	6	7	8	9

※ 폭약은 V cut, Wedge cut, Pyramid cut 발파공법으로 다이나마이트 1호 (KSM 4804) 사용을 기준으로 한 것이다.
※ 도화선 및 뇌관은 별도 계상한다.
※ 특수한 공법일 때에는 별도 계상한다.
※ 심빼기 1구멍 1m당 폭약량은 본 표의 1.5~2.0배를 표준으로 한다.
※ 풍화암은 연암의 1발파 진행 0.8m를 준용할 수 있다.
※ 도갱천공 후 넓히기는 싸이클 시간을 계상하지 않을 경우 도갱천공 싸이클 시간의 65%로 한다.

3-2-4 터널 굴착시 천공 및 버력처리 장비의 조합 (2020년 보완)

구 분	A군	B군	C군	비고
발파천공 및 록볼트 천공장비	소형브레이커 (2.7㎥/min 2~4대)	점보드릴 (2붐)	점보드릴 (3붐)	장비조합은 천공단면 크기 및 조건에 따라 적정하게 조합하여 적용
버력상차장비	로더 1.72㎥	로더 3.5㎥	로더 5.0㎥	
버력운반장비	로더 1.72㎥	덤프트럭 15톤	덤프트럭 15톤	

[주] ① 공기압축기의 소요대수는 굴착공법과 터널 연장 및 현지조건에 따라 계상한다.
② 전기는 한국전력 수급사용 혹은 발전기 사용으로 현지 조건에 따라 계상한다.
③ 버력상차 및 운반장비는 터널의 폭과 높이 등을 고려하여 별도 조합을 할 수 있다.

④ 터널의 구분은 아래 표와 같이 구분하여 적용한다.

A군	· 기계 굴착시 소형브레이커 사용이 가능한 소규모 터널 · 발파굴착시 소형브레이커로 천공할 수 있는 소규모 터널
B군	· 기계굴착시 대형브레이커 사용이 가능한 단선급 터널 · 발파굴착시 점보드릴로 천공은 가능하나 덤프트럭과 로더의 작업이 원활하지 못하고 장비의 교행이 불가능한 규모의 단선급 터널
C군	· 기계굴착시 대형브레이커 사용이 가능한 복선급 터널 또는 2차로 이상의 터널 · 발파굴착시 점보드릴로 천공이 가능하며, 차량 교행은 물론 덤프트럭과 로더의 작업이 원활하고 장비의 교행이 가능한 복선급 터널 또는 2차로 이상의 터널

※ A, B, C는 일반적인 기준이므로 굴착단면 크기 및 현장조건에 따라 장비종류 및 장비규격을 별도로 조합하여 사용할 수 있다.

[참고]

구 분	소형터널
발파천공 천공장비	소형브레이커(2대)
버 력 상 차 장 비	인력, 록커쇼벨
버 력 운 반 장 비	리어카, 경운기, 대차

※ 소형터널(단면적 $10m^2$미만의 터널)은 버력처리를 로더로 사용할 수 없는 단면에 적용한다.

3-2-5 터널굴착 1발파당 작업인원 (2020년 보완)

(1발파당)

작업종별		발파굴착 A군	발파굴착 B군	발파굴착 C군	기계굴착 A군	기계굴착 B군	기계굴착 C군
작업반장	인	1	1	1	1	1	1
착암공	인	2~4	–	–	2~4	–	–
점보드릴 운전원	인	–	1	1	–	–	–
고소대차 운전원	인	–	1	1	–	1	1
로더 운전원	인	1	1	1	1	1	1
굴착기 운전원	인	–	1	1	–	1	1
숏크리트머신 운전원	인	1	1	1	1	1	1
기계운전원	인	1	–	–	1	–	–
보통인부	인	2~4	1~3	2~4	3~5	4~6	6~8
특별인부	인	–	3	4	–	–	–
화약취급공	인	1	1	1	–	–	–
소계	인	9~13	11~13	13~15	9~13	9~11	11~13

비고
- 터널굴착시 병열터널의 경우와 같이 일개 작업조가 두막장을 동시에 굴착하는 경우는 본 품의 59%를 적용한다.
- 소형터널(단면적 10㎡미만의 터널)의 작업조는 아래와 같이 적용한다.
  ㉮ 작업조는 A군을 기준하여 산정하되 착암공은 2인을 적용하며, 로더 운전원은 록카쇼벨 사용시 적용한다.
  ㉯ 숏크리트 운전원 및 기계운전원 등은 숏크리트 사용시 적용하며, 동바리 설치시에는 적용하지 않는다.
  ㉰ 버력처리 인원은 별도 계상할 수 있다.

[주] ① A, B, C군의 구분은 '[토목부문] 3-2-4 터널 굴착시 천공 및 버력처리 장비의 조합 [주] ④' 기준이다.

② 본 품은 '[토목부문] 3-2-1 터널굴착 1발파당 싸이클 시간(Cycle Time)'에 소요되는 인원이며, 보조공법 인원은 제외되어 있다.

③ 터널내 전기, 환기, 양수 등 설비 및 전기 공사 소요 인력은 별도 계상한다.

④ 굴착단면 크기 및 현장조건에 따라 장비투입을 달리 적용할 경우에는 필요한 인원을 조정하여 적용할 수 있다.

3-3 현장 타설 콘크리트 라이닝

3-3-1 터널 철제거푸집 설치 · 해체 · 이동 (2013 · 2020년 보완)

(회당)

구 분	단위	수량
형 틀 목 공	인	6
콘 크 리 트 공	〃	2
특 별 인 부	〃	1
보 통 인 부	〃	2
콘크리트 펌프(차)	대	1
소 요 일 수 (설치/콘크리트타설/해체/이동)	일	1

[주] ① 본 품은 현장 조립이 완료된 상태의 철제거푸집 1span(2차로급 도로 또는 복선급 철도)을 방수면에 설치, 콘크리트 타설 및 양생, 해체, 이동하는 기준이다.
② 본 품은 레일설치, 마감면 합판거푸집 설치, 콘크리트 타설(펌프차) 작업을 포함하며, 거푸집 표면처리(샌딩) 작업은 제외되어 있다.
③ 콘크리트 펌프차 규격은 타설능력 및 현장조건을 고려하여 적용한다.
④ 철제레일, 침목, 박리재 등 소요자재는 제외되어 있다.

3-4 부대공

3-4-1 터널 방수 (2013년 신설, 2020년 보완)

(㎡ 당)

구 분	단위	수량
방 수 공	인	0.011
보 통 인 부	인	0.002

[주] ① 부직포가 방수시트에 부착되어 있는 일체식 터널 방수시트 설치 기준이다.
② 본 품은 숏크리트 면정리, 방수시트 설치, 봉합시험을 포함한다.
③ 공구손료 및 경장비(용접기, 타정기, 공기압축기, 시험기기 등) 기계경비는 인력품의 6%로계상한다.
③ 재료량은 다음을 참고하여 적용한다.

(m²당)

구 분	단위	수량
일체식 방수시트	m²	1.15

※ 재료량은 할증이 포함되어 있다.
※ 소모자재(타정못 등) 재료비는 별도 계상한다.

3-4-2 작업대차 조립 및 해체 (2020년 신설)

(회당)

구 분		단위	수량
비 계 공		인	5
보 통 인 부		〃	1
소요일수	조립	일	4
	해체	일	2

[주] ① 방수 작업용 대차(L=10m, 2차로급 도로 및 복선급 철도)의 조립 및 해체작업 기준이다.
② 작업 대차(발판, 이동용 내부계단 포함) 및 안전시설(낙하물방지망 등)의 설치를 포함 한다.
③ 공구손료 및 경장비(전동드릴 등) 기계경비는 인력품의 2%로 계상한다.
④ 재료량은 설계수량을 적용한다.
⑤ 재료 손율은 '[공통부문] 2-2-4 구조물 비계'를 따른다.

3-4-3 터널바닥 암반청소 (2020년 보완)

(m² 당)

구 분	규격	단위	수량	
			공동구	바닥/인버트
특 별 인 부		인	0.014	0.009
보 통 인 부		인	0.134	0.085
굴 착 기	0.2m³	hr	0.141	-
굴 착 기	0.6m³	hr	-	0.085
물탱크(살수차)	5500ℓ	hr	0.123	0.074
동 력 분 무 기	4.85kW	hr	0.123	0.074

[주] 터널 바닥, 공동구, 인버트 등 콘크리트를 타설하는 구간에 적용한다.

제 4 장   궤 도 공 사

4-1 공통공사

4-1-1 철도안전처리 (2023년 신설)

- 궤도공사 중 철도운행 안전관리자(열차감시원, 장비유도원, 안전관리자 등)의 인력 투입은 각 항목에서 제외되어 있으며, 필요시 배치인원은 현장조건(시공위치, 차단시간 등)을 고려하여 별도 계상한다.
- 궤도 공사를 위한 임시신호기(서행신호기, 서행예고신호기, 서행해제신호기, 서행발리스), 서행구역통과측정표지, 선로작업표, 공사알림판 등의 설치는 현장조건에 따라 별도 계상한다.

4-2 자갈궤도 (2023년 보완)

4-2-1 궤광조립 (2011년 신설·2019년 보완)

(일당)

구 분	규격	단위	수량	시공량 (m)	
				단선	복선
궤 도 공		인	16		
보 통 인 부		인	4	250	270
측량중급기술자		인	1		
지 게 차	5ton	대	1		
굴삭기+부착용집게	0.2m³	대	1		
비 고	- 50kg 레일은 시공량을 5%까지 증하여 적용한다				

[주] ① 본 품은 PCT 구간 60kg레일의 일반철도 기준이다.
② 중심선측량, 레일배열, 침목배열, 레일침목위올리기, 침목위치정정, 궤광조립을 포함한다.
③ 작업현장까지 자재 운반은 별도 계상한다.
④ 투입장비는 작업여건에 따라 장비조합을 변경하여 적용할 수 있다

4-2-2 궤도양로 (2019년 보완)

(일당)

구 분	규격	단위	수량	시공량(m)
궤 도 공		인	4	
보 통 인 부		인	2	250
측 량 중 급 기 술 자		인	1	
양 로 기	11.19kW	대	1	
비 고	- 50kg 레일은 시공량을 5%까지 증하여 적용한다			

[주] ① 본 품은 60kg레일의 1회 양로작업(50mm) 기준이다.
② 1차 깬자갈 살포작업 후 양로기(1.19kW)를 사용하여 1종 작업을 위한 작업단면을 형성하는 것이며, 삽다짐 및 측량을 포함한다.

4-2-3 자갈살포 (2019년 보완)

(일당)

구 분	규격	단위	수량	시공량(m³)
궤 도 공		인	1	
보 통 인 부		인	1	240
모 터 카	-	대	1	
자 갈 화 차	30m³	대	1	

[주] ① 본 품은 자갈적치 장소에서 모터카와 자갈화차로 운반 후 살포하는 기준이다.
② 자갈상차 및 운반비는 별도 계상한다.
③ 모터카와 자갈화차의 운행시 작업자의 안전을 위하여 신호수(보통인부) 1인을 별도 계상할 수 있다.
④ 투입장비는 작업여건에 따라 장비조합을 변경하여 적용할 수 있다.

4-2-4 자갈고르기 (2019년 보완)

(일당)

구 분	규격	단위	수량	시공량(m^3)
궤 도 공		인	1	240
보 통 인 부		인	1	
굴삭기+부착용집게	$0.2m^3$	대	1	

[주] ① 본 품은 살포한 자갈을 굴삭기를 사용하여 궤도 위에 고르게 펴넣는 기준이다.
② 투입장비는 작업여건에 따라 장비조합을 변경하여 적용할 수 있다.

4-3 콘크리트 궤도 (2011년 신설 · 2019년 보완)

4-3-1 궤광조립

(일당)

구 분		규격	단위	수량	시공량(m)
침목매립식	궤 도 공 보 통 인 부 측 량 중 급 기 술 자		인 인 인	16 4 1	250
	지 게 차 굴 삭 기 + 부 착 용 집 게	5ton $0.2m^3$	대 대	1 1	
직결식	궤 도 공 보 통 인 부 측 량 중 급 기 술 자		인 인 인	16 6 1	
	지 게 차 굴 삭 기 + 부 착 용 집 게	5ton $0.2m^3$	대 대	1 0.5	
비고	– 단선궤도는 시공량을 5%까지 감하여 적용한다				

[주] ① 본 품은 60kg 레일의 복선 일반철도 기준이다.
② 중심선측량, 레일배열, 침목배열, 레일침목위 올리기, 침목 위치정정, 궤광 조립을 포함한다.
③ 현장까지 자재 운반은 별도 계상한다.
④ 투입장비는 작업여건에 따라 장비조합을 변경하여 적용할 수 있다.
⑤ 기타 기계경비는 별도 계상한다.

4-3-2 궤광거치 (2019년 보완)

(일당)

구 분		규격	단위	수량	시공량(m)
도상정리 작업	특 별 인 부		인	1	250
	보 통 인 부		인	9	
	살 수 차	16,000 ℓ	대	1	
궤광조립대 설 치	궤 도 공		인	7	250
	보 통 인 부		인	3	
궤광높이기	궤 도 공		인	7	250
	보 통 인 부		인	3	
	측 량 중 급 기 술 자		인	1	
	양 로 기	1.19kW	대	1	

구분		규격	단위	수량	시공량(m)
궤광 정정 및 타설준비	궤 도 공		인	8	250
	보 통 인 부		인	2	
	측 량 중 급 기 술 자		인	1	
비 고	- 단선궤도는 시공량을 5%까지 감하여 적용한다				

[주] ① 본 품은 매립식과 직결식 궤광거치에 모두 적용되는 기준이다.
  ② 도상정리 작업, 궤광조립대 설치, 궤광높이기, 궤광 정정 및 타설준비를 포함한다.
  ③ 궤도상정리작업은 도상청소 및 물청소 등 콘크리트 타설을 위한 정리작업이다.
  ④ 광조립대 설치 작업은 궤광조립대 설치, 궤광 서포트 설치 작업이다.
  ⑤ 궤광높이기 작업은 양로기로 양로하여 궤광을 타설할 일정 높이로 올리는 작업으로 볼트조임, 좌우 서포트 설치, 버팀지지대 설치, 양로기 받침설치 및 이동작업을 포함한다
  ⑥ 궤광 정정 및 타설준비는 측량을 하여 정정작업을 수행하는 것과 타설전 침목비닐감기 등이다.
  ⑦ 매립식(LVT) 콘크리트 궤도 부설의 방진상자 설치시 인원(보통인부 2인)을 궤광정정 및 타설준비에 추가 계상한다.
  ⑧ 본 품의 측량 작업은 궤광높이기와 궤광정정 및 타설준비 단계에 각각 1회 시행을 기준한 것이다.
  ⑨ 기타 기계경비는 별도 계상한다.
  ⑩ 콘크리트 타설은 '[공통부문] 제6장 철근콘크리트공사' 편을 따르며, 일반 직선 구간과 수평마무리가 필요한 곡선구간으로 분리하여 계상할 수 있다.

4-3-3 타설 후 정리작업

(일당)

구 분	규격	단위	수량	시공량 (m)
궤 도 공		인	9	
보 통 인 부		인	6	250
측 량 중 급 기 술 자		인	1	
양 로 기	11.19kW	대	1	
비 고	- 단선궤도는 시공량을 5% 감하여 적용한다			

[주] ① 본 품은 60kg 레일의 복선 일반철도 기준이다.
　　② 콘크리트 타설 후 체결구 풀기 및 조이기, 조립대 철거, 궤도검측 작업을 포함한다.
　　③ 기타 기계경비는 별도 계상한다.

4-4 분기기

4-4-1 분기기 부설 (2011년 신설·2019년 보완)

(틀당)

구 분	규격	단위	수량
궤 도 공		인	9
보 통 인 부		인	3
측량중급기술자		인	1
크 레 인	50ton	hr	3
굴삭기+부착용집게	0.2㎥	hr	12
비 고	- 분기기 종류에 따라 다음의 할증을 적용한다.		

	구분	#8	#10	#12	#15	#18
할증률	50kg	0.70	0.82	0.92	1.15	1.33
	60kg	0.75	0.90	1.0	1.20	1.39

[주] ① 본 품은 자갈궤도에서 #12 탄성분기기(PCT침목, 60kg레일)를 분해된 상태에서 현장 재조립하는 기준이다.

② 포인트부를 제외한 모든 침목이 분해된 상태로 반입된 분기기를 기준한다.
③ 분기기 운반에 소요되는 운반비는 별도 계상한다.
④ 분기기 부설시 소요되는 용접은 별도 계상한다.

4-4-2 신축이음매 부설 (2011년 신설)

(틀당)

구 분	규격	단위	수량	
			일단	양단
궤 도 공		인	0.25	0.50
보 통 인 부		인	0.13	0.25
측량중급기술자		인	0.06	0.13
크 레 인	20ton	hr	0.33	0.66

[주] ① 본 품은 조립된 상태의 신축이음매에 대한 조립 및 위치조정하는 품이다.
② 신축이음매 운반에 소요되는 운반비는 별도 계상한다.
③ 신축이음매 부설시 소요되는 용접은 별도 계상한다.

4-5 궤도용접

4-5-1 가스압접 (2019년 보완)

(개소당)

구 분	단위	수 량 (레일규격)	
		50kg	60kg
용 접 공	인	0.25	0.28
궤 도 공	인	0.15	0.17
보 통 인 부	인	0.13	0.14
비고	- 운행선 공사의 경우 열차감시원(보통인부) 0.07인을 개소당 추가 계상한다.		

[주] ① 본 품은 가스압접 작업장(기지)에서 문형크레인을 활용하여 레일을 장척화 용접하는 기준이다.
② 레일이동 및 교정, 용접작업, 레일연마, 용접부 육안검사 작업을 포함한다.
③ 외부검사비용, 운전경비, 기계경비, 시편제작비, 기지설치비는 별도 계상한다.
④ 작업기지의 이동 및 장비 가동비는 별도 계상한다.

[참 고] 레일공사 가스압접 소모재료

(개소당)

품 명	규격	단위	수량(레일규격)	
			50kg 장척화	60kg 장척화
아 세 틸 렌		kg	1.588	1.905
산 소	KSM 1101, 99.5%	kℓ	2.143	2.571
바 퀴 숫 돌	단면용 A36m B11호 A150×8×22 KSL 6501	개	0.250	0.300
	측면용 A24 QWV 1호 A205×25×25 KSL 6501	개	0.028	0.033
	평면용 A24 QWV 1호 A205×25×25 KSL 6501	개	0.024	0.028
	최종용 A24 QWV 5호 A205×22×22	개	0.010	0.012
버 너	압접가열용	개	0.0004	0.0005
노 즐	압접버너용	개	0.236	0.283

[주] ① 기타 소모품비는 주재료비의 10%까지 계상할 수 있다.
② 산소량은 대기압상태의 기준량이며, 압축산소는 35℃에서 150기압으로 압축용기에 넣어 사용하는 것을 기준한다.

4-5-2 테르밋 용접 (2019년 보완)

(개소당)

구 분	단위	수량
용 접 공	인	0.34
궤 도 공	인	0.23
보 통 인 부	인	0.12
비고	– 운행선 공사의 경우 열차감시원(보통인부) 0.11인을 개소당 추가 계상한다.	

[주] ① 본 품은 시공 현장에서 레일(50kg~60kg)을 장대화 용접하는 기준이다.
② 용접작업, 레일연마, 용접부 육안검사 작업을 포함한다.
③ 외부검사비용, 운전경비, 기계경비는 별도 계상한다.

[참 고] 레일공사 테르밋 용접 소모재료

(개소당)

품 명	규격	단위	수량(레일규격)	
			50kg	60kg
테르밋용재		포	1	1
몰 드		개	1	1
골 무	점화용	〃	1	1
퓨 즈		〃	1	1
산 소		kℓ	1.5	1.8
프로판가스		kg	1.5	1.8

[주] ① 기타 재료비는 주재료비의 30%까지 계상할 수 있다.
② 산소량은 대기압상태의 기준량이며, 압축산소는 35℃에서 150기압으로 압축용기에 넣어 사용하는 것을 기준한다.

4-5-3 장대레일 설정 (2011년 신설 · 2019년 보완)

(km당)

구 분	단위	수량	
		레일인장법	자연대기온도법
궤 도 공	인	16.6	16.6
특 별 인 부	인	2.2	-
보 통 인 부	인	6.7	6.7

[주] ① 본 품은 신설공사에서 장대레일을 설정하는 기준이다.
② 레일 절단, 궤광해체, 롤러삽입, 레일타격, 궤광조립을 포함한다.
③ 용접은 별도 계상한다.
④ 기계경비는 별도 계상한다.

4-6 부대 공사

4-6-1 자갈채집 및 운반 (2012년 보완)

(㎥ 당)

구 분		단위	부순자갈현장채집							
			50m	100m	150m	200m	250m	300m	350m	400m
보통 인부	채집	인	0.79	0.79	0.79	0.79	0.79	0.79	0.79	0.79
	운반	인	0.22	0.27	0.34	0.40	0.46	0.52	0.59	0.65

[주] ① 본 품은 현장에서 자갈을 채집하여 트롤리로 운반하는 품이다.

4-6-2 레일절단 (2012년·2019년 보완)

(개소당)

구 분	규격	단위	수량(레일규격)		
			37kg	50kg	60kg
궤 도 공	-	인	0.024	0.025	0.027
보 통 인 부	-	인	0.024	0.025	0.027
절 단 기	40.64cm	hr	0.194	0.201	0.215

[주] ① 본 품은 절단기를 사용하여 레일을 절단하는 기준이다.
② 절단기의 주연료비와 잡재료비는 인력품의 5%로 계상하며, 커터 비용을 포함한다.

4-6-3 레일천공 (2019년 보완)

(공당)

구 분	규격	단위	수량
궤 도 공	-	인	0.006
보 통 인 부	-	인	0.006
레 일 천 공 기	1.49kW	hr	0.049

[주] ① 본 품은 레일천공기를 사용하여 레일(37kg~60kg)을 천공하는 기준이다.
② 레일천공기의 주연료와 잡재료비는 인력품의 5%로 계상하며, 드릴 비용을 포함한다.

4-6-4 침목천공 (2019년 보완)

(침목 개소당)

구 분	규격	단위	수량
궤 도 공	-	인	0.011
침 목 천 공 기	2.46kW	hr	0.090

[주] ① 본 품은 침목천공기를 사용하여 목침목에 나사 스파이크 설치(침목 1개소당 8개소)를 위해 구멍뚫기하는 기준이다.
② 침목천공기의 주연료와 잡재료비는 인력품의 5%로 계상한다.

4-6-5 파워렌치 조임 및 해체 (2019년 보완)

(침목 개소당)

구 분	규격	단위	수량 조임	수량 해체
궤 도 공	-	인	0.010	0.010
보 통 인 부	-	인	0.010	0.010
파 워 렌 치	6.6kW	hr	0.076	0.076

[주] ① 본 품은 파워렌치를 사용하여 나사 스파이크(침목 1개소당 8개소)를 조임 또는 해체하는 기준이다.
② 파워렌치의 주연료와 잡재료비는 인력품의 5%로 계상한다.

4-6-6 타이템퍼 다짐 (2019년 보완)

(m^3 당)

구 분	규격	단위	수량
궤 도 공	-	인	0.014
타 이 템 퍼	3,400회/min	hr	0.111

[주] ① 본 품은 타이템퍼 진동수를 사용하여 자갈도상을 인력으로 다지는 기준이다.
② 타이템퍼의 주연료와 잡재료비는 인력품의 5%로 계상한다.

4-6-7 교상발판 설치 (2012년 보완)

(10m 당)

구 분	단위	수량
궤 도 공	인	0.687
보 통 인 부	인	0.344

[주] ① 본 품은 교량상에 작업자의 이동을 위한 발판을 설치하는 기준이다.
② 발판설치, 발판고정 품을 포함한다.

4-6-8 교상가드레일 설치 (2012 · 2019년 보완)

(km 당)

구 분	규격	단위	수량
궤 도 공	-	인	36
보 통 인 부	-	인	14
굴삭기 + 부착용집게	0.2㎥	hr	46.7

[주] ① 본 품은 교상에 가드레일을 설치하는 기준이다.
② 설치는 가드레일 부설, 침목천공, 나사 스파이크 박기 작업을 포함한다.

4-6-9 교상침목고정장치 설치 (2012년 보완)

(개 당)

구 분	단위	수량
궤 도 공	인	0.025
보통인부	인	0.012

[주] ① 본 품은 교량침목을 교량구조물에 고정하기 위해 앵커를 설치하는 작업이다.
② 본 품은 침목천공, 후크볼트 설치, 후크볼트 조임 품을 포함한다.
③ 자재의 소운반을 포함한다.

4-6-10 목침목 탄성체결장치 설치 (2012년 보완)

(침목 개소당)

구 분	단위	수량
궤 도 공	인	0.028
보 통 인 부	인	0.022

[주] ① 본 품은 목침목에 탄성체결장치를 설치하는 기준이다.
② 침목천공, 탄성체결장치 부설, 나사 스파이크 조임 품을 포함한다.

제 5 장   강구조공사

5-1 강교제작(공장제작)
5-1-1 강교 기본제작공수 (2024년 보완)

(ton 당)

형식 \ 공종	절단, 용접 및 단품제작		가조립 (철공)	비고
	철판공	용접공		
플 레 이 트 거 더	1.02	1.62	0.97	단위[주] 참조
박 스 거 더	0.95	1.62	1.16	
강바닥판 플레이트거더	2.00	1.28	1.19	
강바닥판 박스거더	1.87	1.28	1.42	
트 러 스	1.40	0.98	1.08	
아 치	2.26	1.30	1.60	
라 멘	2.36	1.31	1.65	

[주] ① 본 기본제작공수는 KS 강재 규격에 의한 강종 SS 275, SM 275, SM 355, SM 420, HSB 380 등을 사용하는 강교를 제작하는 경우에 기준으로 한다.
② 본 기본제작공수는 절단, 용접 및 단품제작과 가조립 작업의 제작중량(ton)당 철판공, 용접공, 철공의 기본공수로 단위는 "인/ton"이다.
③ 강교 형식에서 라멘이란 상하부구조가 모두 강재로 구성된 프레임(Frame) 구조를 의미한다.
④ 제작중량은 '5-1-3' 재료비의 강판을 기준으로 하며, 영구부재는 제작중량에 포함시킨다.
⑤ 공장제작에 따른 제경비는 표준제작공수의 60%로 계상하며, 산재보험료·기타경비·간접노무비·일반관리비·이윤 등은 제경비에 포함되지 않았다.

5-1-2 강교 제작공수 산정방법 (2024년 신설)

강교 제작공수 = (절단, 용접 및 단품제작 공수 + 가조립 공수) × 강교 본체의 조건에 따른 보정계수

1. 절단, 용접 및 단품제작 공수 산정

   절단, 용접 및 단품제작 공수 = 절단, 용접 및 단품제작 기본제작공수 × 고강도강 상당품 사용에 의한 보정 × 절단, 용접 및 단품제작 보정계수

   ① 고강도강 상당품 사용에 의한 보정
   고강도강 사용 보정계수 = 1+영향계수×고강도강재 상당품 비율

〈영향계수〉   (ton 당)

형 식	영향계수 SM 460, HSB 460
플레이트거더	0.28
상기 이외의 형식	0.25

〈고강도강재 상당품 비율〉
고강도강재 상당품 비율 = 고강도강재 사용 중량/전체 가공 중량

   ② 절단, 용접 및 단품제작 보정계수
   절단, 용접 및 단품제작 보정계수 = 대형단품계수 × 부품계수

〈대형단품계수〉

구 분	a < 10 ton	10ton ≤ a < 15ton	15ton ≤ a < 20ton	20ton ≤ a
대형단품계수	1.0	0.97	0.92	0.88

여기서, a : 대형단품 평균중량(ton)

[주] ① 대형단품이란 공장에서 용접 등으로 조립한 단품으로서, 대형단품에 포함

되는 범위는 중량이 큰 단품 순으로 누계한 단품 중량의 합이 최소 제작중량의 80% 이상이 며, 계산한 대형단품계수의 값이 최소가 되도록 정한다.
② 대형단품계수는 절단, 용접 및 단품제작 시 철판공과 가조립 시 철공에만 적용한다.
③ 박스거더교의 경우, 공장 조립된 개별 박스거더 블록 중량의 합이 강교량 전체 중량의 대부분을 차지하게 되므로 개별 박스거더 블록의 평균중량을 대형단품 평균중량으로 사용할 수 있다.
④ 용접으로 박스거더와 일체가 되는 플랜지, 웨브, 종리브, 횡리브, 다이아프램 등은 대형단품 중량 산정에 포함되는 요소이지만, 박스거더의 볼트접합을 위한 이음판 등은 대형단품의 중량에 포함되지 않는다.
⑤ 대형단품의 비율은 제작중량(위 ④에 따름)에 대한 대형단품 중량 합계의 비율을 말한다.

〈부품계수〉

구 분	b ≤ 100kg	100kg 〈 b 〈 150kg	150kg ≤ b
부품계수	1.00	0.95	0.90

여기서, b : 부품 평균중량(kg)
[주] ① 부품은 용접 등으로 조립하기 위해 강판 등을 절단해 놓은 각각의 요소들로서, 부품의 평균중량은 제작중량을 제작중량에 포함되는 부품의 개수로 나누어 산출한다.
② 여기서 제작중량에 포함되는 범위는 위 〈대형단품계수 ④〉에 따르되 스터드나 전단 연결재 부품은 제외한다.
③ 부품계수는 절단, 용접 및 단품제작 시 철판공, 용접공에만 적용하고, 가조립에는 적용하지 않는다.

2. 가조립 공수

가조립 공수 = 가조립 기본공수 × 대형단품계수
※ 대형단품계수는 '② 절단, 용접 및 단품제작 보정계수'의 〈대형단품계수〉를 적용한다.

3. 강교 본체의 조건에 따른 보정

강교 본체의 조건에 따른 보정계수 = 1 + (동일 거더 형식의 연속에 대한 증감계수) + (총중량에 의한 증감계수) + (사각과 곡률에 대한 증감계수 중 큰 값) + (거더 높이의 곡선변화에 따른 증감계수)

① 동일 거더 형식의 연속에 대한 증감계수(a)

연 수	2	3내지 4	5내지 6	7이상
증감계수	-0.03	-0.04	-0.06	-0.07

※ 상하행선이 분리된 경우는 2배로 보며, 폭원, 거더높이 및 구조가 동일한 치수로서 교량연장이 약간 다른 경우 및 종단곡선이 약간 다른 경우에도 이에 해당됨.

② 총중량에 의한 증감계수(b)

형식\중량	T<100톤	100≤T<300톤	300≤T<500톤	500≤T<1000톤	1,000≤T
플레이트거더	0.10	0.02	0.00	0.00	0.00
박스거더	0.10	0.05	0.00	-0.02	-0.05
기타형식	0.10	0.10	0.05	0.01	0.00

※ 교량 전체 중량을 기준으로 하며, 2종 이상의 다른 형식으로 된 경우에는 중량이 가장 큰 형식의 난을 적용.

③ 사각에 대한 증감계수(c)

형식\사각	85° 이상	85° 미만~75° 이상	75° 미만~45° 이상	45° 미만
박스거더이외의형식	0.00	0.03	0.05	0.10
박스거더	0.00	0.03	0.03	0.03

※ 교량단부가 경사진 교량(평면적으로 경사진 교량)에 대해 적용하며, 주거더자체가 구부러진 곡선교는 사각에 의한 공수 할증을 하지 않음.

④ 곡률에 대한 증감계수(d)

(R : 곡률반경(m))

형식 \ 중량	500≤R	500〉R≥250	250〉R≥100	100〉R
박스거더이외의형식	0.00	0.09	0.15	0.20
박 스 거 더	0.00	0.19	0.25	0.29

※ 주거더 자체만 구부린 경우에 적용하며, 곡선의 반경이 변화될 때에는 지간마다 곡선반경에 의한 공수를 할증함.

⑤ 거더 높이의 곡선변화에 따른 증감계수(e)

형 식	증감계수
박 스 거 더	0.11
박스거더이외의형식	0.05

※ 거더 높이가 곡선으로 변화하는 구간에만 적용하며, 곡선으로 변화하는 구간의 곡률(R)이 500m 이상인 경우와 직선으로 변화하는 경우에는 적용하지 않는다.

5-1-3 재료비 (2008 · 2014년 · 2024년 보완)

품 명	단위	비 고
강 판	ton	1. 해당부재에 사용한 강판의 면적을 포함한 최소면적의 직사각형, 또는 정사각형으로 산출한다. 2. 웨브가 솟음이 있는 경우는 솟음을 포함한 가로치수와 직각인 세로치수로 산정한다. 단, 구멍이나 곡선부 등으로 공제된 부분의 강판을 별도의 가공 없이 사용할 수 있는 경우에는 예외로 한다. 3. 플랜지와 웨브에서 용접이음 등으로 인한 모서리따기, 베벨링, 스켈롭, 작업구 등의 절삭된 부분은 제작중량에 포함한다. 4. 다이아프레임에 통로용으로 절단한 부분이 $0.5m^2$ 이하인 경우에는 제작중량에 포함한다. 5. 보강재와 이음재에서 절단된 나머지 부분은 그 크기가 $0.5m^2$ 이상이거나 폭이 $0.3m$ 이상이면 포함시키지 않는다. 6. 형강재에서 이음을 위한 모서리따기 부분과 구멍은 포함시킨다. 7. 설계중량에 의한 재료 손실량은 6% 이내로 한다.
앵 커 바	ton	러그, 스터드 및 다월 등은 포함시키며 연결용 볼트는 포함시키지 않는다. 러그, 스터드 및 다월 등의 예비품수는 설계수량의 3.5%로 한다.
기 타 재 료 소 요 량		(단위 : ton당) | 품명	단위	수량
용접봉	kg	26
산소	m^3	15.0
LPG가스	kg	10.0
잡품 · 기타	식	1 | [주] ① 산소량은 대기압상태 기준이며, 압축산소는 35℃에서 150기압으로 압축용기에 넣어 사용하는 것을 기준한다. ② 잡품 · 기타는 용접 재료비의 5% 이내로 한다 ③ 각종 검사시험비(방사선투과시험, 초음파탐상시험 등) 및 시방서에서 특별히 요구하는 재료시험비 등은 별도 계상한다.

[주] ① 제작도(Shop drawing) 작성 비용은 별도 계상하되, 박스거더, 플레이트거더의 경우 0.4인/톤, 박스거더, 플레이트거더 이외의 경우 0.56인/톤을 적용할 수 있으며, 이에 대해서도 각종 조건에 따른 증감율을 적용한다.{직종은 중급숙련기술자(건설 및 기타) 적용}
② 본 품은 고장력 볼트 조임품이 제외된 것이다.
③ 강교의 제작중량은 강판을 기준으로 하며, 영구부재는 제작중량에 포함한다.

5-2 강교도장
5-2-1 소재 표면처리

(㎡ 당)

구 분	단위	규격	수량
도 장 공	인		0.011
철구(Shot ball)	kg		0.127
무기질아연말샵프라이머	ℓ	도막두께 20㎛	0.157

5-2-2 제품표면처리

(㎡ 당)

구 분	단위	수량
도 장 공	인	0.031
철편(Grit)	kg	0.245
비 고	제품 표면처리의 경우, BOX 형상의 내면에 대해서는 인력품을 60% 할증한다.	

[주] ① 본 품은 강교 도장을 위하여 공장에서 행하는 표면처리를 기준한 것으로, 자재반입 후의 소재 표면처리(Shot Blasting) 및 전처리프라이머, 강교제작 후 도장전의 제품표면처리(Grit Blasting)를 대상으로 한 것이다.
② 표면처리 규격은 '도로교표준시방서'(국토교통부 제정)의 SSPC SP10(준나금속 블라스트 세정)을 기준한 것이다.
③ 본 품의 인력품에는 공장경비가 포함되어 있다.
④ 재료의 수량은 할증량이 포함된 것이다.

5-2-3 도장재료 사용량 (2008년 · 2024년 보완)

(㎡당)

구 분	단위	사용량
도 료	ℓ	$\dfrac{\text{도막두께}(\mu)}{\text{고형분용적비}(\%) \times 10} \times \dfrac{1}{1-\text{손실률}(\%)/100}$
희석재	ℓ	도료 사용량의 25%

[주] ① 도료사용량 산출식의 고형분용적비 및 손실률은 다음을 표준으로 한다.

㉮ 고형분용적비

도료종별	고형분용적비(%)
무 기 질 아 연 말 계 도 료	60
에 폭 시 계 방 청 도 료	50
고 고 형 분 에 폭 시 계 도 료	80
우 레 탄 계 도 료	50
불 소 수 지 계 도 료	30
실 록 산 계 도 료	60
세 라 믹 계 방 식 도 료	80
세 라 믹 계 우 레 탄 도 료	50

※ 고형분 용적비는 도료 제작회사에 따라 변경이 가능하다.

㉯ 손실률

구 분	공장도장		현장도장	
	하도	중·상도	하도	중·상도
손실률(%)	36	32	44	40

② 잡재료는 도료와 희석재 합계액의 10%로 계상한다.
③ 희석재 사용량은 도료 희석 및 사용기구 세정에 사용되는 수량이다.
④ 표면처리면적 및 도장면적은 표준품셈 '[토목부문] 5-1 용접교 표준제작 공수'의 강교제작 수량 산출기준에 따라 산출하며, 스터드볼트 및 연결볼 트 등의 면적은 포함시키지 않는다.

5-2-4 도장 (2024년 보완)

(일당)

구 분	단위	공장도장		현장도장	
		수량	도장면적(㎡)	수량	도장면적(㎡)
도 장 공	인	1	100	1	60
특 별 인 부	인	1		1	

[주] ① 본 품은 도장횟수 1회를 기준한 것이며, 신설교량의 도장을 대상으로 한 것이다.
② 공장도장의 인력품에는 공장경비가 포함되어 있다.
③ 박스거더 내면 도장과 같은 내면 도장의 경우 일당시공량(도장면적)을 33% 할감하여 적용한다.
④ 현장도장은 지조립장 혹은 가설현장에서 강재거더 연결부의 볼트 및 연결판, 현장 용접부위와 기타 부재(가로보, 캔틸레버보, 엔드 빔, 브레이싱 등)를 설치하기 위한 볼트 및 연결판, 현장 용접부위를 도장하는 것을 기준한다.
⑤ 현장도장은 표면처리 "도로교표준시방서"(국토교통부 제정)의 SSPC SP3(동력공구 세정) 기준이다.
⑥ 현장도장의 경우에는 공구손료 및 경장비(발전기, 에어리스 스프레이 등)의 기계경비를 인력품의 5%로 계상한다.
⑦ 현장도장의 경우 비계 등 작업시설과 고소작업차 등이 필요한 경우에는 별도 계상한다.

5-3 강재거더 가설
5-3-1 강재거더 지조립 (2024년 신설)

(일당)

구 분		규격	단위	수량	기본조립개소수(개소)	
					개구제형	폐합형
인력	철 공		인	6	5.0	4.0
	특별인부		인	2		
장비	크레인	100~300ton	대	1		

[주] ① 본 품은 공장에서 제작된 강재거더를 현장에 반입하여 지상에서 조립하는 것을 대상으로 하며, 강재더거를 직렬로 지조립하는 작업만 계상하며, 병렬로 지조립하는 것은 고려하지 않는다.
② 본 품의 '개소' 수는 공장에서 제작이 완료된 강재거더 단품과 단품을 연결판, 볼트 등을 이용하여 지조립장에서 연결하는 조인트의 개소수를 의미하며, 공장에서 지조립되어 온 조인트 '개소'수는 포함하지 않는다.
③ 지조립장까지 운반이 완료된 상태의 거더를 조립하는 기준이며, 현장내 소운반(2차 운반)이 발생하는 경우는 별도 계상한다.
④ 본 품은 지조립장 여건이 '보통'인 경우를 기준으로 한 것이며, 다음과 같이 작업난이도에 따라 지조립 수량을 조정하여 산정한다.

〈작업난이도〉

(일당)

구 분	지조립장 상태	작업난이도(개소)
불 량	지조립장이 경사지로서 작업자의 보행과 운반에 모두 지장이 있어 작업조건이 복잡한 경우, 도로변·하천변·절개지 등 안전사고의 위험이 있는 경우	-1.0
보 통	지조립장이 평탄하며, 작업자의 보행이 자유롭지만, 다소 운반에 지장이 있어 작업에 지장을 받는 경우	-
양 호	지조립장이 넓고 평탄하며, 작업자의 보행이 자유롭고 운반상 장애물이 없어 작업속도가 충분히 기대되는 경우	1.0

⑤ 지조립장 조성과 가설 벤트 설치는 포함하지 않는다.
⑥ 본 품은 지조립하는 강재거더 연결부 조립, 캠버 조정, 볼트 체결, 본조임 및 조임검사가 모두 포함된 것이다.
⑦ 장비의 규격은 작업여건을 고려하여 적합한 규격의 크레인을 선정하여 계상한다.
⑧ 공구손료 및 경장비(전기드릴, 용접기, 공기압축기, 레벨기 등)의 기계경비는 개구제형의 경우 인력품의 5%로 계상하고, 폐합형의 경우 인력품의 4%로 계상한다.

5-3-2 강재거더 가설 (2008 · 2021 · 2024년 보완)

(개/일당)

구 분		규격	단위	수량	가설 개수(ea)	
					개구제형	폐합형
인력	철 공		인	6	4.0	3.0
	비 계 공		인	2		
	특 별 인 부		인	2		
	용 접 공		인	2		
장비	크 레 인	100~300ton	대	2		
	고 소 작 업 차	5ton	대	1		

[주] ① 본 품은 조립이 완료된 강재거더를 교량아래 육상에서 장비(크레인)로 가설하는 기준이다. 여기서 '가설 개수'는 지조립이 완료된 상태로 설치되는 거더의 개수를 의미한다.
② 공장에서 제작된 단일 강재거더를 가설 현장에서 지조립 없이 직접 인양하여 가설하는 경우에는 일당 시공량 1개를 추가 계상한다.
③ 본 품은 현장에 반입되어 조립이 완료된 크레인에 의하여 강재거더를 가설하는 기준이며, 크레인의 운반 및 조립은 별도 계상한다.
④ 본 품은 교량하부까지 운반이 완료된 상태의 거더를 가설하는 기준이며, 가설지점까지의 현장내 소운반(2차운반)이 발생하는 경우는 별도 계상한다.
⑤ 교량을 확폭하거나 과도교, 과선교 지하 통로내(낙석, 낙설방지)인 때는 일당 가설 개수를 1개씩 차감한다.
⑥ 교량아래 해상에서 장비(크레인)로 가설하는 경우에는 비계공 2인, 특별인부 2인을 추가 계상한다. 이 경우 바지선, 예인선 등 가설을 위해 추가 장비가 필요한 경우 별도로 계상한다.
⑦ 본 품은 거더 양중 및 가설, 위치 고정 및 가조립, 본조임 및 조임검사와 전도방지 시설 설치를 포함한다.
⑧ 본 품은 높이의 할증을 추가 계상하지 않는다.
⑨ 장비의 규격은 작업여건(가설높이, 작업반경, 시공위치 등)을 고려하여 적합한 규격의 크레인을 선정하여 계상한다.
⑩ 거더 가설위치가 하천통과구간, 지장물에 의한 저촉 등 가설조건이 불량한 경우 현장여건에 따라 300ton급을 초과하는 대형크레인의 적용이 가능하며, 300ton급을 초과하는 대형크레인이 투입될 경우 가설품과 크레인의 대수는 인양하중, 거더중량, 강교 거더 가설계획에 따라 조정하여 별도 계상한다.

⑪ 공구손료 및 경장비(전기드릴, 용접기, 공기압축기 등)의 기계경비는 강재거더 가설 위치 및 단면 형상에 따라 인력품 대비 다음 표와 같은 비율에 따라 계상한다.

〈공구손료 및 경장비의 기계경비〉

구 분	육상		해상	
	개구제형	폐합형	개구제형	폐합형
인력품 대비(%)	7	5	6	4

⑫ 크레인, 트레일러 등의 반입을 위한 토공사 및 가시설 설치 및 빔 가설용 가교각이 필요한 경우에는 별도 계상한다.

5-3-3 기타 부재 설치 (2024년 신설)

(ton/일당)

구 분		규격	단위	수량	설치 수량(ton)
인력	철 공		인	2	6.0
	비 계 공		인	2	
	특 별 인 부		인	1	
	용 접 공		인	1	
장비	크 레 인	100~300ton	대	1	

[주] ① 본 품은 가설이 완료된 강재거더의 가로보, 캔틸레버보, 엔드 빔, 형강류 등 기타 부재를 육상에서 설치하는 기준이다.
② 기타 부재를 해상에서 설치하는 경우에는 특별인부 1인을 추가 계상한다.
② 본 품은 기타 부재의 거치, 볼트 체결, 본조임 및 조임검사가 포함된 것이다.
③ 장비의 규격은 작업여건(가설높이, 작업반경, 시공위치 등)을 고려하여 적합한 규격의 크레인을 선정하여 계상한다.
④ 공구손료 및 경장비(전기드릴, 용접기, 공기압축기 등)의 기계경비는 인력품의 6%로 계상한다.
⑤ 기타 부재 설치 시 고소작업차가 필요한 경우 기계경비는 별도로 계상한다.
⑥ 본 품은 높이의 할증을 추가 계상하지 않는다.

제 6 장 관부설 및 접합공사

6-1 공통사항

6-1-1 적용기준 및 범위 (2018 · 2023 · 2025년 보완)

1. 본 장은 상수, 하수 등 신설 및 유지보수 관로공사를 대상으로 한다.
2. 관부설 및 접합공사는 일반화된 관종 및 공법 기준이며, 관의 재질 및 접합 방식이 유사한 관에는 본 품을 준용할 수 있다.
3. 관부설 및 접합공사에는 위치 및 높이 확인, 관로표시테이프 부설 작업을 포함한다.
4. 굴착공사, 기초공사, 관보호공, 복구공사는 별도계상한다.

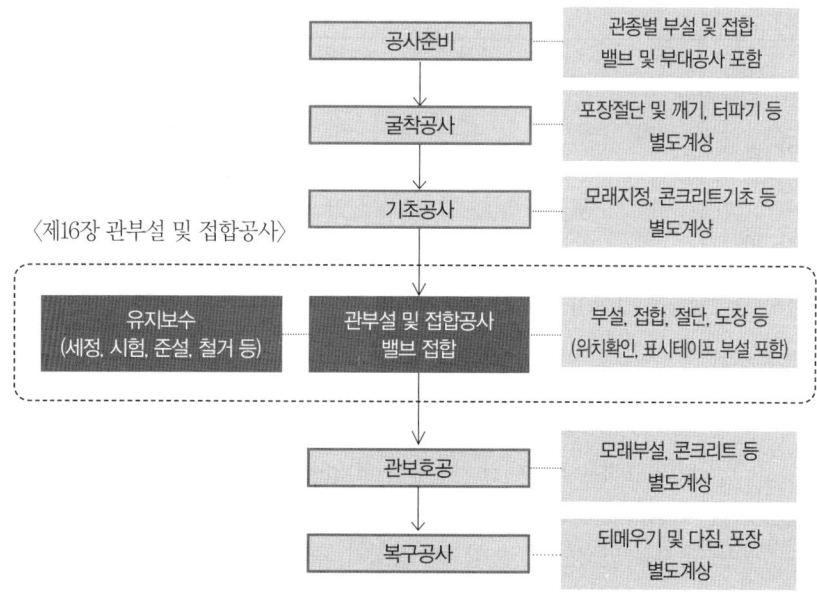

5. 교통통제 및 안전처리를 위한 인력은 제외되어 있으며, 필요시 배치인원은 현장 조건(교통상황, 통제시간 및 범위 등)을 고려하여 별도계상한다.
6. 도면작성 또는 성과 확인을 위한 별도의 측량 작업은 제외되어 있다.

7. 양수 발생 시 양수작업에 소요되는 비용은 별도 계상한다.
8. 관부설 및 접합공사는 토공사(굴착 및 복구공사 등)에 영향을 받아 시공되는 기준으로 현장의 시공조건을 고려하여 인력 및 장비 품에 다음과 같이 요율을 적용할 수 있다. 본 요율은 관부설 및 접합(강관도장 포함)에 적용한다.

구 분	내 용	요율 품	요율 시공량
시공조건 A	- 당일 굴착 및 복구공사에 영향을 받으며 시공하는 현장 - 통행제한, 지장물(매립물 등) 등으로 인해 연속적인 굴착이 불가능하여 굴착과 관부설 및 접합을 병행하여 반복적으로 시공하는 경우	-	-
시공조건 B	- 당일 굴착 및 복구공사에 영향을 받으며 시공하는 현장 - 굴착 작업이 분리 선행되어 부설 및 접합을 연속적으로 시공하는 경우	75%	133%
시공조건 C	- 굴착 및 복구공사의 영향없이 시공하는 현장 - 선행작업(굴착공사 또는 기초공사)이 완료된 상태의 개착구간으로 부설 및 접합을 단독으로 시공하는 경우	50%	200%

9. 주택가, 번화가 등 이와 유사한 현장에서 연속적인 작업이 불가능한 관부설 터파기 토공사는 '[공통부문] 제3장 토공사 / 3-2-4 터파기(기계)'를 참고하여 적용한다.

6-2 주철관

6-2-1 타이튼 접합 및 부설 (2023년 · 2025년 보완)

(일당)

구 분	단 위	수 량	관경 (mm)	시공량 (본)
배 관 공 (수 도)	인	2	125이하	18
			150	16
보 통 인 부	인	1	200	12
양 중 장 비	대	1	250	10
			300	9

(일당)

구 분	단위	수량	관경 (mm)	시공량 (본)
배관공(수도)	인	3	350	9
보통인부	인	1	400	8
			450	7
양중장비	대	1	500	6

비 고	인력에 의한 부설 및 접합을 수행하는 경우 다음 품을 적용한다.				
	구 분	단위	수량	관경(mm)	시공량(본)
	배관공 (수도)	인	3	80	15
	보통인부	인	1	100	13
	배관공 (수도)	인	4	125	13
	보통인부	인	1	150	10

[주] ① 본 품은 직관(6m) 및 이형관(곡관, 이음관 등)을 부설하고, 부설된 주철관을 타이튼 접합하는 기준이다.
② 본 품은 관부설, 위치 및 구배 확인, 관로표시테이프 부설 작업, 윤활제 바르기, 고무링 끼우기, 관접합 작업을 포함한다.
③ 양중장비의 규격은 작업여건(시공높이, 시공위치 등) 및 안전율(적정하중, 작업반경 등)을 고려하여 적합한 규격을 적용한다.
④ 특수가공(분기개소 등), 계기측정(수압시험 등)이 필요한 때에는 별도 계상한다.
⑤ 공구손료 및 잡재료는 인력품의 2%로 계상한다.

6-2-2 K.P 메커니컬 조인트관 접합 및 부설 (2023년 · 2025년 보완)

(일당)

구 분	단위	수량	관경 (mm)	시공량 (본)
배 관 공 (수 도)	인	2	125이하	17
			150	14
보 통 인 부	인	1	200	11
			250	10
양 중 장 비	대	1	300	8
배 관 공 (수 도)	인	3	350	8.5
			400	7.5
보 통 인 부	인	1	450	6.5
			500	6.0
양 중 장 비	대	1	600	5.0
배 관 공 (수 도)	인	4	700	5.0
			800	4.5
보 통 인 부	인	1	900	4.0
			1,000	3.5
양 중 장 비	대	1	1,100~1,200	3.0
비 고	인력에 의한 부설 및 접합을 수행하는 경우 다음 품을 적용한다.			
	구 분	단위	수량	관경(mm)	시공량(본)
	배관공 (수도)	인	3	80	13
	보 통 인 부	인	1	100	12
	배관공 (수도)	인	4	125	13
	보 통 인 부	인	1	150	9

[주] ① 본 품은 직관(6m) 및 이형관(곡관, 이음관 등)을 부설하고, 부설된 주철관을 K.P 메커니컬 접합하는 기준이다.
② 본 품은 관부설, 위치 및 구배 확인, 관로표시테이프 부설 작업, 윤활제 바르기, 고무링 끼우기, 관접합 작업을 포함한다.
③ 양중장비의 규격은 작업여건(시공높이, 시공위치 등) 및 안전율(적정하중, 작업반경 등)을 고려하여 적합한 규격을 적용한다.

④ 이탈방지 압륜을 사용하여 접합할 경우 본 품을 30%까지 증하여 적용 할 수 있다.
⑤ 특수가공(분기개소 등), 계기측정(수압시험 등)이 필요한 때에는 별도 계상한다.
⑥ 공구손료 및 경장비(임팩트렌치, 발전기 등)의 기계경비는 인력품에 다음 요율을 반영한다.

구분	300mm 이하	350mm~600mm	700mm~1,200mm
인력품의 %	4%	3%	2%

6-2-3 관 절단 (2023년 보완)

(개소당)

관경(mm)	배관공(수도)(인)	관경(mm)	배관공(수도)(인)
100이하	0.08	500	0.24
125	0.09	600	0.28
150	0.10	700	0.32
200	0.12	800	0.36
250	0.14	900	0.40
300	0.16	1,000	0.44
350	0.18	1,100	0.48
400	0.20	1,200	0.52
450	0.22		

[주] ① 본 품은 절단기를 사용하여 주철관을 절단하는 기준이다.
② 본 품은 관절단, 모따기, 삽입구 표시, 방식도장을 포함한다.
③ 보호조치를 위한 안전시설물 및 환경시설물의 비용은 별도계상한다.
④ 공구손료 및 경장비(절단기 등)의 기계경비는 인력품의 5%로 계상한다.
⑤ 소모재료(커터 등)비는 별도 계상한다.

6-3 강관

6-3-1 부설 (2023년 · 2025년 보완)

(일당)

구 분	단위	수량	관경 (mm)	시공량 (본)
배 관 공 (수 도)	인	2	125이하	14
			150	13
			200	12
			250	11
보 통 인 부	인	1	300	10
			350	10
			400	9
			450	8
			500	7
양 중 장 비	대	1	600	6
			700	5
배 관 공 (수 도)	인	3	800	5.5
			900	4.5
보 통 인 부	인	1	1,000	3.5
			1,100	3.0
			1,200	2.5
양 중 장 비	대	1	1,350~1,500	2.0
			1,650	1.5
배 관 공 (수 도)	인	4	1,800~2,200	1.5
보 통 인 부	인	1		
양 중 장 비	대	1	2,400	1.0
비 고	인력에 의한 부설을 수행하는 경우 다음 품을 적용한다.				

구 분	단위	수량	관경(mm)	시공량(본)
배관공 (수도)	인	2	80	8
보 통 인 부	인	1	100	6
배관공 (수도)	인	3	125	7
보 통 인 부	인	1	150	6
배관공 (수도)	인	4	200	5
보 통 인 부	인	1	250	4

[주] ① 본 품은 직관 및 이형관(곡관, 이음관 등)을 부설하는 기준이다.
② 본 품은 관부설, 위치 및 구배 확인, 관로표시테이프 부설 작업을 포함한다.
③ 양중장비의 규격은 작업여건(시공높이, 시공위치 등) 및 안전율(적정하중, 작업반경 등)을 고려하여 적합한 규격을 적용한다.

6-3-2 용접 접합 (2011년 · 2023 · 2025년 보완)

(일당)

구 분	단위	수량	관경 (mm)	시공량(개소) A종 겹치기 용접	시공량(개소) A종 베벨엔드용접	시공량(개소) B종 겹치기 용접
용 접 공	인	1	125이하	11.0	10.0	-
			150	10.0	9.0	-
			200	9.0	8.5	-
			250	7.5	7.0	-
			300	6.5	6.0	-
			350	5.5	5.0	-
용 접 공	인	2	400	9.5	8.5	-
			450	8.0	7.0	-
			500	6.5	6.0	-
			600	5.0	4.5	-
			700	3.5	3.0	-
용 접 공	인	3	800	2.5	-	4.0
			900	2.0	-	3.0
			1,000	1.5	-	2.5
			1,100	1.5	-	2.0
			1,200	1.0	-	2.0
			1,350	1.0	-	1.5
			1,500~1,650	1.0	-	1.5
용 접 공	인	4	1,800~2,000	1.0	-	1.5
			2,200	1.0	-	1.5
			2,400	1.0	-	1.0

[주] ① 본 품은 부설된 강관을 용접 접합하는 기준이며, 800mm이상은 내·외부용접 기준이다.
② 본 품은 불순물 제거, 용접(내·외부), 단부 마무리 작업을 포함한다.
③ 특수가공(분기개소 등), 계기측정(수압시험, 용접시험 등)이 필요한 때에는 별도 계상한다.
④ 공구손료 및 경장비(용접기, 발전기 등)의 기계경비는 인력품의 6%로 계상한다.
⑤ 용접접합에 필요한 자재는 별도 계상한다.

6-3-3 도장 (2023년 보완)

(개소당)

관경 (mm)	내부도장		외부도장	
	도장공 (인)	보통인부 (인)	도장공 (인)	보통인부 (인)
300	-	-	0.18	0.04
350	-	-	0.21	0.05
400	-	-	0.23	0.06
450	-	-	0.25	0.06
500	-	-	0.27	0.07
600	-	-	0.30	0.07
700	-	-	0.32	0.08
800	0.27	0.07	0.34	0.08
900	0.28	0.07	0.36	0.09
1,000	0.30	0.07	0.38	0.09
1,100	0.31	0.08	0.40	0.10
1,200	0.32	0.08	0.41	0.10
1,350	0.33	0.08	0.43	0.11
1,500	0.35	0.09	0.45	0.11
1,650	0.36	0.09	0.46	0.11
1,800	0.37	0.09	0.48	0.12
2,000	0.39	0.09	0.49	0.12
2,200	0.40	0.10	0.51	0.13
2,400	0.41	0.10	0.53	0.13

[주] ① 본 품은 상수도용 도복장강관의 내·외부 용접접합부를 도장하는 기준이다.
② 내부도장은 면정리, 프라이머바름, 에폭시 도장 작업을 포함한다.
③ 외부도장은 면정리, 프라이머바름, 매스틱 부착, 내·외부 테이핑 작업을 포함한다.
④ 소모재료는 설계수량에 따라 별도 계상한다.

6-3-4 절단 (2023년 보완)

(개소당)

관경(mm)	A종 용접공(인)	B종 용접공(인)
100이하	0.08	-
125	0.09	-
150	0.10	-
200	0.13	-
250	0.16	-
300	0.20	-
350	0.26	-
400	0.31	-
450	0.36	-
500	0.41	-
600	0.46	-
700	0.62	0.54
800	0.71	0.65
900	0.79	0.70
1,000	0.96	0.85
1,100	1.04	0.87
1,200	1.20	0.99
1,350	1.47	1.23
1,500	1.88	1.48
1,650	2.14	1.71
1,800	2.26	1.84
2,000	2.55	2.32
2,200	2.78	2.40
2,400	3.06	2.66
비 고	금긋기 및 절단품은 본 품의 70%, 선단가공(Beveling) 품은 본 품의 30%를 계상한다.	

[주] ① 본 품은 산소+LPG를 사용한 강관을 절단하는 기준이다.
　　② 본 품은 금긋기, 절단 및 선단가공(Beveling) 작업을 포함한다.
　　③ 공구손료 및 경장비(절단장비 등)의 기계경비는 인력품의 2%로 계상한다.

6-4 P.V.C관 (2016 · 2018 · 2023 · 2025년 보완)

6-4-1 T.S 접합 및 부설

(일당)

구 분	단 위	수 량	관경 (mm)	시공량 (개소)
배 관 공 (수 도)	인	2	100	22
보 통 인 부	인	1	150	13

[주] ① 본 품은 P.V.C관(개량형 P.V.C관 포함)을 부설 및 접합(T.S)하는 기준이다.
② 본 품은 관 부설, 접합제 바름 및 관 연결, 위치 및 구배 확인, 관로표시테이프 부설 작업을 포함한다.

6-4-2 고무링 접합 및 부설

(일당)

구 분	단 위	수 량	관경 (mm)	시공량 (개소)
배 관 공 (수 도)	인	2	100	25
			150	19
			200	15
보 통 인 부	인	1	250	10
			300	9

[주] ① 본 품은 P.V.C관(개량형 P.V.C관 포함)을 부설 및 접합(고무링)하는 기준이다.
② 본 품은 관 부설, 윤활제 도포, 고무링 끼우기 및 관 연결, 위치 및 구배 확인, 관로표시테이프 부설 작업을 포함한다.
③ 접합재료(고무링 등)는 별도 계상한다.

6-5 P.E관 (2010 · 2011 · 2018년 · 2023 · 2025년 보완)

6-5-1 조임식 접합 및 부설

(일당)

구 분	단 위	수 량	관경 (mm)	시공량 (개소)
배 관 공 (수 도)	인	2	32	22
			40	21
보 통 인 부	인	1	50	17

[주] ① 본 품은 P.E관을 유니온으로 접합하는 기준이다.
　　② 본 품은 윤활제 바르기, 유니온(캡, 푸셔(pusher), 오링(O-ring)) 삽입 및 결합 작업을 포함한다.

6-5-2 밴드 접합 및 부설

(일당)

구 분	단 위	수 량	관경 (mm)	시공량 (개소)
배 관 공 (수 도)	인	2	100	22
			150	16
			200	13
			250	11
			300	10
보 통 인 부	인	1	350	8.5
			400	7.5
			450	7.0
			500	6.0

[주] ① 본 품은 P.E관을 밴드로 접합하는 기준이다.
　　② 본 품은 이물질 제거, 수밀시트 접합, 밴드 체결, 위치 및 구배 확인, 관로 표시테이프 부설 작업을 포함한다.
　　③ 공구손료 및 잡재료는 인력품의 3%로 계상한다.
　　④ 접합재료(조임밴드)는 별도 계상한다.

6-5-3 소켓융착 접합 및 부설 (2023년 신설 · 2025년 보완)

(일당)

구 분	단 위	수 량	관경 (mm)	시공량 (개소)
배 관 공 (수 도)	인	2	50	23
			65	15
보 통 인 부	인	1	75	12

[주] ① 본 품은 P.E관(6m이하)을 소켓이음부의 내면과 관 단면을 용융시켜 삽입하여 접합하는 기준이다.
② 본 품은 단면가공, 소켓 연결 및 융착, 소켓 해체, 관로표시테이프 부설 작업을 포함한다.
③ 공구손료 및 경장비(발전기, 융착기 등)의 기계경비는 인력품의 7%로 계상한다.

6-5-4 바트융착 접합 및 부설 (2023 · 2025년 보완)

(일당)

구 분	단 위	수 량	관경 (mm)	시공량 (개소)
배 관 공 (수 도)	인	2	50	20
			65	13
			75	10
			100	9
			125	7.5
			150	7.0
보 통 인 부	인	1	200	5.5
			250	5.0
			300	4.5
배 관 공 (수 도)	인	3	350	6.0
			400	5.5
보 통 인 부	인	1	450	5.0
			500~550	4.5
배 관 공 (수 도)	인	3	600	7.0
보 통 인 부	인	1	700	5.5
양 중 장 비	대	1	800	4.0

[주] ① 본 품은 P.E관의 양 끝단을 융착기에 의해 맞이음하여 접합하는 기준이다.
② 본 품은 단면가공, 융착기 연결 및 융착, 융착기 해체, 관로표시테이프 부설 작업을 포함한다.
③ 양중장비의 규격은 작업여건(시공높이, 시공위치 등) 및 안전율(적정하중, 작업반경 등)을 고려하여 적합한 규격을 적용한다.
④ 공구손료 및 경장비(발전기, 융착기 등)의 기계경비는 다음을 참고하여 적용한다.

구 분	75mm이하	100~150mm	200~600mm	700~800mm
인력품의 %	12	14	15	18

6-5-5 분기관 천공 및 접합 (2023년 보완)

(개소당)

관경(mm)	배관공(수도)(인)	보통인부(인)
75	0.10	0.05
100	0.11	0.06
150	0.13	0.06
200	0.15	0.07
250	0.18	0.09
300	0.20	0.10

[주] ① 본 품은 P.E관의 외면과 새들 안장부분을 용융시켜 접합하는 기준이다.
② 본 품은 중심선 표시, 새들관 융착, 천공 작업을 포함한다.
③ 공구손료 및 경장비(발전기, 융착기 등)의 기계경비는 인력품의 5%로 계상한다.

6-6 원심력 철근콘크리트관 (2018년 · 2023 · 2025년 보완)

6-6-1 소켓관 부설 및 접합

(일당)

구 분	단 위	수 량	관경 (mm)	시공량 (본)
배 관 공 (수 도)	인	2	250	20
			300	15
			350	13
			400	11
보 통 인 부	인	1	450	9.0
			500	8.0
			600	6.5
양 중 장 비	대	1	700	5.5
			800	5.0
배 관 공 (수 도)	인	3	900	5.0
			1,000	4.5
보 통 인 부	인	1	1,100	4.0
			1,200	3.5
양 중 장 비	대	1	1,350	3.5
배 관 공 (수 도)	인	4	1,500	3.5
보 통 인 부	인	1	1,650~1,800	3.0
양 중 장 비	대	1	2,000	2.5

[주] ① 본 품은 철근콘크리트 소켓관을 부설 및 접합하는 기준이다.
② 본 품은 관부설, 윤활제 바르기, 고무링 삽입 및 소켓연결, 위치 및 구배 확인, 관로표시테이프 부설 작업을 포함한다.
③ 양중장비의 규격은 작업여건(시공높이, 시공위치 등) 및 안전율(적정하중, 작업반경 등)을 고려하여 적합한 규격을 적용한다.
④ 공구손료 및 잡재료는 인력품의 2%로 계상한다.
⑤ 접합재료(고무링)는 별도 계상한다.

6-6-2 수밀밴드 접합 및 부설 (2025년 보완)

(일당)

구 분	단 위	수 량	관경 (mm)	시공량 (본)
배 관 공 (수 도)	인	2	250	21
			300	16
			350	13
보 통 인 부	인	1	400	11
			450	10
			500	9
			600	7
양 중 장 비	대	1	700	6
			800	5
배 관 공 (수 도)	인	3	900~1,000	5
보 통 인 부	인	1	1,100~1,200	4
양 중 장 비	대	1	1,350	3.5
배 관 공 (수 도)	인	4	1,500	3.5
보 통 인 부	인	1	1,650~1,800	3
양 중 장 비	대	1	2,000	2.5

[주] ① 본 품은 철근콘크리트관을 부설 및 접합(수밀밴드)하는 기준이다.
② 본 품은 관부설, 수밀밴드 접합, 위치 및 구배 확인, 관로표시테이프 부설 작업을 포함한다.
③ 양중장비의 규격은 작업여건(시공높이, 시공위치 등) 및 안전율(적정하중, 작업반경 등)을 고려하여 적합한 규격을 적용한다.
④ 공구손료 및 잡재료는 인력품의 2%로 계상한다.
⑤ 접합재료(수밀밴드)는 별도 계상한다.

6-6-3 절단 (2011년 · 2023년 보완)

(개소당)

관경 (mm)	배관공(수도) (인)	보통인부 (인)	관경 (mm)	배관공(수도) (인)	보통인부 (인)
250	0.02	0.02	900	0.11	0.11
300	0.03	0.03	1,000	0.13	0.13
350	0.03	0.03	1,100	0.14	0.14
400	0.04	0.04	1,200	0.16	0.16
450	0.04	0.04	1,350	0.18	0.18
500	0.05	0.05	1,500	0.20	0.20
600	0.07	0.07	1,650	0.22	0.22
700	0.08	0.08	1,800	0.25	0.25
800	0.10	0.10	2,000	0.28	0.28

[주] ① 본 품은 철근콘크리트관을 절단기를 사용하여 절단하는 기준이다.
② 본 품은 금긋기, 관절단, 물뿌리기 작업을 포함한다.
③ 공구손료 및 경장비(절단기 등)의 기계경비와 잡재료비는 인력품의 6%로 계상한다.
④ 절단기 커터의 손료는 별도 계상한다.

6-6-4 천공 및 접합 (2023년 보완)

(개소당)

구 분		배관공(수도)(인)	보통인부(인)
본관(mm)	연결관(mm)		
500이하	150	0.05	0.05
	200	0.07	0.07
	250	0.09	0.09
	300	0.12	0.12
500초과~900이하	150	0.07	0.07
	200	0.09	0.09
	250	0.11	0.11
	300	0.13	0.13
900초과~1200이하	150	0.08	0.08
	200	0.11	0.11
	250	0.12	0.12
	300	0.15	0.15

[주] ① 본 품은 철근콘크리트관 본관을 천공하고 지관(단지관 등)을 접합하는 기준이다.

② 본 품은 중심점 표시, 본관 천공, 이물질 제거, 지관(단지관 등) 연결 작업을 포함한다.

③ 연결관으로 기타의 관(PVC관 등)을 사용하는 경우에도 동일하게 적용한다.

④ 공구손료 및 경장비(천공기 등)의 기계경비와 소모재료(비트 등)는 인력품의 5%로 계상한다.

⑤ 연결관 접합재료(모르타르, 단지관 등)는 별도 계상한다.

[참고제안] **파형강판을 사용한 지중 구조물 시공 공법**

1. 파형강판 설치 (㎡ 당)

구 분	명 칭	규 격	단 위	수 량
인 력	철 판 공		인	0.159
	보 통 인 부		인	0.133
장 비	크 레 인	25ton	hr	0.244
	발 전 기	25kw	hr	0.228
공 구 손 료			식	인력품의 3%

[주] 본 품은 파형강판 현장설치를 기준한 것으로 재료비는 별도 계상한다.

2. 보강 플레이트 설치 (㎡ 당)

구 분	명 칭	규 격	단 위	수 량
인 력	철 판 공		인	0.100
	보 통 인 부		인	0.024
장 비	크 레 인	25ton	hr	0.200
	발 전 기	25kw	hr	0.222
공 구 손 료			식	인력품의 3%

[주] 본 품은 보강플레이트 현장설치를 기준한 것으로 재료비는 별도 계상한다.

3. 콘크리트 주입

  표준품셈 「일반공통 6-1-4 콘크리트 펌프차 타설」 참조

4. 고정 찬넬 설치 (m 당)

구 분	단 위	규 격	수 량
용 접 공	인		0.006
보 통 인 부	인		0.025
발 전 기	hr	25kw	0.167
공 구 손 료	식		인력품의 3%

[주] 단위물량(m당)은 기초구조물의 연장(편도)을 의미함.

파형강판(RC보강 공법) 교량, 생태통로, 개착터널, 방음터널, 암거, 군시설물, 건축물, 저류시설
파형강판(일반·PL·HPL·평활형리브) 우수 · 오수관, 택지 · 매립지 · 골프장 등 각종 배수관, 저류조 등

조달우수제품 | KS인증 | ISO9001, 14001인증 | 신뢰성인증
LH신자재 | 포스코INNOVILT인증 | 글로벌 강소기업

FIXON (주)픽슨
www.fixoninc.com / E-mail: fix@fixoninc.com
· 본사: 전남 광양시 광양읍 인덕로 1077   TEL: 1577-5077(代) FAX: (061)760-7690
· 지점: 경기 안양시 동안구 시민대로 361, 1105호 TEL: (031)345-8260 FAX: (031)345-8250
· 광양공장: T.(061)772-7646 F.(061)772-7650   · 남원공장: T.(063)631-6109 F.(063)631-6110

6-7 기타관 (2010 · 2018 · 2023년 보완)

6-7-1 PC관 부설 및 접합 (2023년 보완)

(본당)

관 경(mm)	배관공(수도)(인)	보통인부(인)	크레인(hr)
500	0.94	0.37	0.71
600	1.17	0.47	0.83
700	1.32	0.53	0.92
800	1.48	0.59	1.00
900	1.63	0.65	1.09
1,000	1.86	0.75	1.21
1,100	2.10	0.84	1.34
1,200	2.33	0.93	1.46
1,350	2.87	1.15	1.76
1,500	3.33	1.33	2.01

[주] ① 본 품은 PC관의 부설 및 소켓식 접합 기준이다.
② 본 품은 관부설, 윤활제 바르기, 고무링 삽입 및 소켓연결, 위치 및 구배 확인, 관로표시테이프 부설, 현장정리 작업을 포함한다.
③ 크레인 규격은 다음을 참고하여 적용하며, 현장조건(작업범위, 위치 등)에 따라 변경할 수 있다.

구 분	관 경
크레인 10ton급	1,000mm이하
크레인 20ton급	1,100mm이상

④ 공구손료 및 잡재료는 인력품의 1%로 계상한다.
⑤ 접합재료(고무링)는 별도 계상한다.

6-7-2 파형강관 부설 및 접합 (2010 · 2018 · 2023년 보완)

(본당)

관 경(㎜)	배관공(수도)(인)	보통인부(인)	크레인(hr)
250	0.04	0.02	0.12
300	0.06	0.03	0.13
400	0.10	0.05	0.16
450	0.12	0.06	0.17
500	0.13	0.07	0.18
600	0.17	0.08	0.20
700	0.21	0.10	0.23
800	0.24	0.12	0.25
1,000	0.32	0.16	0.30
1,200	0.39	0.19	0.35
1,500	0.50	0.25	0.43

[주] ① 본 품은 파형강관을 부설 및 접합(스틸밴드)하는 기준이다.
② 본 품은 이물질 제거, 수밀시트 접합, 밴드 체결, 위치 및 구배 확인, 관로표시테이프 부설 작업을 포함한다.
③ 파형강관 8m 직관에서는 크레인(시간)을 10%까지 가산하여 적용할 수 있다.
④ 크레인 규격은 현장여건(작업범위, 위치 등)에 따라 변경할 수 있다.
⑤ 공구손료 및 잡재료는 인력품의 2%로 계상한다.
⑥ 접합재료(커플링밴드)는 별도 계상한다.

6-7-3 유리섬유복합관 부설 및 접합
(2010년 신설, 2011 · 2018 · 2023년 보완)

(본당)

관 경(mm)	배관공(수도)(인)		보통인부(인)		크레인(hr)	
	비압력관	압력관	비압력관	압력관	비압력관	압력관
150	0.24	0.26	0.09	0.10	–	–
200	0.30	0.33	0.12	0.13	–	–
250	0.14	0.16	0.06	0.06	0.27	0.30
300	0.16	0.18	0.06	0.07	0.30	0.33
350	0.18	0.20	0.07	0.08	0.34	0.37
400	0.22	0.24	0.09	0.09	0.37	0.41
450	0.26	0.28	0.10	0.11	0.41	0.45
500	0.31	0.34	0.12	0.14	0.44	0.48
600	0.40	0.44	0.16	0.18	0.51	0.56
700	0.49	0.53	0.19	0.21	0.58	0.64
800	0.58	0.63	0.23	0.25	0.65	0.72
900	0.66	0.73	0.27	0.29	0.72	0.79
1,000	0.75	0.83	0.30	0.33	0.79	0.87
1,100	0.84	0.92	0.34	0.37	0.86	0.95
1,200	0.93	1.03	0.37	0.41	0.93	1.02
1,350	1.06	1.17	0.42	0.47	1.04	1.14
1,500	1.20	1.32	0.48	0.53	1.14	1.25
1,650	1.33	1.46	0.53	0.58	1.25	1.38
1,800	1.46	1.61	0.59	0.65	1.35	1.49
2,000	1.64	1.81	0.66	0.72	1.49	1.64
2,200	1.82	2.00	0.73	0.80	1.63	1.79
2,400	2.00	2.19	0.80	0.88	1.77	1.95

[주] ① 본 품은 유리섬유복합관(6m) 소켓 접합하는 기준이다.
② 본 품은 관부설, 이물질 제거, 윤활제 도포, 접합장치 설치 및 삽입, 위치 및 구배 확인, 관로표시테이프 부설 작업을 포함한다.

③ 크레인 규격은 다음을 참고하여 적용하며, 현장조건(작업범위, 위치 등)에 따라 변경할 수 있다.

구 분	관 경
크레인 5ton급	900mm이하
크레인 10ton급	1,100mm이하
크레인 15ton급	2,000mm이하
크레인 20ton급	2,200mm이상

④ 공구손료 및 잡재료는 인력품의 1%로 계상한다.

6-7-4 내충격PVC수도관 부설 및 접합 (2023년 신설)

(본당)

관경(mm)	배관공(수도)(인)	보통인부(인)
50	0.07	0.04
75	0.09	0.05
100	0.11	0.06
150	0.15	0.08
200	0.19	0.10
250	0.23	0.12
300	0.27	0.14

[주] ① 본 품은 내충격PVC수도관을 부설 및 접합(이탈방지압륜)하는 기준이다.
② 본 품은 관 부설 및 접합, 위치 및 구배 확인, 관로표시테이프 부설 작업을 포함한다.
③ 공구손료 및 경장비(전동드릴 등)는 인력품의 2%로 계상한다.

6-7-5 강관압입추진공 (2010 · 2018년 보완)

1. 장비조립 및 해체

(회당)

구 분	명 칭	규격	단위	추진관경(mm)				
				800~900	1,000~1,200	1,350~1,650	1,800~2,400	2,600~3,000
편성인원	특별인부		인	1	1	1	1	1
	일반기계운전사		〃	1	1	1	1	1
	기계설비공		〃	1	1	1	1	1
	비계공		〃	1	2	2	2	2
	보통인부		〃	2	2	2	2	2
편성장비	트럭탑재형크레인	15톤	대	1	1	1	1	1
소요일수	조립 및 해체		일	1.5	1.5	2	2	2.5

[주] ① 추진구 및 도달구의 가시설 설치 및 철거, 터파기, 되메우기 등은 별도 계상하며, 여기서 가시설이란 토류벽, 콘크리트 반력벽, 바닥콘크리트 등으로 구성된다.
② 현장조건상 트럭탑재형 크레인의 적용이 어려운 경우, 동일한 규격의 크레인(무한궤도, 타이어)을 적용할 수 있다.

2. 작업편성인원

(일당)

명 칭	단위	추진관경(mm)			
		800~1,100	1,200~1,800	2,000~2,200	2,400~3,000
일반기계운전사	인	1	1	1	1
특별인부	〃	2	2	2	3
보통인부	〃	1	1	2	2
갱부	〃	2	2	3	4

3. 작업편성장비

(일당)

명 칭	규격	단위	추진관경(mm)				
			800 ~1,000	1,100 ~1,200	1,350 ~1,500	1,650 ~1,800	2,000 ~3,000
유 압 잭	200ton	대	2	–	–	–	–
	300ton	〃	–	2	–	–	–
	400ton	〃	–	–	2	–	–
	500ton	〃	–	–	–	2	–
	600ton	〃	–	–	–	–	2
트럭탑재형 크 레 인	15ton	〃	1	1	1	1	1
발 전 기	100kW	〃	1	1	1	1	1

[주] 현장조건상 트럭탑재형 크레인의 적용이 어려운 경우, 동일한 규격의 크레인 (무한궤도, 타이어)을 적용할 수 있다.

4. 작업능력

(m/일)

추진 관경 (mm)	보통토사			경질토사			고사점토 및 자갈섞인 토사		
	추진연장(m)			추진연장(m)			추진연장(m)		
	0~ 30	30~ 70	70~ 100	0~ 30	30~ 70	70~ 100	0~ 30	30~ 70	70~ 100
800	3.3	3.1	2.9	2.8	2.6	2.4	2.6	2.4	2.2
900	3.2	2.9	2.7	2.7	2.4	2.2	2.4	2.2	2.0
1,000	3.0	2.8	2.6	2.6	2.3	2.1	2.3	2.1	2.0
1,100	2.9	2.7	2.4	2.4	2.2	2.0	2.2	2.0	1.9
1,200	2.8	2.6	2.3	2.3	2.1	2.0	2.1	2.0	1.8

추진관경 (mm)	보통토사 추진연장(m)			경질토사 추진연장(m)			고사점토 및 자갈섞인 토사 추진연장(m)		
	0~30	30~70	70~100	0~30	30~70	70~100	0~30	30~70	70~100
1,350	2.6	2.3	2.1	2.1	2.0	1.8	2.0	1.8	1.7
1,500	2.4	2.2	2.0	2.0	1.9	1.7	1.9	1.7	1.6
1,650	2.2	2.0	1.8	1.9	1.7	1.4	1.7	1.6	1.3
1,800	2.0	1.8	1.7	1.7	1.4	1.4	1.6	1.3	1.3
2,000	1.8	1.7	1.6	1.4	1.4	1.3	1.3	1.3	1.2
2,200	1.7	1.6	1.4	1.4	1.3	1.2	1.3	1.2	1.1
2,400	1.7	1.6	1.4	1.4	1.3	1.2	1.3	1.2	1.1
2,600	1.6	1.4	1.3	1.3	1.2	1.1	1.2	1.1	1.0
2,800	1.4	1.3	1.2	1.2	1.1	1.0	1.1	1.0	0.9
3,000	1.4	1.3	1.2	1.2	1.1	1.0	1.1	1.0	0.9

[주] ① 본품은 강관장 6.0m를 기준한 것이다.
② 강관접합 및 강관절단은 별도 계상한다.
③ 선도관 및 추진대 제작비용은 별도 계상한다.
④ 경장비 및 공구손료는 인력품의 3%를 계상한다.
⑤ 조명시설이 필요한 경우 설치비용은 다음 표에 따른다.

(m당)

명 칭	규격	단위	수량
내 선 전 공		인	0.013
공 구 손 료	노무비의 3%	식	1
Ⅰ Ⅴ 전 선	2.0mm	m	1.5
백 열 등	100W	EA	0.3
잡 재 료	재료비의 2%	식	1

6-8 밸브

6-8-1 주철제 게이트 제수밸브 부설 및 접합 (2023년 보완)

(기당)

관경(mm)	배관공(수도)(인)	보통인부(인)	크레인(hr)
50	0.06	0.03	0.32
80	0.09	0.04	0.38
100	0.10	0.05	0.45
125	0.11	0.06	0.47
150	0.13	0.06	0.49
200	0.20	0.10	0.64
250	0.21	0.11	0.67
300	0.23	0.12	0.69
350	0.39	0.20	0.72
400	0.51	0.26	0.75
450	0.63	0.32	0.78
500	0.73	0.37	0.81
600	0.91	0.46	0.88
700	1.06	0.53	0.93
800	1.20	0.60	1.02
900	1.31	0.66	1.11
1,000	1.41	0.71	1.14
1,100	1.51	0.76	1.32
1,200	1.60	0.80	1.35
1,350	1.71	0.86	1.51
1,500	1.81	0.91	1.81

비 고 : 인력에 의한 부설을 수행하는 경우 다음 품을 적용한다.

구 분	관 경(mm)	부설공	
		배관공(수동)(인)	보통인부(인)
인 력	50	0.05	0.10
	80	0.10	0.15
	100	0.12	0.18
	125	0.14	0.20
	150	0.16	0.22

[주] ① 본 품은 주철제 게이트밸브의 부설 및 플랜지 접합하는 기준이다.
　　② 본 품은 밸브 조립 및 부설, 이음관 접합(플랜지) 작업을 포함한다.
　　③ 신축관의 접합 및 제수변실 설치는 별도 계상한다.
　　④ 크레인 규격은 다음을 참고하여 적용하며, 현장조건(작업범위, 위치 등)에 따라 변경할 수 있다.

구 분	관경
크레인 5ton급	600mm이하
크레인 10ton급	800mm이하
크레인 15ton급	900mm이상

　　⑤ 공구손료 및 잡재료는 인력품의 2%로 계상한다.

6-8-2 강관제 게이트 제수밸브 부설 및 접합 (2023년 보완)

(기당)

관경 (mm)	배관공(수도) (인)	보통인부 (인)	크레인	
			규격(톤)	사용시간(hr)
600	0.93	0.48	5	1.23
700	1.08	0.58	5	1.31
800	1.22	0.69	10	1.44
900	1.34	0.79	10	1.57
1,000	1.44	0.85	15	1.61
1,100	1.54	0.93	15	1.87
1,200	1.63	1.03	15	1.91
1,350	1.74	1.14	15	2.12
1,500	1.85	1.30	15	2.54
1,600	1.92	1.51	15	2.55
1,650	1.95	1.54	18	2.65
1,800	2.03	1.62	18	2.98
2,000	2.14	1.71	18	3.48

[주] ① 본 품은 강관제 게이트 제수밸브의 부설 및 플랜지 접합하는 기준이다.

② 본 품은 밸브 조립 및 부설, 이음관 접합(플랜지) 작업을 포함한다.
③ 신축관의 접합 및 제수변실 설치는 별도 계상한다.
④ 크레인 규격은 다음을 참고하여 적용하며, 현장조건(작업범위, 위치 등)에 따라 변경할 수 있다.

구 분	관 경
크레인 5ton급	700mm이하
크레인 10ton급	900mm이하
크레인 15ton급	1,600mm이하
크레인 18ton급	1,650mm이상

⑤ 공구손료 및 잡재료는 인력품의 2%로 계상한다.

6-8-3 주철제·강관제 버터플라이 제수밸브 부설 및 접합
(2023년 보완)

(기당)

| 관경
(mm) | 배관공(수도)
(인) | 보통인부
(인) | 크 레 인 | | 사용시간(hr) |
| | | | 규격 (ton) | | |
			주철제	강관제	
200	0.19	0.10	5	5	0.86
250	0.21	0.11	5	5	0.90
300	0.23	0.12	5	5	0.93
350	0.39	0.20	5	5	0.97
400	0.52	0.27	5	5	1.01
450	0.64	0.33	5	5	1.05
500	0.74	0.39	5	5	1.09
600	0.93	0.49	5	5	1.17
700	1.08	0.56	10	5	1.25
800	1.22	0.58	10	10	1.37
900	1.34	0.63	15	10	1.50
1,000	1.44	0.68	15	15	1.54

(기당)

관경 (mm)	배관공(수도) (인)	보통인부 (인)	크 레 인		
			규격 (ton)		사용시간(hr)
			주철제	강관제	
1,100	1.54	0.75	15	15	1.78
1,200	1.63	0.86	15	15	1.82
1,350	1.74	0.99	15	15	2.02
1,500	1.85	1.18	15	15	2.43
1,600	1.92	1.23	18	15	2.44
1,650	1.95	1.26	18	18	2.53
1,800	2.03	1.37	18	18	2.82
2,000	2.14	1.50	18	18	3.24
2,100	2.19	1.56	20	18	3.46
2,200	2.24	1.61	20	20	3.70
2,400	2.32	1.72	20	20	4.20

[주] ① 본 품은 버터플라이 제수밸브의 부설 및 플랜지 접합하는 기준이다.
② 본 품은 밸브 조립 및 부설, 이음관 접합(플랜지) 작업을 포함한다.
③ 신축관의 접합 및 제수변실 설치는 별도 계상한다.
④ 작업공간이 협소하여 장비투입이 불가능할 경우, 인력품을 별도 계상할 수 있다.
⑤ 크레인 규격은 다음을 참고하여 적용하며, 현장조건(작업범위, 위치 등)에 따라 변경할 수 있다.

구 분	주철제 관경	강관제 관경
크레인 5ton급	600mm이하	700mm이하
크레인 10ton급	800mm이하	900mm이하
크레인 15ton급	1,500mm이하	1,600mm이하
크레인 18ton급	2,000mm이하	2,100mm이하
크레인 20ton급	2,100mm이상	2,200mm이상

6-8-4 부단수 할정자관 부설 및 접합 (2011 · 2018년 보완)

(개소당)

관경(mm)	배관공(수도)(인)	보통인부(인)	크레인(hr)
80	0.20	0.09	-
100	0.21	0.10	-
150	0.19	0.07	0.12
200	0.20	0.08	0.14
250	0.21	0.09	0.16
300	0.23	0.11	0.19
350	0.25	0.12	0.23
400	0.27	0.13	0.26
450	0.29	0.14	0.30
500	0.31	0.15	0.33
600	0.36	0.17	0.40
700	0.42	0.19	0.47
800	0.47	0.22	0.54
900	0.57	0.26	0.61

[주] ① 본 품은 부단수 천공에 선행되는 할정자관 부설 및 접합을 기준한 것이다.
② 본 품의 관경은 본관을 기준한 것이다.
③ 천공작업, 터파기, 되메우기, 잔토처리, 물푸기 작업은 제외되어 있다.
④ 본 품은 누수방지대 부설 및 접합에 적용이 가능하다.
⑤ 본 품의 크레인 규격은 다음을 참고하여 적용한다.

관경(mm)	부설장비 규격
80~900까지	5톤급 트럭탑재형 크레인

⑥ 공구손료 및 잡재료는 인력품의 2%로 계상한다.
⑦ 할정자관 표준규격 및 중량은 별표에 준한다.

[별표] 할정자관 중량표

(단위:kg)

본관 \ 지관	80 mm	100 mm	150 mm	200 mm	250 mm	300 mm	400 mm	500 mm	600 mm
80mm	24.3								
100	32.5	32.8							
150	43.1	44.5	50.5						
200	63.3	64.4	67.2						
250	83.8	85.3	88.1	92.1					
300	92.7	94.1	97.5	101.4					
350	106.9	108.5	109.4	113.0	167.4				
400	141.6	144.0	149.3	160.0	190.0	205.0			
450	154.3	155.7	157.8	170.3	234.0	253.0			
500	163.4	165.2	168.0	175.0	279.0	295.0	366.0		
600	192.2	193.5	196.0	205.0	295.0	320.0	485.0		
700	239.4	243.4	246.0	250.0	357.0	370.0	538.0	557.6	577.9
800	265.6	268.0	273.0	280.0	434.0	450.0	645.0	668.8	693.4
900	297.8	300.0	305.0	315.0	477.5	490.5	759.0	779.7	800.9

6-8-5 부단수 천공 분기점 분기 (2021년 보완)

(개소당)

관경(mm)	배관공(수도)(인)	보통인부(인)	크레인(hr)
80	0.33	0.17	1.12
100	0.36	0.18	1.16
150	0.43	0.22	1.21
200	0.45	0.23	1.43
250	0.50	0.25	1.51
300	0.54	0.27	1.60

관경(mm)	배관공(수도)(인)	보통인부(인)	크레인(hr)
350	0.76	0.38	1.69
400	0.96	0.48	1.79
450	1.14	0.57	1.91
500	1.32	0.66	2.02
600	1.64	0.82	2.27

[주] ① 본 품은 물이 흐르는 상수관의 천공과 제수밸브 접합을 기준한 것이다.
② 본 품의 관경은 지관을 기준한 것이다.
③ 터파기, 되메우기, 잔토처리, 물푸기 작업은 제외되어 있다.
④ 물이 흐르지 않는 단수상태에서는 본 품을 20%까지 감하여 적용한다.
⑤ 본 품의 크레인 규격은 다음을 참고하여 적용한다.

관경(mm)	부설장비 규격
80~600까지	5톤급 트럭탑재형 크레인

⑥ 공구손료 및 경장비(천공기 등) 기계경비는 다음을 기준으로 계상한다.

관경(mm)	80mm ~ 300mm	350mm ~ 600mm
요율(%)	7%	12%

⑦ 부속자재(새들 등) 및 소모재료(커터날, 어댑터 등)비는 별도 계상한다.

6-8-6 부단수 천공 새들분수전 분기점 분기

(개소당)

구 분		배관공(수도)(인)	보통인부(인)
본관(mm)	지관(mm)		
50	13~20	0.20	0.10
	25~32	0.24	0.12
	40~50	0.28	0.14
80	13~20	0.24	0.12
	25~32	0.28	0.14
	40~50	0.34	0.17

구 분		배관공(수도)(인)	보통인부(인)
본관(mm)	지관(mm)		
100	13~20	0.25	0.13
	25~32	0.29	0.15
	40~50	0.36	0.18
150	13~20	0.26	0.14
	25~32	0.30	0.16
	40~50	0.38	0.19
200	13~20	0.27	0.15
	25~32	0.32	0.17
	40~50	0.40	0.20
250	13~20	0.28	0.16
	25~32	0.34	0.18
	40~50	0.42	0.21
300	13~20	0.29	0.17
	25~32	0.36	0.019
	40~50	0.44	0.22
400	13~20	0.30	0.18
	25~32	0.38	0.20
	40~50	0.46	0.23

[주] ① 본 품은 지관 50㎜이하의 일체형 분기관(할정자관과 밸브가 결합)의 설치와 천공을 기준한 것이다.
② 터파기, 되메우기, 잔토처리, 물푸기 작업은 제외되어 있다.
③ 물이 흐르지 않는 단수상태에서는 본 품을 20%까지 감하여 적용할 수 있다.
④ 공구손료 및 경장비(천공기 등)의 기계경비는 인력품의 4%로 계상한다.
⑤ 소요자재(새들분수전 등)는 별도 계상한다.

6-8-7 플랜지 조인트 접합 (2011 · 2018년 보완)

(개소당)

| 관경
(mm) | 볼트구멍 ||배관공(수도)
(인) | 보통인부
(인) |
	지름(mm)	수		
65	15	4	0.05	0.02
80	19	4	0.05	0.02
100	19	8	0.07	0.04
125	19	8	0.08	0.04
150	19	8	0.09	0.05
200	23	8	0.11	0.06
250	23	12	0.14	0.07
300	23	12	0.14	0.07
350	25	12	0.16	0.08
400	25	16	0.18	0.09
450	25	16	0.20	0.10
500	25	20	0.22	0.11
600	27	20	0.24	0.12
700	27	24	0.27	0.14
800	33	24	0.29	0.14
900	33	24	0.31	0.15
1,000	33	28	0.35	0.17
1,200	33	32	0.40	0.20
1,350	33	32	0.41	0.21
1,500	33	36	0.46	0.23
1,650	45	40	0.52	0.26
1,800	45	44	0.57	0.29
2,000	45	48	0.63	0.32
2,200	52	52	0.69	0.34
2,400	52	56	0.74	0.37

[주] ① 본 품은 관의 접합부에 링 개스킷을 사용하는 볼트 체결 플랜지 접합을 기준한 것이다.
② 본 품은 호칭압력 5kg/㎠를 기준한 것으로, 이외 규격은 별도 계상한다.
③ 공구손료 및 경장비(전동렌치 등)의 기계경비는 인력품의 2%로 계상한다.

제 7 장   항 만 공 사

7-1 설계기준

7-1-1 수중공사 (2010년 · 2011년 보완)

1. 수중공사에 있어서 기초고르기의 여유 폭은 일반적으로 다음 표의 값 이내로 한다.

구 분	한쪽 여유폭(m)	양쪽 여유폭(m)
케 이 슨	1.0	2.0
L형 또는 방괴	0.5	1.0
현장콘크리트타설	0.5	1.0

2. 항만공사에서 수상과 수중의 한계를 평균수면을 기준으로 하고 품에서 수심이라 함은 평균수면 이하의 깊이를 말한다.
   평균수면이라 함은 삭망평균 간조면과 삭망평균 만조면과의 1/2 수면을 말한다.
3. 준설 토량은 순 준설 토량의 토질에 따른 여굴 토량과 여쇄량(쇄암 및 발파시)을 가산하여 산출한다.
4. 준설 설계 수량에는 자연 매몰량을 감안하여 계상할 수 있다.
5. 개발(확장)준설시 항로 및 박지(泊地)에 대한 여유 폭은 실정에 따라서 선정할 수 있다. 다만, 유지 준설은 제외한다.
6. 수상 작업시 예선 운항속도는 다음의 값을 표준으로 한다.

   예인시 ┌ 적   재 : 5.5km/hr
          └ 공선(空船) : 9.3km/hr

   독항시(獨航時) : 12.9km/hr

7. 준설토(암 포함) 운반량은 흐트러진 상태의 용량으로 산출한다. 다만, 펌프준설은 제외한다.

7-1-2 예인선 조합

회항시에 예인선의 조합은 다음을 표준으로 한다.

피예인선		예인선		비고
종 류	출력(kW)	종 류	출력(kW)	
펌 프 준 설 선	448 이하	예선	119~336	
〃	746~1,492	〃	373~746	
〃	1,641~5,968	〃	746~1,790	
〃	8,952이상	〃	1,790이상	
그래브준설선	75~1,492	〃	187~336	
토 운 선	60~300m³	〃	119~187	
〃	300m³이상	〃	187~1,790	

[주] 토운선과 예선의 조합은 공사규모 및 현장여건 등을 감안하여 조정할 수 있다.

7-1-3 준설선 선단 조합

준설작업시 선단조합은 다음 표와 같다.

1. 펌프준설선

준설선		부속선단 및 부속기계 기구		
선종	규격(kW)	예선(kW)	양묘선(kW)	연락선(kW)
비항 펌프선	224	119~134	7.5~37.3	29.8
	448	187	37.3~74.6	29.8
	746	261	89.5	29.8
	895	261	89.5	29.8
	1,492	336	89.5	29.8
	1,641	336	89.5	29.8
	2,462	373	149.2	29.8
	2,984	373~597	149.2	29.8
	3,282	597	149.2	29.8
	4,476~8,952	597~1,492	186.5 이상	29.8
	14,920	746 : 1척 1,790 : 1척		29.8

[주] 부속선의 척수와 용량은 작업조건에 따라 조정한다.

2. 그래브 준설선

준설선		부속선			
선종	규격(m³)	예선(kW)	토운선(m³)	양묘선(kW)	연락선(kW)
그래브 준설선	0.65m³		척수와 용량은 작업조건에 따라서 조정	7.5	29.8
	1.00m³			7.5	29.8
	1.50m³			7.5	29.8
	3.00m³	119	60	7.5	29.8
	5.00m³	119	60	7.5	29.8
	6.00m³	119	60, 100	22.4	29.8
	7.50m³	119	60, 100	22.4	29.8
	12.50~25.00m³	134	200	37.3	29.8
		187	300		
		336	500이상		

[주] ① 부속선의 척수와 용량은 작업조건에 따라 조정한다.
② 양묘선은 해당준설선의 앵커중량에 따라 필요시에 적용한다.

7-1-4 준설선 취업시간 및 운전시간

준설선의 취업시간과 운전시간은 다음 표를 기준으로 한다.

종 류	취업시간	운전시간	비고
펌프준설선	24hr	15hr	
그래브준설선	12hr	10hr	
양 묘 선	모선과 동일	실운전시간	
토 운 선	〃	-	
예 선	〃	실운전시간	

7-2 사석

7-2-1 적재 및 운반 (2019년 보완)

(10m³ 당)

종 류	적재방법	특별인부(인)	보통인부(인)
0.03m³ 이하	덤프트럭 대선 진입	–	0.06
0.1m³ 이상	크레인 적재	0.09	0.10

[주] ① 본 품은 적재장소에서 적재하여 해상운반하는 것이다.
② 크레인 사용시는 10ton급 크레인 사용을 원칙으로 한다.
③ 장비 및 예선, 운반선은 별도 계상한다.
④ 잡재료는 본 품의 2% 이내로 계상한다.
⑤ 운반량은 다음 식에 따라 계상한다.

$Q = N \times q \times E$

여기서 Q : 1일당 운반량(m³/일)
N : 1일 운반횟수

$$N = \frac{T}{\frac{L}{V_1} + \frac{L}{V_2} + t}$$

T : 1일 작업시간(분)
L : 운반거리(m)
V_1 : 적재시의 예선속도(m/분)
V_2 : 공선시의 예선속도(m/분)
t : 토운선 연결 및 적재소요시간(분)
q : 1회 운반량(m³)
E : 작업효율

⑥ 작업효율(E)는 다음 표를 참고로 한다.

구 분	천후조류파랑지형		
	보통	약간 나쁘다	나쁘다
해상운반	0.8	0.75	0.7

㉮ 보통인 경우는 항내 운반일 때며 약간 나쁘다의 경우는 항외 운반일 때이다.
㉯ 나쁘다는 파고 0.5m 이상일 때이다.
㉰ 본 기준은 일반의 경우로서, 조수의 대기 등은 별도로 감안해야 한다.

7-2-2 해상투하 (2019년 보완)

(10㎥ 당)

구 분	단위	수 량	
		0.03㎥ 이하 굴삭기 투하	0.1㎥ 이상 크레인 투하
잠 수 부	조	0.07	0.09
특 별 인 부	인	0.04	0.20
보 통 인 부	인	0.12	0.22

[주] ① 본 품은 해상 투하장소에 도착하여 대선위에서 투하하는 것이다.
② 크레인 사용시는 10ton급 크레인 사용을 기준으로 한다.
③ 수상부분은 잠수부를 계상하지 않는다.
④ 기계경비는 별도 계상한다.

7-2-3 육상투하 (2014년 신설, 2019년 보완)

(10㎥ 당)

구 분	단위	수 량	
		0.03㎥ 이하 덤프트럭+굴삭기 투하	0.1㎥ 이상 크레인 투하
잠 수 부	조	-	0.09
특 별 인 부	인	-	0.13
보 통 인 부	인	0.008	0.13

[주] ① 0.03㎥ 이하 규격은 경사도 1:1 이하에 덤프트럭으로 사석을 투하한 후 굴삭기로 정리하는 품이며 덤프트럭의 회차가 가능한 경우를 기준한 것이다.
② 0.03㎥ 이하 규격에서 경사도 1:1보다 급한 경우, 별도 계상한다.
③ 굴삭기는 1.0㎥, 크레인은 10ton을 기준한다.
④ 수상부분은 잠수부를 계상하지 않는다.
⑤ 기계경비는 별도 계상한다.

7-2-4 수상고르기 (2021년 보완)

(10㎡ 당)

구 분	규격	단위	수 량				
			기초고르기	피복석고르기	피복석거친고르기	내부사석고르기	필터사석고르기
석 공		인	0.70	0.62	0.55	0.55	0.07
보 통 인 부		인	0.42	0.39	0.36	0.36	-
굴 삭 기	1.0㎥	hr	1.72	-	-	1.36	0.31
크 레 인	10ton	hr	-	1.53	1.36	-	-

7-2-5 수중고르기

1. 작업능력

   A = a × E

   여기서 A : 잠수부 1조의 시간당 수중고르기 능력(㎡)

   　　　　a : 표준고르기면적(㎡/hr)

   　　　　E : 작업효율

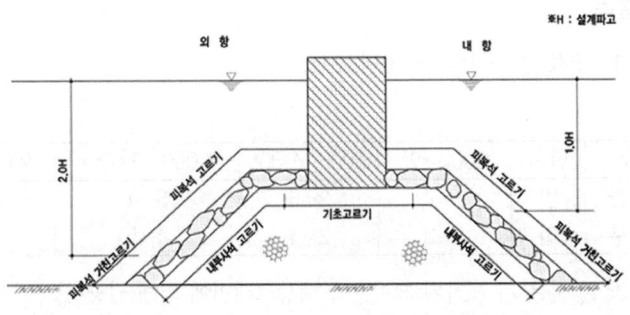

2. 표준고르기면적(a)

(㎡/hr 당)

기초고르기	피복석고르기	피복석거친고르기	내부사석고르기	필터사석고르기	비고
1.6	3.5	3.8	3.8	8.4	수심 0~15m

3. 작업효율(E)

구분 수심(m)	천후		조류		명암	
	조용할 때	풍랑	0~2.8km/hr	2.8~5.5km/hr	보통	흐릴때
0~15	0.75	0.64	0.75	0.53	0.75	0.49
15~20	0.57	0.48	0.57	0.40	0.57	0.37
20~25	0.41	0.35	0.41	0.29	0.41	0.27
25~30	0.35	0.30	0.35	0.25	0.35	0.23

[주] ① 사석 고르기에 소요되는 선박 및 부장장비 손료 및 운전경비는 별도 계상한다.
② 천후는 월간 20일 정도의 작업일수를 취할 수 있을 경우 1.00으로 한다.
③ 명암은 바닷물의 투명도, 상부 구조물의 유무 등에 따라 판단한다.
④ 작업효율의 값은 시공조건(천후, 조류, 명암) 중 최악의 경우 하나만 택한다.

7-3 블록

7-3-1 케이슨 진수 (2010년 보완)

(개당)

구 분	단위	500t미만	500~1,000t	1,000~2,000t	2,000~3,000t
비 계 공	인	1~2	2~3	3~4	4~6
보통인부	인	2~3	2~4	4~5	5~7

[주] ① 본 품은 기 제작된 케이슨을 해상크레인에 의해 권양 및 진수하는 품이다.
② 선박 및 부장장비의 손료 및 운전경비는 별도 계상한다.

7-3-2 케이슨 거치

(개당)

구 분	단위	500t미만	500~1,000t	1,000~2,000t	2,000~3,000t
잠 수 부	조	1~2	1~2	2~3	2~3
비 계 공	인	1~2	2~3	3~4	4~5
보통인부	인	2~3	3~4	4~6	5~7

[주] ① 본 품은 케이슨을 거치장소까지 이동하여 정위치에 거치시키는 품이다.
② 선박 및 부장 장비의 손료 및 운전경비는 별도 계상한다.

7-3-3 일반블록 거치

(일당)

구 분		5톤 미만	5~10t	10~15t	15~20t	20~30t	30t 이상
수상	작업량 개	14~20	12~16	10~14	8~12	6~8	5~7
	특별인부 인	1	1	2	2	3	3
	보통인부 인	3~5	3~5	4~6	4~6	6~9	6~9
수중	작업량 개	12~18	11~15	9~12	8~10	6~9	5~7
	잠수부 조	1	1	1	1	2	2
	보통인부 인	3~4	3~4	4~6	4~6	5~7	5~7

[주] ① 작업량은 현장조건에 따라 증감할 수 있다.
② 선박 및 부장 장비의 손료 및 운전경비는 별도 계상한다.

7-3-4 소파블록 거치

(일당)

구 분			2톤 미만	2~5t	5~10t	10~15t	15~20t	20~30t	30t 이상
수상	작업량 (개/일)	충적	22~28	18~24	14~18	12~16	10~14	9~13	8~12
		난적	26~34	22~29	17~22	14~19	12~17	11~16	10~14
	특별인부	인	1	1	1	1	1	2	2
	보통인부	인	2~4	2~4	2~4	2~4	2~4	3~5	3~5
수중	작업량 (개/일)	충적	18~26	16~22	12~16	10~14	8~12	8~10	6~10
		난적	22~31	19~26	14~19	12~17	10~14	10~12	7~12
	잠수부	조	1	1	1	1	1	1	1~2
	보통인부	인	3~4	3~4	3~4	3~4	3~4	4~6	4~6

[주] ① 1일 작업량은 현장조건에 따라 증감할 수 있다.
② 선박 및 부장 장비의 손료 및 운전경비는 별도 계상한다.

7-4 준설
7-4-1 배송관 접합

(접합개소당)

구분 관경(mm)	배관공(수도) (인)	보통인부 (인)	크레인(hr) 플랜지접합	크레인(hr) 고무슬리브접합
250이하	0.03	0.02	0.22	0.18
300	0.03	0.02	0.24	0.19
350	0.04	0.02	0.25	0.20
400	0.04	0.03	0.27	0.22
510	0.06	0.04	0.33	0.26
560	0.07	0.04	0.36	0.29
610	0.08	0.04	0.38	0.30
630	0.09	0.05	0.39	0.31
660	0.09	0.05	0.40	0.32
685	0.10	0.05	0.41	0.33
710	0.10	0.05	0.42	0.34
760	0.11	0.05	0.43	0.34
840	0.12	0.06	0.47	0.38
860	0.12	0.06	0.48	0.38
비고	\- 배송관 철거는 본품(인력+장비)을 30%까지 감하여 적용한다.			

[주] ① 본 품은 준설선용 배송관으로 플랜지 접합관일 경우 KSD 3503(일반 구조용 압연강재)을 고무슬리브 접합일 경우 KSD 6708을 기준으로 한다.
② 본 품은 6m 직관(KSV 3983)을 기준한 것이다.
③ 본 품은 소운반을 포함한 것이다.
④ 본 품의 크레인 규격은 다음을 기준으로 한다.

관경(mm)	장비규격
200~710까지	10톤급 트럭탑재형 크레인
760 이상	15톤급 트럭탑재형 크레인

⑤ 현장조건상 트럭탑재형 크레인의 적용이 어려운 경우, 동일한 규격(톤)의 크레인(무한궤도, 타이어)을 적용할 수 있다.
⑥ 체결부 절단이 필요한 경우 절단비용은 별도 계상한다.

7-4-2 배송관 띄우개(부함) 접합

(본당)

구 분		특별인부 (인)	보통인부 (인)	크레인 (hr)	배송관 적용규격(mm)
관경(mm)	길이(m)				
430	4.5	0.02	0.01	0.05	200
500	4.5	0.02	0.01	0.05	250
600	4.5	0.03	0.01	0.05	300
700	4.5	0.03	0.01	0.05	350
900	4.5	0.03	0.01	0.06	400
1,000	4.5	0.03	0.02	0.06	510
1,100	4.5	0.03	0.02	0.06	560
1,200	4.5	0.03	0.02	0.06	610~630
1,300	5.0	0.03	0.02	0.06	660
1,400	5.0	0.04	0.02	0.07	685~710
1,500	5.0	0.04	0.02	0.07	760
1,600	5.0	0.04	0.02	0.07	840~860
비 고	- 배송관 띄우개 철거는 본품(인력+장비)을 30%까지 감하여 적용한다.				

[주] ① 본 품은 해상 배송관에 사용하는 띄우개(부함)로, KSD 3503(일반 구조용 압연강재)을 기준으로 한다.
② 본 품은 소운반을 포함한 것이다.
③ 본 품의 크레인 규격은 다음을 기준으로 한다.

관경(mm)	장비규격
430~1,400까지	10톤급 트럭탑재형 크레인
1,500 이상	15톤급 트럭탑재형 크레인

④ 현장조건상 트럭탑재형 크레인의 적용이 어려운 경우, 동일한 규격(톤)의 크레인(무한궤도, 타이어)을 적용할 수 있다.
⑤ 체결부 절단이 필요한 경우 절단비용은 별도 계상한다.

7-4-3 배송관 진수

(set당)

배송관 관경(mm)	고무슬리브 길이(m)	배송관 띄우개 관경(mm)	배송관 띄우개 길이(m)	보통인부 (인)	크레인 (hr)
200	0.8	430	4.5	0.02	0.06
250	0.8	500	4.5	0.02	0.07
300	0.9	600	4.5	0.02	0.08
350	1.0	700	4.5	0.02	0.09
400	1.0	900	4.5	0.03	0.10
510	1.2	1,000	4.5	0.03	0.13
560	1.3	1,100	4.5	0.04	0.16
610	1.3	1,200	4.5	0.04	0.18
630	1.4	1,200	4.5	0.05	0.18
660	1.5	1,300	5.0	0.05	0.20
685	1.5	1,400	5.0	0.05	0.20
710	1.6	1,400	5.0	0.05	0.21
760	1.7	1,500	5.0	0.05	0.21
840	1.9	1,600	5.0	0.06	0.25
860	1.9	1,600	5.0	0.07	0.27

[주] ① 본 품은 배송관을 육상에서 해상으로 진수시키는 작업으로, 배송관 예인 및 침설작업은 포함하지 않는다.
② 해상관은 '배송관 1본 + 고무슬리브 1본 + 배송관 띄우개 1본'을 1set로 한다.
③ 침설관은 '배송관 2본 + 고무슬리브 1본'을 1set로 한다.
④ 본 품의 크레인 규격은 다음을 기준으로 한다.

관경(mm)	장비규격
200~710까지	10톤급 트럭탑재형 크레인
760 이상	15톤급 트럭탑재형 크레인

⑤ 현장조건상 본 품의 장비를 적용하기 어려운 경우, 동일한 규격(톤)의 크레인(무한궤도, 타이어)을 적용할 수 있다.

7-4-4 준설여굴 (2010년 보완)

토 질	선 종	시공수심별 여굴 두께		
		5.5m	5.5~9.0m미만	9.0m이상
보통토사	펌프 준설선	0.6m	0.7m	1.0m
	그래브 준설선	0.5m		0.6m
암 반	그래브 준설선	0.5m		

[주] 시공수심은 평균수면(M.S.L)을 기준으로 한 수심이다.

7-4-5 펌프준설 매립시의 유보율 등 (2010년 보완)

토질별	유보율(%)	비고
점토 및 점토질실트	70 이하	
모래질 및 사질실트	70~95	
자 갈	95~100	

[주] 토사의 입경, 여수토의 위치, 높이, 배출구로부터의 거리, 매립면적, 매립고 등에 따라 차이가 있으므로 실험적방법으로 산정하는 것이 가장 정확하나, 그렇지 못할 경우 본 품의 값을 적용할 수 있다.

7-4-6 펌프준설 매립시의 유실률

입경(mm)	유실율(%)	입경(mm)	유실율(%)
1.2이상	없음	0.3~0.15	20~27
1.2~0.5	5~8	0.15~0.075	30~35
0.6~0.3	10~15	0.075이하	30~100

7-4-7 매립설계수량

매립 설계수량에는 매립토의 유실, 더돋기, 압밀침하량 등을 감안하여 계상할 수 있다.

제 8 장 지 반 조 사

8-1 보링

8-1-1 기계기구설치

(개소당)

구 분	단위	수량
보 링 공	인	1.0
특별인부	인	1.0
보통인부	인	1.0

[주] ① 본 품은 육상, 평지부를 기준한 것이므로 지형, 지물 등 현장조건에 따라 가산할 수 있다.
② 조사개소 이동을 위한 소운반은 포함되지 않았다.
③ 수상 작업시(축도, 선박, 가잔교 시설 등)에는 육상으로부터의 거리, 수심, 풍랑, 조수차 등의 상황을 고려, 별도 계상한다.
④ 지장물 보상은 별도 계상한다.
⑤ 잡재료는 별도 계상한다.
⑥ 조사개소의 좌표 측량, 수준 측량, 기타 지형지물 등 현장조건에 따라 필요한 제반측량은 측량 품셈에 의한다.
⑦ 1개소당 작업장 넓이는 20㎡ 내외로 한다.

8-1-2 천공(토사, 자갈 및 호박돌층) (2008년 보완)

(m 당)

종 별	단위	점토층		모래층		자갈층		호박돌층	
		BX	NX	BX	NX	BX	NX	BX	NX
중 급 기 술 자	인	0.16	0.18	0.18	0.21	0.39	0.45	0.65	0.76
보 링 공	〃	0.29	0.35	0.34	0.40	0.62	0.72	0.81	0.96
특 별 인 부	〃	0.21	0.25	0.24	0.29	0.53	0.63	0.65	0.76
보 통 인 부	〃	0.29	0.35	0.34	0.40	0.62	0.73	0.81	0.96

(m 당)

종 별	단위	점토층		모래층		자갈층		호박돌층	
		BX	NX	BX	NX	BX	NX	BX	NX
싱 글 코 아 바 렐	개	0.010		0.025		0.05		0.15	
메 탈 크 라 운 비 트	〃	0.025		0.05		0.5		1.5	
쵸 핑 비 트	〃	–		–		–		0.5	
드라이브파이프헤드	〃	0.01		0.025		0.05		0.08	
드라이브파이프슈	〃	0.01		0.025		0.05		0.08	
드 라 이 브 파 이 프	〃	0.01		0.025		0.05		0.08	

8-1-3 천공(암반층)

(m 당)

종 별	단위	풍화암		연암		보통암		경암		극경암	
		BX	NX	BX	NX	BX	NX	BX	NX	BX	NX
중 급 기 술 자	인	0.16	0.19	0.17	0.21	0.17	0.20	0.33	0.39	0.37	0.43
보 링 공	〃	0.30	0.35	0.31	0.37	0.40	0.47	0.53	0.62	0.63	0.75
특 별 인 부	〃	0.22	0.26	0.24	0.28	0.20	0.24	0.44	0.51	0.47	0.56
보 통 인 부	〃	0.30	0.35	0.31	0.37	0.40	0.47	0.53	0.62	0.63	0.75
더 블 코 아 바 렐	개	0.02		0.025		0.025		0.04		0.05	
메 탈 크 라 운 비 트	〃	0.8		1.0		1.0		–		–	
다 이 아 몬 드 비 트	〃	–		–		–		0.1		0.12	
메 탈 리 밍 쉘	〃	0.02		0.025		0.025		–		–	
다이아몬드리밍쉘	〃	–		–		–		0.03		0.04	
코 아 리 프 터	〃	0.1		0.1		0.1		0.1		0.1	

[주] ① 본 품은 보링 깊이 20m까지를 기준으로 한 것이며 깊이 10m 증가마다 인력품을 5% 이내에서 가산할 수 있다.
② 본 품은 해석비, 결과작성 및 기술료를 포함한 것이다.
③ 시료상자 및 시료병은 별도 계상한다.
④ 기계기구의 손료, 유류비, 운전경비, 운반, 경비(警備), 급수시설 및 잡재료 등은 별도 계상한다.
⑤ 수상작업시 작업조건 및 바지선의 제작(또는 임대) 등의 소요경비는 별도 계상한다.

⑥ 경사시추의 경우 롯드의 승강, 슬라임 제거는 난이도 등을 고려하여 별도 계상한다.
⑦ 지층의 분류는 다음과 같다.
　㉮ 점토층 : 점토, 실트
　㉯ 모래층 : 모래 및 사질토
　㉰ 자갈층 : 자갈 및 모래섞인 자갈
　㉱ 호박돌층 : 전석 및 자갈섞인 호박돌
⑧ 중급기술자(책임기술자)는 작업을 계획, 준비, 지휘감독, 토질의 판단 등을 하는 자를 말한다. 본 장에서의 중급기술자는 이 기준에 준한다.

8-2 시험

8-2-1 표준관입시험 (2008년 보완)

(회당)

종　별	단위	수량
중급기술자	인	0.02
보 링 공	〃	0.07
특 별 인 부	〃	0.06
보 통 인 부	〃	0.07
슈	개	0.1
샘 플 러	〃	0.015
경　　유	ℓ	1.0
잡　　유	%	30(경유의)

[주] ① 본 품은 보링과 병행하여 시행할 경우이며 목적에 따라서 관입시험을 시행 할 경우에는 별도로 계상할 수 있다.
② 채취시료의 운반비 및 시료 조작비는 별도 계상한다.
③ 시료 조작비는 시료포장, 시료상자, 시료병, 표본시료제작비 등을 말한다.
④ 잡재료는 별도 계상한다.

8-2-2 베인전단시험 (2008년 신설)

(회당)

종 별	세 목	단위	Field Vane
인 건 비	중 급 기 술 자	인	0.3
	고 급 숙 련 기 술 자	〃	0.4
	중 급 숙 련 기 술 자	〃	0.4
	초 급 숙 련 기 술 자	〃	0.4
재 료 비	Vane blade(대형)	개	0.1
	전용로드(ø16×750)	본	0.15
	로드(ø40.5×1m)	〃	0.2
	잡 품 (재 료 비 의)	%	20.0
기구손료	베 인 시 험 전 단 기	시간	3.2

[주] ① 연약한(N=0~2) 점성토 지반을 대상으로 하는 원위치 전단시험으로 본 품은 75×150×3mm의 블레이드를 사용하는 압입식 베인전단시험에 해당한다.
② 시추기에 대한 기계손료는 필요시 별도 계상한다.

8-2-3 자연시료 채취 (2008년 보완)

(회당)

종 별	단위	수량
중 급 기 술 자	인	0.12
보 링 공	〃	0.22
특 별 인 부	〃	0.16
보 통 인 부	〃	0.22
신 월 튜 브	개	1.0
경 유	ℓ	1.0
잡 유	%	60(경유의)

[주] ① 시료조작 및 운반비는 별도 계상한다.
② 시료조작비는 시료포장, 시료상자 및 시료병 등을 말한다.
③ 채취시료의 토질시험비는 필요에 따라 별도 계상한다.
④ 잡재료는 별도 계상한다.
⑤ 본 품은 KSF 2317을 기준으로 한 것이다.

8-2-4 평판 재하 시험 (2008년 신설)

(회당)

종 별	단위	수량
중급기술자	인	1.06
초급기술자	〃	1.88
보통인부	〃	2.19
표 준 사	kg	1.0

[주] ① 본 품은 구조물 기초설계에 필요한 지반 반력계수나 극한지지력 등의 특성을 파악하기 위한 지반 평판재하에 해당한다.
② 본 품은 반력장치로서 굴삭기를 적용한 것을 기준으로 한 것으로 H-beam, Screw Anchor 등을 사용하는 경우에는 별도 계상한다.
③ 굴삭기는 허용지지력이 5ton 이하의 경우 $0.6m^3$을 10ton 이하의 경우 $1.0m^3$의 규격을 적용하여 별도 계상하며, 하중이 10ton 이상 필요하여 추가적인 반력장치가 소요되는 경우 그 비용은 추가 계상한다.
④ 운반비, 잡재료 및 손료는 별도 계상한다.

8-2-5 동재하 시험 (2008년 신설)

(회당)

종 별	단위	수량
중 급 기 술 자	인	0.46
초 급 기 술 자	〃	0.46
보 통 인 부	〃	0.46

[주] ① 본 품은 말뚝항타시 항타에너지 및 응력측정에 의한 항타 관입성 분석 및 시공관리기준 제시를 위한 동재하 시험에 해당되는 것으로 기성말뚝을 대상으로 한 것이다.
② 항타기는 별도 계상하며 그 규격은 현장여건에 따라 다르게 적용될 수 있다.
③ 운반비, 잡재료 및 손료는 별도 계상한다.

8-2-6 정재하 시험 (2008년 신설)

(회당)

종 별	단위	수량
중급기술자	인	4.20
초급기술자	〃	4.41
보 통 인 부	〃	4.10
단 독 콘	개	72.0

[주] ① 본 품은 기초말뚝의 지지력을 평가하기 위하여 주변파일의 반력을 이용하는 방법에 해당한다.
② 재하방법으로 실하중 재하방법, Anchor의 반력을 이용하는 경우 소요비용은 별도 계상한다.
③ 크레인은 별도 계상하며 그 규격은 현장 여건에 따라 다르게 적용될 수 있다.
④ 운반비, 잡재료 및 손료는 별도 계상한다.

8-2-7 콘관입시험 (2009년 신설)

(개소당)

종 별	단위	수량
중급기술자	인	1.5
고급숙련기술자	〃	1.5
중급숙련기술자	〃	1.0
초급숙련기술자	〃	1.0

[주] ① 점성토 지반을 대상으로 하는 원위치 시험으로 본 품은 정적콘관입시험 중 전기식 콘관입시험에 해당한다.
② 재료비, 동력비, 기계기구손료 및 경비는 별도 계상한다.
③ 간극수압 소산시험은 별도 계상한다.

8-3 물리탐사

8-3-1 굴절법 탄성파 탐사 (2008년 보완)

(측선 1km 당)

종 별	단위	수량
기 술 사	인	3.8
특급기술자	〃	5.1
고급기술자	〃	10.8
중급기술자	〃	14.6
특 별 인 부	〃	3.8
보 통 인 부	〃	13.3

[주] ① 본 품은 수진점간격 5m를 기준으로 한 것으로 조사규모, 목적, 방법, 현장조건에 따라 가감할 수 있다.
② 본품은 측량비 및 성과 분석비를 포함한 것이다
③ 기계 기구 손료는 별도 계상한다.
④ 재료비는 별도계상한다.

8-3-2 2차원 전기비저항탐사 (2008년 신설)

(측선 1km 당)

종 별	단위	수량
기 술 사	인	3.9
특급기술자	〃	5.2
고급기술자	〃	10.4
중급기술자	〃	20.2
특 별 인 부	〃	6.5
보 통 인 부	〃	16.3

[주] ① 본 품은 전극간격 10m를 기준으로 한 것으로 본품은 조사규모, 목적, 방법, 현장조건에 따라 가감할 수 있다.
② 본품은 측량비 및 성과 분석비를 포함한 것이다
③ 기계 기구 손료는 별도 계상한다.
④ 재료비는 별도 계상한다.

8-4 대구경 보링 (지하수 개발)
8-4-1 천공(토사, 모래, 자갈 및 호박돌층)

(m 당)

구분 \ 지층 규격(mm)		토사층								
		100	150	200	250	300	350	400	450	500
중급기술자	인	0.01	0.02	0.02	0.02	0.02	0.03	0.03	0.04	0.04
중급숙련기술자	〃	0.05	0.06	0.08	0.09	0.10	0.11	0.12	0.13	0.14
보 링 공	〃	0.05	0.06	0.08	0.09	0.10	0.11	0.12	0.13	0.14
특 별 인 부	〃	0.03	0.03	0.04	0.04	0.05	0.06	0.06	0.08	0.08
보 통 인 부	〃	0.05	0.06	0.08	0.09	0.10	0.11	0.12	0.13	0.14
고성능착정기	시간	0.21	0.25	0.30	0.35	0.40	0.45	0.49	0.54	0.59
윙 비 트	개	0.0032								
벤 토 나 이 트	kg	0.35	0.53	0.70	0.88	1.05	1.25	1.43	1.60	1.78

(m 당)

구분 \ 지층 규격(mm)		모래층								
		100	150	200	250	300	350	400	450	500
중급기술자	인	0.02	0.02	0.03	0.03	0.04	0.04	0.05	0.05	0.06
중급숙련기술자	〃	0.07	0.09	0.11	0.13	0.15	0.16	0.19	0.21	0.24
보 링 공	〃	0.07	0.09	0.11	0.13	0.15	0.16	0.19	0.21	0.24
특 별 인 부	〃	0.03	0.04	0.05	0.06	0.07	0.08	0.09	0.10	0.12
보 통 인 부	〃	0.07	0.09	0.11	0.13	0.15	0.16	0.19	0.21	0.24
고성능착정기	시간	0.28	0.34	0.43	0.51	0.59	0.65	0.74	0.82	0.90
윙 비 트	개	0.0041								
벤 토 나 이 트	kg	0.35	0.53	0.70	0.88	1.05	1.25	1.43	1.60	1.78

(m 당)

구분 \ 지층	규격(mm)	자갈층								
		100	150	200	250	300	350	400	450	500
중급기술자	인	0.02	0.03	0.04	0.05	0.06	0.07	0.08	0.09	0.10
중급숙련기술자	〃	0.10	0.13	0.16	0.20	0.24	0.28	0.32	0.36	0.40
보링공	〃	0.10	0.13	0.16	0.20	0.24	0.28	0.32	0.36	0.40
특별인부	〃	0.05	0.06	0.08	0.10	0.12	0.14	0.16	0.18	0.20
보통인부	〃	0.10	0.13	0.16	0.20	0.24	0.28	0.32	0.36	0.40
고성능착정기	시간	0.38	0.52	0.65	0.81	0.97	1.11	1.27	1.42	1.57
윙비트	개	0.0064								
벤토나이트	kg	0.35	0.53	0.70	0.88	1.05	1.25	1.43	1.60	1.78

(m 당)

구분 \ 지층	규격(mm)	호박돌층								
		100	150	200	250	300	350	400	450	500
중급기술자	인	0.04	0.05	0.07	0.09	0.12	0.14	0.16	0.18	0.20
중급숙련기술자	〃	0.15	0.21	0.29	0.37	0.47	0.56	0.66	0.75	0.84
보링공	〃	0.15	0.21	0.29	0.37	0.47	0.56	0.66	0.75	0.84
특별인부	〃	0.07	0.11	0.14	0.19	0.23	0.28	0.33	0.38	0.43
보통인부	〃	0.15	0.21	0.29	0.37	0.47	0.56	0.66	0.75	0.84
고성능착정기	시간	0.59	0.86	1.14	1.48	1.86	2.23	2.62	2.99	3.36
윙비트	개	0.012								
벤토나이트	kg	0.35	0.53	0.70	0.88	1.05	1.25	1.43	1.60	1.78

8-4-2 천공(암반층) (2006년 보완)

(m 당)

구분 \ 지층	규격(mm)	풍화암								
		100	150	200	250	300	350	400	450	500
중급기술자	인	0.02	0.02	0.03	0.03	0.04	0.04	0.05	0.05	0.06
중급숙련기술자	〃	0.07	0.09	0.11	0.14	0.16	0.18	0.21	0.23	0.25
보링공	〃	0.07	0.09	0.11	0.14	0.16	0.18	0.21	0.23	0.25
특별인부	〃	0.03	0.04	0.06	0.07	0.08	0.09	0.10	0.11	0.12
보통인부	〃	0.07	0.09	0.11	0.14	0.16	0.18	0.21	0.23	0.25

(m 당)

구분	지층 규격(mm)	풍화암								
		100	150	200	250	300	350	400	450	500
고성능착정기	시간	0.26	0.34	0.45	0.54	0.64	0.72	0.82	0.91	1.00
윙 비 트	개	0.044								
벤토나이트	kg	0.35	0.53	0.70	0.88	1.05	1.25	1.43	1.60	1.78

(m 당)

구분	지층 규격(mm)	연암					
		100	150	200	250	300	350
중급기술자	인	0.01	0.01	0.01	0.02	0.02	0.03
중급숙련기술자	〃	0.03	0.04	0.05	0.07	0.09	0.13
보 링 공	〃	0.03	0.04	0.05	0.07	0.09	0.13
특 별 인 부	〃	0.02	0.02	0.02	0.03	0.05	0.07
보 통 인 부	〃	0.03	0.04	0.05	0.07	0.09	0.13
고성능착정기	시간	0.13	0.14	0.19	0.27	0.38	0.53
기 포 제	ℓ	0.10	0.19	0.38	0.98	2.11	4.20
에 어 해 머	개	0.0004					
버튼(Button)비트	개	0.0018					

(m 당)

구분	지층 규격(mm)	보통암					
		100	150	200	250	300	350
중급기술자	인	0.02	0.02	0.02	0.03	0.04	0.05
중급숙련기술자	〃	0.05	0.07	0.08	0.11	0.15	0.21
보 링 공	〃	0.05	0.07	0.08	0.11	0.15	0.21
특 별 인 부	〃	0.03	0.04	0.04	0.06	0.08	0.11
보 통 인 부	〃	0.05	0.07	0.08	0.11	0.15	0.21
고성능착정기	시간	0.26	0.29	0.31	0.45	0.60	0.84
기 포 제	ℓ	0.10	0.24	0.62	1.61	3.39	8.73
에 어 해 머	개	0.0011					
버튼(Button)비트	개	0.0043					

(m 당)

구분	지층 규격(mm)	경암				
		100	150	200	250	300
중급기술자	인	0.02	0.03	0.04	0.05	0.06
중급숙련기술자	〃	0.07	0.10	0.15	0.20	0.24
보 링 공	〃	0.07	0.10	0.15	0.20	0.24
특 별 인 부	〃	0.03	0.05	0.07	0.10	0.12
보 통 인 부	〃	0.07	0.10	0.15	0.20	0.24
고성능착정기	시간	0.29	0.41	0.58	0.82	0.98
기 포 제	ℓ	0.18	0.45	1.15	2.95	5.48
에 어 해 머	개	0.0033				
버튼(Button)비트	개	0.0135				

[주] ① 본 품은 해머식 착정공법에 의한 암반지하수 개발을 목적으로 하는 고성능 착정기(엔진 335.7kW 기준)를 이용하며, 굴착심도는 200m 이하를 기준으로 한다.
② 케이싱 설치, 에어써징, 우물설치 및 양수시험에 필요한 인력품은 아래와 같으며, 기계경비는 별도 계상한다.

구 분	단위	인력품					비고
		중급 기술자	중급숙련 기술자	보링공	특별 인부	보통 인부	
케이싱설치	m	0.03	0.13	0.13	0.13	0.20	철재 케이싱
에어써징	〃	0.004	0.01	0.01	0.01	0.02	(250㎜)
우물설치	〃	0.004	0.01	0.01	0.01	0.02	
양수시험	시간	0.06	0.12	0.12	0.12	0.37	

③ 기타 기계기구 설치, 수중모터펌프 설치 및 전기검층에 필요한 경비는 별도로 계상한다.

8-4-3 폐공 되메우기

(10m 당)

직 종	단위	수량
중 급 기 술 자	인	0.067
중 급 숙 련 기 술 자	〃	0.133
특 별 인 부	〃	0.267
보 통 인 부	〃	0.267

[주] ① 본 품은 지하수개발 과정에서 발생된 폐공을 모래 및 시멘트밀크로 메우는 품으로서 공경(나공) 15.24cm를 기준한 것이다.

② 본 품은 깊이 200m까지를 기준한 것이므로, 200m를 초과할 경우에는 100m 증가시마다 품을 20%까지 가산할 수 있다.

③ 본 품은 모래주입 및 시멘트밀크 비빔·주입, 모르타르 비빔·타설, 재료의 소운반을 포함하고 있는 것이므로, 터파기 및 되메우기, 케이싱(공벽유지를 위하여 기존에 설치되어 있는 것) 인발이나 절단 등이 필요한 경우에는 별도로 계상한다.

④ 모래 등 재료량은 설계에 따른다.

〈모식도〉

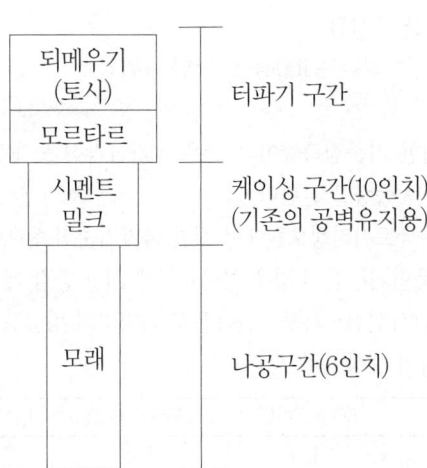

제 9 장 측 량

9-1 기준점 측량

9-1-1 GNSS에 의한 기준점측량 (2021 보완)

(1점당)

작업구분	일수	인원수										비고
		1일당					합계					
		특급 기술 자	고급 기술 자	중급 기술 자	초급 기술 자	인부	특급 기술 자	고급 기술 자	중급 기술 자	초급 기술 자	인부	
계획준비	(15)	(1)	(1)	(1)	(1)	−	(15)	(15)	(15)	((15))	−	
답사선점	0.5	−	0.5	1.5	1.5	2	−	0.25	0.75	0.75	1	
복 구	1	−	1	1	−	3	−	1	1	−	3	
관 측	1	0.2	−	0.4	0.8	1.4	0.2	−	0.4	0.8	1.4	
계 산	(1)	(0.2)	(0.4)	(0.2)	−	−	(0.2)	(0.4)	(0.2)	−	−	
정리점검	(20)	(1)	(1)	(1)	−	−	(20)	(20)	(20)	−	−	
계							0.2 (35.2)	1.25 (35.4)	2.15 (35.2)	1.55 (15)	5.4	

※ 1. ( )내는 내업을 표시함.
   2. 계획준비 및 정리점검은 100점당 1작업 단위임.

[주] ① GNSS에 의한 기준점측량이라 함은 국가삼각점을 대상으로 국토지리정보원에서 시행하는 측량을 말한다.
② 작업방법은 국토지리정보원에서 정한 국가기준점측량 작업규정에 의한다.
③ 본 품에서 통합기준점의 경우 평균표고에 의한 증감 계수는 1.0을 적용한다.
④ 본 품에서 답사선점·복구·관측은 작업지역의 평균표고에 따라 다음의 증감 계수를 곱하여 계상할 수 있다.

구분	500m 미만	500m~1,000m	1,000m 이상	비고
계수	1.0	1.2	1.4	

⑤ 본 품에서 계획준비·정리점검은 다음의 작업량 계수를 적용한다.
   작업량 계수(R)=0.8+20/Q (단, Q는 실시작업량)
   다만, 물량이 많을 경우에도 작업량 계수는 0.90까지만 적용한다.
⑥ 본 품은 점위치에서 가장 가까운 차도에서부터 가산한 것이며, 점간 이동 및 자재운반 등에 따르는 차량비는 별도 계상한다.
⑦ 보상비, 재료비 및 소모품비 등은 실정에 따라 별도 계상한다.
⑧ 본 품의 외업에 동원되는 기술인원에 대한 여비는 국토교통부장관이 고시한 측량대가의 기준에 따라 별도 계상한다.
⑨ 본 품에서 사용되는 측량기기의 상각비·정비비는 별도 계상한다.
⑩ 본 품은 국가기준점측량 작업규정에 의한 성과작성품이 포함된 것이다.

9-1-2 1급 기준점 측량 (2011년 보완)

| 작업구분 | 일수 | 인원수 ||||||||||| 비고 |
| | | 1일당 |||||| 합계 ||||| |
		특급기술자	고급기술자	중급기술자	초급기술자	초급기능사(측량)	인부	특급기술자	고급기술자	중급기술자	초급기술자	초급기능사(측량)	인부	
계획준비	(3)	(0.5)	(0.5)	(2)	(2)	-	-	(1.5)	(1.5)	(6)	(6)	-	-	
답사선점	5	-	1	1	1	1	-	-	5	5	5	5	-	( )내는 내업을 표시함.
조표(매설)	5	-	-	1	1	1	2	-	-	5	5	5	10	
관 측	12	-	0.75	1.25	1	2	-	-	9	15	12	24	-	
계 산	(3)	-	(1)	(1)	(2)	-	-	-	(3)	(3)	(6)	-	-	
정리점검	(3)	(0.5)	(2)	(2)	-	-	-	(1.5)	(6)	(6)	-	-	-	
계								- (3.0)	14 (10.5)	25 (15)	22 (12)	34	10	

[주] ① 1급 기준점 측량은 각 관측, 거리 관측 및 높이 관측 등을 하는 것으로 높이 관측은 간접수준측량방법을 기준으로 산정한다.
② 관측용장비는 GPS측량기, 거리측량기, 토탈스테이션, 각 관측장비로 한다.
③ 본 품은 평지를 기준으로 한 것이며, 지형의 유형에 따라 다음의 계수 값 이내를 가산한다.

○ 지형 유형에 따른 계수(K)

지형구분	계수	비고
밀집시가지	1.30	· 건물 및 도로가 시가지 면적의 90% 이상 지형
시 가 지	1.15	· 건물 및 도로가 시가지 면적의 70% 이상 지형
평 지	1.00	· 시가지 주변과 촌락의 소도시를 포함한 구릉지형
산 지	1.20	· 표고차 200~400m
산 악 지	1.40	· 표고차 400m 이상

④ 작업방법은 공공측량 작업규정에 의한다.
⑤ 본 품은 구하는점 10점, 주어진 점 6점을 기준한 것으로 작업량에 따라 다음의 값을 가산한다. 다만, 영구표지 매설은 구하는 점 10점을 1작업 단위로 한 것이며, 조표품은 별도 적용 계상한다.

○ 작업량에 따른 계수(P)

작업량(점수)	1	5	10	14	20	32	비고
계수	4.00	1.44	1.12	1.00	0.96	0.90	

· 작업량계수(P) = $0.8 + \dfrac{3.2}{\text{작업량(점수)}}$

· 작업량(점수) = 구하는점 + 주어진점
  - 구하는점 : 기준점측량에서 그 성과가 기지의 값으로 사용되는 점을 말한다.
  - 주어진점 : 기준점측량에 의하여 신설된 공공기준점 및 다시 측량된 점을 말한다.
· 작업량이 32점 이상인 경우에도 작업량계수(P)는 0.90으로 적용한다.

⑥ 보상비, 재료비, 소모품비, 차량비 등은 실정에 따라 별도 계상한다.
⑦ 본 품은 다각측량 방법으로서 변장 1,000m를 기준으로 한 것이다.
⑧ 본 품의 외업에 동원되는 기술인원에 대한 여비는 국토교통부장관이 고시한 측량용역대가 기준에 따라 별도 계상한다.
⑨ 본 품에서 점검측량 및 성과심사에 소요되는 비용은 별도 계상한다. 다만, 성과심사비는 국토교통부장관이 고시한 공공측량 성과심사업무 처리규정에 따른다.
⑩ 본 품에서 사용되는 측량기기의 상각비·정비비는 별도 계상한다.

⑪ 본 품에는 다음의 성과작성품이 포함되어 있다.
    ㉠ 성과표 및 관측계획도 1부   ㉡ 관측수부 및 계산부 1부
    ㉢ 기준점현황조사서 및 점의조서 1부
    ㉣ 보고서 1부   ㉤ 관측성과기록데이터(평균계산데이터포함) 1부
    ※ 거리 및 각 관측을 기록하여 출력된 전자야장으로 관측수부를 대신 할 수 있다.

[계산 예]

(1) 구하는 점 6점, 주어진 점 4점일 경우 (2) 산지지형으로 표고가 300m일 경우

[수량계산]

구 분	수량(T)	단가	금액
특 급 기 술 자	3×10/16×1.2×1.12=2.52	w_1	$W_1 = 2.52 \times w_1$
고 급 기 술 자	24.5×10/16×1.2×1.12=20.58	w_2	$W_2 = 20.58 \times w_2$
중 급 기 술 자	40.0×10/16×1.2×1.12=33.60	w_3	$W_3 = 33.60 \times w_3$
초 급 기 술 자	34.0×10/16×1.2×1.12=28.56	w_4	$W_4 = 28.56 \times w_4$
초급기능사(측량)	34.0×10/16×1.2×1.12=28.56	w_5	$W_5 = 28.56 \times w_5$
인 부	10.0×10/16×1.2×1.12=8.40	w_6	$W_6 = 8.40 \times w_6$
계			ΣW_i

수량(T) 산정식은 다음과 같다.
    T = 인원수×표준작업량×K×P
여기서, K는 지형유형에 따른 계수 = 1.20
        P는 작업량에 따른 계수 = 1.12

9-1-3 2급 기준점 측량 (2011년 보완)

작업구분	일수	인원수											비고
		1일당						합계						
		특급기술자	고급기술자	중급기술자	초급기술자	초급기능사(측량)	인부	특급기술자	고급기술자	중급기술자	초급기술자	초급기능사(측량)	인부	
계 획 준 비	(2)	(0.5)	(0.5)	(2)	(2)	-	-	(1)	(1)	(4)	(4)	-	-	( )내는 내업을 표시함.
답 사 선 점	4	-	1	1	1	1	-	-	4	4	4	4	-	
조표(매설)	4	-	-	1	1	1	2	-	-	4	4	4	8	
관 측	10	-	0.8	1	1	2	-	-	8	10	10	20	-	
계 산	(2)	-	(1)	(1)	(2)	-	-	-	(2)	(2)	(4)	-	-	
정 리 점 검	(2)	(0.5)	(1)	(0.5)	-	-	-	(1)	(2)	(1)	-	-	-	
계								- (2)	12 (5)	18 (7)	18 (8)	28 -	8 -	

[주] ① 2급 기준점 측량은 각 관측, 거리 관측 및 높이 관측 등을 하는 것으로 높이 관측은 간접수준측량방법을 기준으로 산정한다.

② 관측용장비는 GPS측량기, 거리측량기, 토탈스테이션, 각 관측장비로 한다.

③ 본 품은 평지를 기준으로 한 것이며, 지형의 유형에 따라 다음의 계수 값 이내를 가산한다.

  ○ 지형 유형에 따른 계수(K)

지형구분	계수(K)	비고
밀집시가지	1.30	· 건물 및 도로가 시가지 면적의 90% 이상 지형
시 가 지	1.15	· 건물 및 도로가 시가지 면적의 70% 이상 지형
평 지	1.00	· 시가지 주변과 촌락의 소도시를 포함한 구릉지형
산 지	1.20	· 표고차 200~400m
산 악 지	1.40	· 표고차 400m 이상

④ 작업방법은 공공측량 작업규정에 의한다.

⑤ 본 품은 구하는점 10점, 주어진 점, 4점을 기준한 것으로 작업량에 따라 다음의 값을 가산한다. 다만, 영구표지 매설은 구하는 점 10점을 1작업 단위로 한 것이며, 조표품은 별도 적용 계상한다.

○ 작업량에 따른 계수(P)

작업량(점수)	1	5	10	14	20	28	비고
계수	3.60	1.36	1.08	1.00	0.94	0.90	

· 작업량계수(P) = $0.8 + \dfrac{2.8}{작업량(점수)}$

· 작업량(점수) = 구하는점 + 주어진점
· 작업량이 28점 이상인 경우에도 작업량 계수(P)는 0.90으로 적용한다.
⑥ 보상비, 재료비, 소모품비, 차량비 등은 실정에 따라 별도 계상한다.
⑦ 본 품은 다각측량 방법으로서 변장 500m를 기준으로 한 것이다.
⑧ 본 품의 외업에 동원되는 기술인원에 대한 여비는 국토교통부장관이 고시한 측량용역대가기준에 따라 별도 계상한다.
⑨ 본 품에서 점검측량 및 성과심사에 소요되는 비용은 별도 계상한다. 다만, 성과심사비는 국토교통부장관이 고시한 공공측량 성과심사업무 처리규정에 따른다.
⑩ 본 품에서 사용되는 측량기기의 상각비 · 정비비는 별도 계상한다.
⑪ 본 품에는 다음의 성과작성품이 포함되어 있다.
㉮ 성과표 및 관측계획도 1부 ㉯ 관측수부 및 계산부 1부
㉰ 기준점현황조사서 및 점의조서 1부 ㉱ 보고서 1부
㉲ 관측성과기록데이터(평균계산데이터포함) 1부
※ 거리 및 각 관측을 기록하여 출력된 전자야장으로 관측수부를 대신 할 수 있다.

[계산 예]

(1) 구하는 점 2점, 주어진 점 3점일 경우   (2) 밀집 시가지형인 경우

[수량계산]

구 분	수량(T)	단가	금액
특 급 기 술 자	$2 \times 5/14 \times 1.3 \times 1.36 = 1.26$	w_1	$W_1 = 1.26 \times w_1$
고 급 기 술 자	$17 \times 5/14 \times 1.3 \times 1.36 = 10.73$	w_2	$W_2 = 10.73 \times w_2$
중 급 기 술 자	$25 \times 5/14 \times 1.3 \times 1.36 = 15.78$	w_3	$W_3 = 15.78 \times w_3$
초 급 기 술 자	$26 \times 5/14 \times 1.3 \times 1.36 = 16.41$	w_4	$W_4 = 16.41 \times w_4$
초급기능사(측량)	$28 \times 5/14 \times 1.3 \times 1.36 = 17.68$	w_5	$W_5 = 17.68 \times w_5$
인 부	$8 \times 5/14 \times 1.3 \times 1.36 = 5.05$	w_6	$W_6 = 5.05 \times w_6$
계			ΣW_i

수량(T) 산정식은 다음과 같다.

T = 인원수 × 표준작업량 × K × P

여기서, K는 지형유형에 따른 계수 = 1.30

P는 작업량에 따른 계수 = 1.36

9-1-4 3급 기준점 측량 (2011년 보완)

작업구분	일수	인원수									비고
		1일당					합계				
		고급기술자	중급기술자	초급기술자	초급기능사(측량)	인부	고급기술자	중급기술자	초급기술자	초급기능사(측량)	인부
계획준비	(2)	(0.5)	(2)	(2)	-	-	(1)	(4)	(4)	-	-	( )내는 내업을 표시함.
답사선점	2	0.75	1	1	1	-	1.5	2	2	2	-	
조표(매설)	2	-	1	1	1	2	-	2	2	2	4	
관 측	14	1	1	1	2	-	14	14	14	28	-	
계 산	(3)	(0.5)	(1)	(2)	-	-	(1.5)	(3)	(6)	-	-	
정리점검	(2)	(2)	(1)	-	-	-	(4)	(2)	-	-	-	
계							15.5 (6.5)	18 (9)	18 (10)	32 -	4 -	

[주] ① 3급 기준점 측량은 각 관측, 거리 관측 및 높이 관측 등을 하는 것으로 높이 관측은 간접수준측량방법을 기준으로 산정한다.
② 관측용장비는 GPS측량기, 거리측량기, 토탈스테이션, 각 관측장비로 한다.
③ 본 품은 평지를 기준으로 한 것이며, 지형의 유형에 따라 다음의 계수 값 이내를 가산한다.
   ○ 지형 유형에 따른 계수(K)

지형구분	계수	비고
밀집시가지	1.30	·건물 및 도로가 시가지 면적의 90% 이상 지형
시 가 지	1.15	·건물 및 도로가 시가지 면적의 70% 이상 지형
평 지	1.00	·시가지 주변과 촌락의 소도시를 포함한 구릉지형
산 지	1.15	·표고차 200~400m
산 악 지	1.30	·표고차 400m 이상

④ 작업방법은 공공측량 작업규정에 의한다.
⑤ 본 품은 구하는점 25점, 주어진점 5점을 기준한 것으로 작업량에 따라 다음의 값을 가산한다. 다만, 영구표지 매설은 구하는 점 25점을 1작업 단위로 한 것이며, 조표품은 별도 적용 계상한다.
   ○ 작업량에 따른 계수(P)

작업량(점수)	5	10	20	30	40	60	비고
계수	2.00	1.40	1.10	1.00	0.95	0.90	

·작업량 계수(P) = $0.8 + \dfrac{6}{작업량(점수)}$

·작업량(점수) = 구하는 점 + 주어진 점
·작업량이 60점 이상인 경우에는 작업량 계수(P)는 0.90으로 적용한다.
⑥ 보상비, 재료비, 소모품비, 차량비 등은 실정에 따라 별도 계상한다.
⑦ 본 품은 다각측량 방법으로서 변장 200m를 기준으로 한 것이다.
⑧ 본 품의 외업에 동원되는 기술인원에 대한 여비는 국토교통부장관이 고시한 측량용역대가 기준에 따라 별도 계상한다.
⑨ 본 품에서 점검측량 및 성과심사에 소요되는 비용은 별도 계상한다. 다만, 성과심사비는 국토교통부장관이 고시한 공공측량 성과심사업무 처리규정에 따른다.

⑩ 본 품에서 사용되는 측량기기의 상각비·정비비는 별도 계상한다.
⑪ 본 품에는 다음의 성과작성 품이 포함되어 있다.
　㉮ 성과표 및 관측계획도 1부　　㉯ 관측수부 및 계산부 1부
　㉰ 기준점현황조사서 및 점의조서 1부　㉱ 보고서 1부
　㉲ 관측성과 기록데이터(평균계산데이터포함) 1부
　　※ 거리 및 각 관측을 기록하여 출력된 전자야장으로 관측수부를 대신 할 수 있다.

[계산 예]

(1) 구하는 점 50점, 주어진 점 10점일 경우
(2) 산지지형으로 표고가 300m일 경우

[수량계산]

구 분	수량(T)	단가	금액
고 급 기 술 자	$22.0 \times 60/30 \times 1.15 \times 0.90 = 45.54$	w_1	$W_1 = 45.54 \times w_1$
중 급 기 술 자	$27.0 \times 60/30 \times 1.15 \times 0.90 = 55.89$	w_2	$W_2 = 55.89 \times w_2$
초 급 기 술 자	$28.0 \times 60/30 \times 1.15 \times 0.90 = 57.96$	w_3	$W_3 = 57.96 \times w_3$
초급기능사(측량)	$32.0 \times 60/30 \times 1.15 \times 0.90 = 66.24$	w_4	$W_4 = 66.24 \times w_4$
인　　　　부	$4.0 \times 60/30 \times 1.15 \times 0.90 = 8.28$	w_5	$W_5 = 8.28 \times w_5$
계			ΣW_i

수량(T) 산정식은 다음과 같다.
　T = 인원수 × 표준작업량 × K × P
　여기서, K는 지형유형에 따른 계수 = 1.15
　　　　　P는 작업량에 따른 계수 = 0.90

9-1-5 4급 기준점 측량

작업구분	일수	인원수										비고
		1일당					합계					
		고급기술자	중급기술자	초급기술자	초급기능사(측량)	인부	고급기술자	중급기술자	초급기술자	초급기능사(측량)	인부	
계획준비	(2)	(1)	(2)	(2)	–	–	(2)	(4)	(4)	–	–	( )내는 내업을 표시함.
답사선점	3	0.5	1	1	–	2	1.5	3	3	–	6	
관 측	20	1	1	1	2	–	20	20	20	40	–	
계 산	(5)	(1)	(1)	(2)	–	–	(5)	(5)	(10)	–	–	
정리점검	(3)	(1)	(1)	–	–	–	(3)	(3)	–	–	–	
계							21.5 (10)	23 (12)	23 (14)	40 –	6 –	

[주] ① 4급 기준점 측량은 각 관측, 거리 관측 및 높이 관측 등을 하는 것으로 높이 관측은 간접수준측량 방법을 기준으로 산정한다.
② 관측용장비는 GPS측량기, 거리측량기, 토탈스테이션, 각 관측장비로 한다.
③ 본 품은 평지를 기준으로 한 것이며, 지형의 유형에 따라 다음의 값 이내를 가산한다.
   ○ 지형 유형에 따른 계수(K)

지형구분	계수(K)	비고
밀집시가지	1.30	· 건물 및 도로가 시가지 면적의 90% 이상 지형
시 가 지	1.15	· 건물 및 도로가 시가지 면적의 70% 이상 지형
평 지	1.00	· 시가지 주변과 촌락의 소도시를 포함한 구릉지형
산 지	1.10	· 표고차 200~400m
산 악 지	1.20	· 표고차 400m 이상

④ 작업방법은 공공측량 작업규정에 의한다.
⑤ 본 품은 구하는점 110점, 주어진점 40점을 기준한 것으로 작업량에 따라 다음의 값을 가산한다.

○ 작업량에 따른 계수(P)

작업량(점수)	30	50	80	150	200	300	비고
계수	1.80	1.40	1.17	1.00	0.95	0.90	

· 작업량에 따른 계수(P) = $0.8 + \dfrac{30}{\text{작업량(점수)}}$

· 작업량(점수)=구하는 점+주어진 점
· 작업량이 300점 이상인 경우에는 증감계수(P)는 0.90으로 적용한다.

○ 점간 거리별 증감 계수(S)

거리(m)	40	60	70	80	100	비고
증감계수	0.53	0.65	0.73	0.81	1.00	

⑥ 보상비, 재료비, 소모품비, 차량비 등은 별도 계상한다.
⑦ 본 품은 기준점측량 방법으로서 변장 50m를 기준으로 한 것이다.
⑧ 본 품의 외업에 동원되는 기술인원에 대한 여비는 국토교통부장관이 고시한 측량용역대가 기준에 따라 별도 계상한다.
⑨ 본 품에서 점검측량 및 성과심사에 소요되는 비용은 별도 계상한다. 다만, 성과심사비는 국토교통부장관이 고시한 공공측량 성과심사업무 처리규정에 따른다.
⑩ 본 품에서 사용되는 측량기기의 상각비·정비비는 별도 계상한다.
⑪ 본 품에는 다음의 성과작성품이 포함되어 있다.
  ㉮ 성과표 및 관측계획도 1부   ㉯ 관측수부 및 계산부 1부
  ㉰ 기준점현황조사서 및 점의조서 1부   ㉱ 보고서 1부
  ㉲ 관측성과기록데이터(평균계산데이터포함) 1부
    ※ 거리 및 각 관측을 기록하여 출력된 전자야장으로 관측수부를 대신할 수 있다.

9-2 수준측량

9-2-1 기본 수준측량 (2025년 보완)

작업구분		단위	특급 기술자	고급 기술자	중급 기술자	초급 기술자	인부	비 고
계획준비		50km	(4.0)	(5.0)	(4.0)	(3.0)	–	( )내는 내업을 표시함
답사			–	5.0	5.0	–	–	
선점		점	–	2.0	2.0	–	–	
매설			–	–	1.5	1.5	3.0	
관측		50km	13.5	45.0	45.0	90.0	45.0	
계산			–	(13.5)	(13.5)	–	–	
성과정리			(3.5)	(12.0)	(10.0)	–	–	
계	답사/관측 내업	50km	13.5 (7.5)	50.0 (30.5)	50.0 (27.5)	90.0 (3.0)	45.0	
	선점/매설	점	–	2.0	3.5	1.5	3.0	

[주] ① 기본 수준측량이라 함은 1·2등 수준점 및 통합기준점을 대상으로 국토지리정보원에서 시행하는 수준측량을 말한다
② 기본 수준측량용 레벨은 1급 전자레벨이어야 하고 표척은 「인바」 합금으로 제작된 것이어야 한다.
③ 작업방법은 국토지리정보원에서 정한 수준측량 작업규정에 의한다.
④ 본 품은 표준지형, 수준점 간 표고차 100m 이하를 기준으로 한 것이며, 관측의 경우 지형/표고차 유형에 따라 다음의 계수 값 이내를 가산한다.
  ○ 지형/표고차 유형에 따른 계수(K)

지형	표고차	계수	비고
표준	100m 이하	1.00	① 지형 : 국토지형분류에 따라 노선의 80% 이상이 해당 지형 분류에 포함되는 경우 적용 ② 표고차 : 수준점 간 표고차 기준 ③ 관측 공정만 해당
	100m 초과 200m 이하	1.10	
	200m 초과	1.20	
산악지	100m 이하	1.25	
	100m 초과 200m 이하	1.35	
	200m 초과	1.45	
시가지	100m 이하	1.25	
	100m 초과 200m 이하	1.40	
	200m 초과	1.55	

⑤ 본 품은 작업근거지 이동을 위한 이동비, 운반비 등은 고려되지 않았으므로 이는 실정에 따라 별도 계상한다.
⑥ 매설작업의 자재운반에 따르는 차량비 및 유류비는 별도 계상한다.
⑦ 보상비, 재료비, 소모품비 등은 실정에 따라 계상한다.
⑧ 도하 및 도해 수준측량은 거리에 관계없이 1구간당 2~3시간 소요되는 것으로 보며, 이에 소요되는 측표재료비 및 용선료 등은 별도 계상한다.
⑨ 노선의 70% 이상이 터널, 교량에 해당하는 경우 관측 공정에 60%의 할증을 적용할 수 있다.
⑩ 관측작업량의 단위는 50km를 왕복한 100km를 1작업 단위로 계상한 것이며, 계획준비·답사·계산·성과정리 공정의 작업 단위는 실제 거리인 50km다.
⑪ 선점·매설의 작업 단위는 1점으로 실작업량에 따라 조정하여 적용한다.
⑫ 본 품의 외업에 동원되는 기술인원에 대한 여비는 국토지리정보원장이 고시한 측량대가의 기준에 따라 별도 계상한다.
⑬ 본 품에서 사용되는 측량기기의 상각비·정비비는 별도 계상한다.

[계산 예]

```
1등 수준점 13점을 설치할 경우(관측 150km, 매설 13점)

표준지형 표고차      "100m 이하" 해당거리 60km
                    "100m 초과 200m 이하" 해당거리 20km
                    "200m 초과" 해당거리 10km

산악지지형 표고차    "100m 이하" 해당거리 20km
                    "100m 초과 200m 이하" 해당거리 10km
                    "200m 초과" 해당거리 5km

시가지지형 표고차    "100m 이하" 해당거리 10km
                    "100m 초과 200m 이하" 해당거리 10km
                    "200m 초과" 해당거리 5km
```

[수량계산]

구분		수량(T)	단가	금액
표준	특급기술자	$13.5 \times (15/10) \times \{(6/15 \times 1.00)+(2/15 \times 1.10)+(1/15 \times 1.25)\} = 12.6$	w1	W1 =12.6×w1
	고급기술자	$45.0 \times (15/10) \times \{(6/15 \times 1.00)+(2/15 \times 1.10)+(1/15 \times 1.25)\} = 42.3$	w2	W2 =42.3×w2
	중급기술자	$45.0 \times (15/10) \times \{(6/15 \times 1.00)+(2/15 \times 1.10)+(1/15 \times 1.25)\} = 42.3$	w3	W3 =42.3×w3
	초급기술자	$90.0 \times (15/10) \times \{(6/15 \times 1.00)+(2/15 \times 1.10)+(1/15 \times 1.25)\} = 84.6$	w4	W4 =84.6×w4
	인 부	$45.0 \times (15/10) \times \{(6/15 \times 1.00)+(2/15 \times 1.10)+(1/15 \times 1.25)\} = 42.3$	w5	W5 =42.3×w5
관측 산악지	특급기술자	$13.5 \times (15/10) \times \{(2/15 \times 1.25)+(1/15 \times 1.35)+(5/150 \times 1.45)\} = 6.1$	w6	W6 = 6.1×w6
	고급기술자	$45.0 \times (15/10) \times \{(2/15 \times 1.25)+(1/15 \times 1.35)+(5/150 \times 1.45)\} = 20.5$	w7	W7 =20.5×w7
	중급기술자	$45.0 \times (15/10) \times \{(2/15 \times 1.25)+(1/15 \times 1.35)+(5/150 \times 1.45)\} = 20.5$	w8	W8 =20.5×w8
	초급기술자	$90.0 \times (15/10) \times \{(2/15 \times 1.25)+(1/15 \times 1.35)+(5/150 \times 1.45)\} = 41.1$	w9	W9 =41.1×w9
	인 부	$45.0 \times (15/10) \times \{(2/15 \times 1.25)+(1/15 \times 1.35)+(5/150 \times 1.45)\} = 20.5$	w10	W10=20.5×w10
시가지	특급기술자	$13.5 \times (15/10) \times \{(1/15 \times 1.25)+(1/15 \times 1.40)+(5/150 \times 1.55)\} = 4.6$	w11	W11= 4.6×w11
	고급기술자	$45.0 \times (15/10) \times \{(1/15 \times 1.25)+(1/15 \times 1.40)+(5/150 \times 1.55)\} = 15.4$	w12	W12=15.4×w12
	중급기술자	$45.0 \times (15/10) \times \{(1/15 \times 1.25)+(1/15 \times 1.40)+(5/150 \times 1.55)\} = 15.4$	w13	W13=15.4×w13
	초급기술자	$90.0 \times (15/10) \times \{(1/15 \times 1.25)+(1/15 \times 1.40)+(5/150 \times 1.55)\} = 30.8$	w14	W14=30.8×w14
	인 부	$45.0 \times (15/10) \times \{(1/15 \times 1.25)+(1/15 \times 1.40)+(5/150 \times 1.55)\} = 15.4$	w15	W15=15.4×w15
계획준비/답사/계산성과정리	특급기술자	$7.5 \times (15/10)$ =11.2	w16	W16=11.2×w16
	고급기술자	$35.5 \times (15/10)$ =53.2	w17	W17=53.2×w17
	중급기술자	$32.5 \times (15/10)$ =48.7	w18	W18=48.7×w18
	초급기술자	$3.0 \times (15/10)$ = 4.5	w19	W19= 4.5×w19
선점/매설	고급기술자	2.0×13 =26.0	w20	W20=26.0×w20
	중급기술자	3.5×13 =45.5	w21	W21=45.5×w21
	초급기술자	1.5×13 =19.5	w22	W22=19.5×w22
	인 부	3.0×13 =39.0	w23	W23=39.0×w23
계				ΣWi

※ 수량(T) 산정식은 다음과 같다.

T = 인원수 × 작업량 × K

여기서, K는 지형/표고차 유형에 따른 계수로 관측 공정에만 해당한다.

9-2-2 1급 수준 측량 (2011년 보완)

작업구분	일수	인원수											비고
		1일당						합계					
		특급기술자	고급기술자	중급기술자	초급기술자	초급기능사(측량)	인부	특급기술자	고급기술자	중급기술자	초급기술자	초급기능사(측량)	인부	
계획준비	(1)	(0.5)	(0.5)	(1)	–	–	–	(0.5)	(0.5)	(1)	–	–	–	( )내는 내업을 표시함
답사선점	1	–	–	1	–	–	–	–	–	1	–	–	–	
관 측	10	–	0.2	1	1	1	1	–	2	10	10	10	10	
계 산	(1)	–	(0.5)	(0.5)	–	–	–	–	(0.5)	(0.5)	–	–	–	
정리점검	(1)	(0.5)	(0.5)	(1)	–	–	–	(0.5)	(0.5)	(1)	–	–	–	
계								–(1)	2(1.5)	11(2.5)	10–	10–	10–	

[주] ① 본 수준측량용 레벨은 기포관감도 40″/2mm(원형기포관10′/2mm) 이상이어야 한다.
② 수준측량은 직접수준측량방법 또는 도해(하) 수준측량방법에 의한다.
③ 표척의 시준거리는 최대 70m 이내를 기준으로 한 것이며, 표척의 읽음 단위는 1mm, 읽음 방법은 후시-전시로 한다.
④ 작업방법은 공공측량 작업규정에 의한다.
⑤ 본 품은 시준거리 최대 70m를 유지할 수 있는 지대의 평지를 기준으로 한 것이며, 지형의 유형에 따라 다음의 계수 값 이내를 가산한다.
  ○ 지형 유형에 따른 계수(K)

지형구분	계수	비고
밀집시가지	1.30	· 건물 및 도로가 시가지 면적의 90% 이상 지형
시 가 지	1.20	· 건물 및 도로가 시가지 면적의 70% 이상 지형
평 지	1.00	· 평탄한 평야지형
구 릉 지	1.10	· 시가지 주변 및 촌락의 소도시를 포함한 구릉지형
산 악 지	1.30	· 수목이 우거진 야산지대 및 교통이 불편한 산지로 된 지형

⑥ 본 품은 15km (왕복 30km) 구간을 기준으로 한 것이므로 작업량에 따라 다음의 값을 가산한다.

  ○ 작업량에 따른 계수(P)

작업량(거리 : km)	5	10	15	20	25	30	비고
계수	1.40	1.10	1.00	0.95	0.92	0.90	

  · 작업량계수(P) = $0.8 + \dfrac{3}{작업량(거리)}$

  · 작업량이 30km 이상인 경우에는 작업량계수(P)는 0.90으로 적용한다.
⑦ 측량표의 설치 자재운반에 따르는 차량비 등은 실정에 따라 별도 계상한다.
⑧ 보상비, 재료비, 소모품비, 차량비 등은 실정에 따라 별도 계상한다.
⑨ 도해(하) 수준측량은 거리에 관계없이 1구간당 2~3시간 소요되는 것으로 보며, 이에 소요되는 측표, 재료비 및 용선료 등은 별도 계상한다.
⑩ 기지점과 작업지역을 연결하기 위한 측량은 별도 계상한다.
⑪ 본 품의 외업에 동원되는 기술인원에 대한 여비는 국토교통부장관이 고시한 측량용역대가기준에 따라 별도 계상한다.
⑫ 본 품에서 점검측량 및 성과심사에 소요되는 비용은 별도 계상한다. 다만, 성과심사비는 국토교통부장관이 고시한 공공측량 성과심사업무 처리규정에 따른다.
⑬ 본 품에서 사용되는 측량기기의 상각비·정비비는 별도 계상한다.
⑭ 본 품에는 다음의 성과작성품이 포함되어 있다.
  ㉮ 관측성과표 및 조정성과표 1부   ㉯ 관측성과 기록데이터 1부
  ㉰ 수준노선부 1부   ㉱ 계산부 1부
  ㉲ 점의 조서 1부
    ㉳ 기타자료(정확도관리표, 점검측량부, 측량표의 지상사진, 측량표설치위치통지서, 기준점 현황조사서)
⑮ 기본수준측량과 같은 정확도와 방식으로 시행할 때에는 '기본수준측량' 품을 적용하여야 한다.

[계산 예]

| 1) 25km(왕복 50km)를 측량할 경우 | 2) 구릉 지형인 경우 |

[수량계산]

구 분	수량(T)	단가	금액
특 급 기 술 자	$1.0 \times 25/15 \times 1.10 \times 0.92 = 1.68$	w_1	$W_1 = 1.68 \times w_1$
고 급 기 술 자	$3.5 \times 25/15 \times 1.10 \times 0.92 = 5.90$	w_2	$W_2 = 5.90 \times w_2$
중 급 기 술 자	$13.5 \times 25/15 \times 1.10 \times 0.92 = 22.77$	w_3	$W_3 = 22.77 \times w_3$
초 급 기 술 자	$10.0 \times 25/15 \times 1.10 \times 0.92 = 16.87$	w_4	$W_4 = 16.87 \times w_4$
초급기능사(측량)	$10.0 \times 25/15 \times 1.10 \times 0.92 = 16.87$	w_5	$W_5 = 16.87 \times w_5$
인 부	$10.0 \times 25/15 \times 1.10 \times 0.92 = 16.87$	w_6	$W_6 = 16.87 \times w_6$
계			ΣW_i

수량(T) 산정식은 다음과 같다.

T = 인원수 × 표준작업량 × K × P

여기서, K는 지형유형에 따른 계수 = 1.10

P는 작업량에 따른 계수 = 0.92

9-2-3 2급 수준 측량 (2011년 보완)

| 작업구분 | 일수 | 인원수 ||||||||||| 비고 |
| | | 1일당 |||||| 합계 ||||| |
		특급기술자	고급기술자	중급기술자	초급기술자	초급기능사(측량)	인부	특급기술자	고급기술자	중급기술자	초급기술자	초급기능사(측량)	인부	
계획준비	(1)	(0.5)	(0.25)	(1)	-	-	-	(0.5)	(0.25)	(1)	-	-	-	
답사선점	1	-	-	1	-	-	-	-	-	1	-	-	-	( )내는
관 측	8	-	0.25	1	1	1	1	-	0.2	8	8	8	8	내업을
계 산	(1)	-	(0.25)	(0.5)	-	-	-	-	(0.25)	(0.5)	-	-	-	표시함
정리점검	(1)	(0.5)	(0.5)	(1)	-	-	-	(0.5)	(0.5)	(1)	-	-	-	
계								- (1)	2 (1)	9 (2.5)	8 -	8 -	8 -	

[주] ① 본 수준측량용 레벨은 기포관감도 40″/2mm(원형기포관 10′/2mm) 이상이어야 한다.
② 수준측량은 직접수준측량방법 또는 도해(하) 수준측량방법에 의한다.
③ 표척의 시준거리는 최대 70m 이내를 기준으로 한 것이며, 표척의 읽음 단위는 1mm, 읽음 방법은 후시-전시로 한다.
④ 작업방법은 공공측량 작업규정에 의한다.
⑤ 본 품은 시준거리 최대 70m를 유지할 수 있는 지대의 평지를 기준으로 한 것이며, 지형의 유형에 따라 다음의 계수 값 이내를 가산한다.
   ○ 지형 유형에 따른 계수(K)

지형구분	계수	비고
밀집시가지	1.30	· 건물 및 도로가 시가지 면적의 90% 이상 지형
시 가 지	1.20	· 건물 및 도로가 시가지 면적의 70% 이상 지형
평 지	1.00	· 평탄한 평야지형
구 릉 지	1.10	· 시가지 주변과 촌락의 소도시를 포함한 구릉지형
산 악 지	1.30	· 수목이 우거진 야산지대 및 교통이 불편한 산지로 된 지형

⑥ 본 품은 15km (왕복 30km) 구간을 기준으로 한 것이므로 작업량에 따라 다음의 값을 가산한다.
   ○ 작업량에 따른 계수(P)

작업량(거리 : km)	5	10	15	20	25	30	비고
계수	1.40	1.10	1.00	0.95	0.92	0.90	

· 작업량에 따른 계수(P)= $0.8 + \dfrac{3}{작업량(거리)}$

· 작업량이 30km 이상인 경우에는 작업량계수(P)는 0.90으로 적용한다.
⑦ 측량표의 설치 자재운반에 따르는 차량비 등은 실정에 따라 별도 계상한다.
⑧ 보상비, 재료비, 소모품비, 차량비 등은 실정에 따라 별도 계상한다.
⑨ 도해(하) 수준측량은 거리에 관계없이 1구간당 2~3시간 소요되는 것으로 보며, 이에 소요되는 측표 재료비 및 용선료 등은 별도 계상한다.
⑩ 기지점과 작업지역을 연결하기 위한 측량은 별도 계상한다.
⑪ 본 품의 외업에 동원되는 기술인원에 대한 여비는 국토교통부장관이 고시한 측량용역대가 기준에 따라 별도 계상한다.

⑫ 본 품에서 점검측량 및 성과심사에 소요되는 비용은 별도 계상한다. 다만, 성과심사비는 국토교통부장관이 고시한 공공측량 성과심사업무 처리규정에 따른다.
⑬ 본 품에서 사용되는 측량기기의 상각비·정비비는 별도 계상한다.
⑭ 본 품에는 다음의 성과작성품이 포함되어 있다.
㉮ 관측성과표 및 조정성과표 1부　㉯ 관측성과 기록데이터 1부
㉰ 수준노선부 1부　　　　　　　㉱ 계산부 1부
㉲ 점의 조서 1부
㉳ 기타자료(정확도관리표, 점검측량부, 측량표의 지상사진, 측량표설치위치 통지서, 기준점 현황조사서)
⑮ 기본수준측량과 같은 정확도와 방식으로 시행할 때에는 '기본수준측량' 품을 적용하여야 한다.

[계산 예]

1) 25km(왕복 50km)를 측량할 경우
2) 구릉 지형인 경우

[수량계산]

구 분	수량(T)	단가	금액
특 급 기 술 자	$1.0 \times 25/15 \times 1.10 \times 0.92 = 1.68$	w_1	$W_1 = 1.68 \times w_1$
고 급 기 술 자	$3.0 \times 25/15 \times 1.10 \times 0.92 = 5.06$	w_2	$W_2 = 5.06 \times w_2$
중 급 기 술 자	$11.5 \times 25/15 \times 1.10 \times 0.92 = 19.39$	w_3	$W_3 = 19.39 \times w_3$
초 급 기 술 자	$8.0 \times 25/15 \times 1.10 \times 0.92 = 13.49$	w_4	$W_4 = 13.49 \times w_4$
초급기능사(측량)	$8.0 \times 25/15 \times 1.10 \times 0.92 = 13.49$	w_5	$W_5 = 13.49 \times w_5$
인　　　　　부	$8.0 \times 25/15 \times 1.10 \times 0.92 = 13.49$	w_6	$W_6 = 13.49 \times w_6$
계			ΣW_i

수량(T) 산정식은 다음과 같다.
　　T = 인원수 × 표준작업량 × K × P
　　여기서, K는 지형유형에 따른 계수 = 1.10
　　　　　　P는 작업량에 따른 계수 = 0.92

9-2-4 3급 GNSS 높이측량 (2021년 신설)

(10점 기준, 4시간/일, 2일 관측)

작업구분	일수	인원수								비고
		1일당				합계				
		특급기술자	고급기술자	중급기술자	초급기술자	특급기술자	고급기술자	중급기술자	초급기술자	
계획준비	(1)	(0.8)	(0.8)			(0.8)	(0.8)			( )내는 내업을 표시함
답사선점	1		1.2	1.2	1.3		1.2	1.2	1.3	
관측	2	1.9	1.9	1.8	3.15	3.8	3.8	3.6	6.3	
계산	(2)	(1.05)	(2.05)	(1.05)		(2.1)	(4.1)	(2.1)		
정리점검	(1)	(1.4)	(0.7)			(1.4)	(0.7)			
계						3.8 (4.3)	5.0 (5.6)	4.8 (2.1)	7.6	

[주] ① 3급 GNSS 높이측량은 수준원점을 기준으로 표고를 알고 있는 수준점 또는 통합기준점으로부터 직접수준측량이 곤란한 지역에 대하여 3급 공공수준점의 표고를 결정하는 간접수준측량 작업을 말한다.
② 작업방법 및 관측용 장비는 공공측량 작업규정에 의한다.
③ 본 품은 평지를 기준으로 한 것이며, 지형의 유형에 따라 다음의 계수 값 이내를 가산한다.

○ 지형 유형에 따른 계수(K)

지형구분	계수(K)	비고
평 지	1.00	시가지와 촌락의 소도시를 포함한 구릉지형
산 지	1.20	표고차 200~400m
산악지	1.40	표고차 400m이상

④ 기지점 및 미지점에서 GNSS 위성신호의 수신장애가 발생하여 편심점을 설치할 경우 해당 등급의 수준측량을 적용하여 별도의 품으로 계상한다.
⑤ 본 품의 작업은 구하는 점 6점, 주어진 점 4점 또는 주어진 점과 구하는 점을 합한 최대 10점을 1작업단위로 한다.
⑥ 측량표의 설치, 자재운반에 따르는 차량비 등은 별도 계상한다.
⑦ 보상비, 재료비, 소모품비, 차량비 등은 별도 계상한다.

⑧ 본 품의 외업에 동원되는 기술인원에 대한 여비는 국토교통부장관이 고시한 측량대가의 기준에 따라 별도 계상한다.
⑨ 본 품에서 성과심사에 소요되는 비용은 국토지리정보원장이 고시한 측량성과 심사수탁기관의 심사업무 및 지정절차 등에 관한 규정에 따라 별도 계상한다.
⑩ 본 품에서 사용되는 측량기기의 상각비 · 정비비는 별도 계상한다.
⑪ 본 품은 공공측량 작업규정에 의한 성과작성품이 포함된 것이다.

[계산 예]

1) 3cm 정확도의 3급 공공수준점측량
2) 구하는 점 2점, 주어진 점 4점일 경우
3) 산지지형으로 표고차가 300m일 경우

[수량계산]

구 분	수량(T)	단가	금액
특 급 기 술 자	$8.1 \times 6/10 \times 1.20 = 5.83$	w_1	$W_1 = 5.83 \times w_1$
고 급 기 술 자	$10.6 \times 6/10 \times 1.20 = 7.63$	w_2	$W_2 = 7.63 \times w_2$
중 급 기 술 자	$6.9 \times 6/10 \times 1.20 = 4.97$	w_3	$W_3 = 4.97 \times w_3$
초 급 기 술 자	$7.6 \times 6/10 \times 1.20 = 5.47$	w_4	$W_4 = 5.47 \times w_4$
계			ΣW_i

수량(T) 산정식은 다음과 같다.
 T = 3급 GNSS 높이측량 인원수 × 표준작업량 × K
 여기서, K는 지형유형에 따른 계수 = 1.20

9-2-5 4급 GNSS 높이측량 (2021년 신설)

(15점 기준, 2시간/일, 1일 관측)

작업구분	일수	인원수								비고
		1일당				합계				
		특급 기술자	고급 기술자	중급 기술자	초급 기술자	특급 기술자	고급 기술자	중급 기술자	초급 기술자	
계획준비	(1)	(1.0)	(1.2)			(1.0)	(1.2)			( )내는 내업을 표시함
답사선점	1		1.6	1.6	3.2		1.6	1.6	3.2	
관측	1	2.0	2.0	1.5	6.1	2.0	2.0	1.5	6.1	
계산	(1)	(0.6)	(1.5)	(3.0)		(0.6)	(1.5)	(3.0)		
정리점검	(1)	(2.1)	(1.0)			(2.1)	(1.0)			
계						2.0 (3.7)	3.6 (3.7)	3.1 (3.0)	9.3	

[주] ① 4급 GNSS 높이측량은 수준원점을 기준으로 표고를 알고 있는 수준점 또는 통합기준점으로부터 직접수준측량이 곤란한 지역에 대하여 4급 공공수준점의 표고를 결정하는 간접수준측량 작업을 말한다.
② 작업방법 및 관측용 장비는 공공측량 작업규정에 의한다.
③ 본 품은 평지를 기준으로 한 것이며, 지형의 유형에 따라 다음의 계수 값 이내를 가산한다.

○ 지형 유형에 따른 계수(K)

지형구분	계수(K)	비고
평 지	1.00	시가지와 촌락의 소도시를 포함한 구릉지형
산 지	1.10	표고차 200~400m
산악지	1.20	표고차 400m이상

④ 기지점 및 미지점에서 GNSS 위성신호의 수신장애가 발생하여 편심점을 설치할 경우 해당 등급의 수준측량을 적용하여 별도의 품으로 계상한다.
⑤ 본 품의 작업은 구하는 점 10점, 주어진 점 5점 또는 주어진 점과 구하는 점을 합한 최대 15점을 1작업단위로 한다.
⑥ 측량표의 설치, 자재운반에 따르는 차량비 등은 별도 계상한다.

⑦ 보상비, 재료비, 소모품비, 차량비 등은 별도 계상한다.
⑧ 본 품의 외업에 동원되는 기술인원에 대한 여비는 국토교통부장관이 고시한 측량대가의 기준에 따라 별도 계상한다.
⑨ 본 품에서 성과심사에 소요되는 비용은 국토지리정보원장이 고시한 측량성과 심사수탁기관의 심사업무 및 지정절차 등에 관한 규정에 따라 별도 계상한다.
⑩ 본 품에서 사용되는 측량기기의 상각비·정비비는 별도 계상한다.
⑪ 본 품은 공공측량 작업규정에 의한 성과작성품이 포함된 것이다.

[계산 예]

1) 5cm 정확도의 4급 공공수준점측량
2) 구하는 점 5점, 주어진 점 4점일 경우
3) 산지지형으로 표고차가 300m일 경우

[수량계산]

구 분	수량(T)	단가	금액
특 급 기 술 자	5.7×9/15×1.10=3.76	w_1	$W_1=3.76×w_1$
고 급 기 술 자	7.3×9/15×1.10=4.82	w_2	$W_2=4.82×w_2$
중 급 기 술 자	6.1×9/15×1.10=4.03	w_3	$W_3=4.03×w_3$
초 급 기 술 자	9.3×9/15×1.10=6.14	w_4	$W_4=6.14×w_4$
계			ΣW_i

수량(T) 산정식은 다음과 같다.
　　T = 4급 GNSS 높이측량 인원수 × 표준작업량 × K
　　여기서, K는 지형유형에 따른 계수 = 1.10

9-3 지형 및 토지측량

9-3-1 지형현황 (2008년 보완)

작업구분		일수	인원수										비고
			1일당					합계					
			고급기술자	중급기술자	초급기술자	초급기능사(측량)	인부	고급기술자	중급기술자	초급기술자	초급기능사(측량)	인부	
지상현황측량	계획준비	(1)	(0.5)	(1)	(1)	-	-	(0.5)	(1)	(1)	-	-	( )내는 내업을 표시함.
	기준점설치	1	-	1	1	-	-	-	1	1	-	-	
	세부측량	7	-	1	1	1	1	-	7	7	7	7	
	편집	(4)	(0.75)	(1)	(1)	-	-	(3)	(4)	(4)	-	-	
	지도원판제작	(2)	-	(0.5)	(0.5)	-	-	-	(1)	(1)	-	-	
	성과등의정리	(1)	(0.75)	(1)	(1)	-	-	(0.75)	(1)	(1)	-	-	
계								- (4.25)	8 (7)	8 (7)	7 -	7 -	

[주] ① 본 품은 평지 10만㎡에 대하여 1/500 축척의 지상현황측량을 기준으로 한 것이므로 작업지형과 축척 및 작업량에 따라 다음과 같이 계수를 가산한다.

ㅇ 지형 유형에 따른 계수(K)

지형구분	계수	비고
밀집시가지	2.80	· 건물 및 도로가 시가지 면적의 90% 이상 지형
시 가 지	2.15	· 건물 및 도로가 시가지 면적의 70% 이상 지형
평 지	1.00	· 평탄한 평야지형
구 릉 지	1.25	· 시가지 주변 및 촌락의 소도시를 포함한 구릉상태의 농지지형
산 악 지	1.30	· 수목이 우거진 야산지대 및 교통이 불편한 산지로 된 지형

ㅇ 축척에 따른 계수(S)

축척	1/250	1/500	1/1,000	1/2,500	비고
계수	1.60	1.00	0.65	0.54	

○ 작업량에 따른 계수(P)

작업량(면적:㎡)	2만	5만	10만	15만	20만
계수	1.80	1.20	1.00	0.93	0.90

· 작업량계수(P) = $0.8 + \dfrac{2}{\text{작업량(면적)}}$

· 작업량이 20만㎡ 이상에도 작업량계수(P)는 0.90으로 적용한다.

○ 작업종류에 따른 계수(T)

작업종류	신규측량	수정측량
계수	1.0	1.25

· 총계수 = 표준작업량 × K × S × P × T

② 기준점 측량에 필요한 인원 편성은 기준점 각각의 품(1~4급)을 적용하고 기준점 배점 기준은 다음 표를 기준으로 한다.
  ○ 기준점 배점 기준

지역구분	면적구분	10만㎡	30만㎡	60만㎡	150만㎡	비고
1급 기준점	신 점 간 거 리	1,000m	1,000m	1,000m	1,000m	기지점과 연결을 위한 측량
	기 준 배 점 수	–	–	–	–	
2급 기준점	신 점 간 거 리	500m	500m	500m	500m	〃
	기 준 배 점 수	–	–	2점	4점	
3급 기준점	신 점 간 거 리	200m	200m	200m	200m	기지점과 연결 및 현황 측량에 필요한 골격측량
	기 준 배 점 수	2점	4점	8점	11점	

지역구분		면적구분	10만m²	30만m²	60만m²	150만m²	비고
4급 기준점	밀집 시가지	점간평균거리	40m	40m	50m	60m	
		선간평균거리	40m	50m	60m	100m	
		기 준 배 점 수	63점	150점	200점	250점	
	시 가 지	점간평균거리	40m	45m	55m	65m	
		선간평균거리	45m	50m	60m	100m	
		기 준 배 점 수	56점	133점	182점	230점	
	평 지	점간평균거리	45m	45m	60m	75m	〃
		선간평균거리	45m	60m	70m	100m	
		지 준 배 점 수	50점	112점	143점	200점	
	구 릉 지	점간평균거리	45m	50m	60m	80m	
		선간평균거리	55m	70m	100m	125m	
		기 준 배 점 수	41점	86점	100점	150점	
	산 지	점간평균거리	30m	40m	50m	60m	
		선간평균거리	60m	55m	75m	100m	
		기 준 배 점 수	56점	137점	160점	250점	

③ 지상현황측량을 위한 수준측량은 기준점(1급~4급)들에 대한 표고측량으로서 3급 수준측량의 경우 3급 수준측량의 지형유형 및 작업량에 따른 계수를 각각 적용하고, 4급 수준측량의 경우 4급 수준측량의 지형유형 및 작업량에 따른 계수를 각각 적용한다.

④ 보상비, 측량표의 설치, 재료비, 운반비, 소모품비 등은 실정에 따라 별도 계상한다.

⑤ 기준점 측량 및 수준측량 시 지구외 기준점에 연결하거나, 측량표의 설치가 필요한 경우는 그 점수를 가산하고 품은 별도 계상한다.

⑥ 본 품의 외업에 동원되는 기술인원에 대한 여비는 국토교통부장관이 고시한 측량용역대가기준에 따라 별도 계상한다.

⑦ 본 품에서 점검측량 및 성과심사에 소요되는 비용은 별도 계상한다. 다만, 성과심사비는 국토교통부장관이 고시한 공공측량 성과심사업무 처리규정에 따른다.
⑧ 본 품에서 사용되는 측량기기의 상각비·정비비는 별도 계상한다.
⑨ 본 품에는 다음의 성과 작성품이 포함된 것이다.
   ㉮ 편집원도　　　㉯ 정확도 관리표　　　㉰ 기타자료
⑩ 작업에 필요한 작업량(면적) 산출은 지구외 현황을 파악하기 위해 작업한 구역(주변판독면적)을 포함하는 것으로 한다.
⑪ 종합원도라 함은 작업지역 전체에 대한 지형자료(지형, 지적, 지상·지하시설물 등)를 단일원도로 작성하는 것이며 이는 본 품에 포함하지 않는다.
⑫ 측량지역의 특성 또는 작업목적에 따라 평판, TS, GPS 등에 의한 지형측량은 본품을 준용한다.

[계산 예 1]

1) 구릉지 지역
2) 면적 150만㎡(신규독량)
3) 기준점은 2급(4점), 3급(11점), 4급 점간거리 80m(150점)
4) 수준측량은 '[토목부문] 9-3-4'의 2급 수준측량

① 작업량비 산출
  ㉮ 기준점 측량

$$2급 : \frac{4}{14} \times 1.00 \times 1.50 = 0.43$$

$$3급 : \frac{11}{30} \times 1.00 \times 1.34 = 0.49$$

$$4급 : \frac{150}{150} \times 1.00 \times 1.00 \times 0.81 = 0.81$$

㈏ 수준측량

　　16.20km/15km×1.10×0.99=1.18

　　∴16.20km=(4점×500m)+(11점×200m)+(150점×80m)

㈐ 지상현황 측량

$$\frac{150}{10} \times 1.25 \times 0.54 \times 0.90 = 9.11$$

② 인원산출

작업구분		작업량비	특급기술자		고급기술자		중급기술자		초급기술자		초급기능사 (측량)		보통인부	
			인원	결과	인원	결과	인원	결과	인원	결과	인원	결과	인원	결과
기준점 측량	1급	–	–	–	–	–	–	–	–	–	–	–	–	–
	2급	0.43	0.2	0.86	17.0	7.31	25.0	10.75	26.0	11.18	28.0	12.04	8.0	3.44
	3급	0.49	–	–	22.0	10.78	27.0	13.23	28.0	13.72	32.0	15.68	4.0	1.96
	4급	0.81	–	–	31.5	25.51	35.0	28.35	37.0	29.97	40.0	32.40	6.0	4.86
수준측량		1.18	1.0	1.18	3.0	3.54	11.5	13.57	8.0	9.44	8.0	9.44	8.0	9.44
지상현황측량		9.11	–	–	4.25	29.61	15.0	136.65	15.0	136.65	7.0	63.77	7.0	63.77
계				2.04		76.75		202.55		200.96		133.33		83.47

③ 전체금액 = 2.04×(특급기술자 단가)+76.75×(고급기술자 단가)+202.55×(중급기술자 단가)+200.96×(초급기술자단가)+133.33×(초급기능사(측량)단가)+83.47×(보통인부단가)

[계산 예 2]

1) 구릉지 지역
2) 면적 60만㎡(수정측량)
3) 기준점은 2급(2점), 3급(8점), 4급 점간거리 60m(100점)
4) 수준측량은 '[토목부문] 9-3-4'의 2급 수준측량

① 작업량비 산출
   ㉮ 기준점 측량

   $$2급 : \frac{2}{14} \times 1.00 \times 2.2 = 0.31$$

   $$3급 : \frac{8}{30} \times 1.00 \times 1.55 = 0.41$$

   $$4급 : \frac{100}{150} \times 1.00 \times 1.10 \times 0.65 = 0.48$$

   ㉯ 수준측량

   8.60km/15km×1.10×1.15=0.73

   ∴ 8.60km=(2점×500m)+(8점×200m)+(100점×60m)

   ㉰ 지상현황측량

   $$\frac{60}{10} \times 1.25 \times 0.54 \times 0.90 \times 1.25 = 4.56$$

② 인원산출

작업구분		작업량비	특급 기술자		고급 기술자		중급 기술자		초급 기술자		초급기능사 (측량)		보통인부	
			인원	결과	인원	결과	인원	결과	인원	결과	인원	결과	인원	결과
기준점 측량	1급	–	–	–	–	–	–	–	–	–	–	–	–	–
	2급	0.31	0.2	0.62	17.0	5.27	25.0	7.75	26.0	8.06	28.0	8.68	8.0	2.48
	3급	0.41	–	–	22.0	9.02	27.0	11.07	28.0	11.48	32.0	13.12	4.0	1.64
	4급	0.48	–	–	31.5	15.12	35.0	16.80	37.0	17.76	40.0	19.20	6.0	2.88
수준측량		0.73	1.0	0.73	3.0	2.19	11.5	8.40	8.0	5.84	8.0	5.84	8.0	5.84
지상현황측량		4.56	–	–	4.25	19.38	15.0	68.40	15.0	68.40	7.0	31.92	7.0	31.92
계				1.35		50.98		112.42		111.54		78.76		44.76

③ 전체금액 = 1.35×(특급기술자 단가)+50.98×(고급기술자 단가)+112.42×(중급기술자 단가)+111.54×(초급기술자단가)+78.76×(초급기능사(측량) 단가)+44.76 ×(보통인부 단가)

9-3-2 하천측량

1. 진행기준

(1반1일) (10km 당 1반 소요일수)

종단측량					양안왕복 1일 1km, 10km당 10일				
횡단측량			횡단 간격	10km당 횡단 본수	외 업		내 업	
					1일당 본수	10km당 일수	1일당 본수	10km당 일수
폭원	1,000m	제내 100m 제외 800m	200m	50본	1.4본	35일	5.0본	10일
	700m	제내 100m 제외 500m	200m	50본	1.8본	27.7일	6.3본	7.9일
	400m	제내 50m 제외 300m	200m	50본	2.5본	20일	9.0본	5.5일
	200m	제내 50m 제외 100m	100m	100본	4.0본	25일	14.5본	6.8일
	100m	제내 25m 제외 50m	50m	200본	9.0본	22일	15.0본	13.3일
	50m	제내 15m 제외 20m	25m	400본	16.0본	25일	20.0본	20.0일

[주] 본 품에는 다음의 성과 작성품이 포함되었다.
㉮ 종단면원도 및 동 측량성과 각 1부   ㉯ 횡단면원도 및 제도원도 각 1부
㉰ 관측수부 각 1부   ㉱ 평면도 각 1부

2. 작업별 인원편성

종별	작업량	작업구분	편성 일수	고급 기술사	중급 기술자	초급 기술자	초급 기능사 (측량)	인부	선박 및 선부
종단 측량	10km	외업	10	0.2	1	1	1	1	-
	양안왕복	내업	3	0.2	1	1	-	-	-
횡단 측량	1,000m	외업	35	0.2	1	2	2	4	0.6
		내업	10	0.1	1	1	2	-	-
	700	외업	28	0.2	1	2	2	4	0.6
		내업	8	0.1	1	1	2	-	-
	400	외업	20	0.2	1	2	2	3	0.6
		내업	5.5	0.1	1	1	2	-	-
	200	외업	25	0.2	1	1	2	3	0.7
		내업	7	0.1	1	1	2	-	-
	100	외업	22	0.2	1	1	2	3	0.5
		내업	13	0.1	1	1	1	-	-
	50	외업	25	0.2	1	1	2	3	-
		내업	20	0.1	1	1	1	-	-

종별	작업구분 작업량	편성	일수	인원합계 고급기술사	중급기술자	초급기술자	초급기능사(측량)	인부	선박 및 인부	비고
종단측량	10km 양안왕복	외업	10	2	10	10	10	10	–	1일양안평균 1km
		내업	3	0.6	3	3	–	–	–	1일양안평균 3.3km
횡단측량	1,000m	외업	35	7	35	70	70	140	21	일평균 1,400m
		내업	10	1	10	10	20	–	–	일평균 5,000m
	700	외업	28	5.6	28	56	56	112	17	일평균 1,250m
		내업	8	0.8	8	8	16	–	–	일평균 4,400m
	400	외업	20	4	20	40	40	60	12	일평균 1,000m
		내업	5.5	0.6	5.5	5.5	11	–	–	일평균 3,600m
	200	외업	25	5	25	25	50	75	18	일평균 800m
		내업	7	0.7	7	7	14	–	–	일평균 2,900m
	100	외업	22	4.4	22	22	44	66	11	일평균 900m
		내업	13	1.3	13	13	13	–	–	일평균 1,500m
	50	외업	25	5	25	25	50	75	–	일평균 800m
		내업	20	2	20	20	20	–	–	일평균 1,000m

[주] ① 본품은 하천 중류지대의 비교적 평탄한 지대를 기준으로 한 것이다.
② 평판측량에 대하여는 '[토목부문] 9-3-1 지형현황' 품을 준용한다.
③ 선박 및 선부는 필요한 경우에만 계상한다.
④ 종단측량에 있어서 도심지, 하천, 제방이 없는 하천 등에서는 거리표간을 직선적으로 측량할 수 없는 경우가 많으므로 우회 작업할 경우에는 그 거리만큼 품을 가산한다.
⑤ 횡단측량에 있어서 상류부에서는 일반적으로 급류이며 수면 높이와 거리표 높이와의 비고가 크기 때문에 수심측량, 육지횡단측량 작업이 대단히 곤란할 경우에는 실정에 따라 증가할 수 있다.
⑥ 유수(流水)폭은 제외의 넓이의 1/3 정도를 기준으로 하였으므로 유수폭의 대소에 따라 증감할 수 있다.
⑦ 음향 측심기를 사용하여야 할 경우에는 기계 및 선박대여료 이외에 소요되는 기술자, 선부 등은 별도 계상한다.

⑧ 지형상황에 따라 측량작업이 극히 곤란할 경우에는 그 실정에 따라 증가할 수 있다.
⑨ 본 품에서는 수준표(B.M) 설치는 포함되지 않았으므로 필요할 때에는 별도 계상한다.
⑩ 본 품의 외업에 동원되는 기술인원에 대한 여비는 국토교통부장관이 고시한 측량용역대가기준에 따라 별도 계상한다.
⑪ 본 품에서 점검측량 및 성과심사에 소요되는 비용은 별도 계상한다. 다만, 성과심사비는 국토교통부장관이 고시한 측량성과 심사수탁기관의 심사업무 및 지정절차 등에 관한 규정에 따른다.
⑫ 본 품에서 사용되는 측량기기의 상각비·정비비는 별도 계상한다.

[계산 예]

종단 10km당

구분 \ 종별	종단측량	횡단측량					
		1,000m	700m	400m	200m	100m	50m
고급기술자	2 (0.6)	7 (1)	5.6 (0.8)	4 (0.6)	5 (0.7)	4.4 (1.3)	5 (2)
중급기술자	10 (3)	35 (10)	20 (8)	20 (5.5)	25 (7)	22 (13)	25 (20)
초급기술자	10 (3)	70 (20)	56 (8)	40 (5.5)	25 (7)	22 (13)	25 (20)
초급기능사 (측량)	10	70	56 (16)	40 (11)	50 (14)	44 (13)	50 (20)
인 부	10	140	112	60	75	66	75
선 부	-	21	17	12	18	11	-

9-3-3 택지조성측량

1. 촌락지대로서 고저차가 적으며 관측이 용이한 지구

　가. 면적 1만㎡, 1/600, 10m방안(方眼), 등고선간격 0.5m

작업구분		인원				
		고급 기술자	중급 기술자	초급 기술자	초급기능사(측량)	인부
용지 측량	공동대장조사	-	1.0	1.0	-	-
	경계입회설정	1.0	1.0	1.0	1.0	-
	면 적 측 량	0.5	0.5	0.5	1.0	-
	내　　　업	(1.0)	(2.0)	(2.0)	-	-
	소　　　계	2.5	4.5	4.5	2.0	-
방안 측량	방안말박기	2.5	2.5	2.5	5.0	2.5
	다 각 측 량	0.5	0.5	0.5	1.0	-
	평 판 측 량	-	1.0	1.0	2.0	-
	수 준 측 량	-	1.0	1.0	1.0	-
	내　　　업	(2.0)	(4.0)	(4.0)	-	-
	소　　　계	5.0	9.0	9.0	9.0	2.5
계		7.5	13.5	13.5	11.0	2.5

　나. 면적 10만㎡, 1/500, 20m 방안(方眼), 등고선 간격 0.5~1m

작업구분		인원				
		고급 기술자	중급 기술자	초급 기술자	초급기능사(측량)	인부
용지 측량	공동대장조사	-	6.0	6.0	-	-
	경계입회설정	4.0	4.0	4.0	8.0	2.0
	면 적 측 량	2.0	4.0	4.0	8.0	-
	내　　　업	(8.0)	(16.0)	(16.0)	-	-
	소　　　계	14.0	30.0	30.0	16.0	2.0
방안 측량	방안말박기	3.0	6.0	6.0	12.0	6.0
	다 각 측 량	5.0	5.0	5.0	5.0	-
	평 판 측 량	-	10.0	10.0	20.0	-
	수 준 측 량	-	5.0	5.0	5.0	-
	내　　　업	(11.0)	(33.0)	(33.0)	-	-
	소　　　계	19.0	59.0	59.0	42.0	6.0
계		33.0	89.0	89.0	58.0	8.0

다. 면적 50만㎡, 1/500, 20m 방안(方眼) 등고선 간격 1.0m

작업구분		인원				
		고급 기술자	중급 기술자	초급 기술자	초급기능사(측량)	인부
용지 측량	공동대장조사	–	25.0	25.0	–	–
	경계입회설정	16.0	16.0	16.0	32.0	8.0
	면 적 측 량	8.0	16.0	16.0	32.0	–
	내 업	(32.0)	(64.0)	(64.0)	–	–
	소 계	56.0	121.0	121.0	64.0	8.0
방안 측량	방 안 말 박 기	25.0	25.0	25.0	50.0	25.0
	다 각 측 량	25.0	25.0	25.0	25.0	–
	평 판 측 량	–	50.0	50.0	100.0	–
	수 준 측 량	–	25.0	25.0	25.0	–
	내 업	50.0	150.0	150.0	–	–
	소 계	100.0	275.0	275.0	200.0	25.0
	계	156.0	396.0	396.0	264.0	33.0

2. 구릉지대로서 고저차가 많고 관측이 곤란한 지구

　　가. 면적 1만㎡, 1/300, 10m 방안(方眼), 등고선 간격 0.5m

작업구분		인원				
		고급 기술자	중급 기술자	초급 기술자	초급기능사(측량)	인부
용지 측량	공동대장조사	–	1.0	1.0	–	–
	경계입회설정	1.0	1.0	1.0	1.0	1.0
	면 적 측 량	0.5	0.5	0.5	1.0	1.0
	내 업	(1.0)	(2.0)	(2.0)	–	–
	소 계	2.5	4.5	4.5	2.0	2.0
방안 측량	방 안 말 박 기	3.0	3.0	3.0	3.0	6.0
	다 각 측 량	0.7	0.7	0.7	0.7	1.4
	평 판 측 량	–	1.5	1.5	3.0	3.0
	수 준 측 량	–	1.0	1.0	1.0	2.0
	내 업	(2.0)	(4.0)	(4.0)	–	–
	소 계	5.7	10.2	10.2	7.7	12.4
	계	8.2	14.7	14.7	9.7	14.4

나. 면적 10만㎡, 1/500, 20m 방안(方眼), 등고선 간격 0.5m

작업구분		인원				
		고급 기술자	중급 기술자	초급 기술자	초급기능사(측량)	인부
용지 측량	공동대장조사	–	6.0	6.0	–	–
	경계입회설정	4.0	4.0	4.0	8.0	8.0
	면 적 측 량	5.0	5.0	5.0	10.0	8.0
	내 업	(8.0)	(16.0)	(16.0)	–	–
	소 계	17.0	31.0	31.0	18.0	16.0
방안 측량	방 안 말 박 기	7.0	7.0	7.0	14.0	14.0
	다 각 측 량	6.0	6.0	6.0	12.0	12.0
	평 판 측 량	–	11.0	11.0	22.0	22.0
	수 준 측 량	–	8.0	8.0	8.0	8.0
	내 업	10.0	20.0	20.0	–	–
	소 계	23.0	52.0	52.0	56.0	56.0
계		40.0	83.0	83.0	74.0	72.0

다. 면적 50만㎡, 1/500, 20m 방안(方眼), 등고선 간격 1.0m

작업구분		인원				
		고급 기술자	중급 기술자	초급 기술자	초급기능사(측량)	인부
용지 측량	공동대장조사	–	18.0	18.0	–	–
	경계입회설정	18.0	36.0	36.0	72.0	72.0
	면 적 측 량	18.0	36.0	36.0	72.0	72.0
	내 업	(40.0)	(80.0)	(80.0)	–	–
	소 계	76.0	170.0	170.0	144.0	144.0
방안 측량	방 안 말 박 기	30.0	30.0	30.0	60.0	60.0
	다 각 측 량	20.0	20.0	20.0	40.0	40.0
	평 판 측 량	–	45.0	45.0	90.0	90.0
	수 준 측 량	–	18.0	18.0	18.0	18.0
	내 업	(45.0)	(90.0)	(90.0)	–	–
	소 계	95.0	203.0	203.0	208.0	208.0
계		171.0	373.0	373.0	352.0	352.0

[주] ① 경계점 설정시 분쟁 등으로 기준일수를 초과할 때에는 가산할 수 있다.
② 보상비, 재료비 및 소모품비 등은 별도 계상한다.
③ 본 품은 비교적 평탄한 지역인 촌락 구릉지구를 기준으로 한 것이므로 산악 밀림지대로 작업이 극히 곤란한 지역은 실정에 따라 증가할 수 있다.
④ 본 품은 전체의 면적산정 및 토공량 산정작업을 포함한 것이며, 매필지의 면적을 산정할 경우에는 필요한 품을 가산한다.
⑤ 축척의 차이로 인하여 작업량이 현저하게 달라질 경우에는 증감할 수 있다.
⑥ 본 품의 외업에 동원되는 기술인원에 대한 여비는 국토교통부장관이 고시한 측량용역대가기준에 따라 별도 계상한다.
⑦ 본 품의 점검측량 및 성과심사에 소요되는 비용은 별도 계상한다. 다만, 성과심사비는 국토교통부장관이 고시한 측량성과 심사수탁기관의 심사업무 및 지정절차 등에 관한 규정에 따른다.
⑧ 본 품에서 사용되는 측량기기의 상각비·정비비는 별도 계상한다.
⑨ 본 품에는 다음의 성과작성품이 포함되어 있다.
　㉮ 용지측량원도 및 등사도 각 1부　㉯ 지형원도 및 등사도 각 1부
　㉰ 계산서 각 1부

[계산 예]

촌락지대로서 고저차가 적으며 관측(작업)이 용이한 지구
(1) 면적 2만㎡　　　　(2) 축척 1/500 (3) 10m 방안　　　　(4) 등고선 간격 0.5m~1m

구　분	수량	단가	금액
고 급 기 술 자	7.5×2=15	w_1	$W_1 = 15 \times w_1$
중 급 기 술 자	13.5×2=27	w_2	$W_2 = 27 \times w_2$
초 급 기 술 자	13.5×2=27	w_3	$W_3 = 27 \times w_3$
초급기능사(측량)	11.0×2=22	w_4	$W_4 = 22 \times w_4$
인　　　　부	2.5×2=5	w_5	$W_5 = 5 \times w_5$
계			ΣW_i

9-3-4 구획정리 확정측량

1. 능률 산정기초

구분＼기준면적	산정 지구별	번화지구 5만㎡	보통지구 10만㎡	촌락지구 30만㎡	정리
1가구당의 장변과 단변		100m× 30m	120m× 40m	140m× 50m	설계표준에 의함
1가구당의 면적		3,000㎡	4,800㎡	7,000㎡	도로 공공용지를 포함
가 구 수		17	21	43	총면적÷가구면적
1획지당의 면적		120㎡	180㎡	300㎡	설계표준에 의함
획 지 수		(50,000× 0.65÷120) =270	(100,000× 0.7÷180) =390	(300,000× 0.7÷300) =700	공공용지: 번화 35% 보통 30%, 촌락 30%
계획가로 연장		2,675m	4,066m	9,396m	아래 그림 참조
중 심 점 수		51	68	138	계획가로 연장÷중심점 평균거리

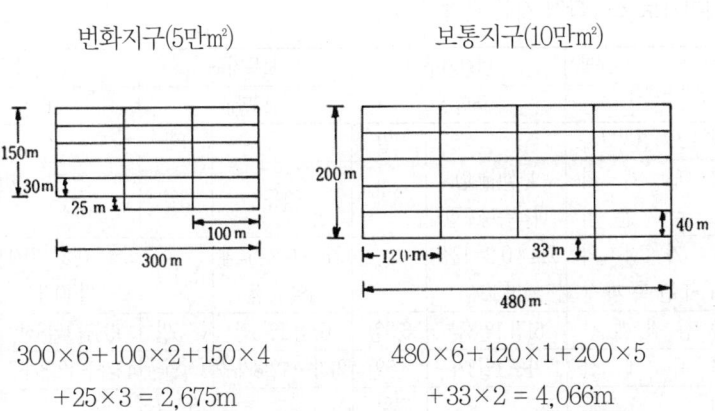

번화지구(5만㎡)

보통지구(10만㎡)

$300 \times 6 + 100 \times 2 + 150 \times 4 + 25 \times 3 = 2,675\text{m}$

$480 \times 6 + 120 \times 1 + 200 \times 5 + 33 \times 2 = 4,066\text{m}$

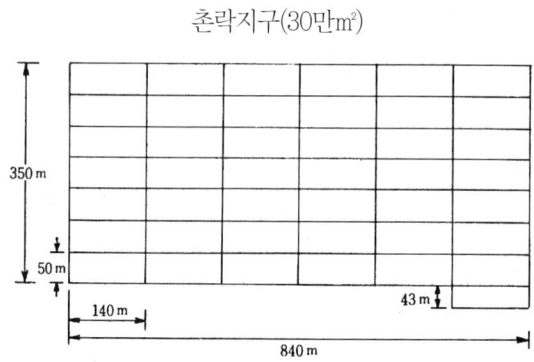

촌락지구(30만m²)

$840 \times 8 + 140 \times 1 + 350 \times 7 + 43 \times 2 = 9,396m$

[주] ① 지구별 조건에는 계획가로 연장, 가구수의 다소(多少) 및 교통량, 구조물 등 측량 작업에 장애되는 요소가 포함된 것이다.
② 중심점간 평균거리는 도로의 교점 및 절점, 곡선부 절점 등을 대상으로 고려하여 번화지구 50m, 보통지구 60m, 촌락지구 70m로 산정하였다.

2. 계획가로 가구확정 계산 말박기

종별	지구별 산정기준 면적	번화지구 5만m²		보통지구 10만m²		촌락지구 30만m²	
	자료조사현지답사		1일		1일		2일
계산	작 업 계 획 또 는 준 비	보설(補設) 다각측량포함	3일	좌동	3일	좌동	4일
	준 거 점 의 위치관측계산	214×0.2=42점 1일 10점	4.2일	270×0.2=54점 1일 10점	5.4일	551×0.2=110점 1일 10점	11일
	중 심 점 계 산	51점 1일8점	6.3일	68점 1일8점	8.5일	138점 1일8점	17.2일
	가 구 계 산	17가구 1일3가구	5.5일	21가구 1일3가구	7일	42가구 1일3가구	14.3일
	제 도		4일		5.5일		13일
	점 검 정 리		1일		1.5일		3일

종별 \ 지구별 산정기준 면적		변화지구 5만㎡		보통지구 10만㎡		촌락지구 30만㎡	
말 박 기	자료조사현지답사		1일		1일		2일
	작업계획및준비	보설다각측량포함	3일	좌동	4.5일	좌동	6일
	중 심 점 가 구 점 말 박 기 계 산 점	51+163=214점 1일50점	4.2일	68+202=270점 1일50점	5.4일	138+413=551점 1일50점	11일
	중 심 점 가 구 점 말 박 기 작 업	51+163=214점 1일50점	14.2일	68+202=270점 1일17점	15.8일	138+413=551점 1일19점	29일
	말박기도면작성 및점의조서작성		2일		3일		6일
	현 지 인 계		1일		1일		1일
	점 검 정 리		1일		1일		1일

[주] ① 본 표에서 준거점의 위치의 관측계산에서 점수를 중심점과 가구점수의 합의 20%로 하였다.
② 1일 10점이란 1반당 능률이며 측정 좌표계산을 포함한다.
③ 가구점은 1블록의 모서리점 8점으로 하고 결점을 20% 가산한 것이다.

3. 획지확정 계산 말박기

종별 \ 지구별 산정기준 면적		변화지구 5만㎡		보통지구 10만㎡		촌락지구 30만㎡	
계 산	자료조사현지답사		1일		1일		2일
	작 업 계 획 또 는 준 비	보설 다각측량포함	3일	보설 다각측량포함	3일	보설 다각측량포함	3일
	준 거 점 의 위 치 관 측 계 산	510×0.1=51점 1일 10점	5일	756×0.1=76점 1일 10점	7.6일	1,290×0.1=129점 1일 10점	13일
	확 정 계 산	$\frac{270}{16}+\frac{510}{60}$ $=25.3$일	25.3일	$\frac{390}{16}+\frac{756}{60}$ $=36.9$일	37일	$\frac{710}{16}+\frac{1290}{60}$ $=65.8$일	65일
	제 도		7.5일		10.6일		22일
	점 검 정 리		2일		3일		6일

지구별 종별	산정기준 면적	번화지구 5만㎡		보통지구 10만㎡		촌락지구 30만㎡	
말 박 기	자료조사현지답사		1일		1일		2일
	작업계획 및 준비	보설다각측량포함	3일	보설다각측량포함	4일	보설다각측량포함	5일
	말 박 기 계 산	510점 1일 60점	8.5일	756점 1일 60점	12.6일	1290점 1일 60점	21.5일
	말 박 기 작 업	510점 1일 16점	31.8일	756점 1일 18점	42일	1290점 1일 20점	63일
	말박기도면작성		1.5일		1.5일		2.5일
	현 지 인 계		2일		2일		4일
	점 검 정 리		1일		1일		1일

4. 계획가로 가구확정 계산측량

지구별 산정기준면적 종별 \ 직명	번화지구 5만㎡					보통지구 10만㎡					촌락지구 30만㎡				
	고급기술자	중급기술자	초급기술자	초급기능사(측량)	인부	고급기술자	중급기술자	초급기술자	초급기능사(측량)	인부	고급기술자	중급기술자	초급기술자	초급기능사(측량)	인부
자료조사 현지답사	1	1	1	-	-	1	1	1	-	-	2	2	2	-	-
작업계획 또는 준비	-	3	3	2	2	-	3	3	2	2	-	4	4	3	3
준거점의위치 관측 및 계산	-	4	4	3	3	-	5.5	5.5	4	4	-	11	11	9	9
중 심 점 계 산	1.5	6.5	6.5	-	-	2.5	8.5	8.5	-	-	3	17.5	17.5	-	-
가 구 계 산	0.5	5.5	5.5	-	-	0.5	7	7	-	-	1	14.5	14.5	-	-
제 도	-	4	4	-	-	-	5.5	5.5	-	-	-	13	13	-	-
점 검 정 리	1	1	1	-	-	1	1.5	1.5	-	-	2	3	3	-	-
계	4	25	25	5	5	5	32	32	6	6	8	65	65	12	12

5. 계획가로 가구확정 말박기측량

지구별	번화지구					보통지구					촌락지구				
산정기준면적	5만㎡					10만㎡					30만㎡				
종별 \ 직명	고급기술자	중급기술자	초급기술자	초급기능사(측량)	인부	고급기술자	중급기술자	초급기술자	초급기능사(측량)	인부	고급기술자	중급기술자	초급기술자	초급기능사(측량)	인부
자료조사 현지답사	1	1	1	-	-	1	1	1	-	-	2	2	2	-	-
작업계획 또는 준비	-	3	3	2	2	-	4.5	4.5	3	3	-	6	6	4	4
중심점 가구점 말박기 계산	-	4	4	-	-	-	5.5	5.5	-	-	-	11	11	-	-
중심점 가구점 말박기 작업	1	14	14	14	14	2	16	16	16	16	3	29	29	29	29
말박기도면작성 및 점의조서작성	-	2	2	-	-	-	3	3	-	-	-	6	6	-	-
현 지 인 계	-	1	1	1	-	-	1	1	1	-	-	1	1	1	1
점 검 정 리	1	1	1	-	1	1	1	1	-	1	1	1	1	-	-
계	3	26	26	17	17	4	32	32	20	20	6	56	56	34	34

6. 획지확정 계산측량

지구별	번화지구					보통지구					촌락지구				
산정기준면적	5만㎡					10만㎡					30만㎡				
종별 \ 직명	고급기술자	중급기술자	초급기술자	초급기능사(측량)	인부	고급기술자	중급기술자	초급기술자	초급기능사(측량)	인부	고급기술자	중급기술자	초급기술자	초급기능사(측량)	인부
자료조사 현지답사	1	1	1	-	-	1	1	1	-	-	2	2	2	-	-
작업계획 또는 준비	-	3	3	2	2	-	3	3	2	2	-	3	3	2	2

지구별 산정기준면적\종별\직명	번화지구 5만㎡					보통지구 10만㎡					촌락지구 30만㎡				
	고급기술자	중급기술자	초급기술자	초급기능사(측량)	인부	고급기술자	중급기술자	초급기술자	초급기능사(측량)	인부	고급기술자	중급기술자	초급기술자	초급기능사(측량)	인부
준거점의 위치 관측 및 계산	-	5	5	4	4	-	7.5	7.5	6	6	-	13	13	11	11
확 정 계 산	3	25.5	25.5	-	-	4	37	37	-	-	7	65	65	-	-
제 도	-	7.5	7.5	-	-	-	10.5	10.5	-	-	-	22	22	-	-
점 검 정 리	1	2	2	-	-	2	3	3	-	-	3	6	6	-	-
계	5	44	44	6	6	7	62	62	8	8	12	111	111	13	13

7. 획지확정 말박기측량

지구별 산정기준면적\종별\직명	번화지구 5만㎡					보통지구 10만㎡					촌락지구 30만㎡				
	고급기술자	중급기술자	초급기술자	초급기능사(측량)	인부	고급기술자	중급기술자	초급기술자	초급기능사(측량)	인부	고급기술자	중급기술자	초급기술자	초급기능사(측량)	인부
자료조사 현지답사	1	1	1	-	-	1	1	1	-	-	2	2	2	-	-
작업계획 또는 준비	-	3	3	2	2	-	4	4	3	3	-	5	5	4	4
말박기계산	-	8.5	8.5	-	-	-	12.5	12.5	-	-	-	21.5	21.5	-	-
말박기작업	1	32	32	32	32	2	42	42	42	42	3	65	65	65	65
말박기도면작성	-	1.5	1.5	-	-	-	1.5	1.5	-	-	-	2.5	2.5	-	-
현 지 인 계	-	2	2	2	2	-	3	3	3	3	-	4	4	4	4
점 검 정 리	1	1	1	-	-	1	1	1	-	-	1	1	1	-	-
계	3	49	49	36	36	4	65	65	48	48	6	101	101	73	73

8. 지구계(공구계) 측량

종별 \ 직명	고급 기술자	중급 기술자	초급 기술자	초급 기능사 (측량)	인부	비고
자 료 조 사	-	0.5	0.5	-	-	다각점성과표, 점의 조서 등의 조사. 경계점의 현지입회, 다각점현지확인 보조 다각을 포함 좌표, 거리, 방위각, 면적의 계산
현 지 답 사	1	2	2	2	2	
경 계 점 측 정	-	7	7	7	7	
계　　산	1	4	4	-	-	
경계점검의 조 서 작 성	-	-	6	2	2	
제　　도	0.5	2	2	-	-	
점 검 정 리	0.5	0.5	0.5	-	-	
계	3	16	22	11	11	

[주] ① 가구(街區)확정 측량이란 현황측량 성과 및 사업계획에 의하여 결정한 계획가로 등의 각 조건에 따라 노선의 연장 및 폭원과 가구의 변장, 형상, 면적 등을 확정하고 이를 현지에 표시하는 것이며 다음과 같은 작업을 한다.
　㉮ 작업준비(자료조사, 확정조건의 수령 및 현지관찰)
　㉯ 계획가로의 중심점 및 준거점(계획가로 설계상의 조건, 건물, 지물점 등)의 측정 및 계산
　㉰ 중심점 좌표, 중심점간 거리, 방위각의 계산
　㉱ 가구변장, 가구좌표, 가구면적의 계산
　㉲ 중심점, 절점, 가구점의 설정
　㉳ 가구확정 원도 작성 및 복사
② 획지(劃地)확정 측량이란 가구의 확정측량 성과 및 환지설계에서 정한 제조건에 따라 택지의 변장 및 경계점의 위치를 정하고 이를 현지에 표시하여 환지의 위치, 형상, 면적을 확정하는 것으로서 다음과 같은 작업을 한다.
　㉮ 작업준비(자료조사, 확정조건 수령 및 현지관찰)
　㉯ 확정계산(획지변장, 협각, 면적계산)
　㉰ 현지표시
　㉱ 확정측량 원도 작성 및 복사
③ 지구계(地區界) 측량이란 사업계획에서 정한 시행지구(공구)의 경계점의 위치

를 정하고 그 경계선을 확정하는 것으로서 다음과 같은 작업을 말한다.
㉮ 작업준비(자료조사 경계점 입회)
㉯ 각의 관측 및 거리측정
㉰ 경계점 좌표 경계점간 거리 및 방위각 지구(공구)면적 계산
㉱ 제도
④ 보상비, 재료비, 소모품비 등은 별도 계상한다.
⑤ 본 품의 외업에 동원되는 기술인원에 대한 여비는 국토교통부장관이 고시한 측량용역대가기준에 따라 별도 계상한다.
⑥ 본 품에서 점검측량 및 성과심사에 소요되는 비용은 별도 계상한다. 다만, 성과심사비는 국토교통부장관이 고시한 공공측량 성과심리업무처리규정에 따른다.
⑦ 본품에서 사용되는 측량기기의 상각비·정비비는 별도 계상한다.
⑧ 본 품에는 다음의 성과 작성품이 포함되어야 한다.
　㉮ 계획가로 가구확정 측량관계
　　㉠ 준거점의 관측수부 및 계산서　　　각 1부
　　㉡ 중심점 계산서　　　　　　　　　　1부
　　㉢ 중심점 말박기 계산서(부도 포함)　1부
　　㉣ 중심점 성과표(망도 포함)　　　　 1부
　　㉤ 중심점의 점의 조서　　　　　　　 1부
　　㉥ 가구 계산서　　　　　　　　　　　1부
　　㉦ 가구 원자료　　　　　　　　　　　1부
　　㉧ 가구말박기 계산서(부도 포함)　　 1부
　㉯ 획지확정 측량관계
　　㉠ 획지조검정 관측수부 및 계산서　　각 1부
　　㉡ 획지변장 계산서　　　　　　　　　1부
　　㉢ 획지확부 계산서　　　　　　　　　1부
　　㉣ 획지말박기 계산서(부도 포함)　　 1부
　　㉤ 획지측량 원도　　　　　　　　　　1부
　　㉥ 동상(同上)제도 원도　　　　　　　1부
　㉰ 지구계 측량관계
　　㉠ 지구계점 관측수부 및 계산서　　　각 1부

ⓛ 지구면적 계산서   1부
ⓒ 지구계점 성과표(망도 포함) 1부
ⓔ 지구계점 점의 조서   1부
ⓜ 지구계 원도   1부
ⓗ 동상 제도 원도   1부

동시작업일 경우에는 지구계 원도는 가구확정원도 및 확정측량원도에 전개한다. '제도' 원도도 이에 준한다.

[계산 예]

1. 계획가로 가구확정 측량

구분 \ 지구별	번화지구 5만m²			보통지구 10만m²			촌락지구 30만m²		
	수량	단가	금액	수량	단가	금액	수량	단가	금액
고 급 기 술 자	4	w_1	$W_1=4 \times w_1$	5	w_1	$W_1=5 \times w_1$	8	w_1	$W_1=8 \times w_1$
중 급 기 술 자	25	w_2	$W_2=25 \times w_2$	32	w_2	$W_2=32 \times w_2$	65	w_2	$W_2=65 \times w_2$
초 급 기 술 자	25	w_3	$W_3=25 \times w_3$	32	w_3	$W_3=32 \times w_3$	65	w_3	$W_3=65 \times w_3$
초급기능사(측량)	5	w_4	$W_4=5 \times w_4$	6	w_4	$W_4=6 \times w_4$	12	w_4	$W_4=12 \times w_4$
인 부	5	w_5	$W_5=5 \times w_5$	6	w_5	$W_5=6 \times w_5$	12	w_5	$W_5=12 \times w_5$
계			ΣW_i			ΣW_i			ΣW_i

2. 계획가로 가구확정 말박기 측량

구분 \ 지구별	번화지구 5만m²			보통지구 10만m²			촌락지구 30만m²		
	수량	단가	금액	수량	단가	금액	수량	단가	금액
고 급 기 술 자	3	w_1	$W_1=3 \times w_1$	4	w_1	$W_1=4 \times w_1$	6	w_1	$W_1=6 \times w_1$
중 급 기 술 자	26	w_2	$W_2=26 \times w_2$	32	w_2	$W_2=32 \times w_2$	56	w_2	$W_2=56 \times w_2$
초 급 기 술 자	26	w_3	$W_3=26 \times w_3$	32	w_3	$W_3=32 \times w_3$	56	w_3	$W_3=56 \times w_3$
초급기능사(측량)	17	w_4	$W_4=17 \times w_4$	20	w_4	$W_4=20 \times w_4$	34	w_4	$W_4=34 \times w_4$
인 부	17	w_5	$W_5=17 \times w_5$	20	w_5	$W_5=20 \times w_5$	34	w_5	$W_5=34 \times w_5$
계			ΣW_i			ΣW_i			ΣW_i

9-3-5 용지측량

지구별 종별	직명	시가지				평지				촌락지				구릉지			
		고급기술자	중급기술자	초급기술자	초급기능사(측량)	고급기술자	중급기술자	초급기술자	초급기능사(측량)	고급기술자	중급기술자	초급기술자	초급기능사(측량)	고급기술자	중급기술자	초급기술자	초급기능사(측량)
토지등기부 지적도 또는 소유권조사		2	6	12	-	1.5	5	10	-	1	4	8	-	1	3	6	-
공공용지사정입회 및 민간인경계입회		5	10	15	15	4	8	12	12	3	6	9	9	2	5	8	8
경계도근측량		-	8	8	16	-	6	6	12	-	4	4	8	-	3	3	7
용지측량	외업	3	15	15	30	2	10	10	20	1	7	7	14	1	6	6	13
	내업	(20)	(40)	(40)	-	(15)	(30)	(30)	-	(10)	(20)	(20)	-	(9)	(18)	(18)	-
계		30	79	90	61	22.5	59	68	44	15	41	48	31	13	35	41	28

[주] ① 용지측량은 계획노선 내의 토지가격 산정, 평가 및 용지매수 등을 목적으로 하는 것이며 대체로 다음과 같은 작업을 한다.
㉮ 토지등기부 지적공부 및 권리관계조사를 하며 등기소, 시·군청 등에서 관계서류를 열람 또는 복사하여 필요사항을 조사한다.
㉯ 공공용지 사정 및 경계입회
공공용지 사정은 지주(관리자)의 입회하에 경계를 결정한다.
② 경계도근 측량은 기지 기준점만을 이용하는 것이 불편할 경우 경계점 관측에 편리한 기준점을 설치하는 것이다.
③ 평면도의 축척은 1/300~1/600을 기준으로 하였다.
④ 외업은 결정된 경계점을 관측하여 좌표를 산출하는 방법과 평판측량으로 경계점을 실측 도시하는 방법이 있으나 어느 방법이든 간에 본품을 그대로 적용한다.
⑤ 내업은 좌표를 전개하여 삼사법(구적기 사용 포함)에 의하여 면적을 산출하는 것이며, 경우에 따라 좌표계산법에 의하여 면적을 구하는 방법도 있으나, 이 때는 20% 이상 증가할 수 있다.

⑥ 하천의 용지측량은 경계결정이 곤란하므로 20% 이내 증가할 수 있다.
⑦ 본 품은 연장 500m, 폭원 50m(도로폭원을 포함), 면적 25,000㎡, 수(筆數)는 시가지(갑) 240필, 시가지(을) 200필, 교외촌락지 160필, 농지 구릉지 120필을 표준으로 한 것이다.
⑧ 교외지, 농지, 구릉지에 있어서는 좌표계산법에 의할 때는 20% 이상 증액한다.
⑨ 보상비 및 재료비, 소모품비 등은 실정에 따라 별도 계상한다.
⑩ 본 품의 외업에 동원되는 기술인원에 대한 여비는 국토교통부장관이 고시한 측량용역대가기준에 따라 별도 계상한다.
⑪ 본 품에서 점검측량 및 성과심사에 소요되는 비용은 별도 계상한다. 다만, 성과심사비는 국토교통부장관이 고시한 측량성과 심사수탁기관의 심사업무 및 지정절차 등에 관한 규정에 따른다.
⑫ 본 품에서 사용되는 측량기기의 상각비·정비비는 별도 계상한다.
⑬ 본 품에는 다음의 성과작성품이 포함되었다.

㉮ 지적도(공도)사본 2부   ㉯ 용지구적원도 1부
㉰ 용지제도원도 2부   ㉱ 용지평판원도 1부
㉲ 용지조서 5부   ㉳ 차치권계산서 5부
㉴ 용지계산서 5부   ㉵ 필별본필도(등기신청용)실측도 포함 각 2부
㉶ 공공용지 경계사정도 2부 ㉷ 토지대장 및 등기부사본 1부
㉸ 경계표점계산서 및 면적계산(좌표계산법의 경우) 1부
㉹ 경계다각계산서 및 성과표 각 1부

[계산 예]

1. 축척 1/300, 면적 25,000㎡, 연장 500m, 폭원 50m, 필수 240필인 경우(시가지 갑)

구 분	수량	단가	금액(W_i)	비고
고급기술자	30	w_1	$W_1 = 30 \times w_1$	면적이 증감될 때에는 그 비율만큼 증감한다.
중급기술자	79	w_2	$W_2 = 79 \times w_2$	
초급기술자	90	w_3	$W_3 = 90 \times w_3$	
초급기능사(측량)	61	w_4	$W_4 = 61 \times w_4$	
계			ΣW_i	

(2) 축척 1/300, 면적 50,000m², 연장 1,000m, 폭원 50m, 필수 400필(시가지 을)인 경우

구 분	수량	단가	금액(W_i)
고 급 기 술 자	22.5×2=45	w_1	$W_1=45 \times w_1$
중 급 기 술 자	59.0×2=118	w_2	$W_2=118 \times w_2$
초 급 기 술 자	68.0×2=136	w_3	$W_3=136 \times w_3$
초급기능사(측량)	44.0×2=88	w_4	$W_4=88 \times w_4$
계			ΣW_i

9-3-6 도시계획선 (인선) (2005년 신설, 2009년 보완)

구분 작업별	일수	인원수								비고
		1일당				합계				
		지적기사	지적산업기사	지적기능사	인부	지적기사	지적산업기사	지적기능사	인부	
자 료 조 사	(0.09)		1				(0.09)			
계 획 준 비	(0.03)	1	1			(0.03)	(0.03)			
지적전산파일변환	(0.13)		1				(0.13)			
성 과 작 성	(0.11)		1				(0.11)			( )는 내업임
대 조 수 정	(0.07)	1				(0.07)				
점 검	(0.04)	1				(0.04)				
성 과 인 계	(0.03)	1				(0.03)				
합계	(0.50)					(0.17)	(0.36)			

[주] ① 등록계수

지적공부 등록지(토지, 임야)별로 다음의 계수를 곱하여 계상한다.

구분 내용	토지	임야
계수	1.00	1.28

② 기타사항
- 본 품은 도시계획선을 프로그램을 이용하여 도면에 선을 연결하는 품이다.
- 본 품은 지적도 크기의 1장을 기준으로 한 것이다.
- 본 품에 사용되는 기계경비 및 재료소모품비는 별도 계상한다.

9-4 노선측량

9-4-1 노선측량 (철도, 도로 신설) (2024년 보완)

1. 진행기준

(1반1일) (1km당 1반 소요일수)

구 분	노선선정		노선선점		중심선측량		종단측량		횡단측량		용지경계 말뚝설치	
	진행기준(m)	일수	진행기준(m)	일수	진행기준(m)	일수	진행기준(m)	일수	진행기준(m)	일수	진행기준(m)	일수
보통시가지	250	4.0	500	2.0	200	5.0	500	2.0	250	4.0	120	8.3
교외촌락지	250	4.0	1,000	1.0	250	4.0	500	2.0	250	4.0	330	3.0
농지·구릉지	500	2.0	2,000	0.5	400	2.5	1,000	1.0	400	2.5	400	2.5
삼 림 지	200	5.0	400	2.5	150	6.7	330	3.0	170	6.0		
비 고					중심점 간격 20m		수준측표 1km마다 설치		간격 20m 폭원좌우 30m			

2. 작업별 인원편성

(1반 1일)

작업	직급별	노선선정	노선선점	중심선측량	종단측량	횡단측량	용지경계 말뚝설치
외업	고 급 기 술 자	2	1	1	-	-	-
	중 급 기 술 자	1	1	1	1	1	1
	초 급 기 술 자	2	2	1	1	1	3
	초급기능사(측량)	-	2	2	2	2	-
내업	고 급 기 술 자	2	0.5	0.5	-	-	0.5
	중 급 기 술 자	1	0.5	0.5	-	-	-
	초 급 기 술 자	-	-	-	1	1	-
	초급기능사(측량)	-	-	-	2	2	-

3. 지역별 소요인부

(1반 1일)

종 별	노선선정	노선선점	중심선 측량	종단측량	횡단측량	용지경계 말뚝설치
보통시가지	-	2	2	1	1	1
교외촌락지	2	3	3	1	2	1
농지·구릉지	1	2	2	1	1	0.5
산림지	2	3	3	1	2	-

[주] ① 중심선 측량은 1km간에 곡선이 30% 정도 있는 것을 기준으로 한 것이다.
② 기준점측량(평면)은 요구 정확도에 따라 [토목부문] 9-1-4 3급기준점측량, 9-1-5 4급기준점측량 품을 적용한다.
③ 기준점측량(표고)은 요구 정확도에 따라 [토목부문] 9-2-2 2등 수준측량 품을 적용한다.
④ 지형현황측량을 실시할 경우 [토목부문] 9-3-1 지형현황 품을 적용한다.
⑤ 노선측량이란 노선(도로, 철도 등)을 설계하기 위한 측량으로서 지형, 지질에 따라 적정한 노선을 선정하여야 하므로 충분한 경험과 기술, 창의력을 가진 측량기술자가 실시하여야 한다.
⑥ 지구별 구분은 다음과 같다.
  ㉮ 보통 시가지라 함은 도시 시설물 또는 교통량에 의하여 주간작업에 다소 지장을 주는 군청 소재지 및 시 등을 말하며 도청 소재지 이상의 도시로서 교통의 장애로 주간작업에 심한 장애를 주는 도시의 시가지 노선측량은 실정에 따라 가산 계상한다.
  ㉯ 교외 및 촌락지라 함은 전항에 미치지 못하는 촌락 소도시 또는 대도시의 교외를 말한다.
  ㉰ 농지 또는 구릉지라 함은 작업상의 장애물이 거의 없는 지역을 말한다.
  ㉱ 산림지라 함은 수목 등의 장애물이 있고 경사도가 심한 지역을 말한다.
⑦ 도로노선에 있어 '클로소이드' 완화곡선의 설정이 1km간 연속할 때에 중심선 측량은 지형에 따라 증가할 수 있다.

⑧ 예비측량과 본측량은 구별되며, 이를 일괄하여 위탁받았을 때에는 예비측량에 관한 품은 별도 계상한다.
⑨ 노선측량은 다만 노선의 선형을 정하는 것으로서 기타 공작물 설계측량, 용지측량, 시공측량, 토공량산정 등에 소요되는 자재 및 품은 별도 계상한다.
⑩ 교량, 터널 등의 설계비용은 포함하지 않았다.
⑪ 보상비, 재료비, 소모품비 등은 실정에 따라 별도 계상한다.
⑫ 본 품의 외업에 동원되는 기술인원에 대한 여비는 국토교통부장관이 고시한 측량용역대가기준에 따라 별도 계상한다.
⑬ 본 품에서 점검측량 및 성과심사에 소요되는 비용은 별도 계상한다. 다만, 성과심사비는 국토교통부장관이 고시한 측량성과 심사수탁기관의 심사업무 및 지정절차 등에 관한 규정에 따른다.
⑭ 본 품에서 사용되는 측량기기의 상각비·정비비는 별도 계상한다.
⑮ 본 품에는 다음의 성과 작성품이 포함되었다.
  ㉮ 노선 평면 원도 및 제도원도 각 1부   ㉯ 종단 원도 및 제도원도 각 1부
  ㉰ 횡단 원도 및 제도원도 각 1부

[계산 예]

보통 시가지의 경우(1km당)

종별	구분	노선선정	소요일수	소요인원	노선점	소요일수	소요인원	중심선측량	소요일수	소요인원	종단측량	소요일수	소요인원	횡단측량	소요일수	소요인원	용지경계말뚝설치	소요일수	소요인원
외업	고급기술자	2	4	8	1	2	2	1	5	5	-	-	-	-	-	-	-	-	-
	중급기술자	1	4	4	1	2	2	1	5	5	1	2	2	1	4	4	1	8.3	8.3
	초급기술자	2	4	8	1	2	2	1	5	5	1	2	2	1	4	4	3	8.3	24.9
	초급기능사(측량)	-	-	-	2	2	4	2	5	10	2	2	4	2	4	8	-	-	-
	인부	-	-	-	2	2	4	2	5	10	1	2	2	1	4	4	1	8.3	8.3

종별	구 분	노선선정	소요일수	소요인원	노선선점	소요일수	소요인원	중심선측량	소요일수	소요인원	종단측량	소요일수	소요인원	횡단측량	소요일수	소요인원	용지경계말뚝설치	소요일수	소요인원
내업	고급기술자	2	4	8	0.5	2	1	0.5	5	2.5	-	-	-	-	-	-	0.5	8.3	4.1
	중급기술자	1	4	4	0.5	2	1	0.5	5	2.5	-	-	-	-	-	-	-	-	-
	초급기술자	-	-	-	-	-	-	-	-	-	1	2	2	1	4	4	-	-	-
	초급기능사(측량)	-	-	-	-	-	-	-	-	-	2	2	4	2	4	8	-	-	-

9-4-2 수도노선 측량

1. 진행기준

(1반1일) (1km당 1반 소요일수)

측량별 지구별	중심선측량		종단측량		횡단측량	
	진행기준	일수	진행기준	일수	진행기준	일수
번화시가지	400m	2.5일	1,000m	1.0일	500m	2.0일
보통시가지	500	2.0	1,500	0.7	1,000	1.0
교외시가지	1,000	1.0	2,000	0.5	1,500	0.7

2. 작업별 인원편성

구분	직명\작업별	중심선측량	종단측량	횡단측량
외업	고급기술자	1	-	-
	중급기술자	1	1	1
	초급기술자	1	1	1
	초급기능사(측량)	2	2	2
내업	고급기술자	-	-	-
	중급기술자	0.5	-	-
	초급기술자	0.5	1	1
	초급기능사(측량)	-	2	2
	합 계	6	7	7

3. 소요인부

구 분	중심선측량	종단측량	횡단측량
번화시가지	2	2	2
보통시가지	1	1	1
교외시가지	1	1	1

[주] ① 보상비, 재료비, 소모품비 등은 실정에 따라 별도 계상한다.
② 이 품은 평탄한 지역을 기준으로 하였으므로 교통이 극히 곤란하며 기복이 심한 지역은 실정에 따라 증가할 수 있다.
③ 본 품의 외업에 동원되는 기술인원에 대한 여비는 국토교통부장관이 고시한 측량용역대가기준에 따라 별도 계상한다.
④ 본 품에서 점검측량 및 성과심사에 소요되는 비용은 별도 계상한다. 다만, 성과심사비는 국토교통부장관이 고시한 측량성과 심사수탁기관의 심사업무 및 지정절차 등에 관한 규정에 따른다.
⑤ 본 품에서 사용되는 측량기기의 상각비·정비비는 별도 계상한다.
⑥ 본 품에는 다음의 성과 작성품이 포함되어 있다.
　㉮ 노선평면도 및 제도원도 각 1부
　㉯ 종단원도 및 제도원도 각 1부
　㉰ 횡단원도 및 제도원도 각 1부
⑦ 수도노선측량은 철도측량 및 도로측량 등과는 다르다.
　즉, 유수의 손실수두를 최소로 하며, 후속되는 공사비도 경제적으로 시행되도록 하기 위하여 적절한 곡률과 구배를 선정하며 지형·지질 등을 충분히 조사하여 결정하여야 한다.
⑧ 중심선측량은 노선 선점작업도 포함된 것으로 한다.
⑨ 평면측량은 중심선 설정 후에 중심선을 기준으로 하여 좌우 각 15m정도로 한다.

[계산 예]

변화 시가지의 경우

구 분	작업별인원수				단가	금액(W_i)
	중심선측량	종단측량	횡단측량	계		
고급기술자	1	–	–	1	w_1	$W_1=1×w_1$
중급기술자	1.5	1	1	3.5	w_2	$W_2=3.5×w_2$
초급기술자	1.5	2	2	5.5	w_3	$W_3=5.5×w_3$
초급기능사(측량)	2	4	4	10	w_4	$W_4=10×w_4$
인부	2	2	2	6	w_5	$W_5=6×w_5$
계						ΣW_i

9-4-3 디지털 도로대장 작성 (2025 보완)

1. MMS측량 자료를 이용하여 작성하는 경우

(단위 : 10km)

작업구분	투입인원				비 고
	특급 기술자	고급 기술자	중급 기술자	초급 기술자	
작업계획 및 준비	(0.5)	(1.1)	1		( )내는 내업을 표시함
객체추출 및 묘사	(1.0)	(3.0)	(8.0)	(8.0)	
현황측량 및 조사		1.0	6.0	3.0	
정위치편집		(0.8)	(1.2)	(2.0)	
구조화편집		(1.6)	(4.0)	(2.4)	
정리 및 점검	(0.2)	(0.8)	(0.6)		
계	(1.7)	1.0 (7.3)	6.0 (13.8)	3.0 (12.4)	

[주] ① MMS측량 자료를 이용하여 도로대장을 작성하는 경우라 함은 MMS에 의해 취득된 점군 데이터를 활용하여 도로대장을 디지털화하는 일련의 작업과정을 의미한다.

② MMS 측량을 직접 시행하는 경우 '작업계획 및 준비' 작업을 제외하고, '[토목부문] 9-6-9 정밀도로지도 구축'의 품을 적용한다.(작업계획, GNSS 기준국

운영, MMS 자료수집, GNSS/INS 통합계산, 기준점 선점, MMS 표준자료 제작, 이미지처리(보안처리) 공종 적용)
㉮ MMS 표준자료 제작을 위한 기준점 측량은 '[토목부문] 9-1-5 4급 기준점 측량'을 적용하며, "지형유형에 따른 계수(K)"는 밀집시가지(1.3)을 적용한다.
③ 지형 구분에 따른 계수(객체추출 및 묘사, 현황측량 및 조사, 정위치편집, 구조화편집 공종에 적용)

지형구분	증감계수	비 고
밀집시가지	1.7	건물 및 도로가 시가지 면적의 90% 이상인 지형
시가지	1.3	건물 및 도로가 시가지 면적의 70% 이상인 지형
그 외 지역	1.0	밀집시가지 및 시가지 외 지역

④ 본 품은 작업 단위를 10km로 적용하며, 사용되는 기계의 상각비·정비비는 별도 계상한다.
   ㉮ 객체추출 및 묘사, 정위치편집, 구조화편집의 기계비 산정은 '[토목부문] 9-6-4/2. 수동입력'의 품을 적용한다.
   ㉯ 현황측량 및 조사의 기계비 산정은 '[토목부문] 9-6-8 상각비 산정'을 적용한다.
⑤ 본 품의 외업에 동원되는 기술인원에 대한 여비는 국토교통부 장관이 고시한 측량용역대가기준에 따라 별도 계상한다.
⑥ 본 품에는 인접부의 접합작업이 포함되어 있다.
⑦ 측량연장이 1km이하인 경우에는 1km 품으로 한다.
⑧ 본 품에서 성과심사에 소요되는 비용은 국토교통부장관이 고시한 측량성과 심사수탁기관의 심사업무 및 지정절차 등에 관한 규정에 따라 별도 계상한다.
⑨ 본 품에는 다음의 성과품 작성이 포함되어야 한다.
   ㉮ 도로대장 공간정보 레이어(shp)
   ㉯ 표지(jpg 등)
   ㉰ 기타 MMS측량과 관련된 성과품은 정밀도로지도의 구축 및 갱신 등에 관한 규정을 따른다.

[설계 예]
① 설계제원
    ㉮ 도로연장 : 10km
    ㉯ 지형구분 : 그 외 지역
    ㉰ 증감계수 : 1.0
    ㉱ 작업방법 : MMS측량
② 설계
    ㉮ 인건비

(단위 : 인)

작업구분	특급 기술자	고급 기술자	중급 기술자	초급 기술자	비고
작업계획 및 준비	0.5	1.1			특급 0.5×10 고급 1.1×10
객체추출 및 묘사	1.0	3.0	8.0	8.0	특급 1.0×10×1.0 고급 3.0×10×1.0 중급 8.0×10×1.0 초급 8.0×10×1.0
현황측량 및 조사		1.0	6.0	3.0	고급 1.0×10×1.0 중급 6.0×10×1.0 초급 3.0×10×1.0
정위치편집		0.8	1.2	2.0	고급 0.8×10×1.0 중급 1.2×10×1.0 초급 2.0×10×1.0
구조화편집		1.6	4.0	2.4	고급 1.6×10×1.0 중급 4.0×10×1.0 초급 2.4×10×1.0
정리 및 점검	0.2	0.8	0.6		특급 0.2×10 고급 0.8×10 중급 0.6×10
계	1.7	8.3	19.8	15.4	45.2

㈋ 기계비

항 목	장비구분	상각비	정비비
객체추출 및 묘사	컴퓨터	20일	20일
현황측량 및 조사	현황측량장비	10일	10일
정위치편집	컴퓨터	3일	3일
구조화편집	컴퓨터	8일	8일

2. 현황측량 자료를 이용하여 작성하는 경우

(단위 : 10km)

| 작업구분 | 투입인원 | | | | 비 고 |
	특급 기술자	고급 기술자	중급 기술자	초급 기술자	
작업계획 및 준비	(0.3)	(0.7)			( )내는 내업을 표시함
현황측량 및 조사		5.0	30.0	15.0	
정위치편집		(2.8)	(4.3)	(7.1)	
구조화편집		(1.6)	(4.0)	(2.4)	
정리 및 점검	(0.1)	(0.5)	(0.4)		
계	(0.4)	5.0 (5.6)	30.0 (8.7)	15.0 (9.5)	

[주] ① 현황측량 자료를 이용하여 도로대장을 작성하는 경우라 함은 현황측량 및 조사를 통해 도로대장을 디지털화하여 작성하는 일련의 작업과정을 의미한다.
② 지형 구분에 따른 계수(현황측량 및 조사, 정위치편집, 구조화편집, 공종에 적용)

지형구분	증감계수	비 고
밀집시가지	1.7	건물 및 도로가 시가지 면적의 90% 이상인 지형
시가지	1.3	건물 및 도로가 시가지 면적의 70% 이상인 지형
그 외 지역	1.0	밀집시가지 및 시가지 외 지역

③ 본 품은 작업 단위를 10km로 적용하며, 사용되는 기계의 상각비·정비비는 별도 계상한다.
　㉮ 정위치편집, 구조화편집의 기계비 산정은 '[토목부문] 9-6-4/2. 수동입력'의 품을 적용한다.
　㉯ 현황측량 및 조사의 기계비 산정은 '[토목부문] 9-6-8 상각비 산정'을 적용한다.

④ 본 품의 외업에 동원되는 기술인원에 대한 여비는 국토교통부 장관이 고시한 측량용역대가기준에 따라 별도 계상한다.

⑤ 본 품에는 인접부의 접합작업이 포함되어 있다.

⑥ 측량연장이 1km이하인 경우에는 1km 품으로 한다.

⑦ 본 품에서 성과심사에 소요되는 비용은 국토교통부장관이 고시한 측량성과 심사수탁기관의 심사업무 및 지정절차 등에 관한 규정에 따라 별도 계상한다.

⑧ 본 품에는 다음의 성과품 작성이 포함되어야 한다.

㉮ 도로대장 공간정보 레이어(shp)

㉯ 표지(jpg 등)

[설계 예]

① 설계 제원

㉮ 도로연장 : 10km

㉯ 지형구분 : 그 외 지역

㉰ 증감계수 : 1.0

㉱ 작업방법 : 현황측량

② 설계

㉮ 인건비

(단위 : 인)

작업구분	특급 기술자	고급 기술자	중급 기술자	초급 기술자	비고
작업계획 및 준비	0.3	0.7			특급 0.3×10 고급 0.7×10
현황측량 및 조사		5.0	30.0	15.0	고급 5.0×10×1.0 중급 30.0×10×1.0 초급 15.0×10×1.0
정위치편집		2.8	4.3	7.1	고급 2.8×10×1.0 중급 4.3×10×1.0 초급 7.1×10×1.0

작업구분	특급 기술자	고급 기술자	중급 기술자	초급 기술자	비고
구조화편집		1.6	4.0	2.4	고급 1.6×10×1.0 중급 4.0×10×1.0 초급 2.4×10×1.0
정리 및 점검	0.1	0.5	0.4		특급 0.1×10 고급 0.5×10 중급 0.4×10
계	0.4	10.6	38.7	24.5	74.2

㉯ 기계비

항 목	장비구분	상각비	정비비
현황측량 및 조사	현황측량장비	40일	40일
정위치편집	컴퓨터	14.2일	14.2일
구조화편집	컴퓨터	8일	8일

3. 기존 도로대장(종이, PDF, CAD 등)을 이용하여 작성하는 경우

(단위 : 10km)

작업구분	투입인원				비 고
	특급 기술자	고급 기술자	중급 기술자	초급 기술자	
작업계획 및 준비	0.3	0.7			
정위치편집		0.8	1.2	2.0	
구조화편집		1.6	4.0	2.4	
정리 및 점검	0.1	0.5	0.4		
계	0.4	3.6	5.6	4.4	

[주] ① 기존 도로대장(종이, PDF, CAD 등)을 활용하여 도로대장을 작성하는 경우라 함은 현행화된 기존 도로대장을 디지털화하여 작성하는 일련의 작업과정을 의미하며, 본 품은 CAD 형태의 기존 도로대장을 이용한 작성을 기준으로 한 것이다.

㉮ 본 품에서 기존 도로대장 형태가 종이일 경우 '[토목부문] 9-6-4/3. 자동입력'의 자동독취, 벡터편집 작업 품을 별도 계상한다.

㉯ 본 품에서 기존 도로대장 형태가 PDF일 경우 '[토목부문] 9-6-4/3. 자동입력'의 벡터편집 작업 품을 별도 계상한다.

② 기존 도로대장 중 CAD 등 정위치편집이 완료된 자료를 이용하는 경우, 본 품의 정위치편집 작업과정은 생략한다.

③ 지형 구분에 따른 계수(정위치편집, 구조화편집 공종에 적용)

지형구분	증감계수	비 고
밀집시가지	1.7	건물 및 도로가 시가지 면적의 90% 이상인 지형
시가지	1.3	건물 및 도로가 시가지 면적의 70% 이상인 지형
그 외 지역	1.0	밀집시가지 및 시가지 외 지역

④ 본 품은 작업 단위를 10km로 적용하며, 사용되는 기계의 상각비·정비비는 별도 계상한다.

㉮ 정위치편집, 구조화편집 편집의 기계비 산정은 '[토목부문] 9-6-4/2. 수동입력'의 품을 적용한다.

⑤ 본 품에는 인접부의 접합작업이 포함되어 있다.

⑥ 측량연장이 1km이하인 경우에는 1km 품으로 한다.

⑦ 본 품에는 다음의 성과품 작성이 포함되어야 한다.

㉮ 도로대장 공간정보 레이어(shp)

㉯ 표지(jpg 등)

[설계 예]

① 설계 제원

㉮ 도로연장 : 10km

㉯ 지형구분 : 그 외 지역

㉰ 증감계수 : 1.0

㉱ 작업방법 : 기존 도로대장이 정위치편집이 완료된 CAD 일 경우

② 설계

㉮ 인건비

(단위 : 인)

작업구분	특급 기술자	고급 기술자	중급 기술자	초급 기술자	비고
작업계획 및 준비	0.3	0.7			특급 0.3×10 고급 0.7×10
구조화편집		1.6	4.0	2.4	고급 1.6×10×1.0 중급 4.0×10×1.0 초급 2.4×10×1.0
정리 및 점검		0.1	0.5	0.4	특급 0.1×10 고급 0.5×10 중급 0.4×10
계	0.3	2.4	4.5	2.8	10

㉯ 기계비

항 목	장비구분	상각비	정비비
구조화편집	컴퓨터	8일	8일

4. 기존 디지털 도로대장의 형식을 전환하는 경우

(단위 : 10km)

| 작업구분 | 투입인원 | | | | 비 고 |
	특급 기술자	고급 기술자	중급 기술자	초급 기술자	
작업계획 및 준비	0.3	0.7			
정위치편집		0.8	1.2	2.0	
구조화편집		1.6	4.0	2.4	
정리 및 점검	0.1	0.5	0.4		
계	0.4	3.6	5.6	4.4	

[주] ① 기존 디지털 도로대장의 형식을 전환하여 도로대장을 작성하는 경우라 함은 기존 도로대장 디지털 파일(shp)을 도로대장 통합관리체계에 등재할 수 있는 디지털 파일(shp)로 전환하는 경우를 의미한다.

② 지형 구분에 따른 계수(정위치편집, 구조화편집 공종에 적용)

지형구분	증감계수	비 고
밀집시가지	1.7	건물 및 도로가 시가지 면적의 90% 이상인 지형
시가지	1.3	건물 및 도로가 시가지 면적의 70% 이상인 지형
그 외 지역	1.0	밀집시가지 및 시가지 외 지역

③ 본 품은 작업 단위를 10km로 적용하며, 사용되는 기계의 상각비 · 정비비는 별도 계상한다.

　㉮ 정위치편집, 구조화편집의 기계비 산정은 '[토목부문] 9-6-4/2. 수동입력'의 품을 적용한다.

④ 본 품에는 인접부의 접합작업이 포함되어 있다.

⑤ 측량연장이 1km이하인 경우에는 1km 품으로 한다.

⑥ 본 품에는 다음의 성과품 작성이 포함되어야 한다.

　㉮ 도로대장 공간정보 레이어(shp)

　㉯ 표지(jpg 등)

[설계 예]

① 설계 제원

　㉮ 도로연장 : 10km

　㉯ 지형구분 : 그 외 지역

　㉰ 증감계수 : 1.0

　㉱ 작업방법 : 기존 디지털 도로대장의 형식을 전환하는 경우

② 설계

㉮ 인건비

(단위 : 인)

작업구분	특급 기술자	고급 기술자	중급 기술자	초급 기술자	비고
작업계획 및 준비	0.3	0.7			특급 0.3×10 고급 0.7×10
정위치편집		0.8	1.2	2.0	고급 0.8×10×1.0 중급 1.2×10×1.0 초급 2.0×10×1.0
구조화편집		1.6	4.0	2.4	고급 1.6×10×1.0 중급 4.0×10×1.0 초급 2.4×10×1.0
정리 및 점검	0.1	0.5	0.4		특급 0.1×10 고급 0.5×10 중급 0.4×10
계	0.4	3.6	5.6	4.4	14

㉯ 기계비

항 목	장비구분	상각비	정비비
정위치편집	컴퓨터	14.2일	14.2일
구조화편집	컴퓨터	8일	8일

9-5 지도제작

9-5-1 항공사진촬영 (2010년, 2021 보완)

1. 디지털항공사진 지상표본거리(GSD)별 제원

지상표본거리 (GSD) (cm)	비행고도 (m)	1변실거리		촬영면적 (km^2)	촬영기선장 (km)	코스간격 (km)	스테레오면적 (km^2)
		종(km)	횡(km)				
8	1,600	1.12	1.34	1.50	0.45	0.94	0.42
10	2,000	1.40	1.68	2.35	0.56	1.17	0.66
12	2,400	1.68	2.012	3.38	0.67	1.41	0.95
15	3,000	2.10	2.52	5.29	0.84	1.76	1.48
20	4,000	2.80	3.35	9.40	1.12	2.35	2.63
25	5,000	3.50	4.19	14.69	1.40	2.93	4.11
42	8,400	5.89	7.043	41.46	2.36	4.93	11.61
80	16,000	11.21	13.41	150.41	4.49	9.39	42.12

※ 초점거리는 11.2cm 기준이다.

[주] ① 본 제원은 평탄지역을 촬영기준면으로 한 수직항공 사진촬영을 기준한 것이다.
　② "지상표본거리(GSD)"라 함은 각 화소(pixel)가 나타내는 X, Y 지상거리를 말하며, 지상표본거리(GSD)를 기준으로 디지털카메라의 규격에 의하여 제원을 산출하여 사용한다. 단, 라인방식의 디지털카메라인 경우는 그 특성에 맞게 제원을 구할 수 있다.
　　㉮ 디지털카메라의 규격은 영상크기, CCD크기, 초점거리 등으로 구성된다.
　　㉯ 비행고도 = 지상표본거리(GSD)×초점거리/CCD크기
　　㉰ 1변 실거리(종·횡) = 영상크기(종·횡)×지상표본거리(GSD)
　　㉱ 촬영면적 = 1변 실거리(종)×1변 실거리(횡)
　　㉲ 촬영기선장 = 1변 실거리(종)×(1-종중복도)

㉺ 코스간격 = 1변 실거리(횡)×(1−횡중복도)
㉾ 스테레오면적 = 촬영기선장×코스간격
③ 사진 중복도는 비행방향으로 60%, 스트립 사이 30%를 기준으로 한 것이다.
④ 항공사진 촬영은 각 촬영 노선마다 양단에서의 여유는 각각 2매 이상으로 하고, 촬영축척이나 지형에 따라 조정하며 촬영구역 경계에 접한 촬영노선에서는 사진 폭의 약 30%를 여유 있게 촬영한다.
⑤ 촬영기준면의 변화 또는 산악지대의 촬영에서 중복도를 변경할 경우에는 별도 계산한다.
⑥ 항공사진축척 및 지상표본거리(GSD)는 최종도면의 축척, 최고비행고도, 등고선 간격, 도화기의 정밀도 및 사진의 사용목적에 따라 결정한다.
⑦ 측량용 카메라의 초점거리는 1/100m단위까지 정밀측정 한다.

[적용 예]
○ 카메라 제원 1
 − 영상 크기 : 14,016 ×16,768 pixel (종×횡)
 − CCD 크기 : 5.6㎛, 초점거리 : 11.2cm

지상표본거리 (GSD) (cm)	비행고도 (m)	1변 실거리		촬영면적 (km^2)	촬영기선장 (km)	코스간격 (km)	스테레오면적 (km^2)
		종(km)	횡(km)				
8	1,600	1.12	1.34	1.50	0.45	0.94	0.42
10	2,000	1.40	1.68	2.35	0.56	1.17	0.66
12	2,400	1.68	2.01	3.38	0.67	1.41	0.95
15	3,000	2.10	2.52	5.29	0.84	1.76	1.48
20	4,000	2.80	3.35	9.40	1.12	2.35	2.63
25	5,000	3.50	4.19	14.69	1.40	2.93	4.11
42	8,400	5.89	7.04	41.46	2.35	4.93	11.61
80	16,000	11.21	13.41	150.41	4.49	9.39	42.12

○ 카메라 제원 2
 - 영상 크기 : 14,790 × 23,010pixel (종×횡)
 - CCD 크기 : 4.6㎛, 초점거리 : 12cm

지상표본거리 (GSD) (cm)	비행고도 (m)	1변 실거리		촬영면적 (km^2)	촬영기선장 (km)	코스간격 (km)	스테레오 면적 (km^2)
		종(km)	횡(km)				
8	2,087	1.18	1.84	2.18	0.47	1.29	0.61
10	2,609	1.48	2.30	3.40	0.59	1.61	0.95
12	3,130	1.77	2.76	4.90	0.71	1.93	1.37
15	3,913	2.22	3.45	7.66	0.89	2.42	2.14
20	5,217	2.96	4.60	13.61	1.18	3.22	3.81
25	6,522	3.70	5.75	21.27	1.48	4.03	5.96
42	10,957	6.21	9.66	60.03	2.48	6.76	16.81
80	20,870	11.83	18.41	217.80	4.73	12.89	60.98

2. 월별천후표

월별 지역별	1	2	3	4	5	6	7	8	9	10	11	12	계
춘 천	(7)	(5)	6	4	4	2	0	0	2	5	3	(7)	45
강 릉	(11)	(6)	(6)	4	3	2	0	1	1	5	6	(10)	55
서 울	(8)	(6)	6	5	6	2	0	1	4	7	4	(6)	55
인 천	(7)	(6)	7	5	5	1	0	1	3	6	5	(6)	52
울릉도	0	0	(2)	3	3	1	1	0	0	1	0	0	11
수 원	(7)	(5)	6	5	5	2	0	0	4	6	4	(6)	50
청 주	(4)	(4)	6	5	5	1	0	0	2	6	4	(3)	40
추풍령	(5)	(3)	(6)	3	5	3	0	0	1	6	6	(4)	42
포 항	11	6	7	5	5	1	1	1	1	5	7	9	59
대 구	(8)	5	7	5	5	1	0	1	1	5	6	6	50
전 주	(3)	3	6	5	5	1	0	0	2	6	3	(3)	37
울 산	10	5	7	5	5	1	1	2	1	4	6	9	56
광 주	(3)	4	5	4	4	0	0	1	2	6	3	(2)	34
부 산	12	6	7	5	5	1	0	3	2	5	7	9	62
목 포	(2)	(2)	5	4	4	0	0	1	3	5	2	(2)	30
여 수	6	5	7	5	4	0	0	4	2	5	6	6	50
제 주	0	0	3	4	4	0	0	1	0	2	1	0	15
서귀포	(1)	0	3	5	3	0	0	0	2	4	1	0	19
속 초	(11)	(6)	(6)	4	4	2	0	0	2	6	6	(10)	57
철 원	(10)	(4)	6	4	4	2	0	0	4	6	5	(8)	53
원 주	(9)	(4)	5	4	5	1	0	0	3	6	4	(7)	48
서 산	(3)	(3)	(5)	5	4	2	0	0	4	6	2	(3)	37
울 진	(10)	(5)	6	5	4	1	0	1	2	5	7	9	55
대 전	(4)	(4)	6	5	5	1	0	0	3	6	3	(3)	40
안 동	(9)	(6)	7	5	5	1	0	1	1	3	5	(7)	50
군 산	(5)	2	5	4	6	1	2	0	4	6	2	(2)	39
통 영	12	5	7	6	3	0	0	1	3	6	7	9	59
완 도	(4)	3	5	5	5	1	2	1	3	6	3	(3)	41
진 주	8	4	5	3	3	0	0	1	1	4	4	5	38

[주] ① 이 표의 숫자는 쾌청일수를 말하며 단지 구름의 양이 1.0(구름양 10%)이하를 기준한 기상통계이므로 사진촬영에 크게 영향을 끼치는 겨울철의 적설, 도심지역의 연무현상 및 산악지대의 태양각 등의 특수 지상조건을 고려하여 증감할 수 있다.
② 사진축척에 따른 실제 비행고도 및 비행기의 종류를 고려하여 증감할 수 있다.
③ 이 표에서 ( )에 표시된 숫자는 월간 3일 이상 적설이 있는 달의 쾌청일수를 말한다.
④ 이 표의 쾌청일수는 1일 8회의 관측치를 평균한 2008년~2018년의 기상청 통계이며, 운항체류일수의 계산에 활용한다.
⑤ 이 표에 명시되지 않은 지역은 가장 가까운 지역의 자료를 활용할 수 있다.
⑥ 여러 개월에 걸쳐 항공촬영을 행하는 경우 해당 개월의 쾌청일수 산술평균을 적용한다.

3. 운항속도

기지이동 운항속도	지상표본거리(GSD)별 운항속도		비고
	GSD ≤ 65cm	GSD > 65cm	
240km/hr	200km/hr	220km/hr	FMC 사용

[주] 본 제원은 항공사진촬영이 가능한 경비행기를 기준으로 한 것이다.

4. 예비운항시간

예비 운항 시간				비고
시운전	편류측정	코스진입	이착륙	
25분	15분	5분	20분	

[주] ① 본 편류측정 횟수는 총코스 연장 100km마다 1회로 하며, 노선측량의 촬영에서는 별도 가산할 수 있다.
② 본 제원은 항공사진촬영이 가능한 경비행기를 기준한 것이다.

③ 항공기의 종류, 최대운항속도 및 기상조건에 따라 조정 적용할 수 있다.
④ 코스진입은 매 코스당 1회, 시운전 및 이착륙은 운항 1일당 1회로 한다.

5. 항공사진 촬영기준 계산식
   가. 운항체류일수 계산식

$$(운항\ 소요일수) = \frac{(30일)}{(해당\ 월의\ 평균\ 쾌청일수)} \times (순촬영\ 소요일수) + (기지이동)$$

   나. 순촬영일수 계산식

$$순촬영\ 소요일수 = \frac{(촬영운항시간) + (천후장애시간) + (보완촬영시간)}{(5시간)}$$

   다. 총촬영 운항시간 계산식

   총촬영운항시간
   ├─ 기지이동시간
   ├─ 촬영운항시간
   │   ├─ 계기비행시간
   │   ├─ 왕복운항시간
   │   ├─ 순촬영운항시간
   │   └─ 예비운항시간
   ├─ 천후장애시간
   └─ 보완촬영시간

   (1) 기지 이동시간   (가) 기지이동 순항시간
                        (나) 이착륙 및 시운전시간
   (2) 촬영운항 시간
      (가) 계기비행시간 : 이착륙시 국토교통부장관이 지정한 코스

      (나) 왕복운항 시간 = $\dfrac{전진기지부터\ 촬영지까지의\ 왕복거리}{운항속도}$

(다) 순촬영 운항시간 = $\dfrac{\text{촬영코스 순연장} + \text{여유사진 매수연장}}{\text{축척별 운항속도}}$

(라) 예비운항시간
  ① 시운전 : 운항 1일당 1회
  ② 편류측정 : 코스 연장 100km당 1회
  ③ 코스진입 : 매 코스당 1회
  ④ 이착륙 : 운항 1일당 기준
  ⑤ 천후장애시간 : 왕복운항 시간의 200%
  ⑥ 보완촬영시간 : 촬영운항 시간의 50%

[주] ① 촬영운항시간은 일반적으로 항공촬영이 가능한 경비행기를 기준으로 하여 5시간으로 한다.
  ② 전진기지를 설치할 수 없을 때에 원래 기지부터 계상한다.
  ③ 천후장애시간은 사전 기상통보에 의하여 현지에 비행하였으나 구름 및 기류 등의 불가피한 장애가 생겨 되돌아오는 경우를 말한다.
  ④ 보완촬영이란 촬영된 사진이 사업목적에 부적당한 때의 재촬영을 말하며 이는 사진상에 구름의 영상이 나타날 때 또는 사진의 경사각 및 사진 선회각등이 제한치를 초과할 때에 행한다.
  ⑤ 계기비행사진은 국토교통부장관이 계기비행을 지정하는 비행장에 한한다.

6. 항공사진촬영

작 업 구 분	작업일수				인원			
	GSD ≤ 25cm	25cm⟨ GSD ≤42cm	42cm⟨ GSD ≤65cm	65cm⟨ GSD	특급 기술자	고급 기술자	중급 기술자	고급 기능사
계 획 준 비	1	1	1	1	1	-	1	-
GNSS/INS 데 이 터 처 리	3	3	3	3		1		
데 이 터 전 처 리	1	1	1	1	-	3.2	3.2	1.6
정 리	4	3	2	1	1	-	1	-

[주] ① 촬영거리 200km를 1작업 단위로 한다.
② 본 품의 기술자는 항공사진 측량에 관한 전문적인 지식이 있어야 한다.
  ㉮ 특급기술자는 항공사진 측량작업의 계획, 준비, 감독 및 점검을 한다.
  ㉯ 고급기술자는 데이터 전처리 공정의 계획, 준비 및 데이터 전처리 작업을 수행한다.
  ㉰ 중급기술자는 항공사진측량을 수행하고 계획, 준비 전반을 보좌한다.
  ㉱ 고급기능사(항공사진)는 데이터전처리 공정의 계획, 준비 및 데이터 전처리 작업 전반을 보좌한다.
③ GNSS/INS 데이터 처리는 1일당 50모델을 처리하는 것을 기준으로 한다.
④ 데이터 전처리 작업은 원시영상에서 기화·방사보정 및 기타 영상처리 등의 작업을 말하며 1일당 약 250매를 처리하는 것을 기준으로 하며, CIR(Color Infra-Red)영상 등 처리시 데이터 전처리 작업을 증가할 수 있다.
⑤ 정리작업은 사진표정도 작성, 사진보안처리 및 사진검사 등을 말하며 1일당 50매를 처리하는 것을 기준으로 한다.
⑥ 운항비·촬영비 및 재료비는 별도 계상한다.
  ㉮ 상각비 계상은 장비취득가격의 10%를 잔존가치로 하며, 항공기의 상각년수 6년, 총가동시간 1,200시간으로 하고 카메라와 GNSS/INS 상각년수 6년, 총가동시간 1,200시간으로 한다.

㈘ 항공기 및 카메라와 GNSS/INS의 가동시간 정비비와 엔진 오버홀비(over haul)의 계산식은 다음과 같다.

$$(\text{가동시간 정비비}) = \frac{(\text{취득가격})}{(\text{연간가동시간})} \times 0.05$$

$$(\text{가동시간 오버홀비}) = (\text{오버홀비}) \times \left(\frac{1}{900} - \frac{1}{(\text{총가동시간})} \right)$$

⑦ 본 품의 성과작성품은 관련한 최신 항공사진측량 작업규정을 따른다.

[설계 예]
① 설계 제원
　㉮ 사용항공기 : 항공사진촬영이 가능한 경비행기
　㉯ 사용카메라 : 디지털 카메라 및 GNSS/INS가 부착된 동종의 카메라
　　○ 디지털카메라 제원
　　　– 영상 크기 : 14,016×16,768 pixel
　　　– CCD 크기 : 5.6㎛, 초점거리 : 11.2cm
　㉰ 촬영시기 : 9월
　㉱ 전진기지 : 부산기지
　㉲ 지상표본거리 : 42cm
　㉳ 촬영중복도 : O.L≒60%, S.L≒30%
　㉴ 촬영면적 : 2,400㎢(40km×60km)
　㉵ 운항속도 : 240km/hr
　㉶ 기지부터 촬영지까지 왕복거리 : 140km(산출근거 참조 a+b)
　㉷ 비행기 촬용속도 : 200km/hr
　㉸ 촬영방향 : 동 – 서
　㉹ 여유사진매수 : 4매(코스별)
　㉺ 해당지역평균쾌청일수 : 2일

② 촬영비행시간 산출근거

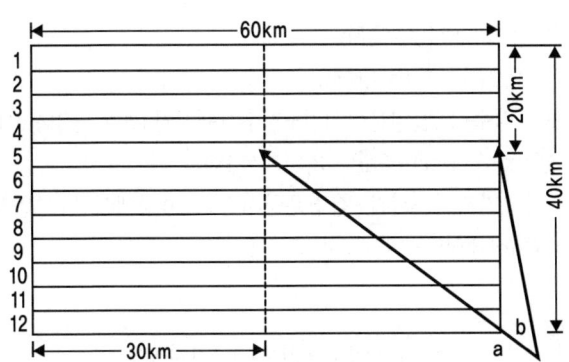

㉮ 기지이동시간 : 4.33hr
  ㉠ 기지이동순항시간 : (340km×2)÷240km/hr=2.83hr
  ㉡ 이착륙 및 시운전시간 : 0.75hr×2=1.5hr
㉯ 촬영운항시간 : 9.37hr (1.75+3.12+4.5)
  ㉠ 계기비행시간 : 부산수영비행장 해당없음
  ㉡ 왕복운항시간 : 140km÷240km/hr × X(3)회=1.75hr
  ㉢ 순촬영시간 : {(60km+9.4km)×9}÷200km/hr=3.12hr

  순 촬영시간 = $\dfrac{((촬영코스\ 순연장) + (여유사진\ 매수연장)) \times 코스수}{(축척별\ 운항속도)}$

  ※ 여유사진 매수 = 기선장 × 여유매수(4매)
  ㉣ 예비운항시간 : 4.5hr
    · 시운전 : 25분×X(3)회=1.25hr
    · 편류측정 : 15분×6회=1.50hr
    · 코스진입 : 5분×9회=0.75hr
    · 이착륙 : 20분×X(3)회=1hr
  ＊ 촬영소요횟수 산출식 (산출근거)
χ = (왕복운항시간+순촬영시간+(편류측정+코스진입시간)+(이착륙+시운전))×1.3+왕복운항시간

$$= \frac{(0.58X+3.12+2.25+0.75X) \times 1.3+0.58X}{5} = 2.594 ≒ 6회$$

㉑ 천후장애시간 : 1.75hr×2.0=3.5hr

㉒ 보완촬영시간 : 9.37hr×0.5=4.69hr

㉓ 순촬영소요횟수(일수) : (촬영운항시간+천후장애시간+보완촬영시간)/5
= (9.37hr+3.5hr+4.69hr)÷5hr = 3.51회≒4회

㉔ 총촬영운항시간 : 기지이동시간+촬영운항시간+천후장애시간+보완촬영시간
= 4.33hr+9.37hr+3.5hr+4.69hr = 21.89hr

㉕ 운항소요일수 :

$$\frac{(30일)}{(해당월의 쾌청일수)} \times (순촬영소요일수) + (기지이동)$$

= 30일/2일×3.51일+1일 = 54일

③ 설계 예

구 분	단위	수량	비고
(1) 작 업 계 획			
㉮ 인 건 비			
㉠ 계획준비			
특급기술자	인/일	3.12	[토목부문] 9-7-1/6. [주] ① 참조
중급기술자	〃	3.12	
㉡ GNSS/INS처리			
고급기술자	인/일	0.06	[토목부문] 9-7-1/6. [주] ③ 참조
㉢ 데이터전처리			
고급기술자	인/일	9.99	[토목부문] 9-7-1/6. [주] ④ 참조
중급기술자	〃	9.99	
고급기능사	〃	5.00	
㉣ 정리			
특급기술자	인/일	6.25	[토목부문] 9-7-1/6. [주] ⑤ 참조
중급기술자	〃	6.25	
㉯ 재 료 비	매		계획용지도

구 분	단위	수량	비고
(2) 총촬영비			
㉮ 인건비	일	54	조종사, 고급기술자, 정비사
㉯ 운항비			
㉠ 가솔린	시간	21.89	
㉡ 오일	〃	21.89	
㉢ 상각비	〃	21.89	비행기 상각비
㉣ 오버홀비	〃	21.89	엔진오버홀비
㉤ 정비비	〃	21.89	비행기 정비비
㉰ 촬영비			
㉠ 정비비	시간	21.89	카메라 정비비
㉡ 상각비	〃	21.89	카메라 상각비
㉱ 체류비			
㉠ 여비	일	54	조종사, 고급기술자, 정비사
㉡ 비행장사용료	〃	54	
㉲ 보험료			
㉠ 비행기	일	54	약정에 의한 지불액
㉡ 승무원	〃	54	
㉢ 카메라	〃	54	
㉣ 제3자	〃	54	

7. 항공사진 DB 구축

작업단계별 소요일수 및 투입인원

(단위 : 500매당)

작업공정	일수	인원수					
		1일당			합계		
		고급기술자	정보처리기사	중급기능사(항공사진)	고급기술자	정보처리기사	중급기능사(항공사진)
계획준비	2	0.4	0.4	0.4	0.8	0.8	0.8
화면오류 및 파일저장	3	2.4	2.0	3.4	7.2	6	10.2
항공사진 촬영성과 입력	3	0.8	0.4	0.8	2.4	1.2	2.4
정리	2	1.0		2	2		4
점검	2	1.0		1.0	2		2
계	12				14.4	8	19.4

[주] ① 계획준비 · 정리 · 점검에 의한 작업량에 따른 증감계수

작업량	50매	200매	500매	1,000매 이상	비고
증감계수	2.0	1.3	1	0.90	

○ 작업량 증감율 (R) = 0.8+100/Q(Q는 실시작업량)
○ 작업량이 1,000장을 초과해도 증감계수는 0.90까지만 적용한다.

② 측량성과데이터 등록은 촬영기록부, 표정도, 촬영코스별검사표 이외의 입력을 필요로 하는 경우는 별도 계상한다.
③ 기계비 및 유지관리비는 별도 계상한다.
  ㉮ 컴퓨터의 상각비 및 유지관리비는 '[토목부문] 9-6-4/2. 수동입력'을 적용한다.
④ 본 품에서 공공측량성과심사에 소요되는 비용은 국토교통부장관이 고시한 측량성과 심사수탁기관의 심사업무 및 지정절차 등에 관한 규정에 따라 별도 계상한다.
⑤ 본 품의 성과작성품은 관련한 최신 항공사진측량 작업규정을 따른다.

9-5-2 대공표지 (2021년 보완)

작업구분	일수	인원수									
		1일당						합계			
		고급기술자	중급기술자	초급기술자	초급기능사(측량)	인부	고급기술자	중급기술자	초급기술자	초급기능사(측량)	인부
계 획 준 비	2	0.5	1	–	–	–	1	2	–	–	–
답 사 선 점	10	–	1	–	1	–	–	10	–	10	–
설 치 작 업	10	–	1	–	1	–	–	10	–	10	–
내 업 정 리	5	–	1	–	–	–	–	5	–	–	–
점 검	3	1	1	–	–	–	3	3	–	–	–
계							4	30		20	

[주] ① 본 품은 40점을 1작업 단위로 하고 대공표지설치에 적용한다.
② 대공표지란 도화작업 및 사진기준점 측량에 필요한 기준점을 입체항공사진상에 표시하기 위하여 사진촬영 전에 현지에 설치하는 표지를 말한다.
③ 대공표지는 사진축척에 따라 사진상에 약 0.03㎜의 모양이 현저하게 나타날 수 있도록 대공표지의 크기, 색조 및 형을 결정한다.
④ 본 품은 점당거리 평균 1km를 기준으로 한 것이며 1km이상일 경우에는 다음의 증가계수를 곱하여 계상할 수 있다.

점간거리	1km 이내	2~3km	3~4km	4km 이상
증가계수	1.00	1.30	1.60	2.00

⑤ 보조측량, 벌채 보상비 및 재료비 등은 별도 계상한다.
⑥ 작업지역의 평균표고가 500~1,000m일 때는 20% 1,000m 이상일 때는 40%를 가산할 수 있다.
⑦ 간석지 작업시는 간조시간을 고려하여 본 품에 3배까지 가산할 수 있다.
⑧ 본 품의 외업에 동원되는 기술인원에 대한 여비는 국토교통부장관이 고시한 측량용역대가 기준에 따라 별도 계상한다.
⑨ 본 품의 성과작성품은 관련한 최신 항공사진측량 작업규정을 따른다.

9-5-3 사진 기준점 측량 (2010년, 2021년 보완)

작업구분	작업일수	인원		
		특급기술자	고급기술자	중급기술자
계 획 준 비	2	1	-	-
선 점	3	-	1	1
좌 표 측 정	5	-	1	1
계 산	2	-	1	1
정 리 점 검	3	-	1	-
계		2	13	10

[주] ① 사진 기준점 측량이란 사진상에서 측정된 사진좌표 또는 모델좌표를 지상좌표로 변환하는 과정을 말하며, 수치도화기를 이용하는 것을 기준으로 한다.
② 실제 대상지역을 포괄하는 모델수를 적용하되, 표준모델로 산정하는 경우 아래 산식으로 계산할 수 있다.
모델수 = 촬영코스연장(km)/촬영기선장(km)×1.1(안전율)
③ 본 품은 연속된 항공사진 50모델을 1작업 단위로 한 것이다.
④ 기계 경비, 데이터 처리를 위한 프로그램 및 재료비는 별도 계상한다.
⑤ 지상기준점 및 검측점에 대하여 지상측량 또는 대공표지 설치를 할 때는 별도 계상할 수 있다.
⑥ 본 품에서 성과심사에 소요되는 비용은 국토교통부장관이 고시한 공공측량 성과심사 업무처리규정에 따라 별도 계상한다.
⑦ 본 품의 성과작성품은 관련한 최신 항공사진측량 작업규정을 따른다.

9-5-4 수치 지도 작성 (2009 · 2010 · 2014 · 2021 · 2022 · 2024년보완)

1. 수치도화

인원편성

종 별	기술자				기능사(도화)			계
	특급	고급	중급	초급	고급	중급	초급	
참여비율(%)	5	10	15	10	10	30	20	100

사진축척별 작업량

사진축적	1:3,000	1:5,000	1:10,000	1:20,000	1:37,500
1시간당 작업량(㎢)	0.0018	0.0055	0.0165	0.0482	0.3287

[주] ① 수치도화라 함은 항공사진 또는 위성사진을 수치도화기로 지형지물을 수치형식으로 측정하여 이를 컴퓨터에 수록하는 작업을 말한다.
② 본 품에 기재되어 있지 않은 사진축적에 대하여는 보간법으로 계산하여 적용할 수 있다.
③ 지형 및 도화작업의 종류에 따라 다음의 계수를 곱하여 계상한다.
　㉮ 지형에 따른 계수

지형종류	시가지	교외지	농경지	구릉지	산악지
계 수	0.58	0.78	1	1.20	1.40

　㉯ 도화작업의 종류에 따른 계수

도화작업의 종류	도화	수정도화
계 수	1.0	0.8

④ 수정도화 작업시 사진판독에 따른 시간은 다음과 같이 가산한다.
　{수정면적÷(수치도화시간당작업량×8)}시간
⑤ 정위치 편집작업, 도면제작 편집작업, 도면출력을 실시할 경우에는 별도 계상한다.
⑥ 본 품에서 성과심사에 소요되는 비용은 국토교통부장관이 고시한 측량성과 심사수탁기관의 심사업무 및 지정절차 등에 관한 규정에 따라 별도 계상한다.
⑦ 본 품에서 사용되는 기계의 상각비·정비비는 별도 계상한다.
⑧ 본 품에서 소요되는 재료비는 별도 계상한다.
⑨ 본 품의 성과작성품은 관련한 최신 수치지형도 작성 작업규정을 따른다.

[설계 예]
  ① 수치도화 작업
    ㉮ 설계제원

(1) 사용기계 : 수치도화기	(4) 작업구역 : 농경지
(2) 도화축척 : 1:20,000	(5) 증가계수 : 지형 : 1.0
(3) 도화면적: 100km²	

  ㉯ 설 계
    ㉠ 인건비

구 분		수치도화	비고
기술자	특급	259×0.05 = 12.95인	{(100km² ÷ (0.0482×1.0)} ÷8시간 = 259인
	고급	259×0.10 = 25.9인	
	중급	259×0.15 = 38.85인	
	초급	259×0.10 = 25.9인	
기능사 (도화)	고급	259×0.10 = 25.9인	
	중급	259×0.30 = 77.7인	
	초급	259×0.20 = 51.8인	
계		259	259

    ㉡ 기계비

구 분	상각비	정비비	비고
도화기	259일	259일	

2. 수동입력
  축척별 시간당 작업량
                                                    (단위 : km²)

축 척	1:500	1:1,200	1:5,000	비고
1시간당작업량(km²)	0.004	0.0064	0.0442	

[주] ① 수동입력이라 함은 이미 제작된 지도 또는 측량도면을 수동독취기(디지타이저)에 의해 수치데이터로 입력하는 작업을 말한다.

② 기계비 및 재료비는 별도 계상한다.
　㉮ 상각비 계상은 장비취득가격의 10%를 잔존가치로 하며, 컴퓨터의 상각년 수는 5년, 가동일수는 278일로 한다.
　㉯ 컴퓨터의 가동일당 유지관리비의 계산식은 다음과 같다.

$$\text{가동일당 유지관리비} = \frac{\text{취득가격}}{278\text{일}} \times 0.1$$

③ 지형에 따른 증감에 레이어별 입력의 전체에 대한 비율은 다음과 같이 적용한다.
　㉮ 지형상 증감계수

지형종류	시가지	교외지	농경지	구릉지	산악지	비고
계수	0.64	0.75	1.00	0.95	0.89	

　㉯ 레이어별 작업비율

(단위 : %)

지형별 레이어별	시가지	교외지	산악지	구릉지	농경지	비고
도로·철도·시설물	23.7	22.4	6.0	10.8	15.6	
하　　　　　천	2.7	4.0	3.7	5.8	7.1	
건　　　　　물	48.7	34.6	4.5	8.3	11.1	
지　　　　　류	6.5	15.2	9.0	17.1	36.5	
지　　　　　형	11.3	15.7	73.6	53.2	22.5	
행정경계 및 주기	7.1	8.1	3.2	4.8	7.2	
계	100.0	100.0	100.0	100.0	100.0	

④ 작업의 편성인원은 3인으로 되어 고급기술자 1인, 정보처리기사 1인, 중급기능사(지도제작) 1인으로 하고, 고급기술자 및 정보처리기사는 작업일수의 각 1/10인·일을 초과할 수 없다.
⑤ 본 품에는 작업준비·정리 및 인접부의 접합작업이 포함되어 있다.
⑥ 본 품에 기재되지 않은 축적에 대하여는 보간법으로 계산하여 적용한다.
⑦ 본 품은 일반지형도를 기준으로 한 것이며, 지형도를 기초로 하여 지하매설물

등을 추가 입력할 경우에는 품을 별도 계상한다.
⑧ 입력에서 제외되는 레이어가 있는 경우에는 당해 레이어의 작업비율을 제외하고 계상한다.
⑨ 본 품에서 성과심사에 소요되는 비용은 국토교통부장관이 고시한 측량성과 심사수탁기관의 심사업무 및 지정절차 등에 관한 규정에 따라 별도 계상한다.
⑩ 본 품의 성과작성품은 관련한 최신 수치지형도 작성 작업규정을 따른다.

[설계 예]
① 설계제원
  ㉮ 입력면적 : 62km^2
  ㉯ 지도축척 : 1:5,000
  ㉰ 입력레이어 : 도로 · 철도 · 시설물
  ㉱ 지형구분 : 시가지 20%, 교외지 10%, 농경지 30%, 구릉지 10%, 산악지 30%

② 설계
  ㉮ 인건비

구 분	고급 기술자	정보처리 기사	중급기능사 (지도제작)	비고
작업관리	3.19인	3.19인		62km^2÷(0.0442×8시간)×(0.2× 0.237÷0.64+0.1×0.224÷0.75+ 0.3×0.156÷1.0+0.1×0.108÷0.95 +0.3×0.060÷0.89)=31.96일
수동입력			31.96인	

  ㉯ 기계비

구 분	상각비	유지관리비	비고
컴퓨터	31.96일	31.96일	디지타이저포함

3. 자동입력
   가. 자동독취(Scanning)
      작업 단위별 소요시간

(단위 : 분/매)

작업구분	소요시간	비고
독취(Scanning)	20	
잡음(노이즈)제거	20	
좌 표 변 환	10	

[주] ① 자동독취라 함은 이미 제작된 지도 또는 측량도면을 자동독취기(스캐너)에 의해 입력된 래스터파일을 잡음(노이즈) 제거 및 좌표 변환하는 작업을 말한다. 다만 다른 성과를 이용하여 래스터파일을 편집할 경우에는 별도의 품을 계상한다.
② 기계비 및 재료비는 '[토목부문] 9-6-4/2. 수동입력'의 품을 적용한다.
③ 자동독취 작업의 편성인원은 '[토목부문] 9-6-4/2. 수동입력'의 품을 적용한다.
④ 본 품은 1:5,000 지형도 1도엽의 크기와 해상력 400DPI를 기준으로 작성된 품으로서 크기와 해상력이 다른 경우에는 품을 증감 할 수 있다.
⑤ 본 품에서 성과심사에 소요되는 비용은 국토교통부장관이 고시한 측량성과 심사수탁기관의 심사업무 및 지정절차 등에 관한 규정에 따라 별도 계상한다.
⑥ 본 품의 성과작성품은 관련한 최신 수치지형도 작성 작업규정을 따른다.

[설계 예]
① 설계제원
   ㉮ 입력원판 : 1:5,000지형도 4매
   ㉯ 자동독취하여 잡음(노이즈) 제거, 좌표변환 함.

② 설계
　㉮ 인건비

구 분	고급 기술자	정보처리 기사	중급기능사 (지도제작)	비
자 동 독 취	0.016인	0.016인	0.166인	4매×20분/60분/8시간=0.166일
잡음및(노이즈) 제 거	0.016인	0.016인	0.166인	4매×20분/60분/8시간=0.166일
좌 표 변 환	0.008인	0.008인	0.083인	4매×10분/60분/8시간=0.083일
계	0.04인	0.04인	0.415인	

　㉯ 기계비

구 분	상각비	유지보수비	비고
자동독취기(Scanner)	0.166일	0.166일	S/W 포함
컴 퓨 터	0.415일	0.415일	S/W 포함

나. 벡터편집
　축척별 시간당 작업량

축 척	1:1,000	1:5,000	1:25,000	1:50,000	비고
1시간당 작업량	0.0084	0.056	1.120	3.423	

[주] ① 벡터편집이라 함은 이미 제작된 지도 또는 측량 도면을 자동독취기(Scanner)에 의해 수치데이터로 입력하여 좌표 변환된 래스터데이터를 벡터데이터로 편집하는 작업을 말한다.
　② 기계비 및 재료비는 '[토목부문] 9-6-4/2. 수동입력'의 품을 적용한다.
　③ 벡터편집 작업의 편성인원은 '[토목부문] 9-6-4/2. 수동입력'의 품을 적용한다.
　④ 지형에 따른 증감과 레이어별 부분입력의 비율은 다음과 같이 적용한다.
　　㉮ 지형에 따른 계수

지형종류	시가지	교외지	농경지	구릉지	산악지	비고
계수	0.65	0.80	1.00	1.13	1.25	

㉯ 레이어별 작업비율(벡터편집)

레이어별 \ 지형별	시가지	교외지	농경지	구릉지	산악지	비고
도로·철도·시설물	34.0	25.1	18.2	15.1	10.2	
하 천	3.1	4.1	6.1	5.7	4.6	
건 물	27.9	20.1	8.7	7.4	5.8	
지 류	9.0	18.9	33.9	19.0	8.0	
지 형	16.5	21.7	25.8	46.0	66.4	
행정경계 및 주기	9.5	10.1	7.3	6.8	5.0	
계	100.0	100.0	100.0	100.0	100.0	

⑤ 자동독취기(Scanner)를 이용한 입력시간은 별도 계상한다.
⑥ 본 품에는 작업준비·정리 및 인접부의 접합작업이 포함되어 있다.
⑦ 본 품에 기재되지 않은 축척에 대하여는 보간법으로 계산하여 적용할 수 있다.
⑧ 본 품은 일반지형도를 기준으로 한 것이며 지형도를 기초로 하여 지하매설물 등을 추가 입력할 경우에는 품을 별도 계상한다.
⑨ 입력에서 제외되는 레이어가 있는 경우에는 당해 레이어의 작업비율을 제외하고 계상한다.
⑩ 본품에서 성과심사에 소요되는 비용은 국토교통부장관이 고시한 측량성과 심사수탁기관의 심사업무 및 지정절차 등에 관한 규정에 따라 별도 계상한다.
⑪ 본 품에서 사용되는 기계의 상각비는 별도 계상한다.
⑫ 본 품의 성과작성품은 관련한 최신 수치지형도 작성 작업규정을 따른다.

[설계 예]
(1) 설계제원
 ① 입력면적 : 155km²
 ② 지도축척 : 1:25,000
 ③ 지형구분 : 농경지 40%, 산악지 60%
 ④ 입력레이어 : 도로, 철도시설물, 지형
 ⑤ 자동독취된 래스터파일

(2) 설계
① 인건비

구 분	고급 기술자	정보처리 기사	중급기능사 (지도제작)	비고
작업관리	0.94인	0.94인		155km²÷(1,120×8)×{0.4×(0.182+ 0.258)÷1.0+0.6×(0.102+0.664) ÷1.25}=9.40일
수동입력			9.40인	
계	0.94인	0.94인	9.40인	

② 기계비

구 분	상각비	유지관리비	비고
컴퓨터	9.40일	9.40일	S/W 포함

4. 정위치 편집
  ○축척별 시간당 작업량

(단위 : km²)

축 척	1:500	1:1,000	1:2,500	1:5,000	1:25,000	비고
1시간당 작업량	0.0048	0.0065	0.0365	0.076	0.755	

[주] ① 정위치 편집이라함은 현지지리조사 및 현지보완 측량에서 얻어진 성과 및 자료를 이용하여 수치도화파일 또는 기존도면입력파일을 수정 보완하는 작업을 말한다.
② 기계비 및 재료비는 '[토목부문] 9-6-4/2. 수동입력'의 품을 적용한다.
③ 지형 및 작업종류에 따라 다음의 계수를 곱하여 계상한다.
  ㉮ 지형에 따른 계수

지형종류	시가지	교외지	농경지	구릉지	산악지	비고
기존도면 입력	0.50	0.61	0.78	0.92	1.00	
수 치 도 화	0.5	0.7	1.0	1.08	1.1	

㉯ 작업 종류에 따른 계수

작업종류	전체 도엽 편집	부분 수정편집	비고
계수	1.0	0.80	

④ 작업반의 편성은 다음과 같다.

구 분	특급 기술자	고급 기술자	초급 기술자	정보처리 기사	중급기능사 (지도제작)	계
참여비율(%)	3	15	27	5	50	100

⑤ 본 품에는 작업준비 정리 및 인접부의 접합작업이 포함되어 있다.
⑥ 본 품에서 성과심사에 소요되는 비용은 국토교통부장관이 고시한 측량성과 심사수탁기관의 심사업무 및 지정절차 등에 관한 규정에 따라 별도 계상한다.
⑦ 본 품에 기재되지 않은 축척에 대하여는 보간법으로 계산하여 적용할 수 있다.
⑧ 본 품은 일반지형도를 기준으로 한 것이며 지형도를 기초로 하여 지하매설물 등을 추가 입력할 경우에는 품을 별도 계상한다.
⑨ 본 품의 성과작성품은 관련한 최신 수치지형도 작성 작업규정을 따른다.

[설계 예]
① 설계 제원
   ㉮ 정위치편집 면적 : 155㎢(기존도면입력 파일)
   ㉯ 지도축척 : 1:25,000
   ㉰ 지형구분 : 시가지 10%, 교외지 20%, 농경지 30%, 산악지 40%
② 설계
   ㉮ 인건비

구 분	특급 기술자	고급 기술자	초급 기술자	정보처리 기사	중급기능사 (지도제작)	비 고
1. 작업 및 품질관리	33.68×0.03 =1.01인	33.68×0.15 =5.05인				155㎢÷(0.755㎢/ 시간×8시간)×(0.1 ÷0.5+0.2÷0.61+ 0.3÷0.78+0.4÷1.0) =33.68인
2. 편집			33.68×0.27 =9.09인	33.68×0.05 =1.68인	33.68×0.50 =16.84인	

④ 기계비

구 분	상각비	유지관리비	비고
컴퓨터	33.68일	33.68일	S/W 포함

[설계 예]
① 설계 제원
  ㉮ 정위치편집 면적 : 6.1㎢(수치도화)
  ㉯ 지도축척 : 1:5,000
  ㉰ 지형구분 : 시가지 10%, 교외지 20%, 농경지 30%, 산악지 40%
② 설계
  ㉮ 인건비

구 분	특급 기술자	고급 기술자	초급 기술자	정보처리 기사	중급기능사 (지도제작)	비고
1. 작업 및 품질관리	11.53×0.03 =0.35인	11.53×0.15 =1.73인				6.1㎢÷(0.076㎢/ 시간×8시간)×(0.1 ÷0.5+0.2÷0.7+ 0.3÷1.0+0.4÷1.1) =11.53인
2. 편집			11.53×0.27 =3.11인	11.53×0.05 =0.58인	11.53×0.50 =5.76인	

  ㉯ 기계비

구 분	상각비	유지관리비	비고
컴퓨터	11.53일	11.53일	S/W 포함

5. 도면 제작 편집
  가. 1:1 편집

(단위 : ㎢)

축 척	1:500	1:1,000	1:5,000	1:25,000	비고
1시간당 작업량	0.0056	0.0191	0.0998	0.886	

[주] ① 도면제작 편집이라 함은 지도형식의 도면으로 출력하기 위하여 정위치편집 파일을 지도도식규칙 및 수치지도작성 작업규칙에 의하여 편집하는 작업을

말한다.
② 기계비 및 재료비는 '[토목부문] 9-6-4/2. 수동입력'의 품을 적용한다.
③ 지형에 따라 다음의 계수와 곱하여 계상한다.

지형종류	시가지	교외지	농경지	구릉지	산악지	비고
계수	0.71	0.78	1.0	1.06	1.16	

④ 본 품의 성과작성품은 관련한 최신 수치지형도 작성 작업규정을 따른다.
⑤ 원도 작성품은 별도 계상한다.
⑥ 작업반의 편성은 다음과 같다.

구 분	고급 기술자	초급 기술자	정보처리 기사	중급기능사 (지도제작)	계
참여비율(%)	20	25	5	50	100

⑦ 본 품에는 작업준비·정리 및 인접부의 접합작업이 포함되어 있다.
⑧ 본 품은 일반지형도를 기준으로 한 것이며, 지형도를 기초로 하여 지하매설물 등을 추가 입력할 경우에는 품을 별도 계상한다.
⑨ 본 품에는 교정 및 수정이 포함된 것이다. 다만, 교정 및 수정을 위한 확인용 도면출력품은 별도 계상한다.
⑩ 본 품에 기재되지 않은 축척에 대하여는 보간법으로 계산하여 적용할 수 있다.
⑪ 본 품에서 성과심사에 소요되는 비용은 국토교통부장관이 고시한 측량성과 심사수탁기관의 심사업무 및 지정절차 등에 관한 규정에 따라 별도 계상한다.
⑫ 현지조사가 필요한 경우 조사품은 '[토목부문] 9-6-6/1.의 지리조사'를 적용하며, 기술자의 현지여비는 국토교통부장관이 고시한 측량대가의 기준에 따라 별도 계상한다.

[설계 예]
① 설계 제원
　㉮ 도면제작 편집 면적 : 155㎢
　㉯ 지도축척 : 1:25,000
　㉰ 지형구분 : 시가지 10%, 교외지 20%, 농경지 30%, 산악지 40%

② 설계

㉮ 인건비

구 분	고급 기술자	초급 기술자	정보처리 기사	중급기능사 (지도제작)	비고
1. 작업 및 품질관리	21.87×0.2 = 4.37인				155㎢÷(0.886㎢×8시간) ×(0.1/0.71+0.1/0.78 +0.3/1.0+0.5/1.16) = 21.87인
2. 도면제작 편집		21.87×0.25 = 5.47인	21.87×0.05 = 1.09인	21.87×0.5 = 10.93인	

㉯ 기계비

구 분	상각비	유지관리비	비고
컴퓨터	21.87일	21.87일	S/W 포함

[설계 예]

① 설계제원

　㉮ 도면제작편집면적 : 6.1㎢

　㉯ 지도축척 : 1:5,000

　㉰ 지형구분 : 시가지 10%, 교외지 20%, 농경지 30%, 산악지 40%

② 설계

㉮ 인건비

구 분	고급 기술자	초급 기술자	정보처리 기사	중급기능사 (지도제작)	비고
1. 작업 및 품질관리	7.96×0.2 = 1.59인				6.1㎢÷(0.0998㎢××8시간) ×(0.1/0.71+0.2/0.78 +0.3/1.0+0.4/1.16) = 7.96인
2. 도면제작 편집		7.96×0.25 = 1.99인	7.96×0.05 = 0.40인	7.96×0.5 = 3.98인	

㉯ 기계비

구 분	상각비	유지관리비	비고
컴퓨터	7.96일	7.96일	S/W 포함

나. 축소편집
　(1)도면제작

(단위 : 도엽당)

축 적	1:10,000	1:25,000	1:50,000	비고
투입인원	9.25	22.45	10.37	

[주] ① 본 품은 1:5,000 수치지도 정위치편집 파일을 이용한 1:10,000 도면제작 편집과 1:25,000 도면제작편집, 1:25,000 도면제작편집 파일을 이용한 1:50,000 도면제작 편집시 적용한다.
② 본 품에서 사용하는 기계비 및 재료비는 별도 계상한다.
③ 지형에 따라 다음의 계수를 곱하여 계상한다.

지형종류	시가지	교외지	농경지	구릉지	산악지	물
계수	1.21	1.13	1.0	1.03	0.83	0.43

④ 인쇄원판필름 작성품은 별도 계상한다.
⑤ 본 품에는 작업준비, 정리 및 인접부의 접합작업 및 난외주기 작성 작업이 포함되어 있다.
⑥ 본 품은 일반지형도를 기준으로 한 것으로 지형도상 표시사항 이외의 사항을 입력, 편집시에는 품을 별도 계상한다.
⑦ 본 품에 기재되지 않은 축척에 대하여 보간법으로 계산하여 적용할 수 없다.
⑧ 본 품에서 성과심사에 소요되는 비용은 국토교통부장관이 고시한 측량성과 심사수탁기관의 심사업무 및 지정절차 등에 관한 규정에 따라 별도 계상한다.
⑨ 본 품의 성과작성품은 관련한 최신 수치지형도 작성 작업규정을 따른다.
⑩ 작업반의 편성은 '[토목부문] 9-6-4/5./가. 1:1편집'을 적용한다.

[설계 예]
　① 설계 제원
　　㉮ 도면제작 편집 : 1도엽(1:5,000 25도엽)
　　㉯ 지도발행축척 : 1:25,000
　　㉰ 지형구분 : 시가지10%, 교외지20%, 농경지30%, 구릉지20%, 산악지10%, 물10%

② 설계

㉮ 인건비

구 분	고급 기술자	초급 기술자	정보처리 기사	중급기능사 (지도제작)	비고
1. 작업 및 품질관리	21.98×0.20 = 4.4인				22.45인/도엽×(0.1×1.21+ 0.2×1.13+0.3×1.0+0.2× 1.03+0.1×0.83+0.1×0.43) = 21.98인
2. 도면제작 편집		21.98×0.25 = 5.49인	21.98×0.05 = 1.10인	21.98×0.50 = 10.99인	

㉯ 기계비

구 분	상각비	유지관리비	비고
컴퓨터	21.98일	21.87일	S/W 포함

(2) 수치지도

(단위 : km²)

축 척	1:5,000	비고
1시간당 작업량	0.2436	

① 본 품은 1:2,500 수치지형도 정위치, 구조화 편집 파일을 이용하여 1:5,000 정위치, 구조화 편집 파일 편집시 적용한다.
② 본 품에서 사용하는 작업반 편성은 '[토목부문] 9-6-4/5./가. 1:1 편집' 품을 적용하고, 기계비 및 재료비는 별도 계상한다.
③ 지형에 따라 '[토목부문] 9-6-4/4./나.(1) 도면제작의 지형계수'를 곱하여 계상한다.
④ 도면제작을 위한 품은 별도 계상한다.
⑤ 본 품에는 작업준비, 정리 및 인접부의 접합작업이 포함되어 있다.
⑥ 본 품에서 성과심사에 소요되는 비용은 국토교통부장관이 고시한 공공측량성과 심사수탁기관의 심사업무 및 지정절차 등에 관한 규정에 따라 별도 계상한다.
⑦ 본 품의 성과작성품은 관련한 최신 수치지형도 작성 작업규정을 따른다.

[설계 예]
① 설계 제원
  ㉮ 축소편집 면적 : 156㎢
  ㉯ 지도축척 : 1:5,000
  ㉰ 지형구분 : 시가지 10%, 교외지 20%, 농경지 30%, 산악지 40%
② 설계
  ㉮ 인건비

구 분	고급 기술자	초급 기술자	정보처리 기사	중급기능사 (지도제작)	비고
1. 작업 및 품질관리	78.36×0.2 =15.67인				156㎢÷(0.2436㎢/시간×8시간)×(0.1×1.21+0.2×1.13 +0.3×1.0+0.4×0.83) =78.36인
2. 도면제작 편집		78.36×0.25 =19.59인	78.36×0.05 =3.91인	78.36×0.5 =39.18인	

  ㉯ 기계비

구 분	상각비	유지관리비	비고
컴퓨터	78.36일	78.36일	S/W 포함

  다. 자동 지도제작
    ○ 축척별 시간당 작업량

(단위 : ㎢)

축 척	1:5,000	비고
1시간당 작업량	1.27	

[주] ① 자동 지도제작이라 함은 수치지도 Ver 2.0을 이용하여 수치지도 Ver 2.0의 자료형태(NGI format)를 그대로 유지하면서 도면제작편집 파일을 만드는 작업을 말한다.
② 본 품은 1:5,000 수치지도 Ver 2.0을 이용한 1:5,000 도면제작 편집시 적용한다.
③ 기계비 및 재료비는 '[토목부문] 9-6-4/2. 수동입력'의 품을 적용한다.

④ 지형에 따라 다음의 계수를 곱하여 계상한다.

지형종류	시가지	교외지	농경지	구릉지	산악지	비고
계수	1.16	1.11	1.00	1.00	0.80	

⑤ 작업반의 편성은 '[토목부문] 9-6-4/5./가. 1:1 편집'을 적용한다.
⑥ 인쇄원판 필름 작성품은 별도 계상한다.
⑦ 본 품에는 작업준비, 정리 및 인접부의 접합작업 및 난외주기 작성 작업이 포함되어 있다.
⑧ 본 품에서 성과심사에 소요되는 비용은 국토교통부장관이 고시한 측량성과 심사수탁기관의 심사업무 및 지정절차 등에 관한 규정에 따라 별도 계상한다.
⑨ 본 품의 성과작성품은 관련한 최신 수치지형도 작성 작업규정을 따른다.

[설계 예]
① 설계 제원
  ㉮ 도면제작편집면적 : $6.1km^2$(1/5,000, 1도엽)
  ㉯ 지도발행축척 : 1:5,000 지형도
  ㉰ 지형구분 : 시가지 40%, 교외지 25%, 구릉지 15%, 산악지 20%
② 설계
  ㉮ 인건비

구 분	고급 기술자	초급 기술자	정보처리 기사	중급기능사 (지도제작)	비고
1. 작업 및 품질관리	0.63×0.20 = 0.12인				$6.1km^2$/($1.27km^2$/시간×8시간 ×(0.4×1.16+0.25×1.11+ 0.15×1.0+0.2×0.8) = 0.63인
2. 자동 지도제작		0.63×0.25 = 0.16인	0.63×0.05 = 0.03인	0.63×0.50 = 0.31인	

⑭ 기계비

구 분	상각비	유지관리비	비고
컴퓨터	0.63일	0.63일	S/W 포함

6. 구조화 편집
   가. 수치지형도
      ㅇ 축척별 시간당 작업량

(단위 : ㎢)

축 척	1:1,000	비고
1시간당 작업량	0.016	

[주] ① 구조화편집이라 함은 정위치 편집된 파일을 이용하여 데이터 간의 상호 상관 관계를 유지하기 위하여 공간 및 속성데이터를 편집하는 작업을 말한다.
② 작업반 편성은 고급기술자 및 엔지니어링산업진흥법상의 중급기술자와 중급기능사로 한다.
③ 기계비 및 재료비는 '[토목부문] 9-6-4/2. 수동입력'의 품을 적용한다.
④ 지형에 따라 다음의 계수를 곱하여 계상한다.

지형종류	시가지	교외지	농경지	구릉지	산악지	비고
계수	0.3	0.6	1.0	1.5	6.0	

⑤ 작업반의 편성은 다음과 같다.

구분	고급기술자	중급기술자	중급기능사 (지도제작)	계
참여비율(%)	10	60	30	100

⑥ 본 품에는 작업준비, 속성입력, 위상관계 형성, 속성데이터의 연결 및 정리작업이 포함되어 있다.
⑦ 본품은 1:1,000축척의 일반 지형도를 기준으로 국가기본도 표준의 지형지물 및 기본속성에 대하여 편집하는 것을 말한다. 다만 지하시설물을 입력하여 구조화 편집하는 것은 별도의 품을 계상한다.

⑧ 본 품에서 성과심사에 소요되는 비용은 국토교통부장관이 고시한 측량성과 심사수탁기관의 심사업무 및 지정절차 등에 관한 규정에 따라 별도 계상한다.
⑨ 본 품의 성과작성품은 관련한 최신 수치지형도 작성 작업규정을 따른다.

[설계 예]
① 설계 제원
  ㉮ 구조화 편집 면적 : 0.24㎢
  ㉯ 지도축척 : 1:1,000 수치지도
  ㉰ 지형구분 : 시가지 60%, 교외지 5%, 구릉지 15%, 산악지 20%
② 설 계
  ㉮ 인건비

구 분	고급기술자	중급기술자	중급기능사	비고
구조화 편집	4.15×0.1 =0.415인	4.15×0.6 =2.49인	4.15×0.3 =1.24인	0.24㎢/(0.016㎢/시간× 8시간)×(0.6÷0.3+0.05 ÷0.6+0.15÷1.5+0.2÷ 6.0=4.15인)

  ㉯ 기계비

구 분	상각비	유지관리비	비고
컴퓨터	4.15일	4.15일	S/W 포함

나. 수치지형도(Ver 2.0)
  (1) 기존 수치지형도 활용

(단위 : ㎢)

축 척	1:1,000	1:2,500	1:5,000	비고
1시간당 작업량	0.0107	0.0373	0.174	

[주] ① 수치지형도 Ver 2.0이라 함은 정위치 편집된 파일을 이용하여 데이터간의 상호 상관관계를 유지하기 위하여 공간 및 속성 데이터를 편집하는 작업을 말한다.

② 기계비 및 재료비는 [토목부문] 9-6-4/2. 수동입력을 적용한다.
③ 지형에 따른 증감계수는 다음과 같다.

지형종류	시가지	교외지	농경지	구릉지	산악지	비고
증감계수	0.3	0.6	1.0	1.5	6.0	

④ 작업반의 편성은 다음과 같다.

구 분	특급 기술자	고급 기술자	중급 기술자	초급 기술자	정보처리 기사	중급기능사 (지도제작)	계
참여비율(%)	2	12	40	11	10	25	100

⑤ 본 품에는 작업준비, 속성입력, 위상관계 및 정리 작업이 포함되어 있다.
⑥ 본 품은 1:1,000, 1:2,500, 1:5,000 축척의 수치지형도 명세서에 의한 기본 속성에 대하여 편집하는 것이고 그 외의 속성을 입력하는 경우는 별도의 품을 계상한다.
⑦ 본 품에서 성과심사에 소요되는 비용은 국토교통부장관이 고시한 측량성과 심사수탁기관의 심사업무 및 지정절차 등에 관한 규정에 따라 별도 계상한다.
⑧ 본 품의 성과작성품은 관련한 최신 수치지형도 작성 작업규정을 따른다.

[설계 예]
① 설계 제원
   ㉮ 구조화편집 면적 : 0.24㎢
   ㉯ 지도축척 : 1:1,000 수치지형도
   ㉰ 지형구분 : 시가지 60%, 교외지 5%, 구릉지 15%, 산악지 20%

② 설계
   ㉮ 인건비

구 분	특급 기술자	고급 기술자	중급 기술자	초급 기술자	정보처리 기사	중급 기능사	비고
1. 작업 및 품질관리	6.21×0.02 =0.12인	6.21×0.12 =0.74인					0.24㎢/(0.0107㎢/시간 ×8시간)×(0.6÷0.3+ 0.05÷0.6+0.15 ÷1.5+0.2÷6.0)=6.21인
2. 편집			6.21×0.40 =2.49인	6.21×0.11 =0.68인	6.21×0.10 =0.62인	6.21×0.25 =1.55인	

㈐ 기계비

구 분	상각비	유지관리비	비고
컴퓨터	6.21일	6.21일	S/W 포함

(2) 신규 작업

(단위 : km²)

축 척	1/1,000	1/2,500	비고
1시간당 작업량	0.004	0.0327	

[주] ① 본 품은 수치지형도 Ver 2.0 제작시 정위치편집과 구조화편집을 포함한 작업을 말한다.
② 기계비 및 재료비는 '[토목부문] 9-6-4/2. 수동입력'을 적용한다.
③ 지형에 따른 증감계수는 "6"구조화편집 "나" 수치지형도 Ver 2.0(기존 수치지형도 활용)을 적용한다.
④ 작업반의 편성은 '[토목부문]9-6-4/3./나./(1) 기존 수치지형도 활용'을 적용한다.
⑤ 본 품에는 작업준비, 속성입력, 위상관계 및 정리작업이 포함되어 있다.
⑥ 본 품은 1:1,000 축척의 수치지형도 명세서에 의한 기본 속성에 대하여 편집하는 것이고 그 외의 속성을 입력하는 경우는 별도의 품을 계상한다.
⑦ 본 품에서 성과심사에 소요되는 비용은 국토교통부장관이 고시한 측량성과 심사수탁기관의 심사업무 및 지정절차 등에 관한 규정에 따라 별도 계상한다.
⑧ 본 품의 성과작성품은 관련한 최신 수치지형도 작성 작업규정을 따른다.

[설계 예]
① 설계 제원
  ㉮ 편집면적 : 0.24km²
  ㉯ 지도축척 : 1:1,000 수치지형도
  ㉰ 지형구분 : 시가지 60%, 교외지 5%, 구릉지 15%, 산악지 20%

② 설계
　㉮ 인건비

구 분	특급 기술자	고급 기술자	중급 기술자	초급 기술자	정보처리 기사	중급 기능사	비고
1. 작업 및 품질관리	16.62×0.02 =0.33인	16.62×0.12 =1.99인					0.24㎢/(0.0004㎢/시간 ×8시간)×(0.6÷0.3+ 0.05÷0.6+0.15÷1.5 +0.2÷6.0)=16.62인
2. 편집			16.62×0.40 =6.64인	16.62×0.11 =1.82인	16.62×0.10 =1.66인	16.62×0.25 =4.16인	

　㉯ 기계비

구 분	상각비	유지관리비	비고
컴퓨터	16.62일	16.62일	S/W 포함

7. 지하시설물도 작성
　가. 지하시설물 조사/탐사

(단위 : 인, m)

구 분		중급 기술자	초급 기술자	중급기능사 (측량)	초급기능사 (측량)	계	1일 작업량	비고
작　업　계　획		고급기술자로서 총 투입인원의 1/10						
자료수집 및 작업준비		1	1			2	1,000	
지하시설물조사편집		1	2	1		4	511	
지하시설물 위치측량	매설시설물	1	2	1	3	7	458	
	노출시설물	1	1			2	86	
지하시설물원도작성			2	2		4	1,044	
대장조서및속성DB작성		1	2	1		4	600	

[주] ① 지하시설물도 작성이란 기존도면을 이용하여 지하시설물과 연관된 지상시설물을 조사하고, 지하에 매설된 각종 시설물의 위치를 탐사하거나 또는 공사중 시설물의 위치를 육안으로 확인할 수 있는 상태에서 측량하여 도면으로 제작하는 것으로서 지하시설물 대장조서의 작성이 포함되어 있다.
　㉮ 지하시설물위치측량 중 매설시설물 품은 지하에 매설된 시설물을 조

사·탐사하여 시설물 위치를 측량하는 경우에 적용한다.
　㉯ 지하시설물위치측량 중 노출시설물 품은 관로의 신설, 교체 공사시 시설물이 노출된 상태에서 위치를 조사·측량하는 경우에 적용한다.
② 지하시설물의 위치측량에 사용되는 기준점(평면, 표고) 설치 및 측량을 하는 경우에는 별도의 품을 계상한다.
③ 기계비 및 재료비는 별도 계상한다.
　㉮ 상각비계상은 장비취득가격의 10%를 잔존가치로 하며, 지하시설물 탐사기의 상각년수는 5년, 가동일수는 278일로 한다.
　㉯ 지하시설물 탐사기의 가동일당 정비비의 계산식은 다음과 같다.

$$가동일당\ 정비비 = \frac{취득가격}{365} \times 0.1$$

④ 지형 및 시설물 종류별로 증감계수는 다음과 같다.
　㉮ 지형구분에 따른 증감계수

구 분	밀집시가지	시가지	교외지	농경지	구릉지	산악지	비고
증감계수	1.68	1.0	0.78	0.65	0.65	0.65	

　㉯ 시설물 종류별 증감계수

구 분	상수도	하수도	가스	전력	통신	난방	송유관	기타
증감계수	1.1	0.73	1.03	0.85	0.85	1.0	1.0	0.85

　㉰ 공동구축에 따른 증감 수식
　　공동구축시설물의 개수가 2 이상일 경우 다음의 절감률을 적용한다.
　　　절감률 : 3%×(N-1)
　　　　N : 공동구축 시설물 개수

⑤ 본 품은 상수도 50mm이상, 하수도 300mm이상, 가스 75mm이상, 통신 50mm 이상의 관경 및 고압전력을 기준으로 작성된 것으로서 관경이 작을 경우에는 품을 증가한다.
⑥ 본 품은 출력된 1:500지형도를 이용하여 지하시설물도를 작성하는 것으로서 지형도가 없을 때에는 품을 별도로 계상한다.
⑦ 본 품의 외업에 동원되는 기술인력에 대한 여비는 측량용역대가기준에 따라 별도 계상한다.
⑧ 점검측량 및 성과심사에 소요되는 비용은 별도 계상한다. 다만, 성과 심사비는 공공측량성과 심사업무처리규정에 의한다.

나. 지하시설물도 정위치편집
① 지하시설물도의 정위치 편집이라 함은 지하시설물 조사/탐사의 측량성과를 표준코드 등을 이용하여 신규로 제작하거나 기존의 지하시설물도를 수정 보완하는 작업을 말한다.
② 지하시설물도 정위치편집의 시간당 작업량은 다음과 같다.

(단위 : km)

구 분	1:1,000	비고
시간당 작업량	0.10	

③ 지형 및 시설물종류별 증감계수는 '[토목부문] 9-6-4/7./가. 지하시설물 조사/탐사'를 적용한다.
④ 정위치 편집의 편성인원은 '[토목부문] 9-6-4/2. 수동입력'을 적용한다.
⑤ 기계비 및 재료비는 '[토목부문] 9-6-4/2. 수동입력'을 적용한다.
⑥ 본 품에는 작업준비, 정리, 인접부의 접합작성이 포함되어 있다.
⑦ 본 품의 점검측량 및 성과심사에 소요되는 비용은 별도 계상한다. 다만, 성과심사비는 공공측량성과심사업무처리규정에 의한다.

다. 지하시설물도 구조화편집
① 지하시설물도의 구조화 편집이라 함은 정위치편집된 지하시설물의 상호 상관관계를 유지하기 위하여 공간 및 속성데이터를 편집하는 작업을 말한다.
② 작업반 편성은 고급기술자 1인, 정보처리기사 1인, 중급기능사(지도제작) 1인으로 구분하고, 참여비율은 다음과 같다.

구 분	고급기술자	정보처리기사	중급기능사(지도제작)	비고
참여비율(%)	10	60	30	

③ 지하시설물도 구조화편집의 작업량은 다음과 같다. (단위 : km)

구분	1:1,000	비고
시간당 작업량	0.14	

④ 기계비 및 재료비는 '[토목부문] 9-6-4/2. 수동입력'을 적용한다.
⑤ 본 품의 점검측량 및 성과심사에 소요되는 비용은 별도계상한다. 다만, 성과 심사비는 공공측량성과심사업무처리규정에 의한다.

[설계 예]
1) 매설시설물
  ① 설계 제원
    ㉮ 시설물의 종류 : 상수도관 10km, 가스관 27km, 송유관 20km
    ㉯ 지형의 구분 (단위:%)

구분	밀립시가지	시가지	교외지	농경지	구릉지	산악지	비고
상수관	40	30	20	0	0	10	
가스관	35	40	0	0	15	10	
송유관	0	0	40	10	20	30	

    ㉰ 출력된 1/500지형도를 이용
  ② 설계
    ㉮ 인건비 (단위 : 인, m)

구 분	중급기술자	초급기술자	중급기능사(측량)	초급기능사(측량)	계	비고
작 업 계 획	고급기술자(2,051.83×1/10=205.18일)					
자료수집 및 작업준비	59.14일	59.14일			118.28일	59.144km×1,000m/km ÷(1,000m/일)×1인
지하시설물 조사 편집	115.74일	231.48일	115.74일		462.96일	59.144km×1,000m/km ÷(511m/일)×1인
지하시설물 위치 측량	121.39일	242.77일	121.39일	364.16일	849.71일	55.595km×1,000m/km ÷(458m/일)×1인
지하시설물 원도 작성		113.30일	113.30일		226.60일	59.144km×1,000m/km ÷(1,044m/일)×1인
대장조서 및 속성DB 작성	98.57일	197.14일	98.57일		394.28일	59.144km×1,000m/km ÷(600m/일)×1인
계	394.84일	843.83일	449.00일	364.16일	2,051.83일	

※ 지형증감계수 :
　　상수도 = $0.40 \times 1.68 + 0.30 \times 1.0 + 0.20 \times 0.78 + 0.1 \times 0.65 = 1.193$
　　가스관 = $0.35 \times 1.68 + 0.40 \times 1.0 + 0.15 \times 0.65 + 0.1 \times 0.65 = 1.150$
　　송유관 = $0.40 \times 0.78 + 0.10 \times 0.65 + 0.20 \times 0.65 + 0.30 \times 0.65 = 0.702$
　　탐사길이 = $10 \times 1.1 \times 1.193 + 27 \times 1.03 \times 1.150 + 20 \times 1.0 \times 0.702 = 59.144$ km
　　공동구축탐사길이 = 탐사길이 $\times \{1 - 0.03 \times (N-1)\}$
　　　　　　　　　　= $59.144 \times (1 - 0.03 \times 2) = 55.595$ km

○ 정위치 편집

구 분	고급 기술자	정보처리 기사	중급기능사 (지도제작)	비고
1. 작업관리	7.39일	7.39일		
2. 편집			73.93일	59.144km/(0.10km×8시간)=73.93일
계	7.39일	7.39일	73.93일	
작업반 편성	10%	10%	100%	

○ 구조화 편집

구 분	고급 기술자	정보처리 기사	중급기능사 (지도제작)	비고
1. 작업관리	5.28일			
2. 편집		31.68일	15.84일	59.144km/(0.14km×8시간)=52.80일
계	5.28일	31.68일	15.84일	
작업반 편성	10%	60%	30%	

㉯ 기계비
　　○ 지하시설물 조사/탐사

구 분	상각비	정비비	비고
지하시설물탐사장비	121.38일	121.38일	55.595km×1,000m/km÷ (458m/일)×1인

○ 정위치 편집

구 분	상각비	정비비	비고
컴퓨터	73.93일	73.93일	59.144km/(0.10km×8시간)=73.93일

○ 구조화 편집

구 분	상각비	정비비	비고
컴퓨터	46.20일	46.20일	59.144km/(0.16km×8시간)=46.20일

2) 노출시설물(2024년 신설)
  ① 설계 제원
    ㉮ 시설물의 종류 : 상수도관 10km, 가스관 27km, 송유관 20km
    ㉯ 지형의 구분   (단위:%)

구 분	밀집시가지	시가지	교외지	농경지	구릉지	산악지	비고
상수관	40	30	20	0	0	10	
가스관	35	40	0	0	15	10	
송유관	0	0	40	10	20	30	

    ㉰ 출력된 1/500지형도를 이용
  ② 설계
    ㉮ 인건비   (단위 : 인, m)

구 분	중급 기술자	초급 기술자	중급기능사 (측량)	초급기능사 (측량)	계	비고
작 업 계 획	고급기술자(2,495.03 × 1/10 = 249.50일)					
자료수집 및 작업준비	59.14일	59.14일			118.28일	59.144km×1,000m/km ÷(1,000m/일)×1인
지하시설물 조사편집	115.74일	231.48일	115.74일		462.96일	59.144km×1,000m/km ÷(511m/일)×1인
지하시설물 위치측량			646.45일	646.45일	1,292.90일	55.595km×1,000m/km ÷(86m/일)×1인
지하시설물 원도작성		113.30일	113.30일		226.60일	59.144km×1,000m/km ÷(1,044m/일)×1인
대장조서 및 속성DB 작성	98.57일	197.14일	98.57일		394.28일	59.144km×1,000m/km ÷(600m/일)×1인
계	919.90일	1,247.51일	327.61일		2,495.02일	

※지형증감계수 :
　상수도 = 0.40×1.68+0.30×1.0+0.20×0.78+0.1×0.65=1.193
　가스관 = 0.35×1.68+0.40×1.0+0.15×0.65+0.1×0.65=1.150
　송유관 = 0.40×0.78+0.10×0.65+0.20×0.65+0.30×0.65=0.702
　탐사길이 =10×1.1×1.193+27×1.03×1.150+20×1.0×0.702=59.144km
　공동구축탐사길이=탐사길이×{1-0.03×(N-1)}
　　　　　　　　 = 59.144×(1-0.03×2)=55.595km

ㅇ 정위치 편집

구 분	고급 기술자	정보처리 기사	중급기능사 (지도제작)	비고
1. 작업관리	7.39일	7.39일		
2. 편집			73.93일	59.144km/(0.10km×8시간)=73.93일
계	7.39일	7.39일	73.93일	
작업반 편성	10%	10%	100%	

ㅇ 구조화 편집

구 분	고급 기술자	정보처리 기사	중급기능사 (지도제작)	비고
1. 작업관리	5.28일			
2. 편집		31.68일	15.84일	59.144km/(0.14km×8시간)=52.80일
계	5.28일	31.68일	15.84일	
작업반 편성	10%	60%	30%	

㉯ 기계비
　ㅇ 지하시설물 조사/탐사

구 분	상각비	정비비	비고
지하시설물탐사장비	646.45일	646.45일	55.595km×1,000m/km÷ (86m/일)×1인

○ 정위치 편집

구 분	상각비	정비비	비고
컴퓨터	73.93일	73.93일	59.144km/(0.10km×8시간)=73.93일

○ 구조화 편집

구 분	상각비	정비비	비고
컴퓨터	46.20일	46.20일	59.144km/(0.16 km×8시간) = 46.20일

8. 공통주제도 작성
가. 주제도 입력
(km²)

구 분	축척별 1시간당 작업량		비고
	1:25,000	1:5,000	
토지이용 현황도	2.108	–	
도 시 계 획 도	–	0.6377	
지 번 약 도	–	0.1513	

나. 수정편집
(km²)

구 분	축척별 1시간당 작업량		비고
	1:25,000	1:5,000	
토지이용 현황도	10.7509	–	
도 시 계 획 도	–	0.9308	
지 번 약 도	–	1.0093	

[주] ① 주제도입력이라 함은 이미 제작된 주제도를 자동독취기(스캐너)에 의해 수치 데이터로 입력하여 벡터데이터로 편집하는 작업을 말한다.
② 수정편집이라 함은 주제도를 입력한 파일을 수치지형데이터에 합성하여 수정 및 편집하는 작업을 말한다.
③ 기계비 및 재료비는 별도 계상한다.
㉮ 상각비 계상은 장비 취득가격의 10%를 잔존가치로 하며, 컴퓨터의 상각년수는 5년, 가동일수는 278일로 한다.
㉯ 컴퓨터의 가동일당 유지관리비의 계산식은 다음과 같다.

$$\text{가동일당 정비비} = \frac{\text{취득가격}}{365} \times 0.1$$

④ 주제도 입력 및 수정편집 작업의 편성인원은 3인으로서 고급기술자 1인, 정보처리기사 1급 1인, 중급기능사(측량) 1인으로 하고 고급기술자 및 정보처리기사 1급은 총작업일수의 1/10인 · 일으로 한다.
⑤ 본 품에는 작업준비 · 정리 및 인접부의 접합작업이 포함되어 있다.
⑥ 입력된 주제도를 구조화 편집하거나 속성을 입력할 때에는 별도의 품을 계상한다.
⑦ 본 품에서 성과심사에 소요되는 비용은 국토교통부장관이 고시한 측량성과 심사수탁기관의 심사업무 및 지정절차 등에 관한 규정에 따라 별도 계상한다.
⑧ 본 품의 성과작성품은 관련한 최신 수치지형도 작성 작업규정을 따른다

[설계 예] 토지이용 현황도
① 설계 제원
  ㉮ 입력면적 : 153㎢
  ㉯ 지도축척 : 1:25,000 토지이용현황도
② 설계
  ㉮ 인건비

구 분	고급 기술자	정보처리 기사	중급기능사 (지도제작)	비고
1. 작업관리	1.08인	1.08인		
2. 토지이용 현황도입력			9.07인	153㎢/2.108㎢/8시간=9.07일 153㎢/10.7509㎢/8시간=1.77일
3. 수정편집			1.77인	
계	1.08인	1.08인	10.84인	

  ㉯ 기계비

구 분	상각비	정비비	비고
컴퓨터	10.84일	10.84일	

[설계 예] 도시계획도
   ① 설계 제원
      ㉮ 입력면적 : 6㎢
      ㉯ 지도축척 : 1:5,000 도시계획도
   ② 설계
      ㉮ 인건비

구 분	고급 기술자	정보처리 기사	중급기능사 (지도제작)	비고
1. 작업관리	0.19인	0.19인		
2. 도시계획도 입력			1.17인	6㎢/0.6377㎢/8시간=1.17일
3. 수정편집			0.80인	6㎢/0.9308㎢/8시간=0.80일
계	0.19인	0.19인	1.97인	

   ㉯ 기계비

구 분	상각비	정비비	비고
컴퓨터	1.97일	1.97일	

[설계 예] 지번약도
   ① 설계 제원
      ㉮ 입력면적 : 6.44㎢
      ㉯ 지도축척 : 1:5,000 지번약도
   ② 설계
      ㉮ 인건비

구 분	고급 기술자	정보처리 기사	중급기능사 (지도제작)	비고
1. 작업관리	0.61인	0.61인		
2. 지번약도 입력			5.32인	6.44㎢/0.1513㎢/8시간=5.32일
3. 수정편집			0.79인	6.44㎢/1.0093㎢/8시간=0.79일
계	0.61인	0.61인	6.11인	

㉯ 기계비

구 분	상각비	정비비	비고
컴퓨터	6.11일	6.11일	

9. 수치표고모형 구축

　가. 항공레이저측량에 의한 방법

(단위: 50㎢)

항 목	작업일수(일)	투입인원(1일당)						투입인원(합계)						비고
		특급기술자	고급기술자	중급기술자	중급기능사(지도)	조종사	정비사	특급기술자	고급기술자	중급기술자	중급기능사(지도)	조종사	정비사	
작업계획 및 준비	3	0.3	0.3					0.9	0.9					( )내는 외업을 표시함
레이저지형 자료 취득	(8)	(1)				(1)	(1)	(8)				(8)	(8)	
자료 처리	3	0.3	0.5	0.5	0.5			0.9	1.5	1.5	1.5			
수치표고 모형제작	15	0.2	0.5	0.5	0.5			3	7.5	7.5	7.5			
정리 및 점검	3	0.3	0.3		0.3			0.9	0.9		0.9			
합계								(8) 5.7	– 10.8	– 9.0	– 9.9	(8) –	(8) –	

[주] ① 수치표고모형의 간격은 1m, 작업량은 50㎢를 1작업단위로 한다.

　㉮ 작업량에 따른 증감계수

작업량	20㎢이하	50㎢	100㎢	300㎢	600㎢이상	비고
증감계수	1.5	1.0	0.9	0.8	0.7	

　㉯ 격자 간격에 따른 레이저지형자료 취득 작업공정 소요인원에 대한 증감계수

격자간격	0.5m이하	1m	5m	10m이상	비고
증감계수	2.0	1.0	0.4	0.16	

② 기준점측량에 대한 신규측량이 필요한 경우에는 품을 별도 계상한다.
③ 본 작업을 수행하기 위한 기계비 및 재료비는 별도 계상한다.
④ 레이저 측량장비의 상각비 및 유지관리비 계산식
  ㉮ 항공레이저 측량장비의 상각비는 장비취득가격의 10%를 잔존가치로 하며, 상각년수는 5년, 총 가동시간은 3,000시간으로 한다.
  ㉯ 항공레이저 측량장비의 유지관리비 계산식은 다음과 같다.

$$\text{가동일당 유지관리비} = \frac{(\text{취득가격})}{278} \times 0.05$$

⑤ 컴퓨터와 S/W의 상각비 및 유지관리비는 '[토목부문] 9-6-4/2. 수동입력'을 적용한다.
⑥ 항공레이저 측량장비의 일평균 가동시간은 기상장애와 위성의 배치상태에 따른 위치정확도 저하율을 고려하여 2.5시간을 기준으로 할 수 있다.
⑦ 본 품의 외업에 동원되는 기술인원에 대한 여비는 측량대가의 기준에 따라 별도 계상한다.
⑧ 항공레이저 측량장비 및 승무원, 제3자의 보험료는 별도 계상한다.
⑨ 본 품에서 공공측량성과심사에 소요되는 비용은 국토교통부장관이 고시한 측량성과 심사수탁기관의 심사업무 및 지정절차 등에 관한 규정에 따라 별도 계상한다.
⑩ 본 품의 성과품은 수치표고모형 구축 관련 작업규정을 따른다.
⑪ 본 품에 명시되어 있지 않은 간격 및 작업량에 대하여는 보간법으로 적용할 수 있다.

[계산 예]
① 설계 제원
  ㉮ 작업량 : 300㎢
  ㉯ 격자간격 : 1m
② 설계
  ㉮ 인건비

항 목	특급 기술자	고급 기술자	중급 기술자	중급 기능사 (지도)	조종사	정비사
작업계획 및 준비	4.3	4.3	–	–	–	–
레이저지형 자료 취득	38.4	–	–	–	38.4	38.4
자 료 처 리	4.3	7.2	7.2	7.2	–	–
수치표고모형제작	14.4	36	36	36	–	–
정 리 및 점 검	4.3	4.3	–	4.3	–	–

비고
특급기술자 : (300㎢÷50㎢) × (0.8) × (0.9) = 4.3인
고급기술자 : (300㎢÷50㎢) × (0.8) × (0.9) = 4.3인
특급기술자 : (300㎢÷50㎢) × (1.0) × (0.8) × (8) = 38.4인
조 종 사 : (300㎢÷50㎢) × (1.0) × (0.8) × (8) = 38.4인
정 비 사 : (300㎢÷50㎢) × (1.0) × (0.8) × (8) = 38.4인
특급기술자 : (300㎢÷50㎢) × (0.8) × (0.9) = 4.3인
고급기술자 : (300㎢÷50㎢) × (0.8) × (1.5) = 7.2인
중급기술자 : (300㎢÷50㎢) × (0.8) × (1.5) = 7.2인
중급기능사(지도) : (300㎢÷50㎢) × (0.8) × (1.5) = 7.2인
특급기술자 : (300㎢÷50㎢) × (0.8) × (3.0) = 14.4인
고급기술자 : (300㎢÷50㎢) × (0.8) × (7.5) = 36인
중급기술자 : (300㎢÷50㎢) × (0.8) × (7.5) = 36인
중급기능사(지도) : (300㎢÷50㎢) × (0.8) × (7.5) = 36인
특급기술자 : (300㎢÷50㎢) × (0.8) × (0.9) = 4.3인
고급기술자 : (300㎢÷50㎢) × (0.8) × (0.9) = 4.3인
중급기능사(지도) : (300㎢÷50㎢) × (0.8) × (0.9) = 4.3인

㈏ 기계경비

항 목	장비구분	상각비	유지관리비
레이저지형자료취득	레이저측량장비	38.4일	38.4일
자 료 처 리	컴퓨터	7.2일	7.2일
수치표고모형제작	컴퓨터	36일	36일

나. 수치사진측량장비에 의한 방법

(단위 : 1도엽)

항 목	작업일수(일)	투입인원(1일당)			투입인원(합계)			비고
		고급기술자	중급기술자	중급기능사(도화)	고급기술자	중급기술자	중급기능사(도화)	
작업계획 및 준비	1	0.3			0.3			
표 정	1		0.25	0.5		0.25	0.5	
수치표고자료제작	3		0.25	0.6		0.75	1.8	
품 질 관 리	1		0.5			0.5		
정 리 및 점 검	1	0.2			0.2			

[주] ① '수치사진측량장비「Digital Photogrammetry Workstation(DPW)」'란 항공사진 및 위성영상데이터를 이용하여 지형지물을 수치형식으로 측정하여 저장하는 장비를 말한다.

② 수치표고자료의 간격은 5m, 작업지역면적은 1:5,000 1도엽(6.1㎢)를 1작업단위로 한다.

– 격자간격에 따른 증감계수

격자간격	1m	2m	5m	10m	30m	비고
증감계수	1.09	1.05	1.0	0.96	0.88	

③ 본 작업을 수행하기 위한 기계비 및 재료비는 별도 계상한다.

  ㉮ 수치사진측량장비의 상각비는 장비취득가격의 10%를 잔존가치로 하며, 상각년수는 5년, 년 가동일수는 278일로 한다.

  ㉯ 수치사진측량장비의 유지관리비 계산식은 다음과 같다.

$$\text{가동일당 유지관리비} = \frac{(\text{취득가격})}{278} \times 0.1$$

④ 데이터 처리 작업을 위한 컴퓨터와 S/W의 상각비 및 유지관리비는 '[토목부문] 9-6-4/2. 수동 입력'을 적용한다.
⑤ 본 품은 다음의 성과품이 포함된 것이다.
  ㉮ 기준점 선정부   ㉯ DEM성과
  ㉰ 음영기복도   ㉱ 성과점검 및 관리파일 : 1식
⑥ 본 품에 명시되어 있지 않은 간격에 대한 증감계수는 보간법으로 적용할 수 있다.

[설계 예]
① 설계 제원
  ㉮ 작업량 : 100도엽(1:5,000)
  ㉯ 격자간격 : 5m
② 설계
  ㉮ 인건비

항 목	고급기술자	중급기술자	중급기능사 (도화)	비고
작업계획 및 준비	30	–	–	고급기술자 : (100도엽)×(0.3)×(1.0)=30인
표 정	–	25	50	중급기술자 : (100도엽)×(0.25)×(1.0)=25인 중급기능사(도화) : (100도엽)×(0.5)×(1.0)=50인
수치표고 자료제작	–	75	180	중급기술자 : (100도엽)×(0.75)×(1.0)=75인 중급기능사(도화) : (100도엽)×(1.8)×(1.0)=180인
품질관리	–	50	–	중급기술자 : (100도엽)×(0.5)×(1.0)=50인
정리 및 점 검	20	–	–	고급기술자 : (100도엽)×(0.2)×(1.0)=20인

  ㉯ 기계경비

항 목	장비구분	상각비	유지관리비
표 정	수치사진측량기	50일	50일
수치표고자료제작	〃	180일	180일
품 질 관 리	컴퓨터	50일	50일

다. 수치도화기에 의한 방법

(단위 : 1도엽)

항 목	작업일수(일)	투입인원(1일당)		투입인원(합계)		비고
		고급기술자	중급기능사(도화)	고급기술자	중급기능사(도화)	
작업계획 및 준비	1	1.0		1.0		
표　　　정	1		0.2		0.2	
수치표고자료추출	40		1.0		40	
품 질 관 리	1	2.4		2.4		
정 리 및 점 검	1	1.0		1.0		
합　　　계	44			4.4	40.2	

[주] ① 수치표고자료의 간격은 5m, 작업지역면적은 1:5,000 1도엽(6.1㎢)를 1작업단위로 한다.
　　　- 격자간격에 따른 증감계수

격자간격	1m	2m	5m	10m	30m	비고
증감계수	39	6.25	1.0	0.25	0.027	

② 본 작업을 수행하기 위한 기계비 및 재료비는 별도 계상한다.
③ 데이터 취득을 위한 수치도화기의 상각비 및 가동일당 정비비는 '[토목부문] 9-6-5/2. 축척별 작업량'을 적용한다.
④ 데이터 처리 작업을 위한 컴퓨터와 S/W의 상각비 및 유지관리비는 '[토목부문] 9-6-4/2. 수동 입력'을 적용한다.
⑤ 본 품은 다음의 성과품이 포함된 것이다.
　　㉮ 표정기록부　　　㉯ DEM성과
　　㉰ 음영기복도　　　㉱ 성과점검 및 관리파일 : 1식
⑥ 본 품에 명시되어 있는 않은 간격에 대한 증감계수는 보간법으로 적용할 수 있다.

[설계 예]
　① 설계 제원
　　㉮ 작업량 : 100도엽(1:5,000)
　　㉯ 격자간격 : 5m

② 설계
　㉮ 인건비

항 목	고급 기술자	중급 기능사 (도화)	비고
작업계획 및 준비	100		고급기술자 : (100도엽)×(1.0)×(1.0)=100인
표　　　　정		20	중급기능사(도화) : (100도엽)×(0.2)×(1.0)=20인
수치표고자료제작		4000	중급기능사(도화) : (100도엽)×(40)×(1.0)=4000인
품 질 관 리	240		고급기술자 : (100도엽)×(2.4)×(1.0)=240인
정 리 및 점 검	100		고급기술자 : (100도엽)×(1.0)×(1.0)=100인

　㉯ 기계경비

항 목	장비구분	상각비	유지관리비
표　　　　정	해석도화기	20일	20일
수치표고자료제작	〃	4000일	4000일
품 질 관 리	컴퓨터	240일	240일

　라. 수치지도를 이용한 방법

(단위 : 1도엽)

항 목	작업 일수 (일)	투입인원(1일당)			투입인원(합계)			비고
		고급 기술자	중급 기술자	중급기능사 (도화)	고급 기술자	중급 기술자	중급기능사 (도화)	
작업계획 및 준비	1	0.05			0.05			
지형자료추출및수정	1		0.09	0.05		0.09	0.05	
표고자료보완및확인	1		0.05			0.05		
추출지형자료편집	1			0.1			0.1	
수치표고자료제작	1			0.15			0.15	
품 질 관 리	1		0.06			0.06		
정 리 및 점 검	1		0.05			0.05		
합　　　　계	7	0.05	0.25	0.30	0.05	0.25	0.30	

　　[주] ① 수치표고자료의 간격은 5m, 작업지역면적은 1:5,000 1도엽(6.1㎢)를 1작
　　　　 업단위로 한다.

- 격자간격에 따른 증감계수

격자간격	1m	2m	5m	10m	30m	비고
증감계수	1.09	1.05	1.0	0.96	0.88	

② 건물의 정사보정에 활용하는 수치표고자료는 '[토목부문] 9-6-4/2. 수동 입력'의 지형증가계수 중 산악지에 대한 지형계수를 적용할 수 있다.
③ 데이터 처리 작업을 위한 컴퓨터와 S/W의 상각비 및 유지관리비는 '[토목부문] 9-6-4/2. 수동 입력'을 적용한다.
④ 본 품은 다음의 성과품이 포함된 것이다.
　㉮ 수치지도 및 편집 데이터　　㉯ DEM성과
　㉰ 음영기복도　　　　　　　　㉱ 성과점검 및 관리파일 : 1식
⑤ 본 품에 명시되어 있는 않은 간격에 대한 증감계수는 보간법으로 적용할 수 있다.

[설계 예]
　① 설계 제원
　　㉮ 작업량 : 100도엽(1:5,000)
　　㉯ 격자간격 : 5m
　② 설계
　　㉮ 인건비

항　목	고급 기술자	중급 기술자	중급기능사 (도화)	비고
작업계획 및 준비	0.05			고급기술자 : (100도엽)×(0.05)×(1.0)=5인
지형자료 추출 및 수정		0.09	0.05	중급기술자 : (100도엽)×(0.09)×(1.0)=9인 중급기능사(도화) : (100도엽)×(0.05)×(1.0)=5인
표고자료 보완 및 확인		0.05		중급기술자 : (100도엽)×(0.05)×(1.0)=5인
추출지형자료 편집			0.1	중급기능사(도화) : (100도엽)×(0.1)×(1.0)=10인

항 목	고급 기술자	중급 기술자	중급기능사 (도화)	비고
수치표고 자료제작			0.15	중급기능사(도화) : (100도엽)×(0.15)×(1.0)=15인
품 질 관 리		0.06		중급기술자 : (100도엽)×(0.06)×(1.0)=6인
정 리 및 점 검		0.05		중급기술자 : (100도엽)×(0.05)×(1.0)=5인

㉯ 기계경비

항 목	장비구분	상각비	유지관리비
지형자료 추출 및 수정	컴퓨터	5일	5일
표고자료보완 및 확인	〃	5일	5일
추출지형 자료편집	〃	10일	10일
수치표고 자료제작	〃	15일	15일
품 질 관 리	〃	6일	6일

10. 정사영상 및 영상지도 제작 (2021 · 2024 · 2025년 보완)

○ 작업단계별 소요일수 및 투입인원

(단위 : 1:25,000 매당 1도엽당)

작업공정			일수	1일당						합계					
대분류	중분류	소분류		특급기술자	고급기술자	정보처리기사	중급기술자	중급기능사(도화)	중급기능사(지도)	특급기술자	고급기술자	정보처리기사	중급기술자	중급기능사(도화)	중급기능사(지도)
정사영상제작		계획준비	1.00	1.00	-	-	0.50	-	-	1.00	-	-	0.50	-	-
	기준점선점	지상기준점선점	1.00	-	-	-	0.50	0.80	-	-	-	-	0.50	0.80	-
		표정	1.00	-	0.60	-	-	0.10	-	-	0.60	-	-	0.10	-
	영상보정	수치표고모형제작	1.00	-	-	0.50	-	1.20	-	-	-	0.50	-	1.20	-
		정사편위수정	1.00	-	-	0.50	-	-	-	-	-	0.50	-	-	-
	정사영상집성	색상보정	1.00	-	-	0.30	0.30	-	0.50	-	-	0.30	0.30	-	0.50
		영상집성	1.00	-	-	0.50	0.50	-	0.90	-	-	0.50	0.50	-	0.90
		영상편집	1.00	-	-	1.00	1.00	-	1.70	-	-	1.00	1.00	-	1.70
	영상융합		1.00	-	-	0.60	0.70	-	1.40	-	-	0.60	0.70	-	1.40
	정리점검		1.00	-	0.60	-	0.10	-	-	-	0.60	-	0.10	-	-
영상지도제작	레이어 추출 및 일반화		1.00	-	-	0.30	0.30	-	0.50	-	-	0.30	0.30	-	0.50
	영상지도 편집		1.00	-	-	0.50	0.50	-	1.00	-	-	0.50	0.50	-	1.00
합계			12	1	1.2	3.7	4.9	2.1	6	1	1.2	3.7	4.9	2.1	6

[주] ① 정사영상은 중심투영에 의하여 취득된 영상의 지형·지물 등에 대한 정사편위수정을 실시한 영상이며, 영상지도는 정사영상에 색조보정을 실시하여 지형·지물 및 지명, 각종 경계선 등을 표시한 지도를 말한다.

② 계획준비 · 정리 · 점검에 의한 작업량에 따른 증감계수

작업량	10도엽	20도엽	50도엽	100도엽이상	비고
증감계수	1.5	1.3	1.0	0.9	

㉮ 작업량 증감율(R) = 0.8+10/Q(Q는 실시작업량)
㉯ 작업량이 100도엽을 초과해도 증감계수는 0.90까지만 적용한다.

③ 활용영상에 따른 증감계수

구 분	증감계수	비고
위성영상	1.0	
항공사진	1.3	

④ 작하는 정사영상 및 영상지도의 축척에 따른 증감계수

축적별	1:5,000 이상	1:5,000~1:25,000	1:25,000 미만
증감계수	0.1	0.5	1.0

⑤ 제작하는 정사영상 및 영상지도의 지상표본거리(GSD)에 의한 작업단계별 소요일수 및 투입인원 합계에 대한 증감계수

작업공정	GSD ≤ 12cm	25cm ≤ GSD
계획준비	1.00	
지상기준점선점	1.20	
표정	1.40	
수치표고모형 제작	1.50	
정사편위 수정	2.30	
색상보정	2.50	1.00
영상집성	1.80	
영상편집	1.90	
영상융합	2.00	
정리점검	1.10	
레이어추출 및 일반화	1.70	
영상지도 편집	1.20	

⑥ 본 품에 기재되어 있지 않은 지상표본거리에 대하여 보간법으로 계산하여 적용할 수 있다.
⑦ 정사영상 제작을 위해 데이터 취득 비용과 기준점(사진, 지상)측량, 수치표고자료, 수치표면자료와 영상지도 제작을 위해 수치지도를 이용할 수 없는 각종 경계 및 지명 입력 등에 대한 소요비용은 필요한 경우 별도 계상한다.
⑧ 영상융합은 고해상의 전정색영상과 저해상의 다중분광영상을 융합하는 것이며, 불가피하게 영상의 지형변화지역을 편집할 경우 별도의 품을 계상한다.
⑨ 건물에 대한 정사 보정시 발생하는 폐색 영역의 편집은 영상편집공정을 1회 증가하여 실시한다.
⑩ 작업공정 중 대분류의 영상지도 제작과 중분류의 기준점 선점, 영상융합의 경우 필요시 생략하며 보안지역 처리가 필요한 경우 별도의 품을 계상한다.
⑪ 기계경비, 재료비는 별도 계상한다.
  ㉮ 수치사진측량장비 또는 영상처리가 가능한 장비(HW/SW포함)의 상각비의 계상은 장비 취득가격의 10%를 잔존가치로 하며, 상각년수는 5년, 년 가동일수는 278일로 한다.
  ㉯ 수치사진측량장비 또는 영상처리가 가능한 장비(HW/SW포함)의 유지관리비의 계산식은 다음과 같다.

$$가동일당\ 유지관리비 = \frac{취득가격}{278} \times 0.1$$

  ㉰ 컴퓨터의 상각비 및 유지관리비는 '토목부문] 9-6-4/2. 수동입력'을 적용한다.
⑫ 본 품에서 공공측량성과심사에 소요되는 비용은 국토교통부장관이 고시한 측량성과 심사수탁기관의 심사업무 및 지정절차 등에 관한 규정에 따라 별도 계상한다.
⑬ 본 품의 성과작성품은 관련한 최신 정사영상 제작 작업 및 성과에 관한 규정을 따른다.

[설계 예]
① 설계제원
   ㉮ 작업량 : 25도엽
   ㉯ 정사영상 및 영상지도 제작 축척 : 1:5,000 도곽 기준
   ㉰ 정사영상 및 영상지도 제작 지상표본거리(GSD) 종류 : 25cm, 12cm
   ㉱ 활용영상 : 항공사진
② 설계
   ㉮ 지상표본거리 25cm 제작 시 인건비

작업공정	특급기술자	고급기술자	정보처리기사	중급기술자	중급기능사(도화)	중급기능사(지도)	수 량
계획준비	3.9	-	-	1.95	-	-	특급기술자 : (1)×(25도엽)×(1.2)×(1.3)×(0.1)= 3.9인 중급기술자 : (0.5)×(25도엽)×(1.2)×(1.3)×(0.1) = 1.95인
지상 기준점 선점	-	-	-	1.63	2.6	-	중급기술자 : (0.5)×(25도엽)×(1.3)×(0.1)= 1.63인 중급기능사(도화) : (0.8)×(25도엽)×(1.3)×0.1 = 2.6인
표정	-	1.95	-	-	0.33	-	고급기술자 : (0.6)×(25도엽)×(1.3)×(0.1)= 1.95인 중급기능사(도화) : (0.1)×(25도엽)×(1.3)×(0.1)= 0.33인
수치표고 모형제작	-	-	1.63	-	3.9	-	정보처리기사 : (0.5)×(25도엽)×(1.3)×(0.1)= 1.63인 중급기능사(도화) : (1.2)×(25도엽)×(1.3)×(0.1)= 3.9인
정사편위 수정	-	-	-	1.63	-	-	중급기술자 : (0.5)×(25도엽)×(1.3)×(0.1)= 1.63인
색상보정	-	-	0.98	0.98	-	1.63	정보처리기사 : (0.3)×(25도엽)×(1.3)×(0.1)= 0.98인 중급기술자 : (0.3)×(25도엽)×(1.3)×(0.1)= 0.98인 중급기능사(지도) : (0.5)×(25도엽)×(1.3)×(0.1)= 1.63인
영상집성	-	-	1.63	1.63	-	2.93	정보처리기사 : (0.5)×(25도엽)×(1.3)×(0.1)= 1.63인 중급기술자 : (0.5)×(25도엽)×(1.3)×(0.1)= 1.63인 중급기능사(지도) : (0.9)×(25도엽)×(1.3)×(0.1)= 2.93인
영상편집	-	-	3.25	3.25	-	5.53	정보처리기사 : (1)×(25도엽)×(1.3)×(0.1)= 3.25인 중급기술자 : (1)×(25도엽)×(1.3)×(0.1)= 3.25인 중급기능사(지도) : (1.7)×(25도엽)×(1.3)×(0.1)= 5.53인
영상융합	-	-	1.95	2.28	-	4.55	정보처리기사 : (0.6)×(25도엽)×(1.3)×(0.1)= 1.95인 중급기술자 : (0.7)×(25도엽)×(1.3)×(0.1)= 2.28인 중급기능사(지도) : (1.4)×(25도엽)×(1.3)×(0.1)= 4.55인
정리점검	-	2.34	-	0.39	-	-	고급기술자 : (0.6)×(25도엽)×(1.2)×(1.3)×(0.1)= 2.34인 중급기술자 : (0.1)×(25도엽)×(1.2)×(1.3)×(0.1)= 0.39인
레이어 추출 및 일반화	-	-	0.98	0.98	-	1.63	정보처리기사 : (0.3)×(25도엽)×(1.3)×(0.1)= 0.98인 중급기술자 : (0.3)×(25도엽)×(1.3)×(0.1)= 0.98인 중급기능사(지도) : (0.5)×(25도엽)×(1.3)×(0.1)= 1.63인
영상지도 편집	-	-	1.63	1.63	-	3.25	정보처리기사 : (0.5)×(25도엽)×(1.3)×(0.1)= 1.63인 중급기술자 : (0.5)×(25도엽)×(1.3)×(0.1)= 1.63인 중급기능사(지도) : (1)×(25도엽)×(1.3)×(0.1)= 3.25인

㉯ 지상표본거리 12cm 제작 시 인건비

작업공정	특급 기술자	고급 기술자	정보 처리 기사	중급 기술자	중급 기능사 (도화)	중급 기능사 (지도)	수 량
계획준비	3.9	–	–	1.95	–	–	특급기술자 : (1.00)×(1)×(25도엽)×(1.2)×(1.3)×(0.1)= 3.9인 중급기술자: (1. 0)×(0.5)×(25도엽)×(1.2)×(1.3)×(0.1) = 1.95인
지상 기준점 선점	–	–	–	1.95	3.12	–	중급기술자: (1.20)×(0.5)×(25도엽)×(1.3)×(0.1)=1.95인 중급기능사(도화) : (1.20)×(0.8)×(25도엽)×(1.3)×0.1 = 3.12인
표정	–	2.73	–	–	0.46	–	고급기술자: (1.40)×(0.6)×(25도엽)×(1.3)×(0.1)= 2.73인 중급기능사(도화) : (1.40)×(0.1)×(25도엽)×(1.3)×(0.1)= 0.46인
수치표고 모형제작	–	–	2.44	–	5.85	–	정보처리기사 : (1.50)×(0.5)×(25도엽)×(1.3)×(0.1)= 2.44인 중급기능사(도화) : (1.50)×(1.2)×(25도엽)×(1.3)×(0.1)= 5.85인
정사편위 수정	–	–	–	3.74	–	–	중급기술자: (2.30)×(0.5)×(25도엽)×(1.3)×(0.1)= 3.74인
색상보정	–	–	2.44	2.44	–	4.06	정보처리기사 : (2.50)×(0.3)×(25도엽)×(1.3)×(0.1)= 2.44인 중급기술자: (2.50)×(0.3)×(25도엽)×(1.3)×(0.1)= 2.44인 중급기능사(지도): (2.50)×(0.5)×(25도엽)×(1.3)×(0.1)= 4.06인
영상집성	–	–	2.93	2.93	–	5.27	정보처리기사 : (1.80)×(0.5)×(25도엽)×(1.3)×(0.1)= 2.93인 중급기술자: (1.80)×(0.5)×(25도엽)×(1.3)×(0.1)= 2.93인 중급기능사(지도) : (1.80)×(0.9)×(25도엽)×(1.3)×(0.1)= 5.27인
영상편집	–	–	6.18	6.18	–	10.5	정보처리기사 : (1.90)×(1)×(25도엽)×(1.3)×(0.1)= 6.18인 중급기술자: (1.90)×(1)×(25도엽)×(1.3)×(0.1)= 6.18인 중급기능사(지도) : (1.90)×(1.7)×(25도엽)×(1.3)×(0.1)= 10.5인
영상융합	–	–	3.90	4.55	–	9.1	정보처리기사 : (2.00)×(0.6)×(25도엽)×(1.3)×(0.1)= 3.9인 중급기술자: (2.00)×(0.7)×(25도엽)×(1.3)×(0.1)= 4.55인 중급기능사(지도) : (2. 0)×(1.4)×(25도엽)×(1.3)×(0.1)= 9.1인
정리점검	–	2.57	–	0.43	–	–	고급기술자: (1.10)×(0.6)×(25도엽)×(1.2)×(1.3)×(0.1)= 2.57인 중급기술자: (1.10)×(0.1)×(25도엽)×(1.2)×(1.3)×(0.1)= 0.43인
레이어 추출 및 일반화	–	–	1.66	1.66	–	2.76	정보처리기사 : (1.70)×(0.3)×(25도엽)×(1.3)×(0.1)= 1.66인 중급기술자: (1.70)×(0.3)×(25도엽)×(1.3)×(0.1)= 1.66인 중급기능사(지도): (1.70)×(0.5)×(25도엽)×(1.3)×(0.1)= 2.76인
영상지도 편집	–	–	1.95	1.95	–	3.9	정보처리기사 : (1.20)×(0.5)×(25도엽)×(1.3)×(0.1)= 1.95인 중급기술자 : (1.20)×(0.5)×(25도엽)×(1.3)×(0.1)= 1.95인 중급기능사(지도) : (1.20)×(1)×(25도엽)×(1.3)×(0.1)= 3.9인

㈐ 기계경비

작업공정	장비	상각비	유지관리비	비고
표정	수치사진측량장비 또는 영상처리가 가능한 장비 (HW/SW포함)	3.25일	3.25일	$1.00 \times 25 \times 1.3 \times 0.1 = 3.25$
수치표고모형 제작	수치사진측량장비 또는 영상처리가 가능한 장비 (HW/SW포함)	3.25일	3.25일	$1.00 \times 25 \times 1.3 \times 0.1 = 3.25$
정사편위 수정	수치사진측량장비 또는 영상처리가 가능한 장비 (HW/SW포함)	3.25일	3.25일	$1.00 \times 25 \times 1.3 \times 0.1 = 3.25$
색상보정	수치사진측량장비 또는 영상처리가 가능한 장비 (HW/SW포함)	3.25일	3.25일	$1.00 \times 25 \times 1.3 \times 0.1 = 3.25$
영상집성	수치사진측량장비 또는 영상처리가 가능한 장비 (HW/SW포함)	3.25일	3.25일	$1.00 \times 25 \times 1.3 \times 0.1 = 3.25$
영상편집	수치사진측량장비 또는 영상처리가 가능한 장비 (HW/SW포함)	3.25일	3.25일	$1.00 \times 25 \times 1.3 \times 0.1 = 3.25$
영상융합	수치사진측량장비 또는 영상처리가 가능한 장비 (HW/SW포함)	3.25일	3.25일	$1.00 \times 25 \times 1.3 \times 0.1 = 3.25$
레이어추출 및 일반화	컴퓨터	3.25일	3.25일	$1.00 \times 25 \times 1.3 \times 0.1 = 3.25$
영상지도 편집	컴퓨터	3.25일	3.25일	$1.00 \times 25 \times 1.3 \times 0.1 = 3.25$

11. 3차원 국토공간 정보구축 (2025년 보완)

(단위 : 1km²)

작업구분		측량 기술자								정보처리기사 또는 공간정보 융합산업 기사
		특급 기술자	고급 기술자	중급 기술자	초급 기술자	중급 기능사 (지도) 또는 공간정보 융합 기능사	고급 기능사 (도화)	중급 기능사 (도화)	초급 기능사 (도화)	
계획 및 작업 관리		0.01	0.16	–	–	–	–	–	–	–
기초 데이터 편집	3차원 입체모형 제작 (자동생성/수동입체도화)	0.05	0.10	0.20	0.15	–	0.05	0.25	0.20	–
3차원 DB 구축	점군데이터 제작	–	–	0.16	–	–	–	0.38	–	–
	도로데이터 제작	–	0.11	0.28	0.28	0.06	–	–	–	0.06
	도시시설데이터 제작	–	0.10	0.26	0.26	0.05	–	–	–	0.05
	터널데이터 제작	–	0.16	0.40	0.40	0.08	–	–	–	0.08
	교량데이터 제작	–	0.19	0.48	0.48	0.10	–	–	–	0.10
	건물데이터 제작	–	0.16	0.32	0.32	0.08	–	–	–	0.08
	수자원데이터 제작	–	0.16	0.24	0.16	0.08	–	–	–	0.08
	품질검사	0.01	0.16	–	–	–	–	–	–	–
가시화 정보 제작	계획준비	–	0.08	0.16	–	–	–	–	–	–
	자료취득 및 처리	(0.16)	(0.32)	(0.40)	(0.40)	(0.16)	–	–	–	(0.16)
	가시화 데이터 작성	0.16	0.40	0.40	0.40	0.16	–	–	–	0.16
	품질검사	0.01	0.16	–	–	–	–	–	–	–
정리점검		0.01	0.16	0.16	–	–	–	–	–	–
계		0.25 (0.16)	2.10 (0.32)	3.06 (0.40)	2.45 (0.40)	0.61 (0.16)	0.05	0.63	0.20	0.61 (0.16)

비 고

( ) 내는 외업을 표시함

[주] ① 3차원 국토공간정보 구축이라 함은 2차원의 X,Y 위치정보에 높이(심도), 색상, 질감 및 Texture정보를 추가하여 현실 세계와 유사하게 표현하는 것뿐만 아니라 입체적인 분석과 의사결정 등을 가능하게 하는 일련의 작업과정을 의미한다.

② 작업방법은 국토교통부에서 정한 '3차원국토공간정보구축 작업규정'에 의한다.
③ 본 품에서 측량기술자의 기술등급에 의한 자격기준은 「공간정보의 구축 및 관리 등에 관한 법률」 제39조와 동법 시행령 제32조 또는 「공간정보산업진흥법」제2조 4항과 동법 시행령 제1조의2에 의한 자격 기준을 말한다.
④ 기초데이터 수집에 대한 신규 측량이 필요한 경우 '9-6-4 9.수치표고모형 구축'의 '가.항공레이저측량에 의한 방법'을 적용하고, 본 품의 계수를 적용하여 계상한다.
⑤ 점군데이터 제작은 데이터 편집 및 Mesh 또는 DSM 제작을 의미한다.
⑥ 3차원 DB구축을 위해 지형데이터 편집이 필요한 경우 '9-6-4 9.수치표고모형 구축'의 '라.수치지도를 이용한 방법'을 적용하고, 본 품의 계수를 적용하여 계상한다.
⑦ 본 품은 다음의 계수를 계상하여 적용한다.
  ㉮ 작업량에 따른 증감계수(P)

구 분	20km^2미만	20~50km^2미만	50~100km^2미만	100km^2이상	비고
증감계수	1.40	1.20	1.00	0.80	

  ※ 작업량에 따라 계획 및 작업관리, 3차원DB구축(품질검사), 가시화정보제작(계획준비, 자료취득 및 처리, 품질검사), 정리점검 공정에 한하여 증감계수를 적용한다.
  ㉯ 지형 유형에 따른 증감계수(k)

지형구분	증감계수	비고
시가지	1.20	건물 및 도로가 시가지 면적의 70% 이상 지형
교외지	1.00	건물 및 도로가 시가지 면적의 70% 미만 지형

  ※ 지형유형에 따라 기초데이터 편집, 3차원 DB 구축(도로, 도시시설, 터널, 교량, 건물, 수자원, 지형 데이터 제작) 및 가시화정보제작(자료취득 및 처리)공정에 한하여 증감계수를 적용한다.
  ㉰ 기초데이터 편집의 제작 방법 및 구축 세밀도에 따른 증감계수
   ※ 3차원 입체모형 1시간당 작업량(km^2) : 0.0214 적용(35시간에 0.75km^2 작업 기준)
   ○ {1km^2 ÷ (3D 입체모형 1시간당 작업량×지형계수)} ÷ 8시간×입체모형 제작 방법 및 세밀도에 따른 증감계수 (제작 방법 증감계수×구축 세밀도 증감계수)

※ 제작 방법 및 세밀도에 따라 3차원 입체모형 제작 공정에 한하여 증감계수를 적용

○ 제작 방법에 따른 증감계수

지형구분	증감계수	비고
자동 제작	0.25	입체모형 자동생성 및 편집
수동 제작	1.00	입체모형 수동제작 및 편집(수치도화)

※ 자동 제작 방법은 동시촬영을 통해 취득한 항공사진 및 항공LiDAR를 이용하여 자동으로 입체모형을 생성하는 방법
※ 수동 제작 방법은 3차원 모델링 툴을 이용하여 작업자가 수동 입체도화 방법을 이용해 수동으로 입체모형을 생성하는 방법

○ 구축 세밀도에 따른 증감계수

구 분	LoD0	LoD1	LoD2	LoD3	비고
증감계수	-	0.5	0.75	1.0	

※ LoD별 세밀도는 「3차원국토공간정보구축 작업규정」에 의한다.

㉣ 3차원 교통레이어 구축 수에 따른 증가계수(L_1)

구분	10 미만	10 ~ 20 미만	20 이상	비고
증가계수	1.00	1.20	1.40	

※ 3차원 DB구축(도로데이터, 도시시설데이터, 터널데이터, 교량데이터 제작) 공정에 한하여 증가계수를 적용한다.

㉤ 3차원 건물레이어 구축 수에 따른 증가계수(L_2)

구분	10 미만	10 ~ 20 미만	20 이상	비고
증가계수	0.90	1.00	1.20	

※ 3차원 DB구축(건물데이터 제작) 공정에 한하여 증가계수를 적용한다.

㉥ 3차원 수자원레이어 구축 수에 따른 증가계수(L_3)

구 분	5 미만	5이상	비고
증감계수	1.00	1.20	

※ 3차원 DB구축(수자원데이터 제작) 공정에 한하여 증가계수를 적용한다.

㉔ 3차원 지형레이어 구축 세밀도에 따른 증감계수

세밀도	LoD0	LoD1	LoD2	LoD3	LoD3+	비고
증감계수	0.96	1.00	1.05	1.09	1.11	

※ 3차원 DB구축을 위한 지형데이터 편집과 DSM 제작 공정에 한하여 증감계수를 적용한다.
※ LoD별 세밀도는 「3차원 국토공간정보구축 작업규정」에 의한다.

㉕ 가시화정보제작을 위한 증가계수(T)
ㅇ 가시화정보 구축 레이어수에 따른 증가계수(T_1)

구 분	10개 미만	10~20미만	20~30개 미만	30개 이상
증감계수	0.8	1.0	1.2	1.4

ㅇ 가시화데이터의 세밀도에 따른 증가계수(T_2)

구 분	Level 1	Level 2	Level 3	Level 4
증감계수	0.70	1.00	1.30	1.60

ㅇ 세밀도란 가시화정보 구축 상태에 따른 단계를 의미하며 4개의 단계로 구분한다.
ㅇ 세밀도는 각각 레이어에 속한 3차원 객체에 제작 형태에 따라 다음과 같이 구분하여 적용한다.
 (1) Level 1 단계는 각각의 레이어에 속한 모든 3차원 객체에 대해 한 가지 컬러의 색을 갖는 Texture로 제작하는 것을 말한다.
 (2) Level 2 단계는 각각의 레이어에 속한 모든 3차원 객체에 대해 가상의 Texture로 제작하는 것을 말한다.
 (3) Level 3 단계는 각각의 레이어에 속한 3차원 객체들에 대해 가상의 Texture와 실제 Texture를 혼합하여 제작 하는 것을 말한다.
 (4) Level 4 단계는 하나의 레이어에 속한 3차원 객체에 대해 가시화정보를 실제와 동일하게 실제의 Texture로 제작하는 것을 말한다.
ㅇ 증가계수 T_1와 T_2는 구축 레이어의 수와 세밀도에 따라 다음식에 의해 계산된다.

$$증감계수(T) = \frac{(T_1증가계수 \times T_2증가계수)}{(T_2구분 적용 항목수)}$$

예) 레이어 3개는 Level 1, 레이어 10개는 Level 2, 레이어 15개는 Level 3으로 구축할 경우

$$증감계수(T) = \frac{(0.8 \times 0.7)+(1.0 \times 1.0)+(1.2 \times 1.3)}{(3)} = 1.04$$

○ 가시화정보제작을 위한 증가계수는 가시화정보제작(자료취득 및 처리, 가시화데이터 작성) 공정에 한하여 적용한다.

㉔ 가시화정보 제작방법에 따른 증감계수

구 분	증감계수	비고
자동 제작	0.25	가시화데이터 자동생성 및 제작
수동 제작	1.00	가시화데이터 수동편집 및 제작

※ 가시화정보 제작방법에 따른 증감계수는 가시화정보제작(자료취득 및 처리, 가시화데이터 작성) 공정에 한하여 적용한다.
※ 가시화정보 제작방법에 따른 증감계수는 공정별로 각각 적용할 수 있다. 예) 자료취득 및 처리 : 자동 제작, 증감계수 0.25 적용
   가시화데이터 작성 : 수동 제작, 증감계수 1.00 적용

㉕ 점밀도에 따른 증감계수

구분	2.5점	10점	25점	50점	100점
증감계수	-	0.5	1.0	1.5	2.0

○ 점밀도에 따른 증감계수는 '9-6-4 9. 수치표고모형구축'의 '가. 항공레이저측량에 의한 방법(레이저지형자료취득, 자료처리, 수치표고모형제작, 정리 및 점검)' 공정에 한하여 적용한다.

⑧ 기계비 및 재료비는 별도 계상한다.
  ㉠ 상각비 계상은 장비취득가격의 10%를 잔존가치로 하며, 컴퓨터의 상각년수는 5년, 가동일수는 278일로 한다.
  ㉡ 컴퓨터의 가동일당 유지관리비의 계산식은 다음과 같다.

$$가동일당\ 유지관리비(T) = \frac{(취득가격)}{278} \times 0.1$$

㉢ 가시화데이터 취득장비의 가동일당 유지관리비의 계산식은 다음과 같다.

$$\text{가동일당유지관리비} = \frac{(\text{취득가격})}{278} \times 0.1$$

⑨ 본 품의 외업에 동원되는 기술인원에 대한 여비는 측량용역대가 기준에 따라 별도 계상한다.
⑩ 본 품에는 다음의 성과품 작성이 포함되어야 한다.
    ㉮ 도로데이터 원도(Shape, 3DS, JPEG, CityGML 등)
    ㉯ 도시시설데이터 원도(Shape, 3DS, JPEG, CityGML 등)
    ㉰ 터널데이터 원도(Shape, 3DS, JPEG, CityGML 등)
    ㉱ 교량데이터 원도(Shape, 3DS, JPEG, CityGML 등)
    ㉲ 건물데이터 원도(Shape, 3DS, JPEG, CityGML 등)
    ㉳ 수자원데이터 원도(Shape, 3DS, JPEG, CityGML 등)
    ㉴ 지형데이터 원도(Shape, LAS, GeoTiff 등)
    ㉵ 가시화데이터 원도(도로데이터, 도시시설데이터, 터널데이터, 교량데이터, 건물데이터, 수자원데이터 등)
    ㉶ 성과점검 및 관리 파일 1식
    ㉷ 기타 작업과정에서 획득하거나 사용된 자료일체

[설계 예 1]
① 설계제원
    ㉮ 작업량: 도심지 10㎢
    ㉯ 데이터 수집 방법 : 기구축 항공LiDAR, 항공영상 수집(점밀도 50pts/㎡, 해상도 5cm, 중복도 80%*80%)
    ㉰ 구축데이터 : 3차원 건물데이터 : 건물(5개 레이어)
    ㉱ 작업방법 : LOD2, 자동제작
    ㉲ 가시화 데이터 구축대상 : 5개 레이어 전체
    ㉳ 가시화 데이터 구축 레벨 : Level 2
    ㉴ 가시화 데이터 구축방법 : 자동제작

② 설계
　㉮ 인건비

작업구분		측량 기술자								정보 처리 기사 또는 공간정보 융합 산업기사
		특급 기술자	고급 기술자	중급 기술자	초급 기술자	중급 기능사 (지도) 또는 공간정보 융합기능사	고급 기능사 (도화)	중급 기능사 (도화)	초급 기능사 (도화)	
계획 및 작업 관리		0.14	2.24	–	–	–	–	–	–	–
기초 데이터 편집	3차원 입체모형 제작 (자동생성/ 수동 입체도화)	0.46	0.91	1.83	1.37	–	0.46	2.28	1.83	–
3차원 DB구축	건물데이터 제작		1.73	3.46	3.46	0.86	–	–	–	0.86
	품질검사	0.14	2.24	–	–	–	–	–	–	–
가시화 정보 제작	계획준비		1.12	2.24						
	자료취득 및 처리	0.54	(1.08)	(1.34)	(1.34)	(0.54)	–	–	–	(0.54)
	가시화 데이터 작성	0.32	0.8	0.8	0.8	0.32	–	–	–	0.32
	품질검사	0.14	2.24	–	–	–	–	–	–	–
정리점검		0.14	2.24	2.24	–	–	–	–	–	–
계		1.34 (0.54)	13.52 (1.08)	10.56 (1.34)	5.63 (1.34)	1.18 (0.54)	0.46	2.28	1.83	1.18 (0.54)

비 고

계획 및 작업관리		특급기술자 : $10km^2 × 1.4(㉮) × 0.01 = 0.14$인 고급기술자 : $10km^2 × 1.4(㉮) × 0.16 = 2.24$인
기초 데이터 편집	3차원 입체모형 제작 (자동생성/ 수동 입체도화)	특급기술자 : $10km^2 × \{1 ÷ (0.0214 × 1.2(㉯))\} × 8 × (0.25 × 0.75)(㉰) × 0.05 = 0.46$인 고급기술자 : $10km^2 × \{1 ÷ (0.0214 × 1.2(㉯))\} × 8 × (0.25 × 0.75)(㉰) × 0.10 = 0.91$인 중급기술자 : $10km^2 × \{1 ÷ (0.0214 × 1.2(㉯))\} × 8 × (0.25 × 0.75)(㉰) × 0.20 = 1.83$인 초급기술자 : $10km^2 × \{1 ÷ (0.0214 × 1.2(㉯))\} × 8 × (0.25 × 0.75)(㉰) × 0.15 = 1.37$인 고급기능사(도화):$10km^2 × \{1 ÷ (0.0214 × 1.2(㉯))\} × 8 × (0.25 × 0.75)(㉰) × 0.05 = 0.46$인 중급기능사(도화):$10km^2 × \{1 ÷ (0.0214 × 1.2(㉯))\} × 8 × (0.25 × 0.75)(㉰) × 0.25 = 2.28$인 초급기능사(도화):$10km^2 × \{1 ÷ (0.0214 × 1.2(㉯))\} × 8 × (0.25 × 0.75)(㉰) × 0.20 = 1.83$인
3차원 DB 구축	건물 데이터 제작	고급기술자 : $10km^2 × 1.2(㉱) × 0.9(㉲) × 0.16 = 1.73$인 중급기술자 : $10km^2 × 1.2(㉱) × 0.9(㉲) × 0.32 = 3.46$인 초급기술자 : $10km^2 × 1.2(㉱) × 0.9(㉲) × 0.32 = 3.46$인 중급기능사(지도) : $10km^2 × 1.2(㉱) × 0.9(㉲) × 0.08 = 0.86$인 정보처리기사 : $10km^2 × 1.2(㉱) × 0.9(㉲) × 0.08 = 0.86$인
	품질검사	특급기술자 : $10km^2 × 1.4(㉮) × 0.01 = 0.14$인 고급기술자 : $10km^2 × 1.4(㉮) × 0.16 = 2.24$인

비 고		
가시화 정보 제작	계획준비	고급기술자 : 10km² × 1.4(㉮) × 0.08 = 1.12인 중급기술자 : 10km² × 1.4(㉮) × 0.16 = 2.24인
	자료취득 및 처리	특급기술자: 10km²×1.4(㉮) ×1.2(㉯) ×0.8(㉰) ×0.25(㉱) ×0.16=0.54인 고급기술자: 10km²×1.4(㉮) ×1.2(㉯) ×0.8(㉰) ×0.25(㉱) ×0.32=1.08인 중급기술자: 10km²×1.4(㉮) ×1.2(㉯) ×0.8(㉰) ×0.25(㉱) ×0.40=1.34인 초급기술자: 10km²×1.4(㉮) ×1.2(㉯) ×0.8(㉰) ×0.25(㉱) ×0.40=1.34인 중급기능사(지도) : 10km²×1.4(㉮) ×1.2(㉯) ×0.8(㉰) ×0.25(㉱) ×0.16=0.54인 정보처리기사: 10km²×1.4(㉮) ×1.2(㉯) ×0.8(㉰) ×0.25(㉱) ×0.16=0.54인
	가시화 데이터 작성	특급기술자 : 10km² × 0.8(㉰) × 0.25(㉱) × 0.16 = 0.32인 고급기술자 : 10km² × 0.8(㉰) × 0.25(㉱) × 0.40 = 0.80인 중급기술자 : 10km² × 0.8(㉰) × 0.25(㉱) × 0.40 = 0.80인 초급기술자 : 10km² × 0.8(㉰) × 0.25(㉱) × 0.40 = 0.80인 중급기능사(지도) : 10km² × 0.8(㉰) × 0.25(㉱) × 0.16 = 0.32인 정보처리기사 : 10km² × 0.8(㉰) × 0.25(㉱) × 0.16 = 0.32인
	품질검사	특급기술자 : 10km² × 1.4(㉮) × 0.01 = 0.14인 고급기술자 : 10km² × 1.4(㉮) × 0.16 = 2.24인
	정리점검	특급기술자 : 10km² × 1.4(㉮) × 0.01 = 0.14인 고급기술자 : 10km² × 1.4(㉮) × 0.16 = 2.24인 중급기술자 : 10km² × 1.4(㉮) × 0.16 = 2.24인

㉯ 기계비

○ 컴퓨터

구 분	상각비	유지 관리비	비고
컴퓨터	13.52일	13.52일	S/W 포함

○ 가시화데이터 취득장비

구 분	상각비	유지 관리비	비고
가시화데이터 취득장비	1.34일	1.34일	

[설계 예 2]
① 설계제원
  ㉮ 작업량 : 교외지 100㎢
  ㉯ 데이터 수집 방법 : 기구축데이터 수집(해상도 5cm, 중복도 80%*80%, 항공영상)
  ㉰ 구축데이터 : 3차원 점군데이터(3D Mesh)
  ㉱ 작업방법 : 수치측량시스템, 자동제작

② 설계
  ㉮ 인건비

작업구분		측량 기술자								정보 처리 기사 또는 공간정보 융합 산업기사
		특급 기술자	고급 기술자	중급 기술자	초급 기술자	중급 기능사 (지도) 또는 공간정보 융합기능사	고급 기능사 (도화)	중급 기능사 (도화)	초급 기능사 (도화)	
계획 및 작업 관리		0.80	12.8	–	–	–	–	–	–	–
3차원 DB구축	건물데이터 제작	–	–	16.00	–	–	–	38.00	–	–
	품질검사	0.80	12.80	–	–	–	–	–	–	–
정리점검		0.80	12.80	12.80	–	–	–	–	–	–
계		2.40	38.40	28.80	–	–	–	38.00	–	–

	비 고
계획 및 작업관리	특급기술자 : 100㎢ × 0.8(㉮) × 0.01 = 0.80인 고급기술자 : 100㎢ × 0.8(㉮) × 0.16 = 12.80인
3차원 DB 구축 / 건물 데이터 제작	중급기술자 : 100㎢ × 0.16 = 16.00인 중급기능사(도화) : 100㎢ × 0.38 = 38.00인
3차원 DB 구축 / 품질검사	특급기술자 : 100㎢ × 0.8(㉮) × 0.01 = 0.80인 고급기술자 : 100㎢ × 0.8(㉮) × 0.16 = 12.80인
정리점검	특급기술자 : 100㎢ × 0.8(㉮) × 0.01 = 0.80인 고급기술자 : 100㎢ × 0.8(㉮) × 0.16 = 12.80인 중급기술자 : 100㎢ × 0.8(㉮) × 0.16 = 12.80인

  ㉯ 기계비
    ○ 컴퓨터

구분	상각비	유지 관리비	비고
컴퓨터	38일	38일	S/W 포함

12. 기본지리 정보구축
    가. 수치지도를 이용한 기본지리 정보 구축

(단위 : 도엽당)

구축분야	투입인원				
	특급 기술자	고급 기술자	중급 기술자	초급 기술자	중급기능사 (지도제작)
시설물(건물)	0.02	0.08	0.16	0.10	0.09
교통(도로)	0.02	0.06	0.11	0.09	0.07
수자원(하천)	0.01	0.03	0.06	0.06	0.06
교통(철도)	0.01	0.01	0.01	0.01	0.01

[주] ① 본 품은 1:5,000 수치지도(Ver 2.0)를 기준으로 작업준비, 도형추출 및 편집, 속성편집, 위상관계 및 정리작업을 포함한다.
② 본 품은 구축 및 수정시 모두 적용가능하며, 수정작업은 지형변화율을 적용한다.
③ 기계비 및 재료비는 '[토목부문] 9-6-4/2. 수동입력'을 적용한다.
④ 지형에 따른 증감계수는 '[토목부문] 9-6-4/6. 구조화편집'을 적용한다.
⑤ 본 품은 다음의 성과품이 포함된 것이다.
    ㉮ 기본지리정보 성과 파일
    ㉯ 기본지리정보 성과점검 및 관리대장

[설계 예]
① 설계제원
    ㉮ 입력 도엽수 : 100도엽
② 설계

구 분	특급 기술자	고급 기술자	중급 기술자	초급 기술자	중급기능사 (지도제작)	비고
시설물(건물)	2	8	16	10	9	
교통(도로)	2	6	11	9	7	
수자원(하천)	1	3	6	6	6	
교통(철도)	1	1	1	1	1	

나. 기본지리정보(도로) 데이터 취득·편집

(단위 : km)

항 목	투입인원					
	특급 기술자	고급 기술자	중급 기술자	초급 기술자	중급기능사 (지도제작)	초급기능사 (측량)
현 지 측 량	0.04		0.10			0.10
현 지 조 사			0.02	0.02	0.03	
DB입력·편집	0.01	0.03	0.01	0.06	0.04	

[주] ① 본 품은 1:5,000 수치지도수준의 위치정확도로 기본지리정보(도로)를 구축하는 것이며, 작업 기준단위는 측량할 도로의 연장(편도)을 기준으로 한다.
  ㉮ 현지측량은 기본지리정보(도로)분야 DB구축을 위한 자료취득에 관한 전반적인 측량계획의 수립을 포함하며, 이동가능한 측량기기를 이용하여 이동속도 20km/hr~30km/hr를 유지하면서 도로를 왕복하여 외측선을 측량해야 한다.
  ㉯ 현지조사는 기본지리정보(도로)에 입력되는 속성들을 조사하는 작업을 말하며, DB입력·편집은 현지측량한 도로데이터에 속성입력 및 구조화편집 등의 작업을 포함한다.
② 본 작업을 수행하기 위한 기계비 및 재료비는 별도 계상한다.
  ㉮ 현지측량의 기계비 산정은 '[토목부문] 9-6-8 상각비산정'을 적용
  ㉯ 현지조사 및 DB입력·편집의 기계비 및 재료비 산정은 '[토목부문] 9-6-4/2. 수동입력'을 적용
③ 현지측량 및 현지조사의 증감계수
  ㉮ 작업량에 따른 증감계수

작업량	10km이상~ 100km미만	100km이상~ 500km미만	500km이상~ 1,000km미만	1,000km 이상	비고
증감계수	1.0	0.95	0.90	0.85	

㈏ 측량지역수에 따른 증감계수

측량지역수	1개 이상~4개 미만	4개 이상~7개 미만	7개 이상	비고
증감계수	1.0	1.1	1.2	

⑤ 본 품은 다음의 성과품이 포함된 것이다.
  ㉮ 현지측량 성과파일 및 현지 조사 야장
  ㉯ 기본지리정보(도로) 성과 파일
  ㉰ 기본지리정보(도로) 성과점검 및 관리대장

[설계 예]
① 설계제원
  ㉮ 물량 : 1000km(4개 지역)
  ㉯ 현지측량 및 조사, DB입력 · 구축
② 설계

항 목	특급기술자	고급기술자	중급기술자	초급기술자	중급기능사(지도)	초급기능사(측량)	비고
현 지 측 량	37.4	–	93.5	–	–	93.5	
현 지 조 사	–	–	18.7	18.7	28.05	–	
DB입력 · 편집	10	30	10	60	40	–	

13. 정밀도로지도 구축

구 분		특급 기술자	고급 기술자	중급 기술자	초급 기술자	고급 기능사	중급 기능사	초급 기능사	정보처리기사	계
작업계획		1	2	–	–	–	–	–	–	3
(GNSS 기준국 운영)		–	–	1	–	–	–	–	–	1
MMS 자료 수집		–	1	2	–	–	–	–	–	3
GNSS/INS 통합계산		0.5	–	1	–	–	–	–	–	1.5
기준점선점		0.5	–	1	–	–	–	–	–	1.5
MMS 표준자료 제작	보정 및 표정	1	5	7	3	–	–	–	–	16
	정합	–	–	1	2	–	1	–	–	4
	표준자료 제작	1.25	1.25	2.5	2.5	2.5	7.5	7.5	–	25
	검토 및 자료저장	0.2	1	–	1.3	–	7	–	0.5	10
	이미지 보안처리	0.125	0.375	0.75	1.25	–	–	–	–	2.5
세 부 도 화		4.575	10.625	16.25	10.05	2.5	15.5	7.5	0.5	67.5
구 조 화 편 집		0.2	1	–	1.3	–	7	–	0.5	10
성 과 정 리		0.125	0.375	0.75	1.25	–	–	–	–	2.5
합 계		4.075	10.625	14.25	10.05	2.5	15.5	7.5	0.5	65

[주] ① 정밀도로지도 구축이라 함은 MMS에 의해 취득된 점군 데이터와 사진 데이터를 활용하여 정밀도로지도 벡터 데이터를 구축하는 일련의 작업과정을 의미한다.

② 본 품은 1일 작업량을 20㎞로 적용하며, 사용되는 기계의 상각비・정비비는 별도 계상한다.

㉮ GNSS/INS 통합계산, MMS 표준자료 제작, 객체추출 및 묘사, 구조화편집의 기계비 산정은 '[토목부문] 9-6-4/2. 수동입력'의 품을 적용한다.

㉯ MMS 차량의 상각년수는 6년, 연 가동일수는 200일로 적용한다.

③ MMS 표준자료 제작을 위한 기준점 측량은 '[토목부문] 9-1-5 4급 기준

점 측량"을 적용하며, "지형유형에 따른 계수(K)"는 밀집시가지(1.3)을 적용한다.
④ 고속국도나 자동차전용도로에서 교통에 지장을 줄 수 있는 작업을 실시하기 위하여 교통차단 차량이나 신호수 등의 안전비용이 발생하는 경우에 실경비를 별도 계상할 수 있다.
⑤ 본 품은 MMS 자료를 교통이 원활한 도로를 기준으로 왕복 2회 수집하여 작성한 것으로 도로유형, 차로수, 차량속도 등을 감안하여 가감할 수 있다.
⑥ 본 품의 외업에 동원되는 기술인원에 대한 여비는 국토교통부장관이 고시한 측량용역 대가기준에 따라 별도 계상한다.

9-5-5 건물 및 지상물체 항공사진 '판독작업'

구분 \ 작업지구분	시가지(갑)	시가지(을)	교외지	촌락지	무가옥지
중급기능사(지도제작)	4인	2.7인	1.5인	0.5인	0.2인

[주] ① 재료비 및 소모품비는 별도 계상한다.
② 본 품은 판독보조도(약식현황도) 1:1,200 지도규격 40cm×50cm를 기준으로 산정한다.
③ 본 품에는 판독보조도에 판독된 사항을 편집 제도하고 판독조서에 판독된 건물 및 물체의 면적을 산정하는 품이 포함되어 있다.
④ 작업지 구분은 건물 및 지상물체의 분포상태에 따라 분류한 것이다.
  ㉮ 시가지(갑) : 건물 및 지상물체의 분포상태가 전체 도면 75~100%인 경우
  ㉯ 시가지(을) : 건물 및 지상물체의 분포상태가 전체 도면의 50~75%인 경우
  ㉰ 교 외 지 : 건물 및 지상물체의 분포상태가 전체 도면의 25~50%인 경우
  ㉱ 촌 락 지 : 건물 및 지상물체의 분포상태가 전체 도면의 25% 이하인 경우
  ㉲ 무가옥지 : 건물은 없으나 판독 자체는 필요한 경우 건물 및 지상물체의 분포상태가 위 지정 등급에 미달되어도 판독이 특히 어렵다고 인정되는 지역은 상위 등급으로 할 수 있다.
⑤ 항공사진 축척은 1:5,500~1:700을 기준으로 한 것이다.

⑥ 본 품의 중급기능사(지도제작)는 항공사진 해석에 관한 전문지식을 겸비하여야 한다.
⑦ 본 품의 외업에 동원되는 기술인원에 대한 여비는 국토교통부장관이 고시한 측량용역 대가기준에 따라 별도 계상한다.
⑧ 본 품에서 성과심사에 소요되는 비용은 국토교통부장관이 고시한 측량성과 심사수탁기관의 심사업무 및 지정절차 등에 관한 규정에 따라 별도 계상한다.

9-5-6 지도제작 (기본도)

1. 지리조사

    가. 지형도 제작

(도엽당)

작업구분	중급기술자	초급기술자	중급기능사(지도제작)	초급기능사(지도제작)
신규제작	13	12	8	4
수정제작	9	8	8	4

[주] ① 지형도 제작 및 수정을 위한 현지조사라 함은 건물, 공지, 도로, 수로, 교량, 산림, 지류, 지명, 경계 등 국토교통부령 지도 도식 규정에 준하여 조사함을 말한다.
② 본 품은 1:25,000 기본도(55.5㎝×44.5㎝)를 기준으로 한 것이며, 특수 목적용 지도제작을 위한 지리조사는 조사내용에 따라 품을 증감할 수 있다.
③ 재료비 및 소모품비는 별도 계상한다.
④ 현지에서 측량이 필요할 때도 별도 계상한다.
⑤ 축척이 다를 때에는 다음 계수를 곱하여 계상하고 본 품에 기재되지 않은 축척에 대하여는 보간법으로 계상하여 적용한다.

축 척	1:25,000	1:10,000	1:5,000	비고
계 수	1	0.37	0.22	

⑥ 본 품은 농경지를 기준으로 한 것이며 지형이 다를 때에는 다음 계수를 곱하여 계상한다.

구 분	시가지	교외지	농경지	구릉지	산악지
계 수	1.50	1.30	1.00	0.90	0.85

⑦ 본 품의 외업에 동원되는 기술인원에 대한 여비는 국토교통부장관이 고시한 측량용역대가 기준에 따라 별도 계상한다.

나. 수치지도 제작

(도엽당)

축 척	중급기술자	초급기술자	중급기능사(지도제작)
신규제작	4	3	3
수정제작	3	2	2

[주] ① 본 품은 1:5,000 수치지도를 기준으로 한 것이며, 특수 목적용 수치지도제작을 위한 지리조사는 조사내용에 따라 품을 증감할 수 있다.
② 재료비 및 소모품비는 별도 계상한다.
③ 현지에서 측량이 필요할 때에는 별도의 품을 계상한다.
④ 축척이 다를 때에는 다음 계수를 곱하여 계상한다. 또한 본 품에 기재되지 않은 축척에 대하여는 보간법으로 계산하여 적용할 수 있다.

축 척	1:1,000	1:2,500	1:5,000	비고
계 수	0.6	0.75	1	

⑤ 본 품은 농경지를 기준으로 한 것이며 지형이 다를 때에는 다음 계수를 곱하여 계상한다.

구 분	시가지	교외지	농경지	구릉지	산악지
1:1,000 축척	1.84	1.40	1.00	0.67	0.34
1:5,000 이하의 축척	1.70	1.40	1.00	0.90	0.85

⑥ 1:1,000 수치지도를 수정제작하기 위하여 지리조사시는 신규제작과 동일한 품을 적용한다.
⑦ 본 품에는 작업준비 및 정리 작업이 포함되어 있다.
⑧ 본 품의 외업에 동원되는 기술인원에 대한 여비는 국토교통부장관이 고시한 측량용역대가기준에 따라 별도 계상한다.
⑨ 수치지도제작을 위한 지리조사라 함은 수치지형도작성작업규정(국토지리정보원 고시)에 의하여 조사함을 말한다.

2. 편집 및 제도

가. 스크라이빙

(도엽당)

구분	중급기술자	초급기술자	중급기능사(지도제작)	초급기능사(지도제작)	사진제판공	사진식자공
편집	2	9	14	10	1	-
제도	-	4	25	21	2	2

나. 착묵

(도엽당)

구분	중급기술자	초급기술자	중급기능사 (지도제작)	비고
편집	2	-	15	
제도	-	2	10	

[주] ① 본 품은 1:25,000 기본도(55.5cm×44.5cm)를 기준으로 한 것이며, 특수 목적용 지도제작시는 묘사하는 내용에 따라 품을 증감할 수 있다.
② 재료비 및 소모품비는 별도 계상한다.
③ 축척이 다를 때에는 다음 계수를 곱하여 계상한다.

도면의 축척	1:50,000 미만	1:50,000	1:25,000	1:10,000	1:5,000	1:2,500	1:1,000
보정계수	1.5	1.3	1.0	0.8	0.6	0.45	0.35

④ 본 품은 산지를 기준으로 한 것이며 지형이 다를 때에는 다음 계수를 곱하여 계상한다.

지형별	시가지	교외지	농경지	구릉지	산악지
보정계수	1.6	1.4	1.2	1.1	1.0

㉮ 시가지라 함은 가로망이 형성되어 있고 취락, 공장, 주택, 아파트 등이 밀집되어 시가지 형태를 이룬 지역을 말한다.
㉯ 교외지라 함은 공장, 주택, 아파트 등의 분포상태가 비교적 치밀한 지역을 말한다.

㉰ 농경지라 함은 농작물 재배지역으로 식생군(논, 밭, 과수원 등)이 분포되어있는 지역을 말한다.
㉱ 구릉지라 함은 농작물 미재배지역이나 산림의 분포상태가 없는 경사 5° 이내의 미개발지역을 말한다.
㉲ 산악지라 함은 산림(침엽수, 활엽수)이 형성된 지역을 말한다.
⑤ 착묵품의 제도에서 사진분석이 필요한 때에는 편집품에 초급기술자 9인, 중급기능사(지도제작) 9인을 본 품에 가산한다.
⑥ 본 품에서 성과심사에 소요되는 비용은 국토교통부장관이 고시한 공공측량성과심사업무처리규정에 따라 별도 계상한다.
⑦ 지형에 따른 보정은 지형별 면적비로 구분하여 큰 쪽을 기준으로 산정한다.
⑧ 본 품에는 교정 및 수정이 포함된 것이다.
⑨ 착묵제도에서 편집이라 함은 지형지물의 착묵과 난외 착묵을 말하며, 제도라 함은 지형과 지물의 착묵을 제외한 기타 지류 및 각종 기호 등의 착묵을 말한다.

9-5-7 토지이용 현황도 제작

1. 지리조사

(1:25,000 도엽당)

작업구분	고급기술자	초급기술자	중급기능사(지도제작)
현지조사	10.22	9.17	9.17

[주] ① 차량비, 재료비 및 소모품비는 별도 계상한다.
② 현지 측량이 필요할 때는 별도 계상한다.
③ 본 품은 농경지를 기준으로 한 것이며 지형이 다를 때에는 다음 계수를 곱하여 계상한다.

지형별	시가지	교외지	농경지	구릉지	산악지
계수	1.5	1.3	1.0	0.9	0.85

④ 본 품의 외업에 동원되는 기술인원에 대한 여비는 국토교통부장관이 고시한 측량용역대가 기준에 따라 별도 계상한다.
⑤ 현지 조사라 함은 토지이용 분류를 위한 논, 밭, 수원지, 목초지, 임지, 도시 및 취락 공업지 기타(묘지, 황무지) 등을 조사함을 말하며, 현지에서 조사함을 말한다.

2. 편집 및 제작

(1:25,000 도엽당)

구분	중급기술자	초급기술자	중급기능사 (지도제작)	초급기능사 (지도제작)	사진제판공	사진식자공	옵셋인쇄공
편집	1.5	10	3	–	1	–	–
제도	1.5	6	30	22.5	5	1	2

[주] ① 재료비 및 소모품비는 별도 계상한다.
② 본 품은 1:25,000 지도규격 55.5cm×44.5cm를 기준으로 한 것이며, 도면의 축척이 다를 때에는 [토목부문] 9-6-6/1./가. 지형도제작'의 [주] ⑤항에 의한 계수를 적용한다.
③ 본 품에서 성과심사에 소요되는 비용은 국토교통부장관이 고시한 측량성과 심사수탁기관의 심사업무 및 지정절차 등에 관한 규정에 따라 별도 계상한다.

9-5-8 상각비 산정

품 명	규격	가격	상각 년수	연간 가동 연수	상각 비율	정비 비율	연간 관리 비율	일당(10^{-5}) 상각비 계수	정비비 계수	관리비 계수	계
GPS 측량기	1·2주파수		8년	220	0.9	0.5	0.14	51.1	28.4	38.5	118.0
광파측거의	1~60km		8년	220	0.9	0.5	0.14	51.1	28.4	38.5	118.0
데오드라이트	0.2~10초독		8년	220	0.9	0.3	0.14	51.1	17.0	38.5	106.6
정밀레벨	1·2등용		8년	220	0.9	0.3	0.14	51.1	17.0	38.5	106.6
음향측심기	천해용		5년	160	0.9	0.5	0.14	112.5	62.5	56.0	231.0
지층탐사기	전해용		5년	160	0.9	0.5	0.14	112.5	62.5	56.0	231.0
전자측위기	80km		5년	160	0.9	0.5	0.14	112.5	62.5	56.0	231.0
점조위	0~12m		5년	180	0.9	0.5	0.14	100.0	55.5	49.7	205.2
유속계	0~3m/sec		5년	180	0.9	0.5	0.14	100.0	55.5	49.7	205.2

[주] 가격은 수입가격에 대하여는 CIF가격에 인정할 수 있는 수입에 따르는 제경비를 포함한 가격으로 하고 국산기계는 표준가격에 의한 표준시가로 한다.

9-5-9 정밀도로지도 구축 (2020년 보완)

구 분	특급 기술자	고급 기술자	중급 기술자	초급 기술자	고급 기능사	계
작업계획	1	2	-	-	-	3
GNSS 기준국 운영	-	-	1	-	-	1
MMS자료수집	-	1	2	-	-	3
GNSS/INS 통합계산	0.5	-	1	-	-	1.5
기준점선점	0.5	-	1	-	-	1.5
MMS 표준 자료 제작	1	5	7	3	-	16

구 분	특급 기술자	고급 기술자	중급 기술자	초급 기술자	고급 기능사	계
이미지처리 (보안처리)	-	-	2	2	-	4
객체추출 및 묘사	1.125	3.375	9	9	-	22.5
구조화편집	0.18	0.9	6.3	1.17	0.45	9
성과정리	0.125	0.375	0.75	1.25	-	2.5
합 계	4.43	12.65	30.05	16.42	0.45	64

[주] ① 정밀도로지도 구축이라 함은 MMS에 의해 취득된 점군 데이터와 사진 데이터를 활용하여 정밀도로지도 벡터 데이터를 구축하는 일련의 작업과정을 의미한다.

② 본 품은 1일 작업량을 20km로 적용하며, 사용되는 기계의 상각비·정비비는 별도 계상한다.

㉮ GNSS/INS 통합계산, MMS 표준자료 제작, 객체추출 및 묘사, 구조화편집의 기계비 산정은 '[토목부문] 9-6-4/2.'의 품을 적용한다.

㉯ MMS 차량의 상각년수는 6년, 연 가동일수는 200일로 적용한다.

③ MMS 표준자료 제작을 위한 기준점 측량은 '[토목부문] 9-1-5 4급 기준점 측량'을 적용하며, "지형유형에 따른 계수(K)"는 밀집시가지(1.3)을 적용한다.

④ 고속국도나 자동차전용도로에서 교통에 지장을 줄 수 있는 작업을 실시하기 위하여 교통차단 차량이나 신호수 등의 안전비용이 발생하는 경우에 실경비를 별도 계상할 수 있다.

⑤ 본 품은 MMS 자료를 교통이 원활한 자동차 전용도로에서 양방향 각 2회 수집하여 작성한 것으로 차로폭, 도로복잡도 등에 따라 계수를 적용하며 도로별 특성에 의해 본 품의 적용이 어려운 경우 계수를 가감할 수 있다.

㉮ 차로폭에 따른 계수(MMS 자료수집, MMS 표준자료 제작, 이미지처리, 객체 추출 및 묘사, 구조화 편집 공종에 적용)

구 분	4차로 미만(편도)	4차로 이상(편도)
계 수	0.7	1

㉯ 도로복잡도에 따른 계수(객체 추출 및 묘사, 구조화 편집 공종에 적용)

구 분	자동차 전용도로	시가지 도로
계 수	1	1.6

⑥ 이미지 처리는 왕복 80,000매의 사진 처리를 기준으로 한다.
⑦ 본 품의 외업에 동원되는 기술인원에 대한 여비는 국토교통부장관이 고시한 측량용역대가기준에 따라 별도 계상한다.

9-5-10 무인비행장치 측량 (2020년 신설)

구분	세부작업	기준단위	인원수										비고
			기술자				기능자			기타			
			특급	고급	중급	초급 (측량)	초급 (도화)	고급 (도화)	중급 (도화)	초급 (지도)	정보처리 기사	인부	
작업 계획 수립	작업계획 및 수립	0.25km	(0.5)	(1)	(1)	-	-	-	-	-	-	-	
	현지답사	0.25km	-	(0.5)	(0.5)	-	-	-	-	-	-	-	
대공 표지설치 및 지상 기준점 측량	대공표지 설치	7점	-	0.59	-	-	0.59	-	-	-	-	-	
	지상 기준점 측량 평면	7점	-	0.98	1.05	1.05	1.82	-	-	-	-	0.28	
			-	(0.49)	(0.56)	(0.63)	-	-	-	-	-	-	
	표고	2km	-	0.26	1.2	1.06	1.06	-	-	-	-	1.06	
			(0.12)	(0.14)	(0.32)	-	-	-	-	-	-	-	
무인항공 사진 촬영	촬영 준비	0.25㎢	-	1.13	0.5	1.13	-	-	-	-	-	-	
	촬영	0.25㎢	-	0.19	0.19	0.19	-	-	-	-	-	-	
	촬영영상 점검 및 결과 정리	0.25㎢	-	0.2 (0.2))	-	0.2 (0.2))	-	-	-	-	-	-	( )내는 내업을 표시함
항공삼각 측량	항공삼각측량 및 결과 정리	0.25㎢	-	(0.6)	(0.6)	-	-	-	-	-	-	-	
정사영상 제작	수치표면 자료 및 정사영상 제작	0.25㎢	-	(1.3)	(1.3)	-	-	-	-	-	-	-	
지물지형 묘사	수치도화	0.25㎢	(0.28)	(0.57)	(0.85)	(0.57)	-	(0.57)	(1.7)	(1.14)	-	-	
	벡터화	0.25㎢	-	(0.49)	-	-	-	-	-	-	(4.88)	(0.49)	-	
품질관리 및 정리 점검	품질관리	0.25㎢	(0.5)	-	-	-	-	-	-	-	-	-	
	정리 점검	0.25㎢	-	-	(0.5)	-	-	-	-	-	-	-	
합계	정사영상	0.25㎢	- (1.12)	3.85 (3.73)	3.44 (4.28)	3.63 (0.83)	3.47 -	-	-	-	-	1.34 -	
	수치도화 (정사영상제외)	0.25㎢	- (1.40)	3.85 (4.30)	3.44 (5.13)	3.63 (1.40)	3.47 -	(0.57)	(1.7)	(1.14)	-	1.34 -	
	벡터화	0.25㎢	- (1.12)	3.85 (4.22)	3.44 (4.28)	3.63 (0.83)	3.47 -	-	-	-	(4.88)	(0.49)	1.34 -	

[주] ① 본 품은 국토지리정보원의 "무인비행장치 이용 공공측량 작업지침(이하 작업지침)"의 작업방법에 따라, 측량용 무인비행장치를 이용하여 기준면적 0.25㎢의 평지에 대한 정사영상 제작 등을 기준으로 한 것이다.
② 작업계획수립에는 작업계획 수립, 사전 비행 허가, 카메라 검정 및 장비 점검 등의 계획·준비와 무인비행장치 이·착륙 장소 확정, 비행 및 전파 장애요소 확인, 작업지역 확인을 위한 왕복이동 등의 현지답사를 포함한다.
③ 대공표지 설치 및 지상기준점측량에는 대공표지설치, 평면기준점측량, 표고기준점측량을 포함한다.
　㉮ 대공표지 설치는 면적 0.25㎢에서 점간 거리 0.5km 이하의 간격으로 7점의 대공표지를 설치하는 것을 기준으로 한 것이며, 면적이 증가할 경우 작업지침 제9조 및 제11조의 기준점 및 검사점 총 수량에 비례하여 계상한다. 다만, 대공표지의 설치 등을 위해 벌채 등이 필요한 경우에는 별도로 계상하며, 간석지 작업의 경우는 간조시간을 고려하여 본 품의 3배까지 가산할 수 있다.
　㉯ 평면기준점측량은 점간 거리 0.5km 이하의 간격으로 배치된 7점(기준점 4점, 검사점3점)에 대해 "9-1-4 4급 기준점 측량"을 적용한 것으로, 면적이 증가할 경우 작업지침 제9조 및 제11조의 기준점 및 검사점 총 수량에 비례하여 계상한다.
　㉰ 표고기준점측량은 수준노선 2km에 대한 "9-2-4 2급 수준측량" 품을 적용한 것으로 수준측량 등급이나 수준측량 길이가 상이한 경우에는 수준측량 길이에 따라 계상한다.
④ 무인항공사진촬영에는 촬영준비(무인비행장치 조립 및 점검, 풍향·풍속 및 지자기 수치 확인, 시험비행, 비행 및 촬영계획 수립, 촬영 대기 및 촬영 준비 등), 비행 및 촬영 그리고 촬영영상 점검 및 결과 정리 등을 포함한다.
⑤ 항공삼각측량에는 무인비행장치 측량 전용 프로그램을 이용한 프로젝트 생성, 사진 및 지상기준점 성과 입력, 지상기준점 성과의 영상매칭, 외부표정요소 산출, 재 관측 및 재 조정, 자료작성 및 결과 정리 등을 포함한다.
⑥ 정사영상 제작은 무인비행장치 측량 전용 프로그램을 이용한 수치표면자료 및 정사영상 제작 등을 포함한다.
　㉮ 수치표면자료의 제작에는 3차원 점자료인 수치표면자료(DSD;Digital

Surface Data)의 생성과 수치표면모델(DSM; Digital Surface Model)의 제작을 포함한다. 수치표면자료나 수치표면모델 등의 수정을 위해 보완측량이 필요한 경우에는 "9-3-1 지형측량" 품을 적용하여 별도로 계상한다.
　㉴ 정사영상 제작에는 영상집성, 정사영상 제작, 정확도 점검 및 결과 정리 등을 포함한다. 다만, 보안목표시설 등이 포함된 경우 위장처리에 관련된 품은 별도로 계상한다.
⑦ 지형·지물 묘사는 기준면적 0.25km²에 대한 수치도화 또는 벡터화 관련 품을 적용하여 산출한 것으로, 면적이나 지형이 상이한 경우 관련 품의 계수를 적용하여 계상한다.
　㉮ 수치도화 방법에 의한 지형·지물 묘사는 수치사진측량장비를 이용하여 무인항공사진 등을 3차원으로 입체시한 상태에서 대상물을 묘사하는 것으로, "[토목부문]9-6-4/1. 수치도화" 품 및 관련 계수를 적용한다.
　㉯ 벡터화 방법에 의한 지형·지물 묘사는 정사영상 등을 기반으로 벡터화를 통하여 2차원으로 지형·지물을 묘사하는 방법으로, "[토목부문]9-6-4/2. 수동입력"품 및 관련 계수를 적용한다.
⑧ 수치지형도 제작을 위해 지리조사, 정위치 편집, 도면제작 편집, 구조화 편집 등이 필요한 경우에는 "[토목부문]9-6-4 수치지도 작성"의 4. 정위치 편집 5. 도면제작 편집, 6. 구조화 편집 및 "[토목부문]9-6-6 지도제작(기본도)"의 지리조사 품을 적용한다.
⑨ 본 품은 1:1,000 1도엽에 해당하는 기준면적 0.25km² 에 대해 GSD 5cm의 정사영상 제작을 기준으로 한 것으로 조건에 따라 다음의 증감계수를 곱하여 계상한다.
　㉮ 본 품은 평지를 기준으로 한 것으로 지형종류에 따라 다음의 계수를 곱하여 계상한다.
　ㅇ 작업계획 수립, 표고기준점측량, 촬영, 항공삼각측량, 정사영상 제작, 품질관리 및 정리 점검에 대한 지형계수는 "9-2-4 2급 수준측량"의 지형유형에 따른 계수를 적용하여 계상한다.
　ㅇ 대공표지 설치 및 평면기준점은 "9-1-5 4급 기준점 측량"의 지형 유형에 따른 계수를 적용하여 계상한다.

○ 지형·지물의 묘사는 "[토목부문]9-6-4 수치지도 작성"의 관련 1. 수치도화, 2. 수동입력, 3. 자동입력의 지형 유형에 따른 계수를 적용한다.

㉯ 본 품은 GSD 5cm를 기준으로 한 것으로 GSD에 따라 다음의 계수를 곱하여 계상한다. 다만, 본 품에 기재되지 않은 GSD에 대해서는 보간하여 적용할 수 있다.

○ 작업계획 수립(계획, 현지답사), 촬영, 항공삼각측량, 정사영상 제작, 품질관리 및 정리 점검에 대한 계수

GSD	3cm	5cm	비고
계수	1.07	1	

㉮ 본 품은 0.25㎢를 기준으로 한 것으로 면적이 상이할 경우에는 면적에 따른 증감계수를 곱하여 계상한다.

○ 작업계획 수립(계획, 현지답사), 촬영, 항공삼각측량, 정사영상 제작, 품질관리 및 정리 점검의 면적에 따른 증감계수

면적	0.25㎢	0.5㎢	1㎢	2㎢	4㎢
작업계획 및 준비	1				
현지답사	1	1.26	2.12	3.62	6.67
촬영	1	1.19	1.63	2.47	4.16
항공삼각측량, 정사영상 제작, 품질관리	1	1.26	2.12	3.62	6.67

*단, 4㎢ 초과 시 마다 1씩 증가(4.1㎢ =2.0 등)

○ 대공표지 설치 및 평면기준점측량의 면적에 따른 증감계수

면적	0.25㎢	0.5㎢	1㎢	2㎢	4㎢	비고
수량(점)	7	9	12	21	39	
계수	1	1.29	1.71	3.00	5.57	

○ 표고기준점측량의 면적에 따른 증감계수

면적	0.25㎢	0.5㎢	1㎢	2㎢	4㎢	비고
수준측량 길이(km)	2	3	4	8	16	
계수	1	1.5	2	4	8	

○ 지형 지물 묘사의 면적에 따른 증감계수

면적	0.25㎢	0.5㎢	1㎢	2㎢	4㎢	비고
계수	1	2	4	8	16	

⑩ 본 품에서 공공측량 성과심사에 소요되는 비용은 국토교통부장관이 고시한 측량성과 심사수탁기관의 심사업무 및 지정절차 등에 관한 규정에 따라 별도로 계상한다.

⑪ 본 품의 외업에 동원되는 기술인력에 대한 비용은 국토교통부장관이 고시한 측량용역대가기준에 따라 별도 계상한다.

⑫ 기계비 및 재료비는 별도 계상한다.
  ㉮ 무인비행장치 및 카메라의 상각비 계상은 장비취득가격의 10%를 잔존가치로 하며, 상각 년수는 3년, 연간가동연수는 152일로 한다.
  ㉯ 컴퓨터와 S/W의 상각비 및 유지관리비는 "[토목부문]9-6-4/2. 수동입력"을 적용한다.

⑬ 본 품에는 다음의 성과 작성품이 포함되어 있다.
  ㉮ 무인항공사진, 촬영기록부 및 촬영코스별 검사표
  ㉯ 항공삼각측량 성과(외부표정요소), 레포트 파일 및 프로젝트 백업파일
  ㉰ 수치표면모델(DSM), 정사영상 및 검사표
  ㉱ 지형·지물 묘사 파일(벡터화 또는 수치도화 파일)
  ㉲ 그 밖의 성과 확인에 필요한 자료

9-6 지적기준점측량 (2025년 보완)

9-6-1 지적삼각측량

작업별	구분	일수	인원수 1일당 지적기사	인원수 1일당 지적산업기사	인원수 1일당 지적기능사	인원수 1일당 인부	인원수 합계 지적기사	인원수 합계 지적산업기사	인원수 합계 지적기능사	인원수 합계 인부	비고
자 료 조 사		(1.48)	1	2			(1.48)	(2.96)			
계 획 준 비		(1.13)	1	1			(1.13)	(1.13)			
답　　　사		2.78		2	1			5.56	2.78		
선　　　점		1.57	1	2				3.14			
조　　　표		3.65		2	1	1	1.57	7.30	3.65	3.65	
관　　　측		3.74		2	1			7.48	3.74		
계　　　산		(1.65)		2				(3.30)			( )는 내업임
지적전산파일변환		(1.48)		1				(1.48)			
준비도	작성	(1.74)			1				(1.74)		
준비도	확인	(0.26)	1				(0.26)				
기지부합여부확인		3.22		2	1			6.44	(3.22)		
성과작성	계산부	(1.48)		1				(1.48)			
성과작성	대장	(0.70)		1				(0.70)			
점검		(0.78)	1				(0.78)				
성 과 인 계		(0.44)		1				(0.44)			
소계	외업	14.96					1.57	29.92	13.39	3.65	( )는 내업임
소계	내업	(11.14)					(3.65)	(11.49)	(1.74)		
합계		26.10					5.22	41.41	15.13	3.65	

[주] ① 본 품은 '측량·수로조사 및 지적에 관한 법률' 시행령 제8조 제1항 제3호의 규정에 의하여 '지적측량시행규칙' 제8조의 규정에 따라 지적삼각점측량을 경위의 측량방법에 의하여 실시할 경우의 품이다.

② 표고계수

　　본 품은 작업지역의 표고 500m미만인 경우를 기준으로 한 것이며, 500m이상일 때에는 다음의 값 이내를 가산할 수 있다.

표고명	가산범위	비고
500m~1,000m	20%	
1,000m 이상	40%	

③ 성과품

본 품에는 다음의 성과품이 포함되어 있다.

㉮ 관측부 1부 ㉯ 지적삼각측량 계산부 1부
㉰ 지적삼각망도 1부 ㉱ 점의조서 1부

④ 기타사항

- 본 품은 축척과 측량지역의 대·소에 불구하고 여점 3점, 구점 5점을 기준으로 한 것이다.
- 지적삼각보조점 측량수수료는 본 품에 의한 측량비의 50%의 값을 적용한다. 다만, 지적법령에 의거 영구표지를 설치하고 지적삼각측량방법에 준하였을 경우에는 지적삼각측량품을 적용한다.
- 벌채보상비, 재료의 소모품비 등은 실정에 따라 별도 계상한다.
- 관측기계는 GPS, 토탈스테이션, 광파거리측거기, 각 관측 장비로 한다.
- 본 품에 사용되는 기계경비 및 재료소모품비는 별도 계상한다.
- 본 품에 있어 매설작업에 따르는 자재대 및 운반비 인부임은 별도로 계상한다.
- 본 품의 외업에 필요한 여비는 공무원여비규정에 의한 국내여행자의 일비를 별도 계상한다.

[계산 예]

사업지구에 지적삼각점측량을 구하는 점 10점, 주어진 점 3점을 측량할 경우의 기본품(지적삼각점측량)

구분\내용	수량	단가	금액
지 적 기 사	5.22	w_1	$W_1 = 5.22 \times w_1$
지 적 산 업 기 사	41.41	w_2	$W_2 = 41.41 \times w_2$
지 적 기 능 사	15.13	w_3	$W_3 = 15.13 \times w_3$
인 부	3.65	w_4	$W_4 = 3.65 \times w_4$
계			ΣW

[결정단가] = (ΣW + 직접경비 + 간접측량비) / 8
[합 계] = [단가] × 13

[주] 측량비 산출단가는 직접경비(현장여비 · 기계경비 · 재료소모품비) 및 간접측량비(제경비 · 기술료)를 별도 계상한다.

9-6-2 지적도근점측량

구분 작업별		일수	인원수								비고
			1일당				합계				
			지적 기사	지적 산업 기사	지적 기능 사	인부	지적 기사	지적 산업 기사	지적 기능 사	인부	
자 료 조 사		(1.12)	1	1			(1.12)	(1.12)			
계 획 준 비		(0.56)	1	2			(0.56)	(1.12)			
답　　　　사		0.84		2	1			1.68	0.84		
선　　　　점		1.96	1	2		1	1.96	3.92		1.96	
관　　　　측		3.92		2	1			7.84	3.92		
계　　　　산		(1.68)		2				(3.36)			
지적전산파일변환		(1.12)		1				(1.12)			
준 비 도 작 성		(1.12)			1				(1.12)		( )는 내업임
기지부합여부확인		2.24		2	1			4.48	2.24		
성 과 작 성		(1.12)		2				(2.24)			
점　　　　검		(0.56)	1				(0.56)				
성 과 인 계		(0.56)		1				(0.56)			
소계	외업	8.96					1.96	17.92	7.00	1.96	
	내업	(7.84)					(2.24)	(9.52)	(1.12)		
합계		16.80					4.20	27.44	8.12	1.96	

[주] ① 본 품은 '측량 · 수로조사 및 지적에 관한 법률시행령' 제8조 제1항 제3호의 규정에 의하여 '지적측량시행규칙' 제12조 규정에 따라 지적도근측량을 경위의 측량방법에 의해 실시할 경우의 품이다.

② 가산계수
방위각법에 의한 측량방법을 기준으로 하였으며, 배각법에 의하여 측량하였을 경우에는 다음의 계수를 곱하여 계상한다.

구 분	계수	비고
방위각법	1.00	
배 각 법	1.37	

③ 성과품
본 품에는 다음의 성과품이 포함되어 있다.
㉮ 관측부 1부   ㉯ 도근측량부 1부
㉰ 도근망도 1부

④ 기타사항
- 본 품은 축척과 측량지역의 대·소에 불구하고 도근점 50점을 기준으로 한 것이다.
- 본 품에는 지적도근점측량을 위한 지적삼각측량 품이 포함되지 않았으므로 지적삼각측량비를 별도 계상한다.
- 본 품에는 지적도근점 표시를 하기 위한 재료 표지대는 포함되지 않았다.
- 거리측정 등 관측기계는 GPS, 토탈스테이션, 광파거리측거기, 각 관측장비로 한다.
- 본 품에 사용되는 기계경비 및 재료소모품비는 별도 계상한다.
- 본 품에 있어 매설작업에 따르는 자재대 및 운반비 인부임은 별도로 계상한다.
- 본 품의 외업에 필요한 여비는 공무원여비규정에 의한 국내여행자의 일비를 별도 계상한다.

[계산 예]
① 기준단가
지구에 지적도근점측량을 배각법에 의하여 300점을 측량할 경우

㉠기본계수 : 1.0   ㉡가산계수 : 0.37   합계 : 1.37 = (㉠+㉡)

구분 \ 내용	수량	단가	금액
지 적 기 사	4.20×1.37=5.75	w_1	$W_1=5.75×w_1$
지 적 산 업 기 사	27.44×1.37=37.59	w_2	$W_2=37.59×w_2$
지 적 기 능 사	8.12×1.37=11.12	w_3	$W_3=11.12×w_3$
인 부	1.96×1.37=2.69	w_4	$W_4=2.69×w_4$
계			ΣW

[결정단가] = (ΣW + 직접경비 + 간접측량비) / 50

[합 계] = [단가] × 300

9-6-3 지적기준점현황조사 (2021년 신설, 2025년 보완)

가. 지적삼각점

| 작업구분 | 일수 | 인원수 |||||||| 비고 |
| | | 1일당 |||| 합계 |||| |
		지적기사	지적산업기사	지적기능사	인부	지적기사	지적산업기사	지적기능사	인부	
자 료 조 사	(0.48)	1.00				(0.48)				( )는 내업 임
조 서 작 성	(0.27)	1.00				(0.27)				
점 검	4.33	1.00	1.00			4.33	4.33			
성 과 인 계	(0.34)	1.00				(0.34)				
합계	(0.27)	1.00				(0.27)				
소계 외업	4.33					4.33	4.33			
소계 내업	(1.36)					(1.36)				
합계	5.69					5.69	4.33			

나. 지적도근점

작업구분		일수	인원수								비고
			1일당				합계				
			지적기사	지적산업기사	지적기능사	인부	지적기사	지적산업기사	지적기능사	인부	
자료조사		(0.03)	1.00				(0.03)				( )는 내업 임
조서작성		(0.01)	1.00				(0.01)				
점 검		0.21	1.00	1.00			0.21	0.21			
성과인계		(0.03)	1.00				(0.03)				
합계		(0.02)	1.00				(0.02)				
소계	외업	0.21					0.21	0.21			
	내업	(0.09)					(0.09)				
합계		0.30					0.30	0.21			

[주] ① 본 품은 「공간정보의 구축 및 관리 등에 관한 법률」 제105조 및 같은 법 시행령 제104조에 따라 위탁된 지적삼각점, 지적삼각보조점, 지적도근점의 정확하고 효율적인 관리를 위해 기준점의 위치, 망실·훼손·시인성 등의 현황을 조사하는 업무를 수행할 경우의 품이다
② 본 품은 지적기준점 10점을 현황조사하는데 소요되는 품으로 1점의 품셈을 산출하기 위해서는 위의 품의 10분의 1을 적용한다.
③ 지적삼각보조점의 현황조사는 지적도근점 현황조사품을 준용한다. 다만, 지적삼각보조점의 위치가 산악지에 위치한 경우에는 지적삼각점 현황조사품을 준용할 수 있다.
④ 작업상 지적도근점측량 등이 수반되는 경우에는 별도 계상한다.
⑤ 도서지역 등의 조사업무를 위하여 선박 등을 임차할 경우에는 임차료 실비를 별도 계상한다.
⑥ 본 품에는 다음의 성과작성품이 포함되어 있다.
　㉮ 지적기준점 현황조사서　　　　　　　　1부
　㉯ 지적기준점 현황조사 결과 파일　　　　1식

9-7 신규등록측량

9-7-1 신규등록측량 (도해) (2005년 · 2009년 · 2011 · 2025년 보완)

구분 작업별	지적 기사	지적 산업 기사	지적 기능사	비고
자 료 조 사	(0.04)	(0.05)		
측 량 계 획 및 준 비	(0.04)	(0.03)		
측 량 준 비 도 작 성	(0.02)	(0.03)		
현 지 측 량 준 비	0.01	0.02	0.01	
현 지 측 량	0.29	0.29	0.29	( )는 내업임
성 과 설 명	0.04			
측 량 결 과 도 등 측 량 성 과 물 작 성	(0.07)	(0.15)		
측량성과 관련서류 작성		(0.02)		
측 량 성 과 검 사 요 청	(0.03)	(0.04)		
지적측량 성과도교부	(0.02)	(0.02)		
소계 외업	0.34	0.31	0.30	
소계 내업	(0.22)	(0.34)		
합계	0.56	0.65	0.30	

[주] ① 본 품은 '측량·수로조사 및 지적에 관한 법률' 제2조제29호의 규정에 의하여 새로 조성된 토지와 지적공부에 등록되어 있지 아니한 토지를 지적공부에 등록하거나 같은법 제86조 규정의 토지개발사업 이외의 토지를 새로이 지적공부에 수치로 등록하기 위하여 경위의 도해 측량방법으로 실시하는 품이다.

② 면적계수

본 품은 1필지당 토지는 1,500㎡, 임야는 5,000㎡를 기준으로 하였으며, 기준면적 이하는 기준면적을 적용하고, 기준면적을 초과할 때에는 다음의 계수를 곱하여 계상한다.

구분 \ 가산횟수	0회	1회	2회이상
계수	1.0	1.3	1.2+(0.10×n)

※ n은 가산횟수로 (대상면적−기준면적)÷기준면적

③ 등록계수
지적공부 등록지(토지, 임야)별로 다음의 계수를 곱하여 계상한다.

내용\구분	토 지	임 야
계수	1.00	1.2

④ 지역구분계수
본 품은 면지역을 기준으로 하였으며, 행정구역이 다를 경우 다음의 계수를 곱하여 계상한다.

내용\구분	면	읍	동 시	동 구
계수	1.00	1.10	1.30	1.40

⑤ 성과작성품
본 품에는 다음의 성과작성품이 포함되어 있다.
㉮ 신규등록 측량결과도 1부   ㉯ 면적측정부 1부
㉰ 이동지조서 1부   ㉱ 지적공부정리파일 1부
㉲ 측량결과부(측량성과도 등) 1부

⑥ 기타사항
- 신규등록할 토지의 축척은 1:600, 1:1,000, 1:1,200, 1:2,400, 1:3,000, 1:6,000로 구분한다.
- 본 품에 사용되는 기계경비 및 재료소모품비는 별도 계상한다.
- 작업상 지적측량기준점을 설치할 경우에는 지적측량기준점 설치비를 별도 계상한다.
- 도서지역 등의 측량을 위하여 선박 등을 임차할 경우에는 임차료 실비를 별도 계상한다.
- 본 품의 외업에 필요한 여비는 공무원여비규정에 의한 국내여행자의 일비를 별도 계상한다.

[계산 예]

① 기준단가

구지역으로서 1필지의 면적이 7,000㎡인 미등록 토지를 도해측량방법으로 신규등록 할 경우

㉠ 기본계수 : 1.0	㉡ 등록계수 : 0.00
㉢ 지역구분계수 : 0.40	㉣ 면적계수 : 0.60
합계 : 2.00 = (㉠+㉡+㉢+㉣)	

구 분	수 량 (T)	단 가	금 액
지 적 기 사	0.56×2.00=1.12	w_1	$W_1=1.12×w_1$
지 적 산 업 기 사	0.65×2.00=1.30	w_2	$W_2=1.30×w_2$
지 적 기 능 사	0.30×2.00=0.60	w_3	$W_3=0.60×w_3$
계			ΣW

[결정단가] = ΣW + 직접경비 + 간접측량비

※ 측량비 산출단가에는 직접경비(현장여비 · 기계경비 · 재료소모품비)및 간접측량비(제경비 · 기술료)를 별도 계상한다.

9-7-2 신규등록측량 (수치) (2005년 신설, 2009년·2011·2025년 보완)

구분 작업별	지적 기사	지적 산업 기사	지적 기능사	비고
자 료 조 사	(0.04)	(0.05)		
측 량 계 획 및 준 비	(0.04)	(0.02)		
측 량 준 비 도 작 성	(0.01)	(0.04)		
현 지 측 량 준 비	0.01	0.02	0.01	
현 지 측 량	0.26	0.26	0.26	
성 과 설 명	0.04			
측 량 결 과 도 등 측 량 성 과 물 작 성	(0.06)	(0.15)		( )는 내업임
측량성과 관련서류 작성		(0.02)		
측 량 성 과 검 사 요 청	(0.03)	(0.05)		
지적측량 성과도교부	(0.03)	(0.01)		
소계 외업	0.31	0.28	0.27	
소계 내업	(0.21)	(0.34)		
합계	0.52	0.62	0.27	

[주] ① 본 품은 '측량·수로조사 및 지적에 관한 법률' 제2조제29호의 규정에 의하여 새로 조성된 토지와 지적공부에 등록되어 있지 아니한 토지를 지적공부에 등록하거나 같은법 제86조 규정의 토지개발사업 이외의 토지를 새로이 지적공부에 수치로 등록하기 위하여 경위의 측량방법으로 실시하는 품이다.

② 면적계수
본 품은 1필지당 1,500㎡를 기준으로 하였으며, 기준면적 이하는 기준면적을 적용하고, 기준면적을 초과할 때에는 다음의 계수를 곱하여 계상한다.

구분 \ 가산횟수	0회	1회	2회이상
계수	1.0	1.3	1.2+(0.10×n)

※ n은 가산횟수로 (대상면적－기준면적)÷기준면적

③ 지역구분계수

본 품은 면지역을 기준으로 하였으며, 행정구역이 다를 경우 다음의 계수를 곱하여 품을 계상한다.

구분 내용	면	읍	동	
			시	구
계수	1.00	1.10	1.30	1.40

④ 성과작성품

본 품에는 다음의 성과작성품이 포함되어 있다.
㉮ 신규등록 측량결과도 및 계산부 1부
㉯ 좌표면적 계산부 1부
㉰ 이동지조서 1부
㉱ 지적공부정리파일 1부
㉲ 측량결과부(측량성과도 등) 1부

⑤ 기타사항

- 신규등록할 토지의 축척은 1/500, 1/1,000로 구분한다.
- 본 품에 사용되는 기계경비 및 재료소모품비는 별도 계상한다.
- 작업상 지적측량기준점을 설치할 경우에는 지적측량기준점 설치비를 별도 계상한다.
- 도서지역 등의 측량을 위하여 선박 등을 임차할 경우에는 임차료 실비를 별도 계상한다.
- 본 품의 외업에 필요한 여비는 공무원여비규정에 의한 국내여행자의 일비를 별도 계상한다.

9-7-3 토지구획정리 신규등록 측량 (수치)

(2005년 신설, 2009 · 2011 · 2025년 보완)

작업별	구분	지적 기사	지적 산업 기사	지적 기능사	비고
자료조사			(4.04)		
계획준비		(3.43)	(3.43)		
현장조사		3.41	6.82		
지적전산파일변환			(3.59)		
지구계 준비도	작성		(6.20)		
	확인	(0.92)			
가구점	측량	9.36	18.72	9.36	
	계산	(10.88)	(10.88)		
필계점	측량	6.50	13.00	6.50	( )는 내업임
	계산	(9.45)	(9.45)		
중심점계산		(8.41)	(8.41)		
말박기 측량	계산	(10.91)	(10.91)		
	측량	15.14	30.28	15.14	
좌표면적계산		(8.44)	(8.44)		
결과도작성			(6.20)		
성과작성			(36.50)		
조서작성			(11.78)		
점검		(5.02)			
성과인계		(2.58)			
소계	외업	34.41	68.82	31.00	
	내업	(60.04)	(119.83)		
합계		94.45	188.65	31.00	

[주] ① 본 품은 '측량·수로조사 및 지적에 관한 법률' 제86조 규정의 도시개발사업 또는 같은법 시행령 제83조의 그 밖에 대통령령이 정하는 토지개발사업(토지구획정리·공업단지 등)과 항만법, 신항만 개발촉진법 및 '공유수면매립법' 등에 의하여 공유수면을 매립하여 새로이 지적공부에 수치로 등록하기 위하여 경위의 측량방법으로 실시하는 품이다.

② 면적체감계수

본 품의 기준면적은 1지구 200,000㎡를 기준한 것으로 측량지구면적이 200,000㎡를 초과하는 경우에는 다음의 체감계수를 곱하여 각각 합산한 품으로 한다. 다만, 작업과정이 동일한 방법으로 연속되지 않을 경우에는 체감계수를 적용하지 않는다.

구분 내용	20만㎡ 이하	20만㎡초과 ~50만㎡	50만㎡초과 ~100만㎡	100만㎡초과 ~200만㎡	200만㎡초과 ~300만㎡	300만㎡ 초과
계수	1.0	0.9	0.8	0.7	0.6	0.5

③ 필지가산계수

본 품은 1지구내의 필지수를 50필지 이하를 기준으로 한 것으로 1지구 내의 필지수가 50필지를 초과하는 경우 다음의 계수를 곱하여 계상한다.

필지수	50 이하	51~ 100	101~ 200	201~ 300	301~ 400	401~ 500	500초과시 매 100필지마다
계수	1.00	1.05	0.10	1.15	1.20	1.25	1.05×n

④ 성과작성품

본 품에는 다음의 성과작성품이 포함되어 있다.

㉮ 지구계점, 가구계점, 필지경계점 측량부　　　　　각 1부
㉯ 지구계점, 가구계점, 필지경계점 좌표계산부　　　각 1부
㉰ 지구계점, 가구계점, 필지경계점 좌표면적계산부　각 1부
㉱ 지구계점, 가구계점, 필지경계점 거리계산부　　　각 1부
㉲ 측량결과도　　　　　　　　　　　　　　　　　　1부
㉳ 측량성과도　　　　　　　　　　　　　　　　　　1부
㉴ 측량종합도　　　　　　　　　　　　　　　　　　1부
㉵ 면적조서　　　　　　　　　　　　　　　　　　　3부
㉶ 국유지 증여도　　　　　　　　　　　　　　　　1부
㉷ 국유지 증여지조서　　　　　　　　　　　　　　1부
㉸ 지적도 작성　　　　　　　　　　　　　　　　　1부

⑤ 기타사항
  ㉮ 축척은 1:500 또는 1:1,000로 한다.
  ㉯ 측량지구면적이 10,000㎡이하인 경우에는 10,000㎡의 품으로 한다.
  ㉰ 본 품에 의한 면적계산은 좌표를 면적프로그램에 의하여 컴퓨터로 계산한 품으로 한다.
  ㉱ 본 품에 의한 좌표점 전개는 프로그램에 의하여 전개하였다.
  ㉲ 본 품에 의한 거리측정은 광파기에 의하여 측정하였다.
  ㉳ 본 품에 의한 결과도 작성은 프로그램에 의한 것이다.
  ㉴ 본 품에 사용되는 기계경비 및 재료소모품비는 별도 계상한다.
  ㉵ 본 품에는 지구계 분할측량품은 포함되어 있지 않다.
  ㉶ 본 품에는 지적기준점측량이 포함되어 있지 않으므로 지적기준점측량을 실시할 경우에는 지적기준점측량비를 별도 계상한다.
  ㉷ 말박기 측량을 수반하지 않을 경우 말박기 측량품을 제외한다.
  ㉸ 본 품의 외업에 필요한 여비는 공무원여비규정에 의한 국내여행자의 일비를 별도 계상한다.

9-7-4 경지구획정리 신규등록 측량 (수치)

(2005년 신설, 2009 · 2011 · 2025년 보완)

작업별	구분	지적 기사	지적 산업 기사	지적 기능사	비고
자료조사			(6.82)		( )는 내업임
계획준비		(2.63)	(2.63)		
현장조사		2.76	2.76		
지적전산파일변환			(12.02)		
지구계 준비도	작성	(7.84)	(15.68)	(7.84)	
	확인	(1.05)			
필계점	측량	15.38	30.76	15.38	
	계산	(16.73)	(16.73)		
좌표면적계산		(15.78)	(15.78)		

작업별 \ 구분		지적 기사	지적 산업 기사	지적 기능사	비고
결과도작성		(3.03)	(6.06)	(3.03)	( )는 내업임
성과작성		(18.16)	(36.32)	(18.16)	
조서작성			(11.78)	(5.89)	
점검		(5.66)			
성과인계		(1.40)			
소계	외업	18.14	33.52	15.38	
	내업	(72.28)	(123.82)	(34.92)	
합계		90.42	157.34	50.30	

[주] ① 본 품은 「공간정보의 구축 및 관리 등에 관한 법률」 제86조 규정의 농어촌정비사업 등을 위한 「농어촌정비법」, 「공유수면매립법」 등에 의하여 공유수면을 매립하여 새로이 지적공부에 수치로 등록하기 위하여 경위의 측량방법으로 실시하는 품이다.

② 면적체감계수

측량지구의 면적이 1,000,000㎡를 초과할 경우에는 다음의 체감계수를 곱하여 각각 합산한 품으로 한다. 다만, 작업과정이 동일한 방법으로 연속되지 않을 경우에는 체감계수를 적용하지 않는다.

내용 \ 구분	100만㎡ 이하	100만㎡초과 ~300만㎡	300만㎡초과 ~500만㎡	500만㎡초과 ~800만㎡	800만㎡초과 ~1,000만㎡	1,000만㎡ 초과
계수	1.0	0.9	0.8	0.7	0.6	0.5

③ 성과작성품

본 품에는 다음의 성과작성품이 포함되어 있다.

㉮ 지구계점, 필계점 측량부 1부   ㉯ 좌표면적계산부 1부
㉰ 측량결과도 1부   ㉱ 측량성과도 1부
㉲ 측량종합도 1부   ㉳ 면적조서 1부
㉴ 국유지 증여도 1부   ㉵ 국유지 증여지조서 1부
㉶ 지적도 작성 1부

④ 기타사항
  ㉮ 축척은 1:500 또는 1:1,000로 한다.
  ㉯ 측량지구면적이 30,000㎡이하인 경우에는 30,000㎡의 품으로 한다.
  ㉰ 본 품에 의한 면적계산은 좌표를 면적프로그램에 의하여 컴퓨터로 계산한 품으로 한다.
  ㉱ 본 품에 의한 좌표점 전개는 프로그램에 의하여 전개하였다.
  ㉲ 본 품에 의한 거리측정은 광파기에 의하여 측정하였다.
  ㉳ 본 품에 의한 결과도 작성은 프로그램에 의한 것이다.
  ㉴ 본 품에는 지구계 분할측량품은 포함되어 있지 않다.
  ㉵ 중심점·가구점, 필계점, 말박기 측량을 필요로 할 경우에는 본 품의 30%의 값을 적용한 품으로 한다.
  ㉶ 본 품에 사용되는 기계경비 및 재료소모품비는 별도 계상한다.
  ㉷ 본 품에는 지적기준점측량이 포함되어 있지 않으므로 지적기준점측량을 실시할 경우 지적기준점측량비를 별도 계상한다.
  ㉮ 본 품의 외업에 필요한 여비는 공무원여비규정에 의한 국내여행자의 일비를 별도 계상한다.

9-8 등록전환 측량

9-8-1 등록전환 측량(도해) (2005년 신설, 2009 · 2011 · 2025년 보완)

작업 구분		지적 기사	지적 산업 기사	지적 기능사	비고
자료조사		(0.05)	(0.06)		
측량계획 및 준비		(0.05)	(0.02)		
측량준비도 작성		(0.02)	(0.03)		
현지측량 준비		0.01	0.02	0.01	
현지측량		0.45	0.45	0.45	( )는 내업임
성과설명		0.05			
측량결과도 등 측량성과물 작성		(0.07)	(0.16)		
측량성과 관련서류 작성			(0.02)		
측량성과 검사요청		(0.03)	(0.04)		
지적측량 성과도교부		(0.03)	(0.01)		
소계	외업	0.51	0.47	0.46	
	내업	(0.25)	(0.34)		
합계		0.76	0.81	0.46	

[주] ① 본 품은「공간정보의 구축 및 관리 등에 관한 법률」제2조 제30호의 규정에 의하여 임야대장 및 임야도에 등록된 토지를 토지대장 및 지적도에 옮겨 등록하기 위하여 실시하는 측량 품이다.

② 면적계수

본 품은 1필지당 1,500㎡를 기준으로 하였으며, 기준면적 이하는 기준면적을 적용하고 기준면적을 초과할 때에는 다음의 계수를 곱하여 계상한다.

구분 가산횟수	0회	1회	2회이상
계수	1.0	1.3	1.2+(0.10×n)

※ n은 가산횟수로 (대상면적−기준면적)÷기준면적

③ 지역구분계수

본 품은 면지역을 기준으로 하였으며, 행정구역이 다를 경우 다음의 계수를 곱하여 계상한다.

구분 내용	면	읍	동	
			시	구
계수	1.00	1.10	1.30	1.40

④ 성과작성품

본 품에는 다음의 성과작성품이 포함되어 있다.
- ㉮ 등록전환 측량결과도 1부
- ㉯ 면적측정부 1부
- ㉰ 이동지조서 3부
- ㉱ 지적공부정리파일 1식
- ㉲ 측량결과부(측량성과도 등) 1부

⑤ 기타사항
- 등록전환할 토지의 축척은 1:600, 1:1,000, 1:1,200, 1:2,400로 구분한다.
- 본 품에 사용되는 기계경비 및 재료소모품비는 별도 계상한다.
- 작업상 지적측량기준점을 설치할 경우에는 지적측량기준점 설치비를 별도 계상한다.
- 도서지역 등의 측량을 위하여 선박 등을 임차할 경우에는 임차료 실비를 별도 계상한다.
- 본 품의 외업에 필요한 여비는 공무원여비규정에 의한 국내여행자의 일비를 별도 계상한다.

[계산 예]

① 기준단가

구지역으로 1필지의 면적이 7,000㎡인 임야를 토지로 도해측량방법으로 등록전환 할 경우

㉠ 기본계수 : 1.0 ㉡ 등록계수 : 0.00
㉢ 지역구분계수 : 0.40 ㉣ 면적계수 : 0.60
합계 : 2.00 = (㉠+㉡+㉢+㉣)

구 분	수 량(T)	단 가	금 액
지 적 기 사	0.76×2.00=1.52	w_1	$W_1=1.52 \times w_1$
지적산업기사	0.81×2.00=1.62	w_2	$W_2=1.62 \times w_2$
지 적 기 능 사	0.46×2.00=0.92	w_3	$W_3=0.92 \times w_3$
계			ΣW

[결정단가] = ΣW + 직접경비 + 간접측량비

※ 측량비 산출단가에는 직접경비(현장여비 · 기계경비 · 재료소모품비) 및 간접측량비(제경비 · 기술료)를 별도 계상한다.

9-8-2 등록전환 측량 (수치) (2005년 신설, 2009 · 2011 · 2025년 보완)

작업 구분		지적 기사	지적 산업 기사	지적 기능사	비고
자료조사		(0.05)	(0.06)		
측량계획 및 준비		(0.04)	(0.02)		
측량준비도 작성		(0.02)	(0.03)		
현지측량 준비		0.01	0.02	0.01	
현지측량		0.45	0.45	0.45	
성과설명		0.05			( )는 내업임
측량결과도 등 측량성과물 작성		(0.07)	(0.15)		
측량성과 관련서류 작성			(0.02)		
측량성과 검사요청		(0.03)	(0.05)		
지적측량 성과도교부		(0.03)	(0.01)		
소계	외업	0.51	0.47	0.46	
	내업	(0.24)	(0.34)		
합계		0.75	0.81	0.46	

[주] ① 본 품은 「공간정보의 구축 및 관리 등에 관한 법률」 제2조 제30호의 규정에 의하여 임야대장 및 임야도에 등록된 토지를 수치로 등록하기 위하여 경위의 측량방법으로 실시하는 측량 품이다.

② 면적계수

본 품은 1필지당 1,500㎡를 기준으로 하였으며, 기준면적 이하는 기준면적을 적용하고, 기준면적을 초과할 때에는 다음의 계수를 곱하여 계상한다.

가산횟수 구분	0회	1회	2회이상
계수	1.0	1.3	1.2+(0.10×n)

※ n은 가산횟수로 (대상면적−기준면적)÷기준면적

③ 지역구분계수

본 품은 면지역을 기준으로 하였으며, 행정구역이 다를 경우 다음의 계수를 곱하여 계상한다.

구분 내용	면	읍	동	
			시	구
계수	1.00	1.10	1.30	1.40

④ 성과작성품

본 품에는 다음의 성과작성품이 포함되어 있다.

㉮ 등록전환 측량결과도 및 계산부 1부   ㉯ 좌표면적계산부 1부
㉰ 이동지조서 3부   ㉱ 지적공부정리파일 1식
㉲ 측량결과부(측량성과도 등) 1부

⑤ 기타사항
- 등록전환할 토지의 축척은 1:500, 1:1,000로 구분한다.
- 본 품에 사용되는 기계경비 및 재료소모품비는 별도 계상한다.
- 작업상 지적측량기준점을 설치할 경우에는 지적측량기준점 설치비를 별도 계상한다.
- 도서지역 등의 측량을 위하여 선박 등을 임차할 경우에는 임차료 실비를 별도 계상한다.
- 본 품의 외업에 필요한 여비는 공무원여비규정에 의한 국내여행자의 일비를 별도 계상한다.

9-9 분할측량

9-9-1 분할측량 (도해) (2005년 신설, 2009 · 2011 · 2025년 보완)

작업 구분		지적 기사	지적 산업 기사	지적 기능사	비고
자료조사		(0.04)	(0.05)		( )는 내업임
측량계획 및 준비		(0.04)	(0.03)		
측량준비도 작성		(0.02)	(0.03)		
현지측량 준비		0.01	0.02	0.01	
현지측량		0.45	0.45	0.45	
성과설명		0.05			
측량결과도 등 측량성과물 작성		(0.07)	(0.15)		
측량성과 관련서류 작성			0.02		
측량성과 검사요청		(0.03)	(0.04)		
지적측량 성과도교부		(0.02)	(0.02)		
소계	외업	0.51	0.47	0.46	
	내업	(0.22)	(0.34)		
합계		0.73	0.81	0.46	

[주] ① 본 품은 「공간정보의 구축 및 관리 등에 관한 법률」 제2조 제31호의 규정에 의하여 지적공부에 등록된 도해지역의 1필지를 2필지 이상으로 나누어 등록하기 위한 측량 품이다.

② 면적계수

본 품은 1필지당 토지는 $1,500m^2$, 임야는 $5,000m^2$를 기준으로 하였으며, 기준면적 이하는 기준면적을 적용하고, 기준면적을 초과할 때에는 다음의 계수를 곱하여 계상한다.

구분 \ 가산횟수	0회	1회	2회이상
계수	1.0	1.3	$1.2+(0.10×n)$

※ n은 가산횟수로 (대상면적-기준면적)÷기준면적

③ 등록계수

지적공부 등록지(토지, 임야)별로 다음의 계수를 곱하여 계상한다.

내용 \ 구분	토지	임야
계수	1.00	1.20

④ 지역구분계수

본 품은 면지역을 기준으로 하였으며, 행정구역이 다를 경우 다음의 계수를 곱하여 품을 계상한다.

| 내용 \ 구분 | 면 | 읍 | 동 ||
			시	구
계수	1.00	1.10	1.30	1.40

⑤ 성과작성품

본 품에는 다음의 성과작성품이 포함되어 있다.
- ㉮ 분할측량결과도 1부
- ㉯ 면적측정부 1부
- ㉰ 이동지조서 3부
- ㉱ 지적공부정리파일 1식
- ㉲ 측량결과부(측량성과도 등) 1부

⑥ 기타사항
- ㉮ 분할측량할 토지의 축척은 1:600, 1:1,000, 1:1,200, 1:2,400, 1:3,000, 1:6,000로 구분한다.
- ㉯ 본 품은 분할후 2필지를 기준으로 하여 1필지단위로 본 산출품에 의한 측량비용을 적용하고, 1필지 추가될 때마다 본 품에 의한 측량비를 가산한다.
- ㉰ 인가·허가 면적 등을 도상에서 맞추어 분할선을 현장에 표시하는 경우에는 본 품에 의한 측량비의 40%를 가산 적용한다.
- ㉱ 분할(예정)선을 도상에서 맞추어 현장에 표시하는 지정분할의 경우에는 본 품에 의한 측량비의 30%를 가산 적용한다.
- ㉲ 도해지역에서 도시계획시설(도로, 하천, 공원 등)에 편입된 면적을 현장 측량을 수반하지 않고 계획도면상으로 면적을 측정하여 성과를 작성하는 시설편입지측량(도해)의 경우 본품의 내업품을 적용한다.
- ㉳ 본 품에 사용되는 기계경비 및 재료소모품비는 별도 계상한다.

㉑ 작업상 지적측량기준점을 설치할 경우에는 지적측량기준점 설치비를 별도 계상한다.
㉒ 도서지역 등의 측량을 위하여 선박 등을 임차할 경우에는 임차료 실비를 별도 계상한다.
㉓ 본 품의 외업에 필요한 여비는 공무원여비규정에 의한 국내여행자의 일비를 별도 계상한다.

[계산 예]
① 기준단가
　구지역으로서 1필지의 면적이 7,000㎡인 토지를 2필지로 분할측량 할 경우

㉠ 기본계수 : 1.0	㉡ 등록계수 : 0.00
㉢ 지역구분계수 : 0.40	㉣ 면적계수 : 0.60
합계 : 2.00 = (㉠+㉡+㉢+㉣)	

구 분	수 량 (T)	단 가	금 액
지 적 기 사	$0.73 \times 2.00 = 1.46$	w_1	$W_1 = 1.46 \times w_1$
지적산업기사	$0.81 \times 2.00 = 1.62$	w_2	$W_2 = 1.62 \times w_2$
지 적 기 능 사	$0.46 \times 2.00 = 0.92$	w_3	$W_3 = 0.92 \times w_3$
계			ΣW

[결정단가] = (ΣW + 직접경비 + 간접측량비) / 2

※ 측량비 산출단가에는 직접경비(현장여비 · 기계경비 · 재료소모품비) 및 간접측량비(제경비 · 기술료)를 별도 계상한다.

9-9-2 분할측량(수치) (2025년 보완)

작업 구분		지적 기사	지적 산업 기사	지적 기능사	비고
자료조사		(0.04)	(0.05)		
측량계획 및 준비		(0.04)	(0.02)		
측량준비도 작성		(0.01)	(0.04)		
현지측량 준비		0.01	0.02	0.01	
현지측량		0.38	0.38	0.38	
성과설명		0.05			( )는 내업임
측량결과도 등 측량성과물 작성		(0.06)	(0.15)		
측량성과 관련서류 작성			(0.02)		
측량성과 검사요청		(0.03)	(0.05)		
지적측량 성과도교부		(0.03)	(0.01)		
소계	외업	0.44	0.40	0.39	
	내업	(0.21)	(0.34)		
합계		0.65	0.74	0.39	

[주] ① 본 품은 '측량·수로조사 및 지적에 관한 법률' 제2조 제31호의 규정에 의하여 지적공부에 등록된 수치지역의 1필지를 2필지 이상으로 나누어 등록하기 위한 측량 품이다.

② 면적계수

본 품은 1필지당 1,500㎡를 기준으로 하였으며, 기준면적 이하는 기준면적을 적용하고, 기준면적을 초과할 때에는 다음의 계수를 곱하여 계상한다.

구분 \ 가산횟수	0회	1회	2회이상
계수	1.0	1.3	1.2+(0.10×n)

※ n은 가산횟수로 (대상면적−기준면적)÷기준면적

③ 지역구분계수

본 품은 면지역을 기준으로 하였으며, 행정구역이 다를 경우 다음의 계수를 곱하여 품을 계상한다.

구분 내용	면	읍	동	
			시	구
계수	1.00	1.10	1.30	1.40

④ 성과작성품

본 품에는 다음의 성과작성품이 포함되어 있다.
- ㉮ 분할측량결과도 및 계산부 1부
- ㉯ 좌표면적계산부 1부
- ㉰ 이동지조서 3부
- ㉱ 지적공부정리파일 1식
- ㉲ 측량결과부(측량성과도 등) 1부

⑤ 기타사항
- ㉮ 분할측량할 토지의 축척은 1:500, 1:1,000로 구분한다.
- ㉯ 본 품은 분할후 2필지를 기준으로 하여 1필지단위로 본 산출품에 의한 측량비용을 적용하고, 1필지 추가 될 때마다 본 품에 의한 측량비를 가산한다.
- ㉰ 인가·허가 면적 등을 도상에서 맞추어 분할선을 현장에 표시하는 경우에는 본 품에 의한 측량비의 40%를 가산 적용한다.
- ㉱ 분할(예정)선을 도상에서 맞추어 현장에 표시하는 지정분할의 경우에는 본 품에 의한 측량비의 30%를 가산 적용한다.
- ㉲ 수치지역에서 도시계획시설(도로, 하천, 공원 등)에 편입된 면적을 현장 측량을 수반하지 않고 계획도면상으로 면적을 측정하여 성과를 작성하는 시설편입지면적측정(수치)의 경우 본 품의 내업품을 적용한다.
- ㉳ 본 품에 사용되는 기계경비 및 재료소모품비는 별도 계상한다.
- ㉴ 작업상 지적측량기준점을 설치할 경우에는 지적측량기준점 설치비를 별도 계상한다.
- ㉵ 도서지역 등의 측량을 위하여 선박 등을 임차할 경우에는 임차료 실비를 별도 계상한다.
- ㉶ 본 품의 외업에 필요한 여비는 공무원여비규정에 의한 국내여행자의 일비를 별도 계상한다.

[계산 예]
① 기준단가
수치지역인 구지역의 1필지의 면적이 7,000㎡인 토지를 2필지로 분할측량 할 경우

| ㉠ 기본계수 : 1.0 | ㉡ 지역구분계수 : 0.40 |
| ㉢ 면적계수 : 0.60 | 합계 : 2.00 = (㉠+㉡+㉢) |

구분	수량 (T)	단가	금액
지 적 기 사	0.65×2.00=1.30	w_1	$W_1=1.30×w_1$
지적산업기사	0.74×2.00=1.48	w_2	$W_2=1.48×w_2$
지 적 기 능 사	0.39×2.00=0.78	w_3	$W_3=0.78×w_3$
계			ΣW

[결정단가] = (ΣW + 직접경비 + 간접측량비) / 2
※ 측량비 산출단가는 직접경비(현장여비 · 기계경비 · 재료소모품비) 및 간접측량비 (제경비 · 기술료)를 별도 계상한다.

9-10 축척변경 측량

9-10-1 축척변경 측량 (도해지역에서 도해지역으로) (2025년 보완)

작업 구분		지적 기사	지적 산업 기사	지적 기능사	비고
자료조사		(0.04)	(0.05)		
측량계획 및 준비		(0.04)	(0.03)		
측량준비도 작성		(0.02)	(0.03)		
현지측량 준비		0.01	0.02	0.01	
현지측량		0.40	0.40	0.40	
성과설명		0.06			( )는 내업임
측량결과도 등 측량성과물 작성		(0.07)	(0.15)		
성과 관련 서류작성			(0.02)		
측량성과 검사요청		(0.03)	(0.04)		
지적측량 성과도교부		(0.02)	(0.02)		
소계	외업	0.47	0.42	0.41	
	내업	(0.22)	(0.34)		
합계		0.69	0.76	0.41	

[주] ① 본 품은 '측량·수로조사 및 지적에 관한 법률' 제2조 제34호 규정에 의하여 지적도에 등록된 경계점의 정밀도를 높이기 위하여 작은 축척을 큰 축척으로 변경하여 등록하기 위해서 도해측량방법으로 실시하는 측량 품이다.

② 면적계수

본 품은 1필지당 토지는 1,500㎡, 임야는 5,000㎡를 기준으로 하였으며, 기준 면적 이하는 기준면적을 적용하고, 기준면적을 초과할 때에는 다음의 계수를 곱 하여 계상한다.

구분 가산횟수	0회	1회	2회이상
계수	1.0	1.3	1.2+(0.10×n)

※ n은 가산횟수로 (대상면적−기준면적) ÷ 기준면적

③ 등록계수

지적공부 등록지(토지, 임야)별로 다음의 계수를 곱하여 계상한다.

내용\구분	토지	임야
계수	1.00	1.20

④ 지역구분계수

본 품은 면지역을 기준으로 하였으며, 행정구역이 다를 경우 다음의 계수를 곱하여 품을 계상한다.

내용\구분	면	읍	동	
			시	구
계수	1.00	1.10	1.30	1.40

⑤ 성과작성품

본 품에는 다음의 성과작성품이 포함되어 있다.
㉮ 축척변경 측량결과도 1부   ㉯ 측량결과부(측량성과도 등) 1부

⑥ 기타사항
- 본 품은 도해측량방법에 의하여 도해지역에서 도해지역으로 축척변경할 경우에 수반되는 측량 품이다.
- 축척변경할 토지의 축척은 1/500, 1/600, 1/1,000, 1/1,200, 1/2,400로 구분한다.
- 본 품에 사용되는 기계경비 및 재료소모품비는 별도 계상한다.
- 본 품의 외업에 필요한 여비는 공무원여비규정에 의한 국내여행자의 일비를 별도 계상한다.
- 작업상 지적측량기준점을 설치할 경우에는 지적측량기준점 설치비를 별도 계상한다.
- 도서지역 등의 측량을 위하여 선박 등을 임차할 경우에는 임차료 실비를 별도 계상한다.

9-10-2 축척변경 측량 (도해지역에서 수치지역으로) (2009 · 2025년 보완)

작업 구분		지적 기사	지적 산업기사	지적 기능사	비고
자료조사		(0.04)	(0.05)		
측량계획 및 준비		(0.04)	(0.02)		
측량준비도 작성		(0.01)	(0.04)		
현지측량 준비		0.01	0.02	0.01	
현지측량		0.44	0.44	0.44	( )는 내업임
성과설명		0.06			
측량결과도 등 측량성과물 작성		(0.06)	(0.15)		
성과 관련 서류작성			(0.02)		
측량성과 검사요청		(0.03)	(0.05)		
지적측량 성과도교부		(0.03)	(0.01)		
소계	외업	0.51	0.46	0.45	
	내업	(0.21)	(0.34)		
합계		0.72	0.80	0.45	

[주] ① 본 품은 '측량·수로조사 및 지적에 관한 법률' 제2조 제34호 규정에 의하여 지적도에 등록된 경계점의 정밀도를 높이기 위하여 작은 축척을 큰축척으로 변경하여 수치로 등록하기 위해서 경위의 측량방법으로 실시하는 측량 품이다.

② 면적계수

본 품은 1필지당 1,500㎡를 기준으로 하였으며, 기준면적 이하는 기준면적을 적용하고, 기준면적을 초과할 때에는 다음의 계수를 곱하여 계상한다.

가산횟수 구분	0회	1회	2회이상
계수	1.0	1.3	1.2+(0.10×n)

※ n은 가산횟수로 (대상면적−기준면적) ÷ 기준면적

③ 지역구분계수

본 품은 면지역을 기준으로 하였으며, 행정구역이 다를 경우 다음의 계수를 곱하여 품을 계상한다.

구분 내용	면	읍	동	
			시	구
계수	1.00	1.10	1.30	1.40

④ 성과작성품

본 품에는 다음의 성과작성품이 포함되어 있다.

㉮ 축척변경 측량결과도 및 계산부   1부
㉯ 측량결과부(측량성과도 등)   1부
㉰ 좌표면적계산부   1부

⑤ 기타사항
- 본 품은 경위의측량방법에 의하여 도해지역에서 수치지역으로 축척변경할 경우에 수반되는 측량 품이다.
- 축척변경할 토지의 축척은 1/500, 1/1,000로 구분한다.
- 본 품에 사용되는 기계경비 및 재료소모품비는 별도 계상한다.
- 작업상 지적측량기준점을 설치할 경우에는 지적측량기준점 설치비를 별도 계상한다.
- 도서지역 등의 측량을 위하여 선박 등을 임차할 경우에는 임차료 실비를 별도 계상한다.
- 본 품의 외업에 필요한 여비는 공무원여비규정에 의한 국내여행자의 일비를 별도 계상한다.

9-11 지적확정 측량

9-11-1 토지구획정리 지적확정측량 (2025년 보완)

작업별	구분	지적 기사	지적 산업 기사	지적 기능사	비고
계획준비		(3.43)	(3.43)		
자료조사			(4.04)		
현장조사		3.41	6.82		
지적전산파일변환			(3.59)		
지구계 준비도	작성		(6.20)		
	확인	(0.92)			
지구계	측량	7.04	14.08	7.04	
	결과도 작성	(6.59)	(6.59)		
가구점	측량	9.36	18.72	9.36	
	계산	(10.88)	(10.88)		
필계점	측량	15.14	30.28	15.14	( )는 내업임
	계산	(10.91)	(10.91)		
중심점계산		(8.41)	(8.41)		
말박기 측량	계산	6.50	13.00	6.50	
	측량	(9.45)	(9.45)		
좌표면적계산		(8.44)	(8.44)		
결과도작성			(6.20)		
성과작성			(16.42)		
조서작성			(11.78)		
납품도서류작성			(20.08)		
점검		(5.02)			
성과설명 및 인계		(2.58)			
소계	외업	41.45	82.90	38.04	
	내업	(66.63)	(126.42)		
합계		108.08	209.32	38.04	

[주] ① 토지구획정리 지적확정측량이라 함은 '측량·수로조사 및 지적에 관한 법률' 제86조 규정에 의한 도시개발사업 및 같은 법 시행령 제83조의 규정에 의한 토지개발사업에 따른 경계점좌표 등록부에 토지의 표시를 새로 등록하기 위하

여 실시하는 세부 측량을 말한다.
② 면적체감계수
 본 품의 기준면적은 1지구 100,000㎡를 기준한 것으로 측량지구면적이 100,000㎡를 초과하는 경우에는 다음의 체감계수를 곱하여 각각 합산한 품으로 하며, 작업과정이 동일한 방법으로 연속되지 않을 경우에는 체감계수를 적용하지 않는다.

구분 내용	10만㎡ 이하	10만㎡초과 ~50만㎡	50만㎡초과 ~100만㎡	100만㎡초과 ~200만㎡	200만㎡초과 ~300만㎡	300만㎡ 초과
계수	1.0	0.9	0.8	0.7	0.6	0.5

③ 성과작성품
 본 품에는 다음의 성과작성품이 포함되어 있다.
  ㉮ 지구계점, 가구계점, 필지경계점 측량부　　　　　각 1부
  ㉯ 지구계점, 가구계점, 필지경계점 좌표계산부　　　각 1부
  ㉰ 지구계점, 가구계점, 필지경계점 좌표면적계산부　각 1부
  ㉱ 지구계점, 가구계점, 필지경계점 거리계산부　　　각 1부
  ㉲ 지구계점 망도　　　　　　　　　　　　　　　　　1부
  ㉳ 확정도 사본　　　　　　　　　　　　　　　　　　1부
  ㉴ 확정 종합도　　　　　　　　　　　　　　　　　　1부
  ㉵ 지구내 종전도　　　　　　　　　　　　　　　　　1부
  ㉶ 신구대조도　　　　　　　　　　　　　　　　　　　1부
  ㉷ 지구계 분할도사　　　　　　　　　　　　　　　　1부
  ㉸ 행정구역 변경도　　　　　　　　　　　　　　　　1부
  ㉹ 국유지 무상양여도　　　　　　　　　　　　　　　1부
  ㉺ 국유지 증여도　　　　　　　　　　　　　　　　　1부
  ㉻ 확정도　　　　　　　　　　　　　　　　　　　　　1부
   ㉠ 확정지적조서　　　　　　　　　　　　　　　　　3부
   ㉡ 행정구역 변경조서　　　　　　　　　　　　　　1부
   ㉢ 국유지 무상양여조서　　　　　　　　　　　　　1부
   ㉣ 국유지 증여지조서　　　　　　　　　　　　　　1부
   ㉤ 지적도 작성　　　　　　　　　　　　　　　　　1부

④ 기타사항
　㉮ 축적은 1/500로 한다. 다만, 측량지역의 규모가 작고 협장하거나 대상지역이 산재하여 1/500의 축척으로 지적도를 비치하는 것이 부적당하다고 인정될 때에는 사전 시·도와 협의하여 인접지의 도면축척으로 시행 할 수 있다.
　㉯ 본 품에 의한 면적계산은 좌표를 면적프로그램에 의하여 컴퓨터로 계산한 품으로 한다.
　㉰ 본 품에 의한 좌표점 전개는 프로그램에 의하여 전개하였다.
　㉱ 본 품에 의한 거리측정 등의 측량기계는 토탈스테이션, 광파측거기, 각 관측 장비로 한다.
　㉲ 본 품에 지적기준점측량이 포함되어 있지 않으므로 지적기준점측량을 실시할 경우에는 지적기준점측량비를 별도 계상한다.
　㉳ 본 품에 의한 지적도 작성은 자동제도기에 의한 것이다.
　㉴ 측량지구면적이 10,000㎡이하인 경우에는 10,000㎡의 품으로 한다.
　㉵ 본 품에는 지구계 분할측량품은 포함되어 있지 않다.
　㉶ 말박기측량을 수반하지 않을 경우 말박기측량 품을 제외한다.
　㉷ 본 품에 사용되는 기계경비 및 재료소모품비는 별도 계상한다.
　㉸ 도서지역 등의 측량을 위하여 선박 등을 임차할 경우에는 임차료 실비를 별도 계상한다.
　㉹ 본 품의 외업에 필요한 여비는 공무원여비규정에 의한 국내여행자의 일비를 별도 계상한다.

[계산 예]
※ 지구의 면적이 500,000㎡인 토지구획정리를 확정측량 할 경우(지적삼각 3점, 지적도근점 200점)

㉠ 기본계수(10㎡만 까지) : 1.0　　㉡ 기본계수:(10㎡ 과 50㎡만까지) : 0.9

㉮ 기본단가 (10만 m²까지)

구분	수량 (T)	단가	금액
지 적 기 사	108.08 × 1.0 = 108.08	w_1	$W_1 = 108.08 \times w_1$
지적산업기사	209.32 × 1.0 = 209.32	w_2	$W_2 = 209.32 \times w_2$
지 적 기 능 사	38.04 × 1.0 = 38.04	w_3	$W_3 = 38.04 \times w_3$
계			ΣW

[결정단가] = (ΣW + 직접경비 + 간접측량비) / 100,000m²

[합 계 ΣW_1] = (단가 × 100,000)

㉯ 체감계수 적용단가 (20만m² 과 50만m² 까지)

구분	수량 (T)	단가	금액
지 적 기 사	108.08 × 0.9 = 97.27	w_1	$W_1 = 97.27 \times w_1$
지적산업기사	209.32 × 0.9 = 188.39	w_2	$W_2 = 188.39 \times w_2$
지 적 기 능 사	38.04 × 0.9 = 34.24	w_3	$W_3 = 34.24 \times w_3$
계			ΣW

[결정단가] = (ΣW + 직접경비 + 간접측량비) / 100,000m²

[합 계 ΣW_2] = (단가 × 400,000)

㉰ 지적삼각 측량비 : ΣW_3

㉱ 지적도근 측량비 : ΣW_4

[총 계] = $\Sigma W_1 + \Sigma W_2 + \Sigma W_3 + \Sigma W_4$

[주] ① 측량비 산출단가는 직접경비(현장여비 · 기계경비 · 재료소모품비) 및 간접측량비(제경비 · 기술료)를 별도 계상한다.

② 기준면적이 100,000m²까지는 1m²당 기본단가를, 100,000m²를 초과하는 면적에 대해서는 체감계수가 적용된 단가로 측량비를 산출하여 전체 합산한다.

9-11-2 경지구획정리 지적확정측량 (2025년 보완)

작업별	구분	지적 기사	지적 산업 기사	지적 기능사	비고
계획준비		(2.63)	(2.63)		
자료조사			(6.82)		
현장조사		2.76	2.76		
지적전산파일변환			(12.02)		
지구계 준비도	작성	(7.84)	(15.68)	(7.84)	
	확인	(1.05)			
지구계	측량	10.29	20.58	10.29	
	결과도 작성	(15.50)	(31.00)	(15.50)	( )는 내업임
필계점	측량	15.38	30.76	15.38	
	계산	(16.73)	(16.73)		
좌표면적계산		(15.77)	(15.77)		
결과도작성		(3.03)	(6.06)	(3.03)	
성과작성		(9.70)	(19.40)	(9.70)	
조서작성			(11.78)	(5.89)	
납품도서류작성		(8.46)	(16.92)	(8.46)	
점검		(5.66)			
성과설명 및 인계		(1.40)			
소계	외업	28.43	54.10	25.67	
	내업	(87.77)	(154.81)	(50.42)	
합계		116.20	208.91	76.09	

[주] ① 경지구획정리 지적확정측량이라 함은 '측량·수로조사 및 지적에 관한 법률' 제86조 규정의 농어촌정비사업 중 '경지정리' 사업에 수반되는 세부측량을 말한다.
② 면적체감계수
측량지구의 면적이 1,000,000㎡를 초과하는 경우에는 다음의 체감계수를 곱하여 각각 합산한 품으로 한다. 단, 작업과정이 동일한 방법으로 연속되지 않을 경우에는 체감계수를 적용하지 않는다.

면적별 내용	100만㎡ 이하	100만㎡초과 ~300만㎡	300만㎡초과 ~500만㎡	500만㎡초과 ~800만㎡	800만㎡초과 ~1,000만㎡	1,000만㎡ 초과
계수	1.0	0.9	0.8	0.7	0.6	0.5

③ 성과작성품

본 품에는 다음의 성과작성품이 포함되어 있다.

㉮ 면적측정부　　　　　　　　1부
㉯ 신구대조도　　　　　　　　1부
㉰ 행정구역 변경도　　　　　　1부
㉱ 국유지 무상 양여 양수도　　1부
㉲ 확정측량 종합도　　　　　　1부
㉳ 종전도　　　　　　　　　　1부
㉴ 일람도　　　　　　　　　　1부
㉵ 확정지적조서　　　　　　　1부

④ 기타사항

㉮ 경지구획정리의 축척은 1:1,000로 하되 필요한 경우에는 미리 시·도지사의 승인을 얻어 6천분의 1까지 작성할 수 있다.

㉯ 본 품에 의한 면적계산은 좌표를 면적프로그램에 의하여 컴퓨터로 계산한 품으로 한다.

㉰ 본 품에 의한 좌표점 전개는 프로그램을 활용하였다.

㉱ 본 품에 의한 거리측정 기계는 토탈스테이션, 광파측거기, 각 관측 장비로 한다.

㉲ 본 품에는 지구계 분할측량품은 포함되어 있지 않다.

㉳ 본 품에 지적기준점측량이 포함되어 있지 않으므로 지적기준점측량을 실시할 경우에는 지적기준점측량비를 별도 계상한다.

㉴ 본 품의 기준면적은 1지구 1,000,000㎡를 기준으로 한 것이며, 측량지구 면적이 30,000㎡ 이하인 경우에는 30,000㎡의 품으로 한다.

㉵ 중심점·가구점, 필계점, 말박기 측량을 필요로 할 경우에는 본 품의 30%의 값을 적용한 품으로 한다.

㉶ 본 품에 사용되는 기계경비 및 재료소모품비는 별도 계상한다.

㉷ 도서지역 등의 측량을 위하여 선박 등을 임차할 경우에는 임차료 실비를 별도 계상한다.

㉸ 본 품의 외업에 필요한 여비는 공무원여비규정에 의한 국내여행자의 일비를 별도 계상한다.

[계산 예]

※ 지구의 면적이 1,700,000㎡인 경지구획정리를 확정측량 할 경우

㉠ 기본계수(100만㎡까지) : 1.0   ㉡ 기본계수(100만㎡ 과 300만㎡까지) : 0.9

㉮ 기본단가(100만 ㎡까지)

구 분	수 량 (T)	단 가	금 액
지 적 기 사	116.20 × 1.0 = 116.20	w_1	$W_1=116.20 \times w_1$
지적산업기사	208.91 × 1.0 = 208.91	w_2	$W_2=208.91 \times w_2$
지 적 기 능 사	76.09 × 1.0 = 76.09	w_3	$W_3=76.09 \times w_3$
계			ΣW

[결정단가] = (ΣW + 직접경비 + 간접측량비) / 1,000,000㎡

[합 계ΣW_1] = (단가 × 1,000,000)

㉯ 체감계수 적용단가(100만㎡ 초과 300만㎡ 까지)

구 분	수 량 (T)	단 가	금 액
지 적 기 사	116.20 × 0.9 = 104.58	w_1	$W_1=104.58 \times w_1$
지적산업기사	208.91 × 0.9 = 188.02	w_2	$W_2=188.02 \times w_2$
지 적 기 능 사	76.09 × 0.9 = 68.48	w_3	$W_3=68.48 \times w_3$
계			ΣW

[결정단가] = (ΣW + 직접경비 + 간접측량비) / 1,000,000㎡

[합 계ΣW_2] = (단가 × 700,000)

㉰ 지적삼각 측량비 : ΣW_3

㉱ 지적도근 측량비 : ΣW_4

[총 계] = $\Sigma W_1 + \Sigma W_2 + \Sigma W_3 + \Sigma W_4$

9-12 예정지적좌표도 작성업무

9-12-1 예정지적좌표도 작성업무 (2025년 보완)

작업별 \ 구분	지적 기사	지적 산업 기사	지적 기능사	비고
계획준비	(0.08)	(0.08)		
준비도작성		(0.10)		
면적측정 및 계산		(0.03)		( )는 내업임
결과도 작성		(0.13)		
결과부 및 조서작성		(0.09)		
성과점검 및 인계		(0.08)		
계	(0.08)	(0.51)		

[주] ① 본 품은 「공간정보의 구축 및 관리 등에 관한 법률」 제86조 규정에 의한 도시개발사업 또는 그 밖에 대통령이 정하는 토지개발사업 등을 위하여 실시하는 토지개발사업지구의 지구계점에 대한 예정지적좌표도 작성업무의 품이며, 예정 지적좌표도 1점을 기준으로 한다.

② 성과작성품

본 품에는 다음의 성과작성품이 포함되어 있다.

㉮ 지구계점 예정지적좌표계산부　　　　　　　　1부
㉯ 좌표면적 및 경계점간 거리계산부　　　　　　1부
㉰ 지구계 예정도(1/500 또는 1/1,000)　　　　　1부
㉱ 지구계 예정종합도　　　　　　　　　　　　　1부

※ 본 품에 없는 성과작성 요구시 별도의 품을 가산한다.

③ 기타사항

㉮ 축척은 1/500 또는 1/1,000로 한다.
㉯ 본 품에 의한 면적계산은 좌표를 면적프로그램에 의하여 컴퓨터로 계산한 품으로 한다.
㉰ 본 품에 의한 좌표점 전개는 프로그램에 의하여 전개하였다.
㉱ 본 품에 의한 결과도 작성은 프로그램에 의한 것이다.
㉲ 본 품에는 택지개발예정지적좌표도 지구계점 측량업무 이외의 품은 포함되어 있지 않다.
㉳ 본 품의 외업에 필요한 여비는 공무원여비규정에 의한 국내여행자의 일비를 별도 계상한다.

9-13 지적재조사 측량

9-13-1 지적재조사측량 (2015년 신설, 2025년 보완)

작업별		일수	인원수								비고
			1일당				합계				
			지적기사	지적산업기사	지적기능사	인부	지적기사	지적산업기사	지적기능사	인부	
자료조사		(0.06)	1				(0.06)				
계획준비	현장답사	0.02	1	1	1		0.02	0.02	0.02		
	사전계획	(0.01)	1	1			(0.01)	(0.01)			
사업지구내외 측량		0.05	1	1	1		0.05	0.05	0.05		
일필지측량		0.16	1	1	1		0.16	0.16	0.16		
면적측정 및 계산		(0.02)	1	1			(0.02)	(0.02)			
토지현황 조사서 작성		(0.02)		1	1			(0.02)	(0.02)		
경계조정협의		0.34	1	1	1		0.34	0.34	0.34		( )는 내업임
확정경계점표지 설치		0.05	1	1	1		0.05	0.05	0.05		
경계확정 측량		0.04	1	1	1		0.04	0.04	0.04		
지적확정(예정) 조서 작성		(0.03)		1	1			(0.03)	(0.03)		
지상경계점 등록부 작성		(0.04)	1	1			(0.04)	(0.04)			
이의신청 처리 및 성과물 작성		(0.05)	1	1	1		(0.05)	(0.05)	(0.05)		
소계	외업	0.66					0.66	0.66	0.66		
	내업	(0.23)					(0.18)	(0.17)	(0.10)		
합계		0.89					0.84	0.83	0.76		

[주] ① 본 품은 「지적재조사에 관한 특별법」에 따라 종이에 구현된 지적을 디지털 지적으로 전환함으로써 국토의 효율적 관리를 위한 지적재조사 사업을 실시하는 경우의 품이다. 다만, 지적재조사 측량·조사의 업무공정비율은 「지적재조사 책임수행기관 운영규정」 제17조에 따른다.

② 지역구분계수

본 품은 군지역을 기준으로 하였으며 행정구역이 다를 경우 다음의 계수를 곱하여 계상한다.

구 분	군지역	시지역	구지역
계수	1.00	1.26	1.36

③ 성과작성품

본 품에는 다음의 성과작성품이 포함되어 있다.

㉮ 좌표면적 및 경계점간 거리계산부	2부
㉯ 일필지경계점간 거리측정부	2부
㉰ 재조사측량 계획도	2부
㉱ 위성(일필지경계점) 측량부	2부
㉲ 네트워크 RTK 위성측량 관측기록부	2부
㉳ 경계점(보조점) 관측 및 좌표 계산부	2부
㉴ 면적 집계표 및 대비표	2부
㉵ 지적확정조서	2부
㉶ 종전 지번별 조서	1부
㉷ 경계점표지 등록부	1부
㉮ 일필지 조사서	1부

④ 기타사항

㉮ 본 품에 사용된 거리측정 기계는 Network-RTK, 토털스테이션, 각 관측장비이다.

㉯ 본 품은 지구당 400필지 ~ 450필지를 기준으로 조사한 것이며, 필지 수가 증·감되어도 본 품을 적용한다.

㉰ 본 품의 외업에 필요한 여비는 공무원여비규정에 의한 국내 여행자의 일부를 별도 계상한다.

㉱ 본 품의 적용계수는 지상측량에 의할 경우로 국한한다. 다만, 드론지적측량규정에 의한 드론측량은 별도의 품에 의한다.

㉲ 도서지역 등의 측량을 위하여 선박 등을 임차할 경우에는 임차료 실비를 별도 계상한다.

㉳ 본 품에 사용되는 기계경비 및 재료소모품비는 별도 계상한다.

㉴ 작업상 드론지적측량 실시할 경우 영상 후처리 사용되는 소프트웨어 비용은 별도 계상한다.

㉵ 작업상 필요한 지적기준점을 설치하는 경우에는 지적기준점측량에 따른 비용을 별도 계상한다.

㉶ 지적기준점 매설작업에 따르는 자재대, 운반비, 인부임은 별도 계상한다.

㉷ 토지소유자 등이 경계점표지를 표석으로 설치를 요청하는 경우 자재대, 운반비, 인부임은 소유자 부담으로 별도 계상한다.

9-14 경계복원측량

9-14-1 경계복원 측량 (도해) (2005년 신설, 2009·2011·2025년 보완)

작업 구분		지적 기사	지적 산업 기사	지적 기능사	비고
자료조사		(0.04)	(0.04)		
측량계획 및 준비		(0.04)	(0.03)		
측량준비도 작성		(0.01)	(0.02)		
현지측량 준비		0.01	0.02	0.01	
현지측량		0.46	0.46	0.46	( )는 내업임
성과설명		0.06			
측량결과도 등 측량성과물 작성		(0.06)	(0.14)		
측량성과 관련서류 작성			(0.02)		
측량성과 검사요청		(0.03)	(0.03)		
지적측량 성과도교부		(0.02)	(0.01)		
소계	외업	0.53	0.48	0.47	
	내업	(0.2)	(0.29)		
합계		0.73	0.77	0.47	

[주] ① 본 품은 도해지역의 필지를 '측량·수로조사 및 지적에 관한 법률' 제2조 제4호의 규정에 의하여 같은 법률 제2조 제25호에서 말하는 '경계점'을 지상에 복원하는 측량 품이다.

② 면적계수

본 품은 1필지당 토지는 300㎡, 임야는 3,000㎡를 기준으로 하였으며, 기준면적 이하는 기준면적을 적용하고, 기준면적을 초과할 때에는 다음의 계수를 곱하여 계상한다.

구분\가산횟수	0회	1회	2회이상
계수	1.0	1.3	1.2+(0.10×n)

※ n은 가산횟수로 (대상면적−기준면적)÷기준면적

③ 등록계수

지적공부 등록지(토지, 임대)별로 다음의 계수를 곱하여 계상한다.

구분 내용	토지	임야
계수	1.00	1.20

④ 지역구분계수

본 품은 면지역을 기준으로 하였으며, 행정구역이 다를 경우 다음의 계수를 곱하여 품을 계상한다.

구분 내용	면	읍	동	
			시	구
계수	1.00	1.10	1.30	1.40

⑤ 성과작성품

본 품에는 다음의 성과작성품이 포함되어 있다.
- ㉮ 경계복원 측량결과도 1부
- ㉯ 측량결과부(측량성과도 등) 1부

⑥ 기타사항
- ㉮ 경계복원 측량할 토지의 축척은 1:600, 1:1,000, 1:1,200, 1:2,400, 1:3,000, 1:6,000로 구분한다.
- ㉯ 본 품에 사용되는 기계경비 및 재료소모품비는 별도 계상한다.
- ㉰ 작업상 지적측량기준점을 설치할 경우에는 지적측량기준점 설치비를 별도 계상한다.
- ㉱ 도서지역 등의 측량을 위하여 선박 등을 임차할 경우에는 임차료 실비를 별도 계상한다.
- ㉲ 본 품의 외업에 필요한 여비는 공무원여비규정에 의한 국내여행자의 일비를 별도 계상한다.
- ㉳ 본 품의 측량결과에 대한 설명을 부가한 감정도 및 감정서 발급을 요청할 경우에는 추가 품을 가산 적용할 수 있다.

[계산 예]

① 기준단가

구지역으로서 1필지의 면적이 1,500m²인 토지를 경계복원 할 경우

㉠ 기본계수 : 1.0	㉡ 등록계수 : 0.00
㉢ 지역구분계수 : 0.40	㉣ 면적계수 : 0.60

합계 : 2.00 = ㉠+㉡+㉢+㉣

구분	수량 (T)	단가	금액
지 적 기 사	0.73×2.00=1.46	w_1	$W_1=1.46×w_1$
지적산업기사	0.77×2.00=1.54	w_2	$W_2=1.54×w_2$
지 적 기 능 사	0.47×2.00=0.94	w_3	$W_3=0.94×w_3$
계			ΣW

[결정단가] = ΣW + 직접경비 + 간접측량비

※ 측량비 산출단가는 직접경비(현장여비 · 기계경비 · 재료소모품비) 및 간접측량비(제경비 · 기술료)를 별도 계상한다.

9-14-2 경계복원 측량 (수치) (2025년 보완)

작업 구분		지적 기사	지적 산업 기사	지적 기능사	비고
자료조사		(0.04)	(0.04)		
측량계획 및 준비		(0.04)	(0.02)		
측량준비도 작성		(0.01)	(0.02)		
현지측량 준비		0.01	0.02	0.01	
현지측량		0.33	0.33	0.33	
성과설명		0.04			( )는 내업임
측량결과도 등 측량성과물 작성		(0.06)	(0.12)		
측량성과 관련서류 작성			(0.02)		
측량성과 검사요청		(0.03)	(0.04)		
지적측량 성과도교부		(0.02)	(0.01)		
소계	외업	0.38	0.35	0.34	
	내업	(0.20)	(0.27)		
합계		0.58	0.62	0.34	

[주] ① 본 품은 수치지역의 토지를 「공간정보의 구축 및 관리 등에 관한 법률」 제2조 제4호의 규정에 의하여 같은 법률 제2조 제25호에서 말하는 '경계점'을 지상에 복원하는 측량 품이다.
② 면적계수
본 품은 1필지당 300㎡를 기준으로 하였으며, 기준면적 이하는 기준면적을 적용하고, 기준면적을 초과할 때에는 다음의 계수를 곱하여 계상한다.

구분\가산횟수	0회	1회	2회이상
계수	1.0	1.3	$1.2+(0.10 \times n)$

※ n은 가산횟수로 (대상면적−기준면적)÷기준면적

③ 지역구분계수
본 품은 면지역을 기준으로 하였으며, 행정구역이 다를 경우 다음의 계수를 곱하여 품을 계상한다.

내용\구분	면	읍	동	
			시	구
계수	1.00	1.10	1.30	1.40

④ 성과작성품
본 품에는 다음의 성과작성품이 포함되어 있다.
㉮ 경계복원 측량결과도 및 계산부   1부
㉯ 측량결과부(측량성과도 등)   1부

⑤ 기타사항
㉮ 경계복원 측량할 토지의 축척은 1:500, 1:1,000로 구분한다.
㉯ 본 품에 사용되는 기계경비 및 재료소모품비는 별도 계상한다.
㉰ 작업상 지적측량기준점을 설치할 경우에는 지적측량기준점 설치비를 별도 계상한다.
㉱ 도서지역 등의 측량을 위하여 선박 등을 임차할 경우에는 임차료 실비를 별도 계상한다.
㉲ 본 품의 외업에 필요한 여비는 공무원여비규정에 의한 국내여행자의 일비

를 별도 계상한다.

㉾ 본 품의 측량결과에 대한 설명을 부가한 감정도 및 감정서 발급을 요청할 경우에는 추가 품을 가산 적용할 수 있다.

[계산 예]

① 기준단가

수치지역인 구지역의 1필지의 면적이 1,500㎡인 토지를 경계복원 할 경우

| ㉠ 기본계수 : 1.00 | ㉡ 등록계수 : 0.00 |
| ㉢ 지역구분계수 : 0.40 | ㉣ 면적계수 : 0.60 |

합계 : 2.00 = ㉠+㉡+㉢+㉣

구 분	수 량(T)	단 가	금 액
지 적 기 사	0.58×2.00=1.16	w_1	$W_1=1.16×w_1$
지적산업기사	0.62×2.00=1.24	w_2	$W_2=1.24×w_2$
지 적 기 능 사	0.34×2.00=0.68	w_3	$W_3=0.68×w_3$
계			ΣW

[결정단가] = ΣW + 직접경비 + 간접측량비

※ 측량비 산출단가는 직접경비(현장여비·기계경비·재료소모품비) 및 간접측량비(제경비·기술료)를 별도 계상한다.

9-15 지적현황 측량

9-15-1 지적현황 측량 (도해) (2025년 보완)

작업 구분		지적 기사	지적 산업 기사	지적 기능사	비고
자료조사		(0.04)	(0.04)		
측량계획 및 준비		(0.04)	(0.03)		
측량준비도 작성		(0.01)	(0.02)		
현지측량 준비		0.01	0.02	0.01	
현지측량		0.41	0.41	0.41	( )는 내업임
성과설명		0.06			
측량결과도 등 측량성과물 작성		(0.06)	(0.14)		
측량성과 관련서류 작성			(0.02)		
측량성과 검사요청		(0.03)	(0.03)		
지적측량 성과도교부		(0.02)	(0.01)		
소계	외업	0.48	0.43	0.42	
	내업	(0.20)	(0.29)		
합계		0.68	0.72	0.42	

[주] ① 본 품은 도해지역에서 '측량·수로조사 및 지적에 관한 법률 시행령' 제18조의 규정에 의한 지상구조물 또는 지형지물이 점유하는 위치현황을 지적도 및 임야도에 등록된 경계와 대비하여 표시하는 데에 필요한 측량 품이다.

② 면적계수

본 품은 1 지당 토지는 1,500㎡, 임야는 5,000㎡를 기준으로 하였으며, 기준면적 이하는 기준면적을 적용하고, 기준면적을 초과할 때에는 다음의 계수를 곱하여 계상한다.

구분 \ 가산횟수	0회	1회	2회이상
계수	1.0	1.3	1.2+(0.10×n)

※ n은 가산횟수로 (대상면적-기준면적) ÷ 기준면적

③ 등록계수

지적공부 등록지(토지, 임야)별로 다음의 계수를 곱하여 계상한다.

내용 \ 구분	토지	임야
계수	1.00	1.20

④ 지역구분계수

본 품은 면지역을 기준으로 하였으며, 행정구역이 다를 경우 다음의 계수를 곱하여 품을 계상한다.

| 내용 \ 구분 | 면 | 읍 | 동 | |
			시	구
계수	1.00	1.10	1.30	1.40

⑤ 성과작성품

본 품에는 다음의 성과작성품이 포함되어 있다.

㉮ 지적현황측량결과도 1부   ㉯ 측량결과부(측량성과도 등) 1부
㉰ 면적계산부 1부

⑥ 기타사항

㉮ 지적현황측량할 토지의 축척은 1:600, 1:1,000, 1:1,200, 1:2,400, 1:3,000, 1:6,000로 구분한다.

㉯ 인가·허가 면적 등을 도상에서 맞추어 분할선을 현장에 표시하는 경우에는 본 품에 의한 측량비의 40%를 가산 적용한다.

㉰ 분할(예정)선을 도상에서 맞추어 현장에 표시하는 지정분할의 경우에는 본 품에 의한 측량비의 30%를 가산 적용한다.

㉱ 본 품의 측량결과에 대한 설명을 부가한 감정도 및 감정서 발급을 요청할 경우에는 추가 품을 가산 적용할 수 있다.

㉲ 본 품에 사용되는 기계경비 및 재료소모품비는 별도 계상한다.

㉳ 작업상 지적측량기준점을 설치할 경우에는 지적측량기준점 설치비를 별도 계상한다.

㉴ 도서지역 등의 측량을 위하여 선박 등을 임차할 경우에는 임차료 실비를 별도 계상한다.

㉮ 본 품의 외업에 필요한 여비는 공무원여비규정에 의한 국내여행자의 일비를 별도 계상한다.

[계산 예]
① 기준단가
구지역으로서 1필지의 면적이 7,000㎡인 토지를 2필지로 현황측량 할 경우

㉠ 기본계수 : 1.0 　㉡ 등록계수 : 0.00
㉢ 지역구분계수 : 0.40 　㉣ 면적계수 : 0.60
합계 : 2.00 = (㉠+㉡+㉢+㉣)

구 분	수 량(T)	단 가	금 액
지 적 기 사	0.68×2.00=1.36	w_1	$W_1=1.36×w_1$
지적산업기사	0.72×2.00=1.44	w_2	$W_2=1.44×w_2$
지 적 기 능 사	0.42×2.00=0.84	w_3	$W_3=0.84×w_3$
계			ΣW

[결정단가] = (ΣW + 직접경비 + 간접측량비) / 2
※ 측량비 산출단가는 직접경비(현장여비 · 기계경비 · 재료소모품비) 및 간접측량비(제경비 · 기술료)를 별도 계상한다.

9-15-2 지적현황 측량 (수치) (2025년 보완)

작업 구분		지적 기사	지적 산업 기사	지적 기능사	비고
자료조사		(0.04)	(0.04)		
측량계획 및 준비		(0.04)	(0.02)		
측량준비도 작성		(0.01)	(0.02)		
현지측량 준비		0.01	0.02	0.01	
현지측량		0.36	0.36	0.36	
성과설명		0.04			( )는 내업임
측량결과도 등 측량성과물 작성		(0.06)	(0.12)		
측량성과 관련서류 작성			(0.02)		
측량성과 검사요청		(0.03)	(0.04)		
지적측량 성과도교부		(0.02)	(0.01)		
소계	외업	0.41	0.38	0.37	
	내업	(0.20)	(0.27)		
합계		0.61	0.65	0.37	

[주] ① 본 품은 수치지역에서 '측량·수로조사 및 지적에 관한 법률 시행령' 제18조의 규정에 의한 지상구조물 또는 지형지물이 점유하는 위치현황을 지적도 또는 임야도에 등록된 경계와 대비하여 표시하는 데에 필요한 측량 품이다.

② 면적계수
  본 품은 1필지당 토지는 1,500㎡를 기준으로 하였으며, 기준면적 이하는 기준면적을 적용하고, 기준면적을 초과할 때에는 다음의 계수를 곱하여 계상한다.

구분 \ 가산횟수	0회	1회	2회이상
계수	1.0	1.3	1.2+(0.10×n)

※ n은 가산횟수로 (대상면적−기준면적)÷기준면적

③ 지역구분계수

본 품은 면지역을 기준으로 하였으며, 행정구역이 다를 경우 다음의 계수를 곱하여 품을 계상한다.

구분 내용	면	읍	동	
			시	구
계수	1.00	1.10	1.30	1.40

④ 성과작성품

본 품에는 다음의 성과작성품이 포함되어 있다.

㉮ 지적현황측량결과도 및 계산부   1부
㉯ 측량결과부(측량성과도 등)   1부
㉰ 좌표면적계산부   1부

⑥ 기타사항

㉮ 지적현황측량할 토지의 축척은 1:500, 1:1,000로 구분한다.
㉯ 인가·허가 면적 등을 도상에서 맞추어 분할선을 현장에 표시하는 경우에는 본 품에 의한 측량비의 40%를 가산 적용한다.
㉰ 분할(예정)선을 도상에서 맞추어 현장에 표시하는 지정분할의 경우에는 본 품에 의한 측량비의 30%를 가산 적용한다.
㉱ 본 품의 측량결과에 대한 설명을 부가한 감정도 및 감정서 발급을 요청할 경우에는 추가 품을 가산 적용할 수 있다.
㉲ 본 품에 사용되는 기계경비 및 재료소모품비는 별도 계상한다.
㉳ 작업상 지적기준점측량과 수준측량을 실시할 경우에는 지적기준점측량 및 수준측량 비용을 별도 계상한다.
㉴ 도서지역 등의 측량을 위하여 선박 등을 임차할 경우에는 임차료 실비를 별도 계상한다.
㉵ 본 품의 외업에 필요한 여비는 공무원여비규정에 의한 국내여행자의 일비를 별도 계상한다.

[계산 예]

① 기준단가

수치지역인 구지역의 1필지의 면적이 7,000m²인 토지를 2필지로 현황측량 할 경우

㉠ 기본계수 : 1.0 ㉢ 지역구분계수 : 0.40
㉡ 등록계수 : 0.00 합계 : 2.00 = (㉠+㉡+㉢)

구분	수량 (T)	단가	금액
지 적 기 사	0.61×2.00=1.22	w_1	$W_1=1.22×w_1$
지적산업기사	0.65×2.00=1.30	w_2	$W_2=1.30×w_2$
지 적 기 능 사	0.37×2.00=0.74	w_3	$W_3=0.74×w_3$
계			ΣW

[결정단가] = (ΣW + 직접경비 + 간접측량비) / 2

※ 측량비 산출단가는 직접경비(현장여비·기계경비·재료소모품비) 및 간접측량비(제경비·기술료)를 별도 계상한다.

9-15-3 지적불부합지조사 측량 (도해)

(2005년 신설, 2009 · 2025년 보완)

작업 구분		지적 기사	지적 산업 기사	지적 기능사	비고
자료조사		(0.04)	(0.05)		
측량계획 및 준비		(0.01)	(0.01)		
지적전산 파일 변환			(0.06)		
측량준비도 작성		(0.01)	(0.01)		
측량준비도 확인		(0.01)			( )는 내업임
실지측량		0.35	0.34	0.34	
측량결과도 등 측량성과물 작성		(0.15)	(0.33)		
측량성과 관련서류 작성		(0.01)	(0.03)		
측량성과 검사요청		(0.03)	(0.04)		
지적측량 성과도 교부		(0.02)	(0.02)		
소계	외업	0.35	0.34	0.34	
	내업	(0.28)	(0.55)		
합계		0.63	0.89	0.34	

[주] ① 면적계수

본 품은 1필지당 토지는 1,500㎡, 임야는 5,000㎡를 기준으로 하였으며, 기준면적 이하는 기준면적을 적용하고, 기준면적을 초과할 때에는 다음의 계수를 곱하여 계상한다.

가산횟수 구분	0회	1회	2회이상
계수	1.0	1.3	1.2+(0.10×n)

※ n은 가산횟수로 (대상면적−기준면적) ÷ 기준면적

② 등록계수

지적공부 등록지(토지, 임야)별로 다음의 계수를 곱하여 계상한다.

구분 내용	토지	임야
계수	1.00	1.20

③ 지역구분계수

본 품은 면지역을 기준으로 하였으며, 행정구역이 다를 경우 다음의 계수를 곱하여 품을 계상한다.

구분 내용	면	읍	동	
			시	구
계수	1.00	1.10	1.30	1.40

④ 성과작성품

본 품에는 다음의 성과작성품이 포함되어 있다.

㉠ 불부합지조사 측량결과도 1부 ㉡ 면적측정부 1부
㉢ 면적조서 3부 ㉣ 측량결과부(측량성과도 등) 1부

⑤ 기타사항

- 본 품은 도해지역의 불부합지조사 측량시 작업한 품이다.
- 측량할 토지의 축척은 1:600, 1:1,000, 1:1,200, 1:2,400, 1:3,000, 1:6,000로 구분한다.
- 작업상 지적측량기준점을 설치할 경우에는 지적측량기준점 설치비를 별도 계상한다.
- 도서지역 등의 측량을 위하여 선박 등을 임차할 경우에는 임차료 실비를 별도 계상한다.
- 본 품에 사용되는 기계경비 및 재료소모품비는 별도 계상한다.
- 본 품의 외업에 필요한 여비는 공무원여비규정에 의한 국내여행자의 일비를 별도 계상한다.

9-16 도시계획선명시 측량

9-16-1 도시계획선명시 측량(도해) (2025년 신설)

작업 구분	지적 기사	지적 산업 기사	지적 기능사	비고
자료조사	(0.04)	(0.04)		
측량계획 및 준비	(0.04)	(0.03)		
측량준비도 작성	(0.01)	(0.02)		
현지측량 준비	0.01	0.02	0.01	
현지측량	0.46	0.46	0.46	( )는 내업임
성과설명	0.06			
측량결과도 등 측량성과물 작성	(0.06)	(0.14)		
측량성과 관련서류 작성		(0.02)		
측량성과 검사요청	(0.03)	(0.03)		
지적측량 성과도교부	(0.02)	(0.01)		
소계 외업	0.53	0.48	0.47	
소계 내업	(0.20)	(0.29)		
합계	0.73	0.77	0.47	

[주] ① 본 품은 도해지역의 필지를 「공간정보의 구축 및 관리 등에 관한 법률」제2조 제4호의 규정에 의하여 같은 법률 제2조 제25호에서 말하는 "경계점"을 지상에 복원하는 측량 품이다.

② 면적계수
본 품은 1필지당 토지는 300㎡, 임야는 3,000㎡를 기준으로 하였으며, 기준면적 이하는 기준면적을 적용하고, 기준면적을 초과할 때에는 다음의 계수를 곱하여 계상한다.

구분 \ 가산횟수	0회	1회	2회이상
계수	1.0	1.3	1.2+(0.10×n)

※ n은 가산횟수로 (대상면적-기준면적) ÷ 기준면적

③ 등록계수

지적공부 등록지(토지, 임야) 별로 다음의 계수를 곱하여 계상한다.

구분 내용	토지	임야
계수	1.00	1.20

④ 지역구분계수

본 품은 면지역을 기준으로 하였으며, 행정구역이 다를 경우 다음의 계수를 곱하여 품을 계상한다.

| 구분
내용 | 면 | 읍 | 동 ||
			시	구
계수	1.00	1.10	1.30	1.40

⑤ 성과작성품

본 품에는 다음의 성과작성품이 포함되어 있다.
㉮ 경계복원 측량결과도 1부
㉯ 측량결과부(측량성과도 등) 1부

⑥ 기타사항
㉮ 경계복원 측량할 토지의 축척은 1/600, 1/1000, 1/1200, 1/2400, 1/3000, 1/6000으로 구분한다.
㉯ 도해지역에서 「국토의 계획 및 이용에 관한 법률」제30조제6항 및 같은 법 제32조제4항의 도시관리계획선을 지상에 복원하기 위하여 실시하는 측량의 경우 본 품을 적용한다.
㉰ 본 품에 사용되는 기계경비 및 재료소모품비는 별도 계상한다.
㉱ 작업상 지적측량기준점을 설치할 경우에는 지적측량기준점 설치비를 별도 계상한다.
㉲ 도서지역 등의 측량을 위하여 선박 등을 임차할 경우에는 임차료 실비를 별도 계상한다.
㉳ 본 품의 외업에 필요한 여비는 공무원여비규정에 의한 국내여행자의 일비를 별도 계상한다.

㈏ 본 품의 측량결과에 대한 설명을 부가한 감정도 및 감정서 발급을 요청할 경우에는 추가 품을 가산 적용할 수 있다.

[계산 예]
① 기준단가
구지역으로서 1필지의 면적이 1,500㎡인 토지를 경계복원 할 경우

- ㉠ 기본계수 : 1.0
- ㉡ 등록계수 : 0.00
- ㉢ 지역구분계수 : 0.40
- ㉣ 면적계수 : 0.60
- 합계 : 2.00 = (㉠+㉡+㉢+㉣)

구분	수량 (T)	단가	금액
지 적 기 사	0.73×2.00=1.46	w_1	$W_1=1.46×w_1$
지적산업기사	0.77×2.00=1.54	w_2	$W_2=1.54×w_2$
지 적 기 능 사	0.47×2.00=0.94	w_3	$W_3=0.94×w_3$
계			ΣW

[결정단가] = ΣW + 직접경비 + 간접측량비
※ 측량비 산출단가는 직접경비(현장여비 · 기계경비 · 재료소모품비) 및 간접측량비(제경비 · 기술료)를 별도 계상한다.

9-16-2 도시계획선명시 측량(수치) (2025년 신설)

작업 구분		지적 기사	지적 산업 기사	지적 기능사	비고
자료조사		(0.04)	(0.04)		
측량계획 및 준비		(0.04)	(0.02)		
측량준비도 작성		(0.01)	(0.02)		
현지측량 준비		0.01	0.02	0.01	
현지측량		0.33	0.33	0.33	( )는 내업임
성과설명		0.04			
측량결과도 등 측량성과물 작성		(0.06)	(0.12)		
측량성과 관련서류 작성			(0.02)		
측량성과 검사요청		(0.03)	(0.04)		
지적측량 성과도교부		(0.02)	(0.01)		
소계	외업	0.38	0.35	0.34	
	내업	(0.20)	(0.27)		
합계		0.58	0.62	0.34	

[주] ① 본 품은 수치지역의 토지를 「공간정보의 구축 및 관리 등에 관한 법률」제 2조 제4호의 규정에 의하여 같은 법률 제2조 제25호에서 말하는 "경계점"을 지상에 복원하는 측량 품이다.

② 면적계수

본 품은 1필지당 300㎡를 기준으로 하였으며, 기준면적 이하는 기준면적을 적용하고, 기준면적을 초과할 때에는 다음의 계수를 곱하여 계상한다.

가산횟수 구분	0회	1회	2회이상
계수	1.0	1.3	1.2+(0.10×n)

※ n은 가산횟수로 (대상면적-기준면적) ÷ 기준면적

③ 지역구분계수

본 품은 면지역을 기준으로 하였으며, 행정구역이 다를 경우 다음의 계수를 곱하여 품을 계상한다.

구분 내용	면	읍	동	
			시	구
계수	1.00	1.10	1.30	1.40

④ 성과작성품

본 품에는 다음의 성과작성품이 포함되어 있다.

㉮ 경계복원 측량결과도 및 계산부 1부

㉯ 측량결과부(측량성과도 등) 1부

⑤ 기타사항

㉮ 경계복원 측량할 토지의 축척은 1/500, 1/1000로 구분한다.

㉯ 수치지역에서 「국토의 계획 및 이용에 관한 법률」제30조제6항 및 같은 법 제32조제4항의 도시관리계획선을 지상에 복원하기 위하여 실시하는 측량의 경우 본 품을 적용한다.

㉰ 본 품에 사용되는 기계경비 및 재료소모품비는 별도 계상한다.

㉱ 작업상 지적측량기준점을 설치할 경우에는 지적측량기준점 설치비를 별도 계상한다.

㉲ 도서지역 등의 측량을 위하여 선박 등을 임차할 경우에는 임차료 실비를 별도 계상한다.

㉳ 본 품의 외업에 필요한 여비는 공무원여비규정에 의한 국내여행자의 일비를 별도 계상한다.

㉴ 본 품의 측량결과에 대한 설명을 부가한 감정도 및 감정서 발급을 요청할 경우에는 추가 품을 가산 적용할 수 있다.

[계산 예]

① 기준단가

수치지역인 구지역의 1필지의 면적이 1,500㎡인 토지를 경계복원 할 경우

㉠ 기본계수 : 1.0	㉡ 등록계수 : 0.00
㉢ 지역구분계수 : 0.40	㉣ 면적계수 : 0.60
합계 : 2.00 = (㉠+㉡+㉢+㉣)	

구분	수량 (T)	단가	금액
지 적 기 사	$0.58 \times 2.00 = 1.16$	w_1	$W_1 = 1.16 \times w_1$
지적산업기사	$0.62 \times 2.00 = 1.24$	w_2	$W_2 = 1.24 \times w_2$
지 적 기 능 사	$0.34 \times 2.00 = 0.68$	w_3	$W_3 = 0.68 \times w_3$
계			ΣW

[결정단가] = ΣW + 직접경비 + 간접측량비

※ 측량비 산출단가는 직접경비(현장여비 · 기계경비 · 재료소모품비) 및 간접측량비(제경비 · 기술료)를 별도 계상한다.

9-17 도면작성 및 조서작성

9-17-1 자동제도 (좌표독취) (2005년 신설, 2009년 보완)

구분 작업별	일수	인원수								비고
		1일당				합계				
		지적 기사	지적 산업 기사	지적 기능 사	인부	지적 기사	지적 산업 기사	지적 기능 사	인부	
자 료 조 사	(0.04)		1			(0.04)				
계 획 준 비	(0.03)	1	1			(0.03)	(0.03)			
좌 표 독 취	(0.37)		1				(0.37)			
도면작성편집	(0.15)		1				(0.15)			( )는 내업임
대 조 수 정	(0.09)	1				(0.09)				
성 과 작 성	(0.06)		1				(0.06)			
점 검	(0.07)	1				(0.07)				
성 과 인 계	(0.02)	1				(0.02)				
합계	(0.83)					(0.21)	(0.65)			

[주] ① 등록계수

지적공부 등록지(토지, 임야)별로 다음의 계수를 곱하여 계상한다

구분 내용	토지	임야
계수	1.00	1.28

② 성과품
 • 자동제도기에 의하여 작성된 도면　　　1부
③ 기타사항
 • 본 품은 좌표를 독취하여 자동제도기에 의해 도면작성한 것이다.
 • 본 품은 지적도 크기의 1매를 기준으로 한 것이다.
 • 본 품에 사용되는 기계경비 및 재료소모품비는 별도 계상한다.
 • 특수한 용지를 사용할 때에는 실정에 따라 재료비를 별도 계상한다.
 • 기준규격의 1/2 이하의 도면작성시에는 본 품에 의한 도면작성수수료의 50%의 값을 적용한다.

9-17-2 자동제도 (좌표입력) (2009년 보완)

구분 작업별	일수	인원수 1일당 지적기사	인원수 1일당 지적산업기사	인원수 1일당 지적기능사	인원수 1일당 인부	인원수 합계 지적기사	인원수 합계 지적산업기사	인원수 합계 지적기능사	인원수 합계 인부	비고
자료조사	(0.05)		1				(0.05)			
계획준비	(0.03)	1	1			(0.03)	(0.03)			
좌표입력	(0.31)		1				(0.31)			
도면작성	(0.19)		1				(0.19)			
대조수정	(0.07)	1				(0.07)				( )는 내업임
성과작성	(0.05)		1				(0.05)			
점검	(0.03)	1				(0.03)				
성과인계	(0.01)	1				(0.01)				
합계	(0.74)					(0.14)	(0.63)			

[주] ① 등록계수

지적공부 등록지(토지, 임야)별로 다음의 계수를 곱하여 계상한다.

구분 내용	토지	임야
계수	1.00	1.28

② 성과품
- 자동제도기에 의하여 작성된 도면   1부

③ 기타사항
- 본 품은 좌표를 컴퓨터에 입력하여 자동제도기에 의해 도면작성한 것이다.
- 본 품은 지적도 크기의 1매를 기준으로 한 것이다.
- 본 품에 사용되는 기계경비 및 재료소모품비는 별도 계상한다.
- 특수한 용지를 사용할 때에는 실정에 따라 재료비를 별도 계상한다.
- 기준규격의 1/2 이하의 도면작성시 본 품에 의한 도면작성 수수료의 50%의 값을 적용한다.

9-17-3 자동제도 (파일제공) (2005년 신설, 2009년 보완)

구분 작업별	일수	인원수 1일당				인원수 합계				비고
		지적기사	지적산업기사	지적기능사	인부	지적기사	지적산업기사	지적기능사	인부	
자 료 조 사	(0.05)		1			(0.05)				
계 획 준 비	(0.04)	1	1			(0.04)	(0.04)			
데이터편집	(0.09)		1				(0.09)			
도 면 작 성	(0.06)		1				(0.06)			
대 조 수 정	(0.08)	1				(0.08)				( )는 내업임
성 과 작 성	(0.07)		1				(0.07)			
점 검	(0.03)	1				(0.03)				
성 과 인 계	(0.03)		1				(0.03)			
합계	(0.45)					(0.15)	(0.34)			

[주] ① 등록계수

지적공부 등록지(토지, 임야)별로 다음의 계수를 곱하여 계상한다.

구분 내용	토지	임야
계수	1.00	1.28

② 성과품
- 자동제도기에 의하여 작성된 도면   1부

③ 기타사항
- 본 품은 좌표파일을 제공받아 자동제도기에 의해 도면작성한 것이다.
- 본 품은 지적도 크기의 1매를 기준으로 한 것이다.
- 본 품에 사용되는 기계경비 및 재료소모품비는 별도 계상한다.
- 특수한 용지를 사용할 때에는 실정에 따라 재료비를 별도 계상한다.
- 기존규격의 1/2 이하의 도면작성시 본 품에 의한 도면작성수수료의 50%의 값을 적용한다.

9-17-4 도면 작성

작업별 \ 구분	일수	인원수								비고
		1일당				합계				
		지적기사	지적산업기사	지적기능사	인부	지적기사	지적산업기사	지적기능사	인부	
지적전산파일변환	(0.25)		1			(0.25)				( )는 내업임
제　　　　도	(0.34)		1			(0.34)				
대　조　수　정	(0.03)		1			(0.03)				
성　과　작　성	(0.13)		1			(0.13)				
점　　　　검	(0.02)		1			(0.02)				
성　과　인　계	(0.01)		1			(0.01)				
합　계	(0.78)					(0.78)				

[주] ① 등록계수

　　지적공부 등록지(토지, 임야)별로 다음의 계수를 곱하여 계상한다.

내용 \ 구분	토지	임야
계수	1.00	1.28

② 성과품

　　본 품에는 다음의 성과작성품이 포함되어 있다.
　　• 지적도면 사본 1부

③ 기타사항

　　• 본 품은 지적도 크기의 1장을 기준한 것이다.
　　• 본 품에 사용되는 기계경비 및 재료소모품비는 별도 계상한다.
　　• 특수한 용지를 사용할 때에는 실정에 따라 재료비를 별도 계상한다.
　　• 기존규격의 1/2 이하의 도면작성시에는 본 품에 의한 도면작성 수수료의 50%의 값을 적용한다.

9-17-5 조서작성 (2005년 신설, 2009·2025년 보완)

구분 작업별	일수	인원수								비고
		1일당				합계				
		지적 기사	지적 산업 기사	지적 기능 사	인부	지적 기사	지적 산업 기사	지적 기능 사	인부	
자 료 조 사	(0.01)		1			(0.01)				
조 서 작 성	(0.01)		1			(0.01)				( )는 내업임
점 검	(0.01)		1			(0.01)				
성 과 인 계	(0.01)		1			(0.01)				
합계	(0.04)					(0.04)				

[주] ① 성과품

본 품에는 다음의 성과작성품이 포함되어 있다.
- 면적조서   1부

② 기타사항
- 본 품은 일단의 토지개발사업지구, 도로편입지, 하천편입지 등에 대한 전필별 조서작성에 따른 작업 품이다.
- 본 품에 사용되는 기계경비 및 재료소모품비는 별도 계상한다.
- 조서용지는 A4횡 사이즈 10횡(또는 줄)을 기준 서식으로 한다.

제3편
건축부문

제1장   / 철골공사
제2장   / 조적공사
제3장   / 타일공사
제4장   / 목공사
제5장   / 수장공사
제6장   / 방수공사
제7장   / 지붕 및 홈통공사
제8장   / 금속공사
제9장   / 미장공사
제10장 / 창호 및 유리공사
제11장 / 칠공사

제 1 장 철 골 공 사

1-1 철골 가공 조립 (공장생산)

1-1-1 기본철골공수 (2008년 · 2013년 보완)

강재총사용량(t)	60 미만	60 이상	100 이상	300 이상	1,000 이상	2,000 이상
기본철골공수 (인·일/t)	2.48	2.31	2.20	1.97	1.75	1.63
비고	\- 전용접부재(Built up) 제작을 기준으로 한 공수로써 H형강부재(Rolled shape) 제작의 경우는 기본 철골공수×0.71로 산정한다.					

[주] ① 기본철골공수에는 비계 및 보조공이 포함되었다.
② 공장제작에 따른 제경비는 기본철골공수의 60%이며, 기본철골공수에 포함되지 않았다.
③ 산재보험료·기타경비·간접노무비·일반관리비·이윤 등은 공장제작에 따른 제경비에 포함되지 않았다.
④ 용접품은 별도 계상한다.

1-1-2 철골공수 산정방법 (2023년 보완)

철골공수=기본철골공수×작업난이도

〈작업난이도〉

구조공별	조립공장, 창고 등으로 가공부재종류가 적은 구조	사무청사 등 표준라멘구조	기타 가공부재 종류가 많은 구조
난이도	0.8~0.95	1.0	1.05~1.2

〈소요 부자재량〉

(ton 당)

재 료	단위	전용접부재	H형강부재
산 소	m³	7.0	3.5
L . P . G	kg	2.8	1.4
서비스볼트	본	2.0	1.0
보 조 강 재	kg	6.0	2.0

※ 철골 제작에서 용접을 제외한 철골가공 조립과정에서 소요되는 부자재량이며, 현장 철골 세우기는 별도 계상함.
※ 서비스 볼트는 일반 볼트이며 규격은 설계에 따라 계상함.

1-1-3 기본용접공수 (2008년 · 2013년 보완)

환산용접길이 (m/t)	20 미만	20 이상	30 이상	40 이상	50 이상	60 이상	70 이상	80 이상	90 이상	100 이상
기본용접공수 (인 · 일/t)	0.22	0.37	0.51	0.63	0.73	0.85	0.95	1.05	1.15	1.24
환산용접길이 (m/t)	110 이상	120 이상	130 이상	140 이상	150 이상	160 이상	170 이상	180 이상	190 이상	200 이상
기본용접공수 (인 · 일/t)	1.34	1.43	1.51	1.60	1.69	1.77	1.85	1.93	2.02	2.09
비고	- 전용접부재(Built up) 제작을 기준으로 한 공수로써 H형강부재(Rolled shape) 제작의 경우는 기본 철골공수×0.73으로 산정한다.									

[주] ① 1ton당 필릿 용접 각장 6mm 환산수량이다.
② 공장제작에 따른 제경비는 기본용접공수의 60%이며, 기본용접공수에 포함되지 않는다.
③ 산재보험료 · 기타경비 · 간접노무비 · 일반관리비 · 이윤 등은 공장제작에 따른 제경비에 포함되지 않았다.
④ 환산용접길이는 '용접길이×환산계수'로 산출한다.
⑤ 특수 구조물의 경우, 세부적인 용접과 절단작업에 대하여, 기계설비부문 플랜트용접공사의 세부 항목을 참조할 수 있다.

⟨필릿용접시의 환산계수⟩

판두께(mm)	5	6	7	8	9	10	11	12
환산계수	0.55	0.68	0.81	0.94	1.06	1.17	1.29	1.40
판두께(mm)	13	14	15	16	17	18	19	20
환산계수	1.50	1.60	1.70	1.79	1.87	2.0	2.04	2.11

⟨V, K, X용접시의 환산계수⟩

판두께(mm)	6	7	8	9	10	11	12	13	14	15
환산계수	2.86	2.94	3.03	3.12	3.22	3.32	3.43	3.54	3.66	3.78
판두께(mm)	16	18	20	22	24	26	28	30	32	34
환산계수	3.90	4.17	4.45	4.75	5.07	5.41	5.77	6.14	6.53	6.95
판두께(mm)	35	40	45	50	55	60	65	70	75	80
환산계수	7.16	8.29	9.54	10.90	12.58	13.97	15.68	17.50	19.44	21.49

1-1-4 용접공수 산정방법

※ 용접공수=기본용접공수×강재총사용량에 의한 보정계수

⟨강재 총사용량에 의한 보정계수⟩

강재총사용량(t)	30 미만	30 이상	60 이상	100 이상	200 이상	300 이상	400 이상	500 이상	600 이상	700 이상	800 이상	900 이상	1,000 이상	1,500 이상	2,000 이상
보정계수	1.36	1.31	1.22	1.16	1.08	1.04	1.01	0.99	0.97	0.96	0.94	0.93	0.92	0.89	0.86

⟨소요 용접재료량⟩

(m 당)

재 료	단위	수용접	반자동용접	자동용접
용 접 공	kg	0.42	−	−
CO_2 와이어	kg	−	0.23	−
탄 소 가 스	kg	−	0.12	−
잠호용접와이어	kg	−	−	0.21
F L U X	kg	−	−	0.21

※ Fillet 용접 6mm 환산수량으로 반자동용접을 표준으로 함.

1-2 철골 세우기

1-2-1 현장 세우기 (2008 · 2018년 보완)

(ton 당)

구 분	규격	단위	6층 미만	20층 미만	30층 미만	40층 미만	40층 이상
철 골 공		인	0.33	0.44	0.52	0.59	0.65
비 계 공		인	0.14	0.18	0.22	0.24	0.27
특 별 인 부		인	0.07	0.09	0.11	0.12	0.14

[주] ① 본 품은 가공이 완료된 상태의 철골을 현장에 설치하는 기준이다.
② 본 품은 철골 세우기, 가조임 및 변형잡기를 포함한다.
③ 타워크레인의 가설 · 이동 · 해체에 소요되는 품은 별도 계상한다.
④ 자재의 진출입이 어렵고, 작업공간이 협소한 현장(도심지 등)에서는 본 품의 20%를 할증하여 적용할 수 있다.
⑤ 재료량은 다음을 참고하여 적용한다.

(ton 당)

구 분	규 격	단 위	수 량	비 고
보통볼트	가조임	본	20.0	손율 4%

⑥ 현장세우기 보정
※ 현장조립비=표준단가×K1(보정계수 K1=a×b×c×d)
   a. ㎡ 당 강재사용량에 따른 보정치 ············〈표 · a-1〉〈표 · a-2〉
   b. 강재 총사용량에 따른 보정치 ···········〈표 · b-1〉〈표 · b-2〉
   c. 건물 높이에 따른 보정치 ····················〈표 · c〉
   d. 스판 평균면적(割面積)에 따른 보정치 ······〈표 · d〉
※ 발전소, 공항터미널 등과 같은 특수구조물과 50층 이상(또는 150m 이상)의 초고층건물 현장세우기는 별도 계상할 수 있다.

〈표 a-1〉 m² 당 강재 사용에 따른 보정치(6층 미만인 경우)

(1m² 당)

강재사용량 (kg)	50 미만	50이상 55미만	55이상 60미만	60이상 65미만	65이상 70미만	70이상 80미만
보정치(a)	1.3	1.26	1.22	1.18	1.14	1.1

강재사용량 (kg)	80이상 90미만	90이상 110미만	110이상 130미만	130이상 150미만	150이상 190미만	190이상 250미만
보정치(a)	1.05	1.0	0.95	0.89	0.84	0.77

〈표 a-2〉 m² 당 강재 사용에 따른 보정치(6층 이상인 경우)

$a = 1 + (60 - N) \times 0.003$, N: m²당 강재 사용량(kg/m²)

N(kg)	40	50	60	70	80	90	100	110	120	130
보정치(a)	1.06	1.03	1.00	0.97	0.94	0.91	0.88	0.85	0.82	0.79

〈표 b-1〉 강재 총사용량에 따른 보정치(6층 미만인 경우)

강재 총사용량 (ton)	10미만	10이상 15미만	15이상 20미만	20이상 30미만	30이상 50미만	50이상 80미만
보정치(b)	1.34	1.3	1.26	1.22	1.18	1.14

강재 총사용량 (ton)	80이상 150미만	150이상 250미만	250이상 500미만	500이상 1,000미만	1,000 이상
보정치(b)	1.1	1.05	1.0	0.95	0.89

〈표 b-2〉 강재 총사용량에 따른 보정치(6층 이상인 경우)

100ton 이하 $b = 1.12 + 7/T$, 100ton 이상 $b = 0.97 + 15/T$

T : 가공 총톤수(ton)

T(ton)	40이하	50	60	70	80	90	100	200	300	400
보정치(b)	1.3	1.26	1.24	1.22	1.21	1.20	1.19	1.045	1.02	1.008

T(ton)	500	600	700	800	900	1,000	1,100	1,200	1,300	1,400
보정치(b)	1.00	0.995	0.991	0.989	0.987	0.985	0.984	0.983	0.982	0.981

⟨표 c⟩ 건물높이에 따른 보정치(6층 이상인 경우)
   c=1+(0.5H-10)×0.003, H : 건물높이

건물높이(H)	50m	45	40	35	30	25	20	15	10	5
보정치(c)	1.045	1.038	1.030	1.023	1.015	1.008	1.000	0.993	0.985	0.978

⟨표 d⟩ 스판 평균면적에 따른 보정치(6층 이상인 경우)
   d=33/S+0.33, S : 스판 평균면적(m^2)

스판평균면적(S)	20m^2 (16-25)	30 (26-35)	40 (36-45)	50 (46-55)	60 (56-65)	70 (66-75)	80 (76-85)
보정치(d)	1.98	1.43	1.16	0.99	0.88	0.80	0.74

※ 본 표는 간사이(Span)가 10m 이하인 경우임

1-2-2 탑다운공법 지하 현장 세우기 (2023년 신설)

(ton당)

구 분	규격	단위	지하4층 미만	지하7층 미만	지하10층 미만	지하10층 이상
철골공		인	0.812	0.878	0.927	0.976
용접공		인	0.382	0.344	0.306	0.268
특별인부		인	0.171	0.208	0.242	0.276

[주] ① 본 품은 탑다운 공법에 의해 설치되는 1층 바닥 스판을 포함하여 지하층 바닥 스판에 가공이 완료된 상태의 철골을 현장에서 설치하는 기준이다.
② 지하 현장 세우기는 철골 가공 조립(공장 생산)이 완료된 상태로 지하에 철골 자재 반입이 완료된 것을 조립 설치하는 기준으로 지상에서 지하로 자재를 반입하는 작업은 제외되어 있다.
③ 본 품은 철골 세우기, 가조임 및 변형잡기, 고장력 볼트 본조임, 현장용접을 포함한다.
④ 공구손료 및 경장비(전기드릴, 용접기 등)의 기계경비는 인력품의 2%로 계상한다.
⑤ 재료량은 설계수량을 적용한다.

1-2-3 철골세우기 장비의 작업능력 (2018 · 2023년 보완)

철골세우기중기	철골건물의 종류	1일 처리능력(ton)
크레인 (무한궤도/타이어)	창고소규모건물, 공장대규모건물, 트러스, 거더류	15
	기둥, 크레인거더	25
	기타	8
타워크레인 트럭탑재형 크레인	고층건물	15
	소규모건물	10
굴착기	탑다운공법 지하 거더류	12

[주] ① 부재의 단위중량에 대한 작업량 및 작업여건에 따라 처리능력을 별도로 결정할 수 있다.
② 철골세우기 장비의 손료산정기준에 적용한다.
③ 장비규격은 작업여건(작업범위, 위치 등)에 따라 변경할 수 있다.

1-2-4 고장력 볼트 본조임 (2008 · 2018 · 2023년 보완)

(강재 ton당)

구 분	단위	30본/t 미만	50본/t 미만	70본/t 미만	90본/t 미만	110본/t 미만	110본/t 이상
철 골 공	인	0.43	0.52	0.59	0.66	0.72	0.74
특 별 인 부	인	0.12	0.14	0.16	0.18	0.20	0.20

[주] ① 본 품은 철골세우기 완료 후 볼트 조임을 완료하는 작업 기준이다.
② 본 품은 고장력 볼트(육각볼트, 토크-전단형볼트)의 본조임 및 조임검사가 포함된 것이다.
③ 공구손료 및 경장비(전기드릴 등)의 기계경비는 인력품의 3%로 계상한다.

④ 본 품은 철골설계수량 300ton미만을 표준으로 한 것이며 300ton이상인 고장력 볼트 본조임은 다음의 보정치를 적용한다.

※ 볼트본조임비=표준단가×K

보정계수 K=a(고장력 볼트조임 보정계수)

〈고장력 볼트조임 보정계수표(a)〉

강재 총사용량 \ 1ton당 볼트 본수	50본 미만	50본 이상	90본 이상
300t 이상 ~ 500t 미만	0.91	0.92	0.93
500t 이상 ~ 1,000t 미만	0.87	0.88	0.89
1,000t 이상	0.84	0.85	0.86

1-2-5 현장용접 (2018 · 2023년 보완)

(각장 6mm 환산용접 길이 1m 당)

구 분	단위	수량
용 접 공	인	0.04

[주] ① 본 품은 철골부재를 CO_2 용접으로 반자동 용접하는 기준이다.
② 본 품은 용접 준비, 용접 및 정리작업이 포함된 것이다.
③ 공구손료 및 경장비(용접기 등)의 기계경비는 인력품의 4%로 계상한다.
④ 별도의 방풍설비가 필요한 경우 별도로 계상한다.
⑤ 재료량은 다음을 참고하여 적용한다.

(각장 6mm 환산용접 길이 1m 당)

구 분	단위	수량
CO_2 와이어	kg	0.28
탄 산 가 스	kg	0.14

1-2-6 앵커 볼트 설치 (2018년 보완)

(개당)

구 분	단위	수 량					
		ø16이하	ø20이하	ø24이하	ø28이하	ø32이하	ø40이하
철 골 공	인	0.05	0.08	0.12	0.16	0.20	0.23
특별인부	인	0.02	0.03	0.05	0.06	0.07	0.09

[주] ① 본 품은 철골세우기를 위해 앵커볼트 설치를 기준한 것이다.
② 본 품은 설치위치 확인, 앵커볼트 및 틀 설치가 포함된 것이다.
③ 별도의 철제틀이 필요한 경우에는 철물 제작품을 적용한다.
④ 일반철골공사에 적용하고 기계설치에는 적용하지 않는다.
⑤ 공구손료 및 경장비(용접기 등)의 기계경비는 인력품의 2%로 계상한다.
⑥ 콘크리트 독립주 위에서나 기타 비계가 양호치 못한 장소에서는 본 품의 20%까지 가산한다.

1-2-7 철골세우기용 장비의 가설 및 해체이동 (2008년 보완)

(대당)

기 종	공종별	비계공(인)
타워크레인	가 설	42.0
	해 체 정 비	42.0
	수직이동(1회당)	6.0

[주] ① 타워크레인 규격은 8ton(권상능력)×50m(작업반경)이고 가설높이는 32.5m일 때의 기준이다.
② 타워크레인의 가설 이동 해체의 장비와 자재운반(부속자재 포함) 기계경비는 별도 계상한다.
③ 타워크레인의 기초설치 및 철거에 소요되는 재료 및 품은 별도 계상한다.
④ 타워크레인의 가설 이동 해체에 소요되는 공구손료는 인력품에 3%로 계상한다.

⑤ 본 품의 타워크레인은 건물 외부 고정식일 경우이며 브레이싱 설치 해체에 대한 재료 및 품은 별도 계상한다.
⑥ 본 품의 타워크레인의 가설·해체 정비, 수직 이동품은 특수 비계공이며 이외의 필요한 품(전공 등)은 별도 계상한다.
⑦ 타워크레인의 가설 이동 해체 소요일수 표준은 다음과 같다.

구 분	소요일수	비고
가 설	5~8일	
정 비	100ton시마다 1일	
수 직 이 동	1일	
해 체	4~7일	

1-3 데크플레이트

1-3-1 데크플레이트 가스 절단 (2018년 보완)

(절단길이 10m 당)

구 분	단위	수 량	
		판두께 1.6mm	판두께 2.3mm
용 접 공	인	0.17	0.23

[주] ① 본 품에는 공구손료가 포함되어 있다.
② 재료량은 다음을 참고하여 적용한다

(절단길이 10m 당)

규 격	산소(m³)	아세틸렌(kg)	L.P.G(kg)
판두께 1.6mm	0.37	0.15	0.12
판두께 2.3mm	0.42	0.16	0.14

※ 아세틸렌(산소포함) 또는 L.P.G 중 한가지만 선택 사용한다.
※ 산소량은 대기압상태의 기준량이며, 압축산소는 35℃에서 150기압으로 압축용기에 넣어 사용하는 것을 기준으로 한다.

1-3-2 데크플레이트 플라즈마 절단 (2018년 신설)

(절단길이 10m 당)

구 분	단위	수량
철 골 공	인	0.05
특 별 인 부	〃	0.02

[주] ① 본 품은 플라즈마 절단기를 사용하여 데크플레이트를 절단하는 기준으로 일반 데크플레이트와 철근일체형 데크플레이트에 동일하게 적용한다.
② 본 품은 절단위치 확인, 데크플레이트 절단작업이 포함된 것이다.
③ 공구손료 및 경장비(플라즈마 절단기 등)의 기계경비는 인력품의 10%로 계상한다.

1-3-3 데크플레이트 설치 (2008 · 2018 · 2023년 보완)

(㎡ 당)

구 분	단위	수량
철 골 공	인	0.03
용 접 공	〃	0.01
특 별 인 부	〃	0.01
비 고	\- 본 품은 10층까지 적용하며, 높이별 인력품의 할증은 11층에서 15층까지는 4%, 16층 이상은 매 5개층 증가마다 1%씩 추가 가산한다	

[주] ① 본 품은 주문 제작된 데크플레이트를 설치하는 기준으로 일반 데크플레이트와 철근 일체형 데크플레이트에 동일하게 적용한다.
② 본 품은 데크설치(판개), 고정 및 용접, 마감부 처리, 개구부 막이, 엔드플레이트, 콘크리트 스토퍼 작업이 포함된 것이다.
③ 소모재료는 설계에 따라 별도 계상한다.
④ 공구손료 및 경장비(용접기 등)의 기계경비는 인력품의 5%로 계상한다.
⑤ 사용재료의 양중은 현장여건에 따라 양중기계를 선정할 수 있으며 기계경비는 별도 계상한다

1-4 부대공사

1-4-1 부대철골 설치 (2008 · 2018년 보완)

(ton 당)

구 분	규격	단위	수량
철 골 공		인	1.67
특 별 인 부		〃	0.42
크 레 인	50ton	hr	2.50

[주] ① 본 품은 중도리, 띠장, 캐노피 등 철골공사와 병행하여 시공되는 부대철골의 설치를 기준한 것이다.
② 본 품은 현장설치 및 볼트조임 작업이 포함된 것이다.
④ 장비의 규격은 작업여건(작업범위, 위치 등)에 따라 변경할 수 있다.

1-4-2 스터드볼트 (Stud bolt) 설치 (2018 · 2023년 보완)

(1,000개당)

구 분	단위	데크플레이트		지하 철골 기둥	
		자동용접	수동용접	자동용접	수동용접
용 접 공	인	1.52	2.67	0.94	1.65
특별인부	인	0.90	1.58	0.63	1.11

[주] ① 본 품은 철골에 데크플레이트가 설치된 상태에서 스터드볼트를 2열로 용접하는 것을 기준으로 한 것이다.
② 지하 철골 기둥은 탑다운공법에 의해 설치된 지하 철골 기둥에 스터드볼트를 용접하는 것을 기준으로 한다.
③ 자동용접은 스터드볼트 전용용접기를 사용하는 것을 말하며, 수동용접은 아크용접기를 사용하는 것을 말한다.
④ 본 품은 설치위치 확인, 용접 작업이 포함된 것이다.
⑤ 공구손료 및 경장비(용접기 등)는 자동용접인 경우 인력품의 22%, 수동용접인 경우 인력품의 18%로 계상한다.
⑥ 잡재료는 주재료비의 5%로 계상한다.

1-4-3 철골 내화 피복뿜칠 (2008 · 2018년 보완)

(mm/100㎡ 당)

구 분	규 격	단 위	수 량
도 장 공		인	0.062
특 별 인 부		인	0.056
보 통 인 부		인	0.062
그 라 우 팅 믹 서	390×2(ℓ)	hr	0.180
그 라 우 팅 펌 프	40~125(ℓ/min)	hr	0.180

[주] ① 본 품은 내화 피복 질석계 자재를 습식으로 시공하는 기준이다.
　　② 본 품은 방진막 설치 및 해체, 뿜칠작업이 포함된 것이다.
　　③ 철골 바탕면 처리, 청소 및 검사는 별도 계상한다.
　　④ 소모재료 및 장비의 설치, 해체, 이동에 소요되는 품은 별도 계상한다.
　　⑤ 공구손료 및 경장비(분사기 등)의 기계경비는 인력품의 5%로 계상한다.
　　⑥ 철골내화 피복 뿜칠 내화 시간은 국토교통부고시 내화구조의 성능기준에 따른다.
　　⑦ 재료량은 다음을 참고하여 적용한다.

(mm/100㎡ 당)

구 분	단 위	수 량
질 석	kg	38.8

1-4-4 경량형강철골조 조립설치

(ton 당)

구 분	단위	수량		비고
		내력식	비내력식	
철 공	인	15.93	12.54	

[주] ① 본 품은 건축구조용 표면처리 경량형강을 기준한 것이다.
　　② 본 품은 경량형강 철골 세우기로서 내력식은 4층 이하를 기준한 것이다.
　　③ 지붕 트러스는 내력식을 적용한다.

④ 본 품은 소운반, 먹매김, 가공, 조립·설치품이 포함되어 있다.
⑤ 공구손료는 인력품의 3%로 계상한다.
⑥ 경량형강 철골설치에 장비가 필요한 경우 기계경비는 별도 계상한다.
⑦ 외부 비계매기가 필요한 경우 별도 계상한다.
⑧ 주재료(스터드, 트랙, 조이스트 등)는 설계수량에 따라 계상하며, 부자재(스크류, 힐티 등)는 주자재비의 3%를 계상한다.

제 2 장 조적공사

2-1 벽돌

2-1-1 벽돌쌓기 (2013 · 2019 · 2025년 보완)

(일당)

구 분		단위	수량	시공량(㎡)		
				0.5B	1.0B	1.5B
시공높이 3.6m 이하	조적공 보통인부	인 인	3 1	25	15	11
시공높이 3.6m 초과 ~ 7.2 m 이하	조적공 보통인부	인 인	3 2	23	13	10

비고	\multicolumn{6}{l}{- 공간쌓기를 하는 경우 시공량의 9%를 감한다.
	- 비계사용 시 높이 7.2m초과하는 경우 3.6m마다 시공량
	  (시공높이 3.6m초과~7.2m이하)의 3%를 감한다.
	- 지게차를 사용하는 경우 보통인부 1인을 제외하고,
	  지게차 2hr을 반영한다.}					

[주] ① 본 품은 시멘트 벽돌(19×9×5.7cm) 쌓기 기준이다.
② 본 품은 먹매김, 규준틀설치, 정착철물 설치(긴결철선, 앵커철물 등), 모르타르 비빔, 벽돌 절단 및 쌓기, 줄눈누르기 및 마무리 작업을 포함한다.
③ 본 품 배합이 완료된 상태의 건조시멘트모르타르 기준이며, 모르타르 배합(시멘트, 모래)이 필요할 경우 '[건축부문] 9-1-1 모르타르 배합'을 따른다.
④ 공구손료 및 경장비(비빔기 등)의 기계경비는 인력품의 2%로 계상한다.

[참고자료] 벽돌쌓기 재료량

(㎡ 당)

구 분	단 위	수 량 (벽두께)		
		0.5B	1.0B	1.5B
벽돌(19x9x5.7cm)	매	75	149	224
모르타르	㎥	0.019	0.049	0.078

※ 모르타르의 재료량은 할증이 포함된 것이며, 배합비는 1:3 이다.

2-1-2 치장 쌓기 및 줄눈 (2013년 · 2019 · 2025년 보완)

(일당)

구 분		단위	수량	시공량(㎡)		
				0.5B	1.0B	1.5B
시공높이 3.6m 이하	조적공	인	3	20	13	9
	줄눈공	인	2			
	보통인부	인	1			
시공높이 3.6m 초과 ~ 7.2 m 이하	조적공	인	3	18	11	8
	줄눈공	인	2			
	보통인부	인	2			
비고	- 비계사용 시 높이 7.2m초과하는 경우 3.6m마다 시공량 (시공높이 3.6m초과~7.2m이하)의 3%를 감한다. - 지게차를 사용하는 경우 보통인부 1인을 제외하고, 지게차 2hr를 반영한다.					

[주] ① 본 품은 치장벽돌(19×9×5.7㎝)의 공간쌓기(한면치장) 기준이다.
② 본 품은 먹매김, 규준틀설치, 정착철물 설치(고정철물, 줄눈보강근, 앵커철물, L형강앵글 등), 모르타르 비빔, 벽돌 절단 및 쌓기, 줄눈파기, 치장줄눈 작업을 포함한다.
③ 본 품 배합이 완료된 상태의 건조시멘트모르타르 기준이며, 모르타르 배합(시멘트, 모래)이 필요할 경우 '[건축부문] 9-1-1 모르타르 배합'을 따른다.
④ 공구손료 및 경장비(비빔기 등)의 기계경비는 인력품의 2%로 계상한다.

[참고자료] 치장쌓기 및 줄눈 재료량

(㎡당)

구 분		단 위	수 량 (벽두께)		
			0.5B	1.0B	1.5B
벽돌(19×9×5.7㎝)		매	75	149	224
모르타르	쌓기	㎥	0.019	0.049	0.078
	치장줄눈	㎥	0.003	0.003	0.003

※ 모르타르의 재료량은 할증이 포함된 것이며, 배합비는 쌓기 1:3 / 치장줄눈 1:1 이다.

2-1-3 아치 쌓기 (2013년 보완, 2028년 삭제 예정)

(1,000매당)

구 분	단 위	수 량 (벽두께)	
		1.0B	1.5B
조 적 공	인	4.5	3.6
보 통 인 부	인	2.2	2.0

[주] ① 본 품은 기본벽돌(19×9×5.7㎝)의 아치쌓기 기준이다.
② 모르타르 배합 및 비빔, 먹매김, 아치벽돌쌓기, 줄눈파기 및 마무리작업을 포함한다.
③ 아치용 쌓기에 필요한 가설형틀 및 동바리는 별도 계상한다.
④ 공구손료 및 경장비(비빔기 등)의 기계경비는 인력품의 2%로 계상한다.

2-1-4 아치쌓기 치장줄눈 설치 (2013년 보완, 2028년 삭제 예정)

(1,000매당)

구 분	단위	수량(벽두께)	
		1.0B	1.5B
줄눈공	인	0.4	0.3

[주] ① 본 품은 아치쌓기 구간에 치장줄눈을 채우는 기준이다.
② 모르타르 배합 및 비빔, 치장줄눈설치 및 마무리 작업을 포함한다.

[참고자료] 아치쌓기 및 치장줄눈 재료량

(1,000매당)

구 분		단 위	수량(벽두께)	
			1.0B	1.5B
모르타르	쌓기	m³	0.31	0.34
	치장줄눈	m³	0.019	0.013

※ 재료량은 할증이 포함된 것이며, 배합비는 쌓기 1:2 / 치장줄눈 1:1 이다.

2-1-5 인방보 설치 (2025년 신설)

(m당)

구 분	단위	수 량			
		벽돌	치장벽돌	블록	ALC블록
조적공	인	0.06	0.08	0.08	0.06

[주] ① 본 품은 개구부 상부에 인방보를 설치하는 기준이다.
② 각 유형별 작업범위는 다음과 같다.

구 분	작업범위
벽돌	인방보(기성콘크리트보) 설치, 철근 및 블록메시 보강, 동바리 설치·해체 작업을 포함한다.
치장벽돌	정착철물(앵커철물, L형강앵글 등) 설치, 인방보(치장벽돌) 설치 작업을 포함한다.
블록	인방보(U형블록) 설치, 철근 보강, 사춤, 동바리 및 가틀 설치·해체 작업을 포함한다.
ALC블록	인방보(ALC인방보) 설치, 철근 보강, 동바리 설치·해체 작업을 포함한다.

③ 인방보를 현장타설 콘크리트로 설치하는 경우 별도 계상한다.

2-2 블록공사

2-2-1 블록쌓기 (2013년 · 2019 · 2025년 보완)

(일당)

구 분		단위	수량	블록규격 (mm)	시공량(m^2)	
					한면마감	양면마감
시공높이 3.6m 이하	조적공	인	3	390x190x190	20	19
				390x190x150	24	23
	보통인부	인	1	390x190x100	28	27
시공높이 3.6m 초과 ~ 7.2m 이하	조적공	인	3	390x190x190	19	18
				390x190x150	23	22
	보통인부	인	2	390x190x100	27	25
비고						

비고:
- 비계사용 시 높이 7.2m초과하는 경우 3.6m마다 시공량 (시공높이 3.6m초과~7.2m이하)의 3%를 감한다.
- 지게차를 사용하는 경우 보통인부 1인을 제외하고, 지게차 2hr을 반영한다.

[주] ① 본 품은 콘크리트 블록을 막힌줄눈으로 쌓는 기준이다.
② 본 품은 먹매김, 규준틀설치, 와이어 매쉬 삽입, 모르타르 비빔, 블록 절단 및 쌓기, 줄눈누르기 및 마무리 작업을 포함한다.
③ 본 품 배합이 완료된 상태의 건조시멘트모르타르 기준이며, 모르타르 배합(시멘트, 모래)이 필요할 경우 '[건축부문] 9-1-1 모르타르 배합'을 따른다.
④ 인방보 설치가 필요한 경우 '2-1-5 인방보 설치'를 따른다.
⑤ 공구손료 및 경장비(비빔기 등)의 기계경비는 인력품의 2%로 계상한다.

[참고자료] 블록쌓기 재료량

(m^2당)

구 분	단위	수 량 (블록규격)		
		390x190x190mm	390x190x150mm	390x190x100mm
모르타르	m^3	0.010	0.009	0.006

※ 재료량은 할증이 포함된 것이며, 배합비는 1:3 이다.

2-2-2 블록 보강쌓기 (2013년 · 2019 · 2025년 보완)

(일당)

구 분		단위	수량	블록규격 (mm)	시공량(㎡)	
					한면마감	양면마감
시공높이 3.6m 이하	조 적 공	인	3	390x190x190 390x190x150 390x190x100	18 22 26	17 21 25
	보 통 인 부	인	1			
시공높이 3.6m 초과 ~ 7.2 m 이하	조 적 공	인	3	390x190x190 390x190x150 390x190x100	17 20 24	16 19 23
	보 통 인 부	인	2			
비고	\- 블록 매장마다(간격 400mm) 사춤을 하는 경우 시공량의 5%를 감한다. \- 비계사용 시 높이 7.2m초과하는 경우 3.6m마다 시공량 (시공높이 3.6m초과~7.2m이하)의 3%를 감한다. \- 지게차를 사용하는 경우 보통인부 1인을 제외하고, 지게차 2hr을 반영한다.					

[주] ① 본 품은 콘크리트 블록 2장마다(간격 800mm) 사춤하는 통줄눈 쌓기 기준이다.
② 본 품은 먹매김, 규준틀설치, 모르타르 비빔, 철망 및 고정철물 설치, 철근 절단 및 설치, 블록 절단 및 쌓기, 모르타르 사춤, 줄눈누르기 및 마무리 작업을 포함한다.
③ 본 품 배합이 완료된 상태의 건조시멘트모르타르 기준이며, 모르타르 배합(시멘트, 모래)이 필요할 경우 '[건축부문] 9-1-1 모르타르 배합'을 따른다.
④ 인방보 설치가 필요한 경우 '2-1-5 인방보 설치'을 따른다.
⑤ 공구손료 및 경장비(비빔기 등)의 기계경비는 인력품의 3%로 계상한다.

[참고자료] 블록 보강쌓기 재료량

(㎡당)

구 분	단위	수 량 (블록규격)		
		390x190x190mm	390x190x150mm	390x190x100mm
모르타르	㎥	0.027	0.019	0.012

※ 재료량은 할증이 포함된 것이며, 배합비는 1:3 이다.

2-3 ALC

2-3-1 ALC 블록 쌓기 (2013년·2019·2025년 보완)

(일당)

구 분		단위	수량	블록규격 (mm)	시공량(㎡)
시공높이 3.6m 이하	조 적 공	인	3	600x400x100	23
				600x400x125	20
	보 통 인 부	인	1	600x400x150	18
				600x400x200	17
시공높이 3.6m 초과 ~ 7.2 m 이하	조 적 공	인	3	600x400x100	22
				600x400x125	19
	보 통 인 부	인	2	600x400x150	17
				600x400x200	16
비고	\- 비계사용 시 높이 7.2m초과하는 경우 3.6m마다 시공량 (시공높이 3.6m초과~7.2m이하)의 3%를 감한다. \- 지게차를 사용하는 경우 보통인부 1인을 제외하고, 지게차 2hr을 반영한다.				

[주] ① 본 품은 경량기포 콘크리트 블록(ALC블록)의 쌓기 기준이다.
② 먹매김, 규준틀설치, 모르타르 비빔, 고정철물 설치, 블록 절단 및 설치, 줄눈 누르기 및 마무리 작업을 포함한다.
③ 본 품 배합이 완료된 상태의 건조시멘트모르타르 기준이며, 모르타르 배합(시멘트, 모래)이 필요할 경우 '[건축부문] 9-1-1 모르타르 배합'을 따른다.
④ 인방보 설치가 필요한 경우 '2-1-5 인방보 설치'을 따른다.
⑤ 공구손료 및 경장비(비빔기 등)의 기계경비는 인력품의 3%로 계상한다.

[참고자료] 경량기포 콘크리트(ALC) 재료량

(㎡당)

구 분	단위	수 량 (블록규격 mm)			
		600x400x100	600x400x125	600x300x150	600x300x200
모르타르	kg	6.0	7.0	9.5	12.0

※ 재료량은 할증이 포함된 것이다.

2-3-2 ALC 패널 설치 (2013 · 2025년 보완)

(일당)

구 분	단위	수 량	패널두께 (mm)	시공량(m^2)
조 적 공	인	3	75	22
			100	19
			125	16
보 통 인 부	인	1	150	14
			175	13
			200	11

[주] ① 본 품은 경량콘크리트 패널의 내벽설치 기준이다.
② 먹매김, 패널 절단 및 설치, 충전재 주입 및 마무리 작업을 포함한다.
③ 부속철물 설치는 별도 계상한다.
④ 공구손료 및 경장비(절단기 등)의 기계경비는 인력품의 3%를 계상한다.

제 3 장 타일공사

3-1 공통공사

3-1-1 바탕 고르기 (2020·2025년 보완)

(일당)

구 분	단위	수량	시공량(㎡)	
			벽	바닥
미 장 공	인	2	45	62
보 통 인 부	인	1		

[주] ① 본 품은 타일공사 전 두께 24mm이하(2회 바름)로 모르타르를 바르는 기준이다.
② 본 품은 모르타르 비빔 및 바름, 쇠흙손 마감, 물매 맞추기를 포함한다.
③ 본 품 배합이 완료된 상태의 건조시멘트모르타르 기준이며, 모르타르 배합(시멘트, 모래)이 필요할 경우 '[건축부문] 9-1-1 모르타르 배합'을 따른다.
④ 공구손료 및 경장비(비빔기 등)의 기계경비는 인력품의 2%로 계상한다.

3-1-2 타일줄눈 설치 (2020년 보완)

(㎡ 당)

구 분		단위	수량(타일규격 ㎡)		
			0.04~0.10 이하	0.11~0.20 이하	0.21~0.40 이하
바 닥 면	줄눈공	인	0.016	0.013	0.011
벽 면	줄눈공	인	0.020	0.017	0.015

[주] ① 본 품은 배합이 완료된 상태의 줄눈재로 타일의 줄눈을 설치(도포)하는 기준이다.
② 본 품은 줄눈재 비빔, 줄눈설치 및 마무리 작업을 포함한다.
③ 재료량은 다음을 참고한다.

(㎡ 당)

구 분	떠붙이기	압착붙이기
줄눈 모르타르량((㎡)	0.005	0.001

※ 배합비 1:1 기준하며, 재료할증은 포함되어 있다.

3-2 타일붙임

3-2-1 떠붙이기 (2020 · 2025년 보완)

(일당)

구 분	단위	수량	블록규격 (mm)	시공량(㎡)
타 일 공	인	2	0.04~0.10 이하	13
			0.11~0.20 이하	15
보 통 인 부	인	1	0.21~0.40 이하	16
비고	\multicolumn{4}{l}{특수타일(유도타일, 축광타일, 문양을 내기위해 비규칙적으로 절단하여 시공되는 이형타일 등) 붙임은 시공량의 26~33%를 감한다.}

[주] ① 본 품은 모르타르를 사용한 타일의 떠붙이기(벽면) 기준이다.
　② 본 품에는 모르타르 비빔, 먹매김, 규준틀설치, 타일붙임, 줄눈파기 및 마무리작업을 포함한다.
　③ 특정 모양으로 형상화된 타일(부조타일, 벽화타일)을 붙이는 경우 별도 계상한다.
　④ 본 품 배합이 완료된 상태의 건조시멘트모르타르 기준이며, 모르타르 배합(시멘트, 모래)이 필요할 경우 '[건축부문] 9-1-1 모르타르 배합'을 따른다.
　⑤ 공구손료 및 경장비(비빔기 등)의 기계경비는 인력품의 3%로 계상한다.
　⑥ 붙임 모르타르 재료량은 다음을 참고한다.

(㎡ 당)

구분(바름두께)	붙임 모르타르(벽체, ㎥)
12mm	0.014
15mm	0.017
18mm	0.020
24mm	0.026

※ 배합비 1:3 기준하며, 재료할증은 포함되어 있다.

3-2-2 압착 붙이기 (2020 · 2025년 보완)

(일당)

구 분	단위	수량	타일규격(㎡)	시공량(㎡)	
				바닥면	벽면
타 일 공	인	2	0.04~0.10 이하	18	15
			0.11~0.20 이하	21	16
보 통 인 부	인	1	0.21~0.40 이하	22	18
비고	\multicolumn{5}{l}{− 모자이크(유니트형) 타일 붙임은 시공량의 20%를 감한다. − 특수타일(유도타일, 축광타일, 문양을 내기위해 비규칙적으로 절단하여 시공되는 이형타일 등) 붙임은 시공량의 26~33%를 감한다.}				

[주] ① 본 품은 모르타르를 사용한 타일의 압착 붙이기 기준이다.
　② 본 품에는 모르타르 비빔, 먹매김, 규준틀설치, 타일붙임, 줄눈파기 및 마무리 작업을 포함한다.
　③ 특정 모양으로 형상화된 타일(부조타일, 벽화타일)을 붙이는 경우 별도 계상한다.
　④ 본 품 배합이 완료된 상태의 건조시멘트모르타르 기준이며, 모르타르 배합(시멘트, 모래)이 필요할 경우 '[건축부문] 9-1-1 모르타르 배합'을 따른다.
　⑤ 공구손료 및 경장비(비빔기 등)의 기계경비는 인력품의 3%로 계상한다.
　⑥ 붙임 모르타르 재료량은 다음을 참고한다.

(㎡ 당)

구분 바름두께	붙임 모르타르(㎥)	
	바닥면	벽면
5 mm	0.005	0.006
6 mm	0.006	0.007
7 mm	0.007	0.008

※ 배합비 1:2 기준하며, 재료할증은 포함되어 있다.

3-2-3 접착 붙이기 (2020 · 2025년 보완)

(일당)

구 분	단위	수량	블록규격 (mm)	시공량(㎡)
타 일 공	인	2	0.04~0.10 이하	25
			0.11~0.20 이하	26
보 통 인 부	인	1	0.21~0.40 이하	28
비고			− 모자이크(유니트형) 타일 붙임은 시공량의 20%를 감한다. − 특수타일(유도타일, 축광타일, 문양을 내기위해 비규칙적으로 절단하여 시공되는 이형타일 등) 붙임은 시공량의 26~33%를 감한다.	

[주] ① 본 품은 유기질접착제를 사용한 타일의 접착붙이기(벽면) 기준이다.
② 본 품에는 먹매김, 규준틀설치, 접착제 비빔, 타일붙임, 줄눈파기 및 마무리 작업을 포함한다.
③ 특정 모양으로 형상화된 타일(부조타일, 벽화타일)을 붙이는 경우 별도 계상한다.
④ 공구손료 및 경장비(비빔기 등)의 기계경비는 인력품의 3%로 계상한다.

3-2-4 접착 붙이기(에폭시 접착제) (2025년 신설)

(일당)

구 분	단위	수량	타일규격(㎡)	시공량(㎡)
타 일 공	인	2	0.21~0.40 이하	21
보 통 인 부	인	1		
타 일 공	인	3	0.40~0.75 이하	30
보 통 인 부	인	1		

[주] ① 본 품은 에폭시 접착제를 사용한 타일의 접착 붙이기(벽면) 기준이다.
② 본 품에는 먹매김, 규준틀설치, 접착제 비빔, 타일붙임, 줄눈파기 및 마무리 작업을 포함한다.
③ 특정 모양으로 형상화된 타일(부조타일, 벽화타일)을 붙이는 경우 별도 계상한다.
④ 공구손료 및 경장비(비빔기 등)의 기계경비는 인력품의 3%로 계상한다.

제 4 장 목 공 사

4-1 구조목공사

4-1-1 먹매김 (2015년 보완)

(㎡ 당)

구 분	단위	거푸집 먹매김		구조부 먹매김	
		주택	일반	주택	일반
건축목공	인	0.021	0.012	0.009	0.005

[주] ① 본 품은 바닥면적 기준이다.
　　② 거푸집먹매김은 거푸집을 설치하기 위한 작업이며, 구조부먹매김은 거푸집해체 후 구조부 내부의 기준선을 표시하기 위한 작업이다.
　　③ '일반'은 학교, 공장, 사무소 등으로 '주택'에 비해 공간, 벽이 적은 구조물을 의미한다.

4-1-2 마루틀 설치 (2018년 · 2022년 · 2024년 보완)

(일당)

구 분	단위	수 량	시공량(㎡)
건 축 목 공	인	4	75
보 통 인 부	인	1	

[주] ① 본 품은 콘크리트 바탕 위 장선목을 사용한 이중바닥틀 설치 기준이다.
　　② 본 품은 PE필름 깔기, 받침목(높이조절용) 설치, 장선목 절단 및 설치 작업을 포함한다.
　　③ 공구손료 및 경장비(절단기, 타정기 등)의 기계경비는 인력품의 4%로 계상한다.

4-1-3 마루바탕 설치 (2022년·2024년 보완)

(일당)

구 분	단위	수 량	시공량(㎡)
건 축 목 공	인	4	155
보 통 인 부	인	1	

[주] ① 본 품은 마루틀 장선 위에 합판 깔기 기준이다.
② 공구손료 및 경장비(절단기, 타정기 등)의 기계경비는 인력품의 4%로 계상한다.

4-1-4 마루널 설치 (2022년·2024년 보완)

(일당)

구 분	단위	수 량	시공량(㎡)
건 축 목 공	인	4	70
보 통 인 부	인	1	

[주] ① 본 품은 합판 위에 못을 사용한 마루널 설치 기준이다.
② 마루널은 두께 22㎜, 폭 60㎜를 기준한 것이다.
③ 공구손료 및 경장비(절단기, 타정기 등)의 기계경비는 인력품의 4%로 계상한다.

4-2 수장목공사

4-2-1 벽체틀 설치 (2022년·2024년 보완)

(일당)

구 분	단위	수 량	시공량(㎡)
건 축 목 공	인	2	75
보 통 인 부	인	1	

[주] ① 본 품은 벽체 바탕면에 합판 또는 석고보드 등을 붙이기 위해 목조벽체틀을 설치하는 기준이다.
② 본 품의 틀간격은 450~600㎜를 기준한 것이다.
③ 본 품은 틀 절단 및 설치 작업을 포함한다.
④ 공구손료 및 경장비(절단기, 타정기 등)의 기계경비는 인력품의 2%를 계상한다.

4-2-2 칸막이벽틀 설치 (2024년 보완)

(일당)

구 분	단위	수 량	시공량(㎡)
건 축 목 공	인	2	20
보 통 인 부	인	1	

[주] ① 본 품은 내부 칸막이벽틀(틀간격 450~600mm)을 설치하는 기준이다.
② 본 품은 틀 절단 및 설치 작업을 포함한다.
③ 공구손료 및 경장비(절단기, 타정기 등)의 기계경비는 인력품의 3%로 계상한다.
④ 잡재료 및 소모재료(못 등)은 주재료비의 5%로 계상한다.

4-2-3 벽체합판 설치 (2022년 · 2024년 보완)

(일당)

구 분	단위	수 량	시공량(㎡)
건 축 목 공	인	2	40
보 통 인 부	인	1	

[주] ① 본 품은 벽체틀 바탕에 목재합판을 설치하는 기준이다.
② 본 품은 합판 절단 및 설치 작업을 포함한다.
③ 공구손료 및 경장비(절단기, 타정기 등)의 기계경비는 인력품의 2%를 계상한다.

4-2-4 수장합판 설치 (2022년 · 2024년 보완)

(일당)

구 분	단위	수 량	시공량(㎡)
건 축 목 공	인	2	37
보 통 인 부	인	1	

[주] ① 본 품은 바탕합판 위에 수장합판을 설치하는 기준이다.
② 본 품은 합판 절단 및 설치 작업을 포함한다.
③ 공구손료 및 경장비(절단기, 타정기 등)의 기계경비는 인력품의 2%를 계상한다.

④ 재료량은 다음을 참고한다.

구 분	단위	수량
접 착 제	kg	0.27

4-2-5 커튼박스 설치 (2022년 보완)

(m 당)

구 분	단위	수량
건 축 목 공	인	0.037
보 통 인 부	인	0.004

[주] ① 본 품은 천장에 목재로 커튼박스를 설치하는 기준이다.
② 본 품은 커튼박스 제작 및 설치작업을 포함한다.
③ 공구손료 및 경장비(절단기, 타정기 등)의 기계경비는 인력품의 2%를 계상한다.

4-3 부대목공사

4-3-1 토대설치 (2015년 · 2022년 보완)

(m 당)

구 분	단위	수량
건 축 목 공	인	0.073
보 통 인 부	인	0.025

[주] ① 본 품은 콘크리트 바닥면에 씰실러와 방부목으로 토대를 설치하는 기준이다.
② 본 품은 앵커설치, 씰실러 깔기, 방부목 절단 및 설치작업을 포함한다.
③ 공구손료 및 경장비(절단기, 타정기 등)의 기계경비는 인력품의 2%를 계상한다.

4-3-2 목재데크틀 설치 (2016년 신설·2022년·2024년 보완)

(일당)

구 분		단 위	수 량	시공량(ton)
평 구 조	철 공	인	3	0.40
	용 접 공	인	1	
	보 통 인 부	인	1	
계 단 구 조	철 공	인	4	0.32
	용 접 공	인	1	
	보 통 인 부	대	2	

[주] ① 본 품은 철물(각관 및 형강)을 사용하여 데크틀(H-Beam 등 철골류 제외)을 설치하는 기준이다.
② 본 품은 수직재 및 수평재(기초철물, 멍에, 장선 등) 제작 및 설치 작업을 포함한다.
③ 평구조는 데크 바탕면을 수평형태로 형성하는 구조이다.
④ 계단구조는 데크 바탕면을 계단형태로 형성하는 구조이다.
⑤ 기초콘크리트 설치는 별도 계상한다.
⑥ 공구손료 및 경장비(절단기, 용접기 등)의 기계경비는 인력품의 4%로 계상한다.

4-3-3 목재데크 설치 (2022년·2024년 보완)

(일당)

구 분	단위	수 량	시공량(㎡)
건 축 목 공	인	3	18
보 통 인 부	인	1	

[주] ① 본 품은 목재데크(평구조, 계단구조)를 볼트로 고정하여 설치하는 기준이다.
② 본 품은 목재데크 절단 및 설치작업을 포함한다.
③ 난간 설치, 오일스테인칠은 별도 계상한다.
④ 공구손료 및 경장비(절단기, 전동드릴, 발전기 등)의 기계경비는 인력품의 2%로 계상한다.
⑤ 잡재료 및 소모재료(데크 연결용 클립, 고정피스 등)는 주재료비의 6%로 계상한다.

제 5 장 수장공사

5-1 바닥

5-1-1 PVC계 바닥재 설치 (2015년·2022년·2024년 보완)

(일당)

구 분	단위	수량	시공량(㎡)		
			타일형	시트형 (전면접착 방식)	시트형 (부분접착 방식)
내 장 공	인	2	40	100	140
보 통 인 부	인	1			

[주] ① 본 품은 접착제를 사용한 PVC계 바닥재(타일형, 시트형)를 설치하는 기준이다.
　　② 본 품은 접착제 바르기, 바닥재 절단 및 붙이기, 보양재 덮기 및 제거 작업을 포함한다.
　　③ 재료량은 다음을 참고한다.

구 분	단위	바닥타일	바닥 시트	
			전면접착 방식	부분접착 방식
접 착 제	kg	0.24~0.45	0.40	0.12

※ 위 재료량은 할증이 포함된 것이다.

5-1-2 카페트 설치 (2022년·2024년 보완)

(일당)

구 분	단위	수량	시공량(㎡)
내 장 공	인	2	40
보 통 인 부	인	1	

[주] ① 본 품은 청소, 바탕처리 등이 포함되어 있다.
　　② 공구 손료는 인력품의 3% 이내에서 계상한다.

③ 재료량은 다음을 참고한다.

구 분	단위	수량	비고
카 페 트	m²	1.1	※톱밥, 비닐 등은 필요시 별도 계상
펠 트	m²	1.1	
접 착 제	kg	0.1	

※ 위 재료량은 할증이 포함된 것이다.

5-1-3 플로어링 마루 설치

(일당)

구 분	단위	수량	시공량(m²)
내 장 공	인	2	50
보 통 인 부	인	1	

[주] ① 본 품은 플로어링류 마루(합판마루, 강화마루, 온돌마루 등)를 설치하는 기준이다.
② 본 품은 접착제 바르기 또는 바탕시트깔기, 마루 절단 및 설치, 코킹, 모래주머니 누르기, 보양재 덮기 및 제거 작업을 포함한다.
③ 공구손료 및 경장비(절단기 등)의 기계경비는 인력품의 2%를 계상한다.

5-1-4 이중바닥 설치 (2022년 신설 · 2024년 보완)

(일당)

구 분	단위	수 량	시공량(m²)	
			독립지지 다리방식	장선방식
내 장 공	인	2	27	22
보 통 인 부	인	1		

[주] ① 본 품은 바닥을 이중구조로 이격하여 설치하는 이중바닥(스틸패널, 무기질패널) 기준이다.
② 독립지지 다리방식은 높이조절용 지지철물 설치, 패널 절단 및 설치, 보양 작업을 포함한다.

③ 장선방식은 높이조절용 지지철물 및 장선 설치, 패널 절단 및 설치, 보양 작업을 포함한다.
④ 바닥마감재 설치(PVC계, 카페트 등)는 별도 계상한다.
⑤ 공구손료 및 경장비(절단기 등)의 기계경비는 인력품의 5%를 계상한다.

5-2 천장

5-2-1 흡음텍스 설치 (2016년 · 2024년 보완)

(일당)

구 분	단위	수량	시공량(㎡)
내 장 공	인	2	45
보 통 인 부	인	1	

[주] ① 본 품은 경량천장철골틀(M-BAR)에 흡음텍스(300x600mm)를 설치하는 기준이다.
② 본 품은 텍스 절단 및 설치 작업이 포함되어 있다.
③ 공구손료 및 경장비(전동드릴 등)의 기계경비는 인력품의 3%로 계상한다.
④ 잡재료 및 소모재료(못 등)는 주재료비의 3%로 계상한다.

5-2-2 열경화성수지천장판 설치 (2022년 신설 · 2024년 보완)

(일당)

구 분	단위	수량	시공량(㎡)	
			개당 0.2㎡ 이하	개당 0.4㎡ 이하
내 장 공	인	2	45	55
보 통 인 부	인	1		

[주] ① 본 품은 경량천장철골틀(Clip-BAR)에 열경화성수지천장판을 설치하는 기준이다.
② 본 품은 천장판 절단 및 설치 작업을 포함한다.
③ 공구손료 및 경장비(절단기, 전동드릴 등)의 기계경비는 인력품의 3%로 계상한다.

5-2-3 석고판 설치(나사고정) (2022년 신설 · 2024년 보완)

(일당)

구 분	단위	수량	시공량(㎡)		
			바탕용(1겹)	바탕용(2겹)	치장용
내 장 공	인	2	45	35	25
보 통 인 부	인	1			

[주] ① 본 품은 경량천장철골틀에 석고판을 나사로 고정하여 설치하는 기준이다.
② 치장용은 바탕용 석고판(1겹)과 치장용 석고판(1겹) 붙임 기준이다.
③ 본 품은 석고판 절단 및 설치 작업을 포함한다.
④ 공구손료 및 경장비(드릴 등)의 기계경비는 인력품의 1%로 계상한다.

5-3 벽

5-3-1 석고판 설치(나사고정) (2022년 · 2024년 보완)

(일당)

구 분	단위	수량	시공량(㎡)		
			바탕용(1겹)	바탕용(2겹)	치장용
내 장 공	인	2	60	45	30
보 통 인 부	인	1			

[주] ① 본 품은 벽면 바탕틀에 석고판을 설치하는 기준이다.
② 치장용은 바탕용 석고판(1겹)과 치장용 석고판(1겹) 붙임 기준이다.
③ 본 품은 석고판 절단 및 설치 작업을 포함한다.
④ 공구손료 및 경장비(드릴 등)의 기계경비는 인력품의 1%를 계상한다.

5-3-2 석고판 설치(접착제 붙임) (2024년 보완)

(일당)

구 분	단위	수량	시공량(㎡)
내 장 공	인	2	70
보 통 인 부	인	1	

[주] ① 본 품은 접착제로 석고판 1겹 붙임 기준이다.
② 본 품은 접착제 비빔, 석고판 절단 및 설치, 정리 및 마무리 작업을 포함한다.
③ 공구손료 및 경장비(접착제비빔기 등)의 기계경비는 인력품의 1%를 계상한다.
④ 재료량은 다음을 참고한다.

구 분	단위	수량
접착제	kg	2.43

※ 위 재료량은 할증이 포함된 것이다.
⑤ 내화벽인 경우에는 별도 계상한다.

5-3-3 샌드위치(단열)패널 설치 (2024년 보완)

(일당)

구 분		단위	칸막이벽	지붕
칸막이벽	내 장 공	인	2	20
	보 통 인 부	인	1	
지 붕	내 장 공	인	3	80
	보 통 인 부	인	1	
	크 레 인	대	1	
비 고	- 줄눈재 설치가 필요한 경우 다음을 적용한다. (일당)			
	구분	단위	수량	시공량(m)
	내장공	인	1	37

[주] ① 본 품은 샌드위치 패널(두께 50~100mm) 설치 기준이다.
② 본 품은 패널 절단 및 설치, 코너비드 설치, 실리콘 마감(코킹) 작업을 포함한다.
③ 크레인의 규격은 작업여건(시공높이, 시공위치 등) 및 안전율(적정하중, 작업반경 등)을 고려하여 적합한 규격을 적용한다.
④ 공구손료 및 경장비(절단기, 전동드릴 등)의 기계경비는 인력품의 2%로 계상한다.
⑤ 샌드위치패널 및 부속철물은 별도 계상한다.
⑥ 잡재료 및 소모재료(실리콘 등)는 주재료비의 5%로 계상한다.

5-3-4 흡음판 설치 (2024년 보완)

(일당)

구 분	단위	수량	시공량(㎡)
내 장 공	인	2	40
보 통 인 부	인	1	

[주] ① 본 품은 건축물 내부 공조실, 기계실 등에 방음을 위하여 흡음판을 조이너로 고정하여 설치하는 기준이다.
② 공구손료 및 경장비(드릴 등)의 기계경비는 인력품의 1%를 계상한다.
③ 재료량은 다음을 참고한다.

구 분		단위	수량
흡 음 판	1,000×2,000×50㎜	㎡	1.05
조 이 너	P.V.C 50T	m	3.05
접 착 제		kg	0.28

※ 위 재료량은 할증이 포함된 것이다.

5-3-5 걸레받이 설치 (2016년·2024년 보완)

(일당)

구 분		단위	합성수지류	중밀도섬유판
석 재 류	석 공	인	3	25
	보 통 인 부	인	1	
합 성 수 지 류	내 장 공	인	2	200
	보 통 인 부	인	1	
중 밀 도 섬 유 판	내 장 공	인	2	165
	보 통 인 부	인	1	

[주] ① 본 품은 걸레받이(높이 75~120㎜) 설치작업을 기준한 것이다.
② 본 품은 바탕면 정리, 걸레받이 절단 및 설치작업을 포함한다.
③ 공구손료 및 경장비(절단기 등)의 기계경비는 인력품의 2%로 계상한다.
④ 재료량은 다음을 참고한다.

구 분	단위	석재류	합성수지류	중밀도섬유판
테 라 조	m	1.0	-	-
합 성 수 지	m	-	1.04	-
중밀도섬유판	m	-	-	1.04
접 착 제	kg	-	0.022~0.035	0.022~0.035
모 르 타 르		별도계상	-	-

5-3-6 마루귀틀 설치 (2022년 신설)

(m당)

구 분	단위	수량
내 장 공	인	0.060
보 통 인 부	인	0.010

[주] ① 본 품은 현관마루 등 굽이 있는 테두리에 설치하는 마루귀틀 기준이다.
② 본 품은 귀틀 절단 및 설치, 모르타르 사춤 작업을 포함한다.
③ 공구손료 및 경장비(절단기 등)의 기계경비는 인력품의 2%로 계상한다.

5-3-7 도배바름 (2015년 · 2024년 보완)

(일당)

구 분	단위	수량	시공량(m^2)	
			합판 · 석고보드면	콘크리트 · 모르타르면
도 배 공	인	2	85	95
보 통 인 부	인	1		
비 고	천장은 본 시공량의 23%를 감한다.			

[주] ① 본 품은 바탕 벽면에 초배지와 정배지를 바르는 기준이다.
② 도배 방법은 다음과 같다.

바 름	합판 · 석고보드면	콘크리트 · 모르타르면
초 배 지	갈램막이 붙임	봉투붙임
정 배 지	전면붙임	

③ 본 품은 풀먹임, 초배 바름, 정배 바름이 포함된 것이다.
④ 재료량은 다음을 참고한다.

구 분	단위	합판 · 석고보드면	콘크리트 · 모르타르면
초 배 지	m^2	0.8	1.2
정 배 지	m^2	1.2	1.2
풀	kg	0.3	0.3

※ 위 재료량은 할증이 포함된 것이다.

5-4 단열 (2022년 보완)

5-4-1 단열재 공간넣기 (2022년 · 2024년 보완)

(일당)

구 분	단위	수량	단열두께(mm)	시공량(m²)
내 장 공	인	2	50이하	100
			100이하	90
보 통 인 부	인	1	200이하	85
			300이하	80

[주] ① 본 품은 단열재의 상하좌우 이음면을 접착제로 접착시키며, 벽사이 공간에 단열재를 설치하는 기준이다.
② 본 품은 발포폴리스티렌(비드법, 압출법), 인조광물섬유판(글라스울) 단열재의 1겹 붙임 기준이다.
③ 본 품은 접착제 바름, 단열재 절단 및 설치, 이음부 마감(우레탄폼 충전 등) 작업을 포함한다.
④ 재료량은 다음을 참고한다.

구 분	단위	수량
단 열 재	m²	1.1
접 착 제	kg	0.035

※ 위 재료량은 할증이 포함된 것이며, 벽체와의 고정에 필요한 쐐기 또는 철물은 별도 계상한다.

5-4-2 단열재 접착제 붙이기 (2022년 · 2024년 보완)

(일당)

구 분	단위	수량	단열두께(mm)	시공량(m²)	
				벽	천장
내 장 공	인	2	50이하	47	40
			100이하	42	35
보 통 인 부	인	1	200이하	40	32
			300이하	38	30

[주] ① 본 품은 바탕면에 접착제를 사용하여 단열재를 설치하는 기준이다.

② 본 품은 발포폴리스티렌(비드법, 압출법) 단열재의 1겹 붙임 기준이다.
③ 본 품은 접착제 바름, 단열재 절단 및 설치, 이음부 마감(우레탄폼 충전 등) 작업을 포함한다.
④ 재료량은 다음을 참고한다.

구 분	단위	수량
단 열 재	m²	1.1
접 착 제	kg	0.3~0.35

※ 위 재료량은 할증이 포함된 것이다.

5-4-3 단열재 격자넣기 (2022년 · 2024년 보완)

(일당)

구 분	단위	수량	단열두께(mm)	시공량(m²)	
				벽	천장
내 장 공	인	2	50이하	80	75
			100이하	75	70
보 통 인 부	인	1	200이하	70	65
			300이하	65	60
비 고	발포폴리스티렌(압출법, 비드법) 단열재는 시공량의 17%를 가산한다.				

[주] ① 본 품은 격자틀 사이에 단열재를 설치하는 기준이다.
② 본 품은 인조광물섬유판(글라스울) 단열재의 1겹 붙임 기준이다.
③ 본 품은 핀붙이기, 단열재 절단 및 설치, 이음부 마감작업을 포함한다.
④ 재료량은 다음을 참고한다.

구 분	단위	수량
단 열 재	m²	1.1

※ 위 재료량은 할증이 포함된 것이다.

5-4-4 단열재 핀사용 붙이기 (2022년 · 2024년 보완)

(일당)

구 분	단위	수량	단열두께(mm)	시공량(㎡)
내 장 공	인	2	50이하	45
			100이하	42
보 통 인 부	인	1	200이하	40
			300이하	38

[주] ① 본 품은 바탕벽면에 쐐기를 부착 후 단열재를 설치하는 기준이다.
② 본 품은 인조광물섬유판(글라스울) 단열재의 1겹 붙임 기준이다.
③ 본 품은 접착제 바름, 쐐기 부착, 단열재 절단 및 설치, 이음부 마감(우레탄폼 충전 등) 작업을 포함한다.
⑤ 재료량은 다음을 참고한다.

구 분	단위	수량
단 열 재	㎡	1.1
알 루 미 늄 핀	개	6.3
접 착 제	kg	0.03

※ 위 재료량은 할증이 포함된 것이다.

5-4-5 단열재 타정 부착 (2022년 신설 · 2024년 보완)

(일당)

구 분	단위	수량	단열두께(mm)	시공량(㎡)	
				벽	천장
내 장 공	인	2	50이하	50	42
			100이하	45	38
보 통 인 부	인	1	200이하	42	35
			300이하	40	33

[주] ① 본 품은 화스너로 타정하여 단열재를 설치하는 기준이다.
② 본 품은 경질우레탄폼, 패놀폼(PF) 단열재의 1겹 붙임 기준이다.
③ 본 품은 단열재 절단 및 설치, 이음부 마감(우레탄폼 충전 등) 작업을 포함한다.
④ 공구손료 및 경장비(타정기 등)의 기계경비는 인력품의 2%로 계상한다.

5-4-6 단열재 콘크리트타설 부착 (2022년 · 2024년 보완)

(일당)

구 분	단위	수량	단열두께(mm)	시공량(㎡)
내 장 공	인	2	50이하	75
			100이하	70
보 통 인 부	인	1	200이하	65
			300이하	60

[주] ① 본 품은 거푸집면(벽, 바닥)에 단열재를 설치하는 기준이다.
② 본 품은 발포폴리스티렌(비드법, 압출법), 패놀폼(PF) 단열재의 1겹 붙임 기준이다.
③ 본 품은 단열재 절단 및 설치, 이음부 마감(우레탄폼 충전 등) 작업을 포함한다.
④ 공구손료 및 경장비(타정기 등)의 기계경비는 인력품의 2%로 계상한다.
⑤ 재료량은 다음을 참고한다.

구 분	단위	수량
단 열 재	㎡	1.1

※ 위 재료량은 할증이 포함된 것이다.

5-4-7 단열재 슬래브위 깔기 (2022년 · 2024년 보완)

(일당)

구 분	단위	수량	단열두께(mm)	시공량(㎡)
내 장 공	인	2	50이하	260
			100이하	220
보 통 인 부	인	1	200이하	190
			300이하	170

[주] ① 본 품은 콘크리트 바닥면에 단열재를 설치하는 기준이다.
② 본 품은 발포폴리스티렌(비드법, 압출법) 단열재의 1겹 붙임 기준이다.
③ 본 품은 단열재 절단 및 설치, 이음부 마감(우레탄폼 충전 등) 작업을 포함한다.
④ 방습층(폴리에틸렌 필름 등) 또는 와이어메시 설치는 별도 계상한다.

⑤ 재료량은 다음을 참고한다.

구 분	단위	수량
단 열 재	m²	1.05
접 착 제	kg	0.35(필요시)

※ 위 재료량은 할증이 포함된 것이다.

5-4-8 방습필름 설치 (2015년 보완)

(m² 당)

구 분	단위	바닥	벽
내 장 공	인	0.005	0.007
보 통 인 부	인	0.001	0.001

[주] ① 본 품은 필름 절단 및 설치 작업을 포함한다.

② 재료량은 다음을 참고한다.

구 분	단위	바닥	벽
방 습 필 름	m²	1.15	1.15

※ 위 재료량은 할증이 포함되어 있으며, 필름 폭 0.9m를 기준한 것이다.

5-4-9 외벽단열공법 (1999신설 · 2015년 · 2022년 보완)

(㎡ 당)

구 분	단위	단열두께(mm)		
		60mm이하	100mm이하	200mm이하
내 장 공	인	0.060	0.063	0.081
미 장 공	인	0.038	0.040	0.052
보 통 인 부	인	0.031	0.033	0.042
비 고	─ 하부 충격보강작업이 필요한 경우 다음과 같이 계상한다. (단위 ㎡당)			
	구분	단위	수량	
	미 장 공	인	0.076	
	보 통 인 부	인	0.025	

[주] ① 본 품의 4층이하의 건축물 외벽에 타정 부착하여 단열재를 설치(화재확산 방지구조)하는 기준이다.
② 본 품은 바탕면 정리, 단열재 절단 및 설치, 우레탄폼 충전, 이음부 마감, 메시 설치 및 미장 작업을 포함한다.
③ 마감재(도장, 스타코 등) 시공은 별도 계상한다.
④ 공구손료 및 경장비(드릴, 접착제 비빔기 등)의 기계경비는 인력품의 1%를 계상한다.

[참고자료] 외벽단열공법 재료량

(단열두께 50mm 기준)

구 분	단위	외벽단열	하부보강
단 열 판	㎡	1.10	─
접 착 제	kg	3.84	1.60
시 멘 트	kg	3.84	1.60
표 준 보 강 메 시	㎡	1.44	─
고 강 도 메 시	㎡	─	1.21

※ 위 재료량은 할증이 포함된 것이다.

제 6 장 방 수 공 사

6-1 공통사항

6-1-1 바탕처리 (2009신설 · 2018 · 2023년 보완)

(㎡ 당)

구 분	단위	보통		불량	
		바닥	수직부	바닥	수직부
방수공	인	0.030	0.032	0.036	0.040
보통인부	〃	0.012	0.014	0.015	0.017

[주] ① 본 품은 방수공사를 위한 바탕면(콘크리트)을 정리하는 기준이다.
　② 본 품은 들뜸 및 요철 제거, 홈메우기, 불순물 청소, 퍼티 작업을 포함하고 있으며, 들뜸 및 레이턴스 등 과다로 바탕전면에 연마를 수행해야하는 경우 불량을 적용한다.
　③ 공구손료 및 경장비(엔진송풍기, 연마기 등)의 기계경비는 인력품의 요율로 다음과 같이 계상한다.

구 분	보통	불량
요율(%)	4	6

　④ 바탕처리에 사용되는 재료(퍼티, 방수테이프 등)는 별도 계상한다.

6-1-2 방수 프라이머 바름 (2009신설 · 2018년 보완)

(㎡ 당)

구 분	단위	수량
방 수 공	인	0.011
보통인부	〃	0.005

[주] ① 본 품은 프라이머의 롤러 1층(회) 바름을 기준한 것이다.
　② 본 품은 보조붓칠 작업이 포함된 것이다.
　③ 공구손료는 인력품의 2%로 계상한다.

6-1-3 방수층 보호재 붙임 (2009신설·2018년 보완)

(㎡ 당)

구 분	단위	PE필름		발포 PE시트	
		바닥	수직부	바닥	수직부
방 수 공	인	0.011	0.013	0.012	0.016
보통인부	〃	0.003	0.004	0.004	0.005

[주] 본 품은 방수층 보호재(PE필름, 발포 PE시트) 붙임을 기준한 것이다.

6-1-4 방수층 누름철물 설치 (2018년 신설)

(m 당)

구 분	단위	수량
방 수 공	인	0.011
보 통 인 부	〃	0.011

[주] 본 품은 시트 및 보호재 상부의 누름철물 마감 작업을 기준한 것이다.

6-2 도막 방수

6-2-1 도막 바름 (2009·2018·2023년 보완)

(㎡ 당)

구 분	단위	바닥	수직부
방 수 공	인	0.015	0.020
보 통 인 부	〃	0.009	0.012

[주] ① 본 품은 우레탄 고무계, 아크릴 고무계, 고무아스팔트계 등 도막 1층(회)을 바름 기준이다.
② 본 품은 치켜올림 부위, 드레인 주위 등에 방수테이프 및 실란트 덧바름 작업을 포함한다.
③ 공구손료는 인력품의 2%로 계상한다.

6-2-2 보강포 붙임 (2018년 신설)

(㎡ 당)

구 분	단위	바닥	수직부
방 수 공	인	0.010	0.015
보 통 인 부	〃	0.004	0.006

[주] 본 품은 방수층 보강에 사용되는 보강포(부직포 등) 1층(회) 붙임을 기준한 것이다.

6-2-3 마감도료(Top-coat) 바름 (2018년 신설)

(㎡ 당)

구 분	단위	바닥	수직부
방 수 공	인	0.012	0.015
보 통 인 부	〃	0.005	0.007

[주] ① 본 품은 노출방수층의 마감도료(Top-Coat) 1층(회) 바름을 기준한 것이다.
② 공구손료는 인력품의 2%로 계상한다.

6-3 시트 방수

6-3-1 가열식 시트 붙임 (2018 · 2023년 보완)

(㎡ 당)

구 분	단위	바닥	수직부
방 수 공	인	0.060	0.080
보 통 인 부	〃	0.030	0.040

[주] ① 본 품은 토치로 가열하여 접착시키는 시트 1겹 붙임 기준이다.
② 방수시트는 두께 2.5~3.0㎜, 폭 1.0m 기준이다.
③ 본 품은 치켜올림 부위, 드레인 주위, 시트접합부 등에 방수재 덧바름 및 덧붙임 작업을 포함한다.
④ 공구손료 및 경장비(토치 등)의 기계경비는 인력품의 3%로 계상한다.
⑤ 재료량은 다음을 참고하여 적용한다.

(㎡ 당)

구 분	단위	수량
시 트	㎡	1.2

※ 재료량은 할증이 포함된 것이며, 연료는 별도 계상한다.

6-3-2 접착식 시트 붙임 (2018 · 2023년 보완)

(㎡ 당)

구 분	단위	바닥	수직부
방 수 공	인	0.034	0.046
보 통 인 부	〃	0.020	0.025

[주] ① 본 품은 방수시트를 접착제로 1겹 붙임하는 기준이다.
② 방수시트는 두께 1.0~2.0㎜, 폭 1.0m 기준이다.
③ 본 품은 치켜올림 부위, 드레인 주위, 시트접합부 등에 방수재 덧바름 및 덧붙임 작업을 포함한다.
④ 공구손료는 인력품의 2%로 계상한다.
⑤ 재료량은 '[건축부문] 6-3-1 가열식시트 붙임'을 참고하여 적용한다.

6-3-3 자착식 시트 붙임 (2018년 신설 · 2023년 보완)

(㎡ 당)

구 분	단위	바닥	수직부
방 수 공	인	0.026	0.036
보 통 인 부	〃	0.016	0.020

[주] ① 본 품은 접착 성능을 가진 자착형 방수시트를 1겹 붙임하는 기준이다.
② 방수시트는 두께 1.4~3.0㎜, 폭 1.0m 기준이다.
③ 본 품은 치켜올림 부위, 드레인 주위, 시트접합부 등에 방수재 덧바름 및 덧붙임 작업을 포함한다.
④ 재료량은 '[건축부문] 6-3-1 가열식시트 붙임'을 참고하여 적용한다.

6-4 시멘트 모르타르계 방수

6-4-1 시멘트 액체 방수 바름 (2009년 신설 · 2018 · 2023년 보완)

(㎡ 당)

구 분	단위	바닥	수직부
방 수 공	인	0.075	0.060
보 통 인 부	〃	0.040	0.030

[주] ① 바닥은 "물뿌리기→시멘트페이스트 1차→방수액 침투→시멘트페이스트 2차→모르타르" 기준이다.
② 수직부는 "물뿌리기→바탕접착제→시멘트페이스트→모르타르" 기준이다.
③ 본 품은 모르타르 비빔작업과 치켜올림, 드레인 주위 등에 모르타르 면잡기 작업을 포함한다.
④ 모르타르 배합(시멘트, 모래)은 '[건축부문] 9-1-1 모르타르 배합'을 따른다.
⑤ 양생 후 아스팔트도막 바름은 '6-2-1 도막바름'을 따른다.
⑥ 공구손료 및 경장비(비빔기 등)의 기계경비는 인력품의 3%로 계상한다.

6-4-2 폴리머 시멘트 모르타르 방수 바름 (2009년 신설 · 2023년 보완)

(㎡ 당)

구 분	단위	1종	2종
방 수 공	인	0.060	0.040
보 통 인 부	〃	0.040	0.020

[주] ① 1종은 모르타르 3층(회) 바름, 2종은 모르타르 2층(회) 바름 기준이다.
② 본 품은 모르타르 비빔작업과 치켜올림, 드레인 주위 등에 모르타르 면잡기 작업을 포함한다.
③ 모르타르 배합(시멘트, 모래)은 '[건축부문] 9-1-1 모르타르 배합'을 따른다.
④ 양생 후 아스팔트도막 바름은 '6-2-1 도막바름'을 따른다.
⑤ 공구손료 및 경장비(비빔기 등)의 기계경비는 인력품의 3%로 계상한다.

6-4-3 방수 모르타르 바름 (2009년 신설 · 2018년 보완)

(㎡ 당)

구 분	단위	10mm이하	15mm이하	20mm이하
미 장 공	인	0.047	0.056	0.073
보 통 인 부	〃	0.035	0.043	0.048

[주] ① 본 품은 벽돌, 콘크리트 바탕에 방수모르타르 바름을 기준한 것이다.
② 본 품은 비빔작업이 포함된 것이며, 모르타르 배합(시멘트, 모래)은 '[건축부문] 9-1-1 모르타르 배합'을 따른다.
③ 외벽은 높이에 따라 다음 할증률에 의한 품을 가산할 수 있으며 19층 이상은 매 3층 증가마다 4%씩 가산할 수 있다.

지하층 및 1~3층	4~6층	7~9층	10~12층	13~15층	16~18층
-	5%	8%	12%	16%	20%

※ 층의 구분을 할 수 없는 건축물인 경우 1개층의 층고를 3.6m로 기준하여 층수를 환산한다.
④ 공구손료 및 경장비(비빔기 등)의 기계경비는 인력품의 2%로 계상한다.

6-4-4 시멘트 혼입 폴리머계 도막 방수 바름 (2009년 신설)

(㎡ 당)

구 분	단위	노출공법	비노출공법
방 수 공	인	0.100	0.090
보 통 인 부	〃	0.070	0.060

[주] ① 노출공법은 마감도료(Top-Coat)를 포함한 것이다.
② 본 품은 바탕처리, 프라이머바름 및 방수층 보호재 깔기가 제외되어 있다.
③ 공구손료는 인력품의 3%로 계상한다.
④ 재료는 별도 계상하며, 뿜칠 시공시에는 재료량을 10% 가산한다.

6-5 기타방수 (2009년 신설 · 2018년 보완)

6-5-1 규산질계 도포방수 바름

(m² 당)

구 분	단위	바닥	수직부
방 수 공	인	0.059	0.065
보 통 인 부	〃	0.021	0.023

[주] ① 본 품은 규산질계 도포 방수 2층(회) 바름을 기준한 것이다.
② 본 품은 비빔작업이 포함된 것이며, 모르타르 배합(시멘트, 모래)은 '[건축부문] 9-1-1 모르타르 배합'을 따른다.
③ 공구손료 및 경장비(비빔기 등)의 기계경비는 인력품의 3%로 계상한다.

6-5-2 액상형 흡수방지 도포 (2009 · 2018년 보완)

(m² 당)

구 분	단위	바름		뿜칠	
		1층(회)	2층(회)	1층(회)	2층(회)
방 수 공	인	0.014	0.021	0.011	0.017
보통인부	〃	0.003	0.005	0.003	0.004

[주] ① 본 품은 구조물 외벽의 발수제 도포를 기준한 것이다.
② 외벽은 높이에 따라 다음 할증률에 의한 품을 가산할 수 있으며 19층 이상은 매 3층 증가마다 4%씩 가산할 수 있다.

외벽층 구분	1~3층	4~6층	7~9층	10~12층	13~15층	16~18층
인력품	0	5%	8%	12%	16%	20%

※ 층의 구분을 할 수 없는 건축물은 1개층의 층고를 3.6m로 기준하여 층수를 환산한다.
③ 크레인(고소작업차)을 사용하는 경우 기계경비는 별도 계상한다.
④ 뿜칠 시 공구손료 및 경장비(엔진식 도장기 등)의 기계경비는 인력품의 4%로 계상한다.
⑤ 재료는 별도 계상하며, 뿜칠시공시에는 재료량을 10% 가산한다.

6-5-3 벤토나이트 방수 붙임 (2009 · 2018년 보완)

(m² 당)

구 분	단위	벤토나이트 매트		벤토나이트 시트	
		바닥	수직부	바닥	수직부
방 수 공	인	0.038	0.043	0.027	0.032
보 통 인 부	〃	0.013	0.014	0.009	0.011

[주] ① 본 품은 지하구조물 외부에 벤토나이트 방수재 붙임을 기준한 것이다.
② 본 품은 벤토나이트 씰 보강, 방수재 절단 및 설치, 조인트 테이프 붙임 작업이 포함된 것이다.
③ 공구손료 및 경장비(에어콤프, 화약총 등)의 기계경비는 인력품의 3%로 계상한다.
④ 재료량은 다음을 참고하여 적용한다.

(m² 당)

구 분	규격	단위	매트		시트	
			바닥	수직부	바닥	수직부
벤토나이트 방수재	매트[1] 시트[2]	m²	1.18	1.20	1.15	1.20
벤토나이트 씰 재		ℓ	0.45	0.50	0.15	0.42
벤토나이트 알갱이		kg	3.38	1.46	0.80	0.80
P E 필 름	0.04mm	m²	1.20	1.20	0.6	0.8
카 트 리 지	화약	개	10	10	10.5	10.5
콘 크 리 트 못	32mm	〃	10	10	10.5	10.5
와 셔		〃	10	10	10.5	10.5
조 인 트 테 이 프		m	-	-	1.1	1.1

1) 매트 1219×4570×6.4mm
2) 시트 1220×6700×4.5mm

※ 재료량은 할증이 포함된 것이다.

참고제안 신기술

콘크리트 구체방수

◆ PPS 콘크리트 구체방수 · 방식

(m² 당)

구 분	규 격	단위	콘크리트 두께 (cm)				
			T=30	T=40	T=50	T=60	T=100
PPS 구체방청 · 방수재	Hipermix JSCI-99	kg	3.6	4.8	6.0	7.2	12.0
기 구 손 료	재료비의 3%	식	1	1	1	1	1
콘 크 리 트 공		인	0.003	0.004	0.005	0.006	0.01
보 통 인 부		인	0.006	0.008	0.010	0.012	0.02

① 본 품은 두께별 m²로 표시하였지만, 콘크리트 m³당 품은 T=100cm를 적용한다.
② 본 품은 콘크리트 분말형 방수재(규격: PPS 혼화재-99)와 동일하게 적용한다.
③ 방수재의 사용량은 콘크리트 1m³ 당 12kg 정량을 투입한다.
④ 본 품은 현장투입 작업대 설치, 방수재 투입 및 소운반에 대한 품을 포함한 것이다.
⑤ 폼타이 지수, 콘크리트 면마무리, 시공이음 등의 지수처리에 필요한 작업품은 별도 계상한다.

◆ PPS 콘크리트 구체방수

(m² 당)

구 분	규 격	단위	콘크리트 두께 (cm)				
			T=30	T=40	T=50	T=60	T=100
PPS 구체분말방수재	altong JSC-55	kg	3.9	5.2	6.5	7.8	13.0
기 구 손 료	재료비의 3%	식	1	1	1	1	1
콘 크 리 트 공		인	0.003	0.004	0.005	0.006	0.01
보 통 인 부		인	0.006	0.008	0.010	0.012	0.02

① 본 품은 두께별 m²로 표시하였지만, 콘크리트 m³당 품은 T=100cm를 적용한다.
② 본 품은 콘크리트 분말형 방수재(규격: PPS 혼화재-55)와 동일하게 적용한다.
③ 방수재의 사용량은 콘크리트 1m³ 당 13kg 정량을 투입한다.
④ 본 품은 다른 규격(altong JSB-44, altong JSH-66) 제품도 동일하게 적용한다.
⑤ 기타 품은 상기 'PPS 콘크리트 구체방수·방식' ④, ⑤항과 동일하다.

☑ 방수성 2~3배 증진
☑ 방청률 95% 이상

2차방수, 유지보수가 필요 없는
PPS 혼화재

· 우수발명품   · 건설신기술
· 혁신제품 인증   · 성능인증

장산씨엠주식회사
녹색전문기업 http://www.altong.co.kr
M: jangsan5019@hanmail.net

· for Membrane - free
· for Maintenance - free

[본사·공장] 충남 당진시 송산면 유두골길 67   Tel : (041)354-6062~3   Fax : (041)357-6064
[서울사무소] Tel : (02)6258-6061   Fax : (02)6258-6062   [기술상담] ☎ 02-6258-6063

6-6 부대공사

6-6-1 수밀코킹 (2004 · 2018년 보완)

(m 당)

구 분	단위	수량
코 킹 공	인	0.025

[주] ① 본 품은 전용건을 사용한 실링마감 작업을 기준한 것이다.
　　② 본 품은 마스킹테이프 설치 및 제거, 실링재 충전 작업이 포함된 것이다.
　　③ 재료량은 다음을 참고하여 적용한다.

(m 당)

구 분	단위	수량
실 링 재	m	1.2

※ 재료량은 할증이 포함되어 있다.

6-6-2 줄눈 절단 (2018년 신설)

(m 당)

구 분	규격	단위	수량
방 수 공		인	0.005
보 통 인 부		인	0.001
커 터	320~400mm	hr	0.017

[주] ① 본 품은 옥상 보호콘크리트의 절단을 기준한 것이다.
　　② 본 품은 먹매김, 콘크리트 절단 작업이 포함된 것이다.
　　③ 공구손료 및 경장비(청소기 등) 기계경비는 인력품의 2%로 계상한다.

6-6-3 줄눈 설치 (2018년 신설)

(m 당)

구 분	단위	수량
방 수 공	인	0.005
보 통 인 부	〃	0.001

[주] ① 본 품은 옥상 보호콘크리트의 절단을 기준한 것이다.
　　② 본 품은 프라이머 바름, 백업재 주입, 실링마감 작업을 포함한다.

제 7 장 지붕 및 홈통공사

7-1 지붕

7-1-1 금속기와 잇기 (2016년 신설 · 2022년 보완)

(㎡ 당)

구 분	단위	개당 면적	
		1.0㎡이하	1.0㎡초과
지 붕 잇 기 공	인	0.050	0.040
보 통 인 부	인	0.010	0.010
비 고		- 급경사(3/4이상, 35°이상)일 경우 본 품의 20%를 가산한다.	

[주] ① 본 품은 피스로 고정하는 금속기와 지붕재의 설치 기준이다.
② 본 품은 금속기와 절단 및 잇기 작업을 포함한다.
③ 후레싱 설치는 '[건축부문] 7-1-7 후레싱 설치'를 따른다.
④ 가시설물(비계, 안전발판 등)이 필요한 경우 작업여건(경사도 등) 및 「지붕공사 안전보건작업 기술지침」을 고려하여 별도 계상한다.
⑤ 공구손료 및 경장비(전동드릴 등)의 기계경비는 인력품의 2%로 계상한다.
⑥ 잡재료 및 소모재료(고정철물 등)는 주재료비의 2%로 계상한다.

7-1-2 금속판 평잇기 (2016년 신설 · 2022년 보완)

(㎡ 당)

구 분	단위	수량
지 붕 잇 기 공	인	0.07
보 통 인 부	인	0.01
비 고		- 현장조건에 따라 다음과 같이 가산한다.

	벽	급경사(3/4이상)
	10%	20%

[주] ① 본 품은 금속판(1㎡ 이하)의 평잇기 작업을 기준한 것이다.
② 본 품은 금속판 절단, 잇기, 단부마감(거멀접기) 작업이 포함되어 있다.

③ 후레싱 설치는 '[건축부문] 7-1-7 후레싱 설치'를 따른다.
④ 가시설물(비계, 안전발판 등)이 필요한 경우 작업여건(경사도 등) 및 「지붕공사 안전보건작업 기술지침」을 고려하여 별도 계상한다.
⑤ 공구손료 및 경장비(전동드릴 등)의 기계경비는 인력품의 1%로 계상한다.
⑥ 잡재료 및 소모재료(고정철물 등)는 주재료비의 5%로 계상한다.

7-1-3 금속판 돌출잇기 현장제작 (2016년 신설 · 2022년 보완)

(㎡ 당)

구 분	단위	수량
지 붕 잇 기 공	인	0.05
보 통 인 부	인	0.01

[주] ① 본 품은 돌출잇기(돌출간격 0.3~0.5m)를 위해 금속판(두께 1.0㎜이하)을 현장에서 제작하는 기준이다.
② 본 품은 금속판 절단 및 절곡, 거멀접기 작업이 포함되어 있다.
③ 제작대 설치는 별도 계상한다.
④ 공구손료 및 경장비(절곡기 등)의 기계경비는 인력품의 2%로 계상한다.

7-1-4 금속판 돌출잇기 (2022년 보완)

(㎡ 당)

구 분	단위	수량
지 붕 잇 기 공	인	0.06
보 통 인 부	인	0.01
비 고	－ 현장조건에 따라 다음과 같이 가산한다.	
	벽	급경사(3/4이상)
	10%	20%

[주] ① 본 품은 금속판(돌출간격 0.3~0.5m)의 돌출잇기 작업을 기준한 것이다.
② 본 품은 금속판 절단, 잇기, 단부마감(거멀접기) 작업이 포함되어 있다.
③ 후레싱 설치는 '[건축부문] 7-1-7 후레싱' 설치를 따른다.

④ 가시설물(비계, 안전발판 등)이 필요한 경우 작업여건(경사도 등) 및「지붕공사 안전보건작업 기술지침」을 고려하여 별도 계상한다.
⑤ 공구손료 및 경장비(전동드릴 등)의 기계경비는 인력품의 1%로 계상한다.
⑥ 잡재료 및 소모재료(고정철물 등)는 주재료비의 4%로 계상한다.

7-1-5 아스팔트싱글 설치 (2016년 · 2022년 보완)

(㎡ 당)

구 분	단위	수량
지 붕 잇 기 공	인	0.07
보 통 인 부	인	0.01
비 고	- 급경사(3/4이상)일 경우 본 품의 20%를 가산한다.	

[주] ① 본 품은 아스팔트싱글(336×1,000×3㎜) 설치작업을 기준한 것이다.
② 본 품은 싱글 절단 및 잇기 작업이 포함되어 있다.
③ 후레싱 설치는 '[건축부문] 7-1-7 후레싱' 설치를 따른다.
④ 방수재 깔기 및 아스팔트 프라이머 바름 작업은 별도 계상한다.
⑤ 가시설물(비계, 안전발판 등)이 필요한 경우 작업여건(경사도 등) 및「지붕공사 안전보건작업 기술지침」을 고려하여 별도 계상한다.
⑥ 재료량은 다음을 참고한다.

구 분	규격	단위	수량
아 스 팔 트 싱 글	336×1,000×3㎜	매	7.30
잡재료 및 소모재료 (콘크리트 못 등)	주재료비의	%	3

※ 위 재료량은 할증(3%)이 포함되어 있다.
※ 용마루 및 골에 사용하는 싱글의 재료량은 별도 계상한다.

7-1-6 폴리카보네이트 설치 (2016년 · 2022년 보완)

(㎡ 당)

구 분	단위	수량
지 붕 잇 기 공	인	0.15
보 통 인 부	인	0.03

[주] ① 본 품은 폴리카보네이트(두께 16㎜이하) 지붕을 설치하는 기준이다.
② 가시설물(비계, 안전발판 등)이 필요한 경우 작업여건(경사도 등) 및 「지붕공사 안전보건작업 기술지침」을 고려하여 별도 계상한다.
③ 공구손료 및 경장비(전동드릴, 절단기 등)의 기계경비는 인력품의 3%로 계상한다.
④ 재료량은 다음을 참고한다.

구 분	규격	단위	수량
폴 리 카 보 네 이 트	-	㎡	1.1
잡 재 료 및 소 모 재 료 (몰딩, 실리콘, 덮개Bar 등)	주재료비의	%	10

※ 위 재료량은 할증이 포함되어 있다.

7-1-7 후레싱 설치 (22016년 신설, 2022년 보완)

(m 당)

구 분	단위	수량
지 붕 잇 기 공	인	0.02
비 고	- 급경사(3/4이상)일 경우 본 품의 20%를 가산한다.	

[주] ① 본 품은 금속재 후레싱(설치폭 0.25m 이하) 설치작업을 기준한 것이다.
② 본 품은 후레싱 현장 절단 및 설치, 실리콘 마감 작업이 포함되어 있다.
③ 가시설물(비계, 안전발판 등)이 필요한 경우 작업여건(경사도 등) 및 「지붕공사 안전보건작업 기술지침」을 고려하여 별도 계상한다.
④ 공구손료 및 경장비(전동드릴 등)의 기계경비는 인력품의 5%로 계상한다.

⑤ 재료량은 다음을 참고한다.

구 분	규격	단위	수량
후 레 싱	-	m	1.1
잡재료 및 소모재료 (못, 실리콘 등)	주재료비의	%	3

※ 위 재료량은 할증이 포함되어 있다.

7-2 홈통

7-2-1 금속 처마홈통 설치 (2016년 보완)

(m 당)

구 분	단위	수량
배 관 공	인	0.06
보 통 인 부	인	0.01

[주] ① 본 품은 금속재 처마홈통(폭 150㎜ 이하) 설치작업을 기준한 것이다.
② 본 품은 홈통걸이 설치, 홈통 절단 및 설치, 실리콘마감 작업이 포함되어 있다.
③ 공구손료 및 경장비(전동드릴 등)의 기계경비는 인력품의 2%로 계상한다.

7-2-2 염화비닐 처마홈통 설치

(m 당)

구 분	단위	수량
배 관 공	인	0.05
보 통 인 부	인	0.01

[주] ① 본 품은 염화비닐 처마홈통(폭 150㎜ 이하)의 접착제 부착작업을 기준한 것이다.
② 본 품은 홈통걸이 설치, 홈통 절단 및 설치, 실리콘마감 작업이 포함되어 있다.
③ 공구손료 및 경장비(전동드릴 등)의 기계경비는 인력품의 2%로 계상한다.

7-2-3 금속 선홈통 설치 (2016 · 2018년 보완))

(m 당)

구 분	단위	수량
배 관 공	인	0.09
보 통 인 부	인	0.02

[주] ① 본 품은 금속재 선홈통(ø150㎜, T2.0㎜ 이하) 설치작업을 기준한 것이다.
② 본 품은 홈통걸이 설치, 홈통 절단 및 설치작업이 포함되어 있다.
③ 공구손료 및 경장비(전동드릴 등)의 기계경비는 인력품의 2%로 계상한다.

7-2-4 염화비닐 선홈통 설치

(m 당)

구 분	단위	수량
배 관 공	인	0.06
보 통 인 부	인	0.02
비 고	- 공동주택 등 상하층간 연결고정방식은 본품의 80%를 적용한다.	

[주] ① 본 품은 염화비닐 선홈통(규격 Φ150㎜ 이하)의 접착제 부착작업을 기준한 것이다.
② 본 품은 홈통걸이 설치, 홈통 절단 및 설치작업이 포함되어 있다.
③ 공구손료 및 경장비(전동드릴 등)의 기계경비는 인력품의 2%로 계상한다.

7-2-5 물받이홈통 설치 (2016년 보완)

(개소당)

구 분	단위	수량
배 관 공	인	0.08
보 통 인 부	인	0.02

[주] ① 본 품은 처마 또는 지붕배수구에 연결하는 물받이홈통 설치작업을 기준한 것이다.
② 본 품은 홈통 설치, 실리콘 마감 작업이 포함되어 있다.
③ 잡재료 및 소모재료(실리콘 등)는 주재료비의 2%로 계상한다.

7-3 드레인

7-3-1 루프드레인 설치 (2016년 보완)

(개소당)

구 분	단위	수량
배 관 공	인	0.17
보 통 인 부	인	0.04

[주] ① 본 품은 루프드레인 규격 Ø100㎜~150㎜의 설치작업을 기준한 것이다.
② 본 품은 슬리브 설치, 루프드레인 설치, 방수시멘트 바름 작업이 포함된 것이다.
③ 잡재료 및 소모재료(방수시멘트 등)는 주재료비의 2%로 계상한다.

제 8 장 금 속 공 사

8-1 제품

8-1-1 계단논슬립 설치 (2017 · 2018 · 2024년 보완)

(일당)

구 분	단위	수량	시공량(m)	
			목조계단	콘크리트계단
내 장 공	인	2	145	110
보 통 인 부	인	1		

[주] ① 본 품에 나사볼트를 사용한 계단논슬립의 설치 기준이다.
　　② 본 품은 바탕면갈기, 접착제 바름, 논슬립 설치 및 마감작업을 포함한다.
　　③ 공구손료 및 경장비(전동드릴, 그라인더 등)의 기계경비는 인력품의 3%로 계상한다.

8-1-2 코너비드 설치 (2014년 보완)

(10m 당)

구 분	단위	수량
미장공	인	0.24

[주] 코너비드(Corner Bead)는 기둥·벽 등의 모서리에 대어 미장 바름을 보호하는 철물이다.

8-1-3 와이어메시 바닥깔기 (2016년 보완)

(m^2 당)

구 분	단위	수량
특별인부	인	0.006

[주] ① 본 품은 와이어메시(크기 1,800×1,800㎜) 바닥 설치작업을 기준한 것이다.
② 재료량은 다음을 참고한다.

(m^2 당)

구 분	규격	단위	수량
와이어메시	1,800×1,800㎜	매	0.36
잡재료 및 소모재료 (결속선 등)	주재료비의	%	3

※ 위 재료량은 할증이 포함되어 있다.

8-1-4 인서트(Insert) 설치 (2016년 보완)

(개당)

구 분	단위	설치대상		
		거푸집	데크플레이트	콘크리트
내장공	인	0.004	0.007	0.009

[주] ① 본 품의 거푸집은 거푸집에 못으로 고정하며, 데크플레이트와 콘크리트는 구멍을 뚫어 설치하는 기준이다.
② 본 품은 위치측정, 구멍뚫기, 인서트 설치 작업이 포함되어 있다.
③ 공구손료 및 경장비(전동드릴 등)의 기계경비는 다음과 같다.

구 분	데크플레이트	콘크리트
인력품의(%)	4%	4%

④ 재료량은 다음을 참고한다.

(개당)

구 분	단위	수량	비고
인서트	개	1.03	인서트 고정용 못 포함

※ 위 재료량은 할증이 포함되어 있다.

8-1-5 조이너 및 몰딩 설치 (2016년 보완)

(m 당)

구 분	단위	조이너	몰딩
내장공	인	0.020	0.035

[주] ① 본 품에서 몰딩은 천장갓둘레 설치를 기준한 것이다.
② 본 품은 자재 절단 및 설치 작업이 포함되어 있다.
③ 공구손료 및 경장비(전동드릴 등)의 기계경비는 인력품의 4%로 계상한다.
④ 재료량은 다음을 참고한다.

(m 당)

구 분	규격	단위	수량
조이너 및 몰딩	-	m	1.1
잡재료 및 소모재료	주재료비의	%	5

※ 위 재료량은 할증이 포함되어 있다.

8-1-6 천장점검구 설치 (2016년 보완)

(개소당)

구 분	단위	규 격(mm)	
		450×450	600×600
내장공	인	0.308	0.343
보통인부	인	0.057	0.063

[주] ① 본 품은 천장점검구(규격 0.6x0.6m 이하)의 설치작업을 기준한 것이다.
② 본 품은 천장타공, 점검구 보강, 점검구 설치작업이 포함되어 있다.
③ 공구손료 및 경장비(전동드릴 등)의 기계경비는 인력품의 3%로 계상한다.
④ 천장점검구 보강을 위한 천장틀과 천장틀받이재는 별도 계상한다.
⑤ 잡재료 및 소모재료(고정철물 등)는 주재료비의 3%로 계상한다.

8-2 시설물

8-2-1 용접식 난간 설치 (2017년 · 2022년 · 2024년 보완)

(일당)

구 분		단위	수량	규격철물 설치
현장제작 설치	용접공	인	2	
	철공	인	2	0.22
	보통인부	인	1	
규격철물 설치	용접공	인	2	
	철공	인	1	0.28
	보통인부	인	1	
비고	경량철물(스테인리스)의 설치는 시공량의 22%를 감한다.			

[주] ① 본 품은 용접을 사용한 철제 난간 설치를 기준한 것이다.
② 현장제작 설치는 형상의 변화가 다양(진입램프 및 계단 등)하여 주자재로 반입되어 현장에서 제작(절단, 가공, 용접 등)하여 설치하는 기준이다.
③ 규격철물 설치는 유사규격이 연속적으로 시공이 가능(외부발코니 등)하여 1차 제작된 자재로 반입되어 현장에서 용접 접합 및 설치하는 기준이다.
④ 용접부위의 갈기 및 재도장이 필요한 경우는 별도 계상한다.
⑤ 난간 설치에 있어 비계매기 또는 장애물처리에 필요한 경우 별도 계상한다.
⑥ 설치용 장비(크레인 등)가 필요한 경우 별도 계상한다.
⑦ 공구손료 및 경장비의 기계경비(용접기, 절단기 등), 잡재료비(용접봉 등)는 인력품에 다음 요율을 계상한다.

구 분	주자재 가공	규격자재 설치
공구손료 / 경장비기계경비	2%	2%
잡재료비	2%	2%

8-2-2 앵커고정식 난간 설치 (2016년 · 2024년 보완)

(일당)

구 분	단위	수량	시공량(m)
철 공	인	2	43
보 통 인 부	인	1	

[주] ① 본 품은 발코니 및 계단에 분체도장된 난간(공장제작)의 조립설치 작업을 기준한 것이다.
② 본 품은 앵커설치, 난간 연결 및 설치 작업이 포함되어 있다.
③ 공구손료 및 경장비(전동드릴 등)의 기계경비는 인력품의 3%로 계상한다.
④ 재료량은 다음을 참고한다.

(m 당)

구 분	규격	단위	수량
앵 커	φ 10mm	개	3.3
AL리벳	φ 4.2mm	개	0.7

8-2-3 철조망 울타리 설치 (2002 · 2018년 · 2024년 보완)

(일당)

구 분	규격	단위	수량	시공량(m)	
				일자형 지주	Y자형 지주
특 별 인 부		인	3	40	30
보 통 인 부		인	1		
굴 삭 기	0.2m³	대	1		

[주] ① 본 품은 철조망 울타리(높이 3m 이하, 경간 2m) 설치를 기준한 것이다.
② Y자형 지주는 상부 원형 철조망 및 가시철선 설치 작업이 포함된 것이다.
③ 본 품은 터파기 및 되메우기, 지주 및 보조기둥 매립, 띠장설치, 철조망 설치 작업이 포함된 것이다.
④ 본 품은 평지 기준으로 지형에 따라서 품을 20%까지 가산할 수 있다.
⑤ 기초콘크리트의 제작 및 타설 작업은 별도 계상한다.
⑥ 공구손료 및 경장비(그라인더, 전동드릴 등)의 기계경비는 인력품의 3%로 계상한다.

8-2-4 경량천장철골틀 설치 (2016년 · 2022년 · 2024년 보완)

(일당)

구 분	단위	수량	BAR간격	시공량(㎡)
내 장 공	인	2	300mm	60
			450mm	62
보 통 인 부	인	1	600mm	65
비 고	톱니형 달대볼트로 시공할 경우에는 시공량의 41%를 가산한다.			

[주] ① 본 품은 경량철골(M-BAR, T-BAR, Clip-BAR)을 사용한 천장틀 설치 기준이다.
② 본 품은 인서트, 달대 및 행거, 천장틀(채널, BAR 등) 설치 작업을 포함한다.
③ 천장마감(텍스류, 석고보드 등) 및 몰딩 설치는 별도 계상한다.
④ 특수구조의 천장(우물천장 등)은 별도 계상할 수 있다.
⑤ 공구손료 및 경장비(절단기, 전동드릴 등)의 기계경비는 인력품의 6%로 계상한다.

8-2-5 경량벽체철골틀 설치 (2022년 신설 · 2024년 보완)

(일당)

구 분	단위	수량	시공량(㎡)
내 장 공	인	2	65
보 통 인 부	인	1	

[주] ① 본 품은 경량철골(스터드)을 사용한 벽체틀(폭 150㎜ 이하) 설치 기준이다.
② 본 품은 위치측정, 러너, 스터드 절단 및 설치 작업을 포함한다.
③ 단열재 및 마감재(합판, 석고보드 등) 설치는 별도 계상한다.
④ 공구손료 및 경장비(절단기, 타정기 등)의 기계경비는 인력품의 6%로 계상한다.

8-3 기타공사

8-3-1 잡철물 제작 및 설치 (2007년·2022년 보완)

(ton 당)

구 분	단위	제품 설치		규격철물 설치		현장제작 설치	
		일반철재	경량철재	일반철재	경량철재	일반철재	경량철재
철 공	인	2.85	3.71	7.05	9.17	12.38	16.09
용 접 공	인	1.04	1.35	2.57	3.34	3.38	4.39
특 별 인 부	인	0.78	1.01	1.92	2.50	4.50	5.85
보 통 인 부	인	0.52	0.68	1.28	1.66	2.25	2.93
비고		- 관로뚜껑, Sole Plate 등 용접, 부속자재 연결 작업 없이 기성제품을 단순 설치만하는 경우 제품설치 품의 10%를 감한다. - 트러스, 원형, 곡선 등의 부재와 같이 구조나 형태가 복잡한 경우, 또는 절단, 절곡, 용접 개소가 과다하게 발생하는 경우 본 품의 30%를 가산한다.					

[주] ① 본 품은 철판, 앵글, 파이프 등 철재류를 활용한 잡철물의 현장 제작 및 설치에 대한 기준이다.
② 제품 설치는 맨홀사다리 등 제작된 제품을 반입하여 설치하는 기준이다.
③ 규격철물 설치는 계단난간 등 일정규격으로 1차 제작된 철물을 반입하여 조립하고 설치하는 기준이다.
④ 현장제작 설치는 구조틀, 배관지지대 등 각관, 형강 등 원자재를 반입하여 현장조건에 맞게 제작하고 설치하는 기준이다.
⑤ 주문제작에 의해 공장가공을 요하는 대형부재(강재거푸집, 라이닝폼 등) 및 특수철물(조형물 등)의 제작·설치는 별도 계상한다.
⑥ 잡철물 설치를 위한 장비(크레인 등) 및 비계매기는 필요한 경우 별도 계상한다.
⑦ 공구손료 및 경장비(절단기, 용접기 등)의 기계경비 및 잡재료비(용접봉, 볼트 등)는 인력품의 요율로 다음을 적용한다.

구 분	일반철재	경량철재
공고손료 및 경장비의 기계경비	5%	4%
잡재료비	3%	2%

제 9 장 미 장 공 사

9-1 모르타르 바름 및 타설

9-1-1 모르타르 배합 (2014년 · 2019년 보완)

(m³ 당)

구 분	단위	수량	
		모래체가름 포함	모래체가름 제외
보통인부	인	0.66	0.43

[주] ① 본 품은 시멘트와 모래를 배합하는 기준이며, 건조시멘트모르타르를 사용하지 않는 경우 적용한다.
　　② 배합이 포함된 것이며, 비빔은 제외되어 있다.

[참고자료] 모르타르 배합 재료량

(m³ 당)

배합용적비	수량	
	시멘트(kg)	모래(m³)
1 : 1	1,093	0.78
1 : 2	680	0.98
1 : 3	510	1.10
1 : 4	385	1.10
1 : 5	320	1.15

※ 위 재료량은 할증이 포함된 것이다.

9-1-2 모르타르 바름 (2015년 · 2019 · 2025년 보완)

(일당)

구 분		단위	수량	시공량(㎡)		
				1회	2회	3회
시공높이 3.6m 이하	미 장 공 보 통 인 부	인 인	2 1	40	29	20
시공높이 3.6m 초과 ~ 7.2 m 이하	미 장 공 보 통 인 부	인 인	2 2	37	27	19
비고	- 바탕의 폭 30㎝이하이거나 원주 바름면일 때에는 시공량의 17%를 감한다. - 비계사용 시 높이 7.2m초과하는 경우 3.6m마다 시공량 (시공높이 3.6m초과~7.2m이하)의 3%를 감한다.					

[주] ① 본 품은 벽체에 바름 두께 24㎜이하로 모르타르를 바르고 쇠흙손으로 마감하는 기준이다.

② 바름 횟수에 따른 기준은 다음과 같다.

구 분	바름기준
1회	바탕면에 페이스트를 바르고 정벌 바름하여 마무리하는 기준
2회	초벌바름 후 정벌 바름하여 마무리하는 기준
3회	초벌바름 후 재벌하고 정벌 바름하여 마무리하는 기준

③ 바탕 청소(물뿌리기), 페이스트 바르기, 모르타르 비빔 및 바름, 쇠갈퀴 긁기, 고름질, 쇠흙손마감을 포함한다.

④ 본 품 배합이 완료된 상태의 건조시멘트모르타르 기준이며, 모르타르 배합(시멘트, 모래)이 필요할 경우 '[건축부문] 9-1-1 모르타르 배합'을 따른다.

⑤ 공구손료 및 경장비(비빔기 등)의 기계경비는 인력품의 2%로 계상한다.

9-1-3 모르타르 타설 (2015년 · 2019년 · 2022 · 2025년 보완)

(일당)

구 분	단위	수량	시공량(㎡)	
			모르타르	경량기포콘크리트
미 장 공	인	2	50	65
기 계 설 비 공	인	1		
보 통 인 부	인	2		
모르타르 타설장비	대	1		

[주] ① 본 품은 모르타르 타설장비를 이용한 바닥 모르타르 타설 기준이다.
　　② 준비작업(바탕청소, 보양 등), 압송관 조립 및 철거, 모르타르 타설 및 고르기 작업을 포함한다.
　　③ 모르타르 타설장비의 기계조합은 다음을 기준으로 한다.

구 분	기계명	규격	비고
모르타르 타설장비	모르타르 펌프	37kW	
	믹　　　서	0.3㎥	
	양　수　기	1.49kW	
	배 관 파 이 프	ø50-2.6m	

9-1-4 표면마무리 (2015년 · 2019년 보완)

(100㎡ 당)

구 분	규격	단위	수량	
			인력마감	기계마감
미장공	-	인	0.30	0.22
비　고				

비　고
- 현장 조건에 따라 작업대기 등이 발생되는 경우, 다음 할증까지 가산하여 적용한다.

구분	인력마감	기계마감
할증(인력품의 %)	55	75

[주] ① 본 품은 바닥 모르타르 타설 후 표면을 마감하는 것으로 연속적인 작업이 가능하여 대기 시간이 발생되지 않는 기준이다.
② 공구손료 및 경장비(미장기계 등)의 기계경비는 다음을 계상한다.

구 분	규격	인력마감	기계마감
기계경비	인력품의 %	–	9

9-1-5 라스 붙임 (2017년 신설)

(10m²당)

구 분	단위	수량
미 장 공	인	0.14

[주] 본 품은 미장면 보강을 위해 미장 시 메탈라스 또는 유리섬유메쉬를 붙이는 작업을 기준한 것이다.

9-2 콘크리트면 마무리

9-2-1 콘크리트면 정리 (2014년 · 2019 · 2025년 보완)

(10m² 당)

구 분	단위	수량(높이)	
		3.6m 이하	3.6m 초과~7.2m이하
견 출 공	인	0.11	0.14
비 고		– 천장은 본 품의 20%를 가산한다. – 비계사용 시 높이 7.2m초과하는 경우 3.6m마다 시공량 (시공높이 3.6m초과 ~7.2m이하)의 3%를 감한다.	

[주] ① 본 품은 콘크리트 바탕면에 연마기를 사용하여 면정리하는 기준이다.
② 공구손료 및 경장비(연마기 등)의 기계경비는 인력품의 3%로 계상한다.

9-2-2 부분 마감 (2019년 신설, 2025년 보완)

(일당)

구 분		단 위	수 량	시공량(㎡)
시공높이 3.6m 이하	미 장 공	인	2	170
	보 통 인 부	인	1	
시공높이 3.6m 초과 ~7.2 m 이하	미 장 공	인	2	155
	보 통 인 부	인	2	
비 고		\- 천장은 시공량의 17%를 감한다. \- 비계사용 시 높이 7.2m초과하는 경우 3.6m마다 시공량 (시공높이 3.6m초과~7.2m이하)의 3%를 감한다.		

[주] ① 본 품은 콘크리트 바탕 전면에 시멘트페이스트로 부분 마감하는 기준이다.
② 홈메우기, 시멘트페이스트 바름, 붓칠 작업을 포함한다.

9-2-3 전면 마감 (2019 · 2025년 보완)

(일당)

구 분		단 위	수 량	시공량(㎡)
시공높이 3.6m 이하	미 장 공	인	2	120
	보 통 인 부	인	1	
시공높이 3.6m 초과 ~7.2 m 이하	미 장 공	인	2	115
	보 통 인 부	인	2	
비 고		\- 천장은 시공량의 17%를 감한다. \- 비계사용 시 높이 7.2m초과하는 경우 3.6m마다 시공량 (시공높이 3.6m초과~7.2m이하)의 3%를 감한다.		

[주] ① 본 품은 콘크리트 바탕 전면에 시멘트페이스트로 전면마감하는 기준이다.
② 비계사용 시 7.2m초과 할증은 '[건축부문] 9-2-1 콘크리트면 정리'에 준하여 계상한다.
③ 홈메우기, 시멘트페이스트 바름, 붓칠 및 마무리 작업을 포함한다.

[참고자료] 전면 마감 재료량

구 분	단위	수 량
시 멘 트	kg	14.3
혼 화 제	g	22.7

※ 혼화재는 필요에 따라 사용한다.

9-3 충전

9-3-1 창호주위 모르타르 충전

(10m 당)

구 분	단위	수량
미 장 공	인	0.14
보 통 인 부	인	0.04

[주] ① 본 품은 창호틀 주위에 모르타르를 사용하여 충전하는 기준이다.
　② 본 품은 바탕정리, 모르타르 비빔 및 충전, 마무리작업을 포함한다.
　③ 방수 코킹은 '6-6-1 수밀코킹'을 따른다.
　④ 공구손료 및 경장비(비빔기 등)의 기계경비는 인력품의 2%로 계상한다.
　⑤ 모르타르 재료량은 다음을 참고한다.

구 분	단위	수량
시멘트	kg	27.3
모래	m³	0.06

9-3-2 창호주위 발포우레탄 충전

(10m 당)

구 분	단위	수량
미 장 공	인	0.08
보 통 인 부	인	0.03

[주] ① 본 품은 창호틀 주위에 발포우레탄을 사용하여 충전하는 기준이다.
　② 본 품은 바탕정리, 발포우레탄 충전, 마무리작업을 포함한다.
　③ 방수 코킹은 '6-6-1 수밀코킹'을 따른다.

9-3-3 주각부 무수축 모르타르 충전 (2018년 보완)

(개소당)

구 분	단위	400×400(mm)	500×500(mm)	600×600(mm)	700×700(mm)
미 장 공	인	0.16	0.20	0.23	0.27
보 통 인 부	인	0.05	0.06	0.07	0.09

[주] ① 본 품은 철골세우기를 위해 기초부에 무수축 모르타르를 타설하는 것으로, 모르타르 두께는 50mm를 기준한 것이다.
② 본 품은 설치위치 확인, 형틀설치, 모르타르 비빔 및 타설 작업이 포함된 것이다.
③ 재료량은 다음을 참고하여 적용한다.

(개소당)

구 분	단위	400×400(mm)	500×500(mm)	600×600(mm)	700×700(mm)
무수축몰탈	kg	15.6	24.4	35.1	47.8

9-3-4 우레탄폼 분사 충전 (2015년 신설, 2025년 보완)

(일당)

구 분	단위	수량	시공량(m²)	
			벽	천장
내 장 공	인	2	22	19
특 별 인 부	인	2		
우 레 탄 폼 분 사 용 기 구	대	1		

[주] ① 본 품은 우레탄폼 분사장비로 바탕면 공간에 단열재를 분사하여 충전하는 기준이다.
② 본 품은 장비 조립 및 해체, 단열재 충전, 시공면 정리 작업을 포함한다.
③ 보양 작업은 별도 계상한다.
④ 우레탄폼 분사용기구의 기계경비는 별도 계상한다.

제 10 장 창호 및 유리공사

10-1 창호

10-1-1 목재창호 설치 (2020년 보완)

(개소당)

구 분		단위	수량			
			1.0m²이하	1.0~3.0m²이하	3.0~6.0m²이하	6.0~8.0m²이하
여닫이	창호공	인	0.261	0.313	0.431	0.554
	보통인부	인	0.056	0.064	0.088	0.113
미서기 (단창)	창호공	인	0.248	0.297	0.409	0.526
	보통인부	인	0.054	0.061	0.084	0.108
비고	- 문선을 설치하는 경우 다음 품을 추가 계상한다. (m당)					
	구분		단위		수량	
	창호공		인		0.010	

[주] ① 본 품은 목재창호의 조립 및 설치 기준이다.
　　② 본 품은 창호틀(내틀, 스토퍼, 레일 등) 조립 및 설치, 창호짝 설치, 부속철물 (경첩, 문달기) 설치 및 마무리 작업을 포함한다.
　　③ 공구손료 및 경장비(전동대패, 전동드라이버 등)의 기계경비는 인력품의 3% 로 계상한다.

10-1-2 강재창호 설치 (2020년 보완)

(개소당)

구 분	단위	수량			
		1.0m²이하	1.0~3.0m²이하	3.0~6.0m²이하	6.0~8.0m²이하
창 호 공	인	0.393	0.432	0.560	0.658
보통인부	인	0.094	0.103	0.134	0.157

[주] ① 본 품은 여닫이 강재창호 설치 기준이다.
　　② 본 품은 창호틀 설치, 창호짝 설치, 부속철물(경첩) 설치 및 마무리 작업을 포함한다.
　　③ 공구손료 및 경장비(용접기, 전동드릴, 그라인더 등)의 기계경비는 인력품의 3%로 계상한다.

10-1-3 알루미늄창호 설치 (2020년 보완)

(개소당)

구 분	단위	수량				
		1.0m²이하	1.0~3.0m²이하	3.0~6.0m²이하	6.0~8.0m²이하	9.0~12.0m²이하
창호공	인	0.208	0.283	0.403	0.471	0.512
보통인부	인	0.047	0.063	0.084	0.108	0.116

[주] ① 본 품은 미서기, 프로젝트창 등 알루미늄창호 설치 기준이다.
　　② 본 품은 앵커 및 연결철물 설치, 창호(틀, 짝) 설치, 마무리 작업을 포함한다.
　　③ 공구손료 및 경장비(전동드라이버 등)의 기계경비는 인력품의 2%로 계상한다.

10-1-4 합성수지창호 설치

(개소당)

구 분		단위	수량				
			1.0m²이하	1.0~3.0m²이하	3.0~6.0m²이하	6.0~8.0m²이하	9.0~12.0m²이하
단창	창호공	인	0.169	0.210	0.337	0.413	0.468
	보통인부	인	0.037	0.046	0.068	0.091	0.104
이중창	창호공	인	0.200	0.247	0.381	0.476	0.542
	보통인부	인	0.044	0.055	0.085	0.106	0.121

[주] ① 본 품은 미서기 합성수지창호 설치 기준이다.
　　② 본 품은 앵커 및 연결철물 설치, 창호(틀, 짝) 설치, 마무리 작업을 포함한다.
　　③ 공구손료 및 경장비(전동드라이버 등)의 기계경비는 인력품의 2%로 계상한다.

10-1-5 셔터설치(장치포함)

(개소당)

구 분	단위	수량				
		5m²미만	5~10m²미만	10~15m²미만	15~20m²미만	20~25m²미만
창 호 공	인	2.35	2.94	3.53	4.12	4.71
보통인부	인	0.79	0.99	1.19	1.39	1.58

[주] ① 본 품은 전동셔터(강재, AL)를 설치하는 품이다.
　　② 본 품은 가이드레일, 샤프트, 전동개폐기, 셔터 및 셔터박스 설치 작업을 포함한다.
　　③ 공구손료 및 경장비(용접기, 전기그라인더 등)의 기계경비는 인력품의 2%로 계상한다.

10-2 부속자재

10-2-1 도어체크 설치

(10개소당)

구 분	단위	수량
창 호 공	인	0.62
보 통 인 부	인	0.31

[주] ① 본 품은 여닫이문의 도어체크 설치 기준이다.
　　② 본 품은 도어체크 조립(브라켓, 링크, 바디) 및 설치를 포함한다.
　　③ 공구손료 및 경장비(전동드릴 등)의 기계경비는 인력품의 2%로 계상한다.

10-2-2 플로어힌지 설치

(10개소당)

구 분	단위	수량
창 호 공	인	0.96
보 통 인 부	인	0.48

[주] ① 본 품은 강화유리문의 플로어힌지 설치 기준이다.
② 본 품은 플로어힌지 및 로트 설치를 포함한다.
③ 공구손료 및 경장비(용접기, 전동드릴 등)의 기계경비는 인력품의 2%로 계상한다.

10-2-3 도어록 설치 (2020년 보완)

(10개소당)

구 분	단위	수량		
		일반도어록		디지털도어록
		목재창호	강재창호	강재창호
창호공	인	0.31	0.24	0.43

[주] ① 본 품은 목재 및 강재창호의 도어록 기준이다.
② 일반도어록은 레버형, 원형 기준이다.
③ 본 품은 손잡이 및 캐치박스 설치를 포함하며, 목재창호는 구멍뚫기를 포함한다.
④ 공구손료 및 경장비(전동드릴, 절단기 등)의 기계경비는 다음을 계상한다.

구 분	목재창호	강재창호
인력품의	4%	2%

10-3 유리

10-3-1 창호유리 설치

(m^2 당)

구 분		단위	수량								
			3mm 이하	5mm 이하	9mm 이하	12mm 이하	16mm 이하	18mm 이하	22mm 이하	24mm 이하	28mm 이하
판유리	유리공	인	0.072	0.083	0.95	0.124	–	–	–	–	–
	보통인부	인	0.011	0.013	0.015	0.017	–	–	–	–	–
복층유리	유리공	인	–	–	–	0.103	0.113	0.118	0.120	0.124	0.133
	보통인부	인	–	–	–	0.016	0.017	0.018	0.019	0.020	0.021

[주] ① 본 품은 일반창호의 유리끼우기 기준이다.
　② 본 품은 유리끼우기, 누름대 설치, 실링재 도포, 유리닦기 및 마무리 작업을 포함한다.
　③ 특수창호 및 특수유리(접합유리, 3중유리 등)인 경우에는 별도 계상한다.

10-3-2 커튼월유리 설치 (2020년 보완)

(m² 당)

구 분	단위	수량					
		12mm 이하	16mm 이하	18mm 이하	22mm 이하	24mm 이하	28mm 이하
유리공	인	0.120	0.131	0.137	0.139	0.145	0.155
보통인부	인	0.020	0.021	0.022	0.023	0.024	0.025

[주] ① 본 품은 커튼월 프레임에 구조용실란트를 사용하여 복층유리를 부착하는 기준이다.
　② 본 품은 노튼테이프 설치, 유리 붙이기, 구조실란트 및 방수실링재 도포, 유리닦기 및 마무리 작업을 포함한다.
　③ 특수창호 및 특수유리(접합유리, 3중유리 등)인 경우에는 별도 계상한다.
　④ 비계매기에 대한 품 또는 고소작업차 기계경비는 별도 계상한다.
　⑤ 외벽의 높이에 따라 다음 할증률에 의한 품을 가산할 수 있으며 19층 이상인 경우 매 3층마다 4%씩 가산할 수 있다.

구분 \ 층	1~3층	4~6층	7~9층	10~12층	13~15층	16~18층
할증률(%)	0	5	8	12	16	20

10-4 커튼월

10-4-1 알루미늄 프레임 설치 (2020년 보완)

(10kg 당)

구 분	단위	수량	
		현장가공	공장가공
창 호 공	인	0.23	0.20
보 통 인 부	인	0.08	0.07

[주] ① 본 품은 스틱월방식 커튼월의 알루미늄 프레임을 조립해서 설치하는 기준이다.
② 현장가공은 현장 가공장에서 프레임을 가공, 제작하여 설치하는 기준이다.
③ 공장가공은 공장에서 가공, 제작한 프레임을 반입하여 조립하는 기준이다.
④ 본 품은 먹매김, 앵커설치, 프레임 제작 및 조립, 커튼월 설치를 포함한다.
⑤ 비계매기 또는 고소작업차 비용은 필요시 별도 계상한다.
⑥ 공구손료 및 경장비(절단기, 전동드릴 등)의 기계경비는 3%로 계상한다.
⑦ 외벽의 높이에 따라 다음 할증률에 의한 품을 가산할 수 있으며 19층 이상인 경우 매 3층마다 4%씩 가산할 수 있다.

구분 \ 층	1~3층	4~6층	7~9층	10~12층	13~15층	16~18층
할증률(%)	0	5	8	12	16	20

10-4-2 외벽 패널 설치 (2014 · 2020년 보완)

(10㎡ 당)

구 분	단위	수량			
		트러스 설치		패널 설치	
		벽	천장 및 지붕	벽	천장 및 지붕
용 접 공	인	1.30	1.56	—	—
철 공	인	0.72	0.86	0.39	0.47
보 통 인 부	인	—	—	0.24	0.29

[주] ① 본 품은 강재(각관) 트러스 및 AL 패널 설치 기준이다.
② 본 품은 앵커철물 설치, 트러스 절단 및 설치, 패널 설치, 마무리작업이 포함된 것이다.
③ 단열재를 설치하는 경우 '[건축부문] 5-3 단열재'를 따른다.
④ 비계매기 또는 고소작업차 비용은 필요시 별도 계상한다.
⑤ 공구손료 및 경장비(절단기, 용접기 등)의 기계경비는 인력품의 3%로 계상한다.
⑥ 외벽의 높이에 따라 다음 할증률에 의한 품을 가산할 수 있으며 19층 이상인 경우 매 3층마다 4%씩 가산할 수 있다.

구분\층	1~3층	4~6층	7~9층	10~12층	13~15층	16~18층
할증률(%)	0	5	8	12	16	20

10-4-3 코킹 (2014년 신설, 2020년 보완)

(10m 당)

구 분	단위	수량
코 킹 공	인	0.15
보 통 인 부	인	0.07

[주] ① 본 품은 외벽 패널의 줄눈 및 수밀코킹 기준이다.
② 본 품은 백업재 채움, 마스킹테이프 붙임, 코킹, 보양재 제거 및 마무리 작업을 포함한다.
③ 비계매기 또는 고소작업차 비용은 필요시 별도 계상한다.
④ 외벽의 높이에 따라 다음 할증률에 의한 품을 가산할 수 있으며 19층 이상인 경우 매 3층마다 4%씩 가산할 수 있다.

구분\층	1~3층	4~6층	7~9층	10~12층	13~15층	16~18층
할증률(%)	0	5	8	12	16	20

제11장 칠공사

11-1 공통공사 (2015년 보완)

11-1-1 콘크리트·모르타르면 바탕만들기 (2021년 보완)

(㎡ 당)

구 분	단위	수량
도 장 공	인	0.010
보 통 인 부	인	0.001
비 고	- 천장은 본 품의 20%를 가산한다.	

[주] ① 본 품은 하도 바름 전 콘크리트, 모르타르면의 바탕만들기 기준이다.
② 본 품은 바탕 처리, 퍼티 및 연마 작업이 포함된 것이다.
③ 콘크리트 견출 및 마감미장, 프라이머 바름은 별도 계상한다.
④ 비계사용시 높이에 따라 다음 할증률에 의한 품을 가산할 수 있으며 19층 이상은 매 3층 증가마다 4%씩 가산할 수 있다.

지하층 및 1~3층	4~6층	7~9층	10~12층	13~15층	16~18층
0	5%	8%	12%	16%	20%

※ 외벽에서 층의 구분을 할 수 없을 때에는 층고를 3.6m로 기준하여 층수를 환산하고 내벽 높이에서도 3.6m를 기준하여 환산 적용한다.
⑤ 공구손료 및 잡재료비(연마지 등)는 인력품의 3%로 계상한다.
⑥ 재료량(퍼티 등)은 도료 종류에 따라 시방서 및 제조사에서 제시하고 있는 수량을 적용한다.

11-1-2 석고보드면 바탕만들기 (2006년 신설, 2015년, 2021년 보완)

(㎡ 당)

구 분	단위	올퍼티	줄퍼티
도 장 공	인	0.066	0.035
보 통 인 부	인	0.018	0.010
비 고	- 천장은 본 품의 20%를 가산한다.		

[주] ① 본 품은 도장 전 석고보드면의 바탕만들기 기준이다.
② 올퍼티의 작업순서는 "바탕처리 → F-Tape부착 → 줄퍼티1차 (필러) → 줄퍼티2차(퍼티) → 올퍼티1차 → 올퍼티2차 → 연마" 기준이다.
③ 줄퍼티의 작업순서는 "바탕처리 → F-Tape부착 → 줄퍼티1차 (필러) → 줄퍼티2차(퍼티) → 연마" 기준이다.
④ 공구손료 및 경장비(샌딩머신 등)의 기계경비, 잡재료비(연마지, F-Tape 등)는 인력품의 4%를 계상한다.
⑤ 재료량(퍼티 등)은 도료 종류에 따라 시방서 및 제조사에서 제시하고 있는 수량을 적용한다.

11-1-3 철재면 바탕만들기 (2021년 신설)

(㎡ 당)

구 분	단위	수량
도 장 공	인	0.006
보 통 인 부	인	0.001

[주] ① 본 품은 철재면의 도장 전 먼지, 오염, 용접 등 부착된 불순물을 제거하는 기준으로 필요한 경우 적용한다.
② 인산염처리, 블라스트법을 하는 경우 별도 계상한다.
③ 공구손료 및 잡재료비(브러시 등)는 인력품의 3%로 계상한다.

11-1-4 목재면 바탕만들기 (2021년 신설)

(㎡ 당)

구 분	단위	불순물 제거	퍼티 및 연마
도 장 공	인	0.006	0.009
보통인부	인	0.001	0.001

[주] ① 본 품은 목재면의 도장 전 바탕처리하는 기준으로 필요한 경우 적용한다.
② 불순물 제거는 도장 전 먼지, 오염 등 부착된 불순물을 제거하는 기준이다.
③ 퍼티 및 연마는 합판목재 등 시공 후 이음자리, 못구멍 등에 도장 전 퍼티 및 연마하는 기준이다.
③ 공구손료 및 잡재료비(연마지 등)는 인력품의 3%로 계상한다.
④ 재료량(퍼티 등)은 도료 종류에 따라 시방서 및 제조사에서 제시하고 있는 수량을 적용한다.

11-1-5 도장 후 퍼티 및 연마 (2021년 보완)

(㎡ 당)

구 분	단위	수량
도 장 공	인	0.005
보 통 인 부	인	0.001
비 고	- 천장은 본 품의 20%를 가산한다.	

[주] ① 본 품은 하도 바름 이후의 퍼티 및 연마를 기준한 것이다.
② 비계사용시 높이별 품 할증은 '[건축부문] 11-1-1 콘크리트·모르타르면 바탕만들기'에 준하여 계상한다.
③ 공구손료 및 잡재료비(연마지 등)는 인력품의 3%로 계상한다.
④ 재료량(퍼티 등)은 도료 종류에 따라 시방서 및 제조사에서 제시하고 있는 수량을 적용한다.

11-1-6 비닐 보양 (2021년 신설)

(보양길이 100m당)

구 분	규 격	단 위	창호 및 난간류	배관류
보 통 인 부		인	0.625	0.912

[주] ① 본 품은 도장 전 창호, 배관 등 시설물의 오염을 방지하기 위해 보양하는 기준이다.
② 보양길이는 비닐보양 테이프의 접착길이를 적용한다.
③ 차량 등 다면으로 보양이 필요한 시설물은 별도 계상한다.
④ 현장여건에 따라 비계 또는 장비가 필요한 경우에는 별도 계상한다.

11-2 페인트

11-2-1 수성페인트 붓칠 (2015년, 2021년 보완)

(m^2 당)

구 분	단위	수량
도 장 공	인	0.022
보 통 인 부	인	0.004
비 고	- 천장은 본 품의 20%를 가산한다.	

[주] ① 본 품은 수성페인트를 1회 칠하는 기준이다.
② 바탕만들기는 '[건축부문] '11-1 공통공사'에 준하여 별도 계상한다.
③ 비계사용시 높이별 품 할증은 '[건축부문] 11-1-1 콘크리트·모르타르면 바탕 만들기'에 준하여 계상한다.
④ 공구손료 및 잡재료비는 인력품의 2%로 계상한다.
⑤ 재료량(페인트 등)은 도료 종류에 따라 시방서 및 제조사에서 제시하고 있는 수량을 적용한다.

11-2-2 수성페인트 롤러칠 (2015년, 2021년 보완)

(㎡ 당)

구 분	단위	수량
도 장 공	인	0.012
보 통 인 부	인	0.002
비 고	- 천장은 본 품의 20%를 가산한다.	

[주] ① 본 품은 수성페인트를 1회 칠하는 기준이다.
② 본 품은 보조 붓칠 작업을 포함한다.
③ 바탕만들기는 '11-1 공통공사'에 준하여 계상한다.
④ 비계사용시 높이별 품 할증은 '[건축부문] 11-1-1 콘크리트·모르타르면 바탕 만들기'에 준하여 계상한다.
⑤ 공구손료 및 잡재료비는 인력품의 2%로 계상한다.
⑥ 재료량(페인트 등)은 도료 종류에 따라 시방서 및 제조사에서 제시하고 있는 수량을 적용한다.

11-2-3 수성페인트 뿜칠 (2021년 보완)

(10㎡ 당)

구 분	단위	수량
도 장 공	인	0.027
보 통 인 부	인	0.013
비 고	- 천장은 본 품의 20%를 가산한다.	

[주] ① 본 품은 수성페인트를 1회 칠하는 기준이다.
② 본 품은 보조 붓칠 작업을 포함한다.
③ 바탕만들기는 '11-1 공통공사'에 준하여 별도 계상한다.
④ 비계사용시 높이별 품 할증은 '[건축부문] 11-1-1 콘크리트·모르타르면 바탕만들기'에 준하여 별도 계상한다.
⑤ 스프레이 도장 시 분진방지용 시설비용은 별도 계상한다.
⑥ 공구손료 및 경장비(엔진식 도장기 등)의 기계경비와 잡재료비는 인력품의 12%로 계상한다.

⑦ 재료량(페인트 등)은 도료 종류에 따라 시방서 및 제조사에서 제시하고 있는 수량을 적용한다.

11-2-4 유성페인트 붓칠 (2004년 · 2015년 · 2021년 보완)

(㎡ 당)

구 분		단위	수량
바탕면	인력		
철재면	도장공	인	0.020
	보통인부	인	0.004
콘크리트 · 모르타르면 · 석고보드면	도장공	인	0.024
	보통인부	인	0.004
비 고	- 천장은 본 품의 20%를 가산한다.		

[주] ① 본 품은 유성페인트를 1회 칠하는 기준이다.
② 바탕만들기는 '11-1 공통공사'에 준하여 계상한다.
③ 비계사용시 높이별 품 할증은 '[건축부문] 11-1-1 콘크리트 · 모르타르면 바탕만들기"에 준하여 계상한다.
④ 공구손료 및 잡재료비는 인력품의 2%로 계상한다.
⑤ 재료량(페인트 등)은 도료 종류에 따라 시방서 및 제조사에서 제시하고 있는 수량을 적용한다.

11-2-5 유성페인트 롤러칠 (2016년, 2021년 보완)

(㎡ 당)

구 분		단위	수량
바탕면	인력		
철재면	도장공	인	0.011
	보통인부	인	0.002
콘크리트 · 모르타르면 · 석고보드면	도장공	인	0.013
	보통인부	인	0.003
비 고	- 천장은 본 품의 20%를 가산한다.		

[주] ① 본 품은 유성페인트를 1회 칠하는 기준이다.
　② 본 품은 보조붓칠 작업을 포함한다.
　③ 바탕만들기는 '11-1 공통공사'에 준하여 계상한다.
　④ 비계사용시 높이별 품 할증은 '[건축부문] 11-1-1 콘크리트 · 모르타르면 바탕만들기'에 준하여 계상한다.
　⑤ 공구손료 및 잡재료비는 인력품의 2%로 계상한다.
　⑥ 재료량(페인트 등)은 도료 종류에 따라 시방서 및 제조사에서 제시하고 있는 수량을 적용한다.

11-2-6　녹막이 페인트칠 (2015년, 2021년 보완)

(㎡ 당)

구 분	단위	수량
도 장 공	인	0.015
보 통 인 부	인	0.003
비 고	- 천장은 본 품의 20%를 가산한다.	

[주] ① 본 품은 철재면에 방청성페인트를 붓으로 1회 칠하는 기준이다.
　② 바탕만들기는 '11-1 공통공사'에 준하여 계상한다.
　③ 비계사용시 높이별 품 할증은 '[건축부문] 11-1-1 콘크리트 · 모르타르면 바탕만들기'에 준하여 계상한다.
　③ 공구손료 및 잡재료비는 인력품의 2%로 계상한다.
　④ 재료량(페인트 등)은 도료 종류에 따라 시방서 및 제조사에서 제시하고 있는 수량을 적용한다.

11-2-7 오일스테인칠 (2017년, 2021년 보완)

(㎡당)

구 분	단위	수량
도 장 공	인	0.019
보 통 인 부	인	0.003

[주] ① 본 품은 목재면에 오일스테인을 붓으로 1회 칠하는 기준이다.
② 바탕만들기는 '11-1 공통공사'에 준하여 계상한다.
③ 비계사용시 높이별 품 할증은 '[건축부문] 11-1-1 콘크리트 · 모르타르면 바탕만들기'에 준하여 계상한다.
④ 공구손료 및 잡재료비는 인력품의 2%로 계상한다.
⑤ 재료량(페인트 등)은 도료 종류에 따라 시방서 및 제조사에서 제시하고 있는 수량을 적용한다.

11-2-8 에폭시 페인트칠 (2015년, 2021년 보완)

(㎡ 당)

구 분	단위	에폭시 코팅 (롤러칠)	에폭시 라이닝 (레기칠)
도 장 공	인	0.039	0.044
보 통 인 부	인	0.008	0.023

[주] ① 본 품은 콘크리트 바닥면에 에폭시 페인트를 칠하는 기준이다.
② 본 품은 바닥정리, 보조붓칠 작업을 포함한다.
③ 에폭시 코팅은 하도 1회(롤러) → 퍼티 및 연마 → 에폭시 페인트 2회(롤러) 기준이다.
④ 에폭시 라이닝(도장두께 3mm이하)은 하도 1회(롤러) → 퍼티 및 연마 → 에폭시 페인트 1회(레기) → 에폭시 페인트 1회(롤러) 기준이다.
⑤ 공구손료 및 잡재료비는 인력품의 2%로 계상한다.
⑥ 재료량(페인트 등)은 도료 종류에 따라 시방서 및 제조사에서 제시하고 있는 수량을 적용한다.

11-2-9 낙서방지용 페인트칠 (2015년, 2021년 보완)

(㎡ 당)

구 분	단위	수량
도 장 공	인	0.031
보 통 인 부	인	0.007

[주] ① 본 품은 낙서방지용 페인트를 롤러로 2회 칠하는 기준이다.
② 본 품은 마스킹 테이프 붙이기, 퍼티 및 연마, 보조붓칠 작업을 포함한다.
③ 하도 전 바탕만들기는 '[건축부문] 11-1-1 콘크리트·모르타르면 바탕만들기' 에 준하여 별도 계상한다.
④ 공구손료 및 잡재료비(연마지 등)는 인력품의 3%로 계상한다.
⑤ 재료량(페인트 등)은 도료 종류에 따라 시방서 및 제조사에서 제시하고 있는 수량을 적용한다.

11-2-10 걸레받이용 페인트칠 (2002년 신설, 2015년, 2021년 보완)

(㎡ 당)

구 분	단위	수량
도 장 공	인	0.067
보 통 인 부	인	0.011

[주] ① 본 품은 걸레받이용 페인트를 붓으로 2회 칠하는 기준이다.
② 본 품은 마스킹 테이프 붙이기, 퍼티 및 연마, 보조붓칠 작업을 포함한다.
③ 하도 전 바탕만들기는 '[건축부문] 11-1-1 콘크리트·모르타르면 바탕만들기' 에 준하여 별도 계상한다.
③ 공구손료 및 잡재료비(연마지 등)는 인력품의 2%로 계상한다.
④ 재료량(페인트 등)은 도료 종류에 따라 시방서 및 제조사에서 제시하고 있는 수량을 적용한다.

11-3 스프레이

11-3-1 무늬코트칠 (2015년, 2021년 보완)

(㎡ 당)

구 분	단위	수량
도 장 공	인	0.056
보 통 인 부	인	0.011
비 고	천장은 본 품의 20%를 가산한다.	

[주] ① 본 품은 콘크리트, 모르타르 벽면에 무늬코트를 뿜칠하는 기준이다.
② 본 품은 하도2회(롤러칠), 퍼티 및 연마, 무늬코트1회(스프레이칠), 상도코팅 1회(롤러칠)칠 기준이며, 보조 붓칠 작업을 포함한다.
③ 하도 전 바탕만들기는 '[건축부문] 11-1-1 콘크리트 · 모르타르면 바탕만들기'에 준하여 별도 계상한다.
④ 보양작업은 별도 계상한다.
⑤ 공구손료 및 경장비(에어콤프레샤, 스프레이건 등)의 기계경비 및 잡재료(연마지 등)는 인력품의 2%를 계상한다.
⑥ 재료량(페인트 등)은 도료 종류에 따라 시방서 및 제조사에서 제시하고 있는 수량을 적용한다.

11-3-2 탄성코트칠 (2015년 신설, 2021년 보완)

(㎡ 당)

구 분	단위	수량
도 장 공	인	0.044
보 통 인 부	인	0.009
비 고	천장은 본 품의 20%를 가산한다.	

[주] ① 본 품은 콘크리트, 모르타르 벽면에 탄성코트를 칠하는 기준이다.
② 본 품은 하도1회(롤러칠), 퍼티 및 연마, 탄성코트1회(스프레이칠), 상도코팅1회(롤러칠)칠 기준이며, 보조 붓칠 작업을 포함한다.
③ 하도 전 바탕만들기는 '[건축부문] 11-1-1 콘크리트 · 모르타르면 바탕만들기'

에 준하여 별도 계상한다.
④ 보양작업은 별도 계상한다.
⑤ 공구손료 및 경장비(에어콤프레샤, 스프레이건 등)의 기계경비는 인력품의 2%를 계상한다.
⑥ 재료량(페인트 등)은 도료 종류에 따라 시방서 및 제조사에서 제시하고 있는 수량을 적용한다.

11-3-3 석재도료칠 (2014년 신설, 2021년 보완)

(100㎡ 당)

구 분	규격	단위	줄눈무늬(無)	줄눈무늬(有)
도장공		인	0.620	0.810
보통인부		인	0.100	0.130
고소작업차	3ton	hr	3.270	4.280

[주] ① 본 품은 석재가 포함된 재료를 1회 뿜칠하는 것을 기준한 품이다.
② 본 품은 도료 배합, 스프레이칠1회, 보조 붓칠, 줄눈테이프 부착 및 제거 작업을 포함한다.
③ 바탕만들기, 페인트칠(하도), 보양작업은 별도 계상한다.
④ 공구손료 및 경장비(에어콤프레샤, 스프레이건 등)의 기계경비는 인력품의 3%를 계상한다.
⑤ 재료량(페인트 등)은 도료 종류에 따라 시방서 및 제조사에서 제시하고 있는 수량을 적용한다.

제4편
기계설비부문

제1장 / 배관공사
제2장 / 덕트공사
제3장 / 보온공사
제4장 / 펌프 및 공기설비공사
제5장 / 밸브설비공사
제6장 / 측정기기공사
제7장 / 위생기구설비공사
제8장 / 공기조화설비공사
제9장 / 기타공사
제10장 / 소방설비공사
제11장 / 가스설비공사
제12장 / 자동제어설비공사
제13장 / 플랜트설비공사

제 1 장 배관공사

1-1 강관

1-1-1 용접접합 (2013 · 2015 · 2019 · 2025년 보완)

(용접개소당)

규격(mm)	용접공(인)	규격(mm)	용접공(인)
15	0.036	100	0.152
20	0.043	125	0.184
25	0.052	150	0.216
32	0.062	200	0.281
40	0.070	250	0.345
50	0.085	300	0.409
65	0.105	350	0.456
80	0.121	400	0.519
비고	\- 자체 추진 고소작업대(시저형) 시공의 경우, 20%를 감한다. \- TIG용접으로 시공하는 경우 본 품의 10%를 가산한다.		

[주] ① 본 품은 배관용 탄소 강관 및 압력 배관용 탄소 강관을 아크용접으로 접합하는 기준이다.

② 공구손료 및 경장비(절단기, 자체 추진 고소작업대(시저형) 등) 기계경비는 3%를 계상하고, 고소작업대(시저형)시공의 경우 13%를 계상한다.

③ 용접접합에 필요한 자재는 별도 계상한다.

④ 자체 추진 고소작업대(시저형)의 이동을 위한 크레인, 지게차 등의 비용은 별도 계상한다.

제 1 장 배관공사   941

1-1-2 용접배관 (2013 · 2015 · 2019 · 2025년 보완)

(일당)

구 분	단 위	수 량	관규격(mm)	시공량(m)
배 관 공	인	3	15	83
			20	75
			25	60
			32	50
			40	45
			50	37
			65	30
			80	25
보 통 인 부	인	1	100	18
			125	14
			150	12
배 관 공	인	4	200	10
			250	8
			300	6
보 통 인 부	인	1	350	5
			400	4

비 고	− 자체 추진 고소작업대(시저형)시공의 경우 시공량의 26%를 가산한다. − 시공위치에 따라 다음과 같이 계상한다.

구분	화장실배관	기계실배관	옥외배관(암거내)
시공량의 요율	− 17%	− 23%	+11%

[주] ① 본 품은 배관용 탄소 강관 및 압력 배관용 탄소 강관의 옥내일반배관 기준이다.
② 인서트(거푸집용), 지지철물설치, 절단, 배관(가용접), 배관시험을 포함한다.
③ 밸브류 설치품은 '[기계설비부문] 5-1-1 일반밸브 및 콕류 설치'를 적용하고, 관이음부속류의 설치품은 본 품에 포함되어 있다.
④ 현장여건에 따라 콘크리트용 인서트를 사용할 경우 '[건축부문] 8-1-4 인서트(Insert) 설치'를 따른다.
⑤ 단열 지지대 및 관 지지대 설치 시에는 별도 계상한다.
⑥ 공구손료 및 경장비(절단기, 자체 추진 고소작업대(시저형) 등) 기계경비는 인력품의 2%(인력시공), 10%(자체 추진 고소작업대(시저형) 시공)를 계상한다.
⑦ 자체 추진 고소작업대(시저형)의 이동을 위한 크레인, 지게차 등의 비용은 별도 계상한다.

1-1-3 나사식 접합 및 배관 (2013 · 2015 · 2019 · 2025년 보완)

(일당)

구 분	단 위	수 량	관규격(mm)	시공량(m)
배 관 공	인	3	15	70
			20	62
			25	50
보 통 인 부	인	1	32	42
			40	38
			50	30
비 고	\- 자체 추진 고소작업대(시저형)시공의 경우 시공량의 26%를 가산한다. \- 시공위치에 따라 다음과 같이 계상한다. | 구분	화장실배관	기계실배관	옥외배관(암거내)
---	---	---	---
시공량의 요율	-17%	-23%	+11%				

[주] ① 본 품은 배관용 탄소 강관의 옥내일반배관 기준이다.
② 인서트(거푸집용), 지지철물설치, 절단, 나사홈가공, 배관 및 나사접합, 배관시험을 포함 한다.
③ 밸브류 설치품은 '[기계설비부문] 5-1-1 일반밸브 및 콕류 설치'를 적용하고, 관이음부속류의 설치품은 본 품에 포함되어 있다.
④ 현장여건에 따라 콘크리트용 인서트를 사용할 경우 '[건축부문] 8-1-4 인서트(Insert) 설치'를 따른다.
⑤ 단열 지지대 및 관 지지대 설치 시에는 별도 계상한다.
⑥ 공구손료 및 경장비(절단기, 자체 추진 고소작업대(시저형) 등) 기계경비는 인력품의 2%(인력시공), 10%(자체 추진 고소작업대(시저형)시공)를 계상한다.
⑦ 자체 추진 고소작업대(시저형)의 이동을 위한 크레인, 지게차 등의 비용은 별도 계상한다.

1-1-4 그루브조인트식 접합 및 배관 (2019 · 2025년 보완)

(일당)

구 분	단 위	수 량	관규격(mm)	시공량(m)
배 관 공	인	3	25	54
			32	45
			40	40
			50	30
			65	25
			80	20
보 통 인 부	인	1	100	14
			125	11
			150	9.5
배 관 공	인	4	200	8.5
			250	7.0
			300	5.5
			350	4.5
			400	3.8
			450	3.5
보 통 인 부	인	1	500	3.0
			550	2.7
			600	2.5
비 고	\multicolumn{4}{l}{− 자체 추진 고소작업대(시저형)시공의 경우 시공량의 26%를 가산한다. − 시공위치에 따라 다음과 같이 계상한다.}

구분	화장실배관	기계실배관	옥외배관(암거내)
시공량의 요율	− 17%	− 23%	+11%

[주] ① 본 품은 배관용 탄소 강관 및 압력 배관용 탄소 강관의 옥내일반배관 기준이다.
② 인서트(거푸집용), 지지철물설치, 절단, 그루브 홈가공, 배관 및 그루브 접합, 배관시험을 포함한다.
③ 밸브류 설치품은 '[기계설비부문] 5-1-1 일반밸브 및 콕류 설치'를 적용하고, 관이음부속류의 설치품은 본 품에 포함되어 있다.
④ 현장여건에 따라 콘크리트용 인서트를 사용할 경우 '[건축부문] 8-1-4 인서트(Insert) 설치'를 따른다.
⑤ 단열 지지대 및 관 지지대 설치 시에는 별도 계상한다.
⑥ 공구손료 및 경장비(절단기, 자체 추진 고소작업대(시저형) 등) 기계경비는 2%를 계상하고, 고소작업대(시저형)시공의 경우 10%를 계상한다.
⑦ 자체 추진 고소작업대(시저형)의 이동을 위한 크레인, 지게차 등의 비용은 별도 계상한다.

1-2 동관

1-2-1 용접접합 (2013년 · 2015년 · 2019년 보완)

(용접개소당)

규격(mm)	용접공(인)	규격(mm)	용접공(인)
8	0.014	65	0.089
10	0.018	80	0.105
15	0.022	100	0.137
20	0.030	125	0.169
25	0.038	150	0.201
32	0.045	200	0.265
40	0.053	250	0.329
50	0.067		
비고	- 자체 추진 고소작업대(시저형) 시공의 경우, 20%를 감한다.		

[주] ① 본 품은 브레이징(Brazing)용접으로 이음매 없는 구리합금관을 접합하는 기준이다.
② 공구손료 및 경장비(절단기, 자체 추진 고소작업대(시저형) 등) 기계경비는 인력품의 3%(인력시공), 13%(자체 추진 고소작업대(시저형) 시공)를 계상한다.
③ 용접접합에 필요한 자재는 별도 계상한다.
④ 자체 추진 고소작업대(시저형)의 이동을 위한 크레인, 지게차 등의 비용은 별도 계상한다.

[참고자료]
· Brazing 용접 소모재료

(용접개소당)

규격(mm)	용접봉(g)	플럭스(g)	산소(ℓ)	아세틸렌(g)
6	0.3	0.05	2.5	3.8
8	0.5	0.08	4.0	4.5
10	0.8	0.11	5.4	5.9
15	1.2	0.15	7.5	8.0
16	1.8	0.22	10.8	11.4
20	2.5	0.32	15.8	16.5
25	4.0	0.49	19.0	20.2
32	5.2	0.65	27.2	28.6
40	6.9	0.86	35.0	37.0
50	11.2	1.40	45.8	48.6
65	15.4	1.92	57.9	61.3

(용접개소당)

규격(mm)	용접봉(g)	플럭스(g)	산소(ℓ)	아세틸렌(g)
80	21.0	2.62	80.8	85.4
100	36.6	4.58	127.8	135.0
125	56.3	7.02	158.8	167.7
150	78.9	9.89	254.0	268.3
200	173.5	13.25	615.7	650.5

※ 산소량은 대기압상태의 기준량이며, 압축산소는 35℃에서 150기압으로 압축용기에 넣어 사용하는 것을 기준한다.

1-2-2 용접배관 (2013년 · 2015년 · 2019 · 2025년 보완)

(일당)

구 분	단 위	수 량	관규격(mm)	시공량(m)
배 관 공	인	3	8	132
			10	115
			15	100
			20	85
			25	70
			32	57
			40	50
			50	37
보 통 인 부	인	1	65	32
			80	25
			100	19
			125	15
			150	12
배 관 공	인	4	200	11
보 통 인 부	인	1	250	8
비 고	― 자체 추진 고소작업대(시저형)시공의 경우 시공량의 26%를 가산한다. ― 시공위치에 따라 다음과 같이 계상한다.			
	구분	화장실배관	기계실배관	옥외배관(암거내)
	시공량의 요율	― 17%	― 23%	+11%

[주] ① 본 품은 이음매 없는 구리합금관의 옥내일반배관 기준이다.

② 인서트(거푸집용), 지지철물설치, 절단, 배관(가용접), 배관시험을 포함한다.

③ 밸브류 설치품은 '[기계설비부문] 5-1-1 일반밸브 및 콕류 설치'를 적용하고, 관이음부속류의 설치품은 본 품에 포함되어 있다.

④ 현장여건에 따라 콘크리트용 인서트를 사용할 경우 '[건축부문] 8-1-4 인서트(Insert) 설치'를 따른다.
⑤ 단열 지지대 및 관 지지대 설치 시에는 별도 계상한다.
⑥ 공구손료 및 경장비(절단기, 자체 추진 고소작업대(시저형) 등) 기계경비는 2%를 계상하고, 고소작업대(시저형)시공의 경우 10%를 계상한다.
⑦ 자체 추진 고소작업대(시저형)의 이동을 위한 크레인, 지게차 등의 비용은 별도 계상한다.

1-3 스테인리스 강관

1-3-1 용접접합 (2013년 · 2019년 보완)

(용접개소당)

규격(mm)	용접공(인)	규격(mm)	용접공(인)
6	0.036	65	0.119
8	0.040	80	0.135
10	0.045	90	0.151
15	0.050	100	0.167
20	0.057	125	0.199
25	0.066	150	0.231
32	0.077	200	0.295
40	0.084	250	0.359
50	0.099	300	0.423
비고	- 자체 추진 고소작업대(시저형)시공의 경우 20%를 감한다.		

[주] ① 본 품은 TIG용접으로 배관용 스테인리스 강관을 접합하는 기준이다.
② 공구손료 및 경장비(절단기, 자체 추진 고소작업대(시저형) 등) 기계경비는 4%를 계상하고, 고소작업대(시저형)시공의 경우 13%를 계상한다.
③ 용접접합에 필요한 자재는 별도 계상한다.
④ 자체 추진 고소작업대(시저형)의 이동을 위한 크레인, 지게차 등의 비용은 별도 계상한다.

[참고자료]
· TIG용접 소모재료

(용접개소당)

규격(mm)	용접봉(kg)	Argon(ℓ)
ø15	0.007	64
20	0.013	95
25	0.020	129
40	0.040	191
50	0.055	265
65	0.168	343
80	0.213	430
90	0.257	565
100	0.313	699
125	0.443	1,098
150	0.601	1,285
200	1.007	2,170
250	1.455	3,060
300	2.070	3,945

1-3-2 용접배관 (2013년 · 2019 · 2025년 보완)

(일당)

구 분	단 위	수 량	관규격(mm)	시공량(m)
배 관 공	인	3	6	127
			8	123
			10	103
			15	95
			20	82
			25	58
			32	48
			40	45
			50	35
보 통 인 부	인	1	65	30
			80	25
			90	20
			100	18
			125	14
			150	12

(일당)

구 분	단 위	수 량	관규격(mm)	시공량(m)
배 관 공	인	4	200	11
보 통 인 부	인	1	250	8
			300	6

비 고:
- 자체 추진 고소작업대(시저형)시공의 경우 시공량의 26%를 가산한다.
- 시공위치에 따라 다음과 같이 계상한다.

구분	화장실배관	기계실배관	옥외배관(암거내)
시공량의 요율	−17%	−23%	+11%

[주] ① 본 품은 배관용 스테인리스 강관의 옥내일반배관 기준이다.
② 인서트(거푸집용), 지지철물설치, 절단, 배관(가용접), 배관시험을 포함한다.
③ 밸브류 설치품은 '[기계설비부문] 5-1-1 일반밸브 및 콕류 설치'를 적용하고, 관이음부속류의 설치품은 본 품에 포함되어 있다.
④ 현장여건에 따라 콘크리트용 인서트를 사용할 경우 '[건축부문] 8-1-4 인서트(Insert) 설치'를 따른다.
⑤ 단열 지지대 및 관 지지대 설치 시에는 별도 계상한다.
⑥ Bending가공이 필요한 경우에는 별도 계상한다.
⑦ 공구손료 및 경장비(절단기, 자체 추진 고소작업대(시저형) 등) 기계경비는 2%를 계상하고, 고소작업대(시저형)시공의 경우 10%를 계상한다.
⑧ 자체 추진 고소작업대(시저형)의 이동을 위한 크레인, 지게차 등의 비용은 별도 계상한다.

1-3-3 그루브조인트식 접합 및 배관 (2025년 신설)

(일당)

구 분	단 위	수 량	관규격(mm)	시공량(m)
배 관 공	인	3	25	57
			32	45
			40	40
			50	30
			65	26
			80	20
보 통 인 부	인	1	90	18
			100	15
			125	12
			150	10
배 관 공	인	4	200	9
보 통 인 부	인	1	250	7
			300	6
비 고	— 자체 추진 고소작업대(시저형)시공의 경우 시공량의 26%를 가산한다. — 시공위치에 따라 다음과 같이 계상한다. | 구분	화장실배관	기계실배관	옥외배관(암거내)
---	---	---	---
시공량의 요율	−17%	−23%	+11%				

[주] ① 본 품은 배관용 스테인리스 강관의 옥내일반배관 기준이다.
② 인서트(거푸집용), 지지철물설치, 절단, 그루브 홈가공, 배관 및 그루브 접합, 배관시험을 포함한다.
③ 밸브류 설치품은 '[기계설비부문] 5-1-1 일반밸브 및 콕류 설치'를 적용하고, 관이음부속류의 설치품은 본 품에 포함되어 있다.
④ 현장여건에 따라 콘크리트용 인서트를 사용할 경우 '[건축부문] 8-1-4 인서트(Insert) 설치'를 따른다.
⑤ 단열 지지대 및 관 지지대 설치 시에는 별도 계상한다.
⑥ 공구손료 및 경장비(절단기, 자체 추진 고소작업대(시저형) 등) 기계경비는 2%를 계상하고, 고소작업대(시저형)시공의 경우 10%를 계상한다.
⑦ 자체 추진 고소작업대(시저형)의 이동을 위한 크레인, 지게차 등의 비용은 별도 계상한다.

1-3-4 프레스식 접합 및 배관 (2013 · 2015 · 2019 · 2025년 보완)

(일당)

구 분	단 위	수 량	관규격(mm)	시공량(m)
배 관 공	인	3	13SU	80
			20	60
			25	50
			30	40
			40	35
			50	32
			60	25
보 통 인 부	인	1	75	21
			80	16
			100	14

비 고	- 자체 추진 고소작업대(시저형)시공의 경우 시공량의 26%를 가산한다. - 시공위치에 따라 다음과 같이 계상한다.		
	구분	화장실배관	기계실배관	옥외배관(암거내)
	시공량의 요율	-17%	-23%	+11%

[주] ① 본 품은 일반 배관용 스테인리스 강관의 옥내일반배관 기준이다.
② 인서트(거푸집용), 지지철물설치, 절단, 배관 및 프레스 접합, 배관시험을 포함한다.
③ 밸브류 설치품은 '[기계설비부문] 5-1-1 일반밸브 및 콕류 설치'를 적용하고, 관이음부속류의 설치품은 본 품에 포함되어 있다.
④ 현장여건에 따라 콘크리트용 인서트를 사용할 경우 '[건축부문] 8-1-4 인서트(Insert) 설치'를 따른다.
⑤ 단열 지지대 및 관 지지대 설치 시에는 별도 계상한다.
⑥ Bending가공이 필요한 경우에는 별도 계상한다.
⑦ 공구손료 및 경장비(절단기, 자체 추진 고소작업대(시저형) 등) 기계경비는 2%를 계상하고, 고소작업대(시저형)시공의 경우 10%를 계상한다.
⑧ 자체 추진 고소작업대(시저형)의 이동을 위한 크레인, 지게차 등의 비용은 별도 계상한다.

1-3-5 주름관 접합 및 배관 (2013 · 2019 · 2025년 보완)

(일당)

구 분	단 위	수 량	시공량(m)	
			ø 15mm	ø 20mm
배 관 공	인	2	50	45
보 통 인 부	인	1		
비 고	자체 추진 고소작업대(시저형)시공의 경우 시공량의 26%를 가산한다.			

[주] ① 본 품은 스테인리스 주름관의 옥내일반배관 기준이다.
② 인서트(거푸집용), 지지철물설치, 절단, 배관 및 접합, 배관시험을 포함한다.
③ 현장여건에 따라 콘크리트용 인서트를 사용할 경우 '[건축부문] 8-1-4 인서트(Insert) 설치'를 따른다.
④ 단열 지지대 및 관 지지대 설치 시에는 별도 계상한다.
⑤ 공구손료 및 경장비(절단기, 자체 추진 고소작업대(시저형) 등) 기계경비는 2%를 계상하고, 고소작업대(시저형)시공의 경우 10%를 계상한다.
⑥ 자체 추진 고소작업대(시저형)의 이동을 위한 크레인, 지게차 등의 비용은 별도 계상한다.

1-4 주철관

1-4-1 기계식접합 및 배관
(2013 · 2019 · 2025년 보완)

(일당)

구 분	단 위	수 량	관규격(mm)	시공량(접합개소)
배 관 공	인	3	50	18
			65	14
			75	13
			100	10
			125	8.5
보 통 인 부	인	1	150	7.5
			200	6.0
비 고	자체 추진 고소작업대(시저형)시공의 경우 시공량의 26%를 가산한다.			

[주] ① 본 품은 배수용 주철관의 옥내일반배관 기준이다.
　② 인서트(거푸집용), 지지철물설치, 절단, 배관 및 접합, 배관시험을 포함한다.
　③ 현장여건에 따라 콘크리트용 인서트를 사용할 경우 '[건축부문] 8-1-4 인서트(Insert) 설치'를 따른다.
　④ 단열 지지대 및 관 지지대 설치시에는 별도 계상한다.
　⑤ 공구손료 및 경장비(절단기, 자체 추진 고소작업대(시저형) 등) 기계경비는 2%를 계상하고, 고소작업대(시저형)시공의 경우 10%를 계상한다.
　⑥ 자체 추진 고소작업대(시저형)의 이동을 위한 크레인, 지게차 등의 비용은 별도 계상한다.

1-4-2 수밀밴드접합 및 배관 (2013년 신설, 2019·2025년 보완)

(일당)

구 분	단 위	수 량	관규격(mm)	시공량(접합개소)
배 관 공	인	3	50	20
			65	16
			75	14
			100	11
보 통 인 부	인	1	125	9.0
			150	7.7
			200	6.3
비 　 고	자체 추진 고소작업대(시저형)시공의 경우 시공량의 26%를 가산한다.			

[주] ① 본 품은 배수용 주철관의 노허브(no-hub)관을 접합하는 기준이다.
　② 인서트(거푸집용), 지지철물설치, 절단, 배관 및 접합, 배관시험을 포함한다.
　③ 현장여건에 따라 콘크리트용 인서트를 사용할 경우 '[건축부문] 8-1-4 인서트(Insert) 설치'를 따른다.
　④ 단열 지지대 및 관 지지대 설치시에는 별도 계상한다.
　⑤ 공구손료 및 경장비(절단기, 자체 추진 고소작업대(시저형) 등) 기계경비는 인력품의 2%(인력시공), 10%(자체 추진 고소작업대(시저형) 시공)를 계상한다.
　⑥ 고소작업대의 이동을 위한 크레인, 지게차 등의 비용은 별도 계상한다.

1-5 경질관

1-5-1 접착제 접합(T.S) 및 배관 (2013 · 2019 · 2025년 보완)

(일당)

구 분	단 위	수 량	관규격(mm)	시공량(m)
배 관 공	인	3	30	45
			35	40
			40	37
			50	31
			65	25
			75	23
보 통 인 부	인	1	100	18
			125	15
			150	13
			200	11
비 고		자체 추진 고소작업대(시저형)시공의 경우 시공량의 26%를 가산한다.		

[주] ① 본 품은 일반용 경질 폴리염화 비닐관의 옥내일반배관 기준이다.
② 인서트(거푸집용), 지지물 설치, 절단, 배관 및 접합, 배관시험을 포함한다.
③ 현장여건에 따라 콘크리트용 인서트를 사용할 경우 '[건축부문] 8-1-4 인서트(Insert) 설치'를 따른다.
④ 단열 지지대 및 관 지지대 설치시에는 별도 계상한다.
⑤ 공구손료 및 경장비(절단기, 자체 추진 고소작업대(시저형) 등) 기계경비는 2%를 계상하고, 고소작업대(시저형)시공의 경우 10%를 계상한다.
⑥ 자체 추진 고소작업대(시저 형)의 이동을 위한 크레인, 지게차 등의 비용은 별도 계상한다.

1-5-2 고무링 캡조임 접합 및 배관(일반 PVC)
(2013년 신설, 2019 · 2025년 보완)

(일당)

구 분	단 위	수 량	관규격(mm)	시공량(m)
배 관 공	인	3	30	105
			35	98
			40	90
			50	80
			65	70
			75	55
보 통 인 부	인	1	100	42
			125	35
			150	28
			200	23
비 고	\multicolumn{4}{l}{- 자체 추진 고소작업대(시저형)시공의 경우 시공량의 26%를 가산한다.}

[주] ① 본 품은 일반용 경질 폴리염화 비닐관의 옥내일반배관 기준이다.
② 인서트(거푸집용), 지지물 설치, 절단, 배관 및 접합, 배관시험을 포함한다.
③ 현장여건에 따라 콘크리트용 인서트를 사용할 경우 '[건축부문] 8-1-4 인서트(Insert) 설치'를 따른다.
④ 단열 지지대 및 관 지지대 설치시에는 별도 계상한다.
⑤ 공구손료 및 경장비(절단기, 자체 추진 고소작업대(시저형) 등) 기계경비는 2%를 계상하고, 고소작업대(시저형)시공의 경우 10%를 계상한다.
⑥ 자체 추진 고소작업대(시저형)의 이동을 위한 크레인, 지게차 등의 비용은 별도 계상한다.

1-5-3 고무링 캡조임 접합 및 배관(고강도PVC) (2025년 신설)

(일당)

구 분	단 위	수 량	관규격(mm)	시공량(m)
배 관 공	인	3	50	75
			65	65
			75	50
			100	38
보 통 인 부	인	1	125	32
			150	25
			200	20
비 고	\multicolumn{4}{l}{- 자체 추진 고소작업대(시저형)시공의 경우 시공량의 26%를 가산한다.}			

[주] ① 본 품은 고강도 경질 폴리염화비닐관의 옥내일반배관 기준이다.
② 인서트(거푸집용), 지지물 설치, 절단, 배관 및 접합, 이탈방지장치(클램프 등) 설치, 배관시험을 포함한다.
③ 현장여건에 따라 콘크리트용 인서트를 사용할 경우 '[건축부문] 8-1-4 인서트(Insert) 설치'를 따른다.
④ 단열 지지대 및 관 지지대 설치시에는 별도 계상한다.
⑤ 공구손료 및 경장비(절단기, 자체 추진 고소작업대(시저형) 등) 기계경비는 2%를 계상하고, 고소작업대(시저형)시공의 경우 10%를 계상한다.
⑥ 자체 추진 고소작업대(시저형)의 이동을 위한 크레인, 지게차 등의 비용은 별도 계상한다.

1-6 연질관

1-6-1 폴리부틸렌(PB) 일반접합 및 배관 (2013년 · 2019년 보완)

(m 당)

구 분	단위	수량(규격)	
		ø16mm	ø20mm
배 관 공	인	0.038	0.042
보통인부	인	0.015	0.017

[주] ① 본 품은 폴리부틸렌(PB)관의 급수, 급탕용 배관 기준이다.
　　② 절단, 배관 및 고정철물 설치, 접합, 배관시험을 포함한다.
　　③ 공구손료 및 경장비의 기계경비는 인력품의 1%로 계상한다.

1-6-2　폴리부틸렌(PB) 이중관 접합 및 배관 (2013년·2019년 보완)

(m 당)

구 분	단위	수량(규격)	
		ø 16mm	ø 20mm
배 관 공	인	0.048	0.053
보 통 인 부	인	0.021	0.023

[주] ① 본 품은 합성수지제 휨(가요) 전선관 중 CD(Combine Duct)관 내에 폴리부틸렌(PB)관이 삽입된 이중관의 옥내바닥배관 기준이다.
　　② 절단, 배관 및 고정철물 설치, 접합, 배관시험을 포함한다.
　　③ 공구손료 및 경장비의 기계경비는 인력품의 1%로 계상한다.

1-6-3　가교화 폴리에틸렌관 접합 및 배관 (2013년·2019년 보완)

(m 당)

구 분	단위	수량(규격)	
		ø 16mm	ø 20mm
배 관 공	인	0.029	0.036
보 통 인 부	인	0.014	0.018

[주] ① 본 품은 가교화 폴리에틸렌(PE-X)관의 옥내난방배관 기준이다.
　　② 절단, 배관 및 고정철물 설치, 접합, 배관시험을 포함한다.
　　③ 공구손료 및 경장비의 기계경비는 인력품의 1%로 계상한다.

제 2 장 덕트공사

2-1 덕트

2-1-1 아연도금강판덕트(각형덕트) 설치 (2021 · 2024년 보완)

(일당)

구 분	단 위	수 량	호칭두께(mm)	시공량(m^2)
덕 트 공	인	3	0.5	18
			0.6	20
			0.8	18
			1.0	15
보 통 인 부	인	1	1.2	13
			1.6	10
비고			자체 추진 고소작업대(시저형) 시공의 경우 시공량의 13%를 가산한다.	

[주] ① 본 품은 제작이 완료된 상태의 덕트를 설치하는 기준이다.
② 본 품은 지지물 설치, 보강재 설치, 덕트의 접합 및 설치 작업을 포함한다.
③ 덕트의 절단 및 가공이 필요한 경우 별도 계상한다.
④ 공구손료 및 경장비(드릴, 자체 추진 고소작업대(시저형) 등) 기계경비는 다음과 같이 계상한다.

구 분	인력시공	자체 추진 고소작업대(시저형) 시공
인력품의 요율	2%	10%

⑤ 벽체통과 구간의 콘크리트 깨기(쪼아내기) 등이 필요한 경우에는 별도 계상한다.
⑥ 자체 추진 고소작업대(시저형)의 이동을 위한 크레인, 지게차 등의 비용은 별도 계상한다.

2-1-2 아연도금강판덕트(스파이럴덕트) 설치 (2021 · 2024년 보완)

(일당)

구 분	단위	수량	철판두께(mm)	규격(mm)	시공량(m)
덕 트 공	인	3	0.5	80~150이하	27
				160~200이하	22
보 통 인 부	인	1	0.6	225~250이하	18
				275~300이하	15
				350~400이하	12
				450~500이하	9
				550~600이하	7
			0.8	650~800이하	6
			1.0	850~1,000이하	5
비 고	자체 추진 고소작업대(시저형) 시공의 경우 시공량의 13%를 가산한다.				

[주] ① 본 품은 제작이 완료된 상태의 스파이럴덕트를 설치하는 기준이다.
  ② 본 품은 지지물 설치, 보강재 설치, 덕트의 절단, 접합 및 설치 작업을 포함한다.
  ③ 공구손료 및 경장비(드릴, 자체 추진 고소작업대(시저형) 등) 기계경비는 다음과 같이 계상한다.

구 분	인력시공	자체 추진 고소작업대(시저형) 시공
인력품의 요율	2%	10%

  ④ 벽체통과 구간의 콘크리트 깨기(쪼아내기) 등이 필요한 경우에는 별도 계상한다.
  ⑤ 자체 추진 고소작업대(시저형)의 이동을 위한 크레인, 지게차 등의 비용은 별도 계상한다.

2-1-3 스테인리스덕트(각형덕트) 설치 (2021년·2024년 보완)

(일당)

구 분	단위	수량	호칭두께(mm)	시공량(㎡)
덕 트 공	인	3	0.5	14
			0.6	15
보 통 인 부	인	1	0.8	13
			1.0	11
비고		자체 추진 고소작업대(시저형) 시공의 경우 시공량의 13%를 가산한다.		

[주] ① 본 품은 제작이 완료된 상태의 덕트를 설치하는 기준이다.
② 본 품은 지지물 설치, 보강재 설치, 덕트의 접합 및 설치 작업을 포함한다.
③ 덕트의 절단 및 가공이 필요한 경우 별도 계상한다.
④ 공구손료 및 경장비(드릴, 자체 추진 고소작업대(시저형) 등) 기계경비는 다음과 같이 계상한다.

구 분	인력시공	자체 추진 고소작업대(시저형) 시공
인력품의 요율	2%	10%

⑤ 벽체통과 구간의 콘크리트 깨기(쪼아내기) 등이 필요한 경우에는 별도 계상한다.
⑥ 자체 추진 고소작업대(시저형)의 이동을 위한 크레인, 지게차 등의 비용은 별도 계상한다.

2-1-4 PVC덕트 설치 (2024년 보완)

(일당)

구 분	단위	수량	시공량(㎡)
덕 트 공	인	3	15
보 통 인 부	인	1	

[주] ① 본 품은 제작이 완료된 상태의 PVC덕트(호칭두께 3mm)를 설치하는 기준이다.
② 본 품은 지지물 설치, 보강재 설치, 덕트의 접합 및 설치 작업이 포함된 것이다.
③ 덕트의 절단, 가공 및 보온은 별도 계상한다.
④ 공구손료 및 경장비(드릴 등)의 기계경비는 인력품의 2%를 계상한다.
⑤ 벽체통과 구간의 콘크리트 깨기(쪼아내기) 등이 필요한 경우에는 별도 계상한다.

2-1-5 세대내 환기덕트 설치 (2021년 신설 · 2024년 보완)

(일당)

구 분	단 위	수 량	시공량(m)
덕 트 공	인	2	100
보 통 인 부	인	1	

[주] ① 본 품은 세대내 환기덕트(204×60㎜ 이하)를 설치하는 기준이다.
　　② 본 품은 덕트 절단, 덕트 조립 및 설치, 우레탄 충전 작업을 포함한다.
　　③ 플렉시블 덕트 및 취출구 설치는 별도 계상한다.
　　④ 공구손료 및 경장비(드릴 등)의 기계경비는 인력품의 2%를 계상한다.
　　⑤ 벽체통과 구간의 콘크리트 깨기(쪼아내기) 등이 필요한 경우에는 별도 계상한다.

2-1-6 플렉시블덕트 설치 (2021년 보완)

(개소당)

규격(㎜)	덕트공(인)
100	0.050
125	0.060
150	0.080
175	0.090
200	0.100
225	0.110
250	0.120
275	0.140
300	0.170
350	0.210
400	0.250

[주] ① 본 품은 플렉시블 덕트를 일반 덕트에 연결하여 설치하는 기준이다.
　　② 본 품은 덕트 타공 및 절단, 플렉시블 덕트 접합 및 설치 작업을 포함한다.

2-2 덕트기구

2-2-1 취출구 설치 (2021년 보완)

(개당)

구 분	규격		덕트공(인)
아네모디퓨저	목지름 (mm)	100mm이하	0.368
		200mm이하	0.430
		300mm이하	0.460
		400mm이하	0.490
		500mm이하	0.505
		600mm이하	0.552
유니버설형	단면적 (m^2)	0.04m^2이하	0.315
		0.06	0.322
		0.08	0.348
		0.10	0.365
		0.15	0.382
		0.20	0.425
		0.25	0.458
		0.30	0.517
		0.35	0.560
		0.40	0.670
펀칭메탈형	길이 (m)	1m 미만	0.255
		1m 미만(셔터)	0.356
		1m이상	0.721
		1m이상(셔터)	1.010
슬릿형	변길이 (m)	1m 미만	0.390
		1m 이상	1.102

[주] ① 본 품은 덕트에 연결하여 설치하는 취출구 설치 기준이다.
② 본 품은 덕트 연결, 개스킷 설치, 취출구 설치 및 고정 작업을 포함한다.
③ 타공이 필요한 경우 별도 계상한다.

2-2-2 흡입구 설치

(개당)

구 분		규격		덕트공(인)
1) 그릴 (도어그릴)	흡입구	1m미만		0.525
	장변길이	1m이상		0.840
2) 점검구	300mm×300mm 이하			0.355
3) Hood	일반	투영면적 m²당		0.800
	2중	〃	m²당	0.960
	그리스필터	〃	m²당	0.860
	2중 그리스필터	〃	m²당	1.000

[주] 본 품은 덕트 타공, 기기의 설치 및 고정 작업이 포함된 것이다.

2-2-3 덕트 플렉시블 조인트 설치

(개소당)

송풍기 규격 호칭 번호	덕트공 (인)	보통인부 (인)	송풍기 규격 호칭 번호	덕트공 (인)	보통인부 (인)
032(2)	0.205	0.062	080(5⅓)	0.577	0.176
036(2⅓)	0.228	0.069	090(6)	0.682	0.207
040(2⅔)	0.252	0.077	100(6⅔)	0.795	0.242
045(3)	0.285	0.087	112(7½)	0.944	0.287
050(3⅓)	0.320	0.097	125(8⅓)	1.119	0.341
056(3⅔)	0.365	0.111	140(9⅓)	1.341	0.408
063(4)	0.421	0.128	160(10⅔)	1.669	0.508
071(4⅔)	0.492	0.150	180(12)	2.034	0.619

[주] ① 본 품은 설치 완료된 상태의 송풍기와 덕트를 연결하는 플렉시블 조인트 설치하는 기준이다.
② 조인트의 규격은 송풍기의 호칭번호를 적용한다.
③ 본 품은 플렉시블 조인트 연결 및 고정 작업이 포함된 것이다.

2-2-4 일반댐퍼(사각) 설치 (2021년 보완)

(개당)

구 분	단위	방화댐퍼	풍량조절댐퍼(수동식)
덕트공	인	0.415	0.375
비고	— 댐퍼면적 0.1㎡이하 기준으로, 0.1㎡ 증마다 다음 품을 가산한다.		
	구분	방화댐퍼	풍량조절댐퍼(수동식)
	덕 트 공	0.125	0.110

[주] 본 품은 덕트 타공, 기기의 설치 및 고정 작업을 포함한다.

2-2-5 일반댐퍼(원형) 설치 (2021년 신설)

(개당)

구 분	규격	덕트공(인)
방 화 댐 퍼	ø100mm이하	0.292
	ø200mm이하	0.346
	ø300mm이하	0.403
풍 량 조 절 댐 퍼 (수 동 식)	ø100mm이하	0.264
	ø200mm이하	0.313
	ø300mm이하	0.364

[주] 본 품은 덕트 타공 및 연결, 댐퍼 설치 및 고정 작업을 포함한다.

2-2-6 제연댐퍼 설치

(㎡ 당)

구 분	단위	수직덕트 연결방식	승강로 연결방식
덕트공	인	2.041	1.216
보통인부	인	0.588	0.350

[주] ① 본 품은 입상덕트 타공 및 연결, 댐퍼 설치, 제어선 결선, 코킹마감 작업을

포함하고 있으며, 승강로 연결방식은 입상덕트 타공 및 연결 작업이 제외되어 있다.
② 전기배관 및 입선은 별도 계상한다.
③ 공구손료 및 경장비(절단기 등)의 기계경비는 인력품의 2%를 계상한다.

[참고자료] 제연댐퍼 재료량

(m^2 당)

구 분	규격	단위	수량
앵 커	½″	개	20
블 라 인 드 리 벳		개	75
철 물	D22 철근	kg	12.5
실 리 콘		kg	1.25

제 3 장 보온공사

3-1 배관보온

3-1-1 일반마감 배관보온 (2020년 · 2024년 보완)

(일당)

구 분	단위	수량	배관규격(mm)	시공량(m)					
				고무발포보온재		발포폴리에틸렌 보온재		유리면보온재 (글라스울)	
				보온두께 25mm이하	보온두께 50mm이하	보온두께 25mm이하	보온두께 50mm이하	보온두께 25mm이하	보온두께 50mm이하
보온공	인	2	15	77	47	110	66	85	52
			20	68	42	95	58	76	47
			25	62	40	86	56	69	44
			32	53	34	73	48	59	38
			40	45	29	63	41	50	32
			50	38	25	54	35	42	28
			65	33	23	45	33	36	26
			80	27	20	38	29	30	22
			100	23	18	32	25	26	20
보통인부	인	1	125	19	15	26	21	21	17
			150	16	13	22	18	18	14
			200	12	11	17	15	13	12
			250	10	9	14	13	11	10
			300	9	8	12	12	10	9
비 고	- 기계실은 시공량의 17%를 감한다. - 그루브조인트식 배관에 보온을 하는 경우 시공량의 9%를 감한다. - 결로방지를 위해 보온 전에 비닐감기를 수행하는 경우 발포폴리에틸렌보온재 시공량의 13%를 감한다. - 마감재를 시공하지 않는 경우 시공량의 11%를 가산한다. - 마감재를 폴리프로필렌 Sheet(APS 또는 TS커버)로 시공할 경우 시공량의 13%를 감한다.								

[주] ① 본 품은 고무발포보온재, 발포폴리에틸렌보온재를 사용한 기계설비배관 보온 기준이다.
② 본 품은 보온재 절단 및 설치, PVC보온테이프(매직테이프) 및 알루미늄 밴드 마감 작업을 포함한다.

3-1-2 칼라함석마감 배관보온 (2014년 · 2024년 보완)

(일당)

구 분	단위	수량	보온두께(mm)	배관규격(mm)	시공량(m)
보 온 공	인	2	25	15	33
				20	31
				25	30
				32	28
				40	27
				50	24
보통인부	인	1	40	65	20
				80	17
				100	15
				125	14
				150	12
			50	200	10
				250	9
				300	8

[주] ① 본 품은 공장에서 가공된 상태의 칼라함석을 사용하여 배관을 보온하는 기준이다.
② 본 품은 보온재의 소운반, 보온재 설치, 마무리 작업을 포함한다.
③ 규격은 본관의 규격을 의미하며, 보온두께는 관보온재 설치두께를 의미한다.

3-2 밸브보온

3-2-1 일반마감 밸브보온 (2020년 보완)

(개소당)

구 분		단위	고무발포보온재		발포폴리에틸렌보온재	
규격(mm)	보온두께(mm)		보온공	보통인부	보온공	보통인부
15	25이하	인	0.198	0.066	0.149	0.049
	50이하	인	0.333	0.111	0.251	0.083
20	25이하	인	0.204	0.068	0.153	0.051
	50이하	인	0.344	0.114	0.259	0.086
25	25이하	인	0.211	0.070	0.158	0.052
	50이하	인	0.355	0.118	0.267	0.089
32	25이하	인	0.220	0.073	0.165	0.055
	50이하	인	0.371	0.123	0.279	0.092
40	25이하	인	0.230	0.076	0.173	0.057
	50이하	인	0.388	0.129	0.292	0.097
50	25이하	인	0.243	0.081	0.183	0.061
	50이하	인	0.410	0.136	0.308	0.102
65	25이하	인	0.253	0.086	0.194	0.064
	50이하	인	0.440	0.146	0.331	0.110
80	25이하	인	0.288	0.096	0.217	0.072
	50이하	인	0.471	0.156	0.354	0.117
100	25이하	인	0.342	0.113	0.257	0.085
	50이하	인	0.531	0.176	0.400	0.132
125	25이하	인	0.361	0.120	0.271	0.090
	50이하	인	0.592	0.196	0.445	0.148
150	25이하	인	0.383	0.127	0.288	0.096
	50이하	인	0.638	0.211	0.479	0.159
200	25이하	인	0.418	0.138	0.314	0.104
	50이하	인	0.653	0.216	0.491	0.163
250	25이하	인	0.440	0.146	0.331	0.110
	50이하	인	0.744	0.247	0.559	0.185

구 분		단위	고무발포보온재		발포폴리에틸렌보온재	
규격(mm)	보온두께(mm)		보온공	보통인부	보온공	보통인부
300	25이하	인	0.516	0.171	0.388	0.129
	50이하	인	0.774	0.257	0.582	0.193
비고	기계실은 본 품의 20%를 가산한다.					

[주] ① 본 품은 고무발포보온재, 발포폴리에틸렌보온재를 사용한 기계설비밸브 보온 기준이다.
② 본 품은 보온재 절단 및 설치, PVC보온테이프(매직테이프) 및 알루미늄 밴드 마감 작업을 포함한다.
③ 알람체크밸브, 준비작동식밸브 등 각종부속(자동경종장치, 배수밸브, 작동시험밸브, 압력스위치, 압력계 등)이 부착되어 있는 밸브에 보온하는 경우 25%까지 가산할 수 있다.

3-2-2 함석마감 밸브보온

(개소당)

규격(mm)	단위	수량	
		보온공(인)	보통인부(인)
50 이하	인	0.206	0.033
65	인	0.231	0.036
80	인	0.255	0.040
100	인	0.288	0.046
125	인	0.329	0.052
150	인	0.370	0.058
200	인	0.452	0.071
250	인	0.534	0.084
300	인	0.616	0.097

[주] ① 본 품은 공장에서 가공된 상태의 함석을 사용하여 밸브를 보온하는 기준이다.
② 본 품은 보온재의 설치 및 마무리 작업을 포함한다.
③ 본 품은 개폐형을 기준으로 한 것이다.

3-3 덕트보온

3-3-1 각형덕트 보온 (2014년 · 2024년 보완)

(일당)

구 분	단위	수량	보온두께 (mm)	시공량(㎡)	
				고무발포보온재 발포 폴리에틸렌보온재	유리면보온재 (글라스울)
보 온 공	인	2	25이하	9.5	8.0
보 통 인 부	인	1	50이하	8.5	7.0

[주] ① 본 품은 접착제가 부착된 고무발포 보온재, 발포 폴리에틸렌 보온재와 접착제가 부착되지 않은 유리면보온재(글라스울)를 사용한 각형덕트 보온 기준이다.
② 본 품은 보온재의 소운반, 보온재 재단, 보온재 및 알루미늄밴드 설치, 마무리 작업을 포함한다.

3-3-2 원형덕트 보온 (2014년 · 2024년 보완)

(일당)

구 분	단위	수량	보온두께 (mm)	시공량(㎡)	
				고무발포보온재 발포 폴리에틸렌보온재	유리면보온재 (글라스울)
보 온 공	인	2	25이하	9.5	8.0
보 통 인 부	인	1	50이하	8.5	7.0

[주] ① 본 품은 접착제가 부착된 고무발포 보온재, 발포 폴리에틸렌 보온재와 접착제가 부착되지 않은 유리면보온재(글라스울)를 사용한 원형덕트 보온 기준이다.
② 본 품은 보온재의 소운반, 보온재 재단, 보온재 및 알루미늄밴드 설치, 마무리 작업을 포함한다.

3-4 발열선

3-4-1 발열선 설치 (2006년 신설, 2014·2020년 보완)

(m 당)

구 분	단위	수량	
		세대내	공용부위
기계설비공	인	0.015	0.017
보통인부	인	-	0.006

[주] ① 본 품은 배관의 발열선 설치를 기준한 것이다.
② 본 품의 적용범위는 다음을 포함한다.

구분	세대내	공용부위
발열선 설치	- 발열선 설치 및 고정 (유리면 접착 테이프 사용) - 분기부 Tee Splice 설치 - 관말 End Seal 설치 - 온도센서 설치 - 발열선 경고판 설치	- 발열선 설치 및 고정 (유리면 접착 테이프 사용) - 분기부 Tee Splice 설치 - 관말 End Seal 설치 - 온도센서 설치 - 발열선 경고판 부착 - 램프킷트 설치 및 연결 - 파워커넥션킷트 설치 및 연결

③ 강제전선관 배관, 전기배선 인입작업은 별도 계상한다.

3-4-2 분전함 설치 (2006년 신설, 2014·2020년 보완)

(개소당)

구 분	단위	수량
기 계 설 비 공	인	0.271
보 통 인 부	인	0.135

[주] ① 본 품은 발열선의 작동을 위한 분전함(제어부) 설치 기준이다.
② 본 품은 분전함 설치 및 고정, 배선 인입부 가공, 분전함 내부 배선 및 결선, 작동시험 및 정리작업을 포함한다.
③ 강제전선관 배관, 통신·전기배선 인입 및 결선작업은 별도 계상한다.

제 4 장 펌프 및 공기설비공사

4-1 펌프

4-1-1 일반펌프 설치 (2014년, 2021년 보완)

(대당)

규 격	단위	기계설비공	보통인부
0.75kW 이하	인	0.766	0.254
1.5kW 이하	인	0.848	0.281
2.2kW 이하	인	0.977	0.324
3.7kW 이하	인	1.122	0.372
5.5kW 이하	인	1.352	0.448
7.5kW 이하	인	1.706	0.565
11kW 이하	인	2.144	0.710
15kW 이하	인	2.276	0.754
22kW 이하	인	3.677	1.218
37kW 이하	인	4.748	1.572
55kW 이하	인	7.638	2.530
75kW 이하	인	9.357	3.099

[주] ① 본 품은 급수 및 소방펌프를 옥내에 인력으로 운반하여 설치하는 기준이다.
　② 본 품은 펌프 설치, 자동제어설비와의 결선, 펌프 시운전 및 교정 작업을 포함한다.
　③ 펌프 기초 및 방진가대, 전기배선 및 입선, 펌프주위 연결배관은 제외되어 있다.
　④ 펌프 압력탱크, 펌프 운영을 위한 자동제어설비의 설치는 제외되어 있다.
　⑤ 공구손료 및 경장비(윈치 등)의 기계경비는 인력품의 3%를 계상한다.
　⑥ 펌프 설치를 위해 장비(지게차 등)를 사용할 경우 별도 계상한다.

4-1-2 집수정 배수펌프 설치 (2015년 신설, 2021년 보완)

(대당)

규 격	단위	기계설비공	보통인부
0.75kW 이하	인	1.325	0.471
1.5kW 이하	인	1.498	0.533
2.2kW 이하	인	1.660	0.590
3.7kW 이하	인	2.005	0.713
5.5kW 이하	인	2.420	0.861
7.5kW 이하	인	2.881	1.025

[주] ① 본 품은 집수정에 배수펌프(자동탈착식)를 인력으로 설치하는 기준이다.
　② 본 품은 지지대 및 가이드파이프 설치, 펌프 연결 및 고정, 자동제어설비와 결선, 시운전 및 교정 작업을 포함한다.
　③ 본 품에는 기초, 전기배선 및 입선, 펌프주위 연결배관, 자동제어설비의 설치는 제외되어 있다.
　④ 공구손료 및 경장비(원치, 용접기 등)의 기계경비는 인력품의 3%를 계상한다.
　⑤ 펌프 설치를 위해 장비를 사용할 경우 별도 계상한다.

4-1-3 펌프 방진가대 설치 (2021년 보완)

(대당)

규 격	단위	기계설비공	보통인부
0.75kW 이하	인	0.650	0.207
1.5kW 이하	인	0.675	0.215
2.2kW 이하	인	0.715	0.228
3.7kW 이하	인	0.759	0.242
5.5kW 이하	인	0.830	0.265
7.5kW 이하	인	0.891	0.284
11kW 이하	인	0.987	0.315
15kW 이하	인	1.021	0.326
22kW 이하	인	1.349	0.430
37kW 이하	인	1.566	0.499
55kW 이하	인	1.988	0.643
75kW 이하	인	2.378	0.758

[주] ① 본 품은 펌프 설치를 위한 방진가대를 설치하는 기준이다.
② 본 품은 소운반, 방진가대 및 방진마운트 설치를 포함한다.
③ 방진가대 내에 콘크리트(모르타르) 충전이 필요한 경우 별도 계상한다.

4-2 송풍기 및 환풍기
4-2-1 송풍기 설치 (2015년, 2021년 보완)

(대당)

송풍기 호칭번호 (#규격)	편흡입		양흡입	
	기계설비공(인)	보통인부(인)	기계설비공(인)	보통인부(인)
032(2)	1.042	0.309	1.377	0.409
036(2⅓)	1.111	0.330	1.469	0.436
040(2⅔)	1.200	0.356	1.586	0.471
045(3)	1.313	0.390	1.735	0.515
050(3⅓)	1.440	0.428	1.903	0.565
056(3⅔)	1.613	0.479	2.132	0.633
063(4)	1.843	0.547	2.435	0.723
071(4⅔)	2.142	0.636	2.830	0.840
080(5⅓)	2.526	0.750	3.338	0.991
090(6)	3.014	0.895	3.982	1.183
100(6⅔)	3.565	1.059	4.711	1.399
112(7½)	4.177	1.240	5.519	1.639
125(8⅓)	4.606	1.368	6.086	1.807
140(9⅓)	5.165	1.534	6.824	2.027
160(10⅔)	6.760	2.008	8.933	2.653
180(12)	7.682	2.281	10.150	3.014
비고	— 천장(높이 3.5m)에 행거형으로 송풍기를 설치하는 경우, 본 품의 70%를 가산한다.			

[주] ① 본 품은 다익형 송풍기를 인력으로 운반하여 설치하는 기준이다.
② 송풍기 호칭번호는 임펠러 깃 바깥 지름의 최대 치수(㎜)를 적용한다.
③ 본 품은 송풍기 설치, 자동제어설비와의 결선, 송풍기 시운전 및 교정 작업을 포함한다.

④ 송풍기 기초 및 방진가대, 전기배선 및 입선, 송풍기 주위 연결시설물은 제외되어 있다.
⑤ 공구손료 및 경장비(윈치 등)의 기계경비는 인력품의 3%를 계상한다.
⑥ 산업용 송풍기 설치는 '[기계설비부문] 13-5-7 Fan 설치'를 적용한다.
⑦ 장비(지게차 등)를 사용할 경우 기계경비는 별도 계상한다.

4-2-2 벽걸이 배기팬 설치 (2016년, 2021년 보완)

(개당)

구 분	단위	200mm	300mm	400mm	600mm
기계설비공	인	0.30	0.40	0.50	0.80

[주] ① 본 품은 전동기 직결형 배기팬의 벽걸이형 설치작업을 기준한 것이다.
② 형틀 설치가 필요한 경우에는 별도 계상한다.

4-2-3 욕실배기팬 설치 (2021년 신설)

(개당)

구 분	단위	Ø100mm이하	Ø200mm이하
기계설비공	인	0.083	0.111
보통인부	인	0.042	0.056

[주] ① 본 품은 욕실 천장에 설치하는 원심형 환풍기 기준이다.
② 본 품은 덕트 연결, 환풍기(프라켓 및 커버) 설치, 결선, 작동시험을 포함한다.
③ 플렉시블덕트 및 댐퍼 설치는 별도 계상한다.

4-2-4 무덕트 유인팬 설치 (2001년 신설, 2021년 보완)

(대당)

구 분	단위	풍량 1,600m³/h이하	풍량 2,400m³/h이하
기계설비공	인	0.230	0.246
보통인부	인	0.170	0.182

[주] ① 본 품은 천장에 무덕트 유인팬을 설치하는 기준이다.
② 본 품에는 앵커설치, 가대조립, 유인팬 설치, 작동시험을 포함한다.

4-2-5 레인지 후드 설치 (1996년 신설, 2016년 보완)

구 분	단위	700mm이하	900mm이하
기계설비공	인	0.119	0.142
보통인부	인	0.038	0.046

[주] ① 본 품은 천장에 무덕트 유인팬을 설치하는 기준이다.
② 본 품에는 앵커설치, 가대조립, 유인팬 설치, 작동시험을 포함한다.

제 5 장 밸브설비공사

5-1 밸브

5-1-1 일반밸브 및 콕류 설치 (2013년 · 2019년 보완)

규격(mm)	수량		규격(mm)	수량	
	배관공(인)	보통인부(인)		배관공(인)	보통인부(인)
15 ~ 25	0.050	–	125	0.278	0.121
32 ~ 50	0.074	–	150	0.343	0.147
65	0.108	0.073	200	0.471	0.188
80	0.141	0.083	250	0.616	0.230
100	0.214	0.105	300	0.788	0.261

[주] ① 본 품은 설치위치 선정, 설치, 작동시험 및 마무리 작업을 포함한다.
　　② 공구손료 및 경장비(전기드릴 등)의 기계경비는 인력품의 2%로 계상한다.

5-1-2 감압밸브장치 설치 (2013년 · 2019년 보완)

(조당)

규격(mm)	수량		규격(mm)	수량	
	배관공(인)	보통인부(인)		배관공(인)	보통인부(인)
15	2.084	0.212	65	5.477	1.047
20	2.527	0.295	80	6.224	1.297
25	2.934	0.379	100	7.220	1.631
32	3.462	0.496	125	8.465	2.049
40	4.020	0.629	150	9.710	2.466
50	4.668	0.796	200	11.815	3.301

[주] ① 본 품은 밸런스 파이프를 필요로 하지 않는 기준이다.
　　② 감압밸브, 게이트밸브, 글로브밸브, 스트레이너, 압력계, 안전밸브 등 바이

패스 배관조립 및 설치, 배관시험을 포함한다.
③ 온도조절장치의 경우 본 품을 준용하여 적용할 수 있다.
④ 공구손료 및 경장비(전기드릴 등)의 기계경비는 인력품의 2%로 계상한다.

5-2 증기트랩

5-2-1 스팀트랩 장치 설치 (2014 · 2019년 보완)

(조당)

구 분	단위	수량(규격)					
		ø15mm	ø20mm	ø25mm	ø32mm	ø40mm	ø50mm
배관공	인	0.632	0.856	1.081	1.396	1.756	2.206
보통인부	인	0.235	0.319	0.402	0.519	0.653	0.820

[주] ① 본 품은 고압버킷 및 저압벨로스형 트랩을 포함한 기준이다.
② 트랩, 게이트밸브, 글로브밸브, 스트레이너, 바이패스 배관조립 및 설치, 배관시험을 포함한다.
③ 바이패스 구간에 기타 부속품이 추가되는 경우에는 별도 계상한다.
④ 스팀트랩 장치 설치를 위한 지지대 및 가대설치는 별도 계상한다.
⑤ 공구손료 및 경장비(전기드릴 등)의 기계경비는 인력품의 2%로 계상한다.

5-3 플랙시블 이음 및 팽창이음

5-3-1 익스팬션조인트 설치 (2007년 · 2019년 보완)

(개당)

규격(mm)	수량			
	복식		단식	
	배관공(인)	보통인부(인)	배관공(인)	보통인부(인)
20~25	0.219	0.142	0.195	0.122
32	0.344	0.198	0.306	0.169

(개당)

규격(mm)	수량			
	복식		단식	
	배관공(인)	보통인부(인)	배관공(인)	보통인부(인)
40	0.459	0.244	0.408	0.209
50	0.611	0.301	0.544	0.258
65	0.857	0.385	0.762	0.330
80	1.119	0.468	0.995	0.401
100	1.490	0.577	1.325	0.494
125	1.985	0.711	1.766	0.609
150	2.510	0.844	2.232	0.723
200	3.633	1.107	3.231	0.948

[주] ① 본 품은 자재 및 공구 설치위치 재단, 플랜지 접합(강관) 또는 동관용접, 벽체 앵커 설치, 고정바 취부, 수압시험, 고정바 및 고정핀 제거, 정리 및 마무리 작업을 포함한다.
② 지지대 설치가 필요한 경우 별도 계상한다.
③ 공구손료 및 경장비(용접기 등)의 기계경비는 인력품의 2%로 계상하다.

5-3-2 플랙시블커넥터 설치

(개당)

규 격	수량	
	배관공(인)	보통인부(인)
15~25	0.034	0.025
32~50	0.083	0.046
65	0.191	0.095
80	0.260	0.114
100	0.400	0.151
125	0.560	0.193
150	0.696	0.237
200	0.968	0.315
250	1.250	0.393
300	1.512	0.461

[주] ① 본 품은 진동을 흡수하는 플렉시블커넥터(커넥팅로드-플랜지접합형)를 설치하는 기준이다.
② 수평보기, 콘트롤로드설치, 배관시험을 포함한다.
③ 플랙시블조인트의 경우 본 품을 준용하여 적용할 수 있다.
④ 공구손료 및 경장비(용접기 등)의 기계경비는 인력품의 2%로 계상하다

5-4 수격방지기

5-4-1 수격방지기 설치 (2002년 신설, 2019년 보완)

(개당)

규격(mm)	수량		규격(mm)	수량	
	배관공(인)	보통인부(인)		배관공(인)	보통인부(인)
15~25	0.028	-	100	0.136	0.045
32~50	0.056	-	125	0.181	0.060
65	0.073	0.024	150	0.226	0.075
80	0.100	0.033	200	0.316	0.105

[주] ① 본 품은 나사(삽입)접합식(50mm이하)과 플랜지접합식(65mm이상)의 설치 기준이다.
② 설치위치 선정, 수격방지기 설치, 작동시험 및 마무리 작업을 포함한다.
③ 수격방지기를 설치하기 위하여 벽체 홈파내기가 필요한 경우 별도 계상한다.
④ 공구손료 및 경장비(전기드릴 등)의 기계경비는 인력품의 2%로 계상한다.

제 6 장 측정기기공사

6-1 유량계

6-1-1 직독식 설치 (2014년 · 2019년)

(개당)

구 분		단위	수량 (규격 mm)					
			ø 13~15	ø 20~32	ø 40~50	ø 65~80	ø 100~150	ø 200~300
보호통	배관공	인	0.148	0.188	0.253	–	–	–
	보통인부	인	0.148	0.188	0.253	–	–	–
유량계	배관공	인	0.094	0.113	0.143	0.446	0.533	0.838
	보통인부	인	0.094	0.113	0.143	0.446	0.533	0.838
비고	– 건축물내의 유량계 설치위치 · 형태가 개소별로 상이하거나 연속작업이 불가능한 경우는 본 품의 20%를 가산한다. – 동일장소에서 수도미터, 온수미터를 병행 설치시에는 단독 설치품에 30%를 가산한다.							

[주] ① 본 품은 수도미터(급수용), 온수미터(급탕용, 난방용)의 옥내배관 설치 기준이다.
② 가배관 철거, 유량계설치, 작동시험 및 마무리 작업을 포함한다.
③ 공구손료 및 경장비의 기계경비는 인력품의 1%로 계상한다.

6-1-2 원격식 설치 (2014년 · 2019년)

(개당)

구 분	단위	수량(규격)	
		ø 13~15mm	ø 20~32mm
배 관 공	인	0.112	0.132
보 통 인 부	인	0.112	0.132

[주] ① 본 품은 원격식 냉수용 수도미터, 원격식 온수미터의 옥내배관 설치 기준이다.
② 가배관 철거, 유량계 설치, 전선관 결선, 시험 · 점검을 포함한다.
③ 밸브, 스트레이너 및 주위배관 설치는 별도 계상한다.
④ 전선관 배관 및 입선, 지시부 설치는 별도 계상한다.
⑤ 공구손료 및 경장비의 기계경비는 인력품의 1%로 계상한다.

6-2 적산열량계

6-2-1 세대용 설치 (2004년 · 2019년 보완)

(개당)

구 분	단위	수량(규격)	
		ø 13~15mm	ø 20~32mm
배 관 공	인	0.122	0.142
보 통 인 부	인	0.122	0.142

[주] ① 본 품은 적산열량계의 옥내배관 설치 기준이다.
② 가배관 철거, 적산열량계 및 감온부 설치, 전선관 결선, 시험 · 점검을 포함한다.
③ 밸브, 스트레이너 및 주위배관 설치 품은 별도 계상한다.
④ 전선관 배관 및 입선, 지시부 설치는 별도 계상한다.
⑤ 공구손료 및 경장비의 기계경비는 인력품의 1%로 계상한다.

6-2-2 건물용 설치 (2019년 보완)

(개당)

구 분	단위	수량(규격)				
		ø 50mm	ø 65mm	ø 80mm	ø 125mm	ø 150mm
배관공	인	0.424	0.478	0.489	0.521	0.634
보통인부	인	0.424	0.478	0.489	0.521	0.634

[주] ① 본 품은 가배관을 철거하고, 건물입구(지하층 또는 기계실)에 적산열량계를 설치하는 기준이다.
② 배관세정작업, 적산열량계 및 온도감지기 설치, 전선관 결선, 시험·점검을 포함한다.
③ 밸브, 스트레이너 및 연결배관 조립 품은 별도 계상한다.
④ 전선관 배관 및 입선, 지시부 설치는 별도 계상한다.
⑤ 공구손료 및 경장비의 기계경비는 인력품의 1%로 계상한다

6-2-3 산업용 설치 (2019년 보완)

(대당)

구 분	단위	수량(규격)			
		ø 32mm	ø 50mm	ø 100mm	ø 150mm
플랜트배관공	인	0.71	0.75	0.85	0.95
특별인부	인	0.71	0.75	0.85	0.95
계장공	인	0.71	0.75	0.85	0.95

[주] ① 본 품은 가배관을 철거하고, 지역난방공사와 같이 산업용으로 적산열량계를 설치하는 기준이다
② 배관세정작업, 유량계, 온도감지기, 열량지시계, 단자함 설치, 전기배선 및 결선, 시험을 포함한다.
③ 전선관, 밸브, 스트레이너 설치품은 별도 계상한다.
④ 열량지시계는 노출기준이며 매립 시는 별도 계상한다.
⑤ 공구손료 및 경장비의 기계경비는 인력품의 1%로 계상한다.

제 7 장 위생기구설비공사

7-1 위생기구류

7-1-1 소변기 설치 (2014년 · 2022년 보완)

(개당)

구 분	단위	F.V형 소변기		전자감응기 일체형 소변기		전자감응기 노출형 소변기		전자감응기 벽매립형 소변기	
		거치형	벽걸이형	거치형	벽걸이형	거치형	벽걸이형	거치형	벽걸이형
위 생 공	인	0.747	0.784	0.796	0.835	0.907	0.952	0.934	0.980
보통인부	인	0.241	0.253	0.241	0.253	0.241	0.253	0.241	0.253

[주] ① 본 품은 스톨소변기를 설치하는 기준이다.
② 본 품은 연결구 플러그 제거, 앵커 및 지지철물 설치, 플랜지 설치, 니플 및 연결관 설치, 소변기 설치, 시멘트 및 실리콘 마감, 전자감응기 설치 및 결선, 통수시험을 포함한다.
③ 전자감응기 벽매립형 설치에는 슬리브BOX 매립 작업을 포함한다.

7-1-2 대변기 설치 (2014년 · 2022년 보완)

(개당)

구 분	단위	동양식대변기 (F.V용)	서양식대변기 (탱크형)	서양식대변기 (F.V형)
위 생 공	인	0.605	0.694	0.669
보 통 인 부	인	0.174	0.200	0.193

[주] 본 품은 연결구 플러그 제거, 플랜지 설치, 앵글밸브 및 연결관 설치, 세척밸브 설치, 양변기 및 시트 설치, 시멘트 및 실리콘 마감, 통수시험을 포함한다.

7-1-3 도기세면기 설치 (2014년 · 2022년 보완)

(개당)

구 분	단위	수량
위 생 공	인	0.275
보 통 인 부	인	0.065

[주] ① 본 품은 벽붙임 도기세면기를 설치하는 기준이다.
② 본 품은 앵커 설치, 세면기 설치, 폽업 및 배수구 연결, 배관커버 설치, 실리콘 마감, 통수시험을 포함한다.

7-1-4 카운터형 세면기 설치(일체형) (2014년 · 2022년 보완)

(세면기 개당)

구 분	단위	수량
위 생 공	인	0.240
보 통 인 부	인	0.094

[주] ① 본 품은 세면기와 세면대가 일체화로 반입된 카운터형 세면기를 설치하는 기준이다.
② 본 품은 앵커 및 브라켓 설치, 세면대 및 세면기 설치, 폽업 및 배수구 연결, 실리콘 마감, 통수시험을 포함한다.

7-1-5 카운터형 세면기 설치(분리형) (2022년 보완)

(세면기 개당)

구 분	단위	수량
위 생 공	인	0.285
보 통 인 부	인	0.112

[주] ① 본 품은 세면기와 세면대를 분리하여 반입된 카운터형 세면기를 설치하는 기준이다.
② 본 품은 앵커 및 브라켓 설치, 세면대 및 세면기 설치, 폽업 및 배수구 연결, 실리콘 마감, 통수시험을 포함한다.

7-1-6 욕조 설치 (2014년 · 2022년 보완)

(개당)

구 분	단위	수량
위 생 공	인	0.634
보 통 인 부	인	0.203

[주] ① 본 품은 욕조(월풀욕조 제외)를 설치하는 품이다.
　　② 본 품은 지지대 설치, 배수구연결, 몰탈충전, 욕조설치, 에이프런설치, 코킹작업, 보양재 제거, 통수시험을 포함한다.

7-1-7 청소용 수채 설치 (2014년 · 2022년 보완)

(개당)

구 분	단위	수량
위 생 공	인	0.250
보 통 인 부	인	0.096

[주] 본 품은 앵커설치, 배수구 연결, 수채 설치, 실리콘 마감, 통수시험을 포함한다.

7-2 수전

7-2-1 매립형 욕조수전 설치 (2014년. 2022년 보완)

(개당)

구 분	단 위	수량
위 생 공	인	1.000
보 통 인 부	인	0.200

[주] ① 본 품은 연결구 플러그 제거, 니플조정, 씰테이프감기, 관자금 설치, 천공 및 목심설치, 호스 및 헤드 연결, 기능시험을 포함한다.
　　② 욕조혼합수전(매립형)의 품은 매립 배관품이 포함되어 있다.

7-2-2 샤워수전 설치 (2022년 보완)

(개당)

구 분	단 위	노출형	선반형
위 생 공	인	0.090	0.093
보 통 인 부	인	0.018	0.019
비고	\- 샤워헤드걸이를 설치는 다음을 적용하여 가산한다. (개당) 	구분	단 위	고정식	높이조절식	 	위 생 공	인	0.071	0.099				

[주] ① 본 품은 벽붙임 혼합수전을 설치하는 기준이다.
　② 본 품은 연결구 플러그 제거, 관이음부속류 설치, 수전 및 샤워헤드 설치, 관자금 설치, 기능시험을 포함한다.

7-2-3 세면기수전 설치 (2014년, 2022년 보완)

(개당)

구 분	단위	수량
위 생 공	인	0.139
보 통 인 부	인	0.028
비고	\- 냉수 또는 온수만 전용으로 하는 수전은 30% 감하여 적용한다.	

[주] ① 본 품은 세면기에 대붙임 혼합수전을 설치하는 기준이다.
　② 본 품은 연결구 플러그 제거, 관이음부속류 설치, 연결관 설치, 수전 설치, 관자금 설치, 기능시험을 포함한다.

7-2-4 씽크수전 설치 (2014년, 2022년 보완)

(개당)

구 분	단위	수량
위 생 공	인	0.164
보 통 인 부	인	0.033

[주] ① 본 품은 씽크대에 대붙임 혼합수전을 설치하는 기준이다.
② 본 품은 연결구 플러그 제거, 관이음부속류 설치, 연결관 설치, 수전 설치, 하부보강판 및 패킹 설치, 관자금 설치, 기능시험을 포함한다.

7-2-5 손빨래수전 설치 (2014년, 2022년 보완)

(개당)

구 분	단위	수량
위 생 공	인	0.087
보 통 인 부	인	0.017
비고	\- 냉수 또는 온수만 전용으로 하는 수전은 30% 감하여 적용한다.	

[주] ① 본 품은 발코니 등 벽붙임 혼합수전을 설치하는 기준이다.
② 본 품은 연결구 플러그 제거, 관이음부속류 설치, 수전 설치, 관자금 설치, 기능시험을 포함한다.

7-3 욕실 부착물

7-3-1 욕실거울 설치 (2022년 보완)

(개당)

구 분	단 위	개당 면적(㎡)		
		0.5미만	1.0미만	1.5미만
위 생 공	인	0.180	0.218	0.277
보 통 인 부	인	0.028	0.034	0.044

[주] ① 본 품은 욕실 벽면에 거울을 설치하는 기준이다.
② 본 품은 구멍뚫기, 지지철물 설치, 거울 설치, 실리콘 코킹을 포함한다.

7-3-2 욕실금구류 설치 (2022년 신설)

(개당)

구 분		단위	위생공
수 건 걸 이	BAR형	인	0.099
	환형	인	0.071
휴 지 걸 이	노출형	인	0.071
	매립형	인	0.150
비 누 대 · 컵 대		인	0.071
옷 걸 이		인	0.071

[주] ① 본 품은 욕실 벽면에 볼트로 고정하는 금구류 기준이다.
　　② 본 품은 구멍뚫기, 칼블록 설치, 금구류 설치를 포함한다.
　　③ 휴지걸이 매립형 설치에는 슬리브BOX 매립 작업을 포함한다.

7-3-3 바닥배수구 설치 (2022년 보완)

(개소당)

구 분	단위	규격		
		ø50mm	ø75mm	ø100mm
배 관 공	인	0.115	0.151	0.164
보 통 인 부	인	0.039	0.051	0.055

[주] ① 본 품은 옥내 바닥배수구를 설치하는 기준이다.
　　② 본 품은 성형슬래브 매립, 트랩 설치, 바닥배수구 설치, 통수시험을 포함한다.

7-3-4 안전손잡이 설치 (2022년 신설)

(개당)

구 분	단 위	고정단 2개	고정단 3개	고정단 4개	고정단 6개
위 생 공	인	0.100	0.110	0.120	0.130
보 통 인 부	인	0.011	0.012	0.013	0.014

[주] ① 본 품은 욕실, 화장실 등 볼트로 고정하는 안전손잡이(일자형, L자형, T자형, 소변기용, 세면기용)를 설치하는 기준이다.
② 본 품은 구멍뚫기, 칼블록 설치, 금구류 설치를 포함한다.

제 8 장 공 기 조 화 설 비 공 사

8-1 냉동기 및 냉각탑

8-1-1 냉동기 반입

작업횟수 층별 냉동 U.S. ton 공종	1회						2회				소운반		가조립	
	지하1층		지하2층		지하3층		지하2층		지하3층		10m거리내		설치기초상	
	비계공	특별인부	비계공	특별인부	비계공	특별인부	비계공	특별인부	비계공	특별인부	비계공	특별인부	비계공	특별인부
10	3	1	3	2	3	2	6	2	7	2	1	—	2	—
20	4	2	4	3	5	3	7	4	10	4	2	—	3	—
30	5	3	5	4	7	4	10	5	12	7	2	—	4	1
50	7	3	7	4	9	5	14	6	16	8	2	1	4	2
80	10	5	12	7	15	7	23	8	28	10	4	1	7	3
100	14	6	16	8	20	8	30	10	36	12	4	2	7	4
150	20	11	24	14	31	14	46	18	57	20	6	3	13	6
200	29	11	32	16	40	16	60	20	72	24	7	4	16	8
300	40	20	44	28	56	28	80	40	90	54	12	6	24	12
400	50	30	56	40	72	40	100	60	112	80	16	8	34	14
500	60	40	70	50	90	50	120	80	140	100	20	10	40	20
600	70	50	84	60	108	60	140	100	169	120	24	12	48	24

8-1-2 냉동기 설치

(대당)

규 격		배관공(인)	보통인부(인)
왕복동식냉동기	5 냉동톤	2.19	1.09
	7.5 냉동톤	2.80	1.27
	15 〃	3.37	1.70
	20 〃	3.93	1.98
	30 〃	5.04	2.53
	50 〃	5.91	3.80
	80 〃	12.03	5.91

[주] ① 본 품은 현장 반입 후 지하 1층 설치를 기준하였다.
② 본 품에는 시운전품이 포함되어 있다.
③ 기초 및 소운반은 제외되었다

8-1-3 냉각탑 설치

냉동톤 U.S.Ton	규격	2층 건물			5층 건물					9층 건물						
		옥상	1회 탑옥1층	2회 탑옥1층	옥상	1회 탑옥1층	1회 탑옥2층	2회 탑옥1층	2회 탑옥2층	옥상	1회 탑옥1층	1회 탑옥2층	1회 탑옥3층	2회 탑옥1층	2회 탑옥2층	2회 탑옥3층
5	비계공 특별인부	6	6	10	7	7	8	11	10	8	8	10	12	12	14	13
	제관공 특별인부	2	3	5	3	3	3	6	5	4	4	4	4	6	6	6
10	비계공 특별인부	7	8	14	8	8	10	14	13	10	11	12	14	14	15	15
	제관공 특별인부	3	3	5	4	4	5	6	6	4	4	4	6	8	8	8
20	비계공 특별인부	8	10	15	9	10	11	15	14	11	12	13	15	15	16	16
	제관공 특별인부	3	4	6	5	5	5	7	6	5	5	5	6	9	9	9
30	비계공 특별인부	11	13	19	12	13	14	20	18	14	15	16	21	21	23	23
	제관공 특별인부	4	5	7	6	6	6	8	7	6	6	6	8	9	9	9
50	비계공 특별인부	15	17	22	16	17	18	24	22	17	18	19	23	23	24	24
	제관공 특별인부	5	5	8	6	6	6	8	8	7	7	7	10	10	10	10
80	비계공 특별인부	23	26	37	24	25	26	38	35	28	29	30	38	38	39	39
	제관공 특별인부	8	8	12	10	10	10	13	13	8	8	8	15	15	15	15
100	비계공 특별인부	30	32	43	32	32	33	45	44	35	35	36	47	47	48	48
	제관공 특별인부	10	10	18	11	11	11	18	17	10	10	10	18	18	18	18
150	비계공 특별인부	41	44	61	42	43	44	64	61	43	44	45	65	65	66	66
	제관공 특별인부	15	15	24	17	17	17	24	24	18	18	18	25	25	25	25
200	비계공 특별인부	57	60	78	55	56	57	79	78	57	58	59	80	81	81	81
	제관공 특별인부	19	19	32	24	24	24	33	32	24	24	24	33	34	34	34
300	비계공 특별인부	82	86	119	85	86	87	120	119	86	87	88	121	121	122	122
	제관공 특별인부	34	34	48	35	35	35	49	48	36	36	36	50	50	50	50
400	비계공 특별인부	108	112	164	112	113	114	169	164	113	114	115	161	161	162	162
	제관공 특별인부	48	48	60	49	49	49	68	60	50	50	50	68	68	68	68
500	비계공 특별인부	131	146	192	139	140	141	192	192	142	143	144	193	193	194	194
	제관공 특별인부	65	65	90	63	63	63	92	90	62	62	62	93	93	93	93
600	비계공 특별인부	157	162	199	155	156	157	201	199	163	163	164	201	201	202	202
	제관공 특별인부	80	80	140	88	88	88	140	140	82	82	82	142	142	142	142

[주] ① 탑본체, 수조 등 부속기기의 반입 및 설치를 포함한 것이다.
② 반입시 사용되는 장비의 사용료를 포함한 것이다.

8-2 공기조화기

8-2-1 공기가열기, 공기냉각기, 공기여과기 설치

(대당)

규 격	기계설비공 (인)	보통인부 (인)	규격	기계설비공 (인)	보통인부 (인)
유효길이 610 ㎜	2.0	0.60	유효길이 1,829 ㎜	6.0	1.80
762 〃	2.5	0.75	1,981 〃	6.5	1.90
914 〃	3.0	0.90	2,134 〃	7.0	2.10
1,067 〃	3.5	1.00	2,286 〃	7.5	2.20
1,219 〃	4.0	1.20	2,438 〃	8.0	2.40
1,372 〃	4.5	1.30	2,591 〃	8.5	2.50
1,524 〃	5.0	1.50	2,875 〃	10.0	3.00
1,676 〃	5.5	1.60	3,048 〃	11.0	3.30

[주] ① 직접 팽창식(디스트리뷰터 포함)은 본 품에 30%를 가산한다.
② 헤더 분리형은 본 품에 50%를 가산한다.
③ 연결 케이싱은 납땜 시공한다.
④ 풍압이 특히 높을 경우에는 별도 계상한다.
⑤ 에로핀, 플레이트핀 및 핀 피치에 상관없이 핀치수 18본 1~3열 기준(W254㎜×H737㎜)한 것이다.
⑥ 튜브의 본수에 의한 증감은 2본 감할 때마다 4% 감하고, 2본 증할 때마다 5% 가산한다.

8-2-2 패키지형 공기조화기 설치

출력(kW)	작업횟수 층별 공종 반입대수	1회 지하1층 비계공	1회 지하1층 특별인부	1회 지하2층 비계공	1회 지하2층 특별인부	1회 지하3층 비계공	1회 지하3층 특별인부	2회 지하2층 비계공	2회 지하2층 특별인부	2회 지하3층 비계공	2회 지하3층 특별인부	1회 2층 비계공	1회 2층 특별인부	1회 5층 비계공	1회 5층 특별인부	1회 9층 비계공	1회 9층 특별인부
0.75 이하	15 대분	9.7	4.9	10.3	5.1	11.5	5.7	19.5	9.7	21.2	10.6	9.7	4.9	11.5	5.7	12.9	6.5
1.5	8	9.7	4.9	10.3	5.1	11.5	5.7	19.5	9.7	21.2	10.6	9.7	4.9	11.5	5.7	12.9	6.5
2.2	5	9.7	4.9	10.3	5.1	11.5	5.7	19.5	9.7	21.2	10.6	9.7	4.9	11.5	5.7	12.9	6.5
3.7	4	9.7	4.9	10.3	5.1	11.5	5.7	19.5	9.7	21.2	10.6	9.7	4.9	11.5	5.7	12.9	6.5
5.5	3	8.2	4.1	8.8	4.4	9.7	4.9	16.2	8.1	18.0	9.0	8.2	4.1	9.7	4.9	11.5	5.7
7.5	2	8.2	4.1	8.8	4.4	9.7	4.9	16.2	8.1	18.0	9.0	8.2	4.1	9.7	4.9	11.5	5.7
9.8	1	6.5	3.2	7.1	3.5	8.8	4.4	12.9	6.5	14.7	7.4	6.5	3.2	8.8	4.4	9.7	4.9
15.0	1	7.9	4.0	8.8	4.4	9.7	4.9	16.2	8.1	21.2	10.6	8.2	4.1	9.7	4.9	11.5	5.7
17.0	1	12.9	6.5	13.5	6.8	14.7	7.4	25.9	13.0	26.5	13.3	12.9	6.5	14.7	7.4	16.2	8.1
20.0	1	14.7	7.4	15.3	7.7	16.2	8.1	29.2	14.6	30.9	15.5	14.7	7.4	16.2	8.1	18.0	9.0
37.0	1	25.9	13.0	26.5	13.3	27.7	13.8	51.9	25.9	53.7	26.8	25.9	13.0	27.7	13.8	29.2	14.6

[주] ① 반입 및 설치품을 포함한 것이다.
② 반입시 사용되는 장비사용료를 포함한 것이다.

8-2-3 공기조화기 (Air Handling Unit) 설치

(대당)

규 격	기계설비공(인)	보통인부(인)
1. 수냉식 패키지형		
압축기전동기출력 0.75kW 이하	0.5	0.5
1.1kW 이하	0.6	0.6
1.5kW 이하	1.0	1.0
2.2kW 이하	1.3	1.3
3.7kW 이하	1.5	1.5
10.8kW 이하	2.0	2.0

(대당)

규 격	기계설비공(인)	보통인부(인)
30.0kW 이하	3.0	3.0
37.0kW 이하	3.5	3.5
2. 공냉식 패키지형 압축기전동기출력 2.2kW 이하	1.0	1.0
3.7kW 이하	1.3	1.3
7.5kW 이하	1.5	1.5
3. 핸들링유닛전등기출력 7.5kW 이하	4.0	1.2
〃 15kW 이하	6.0	1.8
〃 15kW 이상	7.0	2.5
4. 팬코일유닛(床置형)풍량 510㎥/hr 이하	1.0	
〃 680㎥/hr 이상	1.0	0.2
팬코일유닛(天井형) 510㎥/hr 이하	1.5	0.5
〃 680㎥/hr 이상	2.0	0.5
5. 윈도우타입 0.4kW 이하	1.0	0.5
〃 0.55kW 이하	1.3	0.5
〃 0.75kW 이하	1.5	1.0

[주] ① 조립 및 부속품 설치품을 포함한다.
② 수배관 전기배관품은 포함하지 않았다.
③ 운반품 및 가대는 별도 계상한다.
④ 핸드링 유닛설치는 가열기 또는 냉각기 설치품이 제외되었다.

8-2-4 천장형 에어컨 설치 (2020년 신설)

(대당)

구 분	단위	수량 (냉방능력kW)		
		실내기	실외기	
		16이하	6~12이하	16이하
기계설비공	인	0.45	1.00	1.33
보통인부	인	0.22	0.50	0.67
비고	\- 본 품의 실외기는 실내기 1대 연결 기준이며, 실내기 추가로 인해 실외기에 배관접합이 추가되는 경우, 실내기 대당 실외기 품의 15%를 가산한다.			

[주] ① 본 품은 천장에 설치하는 에어컨 실내기와 바닥에 상치하는 에어컨 실외기 설치 기준이다.
② 실내기는 위치선정, 앵커 및 달대 설치, 실내기 및 커버 설치, 제어부 결선, 배관접합 작업을 포함한다.
③ 실외기는 위치선정, 실외기 설치, 배관접합, 냉매진공 및 충전, 작동시험을 포함한다.
④ 배관 설치 및 보온, 전기 · 통신배선 작업은 별도 계상한다.
⑤ 장비(크레인, 냉매가스 충전기 등)는 별도 계상한다.
⑥ 공구손료 및 경장비(전동드릴 등) 기계경비는 인력품의 2%로 계상한다.

8-2-5 전열교환기 설치 (2020년 신설)

(대당)

구 분	단위	수량 (풍량㎥/ h)		
		250이하	500이하	800이하
기계설비공	인	0.21	0.28	0.36
보통인부	인	0.12	0.16	0.20

[주] ① 본 품은 천장에 설치하여 덕트와 연결하는 환기시스템(전열교환기) 기준이다.
② 본 품은 앵커 및 달대 설치, 전열교환기 설치, 덕트연결(4구), 제어부 결선, 작동시험을 포함한다.
③ 덕트공사(덕트 설치, 취출구 등) 및 전기 · 통신배선 작업은 별도 계상한다.
④ 공구손료 및 경장비(전동드릴 등)의 기계경비는 인력품의 2%로 계상한다.

8-3 보일러 및 방열기

8-3-1 보일러 설치

규 격		단위	보일러공	특별인부
주철제보일러	1호(20~60 미만) 1,000㎉/hr	인/절	0.90	0.30
	2호(60~135 미만) 〃	〃	1.10	0.30
	3호(135~230 미만) 〃	〃	1.10	0.30
	4호(230~330 미만) 〃	〃	2.10	0.50
	5호(330~640 미만) 〃	〃	3.0	0.70
	6호(640~1,180 미만) 〃	〃	4.5	0.70
강판제보일러		인/중량톤	1.2	0.8
패키지형 수관식보일러		인/중량톤	6.0	2.0

[주] ① 각 보일러 품은 지면과 동일한 평면에 설치하는 경우이며 운반자동차가 설치위치까지 들어가지 못할 시는 하치장에서의 반입비는 별도 계상한다.
② 조립, 설치, 수압시험 및 시운전 등을 포함한다.
③ 강판제 및 패키지형 보일러는 내화시설품이 포함되었다.
④ 산업용 보일러 설치는 '[기계설비부문] 13-5-1 보일러 설치'를 적용한다.

8-3-2 경유보일러 설치

(대당)

규 격	배관공(인)	보통인부(인)
15,000㎉/hr	1.00	0.39

[주] ① 수압시험, 시운전품은 본 품에 포함되어 있다.
② 소운반은 별도 계상한다.

8-3-3 가스보일러(가정용) 설치 (2020년 보완)

(대당)

구 분	단위	수량				
		13,000 kcal/hr	16,000 kcal/hr	20,000 kcal/hr	25,000 kcal/hr	30,000 kcal/hr
보일러공	인	0.845	0.952	1.028	1.123	1.218
보통인부	인	0.164	0.184	0.199	0.217	0.236
비고	\- 바닥설치형은 본품에 15%를 감한다.					

[주] ① 본 품은 세대내 벽걸이용 가스보일러 설치작업을 기준한 것이다.
② 본 품은 보일러 설치, 연도용 슬리브, 배기팬 설치 및 접속부의 기밀유지, 수압시험 및 시운전을 포함한다.
③ 보일러 하부 마감재(배관 커버 등)가 필요한 경우 별도 계상한다.

8-3-4 온수보일러 설치 (1998년 신설)

(대당)

구 분	보일러공	특별인부
70×1,000kcal/hr 이하	1.46	0.58
120 ″	2.06	0.83
150 ″	2.47	0.99
240 ″	3.03	1.22
360 ″	3.85	1.54

[주] ① 본 품은 온수보일러를 조립 및 설치하는 품으로 수압시험이 포함되어 있다.
② 기초공사, 반입 및 시운전은 현장연건에 따라 필요시 별도 계상한다.

8-3-5 전기보일러 설치 (2003년 설치)

(대당)

구 분	보일러공	비계공
135,000kcal(30kW)	3.8	2.3

[주] ① 본 품은 축열식심야 전기보일러, 실내온도조절기 설치기준으로 시운전 및 소운반이 포함되어 있다.
② 본 품에는 팽창탱크, 안전핀, 순환펌프 설치가 포함되었으며, 기초공사, 전선관, 전기배선은 별도 계상한다.
③ 사용장비는 다음기준에 따라 적용한다.

장비명	규격	사용기간
트럭탑재형 크레인	5톤	3hr

8-3-6 방열기 (2007년 보완)

구 분		단위	배관공	보통인부
주철재 바닥설치	20절 이하	인/조	1.10	0.10
	21절 이상	인/조	1.50	0.10
	벽걸이 3절 이상	인/조	1.60	0.20
	천정달기 3절	인/조	2.50	0.50
	1m길트	인/본	0.70	0.10
콘백터 길이	1m 미만	인/조	0.80	0.10
	1m 이상	인/조	1.10	0.10
베이스보드 1단형길이	2m 미만	인/단	1.90	0.20
	2m 이상	인/단	2.40	0.20
강판제 및 알루미늄제 방열기	1m 미만	인/조	0.44	0.06
	1m 이상	인/조	0.60	0.06

[주] ① 본체, 밸브, 트랩류(강판제 및 알루미늄제 방열기 제외) 등 지지철물 설치, 소운반, 기밀시험 및 공기빼기 품이 포함되어 있다.
② 벽걸이 3절 초과하는 경우 매 1절 증가마다 15%씩 가산한다.

③ 콘백터 및 베이스 보드는 1단 증가마다 20%씩 가산한다.
④ 철거는 신설의 50%(재사용을 고려치 않을 때) 계상한다.
⑤ 패널 라디에이터(panel radiator)는 콘백터 품을 적용한다.

8-3-7 전기콘벡터 설치 (2020년 신설)

(대당)

구 분	단위	수량
기계설비공	인	0.09

[주] ① 본 품은 벽걸이형 전기콘벡터(740x440x105mm) 설치 기준이다.
② 본 품에는 브라켓 설치, 콘벡터 설치 작업을 포함한다.
③ 공구손료 및 경장비(전동드릴 등)의 기계경비는 인력품의 3%로 계상한다.

8-4 온수기 및 온수분배기

8-4-1 전기온수기 설치 (2003년 신설)

(대당)

규격	보일러공	비계공
350ℓ	2.0	0.3

[주] ① 본 품은 축열식심야 전기온수기 설치기준으로 시운전 및 소운반이 포함되어 있다.
② 본 품에는 안전핀, 감압밸브 설치가 포함되었으며 기초공사, 전선관, 전기배선은 별도 계상한다.

8-4-2 전기온수기(벽걸이형) 설치 (2020년 신설)

(대당)

구 분	단위	수량		
		15L	30L	50L
보일러공	인	0.17	0.18	0.23
보통인부	인	0.07	0.08	0.09

[주] ① 본 품은 벽걸이형 전기온수기 설치 기준이다.
　　② 본 품에는 브라켓 설치, 전기온수기 설치, 시운전 작업을 포함한다.
　　③ 배관 및 밸브 등 부속 설치, 보온, 지지대 설치는 별도 계상한다.
　　④ 전선관, 전기배선은 별도 계상한다.
　　⑤ 공구손료 및 경장비(전동드릴 등)의 기계경비는 인력품의 2%로 계상한다.

8-4-3 온수분배기 설치 (2013년 보완)

(개당)

구 분	단위	수량 (규격)					
		2구	3구	4구	5구	6구	7구
배관공	인	0.286	0.339	0.391	0.432	0.471	0.506
보통인부	인	0.150	0.173	0.194	0.211	0.226	0.239

[주] ① 본 품의 규격은 공급 및 환수 헤더 개수 기준이며 퇴수구는 제외한다.
　　② 온수분배기의 조립, 설치, 배관연결, 밸브 및 커넥터 설치, 배관시험을 포함한다.
　　③ 공구손료 및 경장비(전동드릴 등)의 기계경비는 인력품의 2%로 계상한다.

8-5 탱크 및 헤더
8-5-1 오일서비스탱크 설치

탱크용량(ℓ)	배관공	보통인부
100	0.75	0.90
200	0.98	1.05
300	1.13	1.28
400	1.50	1.50
500	1.50	1.50
750	2.10	2.10
1,000	2.63	2.63

[주] 본 품에는 가대설치품이 포함되어 있다.

8-6 부수장비
8-6-1 로터리 오일 버너

전동기 전력 (kW)	로터리오일버너 (수동식)		로터리오일버너 (반자동식)		로터리오일버너 (전자동식)(on off)		로터리오일버너 (전자동식)(비례)	
	기계설비공 (인)	특별인부 (인)	기계설비공 (인)	특별인부 (인)	기계설비공 (인)	특별인부 (인)	기계설비공 (인)	특별인부 (인)
0.4 이하	2.5~3.0	1.0~1.2	4.2~5.0	1.4~1.7	5.0~6.0	1.7~2.0	5.9~7.1	2.0~2.4
0.55 이하	2.7~3.2	1.2~1.4	4.5~5.0	2.0~2.4	5.4~6.5	2.4~2.9	6.3~7.6	2.8~3.4
0.75 이하	3.0~3.6	1.4~1.7	5.0~6.0	2.3~2.8	6.0~7.2	2.7~3.2	7.0~8.4	3.2~3.8
1.5 이하	3.3~4.0	1.5~1.8	5.5~6.6	2.5~3.0	6.6~7.9	3.0~3.6	7.7~9.2	3.5~4.2

[주] ① 수동식에는 유량조절기, 오일프리히터, 2차 공기주입구, 철물 등을 포함한다.
② 반자동식에는 수동의 부속품 조작기, 압력스위치 또는 광전관 저수위 스위치 등을 포함한다.

③ 전자동식 on-off에는 반자동의 부속품, 착화장치, 댐퍼컨트 롤러 등을 포함하고 비례제어에는 전자동 on-off의 부속품의 모지트럴, 컨트롤, 오요터, 비례압력, 조절기품 등을 포함한다.

8-6-2 건타입 오일버너

(대당)

규 격		보일러공	특별인부
건타입 오일버너	0.75kW	4.2	2.0
	1.5	4.6	2.2
(전자동방식)	2.2	5.0	2.5
	3.7	6.0	3.0

[주] 조립, 설치, 수압시험 및 시운전 등을 포함한다.

제 9 장 기 타 공 사

9-1 지지금구

9-1-1 입상관 방진가대 설치 (1993년 신설, 2019년 보완)

(조당)

규격(mm)	수량	
	배관공(인)	용접공(인)
50	0.093	0.093
65	0.093	0.093
80	0.109	0.109
100	0.125	0.125
125	0.125	0.125
150	0.140	0.140
200	0.156	0.156
250	0.197	0.197
300	0.239	0.239
350	0.281	0.281

[주] ① 본 품은 옥내기준의 입상관 방진가대를 설치하는 기준이다.
② 볼트체결, 클램프체결, 클램프와 강관이음매의 용접 및 조정 작업을 포함한다.
③ 지지찬넬 가대설치는 별도 계상한다.
④ 공구손료 및 경장비(절단기, 용접기 등)의 기계경비는 인력품의 3%로 계상하다.

9-1-2 잡철물 제작 설치 (2007년, 2022년 보완)

(ton 당)

구 분	단위	제품 설치		규격철물 설치		현장제작 설치	
		일반철재	경량철재	일반철재	경량철재	일반철재	경량철재
철 공	인	2.85	3.71	7.05	9.17	12.38	16.09
용 접 공	인	1.04	1.35	2.57	3.34	3.38	4.39
특 별 인 부	인	0.78	1.01	1.92	2.50	4.50	5.85
보 통 인 부	인	0.52	0.68	1.28	1.66	2.25	2.93
비고	- 관로뚜껑, Sole Plate 등 용접, 부속자재 연결 작업 없이 기성제품을 단순 설치만하는 경우 제품설치 품의 10%를 감한다. - 트러스, 원형, 곡선 등의 부재와 같이 구조나 형태가 복잡한 경우, 또는 절단, 절곡, 용접 개소가 과다하게 발생하는 경우 본 품의 30%를 가산한다.						

[주] ① 본 품은 철판, 앵글, 파이프 등 철재류를 활용한 잡철물의 현장 제작 및 설치에 대한 기준이다.
② 제품 설치는 맨홀사다리 등 제작된 제품을 반입하여 설치하는 기준이다.
③ 규격철물 설치는 계단난간 등 일정규격으로 1차 제작된 철물을 반입하여 조립하고 설치하는 기준이다.
④ 현장제작 설치는 구조틀, 배관지지대 등 각관, 형강 등 원자재를 반입하여 현장 조건에 맞게 제작하고 설치하는 기준이다.
⑤ 주문제작에 의해 공장가공을 요하는 대형부재(강재거푸집, 라이닝폼 등) 및 특수철물(조형물 등)의 제작·설치는 별도 계상한다.
⑥ 잡철물 설치를 위한 장비(크레인 등) 및 비계매기는 필요한 경우 별도 계상한다.
⑦ 공구손료 및 경장비(절단기, 용접기 등)의 기계경비 및 잡재료비(용접봉, 볼트 등)는 인력품의 요율로 다음을 적용한다.

구 분	일반철재	경량철재
공고손료 및 경장비의 기계경비	5%	4%
잡재료비	3%	2%

9-2 도장

9-2-1 바탕만들기

(m² 당)

구분	자재			공량	
	규격	단위	수량	도장공	보통인부
Shot Blast	Steel Shot ø 1mm 기준	kg	0.215 0.415	0.0375	0.0125
Sand Blast	규사함유량 80%	m³	0.0508	0.0329 (모래분사공)	0.036
Power Tool	동력 Brush	개	0.03	0.1	—
Wire Brush	Gasoline Wire Brush	ℓ 개	0.05 0.016	—	0.05

[주] ① 본 품에는 모래의 현장 소운반 Shot의 소운반 및 회수가 포함되어 있다.
② 모래 및 Shot의 수량은 녹의 정도 및 회수 조건에 따라 조정 적용한다.
③ 모래의 채집, 적사, 운반, 굵기는 채집조건에 따라 별도 계상한다.
④ 장비 및 공구손료 소모재료는 별도 계상한다.
⑤ 소형 형강(100mm 미만) 구조일 경우 50% 가산한다.

9-2-2 녹막이페인트 칠 (2015년, 2021년 보완)

(m 당)

구 분	단위	ø 50mm 이하	ø 100mm 이하	ø 200mm 이하	ø 300mm 이하
도장공	인	0.010	0.015	0.024	0.034
보통인부	인	0.002	0.003	0.004	0.006

[주] ① 본 품은 기계설비 배관에 방청 페인트를 붓으로 1회 칠하는 기준이다.
② 본 품은 붓칠 및 마무리 작업을 포함한다.
③ 재료량은 도료 종류에 따라 시방서 및 제조사에서 제시하고 있는 수량을 적용한다.

④ 비계사용시에는 높이 6~9m까지는 품을 15% 가산하고 높이 9m를 초과하는 경우 매 3m 증가마다 품을 5%씩 가산한다.
⑤ 공구손료 및 잡재료비는 인력품의 2%로 계상한다.

9-2-3 유성페인트 칠 (2015년, 2021년 보완)

(m 당)

구 분	단위	ø50mm 이하	ø100mm 이하	ø200mm 이하	ø300mm 이하
도장공	인	0.008	0.012	0.021	0.030
보통인부	인	0.001	0.002	0.004	0.005

[주] ① 본 품은 기계설비 배관에 유성도료를 롤러로 1회 칠하는 기준이다.
② 본 품은 롤러칠, 보조붓칠 및 마무리 작업을 포함한다.
③ 재료량은 도료 종류에 따라 시방서 및 제조사에서 제시하고 있는 수량을 적용한다.
④ 비계사용시에는 높이 6~9m까지는 품을 15% 가산하고 높이 9m를 초과하는 경우 매 3m 증가마다 품을 5%씩 가산한다.
⑤ 공구손료 및 잡재료비는 인력품의 2%로 계상한다.

9-3 슬리브

9-3-1 슬리브 설치 (2013년 신설, 2019년 보완)

(개소당)

구 분		단위	수 량 (슬리브규격 mm)				
			ø25~50	ø65~100	ø125~150	ø200~250	ø300~400
바닥	배 관 공	인	0.043	0.055	0.066	0.077	0.089
	보통인부	인	0.022	0.029	0.035	0.041	0.047
벽체	배 관 공	인	0.060	0.069	0.085	0.104	0.124
	보통인부	인	0.012	0.018	0.029	0.047	0.072
비 고	- 단열재 설치구간에는 본 품의 20% 까지 가산하여 적용한다.						

[주] ① 본 품은 배관 사전작업으로 제작이 완료된 슬리브의 설치 기준이다.
② 먹줄치기, 마킹, 슬리브 설치를 포함한다.
③ 공구손료 및 경장비의 기계경비는 인력품의 1%로 계상한다.
④ 방수층을 관통하는 지수판 부착형 슬리브는 별도 계상한다.

9-3-2 배관을 위한 구멍뚫기 (2014년, 2021년 보완)

(개소당)

구 분		단위	콘크리트 두께 150mm		콘크리트 두께 300mm	
			바닥	벽체	바닥	벽체
25mm	착암공	인	0.096	0.123	0.169	0.216
	보통인부	인	0.096	0.123	0.169	0.216
50mm	착암공	인	0.119	0.152	0.208	0.266
	보통인부	인	0.119	0.152	0.208	0.266
75mm	착암공	인	0.142	0.181	0.248	0.317
	보통인부	인	0.142	0.181	0.248	0.317
100mm	착암공	인	0.165	0.211	0.287	0.368
	보통인부	인	0.165	0.211	0.287	0.368
150mm	착암공	인	0.210	0.268	0.367	0.469
	보통인부	인	0.210	0.268	0.367	0.469
200mm	착암공	인	0.252	0.322	0.446	0.570
	보통인부	인	0.252	0.322	0.446	0.570
250mm	착암공	인	0.295	0.377	0.525	0.671
	보통인부	인	0.295	0.377	0.525	0.671
300mm	착암공	인	0.339	0.434	0.604	0.772
	보통인부	인	0.339	0.434	0.604	0.772
350mm	착암공	인	0.384	0.491	0.683	0.874
	보통인부	인	0.384	0.491	0.683	0.874
400mm	착암공	인	0.426	0.544	0.762	0.975
	보통인부	인	0.426	0.544	0.762	0.975

[주] ① 본 품은 코아드릴을 사용하여 철근콘크리트 슬래브를 천공하는 기준이다.
② 본 품은 코아드릴 설치 및 해체, 천공 및 마무리 작업을 포함한다.
③ 부산물 처리 및 반출, 철근탐색 및 시험천공작업은 별도 계상한다.
④ 공구손료 및 경장비(코어드릴 등)의 기계경비는 인력품의 2%로 계상한다.
⑤ 재료비(다이아몬드 비트 등)는 별도 계상한다.

9-4 배관관리 및 시험

9-4-1 기밀시험 (2019년 보완)

(회당)

구 분	단위	수량	
		지상노출관	지하매설관
배 관 공	인	0.14	0.19
보 통 인 부	인	0.14	0.19

[주] ① 본 품은 자기압력기록계와 공기를 시험재료로 사용한 저압 및 중압의 기밀시험 1회 기준 이다.
② 시험준비 및 측정기 설치, 시험재료 투입($1m^3$미만), 해체정리 작업과 기밀유지시간(30분 미만)을 포함한다.
③ 시험재료 $1m^3$이상 투입시에는 별도 계상한다.
④ 기밀유지시간이 30분이상 소요되는 경우 시험관리 인력을 추가 계상한다.
⑤ 기밀시험에 맹관, 맹판 접합 및 해체가 필요한 경우 별도 계상한다.
⑥ 공구손료 및 경장비(콤프레셔, 압력계 등)의 기계경비는 인력품의 8%로 계상하며, 질소를 기밀시험 재료로 사용할 경우 재료비는 별도 계상한다.

9-4-2 시험점화

(호당)

구 분	배관공(인)	보통인부(인)
단독주택	0.10	0.10
집단아파트	0.05	0.05

[주] ① 본 품은 단독주택 10호당 1조 및 집단아파트 20호당 1조 기준한 품이다.
② 본 품은 관 내부의 공기를 가스로 완전 치환하여 연소기구로서 점화상태를 시험하는 데 필요한 품이다.
③ 기구손료는 인력품의(연소기 및 호스) 2%로 계상한다.

9-5 시운전 및 조정

9-5-1 시운전

명칭	적용	단위	배관공	덕트공	비고
배관계통	배관, 밸브류의 조정	m	0.026		주관영장
덕트계통 (공조, 환기배연)	풍량조정댐퍼, 방화댐퍼의 조정, 풍량, 풍속, 소음의 측정, 필요개소의 온습도 측정	m² m		0.021 0.012	각형덕트 스파이럴덕트
주기계 실내기기	보일러, 냉동기 등의 점검, 조정, 계기측정 기록 기타 건물연면적 5,000m² 이하 6,000~15,000m² 16,000~30,000m²	1식 1식 1식	8.0(4.0) 12.0(6.0) 16.0(8.0)		( )는 온풍난방의 경우
각층기계 실내기기	에어핸들링 유닛의 조정 등	대	1.2		
팬코일 유닛	조정	대	0.08		

[주] ① 본 품은 난방 및 공조계통에 대한 각각의 설비를 완료하고 시운전 및 조정을 실시할 경우 적용한다.
　② 배관계통에 있어서 주관이란 시운전 및 조정을 요하는 보일러 또는 냉동기와 에어핸들링 유닛 또는 냉각탑(공냉식 옥외기 포함)을 연결하는 증기, 냉온수 및 냉각수 배관을 말하며 방열기 또는 팬코일 유닛을 설치하는 경우에는 입상관에서의 분기관 또는 수평 주기관에서의 분기관을 제외한다.

9-5-2 건물의 냉난방 및 공조설비 정밀진단(T. A. B) (1992년 보완)

정밀진단이 필요한 경우 전체시스템, 공기분배계통, 물분배계통, 소음 및 진동 등의 T. A. B(Testing, Adjustring and Balancing)에 필요한 비용은 별도 계상할 수 있다.

[참고제안]

미세먼지 저감시스템 설치(설비공사 제외)

품 명	규 격	기계설비공 (인)	배관공 (인)	보통인부 (인)	크레인 (hr)	고소작업차 (hr)
미세먼지 저감시스템 (FDR-1)	H=20.0m	3.29	2.64	2.28	11.85	13.28
미세먼지 저감시스템 (FDR-2)	H=15.0m	2.25	1.82	1.56	8.12	9.1
미세먼지 저감시스템 (FDR-3)	H=7.0m	1.92	1.51	1.28	6.96	7.56
미세먼지 저감시스템 (FDR-4)	H=6.0m	1.63	1.28	1.09	5.92	6.44

[주] ① 본 품은 미세먼지 저감시스템을 설치하는 품이다.(설비공사 제외)
② 터파기, 되메우기, 잔토처리, 콘크리트 기초, 앵커볼트 설치는 별도 계상한다.
③ 현장교통정리 필요시 보통인부(0.13/조) 별도 계상한다.
④ 철거 50%, 재사용 철거 80%, 이설은 180%를 적용한다.
⑤ 기계장비의 경비(기계손료, 운전경비, 수송비)는 "기계경비산정"을 적용한다.
⑥ 본 품의 크레인 규격은 다음을 기준으로 한다.

높이(m)	규격(톤)	설치장비
6~10	5	트럭탑재형 크레인
11~20	10	크레인(타이어)

⑦ 현장조건상 본 품의 크레인 적용이 어려운 경우, 동급 또는 그 이상 규격(톤)의 크레인(무한궤도, 타이어)을 적용할 수 있다.
⑧ 본 품의 고소작업차 규격은 다음을 기준으로 한다.

높이(m)	장비규격
6~10	3ton
11~20	5ton

제 10 장 소방설비공사

10-1 소화함

10-1-1 옥내소화전함 설치 (2007년 · 2014년 보완)

(조당)

구 분	규격	단위	수량	
			배관공	보통인부
옥내 소화전함	매립형	인	0.906	0.375
	노출형	인	0.816	0.338

[주] ① 본 품은 소운반, 설비별 설치품을 포함한다.
　　② 옥내소화전함 설치 품에는 호스걸이 및 기타장치 설치품이 포함되어 있다.
　　③ 소화전 내부 전기설비, 주위배관, 보온은 별도 계상한다.

10-1-2 소화용구 격납상자 설치

(조당)

구 분	규격	단위	수량	
			배관공	보통인부
소화용구 격납상자		인	0.625	0.250

[주] 본 품은 소운반, 설비 설치품을 포함한다.

10-2 소방밸브

10-2-1 알람밸브 설치

(조당)

구 분	규격 (mm)	배관공(인)	보통인부(인)
알람밸브	65	1.230	-
	80	1.510	-
	100	1.660	-
	125	1.820	0.190
	150	2.020	0.190

[주] ① 본 품은 스프링클러 시스템의 설비별 설치 품 기준이다.
② 본 품에는 소운반, 설비별 설치품을 포함한다.
③ 경보밸브장치는 자동경종장치, 배수밸브, 작동시험밸브, 압력스위치, 압력계부착 등을 포함한다.
④ 템퍼스위치결선, 종단저항설치, 주위배관 및 보온은 별도 계상한다.

10-2-2 준비작동식밸브 설치

(조당)

구 분	규격 (mm)	배관공(인)	보통인부(인)
준비작동식 밸브	80	1.830	-
	100	2.010	-
	125	2.190	0.190
	150	2.440	0.190

[주] ① 본 품은 스프링클러 시스템의 설비별 설치 품 기준이다.
② 본 품에는 소운반, 설비별 설치품을 포함한다.
③ 경보밸브장치는 자동경종장치, 배수밸브, 작동시험밸브, 압력스위치, 압력계부착 등을 포함한다.
④ 템퍼스위치결선, 종단저항설치, 주위배관 및 보온은 별도 계상한다.

10-2-3 드라이밸브 설치

(조당)

구 분	규격 (mm)	배관공(인)	보통인부(인)
드라이밸브	100	2.110	-
	150	2.560	0.190

[주] ① 본 품은 스프링클러 시스템의 설비별 설치 품 기준이다.
② 본 품에는 소운반, 설비별 설치품을 포함한다.
③ 경보밸브장치는 자동경종장치, 배수밸브, 작동시험밸브, 압력스위치, 압력계부착 등을 포함한다.
④ 템퍼스위치결선, 종단저항설치, 주위배관 및 보온은 별도 계상한다.

10-2-4 관말시험밸브 설치

(개당)

구 분	배관공(인)	보통인부(인)
관말시험밸브	0.356	0.144

10-3 옥외소화전

10-3-1 지하식 설치

(조당)

구 분	규격	배관공(인)	보통인부(인)
지하식	단구형	0.500	-
	쌍구형	0.600	-

[주] 본 품은 소운반, 설비 설치품을 포함한다.

10-3-2 지상식 설치

(조당)

구 분	규격	배관공(인)	보통인부(인)
지하식	단구형	0.620	-
	쌍구형	1.500	-

[주] 본 품은 소운반, 설비 설치품을 포함한다.

10-4 송수구

10-4-1 일반송수구 설치

(조당)

구 분	규격	배관공(인)	보통인부(인)
일반송수구	단구형	0.500	-
	쌍구형	0.600	-
	단구스탠드형	0.800	-
	쌍구스탠드형	1.200	-

[주] 본 품은 소운반, 설비 설치품을 포함한다.

10-4-2 방수구 설치

(조당)

구 분	규격	배관공(인)	보통인부(인)
방수구	40mm	0.078	-
	65mm	0.115	-

10-4-3 연결송수구설치

(대당)

구 분	배관공(인)	보통인부(인)
연결송수구	0.620	-

[주] ① 본 품은 스프링클러 시스템의 설비별 설치 품 기준이다.
② 본 품에는 소운반, 설비별 설치품을 포함한다.

10-5 탱크

10-5-1 압력공기탱크설치

(개당)

구 분	배관공(인)	보통인부(인)
압력공기탱크	1.782	0.718

[주] ① 본 품은 스프링클러 시스템의 설비별 설치 품 기준이다.
② 본 품에는 소운반, 설비별 설치품을 포함한다.

10-5-2 마중물탱크설치

(대당)

구 분	규격	배관공(인)	보통인부(인)
마중물탱크	100 ~150 ℓ	2.060	-

[주] ① 본 품은 스프링클러 시스템의 설비별 설치 품 기준이다.
② 본 품에는 소운반, 설비별 설치품을 포함한다.

10-6 소방용 유량계

10-6-1 유량측정장치설치

(조당)

구 분	배관공(인)	보통인부(인)
유량측정장치	1.030	-

[주] ① 본 품은 스프링클러 시스템의 설비별 설치 품 기준이다.
② 본 품에는 소운반, 설비별 설치품을 포함한다.

10-7 소화용 헤드

10-7-1 스프링클러 헤드설치

(개당)

구 분	단위	배관공	보통인부
스프링클러 헤드	인	0.092	0.037

[주] ① 본 품은 스프링클러 시스템의 설비별 설치 품 기준이다.
　　② 본 품에는 소운반, 설비별 설치품을 포함한다.

10-7-2 스프링클러 전기설비설치

구 분	규격	단위	배관공	보통인부
펌프기동반	7.5kW 이하	인/면	2.580	-
	11~19kW	인/면	2.890	-
	22kW	인/면	3.400	-
벨		인/개	0.210	-

[주] ① 본 품은 스프링클러 시스템의 설비별 설치 품 기준이다.
　　② 본 품에는 소운반, 설비별 설치품을 포함한다.
　　③ 템퍼스위치결선, 종단저항설치, 주위배관 및 보온은 별도 계상한다.

10-8 소화기

10-8-1 소화약제 소화설비설치 (2014년 보완)

구 분		규격 (mm)	단위	배관공
기계 설비	선택밸브	25 이하	인/개	0.52
		32 이하	〃	0.82
		40 이하	〃	0.82
		50 이하	〃	0.82
		65 이하	〃	1.03
		80 이하	〃	1.24
		100 이하	〃	2.06
		125 이하	〃	2.06
		150 이하	〃	2.06

구 분		규격 (mm)	단위	배관공
기계 설비	가스분사헤드	노출형	인/개	0.21
		매입형	〃	0.41
	용기지지대	5본 이하	인/조	1.03
		6~10본	〃	1.55
		11~20본	〃	2.06
	용기집합함	5본 이하	인/조	0.42
		6~10본	〃	0.72
	기동용기		인/조	0.62
	수동기동함		인/개	0.41
	압력스위치		인/개	0.31
	역지밸브		인/개	0.10
전기 설비	배전반	1~3실용	인/면	2.06
		4~6실용	〃	3.09
	단자함	대형	인/면	0.41
		소형	〃	0.21
	가스방출표시등함		인/개	0.41
	모터사이렌		인/개	0.31
	벨		인/개	0.21

[주] ① 본 품은 소화약제 소화설비의 설비별 설치 품 기준이다.
② 본 품에는 소운반, 설비별 설치품이 포함되어 있다.
③ 소화약제 용기설치는 규격별, 약제별로 별도 계상한다

10-8-2 자동식 소화기 설치 (1999년 신설, 2014년 보완)

(개당)

구 분	단위	수량
기 계 설 비 공	인	0.212
보 통 인 부	인	0.117

[주] ① 본 품은 세대내 레인지후드에 자동식 소화기를 설치하는 품이다.
② 본 품은 소운반, 구멍뚫기, 분사노즐, 탐지부, 조작부, 수신부, 자동식소화기 및 지지철물 설치를 포함한다.

③ 본 품은 제어배선의 결선은 포함되어 있으나, 제어배관 및 입선은 별도 계상한다.
④ 가스차단 밸브설치품은 별도 계상한다.

10-9 피난기구

10-9-1 완강기 설치 (2004년 신설, 2009년 보완, 2014년 보완)

(개당)

구 분	단위	수량
기계설비공	인	0.094
보통인부	인	0.046

[주] ① 본 품은 피난용 완강기를 설치하는 품이다.
② 본 품에는 소운반, 완강기 지지대, 보호함, 안전표시 설치를 포함한다.

제 11 장 가스설비공사

11-1 강관

11-1-1 용접접합 (2015년 보완)

(용접개소당)

규격(mm)	플랜트용접공(인)	규격(mm)	플랜트용접공(인)
ø15	0.044	100	0.159
20	0.049	125	0.191
25	0.058	150	0.223
32	0.069	200	0.287
40	0.076	250	0.351
50	0.091	300	0.415
65	0.111	350	0.462
80	0.127	400	0.526
비고	- 아크용접으로 가스용 강관을 접합하는 경우는 본 품의 5%를 감한다.		

[주] ① 본 품은 알곤용접으로 가스용 강관을 접합하는 기준이다.
　　② 용접접합에 필요한 부자재는 별도 계상한다.
　　③ 공구손료 및 경장비(용접기 등)의 기계경비는 인력품의 3%를 계상한다.

11-1-2 용접식 부설 (2015년 보완)

(m 당)

규격 (mm)	인력시공		기계시공		
	배관공(인)	보통인부(인)	배관공(인)	보통인부(인)	크레인(hr)
ø15	0.022	0.005	-	-	-
20	0.024	0.006	-	-	-
25	0.032	0.007	-	-	-
32	0.037	0.008	-	-	-

(m 당)

규격 (mm)	인력시공		기계시공		
	배관공(인)	보통인부(인)	배관공(인)	보통인부(인)	크레인(hr)
40	0.043	0.010	–	–	–
50	0.052	0.012	–	–	–
65	0.060	0.014	–	–	–
80	0.072	0.017	–	–	–
100	0.094	0.022	–	–	–
125	0.117	0.027	–	–	–
150	0.136	0.031	0.051	0.012	0.04
200	0.202	0.047	0.076	0.018	0.06
250	0.266	0.061	0.100	0.023	0.07
300	0.333	0.077	0.126	0.029	0.09
350	0.409	0.094	0.154	0.035	0.11
400	0.482	0.111	0.182	0.042	0.13

[주] ① 본 품은 중압이하의 가스용 강관을 부설하는 기준이다.
② 절단 및 가공, 부설 및 표시용 비닐 깔기 작업을 포함한다.
③ 강관 부설시 터파기, 되메우기, 기초 및 흙막이, 잔토처리 및 물푸기, 기밀시험은 별도 계상한다.
④ 크레인의 규격은 10톤급 트럭탑재형 크레인을 기준으로 한다.
⑤ 공구손료 및 경장비(절단기 등)의 기계경비는 다음의 요율을 계상한다.

인력시공	기계시공
인력품의 1%	인력품의 3%

⑥ 지지철물을 설치하여 시공되는 경우에는 '[기계설비부문] 1-1-2 용접배관'을 참고하여 계상한다.

11-1-3 나사식 배관 접합 및 배관

(접합개소당)

규격(mm)	배관공(인)	보통인부(인)
20	0.061	0.017
25	0.087	0.024
32	0.109	0.030
40	0.123	0.034
50	0.168	0.046

[주] ① 본 품은 중압이하의 가스용 강관의 나사식 접합 및 배관 기준이다.
② 본 품은 절단, 나사홈가공, 배관 및 나사접합 작업이 포함된 것이다.
③ 공구손료 및 경장비(절단기, 나사홈가공기 등)의 기계경비는 인력품의 2%를 계상한다.
④ 재료량은 다음과 같다.

(접합개소당)

구경(mm)	스레드실테이프(cm)		컴파운드(g)
20	13mm	34.3	3.0
25	〃	43.0	4.2
30	〃	53.8	5.8
40	〃	78.7	7.3
50	〃	95.1	10.6

11-2 PE관

11-2-1 버트 융착식 접합 및 부설 (2015년 보완)

(개소당)

관경(mm)	배관공(인)	보통인부(인)
25	0.081	0.019
32	0.094	0.022
40	0.108	0.025
50	0.141	0.033

(개소당)

관경(mm)	배관공(인)	보통인부(인)
63	0.184	0.043
75	0.210	0.049
90	0.244	0.057
110	0.288	0.067
125	0.322	0.075
140	0.355	0.083
160	0.400	0.094
180	0.444	0.104
200	0.489	0.114
225	0.545	0.127
250	0.601	0.140
280	0.667	0.156
315	0.745	0.174
355	0.835	0.195
400	0.935	0.219

[주] ① 본 품은 가스용 폴리에틸렌(PE)관을 버트융착식으로 접합 및 부설하는 기준이다.

② 전기융착기를 사용하여 전자소켓으로 폴리에틸렌관을 접합 및 부설하는 경우에도 본 품을 적용한다.

③ 본 품은 절단, 부설 및 접합, 표시용 비닐 깔기 작업이 포함된 것이다.

④ PE관 부설시 터파기, 되메우기, 기초 및 흙막이, 잔토처리 및 물푸기, 기밀시험은 별도 계상한다.

⑤ 공구손료 및 경장비(융착기, 절단기 등)의 기계경비는 인력품의 5%를 계상한다.

11-3 부속기기

11-3-1 분기공 설치 (2015년 보완)

(개당)

구경(mm)	배관공(인)	보통인부(인)	플랜트용접공(인)
20~25	0.193	0.134	0.290
40~50	0.270	0.187	0.406
65	0.317	0.219	0.476
80	0.363	0.252	0.546
100	0.425	0.295	0.639
125	0.503	0.348	0.755
150	0.580	0.402	0.872
200	0.735	0.509	1.105
250	0.890	0.616	1.337
300	1.045	0.724	1.570
350	1.200	0.831	1.803
400	1.354	0.938	2.036

[주] ① 본 품은 기존관 절단 후 T형분기관(개)을 설치하여 분기하는 기준이다.
② 본 품은 절단 및 가공, T형관 부설 및 접합 작업이 포함된 것이다.
③ 분기공 시공시 터파기, 되메우기, 기초 및 흙막이, 잔토처리 및 물푸기, 기밀시험은 별도 계상한다.
④ 공구손료 및 경장비(절단기, 용접기 등)의 기계경비는 인력품의 1%를 계상한다.

11-3-2 밸브 설치 (2015년 보완)

(개당)

구경(mm)	명칭	배관공(인)	보통인부(인)
15~25		0.197	0.064
32~50		0.308	0.100
65		0.375	0.121
80		0.442	0.143
100		0.531	0.172
125		0.642	0.208
150		0.754	0.244

(개당)

구경(mm) \ 명칭	배관공(인)	보통인부(인)
200	0.976	0.316
250	1.199	0.389
300	1.422	0.461
350	1.645	0.533
400	1.868	0.605

[주] ① 본 품은 설치위치 선정, 밸브 설치, 작동시험 및 마무리 작업이 포함된 것이다.
② 공구손료 및 경장비(절단기 등)의 기계경비는 인력품의 2%를 계상한다.

11-3-3 직독식 가스미터 설치 (2015년 보완)

(개소당)

구 분	단위	ø 15mm	ø 20~25mm
배 관 공	인	0.209	0.250
보 통 인 부	인	0.052	0.063

[주] ① 본 품은 가스미터를 세대내에 설치하는 기준이다.
② 본 품은 가스미터 설치 및 고정, 작동시험 및 마무리 작업이 포함된 것이다.
③ 재료량은 다음과 같다.

구경(mm)	스레트실테이프(cm)	컴파운드(g)
ø 15	45.7cm	4g
ø 20~25	68.6cm	6g

11-3-4 원격식 가스미터 설치

(개소당)

구 분	단위	ø 15mm	ø 20~25mm
배 관 공	인	0.230	0.270
보 통 인 부	인	0.057	0.068

[주] ① 본 품은 원격식 가스미터를 세대내에 설치하는 기준이다.
② 본 품은 가스미터 설치 및 고정, 전선관 결선, 작동시험 및 마무리 작업이 포함된 것이다.
③ 전선관 배관 및 입선, 지시부 설치는 별도 계상한다.

제 1 2 장   자 동 제 어 설 비 공 사

12-1 계기반 및 함류

12-1-1 계기반 설치

명 칭	규 격	단위	계장공	보통인부
분 전 반	W800×H500×D300 이하	대	4.2	2.8
조 작 반	W800×H500×D300 이하	대	4.2	2.8
계기반(자립개방)	W1200×H2100×D800 〃	면	6.72	4.48
계기반(자립밀폐)	W1200×H2100×D800 〃	〃	8.4	5.6
계 기 반 (현 장)	W900×H900×D600 〃	〃	5.88	3.92
〃	W1000×H1800×D600 〃	〃	8.82	5.88
〃	W1300×H2000×D700 〃	〃	9.88	6.58
〃	W1400×H2000×D700 〃	〃	10.64	7.09
〃 (발신기수납상)	1대용-(W800×1600×900)	대	2.0	1.33
〃 (〃)	2대용-(1000×1600×900)	〃	2.4	1.60
〃 (〃)	3대용-(1200×1600×900)	〃	2.8	1.86
〃 (〃)	4대용-(1400×1600×900)	〃	3.2	2.13
〃 (〃)	5대용-(1600×1600×900)	〃	3.6	2.39
〃 (〃)	6대용-(1800×1600×900)	〃	4.0	2.65
비고	－ 본 품은 완제품 설치기준이며, 이면반이 있을 경우 본품의 150%를 계상한다. － 완제품이 아닐 경우는 본 품의 65%를 적용하고 계기설치는 별도 계상한다. － 완제품인 경우 계기반에 취부된 계기의 시험조정시는 '[기계설비부문] 12-1-2 플랜트 계기 설치"품의 25%를 가산한다.			

[주] ① 포장해체, 청소, 내부결선, 소운반 Channel Base 및 기초공사 품이 포함되어 있다.
② 제어 Cable 배선 및 결선은 제외한다.

12-1-2 플랜트 계기 설치

(단위당)

명 칭	규 격	단위	계장공	비고
파이프스텐션	28×1,200 ~ 1,600	본	0.37	기초별도
계 기	일반각종	대	0.3	
발 신 기	DPT, PT, TT, LT, FT	〃	0.27	
수 신 기	일반각종	〃	0.22	
Air Set		〃	0.22	
변 환 기	J/P, A/D, P/P, MV/I	〃	0.25	
수동조작기		〃	0.2	
비율설정기		〃	0.2	
기 록 계		〃	0.75	
현장지시계	LG	〃	0.75	
〃	LPG, VG	〃	0.4	
〃	PG	〃	0.22	
〃	TG	〃	0.15	
후로드식액면계		〃	1.8	
측 온 계		〃	0.15	
분 석 계	적외선식, 자기식	〃	12.0	
Mono Meter		Set	0.3	
Thermocouple		대	0.37	
Dispressor	외통식	〃	3.0	
스 위 치	일반각종	〃	0.22	
전자 Valve	소형	대	0.1	2방변
〃	대형		0.3	3방변 4방변
강압 Valve	소형	대	0.1	단체용
〃	대형	〃	0.3	대용량용
여 과 기	소형	대	0.1	단체용
〃	대형	〃	0.3	대용량용
조절 Valve	1B	〃	0.8	
〃	2B	〃	1.0	
〃	3B	〃	1.2	
〃	4B	〃	1.5	

(단위당)

명 칭	규 격	단위	계장공	비고
Butterfly Valve	200ø	〃	1.2	
〃	300ø	〃	2.5	
〃	400ø	〃	3.7	
〃	500ø	〃	5.0	
Orifice	200ø 이하	〃	0.5	
〃	201ø~500ø	〃	0.7	
〃	501ø 이상	〃	1.0	
출력 Gauge	공기식	〃	0.22	
Cylinder Valve		〃	4.5	
탈 습 장 치		〃	22.5	after-cooler separator포함
탁 도 검 출 기		〃	0.4	
P·Hmeter 검출기		〃	0.4	
X-Ray 발생장치		set	15.0	
α-Ray 발생장치		〃	15.0	
Power Pack		〃	3.0	
현 장 조 절 계	일반 각종	대	0.75	
중성자발생장치	〃	〃	15.0	
FLAME DETECTOR		set	0.25	
비고	\multicolumn{4}{l}{- 방폭공사시는 본 품의 20%를 가산한다. - Loop 시험시는 본 품의 25%를 가산한다}

12 - 2 자동제어기기

12-2-1 자동제어기기 설치

구 분	규 격	단위	계장공(인)
실내온도조절기	전기전자식	개	0.22
	공기식	〃	0.29
삽입식온도조절기	덕트용	개	0.43
	배관용	〃	0.90
습도조절기	전기전자식	개	0.22
	공기용	〃	0.29
	덕트용	〃	0.41
댐퍼용모터		조	0.48
자동조절밸브용모터		〃	0.22
압력조정기		〃	0.10
스탭컨트롤러		〃	0.48
수동조작기		개	0.38
온습도지시계		〃	1.90
기록계		〃	1.90
액면지시계류		〃	1.90
전자식패널		〃	0.95
릴레이류		〃	0.38
현장반	벽붙이형	면	2.85
	스탠드형	〃	6.65
공업용압력발신기		개	1.90
공업용차압발신기		〃	1.90

[주] 본 품에는 소운반이 포함되어 있다.

12-2-2 계량기 설치

명 칭	규 격	단위	계장공	보통인부
Hopper Scale	대(30Ton 이상)	대	10.8	7.2
〃	중(15~29 Ton)	〃	9.0	6.0
〃	소(14Ton 이하)	〃	7.2	4.8
Conveyor Scale	대(500 T/H 이상)	〃	12.0	8.0
〃	중(100~400Ton)	〃	9.0	6.0
〃	소(90Ton 이하)	〃	7.2	4.8
대형개량장치	대(50 Ton 이상)	〃	15.0	10.0
〃	중(10~40 Ton)	〃	10.8	7.2
〃	소(9Ton 이하)	〃	7.2	4.8
비고	- 옥외 노출 공사시 본 품의 10%를 가산한다. - 시험조정(분동시험)시는 HOPPER SCALE 30%를 가산한다. CONVEYOR SCALE 20%를 가산한다. 대형개량장치 25%를 가산한다.			

[주] ① 기계설치는 제외되어 있다.
   ② 분동, Test Chain 운반 및 사용료는 별도 계상한다.
   ③ 관청인가 검정료는 별도 계상한다.

12-2-3 도압 배관

명 칭	규 격	단위	계장공	배관공	보통인부	비고
유량(액면)계 배관	SGP STPG38 (SCH40)1/2B	m	0.1	0.1	0.2	SCH 80은 10% 가산
압력계배관	SGP STPG38 (SCH40)1/2B	〃	0.1	0.15	0.2	SUS 27은 30% 가산
Valve 조립	용 접	개		0.1	0.1	
Drain Pot	1/2B	〃		0.1	0.1	
Seal Pot	1/2B	개		0.1	0.1	
Condenser Pot	〃	〃	0.1		0.1	

명 칭	규 격	단위	계장공	배관공	보통인부	비고
3 – Way Valve	1/2B	개		0.2	0.2	
Steam Trap	〃	〃		0.1	0.1	
비고	\multicolumn{6}{l}{– Loop 시험(LEAK TEST 포함)은 20%를 가산한다. – 화기사용 금지구역은 본 품의 1.5배를 가산한다.}

[주] ① 본 품에는 관의 절단, 나사내기, 체결, 용접, 구부림 등의 품이 포함되어 있다.
② Union, Elbow, Tee 부속품 취부품이 포함되어 있다.

12-2-4 Control Air 배관

(m 당)

명 칭	규 격	Screw형 계장공	용접 계장공
SGP 및 STPG 38(SCH 40)	1/2B	0.18	0.21
	3/4B	0.21	0.26
	1B	0.24	0.29
	1 1/2B	0.36	0.43
	2B	0.48	0.58
Valve (개당)	각종	0.15	0.20
비고	\multicolumn{3}{l}{– 화기사용 금지구역은 1.5배 가산한다. – Flange 접속, 고압 및 특수강관은 20% 가산한다. – Stainless관은 30% 가산한다. – Loop 시험은 25%를 가산한다.}

[주] ① 도입배관 및 Process 배관에는 적용치 않는다.
② 배관지지물은 별도 계상한다.
③ 관의 절관, 나사내기, 구부림, Union Elbow, Tee 부속품 설치품은 포함되어 있다.

12-2-5 압축공기 발생장치 및 공기관 배관

명 칭	규 격	단위	계장공	보통인부
압축공기발생장치	5kg/cm² 이하	조당	1.40	0.40
	10kg/cm² 이하	〃	2.90	0.90
	30kg/cm² 이하	〃	8.50	2.50
주공기 Tank	500ℓ 〃	〃	2.60	0.80
	700ℓ 〃	〃	3.0	1.5
	700ℓ 이상	〃	4.5	2.5
유니온엘보	20~25mm	개당	0.25	0.05
유압 Cylinder	60K	대	0.7	
	90K	〃	0.8	
	130K	〃	1.0	
Oil Pump	0.75kW	〃	1.5	
	1.50kW	〃	1.6	
	2.25kW	〃	1.7	
	3.00kW	〃	1.8	
Air Cylinder	100ø 이하	〃	1.0	
	100ø 이상	〃	1.2	
Air Compressor	소 형	대	1.5	
	대 형	〃	2.0	
제습기		〃	1.5	
공기압축기시험		조당	1.0	1.0
조작함(설비물)	분전반, 계기, 스위치 기타	〃	2.0	1.0
비고	— 시험시 기계 기술자 1인을 가산한다.			

12-3 전선배선

12-3-1 중앙처리장치(CPU) 설치 (2003년 신설)

공 정	단위	기사(인)	계장공(인)
설 치	인/Point	0.061	0.029
통신상태점검	인/DDC	-	0.718
점 검 · 시 험	인/Point	0.005	0.019

[주] ① 본 품은 개발되어 있는 프로그램을 중앙처리장치에 설치하고 현장특성에 맞추어 프로그램을 수정 · 보완하는 것으로 소운반이 포함되어 있다.
② 본 품은 프로그램으로 중앙처리장치와 DDC(Direct Digital Controller)사이를 연결하는 것이다. 다만 Service Module이 설치된 통신상태점검은 DDC에 포함된 것으로 본다.
③ 중앙처리장치와 DDC사이의 전선, 통신선 설치품은 별도 계상한다.
④ 본 품은 중앙처리장치에 Control 등록, 입 · 출력 Point 등록을 포함한다.
⑤ 그래픽작업은 장비별로, 보고서는 일간, 월간, 연간 각각 작성하는 것을 기준한 것이다.
⑥ 시설물 준공후, 시스템 운영 · 관리에 지원이 필요한 경우 다음기준에 따라 별도 가산한다.

기 간	3개월	6개월
가산율	점검 · 시험품의 15%	점검 · 시험품의 30%

12-3-2 입 · 출력장치(I/O Equipment) 설치 (2003년 신설)

공 정	단위	기사	계장공
설 치	인/Point	0.008	0.042
점 검 · 시 험	인/Point	0.046	0.080

[주] ① 본 품은 DDC(단자함내의 결선 포함)을 설치하고, 점검 · 시험 및 소운반이 포함되어 있다.
② 본 품은 프로그램으로 DDC와 현장계기 사이를 연결하고, Hardware와 프로그램 Setting하는 것이다.

③ DDC와 현장계기 사이의 전선, 통신선 설치품과 DDC외함 설치품은 별도 계상한다.
④ 시설물 준공후, 시스템 운영·관리에 지원이 필요한 경우 다음 기준에 따라 별도 가산한다.

기 간	3개월	6개월
가산율	점검·시험품의 20%	점검·시험품의 40%

12-3-3 콘솔 (Console) 설치 (2003년 신설)

공 정	단위	기사	계장공
조립 및 설치	인/대	-	6.8
시험 및 조정	인/대	1.9	-

[주] ① 본 품은 Desk를 현장에서 조립·설치하고 PC, Keyboard, Monitor, Print를 설치하는 것으로 소운반이 포함되어 있다.
② 본 품은 PC를 Hard Formatting하고 운영체계를 Hard에 Setup한다.

제13장 플랜트설비공사

13-1 플랜트 배관

13-1-1 플랜트 배관 (1992년·2003년 보완)

구 분	규격 mm	외경 mm	두께 mm	단위중량 kg/m	배관구분			
					옥내배관			
					용접식			나사식
					플랜트 용접공	플랜트 배관공	특별 인부	플랜트 배관공
배관용 탄소강관 KSD3507	6	10.5	2.0	0.419	92.0	46.0	46.0	92.0
	8	13.8	2.3	0.652	68.7	34.3	34.3	68.7
	10	17.3	2.3	0.851	59.8	30.0	30.0	59.8
	15	21.7	2.8	1.31	47.0	23.5	23.5	47.0
	20	27.2	2.8	1.68	42.9	21.4	21.4	42.9
	25	34.0	3.2	2.43	36.5	18.2	18.2	36.5
	32	42.7	3.5	3.38	32.4	16.2	16.2	32.4
	40	48.6	3.5	3.89	31.4	15.7	15.7	31.4
	50	60.5	3.8	5.31	28.9	14.4	14.4	28.9
	65	76.3	4.2	7.47	26.1	13.0	13.0	26.1
	80	89.1	4.2	8.79	25.5	12.8	12.8	25.5
	90	101.6	4.2	10.1	25.1	12.5	12.5	25.1
	100	114.3	4.5	12.2	23.9	11.9	11.9	23.9
	125	139.8	4.5	15.0	23.5	11.7	11.7	23.5
	150	165.2	5.0	19.8	21.9	11.0	11.0	21.9
	175	190.7	5.3	24.2	21.1	10.6	10.6	21.1
	200	216.3	5.8	30.1	20.1	10.0	10.0	20.1
	225	241.8	6.2	36.0	19.3	9.6	9.6	19.3
	250	267.4	6.6	42.4	18.6	9.3	9.3	18.6
	300	318.5	6.9	53.0	17.8	9.3	9.3	17.8

배관구분									
옥내배관			옥외배관						
나사식		인/ton	용접식			나사식			인/ton
플랜트 용접공	특별 인부		플랜트 용접공	플랜트 배관공	특별 인부	플랜트 배관공	플랜트 용접공	특별 인부	
46.0	46.0	184.0	81.3	40.7	40.7	81.3	40.7	40.7	162.2
34.3	34.3	137.3	59.0	29.5	29.5	59.0	29.5	29.5	118.0
30.0	30.0	119.8	50.1	25.1	25.1	50.1	25.1	25.1	100.3
23.5	23.5	94.0	38.3	19.2	19.2	38.3	19.2	19.2	76.7
21.4	21.4	85.7	34.2	17.1	17.1	34.2	17.1	17.1	68.4
18.2	18.2	72.9	28.5	14.2	14.2	28.5	14.2	14.2	56.9
16.2	16.2	64.8	24.8	12.4	12.4	24.8	12.4	12.4	49.6
15.7	15.7	62.8	23.8	11.9	11.9	23.8	11.9	11.9	47.6
14.4	14.4	57.7	21.5	10.8	10.8	21.5	10.8	10.8	43.1
13.0	13.0	52.1	19.2	9.6	9.6	19.2	9.6	9.6	38.4
12.8	12.8	51.1	18.7	9.4	9.4	18.7	9.4	9.4	37.5
12.5	12.5	50.1	18.3	9.1	9.1	18.3	9.1	9.1	36.5
11.9	11.9	47.7	17.3	8.7	8.7	17.3	8.7	8.7	34.7
11.7	11.7	46.9	16.9	8.5	8.5	16.9	8.5	8.5	33.9
11.0	11.0	43.9	15.5	7.7	7.7	15.5	7.7	7.7	30.9
10.6	10.6	42.3	15.1	7.6	7.6	15.1	7.6	7.6	30.3
10.0	10.0	40.1	14.3	7.2	7.2	14.3	7.2	7.2	28.7
9.6	9.6	38.5	13.7	6.9	6.9	13.7	6.9	6.9	27.5
9.3	9.3	37.2	13.2	6.6	6.6	13.2	6.6	6.6	26.4
9.3	9.3	36.4	12.8	6.4	6.4	12.8	6.4	6.4	25.6

구 분	규격 (mm)	외경 (mm)	두께 (mm)	단위 중량 (kg/m)	배관구분 - 옥내배관 - 용접식 - 플랜트 용접공	배관구분 - 옥내배관 - 용접식 - 플랜트 배관공	배관구분 - 옥내배관 - 용접식 - 특별 인부	배관구분 - 옥내배관 - 나사식 - 플랜트 배관공
배관용 탄소강관 KSD3507	350	355.6	6.0	51.7	19.3	9.7	9.7	19.3
	〃	〃	6.4	55.1	18.7	9.3	9.3	18.7
	〃	〃	7.9	67.7	16.8	8.4	8.4	16.8
	400	406.4	6.0	59.2	19.5	9.3	9.3	19.5
	〃	〃	6.4	63.1	19.5	8.4	8.4	19.5
	〃	〃	7.9	77.6	16.7	8.4	8.4	16.7
	450	457.2	6.0	66.8	19.4	9.3	9.3	19.4
	〃	〃	6.4	71.1	19.5	8.3	8.3	19.5
	〃	〃	7.9	87.5	16.7	8.3	8.3	16.7
	500	508.0	6.0	74.3	19.5	9.2	9.2	19.5
	〃	〃	6.4	79.2	19.4	8.3	8.3	19.4
	〃	〃	7.9	97.4	16.6	8.3	8.3	16.6
	〃	〃	8.7	107	16.2	7.6	7.6	16.2
	〃	〃	9.5	117	13.3	9.5	9.5	13.3
	550	558.8	6.0	81.8	19.1	9.5	9.5	19.1
	〃	〃	6.4	87.2	18.5	9.2	9.2	18.5
	〃	〃	7.9	107	16.7	8.3	8.3	16.7
	〃	〃	9.5	129	15.1	7.6	7.6	15.1
	600	609.6	6.0	89.0	19.1	9.5	9.5	19.1
	〃	〃	6.4	95.2	18.4	9.2	9.2	18.4
	〃	〃	7.1	106	17.5	8.7	8.7	17.5
	〃	〃	7.9	117	16.6	8.3	8.3	16.6

배관구분								
옥내배관			옥외배관					
나사식		인/ton	용접식			나사식		인/ton
플랜트 용접공	특별 인부		플랜트 용접공	플랜트 배관공	특별 인부	플랜트 배관공	플랜트 용접공	특별 인부	
9.7	9.7	38.7	13.7	6.8	6.8	13.7	6.8	6.8	27.3
9.3	9.3	37.3	13.2	6.6	6.6	13.2	6.6	6.6	26.4
8.4	8.4	33.6	11.9	6.0	6.0	11.9	6.0	6.0	23.9
9.3	9.3	38.1	13.6	6.8	6.8	13.6	6.8	6.8	27.2
8.4	8.4	36.3	13.1	6.6	6.6	13.1	6.6	6.6	26.3
8.4	8.4	33.5	11.9	5.9	5.9	11.9	5.9	5.9	23.7
9.3	9.3	38.0	13.5	6.8	6.8	13.5	6.8	6.8	27.1
8.3	8.3	36.1	13.1	6.6	6.6	13.1	6.6	6.6	26.3
8.3	8.3	33.3	11.8	5.9	5.9	11.8	5.9	5.9	23.6
9.2	9.2	37.9	13.5	6.7	6.7	13.5	6.7	6.7	26.9
8.3	8.3	36.0	13.1	6.5	6.5	13.1	6.5	6.5	26.1
8.3	8.3	33.2	11.7	5.9	5.9	11.7	5.9	5.9	23.5
7.6	7.6	31.4	11.2	5.6	5.6	11.2	5.6	5.6	22.4
9.5	9.5	32.3	10.7	5.4	5.4	10.7	5.4	5.4	21.5
9.5	9.5	38.1	13.5	6.7	6.7	13.5	6.7	6.7	26.9
9.2	9.2	36.9	13.0	6.5	6.5	13.0	6.5	6.5	26.0
8.3	8.3	33.3	11.7	5.9	5.9	11.7	5.9	5.9	23.5
7.6	7.6	30.3	10.7	5.3	5.3	10.7	5.3	5.3	21.3
9.5	9.5	38.1	13.5	6.7	6.7	13.5	6.7	6.7	26.9
9.2	9.2	36.8	13.0	6.5	6.5	13.0	6.5	6.5	26.0
8.7	8.7	34.9	12.3	6.2	6.2	12.3	6.2	6.2	24.7
8.3	8.3	33.2	11.7	5.9	5.9	11.7	5.9	5.9	23.5

구 분	규격	외경	두께	단위 중량	배관구분			
					옥내배관			
					용접식			나사식
	mm	mm	mm	kg/m	플랜트 용접공	플랜트 배관공	특별 인부	플랜트 배관공
배관용 탄소강관 KSD3507	600	609.6	9.5	141	15.1	7.6	7.6	15.1
	〃	〃	10.3	152	14.5	7.3	7.3	14.5
	650	660.4	6.0	96.8	19.0	9.5	9.5	19.0
	〃	〃	6.4	103	18.4	9.2	9.2	18.4
	〃	〃	7.1	114	17.5	8.8	8.8	17.5
	〃	〃	7.9	127	16.6	8.3	8.3	16.6
	〃	〃	11.1	178	14.0	7.0	7.0	14.0
	700	711.2	6.0	104	19.0	9.5	9.5	19.0
	〃	〃	6.4	111	18.4	9.2	9.2	18.4
	〃	〃	7.1	123	17.5	8.7	8.7	17.5
	〃	〃	7.9	137	16.5	8.3	8.3	16.5
	〃	〃	11.9	205	13.5	6.7	6.7	13.5
	750	762.0	6.4	119	18.4	9.2	9.2	18.4
	〃	〃	7.1	132	17.5	8.7	8.7	17.5
	〃	〃	7.9	147	16.5	8.3	8.3	16.5
	〃	〃	11.9	220	13.5	6.7	6.7	13.5
	800	812.8	6.4	127	18.3	9.2	9.2	18.3
	〃	〃	7.1	141	17.4	8.7	8.7	17.4
	〃	〃	7.9	157	16.5	8.2	8.2	16.5
	〃	〃	11.9	235	13.5	6.7	6.7	13.5
	850	863.6	6.4	135	18.3	9.2	9.2	18.3
	〃	〃	7.1	150	17.4	8.7	8.7	17.4

배관구분								
옥내배관			옥외배관					
나사식		인/ton	용접식			나사식		인/ton
플랜트 용접공	특별 인부		플랜트 용접공	플랜트 배관공	특별 인부	플랜트 배관공	플랜트 용접공	특별 인부	
7.6	7.6	30.3	10.7	5.3	5.3	10.7	5.3	5.3	21.3
7.3	7.3	29.1	10.3	5.1	5.1	10.3	5.1	5.1	20.5
9.5	9.5	38.0	13.4	6.7	6.7	13.4	6.7	6.7	26.8
9.2	9.2	36.8	13.1	6.5	6.5	13.1	6.5	6.5	26.1
8.8	8.8	35.1	12.3	6.2	6.2	12.3	6.2	6.2	24.7
8.3	8.3	33.2	11.7	5.8	5.8	11.7	5.8	5.8	23.3
7.0	7.0	28.0	9.9	4.9	4.9	9.9	4.9	4.9	19.7
9.5	9.5	38.0	13.4	6.7	6.7	13.4	6.7	6.7	26.8
9.2	9.2	36.8	13.0	6.5	6.5	13.0	6.5	6.5	26.0
8.7	8.7	34.9	12.3	6.2	6.2	12.3	6.2	6.2	24.7
8.3	8.3	33.1	11.7	5.8	5.8	11.7	5.8	5.8	23.3
6.7	6.7	26.9	9.5	4.7	4.7	9.5	4.7	4.7	19.1
9.2	9.2	36.8	12.9	6.5	6.5	12.9	6.5	6.5	25.9
8.7	8.7	34.9	12.3	6.1	6.1	12.3	6.1	6.1	24.5
8.3	8.3	33.1	11.7	5.8	5.8	11.7	5.8	5.8	23.3
6.7	6.7	26.9	9.5	4.7	4.7	9.5	4.7	4.7	18.9
9.2	9.2	36.7	12.9	6.5	6.5	12.9	6.5	6.5	25.9
8.7	8.7	34.8	12.3	6.1	6.1	12.3	6.1	6.1	24.5
8.2	8.2	32.9	11.6	5.8	5.8	11.6	5.8	5.8	23.2
6.7	6.7	26.9	9.5	4.7	4.7	9.5	4.7	4.7	18.9
9.2	9.2	36.7	12.9	6.5	6.5	12.9	6.5	6.5	25.9
8.7	8.7	34.8	12.3	6.1	6.1	12.3	6.1	6.1	24.5

구 분	규격	외경	두께	단위 중량	배관구분			
					옥내배관			
					용접식			나사식
	mm	mm	mm	kg/m	플랜트 용접공	플랜트 배관공	특별 인부	플랜트 배관공
배관용 탄소강관 KSD3507	850	863.6	7.9	167	16.5	8.2	8.2	16.5
	〃	〃	9.5	200	15.1	7.5	7.5	15.1
	〃	〃	12.7	266	13.1	6.5	6.5	13.1
	900	914.4	6.4	143	18.3	9.2	9.2	18.3
	〃	〃	7.9	177	16.5	8.2	8.2	16.5
	〃	〃	8.7	194	15.7	7.9	7.9	15.7
	〃	〃	12.7	282	13.0	6.5	6.5	13.0
	1000	1016.0	8.7	216	15.7	7.8	7.8	15.7
	〃	〃	10.3	255	14.5	7.2	7.2	14.5
	1100	1117.6	10.3	281	14.4	7.2	7.2	14.4
	〃	〃	11.1	303	13.8	6.9	6.9	13.8
	1200	1219.2	11.1	331	13.9	6.9	6.9	13.9
	〃	〃	11.9	354	13.4	6.7	6.7	13.4
	1350	1371.6	11.9	399	13.4	6.7	6.7	13.4
	〃	〃	12.7	426	12.9	6.5	6.5	12.9
	〃	〃	13.1	439	12.7	6.4	6.4	12.7
	1500	1574	12.7	473	13.1	6.6	6.6	13.1
	〃	〃	13.1	488	12.9	6.5	6.5	12.9
	〃	〃	15.1	562	12.1	6.0	6.0	12.1
압력배관용 탄소강관 KSD3562 SCH#40	6	10.5	1.7	0.369	101.3	50.7	50.7	101.3
	8	13.8	2.2	0.629	70.7	35.3	35.3	70.7
	10	17.3	2.3	0.851	59.9	29.9	29.9	59.9

배관구분									
옥내배관			옥외배관						
나사식			용접식			나사식			
플랜트 용접공	특별 인부	인/ton	플랜트 용접공	플랜트 배관공	특별 인부	플랜트 배관공	플랜트 용접공	특별 인부	인/ton
8.2	8.2	32.9	11.6	5.8	5.8	11.6	5.8	5.8	23.2
7.5	7.5	30.1	10.6	5.3	5.3	10.6	5.3	5.3	21.2
6.5	6.5	26.1	9.2	4.6	4.6	9.2	4.6	4.6	18.4
9.2	9.2	36.7	12.9	6.5	6.5	12.9	6.5	6.5	25.9
8.2	8.2	32.9	11.6	5.8	5.8	11.6	5.8	5.8	23.2
7.9	7.9	31.5	11.1	5.5	5.5	11.1	5.5	5.5	22.1
6.5	6.5	26.0	9.1	4.6	4.6	9.1	4.6	4.6	18.3
7.8	7.8	31.3	11.1	5.5	5.5	11.1	5.5	5.5	22.1
7.2	7.2	28.9	10.1	5.1	5.1	10.1	5.1	5.1	20.3
7.2	7.2	28.8	10.1	5.1	5.1	10.1	5.1	5.1	20.3
6.9	6.9	27.6	9.7	4.9	4.9	9.7	4.9	4.9	19.5
6.9	6.9	27.7	9.7	4.9	4.9	9.7	4.9	4.9	19.5
6.7	6.7	26.8	9.4	4.7	4.7	9.4	4.7	4.7	18.8
6.7	6.7	26.8	9.3	4.8	4.8	9.3	4.8	4.8	18.9
6.5	6.5	25.9	9.1	4.6	4.6	9.1	4.6	4.6	18.3
6.4	6.4	25.5	8.9	4.5	4.5	8.9	4.5	4.5	17.9
6.6	6.6	26.3	9.3	4.6	4.6	9.3	4.6	4.6	18.5
6.5	6.5	25.9	9.1	4.6	4.6	9.1	4.6	4.6	18.3
6.0	6.0	24.1	8.5	4.2	4.2	8.5	4.2	4.2	16.9
50.7	50.7	202.7	90.0	45.0	45.0	90.0	45.0	45.0	180.0
35.3	35.3	141.3	60.7	30.3	30.3	60.7	30.3	30.3	121.3
29.9	29.9	119.7	50.1	25.1	25.1	50.1	25.1	25.1	100.3

구 분	규격	외경	두께	단위중량	배관구분			
					옥내배관			
					용접식			나사식
	mm	mm	mm	kg/m	플랜트용접공	플랜트배관공	특별인부	플랜트배관공
압력배관용 탄소강관 KSD3562 SCH#40	15	21.7	2.8	1.31	47.0	23.5	23.5	47.0
	20	27.2	2.9	1.74	41.8	20.9	20.9	41.8
	25	34.0	3.4	2.57	35.2	17.6	17.6	35.2
	32	42.7	3.6	3.47	32.0	16.0	16.0	32.0
	40	48.6	3.7	4.10	30.4	15.2	15.2	30.4
	50	60.5	3.9	5.44	28.2	14.1	14.1	28.2
	65	76.3	5.2	9.12	23.4	11.7	11.7	23.4
	80	89.1	5.5	11.3	22.2	11.1	11.1	22.2
	90	101.6	5.7	13.5	21.5	10.7	10.7	21.5
	100	114.3	6.0	16.0	20.7	10.3	10.3	20.7
	125	139.8	6.6	21.7	19.3	9.7	9.7	19.3
	150	165.2	7.1	27.7	18.4	9.2	9.2	18.4
	200	216.3	8.2	42.1	16.0	8.0	8.0	16.0
	250	267.4	9.3	59.2	15.7	7.8	7.8	15.7
	300	318.5	10.3	78.3	14.8	7.4	7.4	14.8
	350	355.6	11.1	94.3	14.2	7.1	7.1	14.2
	400	406.4	12.7	123	13.3	6.6	6.6	13.3
	450	457.2	14.3	156	12.5	6.2	6.2	12.5
	500	508.0	15.1	184	12.1	6.0	6.0	12.1

배관구분									
옥내배관			옥외배관						
나사식		인/ton	용접식			나사식			인/ton
플랜트 용접공	특별 인부		플랜트 용접공	플랜트 배관공	특별 인부	플랜트 배관공	플랜트 용접공	특별 인부	
23.5	23.5	94.0	38.3	19.2	19.2	38.3	19.2	19.2	76.7
20.9	20.9	83.6	33.3	16.7	16.7	33.3	16.7	16.7	66.7
17.6	17.6	70.4	27.4	13.7	13.7	27.4	13.7	13.7	54.8
16.0	16.0	64.0	24.4	12.2	12.2	24.4	12.2	12.2	48.8
15.2	15.2	60.8	23.0	11.5	11.5	23.0	11.5	11.5	46.0
14.1	14.1	56.4	21.1	10.5	10.5	21.1	10.5	10.5	42.1
11.7	11.7	46.8	17.1	8.6	8.6	17.1	8.6	8.6	34.3
11.1	11.1	44.4	16.2	8.1	8.1	16.2	8.1	8.1	32.4
10.7	10.7	42.9	15.5	7.8	7.8	15.5	7.8	7.8	31.1
10.3	10.3	41.3	14.9	7.5	7.5	14.9	7.5	7.5	29.9
9.7	9.7	38.7	13.9	6.9	6.9	13.9	6.9	6.9	27.7
9.2	9.2	36.8	13.2	6.6	6.6	13.2	6.6	6.6	26.4
8.0	8.0	32.0	11.4	5.7	5.7	11.4	5.7	5.7	22.8
7.8	7.8	31.3	11.1	5.6	5.6	11.1	5.6	5.6	22.3
7.4	7.4	29.6	10.5	5.2	5.2	10.5	5.2	5.2	20.9
7.1	7.1	28.4	10.0	5.0	5.0	10.0	5.0	5.0	20.0
6.6	6.6	26.5	9.3	4.7	4.7	9.3	4.7	4.7	18.7
6.2	6.2	24.9	8.8	4.4	4.4	8.8	4.4	4.4	17.6
6.0	6.0	24.1	8.5	4.2	4.2	8.5	4.2	4.2	16.9

[주] ① 본 품은 Raw Material 기준으로 한 것이며 소운반, 절단, Edge Cutting, 나사내기, 배열, Fitting재 취부, Valve류 취부, 용접, 나사 접합, Hangering, Supporting, Flushing, 기밀시험(Leak Test) 및 내압시험(Air, Gas, Water Test) 등이 포함되어 있다.
② 본 품은 Fitting류, Bracket류, Support류(Hanger, Shoe, Guide, Clamp, U-Bolt 등) 및 Valve류 등의 중량을 전체배관 설치중량의 30%로 간주하여 배관하는 품으로 10% 증감할 때마다 본 품에 10%씩 가감(단, 매설배관은 제외) 하고 Fitting류, Bracket류, Support 및 밸브류 등이 공장에서 제작조립된 경우에는 본 품에 30%까지를 감하여 적용할 수 있다. 또한 설치중량에는 Fitting류, Bracket류, Support류 및 Valve류 등의 중량을 포함하여야 하며 현장에서 제작 · 설치되는 PIPE RACK은 SUPPORT류에서 제외하고 별도 계상한다.
③ 배관설치 높이가 지상 4m 초과하는 경우 매 4m증가마다 3%씩 가산한다.
④ 기계실 옥내 옥외매설의 구분이 명확하지 않은 경우에는 옥내를 적용한다.
⑤ 기계실 배관은 옥내배관의 50% 가산, 옥외매설관은 옥외배관의 30% 감한다. 여기서 기계실배관이라 함은 보일러실, 터빈실, 펌프실 등과 같이 기계장치의 효율적인 운전 및 보수를 위하여 각종기계장치를 집합적으로 일정한 장소에 모아놓은 곳의 배관 중에서, 일반적인 옥내배관보다 단위길이당 연결부위가 현저히 많고, 배관작업시 상호배관간의 간섭 또는 작업방해 등으로 옥내배관보다 작업내용이 복잡하여 단위품이 현저히 증가되는 배관을 말한다.
⑥ 공구손료, 소모자재작업 및 정밀 배관의 Oil Flushing의 품은 별도 계상한다.
⑦ 예열 및 응력제거가 필요한 경우는 별도 계상한다.
⑧ Alloy Steel(합금강)인 경우 용접식은 용접공(플랜트 용접공), 나사식은 배관공(플랜트 배관공)량에 별표의 할증률을 적용 가산한다.
⑨ 규격이 같고 두께가 다를 경우 단위 중량에 비례 계상한다.
⑩ 외경은 참고 치수다.
⑪ 고소배관 작업시 중량물 상량을 위한 조치가 필요한 경우에는 특수 비계공을 별도 계상할 수 있다.
⑫ 비파괴 검사시 KS 1급 기준인 경우는 본 품에 100%까지 가산할 수 있다.

⑬ 유해가스가 없는 설계압력 5kg/cm^2 미만의 배관공사에는 플랜트 용접공을 용접공으로, 플랜트 배관공을 배관공으로 적용한다.

[참 고]
규격이 같고 두께가 다른 경우 비례 계산방법

A_m : 탄소강관의 ton당 품
A_w : 탄소강관의 단위중량(ton/m)
A_D : 탄소강관의 m당 품($A_m \times A_w$)

B_m : Sch_{40}의 ton당 품
B_w : Sch_{40}의 단위중량(ton/m)
B_D : Sch_{40}의 m당 품($B_m \times B_w$)

C_w : 구하고자 하는 두께의 단위 중량(ton/m)
C_D : 구하고자 하는 두께의 m당 품

$$C_D = B_D + \frac{(B_D - A_D)}{(B_w - A_w)} \times (C_w - B_w)$$

C_m : 구하고자 하는 두께의 ton당 품 ($\frac{C_D}{C_w}$)

[별 표]

재질에 따른 배관용접품 할증률

(%)

재질 (ASTM기준)	구경(mm) 50 이하	80	100	125	150	200	250	300	350	400	450	500	550	600
Mo합금강(A335-P1) Cr합금강(A335-P2, P3, P11, P12)	25.0	27.5	30.0	31.5	34.5	39.0	42.5	45.0	49.0	52.5	59.0	65.0	69.0	73.0
Cr합금강(A335-P3b, P21, 22, P5bc)	33.5	37.0	40.0	42.0	46.0	52.0	57.0	60.0	66.5	70.0	79.0	87.0	92.5	98.0
Cr합금강 (A335-P7, P9) Ni 합금강 (A333-Gr3)	45.0	49.5	54.0	57.0	62.0	70.0	76.5	81.0	88.0	94.5	106.0	117.0	124.0	131.0
스테인리스강 (Type304, 309, 310, 316) (L&H Grade포함)	47.5	52.0	57.0	60.0	63.5	72.0	81.0	86.0	93.0	100.0	112.0	123.5	131.0	139.0
동, 황동, Everdur	20.0	23.0	25.0	27.5	30.0	50.0	75.0	80.0	100.0	110.0	115.0	125.0	133.0	140.0
저온용합금강 (A333-Gr1,Gr4,Gr9)	58.0	61.0	68.0	73.0	75.0	87.5	95.0	104.0	117.0	128.0	138.0	149.0	154.5	160.0
Hastelloy, Titanium, Ni(99%)	125.0	132.0	135.0	–	140.0	150.0	175.0	200.0	–	–	–	–	–	–
스텐레스강 (Type321&347) Cu-Ni, Monel Inconel, Incoloy Alloy20	54.0	58.0	61.0	63.0	65.0	74.0	85.0	95.0	100.0	115.0	123.0	130.0	139.0	145.0
알루미늄	69.0	76.0	82.5	87.0	95.0	107.0	117.0	124.0	135.0	144.0	162.0	179.0	190.0	201.0

[비고] 탄소강관용접품에 본 비율을 가산함

13-1-2 관만곡 (Pipe Bending) 설치

구분 구경 mm	SCH No 직종	90° 및 90° 이하의 곡관				91°~180° U-곡관				편심곡관	
		20~80		100~160		20~80		100~160		20~80	
		플랜트 배관공	특별 인부	플랜트 배관공	특별 인부	플랜트 배관공	특별 인부	플랜트 배관공	특별 인부	플랜트 배관공	특별 인부
ø25		0.035	0.015	0.040	0.020	0.040	0.020	0.050	0.020	0.055	0.020
32		0.040	0.015	0.045	0.020	0.050	0.020	0.055	0.025	0.060	0.025
40		0.045	0.020	0.055	0.020	0.060	0.025	0.065	0.030	0.065	0.030
50		0.050	0.020	0.065	0.025	0.075	0.030	0.075	0.035	0.080	0.035
65		0.060	0.025	0.075	0.030	0.090	0.035	0.100	0.045	0.100	0.040
80		0.070	0.030	0.085	0.035	0.100	0.045	0.120	0.050	0.115	0.045
90		0.085	0.035	0.110	0.045	0.110	0.050	0.135	0.060	0.130	0.055
100		0.100	0.045	0.120	0.050	0.140	0.060	0.160	0.070	0.150	0.065
125		0.130	0.055	0.130	0.060	0.170	0.075	0.200	0.085	0.200	0.080
150		0.160	0.070	0.170	0.075	0.200	0.085	0.240	0.110	0.270	0.095
200		0.20	0.09	0.25	0.11	0.28	0.12	0.32	0.14	0.28	0.12
250		0.28	0.12	0.32	0.14	0.38	0.17	0.46	0.20	0.38	0.16
300		0.38	0.16	0.45	0.19	0.53	0.23	0.63	0.27	0.52	0.22
350		0.48	0.20	0.57	0.24	0.77	0.33	1.00	0.43	0.68	0.29
400		0.63	0.27	0.76	0.32	1.10	0.51	1.40	0.60	0.90	0.38
450		0.81	0.35	0.96	0.42	1.55	0.73	1.75	0.75	1.15	0.49
500		1.00	0.45	1.19	0.52					1.46	0.62
600		1.50	0.75	1.70	0.75					2.30	0.90

(개당)

편심곡관		단편심 90°-곡관				단편심 U-곡관			
100~160		20~80		100~160		20~80		100~160	
플랜트 배관공	특별 인부	플랜트 배관공	특별 인부	플랜트 배관공	특별 인부	플랜트 배관공	특별 인부	플랜트 배관공	특별 인부
0.060	0.025	0.065	0.030	0.075	0.035	0.075	0.035	0.090	0.035
0.070	0.030	0.075	0.030	0.085	0.040	0.090	0.040	0.100	0.045
0.080	0.035	0.085	0.035	0.100	0.045	0.100	0.045	0.125	0.055
0.095	0.040	0.100	0.045	0.120	0.050	0.120	0.055	0.155	0.065
0.120	0.050	0.125	0.055	0.150	0.060	0.150	0.065	0.185	0.080
0.135	0.060	0.150	0.055	0.170	0.070	0.180	0.080	0.210	0.095
0.160	0.070	0.170	0.075	0.190	0.080	0.210	0.090	0.280	0.120
0.185	0.080	0.190	0.085	0.230	0.095	0.240	0.100	0.350	0.150
0.220	0.095	0.240	0.100	0.280	0.120	0.300	0.125	0.420	0.180
0.250	0.110	0.290	0.120	0.340	0.145	0.350	0.150	0.600	0.250
0.30	0.125	0.38	0.16	0.44	0.19	0.51	0.17	0.81	0.34
0.46	0.18	0.49	0.21	0.58	0.25	0.69	0.29	1.16	0.49
0.63	0.27	0.70	0.30	0.77	0.33	0.98	0.42	1.66	0.71
0.86	0.37	0.94	0.40	1.10	0.47	1.46	0.63	1.90	0.82
1.11	0.48	1.25	0.53	1.45	0.60	1.82	0.78		
1.14	0.60								

제 13 장 플랜트설비공사 1051

(개당)

구경 mm \ 구분	SCH No	U-곡관 및 팽창형 U-곡관				2편심 U-곡관			
		20~80		100~160		20~80		100~160	
직종		플랜트 배관공	특별 인부	플랜트 배관공	특별 인부	플랜트 배관공	특별 인부	플랜트 배관공	특별 인부
ø 25		0.075	0.035	0.100	0.040	0.100	0.040	0.120	0.050
32		0.090	0.040	0.120	0.050	0.110	0.050	0.140	0.060
40		0.110	0.045	0.140	0.060	0.130	0.060	0.160	0.070
50		0.130	0.055	0.170	0.070	0.150	0.070	0.190	0.080
65		0.160	0.070	0.200	0.080	0.180	0.080	0.220	0.095
80		0.190	0.080	0.230	0.095	0.220	0.095	0.250	0.110
90		0.230	0.095	0.270	0.110	0.270	0.110	0.290	0.125
100		0.260	0.110	0.310	0.130	0.320	0.125	0.330	0.145
125		0.320	0.130	0.380	0.160	0.380	0.160	0.430	0.190
150		0.380	0.160	0.440	0.190	0.480	0.200	0.540	0.230
200		0.540	0.230	0.560	0.240	0.590	0.250	0.700	0.300
250		0.740	0.310	0.860	0.360	0.840	0.360	0.990	0.420
300		1.000	0.420	1.200	0.510	1.330	0.570	1.400	0.510
350		1.450	0.620	1.660	0.710	1.830	0.830	-	-
400		2.170	0.930	2.200	0.940	-	-	-	-
450									
500									
600									

[주] ① 본 품은 탄소강관을 기준으로 한 것이다.
② 본 품 중에는 Pipe 절단품이 포함되어 있다.
③ 현장 작업인 경우에는 본 품의 20%를 가산한다.
④ Stainless Steel, Aluminum, Brass 및 Copper의 합금 작업시에는 본 품에 다음 표에 있는 할증률을 가산한다.

(%)

구분\구경(mm)	50	80	100	125	150	200	250	300	350	400	450	500	600
Stainless, Al	15	19	22	24	26	30	41	43	46	49	50	52	56
Copper, Brass	6	9	12	–	15	20	22	24	–	–	–	–	–

⑤ 공구손료 및 장비사용료는 별도 계상한다.

13-1-3 밸브취부

1. Screwed Type

(개당)

구분 / 직종 \ 구경(mm)	사용압력(Valve)									
	10.5 kg/cm²		21.0~27.5 kg/cm²		42~62 kg/cm²		105 kg/cm²		176 kg/cm²	
	플랜트배관공	특별인부	플랜트배관공	특별인부	플랜트배관공	특별인부	플랜트배관공	특별인부	플랜트배관공	특별인부
ø 25이하	0.066	0.033	0.066	0.033	0.093	0.046	0.093	0.046	0.100	0.050
32	0.066	0.033	0.066	0.033	0.100	0.050	0.110	0.055	0.140	0.070
40	0.086	0.043	0.086	0.043	0.140	0.070	0.150	0.075	0.170	0.085
50	0.093	0.046	0.120	0.060	0.160	0.080	0.170	0.085	0.210	0.105
65	0.133	0.066	0.160	0.080	0.187	0.093	0.230	0.110	0.240	0.120
80	0.166	0.083	0.190	0.095	0.233	0.116	0.270	0.130	0.290	0.140
90	0.187	0.093	0.210	0.105	0.260	0.130	0.290	0.140	0.310	0.150
100	0.220	0.110	0.250	0.125	0.300	0.150	0.340	0.170	0.370	0.180

2. Welded-Back Screwed Type

(개당)

구분 직종 구경(mm)	사용압력(Valve)									
	10.5 kg/cm²		21~27 kg/cm²		42~63 kg/cm²		105 kg/cm²		176 kg/cm²	
	플랜트 배관공	특별 인부	플랜트 배관공	특별 인부	플랜트 배관공	특별 인부	플랜트 배관공	특별 인부	플랜트 배관공	특별 인부
ø 25이하	0.107	0.053	0.107	0.053	0.133	0.066	0.134	0.067	0.140	0.066
32	0.133	0.066	0.133	0.066	0.166	0.083	0.180	0.090	0.206	0.103
40	0.153	0.076	0.154	0.077	0.206	0.103	0.220	0.110	0.240	0.120
50	0.186	0.093	0.220	0.110	0.253	0.126	0.266	0.133	0.300	0.150
65	0.240	0.120	0.266	0.133	0.293	0.146	0.333	0.166	0.346	0.173
80	0.300	0.150	0.326	0.163	0.366	0.183	0.400	0.200	0.420	0.210
90	0.360	0.180	0.380	0.190	0.434	0.217	0.466	0.233	0.480	0.240
100	0.406	0.203	0.406	0.203	0.486	0.243	0.526	0.263	0.550	0.270

3. Flange Type

(개당)

구분 직종 구경(mm)	사용압력(Valve)											
	10.5 kg/cm²		21~27 kg/cm²		42 kg/cm²		63 kg/cm²		105 kg/cm²		176 kg/cm²	
	플랜트 배관공	특별 인부	플랜트 배관공	특별 인부	플랜트 배관공	특별 인부	플랜트 배관공	특별 인부	플랜트 배관공	특별 인부	플랜트 배관공	특별 인부
ø 50	0.100	0.050	0.133	0.067	0.180	0.090	0.198	0.097	0.220	0.110	0.293	0.147
65	0.133	0.066	0.167	0.084	0.207	0.104	0.220	0.110	0.287	0.144	0.340	0.170
80	0.166	0.083	0.200	0.100	0.254	0.127	0.267	0.134	0.327	0.164	0.387	0.194
90	0.220	0.110	0.240	0.120	0.300	0.150	0.320	0.160	0.380	0.190	0.440	0.220
100	0.240	0.120	0.287	0.144	0.347	0.174	0.360	0.180	0.433	0.217	0.520	0.260
125	0.286	0.143	0.334	0.167	0.394	0.197	0.407	0.204	0.487	0.244	0.580	0.290
150	0.313	0.156	0.367	0.184	0.427	0.214	0.447	0.224	0.560	0.280	0.627	0.314
200	0.407	0.203	0.486	0.243	0.574	0.287	0.606	0.303	0.746	0.373	0.900	0.450
250	0.520	0.260	0.606	0.303	0.694	0.347	0.735	0.368	0.954	0.477	1.090	0.550
300	0.646	0.323	0.746	0.373	0.867	0.434	0.920	0.460	1.190	0.600	1.430	0.720

구분 직종\구경(mm)	사용압력(Valve)									
	10.5 kg/cm²		21~27 kg/cm²		42 kg/cm²		63 kg/cm²		105 kg/cm²		176 kg/cm²	
	플랜트배관공	특별인부	플랜트배관공	특별인부	플랜트배관공	특별인부	플랜트배관공	특별인부	플랜트배관공	특별인부	플랜트배관공	특별인부
350	0.746	0.373	0.860	0.430	1.010	0.506	1.060	0.530	1.420	0.710		
400	0.860	0.430	1.000	0.500	1.160	0.580	1.230	0.620	1.680	0.840		
450	0.960	0.480	1.130	0.570	1.350	0.630	1.430	0.720	1.950	0.980		
500	1.100	0.550	1.280	0.640	1.550	0.780	1.630	0.820	2.260	1.130		
600	1.260	0.630	1.480	0.740	1.760	0.880	1.810	0.910	2.660	1.330		

[주] ① 본 품에는 Flange형 Valve의 운반조작(Handling) 및 Bolt 결합이 포함되었다.
② Valve 결합 품에는 Gasket 및 Bolt Stud의 소운반이 포함되었다.
③ 공구손료 및 장비사용료는 별도 계상한다.

13-1-4 Fitting취부

1. Screwed Type

(개당)

Fitting종류 직종\구경(mm)	(2개소 결합)Elbow		(3개소 결합)Tee		(4개소 결합)Cross	
	플랜트배관공	특별인부	플랜트배관공	특별인부	플랜트배관공	특별인부
ø25이하	0.040	0.020	0.060	0.03	0.08	0.040
32	0.040	0.020	0.060	0.03	0.08	0.040
40	0.053	0.026	0.080	0.04	0.11	0.055
50	0.053	0.026	0.080	0.04	0.11	0.055
65	0.066	0.033	0.100	0.05	0.13	0.060
80	0.066	0.033	0.100	0.05	0.13	0.060
90	0.066	0.033	0.100	0.05	0.13	0.060
100	0.080	0.040	0.120	0.06	0.16	0.080

[주] ① 본 품은 조립품으로 절단 및 Threading 등 품은 별도 계상한다.

② 공구손료 및 장비사용료는 별도 계상한다.

2. Flange Type

(개당)

구분 직종 구경(mm)	사용압력범위(Fitting)											
	10.5 kg/cm²		21~27 kg/cm²		42 kg/cm²		63 kg/cm²		105 kg/cm²		176 kg/cm²	
	플랜트배관공	특별인부	플랜트배관공	특별인부	플랜트배관공	특별인부	플랜트배관공	특별인부	플랜트배관공	특별인부	플랜트배관공	특별인부
ø50	0.060	0.030	0.060	0.030	0.073	0.036	0.087	0.043	0.10	0.05	0.13	0.06
65	0.066	0.033	0.066	0.033	0.086	0.043	0.100	0.050	0.13	0.06	0.17	0.08
80	0.066	0.033	0.066	0.033	0.086	0.043	0.100	0.050	0.13	0.06	0.17	0.08
90	0.087	0.043	0.087	0.043	0.110	0.055	0.130	0.060	0.15	0.07	0.20	0.10
100	0.100	0.050	0.120	0.060	0.130	0.060	0.140	0.070	0.17	0.08	0.23	0.11
150	0.130	0.060	0.140	0.070	0.150	0.070	0.170	0.080	0.22	0.11	0.29	0.14
200	0.170	0.080	0.200	0.100	0.220	0.110	0.250	0.140	0.31	0.15	0.41	0.20
250	0.230	0.110	0.250	0.120	0.270	0.130	0.310	0.150	0.39	0.19	0.51	0.25
300	0.290	0.140	0.320	0.160	0.340	0.170	0.370	0.190	0.49	0.24	0.64	0.32
350	0.320	0.160	0.360	0.180	0.390	0.190	0.440	0.220	0.54	0.27		
400	0.370	0.180	0.410	0.200	0.430	0.210	0.500	0.250	0.62	0.31		
450	0.400	0.200	0.450	0.220	0.490	0.240	0.560	0.280	0.69	0.34		
500	0.460	0.230	0.520	0.260	0.550	0.270	0.630	0.310	0.77	0.38		
600	0.550	0.270	0.520	0.310	0.660	0.330	0.760	0.380	0.93	0.46		

[주] ① 본 품은 Flange로 된 Fitting 및 Spool의 결합에 필요한 품이다.
② 본 품에는 Bolt, Gasket 등의 소운반품이 포함되어 있다.
③ 공구손료 및 장비사용료는 별도 계상한다.

13-1-5 Flange 취부

1. Screwed Type

(조당)

구분 직종 구경(mm)	사용압력범위(Flange)			
	10.5kg/cm² Steel 및 8.8kg/cm² 주철		21kg/cm² Steel 및 17.5kg/cm² 주철	
	플랜트배관공	특별인부	플랜트배관공	특별인부
ø50	0.100	0.050	0.120	0.060
65	0.106	0.053	0.126	0.063
80	0.120	0.060	0.133	0.066
90	0.133	0.066	0.153	0.076
100	0.140	0.070	0.166	0.083
125	0.153	0.076	0.186	0.093
150	0.173	0.086	0.193	0.096
200	0.206	0.103	0.233	0.116
250	0.260	0.130	0.286	0.143
300	0.306	0.153	0.340	0.170
350	0.373	0.186	0.427	0.213
400	0.453	0.226	0.506	0.253
450	0.540	0.270	0.606	0.303
500	0.640	0.320	0.727	0.363
600	0.920	0.460	1.040	0.520

[주] ① 본 품은 주철 및 탄소강재를 기준으로 한 것이다.

② 본 품은 Pipe 절단, Threading 및 Flange 취부, 면사상 및 조정(Alignment)이 포함되어 있다.

③ 공구손료 및 장비사용료는 별도 계상한다.

2. Seal Welded Screwed Type

(조당)

구분 구경(mm)	압력범위(Flange)											
	10.5kg/cm²		21kg/cm²		28kg/cm²		42kg/cm²		63kg/cm²		105kg/cm²	
직종	플랜트 배관공	특별 인부	플랜트 배관공	특별 인부	플랜트 배관공	특별 인부	플랜트 배관공	특별 인부	플랜트 배관공	특별 인부	플랜트 배관공	특별 인부
ø50	0.166	0.083	0.186	0.096	0.200	0.100	0.200	0.100	0.260	0.130	0.260	0.130
65	0.186	0.093	0.200	0.100	0.220	0.110	0.220	0.110	0.274	0.137	0.274	0.137
80	0.200	0.100	0.220	0.110	0.240	0.120	0.240	0.120	0.306	0.153	0.306	0.153
90	0.220	0.110	0.240	0.120	0.267	0.133	0.267	0.133	0.360	0.180	0.400	0.200
100	0.240	0.120	0.267	0.133	0.300	0.150	0.320	0.160	0.400	0.200	0.460	0.230
125	0.273	0.137	0.306	0.153	0.340	0.170	0.374	0.187	0.494	0.247	0.530	0.265
150	0.326	0.163	0.366	0.183	0.426	0.213	0.440	0.220	0.606	0.303	0.674	0.337
200	0.400	0.200	0.406	0.230	0.540	0.270	0.553	0.277				
250	0.520	0.260	0.566	0.283	0.606	0.300	0.666	0.333				
300	0.593	0.297	0.666	0.333	0.726	0.363	0.774	0.387				
350	0.706	0.353	0.800	0.400								
400	0.886	0.443	0.974	0.487								
450	1.030	0.515	1.110	0.555								
500	1.104	0.557	1.250	0.625								
600	1.580	0.797	1.700	0.850								

[주] ① 본 품은 탄소강을 기준으로 한 것이다.
② 본 품에는 Pipe 절단, Threading 및 Flange 취부후 전배면을 용접하고, 면 사상(面仕上) 및 조정(Alignment)이 포함되어 있다.
③ 공구손료 및 장비사용료는 별도 계상한다.

3. Slip-on Flange Welded Type)

(조당)

구경(mm)	사용압력(Flange)									
	10.5kg/cm²		21kg/cm²		27kg/cm²		42kg/cm²		63kg/cm²	
	플랜트배관공	특별인부	플랜트배관공	특별인부	플랜트배관공	특별인부	플랜트배관공	특별인부	플랜트배관공	특별인부
ø25이하	0.066	0.033	0.087	0.044	0.120	0.060	0.120	0.060	0.133	0.067
32	0.087	0.043	0.100	0.050	0.120	0.060	0.120	0.060	0.153	0.077
40	0.087	0.043	0.107	0.054	0.120	0.060	0.120	0.060	0.153	0.077
50	0.107	0.053	0.120	0.060	0.153	0.077	0.156	0.078	0.200	0.100
65	0.126	0.063	0.140	0.070	0.193	0.097	0.183	0.092	0.254	0.127
80	0.153	0.076	0.173	0.087	0.240	0.120	0.240	0.120	0.300	0.150
90	0.186	0.093	0.200	0.100	0.274	0.137	0.274	0.137	0.342	0.171
100	0.200	0.100	0.220	0.110	0.293	0.147	0.320	0.160	0.400	0.200
125	0.253	0.127	0.273	0.137	0.373	0.187	0.400	0.200	0.506	0.253
150	0.300	0.150	0.326	0.163	0.433	0.217	0.483	0.287	0.600	0.300
200	0.426	0.213	0.453	0.237	0.607	0.304	0.666	0.333	0.660	0.330
250	0.526	0.263	0.566	0.283	0.754	0.377	0.926	0.463	0.960	0.480
300	0.640	0.320	0.694	0.347	0.920	0.460	1.140	0.570	1.270	0.640
350	0.754	0.377	0.834	0.417	1.090	0.550	1.350	0.670	1.470	0.740
400	0.874	0.437	0.940	0.470	1.250	0.630	1.530	0.770	1.670	0.840
450	1.020	0.510	1.130	0.570	1.460	0.730	1.690	0.850	1.970	0.980
500	1.220	0.610	1.330	0.670	1.750	0.830	1.970	0.980	2.290	1.150
600	1.530	0.770	1.670	0.840	2.140	1.070	2.600	1.300	2.900	1.450

[주] ① 본 품은 탄소강을 기준으로 한 것이다.
② 본 품에는 Pipe를 절단하여 Flange 활입(滑入)후 전배면을 용접하고, 면사상(面仕上) 및 조정(Alignment)이 포함되어 있다.
③ 공구손료 및 장비사용료는 별도 계상한다.

13-1-6 Oil Flushing

(ton당)

관경(mm)	플랜트배관공	보통인부	계
ø8	7.43	141.19	148.62
10	6.32	120.00	120.32
15	4.94	93.89	98.83
20	4.38	83.30	87.68
25	3.72	70.59	74.31
32	2.75	52.29	55.04
40	2.33	44.25	46.58
50	1.76	33.35	35.11
65	1.05	19.89	20.94
80	0.85	16.05	16.90
100	0.60	11.33	11.93
125	0.44	8.31	8.75
150	0.34	6.55	6.89
200	0.23	4.30	4.53
250	0.16	3.06	3.22
300	0.12	2.31	2.43

[주] ① 본 품은 Scale의 조도가 50# 이상인 경우에 한하여 적용한다.
② 본 품은 Scale의 조도가 200#를 기준한 것으로 100#까지 10%, 50#까지 20%를 감한다.
③ 본 품에는 Flushing oil의 Charging 및 Drain, Hammering, 금망의 설치 및 교환 Scale의 Sampling 및 판정이 포함되어 있다.
④ Flushing을 위한 가배관 및 철거품은 별도 계상한다.
⑤ 장비 및 공구손료는 별도 계상한다.

13-1-7 장거리 배관 설치 (1993년 보완)

(Joint당)

규격	개당중량 (kg)	보통 인부	플랜트 배관공	특별 인부	플랜트 용접공	크레인 (시간)	비고
ø150	238	0.78	0.60	1.20	0.84	0.80	
175	290	0.82	0.63	1.26	0.89	0.84	
200	361	0.86	0.66	1.32	0.95	0.88	
225	432	0.90	0.69	1.38	1.00	0.92	
250	509	0.94	0.72	1.44	1.06	0.96	
300	636	1.01	0.78	1.56	1.17	1.04	
350	661	1.09	0.84	1.68	1.30	1.12	
400	710	1.17	0.90	1.80	1.44	1.20	
450	802	1.25	0.96	1.92	1.60	1.28	
500	892	1.33	1.02	2.04	1.71	1.34	
550	982	1.40	1.08	2.16	1.83	1.42	
600	1,068	1.48	1.14	2.28	1.94	1.50	
650	1,152	1.56	1.20	2.40	2.05	1.58	

[주] ① 본 품은 직관길이 12m를 기준한 것이며(수중, 터널내 등) 이형관 및 곡관부설은 별도 계상할 수 있다.
② 본 품은 비파괴검사 KS 2급 기준이며 KS 1급 적용시는 본 품에 100%까지 가산할 수 있다.
③ 본 품은 소운반, 조양, Hangering, Supporting Alignment, 가접, 본용접 등의 작업이 포함되어 있다.
④ 본 품은 비파괴시험작업, 수압시험작업은 제외되었다.
⑤ 작업장소에 따른 할증율 및 지세별 할증율은 '[공통부문] 1-4-3 품의 할증'의 해당할증 항을 적용한다.
⑥ 폴리에틸렌 피복관 배관시는 본 품에 10% 가산한다.
⑦ 타 공사와 병행 작업시는 상기 본 품에 20% 가산한다.
⑧ 장비휴지 대기시간이 일일 1시간 이상 발생할 경우에 인건비, 관리비는 별도 계상한다.

⑨ 배관작업구간 내에 가설작업장을 건설치 못할 경우 장비 및 인원이동을 위하여 본 품에 10% 가산한다.
⑩ 본 품은 배관 및 용접품이므로 별도의 기구 부착 등은 별도 계상한다.
⑪ 기계기구(용접기, 발전기, 지게차, 견인차, 공기압축기 등) 및 잡재료는 필요에 따라 계상한다.
⑫ 부설을 위한 터파기, 되메우기, 기초, 잔토처리, 물푸기 등은 별도 계상한다.

13-1-8 이중보온관 설치

1. 이중보온관 부설

(m당 : 관길이 기준)

구분 관경 (외경)(mm)	개당 중량 (kg) (12m 기준)	플랜트 배관공 (인)	특별인부 (인)	보통인부 (인)	크레인 (시간)	비고
ø 20(90)	34(17)	0.065	0.065	0.100		
25(90)	43(22)	0.066	0.066	0.101		
32(110)	60(30)	0.067	0.067	0.102		
40(110)	67(34)	0.068	0.068	0.104		
50(125)	87(43)	0.070	0.070	0.106		
65(140)	122(61)	0.073	0.073	0.109		
80(160)	145(72)	0.075	0.075	0.112		
100(200)	204(102)	0.078	0.078	0.116	0.100	
125(225)	259	0.082	0.082	0.125	0.105	
150(250)	326	0.086	0.086	0.130	0.110	
200(315)	500	0.095	0.095	0.142	0.121	
250(400)	663	0.103	0.103	0.152	0.132	
300(450)	797	0.105	0.105	0.155	0.134	
350(500)	834	0.108	0.108	0.163	0.136	
400(560)	1,072	0.111	0.111	0.167	0.138	
450(630)	1,250	0.119	0.119	0.178	1.147	

구분 관경 (외경)(mm)	개당 중량 (kg) (12m 기준)	플랜트 배관공 (인)	특별인부 (인)	보통인부 (인)	크레인 (시간)	비고
500(710)	1,459	0.124	0.124	0.185	0.149	
550(710)	1,882	0.130	0.130	0.192	0.151	
600(800)	2,161	0.136	0.136	0.203	0.153	
650(850)	2,332	0.143	0.143	0.213	0.161	
700(900)	2,559	0.150	0.150	0.222	0.169	
750(950)	2,730	0.157	0.157	0.231	0.177	
800(1,000)	2,970	0.164	0.164	0.240	0.185	
850(1,100)	3,690	0.171	0.171	0.249	0.193	
900(1,100)	3,775	0.178	0.178	0.263	0.201	
1,000(1,200)	4,538	0.192	0.192	0.282	0.217	
1,100(1,300)	5,098	0.206	0.206	0.301	0.233	
1,200(1,400)	5,547	0.220	0.220	0.320	0.249	

[주] ① 본 품은 지역난방용 온수의 공급 및 회수를 위하여 선응력도입법(Prestreess Method)을 이용하여 지중에 매설되는 이중보온관의 기계부설에 적용한다.

② 본 품은 직관길이 12m를 기준한 것으로 이형관 및 곡관 등의 부설품은 포함되었으며 접합품은 제외되었다.

③ 개당 중량의 ( )안은 6m 기준일 때의 중량이다.

④ 본 품에는 소운반 조양, Hangering, Supporting Alignment 등의 작업이 포함되었다.

⑤ 본 품은 지장물통과, 도로 및 철도횡단, 수중, 터널내 등 특수 부설구간은 별도 계상할 수 있다.

⑥ 본 품에는 비파괴검사 수압시험은 제외되었다.

⑦ 본 품에는 용접부 보온, Foam pad 설치 등은 제외되었다.

⑧ 본 품은 누수감지연결부 취급, 공급 및 회수관 동시배열, 폴리에틸렌 피복관 등 지역난방 열배관 특성이 고려되었다.

⑨ 타 공사와 병행작업시는 본 품에 20%까지 계상할 수 있다.

⑩ 장비 휴지 대기시간이 1일 1시간 이상 발생할 경우에는 장비에 대한 노무비, 관리비를 별도 계상할 수 있다.
⑪ 배관작업 구간 내에 가설작업장을 건설치 못할 경우 장비 및 인원이동을 위하여 본 품에 10% 가산할 수 있다.
⑫ 본 품에는 관로유지 및 누수감지 연결부, 용접부위 유지관리품이 계상되었다.
⑬ 자재 적치장에서 현장간 이중보온관의 운반비는 별도 계상한다.
⑭ 부설을 위한 터파기, 되메우기, 기초, 잔토처리, 물푸기 등은 별도 계상한다.
⑮ 본 품의 부설장비의 규격은 다음을 기준으로 한다.

관경(mm)(내경기준)	부설장비규격	비고
300A 이하	15ton급 크레인(타이어)	
350~650A	20ton급 크레인(타이어)	
700A 이상	25ton급 크레인(타이어)	

2. 이중보온관 용접

(Joint당)

구분 관경 (외경)(mm)	개당 강관 중량(kg) (12m기준)	플랜트 용접공 (인)	특별인부 (인)	발전기 (50kW) (시간)	용접기 (300Amp) (시간)	용접봉 (kg)
ø 20(90)	21(10)	0.695	0.557	1.112	2.224	0.006
25(90)	31(15)	0.708	0.564	1.132	2.265	0.012
32(110)	42(21)	0.727	0.574	1.163	2.326	0.018
40(110)	49(25)	0.749	0.586	1.198	2.396	0.036
50(125)	65(33)	0.776	0.601	1.241	2.483	0.049
65(140)	96(48)	0.816	0.622	1.305	2.611	0.130
80(160)	113(56)	0.857	0.644	1.371	2.742	0.155
100(200)	159(79)	0.911	0.674	1.457	2.915	0.230
125(225)	203	0.978	0.710	1.564	3.129	0.310
150(250)	260	1.046	0.747	1.673	3.347	0.420
200(315)	397	1.187	0.824	1.899	3.798	0.600
250(400)	494	1.256	0.853	2.009	4.019	0.750
300(450)	591	1.362	0.908	2.179	4.358	0.880
350(500)	661	1.560	1.008	2.496	4.992	1.126
400(560)	757	1.775	1.109	2.840	5.680	1.296
450(630)	853	1.970	1.182	3.152	6.304	1.458
500(710)	950	2.107	1.257	3.371	6.742	1.620
550(710)	1,416	2.600	1.534	4.160	8.320	2.078
600(800)	1,547	2.763	1.623	4.420	8.841	2.235
650(850)	1,677	2.927	1.713	4.683	9.366	2.420
700(900)	1,808	3.081	1.797	4.929	9.859	2.606
750(950)	1,938	3.235	1.951	5.176	10.352	2.793
800(1,000)	2,070	3.389	2.105	5.422	10.844	2.979
850(1,100)	2,600	3.543	2.259	5.668	11.337	3.747
900(1,100)	2,755	3.697	2.413	5.915	11.830	3.968
1,000(1,200)	3,300	4.005	2.721	6.408	12.816	4.751
1,100(1,300)	3,634	4.313	3.029	6.900	13.801	5.226
1,200(1,400)	3,968	4.621	3.337	7.393	14.787	5.701

[주] ① 본 품은 지역난방용 온수의 공급 및 회수를 위하여 선응력 도입법(prestress Method)을 이용하여 지중에 매설되는 이중보온관의 용접에 적용한다.
② 본 품은 12m를 기준한 것이며 지장물 통과, 도로 및 철도 횡단, 수중, 터널 내 등 특수구간은 별도 계상할 수 있다.
③ 개당 강관중량의 ( )안은 6m 기준일 때 중량이다.
④ 본 품은 비파괴시험 2급 기준이며 1급 적용시는 본 품에 100% 가산한다.
⑤ 본 품에는 가접, 본 용접 등의 작업이 포함되어 있다.
⑥ 본 품에는 비파괴시험작업, 수압시험작업은 제외되었다.
⑦ 본 품에는 용접부 보온, Foam pad 설치 등은 제외되었다.
⑧ 타 공사와 병행작업시에 본 품에 20%까지 계상할 수 있다.
⑨ 장비 휴지 대기시간이 일일 1시간 이상 발생할 경우에는 장비에 대한 노무비, 관리비는 별도 계상할 수 있다.
⑩ 기계공구(지게차, 견인차, 공기압축기 등) 및 잡재료는 필요에 따라 별도 계상한다.
⑪ MITER용접시는 본 품에 50%까지 할증을 고려하여 가산할 수 있다.
⑫ MITER용접에 필요한 관절단시 피복관 폴리에틸렌 절단과 폴리우레탄의 제거비는 별도 계상한다.
⑬ 본 품은 공급 및 회수관 동시배열, 폴리에틸렌 피복관 등 지역난방 열배관 특성이 고려되었다.

13 - 2 플랜트 용접

13 - 2 - 1 강관절단 (2018년 보완)

(개소당)

구경 (mm)	SCH No 직종	20~40 용접공 (인)	20~40 특별인부 (인)	60~80 용접공 (인)	60~80 특별인부 (인)	100~160 용접공 (인)	100~160 특별인부 (인)
ø25		0.002	0.001	0.003	0.001	0.004	0.002
32		0.002	0.001	0.003	0.001	0.005	0.002
40		0.003	0.001	0.005	0.002	0.007	0.003
50		0.003	0.001	0.007	0.003	0.008	0.004
65		0.004	0.002	0.010	0.004	0.010	0.004
80		0.005	0.002	0.012	0.005	0.012	0.005
95		0.007	0.003	0.013	0.005	0.014	0.006
100		0.009	0.004	0.014	0.006	0.017	0.007
125		0.010	0.005	0.017	0.007	0.021	0.009
150		0.014	0.006	0.021	0.009	0.024	0.010
200		0.017	0.007	0.028	0.012	0.031	0.013
250		0.021	0.009	0.031	0.013	0.035	0.015
300		0.028	0.012	0.035	0.015	0.052	0.022
350		0.038	0.016	0.052	0.022	0.070	0.030
400		0.049	0.026	0.070	0.030	0.087	0.037
450		0.066	0.028	0.087	0.037	0.105	0.045
500		0.084	0.036	0.105	0.045	0.122	0.052
600		0.105	0.045	0.122	0.052	0.135	0.060

[주] ① 본 품은 산소+LPG를 사용하여 탄소강관을 인력으로 절단하는 기준이다.
② 본 품은 절단위치 확인, 절단 및 절단면 가공(Beveling)작업이 포함된 것이다.
③ Pipe절단은 평면절단을 기준으로 한 품이며 사단일 경우에는 품을 30% 가산한다.

④ 공구손료 및 경장비(절단장비 등)의 기계경비는 인력품의 3%를 계상한다.
⑤ 재료량은 다음을 참고하여 적용한다.

(개소당)

구경 (mm)	SCH No	20~40		60~80		100~160	
	직종	산소(ℓ)	LPG(kg)	산소(ℓ)	LPG(kg)	산소(ℓ)	LPG(kg)
ø25		2.4	0.002	2.5	0.002	5.2	0.005
32		2.7	0.003	2.9	0.003	6.6	0.006
40		3.2	0.003	3.4	0.003	9.0	0.009
50		3.8	0.004	5.2	0.005	17.2	0.017
65		4.8	0.005	14.2	0.014	26.2	0.026
80		6.2	0.006	19.5	0.019	37.8	0.037
95		7.5	0.007	26.2	0.026	42.0	0.041
100		12.0	0.012	32.2	0.031	56.5	0.055
125		22.0	0.021	50.0	0.049	77.0	0.075
150		34.0	0.033	71.5	0.070	119.0	0.116
200		56.0	0.055	105.0	0.103	179.0	0.175
250		99.0	0.097	149.0	0.146	344.0	0.336
300		129.0	0.126	227.0	0.222	592.0	0.578
350		152.0	0.149	270.0	0.264	730.0	0.713
400		195.0	0.191	345.0	0.337	950.0	0.928
450		242.0	0.236	418.0	0.408	1,060.0	1.036
500		290.0	0.283	527.0	0.515	1,210.0	1.182
600		332.0	0.324	880.0	0.860	1,650.0	1.612

※ 산소량은 대기압상태의 기준량이며, 압축산소는 35℃에서 150기압으로 압축기에 넣어 사용하는 것을 기준한다.

13-2-2 강판절단 (2018년 보완)

(m당)

철판두께(mm)	화구경(mm)	산소 압력 (kg/cm²)	용접공(인)	특별인부(인)
3	0.5~1.0	1.0~2.2	0.0055~0.0037	0.0027~0.0019
6	0.8~1.5	1.1~1.4	0.0066~0.0042	0.0033~0.0021
9	0.8~1.5	1.2~2.1	0.0075~0.0046	0.0036~0.0023
12	1.0~1.5	1.4~2.2	0.0091~0.0050	0.0045~0.0025
19	1.2~1.5	1.7~2.5	0.0091~0.0054	0.0045~0.0027
25	1.2~1.5	2.0~2.8	0.0120~0.0060	0.0060~0.0030
38	1.5~2.0	2.1~3.2	0.0190~0.0076	0.0095~0.0039
50	1.7~2.0	1.6~3.5	0.0190~0.0084	0.0095~0.0042
75	1.7~2.0	2.3~3.9	0.0280~0.0110	0.0140~0.0060
100	2.1~2.2	3.0~4.0	0.0280~0.0130	0.0140~0.0070
125	2.1~2.2	3.9~4.9	0.0310~0.0170	0.0150~0.0090
150	2.5~2.8	4.5~5.6	0.0370~0.0200	0.0185~0.0100
200	2.5~2.8	4.0~5.4	0.0430~0.0250	0.0220~0.0130
250	2.5~2.8	4.6~6.8	0.0560~0.0350	0.0280~0.0170
300	2.8~3.1	4.1~6.0	0.0790~0.0430	0.0400~0.0220

[주] ① 본 품은 산소+LPG를 사용하여 강판을 인력으로 절단하는 기준이다.
② 본 품은 절단위치 확인, 절단 및 절단면 가공(Beveling)이 포함된 것이다.
③ 공구손료 및 경장비(절단기 등)의 기계경비는 인력품의 3%를 계상한다.
④ 재료량은 다음을 참고하여 적용한다.

(m당)

철판두께(mm)	산소(ℓ)	LPG(kg)
3	16.5~25.1	0.016~0.025
6	39.6~103	0.039~0.101
9	56.9~144	0.056~0.141

(m당)

철판두께(mm)	산소(ℓ)	LPG(kg)
12	104~197	0.102~0.192
19	180~244	0.176~0.238
25	266~324	0.260~0.317
38	479~730	0.468~0.713
50	593~743	0.579~0.726
75	971~1,380	0.949~1.348
100	1,113~1,860	1.087~1.817
125	1,469~2,280	1.435~2.228
150	2,507~3,580	2.449~3.498
200	3,689~4,560	3.604~4.455
250	5,813~7,103	5.679~6.940
300	9,670~12,410	9.448~12.125

※ 산소량은 대기압상태의 기준량이며, 압축산소는 35℃에서 150기압으로 압축기에 넣어 사용하는 것을 기준한다.

13-2-3 강관용접 (2018년 보완)

1. 전기아크용접

(개소당)

SCH No 구경 mm	20 용접공 (인)	30 용접공 (인)	40 플랜트 용접공 (인)	60 플랜트 용접공 (인)	80 플랜트 용접공 (인)	100 플랜트 용접공 (인)	120 플랜트 용접공 (인)	140 플랜트 용접공 (인)	160 플랜트 용접공 (인)
φ15			0.066		0.075				0.087
20			0.075		0.083				0.101
25			0.083		0.094				0.117
40			0.094		0.116				0.154
50			0.116		0.138				0.190
65			0.138		0.150				0.212
80			0.150		0.162				0.250

(개소당)

SCH No 구경 mm	20 용접공 (인)	30 용접공 (인)	40 플랜트 용접공 (인)	60 플랜트 용접공 (인)	80 플랜트 용접공 (인)	100 플랜트 용접공 (인)	120 플랜트 용접공 (인)	140 플랜트 용접공 (인)	160 플랜트 용접공 (인)
90			0.162		0.175				0.290
100			0.175		0.200		0.325		0.350
125			0.187		0.237		0.337		0.450
150			0.225		0.275		0.450		0.590
200	0.287	0.287	0.287	0.325	0.362	0.525	0.700	0.800	0.940
250	0.337	0.337	0.337	0.435	0.575	0.790	0.900	1.000	1.160
300	0.387	0.387	0.450	0.575	0.750	0.900	1.090	1.350	1.680
350	0.442	0.462	0.537	0.760	0.940	1.100	1.360	1.740	2.170
400	0.540	0.540	0.725	0.950	1.220	1.660	1.830	2.360	2.710
450	0.640	0.750	0.960	1.290	1.600	1.990	2.300	2.840	3.220
500	0.690	0.940	1.050	1.460	1.820	2.360	2.930	3.560	4.050
600	0.800	1.100	1.230	1.790	2.280	3.180	4.200	5.000	5.560

[주] ① 본 품은 탄소강관의 현장 전기아크 용접을 기준한 것이다.
② 본 품은 접합면의 Beveling 및 손질이 되어 있는 상태에서 용접하는 품이다.
③ 수압시험 및 교정품은 본 품의 5%를 가산한다.
④ 합금강인 경우는 별표의 재질에 따른 배관 용접품 할증률을 가산한다.
　[별표] '[기계설비부문] 13-1-1 플랜트 배관 설치 [별표] 참조
⑤ 비파괴검사 KS 1급 적용시에는 본 품에 100%까지 가산할 수 있다.
⑥ 다음과 같은 용접작업인 경우는 본 품을 증감할 수 있다.
　㉮ Back Mirror 용접(극히 협소한 장소) : 30%까지 가산
　㉯ Back Ring 사용시 : 25%까지 가산
　㉰ Nozzle 용접시 : 50%까지 가산
　㉱ Sloping Line 용접시 : 100%까지 가산
　㉲ Mitre 용접시 : 50%까지 가산
　㉳ Socket 용접시 : 40%까지 감

⑦ 예열, 응력제거, Radiographic Test가 필요한 경우는 별도 계상한다.
⑧ Pipe내 Purge Gas(Argon, N2 등)를 사용하여 용접시는 Inert Gas Purge 용접품을 본 품에 별도 계상한다.
⑨ 공구손료 및 경장비(용접기 등)의 기계경비는 인력품의 3%로 계상한다.
⑩ 재료량은 다음을 참고하여 적용한다.

(개소당)

SCH No 구경 mm	20 용접봉 (kg)	30 용접봉 (kg)	40 용접봉 (kg)	60 용접봉 (kg)	80 용접봉 (kg)	100 용접봉 (kg)	120 용접봉 (kg)	140 용접봉 (kg)	160 용접봉 (kg)
φ 15			0.006		0.015				0.024
20			0.012		0.021				0.063
25			0.018		0.036				0.092
40			0.036		0.090				0.150
50			0.049		0.130				0.250
65			0.150		0.240				0.370
80			0.190		0.320				0.560
90			0.230		0.410				0.760
100			0.280		0.480		0.730		1.010
125			0.400		1.010		1.130		1.650
150			0.540		1.060		1.650		2.490
200	0.600	0.710	0.900	1.310	1.780	2.360	2.380	2.800	3.200
250	0.750	1.050	1.300	2.200	2.980	4.140	4.200	4.900	5.300
300	0.880	1.310	1.850	3.240	4.700	4.800	5.900	6.400	6.400
350	1.390	1.780	2.210	4.000	6.000	5.700	8.000	10.200	12.500
400	1.600	2.060	3.390	5.470	6.800	8.100	10.600	14.800	17.600
450	1.800	3.020	4.700	7.750	8.400	13.700	15.600	18.020	23.600
500	2.100	4.300	5.750	9.250	10.100	15.300	16.500	25.700	30.600
600	2.440	6.010	7.710	12.100	13.600	20.500	23.600	36.200	42.100

2. TIG(Tungsten Inert Gas) 용접

(개소당)

SCH No. 적용 구경 ㎜	20 플랜트 용접공 (인)	20 특별 인부 (인)	30 플랜트 용접공 (인)	30 특별 인부 (인)	40 플랜트 용접공 (인)	40 특별 인부 (인)	60 플랜트 용접공 (인)	60 특별 인부 (인)	80 플랜트 용접공 (인)	80 특별 인부 (인)	100 플랜트 용접공 (인)	100 특별 인부 (인)	120 플랜트 용접공 (인)	120 특별 인부 (인)	140 플랜트 용접공 (인)	140 특별 인부 (인)	160 플랜트 용접공 (인)	160 특별 인부 (인)
15					0.065	0.038			0.067	0.039							0.068	0.040
20					0.067	0.039			0.070	0.041							0.074	0.043
25					0.072	0.042			0.076	0.044							0.082	0.048
32					0.077	0.045			0.083	0.049							0.090	0.052
40					0.080	0.047			0.088	0.052							0.098	0.058
50	0.083	0.049			0.088	0.052			0.099	0.058							0.120	0.070
65	0.102	0.060			0.109	0.064			0.125	0.073							0.145	0.085
80	0.110	0.065			0.121	0.071			0.143	0.084							0.177	0.104
95	0.118	0.069			0.133	0.078			0.162	0.095							0.214	0.125
100	0.132	0.077			0.148	0.086			0.183	0.107			0.216	0.127			0.246	0.144
125	0.153	0.089			0.179	0.105			0.229	0.134			0.281	0.165			0.331	0.194
150	0.179	0.105			0.213	0.125			0.293	0.171			0.357	0.209			0.428	0.251
200	0.244	0.143	0.261	0.153	0.294	0.172	0.352	0.206	0.416	0.244	0.479	0.280	0.557	0.326	0.617	0.361	0.674	0.395
250	0.289	0.169	0.338	0.198	0.390	0.229	0.506	0.296	0.586	0.343	0.686	0.402	0.788	0.461	0.910	0.533	1.005	0.588
300	0.334	0.196	0.419	0.245	0.498	0.291	0.661	0.387	0.784	0.459	0.939	0.550	1.090	0.638	1.207	0.707	1.375	0.805
350	0.438	0.257	0.513	0.301	0.588	0.344	0.770	0.451	0.944	0.553	1.153	0.675	1.321	0.774	1.485	0.870	1.641	0.961
400	0.494	0.289	0.580	0.340	0.751	0.440	0.960	0.562	1.200	0.703	1.439	0.843	1.667	0.976	1.930	1.130	2.113	1.237
450	0.550	0.322	0.744	0.436	0.936	0.548	1.212	0.710	1.488	0.871	1.802	1.055	2.101	1.231	2.356	1.380	2.640	1.546
500	0.714	0.418	0.930	0.545	1.090	0.638	1.450	0.849	1.808	1.059	2.201	1.289	2.540	1.488	2.912	1.705	3.233	1.894
600	0.848	0.497	1.238	0.725	1.494	0.875	2.053	1.202	2.545	1.490	3.136	1.837	3.653	2.139	4.107	2.405	4.597	2.692

[주] ① 본 품은 탄소강관의 현장 TIG 용접을 기준한 것이다.
② 본 품은 접합면의 Beveling 및 손질이 되어 있는 상태에서 용접하는 기준이다.
③ 강관의 사용압력이 100kg/㎠이상인 배관 또는 압력용기를 용접하거나, 합금강을 용접(난이도 특급수준)하는 경우에는 플랜트특수용접공을 적용한다.
④ 공구손료 및 경장비(용접기 등)의 기계경비는 인력품의 3%로 계상한다.
⑤ 재료량(용접봉, 보호가스 등)은 별도 계상한다.
⑥ 다음과 같은 용접작업인 경우는 본 품을 증감할 수 있다.
　㉮ Back Mirror 용접(극히 협소한 장소) : 30%까지 가산
　㉯ Back Ring 사용시 : 25%까지 가산
　㉰ Nozzle 용접시 : 50%까지 가산
　㉱ Sloping Line 용접시 : 100%까지 가산
　㉲ Mitre 용접시 : 50%까지 가산
　㉳ Socket 용접시 : 40% 까지 감
⑦ 예열, 응력제거, Radiographic Test가 필요한 경우는 별도 계상한다.
⑧ Pipe내 Purge Gas(Argon, N2 등)를 사용하여 용접시는 Inert Gas Purge 용접품을 본 품에 별도 계상한다.

13-2-4 강판 전기아크용접

1. 전기아크용접(V형) (1993년 보완)

(m 당)

구분 자세 및 직종 두께(mm)	용접봉사용량(kg)			인력(인)						소요전력(kW/h)		
	하향	횡향	입향	하향		횡향		입향		하향	횡향	입향
				용접공	특별인부	용접공	특별인부	용접공	특별인부			
3	0.17	0.20	0.22	0.030	0.009	0.036	0.011	0.044	0.013	0.60	0.70	0.90
4	0.28	0.30	0.33	0.033	0.010	0.041	0.012	0.050	0.015	1.00	1.20	1.45
5	0.38	0.40	0.45	0.037	0.011	0.046	0.014	0.056	0.17	1.45	1.70	1.95
6	0.58	0.60	0.66	0.042	0.012	0.052	0.016	0.063	0.019	1.85	2.50	2.75
7	0.78	0.80	0.89	0.057	0.014	0.068	0.017	0.079	0.021	2.20	3.20	3.45
8	0.98	1.00	1.08	0.071	0.016	0.084	0.020	0.098	0.023	3.15	4.00	4.40
9	1.15	1.20	1.30	0.080	0.017	0.094	0.023	0.106	0.027	5.00	6.00	6.35
10	1.33	1.40	1.50	0.087	0.020	0.106	0.025	0.121	0.030	7.00	8.00	8.40
11	1.51	1.60	1.75	0.103	0.023	0.120	0.028	0.139	0.034	8.00	9.0	9.50
12	1.71	1.80	1.96	0.116	0.026	0.134	0.032	0.157	0.039	9.00	10.0	10.50
13	1.90	2.00	2.20	0.130	0.029	0.151	0.036	0.181	0.044	10.00	11.5	12.25
14	2.08	2.20	2.43	0.146	0.033	0.169	0.040	0.198	0.049	11.10	13.0	13.75
15	2.25	2.40	2.65	0.162	0.037	0.187	0.044	0.218	0.054	13.50	15.0	15.80

[주] ① 본 품은 철판 두께에 따른 규정에 정해진 층수에 용접하는 품이다.
② 본 품은 Net Arc Time 기준이므로 본 품에 아래 작업효율을 감안하여 계상한다.
　　수동용접 : 40%(공장가공), 30%(현장가공)
　　자동용접 : 45%(공장가공), 35%(현장가공)
③ 본 품에는 Beveling이 포함되어 있다.
④ 공구손료는 별도 계상한다.
⑤ 비파괴시험, Preheating 및 Annealing은 필요한 경우 별도 계상한다.
⑥ 합금강에 대하여는 '[기계설비부문] 13-2-3 강관용접/1. 전기아크 용접'과 같이 적용한다

[계산 예]
두께 3mm의 강판을 하향자세에 의하여 수동용접으로 공장가공하는 경우의 용접공
품 : 0.03÷0.4=0.075인/m

2. 전기아크용접(U형)

(m 당)

구분 자세 및 직종 두께(mm)	용접봉소비량(kg)		소요전력(kWh)		하향한면용접(인)		하향양면용접(인)	
	하향한면 용접	하향양면 용접	하향한면 용접	하향양면 용접	용접공	특별인부	용접공	특별인부
15	2.05	2.40	8	9	0.250	0.075	0.275	0.083
20	2.80	3.10	11	12	0.344	0.103	0.362	0.109
25	3.70	4.00	15	16	0.488	0.146	0.525	0.158
30	4.80	5.00	22	24	0.513	0.154	0.550	0.165
35	6.00	6.40	31	34	0.600	0.180	0.638	0.191
40	7.40	7.90	42	45	0.688	0.206	0.750	0.225
45	8.90	9.40	53	57	0.788	0.236	0.844	0.253
50	10.40	11.00	66	71	0.900	0.270	0.962	0.289
55	12.00	12.70	80	86	1.038	0.311	1.060	0.318
60	13.50	15.40	84	100	1.137	0.341	1.200	0.360
65	15.10	16.10	109	116	1.250	0.365	1.310	0.390
70	16.60	17.70	124	131	1.425	0.428	1.485	0.446

[주] ① 본 품은 하향식 용접을 기준으로 한 품이다.
② 본 품은 Beveling 품이 포함되어 있다.
③ 공구손료는 별도 계상한다.
④ 비파괴시험, Preheating 및 Annealing은 필요한 경우 별도로 계상한다.
⑤ 작업효율은 '1. 전기아크용접(V형)'과 같이 적용한다.

3. 전기아크용접(H형)

(m 당)

자세 및 직종 두께(mm) 구분	용접봉소비량(kg) 하향한면용접	용접봉소비량(kg) 하향양면용접	소요전력(kWh) 하향한면용접	소요전력(kWh) 하향양면용접	하향한면용접(인) 용접공	하향한면용접(인) 특별인부	하향양면용접(인) 용접공	하향양면용접(인) 특별인부
15	1.60	1.70	4	8	0.114	0.034	0.165	0.050
20	1.90	2.40	5	10	0.150	0.045	0.312	0.094
25	2.35	3.30	6	14	0.175	0.053	0.388	0.116
30	2.90	4.30	10	20	0.200	0.060	0.462	0.139
35	3.60	5.40	14	28	0.219	0.066	0.537	0.161
40	4.30	6.70	20	36	0.275	0.083	0.625	0.188
45	5.20	8.00	25	46	0.313	0.093	0.713	0.214
50	6.10	9.40	32	57	0.350	0.105	0.894	0.268
55	7.10	10.90	39	68	0.413	0.124	0.900	0.270
60	8.00	12.40	46	81	0.475	0.143	1.013	0.304
65	9.10	13.90	53	95	0.563	0.169	1.125	0.338
70	10.20	15.30	61	109	0.656	0.197	1.242	0.373

[주] ① 본 품은 하향식 용접을 기준으로 한 품이다.
② 본 품에는 Beveling 품이 포함되어 있다.
③ 공구손료는 별도 계상한다.
④ 비파괴시험, Preheating 및 Annealing은 필요한 경우 별도로 계상한다.
⑤ 작업효률은 '1. 전기아크용접(V형)'과 같이 적용한다.

4. 전기아크용접(X형)

(m 당)

구분 자세 및 직종 두께(mm)	용접봉사용량(kg)			인력(인)						소요전력(kW/h)		
	하향	횡향	입향	하향		횡향		입향		하향	횡향	입향
				용접공	특별인부	용접공	특별인부	용접공	특별인부			
16	1.95	1.97	2.10	0.166	0.051	0.200	0.062	0.260	0.076	12.0	12.5	14.0
18	2.10	2.15	2.25	0.192	0.056	0.230	0.068	0.310	0.082	14.0	15.0	17.0
20	2.25	2.30	2.45	0.225	0.062	0.270	0.073	0.340	0.088	17.0	18.0	20.0
22	2.45	2.50	2.65	0.250	0.068	0.310	0.078	0.390	0.094	20.2	22.0	24.0
24	2.60	2.70	2.90	0.290	0.074	0.350	0.084	0.450	0.105	23.5	26.0	28.0
26	2.75	2.90	3.15	0.320	0.079	0.400	0.089	0.510	0.110	27.5	30.6	33.0
28	3.00	3.15	3.40	0.370	0.085	0.450	0.095	0.580	0.116	33.0	36.6	38.0
30	3.25	3.45	3.70	0.413	0.090	0.495	0.105	0.632	0.123	39.5	41.9	43.9

[주] ① 본 품은 철판 두께에 따라 규정에 정해진 층수를 용접하는 품이다.

② 본 품에는 Beveling 품이 포함되어 있다.

③ 공구손료는 별도 계상한다.

④ 비파괴시험, Preheating 및 Annealing은 필요한 경우 별도로 계상한다.

⑤ 작업효율 계상은 '1. 전기용접(V형)'과 같이 적용한다.

5. 전기아크용접(Fillet용접)

(m당)

두께(mm)	용접봉소비량(kg)			소요전력(kWh)				인력(인)							
								하향		횡향		상향		입향	
구분	하향	횡향	상향	입향	하향	횡향	상향	입향	용접공	특별인부	용접공	특별인부	용접공	특별인부	용접공	특별인부
5	0.27	0.30	0.33	0.35	1.90	2.20	2.30	2.50	0.010	0.002	0.020	0.006	0.027	0.008	0.031	0.009
6	0.33	0.40	0.42	0.43	2.25	2.65	2.75	2.90	0.014	0.004	0.026	0.008	0.032	0.009	0.036	0.011
7	0.40	0.50	0.53	0.55	2.60	3.10	3.25	3.50	0.021	0.006	0.031	0.009	0.038	0.011	0.042	0.013
8	0.49	0.60	0.61	0.62	3.25	3.75	4.00	4.25	0.027	0.008	0.040	0.012	0.048	0.012	0.052	0.016
9	0.68	0.80	0.82	0.83	3.80	4.50	4.75	5.10	0.033	0.010	0.052	0.015	0.056	0.017	0.063	0.019
10	0.86	1.0	1.01	1.01	4.70	5.25	5.70	6.10	0.048	0.013	0.062	0.017	0.069	0.021	0.073	0.022
11	0.95	1.15	1.18	1.20	5.50	6.20	6.70	7.10	0.057	0.015	0.071	0.021	0.079	0.024	0.083	0.025
12	1.09	1.30	1.33	1.35	6.40	7.10	7.75	8.20	0.066	0.017	0.081	0.024	0.092	0.028	0.096	0.029
13	1.26	1.50	1.55	1.58	7.25	8.10	8.80	9.30	0.075	0.020	0.092	0.028	0.104	0.031	0.110	0.033
14	1.45	1.70	1.73	1.75	8.20	7.10	10.00	10.30	0.083	0.023	0.110	0.031	0.119	0.034	0.125	0.038
15	1.64	1.90	1.94	1.96	9.20	10.25	11.10	11.70	0.089	0.026	0.128	0.036	0.135	0.041	0.142	0.043
16	1.90	2.20	2.25	2.29	10.50	11.50	12.50	13.00	0.096	0.029	0.138	0.039	0.150	0.045	0.160	0.048
17	2.20	2.50	2.56	2.60	11.50	12.50	16.00	14.50	0.108	0.032	0.150	0.044	0.160	0.051	0.175	0.053
18	2.49	2.80	2.88	2.93	13.75	16.00	16.30	17.00	0.110	0.035	0.163	0.049	0.190	0.057	0.196	0.059
19	2.80	3.10	3.20	3.27	15.50	16.80	17.20	19.00	0.129	0.039	0.175	0.053	0.204	0.061	0.216	0.069

[주] ① 본 품에는 Gouging은 제외되어 있다. ② 공구손료는 별도 계상한다. ③ 작업효율은 1, 전기용접(V형)과 같이 적용한다.

Arc Air Gouging

Carbon Rod	구분	Gouging량 (m/본)	작업속도 (m/hr)	Gouging형상 Depth	Gouging형상 Width	사용전압 (A)	전압 (V)
6.5ø ×305m/m	AC	1.8	36	3($^m/_m$)	8($^m/_m$)	290	35
6.5ø ×305m/m	DC	2.2	45	3	8	240	40
8.0ø ×305m/m	AC	2.1	39	4	9	360	35
8.0ø ×305m/m	DC	2.6	52	4	9	300	40
9.5ø ×305m/m	AC	2.3	31	6	12	400	35
9.5ø ×305m/m	DC	2.8	36	6	12	330	40

적용범위 : 강판 주강 스테인리스철판, 경합금, 황동주철물 등의 Gouging 및 절단 등.

13-2-5 예열 (Electric Resistance Heating) (1992년 보완)

(개소당 플랜트용접공)

Pipe Size (inch)	두께(inch)								
	0.75 이하	1.00	1.25	1.50	1.75	2.00	2.25	2.50	2.75	3.00
3 이하	0.208	0.250								
4	0.292	0.312	0.375	0.417						
5		0.396	0.437	0.500	0.521	0.583				
6		0.437	0.521	0.562	0.625	0.667	0.708			
8		0.625	0.708	0.771	0.771	0.917	0.937	1.000		
10			0.854	0.917	0.979	1.125	1.208	1.312	1.479	1.583
12				1.271	1.375	1.458	1.542	1.667	1.792	1.896
14				1.521	1.646	1.750	1.896	2.000	2.146	2.271
16					1.958	2.083	2.187	2.417	2.562	2.708
18						2.562	2.708	2.854	3.083	3.292
20						2.917	3.146	3.312	3.542	3.792
22								3.583	3.833	4.125
24								3.875	4.125	4.417

[주] ① 본 품은 기구준비, 소정의 온도까지 가열, 가열 후 기구 철거에 필요한 품이 포함되어 있다.

② 예열품은 합금강의 재질에 따른 할증을 하지 않는다.

③ 예열작업을 위한 비계설치 비용 등은 별도 계상한다.

④ Gas Heating의 경우 개소당 0.125인을 적용한다.

⑤ 예열온도는 다음과 같다.

(℃)

P No.	재 질		두께(inch)			
			½이하	1	1 ½	2이상
1	탄소강		–	–	–	–
2	단철		–	–	–	–
3	합금강	Cr¾% 이하 합계 2% 이하	150	205	260	315
4	〃	Cr¾~2.0% 합계 2¾% 이하	205	242	280	315
5	〃	Cr2~3% 합계 10% 이하	205	242	280	315
	〃	Cr3~10% 합계 10% 이하	260	278	296	315
6	〃	Martensitic Stainless	260	295	333	370

※ 탄소강관은 예열이 필요없으나 외기온도가 5℃ 이하에서는 손으로 따뜻함을 느낄 정도로 예열해야 한다.
※ 가열속도는 Pipe 내부와 외부의 온도차가 80℃를 초과하지 못하게 서서히 가열한다.

13-2-6 응력제거

1. Induction Heating Device

(개소)

P No.	재 질		두께(inch)					
			½이하	¾	1	1½	2	2½	3
1	탄소강		–	0.72	0.72	0.78	1.03	1.15	1.22
2	단철		–	–	–	–	–	–
3	합금강	Cr¾% 이하 합계 2.0% 이하	0.72	0.72	0.72	0.78	1.22	1.28	1.34
4	합금강	Cr¾ ~2.0% 합계 2¾%이하	0.72	0.72	0.72	0.78	1.22	1.28	1.34

P No.	재 질		두께(inch)						
			½이하	¾	1	1½	2	2½	3
5	합금강	Cr2~3% 합계 10%이하	0.72	0.72	0.72	0.78	1.22	1.28	1.34
	〃	Cr3~10% 합계 10% 이하	0.85	0.85	0.85	0.97	1.47	1.59	1.72
6	〃	Martensitic Stainless	0.85	0.85	0.85	0.97	1.47	1.59	1.72

[주] ① 두께 1½″까지는 시간당 550℃의 가열속도로 가열한다.
② 두께 1½″이상은 60Cycle로는 시간당 280℃의 가열속도로 400Cycle로는 시간당 220℃의 가열속도로 가열한다.
③ 소정의 온도를 유지 후 냉각속도는 가열시의 속도와 같다.
④ Cr 함량 3% 이하의 Low Alloy Steel로서 외경 4″이하의 Pipe 중 두께½″ 이하는 특별지시가 없는 한 응력제거를 시행하지 않아도 좋다.
⑤ 기타 상세한 것은 해당 Instruction에 의한다.
⑥ 열처리 온도 및 유지시간은 다음과 같다.

P No.	재 질		유지 온도℃	유지시간두께 inch당	최소유지 시간
1	탄소강		600~650	1	1
2	단철		−	−	−
3	합금강	Cr¾% 합계 2.0% 이하	690~735	1	1
4	〃	Cr¾~2.0% 합계 2¾% 이하	700~760	1	1
5	〃	Cr2~3% 합계 10% 이하	700~790	1	1
	〃	Cr3~10% 합계 10% 이하	700~770	2	2
6	〃	Martensitic Stainless	760~815	2	2

2. Ring Burner, Electric Resistance Heating Device

(개소당 플랜트 용접공)

파이프 규격 (인치)	파이프벽 두께(인치)									
	0.75 이하	1.00	1.25	1.50	1.75	2.00	2.25	2.50	2.75	3.00
3이하	0.64	0.68								
4	0.68	0.74	0.80	0.85						
5		0.79	0.84	0.90	0.95	1.03				
6		0.84	0.90	0.98	1.03	1.13	1.21			
8		0.93	0.98	1.05	1.11	1.19	1.26	1.35		
10			1.01	1.10	1.15	1.23	1.29	1.40	1.49	1.56
12				1.13	1.20	1.29	1.35	1.44	1.54	1.65
14				1.20	1.29	1.40	1.45	1.54	1.65	1.76
16					1.35	1.45	1.54	1.64	1.75	1.88
18						1.54	1.64	1.75	1.88	2.0
20						1.66	1.79	1.90	2.03	2.18
22								2.05	2.18	2.40
24								2.21	2.36	2.51

[주] ① 가열시에는 Pipe의 내부와 외부의 온도차가 80℃를 초과하지 않게 서서히 가열한다.
② Pipe를 300℃ 이상에서 가열할 때의 가열속도는 두께 2″까지는 시간당 200℃의 가열속도로 두께 2″ 이상은 200℃×2/T의 가열속도로 가열한다.
③ 소정의 온도를 유지 후 냉각시킬 때 300℃까지는 냉각속도는 가열속도와 같다.
④ Cr 함량 3% 이하의 Low Alloy Steel로서 외경 4″ 이하의 Pipe 중 두께 ½″ 이하는 특별지시가 없는 한 응력제거를 시행하지 않아도 좋다.
⑤ 기타 자세한 것은 해당 Instrustion에 의한다.
⑥ 열처리 온도 및 유지시간은 '[기계설비부문] 13-2-6 1. [주] ⑥'을 적용한다.
⑦ 본 품은 탄소강관의 기준이며 합금의 경우 별표의 할증율을 적용한다.

[별 표] 재질에 따른 응력제거품 할증률

(%)

재질 (ASTM기준) \ 파이프규격 (in)	3 이하	4	5	6	8	10	12	14	16	18	20	22	24
MO 합금강 (A335-P1) Cr 합금강 (A335-P2, P3, P11, P12)	18.5	20	21	23	26	28.5	30	33	35	39.5	43.5	46	49
Cr 합금강 (A335-P3b, P21, 22, P5bc)	25	27	28	31	35	38	40	44	47	53	58	62	66
Cr 합금강 (A335-P7, P9) Ni 합금강(A333-Gr3)	33	36	38	41.5	47	51	54	59	63	71	78	83	88
스테인리스강 (Type304, 309, 310, 316) (L&H Grade포함)	35	38	40	42.5	48	54	58	62	67	75	83	88	93
동, 황동, Everdur	15	17	18	20	33.5	50	54	67	74	77	84	89	94
저온용합금강 (A333-Gr1, Gr4, Gr9)	41	45.5	49	50	59	64	70	78	86	92	100	103	107
Hastelloy, Titanium, Ni(99%)	88	90.5		94	100.5	117	134						
스테인리스강 (Type 321& 347) Cu-Ni, Monel, Inconel, Incoloy, Alloy20	39	41	42	43.5	49.5	57	64	67	77	82	87	93	97
알루미늄	51	55	58	64	72	78	83	90	96	108.5	120	127	135

비고 : 탄소강관용접품에 본 비율을 가산한다.

13-2-7 아세틸렌량의 환산

일반적으로 아세틸렌의 부피단위(ℓ)를 중량단위(kg)로의 환산식은 다음과 같다.

$$\text{아세틸렌(kg)} = \text{아세틸렌(ℓ)} \times \frac{26g}{22.4\,ℓ} \div 1,000$$

26g : 아세틸렌의 1mol당 분자량
22.4ℓ : 표준상태에서 1mol당 양

13-3 배관 및 기기보온공사

13-3-1 Pipe보온 (2004년 보완)

1. 보온두께 30mm 이하

Pipe Size mm	판 (m당)		Fitting (개당)		Hanger (개당)		Valve및 Flange (개당)		성형물 (m)	직관의 물량		Sheet Metal Screw(개)
	보온공	특별인부	보온공	특별인부	보온공	특별인부	보온공	특별인부		직선(m)	Lagging Sheet(m²)	
ø50이하	0.039	0.057	0.032	0.034	0.009	0.009	0.160	0.160	1	2,240	0.358	10
65	0.048	0.072	0.043	0.047	0.012	0.012	0.170	0.175	1	3,420	0.446	10
80	0.052	0.078	0.056	0.061	0.015	0.015	0.190	0.190	1	3,740	0.488	10
90	0.054	0.080	0.066	0.072	0.015	0.015	0.200	0.200	1	4,050	0.525	10
100	0.063	0.093	0.088	0.096	0.015	0.015	0.225	0.225	1	4,360	0.567	10
125	0.070	0.104	0.126	0.136	0.018	0.018	0.245	0.245	1	5,000	0.648	10
150	0.074	0.112	0.161	0.174	0.018	0.018	0.245	0.245	1	5,640	0.729	10
200	0.091	0.136	0.255	0.285	0.021	0.021	0.275	0.275	1	6,950	0.894	10
250	0.108	0.161	0.382	0.413	0.027	0.027	0.290	0.290	1	8,210	1.053	10
300	0.125	0.186	0.530	0.575	0.030	0.030	0.340	0.340	1	9,500	1.215	10
350	0.141	0.212	0.700	0.760	0.033	0.033	0.405	0.405	1	10,480	1.335	10
400	0.156	0.233	0.882	0.958	0.036	0.036	0.450	0.450	1	11,710	1.525	10
450	0.173	0.258	1.095	1.185	0.039	0.039	0.510	0.510	1	13,000	1.655	10
500	0.189	0.284	1.345	1.455	0.045	0.045	0.565	0.565	1	14,290	1.816	10
600	0.223	0.332	1.900	2.060	0.051	0.051	0.635	0.635	1	16,900	2.143	10
650	0.236	0.356	2.075	2.265	0.056	0.056	0.650	0.650	1	18,100	2.301	10
750	0.271	0.450	2.305	2.495	0.061	0.061	0.770	0.770	1	20,670	2.624	10

2. 보온두께 31~40mm

Pipe Size mm	관 (m당) 보온공	관 (m당) 특별인부	Fitting (개당) 보온공	Fitting (개당) 특별인부	Hanger (개당) 보온공	Hanger (개당) 특별인부	Valve및 Flange (개당) 보온공	Valve및 Flange (개당) 특별인부	시행줄 (m)	직관의 물량 철선(m)	직관의 물량 Lagging Sheet(m²)	Sheet Metal Screw(개)
ø50이하	0.048	0.072	0.038	0.040	0.012	0.012	0.175	0.175	1	3.230	0.424	10
65	0.058	0.086	0.052	0.056	0.018	0.018	0.200	0.200	1	3.930	0.511	10
80	0.067	0.101	0.072	0.079	0.018	0.018	0.225	0.225	1	4.250	0.552	10
90	0.074	0.112	0.094	0.101	0.018	0.018	0.250	0.250	1	4.540	0.589	10
100	0.074	0.112	0.106	0.114	0.021	0.021	0.260	0.260	1	4.870	0.631	10
125	0.082	0.123	0.148	0.160	0.021	0.021	0.275	0.275	1	5.510	0.711	10
150	0.087	0.129	0.187	0.202	0.021	0.021	0.290	0.290	1	6.150	0.792	10
200	0.098	0.148	0.280	0.303	0.024	0.024	0.340	0.340	1	7.450	0.958	10
250	0.120	0.180	0.424	0.460	0.027	0.027	0.405	0.405	1	8.720	1.116	10
300	0.143	0.193	0.571	0.619	0.033	0.033	0.450	0.450	1	10.000	1.279	10
350	0.151	0.227	0.747	0.810	0.039	0.039	0.510	0.510	1	10.950	1.398	10
400	0.168	0.252	0.953	1.032	0.042	0.042	0.570	0.570	1	12.200	1.559	10
450	0.197	0.295	1.280	1.327	0.048	0.048	0.640	0.640	1	13.510	1.723	10
500	0.206	0.310	1.460	1.584	0.051	0.051	0.700	0.700	1	14.780	1.880	10
600	0.240	0.360	1.920	2.079	0.060	0.060	0.810	0.810	1	17.400	2.206	10
650	0.265	0.397	2.110	2.290	0.066	0.066	0.890	0.890	1	18.600	2.365	10
750	0.326	0.490	2.310	2.510	0.073	0.070	0.980	0.980	1	21.900	2.688	10

3. 보온두께 41~60mm

Pipe Size mm	판 (m당)		Fitting (개당)		Hanger (개당)		Valve및 Flange (개당)		성형몰 (m)	직관의 물량		Sheet Metal Screw(개)
	보온공	특별인부	보온공	특별인부	보온공	특별인부	보온공	특별인부		철선(m)	Lagging Sheet(m²)	
ø50이하	0.074	0.112	0.063	0.067	0.015	0.015	0.270	0.270	1	4.240	0.551	10
65	0.086	0.130	0.078	0.084	0.018	0.018	0.290	0.290	1	4.940	0.637	10
80	0.094	0.140	0.101	0.111	0.021	0.021	0.310	0.310	1	5.250	0.679	10
90	0.104	0.158	0.138	0.144	0.024	0.024	0.330	0.330	1	5.550	0.716	10
100	0.104	0.158	0.149	0.162	0.024	0.024	0.350	0.350	1	5.870	0.758	10
125	0.115	1.173	0.207	0.225	0.027	0.027	0.390	0.390	1	6.500	0.839	10
150	0.120	0.180	0.259	0.287	0.030	0.030	0.420	0.420	1	7.150	0.919	10
200	0.143	0.212	0.400	0.435	0.033	0.033	0.430	0.430	1	8.460	1.085	10
250	0.160	0.242	0.518	0.562	0.039	0.039	0.490	0.490	1	9.740	1.244	10
300	0.210	0.300	0.870	0.940	0.045	0.045	0.510	0.510	1	11.000	1.406	10
350	0.210	0.300	1.010	1.090	0.051	0.051	0.550	0.550	1	11.950	1.525	10
400	0.214	0.320	1.210	1.310	0.054	0.054	0.560	0.560	1	13.200	1.684	10
450	0.220	0.346	1.470	1.590	0.060	0.060	0.590	0.590	1	14.500	1.941	10
500	0.264	0.396	1.870	2.020	0.066	0.066	0.610	0.610	1	15.800	2.102	10
600	0.305	0.457	2.600	2.820	0.075	0.075	0.620	0.620	1	18.400	2.333	10
650	0.324	0.486	2.840	3.070	0.083	0.083	0.680	0.680	1	19.600	2.492	10
750	0.357	0.537	3.120	3.380	0.091	0.091	0.740	0.740	1	22.200	2.940	10

4. 보온두께 61~75mm

Pipe Size mm	관 (m당)		Fitting (개당)		Hanger (개당)		Valve및 Flange (개당)		직관의 물량				Sheet Metal Screw(개)
	보온공	특별인부	보온공	특별인부	보온공	특별인부	보온공	특별인부	성형물 (m)	철선 (m)	Lagging Sheet(m²)		
ø50이하	0.096	0.154	0.087	0.089	0.024	0.024	0.425	0.425	1	4,990	0.646		10
65	0.113	0.169	0.102	0.110	0.027	0.027	0.475	0.475	1	5,690	0.734		10
80	0.120	0.180	0.130	0.140	0.030	0.030	0.510	0.510	1	6,000	0.774		10
90	0.120	0.180	0.151	0.164	0.032	0.032	0.540	0.540	1	6,310	0.811		10
100	0.135	0.201	0.190	0.206	0.036	0.036	0.560	0.560	1	6,640	0.853		10
125	0.142	0.212	0.255	0.277	0.036	0.036	0.590	0.590	1	7,270	0.934		10
150	0.149	0.223	0.325	0.349	0.039	0.039	0.615	0.615	1	7,910	1.014		10
200	0.182	0.272	0.512	0.556	0.042	0.042	0.625	0.625	1	9,240	1.180		10
250	0.206	0.310	0.728	0.788	0.046	0.046	0.695	0.695	1	10,500	1.339		10
300	0.226	0.338	0.955	1.035	0.051	0.051	0.770	0.770	1	11,800	1.501		10
350	0.250	0.374	1.270	1.300	0.054	0.054	0.840	0.840	1	12,700	1.620		10
400	0.274	0.410	1.550	1.670	0.063	0.063	0.925	0.925	1	13,950	1.779		10
450	0.298	0.446	1.890	2.050	0.069	0.069	1.010	1.010	1	15,250	1.941		10
500	0.332	0.482	2.280	2.470	0.075	0.075	1.115	1.115	1	16,600	2.102		10
600	0.370	0.554	3.140	3.400	0.087	0.087	1.230	1.230	1	18,350	2.429		10
650	0.393	0.591	3.460	3.740	0.095	0.095	1.350	1.350	1	20,400	2.587		10
750	0.444	0.666	3.820	4.130	0.125	0.125	1.480	1.480	1	23,000	2.910		10

5. 보온두께 76~90mm

Pipe Size mm	관 (m당) 보온공	관 (m당) 특별인부	Fitting (개당) 보온공	Fitting (개당) 특별인부	Hanger (개당) 보온공	Hanger (개당) 특별인부	Valve및 Flange (개당) 보온공	Valve및 Flange (개당) 특별인부	성형물 (m)	직관의 물량 철선(m)	직관의 물량 Lagging Sheet(m²)	Sheet Metal Screw(개)
ø50이하	0.114	0.171	0.097	0.102	0.029	0.029	0.510	0.510	1	5.740	0.741	10
65	0.134	0.196	0.119	0.129	0.032	0.032	0.574	0.574	1	6.450	0.829	10
80	0.151	0.227	0.162	0.176	0.036	0.036	0.633	0.633	1	6.760	0.869	10
90	0.158	0.238	0.196	0.212	0.039	0.039	0.644	0.644	1	7.060	0.906	10
100	0.166	0.248	0.234	0.254	0.042	0.042	0.680	0.680	1	7.400	0.948	10
125	0.173	0.260	0.313	0.339	0.045	0.045	0.700	0.700	1	8.030	1.023	10
150	0.181	0.271	0.392	0.424	0.048	0.048	0.762	0.762	1	8.650	1.108	10
200	0.214	0.320	0.631	0.683	0.057	0.057	0.820	0.820	1	11.250	1.275	10
250	0.240	0.360	0.869	0.941	0.063	0.063	0.940	0.940	1	12.500	1.434	10
300	0.259	0.387	1.130	1.230	0.071	0.071	1.105	1.105	1	12.550	1.596	10
350	0.282	0.425	1.390	1.510	0.077	0.077	1.130	1.130	1	13.500	1.715	10
400	0.307	0.461	1.740	1.880	0.083	0.083	1.160	1.160	1	14.780	1.874	10
450	0.331	0.499	2.090	2.160	0.089	0.089	1.300	1.300	1	16.000	2.035	10
500	0.357	0.536	2.870	3.110	0.102	0.102	1.440	1.440	1	17.300	2.197	10
600	0.431	0.665	3.655	3.965	0.108	0.108	1.520	1.520	1	19.900	2.523	10
650	0.448	0.672	3.890	4.230	0.135	0.135	1.600	1.600	1	21.190	2.682	10
750	0.476	0.714	4.140	4.480	0.170	0.170	1.720	1.720	1	23.700	3.005	10

※ 보온두께 표 1~5 공통 비고

비고	– Prefabricated Sheet로 Lagging할 때는 본 품에 50%를 가산한다. 2매이상 겹쳐 보온하는 경우에는 전체 두께를 1회 보온하는 품에 50%를 가산한다. – 컬러강판, 아연도강판, 스테인리스 강판, 알루미늄판 등 원자재(Rawmaterial)로 시공할 때는 본 품에 100%를 가산한다. 2매이상 겹쳐 보온하는 경우에는 전체 두께를 1회 보온하는 품의 100%를 가산한다.

[주] ① 본 품은 플랜트 배관보온에 적용하는 것으로서 성형물로 보온하는 품이며 물량은 정미 수량이다.
② 엘보, 밸브 등은 보온재를 절단 가공해서 보온하는 품이다.
③ 본 품은 보온재 소운반이 포함되어 있다.
④ 2매 이상 겹쳐 보온하는 경우는 각각의 품을 합산한다.
　(예) 파이프 100에 보온두께 90mm를 50mm+40mm로, 2회 보온하는 경우 아래의 ㉮+㉯로 한다.
　㉮ 파이프 ø100에 보온두께 50mm 보온품
　㉯ 파이프 ø200에 보온두께 40mm 보온품
⑤ 본 표의 Lagging Sheet 물량을 3′×6′ Sheet로 환산시는 3′×6′ Sheet 1매를 1.35㎡로 보고 환산한다.
⑥ 철선은 Pipe길이 1m에 5회 감는 것으로 한다.
⑦ Cold 보온시공은 Hot 보온품에 적용 할증 가산할 수 있다.
⑧ 본 품은 보온 기본사양(Pipe+성형보온재+철선+PIECE연결)을 기준으로 한 것이므로 이외의 사양에 대하여는 별도 계산할 수 있다.
⑨ 두께 91mm 이상 보온은 본 품에 비례하여 적의 적용하되, 관(m당)의 보온공과 특별인부 품은 다음 공식에 의하여 품을 산출 적용한다.

　○ 보온공 품 = $\left(\dfrac{12{,}000}{X^k} + 200\right) \times \dfrac{V}{C}$

　○ 특별인부 품 = 보온공 품×1.5

여기서 X : 보온두께(mm)
　　　　K : 상수
　　　　C : 구경별 상수

$$V : \frac{\pi}{4}(d_1^2 - d_0^2)(m^3) : 파이프 1m의 보온부피$$

　　　　d_0 : 파이프의 외경(m)
　　　　d_1 : 파이프 보온의 외경(m)

〈 구경별 상수 〉

Pipe Size(mm)	C	K
ø50 이하	102	1.13
65	92	1.17
80	90	
90	90	
100	95	
125	99	
150	107	
200	104	1.21
250	110	
300	112	
350	106	1.28
400	109	
450	111	
500	107	
600	109	
650	113	
700	114	

13-3-2 기기보온

1. Boiler 본체보온

(m² 당)

구분 두께(mm) 직종	Attachment 취부 용접공	보온재취부 보온공	Lagging 함석공	소운반 특별인부	계
60 이하	0.01	0.104	0.173	0.02	0.307
50+60	0.01	0.208	0.173	0.03	0.421
50+75	0.01	0.229	0.173	0.035	0.447
75+75	0.01	0.266	0.173	0.04	0.489
100+100	0.01	0.397	0.173	0.05	0.630
240	0.01	0.453	0.173	0.06	0.696
300	0.01	0.567	0.173	0.07	0.820
350	0.01	0.652	0.173	0.072	0.907
비고	— 본 보온품은 Blanket을 사용하는 품이므로 Block을 사용할 때에는 본품에 40% 가산한다. — 일반기기 보온은 Duct 보온품에 100% 가산한다. — 원자재(Raw Material)로 Lagging Sheet를 제작하여 시공할 때에는 본품의 함석공과 특별인부품의 50% 가산한다. — 보일러 본체 보온중 Lagging Sheet를 사용하지 않는 경우 함석공 0.173인 특별인부 0.008인을 감한다. — 본 품은 보온 기본사양(모재+Pin용접+보온+Lagging Sheet (Pipe연결))을 기준한 것이므로 마감작업(Seal Gasket취부, Hard Cement 충전) 필요시는 특별인부 품의 50%를 가산한다. — 3겹이상 보온작업시는 보온공 품을 0.04인씩 가산한다.					

[주] ① 보온재는 Blanket 형태를 사용하여 보온하는 품이다.
② 옥외형 보일러 외벽 보온작업시 위험할증을 적용한다.

2. Duct보온

(㎡ 당)

두께(mm) \ 구분 직종	Attachment 취부 용접공	보온재취부 보온공	Lagging 함석공	소운반 특별인부	계
35 이하	0.007	0.104	0.116	0.012	0.239
60	0.007	0.104	0.116	0.020	0.247
50+60	0.007	0.208	0.116	0.030	0.361
40+75	0.007	0.215	0.116	0.031	0.369
70+70	0.007	0.216	0.116	0.033	0.372
75+75	0.007	0.266	0.116	0.034	0.423

[주] '1 Boiler 본체 보온'의 [주]와 같이 적용한다.

13-4 강재 제작 설치

13-4-1 보통 철골재 (2018년 보완)

1. 철골재의 무게산출 표준

(m 당)

건물종별		철골무게 (ton)
종별	구조별	
철 골 조 건 물	연면적에 대하여	0.10~0.15
	목재 중도리	0.04~0.06
철 골 조 지 붕 틀	철골중도리	0.06~0.08
	철근을 구조계산에 가산할 경우	0.08~0.10
철골철근콘크리트조	철근을 구조계산에 가산하지 않을 경우	0.10~0.15

[주] 본 표는 주재의 개산치이며 주재란 구조의 주요재 즉, 기둥보, 지붕틀, 계단, 도리, 중도리 등을 말한다.

2. 부속재의 비율

주 재	부속재(%)
작 은 보	15~20
지 붕 틀	10
큰 보	10~15
격 자 기 둥	10~15
강 관 기 둥	10
벽 보	10

[주] ① 본 표는 주재의 중량에 대한 부속재의 개산 비율이며 부속재란 접합강판 (Gusset p.Spacer, Splice p.Cover p), 볼트 등을 말한다.
② 강재의 중량산출은 KSD 3502에 따른다.

13-4-2 철골 가공조립 (2018년 보완)

1. 강판 구멍뚫기

(1일 작업량)

방 법	강판두께 (mm)	구멍지름 (mm)	철골공 (인)	1일 작업량 (개소)
펀 치 뚫 기	9	21	2	250
송 곳 뚫 기	9	21	1~2	100

[주] ① 본 품은 현장에서 인력으로 강판에 구멍을 뚫는 기준이다.
② 송곳뚫기에서 인력인 경우 구멍지름이 21mm이하일 때는 철골공 1인, 22mm 이상일 때는 2인(1조)을 기준으로 한다.
③ 기름소모량은 100개소당 0.05ℓ 이다.
④ 기계손료, 운전경비 및 소모재료는 별도 계상한다.

2. 앵커 볼트 설치

(개당)

구 분	단위	수량					
		ø16이하	ø20이하	ø24이하	ø28이하	ø32이하	ø40이하
철 골 공	인	0.05	0.08	0.12	0.16	0.20	0.23
특별인부	인	0.02	0.03	0.05	0.06	0.07	0.09

[주] ① 본 품은 철골세우기를 위해 앵커볼트 설치를 기준한 것이다.
② 본 품은 설치위치 확인, 앵커볼트 및 틀 설치가 포함된 것이다.
③ 별도의 철제틀이 필요한 경우에는 철물 제작품을 적용한다.
④ 일반철골공사에 적용하고 기계설치에는 적용하지 않는다.
⑤ 공구손료 및 경장비(용접기 등)의 기계경비는 인력품의 2%로 계상한다.
⑥ 콘크리트 독립주 위에서나 기타 비계가 양호치 못한 장소에서는 본 품의 20%까지 가산한다.

13-4-3 STORAGE TANK

1. 탱크제작

  가. Rolling 및 Edge 가공

(매당)

철판규격 \ 직종	일반기계운전사 (윈치운전)	플랜트 제관공	특별인부	계
8t×5ft×20ft 이하	0.087	0.328	0.131	0.546
12×5×20 〃	0.177	0.477	0.191	0.795
16×5×20 〃	0.211	0.790	0.315	1.316
20×5×20 〃	0.252	0.972	0.378	1.602
24×5×20 〃	0.307	1.184	0.461	1.952
28×5×20 〃	0.361	1.392	0.542	2.295
32×5×20 〃	0.415	1.602	0.624	2.641
36×5×20 〃	0.470	1.813	0.706	2.989
40×5×20 〃	0.524	2.023	0.787	3.334

나. 금긋기 및 절단가공

(ton당)

작업구분	현도	괘서	절단	계
직 종	플랜트제관공	플랜트제관공	플랜트제관공	
공 량	0.437	1.161	0.318	1.916

다. 운반조작

(ton당)

직 종	비계공	건설기계운전(조/대)	특별인부	계
공 량	0.073	0.037	0.073	0.183
비 고	- 스테인리스 등 특수재질의 제작인 경우는 40~50%를 가산한다.			

[주] ① 본 품은 Tank 조립용 철판을 가공하는 품이다.
　　② 본 품은 철판의 Rolling 접합부의 Edge Cutting작업이 포함되어 있다.
　　③ 본 품은 기기운전 품이 포함되어 있다.

2. 탱크조립설치

(ton당)

직종별 \ 용량(m³)	50 이하	100 이하	300 이하	500 이하	1,500 이하	3,000 이하	5,000 이하	10,000 이하	10,000 이상
건설기계운전공	1.922	1.576	1.476	1.321	1.093	0.911	0.856	0.799	0.702
비 계 공	0.928	0.759	0.711	0.637	0.527	0.439	0.399	0.378	0.357
특 별 인 부	8.475	6.908	6.469	5.790	4.792	3.993	2.499	2.163	2.163
(플랜트제관공)	3.522	2.889	2.705	2.422	2.004	1.670	1.447	1.040	0.983
(플랜트용접공)	3.081	2.519	2.359	2.111	1.747	1.456	1.456	1.899	2.041
인 력 운 반 공	0.160	0.131	0.123	0.110	0.091	0.076	0.076	0.076	0.076
보 통 인 부	4.950	4.048	3.791	3.393	2.808	2.340	2.010	1.860	1.720
배 관 공	0.145	0.119	0.118	0.100	0.083	0.069	0.047	0.029	0.025

[주] ① 본 품은 가공된 철판으로 Tank를 조립 설치하는 품이다.
　　② 본 품은 소재운반, 배열, 가접, 본 용접이 포함되어 있다.
　　③ 본 품은 소정의 외관검사, Leak Test 및 교정작업이 포함되어 있다.
　　④ 본 품에는 탱크 외부에 실시하는 Sand Blasting 작업은 포함되었으나,
　　　 Painting 작업은 별도 계상한다.
　　⑤ 본 품은 열교환기 제작설치, 계단 및 난간설치 작업이 제외되어 있다.
　　⑥ 본 품은 소화시설, 부대배관 작업이 제외되어 있다.

⑦ 용접공은 용접장의 증감에 따라 조정한다.
⑧ '냉난방 위생설비 공사용 탱크제작'도 본품을 적용한다.

[참 고] 탱크의 소요재료
1. 물량 개산치

(대 당)

품 명	규격	단위	용량별(m³)			
			3,000	5,000	7,000	10,000
Steel Plate	4.5t×4′×8′	매	103	147	220	295
	6t×5′×20′	〃	94	97	115	149
	16t×5′×20′	〃	−	−	15	17
	14t×5′×20′	〃	−	−	15	17
	12t×5′×20′	〃	−	−	15	17
	10t×5′×20′	〃	−	12	15	17
	8t×5′×20′	〃	10	−	15	17
	11t×5′×20′	〃	−	12	−	−
	9t×5′×20′	〃	−	12	−	−
	7t×5′×20′	〃	10	12	−	−
Pipe	ø30″	kg		4,250	11,280	11,280
〃	ø25″	〃	2,920	−	−	−
Channel	125×65×6	〃	6,040	8,780	14,620	14,620
	200×90×5	〃	2,360	2,580	2,350	2,350
Angle	75×75×9	〃	610	740	1,040	1,040
전기용접봉	ø4×440	개	4,450	8,359	11,201	12,834
〃	ø3.2×350	〃	6,790	9,960	12,989	18,176
〃	ø2.5×330	〃	1,705	2,660	3,647	4,826
모래		m³	48	128	170	206
화목		kg	50	100	150	200
광명단	외 부(1회)	ℓ	109	140	186	225
페인트	외 부(2회)	〃	134	160	213	258
보일유		〃	37	45	60	73
산소		〃	28,728	43,092	67,830	80,997
아세틸렌		〃	15,048	22,572	35,530	42,427
시너		〃	37	45	60	73

※ 산소량은 대기압상태의 기준량이며, 압축산소는 35℃에서 150기압으로 압축용기에 넣어 사용하는 것을 기준한다.

2. 용접장 개산치

(m/ton)

구분 \ 용량(m³) \ 두께(mm)		1,501~3,000이하	5,000	10,000	10,000 이상
Roof	4.5	35	35	35	35
Wall	6	19	19	25	27
Bottom	6	16	16	16	16

[주] Wall의 용접장은 두께 6mm의 철판으로 환산하여 산출한 것이다.

환산기준

6mm : 1	7mm : 1.30	8mm : 1.62
9 : 1.81	10 : 2.04	11 : 2.31
12 : 3.10	14 : 3.25	16 : 5.71
18 : 6.07	22 : 8.00	

3. 사용장비

장비명	규격	단위	수량
Truck crane	20ton	대	1
Truck	4ton	대	1
Winch	25kW	대	1
Derrick	20ton	대	1
A. C. Welder	15KVA	대	4
Air Compresser	1.5m³/min	대	1
Rolling Machine	ø 25.4cm × 2m	대	1
Chipping Gun		대	1

4. 탱크설치용 JIG 손료기준

(개/Shell Plate 용접장 m)

종 류	방향	수량	손률(%/회)
Scaffolding Bracket	원주	1.67	10
Channel Strong Back(Bend type)	수직	2.00	
Channel Strong Back(Straight type)	원주	1.00	
Wedge Pin	원주	2.00	
	수직	4.00	
Taper Pin	원주	1.00	
	수직	2.00	
Piece	원주	1.67	
Bracket Holder	원주	1.67	30
Horse Holder	원주	2.00	
	수직	4.00	
Block	원주	2.00	
	수직	4.00	

[주] ① Fabrication 된 철판의 용접 m당 소요수량을 산출한 것이므로 수직방향과 원주방향을 구분하였다.
② 원주방향의 용접장은 다음과 같이 계산한다.
　　$\pi \times$ Tank 직경 $\times$ (Tank 철판단수 $-$ 1)

13-4-4 강재류 조립설치

(ton당)

직 종	품(인)
기 계 산 업 기 사	0.30
철 골 공	4.98
비 계 공	3.27
기 계 설 비 공	0.82
용 접 공	0.80

비고	- 본 품은 설치단위 1개의 중량이 1~5톤인 경우를 기준한 것이며 설치단위 1개의 중량에 따라 다음 같이 증감한다.
	  0.5ton 미만은 30% 가산
	  0.5~1ton 미만은 15% 가산
	  5ton 이상은 20% 감
	- 검사 및 교정이 필요한 경우에 기술관리를 제외한 본 품의 10%를 가산한다.
	- Steel Stack 등 ton당 용접장(6mm Fillet 환산)이 30m를 초과하는 경우 20%를 가산한다.

[주] ① 본 품은 플랜트용 철구조물에 적용한다(발전, 화학, 제철, 보일러용 철구조물 등).
　② 본 품은 Angle, Channel, H-Bean, T형강 등의 소재로 제작된 Deck, Frame 가대, Hand Rail 및 기타 가공된 철물철골을 조립 설치하는 품이다.
　③ 본 품은 기초 Chipping, Grouting은 포함되어 있다.

13-4-5 도장 및 방청공사

'[기계설비부문] 9-2 도장'의 품 적용

13-4-6 기계설비 철거 및 이설공사

'[기계설비부문] 14-1-1 기계설비 철거 및 이설'의 품 적용

13-4-7 탱크청소

(바닥면적 m² 당)

구 분		중유(B,C)	휘발유, 경유	물
보통인부	떠 내 기	0.25	0.13	0.03
	오물제거	0.25	0.13	0.07
	녹 제 거	0.02	0.02	0.02
	되 붓 기	0.1	0.07	-
	드럼운반	0.1	0.07	-
	닦아내기	0.05	0.03	0.01
	계	0.77(인)	0.45(인)	0.13(인)
비고		\- 녹제거는 [주] ①항 작업부분에 대해 심한 녹을 제거하는 품(도장 등을 위한 바탕 처리와는 다름)이고, 추가 작업 부분(Shell, Roof등)에 대해서는 m²당 녹제거품의 80%를 별도 계상한다. \- Clean Out Door가 없는 탱크는 떠내기 및 오물제거에 각각 20%씩 가산한다.		

[주] ① 본 품은 펌프 등을 사용하여 가능한 만큼 유체를 이송 후 작업하는 품이므로 가설펌프 및 가설자재에 관한 비용은 별도 계상한다.
② 닦아내기품은 용접 등을 위하여 표면을 깨끗하게 할 필요가 있을 때만 적용하며 닦아내기용 소모자재는 별도 계상한다.
③ 잡재료비는 인력품의 3%로 계상한다.
④ 오물제거 및 녹제거 작업시 유해가스가 발생할 경우에는 유해가스 할증율도 가산한다.

13-5 화력발전 기계설비공사
13-5-1 보일러 설치

(기당)

작업구분	직종	단위	수량
기술관리 Boiler 본체 설비공사 기간 중	기계기사	인/일	2.0
포장해체 수송을 위해 포장된 목재를 해체하고 목재를 소정 위치에 정리함	목공 특별인부	인/m^3 ″	0.02 0.02
표면손질	특별인부	인/m^2	0.1
용접면손질 용착 효율을 높이기 위하여 용접전에 Grinder 혹은 Sand Paper로 깨끗이 손질하는 작업 조인트당 면적은 2×3.63t(D-t)	특별인부	인/m^2	0.39
소운반 Boiler Tube용 자재, 기타 작업에 필요한 자재를 조양위치까지 운반	비계공 건설기계운전조	인/ton ″	0.445 0.124
Scaffolder 조립설치 및 철거, 용접, 검사, 위치조정 등에 필요한 Scaffolder 조립설치 (1.5×2.0×1.6m Unit 기준)	일반기계운전사 (원치운전) 비계공 특별인부	인/m^2 ″ ″	0.0083 0.0083 0.0083
Chain Block 설치 및 철거 Tube Pannel 조립시는 6개 설치 기준 Header, Buck stay 조립시는 4개 설치 기준	용접공 비계공 일반기계운전사 (원치운전)	인/개 ″ ″	0.021 0.028 0.028
원치설치 및 철거 조양을 위한 원치 플리 로프 등의 설치와 사용 후 철거까지 포함됨.	기계설비공 비계공 용접공 특별인부 건설기계운전조	인/대 ″ ″ ″ 조/대	3.3 11.0 3.3 4.95 4.3

작업구분	직종	단위	수량
조양 Tube 및 Header류, 기타 자재 등을 설치 위치까지 조양해서 가고정하는 작업	플랜트기계설치공 비계공 플랜트용접공 건설기계운전조	인/ton 〃 〃 조/ton	0.63 0.84 0.42 0.56
Tube Pannel 조립조정 조양된 Pannel을 alignment하고 hangering 혹은 supporting 후 가고정 해체함	플랜트기계설치공 특별인부 플랜트용접공	인/개 〃 〃	2.0 2.0 2.0
Header류 조립조정 Header 및 그에 준하는 것으로서 조양된 것을 Alignment하고 hangering 혹은 supporting 후 가고정 해체함	플랜트기계설치공 특별인부 플랜트용접공	인/개 〃 〃	1.5 1.5 1.5
Buckstay 조립조정 조양된 Buckstay를 Alignment하고 Tiebar 취급함	플랜트기계설치공 특별인부 플랜트용접공	인/개 〃 〃	1.5 1.5 1.5
Tube Piece 조립조정 낱개로 되어있는 Tube 및 7개 미만의 Tube Set로 된 것으로서 Alignment Hangering 부착물 취부함.	플랜트기계설치공 특별인부 플랜트용접공	인/개 〃 〃	0.4 0.4 0.2
Casing 조립 조작으로 분리된 Casing의 소재를 성형 용접함	플랜트제관공 플랜트용접공 특별인부 건설기계운전조	인/ton 〃 〃 조/ton	0.82 0.22 0.92 0.61
Casing 설치 성형된 Casing을 운반, 조양 Alignment 후 설치	윈치운전조 비계공 특별인부	〃 인/ton 〃	1.01 2.87 1.33
본용접 Preheating, 본용접, Annealing작업	※ 각 Tube Size에 대하여 용접항을 참조 산출		
검사 및 교정 외관검사, 수압시험 후 Casing Leak Test 교정 작업(비파괴 시험은 제외)	기술관리, 포장해체를 제외한 모든 품의 10%		

[주] 50만kW 이상 보일러설치에 있어서 Tube Pannel Header류 및 Buckstay 조립조정은 다음을 참고하여 적용할 수 있다.

[참 고]

(기당)

작업구분	직종	단위	수량
Tube Pannel 조립조정 조양된 Pannel을 Alignment하고 Hangering 혹은 Supporting 후 가고정 해체함	플랜트기계설치공 특별인부 플랜트용접공	인/ton 〃 〃	1.38 1.45 1.16
Header류 조립조정 Header 및 그에 준하는 것으로서 조양된 것을 Alignment하고 Hangering 혹은 Supporting 후 가고정 해체함	플랜트기계설치공 특별인부 플랜트용접공	인/ton 〃 〃	0.90 1.02 0.78
Buckstay 조립조정 조양된 Buckstay를 Alignment 하고 Tiebar 취급함	플랜트기계설치공 특별인부 플랜트용접공	인/ton 〃 〃	1.61 1.81 1.41

[참 고]

장비명	규격	단위	수량
Truck Crane	20ton	대	1
Truck Crane	40ton	대	1
Winch	25kW	대	4
Truck	4ton	대	2
A. C. Welder	15KVA	대	10
Trailer	30ton	대	1
알곤 · 용접기		대	4

13-5-2 보일러 드럼 설치

(대당)

작업구분	직종	단위	중량별 수량(ton)					
			50이하	100	150	200	250	300
기술관리 Drum설치공사기간중	기계기사	인/일	2.0	2.0	2.0	2.0	2.0	2.0
포장해체 수송을 위해 포장된 목재를 해체하고 목재를 소정위치에 정리함	목공 특별인부	인/m³ ″	0.02 0.02	0.02 0.02	0.02 0.02	0.02 0.02	0.02 0.02	0.02 0.02
표면 및 내부손질	특별인부	인/m³	0.1	0.1	0.1	0.1	0.1	0.1
작업토의 중량물이므로 작업반에 대하여 검토하고 인원배치 등을 토의함	비계공 플랜트 기계설치공	인/대 ″	0.05 0.05	0.05 0.05	0.05 0.05	0.05 0.05	0.05 0.05	0.05 0.05
보조윈치 설치 및 철거 윈치풀리설치 로프 걸기 및 가설구조 설치와 사용 후 철거까지 포함됨	기계설비공 비계공 용접공 건설기계운전조 특별인부	인/윈치1대 ″ ″ 조/윈치1대 인/윈치1대	0.9 2.4 0.9 2.4 1.8	0.9 2.4 0.9 2.4 1.8	0.9 2.4 0.9 2.4 1.8	0.9 2.4 0.9 2.4 1.8	0.9 2.4 0.9 2.4 1.8	0.9 2.4 0.9 2.4 1.8
주윈치설치 및 철거윈치 풀리설치 로프걸기 및 가설구조 설치와 사용 후 철거까지 포함됨	기계설비공 비계공 용접공 건설기계운전조 특별인부	인/윈치1대 ″ ″ ″ ″	3.3 26.0 12.3 7.4 11.8	3.3 26.0 12.3 7.4 11.8	3.3 26.0 12.3 7.4 11.8	3.3 26.0 12.3 7.4 11.8	3.3 26.0 12.3 7.4 11.8	3.3 26.0 12.3 7.4 11.8
소운반 Drum 본체를 제외한 Internal, Scaffolder Hanger 등 잡자재 운반	비계공 건설기계운전조	인/ton 조/ton	0.445 0.124	0.445 0.124	0.445 0.124	0.445 0.124	0.445 0.124	0.445 0.124
Drum굴림운반 적치장으로부터 설치장소까지 굴림 운반	비계공 건설기계운전조	인/대 조/대	38.5 3.8	61.6 6.0	84.7 8.1	107.2 10.3	127.2 12.4	145.3 14.0

작업구분	직종	단위	중량별 수량(ton)					
			50이하	100	150	200	250	300
Hanger, Support 설치 Hanger, Band, Pin, Shim, Plate, Setting Plate, Support 등을 조양 설치함	플랜트 기계설치공	인/대	0.8	1.2	1.6	2.0	2.4	2.7
	비계공	〃	0.5	0.8	1.1	1.3	1.6	1.9
	특별인부	〃	0.5	1.2	1.6	2.0	2.4	2.7
	플랜트용접공	〃	0.4	0.6	0.8	1.0	1.2	1.4
	일반기계운전사 (윈치운전)	〃	0.5	0.8	1.1	1.3	1.6	1.9
조양 Drum에 Wire를 걸고 준비를 마친 후 조양 test하고 정위치까지 올리는 작업	일반기계운전사 (윈치운전)	인/대	4.3	6.9	9.4	12.0	14.2	16.2
	비계공	〃	5.7	8.7	11.9	14.9	17.7	20.3
	플랜트 기계설치공	〃	1.2	1.9	2.5	3.2	3.8	4.4
	특별인부	〃	4.1	6.5	8.9	11.2	13.3	15.2
Scaffolder설치 및 철거 1.5×2.0×6m 폭 2m, 높이 1.6m 규격기준	비계공	인/m²	0.0083	0.0083	0.0083	0.0083	0.0083	0.0083
	특별인부	〃	0.0063	0.0063	0.0063	0.0063	0.0063	0.0063
	일반기계운전사 (윈치운전)	〃	0.0083	0.0083	0.0083	0.0083	0.0083	0.0083
Chain Block 설치 및 철거 Drum 위치 조정을 위해서 필요한 Chain Block 설치작업	용접공	인/개	0.021	0.021	0.021	0.021	0.021	0.021
	비계공	〃	0.028	0.028	0.028	0.028	0.028	0.028
	일반기계운전사 (윈치운전)	〃	0.028	0.028	0.028	0.028	0.028	0.028
Drum위치 조정 올려진 Drum을 Hanger Band로 걸고 상하좌우 조정하는 작업	플랜트 기계설치공	인/대	1.4	2.3	3.2	4.0	4.8	5.4
	비계공	〃	1.9	3.1	4.3	5.3	6.3	7.2
	일반기계운전사 (윈치운전)	〃	4.8	7.7	10.5	13.4	15.4	18.1
	측량사	〃	0.8	1.2	1.6	2.0	2.4	2.7

작업구분	직종	단위	중량별 수량(ton)					
			50이하	100	150	200	250	300
Drum Internal 조양 및 조립설치 (internal 무게 ton당)	플랜트 기계설치공	인/ton	1.8	1.8	1.8	1.8	1.8	1.8
	특별인부	〃	1.8	1.8	1.8	1.8	1.8	1.8
	용접공	〃	0.9	0.9	0.9	0.9	0.9	0.9
	일반기계운전사 (윈치운전)	〃	0.8	0.8	0.8	0.8	0.8	0.8
	비계공	〃	1.6	1.6	1.6	1.6	1.6	1.6
	도장공	〃	1.2	1.2	1.2	1.2	1.2	1.2
검사 및 교정	기술관리, 포장해체, 작업토의를 제외한 10%							

[참 고]

장비명	규격	단위	수량
Truck Crane	20ton	대	1
Truck Crane	40ton	〃	1
Winch	25kW	〃	1
Winch	50kW	〃	3
Truck	4ton	〃	1
전기용접기	15KVA	〃	2

13-5-3 덕트제작 (Air, Gas)

(ton당)

작업구분	직종	수량
본뜨기	플랜트제관공	0.523
금긋기		1.390
절단		0.380
구멍뚫기		0.475
용접	플랜트용접공	2.550
교정	플랜트제관공	1.660
도장	도장공	1.895
	비계공	0.073
운반조작	건설기계운전(조)	0.037
	특별인부	0.073
계		9.056

[주] ① 본 품은 Raw-Material을 가공·제작하는 품이다.
② 본 품은 소운반이 포함되어 있다.
③ 본 품은 Sand Blasting 및 Painting 공량이 포함되어 있다.
④ 본 품에는 조립 및 설치품은 제외되었다.

13-5-4 덕트 설치

작업구분	직종	단위	수량
기술관리 공사기간 중	기계산업기사	인/일	1.0
표면손질	특별인부	인/m^2	0.1
포장해체 수송을 위해 포장된 목재를 해체하고 해체된 목재를 소정의 위치에 정돈함	목공 특별인부	인/m^3 〃	0.02 0.02
현장교정 수송도중 변형된 것을 바로 잡기	제관공 특별인부	인/ton 〃	0.25 0.25
Duct 조립 조각으로 분리된 Duct의 소재를 성형 용접함	플랜트제관공 플랜트용접공 특별인부 건설기계운전조	인/ton 〃 〃 조/ton	0.818 1.22 0.92 0.61
Duct 설치 성형된 Duct를 운반 조양 Alignment 후 Bolting 및 Hangering	일반기계운전사 (윈치운전) 비계공 특별인부 플랜트용접공 플랜트제관공	인/ton 〃 〃 〃 〃	1.01 2.87 1.33 0.66 0.56
검사 및 교정 외관검사 및 Leak Test	기술관리, 포장해체를 제외한 모든 품의 10%		

[참 고] 사용장비

장비명	규격	단위	수량
Truck Crane	20ton	대	1
A. C Welder	15KVA	〃	4
Winch	25kW	〃	4

13-5-5 공기예열기 (Preheater) 설치

작업구분	직종	단위	수량
기술관리 공사기간 중	기계산업기사	인/일	1.0
포장해체 수송을 위해 포장된 목재를 해체하고 정위치에 정리	목공 특별인부	인/m^3 〃	0.02 0.02
소운반 및 조양 적재장에서부터 설치장소까지 운반, 조양함	건설기계운전조 비계공 특별인부	인/ton 〃 〃	0.395 0.915 0.270
표면손질	특별인부	인/m^2	0.1
Casing 조립 설치 Support Stucture, Rotor Inner Casing, Outer Casing 등 Heating Element를 제외한 모든 부문의 조립 설치	플랜트기계설치공 플랜트용접공 플랜트제관공 특별인부 비계공 Crane 운전조	인/ton 〃 〃 〃 〃 조/ton	1.54 0.324 0.648 1.54 1.13 0.35
Heating Element 삽입 Hot Busket, Inter Busket, Cold Busket의 삽입	플랜트기계설치공 특별인부	인/ton 〃	0.84 0.84
Sealing Plate 및 Packing Ring 조립설치	플렌트기계설치공 특별인부	인/ton 〃	13.6 2.9
검사 및 교정	기술관리, 포장해체를 제외한 모든 품의 10%		

[참 고] 사용장비

장비명	규격	단위	수량
Truck Crane	20ton	대	1
〃	40ton	〃	1
Winch	25kW	〃	2
Truck	4ton	〃	1
A. C Welder	18KVA	〃	3

장비명	규격	단위	수량
Trailer	30ton	〃	1
Derrick	20ton	〃	1

13-5-6 Soot Blower 설치

(대당)

작업구분	직종	수량
Rotary Soot Blower 설치 포장해체, 운반, 조양, 설치 시운전 및 교정작업	목공	0.04
	플랜트기계설치공	1.40
	비계공	0.68
	특별인부	1.85
	건설기계운전(조)	0.27
	플랜트용접공	0.50
계		4.74
Retractable Soot Blower 설치 포장해체, 운반, 조양, 설치 시운전 및 교정작업	목공	0.12
	플랜트기계설치공	1.4
	비계공	0.87
	건설기계운전(조)	0.34
	특별인부	3.16
	플랜트용접공	0.5
계		6.39

[주] ① 본 품은 Motor와 Blower가 Assembly로 된 것을 설치하는 품이다.
② Steam Line, Drain Line의 배관품은 별도 가산한다.
③ 전기배선 품은 포함되지 않았다.

13-5-7 Fan 설치

(대당)

용량(m³/min) \ 직종	목공	플랜트 기계설치공	건설기계 운전공	비계공	특별인부	계
200 이하	0.34	9.6	3.9	3.6	15.0	32.44
201~300	0.43	12.1	4.9	4.5	18.9	40.83
301~400	0.53	14.2	5.7	5.4	22.3	48.13
401~500	0.58	16.4	6.6	6.1	25.7	55.38
501~600	0.65	18.2	7.3	6.8	28.4	61.35
601~700	0.71	19.9	7.9	7.5	31.2	67.21
701~800	0.76	21.3	8.6	8.0	33.4	72.06
801~900	0.81	23.1	9.3	8.7	36.2	78.11
901~1,000	0.86	24.5	9.9	9.2	38.5	82.96
1,001~2,000	1.27	36.2	14.6	13.7	56.9	122.67
2,001~3,000	1.55	46.1	18.6	17.3	72.5	156.05
3,001~4,000	1.85	55.0	22.2	20.6	86.5	186.15
4,001~5,000	2.32	64.3	25.9	23.8	98.8	215.12
5,001~6,000	2.58	71.6	28.7	26.6	109.5	238.96
6,001~7,000	2.84	78.7	31.6	29.3	122.3	264.74
7,001~8,000	3.07	85.2	34.2	31.8	131.1	285.37
8,001~9,000	3.29	91.0	36.9	34.0	140.2	305.39
9,001~10,000	3.50	96.4	39.1	36.0	150.1	325.10
10,001~12,000	3.89	106.8	43.4	40.0	165.0	359.09

[주] ① 본 품은 1,000mmAq 이하의 Centrifugal Fan을 기준으로 하였다.
② 본 품은 포장해체 소운반이 포함되어 있다.
③ 본 품에는 Foundation Chipping 및 Grouting 작업이 포함되어 있다.
④ 본 품에는 Motor 설치 및 Coupling Alignment의 품이 포함되어 있다.
⑤ 본 품에는 시운전 및 교정작업이 표시되어 있다.
⑥ 본 품에는 전기배선, 계장공사가 포함되어 있다.
⑦ 설비용, 송풍기 설치는 '[기계설비부문] 4-2-1 송풍기 설치'의 품을 적용한다.

13-5-8 터빈설치

(기당)

작업구분	직종	단위	용량별(MW)							
			50이하	100	150	200	250	300	350	500
기술관리 공사기간 중	기계기사	인/일	2.0	2.0	2.0	2.0	2.0	2.0	2.0	2.0
포장해체 수송을 위해 포장된 목재를 해체하고 목재를 정돈함	목공 특별인부	인/m³ 〃	0.02 0.02	0.02 0.02	0.02 0.02	0.02 0.02	0.02 0.02	0.02 0.02	0.02 0.02	0.02 0.02
Foundation Chipping 양질의 Concrete 표면이 나올 때까지 2두께 정도 까냄	특별인부	인/m²	0.335	0.335	0.335	0.335	0.335	0.335	0.335	0.335
Foundation Marking Anchor Bolt 위치 Sole Plate 위치를 결정 표시함(Turbine Shaft 토막당)	플랜트 기계설치공 특별인부	인/Shaft 〃	5.0 2.0	5.0 2.0	5.0 2.0	5.0 2.0	5.0 2.0	5.0 2.0	5.0 2.0	5.0 2.0
Sole Plate 설치 Sub-Sole Plate 또는 Ram Pad 설치후 Level 조정하고 Sole Plate 설치함	플랜트 기계설치공 비계공 건설기계운전조 특별인부	인/매 〃 조/매 인/매	0.96 0.18 0.18 0.61	0.96 0.18 0.18 0.61	0.96 0.18 0.18 0.61	0.96 0.18 0.18 0.61	0.96 0.18 0.18 0.61	0.96 0.18 0.18 0.61	0.96 0.18 0.18 0.61	0.96 0.18 0.18 0.61
Grouting	플랜트 기계설치공 특별인부	인/m² 〃	0.41 0.26	0.41 0.26	0.41 0.26	0.41 0.26	0.41 0.26	0.41 0.26	0.41 0.26	0.41 0.26
표면손질 Rotor & Nozzle Plate는 별도	특별인부	인/m²	0.2	0.2	0.2	0.2	0.2	0.2	0.2	0.2

작업구분	직종	단위	용량별(MW)							
			50이하	100	150	200	250	300	350	500
Lower Outer Casing 설치, 운반, 조양 설치하고 Leveling & Centering (1회설치기준)	플랜트 기계설치공 비계공 건설기계운전조 특별인부	인/개 〃 조/개 인/개	12.4 22.4 3.7 4.6	15.3 28.6 4.7 5.8	18.5 34.8 5.7 7.0	21.0 40.0 6.7 8.0	24.5 46.6 7.7 9.4	27.8 53.2 8.8 10.6	31.0 59.1 9.9 11.8	41.0 78.0 13.1 15.6
Lower Inner Casing 설치, 운반, 조양 설치하고 Leveling & Centering (1회설치기준)	플랜트 기계설치공 비계공 건설기계운전조 특별인부	인/개 〃 조/개 인/개	1.8 1.5 0.8 0.7	2.2 1.9 1.0 0.8	2.6 2.3 1.2 0.9	3.0 2.7 1.4 1.0	3.5 3.2 1.6 1.2	4.0 3.6 1.8 1.3	4.4 4.0 2.0 1.5	5.8 5.3 2.7 2.0
점검 및 조정 (Lower Casing) Leveling, Centering Top-on, Top-off 측정	플랜트 기계설치공 건설기계운전조 특별인부	〃 조/개 인/개	10.3 3.1 10.3	12.6 4.0 12.6	14.9 4.7 14.9	16.0 5.3 16.0	18.6 6.3 18.6	21.2 7.1 21.2	23.6 7.9 23.6	31.1 10.4 31.1
Rotor 표면손질 (Moving Blade one circle당) (1회손질기준)	특별인부	인/단	0.96	0.96	0.96	0.96	0.96	0.96	0.96	0.96
Nozzle Plate 표면 손질 (한개는 반원 1회 손질기준)	특별인부	인/개	0.96	0.96	0.96	0.96	0.96	0.96	0.96	0.96
Nozzle Plate 설치 Labirth Seal 조립포함(한개는 반원)	플랜트 기계설치공 비계공 특별인부 건설기계운전조	인/개 〃 〃 조/개	1.0 0.6 0.1 0.7	1.0 0.6 0.1 0.7	1.0 0.6 0.1 0.7	1.0 0.6 0.1 0.7	1.0 0.6 0.1 0.7	1.0 0.6 0.1 0.7	1.0 0.6 0.1 0.7	1.0 0.6 0.1 0.7

작업구분	직종	단위	용량별(MW)							
			50이하	100	150	200	250	300	350	500
Rotor 설치 운반, 조양, 설치 (2회 기준)	플랜트기계설치공	인/개	2.3	2.9	3.5	4.0	4.7	5.3	5.9	7.8
	비계공	〃	0.8	1.0	1.2	1.4	1.6	1.8	2.0	2.7
	특별인부	〃	1.1	1.4	1.7	2.0	2.3	2.7	3.0	4.0
	건설기계운전조	조/개	1.5	1.9	2.3	2.7	3.1	3.6	4.0	5.3
Rotor Clearance 측정 및 교정	플랜트기계설치공	인/개	12.4	15.8	19.2	22.0	25.6	29.9	32.4	42.6
	건설기계운전조	조/개	4.5	5.7	6.9	8.0	9.3	10.6	11.9	15.7
	특별인부	인/개	9.1	11.5	13.9	16.0	18.7	21.2	23.6	31.1
Upper Inner Casing 설치 운반, 조양, 설치 (3회 설치기준)	플랜트기계설치공	인/개	35.4	43.8	52.2	60.0	69.8	79.5	88.5	117.0
	비계공	〃	5.1	6.6	8.1	9.3	10.9	12.4	14.2	18.7
	건설기계운전조	조/개	4.2	4.4	4.7	5.3	6.2	7.1	7.9	9.8
	특별인부	인/개	14.2	18.0	21.8	25.0	29.1	33.2	36.9	48.7
Upper Outer Casing 설치 운반, 조양, 설치 (2회 설치기준)	플랜트기계설치공	인/개	21.4	27.2	33.0	38.0	44.3	50.5	56.0	73.9
	비계공	〃	3.1	3.9	4.7	5.3	6.2	7.1	7.9	9.8
	건설기계운전조	조/개	3.1	3.9	4.7	5.3	6.2	7.1	7.9	9.8
	특별인부	인/개	9.1	11.5	13.9	16.0	18.6	21.2	23.6	31.1
Upper Casing Clearance 측정 및 교정	플랜트기계설치공	인/개	15.3	18.6	21.9	24.0	27.9	31.9	35.4	46.7
	건설기계운전조	조/개	4.7	5.7	6.9	8.0	9.3	10.6	11.9	15.7
	특별인부	인/개	11.2	14.3	17.4	20.0	23.3	26.6	29.5	38.9
Bearing 설치 운반, 조양, 설치	플랜트기계설치공	인/개	6.0	6.0	6.0	6.0	6.0	6.0	6.0	6.0
	건설기계운전조	조/개	1.4	1.4	1.4	1.4	1.4	1.4	1.4	1.4
	특별인부	인/개	4.0	4.0	4.0	4.0	4.0	4.0	4.0	4.0
Turning Gear 설치 운반, 조양, 설치	플랜트기계설치공	인/개	8.0	8.0	8.0	8.0	8.0	8.0	8.0	8.0
	건설기계운전조	조/개	1.4	1.4	1.4	1.4	1.4	1.4	1.4	1.4
	비계공	인/개	4.0	4.0	4.0	4.0	4.0	4.0	4.0	4.0
	특별인부	〃	3.0	3.0	3.0	3.0	3.0	3.0	3.0	3.0

작업구분	직종	단위	용량별(MW)							
			50이하	100	150	200	250	300	350	500
Front Pedestal 설치 Lower Part운반설치 Main Oil Pump 및 Thust Bearing 조립 UpperCasin조립 등을 포함한 작업	플랜트 기계설치공 비계공 건설기계운전조 특별인부	인/개 〃 조/개 인/개	8.0 2.7 2.7 3.7	10.1 3.4 3.4 4.5	12.2 4.1 4.1 5.3	14.0 4.8 4.8 6.0	16.3 5.5 5.5 7.0	18.6 6.3 6.3 7.9	20.6 7.0 7.0 8.9	27.2 9.3 9.3 11.8
Steem Chest & Governing Valve 조립설치	플랜트 기계설치공 비계공 건설기계운전조 특별인부	인/개 〃 조/개 인/개	28.1 4.5 3.1 14.2	35.8 5.7 3.9 18.0	43.5 6.9 4.7 21.8	50.0 8.0 5.3 25.0	58.2 9.3 6.2 29.1	66.3 10.6 7.1 33.2	73.8 11.9 7.9 36.9	97.5 15.7 10.4 48.7
Coupling 조정 및 조립	플랜트 기계설치공 건설기계운전조 특별인부	인/개소 조/대 인/개소	5.7 1.5 5.7	7.2 1.9 7.2	8.7 2.3 8.7	10.0 2.7 10.0	11.7 3.1 11.7	13.3 3.6 13.3	14.8 4.0 14.8	19.6 5.3 19.6
Bolt Beating	플랜트 기계설치공 특별인부	인/개 〃	0.0975 0.0975	0.0975 0.0975	0.0975 0.0975	0.0975 0.0975	0.0975 0.0975	0.0975 0.0975	0.0975 0.0975	0.0975 0.0975
Foundation 침하측정 (공사기간 중)	측량사	인/일	0.25	0.25	0.25	0.25	0.25	0.25	0.25	0.25
검사 및 교정	포장해체, 기술관리를 제외한 전품의 10%									

[주] ① Turbine 부대기기, Oil Tank, Cooler, 윤활유 정화장치 등의 설치품은 일반 보조기기 품을 적용하여 별도 계상한다.

② Turbine 부대배관 설치품은 일반배관 품 산출 기준을 적용하여 별도 계상한다.

[참고] 사용장비

장비명	규격	단위	수량
Over Head Crane		대	2
Trailer	30ton	〃	1
Truck Crane	60ton	〃	1
Truck Crane	40ton	〃	1
Winch	25kW	〃	1
Truck	4ton	〃	1
Fork Lift		〃	1

13-5-9 발전기 설치

(기당)

작업구분	직종	단위	용량별(MW)							
			50이하	100	150	200	250	300	350	500
기술관리	기계기사	인/일	2.0	2.0	2.0	2.0	2.0	2.0	2.0	2.0
포장해체 수송을 위해 포장된 목재를 해체하여 해체된 목재를 정돈함	목공 특별인부	인/m³ 〃	0.02 0.02	0.02 0.02	0.02 0.02	0.02 0.02	0.02 0.02	0.02 0.02	0.02 0.02	0.02 0.02
표면손질 Foundation Chipping Concrete 표면을 양질의 Concrete 나올 때까지 꺼냄	특별인부 특별인부	〃 〃	0.1 0.335	0.1 0.335	0.1 0.335	0.1 0.335	0.1 0.335	0.1 0.335	0.1 0.335	0.1 0.335

작업구분	직종	단위	용량별(MW)							
			50이하	100	150	200	250	300	350	500(MW)
Sole Plate 설치 Sub-Sole Plate 또는 Ram Pad 설치 Sole Plate Leveling & Centering	플랜트 기계설치공 특별인부 건설기계운전조	인/대 " 조/대	9.86 9.91 0.4	10.9 11.5 0.5	13.2 13.9 0.6	15.4 16.2 0.7	17.9 19.0 0.8	20.2 21.3 0.9	23.1 24.3 1.0	31.1 32.7 1.4
Grouting	플랜트 기계설치공 특별인부	인/m³ "	0.41 0.26	0.41 0.26	0.41 0.26	0.41 0.26	0.41 0.26	0.41 0.26	0.41 0.26	0.41 0.26
Lifting Device 설치 Generator 조양설치를 위해 설치하고 완료 후 철거함.	플랜트 기계설치공 건설기계운전조 용접공 비계공 특별인부	인/대 조/대 인/대 " "	80.5 14.4 4.0 121.0 95.5	80.5 14.4 4.0 121.0 95.5	80.5 14.4 4.0 121.0 95.5	80.5 14.4 4.0 121.0 95.5	80.5 14.4 4.0 121.0 95.5	80.5 14.4 4.0 121.0 95.5	80.5 14.4 4.0 121.0 95.5	80.5 14.4 4.0 121.0 95.5
Stator 설치 적재 장소부터 운반	플랜트 기계설치공 비계공	인/대 "	4.1 36.1	5.2 46.1	6.3 56.3	7.3 65.7	8.5 75.8	9.6 85.0	10.9 98.5	14.7 133.0
조양설치 Leveling & Centering	플랜트 기계설치공 건설기계운전조 특별인부	인/대 조/대 인/대	1.0 5.5 4.0	1.2 7.1 5.2	1.4 8.7 6.4	1.6 10.0 7.5	1.9 11.7 8.8	2.1 13.1 9.9	2.4 15.1 11.3	3.3 20.3 15.2
Rotor 삽입설치 적재장소부터 운반·조양 삽입함	플랜트 기계설치공 비계공 건설기계운전조	인/대 " 조/대	3.4 12.4 2.9	4.4 16.5 3.7	5.4 20.6 4.5	6.3 24.0 5.3	7.4 28.0 6.2	8.3 31.5 6.9	9.4 37.0 7.8	12.7 50.0 10.5
Shaft End 조립 Fan, Fan nozzle설치 Sealing Case 조립 Sealing Case 조립 Bearing Case 조립 Side Plate 조립	플랜트 기계설치공 특별인부 비계공 건설기계운전조	인/대 " " 조/대	7.7 1.9 2.5 2.5	9.6 2.4 3.3 3.3	11.5 2.9 4.1 4.1	13.4 3.4 4.8 4.8	15.7 4.0 5.6 5.6	17.6 4.5 6.4 6.4	20.1 5.1 7.2 7.2	27.1 6.9 9.7 9.7

작업구분	직종	단위	용량별(MW)							
			50이하	100	150	200	250	300	350	500
Coupling 조립	플랜트	인/대	15.0	19.5	24.0	28.0	32.7	36.8	42.0	56.6
Coupling Alignment	기계설치공									
하고 Bolt 조립	건설기계운전조	조/대	2.9	3.7	4.5	5.3	6.2	7.1	8.0	10.8
	특별인부	인/대	9.2	11.9	14.6	17.0	19.8	22.4	25.5	34.4
Exciter 설치	플랜트	인/대	7.4	9.7	12.0	14.0	16.4	18.4	21.0	28.8
Exciter 운반설치	기계설치공									
Coupling 조립	건설기계운전조	조/대	0.5	0.6	0.7	0.8	0.9	1.1	1.2	1.6
전기공사 제외	비계공	인/대	1.4	1.7	2.0	2.3	2.7	2.9	3.5	4.7
	특별인부	〃	7.8	10.1	12.4	14.5	16.9	19.1	21.8	29.5
Hydrogen Cooler	플랜트	인/대	2.6	3.3	4.0	4.7	5.5	6.2	7.1	9.6
설치	기계설치공									
	비계공	〃	2.2	2.8	3.4	3.9	4.6	5.1	5.9	8.0
	특별인부	〃	2.9	3.7	4.5	5.3	6.2	7.0	8.0	10.8
	건설기계운전조	조/대	2.0	2.6	3.2	3.7	4.3	4.9	5.6	7.6
검사 및 교정 Gas Leak Test 포함			기술관리, 포장해체를 제외한 품의 10%							

[주] 부대기기 및 부대배관 작업의 품은 별도 계상한다.

[참 고] 사용장비

장비명	규격	단위	수량
Over Head Crane		대	1
Truck Crane	60ton	〃	1
Truck Crane	20ton	〃	1
Truck	4ton	〃	1
Air Compressor	15㎥/min	〃	1
Winch	50kW	〃	1

[주] 본 품은 Lifting Device로 설치할 때의 품이다.

13-5-10 복수기 설치

작업구분	직종	단위	수량
기술관리 공사기간 중	기계기사	인/일	1.0
포장해체 수송을 위해 포장된 목재를 해체하고 목재를 정리함	목공 특별인부	인/m^2 〃	0.02 0.02
표면손질 Foundation Chipping & Grouting	특별인부 플랜트기계설치공 특별인부	인/m^2 〃 〃	0.1 0.41 0.595
소운반 Shell의 소재, Tube, Tube Sheet, Tube Supporting Plate, Expansion Joint Water Box등의 운반	건설기계운전(조) 비계공 특별인부	조/ton 인/ton 〃	0.373 0.138 0.288
Body 조립 설치 Body Plate 설치 Lower Shell, Upper Shell 조립 설치 Turbine Exhaust Hood 용접 Expansion Joint 설치 Front & Rear Water Box 설치	플랜트제관공 플랜트용접공 비계공 특별인부 Crane 운전조	인/ton 〃 〃 〃 조/대	0.78 1.04 2.05 1.54 0.346
Tube 삽입 설치 Tube Sheet Support Plate 소재 Tube 삽입, Tube Expanding 작업	플랜트기계설치공 특별인부 Crane 운전조	인/개 〃 조/대	0.0332 0.0629 0.0029
Condenser 내부소재 Leak Test 교정	기술관리 포장해체를 제외한 품의 15%		

[참 고] 사용장비

장비명	규격	단위	수량
Over Head Crane		대	1
Truck Crane	20ton	〃	1
Winch	25kW	〃	1
A.C Welder	15KVA	〃	4
Truc	4ton	〃	1

13-5-11 왕복 압축기 설치

(대당)

직종 용량(m³/hr)	목공	플랜트 기계 설치공	플랜트 용접공	비계공	플랜트 배관공	특별 인부	계
50 이하	0.13	2.74	0.23	3.96	0.31	8.68	16.05
51~100	0.17	3.63	0.31	5.25	0.41	11.49	21.26
101~200	0.22	4.81	0.41	6.97	0.54	15.23	18.18
201~300	0.26	5.67	0.48	8.20	0.64	17.90	33.15
301~400	0.28	6.25	0.53	9.12	0.71	19.77	36.66
401~500	0.31	6.85	0.58	9.94	0.78	21.57	40.03
501~600	0.33	7.35	0.62	10.67	0.84	23.09	42.90
601~700	0.35	7.86	0.66	11.50	0.90	24.65	45.92
701~800	0.37	8.21	0.69	12.10	0.94	25.78	48.09
801~900	0.38	8.53	0.72	12.40	0.97	26.86	49.86
901~1,000	0.40	8.96	0.75	13.05	1.02	28.14	52.32
1,001~1,500	0.47	10.43	0.88	15.24	1.19	32.88	61.09
1,501~2,000	0.52	11.56	0.98	16.88	1.32	36.63	67.89
2,001~2,500	0.56	12.58	1.06	18.35	1.44	39.73	73.92
2,501~3,000	0.61	13.57	1.14	19.70	1.55	43.05	79.62

[주] ① 본 품은 조립된 압축기를 설치하는 것을 기준하였다.
　　② 본 품에는 포장해체 및 소운반이 포함되어 있다.
　　③ 본 품에는 Foundation chipping 및 Grouting 작업이 포함되어 있다.
　　④ 본 품에는 Motor 설치 coupling alignment 작업이 포함되어 있다.
　　⑤ 본 품에는 cooler 및 Receiver tank 설치공량이 포함되어 있다.
　　⑥ 본 품에는 시운전 및 교정작업이 포함되어 있다.
　　⑦ 본 품에는 air dryer 및 부대 배관작업이 제외되어 있다.
　　⑧ 본 품에는 전기배선, 계장공사가 제외되어 있다.

13-5-12 펌프설치

1. 원심펌프(2단)

(대당)

직종 용량(㎥/hr)	목공	플랜트 기계설치공	인력운반공	특별인부	계
50 이하	0.03	0.63	3.66	2.89	7.21
51~100	0.04	0.78	4.67	3.49	8.98
101~200	0.06	1.04	5.80	5.53	12.43
201~300	0.09	1.45	7.66	6.50	15.70
301~400	0.13	1.92	9.08	8.92	20.05
401~500	0.16	2.76	10.50	11.08	24.50
501~600	0.19	3.19	13.74	12.75	29.87
601~700	0.21	3.52	15.02	14.18	32.93
701~800	0.23	3.92	16.62	15.78	36.55
801~900	0.26	4.35	18.50	17.45	40.56
901~1,000	0.28	4.72	20.00	18.82	43.82

2. 원심펌프(2단 대용량)

(대당)

직종 용량(㎥/hr)	목공	플랜트 기계설치공	특별인부	비계공	건설기계 운전	계
1,001~2,000	0.4	12.6	21.3	12.3	3.1	49.7
2,001~3,000	0.5	14.6	24.1	14.0	3.5	56.1
3,001~4,000	0.5	16.3	26.2	15.4	3.9	62.6
4,001~5,000	0.6	17.4	28.5	16.5	4.2	67.2
5,001~6,000	0.6	18.4	30.2	17.6	4.4	71.2
6,001~7,000	0.6	19.1	31.3	18.3	4.7	74.0
7,001~8,000	0.7	19.9	32.7	19.1	5.0	77.4
8,001~9,000	0.7	20.7	34.0	19.8	5.1	80.3
9,001~10,000	0.7	21.3	35.0	20.2	5.2	82.4
10,001~12,000	0.7	23.2	37.6	21.9	5.5	88.9
12,001~14,000	0.8	24.1	39.5	23.1	5.7	93.2
14,001~16,000	0.8	25.2	41.4	24.0	6.1	97.5
16,001~18,000	0.9	26.6	43.3	25.2	6.4	102.4
18,001~20,000	0.9	27.9	45.4	26.3	6.8	107.3

3. Rotary Pump, Centrifugal Pump(3, 4 Stage)

(대당)

직종 용량(㎥/hr)	목공	플랜트 기계설치공	인력운반공	특별인부	계
50 이하	0.04	0.89	5.16	3.86	9.95
51～100	0.06	1.10	6.04	5.73	12.93
101～200	0.10	1.62	8.47	7.19	17.38
201～300	0.15	2.67	10.13	10.69	23.64
301～400	0.19	3.19	13.60	12.75	29.73
401～500	0.22	3.87	16.50	15.56	36.15
501～600	0.27	4.66	19.30	18.27	42.50
601～700	0.31	6.55	20.00	20.72	47.58
701～800	0.34	8.56	20.60	22.95	52.45
801～900	0.37	10.53	20.90	25.10	56.90
901～1,000	0.39	11.94	21.50	26.72	60.55
1001～2,000	0.56	18.64	22.30	42.00	83.50

[주] ① 본 품은 조립된 Pump를 설치하는 품이다.
② 본 품에는 포장해체 및 소운반이 포함되어 있다.
③ 본 품에는 Foundation Chipping 및 Grouting이 포함되어 있다.
④ 본 품에는 Motor 설치 Coupling Alignment 작업이 포함되어 있다.
⑤ 본 품에는 시운전 및 교정작업이 포함되어 있다.
⑥ 본 품에는 전기배선, 계장공사가 제외되어 있다.
⑦ 본 품은 부대배관작업이 제외되어 있다.
⑧ 각종 설비용 펌프설치는 '[기계설비부문] 4-1 펌프' 품을 적용한다.

13-5-13 Boiler Feed Pump 설치

1. Turbine Driven Type

(대당)

직종 \ 용량(ton/hr)	300 이하	400	500	600	700
목 공	1.9	2.2	2.5	2.8	3.1
플랜트기계설치공	62.8	71.4	81.6	91.5	98.6
비 계 공	23.2	26.4	30.4	34.4	37.3
건설기계운전(조/대)	13.2	14.7	16.4	18.0	19.2
특 별 인 부	67.5	77.6	89.4	101.1	109.2
계	168.6	192.3	220.3	247.8	267.4

[주] ① 본 품은 조립된 Pump와 조립된 Turbine을 설치하는 품이다.
② 본 품에는 Pump의 토출압력 200kg/cm^2 이내를 기준하였다.
③ 본 품에는 포장해체 및 소운반이 포함되어 있다.
④ 본 품에는 Foundation Chipping 및 Grouting작업이 포함되어 있다.
⑤ 본 품에는 Turning Gear 설치 및 Coupling Alignment 작업이 포함되어 있다.
⑥ 본 품에는 시운전 및 교정작업이 포함되어 있다.
⑦ 본 품에는 Oil Tank, Oil Pump, Oil Cooler 등의 부대기기와 부대배관공사가 제외되어 있다.

2. Motor Driven Type

(대당)

직종 \ 용량(ton/hr)	300 이하	400	500	600	700
목 공	1.3	1.5	1.7	2.0	2.2
플랜트기계설치공	43.0	49.6	57.6	65.2	71.0
비 계 공	26.3	30.1	34.9	40.0	43.1
건설기계운전(조/대)	5.3	6.1	7.1	8.0	8.8
특 별 인 부	50.2	57.9	67.1	76.3	82.6
계	126.1	145.2	168.4	191.5	207.7

[주] ① 본 품은 조립된 Pump의 본체를 설치하는 품이다.
② Pump의 토출압력 200kg/cm² 이내를 기준으로 하였다.
③ 본 품에는 포장해체 및 소운반이 포함되어 있다.
④ 본 품에는 Foundation Chipping 및 Grouting 작업이 포함되어 있다.
⑤ 본 품에는 Motor 및 증속기설치, Coupling Alignment 작업이 포함되어 있다.
⑥ 본 품에는 윤활유 탱크 및 윤활유 펌프설치 작업이 포함되어 있다.
⑦ 본 품에는 시운전 및 교정작업이 포함되어 있다.
⑧ 본 품에는 부대배관 작업이 제외되어 있다.
⑨ 본 품에는 전기배선, 계장공사가 제외되어 있다.

[참고] 사용장비

장비명	규격	단위	수량
Over Head Crane		대	1
Truck Crane	60 ton	〃	1
Trailor	30 ton	〃	1
Air Compressor	1.5m³/min	〃	1

13-5-14 Heater 및 Tank 설치

1. 건설기계가 닿는 장소

(대당)

무게(ton) \ 직종(인)	목공	플랜트 기계설치공	비계공	건설기계운전 (조/대)	특별인부	계
0.5 이하	0.03	0.52	0.06	0.19	2.12	2.92
0.51~1.0	0.05	0.78	0.08	0.28	3.16	4.35
1.01~2.0	0.08	1.04	0.11	0.38	4.92	6.53
2.01~3.0	0.10	1.41	0.15	0.51	6.08	8.25
3.01~4.0	0.12	1.78	0.19	0.64	8.33	11.06
4.01~5.0	0.13	2.13	0.23	0.78	9.91	13.00
5.01~6.0	0.15	2.46	0.27	0.89	11.52	15.29
6.01~7.0	0.17	2.76	0.31	1.00	12.86	17.10
7.01~8.0	0.19	3.08	0.60	1.13	14.15	19.15
8.01~9.0	0.21	3.18	1.15	1.24	15.39	21.17
9.01~10.0	0.23	3.28	1.65	1.35	16.65	23.16
10.1~15.0	0.45	3.45	8.62	2.19	17.41	30.12
15.1~20.0	0.56	4.27	10.70	2.71	19.21	37.45
20.1~25.0	0.65	4.98	12.50	3.15	22.65	43.94
25.1~30.0	0.73	5.62	14.15	3.52	25.31	49.33
30.1~35.0	0.82	6.35	15.52	3.95	28.62	55.26
35.1~40.0	0.89	6.95	17.00	4.31	31.17	60.32
40.1~45.0	0.97	7.58	18.50	4.75	33.95	65.75
45.1~50.0	1.06	8.05	19.62	5.03	36.23	69.99

[주] ① 본 품은 조립된 Heater 또는 Cooler, 완전히 제작된 Tank 또는 Vessel을 기초 위에 설치하는 품이다.
② 본 품은 건설기계를 사용 설치하는 것으로 보았다.
③ 본 품은 포장해체 소운반이 포함되어 있다.
④ 본 품은 Foundation Chipping, Grouting이 포함되어 있다.

2. 건설기계가 닿지 않는 장소

(대당)

직종 무게(ton)	목공	플랜트 기계설치공	비계공	건설기계운전 (조/대)	특별인부	계
0.5 이하	0.03	2.22	5.40	0.11	2.36	10.12
0.51~1.0	0.05	3.23	7.83	0.16	3.56	14.83
1.01~2.0	0.08	4.59	11.12	0.22	5.46	21.47
2.01~3.0	0.10	5.88	13.50	0.29	6.63	26.29
3.01~4.0	0.12	6.67	15.55	0.38	8.86	31.58
4.01~5.0	0.13	7.39	17.27	0.45	10.39	35.63
5.01~6.0	0.15	8.03	18.70	0.53	11.92	39.33
6.01~7.0	0.17	8.61	20.02	0.61	13.22	42.63
7.01~8.0	0.19	8.61	23.00	1.73	13.59	46.62
8.01~9.0	0.21	8.61	24.20	1.81	14.94	49.77
9.01~10.0	0.23	8.90	25.23	1.88	16.22	52.46
10.1~15.0	0.45	11.38	32.38	2.49	17.47	62.17
15.1~20.0	0.56	12.95	36.60	2.85	19.08	72.04
20.1~25.0	0.65	14.45	40.90	3.19	22.37	81.56
25.1~30.0	0.73	15.93	44.90	3.51	24.94	90.01
30.1~35.0	0.82	17.19	48.50	3.77	28.07	98.35
35.1~40.0	0.89	18.09	51.10	3.97	30.44	104.49
40.1~45.0	0.97	19.13	54.10	4.22	33.04	111.46
45.1~50.0	1.06	20.03	56.60	4.52	35.29	117.50

[주] ① 본 품은 조립된 Heater 또는 Cooler, 완전히 제작된 Tank 또는 Vessel을 기초위에 설치하는 품이다.
② 본 품은 건설기계를 사용해서 운반할 수 있는 곳까지 운반하고 다음은 굴림운반으로 해서 설치하는 것으로 보았다.
③ 본 품은 포장해체 소운반이 포함되어 있다.
④ 본 품은 Foundation Chipping, Grouting이 포함되어 있다.

13 – 6 수력발전 기계설비

13-6-1 수차 설치

1. 직종별 설치품

(ton당)

직 종	수량	직종	수량
기 계 기 사	0.500	측 량 사	0.140
목 공	0.041	공 작 기 계 공	0.496
비 계 공	1.433	도 장 공	0.044
플랜트기계설치공	1.540	특 별 인 부	1.313
플 랜 트 제 관 공	0.486	시험 및 조정	0.649
플 랜 트 용 접 공	1.119	계	7.751

2. 공정별 설치 수량

(ton당)

공정별	직종	수량
기술지도(종합공정관리 포함)	기계기사	0.50
포장해체	목공	0.041
	특별인부	0.034
소운반	비계공	0.385
Draft Tube 설치 가설된 Concrete Tube에 이어서 Leveling & Centering 해서 연결	플랜트기계설치공	0.051
	플랜트제관공	0.195
	플랜트용접공	0.037
	측량사	0.035
	비계공	0.035
	특별인부	0.042
Speed Ring 조립설치 Speed Ring의 위치 결정해서 조립 설치하고 Leveling & Centering 후 Draft Tube와 연결	플랜트기계설치공	0.117
	플랜트제관공	0.195
	플랜트용접공	0.085
	측량사	0.021
	비계공	0.080
	특별인부	0.109

공정별	직종	수량
Casing & Cover 조립설치 Casing 용접조립후 X-Ray Test, Inner Head Cover 및 Outer Head Cover 조립설치	플랜트기계설치공 플랜트용접공 비계공 플랜트제관공 특별인부	0.479 0.347 0.326 0.048 0.394
수차 Centering Concrete 타설 전에 Casing Centering하고 타설 도중 움직이지 않게 고정함.	플랜트기계설치공 플랜트용접공 비계공 측량사 특별인부	0.174 0.127 0.119 0.056 0.143
Guide Vane 조립조정 Stay Vane 및 Guide Vane 조립설치	플랜트기계설치공 비계공 플랜트용접공 특별인부	0.172 0.117 0.125 0.142
Guide Ring & Serve-Motor 조립설치 Guide Ring, Operating Rod, Serve Motor 등 조립설치	플랜트기계설치공 비계공 플랜트용접공 특별인부	0.093 0.063 0.068 0.077
Pit, Liner 교정 Liner 취부 Joint 부분 용접보강함.	플랜트기계설치공 플랜트제관공 비계공 플랜트용접공 특별인부	0.008 0.048 0.006 0.006 0.006
Runner 조립 및 삽입	플랜트기계설치공 비계공 플랜트용접공 특별인부	0.299 0.203 0.218 0.246
수차본체조립 수차본체 종합조립하고 각부의 간격 조정하여 Shop Data와 일치시킴.	플랜트기계설치공 비계공 플랜트용접공 측량사 특별인부	0.116 0.078 0.084 0.028 0.095

공정별	직종	수량
Governor 조립설치	플랜트기계설치공	0.031
	플랜트용접공	0.022
	비계공	0.021
	특별인부	0.025
수리공장 운영	공작기계공	0.496
도장	도장공	0.044
시험 및 조정 (기술관리, 포장해체, 도장을 제외한 모든 품의 10%)		0.649
비 고	－ 단 Kaplan 수차의 경우는 본 품중 공정별 구분에서 runner 조립 및 삽입과 수차본체조립의 품을 20% 가산한다.	

[주] 본 품은 Kaplan 수차, franses 수차 및 Propeller 수차 설치에 필요한 품이다.

[참 고] 사용장비

장비명	규격	단위	수량
Over Head Crane	150 ton	대	1
Truck Crane	20 ton	〃	1
Trailer	20 ton	〃	1
Unloading Hoist	40 ton/50ton	〃	1
Lathe	182.88cm	〃	1
Drilling Machine	2.24kW	〃	1
Shaper	17.90kW	〃	1
Milling Machine	17.90kW	〃	1
Grinder	1.12kW	〃	1
Blower	1.12kW	〃	1
AC Welder	30 KVA	〃	4
DC Welder	500A	〃	2
Gas Cutting Machine	중형	조	3

장비명	규격	단위	수량
Air Compressor	5~7kg/cm² 5.9cm³/min	대	1
Winch	22.38kW	〃	1
Gouging Machine	중형	〃	1
Pump	5.1m³/min	〃	2

[참 고] 소모자재

(ton당)

물 품	규격	단위	수량
산소	6,000 ℓ 입	Bt	0.360
아세틸렌	4,500 ℓ 입	〃	0.242
용접봉	4ø ~ 5ø	kg	2.0
코크스		〃	9.0
Sand Paper	각종	Sh	3.125
여과지	35cm×35cm	〃	3.0
걸레	특 상 품	kg	2.50
세유	C-3	ℓ	2.20
Grease		kg	0.20
Machine Oil		ℓ	0.70
Gasoline		ℓ	0.240
Galvanized Wire	#8 ~ #16	kg	0.50
Grinding wheel	20cmø×25mmt	EA	0.375
비닐세트	0.1t×2m	m	1.0
소창직		m	0.860
보일유		ℓ	0.008
시너		〃	0.012
광명단		〃	0.062
조합페인트		〃	0.062

※ 산소량 규격은 대기압상태를 기준하며, 단위 '병'은 35℃에서 150기압으로 압축용기에 넣어 사용하는 것을 기준한다.

13-6-2 발전기 설치

1. 직종별 설치품

(ton당)

직종	수량	직종	수량
기 계 기 사	0.500	목 공	0.399
인 력 운 반 공	0.111	공 작 기 계 공	0.006
비 계 공	0.432	플랜트배관공	0.017
플 랜 트 전 공	1.379	특 별 인 부	2.118
플랜트기계설치공	2.244	시 험 및 조 정	0.679
플 랜 트 용 접 공	0.142		
측 량 사	0.015	계	8.042

2. 공정별 설치품

(ton당)

공정별	직종	수량
기술지도(종합공정관리 포함)	기계기사	0.500
포장해체	목공	0.034
	특별인부	0.033
소운반	비계공	0.262
Stator 조립 Frame 조립, Coil 삽입, Call Binding 건조 및 Varnish 처리	플랜트전공	0.490
	비계공	0.014
	플랜트기계설치공	0.311
	플랜트용접공	0.022
	인 력 운 반 공	0.087
	목공	0.125
	특별인부	0.268
Rotor 조립 York & Spider 조립, Rim Lamination 자극 및 Rotor 부품취부 건조 및 Varnish 처리	플랜트전공	0.544
	플랜트기계설치공	0.587
	플랜트용접공	0.049
	인 력 운 반 공	0.013
	목공	0.179
	특별인부	0.788
	비계공	0.033

공정별	직종	수량
기초 Chipping 및 Concrete 타설 Barrel 기초점검, Chipping Out Concrete 타설	플랜트전공 플랜트기계설치공 비계공 목공 플랜트용접공 특별인부 측량사	0.024 0.282 0.019 0.033 0.011 0.106 0.006
Stator 설치 Base Block 설치, Stator 안치, Concrete 타설전의 Centering, Concrete 타설 후의 Recentering, Knock 치기	플랜트전공 비계공 플랜트기계설치공 특별인부 측량사 플랜트용접공 공작기계공 목공	0.141 0.011 0.227 0.179 0.009 0.011 0.006 0.008
Stator Low End 조립설치 Lower Bracket 조립, Stator Centering을 위한 가조립 설치 및 철거, Lower Bracket 재설치, Lower Fan Shield, Lower Cover Space Heater 등 설치	플랜트전공 비계공 플랜트기계설치공 목공 특별인부 플랜트용접공 플랜트배관공	0.044 0.022 0.179 0.006 0.131 0.011 0.017
Stator Upper End 조립 Upper Bracket 조립, Centering을 위한 가설치 및 철거, Rotor 삽입후의 재설치, Air Housing Upper Fan, Shield Upper Cover 등 설치	플랜트전공 비계공 플랜트기계설치공 목공 플랜트용접공 특별인부	0.065 0.030 0.179 0.006 0.027 0.210
Thrust Bearing 조립설치 Bearing 조립설치, Thrust Tank Cover 조립설치, Thrust Cooler 수압시험 및 설치, 윤활유 여과 및 주입	플랜트전공 비계공 플랜트기계설치공 플랜트용접공 목공 인력운반공 특별인부	0.027 0.030 0.283 0.011 0.008 0.011 0.176

공정별	직종	수량
Rotor 삽입 Coupling 조립	플랜트전공	0.044
Shaft Deflection 조정, Rotor 삽입, Coupling	비계공	0.011
조립, Key Setting, Upper Lower Bearing	플랜트기계설치공	0.196
조립조정, Shost Deflection Check 및 조정	특별인부	0.227
시험 및 조정 (기술관리 포장해체를 제외한 품의 10%)		0.679

[참 고] 사용장비

장비명	규격	단위	수량
Over Head Crane	150 ton	대	1
〃	30 ton	〃	1
Winch	5 ton 7.46kW	〃	1
Air Compressor	15kW 8.5m³/min	〃	1
Portable Drill	1.12kW	〃	3
Portable Grinder	1.12kW	〃	2
A. C Welder	30 KVA	〃	1
Gas Welder	중형	조	4
Gas Cutting Machine	〃	〃	2
Truck Crane	30 ton	대	1
Trailer	50 ton	〃	1
D.C Welder	500 A	〃	2
Gouging Machine	중형	〃	1

[참고] 소모자재

(ton당)

품 명	규격	단위	수량
세유	0~3	ℓ	0.730
Gasoline		〃	0.730
보일유		〃	0.069
Machine Oil		〃	0.365
Grease		kg	0.175
시너	에나멜용	ℓ	0.138
Galvanized Wire	#8 ~ #16	kg	0.730
Wire Brush	각종 0.9~4cm	EA	0.292
Hack saw Blade	30cm	EA	0.438
Drill	1.6ø~3.8ø	kg	0.018
Grinder Wheel	25cmø~25mmt	kg	0.022
File	각종	〃	0.218
Oil Stone	각종(황, 중, 세)	Sh	0.055
코크스		kg	0.328
목탄	6,000ℓ	〃	0.820
산소	4,500ℓ	병	0.109
아세틸렌	4ø~5ø	〃	0.084
전기용접봉	3.2ø	kg	0.365
가스용접봉	2ø	〃	0.146
신주용접봉	각 종	〃	0.073
Sand Paper		Sh	0.110
광목		m	0.402
소창직		〃	0.134
걸레	특상품	kg	0.730
비닐시트	3m×3m	Sh	0.037
방청페인트	DR-80	ℓ	0.069
페인트	노루표	〃	0.040
땜납	50:50	kg	0.055
붕사		〃	0.016
Compound	절연용	〃	0.073
3-Bond	밀착제 NO. 2	〃	0.007

※ 산소량 규격은 대기압상태를 기준하며, 단위 '병'은 35℃에서 150기압으로 압축용기에 넣어 사용하는 것을 기준한다.

13-6-3 수문제작

1. Tainter Gate 제작

    가. 직종별 제작품

(ton당)

직 종	수량	직종	수량
기 계 기 사	0.50	도 장 공	1.895
플 랜 트 제 관 공	6.474	측 량 사	0.172
플 랜 트 용 접 공	3.570	특 별 인 부	0.372
비 계 공	3.318	검사 및 교정	1.583
플랜트기계설치공	1.925	계	19.809

   나. 공정별 제작품

(ton당)

공정별	직종	수량	공정별	직종	수량
기술관리	기계기사	0.50	가조립	비계공	1.033
본뜨기	플랜트제관공	0.523		플랜트제관공	2.116
금긋기	〃	1.390		플랜트용접공	1.020
절단	〃	0.380		측량사	0.172
가공	〃	1.590		플랜트기계설치공	0.620
구멍뚫기	〃	0.475		특별인부	0.372
용접	플랜트용접공	2.550	검사 및 교정		1.583
부품조립	비계공	1.305	(기술관리 및		
	플랜트기계설치공	1.305	도장을		
도장	도장공	1.895	제외한 모든		
소운반조작	비계공	0.980	품의 10%)		

[참 고] 장비사용시간

장비명	규격	시간(hr/ton)
Lathe	365.76cm×5.60kW	0.64
Planer	121.92cm×243.84cm	0.72

장비명	규격	시간(hr/ton)
Boring Machine	Horizontal Type 2.24kW	1.72
Union Melt Welder	5.5 KVA	2.856
A.C Welder	10″	8.568
Gouging Machine	중형	3.06
Gas Cutting Machine	Auto 형	1.24
Gas Cutting Machine	Manual	1.8
Gas Heating Touch	중형	3.984
Over Head Crane	30 ton	0.759
Over Head Crane	20 ton	0.759
Hydro Press	300 ton	1.771
Bending Roller	701.04cm	1.48
Edge Bending Roller	701.04cm	1.38
Shearing Machine		0.64
Drilling Machine	2.24kW	0.368
Drilling Machine	Radial 3.73kW	0.184
Compressor	5.9㎥/min	3.790
Portable Drill	0.73kW	1.532
Truck Crane	30 ton	0.506
Trailer	30 ton	0.506
Fork Lift	5 ton	0.506

[주] 본 장비사용기간은 공작공장에서만 적용한다.

2. Roller Gate 제작
  가. 직종별 제작품

(ton당)

직 종	수량	직종	수량
기 계 기 사	0.50	도 장 공	1.584
플 랜 트 제 관 공	5.438	측 량 사	0.143
플 랜 트 용 접 공	2.978	특 별 인 부	0.245
비 계 공	2.772	시험 및 조정	1.318
플랜트기계설치공	1.608	계	16.586

나. 공정별 제작품

(ton당)

공정별	직종	수량
기술관리	기계기사	0.50
본뜨기	플랜트제관공	0.437
금긋기	〃	1.161
절단	〃	0.318
가공	〃	1.359
구멍뚫기	〃	0.397
용접	플랜트용접공	2.125
부품조립	비계공	1.090
	플랜트기계설치공	1.090
도장	도장공	1.584
소운반조작	비계공	0.818
가조립	비계공	0.864
	플랜트제관공	1.766
	플랜트용접공	0.853
	측량사	0.143
	플랜트기계설치공	0.518
	특별인부	0.245
검사 및 교정 (기술관리 및 도장을 제외한 모든 품의 10%)		1.318

[참고] 장비사용시간

장비명	규격	시간(hr/ton)
Lathe	365.76cm × 5.60kW	0.536
Planer	121.92cm × 243.84cm	0.076
Boring Machine	Horizontal Type 2.24kW	1.436
Union Melt Welder	5.5 KVA	2.72
A.C Welder	10 KVA	8.16

장비명	규격	시간(hr/ton)
Gouging Machine	중형	1.7
Gas Cutting Machine	Auto 중형	1.016
Gas Cutting Machine	Mannual	1.016
Gas Heating Torch	중형	3.328
Over Head Crane	30 ton	1.269
Hydro Press	100 ton	1.48
Bending Roller	701.04cm	1.088
Shearing Machine		0.256
Drilling Machine	2.24kW	1.632
Drilling Machine	Radial 3.73kW	0.816
Compressor	5.9㎥/min	3.17
Portable Drill	0.373kW	1.221
Truck Crane	30 ton	0.423
Trailer	30 ton	0.423
Fork Lift	5 ton	0.423

[주] 본 장비사용기간은 공작공장에서만 적용한다.

[참 고] 소모자재(Tainter Gate, Roller Gate)

(ton당)

품 명	규격	단위	수문	
			Tainter	Roller
산 소	6,000 ℓ 입	병	3.76	3.0
아세틸렌	4,500 ℓ 입	병	3.23	2.58
함 석	#31×90×180cm	매	0.71	0.62
용 접 봉	4ø×350 ℓ	kg	24.99	20.0
모 래		㎥	0.262	0.242
노 즐		개	0.5	0.5
광 명 단		ℓ	2.5	2.2
전 력		kW/h	370	310

※ 산소량 규격은 대기압상태를 기준하며, 단위 '병'은 35℃에서 150기압으로 압축용기에 넣어 사용하는 것을 기준한다.

13-6-4 수문설치

1. Tainter Gate 설치

   가. 직종별 설치품

   (ton당)

직 종	수량	직종	수량
기 계 기 사	0.50	플랜트제관공	6.169
비 계 공	4.277	도 장 공	0.635
플랜트기계설치공	0.910	플 랜 트 전 공	0.310
측 량 사	0.410	시험 및 조정	1.257
플 랜 트 용 접 공	0.810	계	15.278

   나. 공정별 설치품

   (ton당)

공정별	직종	수량
기술관리	기계기사	0.50
현장교정	플랜트제관공	1.034
	비계공	0.517
소업	비계공	2.3
	플랜트기계설치공	0.91
조립조정	비계공	1.46
	플랜트제관공	4.92
	측량사	0.41
용접	플랜트용접공	0.81
	플랜트제관공	0.215
도장	도장공	0.635
전원배선	플랜트전공	0.31
검사및교정 (기술관리, 도장 및 전원배선을 제외한 모든 품의 10%)		1.257

[참 고] 사용장비명

(ton당)

장비명	규격	수량(대/일)
A.C Welder	10 KVA	1
D.C Welder	300A 5.5kW	5
Gas Cutting Machine	중형	6
Gas Welder	대형	3
Portable Drill	1.12kW	2
Portable Grinder	0.37kW	6
Air Compressor	5.9m^3/min	2
Winch	37.3kW	2
Truck Crane	50 ton	2
Floating Crane	75 ton	1
Derrick Crane	30 ton	1
Cable Crane	10 ton	1
Tow Crane	186.5kW	1
Truck	5 ton	4
Trailer	20 ton	1
Fork Lift	5 ton	1

2. Roller Gate 설치

　가. 직종별 설치품

(ton당)

직 종	수량	직 종	수량
기 계 기 사	0.50	플랜트용접공	0.705
제 관 공	3.038	도 장 공	0.552
비 계 공	4.568	플 랜 트 전 공	0.187
플랜트기계설치공	1.318	검 사 및 교 정	1.188
측 량 사	0.812		
리 베 팅 공	1.447	계	14.315

나. 공정별 설치품

(ton당)

공정별	직종	수량
기술관리	기계기사	0.50
현장교정	플랜트제관공	0.816
	비계공	0.146
소운반제작	비계공	1.992
	플랜트기계설치공	0.791
소립조정	비계공	2.43
	플랜트제관공	2.035
	측량사	0.812
리베팅	리베팅공	1.447
	플랜트기계설치공	0.527
용접	플랜트용접공	0.705
	플랜트제관공	0.187
도장	도장공	0.552
전원배선	플랜트전공	0.187
검사 및 교정 (기술관리, 도장, 전원배선을 제외한 모든 품의 10%)		1.188

[참 고] 사용장비

(ton당)

장비명	규격	수량(대/일)
A.C Welder	10 KVA	1
D.C Welder	300A 5.5kW	4
Gas Cutting Machine	중형	4
Gas Welder	대형	3
Portable Drill	1.12kW	2
Portable Grinder	0.37kW	4
Air Compressor	8.9m³/min	1
Winch	7.46kW	2

장비명	규격	수량(대/일)
Guy Derrick	10 ton	1
Fork Lift	7 ton	1
Truck Crane	30 ton	2
Truck Crane	40 ton	1
Trailer	30 ton	1
Truck	5 ton	4
Riveting Hammer		2

[참 고] 소모자재 (Tainter Gate, Roller Gate)

(ton당)

품 명	규격	단위	Tainter	Roller
산 소	6,000 ℓ 입	병	0.53	0.46
아세틸렌	4,500 ℓ 입	병	0.45	0.39
용 접 봉	4 ø ×350 ℓ	kg	6.2	5.4
코 크 스		kg	–	27
광 명 단		ℓ	2.5	2.2
페 인 트	에나멜	ℓ	5.0	4.4

※ 산소량 규격은 대기압상태를 기준하며, 단위 '병'은 35℃에서 150기압으로 압축용기에 넣어 사용하는 것을 기준한다.

13-6-5 Stop-Log 제작

1. 직종별 제작품

(ton당)

직 종	품	직종	수량
기계산업기사	0.50	플랜트기계설치공	1.325
플랜트제관공	3.564	도 장 공	1.639
플랜트용접공	2.968	시 험 및 조 정	1.015
비 계 공	2.295	계	13.306

2. 공정별 제작품

(ton당)

공정별	직종	수량
기술관리	기계산업기사	0.50
본뜨기	플랜트제관공	0.523
금긋기	〃	1.514
절단	〃	0.414
가공	〃	0.50
구멍뚫기	〃	0.613
용접	플랜트용접공	2.968
부품조립	비계공	1.325
	플랜트기계설치공	1.325
도장	도장공	1.639
소운반조작	비계공	0.97
검사 및 교정 (기술관리, 도장을 제외한 모든 품의 10%)		1.015

[참고] 장비사용시간

장비명	규격	시간(hr/ton)
Lathe	365.76cm×5.60cm	0.416
Planer	121.92cm×243.84cm	0.076
Boring Machine	Horizontal Type 2.24kW	0.248
Union Melt Welder	5.5 KVA	3.224
A.C Welder	10 〃	9.976
Gouging Machine	중형	3.56
Gas Cutting Machine	Auto 중형	1.328
Gas Cutting Machine	Manual 중형	1.984
Gas Heating Torch	중형	3.872
Over Head Crane	30 ton	0.88
Over Head Crane	20 ton	0.88
Hydro Press	10 ton	1.72
Shearing Machine		2.0

장비명	규격	시간(hr/ton)
Drilling Machine	Radial 3.73kW	0.488
Drilling Machine	2.24kW	0.488
Compressor	5.9㎥/min	3.32
Portable Drill	0.37kW	1.564
Truck Crane	30 ton	0.65
Trailer	30 ton	0.65
Fork Lift	5 ton	0.65

[주] 본 장비사용기간은 공작공장에서만 적용한다.

[참 고] 소모자재

(ton당)

품 명	규격	단위	수량
산 소	6,000ℓ 입	병	0.38
아세틸렌	4,000ℓ 입	병	0.33
용 접 봉	4ø×350ℓ	kg	3.0
코 크 스		kg	-
광 명 단		kg	2.2
페 인 트	에나멜	kg	4.4

※ 산소량 규격은 대기압상태를 기준하며, 단위 '병'은 35℃에서 150기압으로 압축용기에 넣어 사용하는 것을 기준한다.

13-6-6 Stop-Log 설치

1. 직종별 설치품

(ton당)

직 종	수량	직종	수량
기계산업기사	0.50	도 장 공	0.550
비 계 공	3.350	플랜트전공	0.063
플랜트제관공	1.190	시험 및 조정	0.601
측 량 사	0.122		
플랜트기계설치공	1.300	계	7.726

2. 공정별 설치품

(ton당)

공정별	직종	수량
기술관리	기계산업기사	0.50
운반조작	비계공	0.97
조립조정	비계공	2.02
	플랜트제관공	1.19
	측량사	0.122
	플랜트기계설치공	1.17
설치	비계공	0.36
	플랜트기계설치공	0.13
도장	도장공	0.55
전원배선	플랜트전공	0.063
검사및교정 (기술관리, 도장, 전원배선을 제외한 모든 품의 10%)		0.601

[참 고] 사용장비

장비명	규격	수량(대/일)
A.C Welder	10 KVA	1
D.C Welder	300A 5.5kW	4
Gas Cutting Machine	중형	4
Gas Welder	중형	3
Portable Drill	1.12kW	2
Portable Grinder	0.37kW	2
Air Compressor	5.9㎥/min	1
Winch	7.46kW	1
Guy Derrick	10 ton	1
Fork Lift	3 ton	1
Truck Crane	20 ton	1
Truck Crane	40 ton	1
Trailer	30 ton	1
Truck	5 ton	2
Angle Grinder	0.37kW	2

[참 고] 소모자재

(ton당)

품 명	규격	단위	수량
산 소	6,000 ℓ 입	병	2.3
아세틸렌	4,500 ℓ 입	〃	1.98
함 석	#31×90×180cm	대	0.53
용 접 봉	4ø×350 ℓ	kg	14.35
모 래		m³	0.242
노 즐		개	0.5
광 명 단		ℓ	2.2
전 력		kW/h	306

※ 산소량 규격은 대기압상태를 기준하며, 단위 '병'은 35℃에서 150기압으로 압축용기에 넣어 사용하는 것을 기준한다.

13-6-7 수문 Hoist 설치

1. 직종별 설치품

(ton당)

직 종	수량	직종	수량
기 계 산 업 기 사	0.500	플랜트용접공	1.030
비 계 공	3.933	플 랜 트 전 공	0.413
측 량 사	0.268	검 사 및 교 정	0.644
플랜트기계설치공	2.475	계	9.263

2. 공정별 설치품

(ton당)

공정별	직종	수량
기술관리	기계산업기사	0.50
소운반조작	비계공	1.105
조립조정	비계공	1.928
	측량사	0.268
	플랜트기계설치공	2.115

공정별	직종	수량
용접	플랜트용접공	1.03
시운전및조작	플랜트기계설치공	0.36
	플랜트전공	0.413
	비계공	0.9
검사및교정 (기술관리, 시운전 및 조작을 제외한 모든 품의 10%)		0.644

[참 고] 사용장비

장비명	규격	수량(대/일)
A.C Welder	10 KVA	1
D.C Welder	300A 5.5kW	1
Gas Cutting Machine	중형	2
Portable Drill	1.12kW	1
Portable Grinder	0.37kW	2
Winch	7.46kW	2
Guy Derrick	10 ton	1
Truck Crane	30 ton	1
Trailer	30 ton	1
Truck	5 ton	1

[참 고] 소모자재

(ton당)

품 명	규격	단위	수량
산 소	6,000 ℓ 입	병	0.38
아세틸렌	4,500 ℓ 입	〃	0.33
용 접 봉	4 ø ×350 ℓ	kg	3.0
세 유		ℓ	3.0
기 타	10%		

※ 산소량 규격은 대기압상태를 기준하며, 단위 '병'은 35℃에서 150기압으로 압축용기에 넣어 사용하는 것을 기준한다.

13-6-8 Spiral Casing 설치

1. 공정별 제작품

(ton당)

공정별	직종	수량
기술관리	기계기사	3.33
기초정리	특별인부	0.098
Centering	측량사	0.038
Marking	마킹공	0.077
	석공	0.047
박스해체정리	형틀목공	0.1
	특별인부	0.1
청소	플랜트기계설치공	0.2
	특별인부	0.1
	산소절단공	0.12
진형보완	플랜트기계설치공	0.12
	특수비계공	0.335
	특별인부	0.258
Stay Ring 조립설치	인력운반공	0.154
침목서포트 조작설치	형틀목공	0.058
	특별인부	0.058
	특수비계공	0.167
마킹센터링 조립	플랜트기계설치공	0.25
	특별인부	0.25
	측량기사	0.038
위치결정	플랜트기계설치공	0.077
	마킹공	0.038
	특별인부	0.078
	특수비계공	0.167
BoltJoint Spider	측량사	0.064
	플랜트기계설치공	0.258
	특별인부	0.258
Casing 조립, 케이싱 정치 및	특수기계공	0.67
가조립작업	측량사	0.064

공정별	직종	수량
Casing 조립, 케이싱 정치 및 가조립작업	플랜트기계설치공	0.516
	특별인부	0.327
Centering하여 최종으로 부착조립 고정후 Brace 절단 철거	측량사	0.051
	특수비계공	0.267
	플랜트기계설치공	0.206
	마킹공	0.103
	특별인부	0.154
Casing 원주방향 용접(용접별도계상)	플랜트기계설치공	0.038
	특별인부	0.019
Casing Inlet Section부 센터링 부착 조정후 교정하여 용접작업 (용접별도계상)	플랜트기계설치공	0.285
	특별인부	0.193
	특수비계공	0.035
	측량사	0.032
	마킹공	0.129
Main Shell 용접 전장을 Grinding하는 작업 X-Ray 촬영	플랜트제관공	0.47
	특별인부	0.23
	시험사 1급	1.24
	특별인부	1.24
Pit Line 및 Scaffold 조립철거	측량사	0.04
	특수비계공	0.47
	플랜트기계설치공	0.36
	마킹공	0.18
	특별인부	0.27
Spider 철거 및 Stay Ring Check	특수비계공	0.1
	플랜트기계설치공	0.077
	측량사	0.038
	마킹공	0.038
	특별인부	0.21
수압시험 Bulkhead 부착 및 가압해체	플랜트기계설치공	0.140
	특수운전공	0.073
	특별인부	0.19
Bottom Ring 조립설치(용접 별도계상)	특수비계공	0.335
	측량사	0.032

공정별	직종	수량
Bottom Ring 조립설치(용접 별도계상)	마킹공 플랜트기계설치공 특별인부	0.129 0.258 0.193
콘크리트타설 준비 (배관, 완충제 별도)	특수비계공 플랜트기계설치공 특별인부	0.267 0.206 0.206
콘크리트타설(2차)(토목시공) 철거 및 Finish	특수비계공 플랜트제관공 특별인부	1.167 0.129 0.5
도장	도장공	1.029
절단	산소절단공 특별인부	0.16 0.08
용접	플랜트용접공 특별인부	6.355 3.177
전원 및 유지관리	플랜트전공 특별인부	0.66 0.66
검사시험	인력품의 7%	

[참 고] 소모자재

(ton당)

공정별	품명	규격	수량
용 접	전기용접봉 탄소봉		9.77kg 3.67본
절단 및 진형가공	산소 아세틸렌	6,000ℓ 입 2,100ℓ 입	0.45병 0.32병
Grinding X - Ray 도 장 동 력	Grinder 돌 Film Tar Epoxy	30cm ø 65×305 2회	0.815개 4.9매 405kg

※ 산소량 규격은 대기압상태를 기준하며, 단위 '병'은 35℃에서 150기압으로 압축용기에 넣어 사용하는 것을 기준한다.

13-6-9 Steel Penstock 제작

1. Steel Penstock 공장제관

    가. 공정별 제작품

(ton당)

공정별	직종	수량
기술관리	기계기사	1.4
현도	플랜트제관공	0.25
괘서	〃	0.86
절단	산소절단공	0.4
	플랜트제관공	0.08
Edge Bending	특수운전공	0.4
	플랜트제관공	0.4
Rolling	플랜트기계설치공	0.4
	특수운전공	0.4
	플랜트제관공	0.4
기계가공	플랜트제관공	0.95
	비계공	0.95
	플랜트용접공	0.47
	특수운전공	0.23
수정	산소절단공	0.79
	플랜트제관공	0.52
분해준비	플랜트제관공	0.66
운반용 Jig 용접	플랜트용접공	0.2
분해	특수비계공	0.26
	플랜트제관공	0.52
	산소절단공	0.26
	특수운전공	0.13
소운반	특수운전공	0.2
	특수비계공	0.8
동력조작	플랜트전공	0.4
보조	특별인부	6.0
검사시험	상기인력품의 7%	

[참 고] 소모자재

공정별	품명	규격	수량
절단수정	산소	6,000ℓ 입	1.89병
	아세틸렌	3,500ℓ 입	0.8병
용 접	용접봉		8kg
현 도	함석	#31×90×180cm	0.71매

※ 산소량 규격은 대기압상태를 기준하며, 단위 '병'은 35℃에서 150기압으로 압축용기에 넣어 사용하는 것을 기준한다.

2. Steel Penstock 현장제관

가. 공정별 제작품
(ton당)

공정별	직종	수량
기술관리	기계기사	1.2
조정	특수비계공	0.95
	플랜트제관공	0.95
	산소절단공	0.23
	특수운전공	0.23
전원가공	플랜트기계설치공	1.57
	플랜트제관공	1.05
용접	플랜트용접공	7.98
가용접	〃	1.22
가조립	특수비계공	0.22
	플랜트제관공	0.44
가조립마킹	마킹공	0.11
분해	특수비계공	0.16
	플랜트제관공	0.33
도장준비	플랜트제관공	1.93
도장	도장공	0.42
소운반	특수비계공	0.8
동력조작	플랜트전공	0.4
X-Ray 촬영	시험사1급	1.66
보조	특별인부	9.53
검사시험	상기 인력품의 7%	

[참고] 나. 소요자재

(ton당)

공정별	품명	규격	수량
전원가공 및 가설물	산소	6,000ℓ 입	1.35병
절　　　　단	아세틸렌	2,500ℓ 입	0.57병
용　　　　접	전기용접봉		1.16kg
	탄소봉	8ø×350mm	6본
도　　　　장	규사		0.23m³
	중유		0.023ℓ
	노즐		0.38개
	징크프라이머		0.246ℓ
	시너		0.055ℓ
	탈에폭시레신		2.05ℓ
	시너		0.45ℓ
동　　　　력			

※ 산소량 규격은 대기압상태를 기준하며, 단위 '병'은 35℃에서 150기압으로 압축용기에 넣어 사용하는 것을 기준한다.

13-6-10 Steel Penstock 현장설치

1. 공정별 설치품

(ton당)

공정별	직종	수량
기술관리	기계기사	1.5
기준센터 및 기준	측량사	0.056
레벨표시작업	마킹공	0.056
	특별인부	0.035
앵커및 Jig 설치	특수비계공	0.37
	플랜트제관공	0.28
	특별인부	0.28
정치	특수비계공	2.6
	플랜트기계설치공	2.0
	특별인부	2.5

공정별	직종	수량
1차센터링	측량사	0.25
	특수비계공	0.65
	플랜트기계설치공	0.25
	특별인부	0.6
가조립	특수비계공	0.65
	플랜트기계설치공	0.5
	특별인부	0.5
2차센터링	측량사	0.25
	특수비계공	0.32
	플랜트기계설치공	0.25
	특별인부	0.37
용접	플랜트용접공	4.61
	특별인부	4.61
절단	산소절단공	0.17
	특별인부	0.17
전원가공	플랜트용접공	0.25
	플랜트기계설치공	0.25
	특별인부	0.37
사상 및 Grinding	플랜트제관공	2.0
	특별인부	1.0
	도장공	1.782
도장공	플랜트전공	0.25
동력배선	특별인부	0.25
	시험사1급	1.88
X-Ray 촬영	특별인부	1.88
검사시험	상기 인력품의 7%	

2. 소모자재

(ton당)

공정별	품명	규격	수량
용접	전기용접봉		9.81 kg
	탄소봉	8∅×350mm	3.53 본
절단 및 전원가공	산소	6,000 ℓ 입	0.55 병
	아세틸렌	2,100 ℓ 입	0.39 병
finishing	그라인더돌	30cm ∅	0.5개
X - Ray	Film	65×305	4.8매
도장	Tar Epoxy		1.81 ℓ
	마린B/T(선박도료용)		0.96 ℓ
동력			

※ 산소량 규격은 대기압상태를 기준하며, 단위 '병'은 35℃에서 150기압으로 압축용기에 넣어 사용하는 것을 기준한다.

13-6-11 Roller Gate Guide Metal 제작

1. 공정별 설치품

(ton당)

공정별	직종	수량
기술관리	기계기사	2.5
사도	제도공	1.0
재료절단현도	현도공	0.63
괘서	마킹공	1.26
절단	절단공	0.33
교정	플랜트제관공	0.6
단재가공괘서	마킹공	1.26
절단	절단공	0.16
Edge 가공	산소절단공	0.17
용접	플랜트용접공	1.3
교정	플랜트제관공	0.75
Holing	〃	0.15

공정별	직종	수량
부분조립, 취부조정	플랜트기계설치공	3.7
용접	플랜트기계용접공	8.4
절단	절단공	0.1
교정	플랜트제관공	1.75
기계가공	기계설비공	1.26
	기계연마공	0.126
가조립조립	플랜트기계설치공	2.0
가조립해체	플랜트기계설치공	1.0
도장준비	플랜트제관공	0.124
도장	도장공	0.098
운반조작	특수비계공	5.0
동력조작	플랜트전공	1.0
보조	특별인부	14.4
검사	인력품의 7%	

[참 고] 2. 소요자재

(ton당)

공정별	품명	규격	수량
절단및수정	산소	6,000 ℓ 입	2.3병
	아세틸렌	2,100 ℓ 입	1.6병
현 도	함석	#32×90×180cm	1.9매
용 접	용접봉		54.6kg
도 장	규사		0.018m³
	중유		0.0018D/M
	노즐		0.037개
(하도 1회)	Zinc Primer	15μ	0.14kg
(상도 3회)	Tar Epoxy	125μ	0.75 ℓ
전 기		30cm ø	550 kWh
그 라 인 딩	그라인더돌		0.3개

※ 산소량 규격은 대기압상태를 기준하며, 단위 '병'은 35℃에서 150기압으로 압축용기에 넣어 사용하는 것을 기준한다.

13-6-12 Roller Gate Guide Metal 설치

1. 공정별 설치품

(ton당)

공정별	직종	수량
기술지도	기계기사	5.33
박스해체	목공	0.34
	특별인부	0.34
검측	플랜트기계설치공	0.17
	특별인부	0.17
수정 및 교정	플랜트기계설치공	0.34
	특별인부	0.17
설치준비 Chipping	석공	1.15
	특별인부	0.86
가설장비설치	플랜트기계설치공	0.19
	플랜트배관공	0.19
	산소절단공	0.12
	플랜트용접공	0.12
	특별인부	0.51
앵커바정리작업	산소절단공	0.56
	플랜트기계설치공	0.56
	특별인부	1.12
조립	특수비계공	0.79
	플랜트기계설치공	0.59
	산소절단공	0.29
	플랜트기계설치공	0.29
	플랜트기계용접공	1.6
	특별인부	2.77
센터링	특수비계공	0.79
	플랜트용접공	4.9
	측량사	0.59
	측량조수	0.59
	산소절단공	0.59
	플랜트기계설치공	1.48
	특별인부	7.76

공정별	직종	수량
거푸집하부용 앵커설치	산소절단공	0.21
	플랜트용접공	1.6
	특별인부	1.81
검사기록	측량사	0.29
	측량조수	0.29
	플랜트기계설치공	0.73
	특별인부	2.29
도장준비도장	도장공	0.067
	특수인부	0.033
뒷정리	특수비계공	0.22
	플랜트기계설치공	0.34
	산소절단공	0.22
	특별인부	0.56
전기설비, 설치유지비 철거	플랜트전공	4.25
	특별인부	4.25

[참 고] 2. 소요자재

(ton당)

공정별	품명	규격	수량
절단 및 수정	산소	6,000ℓ 입	0.69병
	아세틸렌	2,100ℓ 입	0.2병
전 기 용 접	용접봉		31.05kg
도 장	Tar Epoxy	2회	0.536ℓ

※ 산소량 규격은 대기압상태를 기준하며, 단위 '병'은 35℃에서 150기압으로 압축용기에 넣어 사용하는 것을 기준한다.

13-6-13 Tainter Gate Guide Metal 제작

1. 공정별 설치품

(ton당)

공정별	직종	수량
기술관리	기계기사	8.0
재료절단사도	제도공	2.0
현도	현도공	1.4
괘서	마킹공	2.8
재료절단	절단공	0.52
단재가공괘서	마킹공	2.8
절단	산소절단공	0.26
	플랜트기계설치공	2.3
Edge	산소절단공	1.1
용접	플랜트용접공	0.78
교정	플랜트제관공	0.75
Holing	플랜트제관공	0.62
부분조립취부조정	플랜트기계설치공	6.2
용접	플랜트용접공	3.9
교정	플랜트제관공	1.75
기계가공	기계설비공	10
가조립조립	플랜트기계설치공	2.0
해체	플랜트기계설치공	1.0
운반조작	특수비계공	5.0
동력조작	플랜트전공	2.0
보조	특별인부	2.5
검사	인력품의 7%	

[참 고] 2. 소요자재

(ton당)

공정별	품명	규격	수량
절단 및 수정	산소	6,000 ℓ 입	2.2병
	아세틸렌	2,100 ℓ 입	1.6병
현 도	함석	#32×90×180cm	1.7매
용 접	전기용접봉		22.5kg
전 력			595kWh

※ 산소량 규격은 대기압상태를 기준하며, 단위 '병'은 35℃에서 150기압으로 압축용기에 넣어 사용하는 것을 기준한다.

13-6-14 Tainter Gate Guide Metal 설치

1. 공정별 설치품

(ton당)

공정별	직종	수량
기술관리	기계기사	12.882
Box 해체검수	(해체) 목공	4.706
검수	플랜트기계설치공	4.706
보조	특별인부	4.706
설치준비 Chipping	석공	3.294
	특별인부	2.470
가설비 Jig 및 Support 설치	플랜트기계설치공	1.176
배관	플랜트배관공	1.176
절단	산소절단공	0.941
용접	플랜트용접공	0.588
보조	특별인부	4.706
조립조작	특수비계공	4.706
조립	플랜트기계설치공	4.706
교정	플랜트제관공	2.353
측량	시공측량기사	9.412
측량조수	시공측량조수	9.412
조정	플랜트기계설치공	9.412
검측	플랜트기계설치공	9.412
기록	플랜트기계설치공	4.706

공정별	직종	수량
용접	플랜트용접공	4.706
보조	특별인부	14.118
검사 및 기록		
측량	시공측량기사	2.353
측량조수	시공측량조수	2.353
검측	플랜트기계설치공	2.353
도면대조 및 기록	플랜트기계설치공	2.353
보조	특별인부	2.353
뒷정리		
조작	특수비계공	0.624
철거	플랜트기계설치공	1.412
절단	산소절단공	0.948
보조	특별인부	2.353
전기설비설치유지		
철거	플랜트전공	3.529
보조	특별인부	3.529

[참고] 2. 소요자재

(ton당)

공정별	품명	규격	수량
수정 및 교정	산소	6,000 ℓ 입	0.5병
	아세틸렌	2,100 ℓ 입	0.05병
용 접	용접봉	KSE 4301	7kg

※ 산소량 규격은 대기압상태를 기준하며, 단위 '병'은 35℃에서 150기압으로 압축용기에 넣어 사용하는 것을 기준한다.

13-6-15 Trash Rack 제작

1. 공정별 설치품

(ton당)

공정별	직종	수량
기술관리	기계기사	5.2
제작정리	플랜트제관공	1.25
절단	산소절단공	0.656
절단	플랜트제관공	36.902
Holing	플랜트제관공	3.22
Threading	플랜트제관공	4.3
	기계연마공	18.66
사도	제도공	0.3
현도	현도공	0.086
괘서	마킹공	2.0
교정	플랜트제관공	0.5
용접	플랜트용접공	4.46
교정	플랜트제관공	0.75
조작	특수비계공	3.3
소운반	인부	1.0
보조(기능)	특별인부	37.68

[참고] 2. 소요자재

(ton당)

공정별	품명	규격	수량
절단 및 교정	산소	6,000 ℓ 입	1.805병
	아세틸렌	2,100 ℓ 입	1.275병
용접	용접봉		20.7kg
현도	함석(Template)	#32×90×180cm	0.53매
Grinding	연마석	30cm ø	1.55개
Holing	Drill	0.635cm	0.96개
	〃	0.179cm	0.96개
Threading	Bite		2.5개
기계톱절단	톱날		2.5개
선반절단 동력	Bite		3.2개

※ 산소량 규격은 대기압상태를 기준하며, 단위 '병'은 35℃에서 150기압으로 압축용기에 넣어 사용하는 것을 기준한다.

13-6-16 Trash Rack 설치

1. 공정별 설치품

(ton당)

공정별	직종	수량
기술관리	기계기사	1.66
운반검측	플랜트기계설치공	0.05
	특별인부	0.05
수정	산소절단공	0.05
	플랜트기계설치공	0.05
	특별인부	0.10
설치준비철근정리	산소절단공	0.047
	특별인부	0.047
Chipping	석공	0.1
	특별인부	0.05
Beam 설치 Crane 작업	특별인부	0.175
	특수비계공	0.18
Beam 설치 Crane 작업 1차센터링	측량사	0.14
	측량조수	0.14
	특수비계공	0.14
	특별인부	0.28
	플랜트기계설치공	0.14
턴버클용접	플랜트용접공	0.21
	특별인부	0.21
Beam 완전고정	산소절단공	0.015
	플랜트용접공	2.7
	특별인부	2.7
Trash Rack 설치 1차조립	특별인부	0.67
	특수비계공	0.59
	플랜트기계설치공	0.45
2차센터링	측량사	0.087
	측량조수	0.087
	플랜트기계설치공	0.087
	특별인부	0.166
	플랜트용접공	0.79

공정별	직종	수량
검사	플랜트기계설치공	0.035
	특별인부	0.035
도장준비	플랜트제관공	2.98
도장	도장공	2.98
강재거푸집철거	플랜트용접공	0.017
	특별인부	0.017
뒷정리	플랜트기계설치공	0.035
	산소절단공	0.017
	특별인부	0.035
전원조작	플랜트전공	0.52
	특별인부	0.52

[참고] 2. 소요자재

(ton당)

공정별	품명	규격	수량
수정·절단	산소	6,000 ℓ 입	0.029병
	아세틸렌	2,100 ℓ 입	0.012병
용접	용접봉		5.95kg
도장	Tar Epoxy	1회 도장	7.06 ℓ
	시너		1.58 ℓ
동력			

※ 산소량 규격은 대기압상태를 기준하며, 단위 '병'은 35℃에서 150기압으로 압축용기에 넣어 사용하는 것을 기준한다.

13-6-17 Tainter Gate Anchorage 제관

1. 공정별 설치품

(ton당)

공정별	직종	수량
기술관리	기계기사	1.6
재료절단사도	제도공	0.5
현도	현도공	0.2
괘서	마킹공	1.3
절단	절단공	0.28
교정	플랜트제관공	0.5
단재가공괘서	마킹공	1.3
절단	절단공	0.14
Edge 가공	산소절단공	0.14
용접	플랜트용접공	1.0
교정	플랜트제관공	0.75
Holing	플랜트제관공	0.37
부분조립취부조정	플랜트기계설치공	2.5
용접	플랜트용접공	6.8
절단	산소절단공	0.08
부분조립수정	플랜트제관공	1.75
Grinding	플랜트제관공	1.5
	연마공(기계)	0.13
가조립조립	플랜트기계설치공	2.0
해체	플랜트기계설치공	1.0
도장준비	플랜트제관공	2.26
도장	도장공	0.49
운반조작	특수비계공	3.3
동력조작	플랜트전공	0.66
보조	특별인부	14.3
검사	인력품의 7%	

[참고] 2. 소요자재

(ton당)

공정별	품명	규격	수량
절단 및 수정	산소	6,000 ℓ 입	2.2병
	아세틸렌	2,100 ℓ 입	1.5병
현도	함석	#32×90×180cm	1.2매
용접	용접봉		30.5kg
도장	규사		0.19m³
	중유		0.019드럼
	노즐		0.4 개
	Zinc Primer	15μ	0.36 ℓ
	tar Epoxy	125μ	3.0 ℓ
전력			420kWh
Grinding	그라인더돌	30cm ø	0.33개

※ 산소량 규격은 대기압상태를 기준하며, 단위 '병'은 35℃에서 150기압으로 압축용기에 넣어 사용하는 것을 기준한다.

13-7 제철기계설비공사
13-7-1 고로본체 및 부속기기 설치

(ton당)

직 종	수량	직종	수량
기 계 기 사	0.58	측 량 사	0.11
플랜트기계설치공	2.33	철 골 공	0.05
플 랜 트 제 관 공	1.58	비 계 공	1.78
플 랜 트 용 접 공	2.14	특 별 인 부	3.67

[주] ① 본 품은 로저관 설치부터 Large Bell 설치 가설 Deck까지의 설치품이며 아래 작업내용이 포함된 품이다.
　㉮ 로저관 설치
　㉯ 로저 Ring 조립 설치
　㉰ 각 Mantel 조립 설치 및 Double Ring Girder 조립 설치
　㉱ 바람구멍(羽口) Mantel 사상 송풍지관 Setting 및 조립
　㉲ 연와 반입으로 뚫기 및 복구작업
　㉳ Large Bell 설치용 Deck 설치 해체 및 철거
　㉴ 건조용 풍관 설치 및 철거
　㉵ Blow Pipe, Tuyere Nozzle Elbow 조립 설치
　㉶ 광석 수급물 및 환상관 조립 설치
　㉷ 출선구 출제구 및 로저 점검 Deck 설치
　㉸ 기타 냉각판 Flange 부착 볼트조임 및 기타 부속기기 설치 일체(점화장치, 산수장치, 가스 Sampler 등)
② 본 품은 기기본체 빛 부속기기에 붙은 Flange까지의 설치품이며 본 기기설치 중 Tank, Pump, Healter, Fan, Blower 및 배관공사는 제외되어 있다.
③ 용접작업 중 Gouging 및 예열 응력제거 Randiographic Test가 필요한 경우에는 별도 계상한다.

④ 본 품 중 로저 내외부의 용접용 가설 Deck 설치품은 제외되어 있다.
⑤ 본 품에는 소운반 및 도장품이 제외되어 있다.
⑥ 본 품에는 기초공사인 Foundation chipping Pad 설치 및 기기설치의 Alignment에 필필요한 품이 포함되어 있다.
⑦ 본 품에는 시운전 및 고정작업에 필요한 품이 포함되어 있다.

13-7-2 노정장입 장치 기기설치

(ton당)

직 종	수량	직종	수량
기 계 기 사	0.47	철 골 공	0.47
플랜트기계설치공	3.14	비 계 공	1.26
플 랜 트 제 관 공	0.54	특 별 인 부	2.96
플 랜 트 용 접 공	1.10		
측 량 사	0.02	계	9.96

[주] ① 본 품은 아래 작업내용이 포함된 설치품이다.
　　㉮ 장입장치(Large 및 Small Bell 선회장치 고정 롤러) 조립설치
　　㉯ 장입장치용 구동장치(Large 및 Small Bell Rod 유압펌프, Cylinder, Lever Deck) 조립설치
　　㉰ 배압기기 및 구동장치 조립설치
　　㉱ 기타 장입장치에 부수된 계산 Deck 등의 철골류 조립설치
② 본 품에는 유압배관 및 노정에 속하는 부분은 제외되어 있다.
③ 본 품에는 소운반 및 도장품이 제외되어 있다.
④ 본 품에는 기기설치에 Alignment에 필요한 품이 포함되어 있다.
⑤ 본 품에는 시운전 및 고정작업에 필요한 품이 포함되어 있다.

13-7-3 노체 4본주 및 Deck 설치

(ton당)

직 종	수량	직종	수량
기 계 산 업 기 사	0.42	철 골 공	0.74
플랜트기계설치공	1.50	비 계 공	1.78
플 랜 트 제 관 공	1.43	특 별 인 부	2.13
플 랜 트 용 접 공	0.64	계	8.64

[주] ① 본 품은 노체 4본주(상하부 및 7상 Deck) 및 각 상의 Main Beam, Floor Deck, 보조 Beam 등의 조립설치품이다.
② 본 품에는 노체 4본주 및 Deck 설치시 부속되는 계단 손잡이 등의 철골류 설치가 본 품에 포함되어 있다.
③ 본 품에는 소운반 및 도장품이 제외되어 있다.
④ 본 품에는 설치물의 Alignment 및 고정작업품이 포함되어 있다.

13-7-4 열풍로 본체 및 부속설비 설치

(ton당)

직 종	수량	직종	수량
기 계 기 사	0.55	철 골 공	0.61
플랜트기계설치공	1.62	비 계 공	1.84
플 랜 트 제 관 공	1.43	특 별 인 부	0.21
플 랜 트 용 접 공	2.22		
측 량 사	1.18	계	9.66

[주] ① 본 품은 아래 작업내용이 포함된 설치품이다.
  ㉮ 열풍로, 철괴, Dome, 배관용 Bracket 등 조립설치
  ㉯ 연화 수공 Checker, Support 조립설치
  ㉰ 송풍관, 연도관 열풍관, Burner, 출입구 조립설치
  ㉱ 열풍로, 건조장치 조립설치
② 본 품에는 Burner 설치 및 Air Blower, Motor 설치품이 포함되어 있다.

③ 본 품에는 기밀시험에 필요한 품이 포함되어 있다.
④ 본 품에는 소운반 및 도장품이 제외되어 있다.
⑤ 본 품에는 기기설치의 Alignment에 필요한 품이 포함되어 있다.
⑥ 본 품에는 시운전 및 고정작업에 필요한 품이 포함되어 있다.
⑦ 본 품은 기기에 붙은 Flange까지의 설치품이며 배관공사는 제외되어 있다.
⑧ 용적작업 중 Gouging 및 예열, 응력제거 Radiographic Test가 필요한 경우에는 별도 계상한다.

13-7-5 열풍로 Deck 설치

(ton당)

직 종	수량	직종	수량
기 계 산 업 기 사	0.38	비 계 공	1.63
플랜트기계설치공	1.80	특 별 인 부	1.90
플 랜 트 제 관 공	1.73		
플 랜 트 용 접 공	0.54	계	7.98

[주] ① 본 품에는 각 Deck, 계단, Hand Rail 연락고 및 Elevator 철골 등의 설치품이다.
② 본 품에는 고정작업에 필요한 품이 포함되어 있다.
③ 본 품에는 소운반 및 도장품이 제외되어 있다.

13-7-6 주선기 본체 및 부속기기 설치

(ton당)

직 종	수량	직종	수량
기 계 산 업 기 사	0.55	플랜트제관공	0.29
플랜트기계설치공	4.11	플랜트용접공	1.14
철 골 공	1.40	특 별 인 부	2.48
비 계 공	1.74	계	11.71

[주] ① 본 품은 아래 작업내용이 포함된 설치품이다.
㉮ 주선기 본체 및 구동장치 조립설치
㉯ 냉각수 펌프 및 석회유 장치조립설치
㉰ Hoist 및 철골 Support 계단, Hand rail 등 조립설치
㉱ Mauld 취부 및 기타 본체에 부수된 기기일체 조립설치
② 본 품에는 기기본체 및 부속기기에 붙은 곳까지의 설치 배관공사는 제외되어 있다.
③ 본 품에는 소운반 및 도장품이 제외되어 있다.
④ 본 품에는 기초공사인 Foundation Chipping, Grouting 및 기기설치의 Alignment에 필요한 품이 포함되어 있다.
⑤ 본 품에는 시운전 및 고정작업에 필요한 품이 포함되어 있다.

13-7-7 Edge Mill 설치

(ton당)

직 종	수량	직종	수량
기 계 산 업 기 사	0.62	철 골 공	0.89
플랜트기계설치공	4.71	비 계 공	1.58
플 랜 트 제 관 공	0.38	특별인부	3.51
플 랜 트 용 접 공	1.20	계	12.89

[주] ① 본 품은 Fret Mill, Impeller, Breaker, Baby Conveyor, tar 저장 크 및 부속장치 등의 설치품이다.
② 본 품에는 소운반 및 도장품이 제외되어 있다.
③ 본 품에는 기초공사인 Foundation Chipping Grouting 및 기기설치의 Alignment에 필요한 품이 포함되어 있다.
④ 본 품에는 시운전 및 고정작업에 필요한 품이 포함되어 있다.
⑤ 본 품에는 기기에 붙은 Flange까지의 설치품이며 배관공사는 제외되어 있다.

13-7-8 제진기 본체 및 부속설비 설치

(ton당)

직 종	수량	직종	수량
기 계 기 사	0.53	철 골 공	0.52
플랜트기계설치공	0.27	비 계 공	1.14
플 랜 트 제 관 공	4.4	특별인부	2.06
플 랜 트 용 접 공	1.4	계	10.32

[주] ① 본 품은 본체 및 본체에 부수되는 하부지지용 Structure Deck, 계단 및 본체의 상하부 Cone, 직동부, 내부, 나팔관, Pug Mill, Slide Gate, Dumper Gate, Bleeder Valve 등의 조립설치품이다.
② 본 품에는 소운반 및 도장품이 제외되어 있다.
③ 본 품에는 기기설치의 Alignment에 필요한 품이 포함되어 있다.
④ 본 품에는 시운전 및 고정작업에 필요한 품이 포함되어 있다.
⑤ 본 품에는 기기 본체에 붙은 Flange까지의 설치품이며 배관공사는 제외되어 있다.

13-7-9 Ventri Scrubber 본체 및 부속설비 설치

(ton당)

직 종	수량	직종	수량
기 계 기 사	0.50	플랜트용접공	1.35
플랜트기계설치공	0.06	철 골 공	1.19
플 랜 트 제 관 공	3.67	비 계 공	1.98
특 별 인 부	1.64	계	10.39

[주] ① 본 품은 본체 및 부속설비 일체의 설치품이며 아래 내용이 포함된 품이다.
    ㉮ 철피 지상 조립설치
    ㉯ Steel Structure, Support 및 Deck, 계단 등 조립설치
    ㉰ Throat, Mist Separator, 비상배출, Valve 설치
    ㉱ Throat 및 Sus 철편 조립설치

㈑ 본체에 부수되는 펌프 및 모터 조립설치
② 본 품에는 내압시험에 필요한 품이 포함되어 있다.
③ 본 품에는 기기본체 및 부속설비 기기에 붙은 Flange까지의 설치품이며 배관공사는 제외되어 있다.
④ 본 품에는 소운반 및 도장품이 제외되어 있다.
⑤ 본 품에는 시운전 및 고정작업에 필요한 품이 포함되어 있다.

13-7-10 전동 Mud Gun 설치

(ton당)

직 종	수량	직종	수량
기 계 기 사	0.58	플 랜 트 용 접 공	1.06
플랜트기계설치공	5.46	비 계 공	0.63
플 랜 트 제 관 공	0.44	특 별 인 부	3.18

[주] ① 본 품에는 기초공사인 Foundation Chipping, Pad 설치 및 Grouting 품이 포함되어 있다.
② 본 품에는 시운전 및 고정작업에 필요한 품이 포함되어 있다.
③ 본 품에는 기기설치의 Alignment에 필요한 품이 포함되어 있다.
④ 본 품에는 소운반 및 도장품이 제외되어 있다.
⑤ 본 품에는 배관공사가 제외되어 있다.

13-7-11 내화물 (제철축로) 쌓기

(ton당)

노별 \ 직종	제철축로공	특별인부	보통인부	비고
고 로	1.17	1.32	0.35	관류주선기 포함
열 풍 로	1.28	1.23	0.56	연도 포함
코 크 스 로	1.28	1.16	0.93	연도 포함, 열간작업 제외
후 판 가 열 로	1.68	1.25	1.51	
후 판 소 열 로	1.87	0.91	1.82	
열 연 가 열 로	1.69	1.61	2.23	
문 괴 균 열 로	1.58	1.26	1.52	Recuperator
강 편 가 열 로	1.57	1.21	0.98	하부연와석 포함
혼 선 로	2.01	1.34	0.49	
전 로	0.73	0.63	0.97	
L a d d l e	0.76	0.62	0.95	더밍 Laddle, Charging Laddle 포함
제 강	1.24	1.08	2.15	평대차, 평량기방열관 포함
석 회 소 성 로	1.62	0.93	1.87	Preheater Cooler 포함
용 선 와	1.03	0.40	0.79	
부 정 형 내 화 물	3.24	2.35	1.08	플라스틱, 케스터블 충전제
소 결 점 화 로	1.38	1.56	0.93	
비고	- 각종 로의 철거품은 설치품의 50%를 적용한다. 단, 전로 및 Laddle 25%			

[주] ① 본 품의 기준은 설치 총정미 중량이며 연와 가공 품은 제외되어 있다.
② 본 품에는 소운반은 제외되어 있다.
③ 본 품에는 가설공사가 제외되어 있다.
④ 본 품에는 연도공사는 포함되고 연돌공사는 제외되어 있다.
⑤ 본 품에는 형틀제작은 제외되어 있다.
⑥ 본 품에는 노축조에 부수되는 철물제작 설치는 제외되어 있다.
⑦ 각종 로의 플라스틱, 케스터블, 충진재 시공은 부정형내화물의 품을 적용한다.

13-7-12 Craft 및 Tomlex Spray 공사

(인/㎡)

두께(mm) 직종	15	25	40	50	65	80	100
보 온 공	0.06	0.082	0.112	0.132	0.16	0.192	0.232
특별인부	0.12	0.164	0.224	0.264	0.32	0.384	0.464

13-7-13 Castable Spray 공사

(인/㎡)

두께(mm) 직종	15	25	40	50	65	80	100
보 온 공	0.18	0.245	0.336	0.396	0.48	0.576	0.656
특별인부	0.36	0.490	0.672	0.632	0.96	1.152	1.312
비고	\- 벽, 천정 Spray시는 본 품의 15% 가산한다. \- 비계사용시 높이 6~9m까지 15% 가산하고, 9m 초과하는 경우 매 3m 증가마다 품의 5%씩 가산한다.						

[주] ① 본품은 기계로 Spray하는 것을 기준한 품이다.
　　② 공구손료 및 경비는 별도 계상한다.

13-7-14 혼선로 및 전로 본체 조립설치

(기당)

작업구분	직종	단위	수량	비고
기술관리	기계기사	인/일	0.8	
표면손질	특별인부	인/㎡	0.1	
작업토의	비계공	인/기	1.6	
	플랜트기계설치공	〃	1.6	
운반조작	플랜트기계설치공	〃	2.6	Wing 설치 및 철거
	비계공	인/대	8.8	
	플랜트용접공	〃	2.6	

작업구분	직종	단위	수량	비고
운반조작	특별인부	〃	3.96	
	비계공	인/ton	0.422	굴림운반
	비계공	〃	0.095	조양 및 setting
	플랜트설치공	〃	0.021	
	특별인부	〃	0.071	

[주] ① 본 품은 아래 작업내용이 포함된 설치품이다.
  ㉮ Shell의 조립설치
  ㉯ Trunnion Ring 및 Shaft의 조립설치
② 본 품은 기초 Foundation이 되어 있는 상태에서 조립 설치하는 품이다.
③ 포장해체, 도장 품 및 기초작업은 제외되었다.
④ 시운전 품은 제외되었다.
⑤ 설치용 건설기계운전비는 제외되었다.

13-7-15 O_2, N_2, Spherical Gas Holder 조립설치

(기당)

작업구분	직종	단위	수량
기술관리	기계기사	인/일	1
표면손질	특별인부	인/m^2	0.2
용접면손질	특별인부	인/m^2	6.71
Scaffolder	비계공	〃	0.0066
조립설치 및 철거	특별인부	〃	0.0066
용접 및 끝맺음	플랜트기계설치공	인/ton	0.38
	특별인부	〃	0.11
조양 및 위치 조정	플랜트기계설치공	〃	0.80
	비계공	〃	0.54
	특별인부	〃	1.34
검사시험 및 교정	외관검사, 수압시험, 기밀시험 및 기타 제반검사시험 및 교정기술관리를 제외한 본 품의 10%		

[주] ① 본 품은 Spherical Gas Holder의 조립설치에 필요한 품이다.
② 본 품은 Prefabrication 된 가스 홀더를 설치하는 품이다.
③ 기초 Foundation이 되어 있는 상태에서 앵커볼트가 설치된 장소에서의 품이다.
④ 포장해체, 도장품은 제외되었다.
⑤ 약품세척 조품은 별도 계상한다.
⑥ 설치공 각종 Jig류 제작품은 본 품에서 제외되어 있다.
⑦ 설치용 중장비전공은 제외된다.
⑧ 본 품 중 용접, 비파괴시험, 자분탐상 및 Color Check 등의 시험은 별도 계상한다.
⑨ 현장가공품은 별도 계상한다.

13-7-16 가열로 본체 및 RECUPERATOR실 조립설치

(기당)

작업구분	직종	단위	수량	비고
기 술 관 리	기계기사	인/일	1.40	
조 립 설 치	플랜트기계설치공	인/ton	2.846	지하 10m 설치 기준
	철골공	인/ton	2.846	
	비계공	〃	2.846	
	특별인부	〃	2.846	
검사 및 교정	기술관리를 제외한 본 품의 10%			

[주] ① 본 품은 아래 기기를 조립 설치하는 품이다.
　　㉮ 본체 철피
　　㉯ Skid Pipe
　　㉰ Recuperator 철피
② 본 품은 Foundation Chipping Marking 및 Centering 작업이 제외되어 있다.
③ 본 품에는 포장해체 및 소운반이 제외되어 있다.
④ 본 품에는 시운전 및 교정작업이 포함되어 있다.

⑤ 본 품에는 전기, 계장 및 축로공사는 제외되어 있다.
　⑥ 현장가공, 용접품은 별도 계상한다.

13-7-17 균열로 본체 및 RECUPERATOR실 조립설치

(기당)

작업구분	직종	단위	수량	비고
기 술 관 리	기계기사	인/일	0.70	
조 립 설 치	플랜트기계설치공	인/ton	2.587	지하 5m 설치 기준
	철골공	〃	2.587	
	비계공	〃	2.587	
	특별인부	〃	2.587	
검사 및 교정	기술관리를 제외한 본 품의 10%			

[주] ① 본 품은 아래 기기를 조립 설치하는 품이다.
　　㉮ 본체 철피
　　㉯ Down Take
　　㉰ Recuperator 철피
② 본 품에는 포장해체 및 소운반이 제외되어 있다.
③ 본 품에는 Foundation Chipping, Marking 및 Centering 작업이 제외되어 있다.
④ 본 품에는 시운전 및 교정작업이 포함되어 있다.
⑤ 본 품에는 전기 및 계장 축로공사는 제외되어 있다.
⑥ 현장가공, 용접품은 별도 계상한다.

13-7-18 가열로 및 균열로 부속기기 조립설치

(ton당)

작업구분	직종	단위	수량
기 술 관 리	기계기사	인/일	0.70
표 면 손 질	특별인부	인/m^2	0.10
조 립 설 치	플랜트기계설치공	인/ton	3.245
	비계공	〃	1.622
	플랜트용접공	〃	0.541
	특별인부	〃	1.803
검사 및 교정	기술관리를 제외한 본 품의 10%		

[주] ① 본 품은 아래 기기를 조립 설치하는 품이다.
    ㉮ Ingot Buggy
    ㉯ Slag 대차 및 견인차
    ㉰ Slag 및 로상재 Bucket
    ㉱ Bottom Making Tool
    ㉲ Cover Crane
    ㉳ Burner
    ㉴ 장압 Skid Rail
    ㉵ 수정구 Slag Door
    ㉶ 활대(滑臺)
② 본 품에는 포장해체 및 소운반이 제외되어 있다.
③ 본 품에는 시운전 및 교정작업이 포함되어 있다.
④ 본 품에는 전기 배선공사는 제외되어 있다.
⑤ 현장가공 품은 별도 계상한다.

13-7-19 Mill Line 기기류 조립설치

(ton당)

작업구분	직종	단위	수량
기 술 관 리	기계기사	인/일	1.40
표 면 손 실	특별인부	인/m^2	0.10
가조립 및 해체	플랜트기계설치공	인/ton	0.90
	특별인부	〃	0.324
조 립 설 치	플랜트기계설치공	〃	3.245
	비계공	〃	1.622
	플랜트용접공	〃	0.541
	특별인부	〃	1.803
검 사 및 교 정	기술관리를 제외한 본 품의 10%		

[주] ① 본 품은 아래 기기를 조립 설치하는 품이다.
  ㉮ Slag Depiler
  ㉯ Depiler Pusher
  ㉰ Dumper
  ㉱ Reducer
  ㉲ Down Coiler
  ㉳ Down Ender
  ㉴ Ingot Scale
  ㉵ Finishing Mill, Roughing Mill
  ㉶ Coil Car
  ㉷ Crop Shear
② 본 품에는 포장해체 및 소운반이 제외되어 있다.
③ 본 품에는 Foundation Chipping Marking 및 Centering 작업이 제외되어 있다.
④ 본 품에는 시운전 및 교정작업이 포함되어 있다.
⑤ 본 품에는 전기 배선공사가 제외되어 있다.
⑥ 현장가공 품은 별도 계상한다.

13-7-20 Roller Table 조립설치

(ton당)

작업구분	직종	단위	수량
기 술 관 리	기계기사	인/ton	0.20
표 면 손 실	특별인부	인/m^2	0.10
가조립 및 해체	플랜트기계설치공	인/ton	0.79
	특별인부	〃	0.263
조 립 설 치	플랜트기계설치공	〃	2.47
	비계공	〃	1.05
	특별인부	〃	1.17
검 사 및 교 정	기술관리를 제외한 본 품의 10%		

[주] ① 본 품은 아래 기기를 조립 설치하는 품이다.
  ㉮ Depiler Table
  ㉯ Furnace Entry Table
  ㉰ Furnace Delivery Table
  ㉱ Reheating Table
  ㉲ Delay Table
  ㉳ Crop Shear Approach Table
  ㉴ Hot Run Table
  ㉵ Roughing Mill Approach Table
  ㉶ Front Roughing Mill Table
  ㉷ Rear Roughing Mill Table
② 본 품에는 포장해체 및 소운반이 제외되어 있다.
③ 본 품에는 Fondation Chipping, Marking 및 Centering 작업이 제외되어 있다.
④ 본 품에는 시운전 및 교정작업이 포함되어 있다.
⑤ 본 품에는 전기 배선공사가 제외되어 있다.
⑥ 현장가공 및 용접 품은 별도 계상한다.

13-7-21 전기집진기 설치 (Electric Precipitator)

작업구분	직종	단위	수량	비고
기술관리(공사기간 중)	기계기사	인/일	0.80	
표면손질	특별인부	인/m^2	0.16	
본체조립설치	철골공	인/ton	4.98	
본체 Frame, Shell	비계공	〃	3.27	
Plate, Hand Rail,	기계설비공	〃	0.82	
Stair의 조립	용접공	〃	0.80	
기계조립설치	기계설비공	인/ton	5.79	
구동기기 Chain,	비계공	〃	2.29	
Conveyor 및 Lapping	용접공	〃	0.76	
Device 등의 조립설치	특별인부	〃	3.12	
양극 Plate 설치	플랜트제관공	인/m^2	0.0479	
지상교정, 조양, 기기	비계공	〃	0.0198	
설치, Leveling 재교정후	특별인부	〃	0.0646	
Setting 함	용접공	〃	0.0101	
음극 Plate 조립 설치,	플랜트제관공	인/m^2	0.0618	
지상교정 및 조립조양,	비계공	〃	0.0315	
가조립	용접공	〃	0.0045	
	특별인부	〃	0.0794	
검사 및 교정	기술관리를 제외한 본 품의 10%			

[주] ① 본 품은 본체조립 설치로 Duct Flange까지이며 Duct는 별도 계상한다.
　　② 본 품은 양극 Plate 2.25m×14m를 기준으로 한 것이다.
　　③ 본 품에는 기초 Check, Chipping, Grouting이 포함되어 있다.
　　④ 본 품에는 현장 소운반이 포함되어 있다.
　　⑤ 장비 및 공구손료는 별도 계상한다.
　　⑥ 본 품에는 전기공사가 제외되어 있다.
　　⑦ 양극의 열수는 (음극-1)열이다.
　　⑧ 음극 Plate의 단위 품은 양극 Plate에 대응하는 부분에 대한 품이다.
　　⑨ 설치 면적 산출은 유체진행방향과 평행한 투영 면적으로 한다.

⑩ 집진판의 배열이 벌집모양으로 공장조립 후 현장반입될 경우에는 반입단위를 1열로 본다.

13-7-22 노 기밀시험

(m^3당)

직 종	수량	비고
기계기사	0.023(인)	
특별인부	0.387	

[주] ① 본 품은 Furnace 및 주변 Duct의 Leak Test 품으로 소재준비, Test 기구설치, 비눗물 도포, 누설 Check, Joint부 수정 및 보완 그리고 정리작업이 포함되어 있다.
② 가설 비계틀은 별도 계상한다.
③ 장비 및 공구손료는 별도 계상한다.
④ 누설 Check용 가루비누는 m^3당 0.04kg 계상한다.

13-8 쓰레기 소각 기계설비

O 본 처리공정은 STOKER식 소각로에 대한 기본적인 공정을 예시한 것으로 추가설비·소각로 형식이 다른 경우, 그 처리공정에 의한다.

처리공정		작업내용
반 입 시 설	쓰레기벙커	쓰레기임시저장시설
	이동식크레인	쓰레기를 호퍼로 운반하기 위한 크레인
연 소 설 비 (소 각 로)	투입호퍼	쓰레기를 소각로에 반입하기 위한 시설
	급진기	쓰레기를 화격자로 밀어넣는 장치
	화격자	쓰레기를 소각시키는 곳
	재 축출기	소각재를 모으는 장치
폐열보일러	Tube Panel	보일러몸체
	Buckstay	열팽창으로부터 보일로를 보호하기 위하여 보일러 몸체에 H빔을 띠 형태로 설치
	보일러 드럼	증기를 저장하는 곳
환 경 설 비	반건식 반응탑	소석회 슬러지를 분사하여 유해가스를 약품에 흡착시키는 장치
	여과집진기 (백필터)	반응탑에서 흡착된 유해가스, 중금속을 여과포에 걸러 제거하는 장치
	탈질설비	촉매 또는 무촉매를 이용하여 질소산화물을 분해 정화하는 장치
	활성탄·반응조제 공급설비	연도(반건식 반응탑과 여과집진기 사이)에 활성탄 및 반응조제를 공급하거나 저장하는 시설
	소석회 공급설비	반건식 반응탑에 소석회를 공급하거나, 저장하는 시설

13-8-1 소각로 설치 (2002년 신설, 2005년 보완)

1. 공정별 설치

작업구분	직종	단위	수량
○기술관리 - 소각로 본체 설치공사	기계기사	인/일	1.45
○포장해체 - 수송용 포장목재 해체 및 정리	목공 특별인부	인/m³	0.07 0.33
○표면손질	특별인부	〃	0.15
○급진기(Fuel Fedder)설치 - 투입홉퍼, Flap Damper 및 Hanger 설치 포함	플랜트기계설치공 비계공 특별인부 플랜트제관공 플랜트용접공	인/ton	4.45 3.35 3.73 4.75 2.96
○소각로 모듈(Grate Module) 설치 - 하부 홉퍼 설치 포함	플랜트기계설치공 비계공 플랜트제관공 특별인부 플랜트용접공	〃	3.61 3.05 4.70 3.12 2.38
○화격자(Fire-Bar) 설치	플랜트기계설치공 플랜트제관공 플랜트용접공 비계공 특별인부	〃	4.81 2.16 1.16 3.10 2.39
○내화물	제철축조공 목공 비계공 특별인부 보통인부	〃	2.67 0.32 0.17 1.71 2.56
○재 축출기 설치 - Wet Scrapper 설치 포함	플랜트기계설치공 비계공 플랜트제관공 특별인부	〃	5.47 4.36 3.44 3.37

작업구분	직종	단위	수량
ㅇ윈치 설치 및 철거 - 조양을 위한 윈치플리·로프 등의 설치와 사용 후 철거까지포함	기계설비공 비계공 용접공 특별인부	인/대	3.30 11.00 3.30 4.95
ㅇ검사 및 교정 - 외관검사, 교정작업 (비파괴시험은 제외)	기술관리, 포장해체를 제외한 전공량의 10%		

[주] ① 본 품은 급진기, 소각로모듈, 화격자, 내화물, 재 축출기 등 소각로 설비의 조립·설치를 기준으로 소운반을 포함한다.
② 급진기, 소각로모듈, 화격자, 내화물, 재축출기 등에 대한 중량은 공종별로 각각 조립·설치하는 중량을 기준으로 산출한다.
③ 보온이 필요한 경우 별도 계상한다.

2. 사용장비

장 비 명	규격	단위	수량
지 게 차	5ton	대	1
크 레 인	30ton	대	1
	50ton	〃	1
	150ton	〃	1
	200ton	〃	1
타워크레인	32ton	대	1
윈 치	3ton	〃	1
용 접 기	15KVA	〃	2

[주] ① 본 장비는 소각로 1대 설치를 기준한 것이다.
② 장비 사용시간은 작업조건, 작업량 등을 감안하여 산정한다.
③ 본 장비는 소각로 조립·설치에 대한 기본적인 장비를 나열한 것으로 현장여건 및 작업조건 등에 따라 필요한 장비를 선택하여 적용할 수 있으며, 본 장비 이외에 필요한 장비가 있을 경우 별도 계상한다.

13-8-2 폐열보일러 설치 (2002년 신설, 2005년 보완)

1. 공정별 설치

작업구분	직종	단위	수량
○기술관리 - Boiler본체 설치공사	기계기사	인/일	1.90
○포장해체 - 수송용 포장목재 해체 및 정리	목공 특별인부	인/m^3	0.04 0.18
○표면손질	특별인부	인/m^2	0.15
○용접손질 - 용접 Joint부위 Grinding	특별인부	인/m^2	0.04
○보일러 드럼 설치 - Hanger 및 Support 설치 포함	플랜트기계설치공 비계공 특별인부 플랜트용접공	인/ton	1.86 0.92 1.21 1.55
○Tube Panel 조립 및 설치 - 절탄기 및 Header류 설치 포함 - Hanger 및 Support설치 포함	플랜트기계설치공 플랜트제관공 플랜트용접공 비계공 특별인부	인/ton	2.08 1.49 0.89 1.26 1.18
○Buckstay 조립 및 설치 - Hanger 및 Support설치 포함	플랜트기계설치공 비계공 특별인부 플랜트용접공	인/ton	3.01 1.70 2.47 1.39
○본 용접 (Boiler Tube 용접부 전체) - Tube용접용 Support 및 운반 포함	플랜트용접공 플랜트제관공 특별인부	인/ton	9.36 8.35 0.95
○Sealing 용접(Boiler 용접부 전체) - 용접용 Support설치 및 운반 포함	플랜트용접공 플랜트제관공 특별인부	인/ton	4.86 9.73 2.63
○윈치 설치 및 철거 - 조양을 위한 윈치플리 · 로프 등의 설치와 사용후 철거까지 포함	기계설비공 비계공 용접공 특별인부	인/대	3.30 11.00 3.30 4.95

작업구분	직종	단위	수량
○ 검사 및 교정 - 외관검사, 교정작업(비파괴시험은 제외)	기술관리, 포장해체를 제외한 전공량의 10%		

[주] ① 본 품은 보일러 드럼, Tube Panel, Buckstay 등 폐열보일러의 조립·설치 기준으로 소운반을 포함한다.
② 보일러 드럼, Tube Panel, Buckstay 등에 대한 중량은 공정별로 각각 조립·설치하는 중량을 기준으로 산출한다.
③ 보온이 필요한 경우 별도 계상한다.

2. 사용장비

장 비 명	규격	단위	수량
지 게 차	5ton	대	1
크 레 인	150ton	대	1
	200ton	〃	1
	300ton	〃	1
타워크레인	30ton	대	1
윈 치	3ton	〃	1
용 접 기	15KVA	〃	6

[주] ① 본 장비는 폐열보일러 1대 설치를 기준한 것이다.
② 장비 사용시간은 작업조건, 작업량 등을 감안하여 산정한다.
③ 본 장비는 폐열보일러 조립·설치에 대한 기본적인 장비를 나열한 것으로 현장여건 및 작업조건 등에 따라 필요한 장비를 선택하여 적용할 수 있으며, 본 장비 이외에 필요한 장비가 있을 경우 별도 계상한다.

13-8-3 덕트 제작 및 설치 (2002년 신설)

'[기계설비부문] 13-5-3 덕트제작 및 13-5-4 덕트설치'의 품 적용

13-8-4 반건식 반응탑 설치 (2003년 신설 · 2005년 보완)

1. 공정별 설치

작업구분	직종	단위	수량
○기술관리 - 설치공사 기간중	기계기사	인/일	1.03
○포장해체 - 수송을 위해 포장된 목재를 해체하고 목재를 정리함	목공 특별인부	인/m^3	0.12 0.12
○표면손질	특별인부	인/m^2	0.39
○현장교정 - 수송도중 변형된 것을 바로잡기	플랜트제관공 특별인부	인/ton	0.64 0.29
○기초작업 - Chipping 및 Grouting	플랜트기계설치공 특별인부	인/ton	0.03 0.04
○소운반 - 작업 위치까지 필요한 자재를 운반	특별인부 건설기계운전조	인/ton 조/ton	0.62 0.20
○본체조립 - 분리 운반된 Body 조립 포함	플랜트제관공 플랜트용접공 특별인부 건설기계운전조	인/ton 〃 〃 조/ton	0.94 1.25 1.01 1.13
○Inner Plate 및 Hanger 조립 - Suspention Device 조립 포함	플랜트제관공 플랜트용접공 특별인부	인/ton	1.49 2.18 2.16
○본체 설치 - 반응물 배출장치(Lump Crusher) 및 Rotary Valve 설치 포함 ※ 소석회 분무장치 제외	플랜트기계설치공 플랜트제관공 플랜트용접공 특별인부 비계공 건설기계운전조	인/ton 〃 〃 〃 〃 조/ton	1.78 0.54 0.92 1.53 1.85 0.48
○검사 및 교정 - Gas Leak Test 포함	기술관리, 포장해체를 제외한 전공량의 10%		

[주] ① 본 품은 반응탑 본체, Rotary Valve등 반건식 반응탑의 조립·설치기준으로 소운반이 포함되어 있다.
② 공정별 중량은 공정별로 각각 조립·설치하는 중량을 기준으로 산출한다.
③ 보온 및 도장작업이 필요한 경우 별도 계상한다.
④ 건설기계운전조는 작업조건 및 설치물량 등을 감안하여 편성한다.

2. 사용장비

장 비 명	규격	단위	수량
크 레 인	250톤	대	1
타워 크레인	30톤	〃	1
지 게 차	7.5톤	〃	1
용 접 기	15KVA	〃	2

[주] 본 장비는 반건식 반응탑 조립·설치에 대한 기본적인 장비를 나열한 것으로 현장여건 및 작업조건 등에 따라 필요한 장비를 선택하여 적용할 수 있으며, 본 장비 이외에 필요한 장비가 있을 경우 별도 계상한다.

13-8-5 탈질설비 설치 (2003년 신설, 2005년 보완)

1. 공정별 설치

작업구분	직종	단위	수량
○기술관리 - 설치공사 기간중	기계기사	인/일	0.96
○포장해체 - 수송을 위해 포장된 목재를 해체하고 목재를 정리함	목공 특별인부	인/m^3	0.06 0.14
○표면손질	특별인부	인/m^2	0.24
○소운반 - 작업위치까지 필요한 자재를 운반	특별인부 건설기계운전조	인/ton 조/ton	0.66 0.21
○기초작업 - Chipping 및 Grouting	플랜트기계설치공 특별인부	인/ton	0.01 0.01

작업구분	직종	단위	수량
○현장교정 - 수송 도중 변형된 것을 바로잡기	특별인부 플랜트기계설치공	인/ton	2.07 0.04
○본체조립 - 분리 운반된 Body 조립 포함	플랜트제관공 플랜트용접공 특별인부 건설기계운전조	인/ton 〃 〃 조/ton	1.91 2.04 3.93 1.32
○Inner Plate 및 Hanger 조립 - Suspention Device 조립 포함	플랜트제관공 플랜트용접공 특별인부	인/ton	1.14 3.36 3.37
○용접손질 - 용접 Joint 부위 용접효율을 높이기 위함	플랜트제관공 특별인부	인/ton	2.19 0.07
○본체 설치 - Reactor 설치 포함	플랜트기계설치공 플랜트제관공 비계공 특별인부 플랜트용접공 건설기계운전조	인/ton 〃 〃 〃 〃 조/ton	4.28 0.54 1.66 2.28 3.97 4.07
○Sealing 용접 - 용접용 Support 설치 및 운반포함	플랜트용접공 플랜트제관공 특별인부	인/ton	14.74 4.99 1.07
○검사 및 교정 - Gas Leak Test 포함	기술관리, 포장해체를 제외한 전공량의 10%		

[주] ① 본 품은 촉매를 이용하여 질소산화물을 분해 정화하는 장치로서 탈질설비의 조립·설치와 소운반이 포함되어 있다.
② 공정별 중량은 공정별로 각각 조립·설치하는 중량을 기준으로 산출한다.
③ 보온 및 도장작업이 필요한 경우 별도 계상한다.
④ 건설기계운전조는 작업조건 및 설치물량 등을 감안하여 편성한다.

2. 사용장비

장비명	규격	단위	수량
크레인	200톤	대	1
지게차	5톤	〃	1
용접기	15KVA	〃	2

[주] 본 장비는 탈질설비 조립·설치에 대한 기본적인 장비를 나열한 것으로 현장여건 및 작업조건 등에 따라 필요한 장비를 선택하여 적용할 수 있으며, 본 장비 이외에 필요한 장비가 있을 경우 별도 계상한다.

13-8-6 여과집진기 설치 (Bag filter) (2004년 신설, 2005년 보완)

1. 공정별 설치

작업구분	직종	단위	수량
○기술관리 - 설치공사 기간중	기계기사	인/일	0.85
○포장해체	목공	인/m^3	0.12
	특별인부	〃	0.12
○기초작업 및 표면손질 - Chipping 및 Grouting 등	플랜트기계설치공	인/ton	0.12
	특별인부	〃	0.37
○본체조립·설치 - Frame, Shell Plate 등 설치포함 - 펄스유닛 조립·설치	철골공	〃	3.39
	비계공	〃	1.89
	플랜트기계설치공	〃	3.28
	플랜트용접공	〃	2.43
	특별인부	〃	4.02
	건설기계운전조	조/ton	0.81
○비산재 배출장치 조립·장치 - 비산재 사일로, 시멘트 사일로 설치포함	플랜트기계설치공	인/ton	4.61
	비계공	〃	1.95
	플랜트용접공	〃	1.66
	특별인부	〃	3.34

작업구분	직종	단위	수량
○휠터백 및 백케이지 조립·설치 - 지상교정, 조양·기기 설치포함 - Leveling 재교정 후 Setting 포함	플랜트제관공 비계공 특별인부 플랜트용접공	인/휠터수 〃 〃 〃	0.05 0.06 0.08 0.01
○검사 및 교정 - Gas Leak Test 포함	기술관리, 포장해체를 제외한 전공량의 10%		

[주] ① 본 품은 여과집진기 휠터백, 펄스유닛 등 여과집진기의 조립·설치 기준으로 소운반이 포함되어 있다.
② 보온 및 도장작업이 필요한 경우 별도 계상한다.
③ 건설기계운전조는 작업조건 및 설치물량 등을 감안하여 편성한다.

2. 사용장비

장비명	규격	단위	수량
지 게 차	5톤	대	1
크 레 인	50톤	〃	1
크 레 인	100톤	〃	1
크 레 인	200톤	〃	1
타워크레인	30톤	〃	1
용 접 기	15KVA	〃	3

[주] 본 장비는 여과집진기 조립·설치에 대한 기본적인 장비를 나열한 것으로 현장 여건 및 작업조건 등에 따라 필요한 장비를 선택하여 적용할 수 있으며, 본 장비 이외에 필요한 장비가 있을 경우 별도 계상한다.

13-8-7 활성탄·반응조제 및 소석회 공급설비 설치

(2004년 신설, 2005년 보완)

1. 공정별 설치

작업구분	직종	단위	수량
○기술관리 - 설치공사 기간중	기계기사	인/일	0.5
○포장해체 - 수송을 위해 포장된 목재를 해체하고 목재를 정리함	목공 특별인부	인/m^3	0.12 0.12
○기초작업 및 표면손질 - Chipping 및 Grouting 등	플랜트기계설치공 특별인부	인/ton	0.19 0.39
○반응조제 및 탱크류 조립·설치	플랜트제관공 플랜트용접공 플랜트기계설치공 비계공 특별인부 건설기계운전조	인/ton 〃 〃 〃 〃 조/ton	1.93 1.93 0.96 0.96 1.93 0.96
○소석회, 활성탄 공급설비 조립·설치	플랜트기계설치공 비계공 플랜트용접공 특별인부 건설기계운전조	인/ton 〃 〃 〃 조/ton	3.47 1.74 1.74 2.6 0.96
○혼합기, 이젝터, 로타리밸브 설치	플랜트기계설치공 비계공 플랜트용접공 특별인부	인/ton	2.31 0.57 0.57 1.16
○검사 및 교정 - Gas Leak Test 포함	기술관리, 포장해체를 제외한 전공량의 10%		

[주] ① 본 품은 활성탄·반응조제 및 소석회 공급설비의 조립·설치기준으로 소운반이 포함되어 있다.
② 보온 및 도장작업이 필요한 경우 별도 계상한다.
③ 건설기계운전조는 작업조건 및 설치물량 등을 감안하여 편성한다.

2. 사용장비

장비명	규격	단위	수량
지게차	5톤	대	1
크레인	70톤	〃	1
용접기	15KVA	〃	3

[주] 본 장비는 활성탄·반응조제 및 소석회 공급설비 조립·설치에 대한 기본적인 장비를 나열한 것으로 현장여건 및 작업조건 등에 따라 필요한 장비를 선택하여 적용할 수 있으며, 본 장비 이외에 필요한 장비가 있을 경우 별도 계상한다.

13 - 9 하수처리 기계설비공사

13-9-1 수중펌프 설치 (2003년 신설)

1. 설치품

(대 당)

규격	기계설비공	배관공	보통인부
7.5kW	6.1	2.4	4.1
15kW	7.3	2.6	4.3
30kW	9.7	3.0	4.6

[주] 본 품은 자동탈착식 수중펌프설치로서 앙카볼트, 펌프고정장치, 가이드바, 수중펌프 인양케이블설치와 시험·소운반이 포함되어 있다.

2. 사용장비

(대 당)

장비명	규격	사용시간(hr)		
		7.5kW	15kW	30kW
크레인	30톤	4	4	4
지게차	3.5톤	4	4	4
용접기	15KVA	32	35	40

[주] 본 장비는 펌프설치시 기본적인 장비이므로 현장여건, 작업조건 등에 따라 필요한 장비를 별도 계상한다.

13-9-2 모노레일 설치 (2003년 신설)

1. 설치품

(ton 당)

측량사	비계공	기계설비공	용접공	특별인부	계장공
0.5	1.3	3.5	2.6	3.4	0.8

[주] ① 본 품은 레일고정판, 레일, Trolley Bar, 2차측 전선관(전기배선 포함) 설치기준으로 시운전·소운반이 포함되어 있다.
② 본 품의 설치중량은 레일고정판, 레일, Trolley Bar, Bracket류, Support류의 중량으로 한다.
③ 전동기, 철골빔, 1차측 전선관(전기배선 포함) 설치품과 도장작업은 별도 계상한다.

2. 사용장비

(ton 당)

장비명	규격	사용시간(hr)
트럭탑재형 크레인	5톤	1.3
용 접 기	15KVA	7.6

[주] 본 장비는 모노레일 설치시 기본적인 장비이므로 현장여건, 작업조건 등에 따라 필요한 장비를 별도 계상한다.

13-9-3 산기장치 설치 (2004년 신설)

1. 설치품

구 분	단위	배관공	용접공	보통인부
산 기 분기관 제작	인/개	0.036	0.036	0.036
분기관 및 산기장치 설치	인/개	0.036	0.036	0.036

[주] ① 산기 분기관 제작은 배관을 가공하여 제작하는 것으로 소운반이 포함되어 있다.
② 분기관 및 산기장치 설치는 산기 분기관(주배관 제외)을 설치하고, 설치된 산기분기관에 산기장치를 설치하는 것으로 앙카, 배관지지대, 수평레벨작업이 포함된 것이다.
③ 본 품은 시험 및 조정이 포함된 것이다.
④ 경장비 손료는 별도 계상한다.

2. 사용장비

장비명	규격	단위	사용시간(hr)	
			산기 분기관 제작	산기장치 설치
알 곤 용 접 기	30Amp	대/개	0.285	0.285
프라즈마 절단기	100Amp	대/개	0.143	0.143
크 레 인	5톤	대/개	-	0.048

[주] ① 본 장비는 산기 분기관 제작 및 산기장치 설치시 일반적인 장비이므로 현장여건, 작업조건 등에 따라 필요한 장비를 별도 계상한다.

13-9-4 오수처리시설 설치 (2004년 신설)

1. 설치품

구 분	규격	단위	위생공	보통인부	계장공
오수처리시설	20톤/일	인/조	4.13	4.13	-
제 어 함	-	인/개	-	-	3.75

[주] ① 본 품은 생물화학적 산소요구량(BOD) 20ppm을 기준한 것으로 소운반이 포함되어 있다.
② 본 품은 FRP로 제작된 오수처리조를 설치하는 것으로 공기주입배관, 배기배관, 수중펌프 등 부속설비 설치품이 포함되어 있다.
③ 본 품은 제어함(control box)내에 설치되는 전기, 공기펌프 등 부속설비 설치품이 포함되어 있다.
④ 본 품은 물채우기, 물푸기, 시험 및 조정이 포함된 것이다.
⑤ 유입 및 배수배관 설치공사 터파기, 기초공사, 뒷채우기, 보호공사(조적 및 콘크리트공사)는 별도 계상한다.

2. 사용장비

장비명	규격	단위	사용시간(hr)
크레인	50톤	대/조	8
살수차	5,500 ℓ	대/조	12

[주] 본 장비는 오수처리시설 설치시 일반적인 장비이므로 현장여건, 작업조건 등에 따라 필요한 장비를 별도 계상한다

13-10 운반기계 설비

13-10-1 Open Belt Conveyor 설치 (1992년 보완)

Belt 폭과 길이에 따른 Belt Conveyor 설치품은 아래의 산출식에 의한다.

1. Belt Conveyor 길이 300m까지
   - 품(인)={0.6+(Belt 폭-12″)×0.025}×길이(m)+10.5
   (단, Belt 폭 단위는 Inch)
2. Belt Conveyor 길이 300m 초과 600m까지
   - 품(인)={0.4+(Belt 폭-12″)×0.025}×길이(m)+70.5
3. Belt Conveyor 길이 600m 초과
   - 품(인)={0.3+(Belt 폭-12″)×0.025}×길이(m)+130.5

[주] ① 본 품은 Open Belt 표준형을 설치하는 품이다.

② 공종별 품 배분표

공종	플랜트기계 설치공	비계공	철골공	용접공	특별인부	계
비율(%)	37.5	12.5	12.5	12.5	25	100

③ 본 품은 Roller 고정, Roller Frame 품이 포함되고 Support Structure 등의 설치품은 별도 계상한다.
④ Head, Tail Pulley 설치품이 포함되어 있다.
⑤ Guide Roller, Return Roller, Carrier Roller, Idle Roller 등의 설치품이 포함되어 있다.
⑥ 본 품에는 Belt Endless 작업이 포함되어 있다.
⑦ Belt Cover의 제작 및 설치하는 경우는 별도 계상한다.
⑧ Motor, 구동장치, Tension 장치(Weight 제외), 평량기, Chute, Skirt, Liner, 진동장치 등의 설치품은 별도 계상한다.
⑨ Plummer block, Coupling, Pulley를 현장에서 조립할 경우 별도 계상한다.

⑩ Portable Belt Conveyor의 설치 때는 본 품의 50%까지 적용한다.
⑪ 5m 미만은 5m 품을 적용한다.
⑫ Belt Conveyor의 길이는 Tail Pulley Center에서 Head Pulley Center 간의 연 길이를 말한다.
⑬ Belt Endless 작업만이 필요한 경우에는 다음 품을 적용한다.
  ㉮ 일반내열재

(개소당)

Belt 폭(inch) \ 공종	Belt Conveyor 설치공	기계 설비공	비계공	특별인부	저압 케이블 전공	계
18″ 이하	3.78	1.51	3.02	0.75	0.75	9.81
26″	4.27	1.70	3.41	0.85	0.85	11.08
36″	4.43	1.77	3.55	0.88	0.88	11.51
48″	4.59	1.83	3.67	0.91	0.91	11.91
56″	5.07	2.03	4.06	1.01	1.01	13.18
70″	5.64	2.25	4.51	1.12	1.12	14.64
72″	6.68	2.67	5.34	1.33	1.33	17.35

  ㉯ Steel재

(개소당)

Belt 폭(inch) \ 공종	Belt Conveyor 설치공	기계 설비공	비계공	특별인부	저압 케이블 전공	계
36″ 이하	8.85	2.21	4.42	2.21	1.10	18.79
48″	9.12	2.28	4.56	2.28	1.14	19.38
56″	10.25	2.56	5.12	2.56	1.28	21.77
70″	12.02	3.00	6.01	3.00	1.50	25.53
72″	14.17	3.55	7.08	3.54	1.77	30.11

13-10-2 Over Head Crane 설치

1. 직종별 설치품

(ton당)

직 종	수량
기 계 산 업 기 사	0.50
비 계 공	2.499
플랜트기계설치공	2.478
특 별 인 부	2.555
측 량 사	0.250
용 접 공	0.297
시 험 및 조 정	0.807

2. 공정별 설치품

(ton당)

공정별	직종	수량
기술관리	기계산업기사	0.500
소운반 및 조정	비계공	0.833
	플랜트기계설치공	0.500
	특별인부	0.666
조립준비	비계공	0.833
	플랜트기계설치공	0.500
	특별인부	0.666
조립취부 및 조정	비계공	0.833
	플랜트기계설치공	1.165
	측량사	0.250
현장가공	특별인부	1.000
	용접공	0.297
	플랜트기계설치공	0.313
(용접·절단·구멍뚫기)	특별인부	0.223
검사시험 (기술관리를 제외한 품의 10%)		0.807

[주] ① 본 품에는 부품의 교정 파손부분의 수리 품이 포함되었다.
② 본 품에는 제청, 제유 및 도장이 포함되어 있지 않다.
③ 본 품에는 전원 배선 및 전기기기 설치품은 제외되어 있다.

[참 고] 사용장비

장비명	규격	단위	수량	비고
Truck Crane	20 ton	대	1	
Trailer	20 ton	〃	1	
Truck	4 ton	〃	1	Bolt Tightening용
Compressor	5.9m³/min	〃	1	
전기용접기	30KVA	〃	2	
Guy Derrick	5ton×7.46kW	〃	1	
Winch	5ton×7.46kW	〃	1	
Portable Drilling M	0.37kW	〃	1	
Portable Electric G	0.37kW	〃	2	
Angle Grinder	0.75kW	〃	1	
Transit		〃	1	

[참 고] 소모자재

(ton당)

품 명	규격	단위	수량
산소	6,000ℓ 입	병	0.2
아세틸렌	4,500ℓ 입	〃	0.13
전기용접봉	ø4mm×350ℓ	kg	3.5
걸레		〃	2
세유		ℓ	2
Grease		kg	0.2
Machine Oil		ℓ	0.7

※ 산소량 규격은 대기압상태를 기준하며, 단위 '병'은 35℃에서 150기압으로 압축용기에 넣어 사용하는 것을 기준한다.

13-10-3 Gantry Crane 설치

1. 직종별 설치품

(ton당)

직 종	수량
기계산업기사	0.50
비 계 공	2.383
플랜트기계설치공	1.554
특 별 인 부	1.309
제 관 공	1.502
용 접 공	1.311
측 량 사	0.250
도 장 공	0.525
시 험 및 조 정	0.830
계	10.164

2. 공정별 설치공량

(ton당)

공정별	직종	수량
기술관리	기계산업기사	0.500
운반조작	비계공	0.635
	플랜트기계설치공	0.182
	특별인부	0.182
조립준비 및 수정교정	비계공	0.626
	제관공	0.626
	플랜트기계설치공	0.250
	용접공	0.250
	특별인부	0.250
조립조정	비계공	1.122
	제관공	0.876
	플랜트기계설치공	1.122
	측량사	0.250
	특별인부	0.627

공정별	직종	수량
용접절단	용접공	1.061
	특별인부	0.250
검사시험 (기술관리를 제외한 모든 품의 10%)		0.830

[주] ① 본 품에는 제청, 제유 및 페인팅 품이 포함되어 있지 않다.
② 본 품에는 전원배선 및 전기 기기설치품은 제외되었다.

[참 고] 사용장비

품 명	규격	단위	수량
Truck Crane	20 ton	대	1
〃	30 ton	〃	1
〃	40 ton	〃	1
Trailer	30 ton	〃	2
Truck	4 ton	〃	1
Compressor	5.9㎥/min	〃	1
Fork Lift	2.7 ton	〃	1
전기용접기	30 KVA	〃	4
산소절단기	중형	조	4
산소용접기	〃	〃	3
Guy Derrick	10 ton	대	1
Winch	5 ton	〃	2
Portable Drill	0.37kW	〃	2
Portable Grinder	0.37kW	〃	2

[참 고] 소모자재

(ton당)

품 명	규격	단위	수량
산 소	6,000 ℓ 입	병	0.68
아세틸렌	4,500 ℓ 입	〃	0.58
용 접 봉	ø4mm×350 ℓ	kg	14.2
광 명 단		ℓ	2.2
페 인 트	유성	〃	4.4

※ 산소량 규격은 대기압상태를 기준하며, 단위 '병'은 35℃에서 150기압으로 압축용기에 넣어 사용하는 것을 기준한다.

13-10-4 천장크레인 레일설치

(한쪽 길이 m당)

구 분	단위	수량	비고
① 소요재료			
레일	m	1	
레일체결구	식	1	
② 소요품			
○준비작업 : 궤도공	인	0.014	
: 목도	〃	0.007	
: 보통인부	〃	0.012	
○본작업 : 궤도공	〃	0.013	
: 목도	〃	0.007	
: 보통인부	〃	0.002	
○뒷정리 : 궤도공	〃	0.026	
: 목 도	〃	0.006	
: 보통인부	〃	0.013	

[주] ① 구멍뚫기 또는 용접은 별도 계상한다.
　　② 레일운반용 장비 및 운반비는 별도 계상한다.
　　③ 레일교환(50kg/m, ℓ=20m)에 준하여 산출된 것이다.

13-11 기타 기계설비
13-11-1 일반기기 설치

(ton당)

직 종	수량
기계산업기사	0.50
기계설비공	7.24
비계공	2.86
용접공	0.95
특별인부	3.90
검사 및 교정	기술관리를 제외한 본 품의 10%
비고	- 본 품은 조립된 기기를 설치하는 품으로 부분조립 작업이 필요할 시는 본 품의 50%를 가산한다. - 설치 중량이 0.5ton 미만은 20%가산한다. 0.5ton~1ton 미만은 10% 가산한다. 1ton~5ton 미만은 0% 가산한다. 5ton 이상은 15% 감한다.

[주] ① 일반기기란 본 품셈표에 별도로 명시되어 있지 않은 기계류를 말한다.
　　② 본 품에는 기초 Check, Chipping, Grouting이 포함되어 있다.
　　③ 본 품에는 시운전 및 교정작업이 포함되어 있다.

13-11-2 Cooling Tower 설치

(기당)

공정별	직 종	단위	수량
본체설치 : Distribution Box, Distributor, Louver Post 등의 조립설치	철골공	인/ton	4.18
	비계공	〃	3.0
	특별인부	〃	0.3
Drift-Eliminator설치 : 판재로 된 Eliminator를 조립 설치함	건축목공	인/m^2	3.1
	보통인부	〃	0.698

공정별	직 종	단위	수량
슬레이트 잇기 : Louver Side에 슬레이트 잇기	슬레이트공	〃	0.05
	보통인부	〃	0.04
충진물 충진 : 충진물을 규격별 순서로 충진 작업함	보통인부	인/m^3	0.6
검사 및 교정	기술관리를 제외한 전 품의 10%		

[주] ① 본 품은 강재공냉식 Cooling Tower를 기초 Tank 위에 조립 설치하는 품이다.
② Drift-Eliminator 설치는 가공된 목재 Eliminator를 설치하는 품으로 가공품은 제외되었다.

13-11-3 Batcher Plant 설치

1. 직종별 설치품

(ton당)

직 종	수량	직 종	수량
기계산업기사	0.50	용 접 공	0.882
비 계 공	1.255	기계설비공	0.882
특 별 인 부	5.270	측 량 사	0.167
제 관 공	1.470	검 사 시 험	0.975

2. 공정별 설치품

(ton당)

공정별	직 종	품
기술관리	기계산업기사	0.500
소운반조작	비계공	0.667
	특별인부	0.333
표면손질	특별인부	3.3
현장가공	제관공	0.588
	용접공	0.588

공정별	직 종	품
	특별인부	0.588
조립설치	기계설비공	0.882
	제관공	0.882
	비계공	0.588
	용접공	0.294
	특별인부	0.882
	측량사	0.167
뒷정리	특별인부	0.167
검사시험 (기술관리 및 뒷정리를 제외한 모든 품의 10%)		0.975

3. 직종별 제관 수리 품

(ton당)

직 종	수량
제 도 공	0.785
기 계 설 비 공	1.830
특 별 인 부	2.041
용 접 공	4.972
검사 및 시험	0.962
계	10.590

4. 공정별 제관 수리품

(ton당)

공정별	직종	수량
사도 및 현도	제관공	0.785
괘서	기계설비공	1.830
	특별인부	0.549
절단	용접공	1.067
	특별인부	0.320
용접	용접공	3.905
	특별인부	1.172
검사시험 및 교정 (상기 모든 품의 10%)		0.962

[주] ① 본 품은 Batcher Plant 설치시 파손 및 마모부분의 제작 설치에만 적용한다.
② 본 품에는 소재의 소운반이 포함되어 있지 않으므로 소재의 운반품은 Batcher Plant 설치품에서 발췌 적용한다.
③ 본 품에는 전기 배관, 배선 및 도장 품은 포함되어 있지 않다.

[참고] 사용장비

(ton당)

장비명	규격	단위	수량
Truck Crane	15 ton	대	1
Trailer	30 ton	〃	1
A.C. Welder	30 KVA	〃	1
산소용접기	중형	조	1
산소절단기	〃	〃	2
Sand Paper		매	3.282
빠데		kg	0.985
광명단	유성	ℓ	6.583
페인트		ℓ	0.386
가솔린		ℓ	1.386
걸레		kg	1.164

장비명	규격	단위	수량
용접봉		kg	6.742
산소	6,000 ℓ	병	0.195
아세틸렌	4,500 ℓ	병	0.167
Wire Brush		개	1.741
Grease		kg	0.289

※ 산소량 규격은 대기압상태를 기준하며, 단위 '병'은 35℃에서 150기압으로 압축용기에 넣어 사용하는 것을 기준한다.

13-11-4 가설자재 손료율

번호	구 분	손료률(%/월)	비고
1	Iron Wire Rope	4.2	내용년수 2년
2	Manila Rope	5.6	1.5년
3	Rubber Hose	8.3	1년
4	침목(육송)	3.0	2.7년
5	천막	5.6	1.5년
6	공사용 가설전원		
	가 . 1차측(변압기 포함)	3.0	2.7년
	나 . 2차측	5.6	1.5년

[주] 동일 공사장에서 내용연수 경과 후는 손료를 계상하지 않는다.

13-11-5 공사별 설치 소모자재 [참고]

(ton당)

품 명	단위	기기	철골	배관	Belt & Conveyor	Heater & Tank	Pump & Fan	Crane 류
산소	병	0.109	1.5	(용접식)5.0	1.5	0.10	0.10	0.44
아세틸렌	병	0.084	1.25	(용접식)3.7	1.25	0.08	0.08	0.355
용접봉(전기)	kg	0.365	2.25	(용접식)30.0	2.25	0.36	0.36	0.85
용접봉(산소)	kg	0.146	0.22	3.0	0.22	0.15	0.14	0.15
세유	ℓ	0.73	0.07	0.07	0.20	0.05	0.73	2.00
M/C Oil	ℓ	0.365	0.04	(나사식)4.6	0.10	0.02	0.36	0.70
Wire Brush	EA	0.292	0.15	0.05	0.10	0.10	0.30	0.10
Grinder Wheel	매	0.022	0.05	0.05	0.05	0.05	0.02	0.05
Oil Stone	개	0.055	0.02	0.05	0.02	0.02	0.15	0.02
File	개	0.218	0.20	0.10	0.10	0.10	0.20	0.10
아연도철선	kg	0.73	0.73	0.40	0.20	0.20	0.73	0.20
Drill	개	0.018	0.04	0.02	0.02	0.02	0.02	0.02
Grease	kg	0.175	0.05	0.02	0.05	0.05	0.20	0.20
사포	매	0.110	0.05	0.05	0.05	0.01	0.11	0.05
걸레	kg	0.730	0.10	0.20	0.30	0.10	0.73	0.73
비닐시드	m²	0.037	0.02	0.02	0.02	0.02	0.04	0.20
시너	ℓ	0.138	0.1	0.05	0.05	0.05	0.38	0.05
용접장갑	족	0.05	0.10	0.05	0.05	0.05	0.03	0.05
Compound	kg	0.073	0.05	0.07	0.05	0.05	0.073	0.05
3-Bond	kg	0.007	0.05	0.07	0.05	0.05	0.07	0.05
Seal Tape	통	0.10	0.10	0.87	0.10	0.10	0.10	0.10
백묵	통	0.10	0.20	0.10	0.15	0.15	0.15	0.15
석필	통	0.20	0.30	0.20	0.20	0.20	0.20	0.20
함석	매	0.05	0.07	0.05	0.05	0.05	0.05	0.07
흑 Welder Glass	연	0.01	0.05	0.01	0.01	0.01	0.01	0.01
백 Welder Glass	연	0.10	0.20	0.10	0.20	0.20	0.10	0.20
오스터날	set	0.05	0.05	0.30	0.05	0.05	0.05	0.05
탭	set	0.05	0.05	0.05	0.05	0.05	0.05	0.05
다이스	개	0.05	0.05	0.05	0.05	0.05	0.05	0.05

품 명	단위	기기	철골	배관	Belt & Conveyor	Heater & Tank	Pump & Fan	Crane 류
정	개	0.10	0.20	0.05	0.05	0.05	0.10	0.05
용접면	개	0.01	0.02	0.02	0.02	0.02	0.01	0.02
용접홀더	개	0.01	0.02	0.02	0.02	0.02	0.01	0.02
용접앞치마	개	0.01	0.05	0.02	0.05	0.05	0.01	0.05
Center Punch	개	0.02	0.02	0.02	0.02	0.02	0.02	0.02
서비스볼트	본	1.0	2.0	1.0	1.0	1.0	1.0	1.0
대강	kg	0.02	0.10	0.02	0.10	0.10	0.02	0.10
유지	ℓ	0.07	0.10	0.07	0.07	0.07	0.07	0.07
Washer	매	0.30	0.50	0.30	0.30	0.30	0.30	0.30
페인트(표기용)	ℓ	0.069	0.10	0.5	0.10	0.10	0.07	0.10
페인트붓(표기용)	개	0.05	0.05	0.05	0.05	0.05	0.05	0.05

※ 산소량 규격은 대기압상태를 기준하며, 단위 '병'은 35℃에서 150기압으로 압축용기에 넣어 사용하는 것을 기준한다.

제5편
유지관리부문

제1장 / 공통
제2장 / 토목
제3장 / 건축
제4장 / 기계설비

제 1 장 공통

1-1 토공사

1-1-1 비탈면 보강공 (2020년 신설, 2025년 보완)

1. 공용중인 도로 및 철도, 주거지 등에 인접하여 작업에 영향을 받는 비탈면 보강공사에 적용한다.

2. 장비 조립·해체

   '[공통부문] 3-5-5 비탈면 보강공 / 1.장비 조립·해체'를 적용한다.

3. 인력 및 장비 편성

   '[공통부문] 3-5-5 비탈면 보강공 / 2.인력 및 장비편성'을 적용한다.

4. 일당시공량

(일당)

구 분	시공량 (m)					
	토사	혼합층	풍화암	연암	보통암	경암
크레인작업	36	39	62	45	36	25

[주] ① 본 품의 시공량은 천공구경 105~127㎜의 타격식 기준이다.
   ② 본 품은 보링장비의 크롤러바퀴가 제거된 상태에서 크레인에서 시공하는 기준이다.
   ③ 토사층은 케이싱을 활용한 시공을 기준하며, 혼합층은 케이싱을 사용할 수 없는 지반에서 자갈, 전석, 지하수로, 공동 등으로 인해 홀 막힘이 발생되는 경우에 적용한다.
   ④ 본 품은 작업준비, 마킹, 천공, 보강재 삽입 작업을 포함한다.
   ⑤ 철근을 보강재로 사용하기 위해 현장에서 가공이 필요한 경우, '[공통부문] 6-2 철근'을 참조하여 적용하며, 보강재 조립(접착판, 스페이서 등 부착)품은 다음과 같다.

(일당)

구 분	규격	수량	시공량(ton)
철 근 공	인	2	3.0
보 통 인 부	인	1	

5. 그라우팅

(일당)

구 분	규격	단위	수량	시공량(m³)
보 링 공		인	1	
기 계 설 비 공		인	1	
특 별 인 부		인	2	
그라우팅믹서	190×2ℓ	대	1	3.0
그라우팅펌프	30~60ℓ/min	대	1	
고 소 작 업 차	－	대	1	

[주] ① 본 품은 고소작업차를 활용하여 경사면에 직접 시공하는 기준이다.
② 작업인력이 지반에 위치하여 작업하는 경우 고소작업차를 제외한다.
③ 장비(고소작업차)의 규격은 작업여건(시공높이, 시공위치 등) 및 안전율(적정하중, 작업반경 등)을 고려하여 적합한 규격을 적용한다.
④ 물 공급을 위해 살수차 등의 장비가 필요한 경우 기계경비는 별도 계상한다.
⑤ 공구손료 및 경장비(발전기 등)의 기계경비는 인력품의 11%를 계상한다.
⑥ 소모재료(시멘트, 혼화재, 물)는 별도 계상한다.

1-1-2 지압판블록 설치 (2025년 보완)

(일당)

구 분	규격	단위	수량	시공량(개소)
중 급 기 술 자		인	1	
보 링 공		인	1	
특 별 인 부		인	2	
보 통 인 부		인	2	9
크 레 인	－	대	1	
고 소 작 업 차	－	대	1	
강연선인장기	60ton	대	1	

[주] ① 본 품은 비탈면에 앵커를 사용한 프리캐스트 콘크리트 블록(2ton이하) 설치 기준이다.
② 공용중인 도로 및 철도, 주거지 등에 인접하여 작업에 영향을 받는 비탈면 보강공사에 적용한다.
③ 비탈경사 1:1.5이하, 수직고 30m까지 기준이다.
④ 블록 인양 및 설치, 지압판 및 웨지 조립, 인장 작업을 포함한다.
⑤ 장비(크레인, 고소작업차)의 규격은 작업여건(시공높이, 시공위치 등) 및 안전율(적정하중, 작업반경 등)을 고려하여 적합한 규격을 적용한다.
⑥ 공구손료 및 경장비(절단기, 발전기 등)의 기계경비는 인력품의 6%로 계상한다.

1-1-3 비탈면 점검로 설치 (2025년 보완)

(점검로 m 당)

직 종	단 위	수 량	시공량(점검로 m)
철 공	인	4	7.8
보 통 인 부	인	1	
비 고	본 품은 수직고 30m까지를 기준한 것이므로, 이를 초과하는 경우 매 10m 증가마다 시공량을 9%씩 감한다.		

[주] ① 본 품은 비탈면에 강관파이프 및 발판재(폭 90cm이하)를 사용한 계단식 점검로 설치 기준이다.
② 본 품은 지주 및 보조기둥 설치, 점검로 난간 및 발판 조립을 포함한다.
③ 본 품은 비탈경사 1:1.0이하를 기준한 것으로, 1:1.0초과인 경우에는 시공량을 43%까지 가산하여 적용할 수 있다.
④ 기초 터파기 및 콘크리트 타설은 별도 계상한다.
⑤ 현장여건상 크레인이 필요한 경우 별도 계상한다.
⑥ 공구손료 및 경장비(전동드릴, 절단기 등)의 기계경비는 인력품의 3%로 계상한다.

1-2 조경공사

1-2-1 교통통제 및 안전처리 (2024년 신설)

조경유지보수 등 교통통제 및 안전처리를 위한 인력은 각 항목에서 제외되어 있으며, 필요시 배치인원은 현장조건(교통상황, 통제시간 및 범위 등)을 고려하여 별도 계상한다.
통행안전 및 교통소통을 위해 라바콘, 공사안내판 등 안전시설물을 시공하는 경우 특별인부 2인을 계상하고, 차량 등 장비가 필요한 경우 추가 계상한다.

1-2-2 일반전정 (2019년 · 2022년 보완)

(일당)

구 분			규격	단위	수량	시공량(주)					
						흉고직경					
						11cm 미만	11~21cm 미만	21~31cm 미만	31~41cm 미만	41~51cm 미만	51~61cm 미만	61cm 초과

구분			규격	단위	수량	11cm 미만	11~21cm 미만	21~31cm 미만	31~41cm 미만	41~51cm 미만	51~61cm 미만	61cm 초과
인력 시공	낙엽수	조경공 보통인부		인 인	2 1	36	22	13	-	-	-	-
	상록수	조경공 보통인부		인 인	2 1	42	24	15	-	-	-	-
기계 시공	낙엽수	조경공 보통인부 고소작업차	3ton	인 인 대	2 1 1	-	48	31	18	13	8	6
	상록수	조경공 보통인부 고소작업차	3ton	인 인 대	2 1 1	-	56	35	22	15	10	7

[주] ① 본 품은 일반 공원 및 녹지대 등에서 수목의 정상적인 생육장애요인의 제거 및 외관적인 수형을 다듬기 위해 수행하는 전정작업 기준이다.
② 본 품은 작업준비, 전정, 뒷정리 작업을 포함한다.
③ 전정 후 외부 운반 및 폐기물처리비는 별도 계상한다.
④ 고소작업차 규격은 작업여건(위치, 높이 등)에 따라 변경할 수 있다.
⑤ 공구손료 및 경장비(전정기 등)의 기계경비는 인력품의 3%로 계상한다.

1-2-3 조형전정 (2022년 신설)

(일 당)

구 분			규격	단위	수량	시공량 (주) 흉고직경						
						11cm 미만	11~21cm 미만	21~31cm 미만	31~41cm 미만	41~51cm 미만	51~61cm 미만	61cm 초과
인력시공	낙엽수	조경공 보통인부		인 인	2 1	23	14	8				
	상록수	조경공 보통인부		인 인	2 1	27	16	10				
기계시공	낙엽수	조경공 보통인부		인 인	2 1	-	31	20	12	8	5	4
		고소작업차	3ton	대	1							
	상록수	조경공 보통인부		인 인	2 1	-	36	23	14	10	7	5
		고소작업차	3ton	대	1							

[주] ① 본 품은 일반 공원 및 녹지대 등에서 조형적인 수형을 형성하기 위해 정상적인 생육장애요인의 제거와 미적요소(구형, 반구형 등)를 고려하여 전정가위 등으로 수형을 다듬는 전정작업 기준이다.
② 본 품은 작업준비, 전정, 뒷정리 작업을 포함한다.
③ 특수관리가 필요한 수목(문화재보호수 등), 특수 조형물 형상(예술작품 등) 전정 등은 별도 계상한다.
④ 전정 후 외부 운반 및 폐기물처리비는 별도 계상한다.
⑤ 공구손료 및 경장비(전정기 등)의 기계경비는 인력품의 2%로 계상한다.

1-2-4 가로수 전정 (2019년 · 2022년 보완)

(일 당)

구 분		규격	단위	수량	시공량 (주)					
					흉고직경					
					11cm 미만	11~21cm 미만	21~31cm 미만	31~41cm 미만	41~51cm 미만	51~61cm 미만	61cm 초과
약전정	조 경 공		인	2	31	21	16	12	10	8	7
	보통인부		인	2							
	고소작업차	3ton	대	1							
강전정	조 경 공		인	2	19	14	10	8	7	6	5
	보통인부		인	2							
	고소작업차	3ton	대	1							
조형전정	조 경 공		인	2	17	12	9	7	6	4	3
	보통인부		인	2							
	고소작업차	3ton	대	1							

[주] ① 본 품은 가로수(낙엽수)를 전정하는 기준이다.
② 작업구분은 수종별, 형상별 등 필요에 따라 다음을 참고하여 적용한다.

구 분	적용기준
약전정	수관내의 통풍이나 일조 상태의 불량에 대비하여 밀생된 부분을 솎아내거나 도장지 등을 잘라내어 수형을 다듬는 시공
강전정	굵은 가지 솎아내기 및 장애지 베어내기 등으로 수형을 다듬는 시공
조형전정	가로수의 미적인 형태를 살리기 위해 정상적인 생육장애요인의 제거와 미적요소(사각전정 등)를 고려하여 수형을 다듬는 시공

③ 본 품은 작업준비, 전정 및 전정 후 뒷정리 작업을 포함한다.
④ 전정 후 외부 운반 및 폐기물처리비는 별도 계상한다.
⑤ 고소작업차 규격은 작업여건(위치, 높이 등)에 따라 변경할 수 있다.
⑥ 공구손료 및 경장비(전정기 등)의 기계경비는 인력품의 3%로 계상한다.

1-2-5 관목 전정 (2019년 · 2022년 보완)

(일 당)

구 분	단위	수량	시공량 (식재면적 ㎡)	
			나무높이	
			0.9m 미만	0.9m 이상
조 경 공	인	2	540	330
보 통 인 부	인	1		

[주] ① 본 품은 군식으로 식재된 관목의 전정 기준이다.
② 본 품은 작업준비, 전정 및 전정 후 뒷정리 작업을 포함한다.
③ 본 품은 인력에 의한 작업을 기준한 것이며, 고소작업차가 필요한 경우 기계경비는 별도 계상한다.
④ 전정 후 외부 운반 및 폐기물처리비는 별도 계상한다.
⑤ 공구손료 및 경장비(전정기 등)의 기계경비는 인력품의 3.5%를 계상한다.

1-2-6 수간보호 (2014년 · 2019년 · 2022년 보완)

(일 당)

구 분	규격	단위	수량	시공량 (주)				
				흉고직경				
				11cm 미만	11~21cm 미만	21~31cm 미만	31~41cm 미만	41cm~51cm 미만
수간보호 (조형)	조 경 공	인	2	24	13	6	3	2
	보 통 인 부	인	1					
수간보호 (일반)	조 경 공	인	2	38	24	16	11	8
	보 통 인 부	인	1					

[주] ① 본 품은 수간보호재로 교목의 줄기를 감싸주는 기준이다.
② 작업구분은 수종별, 형상별 등 필요에 따라 다음을 참고하여 적용한다.

구 분	적용기준
수 간 보 호 (조 형)	교목의 조형미를 고려하여 줄기(주간, 주지 등)를 수형에 맞게 보호재로 감싸주는 기준이다.
수 간 보 호 (일 반)	동절기 동해 예방 및 햇볕, 건조에 의하여 발생하는 피소현상을 예방하고 병충해 방제를 목적으로 수간에 녹화마대 등으로 감싸주는 기준으로 지표로부터 1.5m 높이까지 설치 기준이다.

1-2-7 줄기싸주기 (2022년 신설)

(일 당)

구 분	규격	단위	수량	시공량 (주)				
				흉고직경				
				11cm 미만	11~21cm 미만	21~31cm 미만	31~41cm 미만	41~51cm 미만
조 경 공		인	2	85	68	54	42	30
보 통 인 부		인	1					

[주] ① 본 품은 수목의 보온유지 및 해충들의 동면장소 제공을 위해 짚이나 새끼 등으로 나무기둥에 설치하는 기준이다.
② 설치폭은 30cm~45cm를 설치하는 기준이다.

1-2-8 인력관수 (2019년 · 2022년 보완)

(일 당)

구 분	단위	수량	시공량 (주)				
			흉고직경				
			10cm 미만	10~20cm 미만	20~30cm 미만	30~40cm 미만	40cm 이상
보 통 인 부	인	1	33	25	17	13	10

[주] 본 품은 인력에 의한 교목관수 기준이다.

1-2-9 살수차관수 (2019년 · 2022년 보완)

(일 당)

구 분	규격	단위	수량			시공량 (식재면적 m²)		
			소형장비	중형장비	대형장비	소형장비	중형장비	대형장비
보통인부	-	인	1	1	1	700	1,100	2,200
물탱크 (살수차)	1,800 ℓ	대	1					
물탱크 (살수차)	3,800 ℓ	대		1				
물탱크 (살수차)	5,500~6,500 ℓ	대			1			
비고	이동거리가 5km를 초과하면 5km마다 다음을 가산한다.							
	구분	1,800 ℓ		3,800 ℓ		5,500~6,500 ℓ		
	물탱크(살수차)	0.07h/100m²				0.04h/100m²		

[주] 살수차의 운전시간에는 급수시간 및 1회당 5km까지의 이동시간을 포함한다.

1-2-10 제초 (2014년 · 2019년 · 2022년 보완)

(일 당)

구 분	단위	수량	시공량 (m²)	
			일반 잔디지역	지장물 지역
조 경 공	인	1	1,400	1,000
보통인부	인	5		

[주] ① 본 품은 인력으로 잡초를 제거하는 품이다.
② 지장물 지역은 정기적으로 제초작업이 진행되지 않아 대상지역 잡초의 밀도가 높거나, 지장물(초화류, 관목류 등)이 많은 지역을 의미한다.
③ 제초 및 뒷정리를 포함한다.
④ 외부 운반 및 폐기물처리비는 별도 계상한다.

1-2-11 잔디깎기 (2014년 · 2019년 · 2022년 보완)

(일 당)

구 분		단위	수량	시공량 (㎡)
배 부 식	특별인부	인	3	3,300
	보통인부	인	1	
핸드가이드식	특별인부	인	1	4,000
	보통인부	인	1	

비고	잔디깎기의 연간 시공횟수를 기준으로 다음의 할증을 적용한다.		
	구분	연1회	연2회	연3회 이상
	시공량 할증률	-30%	-20%	-

[주] ① 본 품은 기계를 사용하여 잔디를 연3회 이상 깎는 기준이다.
② 잔디깎기, 풀 모으기 및 적재 작업을 포함한다.
③ 외부 운반 및 폐기물처리비는 별도 계상한다.
④ 공구손료 및 경장비의 기계경비는 다음의 요율을 적용한다.

구 분	배부식 기계	핸드가이드식 기계
공구손료 및 경장비의 기계경비	인력품의 8%	인력품의 7%

1-2-12 예초 (2013년 신설, 2014년 · 2019년 · 2022년 보완)

(일 당)

구 분	단위	수량	시공량 (㎡)
특별인부	인	3	2,500
보통인부	인	1	

비고	예초의 연간 시공횟수를 기준으로 다음의 할증을 적용한다.		
	구분	연1회	연2회	연3회 이상
	시공량 할증률	-30%	-20%	-
	경사구간에서는 다음의 할증을 적용한다.		
	구분	경사도 25° 이상	
	시공량 할증률	-10%	

[주] ① 본 품은 배부식기계를 사용하여 연3회 이상 풀을 깎고 제거하는 기준이다.
② 풀 모으기 및 제거는 인력에 의한 풀 모으기 및 적재작업을 기준하며 외부 운반, 폐기물처리비는 별도 계상한다.
③ 공구손료 및 경장비(예초기 등)의 기계경비는 인력품의 6%로 계상한다.

1-2-13 교목시비(喬木施肥) (2014년 · 2022년 보완)

(일 당)

구 분		단위	수량	시공량 (주) 근원직경					
				11cm 미만	11~21cm 미만	21~31cm 미만	31~41cm 미만	41~51cm 미만	51cm 이상
환상시비	조경공	인	2	76	61	51	44	38	34
	보통인부	인	1						
방사형시비	조경공	인	2	100	82	69	59	52	46
	보통인부	인	1						

[주] ① 본 품은 터파기, 비료포설, 되메우기 작업을 포함한다.
② 작업구분은 수종별, 형상별 등 필요에 따라 다음을 참고하여 적용한다.

구 분	적용기준
환상시비	뿌리가 손상되지 않도록 뿌리분 둘레를 깊이 0.3m, 가로 0.3m, 세로 0.5m 정도로 흙을 파내고 소요량의 퇴비(부숙된 유기질비료)를 넣은 후 복토한다.
방사형시비	1회시에는 수목을 중심으로 2개소에, 2회시에는 1회시비의 중간위치 2개소에 시비 후 복토한다.

③ 비료의 종류, 수량은 토양의 상태, 수종, 수세 등을 고려하여 결정한다.

1-2-14 관목시비(灌木施肥) (2022년 보완)

(일 당)

구 분	단위	수 량	시공량 (㎡)
조 경 공	인	2	300
보 통 인 부	인	1	

[주] ① 본 품은 군식 관목 기준이다.
② 비료의 종류, 수량은 토양의 상태, 수종, 수세 등을 고려하여 결정한다.

1-2-15 잔디시비 (2022년 보완)

(일 당)

구 분	규격	단 위	수 량	시공량 (㎡)
조 경 공		인	2	
보 통 인 부		인	1	22,500
트 럭	2.5ton	대	1	

[주] ① 본 품은 화학비료의 살포가 300~700kg/10,000㎡인 경우 기준이다.
② 현장조건, 살포조건에 따라 살포량이 다를 때는 본 품의 20% 범위 내에서 증감할 수 있다.
③ 비료량은 별도 계상한다.

1-2-16 약제 살포(기계) (2019년 · 2022년 보완)

(일 당)

구 분	규 격	단 위	수 량	시공량 (ℓ)
조 경 공		인	1	
보 통 인 부		인	1	2,600
동력분무기	4.85kW	hr	1	
덤 프 트 럭	2.5톤	hr	1	

[주] ① 본 품은 배합된 액체형 약제를 동력분무기를 사용하여 수목류에 살포하는 기준이다.
② 본 품은 약제배합, 살포 및 뒷정리 작업을 포함한다.
③ 약재와 배합되는 물공급은 별도 계상한다.
④ 작업여건(동력분무기의 살포범위를 벗어나는 경우)에 따라 고소작업차가 필요한 경우에는 기계경비를 별도 계상한다

1-2-17 약제 살포(인력) (2018년 신설 · 2019년 · 2022년 보완)

(일 당)

구 분	단 위	수 량	시공량 (㎡)
조 경 공	인	1	2,000

[주] ① 본 품은 배합된 액체형 약제(100㎡당 20ℓ)를 인력으로 잔디에 살포하는 기준이다.
② 약제배합, 살포 및 뒷정리 작업을 포함한다.
③ 약재와 배합되는 물공급은 별도 계상한다.

1-2-18 방풍벽 설치(거적세우기) (2014년 신설 · 2022년 보완)

(일 당)

구 분	단 위	수 량	시공량 (m)	
			설치높이 0.45m	설치높이 0.9m
조 경 공	인	2	350	250
보 통 인 부	인	1		

[주] ① 본 품은 도로인접구간에 식재된 관목의 염해방지 및 방풍을 위해 거적을 세워 설치하는 기준이다.
② 본 품은 지지대 및 지지철선 설치, 거적 설치, 고정 및 마무리 작업을 포함한다.

1-2-19 은행나무 과실채취 (2022년 신설)

(일 당)

구 분	규격	단위	수량	시공량 (주)						
				흉고직경						
				11cm 미만	11~21cm 미만	21~31cm 미만	31~41cm 미만	41~51cm 미만	51~61cm 미만	61cm 초과
조 경 공		인	2	46	31	23	17	15	14	10
보 통 인 부		인	4							
고 소 작 업 차	3ton	대	1							
비 고	지속적인 대상수목의 관리(전정작업 등)이 이루어지지 않았거나, 민원발생 등으로 인해 단독 수목을 시공하는 경우에는 본 시공량의 30%를 감하여 적용한다.										

[주] ① 본 품은 지속적인 전정 작업이 수행된 구간의 은행나무 가로수 과실채취 기준이다.
② 본 품은 작업준비, 은행 털어내기, 뒷정리 작업을 포함한다.
③ 과실채취 후 외부 운반 및 폐기물처리비는 별도 계상한다.

1-2-20 가로수 제거 (2024년 신설)

(일당)

구 분		단위	수량	흉고직경 (cm)	시공량(주)
나무베기	벌 목 부	인	2	11cm미만	48
	보 통 인 부	인	3	11~21cm미만	32
				21~31cm미만	20
	굴 삭 기 + 부착용집게	대	1	31~41cm미만	13
				41~51cm미만	8
				51~61cm미만	5
	고소작업차	대	1	61cm이상	3
뿌리제거	특 별 인 부	인	2	11cm미만	37
				11~21cm미만	25
				21~31cm미만	15
	보 통 인 부	인	1	31~41cm미만	10
				41~51cm미만	6
	굴 삭 기 + 브 레 이 커	대	1	51~61cm미만	4
				61cm이상	3

[주] ① 본 품은 수형 및 생육상태가 불량인 가로수를 제거하는 기준이다.
② 본 품은 작업준비, 나무 베기, 뿌리 절단 및 제거, 되메우기 및 정리 작업을 포함한다.
③ 제거된 수목의 외부 운반 및 폐기물처리비는 별도 계상한다.
④ 보도용 블록 및 가로수분(받침틀)의 설치 및 철거는 별도 계상한다.
⑤ 장비(굴착기, 고소작업차)의 규격은 작업여건(시공높이, 시공위치 등) 및 안전율(적정하중, 작업반경 등)을 고려하여 적합한 규격을 적용한다.
⑥ 공구손료 및 경장비(엔진톱 등)의 기계경비는 다음과 같이 계상한다.

구분	나무베기	뿌리제거
인력품의 %	3	-

1-3 철근콘크리트공사

1-3-1 콘크리트 균열 보수(표면처리공법) (2021년 보완)

(일 당)

구 분	단위	수량	시공량(m)
미 장 공	인	1	110

[주] ① 본 품은 콘크리트 구조물의 균열에 표면처리재를 사용하여 보수하는 품이다.
② 본 품은 균열부위 청소(와이어브러쉬), 표면처리재 배합, 표면처리 바름을 포함한다.
③ 균열폭은 10㎜까지를 기준으로 한 것이며, 균열의 폭이나 형태가 다양하여 본 품에 준할 수 없을 때에는 적의 산출할 수 있다.
④ 공구손료 및 경장비(믹서 등)의 기계경비는 인력품의 2%로 계상한다.
⑤ 주재료(표면처리재)는 설계수량에 따르며, 잡재료 및 소모재료는 주재료의 5%까지 계상한다.
⑥ 현장 여건상 고소작업 등의 인력인상에 장비가 필요할 시 기계경비는 별도 계상한다.

1-3-2 콘크리트 균열 보수(주입공법) (2021년 보완)

(일 당)

구 분	단위	수량	시공량(m)
특 별 인 부	인	2	28
보 통 인 부	인	1	

[주] ① 본 품은 콘크리트 구조물의 균열에 Epoxy 주입제를 사용하여 보수하는 품이다.
　② 본 품은 균열부위 청소(와이어브러쉬), 좌대설치, 주입재 주입, 주입량 확인 및 양생, 좌대 제거 및 마무리 작업을 포함한다.
　③ 균열폭은 10㎜까지를 기준으로 한 것이며, 균열의 폭이나 형태가 다양하여 본 품에 준할 수 없을 때에는 적의 산출할 수 있다.
　④ 공구손료 및 경장비(주입장치 등)의 기계경비는 인력품의 2%로 계상한다.
　⑤ 주재료(Epoxy 주입재)는 설계수량에 따르며, 잡재료 및 소모재료는 주재료의 5%까지 계상한다.
　⑥ 현장 여건상 고소작업 등의 인력인상에 장비가 필요할 시 기계경비는 별도 계상한다.

1-3-3 콘크리트 균열 보수(패커주입공법) (2021년 신설)

(일 당)

구 분	단위	수량	시공량(m)
특 별 인 부	인	3	24
보 통 인 부	인	1	

[주] ① 본 품은 콘크리트 구조물을 천공하여 패커를 설치하고 지수발포재를 사용하여 보수하는 품이다.
　② 본 품은 균열부위 청소(와이어브러쉬), 천공 및 패커설치, 주입재 주입, 주입량 확인 및 양생, 패커 제거 및 마무리 작업을 포함한다.
　③ 균열폭은 10㎜까지를 기준으로 한 것이며, 균열의 폭이나 형태가 다양하여 본 품에 준할 수 없을 때에는 적의 산출할 수 있다.
　④ 공구손료 및 경장비(천공기, 주입기(인젝터) 등)의 기계경비는 인력품의 3%로 계상한다.

⑤ 주재료(지수발포재)는 설계수량에 따르며, 잡재료 및 소모재료는 주재료의 5%까지 계상한다.
⑥ 현장 여건상 고소작업 등의 인력인상에 장비가 필요할 시 기계경비는 별도 계상한다.

1-3-4 콘크리트 균열 보수(충전공법) (2021년 보완)

(일 당)

구 분	단위	수량	시공량(m)
특 별 인 부	인	1	23
보 통 인 부	인	1	

[주] ① 본 품은 각종 콘크리트 구조물의 균열에 U형 또는 V형으로 컷팅한 후 충전재를 사용하여 보수하는 품이다.
② 균열폭은 10㎜까지를 기준으로 한 것이며, 균열의 폭이나 형태가 다양하여 본 품에 준할 수 없을 때에는 적의 산출할 수 있다.
③ 공구손료 및 경장비의 기계경비는 인력품의 3%로 계상한다.
④ 주재료(충전재)는 설계수량에 따르며, 잡재료 및 소모재료는 주재료의 5%까지 계상한다.
⑤ 현장 여건상 인력인상에 장비가 필요할 시 기계경비는 별도 계상한다.

참고제안 특허 제 10-1395192호

콘크리트 구조물 보강용 불연성 FRP 패널 및
이를 이용한 콘크리트 구조물의 보수보강공법(NCP공법)

1. 주입 접착 보강
(㎡ 당)

품 명	규 격	단 위	수 량	비 고
표 면 처 리		㎡	1	
고 압 물 세 척		〃	1	
N C P 패 널 설 치		〃	1	
난연성 주입제 충전		〃	1	

2. 압착 보강
(m 당)

품 명	규 격	단 위	수 량	비 고
표 면 처 리		㎡	1	
고 압 물 세 척		〃	1	
N C P 패 널 설 치		m	1	

(1) 표면처리
(㎡ 당)

품 명	규 격	단 위	수 량	비 고
특 별 인 부	노무비	인	0.15	그라인더
기 구 손 료		%	3	

(2) 고압물세척
(㎡ 당)

품 명	규 격	단 위	수 량	비 고
고 압 물 세 척		㎡	1	
보 통 인 부		인	0.024	
기 구 손 료	노무비	%	3	

3. NCP 패널 설치

(1) 주입 접착 설치

(m² 당)

품 명	규 격	단 위	수 량	비 고
N C P 패 널	NCP	m²	1	
난 연 실 링 제	RFS-02	kg	1.1	
다 목 적 중 공 앵 커	IDS12	EA	2	
앵 커 볼 트	Ø6-90mm	〃	13	
이 음 비 드	NCP-I	m	1.6	
철 골 공		인	0.55	
방 수 공	실링	〃	0.1	
특 별 인 부		〃	0.25	

[주] 다목적 중공앵커와 앵커볼트는 폭 0.6m 패널을 기준으로 하였으며, 현장 여건에 따라 다른 폭의 패널로 시공시에는 별도의 수량 산출을 적용한다.

(2) 압착 설치

(m 당)

품 명	규 격	단 위	수 량	비 고
N C P 패 널	NCP-W100	m	1.05	
접 착 제	RFB-01	kg	0.40	
앵 커 볼 트	Ø6-90mm	EA	3	
미 장 공		인	0.3	
특 별 인 부		〃	0.1	
보 통 인 부		〃	0.1	
기 구 손 료	노무비	%	2	

4. 난연성 주입제 충전

(m² 당)

품 명	규 격	단 위	수 량	비 고
난 연 주 입 제	RFI-01	kg	5.30	
방 수 공		인	0.3	
보 통 인 부		〃	0.16	
기 구 손 료	노무비	%	2	

제 1 장 공통 1235

[주] (1) 주입제 수량은 평균 접착두께 4mm를 기준하였으며, 할증 수량이 포함되어 있다.
  (2) 철도터널 일반라이닝은 6mm(7.95kg), 조적식은 8mm(10.6kg)를 계상한다.
  (3) 누수가 발생하거나 습기가 있는 곳에는 습식주입제(RFI-02) 및 습식실링제(RFS-03)를 적용한다.

[공통]
[주] (1) NCP 패널은 평면제작을 기준으로 하며 단면형상 및 규격, 제작 난이도에 따라 단가를 차등 적용하되, 그 단가는 업자 공표가격에 준한다.
  ① Pile두부, 변실주위 등 원형 형태의 평면 : 10% 가산
  ② 헌치, 터널라이닝, 원형기둥, 부두안벽, 모서리 등 단순곡면 : 15% 가산
  ③ 교각 두부 모서리, 타원형 기둥 등 R값이 두 개 이상인 복합곡면 : 25% 가산
  (2) 표면처리는 면갈이 품으로 파취량이 $0.005m^3/m^2$ 이상인 경우는 구조물 헐기 및 단면복구 수량을 별도 산정하여야 한다.
  (3) 앵커볼트는 $13개/m^2$가 표준이나 보강형태에 따라 앵커수량을 별도 산정할 수 있으며 규격은 Ø6mm, L90mm를 표준으로 한다.
  (4) 비계 등 가설공사비는 별도 계상하며, 비계 사용시 6~9m까지는 품의 15%를 가산하고 높이 9m 이상은 매 3m마다 품의 5%를 가산한다.
  (5) 해상작업시 조수대기와 수중작업 비용은 별도 계상한다.
  (6) 유해가스 및 화학물질 등에 대한 안전시설비는 별도 계상한다.
  (7) 마감도장의 재료와 시공방법에 대하여서는 발주처와 협의하여 시행한다.
  (8) 기타 일반적인 사항은 건설공사 표준품셈에 준한다.

국내최초 불연등급 인증 보강재
콘크리트 구조물 보강용 불연성 FRP 패널 및 이를 이용한
콘크리트 구조물의 보수보강공법 NCP공법 [특허제 10-1395192호]

(주)국제화건 서울시 송파구 문정동 289번지 가든파이브 WORKS C동 613호
TEL : (02)2047-1500 / FAX : (02)2047-1550

참고제안 특허 제 10-1540243호

콘크리트 구조물의 섬유보강시트 및 이를 이용한 콘크리트 구조물의 보강방법(KHC공법)

1. 섬유보강

(m² 당)

품 명	규 격	단 위	수 량	비 고
표 면 처 리		m²	1	
고 압 물 세 척		〃	1	
K H C 섬 유 설 치	내진보강 섬유시트	〃	1	

(1) 표면처리

(m² 당)

품 명	규 격	단 위	수 량	비 고
특 별 인 부		인	0.15	그라인더
기 구 손 료	노무비	%	3	

(2) 고압물세척

(m² 당)

품 명	규 격	단 위	수 량	비 고
고 압 물 세 척		m²	1	
보 통 인 부		인	0.024	
기 구 손 료	노무비	%	3	

2. KHC 섬유설치

(1) KHC-P(2T)

(m² 당)

품 명	규 격	단 위	수 량			비 고
			1겹	2겹	3겹	
K H C 섬 유	K H C-P	m²	1.25	2.47	3.57	
함 침 재	K S E	kg	1.4	2.8	4.2	
도 장 공	접착제 도포	인	0.167	0.284	0.412	
도 배 공	섬유부착	〃	0.167	0.284	0.412	
기 구 손 료	노무비	%	3	3	3	
잡 자 재 비	재료비	〃	2	2	2	

(2) KHC-P(3T) (㎡ 당)

품 명	규 격	단 위	수 량			비 고
			1겹	2겹	3겹	
K H C 섬 유	KHC-P	㎡	1.25	2.47	3.57	
함 침 재	KSE	kg	2.5	5.0	7.5	
도 장 공	접착제 도포	인	0.167	0.284	0.412	
도 배 공	섬유부착	〃	0.167	0.284	0.412	
잡 자 재 비	재료비	%	2	2	2	
기 구 손 료	노무비	〃	3	3	3	

(3) KHC-G (㎡ 당)

품 명	규 격	단 위	수 량			비 고
			1겹	2겹	3겹	
K H C 섬 유	KHC-G	㎡	1.1	2.2	3.3	
함 침 재	KSE	kg	1.1	2.2	3.3	
도 장 공	접착제 도포	인	0.167	0.284	0.412	
도 배 공	섬유부착	〃	0.167	0.284	0.412	
잡 자 재 비	재료비	%	2	2	2	
기 구 손 료	노무비	〃	3	3	3	

[주] (1) 마감도장의 재료와 시공방법에 대하여서는 발주처와 협의하여 시행한다.
(2) 기타 일반적인 사항은 건설공사 표준품셈에 준한다.

콘크리트 구조물의 섬유보강시트 및 이를 이용한
콘크리트 구조물의 보강방법(KHC공법) [특허 제 10-1540243호]

(주)국제화건 서울시 송파구 문정동 289번지 가든파이브 WORKS C동 613호
TEL : (02)2047-1500 / FAX : (02)2047-1550

참고제안 특허 제 10-1691845호

코코스 섬유를 혼입한 콘크리트 구조물 보수용 친환경 모르타르 조성물 및 이를 이용한 콘크리트 구조물의 보수방법(CFMC공법)

1. 단면보수

(㎡ 당)

품 명	규 격	단 위	수 량	비 고
치 핑		㎡	1	
고 압 물 세 척		〃	1	
프 라 이 머 도 포	CFMC-P	〃	1	
단 면 복 구 (모 르 타 르)	CFMC-M	〃	1	
코 팅 제 도 포	CFMC-C	〃	1	

2. 표면보수

(㎡ 당)

품 명	규 격	단 위	수 량	비 고
표 면 처 리		㎡	1	
고 압 물 세 척		〃	1	
코 팅 제 도 포	CFMC-C	〃	1	

3. 치핑, 표면처리 및 고압 물세척

(㎡ 당)

품 명	규 격	단 위	수 량	비 고
(1) 치 핑	특별인부	인	0.23	20mm
(2) 표 면 처 리	특별인부	〃	0.15	그라인더
(3) 고 압 물 세 척	특별인부	〃	0.024	

4. 프라이머 도포, 코팅제 도포

(㎡ 당)

품 명	규 격	단 위	수 량	비 고
(1) 프라이머 도포	CFMC-P	kg	0.2	
	도 장 공	인	0.03	
(2) 코 팅 제 도 포	CFMC-C	kg	1.0	2회
	도 장 공	인	0.05	

5. 단면복구(벽체)　　　　　　　　　　　　　　　　　　　　　　　　　(㎡ 당)

품 명	단 위	수 량(mm)				
		T=10	T=20	T=30	T=40	T=50
C F M C - M	kg	20	40	60	80	100
미 장 공	인	0.16	0.20	0.24	0.28	0.32
보 통 인 부	〃	0.16	0.20	0.24	0.28	0.32

6. 철근 녹제거 및 철근 방청제 도포　　　　　　　　　　　　　　　　　(㎡ 당)

품 명	규 격	단 위	수 량	비 고
(1) 철 근 녹 제 거	연 마 공	인	0.25	
(2) 철근방청제 도포	CFMC-R	kg	0.3	
	도 장 공	인	0.06	

[주] (1) 기구손료는 노무비의 3%를 계상한다.
　　 (2) 본 품은 벽체 기준이므로 천장 공사일 경우는 재료 및 품을 15% 가산한다.
　　 (3) 콘크리트 치핑은 20mm 기준이므로 10mm 추가시마다 20% 가산한다.
　　 (4) 기타 일반적인 사항은 건설공사 표준품셈에 준한다.

코코스 섬유를 혼입한 콘크리트 구조물 보수용 친환경 모르타르 조성물 및
이를 이용한 콘크리트 구조물의 보수방법(CFMC공법) [특허 제 10-1691845호]

 (주)국제화건　서울시 송파구 문정동 289번지 가든파이브 WORKS C동 613호
　　　　　　　　　　TEL : (02)2047-1500　/　FAX : (02)2047-1550

1-3-5 콘크리트 단면처리 (2021년 신설)

(일 당)

구 분	단위	수량	시공량(m^2)
특 별 인 부	인	3	81
보 통 인 부	인	1	

[주] ① 본 품은 콘크리트 표면의 보수를 위해 콘크리트면을 그라인더로 연마(견출)하고, 표면을 모르타르로 미장하여 마감하는 기준이다.
② 본 품은 보수부위 확인, 보수부위 바탕면 연마(그라인더를 활용한 견출 작업), 연마면 와이어 브러쉬 청소, 보수부위 모르타르 바름, 쇠흙손 마감 작업을 포함한다.
③ 콘크리트 표면의 보수(견출) 두께는 10mm 이하를 기준하며, 보수 대상 표면의 두께나 형태가 다양하여 본 품에 준할 수 없을 때에는 적의 산출할 수 있다.
④ 공구손료 및 경장비(그라인더, 배합기 등)의 기계경비는 인력품의 3%로 계상한다.
⑤ 현장 여건상 인력 인상에 장비(고소작업차 등)가 필요할 시 기계경비는 별도 계상한다.

1-3-6 콘크리트 단면복구 (2021년 신설)

(일 당)

구 분	단위	수량	시공량(m^2)
특 별 인 부	인	3	9
보 통 인 부	인	1	

[주] ① 본 품은 콘크리트 단면의 복구를 위해 콘크리트면을 치핑하고, 표면을 모르타르로 미장하여 마감하는 기준이다.
② 본 품은 보수부위 확인, 보수부위 파쇄(콘크리트 단면 치핑), 파쇄면 고압 물세척, 프라이머 바름, 보수부위 모르타르 바름, 바름면 쇠흙손 마감, 복구면 표면 코팅재 바름 작업을 포함한다.
③ 콘크리트 표면의 보수(파쇄) 두께는 50㎜ 이하를 기준하며, 보수 대상 표면의 두께나 형태가 다양하여 본 품에 준할 수 없을 때에는 적의 산출할 수 있다.

④ 공구손료 및 경장비(치핑기, 동력분무기, 배합기 등)의 기계경비는 인력품의 4%로 계상한다.
⑤ 단면의 보강을 위해 보강재(탄소섬유, 철판, 와이어매쉬 등)를 삽입하는 경우는 별도 계상한다.
⑥ 현장 여건상 인력 인상에 장비(고소작업차 등)가 필요할 시 기계경비는 별도 계상한다.

1-3-7 워터젯 치핑 (2021년 신설)

(일 당)

구 분	규격	단위	수량	시공량(㎡)
특 별 인 부		인	3	
보 통 인 부		인	2	
워 터 젯 장 비	-	대	1	
로 더 (타 이 어)	0.57㎥	대	1	110
살 수 차	16,000 ℓ	대	1	
트 럭	2.5ton	대	1	
트럭탑재형크레인	5ton	대	1	

[주] ① 본 품은 워터젯 치핑장비를 활용한 콘크리트면 치핑작업 기준이다.
② 본 품은 일반 구조물의 보수 필요부위(콘크리트 열화 발생 등)를 워터젯 공법으로 치핑하는 기준으로 파쇄깊이는 3cm이상에 적용한다.
③ 본 품에는 워터젯 치핑, 청소 및 정리품을 포함한다.
④ 워터젯 장비(파워팩, 워터젯 로봇, 필터프레스 등)의 기계경비는 별도 계상한다.
⑤ 투입장비의 규격은 작업여건에 따라 변경할 수 있다.
⑥ 워터젯 시공으로 인해 발생되는 오염수의 처리는 별도 계상한다.

1-3-8 교량받침 교체 (2021년 신설)

(일 당)

구 분			단위	교대 및 교각높이					
				20m 이하		40m 이하		40m 초과	
				수량	시공량(개)	수량	시공량(개)	수량	시공량(개)
교량받침 1기당 중량 0.2ton 이하	인력	특별인부	인	2	0.54	2	0.45	2	0.38
		보통인부	인	1		1		1	
		용접공	인	1		1		1	
	장비	크레인	대	1		1		1	
		고소작업차	대	1		1		1	
교량받침 1기당 중량 0.3ton 이하	인력	특별인부	인	2	0.45	2	0.38	2	0.31
		보통인부	인	1		1		1	
		용접공	인	1		1		1	
	장비	크레인	대	1		1		1	
		고소작업차	대	1		1		1	
교량받침 1기당 중량 0.5ton 이하	인력	특별인부	인	3	0.40	3	0.34	3	0.28
		보통인부	인	1		1		1	
		용접공	인	1		1		1	
	장비	크레인	대	1		1		1	
		고소작업차	대	1		1		1	
교량받침 1기당 중량 1.0ton 이하	인력	특별인부	인	3	0.30	3	0.25	3	0.21
		보통인부	인	1		1		1	
		용접공	인	1		1		1	
	장비	크레인	대	1		1		1	
		고소작업차	대	1		1		1	
교량받침 1기당 중량 1.5ton 이하	인력	특별인부	인	4	0.26	4	0.22	4	0.18
		보통인부	인	1		1		1	
		용접공	인	1		1		1	
	장비	크레인	대	1		1		1	
		고소작업차	대	1		1		1	
교량받침 1기당 중량 1.5ton 초과	인력	특별인부	인	4	0.22	4	0.18	4	0.15
		보통인부	인	1		1		1	
		용접공	인	1		1		1	
	장비	크레인	대	1		1		1	
		고소작업차	대	1		1		1	

[주] ① 본 품은 교량의 교대 및 교각의 기존 교량받침(포트받침, 탄성받침)을 철거하고 신규 자재를 재설치하는 기준이다.
② 본 품은 기존 교량받침 철거 작업으로 콘크리트 깨기, 기존 교량받침 및 Sole Plate 철거와 신규 교량받침 설치 작업으로 콘크리트 치핑 및 청소, 용접, 위치확인, 받침설치, 무수축 모르타르 타설 및 양생작업을 포함한다.
③ 기존 교량의 상부 인상 및 인하작업과 교대 및 교각의 코핑부 보강, 비계 및 작업발판, 난간 등의 설치는 별도 계상하며, 교대 및 교각 전체에 비계 및 작업발판을 설치한 경우에는 고소작업차의 투입을 제외한다.
④ 투입장비(크레인, 고소작업차 등)의 규격은 다음을 기준 참고하며, 작업여건에 따라 변경할 수 있다.

장 비	크레인	고소작업차
규 격	25~50ton	3~5ton

⑤ 공구손료 및 경장비(치핑기, 용접기, 발전기, 핸드믹서기 등)의 기계경비는 인력품의 5%로 계상한다.
⑥ 교량받침 설치를 위한 소모재료(무수축 모르타르 등)는 설계수량에 따른다.

1-3-9 교량신축이음 교체 (2021년 신설)

(일 당)

구 분			규격	단위	1차로 차단		2차로 차단		3차로 차단	
					수량	시공량(m)	수량	시공량(m)	수량	시공량(m)
절단폭 900mm 이하	인력	용접공		인	2	3.0 ~ 4.0	2	6.0 ~ 8.0	2	9.0 ~ 12.0
		콘크리트공		인	2		2		2	
		특별인부		인	3		3		3	
		보통인부		인	1		2		2	
	장비	굴착기+브레이커	0.2~0.6m³	대	1		1		1	
		트럭탑재형크레인	5ton	대	1		1		1	
절단폭 1,200mm 이하	인력	용접공		인	2		2		2	
		콘크리트공		인	2		2		2	
		특별인부		인	3		3		4	
		보통인부		인	1		2		2	
	장비	굴착기+브레이커	0.2~0.6m³	대	1		1		1	
		트럭탑재형크레인	5ton	대	1		1		1	
절단폭 1,500mm 이하	인력	용접공		인	2		2		2	
		콘크리트공		인	2		2		2	
		특별인부		인	3		3		4	
		보통인부		인	1		2		2	
	장비	굴착기+브레이커	0.2~0.6m³	대	2		2		2	
		트럭탑재형크레인	5ton	대	1		1		1	
절단폭 1,800mm 이하	인력	용접공		인	2		2		2	
		콘크리트공		인	2		2		2	
		특별인부		인	3		3		4	
		보통인부		인	2		2		2	
	장비	굴착기+브레이커	0.2~0.6m³	대	2		2		2	
		트럭탑재형크레인	5ton	대	1		1		1	

[주] ① 본 품은 교량에 신축이음장치(모노셀형, 핑거형, 레일형 등)를 철거하고 포장 및 콘크리트 파쇄 후 신규 자재를 설치하는 기준이다.

② 본 품은 기존 포장절단, 콘크리트 깨기, 기존 신축이음 철거, 신규 신축이음장치 설치, 철근가공조립, 보강철근 용접, 간격재(거푸집) 설치, 무수축 콘크리트 타설 및 양생을 포함한다.
③ 시공량은 운행도로의 교통통제 여건에 따라 차단되어 시공되는 차로의 길이를 적용하며, 1차로 연장이 좁은 갓길 등도 1차로 연장으로 적용한다.
④ 공구손료 및 경장비(소형브레이커, 용접기, 절단기, 공기압축기, 발전기, 믹서 등)의 기계경비는 인력품의 6%로 계상한다.
⑤ 재료량은 설계수량을 적용한다.

1-3-10 플륨관 해체 (2022년 보완)

(일 당)

구 분	규격	단위	수량	본당 중량(kg)						
				50~500 미만	500~700 미만	700~900 미만	900~1,100 미만	1,100~1,300 미만	1,300~1,500 미만	1,500~1,800 미만	1,800~2,100 미만
특 별 인 부		인	2	84	66	57	50	44	34	30	26
보 통 인 부		인	1								
크 레 인	10ton	대	1								

[주] ① 본 품은 철근 콘크리트 플륨관 및 벤치 플륨을 유용할 목적으로 해체하는 기준이다.
② 본 품은 플륨관 들어내기 및 정리작업을 포함한다.
③ 터파기, 기초(콘크리트, 자갈, 모래)의 해체, 지반고르기, 되메우기 등은 별도 계상한다.
④ 크레인규격은 작업여건에 따라 변경하여 적용할 수 있다.

제 2 장 토 목

2-1 도로포장공사

2-1-1 교통통제 및 안전처리 (2023년 신설)

1. 도로의 확포장, 도로시설 유지보수 등 교통통제 및 안전처리를 위한 인력은 각 항목에서 제외되어 있으며, 필요시 배치인원은 현장조건(교통상황, 통제시간 및 범위 등)을 고려하여 별도 계상한다.
2. 통행안전 및 교통소통을 위해 라바콘, 공사안내판 등 안전시설물을 시공하는 경우 특별인부 2인을 계상하고, 차량 등 장비가 필요한 경우 추가 계상한다.

2-1-2 포장절단 (2021년 보완)

(일당)

구 분	규격	단위	수량	시공량 (m)	
				아스팔트포장	콘크리트포장
특 별 인 부		인	1	500	450
보 통 인 부		인	1		
커 터	320~400mm	대	1		
동 력 분 무 기	4.85kW	대	0.5		

[주] ① 본 품은 아스팔트 포장 및 콘크리트 포장을 절단하는 기준이다.
② 포장두께는 20cm이하를 기준한다.
③ 블레이드 및 물 소비량은 별도 계상한다.

2-1-3 아스팔트 포장 절삭 후 아스팔트 덧씌우기(1회 절삭, 1회 포장)
(2020 · 2024년 보완)

(일당)

구 분	규격	단위	A-Type 수량	A-Type 시공량(m^2)	B-Type 수량	B-Type 시공량(m^2)	C-Type 수량	C-Type 시공량(m^2)
포 장 공		인	4		4		4	
보 통 인 부		인	2		2		2	
노 면 파 쇄 기	2m	대	2		2		1	
로더(타이어)+소형노면파쇄기	0.95m^3	대	1		1		1	
로 더 (타 이 어)	0.57m^3	대	3		2		1	
아 스 팔 트 피 니 셔	3.0m	대	1	5,000	1	3,400	1	1,800
머 캐 덤 롤 러	10~12t	대	1		1		1	
타 이 어 롤 러	8~15t	대	1		1		1	
탠 덤 롤 러	5~8t	대	1		1		1	
아스팔트 디스트리뷰터	3,800ℓ	대	1		1		1	
살 수 차	16,000ℓ	대	1		1		1	

[주] ① 본 품은 아스팔트 포장면을 대형장비로 절삭(밀링깊이 70mm이하, 1회) 후 아스팔트로 1회 재포장하는 기준이다.
② 본 품은 아스팔트 포장 절삭, 유제살포, 포장 및 다짐을 포함한다.
③ 현장 여건별 적용기준은 다음표를 기준한다.

구 분	적용기준
A Type	고속도로, 자동차전용도로, 평면교차로가 없는 일반도로 등과 같이 시공구간이 연결되어 있는 경우
B Type	평면교차로 등으로 인해 시공구간이 단절되어 일시적인 장비의 이동이 발생하되, 이동을 위한 장비의 운반이 발생되지 않는 경우
C Type	평면교차로 등으로 인해 시공구간이 단절되어 작업위치 이동을 위한 장비의 운반이 발생되는 경우

④ 절삭시 1m^3당 팁(날)을 0.69개 계상한다.
⑤ 작업시 공사 시방에 따라 장비 조합을 변경할 수 있다.
⑥ 본 품외의 장비(아스팔트온도조절장비, 진공청소차 등)를 추가 투입하는 경우에 기계경비는 별도 계상한다.

2-1-4 아스팔트 포장 절삭 후 아스팔트 덧씌우기(1회 절삭, 2회 포장)
(2024년 신설)

(일당)

구 분	규격	단위	A-Type 수량	A-Type 시공량 (m^2)	B-Type 수량	B-Type 시공량 (m^2)
포 장 공		인	4		4	
보 통 인 부		인	2		2	
노 면 파 쇄 기	2m	대	2		2	
로더(타이어)+소형노면파쇄기	$0.95m^3$	대	1		1	
로 더 (타 이 어)	$0.57m^3$	대	3		2	
아 스 팔 트 피 니 셔	3.0m	대	1	2,600	1	1,800
머 캐 덤 롤 러	10~12t	대	1		1	
타 이 어 롤 러	8~15t	대	1		1	
탠 덤 롤 러	5~8t	대	1		1	
아스팔트 디스트리뷰터	3,800ℓ	대	1		1	
살 수 차	16,000ℓ	대	1		1	

[주] ① 본 품은 아스팔트 포장면을 대형장비로 절삭(밀링깊이 100mm, 1회) 후 아스팔트로 동일 구간을 2회 재포장하는 기준이다.
② 본 품은 아스팔트 포장 절삭, 유제살포, 포장 및 다짐을 포함한다.
③ 현장 여건별 적용기준은 다음표를 기준한다.

구 분	적용기준
A Type	고속도로, 자동차전용도로, 평면교차로가 없는 일반도로 등과 같이 시공구간이 연결되어 있는 경우
B Type	평면교차로 등으로 인해 시공구간이 단절되어 일시적인 장비의 이동이 발생하되, 이동을 위한 장비의 운반이 발생되지 않는 경우

④ 절삭시 $1m^3$당 팁(날)을 0.69개 계상한다.
⑤ 작업시 공사 시방에 따라 장비 조합을 변경할 수 있다.
⑥ 본 품외의 장비(아스팔트온도조절장비, 진공청소차 등)를 추가 투입하는 경우에 기계경비는 별도 계상한다.

2-1-5 절삭 후 콘크리트 덧씌우기

(일당)

구 분	규격	단위	수량	시공량(m²)	
				밀링깊이 100mm	밀링깊이 150mm
포 장 공		인	4	2,500	1,600
특 별 인 부		인	1		
보 통 인 부 (절 삭)		인	1		
보 통 인 부 (청 소)		인	1		
보 통 인 부 (포 설)		인	4		
콘 크 리 트 페 이 버	75kW	대			
조 면 마 무 리 기	7.95m	대			
노 면 파 쇄 기	2m	대			
로 더 (타 이 어)	0.57m³	대			

[주] ① 본 품은 아스팔트 포장 절삭 후 콘크리트 덧씌우기의 포장면 절삭 및 청소, 포설, 양생, 조면마무리에 대한 품이다.
② 절삭시 1m³당 팁(날)을 0.69개 계상한다.
③ 양생제, 마대, 잡품 등 부대 재료비는 별도 계상한다.
④ 포장절단 및 줄눈설치는 '[토목부문] 1-7 포장절단 및 줄눈'을 참조하며 1차 줄눈컷팅과 줄눈설치를 적용한다.

2-1-6 아스팔트 절삭 및 덧씌우기 (2020년 · 2024년 보완)

(일당)

구 분	규격	단위	절삭 수량	절삭 시공량 (m^2)	덧씌우기 포장 수량	덧씌우기 포장 시공량 (m^2)
포 장 공		인	2		4	
보 통 인 부		인	1		1	
노 면 파 쇄 기	2m	대	1		–	
로더(타이어)+소형노면파쇄기	0.95m^3	대	1		–	
로 더 (타 이 어)	0.57m^3	대	2		1	
아 스 팔 트 피 니 셔	3.0m	대	–	2,900	1	2,000
머 캐 덤 롤 러	10~12t	대	–		1	
타 이 어 롤 러	8~15t	대	–		1	
탠 덤 롤 러	5~8t	대	–		1	
플 레 이 트 콤 팩 터	1.5ton	대	–		1	
살 수 차	16,000ℓ	대	1		1	
아스팔트 디스트리뷰터	400ℓ	대	–		1	
비 고	덧씌우기 포장 시 개질아스팔트 포장의 경우 10%, 투배수성 포장의 경우 20% 시공량을 감하고, 사용기계에서 타이어롤러 대신 머캐덤 롤러(10~12t) 1대를 추가로 계상한다.					

[주] ① 본 품은 아스팔트 포장면을 절삭(밀링깊이 70mm이하)하는 작업과 절삭 후 아스팔트로 재포장하는 기준이다.
② 본 품은 단지내 소로, 주택가 도로, 마을길 등의 소규모포장의 경우에 적용한다.
③ 본 품은 아스팔트 포장 절삭, 유제살포, 포장 및 다짐을 포함한다.
④ 작업시 공사 시방에 따라 장비 조합을 변경할 수 있다.

2-1-7 콘크리트 포장 절삭 후 아스팔트 덧씌우기 (2024년 신설)

(일당)

구 분	규격	단위	수량	시공량(㎡)
포 장 공		인	4	
보 통 인 부		인	2	
노 면 파 쇄 기	2m	대	2	
로더(타이어)+소형노면파쇄기	0.95㎥	대	1	
로 더 (타 이 어)	0.57㎥	대	3	
아 스 팔 트 피 니 셔	3.0m	대	1	1,400
머 캐 덤 롤 러	10~12t	대	1	
타 이 어 롤 러	8~15t	대	1	
탠 덤 롤 러	5~8t	대	1	
아스팔트 디스트리뷰터	3,800ℓ	대	1	
살 수 차	16,000ℓ	대	1	

[주] ① 본 품은 콘크리트 포장면을 대형장비로 절삭(밀링깊이 100mm, 2회) 후 아스팔트 2회 재포장하는 기준이다.
② 본 품은 시공구간이 연결되어 연속적으로 시공이 가능한 현장 기준이다.
③ 본 품은 콘크리트 포장 절삭, 유제살포, 아스팔트 포장 및 다짐을 포함한다.
④ 작업시 공사 시방에 따라 장비 조합을 변경할 수 있다.
⑤ 본 품외의 장비(아스팔트온도조절장비, 진공청소차 등)를 추가 투입하는 경우에 기계경비는 별도 계상한다.

2-1-8 소파보수(표층) (2020년 신설)

(일당)

구 분	규격	단위	A-Type 수량	A-Type 시공량 (㎡)	B-Type 수량	B-Type 시공량 (㎡)	C-Type 수량	C-Type 시공량 (㎡)
포 장 공		인	3		3		3	
보 통 인 부		인	1		1		1	
로더(타이어)+소형노면파쇄기	0.95㎥	대	1	400	1	140	1	50
로 더 (타 이 어)	0.57㎥	대	1		1		1	
진동롤러 (진동+타이어)	2.5ton	대	1		1		1	
아 스 팔 트 스 프 레 이 어	400ℓ	대	1		1		1	
트 럭	25ton	대	2		2		2	

[주] ① 본 품은 대형장비의 투입이 어려운 상황에서 아스팔트 포장면을 소형장비로 절삭(밀링 깊이 70mm 이하) 후 아스팔트로 재포장하는 기준이다.
② 본 품은 아스팔트 포장 절삭, 유제살포, 포장 및 다짐을 포함한다.
③ 트럭은 다음의 작업에 적용한다.

구 분	2.5ton	2.5ton
작 업	아스팔트 및 소모자재 운반	공구 및 경장비 운반

④ 현장 여건별 적용기준은 다음표를 기준한다.

구분	포장 시공시간	적용기준
A Type	7시간 이상	보수 개소가 작업구간에 밀집(연결)되어, 운반장비를 활용한 시공 장비의 이동 및 작업대기로 인한 포장 시공시간 손실이 미미한 경우
B Type	5시간 이상	보수 개소가 작업구간에 부분적으로 산재하여, 운반장비를 활용한 시공 장비의 이동 및 작업대기가 발생되는 경우
C Type	3시간 이상	보수 개소가 작업구간에 산발적으로 발생하여, 운반장비를 활용한 시공 장비의 이동 및 작업대기가 빈번히 발생되는 경우

※ '포장 시공시간'은 작업 준비, 절삭, 포장 및 다짐, 마무리를 포함하며, 작업 중 운반장비에 의한 현장이동(이동준비 및 운반시간), 작업대기(교통상황, 자재수급 지연 등)의 시간을 제외한다.

⑤ 현장별 시공여건에 대한 시공량의 할증은 다음표를 참고하여 적용한다.

구 분 A-Type	개소별 평균 시공면적				
	30m²이하	60m²이하	120m²이하	180m²이하	180m²초과
시공량 할증계수	0.79	0.89	1.00	1.12	1.26

구 분 B-Type	개소별 평균 시공면적				
	15m² 이하	30m² 이하	60m² 이하	90m² 이하	90m² 초과
시공량 할증계수	0.79	0.89	1.00	1.12	1.26

구 분 C-Type	개소별 평균 시공면적				
	5m² 이하	10m² 이하	20m² 이하	30m² 이하	30m² 초과
시공량 할증계수	0.79	0.89	1.00	1.12	1.26

⑥ 작업시 공사 시방에 따라 장비 조합을 변경할 수 있다.
⑦ 절삭없이 아스팔트를 덧씌우는 경우에는 포장공 1인, 파쇄기 1대를 제외하고, 시공량은 25%를 증하여 적용한다.

2-1-9 소파보수(포장복구) (2020년 보완)

(일당)

구 분	규격	단위	A-Type 수량	A-Type 시공량(m²)	B-Type 수량	B-Type 시공량(m²)	C-Type 수량	C-Type 시공량(m²)
포 장 공		인	3		3		3	
보 통 인 부		인	1		1		1	
굴 착 기	0.18m³	대	1		1		1	
로 더 (타 이 어)	0.57m³	대	1		1		-	
진동롤러 (진동+타이어)	2.5ton	대	1	110	1	45	-	20
진동롤러 (핸드가이드식)	0.7ton	대	-		-		1	
플 레 이 트 콤 팩 트	1.5ton	대	-		-		1	
아 스 팔 트 스 프 레 이 어	400ℓ	대	1		1		1	
트 럭	2.5ton	대	2		2		2	

[주] ① 본 품은 상하수도 등 공사 후 임시 되메우기한 상태에서 발생되는 일정구간 포장복구와 기존도로 유지보수를 위한 포장복구 기준이다.
② 본 품은 굴착, 골재치환 및 다짐, 유제살포, 기층 및 표층 포설 및 다짐을 포함한다.
③ 트럭은 다음의 작업에 적용한다.

구 분	2.5ton	2.5ton
작 업	아스팔트 및 소모자재 운반	공구 및 경장비 운반

④ 현장 여건별 적용기준은 다음표를 기준한다.

구분	포장 시공시간	적용기준
A Type	7시간 이상	보수 개소가 작업구간에 밀집(연결)되어, 운반장비를 활용한 시공 장비의 이동 및 작업대기로 인한 포장 시공시간 손실이 미미한 경우
B Type	5시간 이상	보수 개소가 작업구간에 부분적으로 산재하여, 운반장비를 활용한 시공 장비의 이동 및 작업대기가 발생되는 경우
C Type	3시간 이상	보수 개소가 작업구간에 산발적으로 발생하여, 운반장비를 활용한 시공 장비의 이동 및 작업대기가 빈번히 발생되는 경우

※ '포장 시공시간'은 작업 준비, 절삭, 포장 및 다짐, 마무리를 포함하며, 작업 중 운반장비에 의한 현장이동(이동준비 및 운반시간), 작업대기(교통상황, 자재수급 지연 등)의 시간을 제외한다.

⑤ 현장별 시공여건에 대한 시공량의 할증은 다음표를 참고하여 적용한다.

구 분	개소별 평균 시공면적				
A-Type	8m² 이하	60m² 이하	24m² 이하	48m² 이하	48m² 초과
시공량 할증계수	0.85	0.92	1.00	1.09	1.18

구 분	개소별 평균 시공면적				
B-Type	5m² 이하	10m² 이하	20m² 이하	30m² 이하	30m² 초과
시공량 할증계수	0.85	0.92	1.00	1.09	1.18

구 분	개소별 평균 시공면적				
C-Type	3m² 이하	6m² 이하	12m² 이하	18m² 이하	18m² 초과
시공량 할증계수	0.85	0.92	1.00	1.09	1.18

⑥ 작업시 공사 시방에 따라 장비 조합을 변경할 수 있다.

2-1-10 소파보수(도로복구) (2020년 보완)

(일당)

구 분	규격	단위	A-Type 수량	A-Type 시공량 (㎡)	B-Type 수량	B-Type 시공량 (㎡)	C-Type 수량	C-Type 시공량 (㎡)
포 장 공		인	4	85	4	35	4	15
보 통 인 부		인	2		2		2	
굴착기+대형브레이커	0.18㎥	대	1		1		1	
로 더 (타 이 어)	0.57㎥	대	1		1		1	
커터(콘크리트 및 아스팔트용)	320~400	대	1		1		1	
진동롤러 (진동+타이어)	2.5ton	대	1		1		-	
진동롤러 (핸드가이드식)	0.7ton	대	-		-		1	
플 레 이 트 콤 팩 트	1.5ton	대	-		-		1	
아 스 팔 트 스 프 레 이 어	400ℓ	대	1		1		1	
트 럭	2.5ton	대	2		2		2	

[주] ① 본 품은 기존 도로 파손에 의한 소규모 도로를 골재층까지 복구하는 기준이다.

② 본 품은 기존 도로 컷팅, 굴착, 골재치환 및 다짐, 유제살포, 기층 및 표층 포설 및 다짐을 포함한다.

③ 트럭은 다음의 작업에 적용한다.

구 분	2.5ton	2.5ton
작 업	아스팔트 및 소모자재 운반	공구 및 경장비 운반

④ 현장 여건별 적용기준은 다음표를 기준한다.

구분	포장 시공시간	적용기준
A Type	7시간 이상	보수 개소가 작업구간에 밀집(연결)되어, 운반장비를 활용한 시공 장비의 이동 및 작업대기로 인한 포장 시공시간 손실이 미미한 경우
B Type	5시간 이상	보수 개소가 작업구간에 부분적으로 산재하여, 운반장비를 활용한 시공 장비의 이동 및 작업대기가 발생되는 경우

구분	포장 시공시간	적용기준
C Type	3시간 이상	보수 개소가 작업구간에 산발적으로 발생하여, 운반장비를 활용한 시공 장비의 이동 및 작업대기가 빈번히 발생되는 경우

※ '포장 시공시간'은 작업 준비, 절삭, 포장 및 다짐, 마무리를 포함하며, 작업 중 운반장비에 의한 현장이동(이동준비 및 운반시간), 작업대기(교통상황, 자재수급 지연 등)의 시간을 제외한다.

⑤ 현장별 시공여건에 대한 시공량의 할증은 다음표를 참고하여 적용한다.

구 분	일당 작업 개소별 평균 시공면적				
A-Type	6㎡ 이하	12㎡ 이하	24㎡ 이하	36㎡ 이하	36㎡ 초과
시공량 할증계수	0.89	0.94	1.00	1.06	1.13

구 분	일당 작업 개소별 평균 시공면적				
B-Type	4㎡ 이하	8㎡ 이하	16㎡ 이하	24㎡ 이하	24㎡ 초과
시공량 할증계수	0.89	0.94	1.00	1.06	1.13

구 분	일당 작업 개소별 평균 시공면적				
C-Type	2㎡ 이하	4㎡ 이하	8㎡ 이하	12㎡ 이하	12㎡ 초과
시공량 할증계수	0.89	0.94	1.00	1.06	1.13

⑥ 작업시 공사 시방에 따라 장비 조합을 변경할 수 있다.

2-1-11 맨홀보수 (2020년 보완)

(일당)

구 분	규격	단위	하수도 및 기타 맨홀		상수도 맨홀	
			수량	시공량 (개소)	수량	시공량 (개소)
포 장 공		인	2	6	2	4
특 별 인 부		인	3		3	
보 통 인 부		인	3		3	
커터(콘크리트 및 아스팔트용)	320~400mm	대	1		1	
소 형 브 레 이 커 (전 기 식)	1.5kW	대	2		2	
모 르 타 르 믹 서	0.3m³	대	1		1	
플 레 이 트 콤 팩 터	1.5ton	대	1		1	
트 럭	2.5ton	대	3		3	

비 고: 인상높이는 기존 맨홀 뚜껑의 상단에서 보수 후 맨홀 뚜껑의 상단까지를 의미하며, 인상높이에 따라 다음의 할증률을 인력품에 가산한다.

인상높이(cm)	5이하	10이하	15이하	20이하
할증률(%)	-	5%	10%	15%

[주] ① 본 품은 아스팔트를 절삭 및 파쇄하여 맨홀 상단부까지 굴착 후 맨홀을 인상하여 보수하는 기준이다.
② 본 품은 아스팔트 절단, 굴착, 맨홀인상, 모르타르 주입 및 굴착부위 포장을 포함한다.
③ 트럭은 다음의 작업에 적용한다.

구 분	2.5ton	2.5ton	2.5ton
작 업	모르타르 자재 운반	아스팔트 자재 운반	공구 및 경장비 운반

④ 커터(콘크리트 및 아스팔트용) 이외의 아스팔트 절단을 위한 장비를 투입할 경우는 별도 계상한다
⑤ 내부미장을 할 경우 품을 별도 계상한다
⑥ 폐자재 및 잔토 처리비용은 별도 계상한다.

⑦ 공구손료 및 경장비(공기압축기, 발전기 등)의 기계경비는 인력품의 4%로 계상한다.
⑧ 재료량은 설계수량을 적용한다.

2-1-12 차선도색 (2020년 신설)

1. 차로 밑그림

(일당)

구 분	규격	단위	수량	시공량 (㎡)			
				실선	파선	횡단보도, 주차장	문자, 기호
특별인부		인	2	600	300	228	108
보통인부		인	2				
트 럭	2.5ton	대	1				

[주] ① 본 품은 차선도색을 위한 사전 밑그림 작업 기준이다.
② 운행도로 또는 확장공사 등의 노면표시 공사에서 차량의 부분 통제, 신호 간섭 등으로 시공에 지장을 받는 경우에 적용한다.
③ 본 품은 먹줄치기, 밑그림 도색 작업을 포함한다.
④ 트럭은 자재, 공구 및 경장비의 현장내 운반 작업에 적용한다.
⑤ 차량우회 및 신호를 위한 인력 및 장비는 현장 여건에 따라 별도 계상한다.
⑥ 사전 청소가 필요한 경우에는 별도 계상한다.
⑦ 운행도로의 노면표시 보수공사에서 차량 전면통제 등으로 작업의 제약이 없이 시공이 가능한 구간은 '1-9-9 차선도색'을 참고하여 적용한다.

2. 수용성형 페인트 수동식

(일당)

구 분	규격	단위	수량	시공량 (㎡)			
				실선	파선	횡단보도, 주차장	문자, 기호
특별인부		인	2	600	300	228	108
보통인부		인	2				
트 럭	4.5ton	대	1				

비고	노면에 표지병 등이 설치되어 작업능률이 저하되는 경우에는 시공량을 10%까지 감하여 적용한다.

[주] ① 본 품은 핸드가이드식 라인마커를 사용한 작업 기준이다.
　　② 운행도로 또는 확장공사 등의 노면표시 공사에서 차량의 부분 통제, 신호간섭 등으로 시공에 지장을 받는 경우에 적용한다.
　　③ 본 품은 차선도색, 유리알 살포 작업을 포함한다.
　　④ 트럭은 자재, 공구 및 경장비의 현장내 운반 작업에 적용한다.
　　⑤ 차량우회 및 신호를 위한 인력 및 장비는 현장 여건에 따라 별도 계상한다.
　　⑥ 사전 청소가 필요한 경우에는 별도 계상한다.
　　⑦ 운행도로의 노면표시 보수공사에서 차량 전면통제 등으로 작업의 제약이 없이 시공이 가능한 구간은 '1-9-9 차선도색'을 참고하여 적용한다.
　　⑧ 공구손료 및 경장비(라인마커 등)의 기계경비는 인력품의 3%로 계상한다.
　　⑨ 잡재료 및 소모재료는 주재료비의 1%로 계상한다.
　　⑩ 페인트 재료량 및 유리알 살포량은 별도 계상한다.

3. 수용성형 페인트 기계식

(일당)

구 분	규격	단위	수량	시공량 (m²)	
				실선	파선
특 별 인 부		인	1	4,000	2,000
보 통 인 부		인	1		
라인마커트럭	10km/hr	대	1		
트 럭	2.5ton	대	1		
비고	노면에 표지병 등이 설치되어 작업능률이 저하되는 경우에는 시공량을 10%까지 감하여 적용한다.				

[주] ① 본 품은 라인마커 트럭을 사용한 작업 기준이다.
　　② 운행도로 또는 확장공사 등의 노면표시 공사에서 차량의 부분 통제, 신호간섭 등으로 시공에 지장을 받는 경우에 적용한다.

③ 본 품은 차선도색, 유리알 살포 작업을 포함한다.
④ 트럭은 자재, 공구 및 경장비의 현장내 운반 작업에 적용한다.
⑤ 차량우회 및 신호를 위한 인력 및 장비는 현장 여건에 따라 별도 계상한다.
⑥ 사전 청소가 필요한 경우에는 별도 계상한다.
⑦ 운행도로의 노면표시 보수공사에서 차량 전면통제 등으로 작업의 제약이 없이 시공이 가능한 구간은 '1-9-9 차선도색'을 참고하여 적용한다.
⑧ 잡재료 및 소모재료는 주재료비의 1%로 계상한다.
⑨ 페인트 재료량 및 유리알 살포량은 별도 계상한다.

4. 융착식 도료 수동식 (2025년 보완)

(일당)

구 분	규격	단위	수량	시공량 (㎡)			
				실선	파선	횡단보도, 주차장	문자, 기호
특별인부		인	2	500	250	190	90
보통인부		인	2				
트 럭	4.5ton	대	1				
트 럭	2.5ton	대	1				
비고	\- 노면에 표지병 등이 설치되어 작업능률이 저하되는 경우에는 시공량을 10%까지 감하여 적용한다.						

[주] ① 본 품은 핸드가이드식 라인마커를 사용한 작업 기준이다.
② 운행도로 또는 확장공사 등의 노면표시 공사에서 차량의 부분 통제, 신호 간섭 등으로 시공에 지장을 받는 경우에 적용한다.
③ 본 품은 도료배합, 차선도색, 유리알 살포 작업을 포함한다.
④ 트럭은 다음의 작업에 적용한다.

구 분	4.5ton	2.5ton
작 업	용해기 운반	자재, 공구 및 경장비 운반

⑤ 차량우회 및 신호를 위한 인력 및 장비는 현장 여건에 따라 별도 계상한다.

⑥ 사전 청소가 필요한 경우에는 별도 계상한다.
⑦ 운행도로의 노면표시 보수공사에서 차량 전면통제 등으로 작업의 제약이 없이 시공이 가능한 구간은 '1-9-9 차선도색'을 참고하여 적용한다.
⑧ 공구손료 및 경장비(라인마커, 용해기 등)의 기계경비는 인력품의 10%로 계상한다.
⑨ 잡재료 및 소모재료는 주재료비의 1%로 계상한다.
⑩ 페인트 재료량 및 유리알 살포량은 별도 계상하고, 기타 자재의 수량은 다음을 참고한다.

($10m^2$당)w

구 분	단위	수량
프 라 이 머	kg	2.0
프 로 판 가 스	kg	2.0

※ 위 재료량은 할증이 포함되어 있다.

5. 상온경화형 플라스틱 도료 구동식 (2025년 신설)

(일당)

구 분	규격	단위	수량	시공량 (m^2)			
				실선	파선	횡단보도, 주차장	문자, 기호
특별인부		인	2	520	260	200	95
보통인부		인	2				
트 럭	2.5ton	대	2				
비고	\multicolumn{7}{l}{- 노면에 표지병 등이 설치되어 작업능률이 저하되는 경우에는 시공량을 10%까지 감하여 적용한다.}

[주] ① 본 품은 도로 신설공사의 라인마커(탑승형)를 사용한 상온경화형 플라스틱 도료를 차선도색 기준이다.
② 본 품은 차선도색, 유리알 살포 작업을 포함한다.
③ 트럭은 자재, 공구 및 경장비의 현장내 운반 작업에 적용한다.

④ 사전 청소가 필요한 경우에는 별도 계상한다.
⑤ 공구손료 및 경장비(핸드믹서 등)의 기계경비는 인력품의 2%로 계상하고, 라인마커의 기계경비는 별도계상한다.
⑥ 잡재료 및 소모재료는 주재료비의 1%로 계상한다.
⑦ 페인트 재료량 및 유리알 살포량은 별도 계상한다.

2-1-13 차선도색제거 (2020년 보완)

(일당)

구 분	규 격	단위	수량	시공량(m^2)
특 별 인 부		인	1	
보 통 인 부		인	2	35
차 선 제 거 기	6.7kW	대	1	
트 럭	2.5ton	대	1	

[주] ① 본 품은 차선도색 제거기를 이용하여 차선을 절삭하여 도색을 제거하는 기준이다.
② 트럭은 차선제거 폐기물, 공구 및 경장비의 현장내 운반 작업에 적용한다.
③ 표지병 제거비용은 별도 계상한다.
④ 차선도색 제거로 인해 발생되는 페아스콘 처리는 별도 계상한다.

2-1-14 슬러리실

(일당)

배치인원(인)			사용기계(1대)		시공량 (m²)
			명칭	규격	
포설	포 장 공	2	슬러리실 기계	3~3.8m	5,000
	보통인부	2	굴착기	0.8m³	

[주] ① 본 품은 슬러리실에 대한 품이다.
② 본 품은 포설두께 6mm를 기준으로 한다.
③ 표면처리 기계경비는 별도 계상한다.
④ 택코트 처리 및 골재의 채집 운반적재는 현장여건에 따라 별도 계상할 수 있다.
⑤ 본 공종에서 사용되는 재료량은 배합설계에 따른다.
⑥ 공종의 특성상 교통통제 및 안전처리(보통인부) 8명을 적용한다.

2-1-15 표면평탄작업

(일당)

배치인원(인)			사용기계(1대)		시공량 (m²)
			명칭	규격	
절삭, 청소	작업반장	1	그라인딩 장비	w=1.25m	1,100
	보통인부	1	로더(타이어)	0.57m³	
			살수차	5,500 ℓ	

[주] ① 본 품은 표면 평탄작업의 그라인딩, 청소에 대한 품이다.
② 작업면적이 10m² 이하이고 작업개소가 분산된 소규모 포장공사일 경우, 일당 시공량의 30%의 범위내에서 감하여 적용할 수 있다.
③ 그라인딩 장비의 기계경비는 노면파쇄기(2m)의 값을 적용한다.
④ 폐자재 수거에 대한 운반비는 별도 계상한다.

2-1-16 현장가열 표층재생공법

(일당)

사용기계 (1대)		시공량(㎡)
명 칭	규 격	
현장가열표층재생기	482kW	
로 더 (타 이 어)	0.57㎥	
아스팔트 피니셔	3.0m	
머 캐 덤 롤 러	10~12ton	2,800
타 이 어 롤 러	8~15ton	
텐 덤 롤 러	5~8 ton	
살 수 차	16,000ℓ	

[주] ① 본 품은 현장재활용 포장의 장비가열작업, 포설, 다짐에 대한 품이다.
② 본 품은 본선의 경우 포설두께 5cm를 기준으로 한 것이다.
③ 다짐시 공사시방에 따라 장비조합을 변경할 수 있다.
④ 재료에 대한 운반비는 별도 계상한다.
⑤ 100㎡당 팁(날) 0.7개를 계상한다.
⑥ 예열연료는 현장노면온도 25℃를 기준한 것으로 온도 저하에 따라 50%까지 증가할 수 있다.
⑦ 장비운반 및 조립해체비, 기존도로 노면의 청소비는 별도 계상한다.
⑧ 신재아스콘을 현장까지 운반하는 비용은 별도 계상하되, 신재아스콘을 호퍼에 투입하고 대기하는 시간을 포함하여 계상한다.

2-1-17 재래난간 철거공

(일당)

구 분	배치인원(인)		시공량 (m)	
			규격	철거
횡재부	용 접 공	3	강재난간	100
	보통인부	6		
	용 접 공	2	경량형강제난간	100
	보통인부	4		
	보통인부	2	알루미늄합금제난간	10

(일당)

구 분	배치인원(인)		시공량 (m)	
			규격	철거
속 주	보통인부	13	강재난간	10
	보통인부	13	경량형강제난간	10
	보통인부	10	알루미늄합금제난간	10

[주] ① 횡재부는 입목, 종재 등 1식을 포함한 것을 말한다.
② 속주(束柱)는 지목 콘크리트에 세워 횡재부를 지지하고 있는 부재를 말한다.
③ 발생재 운반비는 개개의 발생량으로 산출한다.
④ 발생된 강재, 알루미늄재의 발생 운반은 지정지로 한다.
⑤ 사용 재료는 다음과 같다.

종 별	횡재부(10m당)	
	산소(m^3)	아세틸렌(kg)
강 제 난 간	1.8	0.8
경 량 형 강 제 난 간	1.2	0.8
알루미늄합금제 난 간	1.2	0.8

※ 산소량은 대기압상태의 기준량이며, 압축산소는 35℃에서 150기압으로 압축용기에 넣어 사용하는 것을 기준한다.

2-1-18 교통 안전표지판 철거 (2020년 보완)

(일당)

구 분	규격	단위	수량	시공량(개소)
특별인부		인	2	
보통인부		인	1	17
트 럭	2.5ton	대	1	

[주] ① 본 품은 교통안전표지(단주식) 철거 기준이다.
② 교통안전표지 지주의 규격은 ±60.5~76.3×3.2×3,000~3,600㎜이며, 안전표지 판의 규격은 반사장치부 900×900㎜(삼각형), ø600㎜(원형) 기준이다.
③ 트럭은 자재, 공구 및 경장비의 현장내 운반 작업에 적용한다.
④ 기초제작 및 폐자재 운반은 별도 계상한다.
⑤ 상기 품과 다른 형식 및 규격으로 표지를 철거할 경우 별도 계상할 수 있다.
⑥ 공구손료 및 경장비(드릴, 발전기 등)의 기계경비는 인력품의 2%로 계상한다.

2-1-19 교통 안전표지판 교체 (2020년 보완)

(일당)

구 분	규격	단위	수량	시공량(개소)
특별인부		인	1	
보통인부		인	1	6
트 럭	2.5ton	대	1	

[주] ① 본 품은 교통안전표지(단주식) 교체 기준이다.
　　② 교통안전표지 지주의 규격은 ±60.5~76.3×3.2×3,000~3,600㎜이며, 안전표지판의 규격은 반사장치부 900×900㎜(삼각형), ø600㎜(원형) 기준이다.
　　③ 트럭은 자재, 공구 및 경장비의 현장내 운반 작업에 적용한다.
　　④ 기초제작 및 폐자재 운반은 별도 계상한다.
　　⑤ 상기 품과 다른 형식 및 규격으로 표지를 교체할 경우 별도 계상할 수 있다.
　　⑥ 공구손료 및 경장비(드릴, 발전기 등)의 기계경비는 인력품의 2%로 계상한다.

2-1-20 도로반사경 철거 (2020년 보완)

(일당)

구 분	규격	단위	수량	시공량(개소)	
				1면	2면
특별인부		인	1		
보통인부		인	1	12	9
트 럭	2.5ton	대	1		

[주] ① 본 품은 도로반사경과 지주의 철거 기준이다.
　　② 도로반사경의 규격은 아크릴스테인리스제 ø800~1,000㎜이며, 지주의 규격은 ø76.3×4.2×3,750㎜ 기준한 것이다.
　　③ 트럭은 자재, 공구 및 경장비의 현장내 운반 작업에 적용한다.
　　④ 공구손료 및 경장비(전동드릴, 발전기 등)의 기계경비는 인력품의 3%로 계상한다.

2-1-21 도로반사경 교체 (2020년 보완)

(일당)

구 분	규격	단위	수량	시공량(매)
특별인부		인	1	7
보통인부		인	1	
트 럭	2.5ton	대	1	

[주] ① 본 품은 아크릴스테인리스제(ø800~1,000㎜) 도로반사경의 교체 기준이다.
② 트럭은 자재, 공구 및 경장비의 현장내 운반 작업에 적용한다.

2-1-22 도로표지병 제거 (2020년 보완)

(일당)

구 분	규격	단위	수량	시공량 (개소)
보 통 인 부		인	2	40
트 럭	2.5ton	대	1	

[주] ① 본 품은 앵커형 표지병 제거 기준이다.
② 트럭은 자재, 공구 및 경장비의 현장내 운반 작업에 적용한다.
③ 공구손료 및 경장비(전동드릴 등)의 기계경비는 인력품의 5%로 계상한다.

2-1-23 시선유도표지 철거 (2020년 보완)

(일당)

구 분	규격	단위	수량	시공량 (개소)		
				흙속 매설용	가드레일용	옹벽용
특 별 인 부		인	1	130	260	130
보 통 인 부		인	1			
트 럭	2.5ton	대	1			

[주] ① 본 품은 시선유도표지 철거 기준이다.
② 흙속 매설용은 지주를 박아서 매설하는 경우 또는 터파기 후 되메우기 하여 매설하는 경우에 적용하는 것이며, 콘크리트 기초를 두어 설치하는 경우에는 별도로 계상한다.
③ 트럭은 자재, 공구 및 경장비의 현장내 운반 작업에 적용한다.
④ 공구손료 및 경장비(전동드릴 등)의 기계경비는 인력품의 3%로 계상한다.

2-1-24 보도용 블록 인력철거 (2021년·2024년 보완)

(일당)

구 분	규격	단위	A-Type		B-Type	
			수량	시공량 (㎡)	수량	시공량 (㎡)
포 장 공		인	2	360	2	260
보 통 인 부		인	2		1	
트 럭	2.5ton	대	1		1	

[주] ① 본 품은 유용할 목적으로 철거하거나 또는 장비를 사용하지 못하는 구간의 철거 작업 기준이다.
② 본 품은 블록 철거, 현장정리 작업을 포함한다.
③ 현장 여건별 적용기준은 다음과 같다.

구분	적용기준
A-Type	공원, 단지·택지조성공사의 보도 등 장비이동 및 적재가 용이한 구간
B-Type	차도인접, 주택가 보도 등 장비이동 및 적재 공간이 협소한 구간

④ 폐기물처리는 별도 계상한다.

2-1-25 보도용 블록 장비사용 철거 (2021년 신설·2024년 보완)

(일당)

구 분	규격	단위	A-Type		B-Type	
			수량	시공량 (㎡)	수량	시공량 (㎡)
포 장 공		인	1	600	1	460
보 통 인 부		인	1		1	
굴 삭 기	0.4㎥	대	1		-	
굴 삭 기	0.2㎥	대	-		1	
트 럭	2.5ton	대	1		1	

[주] ① 본 품은 장비를 사용하여 보도용 블록을 철거하는 기준이다.
② 본 품은 블록 철거, 현장정리 작업을 포함한다.
③ 현장 여건별 적용기준은 다음과 같다.

구 분	적용기준
A-Type	공원, 단지·택지조성공사의 보도 등 장비이동 및 적재가 용이한 구간
B-Type	차도인접, 주택가 보도 등 장비이동 및 적재 공간이 협소한 구간

④ 폐기물처리는 별도 계상한다.

2-1-26 보도용 블록 재설치(소형) (2021년 신설 · 2024년 보완)

(일당)

구 분	규격	단위	A-Type		B-Type	
			수량	시공량 (m²)	수량	B-Type
포 장 공		인	3		2	
특 별 인 부		인	2		2	
보 통 인 부		인	2		1	
굴 착 기	0.4m³	대	1	260	-	180
굴 착 기	0.2m³	대	-		1	
플레이트콤팩터	1.5ton	대	1		1	
트 럭	2.5ton	대	1		1	
비 고	유도·점자블록을 설치하는 경우 시공량의 10%를 감하여 적용한다. 블록 정밀절단(전동절단기)에 의한 시공이 아닌 경우, 특별인부 1인을 감하여 적용한다.					

[주] ① 본 품은 기존에 설치되었던 블록이 철거된 상태에서 신규블록(규격 0.1 m² 이하, 두께 8cm 이하)을 재설치하는 기준이다.

② 본 품은 모래 보강, 모래층 다짐 및 고르기, 블록 절단 및 설치, 줄눈채움 및 다짐 작업을 포함한다.

③ 현장 여건별 적용기준은 다음과 같다.

구 분	적용기준
A-Type	공원, 단지·택지조성공사의 보도 등 장비이동 및 적재가 용이한 구간
B-Type	차도인접, 주택가 보도 등 장비이동 및 적재 공간이 협소한 구간

④ 기층에 콘크리트나 아스팔트 등의 안정처리기층을 사용하거나, 지반침하방지가 필요한 경우 별도 계상한다.

⑤ 공구손료 및 경장비(절단기 등)의 기계경비는 인력품의 5%, 블록 정밀절단(전동절단기)에 의한 시공이 아닌 경우 2%로 계상한다.

2-1-27 보도용 블록 재설치(대형) (2024년 신설)

(일당)

구 분	규격	단위	A-Type		B-Type	
			수량	시공량 (㎡)	수량	B-Type (㎡)
포 장 공		인	3		2	
특 별 인 부		인	2		2	
보 통 인 부		인	2		1	
굴 착 기	0.4㎥	대	1	160	-	100
굴 착 기	0.2㎥	대	-		1	
플레이트콤팩터	1.5ton	대	1		1	
트 럭	2.5ton	대	1		1	
비 고	유도·점자블록을 설치하는 경우 시공량의 10%를 감하여 적용한다. 블록 정밀절단(전동절단기)에 의한 시공이 아닌 경우, 특별인부 1인을 감하여 적용한다.					

[주] ① 본 품은 기존에 설치되었던 블록이 철거된 상태에서 신규블록 (규격 0.10㎡ 초과 0.25㎡ 이하, 두께 8cm 이하)을 재설치하는 기준이다.

② 본 품은 모래 보강, 모래층 다짐 및 고르기, 블록 절단 및 설치, 줄눈채움 및 다짐 작업을 포함한다.

③ 현장 여건별 적용기준은 다음과 같다.

구 분	적용기준
A-Type	공원, 단지·택지조성공사의 보도 등 장비이동 및 적재가 용이한 구간
B-Type	차도인접, 주택가 보도 등 장비이동 및 적재 공간이 협소한 구간

④ 기층에 콘크리트나 아스팔트 등의 안정처리기층을 사용하거나, 지반침하방지가 필요한 경우 별도 계상한다.

⑤ 공구손료 및 경장비(절단기 등)의 기계경비는 인력품의 5%, 블록 정밀절단(전동절단기)에 의한 시공이 아닌 경우 2%로 계상한다.

2-1-28 보도용 블록 소규모보수 (2021년 신설 · 2024년 보완)

(일당)

구 분	규격	단위	수량	시공량 (㎡)
포 장 공		인	2	110
특 별 인 부		인	1	
보 통 인 부		인	1	
굴 착 기	0.4㎥	대	1	
플레이트콤팩터	1.5ton	대	1	
트 럭	2.5ton	대	1	
비고	유도 · 점자블록을 설치하는 경우 시공량의 10%를 감하여 적용한다.			

[주] ① 본 품은 보도용 블록포장의 손상으로 인해 소규모로 블록을 보수하는 기준이다.
② 블록의 규격은 0.1㎡ 이하, 두께 8cm이하 기준이다.
③ 본 품은 블록 철거, 모래 보강, 모래층 다짐 및 고르기, 블록 절단 및 설치, 줄눈채움 및 다짐 작업을 포함한다.
④ 공구손료 및 경장비(절단기 등)의 기계경비는 인력품의 2%로 계상한다.
⑤ 보수 블록의 작업구간이 산재하여 발생하는 경우 할증은 다음표를 참고하여 적용한다.

구 분	구간별 평균 시공면적				
	10㎡이하	30㎡이하	60㎡이하	110㎡이하	110㎡초과
시공량 할증계수	0.65	0.85	0.95	1.00	1.05

2-1-29 보차도 및 도로경계블록 철거 (2021년 신설 · 2024년 보완)

(일당)

구 분		규격	단위	수량	규격 (아래폭+높이mm)	시공량 (m)
A - Type	특별인부		인	2	300미만	500
	보통인부		인	1	350미만	420
	굴삭기	0.4㎥	대	1	400미만	390
					500미만	270
	트 럭	2.5ton	대	1	500이상	170

(일당)

구 분		규격	단위	수량	규격 (아래폭+높이mm)	시공량 (m)
B - Type	특별인부		인	2	300미만	400
	보통인부		인	1	350미만	335
	굴삭기	0.2m³	대	1	400미만	310
					500미만	215
	트럭	2.5ton	대	1	500이상	130

[주] ① 본 품은 장비를 사용하여 화강암 및 콘크리트 경계블록을 철거하는 기준이다.
② 본 품은 블록 철거, 현장정리 작업을 포함한다.
③ 현장 여건별 적용기준은 다음과 같다.

구 분	적용기준
A-Type	공원, 단지 · 택지조성공사의 보도 등 장비이동 및 적재가 용이한 구간
B-Type	차도인접, 주택가 보도 등 장비이동 및 적재 공간이 협소한 구간

④ 콘크리트 절단 및 깨기, 터파기 및 되메우기, 잔토처리는 현장 여건에 따라 별도 계상한다.
⑤ 폐기물처리는 별도 계상한다.
⑥ 장비의 종류 및 규격은 현장여건에 따라 변경할 수 있다.

2-1-30 보차도 및 도로경계블록 재설치 (2021년 신설 · 2024년 보완)

(일당)

구 분		규격	단위	수량	규격 (아래폭+높이mm)	시공량 (m)	
						직선구간	곡선구간
A-Type	특별인부		인	3	300미만	150	130
	보통인부		인	1	350미만	120	110
	굴삭기	0.4m³	대	1	400미만	110	95
					500미만	80	65
	트럭	2.5ton	대	1	500이상	50	45
B-Type	특별인부		인	2	300미만	110	95
	보통인부		인	1	350미만	85	75
	굴삭기	0.2m³	대	1	400미만	80	70
					500미만	55	40
	트럭	2.5ton	대	1	500이상	40	30

[주] ① 본 품은 기존에 설치되었던 블록이 철거된 상태에서 신규블록을 재설치하는 기준이다.
② 본 품은 위치확인, 경계블록 절단 및 설치, 이음모르타르 바름 작업을 포함한다.
③ 현장 여건별 적용기준은 다음과 같다.

구 분	적용기준
A-Type	- 공원, 단지·택지조성공사의 보도 등 장비이동 및 적재가 용이한 구간
B-Type	- 차도인접, 주택가 보도 등 장비이동 및 적재 공간이 협소한 구간

④ 기초 콘크리트, 거푸집, 터파기 및 되메우기, 잔토처리는 현장 여건에 따라 별도 계상한다.
⑤ 장비의 종류 및 규격은 현장여건에 따라 변경할 수 있다.
⑥ 공구손료 및 경장비(절단기 등)의 기계경비는 인력품의 2%로 계상한다.

2-1-28 가드레일 철거 (2020년 신설)

가드레일을 철거하는 경우 '[토목부문] 1-8-10 가드레일 설치' 품의 50%로 계상한다.

2-2 궤도공사

2-2-1 철도안전처리 (2023년 신설)

- 궤도 유지보수 공사 중 철도운행 안전관리자(열차감시원, 장비유도원, 안전관리자 등)의 인력투입은 각 항목에서 제외되어 있으며, 필요시 배치인원은 현장조건(시공위치, 차단시간 등)을 고려하여 별도 계상한다.
- 궤도 유지보수 공사를 위한 임시신호기(서행신호기, 서행예고신호기, 서행해제신호기, 서행발리스), 서행구역통과측정표지, 선로작업표, 공사알림판 등의 설치는 현장조건에 따라 별도 계상한다.

2-2-2 궤광철거 (2012년 · 2019년 · 2023년 보완)

(km당)

구 분		규격	단위	수량(레일규격)	
				37kg/m	50kg/m
목침목	궤 도 공	-	인	41	49
	보 통 인 부	-	인	9	11
	굴착기+부착용집게	0.2m³	hr	51	61
PCT	궤 도 공	-	인	42	51
	보 통 인 부	-	인	10	12
	굴착기+부착용집게	0.2m³	hr	54	66
터널, 교량	궤 도 공	-	인	50	61
	보 통 인 부	-	인	12	14
	굴착기+부착용집게	0.2m³	hr	65	78

[주] ① 본 품은 자갈도상 구간의 궤광을 해체, 철거하는 기준이다.
② 철거작업으로 발생된 자재의 상차 및 하화, 정리를 포함한다.
③ 운반은 별도 계상한다.
④ 레일 절단에 소요되는 품은 별도 계상한다.
⑤ 투입장비는 작업여건에 따라 장비조합을 변경하여 적용할 수 있다.

2-2-3 분기기 철거 (2019년 · 2023년 보완)

(틀당)

구 분	규격	단위	수량(분기기 종류)			
			#8번 분기기	#10번 분기기	#12번 분기기	#15번 분기기
궤 도 공	-	인	8	9	11	13
보 통 인 부	-	인	2	2	3	3
굴착기+부착용집게	0.2m³	hr	6	8	8	11

[주] ① 본 품은 자갈도상 구간의 분기기를 해체, 철거하는 기준이다.
② 철거작업으로 발생된 자재의 상차 및 하화, 정리를 포함한다.
③ 운반은 별도 계상한다.
④ 레일 절단에 소요되는 품은 별도 계상한다.
⑤ 투입장비는 작업여건에 따라 장비조합을 변경하여 적용할 수 있다.

2-2-4 레일교환(인력) (2012년 · 2023년 보완)

(km당)

구 분		단위	수량									
			3시간 차단						4시간 차단			
			시공구간 30m 이하		시공구간 100m 이하		시공구간 100m 초과		시공구간 30m 이하		시공구간 100m 이하		시공구간 100m 초과
			50 kg	60 kg	50 kg	60 kg	50 kg	60 kg	50 kg	60 kg	50 kg	60 kg	50 kg	60 kg
목침목 구간	궤도공	인	193	204	161	171	130	138	178	189	149	158	121	128
	보통인부	인	42	45	35	38	29	30	39	42	33	35	27	28
PCT 구간	궤도공	인	178	196	149	164	121	133	166	183	139	153	112	124
	보통인부	인	39	43	33	36	27	29	37	40	31	34	25	27
교량	궤도공	인	242	264	202	221	164	179	226	246	188	206	153	167
	보통인부	인	53	58	44	49	36	39	50	54	42	45	34	37
터널	궤도공	인	255	261	213	218	173	176	237	242	198	202	161	164
	보통인부	인	56	57	47	48	38	39	52	53	44	44	35	36
비고			한측 레일만 교환하는 경우는 본 품의 65%를 적용한다.										

[주] ① 본 품은 인력으로 양측레일을 교환하는 품이며, 운행선 구간의 야간작업 기준이다.
② 시공구간은 1일 차단시간 내에 시공하는 레일교환 대상물량 기준이다.
③ 체결구 해체, 레일교환, 체결구 체결을 포함한다.
④ 레일의 상차 및 하화, 운반, 레일 절단에 소요되는 품은 별도 계상한다.
⑤ 야간작업 할증, 열차 운행에 따른 지장, 대피 할증을 추가 계상하지 않는다.

2-2-5 레일교환(기계) (2019년 · 2023년 보완)

(km당)

구 분		규격	단위	수량	
				3시간 차단	4시간 차단
목침목구간	궤 도 공	-	인	84	78
	보 통 인 부	-	인	32	29
	굴착기+부착용집게	0.2m³	hr	86	82
PCT구간	궤 도 공	-	인	78	72
	보 통 인 부	-	인	29	29
	굴착기+부착용집게	0.2m³	hr	80	76
교량	궤 도 공	-	인	106	98
	보 통 인 부	-	인	40	37
	굴착기+부착용집게	0.2m³	hr	108	104
터널	궤 도 공	-	인	111	103
	보 통 인 부	-	인	42	39
	굴착기+부착용집게	0.2m³	hr	114	109
비고	본 품은 양측레일 교환 기준이며, 한측 레일만 교환하는 경우는 본 품의 65%를 적용한다.				

[주] ① 본 품은 운행선 구간의 야간에 장비를 사용하여 레일을 교환하는 기준이다.
② 체결구해체, 레일교환, 체결구체결을 포함한다.
③ 레일의 상차 및 하화, 운반, 레일 절단에 소요되는 품은 별도 계상한다.
④ 야간작업 할증, 열차 운행에 따른 지장, 대피 할증을 추가 계상하지 않는다.
⑤ 투입장비는 작업여건에 따라 장비조합을 변경하여 적용할 수 있다.

2-2-6 침목교환(인력) (2023년 보완)

(개당)

구 분		단위	수량			
			3시간 차단		4시간 차단	
			A-Type	B-Type	A-Type	B-Type
목침목 → 목침목	궤 도 공 보 통 인 부	인	0.283 0.071	0.209 0.052	0.279 0.070	0.206 0.052
목침목 → PCT	궤 도 공 보 통 인 부	인	0.662 0.192	0.488 0.141	0.650 0.189	0.479 0.139
PCT → PCT	궤 도 공 보 통 인 부	인	0.775 0.224	0.571 0.165	0.761 0.221	0.561 0.163
교량 침목교환	궤 도 공 보 통 인 부	인	1.005 0.291	0.740 0.214	0.988 0.287	0.728 0.211

[주] ① 본 품은 운행선 구간의 야간에 인력으로 침목을 교환하는 기준이다.
② 체결구해체, 침목교환, 체결구체결을 포함한다.
③ 현장 여건별 적용기준은 다음과 같다.

구 분	적용기준
A-Type	교환대상 침목이 산재되어 있어 시공위치별로 1~2개의 침목교환 후 이동이 발생하는 경우
B-Type	교환대상 침목이 구간별로 3개 이상 연속적으로 집중되어 있는 경우

④ 교량침목교환은 무도상교량에 적용하며, 교량침목고정장치 설치 또는 해체품은 별도 계상한다.
⑤ 침목의 상차 및 하화, 운반, 도상임시철거 및 복구, 자갈다지기 및 정리는 별도 계상한다.
⑥ 야간작업 할증, 열차 운행에 따른 지장, 대피 할증을 추가 계상하지 않는다.

2-2-7 침목교환(기계) (2019년 보완)

(개당)

구 분		규격	단위	수량	
				3시간 차단	4시간 차단
목침목 → PCT	궤 도 공 보 통 인 부	− −	인 인	0.090 0.020	0.079 0.018
	굴착기+부착용집게	0.2m³	hr	0.065	0.053
PCT → PCT	궤 도 공 보 통 인 부	− −	인 인	0.110 0.025	0.097 0.022
	굴착기+부착용집게	0.2m³	hr	0.105	0.86
교량 침목교환	궤 도 공 보 통 인 부	− −	인 인	0.271 0.061	0.240 0.054
	굴착기+부착용집게	0.2m³	hr	0.214	0.175

[주] ① 본 품은 운행선 구간의 야간에 장비를 사용하여 침목을 교환하는 기준이다.
② 체결구해체, 침목교환, 체결구체결을 포함한다.
③ 교량침목교환은 무도상교량에 적용하며, 교량침목고정장치 설치 또는 해체 품은 별도 계상한다.
④ 침목의 상차 및 하화, 운반, 도상임시철거 및 복구, 자갈다지기 및 정리는 별도 계상한다.
⑤ 야간작업 할증, 열차 운행에 따른 지장, 대피 할증을 추가 계상하지 않는다.
⑥ 투입장비는 작업여건에 따라 장비조합을 변경하여 적용할 수 있다.

2-2-8 분기기 교환(인력) (2023년 보완)

(틀당)

구 분		단위	수량	
			3시간 차단	4시간 차단
#8 분기기	궤 도 공	인	37	35
	보통인부	인	17	16
#10 분기기	궤 도 공	인	42	40
	보통인부	인	19	18
#12 분기기	궤 도 공	인	47	45
	보통인부	인	21	20
#15 분기기	궤 도 공	인	66	63
	보통인부	인	29	28

[주] ① 본 품은 인력으로 분해된 상태의 분기기를 재조립하여 교환하는 품이며, 운행선 구간의 야간작업 기준이다.
② 체결구 해체, 분기기교환, 체결구체결을 포함한다.
③ 분기기침목 교환, 도상자갈 철거 및 살포 작업은 제외되어 있다.
④ 분기기의 상차 및 하화, 운반, 도상임시철거 및 복구, 자갈다지기 및 정리는 별도 계상한다.
⑤ 레일 절단에 소요되는 품은 별도 계상한다.
⑥ 야간작업 할증, 열차 운행에 따른 지장, 대피 할증을 추가 계상하지 않는다.

2-2-9 분기기 교환(기계) (2019년·2023년 보완)

(틀당)

구 분		규격	단위	수량	
				3시간 차단	4시간 차단
#8 분기기	궤 도 공	-	인	21	20
	보 통 인 부	-	인	7	6
	굴착기+부착용집게	0.2m³	hr	33	32
#10 분기기	궤 도 공	-	인	25	24
	보 통 인 부	-	인	8	8
	굴착기+부착용집게	0.2m³	hr	39	37

(틀당)

구 분		규격	단위	수량	
				3시간 차단	4시간 차단
#12 분기기	궤 도 공	–	인	27	26
	보 통 인 부	–	인	9	8
	굴착기+부착용집게	0.2㎥	hr	59	56
#15 분기기	궤 도 공	–	인	36	35
	보 통 인 부	–	인	12	11
	굴착기+부착용집게	0.2㎥	hr	78	76

[주] ① 본 품은 운행선 구간의 야간에 장비를 사용하여 분해된 상태의 분기기를 재조립하여 교환하는 기준이다.
　② 체결구 해체, 분기기교환, 체결구체결을 포함한다.
　③ 분기기침목 교환, 도상자갈 철거 및 살포 작업은 제외되어 있다.
　④ 분기기의 상차 및 하화, 운반, 도상임시철거 및 복구, 자갈다지기 및 정리는 별도 계상한다.
　⑤ 레일 절단에 소요되는 품은 별도 계상한다.
　⑥ 야간작업 할증, 열차 운행에 따른 지장, 대피 할증을 추가 계상하지 않는다.
　⑦ 투입장비는 작업여건에 따라 장비조합을 변경하여 적용할 수 있다.

2-2-10　도상자갈 철거(인력)

(㎥당)

구 분	단 위	수 량
궤 도 공	인	0.04
특 별 인 부	인	0.11
보 통 인 부	인	0.32

[주] ① 본 품은 인력으로 기존 자갈도상의 자갈을 긁어내는 기준이다.
　② 자갈도상을 긁어내고 도상을 정리하는 작업을 포함한다.
　③ 철거작업으로 발생된 자갈의 상차 및 하화, 운반 및 정리는 별도 계상한다.

2-2-11 도상자갈 철거(기계) (2019년 신설)

(m³당)

구 분	규 격	단 위	수 량	
			3시간 차단	4시간 차단
궤 도 공	-	인	0.04	0.04
보 통 인 부	-	인	0.09	0.08
굴 착 기	0.2m³	hr	0.12	0.11

[주] ① 본 품은 운행선 구간의 야간에 장비를 사용하여 기존 자갈도상의 자갈을 긁어내는 기준이다.
② 자갈도상을 긁어내고 도상을 정리하는 작업을 포함한다.
③ 철거작업으로 발생된 자갈의 상차 및 하화, 운반 및 정리는 별도 계상한다.
④ 야간작업 할증, 열차 운행에 따른 지장, 대피 할증을 추가 계상하지 않는다.
⑤ 투입장비는 작업여건에 따라 장비조합을 변경하여 적용할 수 있다.

2-2-12 도상 갱환

1. 가받침 설치

(m당)

구 분	단 위	수 량
궤 도 공	인	0.09
특 별 인 부	인	0.05
보 통 인 부	인	0.20

[주] ① 본 품은 인력에 의한 지상부의 직선구간 기준이다.
② 자갈철거 이후 열차운행이 가능하도록 하기 위한 가받침설치 및 침목 가조립, 재료반출, 궤도정비 작업을 포함한다.
③ 곡선구간(R=950미만)에서는 가받침 설치품을 5%까지 증할 수 있다.
④ 잡재료비 및 기구손료는 별도 계상한다.

2. 판넬 설치

구 분	단위	수량	
		판넬설치(개당)	가받침 해체 및 설치(m당)
궤 도 공	인	0.05	0.09
특 별 인 부	인	0.09	0.18
보 통 인 부	인	0.05	0.09
비고	곡선구간(R=950미만)은 투입품을 5%까지 증하여 적용한다		

[주] ① 본 품은 지상부의 직선구간 기준이다.
② 본 품은 트랙머신에 의한 판넬설치와 가받침 해체 및 설치 작업으로 구분한다.
③ 판넬설치는 물청소와 트랙머신에 의한 판넬설치를 포함한다.
④ 본 품은 B2S A형 판넬(1,225×2,550㎜)을 기준으로 한 것이다.
⑤ B2S B형 판넬(1,125×2,550㎜)은 동일하게 적용하며, C형 판넬(350×2,550㎜)은 판넬설치 품의 50%를 적용한다.
⑥ 가받침 해체는 판넬설치를 위한 기존 가받침 및 침목 해체를 포함한다.
⑦ 가받침 설치는 판넬설치 후 열차 운행을 위한 체결구 조임, 가받침 재설치 및 재료반출, 궤도정비 공종을 포함한다.
⑧ 잡재료비 및 기계경비는 별도 계상한다.

3. 타설 후 정리작업

(m당)

구 분	단위	수량
궤 도 공	인	0.11
특 별 인 부	인	0.25
비고	곡선구간(R=950미만)은 투입품을 5%까지 증하여 적용한다	

[주] ① 본 품은 지상부의 직선구간 기준이다.
② 콘크리트 충전 후 열차 운행을 위한 가받침 설치·해체 및 궤도정비 공종을 포함한다.
③ 잡재료비 및 기계정비는 별도 계상한다.

2-2-13 궤도정정 및 이설 (2012년 · 2019년 · 2023년 보완)

(km 당)

구 분	규격	단위	수량	
			궤도정정	궤도이설
궤 도 공	-	인	47	121
보 통 인 부	-	인	27	46
굴착기+부착용집게	0.2㎥	hr	53	153
굴착기+부착용집게	0.6㎥	hr	-	153
양 로 기	11.19kW	hr	-	76

[주] ① 본 품은 궤도정정은 레일의 이동범위 1m미만 기준이며, 궤도이설은 레일의 이동범위 1m~3m 기준이다.
② 자갈제거, 궤도정정 및 이설, 자갈퍼넣기, 자갈정리 및 뒷정리 작업을 포함한다.
③ 자갈다지기는 별도 계상한다.

2-2-14 교상가드레일 철거 (2012년 · 2019년 보완)

(km당)

구 분	규격	단위	수량
궤 도 공	-	인	30
보 통 인 부	-	인	11
굴착기+부착용집게	0.2㎥	hr	34.8

[주] ① 본 품은 교상에 가드레일을 철거하는 기준이다.
② 나사 스파이크 뽑기, 가드레일 철거를 포함한다.

2-2-15 목침목 탄성체결장치 철거 (2012년 · 2019년 보완)

(침목 개소당)

구 분	규격	단위	수량
궤 도 공	-	인	0.028
보 통 인 부	-	인	0.022

[주] ① 본 품은 목침목에 탄성체결장치를 설치 또는 해체하는 기준이다.
② 나사 스파이크 풀기, 레일 들기, 체결장치 철거 품을 포함한다.

2-3 교량공사

2-3-1 강교보수 바탕처리(인력)

(m^2 당)

구 분	규격	단위	수량		
			A급	B급	C급
도 장 공		인	0.23	0.14	0.09
보 통 인 부		인	0.10	0.06	0.04
트럭탑재형크레인	5ton	hr	0.30	0.18	0.12

[주] ① 본 품은 강교의 보수도장 전에 도장면의 바탕처리를 기준한 것으로 대상면의 상태는 다음과 같다.
　　A급 : 기존 도장의 탈락이 극히 심하고 부식이 심한 기타 부착물을 완전히 연마하여 철판의 전면을 노출시켜야 할 정도
　　B급 : 재래도장의 탈락이 심하고 부분적으로 부식되어 대부분의 도막 및 기타 부착물의 완전 제거를 요하는 정도이다.
　　C급 : 재래도장의 부출되어 있는 녹을 제거하고 기타는 와이어 브러쉬로 청소할 정도
② 본 품은 도장면의 연마 및 청소작업이 포함된 것이다.
③ 보수도장 및 바탕처리를 위한 장비는 현장에 따라 다양한 종류(크레인, 굴절차 등)의 적용이 가능하며, 장비의 규격은 작업여건(작업범위, 위치 등)에 따라 변경할 수 있다.
④ 공구손료 및 경장비(그라인더 등)의 기계경비는 인력품의 3%로 계상한다.

2-3-2 강교보수 바탕처리(장비) (2021년 신설)

(일당)

구분	구분	규격	단위	수량	시공량 (㎡)
인력	도 장 공		인	5	
	보통인부		인	3	
장비	공 기 압 축 기	23.5㎥/min	대	2	240
	믹싱기(BLAST UNIT)	600kg/대	대	4	
	진공흡입기(V/Recovery)	100마력	대	1	
	발 전 기	250kW	대	1	
	집 진 기	140㎥/min	대	2	
	지 게 차	3.0Ton	대	1	
	에어 제습장치 시스템	1.5Ton	대	1	

[주] ① 본 품은 강교의 보수도장 전에 도장면의 바탕처리를 기준한 것으로 대상면을 블라스트 세정하는 기준이다.
② 본 품은 도장면의 연마 및 청소작업이 포함된 것이다.
③ 강교보수를 위한 장비(믹싱기, 진공흡입기, 집진기, 에어 제습장치 시스템)의 기계경비는 별도 계상한다.
④ 보수도장 및 바탕처리를 위한 장비는 현장에 따라 다양한 종류(크레인, 굴절차 등)의 적용이 가능하며, 장비의 규격은 작업여건(작업범위, 위치 등)에 따라 변경할 수 있다.
⑤ 시공을 위한 비계, 방진막 등의 가시설이 필요한 경우는 별도 계상한다.
⑥ 공구손료 및 경장비의 기계경비는 인력품의 3%로 계상한다.

2-4 관부설 및 접합

2-4-1 상수관 세척 (2018년 신설, 2021년 보완)

(일 당)

구 분	단 위	수 량	시공량(구간)
배관공(수도)	인	1	2구간
보 통 인 부	인	3	
시 험 기 구	식	1	

[주] ① 본 품은 양측의 제수밸브와 소화전을 이용한 상수관(300㎜이하)의 물세척(플러싱) 작업 기준이다.
② 본 품의 시공량의 "구간"은 양측 제수밸브에 의해 통제되는 구간 기준이다.
③ 본 품은 단수준비(사전홍보 포함), 제수밸브 개폐(양측), 탁도/염도 측정 작업을 포함한다.
④ 측정에 필요한 시험기구의 손료는 별도 계상한다.

2-4-2 하수관 세정 (2021년 신설, 2025년 보완)

(일당)

구 분	단위	수량	시공량(m) A-Type	시공량(m) B-Type
배관공(수도)	인	3	340	260
보 통 인 부	인	1		
진공흡입준설차	대	1		
물탱크(살수차)	대	1		
비 고	준설 작업이 필요하지 않은 경우에는 시공량의 20%를 증가하여 적용한다.			

[주] ① 본 품은 하수관 내부를 고압으로 세정하는 기준이다.
② 본 품은 장비 셋팅, 하수관 내부 세정 및 부분 준설, 정리 및 이동 작업을 포함한다.
③ 본 품은 세정을 기준으로 하며, 하수관내에 발생되는 슬러지의 부분적인

준설을 포함한다.
④ 현장 여건별 적용기준은 다음표를 기준한다.

구 분	적용기준
A-Type	- 작업위치(맨홀)가 대로 등 넓고, 작업공간이 확보되어 장비의 이동이 원활한 경우
B-Type	- 작업위치(맨홀)가 주택가 도로 등 좁고 협소하여 장비의 이동이 원활하지 못한 경우

⑤ 장비의 규격은 다음을 기준하나, 작업여건을 고려하여 적합한 규격 선정하여 계상한다.

구 분	A-Type	B-Type
진공흡입준설차	25톤(7.64m^3적)	13톤(3.00m^3적)
물탱크(살수차)	16,000ℓ	5,500ℓ

2-4-3 관세관(스크레이퍼+워터젯트 병행 방법) (2010 · 2011년 보완)

(m 당)

구 분		규격	단위	관경(mm)				
				150~200	250~300	400~500	600~700	800~900
인력	초급기술자		인	0.01	0.01	0.01	0.01	0.01
	특별인부		〃	0.03	0.03	0.03	0.03	0.03
	보통인부		〃	0.04	0.05	0.05	0.05	0.06
	일반기계운전사		〃	0.01	0.01	0.01	0.01	0.01
장비	워터젯트	131ps(250kg/cm^2)	hr	0.05	0.05	0.06	0.06	0.07
	윈치	싱글자동3ton	〃	0.06	0.07	0.07	0.08	0.09
	발전기	25kW	〃	0.06	0.07	0.07	0.08	0.09
	물탱크(살수차)	5,500ℓ	〃	0.05	0.05	0.06	0.06	0.07
	트럭탑재형크레인	5ton	〃	-	-	0.01	0.01	0.01
	수중펌프	80mm	〃	0.04	0.05	0.05	0.06	0.07

재 료	스크레파 몸통	ø150~900	개	6.7×10^{-4}
소모율	스 프 링 날	ø150~900	SET	33.3×10^{-4}

- 도복장 강관을 대상으로 할 경우 본품의 80%를 계상한다.
- 본 품은 녹 부착상태가 보통인 경우를 기준한 것이므로 다음에 따라 증감 적용한다.

	구분	녹부착상태	적용(%)
비 고	불량	표면전체에 금속성 사태로 두껍게 밀착 생성된 상태	+5
	보통	표면전체에 녹이 금속성 상태로 얇게 부착되고 전반적으로 돌기상태로 부착된 상태	0
	양호	표면전체에 녹이 형성되고 부분적으로 돌기형성이 되었거나 비교적 녹생성이 적고 라이닝만을 하기 위한 세척작업이 필요한 경우	-5

[주] ① 본 품은 주철관 및 강관에 대한 관 세관(스크레파+워터젯트 병행) 품이다.
② 본 품에는 소운반이 포함되어 있다.
③ 터파기, 잔토처리, 되메우기, 관절단은 별도 계상한다.
④ 잡재료는 인력품의 3%를 계상한다.
⑤ 관 내부 검사를 위한 CCTV조사가 필요한 경우 별도 계상한다.
⑥ 현장조건상 트럭탑재형 크레인의 적용이 어려운 경우, 동일한 규격의 크레인 (무한궤도, 타이어)을 적용할 수 있다.

2-4-4 하수관 수밀시험 (2018년, 2021년 보완)

(일당)

구 분	규격	단위	수량	시공량 (개소)		
				300mm 이하	600mm 이하	800mm 이하
배관공(수도)		인	2	4	3	2
보 통 인 부		인	1			
시 험 기 구	-	식	1			
트 럭	2.5ton	대	1			

[주] ① 본 품은 하수관에 물을 채워 누수를 측정하는 수밀시험 기준이다.
　　② 본 품은 시험기구 설치, 물채움, 측정, 기구해체 및 이동 작업을 포함한다.
　　③ 물탱크, 공기압축기, 시험기구의 손료는 별도 계상한다.
　　④ 용수와 잡재료비는 별도 계상한다.

2-4-5 하수관 공기압시험 (2021년 신설)

(일당)

구 분	규격	단위	수량	시공량 (개소)		
				300mm 이하	600mm 이하	800mm 이하
배관공(수도)		인	2	15	11	8
보 통 인 부		인	1			
시 험 기 구	-	식	1			
트　　　럭	2.5ton	대	1			

[주] ① 본 품은 하수관에 공기를 주입하여 누수를 측정하는 공기압시험 기준이다.
　　② 본 품은 시험기구 설치, 공기채움, 측정, 기구해체 및 이동 작업을 포함한다.
　　③ 물탱크, 공기압축기, 시험기구의 손료는 별도 계상한다.
　　④ 용수와 잡재료비는 별도 계상한다.

2-4-6 하수관 준설(버킷식) (2018년, 2021년 보완)

(일당)

구 분	규격	단위	수량	시공량(m³)
특 별 인 부		인	1	
버 킷 준 설 기	7.46kW	대	2	0.8
트　　　럭	2.5ton	대	1	

[주] ① 본 품은 버킷준설기를 이용한 하수관거 준설을 기준한 것이다.
　　② 본 품은 버킷준설기 셋팅, 준설, 준설토 상차 및 마무리 작업을 포함한다.
　　③ 준설토의 운반 작업은 제외되어 있다.
　　④ 버킷준설기는 호퍼식 준설기 기준이다.

2-4-7 하수관 준설(흡입식) (2012년, 2021년 보완)

(일당)

구 분	규격	단위	수량	시공량(m³)	
				A-Type	B-Type
배관공(수도)		인	2	8.6	6.4
보통인부		인	1		
진공흡입준설차	−	대	1		
물탱크(살수차)	−	대	1		
비고	하수관 내부에 폐기물 등으로 인하여 준설차 세정 이외의 추가작업이 필요한 경우에는 시공량을 15% 감하여 적용한다.				

[주] ① 본 품은 흡입준설차를 활용한 하수관 준설작업 기준이다.

② 본 품의 시공량은 하수도 내부의 준설토를 기준한 것이며, 준설을 위해 분사한 세정수(물)는 제외되어 있다.

③ 본 품은 장비셋팅, 하수관 내부세정(집토), 준설토 흡입, 정리 및 이동 작업을 포함한다.

④ 현장 여건별 적용기준은 다음표를 기준한다.

구 분		적용기준
하수관	A-Type	- 작업위치(맨홀)가 대로 등 넓고, 작업공간이 확보되어 장비의 이동이 원활한 경우
	B-Type	- 작업위치(맨홀)가 주택가 도로 등 좁고 협소하여 장비의 이동이 원활하지 못한 경우

⑤ 장비의 규격은 다음을 기준하나, 작업여건을 고려하여 적합한 규격 선정하여 계상한다.

구 분	하수관	
	A-Type	B-Type
진공흡입준설차	25톤(7.64m³적)	13톤(3.00m³적)
물탱크(살수차)	16,000ℓ	5,500ℓ

⑥ 준설 작업을 위해 투입되는 세정수(물)의 양은 별도 계상한다.

2-4-8 하수도 수로암거 준설(흡입식) (2021년 신설)

(일당)

구 분	규격	단위	수량	시공량(㎥)
배 관 공 (수 도)		인	3	9.8
보 통 인 부		인	1	
진공흡입준설차	25톤(7.64㎥적)	대	1	
물탱크(살수차)	5,500ℓ	대	1	

[주] ① 본 품은 흡입준설차를 활용한 하수도 수로암거 준설작업 기준이다.
② 본 품의 시공량은 수로암거 내부의 준설토를 기준한 것이며, 준설을 위해 분사한 세정수(물)는 제외되어 있다.
③ 본 품은 장비셋팅, 수로암거 내부 준설토 흡입, 정리 및 이동 작업을 포함한다.
④ 현장 여건 적용기준은 다음표를 기준한다.

구 분	적용기준
하 수 도 수 로 암 거	- 작업대상이 규격 800mm 이상의 수로암거 등으로 작업인력이 준설위치를 이동하면서 흡입 호스로 직접 준설이 가능한 경우

⑤ 장비의 규격은 작업여건을 고려하여 적합한 규격 선정하여 계상한다.
⑥ 현장별 시공여건에 대한 시공량의 할증은 다음표를 참고하여 적용한다.

구 분	하수도 내부의 준설토가 굳어져 있거나, 준설토 외에 폐기물 등이 존재하는 경우	맨홀간의 거리가 가까워 (20m 미만) 장비의 이동이 빈번하게 발생되는 경우
시공량 할증계수	-15%	-15%

⑦ 준설 작업을 위해 투입되는 세정수(물)의 양은 별도 계상한다.

2-4-9 빗물받이 준설(인력식) (2025년 신설)

(일당)

구 분	규격	단위	수량	시공량(개소)
특 별 인 부		인	1	
보 통 인 부		인	1	16
트 럭	2.5ton	대	1	

[주] ① 본 품은 인력으로 빗물받이 내부를 준설하는 기준이다.
② 본 품은 빗물받이 내부 준설, 준설토 상차 및 마무리 작업을 포함한다.
③ 준설토의 운반 작업은 제외되어 있다.

2-4-10 빗물받이 준설(흡입식) (2025년 신설)

(일당)

구 분	규격	단위	수량	시공량(개소) A-Type	시공량(개소) B-Type
배 관 공 (수 도)		인	1		
보 통 인 부		인	1	80	65
진공흡입준설차	-	대	1		

[주] ① 본 품은 흡입준설차를 활용하여 빗물받이를 준설하는 기준이다.
② 본 품은 장비셋팅, 빗물받이 내부준설, 정리 및 이동 작업을 포함한다.
③ 현장 여건별 적용기준은 다음표를 기준한다.

구 분	적용기준
A-Type	작업위치가 대로 등 넓고, 작업공간이 확보되어 장비의 이동이 원활한 경우
B-Type	작업위치가 주택가 도로 등 좁고 협소하여 장비의 이동이 원활하지 못한 경우

④ 장비의 규격은 다음을 기준하나, 작업여건을 고려하여 적합한 규격 선정하여 계상한다.

구 분	A-Type	B-Type
진공흡입준설차	25톤(7.64m³적)	13톤(3.00m³적)

2-4-11 CCTV조사 (2018년 · 2021년 · 2022년 보완)

(일당)

구 분	규격	단위	수량	시공량 (m)	
				신설관	기존관
특 별 인 부		인	2	520	320
보 통 인 부		인	1		
자주식 촬영장치	CCTV	대	1		
적 재 차	9인승 승합차	대	1		

[주] ① 본 품은 1,000㎜이하의 하수관거 CCTV 조사 기준이다.
② 본 품은 CCTV장비 셋팅, 조사, 정리 및 이동 작업을 포함한다.
③ 관로 내외부 지장물(맨홀뚜껑 차폐, 관로내 지장물 등)로 인해 CCTV 촬영이 지연되는 경우 시공량을 감하여 적용할 수 있다.
④ 본 품은 현장에서 CCTV를 활용한 조사 데이터 수집만을 포함하며, 조사 보고서 작성(내업) 등의 기술인력은 제외되어 있다.
⑤ CCTV외 별도의 기구가 필요한 경우 별도 계상한다.
⑥ 장비(자주식 촬영장치, 적재차)의 기계경비는 별도 계상한다.

2-4-12 주철관 철거 (2022년 신설, 2025년 보완)

(일당)

구 분	단위	수량	관경(㎜)	수량(본)
배 관 공 (수 도)	인	2	100이하	42
			125	36
			150	34
보 통 인 부	인	1	200	32
			250	30
			300	28
양 중 장 비	대	1	350	26

주] ① 본 품은 매설되어 있는 주철관을 터파기가 완료된 상태에서 철거하는 기준이다.
② 본 품은 관절단, 기존관 철거(들어내기)를 포함한다.
③ 포장 절단 및 깨기, 터파기, 되메우기, 잔토처리, 물푸기 작업은 제외되어 있다.
④ 양중장비의 규격은 작업여건(시공높이, 시공위치 등) 및 안전율(적정하중, 작업반경 등)을 고려하여 적합한 규격을 적용한다.

2-4-13 원심력철근콘크리트관 철거 (2022년 신설, 2025년 보완)

(일당)

구 분	단위	수량	관경(mm)	수량(본)
배관공(수도)	인	2	250	43
			300	39
			350	35
			400	31
			450	28
			500	26
보 통 인 부	인	1	600	22
			700	18
			800	16
			900	13
양 중 장 비	대	1	1,000	11
			1,100	9
			1,200	8
			1,350	6
			1,500	5

[주] ① 본 품은 매설되어 있는 원심력철근콘크리트관을 철거하는 기준이다.
　② 본 품은 기존관 관철거(들어내기)를 포함한다.
　③ 포장 절단 및 깨기, 터파기, 되메우기, 잔토처리, 물푸기 작업은 제외되어 있다.
　④ 양중장비의 규격은 작업여건(시공높이, 시공위치 등) 및 안전율(적정하중, 작업반경 등)을 고려하여 적합한 규격을 적용한다.

제 3 장 건 축

3-1 구조물 철거공사

3-1-1 콘크리트구조물 헐기(인력) (2025년 보완)

(일당)

구 분	규격	단위	수량	시공량(㎥)	
				무근	철근
착 암 공		인	2	2.7	2.3
보 통 인 부		인	1		
소형브레이커	1.5kW	대	2		

[주] ① 본 품은 소형브레이커(전기식)를 사용하여 콘크리트구조물을 철거하는 기준이다.
② 본 품은 콘크리트 헐기, 발생재 정리 작업을 포함한다.
③ 장애물 제거(철근, 파이프 등)가 필요한 경우 별도 계상한다.
④ 잡재료비(치즐 등)는 인력품의 1%로 계상한다.

3-1-2 콘크리트구조물 헐기(기계) (2021 · 2025년 보완)

(일당)

구 분		규격	단위	수 량	시공량(㎥)
장애물 미제거	특 별 인 부		인	2	50
	보 통 인 부		인	1	
	굴착기 + 압쇄기	1.0㎥	대	1	
	굴 착 기	0.6㎥	대	1	
장애물 제 거	용 접 공		인	1	45
	특 별 인 부		인	2	
	보 통 인 부		인	1	
	굴착기 + 압쇄기	1.0㎥	대	1	
	굴 착 기	0.6㎥	대	1	

[주] ① 본 품은 장비(굴착기+압쇄기)를 사용한 철근콘크리트 구조물을 해체하는 기준이다.
② 본 품은 콘크리트 헐기 및 부수기, 발생재 정리 작업을 포함한다.
③ 본 품은 높이 10m이하 기준이며, 특수조건(하부구조보강 필요 등)에 대한 비용은 별도 계상한다.
④ 공사장의 보호 및 안전시설 설치비, 폐기물 상차 및 운반, 폐기물 처리비용은 별도 계상한다.
⑤ 장비는 현장여건에 따라 규격을 변경하여 적용할 수 있다.
⑥ 대형브레이커가 필요한 경우 '[공통부문] 8-2-15 대형브레이커'를 참조하여 별도 계상한다.
⑦ 공구손료 및 경장비(살수장비 등)의 기계경비는 인력품의 4%로 계상한다.
⑧ 장애물 제거(철근, 파이프 등) 시 재료량은 다음을 참고한다.

(m^3당)

구 분	단위	수량
산소(대기압상태기준)	L	135
아세틸렌	kg	0.05

※ 산소량은 대기압상태의 기준량이며, 압축산소는 35℃에서 150기압으로 압축용기에 넣어 사용하는 것을 기준한다.

3-1-3 철골재 철거(인력) (2025년 보완)

(일당)

구 분	단위	수량	시공량(ton)
용 접 공	인	3	1.4
보 통 인 부	인	2	

[주] ① 본 품은 산소용접기를 사용하여 철골재 구조물을 해체하는 기준이다.
② 본 품은 철골재 철거, 발생재 정리 작업을 포함한다.
③ 공사장의 보호 및 안전시설 설치비, 폐기물 상차 및 운반, 폐기물 처리비용은 별도 계상한다.
④ 재료량은 다음을 참고하여 적용한다.

(일당)

구 분	단위	수량
산　　　　소	병	0.7
아　세　틸　렌	kg	2.5
L　　P　　G	kg	2.0

3-1-4 철골재 철거(기계) (2021년 신설, 2025년 보완)

(일당)

구 분	규격	단위	수량	시공량(ton)
특　별　인　부		인	2	
보　통　인　부		인	1	
굴 착 기 + 빔 커 터 기	1.0㎥	대	1	22
굴　　착　　　기	1.0㎥	대	1	
크　　레　　　인	-	대	1	

[주] ① 본 품은 장비(굴착기+빔커터기 등)를 사용하여 철골재 구조물을 해체하는 기준이다.
② 본 품은 철골재 철거, 발생재 정리 작업을 포함한다.
③ 높이 10m이하(지상에서 철거) 기준이며, 특수조건(소형장비 추가투입 등)에 대한 비용은 별도 계상한다.
④ 공사장의 보호 및 안전시설 설치비, 폐기물 상차 및 운반, 폐기물 처리비용은 별도 계상한다.
⑤ 크레인의 규격은 작업여건(시공높이, 시공위치 등) 및 안전율(적정하중, 작업반경 등)을 고려하여 적합한 규격을 적용한다.
⑥ 장비는 현장여건에 따라 규격을 변경하여 적용할 수 있다.
⑦ 공구손료 및 경장비(살수장비 등)의 기계경비는 인력품의 4%로 계상한다.

3-1-5 석축 헐기(인력) (2022년 보완, 2028년 삭제 예정)

구 분	단위	할석공(인)	보통인부(인)
메쌓기 뒷길이 45~60cm	m³당	-	0.2
메쌓기 뒷길이 60~90cm	m³당	-	0.3
찰 쌓 기	m³당	-	0.6
절 석 (마 름 돌) 쌓 기	m³당	0.1	1.1

[주] ① 본 품은 기준높이 3.6m일 때의 인력헐기를 기준한 것이며, 그 이상 일 때의 작업 안전설비 및 특수 조건에 대한 품은 별도 계상한다.
② 발생품을 재사용코자 할 때나 제자리 고르기를 할 경우는 별도 계상한다.
③ 본 품은 부수기내의 장애물 제거(철근, 파이프 등) 및 공구손료가 포함되어 있다.
④ 잡재료는 인력품의 5%이내에서 계상한다.

3-2 해체공사

3-2-1 금속기와 해체 (2022년 신설)

(m² 당)

구 분	단위	수량
지 붕 잇 기 공	인	0.018
보 통 인 부	인	0.012

[주] ① 본 품은 금속기와 지붕을 재사용하지 아니하는 때의 절단하여 해체하는 기준이다.
② 본 품은 지붕재 및 후레싱 해체 작업을 포함한다.
③ 비산방지, 보호 및 안전시설 등의 설치비는 별도 계상한다.
④ 폐기물 처리비용은 별도 계상한다.
⑤ 공구손료 및 경장비(절단기 등)의 기계경비는 인력품의 3%로 계상한다.

3-2-2 흡음텍스 해체 (2022년 신설)

(㎡ 당)

구 분	단위	수량
내 장 공	인	0.016
보 통 인 부	인	0.011

[주] ① 본 품은 흡음텍스를 재사용하지 아니하는 때의 해체하는 기준이다.
② 비산방지, 보호 및 안전시설 등의 설치비는 별도 계상한다.
③ 폐기물 처리비용은 별도 계상한다.

3-2-3 경량천장철골틀 해체 (2022년 신설)

(㎡ 당)

구 분	단위	수량
내 장 공	인	0.018
보 통 인 부	인	0.012

[주] ① 본 품은 경량천장철골틀을 재사용하지 아니하는 때의 절단하여 해체하는 기준이다.
② 본 품은 천장틀(채널, BAR 등) 해체, 달대 및 행거 해체 작업을 포함한다.
③ 비산방지, 보호 및 안전시설 등의 설치비는 별도 계상한다.
④ 폐기물 처리비용은 별도 계상한다.
⑤ 공구손료 및 경장비(절단기 등)의 기계경비는 인력품의 2%로 계상한다.

3-2-4 조적벽 해체 (2022년 신설)

(㎥ 당)

구 분	단위	수량
조 적 공	인	0.380
보 통 인 부	인	0.252

[주] ① 본 품은 조적벽(높이 3.6m이하)을 재사용하지 아니하는 때의 해체하는 기준이다.
　　② 본 품은 조적벽 해체, 고정철물 해체 작업을 포함한다.
　　③ 비산방지, 보호 및 안전시설 등의 설치비는 별도 계상한다.
　　④ 폐기물 처리비용은 별도 계상한다.
　　⑤ 공구손료 및 경장비(함마 등)의 기계경비는 인력품의 2%로 계상한다.

3-2-5　경량벽체철골틀 해체 (2022년 신설)

(㎡ 당)

구　분	단위	수량
내　장　공	인	0.016
보　통　인　부	인	0.011

[주] ① 본 품은 경량벽체철골틀을 재사용하지 아니하는 때의 절단하여 해체하는 기준이다.
　　② 본 품은 러너 및 스터드 해체 작업을 포함한다.
　　③ 비산방지, 보호 및 안전시설 등의 설치비는 별도 계상한다.
　　④ 폐기물 처리비용은 별도 계상한다.
　　⑤ 공구손료 및 경장비(절단기 등)의 기계경비는 인력품의 2%로 계상한다.

3-2-6　석고판 해체 (2022년 신설)

(㎡ 당)

구　분	단위	벽	천장
내　장　공	인	0.014	0.016
보　통　인　부	인	0.010	0.012

[주] ① 본 품은 석고판을 재사용하지 아니하는 때의 절단하여 해체하는 기준이다.
　　② 비산방지, 보호 및 안전시설 등의 설치비는 별도 계상한다.
　　③ 폐기물 처리비용은 별도 계상한다.
　　④ 공구손료 및 경장비(절단기 등)의 기계경비는 인력품의 2%로 계상한다.

3-2-7 도배 해체 (2022년 신설)

(㎡ 당)

구 분	단위	벽	천장
도 배 공	인	0.008	0.010
보 통 인 부	인	0.005	0.007

[주] ① 본 품은 도배지를 재사용하지 아니하는 때의 해체하는 기준이다.
② 본 품은 정배지 및 초배지 해체 작업을 포함한다.
③ 비산방지, 보호 및 안전시설 등의 설치비는 별도 계상한다.
④ 폐기물 처리비용은 별도 계상한다.

3-2-8 PVC계바닥재 해체 (2022년 신설)

(㎡ 당)

구 분	단위	수량
내 장 공	인	0.006
보 통 인 부	인	0.004

[주] ① 본 품은 PVC계 바닥재(시트)를 재사용하지 아니하는 때의 해체하는 기준이다.
② 비산방지, 보호 및 안전시설 등의 설치비는 별도 계상한다.
③ 폐기물 처리비용은 별도 계상한다.

3-2-9 타일 해체 (2022년 신설)

(㎡ 당)

구 분	단위	떠붙이기	압착붙이기, 접착붙이기
타 일 공	인	0.037	0.041
보 통 인 부	인	0.024	0.027

[주] ① 본 품은 타일을 재사용하지 아니하는 때의 해체하는 기준이다.
② 본 품은 타일 및 접착제 깨기 작업을 포함한다.
③ 비산방지, 보호 및 안전시설 등의 설치비는 별도 계상한다.
④ 폐기물 처리비용은 별도 계상한다.
⑤ 공구손료 및 경장비(절단기 등)의 기계경비는 인력품의 6%로 계상한다.

3-2-10 기존방수층 및 보호층 해체 (2022년 보완)

(㎡ 당)

구 분	규격	단위	수량
착 암 공		인	0.06
보 통 인 부		인	0.22
소형브레이커	1.3㎥/min	시간	0.10
공 기 압 축 기	3.5㎥/min	시간	0.05

[주] ① 본 품은 아스팔트 8층 방수를 보수하기 위하여 방수층을 철거하는 품으로 누름 콘크리트층의 파쇄, 방수층 철거, 폐자재 소운반 및 정리품이 포함되어 있다.
② 소규모공사(개소당 작업면적 40㎡미만)인 경우는 장비 사용기간 및 품을 40% 범위내에서 가산할 수 있다.
③ 누름 콘크리트 두께 8㎝ 기준이다.

3-2-11 기존방수층 제거 및 바탕처리 (2023년 신설)

(㎡ 당)

구 분	단 위	바닥	수직부
방 수 공	인	0.037	0.041
보 통 인 부	인	0.015	0.017

[주] ① 본 품은 재방수를 하기 위하여 기존방수층(도막방수)을 제거하고 바탕처리하는 기준이다.
② 본 품은 방수층 제거, 홈메우기, 불순물 청소, 퍼티 작업을 포함한다.
③ 공구손료 및 경장비(엔진송풍기, 연마기 등)의 기계경비는 인력품의 6%로 계상한다.
④ 바탕처리에 사용되는 재료(퍼티, 방수테이프 등)는 별도 계상한다.

3-2-12 석면건축자재 해체 (2009년 신설, 2011년 보완)

(㎡ 당)

구 분	석면해체공	보통인부
내 장 재	0.120	0.017
외 장 재	0.045	0.011
뿜 칠 재	0.5	-

[주] ① 본 품은 석면이 함유된 자재를 해체하는 품으로 적용기준은 다음과 같다.
· 내장재는 건축물의 내부 천장재, 내벽체, 간막이재 철거를 기준한 것이다.
· 외장재는 슬레이트 지붕재 해체를 기준한 것이다.
· 뿜칠재는 철골내화피복재를 기준으로 한 것으로 철골면의 하부면, 측면부, 상부면 등의 해체공사와 철재로 시공된 천장면에 부착되어 있는 뿜칠재의 해체를 기준한 것이다.
② 뿜칠재의 경우, 콘크리트면에 부착된 석면 뿜칠재의 해체는 본 품의 20%를 할증하여 적용할 수 있다.
③ 본 품은 비닐보양재(내장재, 뿜칠재), 오염제거구역 설치 및 해체가 포함된 것이며, 보양막(외장재)설치 및 해체품은 제외되어 있다.
④ 본 품은 일일 작업시간 6시간을 기준한 것이다.
⑤ 석면자재의 해체 작업 시 소요되는 기기경비 및 재료비, 소모품비는 별도 계상한다.
⑥ 실내 고소작업 및 실외 비계설치를 위한 가설재의 설치는 별도 계상한다.

3-3 칠공사

3-3-1 재도장 시 바탕처리(콘크리트·모르타르면) (2021년 신설)

(일당)

구 분	단위	수량	시공량(㎡)
도 장 공	인	2	230
보 통 인 부	인	1	

[주] ① 본 품은 콘크리트·모르타르면 재도장 시 바탕처리하는 기준이다.
② 본 품은 기존 도장면을 제거하지 않고, 곰팡이 등 오염, 균열 부위에 부분적으로 퍼티 및 연마하는 작업 기준이다.
③ 공구손료 및 잡재료비(연마지 등)는 인력품의 3%로 계상한다.

3-3-2 재도장 시 바탕처리(철재면) (2021년 신설)

(일당)

구 분	단위	수량	시공량(㎡)	
			A급	B급
도 장 공	인	2	20	60
보 통 인 부	인	1		

[주] ① 본 품은 철재면 재도장 시 바탕처리하는 기준이다.
② 본 품은 오염(기름때 등) 및 부착물 제거, 도장면 연마 및 청소 작업을 포함한다.
③ 대상면의 상태에 따른 적용기준은 다음과 같다.

구 분	적용기준
A급	재래도장의 탈락이 심하고 부분적으로 부식되어 약품을 사용하여 도막 및 기타 부착물의 완전 제거를 요하는 정도
B급	재래도장의 부출되어 있는 녹을 제거하고 와이어 브러쉬로 청소할 정도

④ 공구손료 및 잡재료비(연마지 등)는 인력품의 3%로 계상한다.

3-3-3 재도장 시 바탕처리(목재면) (2021년 신설)

(일당)

구 분	단위	수량	시공량(㎡) A급	시공량(㎡) B급
도 장 공	인	2	110	270
보 통 인 부	인	1		

[주] ① 본 품은 목재면 재도장 시 바탕처리하는 기준이다.
   ② 본 품은 오염 및 부착물 제거, 틈새 및 구멍 충진, 퍼티 및 연마 작업을 포함한다.
   ③ 대상면의 상태에 따른 적용기준은 다음과 같다.

구 분	적용기준
A급	재래도장의 탈락 및 목재의 손상이 심하여 갈라진틈, 구멍 땜 등을 충진하고, 평탄하게 연마해야하는 정도
B급	재래도장의 탈락 및 목재의 손상이 거의 없으며, 부착물 제거, 부분적으로 퍼티 및 연마를 요하는 정도

   ④ 공구손료 및 잡재료비(연마지 등)는 인력품의 3%로 계상한다.

3-4 수선 및 보수공사 (2022년 신설)

3-4-1 지붕 덧씌우기 (2022년 신설)

(일당)

구 분	단위	수량	시공량(㎡)
지 붕 잇 기 공	인	4	85
보 통 인 부	인	2	
비 고	맞배지붕(경사를 짓는 지붕면이 2개소)은 시공량을 20% 가산하여 적용한다.		

[주] ① 본 품은 기존의 지붕 위에 신규 지붕을 덧씌워 보수하는 기준이다.
   ② 본 품은 바탕정리, 지붕틀 설치, 지붕재(금속기와) 설치, 용마루 및 후레싱 마감 작업을 포함한다.
   ③ 홈통 및 빗물받이 설치는 '[건축] 7-2 홈통'를 따른다.

④ 비계매기, 비산방지, 보호 및 안전시설의 설치비는 별도 계상한다.
⑤ 공구손료 및 경장비(에어콤프, 절단기 등)의 기계경비는 인력품의 2%로 계상한다.

3-4-2 지붕 재설치 (2022년 신설)

(일당)

구 분	단위	수량	시공량(㎡)
지붕잇기공	인	6	50
보통인부	인	2	
비 고	맞배지붕(경사를 짓는 지붕면이 2개소)은 시공량을 20% 가산하여 적용한다.		

[주] ① 본 품은 기존의 지붕재가 철거된 상태에서 신규 지붕을 재설치하는 기준이다.
② 본 품은 바탕정리, 지붕틀 및 바탕합판 설치, 방수시트 및 단열재 설치, 지붕재(금속기와) 설치, 용마루 및 후레싱 마감 작업을 포함한다.
③ 홈통 및 빗물받이 설치는 '[건축] 7-2 홈통'를 따른다.
④ 지붕재 철거는 별도 계상한다.
⑤ 비계매기, 비산방지, 보호 및 안전시설(비계 등)의 설치비는 별도 계상한다.
⑥ 공구손료 및 경장비(에어콤프, 절단기 등)의 기계경비는 인력품의 2%로 계상한다.

3-4-3 도배 교체 (2022년 신설)

(일당)

구 분	단위	수량	시공량(㎡)	
			벽	천장
내장공	인	2	46	35
비 고	사용중인 세대로 가구 등의 지장물이 있는 경우 시공량의 15%를 감한다.			

[주] ① 본 품은 도배지를 해체(재사용하지 아니하는 때)하고 재설치하는 기준이다.
② 본 품은 도배지 해체, 바탕정리, 풀먹임, 초배 및 정배 바름 작업을 포함한다.
③ 가구 등 지장물의 운반은 별도 계상한다.

3-4-4 PVC계바닥재 교체 (2022년 신설)

(일당)

구 분	단위	수량	시공량(㎡)
내 장 공	인	2	61
비 고	사용중인 세대로 가구 등의 지장물이 있는 경우 시공량의 15%를 감한다		

[주] ① 본 품은 PVC계 바닥재(시트)를 해체(재사용하지 아니하는 때)하고 재설치하는 기준이다.
② 본 품은 바닥재 해체, 바탕정리, 접착제(부분접합 방식) 바름, 바닥재 설치 작업을 포함한다.
③ 가구 등 지장물의 운반은 별도 계상한다.

3-4-5 타일 교체 (2022년 신설)

(일당)

구 분	단위	수량	시공량(㎡)	
			떠붙이기(벽)	압착붙이기(바닥)
타 일 공	인	2	7	8
비 고	사용중인 세대로 가구 등의 지장물이 있는 경우 시공량의 15%를 감한다.			

[주] ① 본 품은 타일을 해체(재사용하지 아니하는 때)하고 재설치하는 기준이다.
② 본 품은 바닥재 해체, 바탕정리, 모르타르 비빔, 타일붙임, 줄눈 설치 및 마무리 작업을 포함한다.
③ 방수 작업은 별도 계상한다.
④ 가구 등 지장물의 운반은 별도 계상한다.

제 4 장   기 계 설 비

4-1 일반기계설비 해체

4-1-1 배관 해체 (2022년 신설)

(m 당)

규격 (mm)	강관		동관	
	배관공 (인)	보통인부 (인)	배관공 (인)	보통인부 (인)
ø 15이하	0.012	0.008	0.010	0.007
20	0.013	0.009	0.012	0.008
25	0.017	0.011	0.015	0.010
32	0.019	0.013	0.018	0.012
40	0.021	0.014	0.020	0.014
50	0.027	0.018	0.027	0.018
65	0.031	0.021	0.031	0.021
80	0.039	0.026	0.039	0.026
100	0.053	0.035	0.053	0.035
125	0.067	0.045	0.066	0.044
150	0.079	0.053	0.078	0.052
200	0.121	0.080	0.116	0.077
250	0.161	0.107	0.153	0.102
300	0.208	0.139		
350	0.250	0.167		
400	0.296	0.197		

[주] ① 본 품은 배관을 재사용하지 아니하는 때의 절단하여 해체하는 기준이다.
　　② 본 품은 지지철물, 배관 해체를 포함한다.
　　③ 비산방지, 보호 및 안전시설 등의 설치비는 별도 계상한다.
　　④ 폐기물 처리비용은 별도 계상한다.
　　⑤ 공구손료 및 경장비(절단기 등)의 기계경비는 인력품의 2%로 계상한다.

4-1-2 각형덕트 해체 (2022년 신설)

(㎡ 당)

구 분	단위	호칭두께(mm)					
		0.5	0.6	0.8	1.0	1.2	1.6
덕 트 공	인	0.064	0.060	0.063	0.077	0.089	0.111
보통인부	인	0.043	0.040	0.042	0.051	0.059	0.074

[주] ① 본 품은 각형덕트(아연도금강판, 스테인리스)를 재사용하지 아니하는 때의 절단하여 해체하는 기준이다.
② 본 품은 지지철물, 덕트 절단 및 해체를 포함한다.
③ 비산방지, 보호 및 안전시설 등의 설치비는 별도 계상한다.
④ 폐기물 처리비용은 별도 계상한다.
⑤ 공구손료 및 경장비(절단기 등)의 기계경비는 인력품의 2%로 계상한다.

4-1-3 스파이럴덕트 해체 (2022년 신설)

(m 당)

철판두께 (mm)	규격 (mm)	덕트공 (인)	보통인부 (인)	철판두께 (mm)	규격 (mm)	덕트공 (인)	보통인부 (인)
0.5	ø150이하	0.036	0.024	0.6	300	0.064	0.043
	160	0.037	0.025		350	0.074	0.049
	180	0.041	0.028		400	0.084	0.056
	200	0.045	0.030		450	0.104	0.069
0.6	225	0.050	0.033		500	0.114	0.076
	250	0.055	0.036		550	0.123	0.082
	275	0.059	0.040		600	0.132	0.088

[주] ① 본 품은 스파이럴덕트(아연도금강판)를 재사용하지 아니하는 때의 절단하여 해체하는 기준이다.
② 본 품은 지지철물, 덕트 절단 및 해체를 포함한다.
③ 비산방지, 보호 및 안전시설 등의 설치비는 별도 계상한다.
④ 폐기물 처리비용은 별도 계상한다.
⑤ 공구손료 및 경장비(절단기 등)의 기계경비는 인력품의 2%로 계상한다.

4-1-4 배관보온 해체 (2022년 신설)

(m당)

규격 (mm)	고무발포보온재		발포폴리에틸렌보온재		유리면보온재(글라스울)	
	보온공 (인)	보통인부 (인)	보온공 (인)	보통인부 (인)	보온공 (인)	보통인부 (인)
ø15	0.014	0.010	0.010	0.007	0.016	0.011
20	0.016	0.011	0.012	0.008	0.018	0.012
25	0.017	0.011	0.012	0.008	0.019	0.013
32	0.020	0.013	0.014	0.010	0.023	0.015
40	0.023	0.016	0.017	0.011	0.026	0.017
50	0.027	0.018	0.019	0.013	0.031	0.020
65	0.029	0.020	0.021	0.014	0.033	0.022
80	0.033	0.022	0.024	0.016	0.038	0.025
100	0.038	0.025	0.027	0.018	0.043	0.028
125	0.046	0.030	0.033	0.022	0.051	0.034
150	0.053	0.035	0.038	0.025	0.060	0.040
200	0.064	0.042	0.045	0.030	0.072	0.048
250	0.073	0.049	0.052	0.035	0.082	0.055
300	0.083	0.055	0.059	0.039	0.093	0.062

[주] ① 본 품은 배관보온재(보온두께 50mm이하)를 재사용하지 아니하는 때의 절단하여 해체하는 기준이다.
② 비산방지, 보호 및 안전시설 등의 설치비는 별도 계상한다.
③ 폐기물 처리비용은 별도 계상한다.

4-1-5 덕트보온 해체 (2022년 신설)

(m² 당)

구 분	단위	고무발포보온재 발포폴리에틸렌보온재	유리면보온재 (글라스울)
보 온 공	인	0.081	0.096
보 통 인 부	인	0.054	0.064

[주] ① 본 품은 재사용하지 아니하는 때의 보온재를 절단하여 해체하는 기준이다.
② 비산방지, 보호 및 안전시설 등의 설치비는 별도 계상한다.
③ 폐기물 처리비용은 별도 계상한다.

4-1-6 펌프 해체 (2022년 신설)

(대 당)

규격(kW)	기계설비공 (인)	보통인부 (인)	규격(kW)	기계설비공 (인)	보통인부 (인)
0.75 이하	0.245	0.163	11 이하	0.685	0.457
1.5 이하	0.271	0.181	15 이하	0.727	0.485
2.2 이하	0.312	0.208	22 이하	1.175	0.783
3.7 이하	0.359	0.239	37 이하	1.517	1.011
5.5 이하	0.432	0.288	55 이하	2.440	1.627
7.5 이하	0.545	0.363	75 이하	2.989	1.993

[주] ① 본 품은 일반펌프(급수 및 소방펌프)를 재사용하지 아니하는 때의 절단하여 해체하는 기준이다.
② 본 품은 방진가대 해체, 펌프 절단 및 해체를 포함한다.
③ 비산방지, 보호 및 안전시설 등의 설치비는 별도 계상한다.
④ 폐기물 처리비용은 별도 계상한다.
⑤ 공구손료 및 경장비(절단기 등)의 기계경비는 인력품의 2%로 계상한다.

4-1-7 일반기계설비 철거 및 이설 (1993년, 2022년 보완)

(단위:%)

구 분	철거		동일구내 (인접장소) 이설
	재사용을 고려 할 경우	재사용을 고려 안할 경우	
1. 기기류	80	60	160
2. 철골류	70	50	150
3. 배관류	60	40	140
4. Belt Conveyor류	80	60	160
5. 보온재	60	40	140
6. Heater & Tank류	70	50	150
7. Pump & Fan류	60	40	140
8. Crane 류	70	50	150

[주] ① '14-1-1 배관 해체~14-1-6 펌프 해체'의 각 항목을 우선 적용하며, 외의 항목은 상기류 유사품목에 적용할 수 있다..
② 공구손료 및 소모재료는 별도 계상한다.
③ 상기의 율은 설치를 100%로 볼 때이다.
④ 특수기기에 대하여는 별도 계상할 수 있다.
⑤ 철거한 설비를 동일구내 또한 인접한 장소가 아닌 곳에 재설치할 경우에는 설치 품 + 철거 품(재사용을 고려할 경우)으로 계상한다.
⑥ 다음 항목의 철거는 신설의 50%(재사용을 고려치 않을 경우)로 계상한다.

항 목	
	1-4-1 주철관 기계식 접합 및 배관
	4-2-1 송풍기 설치
	5-1-1 일반밸브 및 콕류 설치
	5-1-2 감압밸브장치 설치
	5-2-1 스팀트랩 장치 설치
	5-3-1 익스팬션조인트 설치
	5-3-2 플랙시블커넥터 설치
	8-1-2 냉동기 설치

항 목	8-1-3 냉각탑 설치 8-2-1 공기가열기, 공기냉각기, 공기여과기 설치 8-2-3 공기조화기(Air Handling Unit) 설치 8-3-6 방열기 설치 10-1-1 옥내소화전함설치 10-1-2 소화용구 격납상자설치 10-3-1 지하식설치 10-3-2 지상식설치 10-4-1 일반송수구설치 10-4-2 방수구설치

4-2 자동제어설비 해체

4-2-1 철거 및 이설

항 목	12-1-1 계기반 설치 12-1-2 플랜트계기 설치 12-2-2 계량기 설치 12-2-3 도압배관 12-2-4 Control Air 배관 12-2-5 압축공기 발생장치 및 공기관 배관
적용내용	- 철거는 본 품의 40%(재사용)를 계상한다. - 이설은 본 품의 140%를 계상한다.

4-3 수선 및 보수공사

4-3-1 유량계 교체 (2022년 보완)

(일 당)

구 분	단위	수량	규격(mm)	시공량(개)	
				보호통	유량계
배 관 공	인	1	ø 13~15	6.0	8.0
			ø 20~32	5.0	7.0
			ø 40~50	4.0	6.0
보 통 인 부	인	1	ø 65~80	-	2.0
			ø 100~150	-	1.5
			ø 200~300	-	1.0
비 고	동일장소에서 수도미터, 온수미터를 병행 교체 시(해체 후 재부착)에는 유량계 교체 시공량에 30%를 감한다.				

[주] ① 본 품은 수도미터(급수용), 온수미터(급탕용, 난방용)의 옥내배관 교체(해체 후 재부착) 기준이다.
② 보호통·뚜껑철거 및 재설치가 요구되는 경우에 보호통을 적용한다.
③ 본 품은 유량계 해체 및 재부착, 작동시험 및 마무리 작업을 포함한다.
④ 공구손료 및 경장비의 기계경비는 인력품의 1%로 계상한다.

4-3-2 관갱생공

(m 당)

규격(mm)	규사(kg)	에폭시도료 (kg)	수량		
			배관공 (인)	특별인부 (인)	장비사용시간 (시간)
ø 15	0.520	0.060	0.072	0.036	0.053
20	0.590	0.107	0.072	0.036	0.053
25	0.707	0.127	0.072	0.036	0.053
32	0.880	0.173	0.072	0.036	0.053
40	1.083	0.203	0.072	0.036	0.053
50	1.343	0.260	0.072	0.036	0.053
65	1.687	0.330	0.081	0.039	0.064
80	2.083	0.387	0.081	0.039	0.064
100	2.580	0.513	0.081	0.039	0.064
125	3.177	0.647	0.101	0.050	0.080
150	3.977	0.777	0.101	0.050	0.080
200	5.030	1.027	0.101	0.050	0.080
250	6.297	1.277	0.111	0.056	0.089
300	7.610	1.650	0.111	0.056	0.089

[주] ① 본 품은 에어샌드공법을 기준한 것이다.
② 도장두께는 0.3~1mm일 때를 기준한 것이다.
③ 본 품에는 강관 갱생을 위한 관내부세척, 열풍건조, 관내부 피복코팅 및 소운반품이 포함되어 있다.
④ 입상관의 경우는 본 품에 30%를 가산한다.
⑤ 검사구 설치, 밸브 및 보온 해체 복구, 가설급수 배관 및 해체에 대한 비용은 별도 계상한다.
⑥ 관세척 공사시 발생되는 폐기물을 폐기물관리법 등의 규정에 따라 적정하게 처리하는 데 소요되는 비용은 별도 계상한다.
⑦ 사용장비 중 공기압축기는 규격 25.5㎥/min를 기준한 것이며, 라이닝기(1set)에 대한 기계경비는 별도 계상한다.
⑧ 장비조합은 다음을 기준한다.

규 격 (mm)	ø 15~50	ø 65~100	ø 125~200	ø 250~300
라 이 닝 기	1 set	1 set	1 set	1 set
공기압축기	1대	2대	5대	6대

4-3-3 배관누수 검사 (2022년 신설)

(일 당)

구 분	단위	수량	시공량(회)
배 관 공	인	2	2.8

[주] ① 본 품은 급수용, 급탕용, 난방용 옥내배관(ø50㎜이하)의 누수보수를 위해 배관을 검사하는 기준이다.
② 본 품은 작업준비, 수도검침 및 기록, 미터기 해체 및 재설치, 공기압시험 및 누수탐지, 정리 작업을 포함한다.
③ 누수부위에 대한 해체 및 복구, 누수배관 교체 작업은 별도 계상한다.
④ 공구손료 및 경장비(공기압축기, 압력계 등)의 기계경비는 인력품의 3%로 계상한다.

제6편
부 록

부록1 / 예정가격 작성기준
부록2 / 공사계약 일반조건
부록3 / 2024년 상반기 적용 시중노임단가

부록 1

예정가격작성기준

[시행 2023.6.30.][기획재정부계약예규 제653호, 2023.6.16., 일부개정]

제1장 총칙

제1조 (목적) 이 예규는 「국가를 당사자로 하는 계약에 관한 법률 시행령」(이하 "시행령"이라 한다) 제9조제1항제2호 및 「국가를 당사자로 하는 계약에 관한 법률 시행규칙」(이하 "시행규칙"이라 한다) 제6조에 의한 원가계산에 의한 예정가격 작성, 시행령 제9조제1항제3호 및 시행규칙 제5조제2항에 의한 표준시장단가에 의한 예정가격 작성 및 시행규칙 제5조에 의한 전문가격조사기관(이하 "조사기관"이라 한다.)의 등록 등에 있어 적용하여야 할 기준을 정함을 목적으로 한다. 〈개정 2015.3.1.〉

제2조 (계약담당공무원의 주의사항) ①계약담당공무원(각 중앙관서의 장이 계약에 관한 사무를 그 소속공무원에게 위임하지 아니하고 직접 처리하는 경우에는 이를 계약담당공무원으로 본다. 이하 같다)은 예정가격 작성등과 관련하여 이 예규에 정한 사항에 따라 업무를 처리한다.

② 계약담당공무원은 이 예규에 따라 예정가격 작성시에 표준품셈에 정해진 물량, 관련 법령에 따른 기준가격 및 비용 등을 부당하게 감액하거나 과잉 계상되지 않도록 하여야 하며, 불가피한 사유로 가격을 조정한 경우에는 조정사유를 예정가격조서에 명시하여야 한다. 〈개정 2014.1.10., 2015.9.21.〉

③ 계약담당공무원은 「부가가치세법」에 따른 면세사업자와 수의계약을 체결하려는 경우에는 부가가치세를 제외하고 예정가격을 작성할 수 있으며, 이 경우 예정가격 조서에 그 사유를 명시하여야 한다.

④ 계약담당공무원은 공사원가계산에 있어서 공종의 단가를 세부내역별로 분류하여 작성하기 어려운 경우 이외에는 총계방식(이하 "1식단가"라 한다)으로 특정공종의 예정가격을 작성하여서는 아니된다. 〈신설 2019.12.18.〉

제 2 장 원가계산에 의한 예정가격 작성

제1절 총칙

제 3 조 (원가계산의 구분) 원가계산은 제조원가계산과 공사원가계산 및 용역원가계산으로 구분하되, 용역원가계산에 관하여는 제4절 및 제5절에 의한다.

제 4 조 (원가계산의 비목) 원가는 재료비, 노무비, 경비, 일반관리비 및 이윤으로 구분하여 작성한다.

제 5 조(비목별 가격결정의 원칙) ①재료비, 노무비, 경비는 각각 아래에서 정한 산식에 따른다.
  ○ 재료비 = 재료량 × 단위당가격
  ○ 노무비 = 노무량 × 단위당가격
  ○ 경 비 = 소요(소비)량 × 단위당 가격

② 재료비, 노무비, 경비의 각 세비목별 단위당가격은 시행규칙 제7조에 따라 계산한다.

③ 계약담당공무원은 재료비, 노무비, 경비의 각 세비목 및 그 물량(재료량, 노무량, 소요량) 산출은 계약목적물에 대한 규격서, 설계서 등에 의하거나 제34조에 의한 원가계산자료를 근거로 하여 산정하여야 하며, 일정률로 계상하는 일반관리비, 간접노무비 등에 대해서는 사전 공고한 공사원가 제비율을 준수하여야 한다. 〈개정 2014. 1. 10.〉

④ 계약담당공무원은 제3항의 각 세비목 및 그 물량산출은 계약목적물의 내용 및 특성 등을 고려하여 그 완성에 적합하다고 인정되는 합리적인 방법으로 작성하여야 한다.

⑤ 공사계약의 원가계산에 있어 기 체결한 물품제조·구매계약(국가기관·지방자치단체·공공기관이 발주한 계약을 말한다. 이하 이조에서 같다.)의 내역을 재료비의 단위당 가격으로 활용하려는 경우에는 해당물품의 예정가격 또는 계약예규「예정가격작성기준」제44조의3에 따른 기초가격을 재료비의 단위당 가격으로 적용하며, 물품제조·구매계약의 계약금액은 시행규칙 제7조에 따른 거래실례가격으로 보지 아니한다. 〈신설 2020. 6. 19.〉

제 6 조 (원가계산에 의한 예정가격 작성시 주의사항) ① 계약담당공무원은 원가계산방법으로 예정가격을 작성할 때에는 계약수량, 이행의 전망, 이행기간, 수급상황, 계약조건 기타 제반여건을 고려하여야 한다.
② 계약담당공무원은 표준품셈을 이용하여 원가계산을 하는 경우에는 가장 최근의 표준품셈을 이용하여야 한다. 〈신설 2012.4.2.〉
③ 계약담당공무원은 원가계산의 단위당 가격을 산정함에 있어 소요물량·거래조건 등 제반사정을 고려하여 객관적으로 단가를 산정하여야 한다.

제2절 제조원가계산

제 7 조 (제조원가) 제조원가라 함은 제조과정에서 발생한 재료비, 노무비, 경비의 합계액을 말한다.
제 8 조 (작성방법) 계약담당공무원은 제조원가를 계산 하고자 할 때에는 별표1의 제조원가계산서를 작성하고 비목별 산출근거를 명시한 기초계산서를 첨부하여야 한다. 이 경우에 재료비, 노무비, 경비 중 일부를 별표1의 제조원가계산서상 일반관리비 또는 이윤 다음 비목으로 계상하여서는 아니된다.
제 9 조 (재료비) 재료비는 제조원가를 구성하는 다음 내용의 직접재료비, 간접재료비로 한다.
① 직접재료비는 계약목적물의 실체를 형성하는 물품의 가치로서 다음 각호를 말한다. 〈개정 2015.9.21.〉
  1. 주요재료비
    계약목적물의 기본적 구성형태를 이루는 물품의 가치
  2. 부분품비
    계약목적물에 원형대로 부착되어 그 조성부분이 되는 매입부품·수입부품·외장재료 및 제11조제3항제13호 규정에 의한 경비로 계상되는 것을 제외한 외주품의 가치
② 간접재료비는 계약목적물의 실체를 형성하지는 않으나 제조에 보조적으로 소비되는 물품의 가치로서 다음 각호를 말한다.
  1. 소모재료비
    기계오일, 접착제, 용접가스, 장갑, 연마재등 소모성 물품의 가치

2. 소모공구ㆍ기구ㆍ비품비
  내용년수 1년미만으로서 구입단가가 「법인세법」 또는 「소득세법」 규정에 의한 상당금액이하인 감가상각대상에서 제외되는 소모성 공구ㆍ기구ㆍ비품의 가치
  3. 포장재료비
  제품포장에 소요되는 재료의 가치
 ③ 재료의 구입과정에서 해당재료에 직접 관련되어 발생하는 운임, 보험료, 보관비 등의 부대비용은 재료비에 계상한다. 다만, 재료구입 후 발생되는 부대비용은 경비의 각 비목으로 계상한다.
 ④ 계약목적물의 제조 중에 발생되는 작업설, 부산품, 연산품 등은 그 매각액 또는 이용가치를 추산하여 재료비에서 공제하여야 한다.

제 10 조 (노무비) 노무비는 제조원가를 구성하는 다음 내용의 직접노무비, 간접노무비를 말한다.
 ① 직접노무비는 제조현장에서 계약목적물을 완성하기 위하여 직접작업에 종사하는 종업원 및 노무자에 의하여 제공되는 노동력의 대가로서 다음 각호의 합계액으로 한다. 다만, 상여금은 기본급의 년 400%, 제수당, 퇴직급여충당금은 「근로기준법」상 인정되는 범위를 초과하여 계상할 수 없다.
  1. 기본급(「통계법」 제15조의 규정에 의한 지정기관이 조사ㆍ공표한 단위당가격 또는 기획재정부장관이 결정ㆍ고시하는 단위당가격으로서 동단가에는 기본급의 성격을 갖는 정근수당ㆍ가족수당ㆍ위험수당 등이 포함된다)
  2. 제수당(기본급의 성격을 가지지 않는 시간외 수당ㆍ야간수당ㆍ휴일수당ㆍ주휴수당 등 작업상 통상적으로 지급되는 금액을 말한다) 〈개정 2015.9.21.〉
  3. 상여금
  4. 퇴직급여충당금
 ② 간접노무비는 직접 제조작업에 종사하지는 않으나, 작업현장에서 보조작업에 종사하는 노무자, 종업원과 현장감독자 등의 기본급과 제수당, 상여금, 퇴직급여충당금의 합계액으로 한다. 이 경우에는 제1항 각호 및 단서를 준용한다.
 ③ 제1항의 직접노무비는 제조공정별로 작업인원, 작업시간, 제조수량을 기준으로 계약목적물의 제조에 소요되는 노무량을 산정하고 노무비 단가를 곱하여 계산한다.

④ 제2항의 간접노무비는 제34조에 의한 원가계산자료를 활용하여 직접노무비에 대하여 간접노무비율(간접노무비/직접노무비)을 곱하여 계산한다.

⑤ 제4항의 간접노무비는 제3항의 직접노무비를 초과하여 계상할 수 없다. 다만, 작업현장의 기계화, 자동화 등으로 인하여 불가피하게 간접노무비가 직접노무비를 초과하는 경우에는 증빙자료에 의하여 초과 계상할 수 있다.

제11조 (경비) ① 경비는 제품의 제조를 위하여 소비된 제조원가중 재료비, 노무비를 제외한 원가를 말하며 기업의 유지를 위한 관리활동부문에서 발생하는 일반관리비와 구분된다.

② 경비는 해당 계약목적물 제조기간의 소요(소비)량을 측정하거나 제34조에 의한 원가계산자료나 계약서, 영수증 등을 근거로 하여 산출하여야 한다. 〈개정 2015.9.21.〉

③ 경비의 세비목은 다음 각호의 것으로 한다.

1. 전력비, 수도광열비는 계약목적물을 제조하는데 직접 소요되는 해당 비용을 말한다. 〈개정 2015.9.21.〉
2. 운반비는 재료비에 포함되지 않는 운반비로서 원재료 또는 완제품의 운송비, 하역비, 상하차비, 조작비등을 말한다.
3. 감가상각비는 제품생산에 직접 사용되는 건물, 기계장치 등 유형고정자산에 대하여 세법에서 정한 감가상각방식에 따라 계산한다. 다만, 세법에서 정한 내용년수의 적용이 불합리하다고 인정된 때에는 해당 계약목적물에 직접 사용되는 전용기기에 한하여 그 내용년수를 별도로 정하거나 특별상각할 수 있다.
4. 수리수선비는 계약목적물을 제조하는데 직접 사용되거나 제공되고 있는 건물, 기계장치, 구축물, 선박차량 등 운반구, 내구성공구, 기구제품의 수리수선비로서 해당 목적물의 제조과정에서 그 원인이 발생될 것으로 예견되는 것에 한한다. 다만, 자본적 지출에 해당하는 대수리 수선비는 제외한다.
5. 특허권사용료는 계약목적물이 특허품이거나 또는 그 제조과정의 일부가 특허의 대상이 되어 특허권 사용계약에 의하여 제조하고 있는 경우의 사용료로서 그 사용비례에 따라 계산한다.
6. 기술료는 해당 계약목적물을 제조하는데 직접 필요한 노하우(Know-how) 및 동 부대비용으로서 외부에 지급하는 비용을 말하며 「법인세법」상의 시험

연구비 등에서 정한 바에 따라 계상하여 사업년도로부터 이연상각하되 그 적용비례를 기준하여 배분 계산한다.
7. 연구개발비는 해당 계약목적물을 제조하는데 직접 필요한 기술개발 및 연구비로서 시험 및 시범제작에 소요된 비용 또는 연구기관에 의뢰한 기술개발용역비와 법령에 의한 기술개발촉진비 및 직업훈련비를 말하며「법인세법」상의 시험연구비 등에서 정한 바에 따라 이연상각하되 그 생산수량에 비례하여 배분 계산한다. 다만, 연구개발비중 장래 계속생산으로의 연결이 불확실하여 미래수익의 증가와 관련이 없는 비용은 특별상각할 수 있다.
8. 시험검사비는 해당 계약의 이행을 위한 직접적인 시험검사비로서 외부에 이를 의뢰하는 경우의 비용을 말한다. 다만, 자체시험검사비는 법령이나 계약조건에 의하여 내부검사가 요구되는 경우에 계상할 수 있다.
9. 지급임차료는 계약목적물을 제조하는데 직접 사용되거나 제공되는 토지, 건물, 기술, 기구 등의 사용료로서 해당 계약 물품의 생산기간에 따라 계산한다.
10. 보험료는 산업재해보험, 고용보험, 국민건강보험 및 국민연금보험 등 법령이나 계약조건에 의하여 의무적으로 가입이 요구되는 보험의 보험료를 말하며 재료비에 계상되는 것은 제외한다.
11. 복리후생비는 계약목적물의 제조작업에 종사하고 있는 노무자, 종업원등의 의료 위생약품대, 공상치료비, 지급피복비, 건강진단비, 급식비("중식 및 간식제공을 위한 비용을 말한다."이하 같다)등 작업조건유지에 직접 관련되는 복리후생비를 말한다.
12. 보관비는 계약목적물의 제조에 소요되는 재료, 기자재 등의 창고 사용료로서 외부에 지급되는 경우의 비용만을 계상하여야 하며 이중에서 재료비에 계상되는 것은 제외한다.
13. 외주가공비는 재료를 외부에 가공시키는 실가공비용을 말하며 부분품의 가치로서 재료비에 계상되는 것은 제외한다.
14. 산업안전보건관리비는 작업현장에서 산업재해 및 건강장해예방을 위하여 법령에 따라 요구되는 비용을 말한다.
15. 소모품비는 작업현장에서 발생되는 문방구, 장부대 등 소모품 구입비용을 말하며 보조재료로서 재료비에 계상되는 것은 제외한다.

16. 여비·교통비·통신비는 작업현장에서 직접 소요되는 여비 및 차량유지비와 전신전화사용료, 우편료를 말한다.
17. 세금과 공과는 해당 제조와 직접 관련되어 부담하여야 할 재산세, 차량세 등의 세금 및 공공단체에 납부하는 공과금을 말한다.
18. 폐기물처리비는 계약목적물의 제조와 관련하여 발생되는 오물, 잔재물, 폐유, 폐알칼리, 폐고무, 폐합성수지등 공해유발물질을 법령에 따라 처리하기 위하여 소요되는 비용을 말한다.
19. 도서인쇄비는 계약목적물의 제조를 위한 참고서적구입비, 각종 인쇄비, 사진제작비(VTR제작비를 포함한다)등을 말한다
20. 지급수수료는 법령에 규정되어 있거나 의무지워진 수수료에 한하며, 다른 비목에 계상되지 않는 수수료를 말한다.
21. 법정부담금은 관련법령에 따라 해당 제조와 직접 관련하여 의무적으로 부담하여야 할 부담금을 말한다.〈신설 2019.12.18.〉
22. 기타 법정경비는 위에서 열거한 이외의 것으로서 법령에 규정되어 있거나 의무지워진 경비를 말한다.
23. 품질관리비는 해당 계약목적물의 품질관리를 위하여 관련 법령 및 계약조건에 의하여 요구되는 비용(품질시험 인건비를 포함한다)을 말하며, 간접노무비에 계상되는 것은 제외한다.〈신설 2021.12.1.〉
24. 안전관리비는 제조현장의 안전관리를 위하여 관계법령에 의하여 요구되는 비용을 말한다.〈신설 2021.12.1.〉

제12조 (일반관리비의 내용) 일반관리비는 기업의 유지를 위한 관리활동부문에서 발생하는 제비용으로서 제조원가에 속하지 아니하는 모든 영업비용중 판매비 등을 제외한 다음의 비용, 즉, 임원급료, 사무실직원의 급료, 제수당, 퇴직급여충당금, 복리후생비, 여비, 교통·통신비, 수도광열비, 세금과 공과, 지급임차료, 감가상각비, 운반비, 차량비, 경상시험연구개발비, 보험료 등을 말하며 기업손익계산서를 기준하여 산정한다.

제13조 (일반관리비의 계상방법) 제12조에 의한 일반관리비는 제조원가에 별표3에서 정한 일반관리비율(일반관리비가 매출원가에서 차지하는 비율)을 초과하여 계상할 수 없다.

제 14 조 (이윤) 이윤은 영업이익(비영리법인의 경우에는 목적사업이외의 수익사업에서 발생하는 이익을 말한다. 이하 같다.)을 말하며 제조원가중 노무비, 경비와 일반관리비의 합계액(이 경우에 기술료 및 외주가공비는 제외한다)의 25%를 초과하여 계상할 수 없다. 〈개정 2008.12.29.〉

제3절 공사원가계산

제 15 조 (공사원가) 공사원가라 함은 공사시공과정에서 발생한 재료비, 노무비, 경비의 합계액을 말한다.

제 16 조 (작성방법) 계약담당공무원은 공사원가계산을 하고자 할 때에는 별표2의 공사원가계산서를 작성하고 비목별 산출근거를 명시한 기초계산서를 첨부하여야 한다. 이 경우에 재료비, 노무비, 경비 중 일부를 별표2의 공사원가계산서상 일반관리비 또는 이윤 다음 비목으로 계상하여서는 아니된다.

제 17 조 (재료비) 재료비는 공사원가를 구성하는 다음 내용의 직접재료비 및 간접재료비로 한다.

① 직접재료비는 공사목적물의 실체를 형성하는 물품의 가치로서 다음 각호를 말한다.
  1. 주요재료비
     공사목적물의 기본적 구성형태를 이루는 물품의 가치
  2. 부분품비
     공사목적물에 원형대로 부착되어 그 조성부분이 되는 매입부품, 수입부품, 외장재료 및 제19조제3항제13호에 의해 경비로 계상되는 것을 제외한 외주품의 가치

② 간접재료비는 공사목적물의 실체를 형성하지는 않으나 공사에 보조적으로 소비되는 물품의 가치로서 다음 각호를 말한다.
  1. 소모재료비
     기계오일 · 접착제 · 용접가스 · 장갑등 소모성물품의 가치
  2. 소모공구 · 기구 · 비품비
     내용년수 1년미만으로서 구입단가가 「법인세법」 또는 「소득세법」 규정에 의

한 상당금액이하인 감가상각대상에서 제외되는 소모성 공구·기구·비품의 가치
3. 가설재료비
비계, 거푸집, 동바리 등 공사목적물의 실체를 형성하는 것은 아니나 동 시공을 위하여 필요한 가설재의 가치
③ 재료의 구입과정에서 해당재료에 직접 관련되어 발생하는 운임, 보험료, 보관비등의 부대비용은 재료비에 계상한다. 다만 재료구입 후 발생되는 부대비용은 경비의 각 비목으로 계상한다.
④ 계약목적물의 시공중에 발생하는 작업설, 부산물 등은 그 매각액 또는 이용가치를 추산하여 재료비에서 공제하여야 한다. 다만, 기존 시설물의 철거, 해체, 이설 등으로 발생되는 작업설, 부산물 등은 재료비에서 공제하지 아니하고, 매각비용 등에 대해 별도 계상한다. 〈단서 신설 2021.12.1.〉

제18조 (노무비) 노무비의 내용 및 산정방식은 제5조와 제10조를 준용하며, 간접노무비의 구체적 계산방법 등에 대하여는 별표2-1을 참고하여 계산한다.

제19조 (경비) ① 경비는 공사의 시공을 위하여 소요되는 공사원가중 재료비, 노무비를 제외한 원가를 말하며, 기업의 유지를 위한 관리활동부문에서 발생하는 일반관리비와 구분된다.
② 경비는 해당 계약목적물 시공기간의 소요(소비)량을 측정하거나 제34조에 의한 원가계산 자료나 계약서, 영수증 등을 근거로 산정하여야 한다.
③ 경비의 세비목은 다음 각호의 것으로 한다.
1. 전력비, 수도광열비는 계약목적물을 시공하는데 소요되는 해당 비용을 말한다.
2. 운반비는 재료비에 포함되지 않은 운반비로서 원재료, 반재료 또는 기계기구의 운송비, 하역비, 상하차비, 조작비등을 말한다.
3. 기계경비는 각 중앙관서의 장 또는 그가 지정하는 단체에서 제정한 "표준품셈상의 건설기계의 경비산정기준에 의한 비용을 말한다.
4. 특허권사용료는 타인 소유의 특허권을 사용한 경우에 지급되는 사용료로서 그 사용비례에 따라 계산한다.
5. 기술료는 해당 계약목적물을 시공하는데 직접 필요한 노하우(Know-how) 및 동 부대비용으로서 외부에 지급되는 비용을 말하며「법인세법」상의 시험

연구비 등에서 정한 바에 따라 계상하여 사업초년도부터 이연상각하되 그 사용비례를 기준으로 배분계산한다.
6. 연구개발비는 해당 계약목적물을 시공하는데 직접 필요한 기술개발 및 연구비로서 시험 및 시범제작에 소요된 비용 또는 연구기관에 의뢰한 기술개발용역비와 법령에 의한 기술개발촉진비 및 직업훈련비를 말하며 「법인세법」상의 시험연구비 등에서 정한 바에 따라 이연상각하되 그 사용비례를 기준하여 배분계산한다. 다만, 연구개발비중 장래 계속시공으로서의 연결이 불확실하여 미래 수익의 증가와 관련이 없는 비용은 특별상각할 수 있다.
7. 품질관리비는 해당 계약목적물의 품질관리를 위하여 관련법령 및 계약조건에 의하여 요구되는 비용(품질시험 인건비를 포함한다)을 말하며, 간접노무비에 계상(시험관리인)되는 것은 제외한다.
8. 가설비는 공사목적물의 실체를 형성하는 것은 아니나 현장사무소, 창고, 식당, 숙사, 화장실 등 동 시공을 위하여 필요한 가설물의 설치에 소요되는 비용(노무비, 재료비를 포함한다)을 말한다.
9. 지급임차료는 계약목적물을 시공하는데 직접 사용되거나 제공되는 토지, 건물, 기계기구(건설기계를 제외한다)의 사용료를 말한다.
10. 보험료는 산업재해보험, 고용보험, 국민건강보험 및 국민연금보험 등 법령이나 계약조건 에 의하여 의무적으로 가입이 요구되는 보험의 보험료를 말하고, 동 보험료는「건설산업기본법」제22조제7항 등 관련법령에 정한 바에 따라 계상하며, 재료비에 계상되는 보험료는 제외한다. 다만 공사손해보험료는 제22조에서 정한 바에 따라 별도로 계상된다.〈개정 2015.9.21.〉
11. 복리후생비는 계약목적물을 시공하는데 종사하는 노무자·종업원·현장사무소직원 등의 의료위생약품대, 공상치료비, 지급피복비, 건강진단비, 급식비등 작업조건 유지에 직접 관련되는 복리후생비를 말한다.
12. 보관비는 계약목적물의 시공에 소요되는 재료, 기자재 등의 창고사용료로서 외부에 지급되는 비용만을 계상하여야 하며 이중에서 재료비에 계상되는 것은 제외한다.
13. 외주가공비는 재료를 외부에 가공시키는 실가공비용을 말하며 외주가공품의 가치로서 재료비에 계상되는 것은 제외한다.
14. 산업안전보건관리비는 작업현장에서 산업재해 및 건강장해예방을 위하여

법령에 따라 요구되는 비용을 말한다.
15. 소모품비는 작업현장에서 발생되는 문방구, 장부대등 소모용품 구입비용을 말하며, 보조재료로서 재료비에 계상되는 것은 제외한다.
16. 여비·교통비·통신비는 시공현장에서 직접 소요되는 여비 및 차량유지비와 전신전화사용료, 우편료를 말한다.
17. 세금과 공과는 시공현장에서 해당공사와 직접 관련되어 부담하여야 할 재산세, 차량세, 사업소세 등의 세금 및 공공단체에 납부하는 공과금을 말한다.
18. 폐기물처리비는 계약목적물의 시공과 관련하여 발생되는 오물, 잔재물, 폐유, 폐알칼리, 폐고무, 폐합성수지등 공해유발물질을 법령에 의거 처리하기 위하여 소요되는 비용을 말한다.
19. 도서인쇄비는 계약목적물의 시공을 위한 참고서적구입비, 각종 인쇄비, 사진제작비(VTR제작비를 포함한다) 및 공사시공기록책자 제작비등을 말한다.
20. 지급수수료는 시행령 제52조제1항 단서에 의한 공사이행보증서 발급수수료, 「건설산업기본법」 제34조 및 「하도급거래 공정화에 관한 법률」 제13조의2의 규정에 의한 건설하도급대금 지급보증서 발급수수료, 「건설산업기본법」제68조의3에 의한 건설기계 대여대금 지급보증 수수료 등 법령으로서 지급이 의무화된 수수료를 말한다. 이경우 보증서 발급수수료는 보증서 발급기관이 최고 등급업체에 대해 적용하는 보증요율중 최저요율을 적용하여 계상한다. 〈개정 2015.9.21.〉
21. 환경보전비는 계약목적물의 시공을 위한 제반환경오염 방지시설을 위한 것으로서, 관련법령에 의하여 규정되어 있거나 의무 지워진 비용을 말한다.
22. 보상비는 해당 공사로 인해 공사현장에 인접한 도로 하천·기타 재산에 훼손을 가하거나 지장물을 철거함에 따라 발생하는 보상·보수비를 말한다. 다만, 해당공사를 위한 용지보상비는 제외한다.
23. 안전관리비는 건설공사의 안전관리를 위하여 관계법령에 의하여 요구되는 비용을 말한다.
24. 건설근로자퇴직공제부금비는 「건설근로자의 고용개선 등에 관한 법률」에 의하여 건설근로자퇴직공제에 가입하는데 소요되는 비용을 말한다. 다만, 제10조제1항제4호 및 제18조에 의하여 퇴직급여충당금을 산정하여 계상한 경우에는 동 금액을 제외한다.

25. 관급자재 관리비는 공사현장에서 사용될 관급자재에 대한 보관 및 관리 등에 소요되는 비용을 말한다. 〈신설 2015.1.1.〉
26. 법정부담금은 관련법령에 따라 해당 공사와 직접 관련하여 의무적으로 부담하여야 할 부담금을 말한다. 〈신설 2019.12.18.〉
27. 기타 법정경비는 위에서 열거한 이외의 것으로서 법령에 규정되어 있거나 의무 지워진 경비를 말한다.

제 20 조 (일반관리비) 일반관리비의 내용은 제12조와 같고 별표3에서 정한 일반관리비율을 초과하여 계상할 수 없으며, 아래와 같이 공사규모별로 체감 적용한다. 〈개정 2011.5.13, 2015.9.21.〉

종합공사		전문·전기·정보통신·소방 및 기타공사	
공사원가	일반관리비율(%)	공사원가	일반관리비율(%)
50억원미만	6.0	5억원미만	6.0
50억원~300억원미만	5.5	5억~30억원미만	5.5
300억원이상	5.0	30억원이상	5.0

제 21 조 (이윤) 이윤은 영업이익을 말하며 공사원가중 노무비, 경비와 일반관리비의 합계액(이 경우에 기술료 및 외주가공비는 제외한다)의 15%를 초과하여 계상할 수 없다. 〈개정 2008.12.29.〉

제 22 조 (공사손해보험료) ①공사손해보험료는 계약예규 「공사계약일반조건」 제10조에 의하여 공사손해보험에 가입할 때에 지급하는 보험료를 말하며, 보험가입 대상 공사부분의 총공사원가(재료비, 노무비, 경비, 일반관리비 및 이윤의 합계액을 말한다. 이하 같다)에 공사손해 보험료율을 곱하여 계상한다.
② 발주기관이 지급하는 관급자재가 있을 경우에는 보험가입 대상 공사부분의 총공사원가와 관급자재를 합한 금액에 공사손해보험료율을 곱하여 계상한다.
③ 제1항에 의한 공사손해보험료를 계상하기 위한 공사손해보험료율은 계약담당공무원이 설계서와 보험개발원, 손해보험회사 등으로부터 제공받은 자료를 기초로 하여 정한다.

제4절 학술연구용역 원가계산

제 23 조 (용어의 정의) 이 절에서 사용하는 용어의 정의는 다음 각호와 같다.
  1. "학술연구용역"이라 함은 "학문분야의 기초과학과 응용과학에 관한 연구용역 및 이에 준하는 용역"을 말하며, 그 이행방식에 따라 다음 각목과 같이 구분할 수 있다.
    가. 위탁형 용역 : 용역계약을 체결한 계약상대자가 자기책임하에 연구를 수행하여 연구결과물을 용역결과보고서 형태로 제출하는 방식
    나. 공동연구형 용역 : 용역계약을 체결한 계약상대자와 발주기관이 공동으로 연구를 수행하는 방식
    다. 자문형 용역 : 용역계약을 체결한 계약상대자가 발주기관의 특정 현안에 대한 의견을 서면으로 제시하는 방식
  2. "책임연구원"이라 함은 해당 용역수행을 지휘·감독하며 결론을 도출하는 역할을 수행하는 자를 말하며, 대학 부교수 수준의 기능을 보유하고 있어야 한다. 이 경우에 책임연구원은 1인을 원칙으로 하되, 해당 용역의 성격상 다수의 책임자가 필요한 경우에는 그러하지 아니하다.
  3. "연구원"이라 함은 책임연구원을 보조하는 자로서 대학 조교수 수준의 기능을 보유하고 있어야 한다.
  4. "연구보조원"이라 함은 통계처리·번역 등의 역할을 수행하는 자로서 해당 연구분야에 대해 조교정도의 전문지식을 가진 자를 말한다.
  5. "보조원"이라 함은 타자, 계산, 원고정리등 단순한 업무처리를 수행하는 자를 말한다. 〈신설 2015.9.21.〉

제 24 조 (원가계산비목) 원가계산은 노무비(이하 "인건비"라 한다), 경비, 일반관리비등으로 구분하여 작성한다. 다만, 제23조제1호나목 및 다목에 의한 공동연구형 용역 및 자문형 용역의 경우에는 경비항목 중 최소한의 필요항목만 계상하고 일반관리비는 계상하지 아니한다. 〈개정 2015.9.21.〉

제 25 조 (작성방법) 학술연구용역에 대한 원가계산을 하고자 할 때에는 별표4에서 정한 학술연구용역원가계산서를 작성하고 비목별 산출근거를 명시한 기초계산서를 첨부하여야 한다.

제 26 조 (인건비) ①인건비는 해당 계약목적에 직접 종사하는 연구요원의 급료를

말하며, 별표5에서 정한 기준단가에 의하되, 「근로기준법」에서 규정하고 있는 상여금, 퇴직급여충당금의 합계액으로 한다. 다만, 상여금은 기준단가의 연 400%를 초과하여 계상할 수 없다. 〈개정 2018.12.31.〉
② 이 예규 시행일이 속하는 년도의 다음 년도부터는 매년 전년도 소비자물가 상승률만큼 인상한 단가를 기준으로 한다.

제 27 조 (경비) 경비는 계약목적을 달성하기 위하여 필요한 다음 내용의 여비, 유인물비, 전산처리비, 시약 및 연구용 재료비, 회의비, 임차료, 교통통신비 및 감가상각비를 말한다.
1. 여비는 다음 각호의 기준에 따라 계상한다.
    가. 여비는 「공무원여비규정」에 의한 국내여비와 국외여비로 구분하여 계상하되 이를 인정하지 아니하고는 계약목적을 달성하기 곤란한 경우에 한하며 관계공무원의 여비는 계상할 수 없다.
    나. 국내여비는 시외여비만을 계상하되 연구상 필요불가피한 경우외에는 월15일을 초과할 수 없으며, 책임연구원은 「공무원여비규정」제3조관련 별표1(여비지급구분표) 제1호등급, 연구원, 연구보조원 및 보조원은 동표 제2호등급을 기준으로 한다. 〈개정 2008.12.29, 2015.9.21.〉
2. 유인물비는 계약목적을 위하여 직접 소요되는 프린트, 인쇄, 문헌복사비(지대 포함)를 말한다.
3. 전산처리비는 해당 연구내용과 관련된 자료처리를 위한 컴퓨터사용료 및 그 부대비용을 말한다.
4. 시약 및 연구용 재료비는 실험실습에 필요한 비용을 말한다.
5. 회의비는 해당 연구내용과 관련하여 자문회의, 토론회, 공청회 등을 위해 소요되는 경비를 말하며, 참석자의 수당은 해당 연도 예산안 작성 세부지침상 위원회 참석비를 기준으로 한다. 〈개정 2010.4.15, 2016.12.30.〉
6. 임차료는 연구내용에 따라 특수실험실습기구를 외부로부터 임차하거나 혹은 공청회 등을 위한 회의장사용을 하지 아니하고는 계약목적을 달성할 수 없는 경우에 한하여 계상할 수 있다.
7. 교통통신비는 해당 연구내용과 직접 관련된 시내교통비, 전신전화사용료, 우편료를 말한다.
8. 감가상각비는 해당 연구내용과 직접 관련된 특수실험 실습기구·기계장치에

대하여 제11조제3항제3호의 규정을 준용하여 계산한다. 단 임차료에 계상되는 것은 제외한다.

제28조 (일반관리비 등) ①일반관리비는 시행규칙 제8조에 규정된 일반관리비율을 초과하여 계상할 수 없다. 〈개정 2015.9.21.〉

② 이윤은 영업이익을 말하며, 인건비, 경비 및 일반관리비의 합계액에 시행규칙 제8조에서 정한 이윤율을 초과하여 계상할 수 없다. 〈개정 2008.12.29.〉

제29조 (회계직공무원의 주의의무) ①계약담당공무원은 학술연구용역 의뢰시에는 해당 연구에 대한 전문기관 또는 전문가를 엄선하여 연구목적을 달성할 수 있도록 그 주의의무를 다하여야 한다.

② 각 중앙관서의 장은 학술연구용역을 수의계약으로 체결하고자 할 경우에는 해당 계약상대자의 최근년도 원가계산자료(급여명세서, 손익계산서등)을 활용하여 제26조의 상여금, 퇴직금 및 제28조제1항의 일반관리비 산정시 과다 계상되지 않도록 주의하여야 한다. 〈개정 2008.12.29.〉

제5절 기타용역의 원가계산

제30조 (기타용역의 원가계산) ①엔지니어링사업, 측량용역, 소프트웨어 개발용역 등 다른 법령에서 그 대가기준(원가계산기준)을 규정하고 있는 경우에는 해당 법령이 정하는 기준에 따라 원가계산을 할 수 있다.

② 원가계산기준이 정해지지 않은 기타의 용역에 대하여는 제1항 및 제23조 내지 제29조에 규정된 원가계산기준에 준하여 원가계산할 수 있다. 이 경우 시행규칙 제23조의3 각호의 용역계약에 대한 인건비의 기준단가는 다음 각호의 어느 하나에 따른 노임에 의하되,「근로기준법」에서 정하고 있는 제수당, 상여금(기준단가의 연 400%를 초과하여 계상할 수 없다), 퇴직급여충당금의 합계액으로 한다. 〈개정 2015.9.21., 2017.12.28.〉

1. 시설물관리용역:「통계법」제17조의 규정에 따라 중소기업중앙회가 발표하는 '중소제조업 직종별 임금조사 보고서'(최저임금 상승 효과 등 적용시점의 임금상승 예측치를 반영한 통계가 있을 경우 동 통계를 적용한다. 이하 이 조에서 '임금조사 보고서'라 한다)의 단순노무종사원 노임(다만, 임금조사 보고서상 해당 직종의 노임이 있는 종사원에 대하여는 해당직종의 노임을 적용한다) 〈신설

2017.12.28.〉〈개정 2018.12.31.〉
2. 그 밖의 용역: 임금조사 보고서의 단순노무종사원 노임 〈신설 2017.12.28.〉

제6절 원가계산용역기관

제 31 조 (원가계산용역기관의 요건) ①시행규칙 제9조제3항제2호의 "전문인력 10명 이상"은 다음의 요건을 갖춘 인원을 말한다. 〈개정 2018.12.31.〉
1. 국가공인 원가분석사 자격증 소지자 6인 또는 원가계산업무에 종사(연구기간 포함)한 경력이 3년 이상인자 4인, 5년 이상인자 2인 〈신설 2018.12.31.〉
2. 이공계대학 학위소지자 또는 「국가기술자격법」에 의한 기술·기능분야의 기사 이상인 자 2인 〈신설 2018.12.31.〉
3. 상경대학 학위소지자 2인 〈신설 2018.12.31.〉
② 시행규칙 제9조제2항제2호 및 제3호의 기관의 경우에는 제1항 각호의 인원이 대학(교) 직원 또는 대학(교) 부설연구소 직원이어야 하며, 각 분야별 상시고용 인원 중에 교수(부교수, 조교수, 전임강사 포함)는 1인 이하로 하여야 한다. 〈신설 2018.12.31.〉
③ 계약담당공무원은 제9조제5항제3호의 기본재산 요건 구비 여부를 판단함에 있어 자본금은 최근연도 결산재무제표(또는 결산재무상태표)상의 자산총액에서 부채총액을 차감한 금액을 적용하여야 한다. 〈신설 2018.12.31.〉
④ 용역기관은 본부 외에 별도로 지사·지부 또는 출장소, 연락사무소 등을 설치하여 원가계산용역업무를 수행할 수 없다. 〈제2항에서 이동 2018.12.31.〉

제 31 조의 2 (용역기관에 대한 제재) 계약담당공무원은 원가계산용역기관이 자격요건 심사 시에 허위서류를 제출하는 등 관련 규정을 위반하거나 원가계산용역을 부실하게 한 경우에는 국가기관의 원가계산용역업무를 수행할 수 없도록 해당 용역기관의 주무관청 등 감독기관에 요청할 수 있다. 〈신설 2010.4.15.〉

제 32 조 (원가계산용역 의뢰시 주의사항) ① 계약담당공무원은 제31조의 요건을 갖춘 기관에 한하여 원가계산내용에 따른 전문성이 있는 기관에 용역의뢰를 하여야 한다. 다만, 제31조의 요건을 갖춘 용역기관들의 단체로서 「민법」제32조의 규정에 의하여 설립된 법인이 동 요건 충족여부를 확인한 경우에는 별도의 요건 심사를 면제할 수 있다.

② 계약담당공무원은 용역의뢰시에 제1항 단서에서 규정한 용역기관들의 단체에게 용역기관의 자격요건 심사를 의뢰하여 그 충족여부를 확인하여야 한다. (제1항 단서에 따라 심사가 면제된 용역기관은 제외)〈신설 2010.4.15. 개정 2015.9.21.〉

③ 계약담당공무원은 제1항의 경우에 해당 용역기관의 장과 다음 각호의 사항을 명백히 한 계약서를 작성하여야 한다. 다만, 시행령 제49조에 의한 계약서 작성을 생략할 경우에도 다음 각호의 사항을 준용하여 각서 등을 징구하여야 한다.〈제2항에서 이동 2010.4.15.〉
  1. 부실원가계산시 그 책임에 관한 사항
  2. 계약의 해제 또는 해지에 관한 사항
  3. 원가계산내용의 보안유지에 관한 사항
  4. 기타 원가계산 수행에 필요하다고 인정되는 사항

④ 계약담당공무원은 최종원가계산서에 해당 용역기관의 장[대학(교) 연구소의 경우에는 연구소장] 및 책임연구원이 직접 확인·서명하였음을 확인하여야 한다.〈제3항에서 이동 2010.4.15.〉

⑤ 계약담당공무원은 용역기관에서 제출된 최종원가계산서의 내용이 「국가를 당사자로 하는 계약에 관한 법률」, 동법 시행령, 시행규칙, 이 예규 및 계약서 등의 용역조건에 부합되는지 여부를 검토하여 해당 원가계산의 적정을 기하여야 한다. 이 경우에 원가계산의 적정성을 기하기 위해 필요하다고 판단되는 때에는 해당 원가계산서를 작성하지 아니한 다른 용역기관에 검토를 의뢰할 수 있다.〈제2항에서 이동 2010.4.15. 개정 2010.10.22. 2016.12.30〉

⑥ 계약담당공무원은 제1항에 따라 원가계산용역기관에 용역의뢰를 하려는 경우 시행규칙 제9조제2항부터 제4항까지의 요건을 확인하기 위해 원가계산용역기관으로 하여금 다음 각 호의 서류를 제출하게 하여야 한다.〈신설 2018.12.31.〉
  1. 정관(학교의 연구소 또는 산학협력단의 경우 학칙이나 연구소 규정)
  2. 삭제〈2020.12.28.〉
  3. 설립허가서 등 시행규칙 제9조제2항각호의 기관임을 증명하는 서류
  4. 제1항 각호의 인력에 대한 학위, 자격증명서, 재직증명서 등 자격 및 재직여부를 증명하는 서류
  5. 재무제표 등 시행규칙 제9조제3항제3호에 따른 기본재산을 증명할 수 있는

서류
6. 기타 자격요건 등 확인을 위해 필요하다고 인정되는 서류
⑦ 계약담당공무원은 제6항의 요건을 확인하는 경우「전자정부법」제36조제1항에 따른 행정정보의 공동이용을 통하여 원가계산용역기관의 법인등기부 등본 서류를 확인하여야 한다. 〈신설 2020.12.28.〉

제7절 보칙

제 33 조 (특례설정 등) ①각 중앙관서의 장은 특수한 사유로 인하여 동 기준에 따른 원가계산이 곤란하다고 인정될 때에는 특례를 설정할 수 있다. 〈개정 2015.9.21.〉
② 각 중앙관서의 장은 반복적 또는 계속적으로 발주되는 공사에 있어서는 최근의 발주된 동종의 공사에 대한 원가계산서에 따라 예정가격을 작성할 수 있다.

제 34 조 (원가계산자료의 비치 및 활용) ①계약담당공무원은 원가계산에 의한 예정가격을 작성함에 있어서 계약상대방으로 적당하다고 예상되는 2개 업체 이상의 최근년도 원가계산자료에 의거하여 계약목적물에 관계되는 수치를 활용하거나(수의계약대상업체에 대하여는 해당업체의 최근년도 원가계산자료), 동 업체의 제조(공정)확인 결과를 활용하여 제7조, 제15조의 비목별 가격결정 및 제12조, 제20조의 일반관리비 계상을 위한 기초자료로 활용할 수 있다.
② 계약담당공무원은 공사원가계산을 위하여 각 중앙관서의 장 또는 그가 지정하는 단체에서 제정한 "표준품셈"에 따라 제15조의 비목별 가격을 산출할 수 있으며, 동 품셈적용대상공사가 아닌 경우와 동 품셈적용을 할 수 없는 비목계상의 경우에는 제1항을 준용한다.

제 35 조 (외국통화로 표시된 재료비의 환율적용) 예정가격을 산출함에 있어서 외국통화로 표시된 재료비는 원가계산시 외국환거래법에 의한 기준환율 또는 재정환율을 적용하여 환산한다.

제 36 조 (세부시행기준) 이 예규를 운용함에 있어 필요한 세부사항에 관하여는 기획재정부장관이 그 기준을 정할 수 있다.

제 3 장 표준시장단가에 의한 예정가격작성

제 37 조 (표준시장단가에 의한 예정가격의 산정) ① 표준시장단가에 의한 예정가격은 직접공사비, 간접공사비, 일반관리비, 이윤, 공사손해보험료 및 부가가치세의 합계액으로 한다. 〈개정 2015.3.1.〉

② 시행령 제42조제1항에 따라 낙찰자를 결정하는 경우로서 추정가격이 100억원 미만인 공사에는 표준시장단가를 적용하지 아니한다. 〈신설 2015.3.1.〉

제 38 조 (직접공사비) ① 직접공사비란 계약목적물의 시공에 직접적으로 소요되는 비용을 말하며, 계약목적물을 세부 공종(계약예규「정부 입찰·계약 집행기준」제19조 등 관련 규정에 따른 수량산출기준에 따라 공사를 작업단계별로 구분한 것을 말한다)별로 구분하여 공종별 단가에 수량(계약목적물의 설계서 등에 의해 그 완성에 적합하다고 인정되는 합리적인 단위와 방법으로 산출된 공사량을 말한다)을 곱하여 산정한다.

② 직접공사비는 다음 각호의 비용을 포함한다.
　1. 재료비
　　재료비는 계약목적물의 실체를 형성하거나 보조적으로 소비되는 물품의 가치를 말한다.
　2. 직접노무비
　　공사현장에서 계약목적물을 완성하기 위하여 직접작업에 종사하는 종업원과 노무자의 기본급과 제수당, 상여금 및 퇴직급여충당금의 합계액으로 한다.
　3. 직접공사경비
　　공사의 시공을 위하여 소요되는 기계경비, 운반비, 전력비, 가설비, 지급임차료, 보관비, 외주가공비, 특허권 사용료, 기술료, 보상비, 연구개발비, 품질관리비, 폐기물처리비 및 안전관리비를 말하며, 비용에 대한 구체적인 정의는 제19조를 준용한다.

③ 제1항의 공종별 단가를 산정함에 있어 재료비 또는 직접공사경비중의 일부를 제외할 수 있다. 이 경우에는 해당 계약목적물 시공 기간의 소요(소비)량을 측정하거나 계약서, 영수증 등을 근거로 금액을 산정하여야 한다.

④ 각 중앙관서의 장 또는 각 중앙관서의 장이 지정하는 기관은 직접공사비를 공

종별로 직접조사·집계하여 산정할 수 있다.

제 39 조 (간접공사비) ① 간접공사비란 공사의 시공을 위하여 공통적으로 소요되는 법정경비 및 기타 부수적인 비용을 말하며, 직접공사비 총액에 비용별로 일정요율을 곱하여 산정한다.

② 간접공사비는 다음 각호의 비용을 포함하며, 비용에 대한 구체적인 정의는 제10조제2항 및 제19조를 준용한다.

1. 간접노무비
2. 산재보험료
3. 고용보험료
4. 국민건강보험료
5. 국민연금보험료
6. 건설근로자퇴직공제부금비
7. 산업안전보건관리비
8. 환경보전비
9. 기타 관련법령에 규정되어 있거나 의무지워진 경비로서 공사원가계산에 반영토록 명시된 법정경비
10. 기타간접공사경비(수도광열비, 복리후생비, 소모품비, 여비, 교통비, 통신비, 세금과 공과, 도서인쇄비 및 지급수수료를 말한다.)

③ 제1항의 일정요율이란 관련법령에 의해 각 중앙관서의 장이 정하는 법정요율을 말한다. 다만 법정요율이 없는 경우에는 다수기업의 평균치를 나타내는 공신력이 있는 기관의 통계자료를 토대로 각 중앙관서의 장 또는 계약담당공무원이 정한다.

④ 제38조에 따라 산정되지 아니한 공종에 대하여도 간접공사비 산정은 제1항 내지 제3항을 적용한다.

제 40 조 (일반관리비) ① 일반관리비는 기업의 유지를 위한 관리활동부문에서 발생하는 제비용으로서, 비용에 대한 구체적인 정의와 종류에 대하여는 제12조의 규정을 준용한다.

② 일반관리비는 직접공사비와 간접공사비의 합계액에 일반관리비율을 곱하여 계산한다. 다만, 일반관리비율은 공사규모별로 아래에서 정한 비율을 초과할 수 없다. 〈개정 2011. 5. 13, 2015. 9. 21.〉

종합공사		전문·전기·정보통신·소방 및 기타공사	
직접공사비+간접공사비	일반관리비율(%)	직접공사비+간접공사비	일반관리비율(%)
50억원미만	6.0	5억원미만	6.0
50억원~300억원미만	5.5	5억~30억원미만	5.5
300억원이상	5.0	30억원이상	5.0

제41조 (이윤) 이윤은 영업이익을 말하며 직접공사비, 간접공사비 및 일반관리비의 합계액에 이윤율을 곱하여 계산한다. 이윤율은 시행규칙에서 정한 기준에 따른다.

제42조 (공사손해보험료) 계약예규 「정부 입찰·계약 집행기준」 제12장에 따른 공사손해보험가입 비용을 말한다.

제43조 (총괄집계표의 작성) 계약담당공무원이 표준시장단가에 따라 예정가격을 작성하는 경우, 예정가격을 직접공사비, 간접공사비, 일반관리비, 이윤, 공사손해보험료 및 부가가치세로 구분하여 별표6의 총괄집계표를 작성하여야 한다. 〈개정 2015.3.1.〉

제44조 (세부시행기준) 계약담당공무원은 이 장을 운용함에 있어 필요한 세부사항을 정할 수 있다.

제 4 장 복수예비가격에 의한 예정가격의 결정

제44조의 2 (복수예비가격 방식에 의한 예정가격의 결정) 각 중앙관서의 장 또는 계약담당공무원은 예정가격의 유출이 우려되는 등 필요하다고 인정되는 경우 복수예비가격 방식에 의해 예정가격을 결정할 수 있으며, 이 경우에는 이 장에서 정한 절차와 기준을 따라야 한다. 〈본조신설 2018.12.31.〉

제44조의 3 (예정가격 결정 절차) ①계약담당공무원은 입찰서 제출 마감일 5일 전까지 기초금액(계약담당공무원이 시행령 제9조제1항의 방식으로 조사한 가격으로서 예정가격으로 확정되기 전 단계의 가격을 말하며, 「출판문화산업 진흥법」제22조에 해당하는 간행물을 구매하는 경우에는 간행물의 정가를 말한다)을 작성하여야 한다.

② 계약담당공무원은 제1항 따라 작성된 기초금액의 ±2% 금액 범위 내에서 서로 다른 15개의 가격(이하 "복수예비가격"이라 한다)을 작성하고 밀봉하여 보관하여야 한다.

③ 계약담당공무원은 입찰을 실시한 후 참가자 중에서 4인(우편입찰 등으로 인하여 개찰장소에 출석한 입찰자가 없는 때에는 입찰사무에 관계없는 자 2인)을 선정하여 복수예비가격 중에서 4개를 추첨토록 한 후 이들의 산술평균가격을 예정가격으로 결정한다.

④ 유찰 등으로 재공고 입찰에 부치려는 경우에는 복수예비가격을 다시 작성하여야 한다. 〈본조신설 2018.12.31.〉

제44조의 4 (세부기준 · 절차의 작성) ①각 중앙관서의 장은 이 장에서 정하지 아니한 사항으로서 복수예비가격에 의한 예정가격의 작성과 관련하여 필요한 사항에 대하여는 세부기준 및 절차를 정하여 운용할 수 있다.

② 제44조의3의 규정에도 불구하고 「전자조달의 이용 및 촉진에 관한 법률」 제2조제4호에 따른 국가종합전자조달시스템 또는 동법 제14조에 따른 자체전자조달시스템을 통해 전자입찰을 실시하는 경우에는 제44의3의 규정을 적용하지 아니하고 해당 기관이 정하는 기준에 따라 예정가격을 결정할 수 있다. 〈본조신설 2018.12.31.〉

제 5 장 전문가격조사기관의 등록 및 조사업무

제 45 조 (전문가격조사기관 등록) 이 장은 시행규칙 제5조제1항제2호에 의한 전문가격조사기관의 등록에 관하여 필요한 사항을 정함으로써, 공신력 있는 조사기관에 의한 조사가격의 객관성과 신뢰성을 확보하여 예정가격의 합리적 결정과 이에 따른 예산의 효율적 집행을 도모함을 목적으로 한다. 〈개정 2016.12.30.〉

제 46 조 (등록자격요건) 전문가격조사기관으로 등록하고자하는 자는 다음 각호의 자격요건을 갖추어야 한다.
1. 정관상 사업목적에 가격조사업무가 포함되어있는 비영리법인
2. 별첨 "표준가격조사요령"에 의하여 조사한 가격의 정보에 관한 정기간행물을 월1회이상 발행한 실적이 있는 자

제 47 조 (등록신청) 제46조의 자격요건을 갖춘 자가 전문가격조사기관으로 등록하고자할 경우에는 별표7의 등록 신청서에 다음 각호의 서류를 첨부하여 기획재정부장관에게 제출하여야 한다.
1. 비영리법인의 설립허가서, 등기부등본 및 정관사본 1부
2. 제46조제2호에 규정한 사항을 증명할 수 있는 자료 1부
3. 조사요원 재직증명서 1부
4. 「국가기술자격법 시행규칙」 제4조관련 별표5(기술 · 기능분야)에 의한 기계, 전기, 통신, 토목, 건축 직무분야 중 3개이상 직무분야의 산업기사 이상인 자의 재직증명서 1부

제 48 조 (등록증의 교부) 기획재정부장관은 제47조에 의한 전문가격조사기관등록 신청자가 제46조의 자격요건을 갖춘 경우에는 조사기관등록대장에 등재하고, 그 신청인에게 별표 8의 전문가격조사기관등록증을 교부한다.

제 49 조 (가격정보에 관한 간행물) ①전문가격조사기관으로 등록한 기관은 매월 1회이상 별첨 표준가격조사요령에 의하여 조사한 가격의 정보에 관한 정기간행물을 발행하여야 한다.
② 제1항에 의한 가격의 정보에 관한 정기간행물에는 조사기관의 등록번호와 등록 년월일을 기재하여야 한다.

제 50 조 (등록사항의 변경신청) ①전문가격조사기관으로 등록한 자가 제46조의 등록요건과 법인명, 대표자, 주소 등이 변경된 때에는 별표 9의 등록사항변경신고서를 작성하여 기획재정부장관에게 60일이내에 신고하여야 한다.
② 기획재정부장관은 제1항의 등록사항 변경신고서의 내용에 따라 조사기관등록증을 재발급한다. 단, 등록번호 및 등록년월일은 변경하지 아니한다.

제 51 조 (등록의 취소) 기획재정부장관은 다음 각호의 어느 하나에 해당될 경우에는 전문가격조사기관의 등록을 취소할 수 있다.
1. 제46조에 의한 자격요건에 미달될 때
2. 정당한 조사방법에 의하지 아니하고 담합 등 허위로 가격을 게재하는 경우
3. 기획재정부장관의 자료제출의 요구를 받고도 정당한 사유 없이 이를 제출하지 아니하는 경우
4. 기획재정부장관에 의한 3회이상 시정조치를 받고도 이에 응하지 않은 경우
5. 조사원이 윤리강령 등에 위배되는 행동으로 인하여 사회적 물의를 야기한 경우

제 52 조 (등록기관의 지도감독) ① 기획재정부장관은 제45조에 규정한 목적을 달성하기 위하여 필요하다고 인정될 때에는 조사기관에 대하여 가격조사에 관한 필요한 지시 및 시정조치를 명할 수 있다.
② 기획재정부장관은 년 1회이상 조사기관에 대하여 감사를 할 수 있다.

제 6 장 보칙

제 53 조 (재검토기한) 「훈령 · 예규 등의 발령 및 관리에 관한 규정」에 따라 이 예규에 대하여 2016년 1월 1일 기준으로 매3년이 되는 시점(매 3년째의 12월 31일까지를 말한다)마다 그 타당성을 검토하여 개선 등의 조치를 하여야 한다. 〈개정 2015.9.21.〉

[별첨] 표준가격조사요령(제4장 관련)

제 1 조 (조사대상가격) 조사기관이 조사할 가격은 정부가 기업 등의 대량수요자가 생산자 또는 도매상으로부터 구입하는 가격(이하 "대량수요자 도매가격"이라 한다)을 원칙으로 하되 필요에 따라 그 외의 가격으로 할 수 있다.
제 2 조 (가격의 구분) ①가격은 그 형성되는 유형에 따라 시장거래가격, 생산자공표가격, 행정지도가격으로 구분한다.
　1. "시장거래가격"이라함은 수요와 공급의 원리에 의한 시장의 가격조절기능을 통하여 형성되는 가격을 말한다.
　2. "생산자공표가격"이라 함은 상품의 성능 · 시방 등이 표준화되어있지 않거나 독과점으로 인하여 시장거래가격의 조사가 곤란한 경우에 생산자가 대외적으로 공표한 판매희망가격을 말한다.
　3. "행정지도가격"이라 함은 국민경제의 안정을 위하여 필요하다고 인정되는 상품에 대하여 정부가 그 거래가격의 상한선을 지정 · 고시하는 가격을 말한다.
② 가격은 그 유통단계에 따라 생산자가격, 도매가격, 대리점가격 또는 소매가격

으로 구분한다.
　　1. "생산자가격"이라함은 생산자로부터 수요자에게 인도되는 가격을 말한다.
　　2. "대리점가격"이라함은 대리점으로부터 수요자에게 인도되는 가격을 말한다.
　　3. "소매가격"이라함은 소매상으로부터 수요자에게 인도되는 가격을 말한다.
　③ 가격에는 판매방법, 거래량, 결제조건, 기타 부가가치세 등 국세의 포함 여부 등 거래조건에 의한 구분이 명백하게 표시되어져야한다.
　　1. "판매방법"이라함은 생산자등이 상품을 수요자에게 인도하는 장소 또는 방법을 말한다.
　　2. "거래량"이라함은 통상적인 거래기준량 즉 거래수량하한선을 말한다.
　　3. "결제조건"은 현금에 의한 결제를 원칙으로 한다.
　　4. 기타부가가치세, 특별소비세, 교육세, 관세 등의 포함여부를 구분한다.

제 3 조 (조사대상상품) ①조사기관이 조사대상상품을 선정할 경우 해당상품의 유통성·장래성 및 다른 상품에의 영향 등을 고려하여 단위 품조별로 1,000개이상으로 한다.
　② 제1항에 의한 조사대상상품이 동일한 경우라 하더라도 생산자에 따라 그 상품의 성능·시방 등에 차이가 있을 경우에는 생산자를 구분한다.(이하 "생산자 구분품목"이라한다.)
　③ 제1항 및 제2항에 의한 조사대상상품에 대하여는 별표 10에 의한 조사표를 작성·비치하여야한다.

제 4 조 (조사처) ①조사처는 제5조에 의한 조사대상도시에 있어 해당상품의 취급량이 많고 신뢰도가 높은 생산자를 대상으로 하여 3개업체 이상으로 한다.
　② 제1항에 의한 조사처에 대하여는 별표 11 및 별표 12에 의한 조사대장 및 품목별 조사처 대장을 작성·비치하여야한다.

제 5 조 (조사대상도시) ①조사대상도시는 인구·산업·교육문화·행정·도로교통사정·자연지리조건 등을 고려하여 구분하되 서울지역, 경기지역, 강원지역, 충청지역, 전라지역, 경상지역 및 제주지역으로 한다.

제 6 조 (조사방법) ①가격조사는 제4조에 의한 조사처를 대상으로 매월 일정한 기간내에 동일한 기준과 조건으로 면접에 의한 직접조사를 원칙으로 하되, 증빙서류 등에 의한 간접조사를 병행할 수 있으며, 자재의 품귀, 2중가격 형성 등으로 조사처에 대한 조사만으로 적정한 가격을 파악하기 곤란한 경우에는 수요자를

대상으로 하는 보충조사에 의할 수 있다.

② 제1항에 의한 조사를 하고자 할 때에는 조사처(면접자포함), 대상 품종, 조사자, 조사일시, 조사지역, 조사가격 및 거래조건 등이 기재된 조사 조서를 작성·비치하여야 한다.

③ 제3조 및 제4조에 의한 조사대상 상품, 조사처 등은 정당한 사유 없이 이를 변경할 수 없다.

제 7 조 (공표가격의 결정) 조사기관이 조사하여 공표할 가격은 최빈치가격으로 한다. 다만 이것이 없을 경우에는 조사처의 거래비중을 고려한 가중평균가격으로 할 수 있다.

제 8 조 (수시조사) 제1조 내지 제7조의 규정은 계약담당공무원이 가격조사를 의뢰하는 수시조사의 경우에 이를 준용한다.

제 9 조 (조사요원 등) ①조사기관의 가격조사에 종사하는 조사요원(이하 "조사요원"이라한다.)은 전임제로 한다.

② 조사요원은 30인이상으로 한다. 이 경우 제5조에 의한 조사지역별 각 1인이상을 포함한다.

③ 조사기관은 조사요원에 대한 자격요건 및 윤리강령을 제정·운용하여야하고 기타 적정한 조사가 이루어 질수 있도록 그 자질을 유지할 수 있는 교육 등 필요한 조치를 하여야한다.

④ 조사요원은 소정의 조사증표를 휴대하여야하고, 면접자가 이의 제시를 요구할 경우에는 그에 응해야 한다.

⑤ 제2항에 의한 조사요원 외에 제47조제4호에 의한 자가 그 직무분야별로 1인이상이어야 한다.

제 10 조(보고) 조사기관은 제3조, 제4조 및 제9조에 의한 조사상품 기본조사표, 조사처 대장, 조사요원의 자격, 윤리강령, 조사증표 등을 기획재정부장관에게 보고하여야한다.

제 11 조(보존기한) 조사기간은 제3조에 의한 조사상품기본조사표는 5년, 제4조 및 제6조에 의한 조사처 대장 및 조사조서 등은 3년이상 보관한다.

부　칙 (2007.10.12.)
이 회계예규는 2007년 10월 12일부터 시행한다.

부　칙 (2008.12.29.)
제1조(시행일) 이 회계예규는 2008년 12월 29일부터 시행한다.
제2조(적용례) 이 예규 시행후 입찰공고를 한 분부터 적용한다.

부　칙 (2009.9.21.)
제1조(시행일) 이 회계예규는 2009년 9월 21일부터 시행한다.

부　칙 (2010.4.15.)
제1조(시행일) 이 회계예규는 2010년 4월 15일부터 시행한다.
다만 제31조제1항의 개정규정은 2010년 10월 1일부터,
제32조의 개정규정은 2010년 7월 1일부터 시행한다.
제2조(원가계산용역기관에 대한 제재에 관한 적용례)
제31조의2의 개정규정은 시행일 이후 발생한 제재사유 분부터 적용한다.

부　칙 (2010.10.22.)
제1조(시행일) 이 회계예규는 2010년 10월 22일부터 시행한다.

부　칙 (2011.5.13.)
제1조(시행일) 이 계약예규는 2011년 5월 13일부터 시행한다.
제2조(적용례) 이 예규 시행일 이후 입찰공고를 한 분부터 적용한다.

부　칙 (2012.4.2.)
제1조(시행일) 이 계약예규는 2012년 4월 2일부터 시행한다.

부　칙 (2012.9.21.)
제1조(시행일) 이 계약예규는 2012년 9월 22일부터 시행한다.

부　칙 (2014.1.10.)

제1조(시행일) 이 계약예규는 2014년 1월 10일부터 시행한다.
제2조(적용례) 이 예규 시행일 이후 입찰공고를 한 분부터 적용한다.

부　칙 (2015.1.1.)

제1조(시행일) 이 계약예규는 2015년 1월 1일부터 시행한다.
제2조(적용례) 이 예규 시행일 이후 입찰공고를 한 분부터 적용한다.

부　칙 (2015.3.1.)

제1조(시행일) 이 예규는 2015년 3월 1일부터 시행한다.
제2조(적용례) 제37조 및 제43조의 개정규정은 이 예규 시행 후 최초로 이 예규에 따라 예정가격을 작성하는 사업부터 적용한다.
제3조(표준시장단가 적용에 관한 특례) 제37조 제2항의 개정규정 중 "100억원"은 2016년 12월 31일까지는 "300억원"으로 본다.

부　칙 (2015.9.21.)

제1조(시행일) 이 예규는 2015년 9월 21일부터 시행한다.

부　칙 (2016.1.1.)

제1조(시행일) 이 계약예규는 2016년 1월1일부터 시행한다.
제2조(적용례) 제31조의 개정규정은 이 계약예규 시행 후 제31조에 따라 원가계산용역을 의뢰하는 경우부터 적용한다.

부　칙 (2016.12.30.)

제1조(시행일) 이 계약예규는 2017년 1월1일부터 시행한다.

부　칙 (2017.12.28.)

제1조(시행일) 이 계약예규는 2017년 12월28일부터 시행한다.

부 칙 (2018.6.7.)

제1조(시행일) 이 계약예규는 2018년 6월 7일부터 시행한다.

부 칙 (2018.12.31.)

제1조(시행일) 이 계약예규는 2019년 1월 1일부터 시행한다. 다만, 제31조 및 제32조의 개정규정은 2019년 3월 5일부터 시행한다.
제2조(적용례) 이 계약예규는 부칙 제1조에 따른 시행일 이후 입찰공고하거나 계약체결 하는 경우부터 적용한다.

부 칙 (2019.6.1.)

제1조(시행일) 이 계약예규는 2019년 6월 1일부터 시행한다.
제2조(적용례) 제6조의 개정규정은 이 예규 시행일 이후 예정가격을 작성하는 분부터 적용한다.

부 칙 (2019.12.18.)

제1조(시행일) 이 계약예규는 2019년 12월 18일부터 시행한다.
제2조(적용례) 이 계약예규는 부칙 제1조에 따른 시행일 이후 예정가격을 작성하는 분부터 적용한다.

부 칙 (2020. 6. 19.)

제1조(시행일) 이 계약예규는 2020년 12월 19일부터 시행한다.
제2조(적용례) 이 계약예규는 시행일 이후 예정가격 또는 제44조의3에 따른 기초금액을 작성하려는 경우부터 적용한다.

부 칙 (2020. 12. 28.)

제1조(시행일) 이 계약예규는 2021년 3월 28일부터 시행한다.
제2조(적용례) 이 계약예규는 부칙 제1조에 따른 시행일 이후 예정가격을 작성하는 경우부터 적용한다.

부　칙 (2021.12.1.)

제1조(시행일) 이 계약예규는 2021년 12월 1일부터 시행한다.

제2조(적용례) 이 계약예규는 부칙 제1조에 따른 시행일 이후 예정가격을 작성하는 경우부터 적용한다.

부　칙 (2023.6.30.)

제1조(시행일) 이 계약예규는 2023년 6월 30일부터 시행한다.

제2조(적용례) 이 계약예규는 부칙 제1조에 따른 시행일 이후 예정가격을 작성하는 경우부터 적용한다.

(별표1)

제조원가계산서

품명:　　　　생산량:
규격:　　　　단위:　　　　제조기간:

비목		구분	금액	구성비	비고
제조원가	재료비	직접재료비 간접재료비 작업설·부산물 등(△)			
		소계			
	노무비	직접노무비 간접노무비			
		소 계			
	경비	전력비 수도광열비 운반비 감가상각비 수리수선비 특허권사용료 기술료 연구개발비 시험검사비 지급임차료 보험료 복리후생비 보관비 외주가공비 산업안전보건관리비 소모품비 여비·교통비·통신비 세금과공과 폐기물처리비 도서인쇄비 지급수수료 기타법정경비			
		소 계			
일반관리비( )%					
이윤( )%					
총원가					

(별표2)

공사원가계산서

공사명:　　　　공사기간:

비목			구분	금액	구성비	비고
순공사원가	재료비		직접재료비			
			간접재료비			
			작업설·부산물 등(△)			
			소계			
	노무비		직접노무비			
			간접노무비			
			소 계			
	경비		전력비			
			수도광열비			
			운반비			
			기계경비			
			특허권사용료			
			기술료			
			연구개발비			
			품질관리비			
			가설비			
			지급임차료			
			보험료			
			복리후생비			
			보관비			
			외주가공비			
			산업안전보건관리비			
			소모품비			
			여비·교통비·통신비			
			세금과공과			
			폐기물처리비			
			도서인쇄비			
			지급수수료			
			환경보전비			
			보상비			
			안전관리비			
			건설근로자퇴직공제부금비			
			기타법정경비			
			소 계			
일반관리비[(재료비+노무비+경비)×( )%]						
이윤[(노무비+경비+일반관리비)×( )%]						
총원가						
공사손해보험료[보험가입대상공사부분의총원가×( )%]						

(별표2-1)   **공사원가계산시 간접노무비 계산방법 〈개정 2011.5.13.〉**

1. 직접계상방법
   가. 계상기준
      발주목적물의 노무량을 예정하고 노무비단가를 적용하여 계산함.

   $$\boxed{\langle \text{공 식} \rangle \\ \text{간접노무비} = \text{노무량} \times \text{노무비단가}}$$

   나. 계상방법
      (가) 노무비단가는「통계법」제15조의 규정에 의한 지정기관이 조사·공표한 시중노임단가를 기준으로 하며 제수당, 상여금, 퇴직급여충당금은「근로기준법」에 의거 일정기간이상 근로하는 상시근로자에 대하여 계상한다. 〈개정 2015.9.21.〉
      (나) 노무량은 표준품셈에 따라 계상되는 노무량을 제외한 현장시공과 관련하여 현장관리사무소에 종사하는 자의 노무량을 계상한다.
      (다) 간접노무비(현장관리인건비)의 대상으로 볼 수 있는 배치인원은 현장소장, 현장사무원(총무, 경리, 급사 등), 기획·설계부문종사자, 노무관리원, 자재·구매관리원, 공구담당원, 시험관리원, 교육·산재담당원, 복지후생부문종사자, 경비원, 청소원 등을 들 수 있음.
      (라) 노무량은 공사의 규모·내용·공종·기간 등을 고려하여 설계서(설계도면, 시방서, 현장설명서 등) 상의 특성에 따라 적정인원을 설계반영 처리한다.

2. 비율분석방법
   가. 계상기준
      발주목적물에 대한 직접노무비를 표준품셈에 따라 계상함.

   $$\boxed{\langle \text{공 식} \rangle \\ \text{간접노무비} = \text{직접노무비} \times \text{간접노무비율}}$$

   나. 계상방법
      (가) 발주목적물의 특성 등(규모·내용·공종·기간 등)을 고려하여 이와 유사한 실적이 있는 업체의 원가계산자료, 즉 개별(현장별) 공사원가명세

서, 노무비명세서(임금대장) 또는 직·간접노무비 명세서를 확보한다.
　(나) 노무비 명세서(임금대장)를 이용하는 방법
　　① 개별(현장별) 공사원가명세서에 대한 임금대장을 확보한다.
　　② 확보된 임금대장상의 직·간접노무비를 구분하되, 구분할 자료가 많은 경우에는 간접노무비율을 객관성있게 산정할 수 있는 기간에 해당하는 자료를 분석한다.
　　③ 동 임금대장에서 표준품셈에 따라 계상되는 노무량을 제외한 현장시공과 관련하여 현장관리사무소에 종사하는 자의 노무비(간접노무비)를 계상한다.
　　④ 계상된 간접노무비를 직접노무비로 나누어서 간접노무비율을 계산한다.
　(다) 업체로부터 직·간접노무비가 구분된「직·간접노무비 명세서」를 확보한 경우에는 위 임금대장을 이용하는 방법에 의하여 자료 및 내용을 검토하여 간접노무비율을 계산한다.
3. 기타 보완적 계상방법
　직접계산방법 또는 비율분석방법에 의하여 간접노무비를 계산하는 것을 원칙으로 하되, 계약목적물의 내용·특성 등으로 인하여 원가계산자료를 확보하기가 곤란하거나, 확보된 자료가 신빙성이 없어 원가계산자료로서 활용하기 곤란한 경우에는 아래의 원가계산자료(공사종류 등에 따른 간접노무비율)를 참고로 동 비율을 해당 계약목적물의 규모·내용·공종·기간등의 특성에 따라 활용하여 간접노무비(품셈에 의한 직접노무비×간접노무비율)를 계상할 수 있다.〈개정 2011.5.13.〉

구 분	공사종류별	간접노무비율
공사 종류별	건축공사 토목공사 특수공사(포장, 준설 등) 기타(전문, 전기, 통신 등)	14.5 15 15.5 15
공사 규모별	50억원 미만 50~300억원 미만 300억원 이상	14 15 16
공사 기간별	6개월 미만 6~12개월 미만 12개월 이상	13 15 17

* 공사규모가 100억원이고 공사기간이 15개월인 건축공사의 경우 예시
 - 간접노무비율 = (15%+17%+14.5%)/3 = 15.5%

(별표3) **일반관리비율**

업 종	일반관리비율(%)
• 제조업	
음·식료품의 제조·구매	14
섬유·의복·가죽제품의 제조·구매	8
나무·나무제품의 제조·구매	9
종이·종이제품·인쇄출판물의 제조·구매	14
화학·석유·석탄·고무·플라스틱제품의 제조·구매	8
비금속광물제품의 제조·구매	12
제1차 금속제품의 제조·구매	6
조립금속제품·기계·장비의 제조·구매	7
기타물품의 제조·구매	11
• 시설공사업	6

주1) 업종분류 : 한국표준산업분류에 의함.

(별표4)   **학술연구용역원가계산서**

비목 \ 구분	금액	구성비	비고
인건비 책임연구원 연구원 연구보조원 보조원			
경비 여비 유인물비 전산처리비 시약및연구용역재료비 회의비 임차료 교통통신비 감가상각비 일반관리비( )% 이윤( )% 총원가			

(별표5)   **학술연구용역인건비기준단가 ('17)**

등 급	월 임 금
책임연구원	월 3,110,229원
연구원	월 2,384,881원
연구보조원	월 1,594,213원
보조원	월 1,195,701원

주1) 본 인건비 기준단가는 1개월을 22일로 하여 용역 참여율 50%로 산정한 것이며, 용역 참여율을 달리하는 경우에는 기준단가를 증감시킬 수 있다.

※ 상기단가는 2017년도 기준단가로 계약예규 「예정가격 작성기준」 제26조 제2항에 따라 소비자물가 상승률(2016년 1.0%)을 반영한 단가이며, 소수점 첫째자리에서 반올림한 금액임

(별표6)

총괄집계표

공사명 :   공사기간 :

구 분		금 액	구 성 비	비 고
직접공사비				
간접공사비	간접노무비			
	산재보험료			
	고용보험료			
	안전관리비			
	환경보전비			
	퇴직공제부금비			
	수도광열비			
	복리후생비			
	소모품비			
	여비·교통비·통신비			
	세금과공과			
	도서인쇄비			
	지급수수료			
	기타법정경비			
일반관리비				
이 윤				
공사손해보험료				
부가가치세				
합 계				

(별표7)

전문가격조사기관 등록신청서

전문가격조사기관 등록신청서	
① 법인명	
② 대표자성명	
③ 주 소	
④ 법인설립허가관청	

예정가격 작성기준 제47조의 규정에 의하여 위와 같이 신청합니다.

년 월 일

신청인　　　　(인)
(전화 :　　　)

기획재정부장관 귀하

구비서류　1. 비영리법인의 설립허가서, 등기부등본 및 정관사본 1부.
　　　　　2. 예정가격 작성기준 제46조제2항에 규정한 사항을 증명할 수 있는 자료 1부.
　　　　　3. 조사요원재직증명서 1부.
　　　　　4. 품셈분야별 기술자재직증명서 1부.

22451-01511일
'93.5.18 승인

201mm×297mm
인쇄용지(특급) 70g/m²

(별표8)

전문가격조사기관 등록증

전문가격조사기관등록증

등록번호 제 호(년 월 일)

1. 법 인 명 :
2. 대표자성명 :
3. 주   소 :

예정가격 작성기준 제48조의 규정에 의하여 위와 같이 등록하였음을 증명함.

년 월 일

기 획 재 정 부 장 관

22451-01611일 201㎜×297㎜
'93.5.18 승인 인쇄용지(특급) 70g/㎡

(별표9) 　전문가격조사기관 등록사항 변경신고서

전문가격조사기관 등록사항 변경신고서		
① 등록번호	제 호 (년 월 일)	
② 법인명		
③ 대표자성명		
④ 주소		
변경내용	변경전의 사항	변경후의 사항

예정가격 작성기준 제50조의 규정에 의하여 위와 같이 등록사항중 변경내용을 신고합니다.

년 월 일

신청인　　(인)

기획재정부장관 귀하

(별표10) **조사상품기본조사표**

① 상품명		② 통상명칭		③ 코오드 번호		④ 수록단위 품종명	
상품내용		품질·규격		단위품목수		생산자별취급구분	
⑤주요용도		⑧공인규격 유무및종류		⑪단위품목 구분기준		⑭생산자별 구분여부	⑰기본단위
⑥주재질		⑨공인형식 또는성능		⑫규격품목과 유통품목수		⑮총생산자수	⑱포장단위 및그수량
⑦상품형상		⑩규격유무별 유통비중		⑬주종품목과 거래비중		⑯조사대상 생산자의범위	⑲거래단위

조사가격의종류				*1 수급사정(수량 또는 금액)				*2 원가구성내용(구성비:%)			
조사조건별	연도별 년	년	년	수급구분	연도별 년	년	년	요소비목	연도별 년	년	년
가격성격				공급	년간능력			재료비			
조사지역					국산			재료지 내역			
조사단계					수입						
단위거래량의 구분여부				수요	년간능력			기타			
					국산			노무비			
					수입			경비			
				계절성				일반관리비 및 이윤			

참고 사항	관련단체				전문가		
	단체성격	단체 (기관)명	관련부서명 및 담당자	전화번호	성명	소속·직위	전화번호
	종목별단체						
	연구단체						
	정부기관						

※ 조사상품기본조사표의 기재요령 (별표 10 서식)
　(1)상품학상의 상품명으로서 공인된 정식명칭
　(2)공식명칭이외에 시중거래에서 일반적으로 통용되는 상품명칭
　(3)코오드번호 부여 후에 기입
　(4)수록단위품종 편성 후에 기입
　(5)용도를 기입하되, 용도가 다양할 시에는 용도비중 60%내의 그용도
　(6)성분35%이상시는 ①, 성분 35%미만시는 60%내중 다성분②
　(7)상품의 외관상의 형태, 형상
　(8)공진청에서 공인된 KS규격 또는 국제규격의 종류
　(9)형식승인된 공인된 시험성능
　(10)규격품과 비규격품의 유통비중
　(11)단위품목을 구분하는 기준의 종류
　(12)규격상에 있는 총 품목수와 시중에서 유통되는 품목수
　(13)단위품목중 시중거래비중이 가장높은 품목과 그거래비중
　(14)품질, 규격, 형식, 성능 등에서 생산자간의 차이로 구분취급의 필요성 유무
　(15)총생산자수
　(16)총생산자중 그 생산량이 상위 60%이내에 드는 생산자수
　(17)상품의 수량을 계산하는 기초단위
　(18)상품의 포장단위와 포장단위의 수량
　(19)시중에 유통되는 거래단위
　(20)가격이 형성되는 유형에 따라 시장거래, 생산자공표, 행정지도로 구분
　(21)조사대상도시수에 따라 서울(전국), 2대도시, 5대도시, 9대도시등
　(22)유통단계 중 조사대상 단계를 표시하되, 필요시에는 2개단계도 표시
　(23)동일조사단계에서도 단위거래량의 과다에 따라 가격의 차이에 따른 구분여
　　　부 표시
　(24)국산과 수입을 합한 연간공급능력을 합산표시
　(25) ~ (26) 생략
　(27)내수와 수출을 합한 연간수요능력을 합산표시
　(28) ~ (29) 생략

(30)상품수급에 있어서 계절적인변화시기를 성수기와 비수기간을 표시
(31)기업회계상 각상품의 생산비에서 재료비가 차지하는 비중을 100분율로 표시
(32)기업회계상 각 상품의 생산비에서 노무비가 차지하는 비중을 100분율로 표시
(33)기업회계상 각 상품의 생산비에서 경비가 차지하는 비중을 100분율로 표시
(34)기업회계상 각상품의 생산비이외에 판매비, 일반관리비 및 이윤이 차지하는 비율
(35)조사상품에 관계가 있는 단체등에서 자문을 구할 기관
(36)조사상품에 관해 업계, 학계의 전문자중 자문을 구할 수 있는 자

(별표11)

조사처 대장

1. 업체개요

상 호	대 표 자	형 태
소 재 지	창립년월일	취급종목
소속업종별단체	경쟁업체수	

2. 면접담당자

위촉년월일	성 명	부서, 직위	전 화

(별표12)

품목별조사처대장

조사품목		조사처			면접담당자			등록	
코드번호	품종별	업체별	업태	소재지	성명	부서직위	직통전화	접수	말소

공사계약일반조건

[시행 2023.6.30.][기획재정부계약예규 제657호, 2023.6.16., 일부개정]

제1조 (총칙) 계약담당공무원과 계약상대자는 공사도급표준계약서(이하 "계약서"라 한다)에 기재한 공사의 도급계약에 관하여 제3조에 의한 계약문서에서 정하는 바에 따라 신의와 성실의 원칙에 입각하여 이를 이행한다.

제2조 (정의) 이 조건에서 사용하는 용어의 정의는 다음과 같다.
　1. "계약담당공무원"이라 함은 「국가를 당사자로 하는 계약에 관한 법률 시행규칙」(이하 "시행규칙"이라 한다) 제2조에 의한 공무원을 말한다. 이 경우에 각 중앙관서의 장이 계약에 관한 사무를 그 소속공무원에게 위임하지 아니하고 직접 처리하는 경우에는 이를 계약담당공무원으로 본다.
　2. "계약상대자"라 함은 정부와 공사계약을 체결한 자연인 또는 법인을 말한다.
　3. "공사감독관"이라 함은 제16조에 규정된 임무를 수행하기 위하여 정부가 임명한 기술담당공무원 또는 그의 대리인을 말한다. 다만, 「건설기술 진흥법」 제39조제2항 또는 「전력기술관리법」 제12조 및 그 밖에 공사 관련 법령에 의하여 건설사업관리 또는 감리를 하는 공사에 있어서는 해당공사의 감리를 수행하는 건설산업관리기술자 또는 감리원을 말한다. 〈개정 2014.4.1., 2016.1.1., 2016.12.30.〉
　4. "설계서"라 함은 공사시방서, 설계도면, 현장설명서, 공사기간의 산정근거(「국가를 당사자로 하는 계약에 관한 법률 시행령」(이하 "시행령"이라 한다) 제6장 및 제8장의 계약 및 현장설명서를 작성하는 공사는 제외한다) 및 공종별 목적물 물량내역서(가설물의 설치에 소요되는 물량 포함하며, 이하 "물량내역서"라 한다)를 말하며, 다음 각 목의 내역서는 설계서에 포함하지 아니한다. 〈개정 2020.9.24.〉
　　가. 〈삭제 2010.9.8.〉
　　나. 시행령 제78조에 따라 일괄입찰을 실시하여 체결된 공사와 대안입찰을 실시하여 체결된 공사(대안이 채택된 부분에 한함)의 산출내역서

다. 시행령 제98조에 따라 실시설계 기술제안 입찰을 실시하여 체결된 공사와 기본설계 기술제안입찰을 실시하여 체결된 공사의 산출내역서 〈개정 2010.9.8.〉
라. 수의계약으로 체결된 공사의 산출내역서. 다만, 시행령 제30조제2항 본문에 따라 체결된 수의계약 공사의 물량내역서는 제외
5. "공사시방서"라 함은 공사에 쓰이는 재료, 설비, 시공체계, 시공기준 및 시공기술에 대한 기술설명서와 이에 적용되는 행정명세서로서, 설계도면에 대한 설명 또는 설계도면에 기재하기 어려운 기술적인 사항을 표시해 놓은 도서를 말한다.
6. "설계도면"이라 함은 시공될 공사의 성격과 범위를 표시하고 설계자의 의사를 일정한 약속에 근거하여 그림으로 표현한 도서로서 공사목적물의 내용을 구체적인 그림으로 표시해 놓은 도서를 말한다.
7. "현장설명서"라 함은 시행령 제14조의2에 의한 현장설명 시 교부하는 도서로서 시공에 필요한 현장상태 등에 관한 정보 또는 단가에 관한 설명서 등을 포함한 입찰가격 결정에 필요한 사항을 제공하는 도서를 말한다.
8. "물량내역서"라 함은 공종별 목적물을 구성하는 품목 또는 비목과 동 품목 또는 비목의 규격·수량·단위 등이 표시된 다음 각 목의 내역서를 말한다.
  가. 시행령 제14조제1항에 따라 계약담당공무원 또는 입찰에 참가하려는 자가 작성한 내역서 〈개정 2010.9.8.〉
  나. 시행령 제30조제2항 및 계약예규「정부입찰·계약 집행기준」제10조제3항에 따라 견적서제출 안내공고 후 견적서를 제출하려는 자에게 교부된 내역서
9. "산출내역서"라 함은 입찰금액 또는 계약금액을 구성하는 물량, 규격, 단위, 단가 등을 기재한 다음 각 목의 내역서를 말한다.
  가. 시행령 제14조제6항과 제7항에 따라 제출한 내역서
  나. 시행령 제85조제2항과 제3항에 따라 제출한 내역서
  다. 시행령 제103조제1항과 제105조제3항에 따라 제출한 내역서
  라. 수의계약으로 체결된 공사의 경우에는 착공신고서 제출 시까지 제출한 내역서
10. 이 조건에서 따로 정하는 경우를 제외하고는「국가를 당사자로 하는 계약에

관한 법률 시행령」, 「특정조달을 위한 국가를 당사자로 하는 계약에 관한 법률 시행령 특례규정」(이하 각각 "시행령", "특례규정"이라 한다), 시행규칙 및 계약예규 공사입찰유의서(이하 "유의서"라 한다)에 정하는 바에 의한다.

제3조 (계약문서) ①계약문서는 계약서, 설계서, 유의서, 공사계약일반조건, 공사계약특수조건 및 산출내역서로 구성되며 상호보완의 효력을 가진다. 다만, 산출내역서는 이 조건에서 규정하는 계약금액의 조정 및 기성부분에 대한 대가의 지급시에 적용할 기준으로서 계약문서의 효력을 가진다. 〈개정 2008.12.29.〉

② 〈신설 2011.5.13., 삭제 2016.1.1.〉

③ 계약담당공무원은 「국가를 당사자로 하는 계약에 관한 법령」, 공사관계 법령 및 이 조건에 정한 계약일반사항 외에 해당 계약의 적정한 이행을 위하여 필요한 경우 공사계약특수조건을 정하여 계약을 체결할 수 있다.

④ 제3항에 의하여 정한 공사계약특수조건에 「국가를 당사자로 하는 계약에 관한 법령」, 공사 관계법령 및 이 조건에 의한 계약상대자의 계약상 이익을 제한하는 내용이 있는 경우에 특수조건의 해당 내용은 효력이 인정되지 아니한다.

⑤ 이 조건이 정하는 바에 의하여 계약당사자간에 행한 통지문서등은 계약문서로서의 효력을 가진다.

제4조 (사용언어) ①계약을 이행함에 있어서 사용하는 언어는 한국어로 함을 원칙으로 한다.

② 계약담당공무원은 계약체결시 제1항에도 불구하고 필요하다고 인정하는 경우에는 계약이행과 관련하여 계약상대자가 외국어를 사용하거나 외국어와 한국어를 병행하여 사용할 수 있도록 필요한 조치를 할 수 있다.

③ 제2항에 의하여 외국어와 한국어를 병행하여 사용한 경우에 외국어로 기재된 사항이 한국어와 상이할 때에는 한국어로 기재한 사항이 우선한다.

제5조 (통지 등) ①구두에 의한 통지·신청·청구·요구·회신·승인 또는 지시(이하 "통지 등"이라 한다)는 문서로 보완되어야 효력이 있다.

② 통지 등의 장소는 계약서에 기재된 주소로 하며, 주소를 변경하는 경우에는 이를 즉시 계약당사자에게 통지하여야 한다.

③ 통지 등의 효력은 계약문서에서 따로 정하는 경우를 제외하고는 계약당사자에게 도달한 날부터 발생한다. 이 경우 도달일이 공휴일인 경우에는 그 익일부터 효력이 발생한다.

④ 계약당사자는 계약이행중 이 조건 및 관계법령 등에서 정한 바에 따라 서면으로 정당한 요구를 받은 경우에는 이를 성실히 검토하여 회신하여야 한다.

제 6 조 (채권양도) ① 계약상대자는 이 계약에 의하여 발생한 채권(공사대금 청구권)을 제3자(공동수급체 구성원 포함)에게 양도할 수 있다.

② 계약담당공무원은 제1항에 의한 채권양도와 관련하여 적정한 공사이행목적 등 필요한 경우에는 채권양도를 제한하는 특약을 정하여 운용할 수 있다.

제 7 조 (계약보증금) ① 계약상대자는 이 조건에 의하여 계약금액이 증액된 경우에는 이에 상응하는 금액의 계약보증금을 시행령 제50조 및 제52조에 정한 바에 따라 추가로 납부하여야 하며 계약담당공무원은 계약금액이 감액된 경우에는 이에 상응하는 금액의 계약보증금을 반환해야 한다. 〈개정 2009.6.29.〉

② 계약담당공무원은 시행령 제52조제1항 본문에 의하여 계약이행을 보증한 경우로서 계약상대자가 계약이행보증방법의 변경을 요청하는 경우에는 1회에 한하여 변경하게 할 수 있다. 〈개정 2010.9.8.〉

  1. 〈삭제 2010.9.8.〉

  2. 〈삭제 2010.9.8.〉

  3. 〈삭제 2010.9.8.〉

③ 계약담당공무원은 시행령 제37조제2항제2호에 의한 유가증권이나 현금으로 납부된 계약보증금을 계약상대자가 특별한 사유로 시행령 제37조제2항제1호 내지 제5호에 규정된 보증서 등으로 대체납부할 것을 요청한 때에는 동가치 상당액 이상으로 대체 납부하게 할 수 있다.

제 8 조 (계약보증금의 처리) ① 계약담당공무원은 계약상대자가 정당한 이유없이 계약상의 의무를 이행하지 아니할 때에는 계약보증금을 국고에 귀속한다.

② 시행령 제69조에 의한 장기계속공사계약에 있어서 계약상대자가 2차 이후의 공사계약을 체결하지 아니한 경우에는 제1항을 준용한다.

③ 시행령 제50조제10항에 의하여 계약보증금지급각서를 제출한 경우로서 계약보증금의 국고귀속사유가 발생하여 계약담당공무원의 납입요청이 있을 때에는 계약상대자는 해당 계약보증금을 지체없이 현금으로 납부하여야 한다.

④ 제1항 및 제2항에 의하여 계약보증금을 국고에 귀속함에 있어서 그 계약보증금은 이를 기성부분에 대한 미지급액과 상계 처리할 수 없다. 다만, 계약보증금의 전부 또는 일부를 면제받은 자의 경우에는 국고에 귀속되는 계약보증금

과 기성부분에 대한 미지급액을 상계 처리할 수 있다.

⑤ 계약담당공무원은 계약상대자가 납부한 계약보증금을 계약이 이행된 후에 계약상대자에게 지체없이 반환한다.

제9조 (보증이행업체의 자격) ①시행령 제52조에 의한 보증이행업체는 다음 각 호에 해당하는 자격을 갖추고 있어야 하며, 계약담당공무원은 보증이행업체의 적격여부를 심사하기 위하여 계약상대자에게 관련자료의 제출을 요구할 수 있다. 〈개정 2010.9.8.〉

   1.「독점규제 및 공정거래에 관한 법률」에 의한 계열회사가 아닌 자

   2. 시행령 제76조에 의한 입찰참가자격제한을 받고 그 제한기간 중에 있지 아니한 자

   3. 시행령 제36조에 의한 입찰공고 등에서 정한 입찰참가자격과 동등이상의 자격을 갖춘 자

   4. 시행령 제13조에 의한 입찰의 경우에는 입찰참가자격사전심사기준에 따른 입찰참가에 필요한 종합평점 이상이 되는 자

② 계약담당공무원은 제1항에 의하여 보증이행업체로된 자가 부적격하다고 인정되는 때에는 계약상대자에게 보증이행업체의 변경을 요구할 수 있다. 〈개정 2010.9.8.〉

③ 시행령 제52조제1항제3호에 의한 공사이행보증서의 제출 등에 대하여는 제1항 및 제2항외에 계약예규 「정부 입찰·계약 집행기준」 제11장(공사의 이행보증제도 운용)에 정한 바에 의한다.

제10조 (손해보험) ①계약상대자는 해당 계약의 목적물 등에 대하여 손해보험(「건설산업기본법」 제56조제1항제5호에 따른 손해공제를 포함한다. 이하 이 조에서 같다)에 가입할 수 있으며, 시행령 제78조, 제97조 및 추정가격이 200억원이상 인 공사로서 계약예규「입찰참가자격사전심사요령」제6조제5항제1호에 규정된 공사에 대하여는 특별한 사유가 없는 한 계약목적물 및 제3자 배상책임을 담보할 수 있는 손해보험에 가입하여야 한다. 〈개정 2010.9.8, 2014.1.10.〉

② 계약상대자는 제1항에 의한 보험가입시에 발주기관, 계약상대자, 하수급인 및 해당공사의 이해관계인을 피보험자로 하여야 하며, 보험사고 발생으로 발주기관이외의 자가 보험금을 수령하게 될 경우에는 발주기관의 장의 사전 동의를 받아야 한다.

③ 계약목적물에 대한 보험가입금액은 공사의 보험가입 대상부분의 순계약금액(계약금액에서 부가가치세와 손해보험료를 제외한 금액을 말하며, 관급자재가 있을 경우에는 이를 포함한다. 이하 같다)을 기준으로 한다.
④ 계약상대자는 제1항에 의한 보험가입을 공사착공일(손해보험가입 비대상공사가 포함된 공사의 경우에는 손해보험가입대상공사 착공일을 말함) 이전까지 하고 그 증서를 착공신고서 제출시(손해보험가입 비대상공사가 포함된 공사의 경우에는 손해보험가입대상공사 착공시) 발주기관에 제출하여야 하며, 보험기간은 해당공사 착공시부터 발주기관의 인수시(시운전이 필요한 공사인 경우에는 시운전 시기까지 포함한다)까지로 하여야 한다.
⑤ 계약상대자는 손해보험가입시 제48조에 의하여 보증기관이 시공하게 될 경우에 계약상대자의 보험계약상의 권리와 의무가 보증기관에 승계되도록 하는 것을 포함하여야 하며, 제44조 내지 제46조에 의하여 계약이 해제 또는 해지된 후에 새로운 계약상대자가 선정될 경우에도 계약상대자의 보험계약상의 권리와 의무가 새로운 계약상대자에게 승계되는 내용이 포함되도록 하여야 한다. 〈개정 2010.9.8.〉
⑥ 계약상대자는 발주기관이 작성한 예정가격조서상의 보험료 또는 계약상대자가 제출한 입찰금액 산출내역서상의 보험료와 계약상대자가 손해보험회사에 실제 납입한 보험료간의 차액발생을 이유로 보험가입을 거절하거나 동 차액의 정산을 요구하여서는 아니된다.
⑦ 계약상대자는 보험가입 목적물의 보험사고로 보험금이 지급되는 경우에는 동 보험금을 해당공사의 복구에 우선 사용하여야 하며, 보험금 지급이 지연되거나 부족하게 지급되는 경우에도 이를 이유로 피해복구를 지연하거나 거절하여서는 아니된다.
⑧ 제1항 내지 제7항의 사항이외에 손해보험과 관련된 기타 계약조건은 계약예규「정부 입찰·계약 집행기준」제12장(공사의 손해보험가입 업무집행)에 정한 바에 의한다.

제 11 조 (공사용지의 확보) ①발주기관은 계약문서에 따로 정한 경우를 제외하고는 계약상대자가 공사의 수행에 필요로 하는 날까지 공사용지를 확보하여 계약상대자에게 인도하여야 한다.
② 계약상대자는 현장에 인력, 장비 또는 자재를 투입하기 전에 공사용지의 확보

여부를 계약담당공무원으로부터 확인을 받아야 한다.
③ 발주기관은 공사용지 확보 및 민원 대응 등 공사용지 확보와 직접 관련되는 업무를 계약상대자에게 전가하여서는 아니된다. 〈신설 2019.12.18.〉

제12조 (공사자재의 검사) ①공사에 사용할 자재는 신품이어야 하며 품질·규격 등은 반드시 설계서와 일치되어야 한다. 다만, 설계서에 명확히 규정되지 아니한 자재는 표준품 이상으로서 계약의 목적을 달성하는 데에 가장 적합한 것이어야 한다.
② 계약상대자는 공사자재를 사용하기 전에 공사감독관의 검사를 받아야 하며, 불합격된 자재는 즉시 대체하여 다시 검사를 받아야 한다.
③ 제2항에 의한 검사에 이의가 있을 경우에 계약상대자는 계약담당공무원에 대하여 재검사를 요청할 수 있으며, 재검사가 필요하다고 인정되는 경우에 계약담당공무원은 지체없이 재검사하도록 조치하여야 한다.
④ 계약담당공무원은 계약상대자로부터 공사에 사용할 자재의 검사를 요청받거나 제3항에 의한 재검사의 요청을 받은 때에는 정당한 이유없이 검사를 지체할 수 없다.
⑤ 계약상대자가 불합격된 자재를 즉시 이송하지 않거나 대체하지 아니하는 경우에는 계약담당공무원이 일방적으로 불합격 자재를 제거하거나 대체시킬 수 있다.
⑥ 계약상대자는 시험 또는 조합이 필요한 자재가 있는 경우 공사감독관의 참여 하에 그 시험 또는 조합을 하여야 한다.
⑦ 수중 또는 지하에 매몰하는 공작물 기타 준공후 외부로부터 검사할 수 없는 공작물의 공사는 공사감독관의 참여하에 시공하여야 한다.
⑧ 계약상대자가 제1항 내지 제7항이 정한 조건에 위배하거나 또는 설계서에 합치되지 않는 시공을 하였을 때에는 계약담당공무원은 공작물의 대체 또는 개조를 명할 수 있다.
⑨ 제2항 내지 제8항의 경우에 계약금액을 증감하거나 계약기간을 연장할 수 없다. 다만, 제3항에 의하여 재검사 결과에서 적합한 자재인 것으로 판명될 경우에는 재검사에 소요된 기간에 대하여는 계약기간을 연장할 수 있다.

제13조 (관급자재 및 대여품) ①발주기관은 공사의 수행에 필요한 특정자재 또는 기계·기구 등을 계약상대자에게 공급하거나 대여할 수 있으며, 이 경우에 관급

자재 등(관급자재 및 대여품을 말한다. 이하 같다)은 설계서에 명시되어 있어야 한다.
② 관급자재 등은 제17조제1항제2호의 공사공정예정표에 따라 적기에 공급되어야 하며, 인도일시 및 장소는 계약당사자간에 협의하여 결정한다.
③ 관급자재 등의 소유권은 발주기관에 있으며, 잉여분이 있을 경우에는 계약상대자는 이를 발주기관에 통지하여 계약담당공무원의 지시에 따라 이를 반환하여야 한다.
④ 제2항에 의한 인도후의 관급자재 등에 대한 관리상의 책임은 계약상대자에게 있으며, 계약상대자가 이를 멸실 또는 훼손하였을 경우에는 발주기관에 변상하여야 한다.
⑤ 계약상대자는 관급자재 등을 계약의 수행외의 목적으로 사용할 수 없으며, 공사감독관의 서면승인 없이는 현장외부로 반출하여서는 아니된다.
⑥ 계약상대자는 관급자재 등을 인수할 때에는 이를 검수하여야 하며 그 품질 또는 규격이 시공에 적당하지 아니하다고 인정될 경우에는 즉시 계약담당공무원에게 이를 통지하여 대체를 요구하여야 한다.
⑦ 계약담당공무원은 필요하다고 인정할 경우에는 관급자재 등의 수량·품질·규격·인도시기·인도장소 등을 변경할 수 있다. 이 경우에는 제20조 및 제23조를 적용한다.

제 14 조 (공사현장대리인) ①계약상대자는 계약된 공사에 적격한 공사현장대리인(건설산업기본법시행령 제35조 [별표5] 등 공사관련 법령에 따른 기술자 배치기준에 적합한 자를 말한다. 이하 같다)을 지명하여 계약담당공무원에게 통지하여야 한다. 〈개정 2012.7.4.〉
② 공사현장대리인은 공사현장에 상주하여 계약문서와 공사감독관의 지시에 따라 공사현장의 관리 및 공사에 관한 모든 사항을 처리하여야 한다. 다만, 공사가 일정기간 중단된 경우로서 발주기관의 승인을 얻은 경우에는 그러하지 아니한다. 〈단서신설 2012.7.4.〉

제 15 조(공사현장 근로자) ①계약상대자는 해당계약의 시공 또는 관리에 필요한 기술과 경험을 가진 근로자를 채용하여야 하며 근로자의 행위에 대하여 책임을 져야 한다. 다만, 계약상대자가 근로자의 관리·감독에 상당한 주의와 의무를 다한 경우에는 그러하지 아니하다. 〈개정 2020.9.24.〉

② 계약상대자는 계약담당공무원이 계약상대자가 채용한 근로자에 대하여 해당 계약의 시공 또는 관리상 적당하지 아니하다고 인정하여 이의 교체를 요구한 때에는 즉시 교체하여야 하며 계약담당공무원의 승인없이는 교체된 근로자를 해당계약의 시공 또는 관리를 위하여 다시 채용할 수 없다.

제 16 조 (공사감독관) ①공사감독관은 계약된 공사의 수행과 품질의 확보 및 향상을 위하여 「건설기술 진흥법」 제39조제6항 및 동법 시행령 제59조, 「전력기술관리법」 제12조, 그 밖에 공사관련법령에 따른 건설사업관리기술자 또는 감리원의 업무범위에서 정한 내용 및 이 조건에서 규정한 업무를 수행한다. 〈개정 2016.1.1. 2016.12.30.〉

② 공사감독관은 계약담당공무원의 승인없이 계약상대자의 의무와 책임을 면제시키거나 증감시킬 수 없다.

③ 계약상대자는 공사감독관의 지시 또는 결정이 이 조건에서 정한 사항에 위반되거나 계약의 이행에 적합하지 아니하다고 인정될 경우에는 즉시 계약담당공무원에게 이의 시정을 요구하여야 한다.

④ 계약담당공무원은 제3항에 의한 시정요구를 받은 날부터 7일이내에 필요한 조치를 하여야 한다.

⑤ 계약상대자는 발주기관에 제출하는 모든 문서에 대하여 그 사본을 공사감독관에게 제출하여야 한다.

⑥ 공사감독관은 계약상대자로부터 제43조의2 제1항에 따른 통보를 받은 경우에는 하수급인 및 계약상대자와 직접 계약을 체결한 건설공사용부품제작납품업자, 건설기계대여업자(이하 "하수급인 및 자재·장비업자"라 한다)로부터 대금 수령내역 및 증빙서류를 제출받아 대금 지급내역 및 수령내역의 일치 여부를 확인하여야 한다. 〈신설 2010.9.8.〉

제 17 조 (착공 및 공정보고) ①계약상대자는 계약문서에서 정하는 바에 따라 공사를 착공하여야 하며 착공시에는 다음 각호의 서류가 포함된 착공신고서를 발주기관에 제출하여야 한다. 다만, 계약담당공무원은 공사기간이 30일 미만인 경우 등에는 착공신고서를 제출하지 아니하도록 할 수 있다. 〈단서 신설 2019.12.18.〉

  1. 「건설기술 진흥법령」 등 관련법령에 의한 현장기술자지정신고서 〈개정 2016.1.1.〉
  2. 공사공정예정표

3. 안전·환경 및 품질관리계획서
4. 공정별 인력 및 장비투입계획서
5. 착공전 현장사진
6. 기타 계약담당공무원이 지정한 사항
② 계약담당공무원은 공사의 규모·난이도·성격을 고려하여 착공일을 결정하되, 다음 각 호에서 정한 일자 이전의 날짜로 정하여서는 아니된다. 다만, 재해복구 등 긴급하게 착공하여야 할 필요가 있는 공사계약 및 장기계속공사의 1차 계약 이후 연차계약의 경우에는 계약상대자와의 협의를 거쳐 다음 각호에서 정한 일자 이전의 시점으로 착공일을 결정할 수 있다. 〈신설 2019.12.18.〉
  1. 추정가격이 10억원 미만인 경우: 계약체결일로부터 10일
  2. 추정가격이 10억원 이상인 경우: 계약체결일로부터 20일
③ 계약상대자는 계약의 이행중에 설계변경 또는 기타 계약내용의 변경으로 인하여 제1항에 의하여 제출한 서류의 변경이 필요한 때에는 관련서류를 변경하여 제출하여야 한다. 〈제2항에서 이동 2019.12.18.〉
④ 계약담당공무원은 제1항 및 제3항에 의하여 제출된 서류의 내용을 조정할 필요가 있다고 인정하는 경우에는 계약상대자에게 이의 조정을 요구할 수 있다. 〈개정 2019.12.18.〉
⑤ 계약담당공무원은 제1항에 따라 착공신고서를 제출한 공사인 경우 계약상대자로 하여금 월별로 수행한 공사에 대하여 다음 각호의 사항을 명백히 하여 익월 14일까지 발주기관에 제출(「전자조달의 이용에 및 촉진에 관한 법률」제2조제4호 또는 동법 제14조에 의한 시스템을 통한 제출 포함)하게 할 수 있으며, 이 경우 계약상대자는 이에 응하여야 한다. 〈개정 2019.12.18.〉
  1. 월별 공정율 및 수행공사금액
  2. 인력·장비 및 자재현황
  3. 계약사항의 변경 및 계약금액의 조정내용
  4. 공정상황을 나타내는 현장사진
⑥ 계약담당공무원은 공정이 지체되어 소정기한내에 공사가 준공될 수 없다고 인정할 경우에는 제5항에 의한 월별 현황과는 별도로 주간공정현황의 제출 등 공사추진에 필요한 조치를 계약상대자에게 지시할 수 있다. 〈개정 2019.12.18.〉

제18조 (휴일 및 야간작업) ①계약상대자는 계약담당공무원의 공기단축지시 및 발주기관의 부득이한 사유로 인하여 휴일 또는 야간작업을 지시받았을 때에는 계약담당공무원에게 추가비용을 청구할 수 있다. 〈개정 2009.6.29.〉

② 제1항의 경우에는 제23조를 준용한다. 〈개정 2009.6.29.〉

제19조 (설계변경 등) ①설계변경은 다음 각호의 어느 하나에 해당하는 경우에 한다.
  1. 설계서의 내용이 불분명하거나 누락·오류 또는 상호 모순되는 점이 있을 경우
  2. 지질, 용수등 공사현장의 상태가 설계서와 다를 경우
  3. 새로운 기술·공법사용으로 공사비의 절감 및 시공기간의 단축 등의 효과가 현저할 경우
  4. 기타 발주기관이 설계서를 변경할 필요가 있다고 인정할 경우 등

② 〈삭제 2007.10.10.〉

③ 제1항에 의한 설계변경은 그 설계변경이 필요한 부분의 시공전에 완료하여야 한다. 다만, 계약담당공무원은 공정이행의 지연으로 품질저하가 우려되는 등 긴급하게 공사를 수행할 필요가 있는 때에는 계약상대자와 협의하여 설계변경의 시기 등을 명확히 정하고, 설계변경을 완료하기 전에 우선시공을 하게 할 수 있다.

제19조의 2(설계서의 불분명·누락·오류 및 설계서간의 상호모순 등에 의한 설계변경) ①계약상대자는 공사계약의 이행중에 설계서의 내용이 불분명하거나 설계서에 누락·오류 및 설계서간에 상호모순 등이 있는 사실을 발견하였을 때에는 설계변경이 필요한 부분의 이행전에 해당사항을 분명히 한 서류를 작성하여 계약담당공무원과 공사감독관에게 동시에 이를 통지하여야 한다.

② 계약담당공무원은 제1항에 의한 통지를 받은 즉시 공사가 적절히 이행될 수 있도록 다음 각호의 어느 하나의 방법으로 설계변경 등 필요한 조치를 하여야 한다.
  1. 설계서의 내용이 불분명한 경우(설계서만으로는 시공방법, 투입자재 등을 확정할 수 없는 경우)에는 설계자의 의견 및 발주기관이 작성한 단가산출서 또는 수량산출서 등의 검토를 통하여 당초 설계서에 의한 시공방법·투입자재 등을 확인한 후에 확인된 사항대로 시공하여야 하는 경우에는 설계서를

보완하되 제20조에 의한 계약금액조정은 하지 아니하며, 확인된 사항과 다르게 시공하여야 하는 경우에는 설계서를 보완하고 제20조에 의하여 계약금액을 조정하여야 함
2. 설설계서에 누락·오류가 있는 경우에는 그 사실을 조사 확인하고 계약목적물의 기능 및 안전을 확보할 수 있도록 설계서를 보완
3. 설계도면과 공사시방서는 서로 일치하나 물량내역서와 상이한 경우에는 설계도면 및 공사시방서에 물량내역서를 일치
4. 설계도면과 공사시방서가 상이한 경우로서 물량내역서가 설계도면과 상이하거나 공사시방서와 상이한 경우에는 설계도면과 공사시방서중 최선의 공사시공을 위하여 우선되어야 할 내용으로 설계도면 또는 공사시방서를 확정한 후 그 확정된 내용에 따라 물량내역서를 일치

③ 제2항제3호 및 제4호는 제2조제4호에서 정한 공사의 경우에는 적용되지 아니한다. 다만, 제2조제4호에서 정한 공사의 경우로서 설계도면과 공사시방서가 상호 모순되는 경우에는 관련 법령 및 입찰에 관한 서류 등에 정한 내용에 따라 우선 여부를 결정하여야 한다. 〈개정 2008.12.29.〉

제 19 조의 3(현장상태와 설계서의 상이로 인한 설계변경) ①계약상대자는 공사의 이행 중에 지질, 용수, 지하매설물 등 공사현장의 상태가 설계서와 다른 사실을 발견하였을 때에는 지체없이 설계서에 명시된 현장상태와 상이하게 나타난 현장상태를 기재한 서류를 작성하여 계약담당공무원과 공사감독관에게 동시에 이를 통지하여야 한다.
② 계약담당공무원은 제1항에 의한 통지를 받은 즉시 현장을 확인하고 현장상태에 따라 설계서를 변경하여야 한다.

제 19 조의 4(신기술 및 신공법에 의한 설계변경) ①계약상대자는 새로운 기술·공법(발주기관의 설계와 동등이상의 기능·효과를 가진 기술·공법 및 기자재 등을 포함한다. 이하 같다)을 사용함으로써 공사비의 절감 및 시공기간의 단축 등에 효과가 현저할 것으로 인정하는 경우에는 다음 각호의 서류를 첨부하여 공사감독관을 경유하여 계약담당공무원에게 서면으로 설계변경을 요청할 수 있다.
1. 제안사항에 대한 구체적인 설명서
2. 제안사항에 대한 산출내역서
3. 제17조제1항제2호에 대한 수정공정예정표

4. 공사비의 절감 및 시공기간의 단축효과
5. 기타 참고사항
② 계약담당공무원은 제1항에 의하여 설계변경을 요청받은 경우에는 이를 검토하여 그 결과를 계약상대자에게 통지하여야 한다. 이 경우에 계약담당공무원은 설계변경 요청에 대하여 이의가 있을 때에는 「건설기술 진흥법 시행령」 제19조에 따른 기술자문위원회(이하 "기술자문위원회"라 한다)에 청구하여 심의를 받아야 한다. 다만, 기술자문위원회가 설치되어 있지 아니한 경우에는 「건설기술 진흥법」 제5조에 의한 건설기술심의위원회의 심의를 받아야 한다. 〈개정 2009.9.21, 2016.1.1.〉
③ 계약상대자는 제1항에 의한 요청이 승인되었을 경우에는 지체없이 새로운 기술·공법으로 수행할 공사에 대한 시공상세도면을 공사감독관을 경유하여 계약담당공무원에게 제출하여야 한다.
④ 계약상대자는 제2항에 의한 심의를 거친 계약담당공무원의 결정에 대하여 이의를 제기할 수 없으며, 또한 새로운 기술·공법의 개발에 소요된 비용 및 새로운 기술·공법에 의한 설계변경 후에 해당 기술·공법에 의한 시공이 불가능한 것으로 판명된 경우에는 시공에 소요된 비용을 발주기관에 청구할 수 없다. 〈개정 2009.9.21.〉

제19조의 5(발주기관의 필요에 의한 설계변경) ① 계약담당공무원은 다음 각호의 어느 하나의 사유로 인하여 설계서를 변경할 필요가 있다고 인정할 경우에는 계약상대자에게 이를 서면으로 통보할 수 있다.
1. 해당공사의 일부변경이 수반되는 추가공사의 발생
2. 특정공종의 삭제
3. 공정계획의 변경
4. 시공방법의 변경
5. 기타 공사의 적정한 이행을 위한 변경
② 계약담당공무원은 제1항에 의한 설계변경을 통보할 경우에는 다음 각호의 서류를 첨부하여야 한다. 다만, 발주기관이 설계서를 변경 작성할 수 없을 때에는 설계변경 개요서만을 첨부하여 설계변경을 통보할 수 있다.
1. 설계변경개요서
2. 수정설계도면 및 공사시방서

    3. 기타 필요한 서류
  ③ 계약상대자는 제1항에 의한 통보를 받은 즉시 공사이행상황 및 자재수급 상황 등을 검토하여 설계변경 통보내용의 이행가능 여부(이행이 불가능하다고 판단될 경우에는 그 사유와 근거자료를 첨부)를 계약담당공무원과 공사감독관에게 동시에 이를 서면으로 통지하여야 한다.
제19조의 6(소요자재의 수급방법 변경) ①계약담당공무원은 발주기관의 사정으로 인하여 당초 관급자재로 정한 품목을 계약상대자와 협의하여 계약상대자가 직접 구입하여 투입하는 자재(이하 "사급자재"라 한다)로 변경하고자 하는 경우 또는 관급자재 등의 공급지체로 공사가 상당기간 지연될 것이 예상되어 계약상대자가 대체사용 승인을 신청한 경우로서 이를 승인한 경우에는 이를 서면으로 계약상대자에게 통보하여야 한다. 이때 계약담당공무원은 계약상대자와 협의하여 변경된 방법으로 일괄하여 자재를 구입할 수 없는 경우에는 분할하여 구입하게 할 수 있으며, 분할 구입하게 할 경우에는 구입시기별로 이를 서면으로 계약상대자에게 통보하여야 한다.
  ② 계약담당공무원은 공사의 이행 중에 설계변경 등으로 인하여 당초 관급자재의 수량이 증가되는 경우로서 증가되는 수량을 적기에 지급할 수 없어 공사의 이행이 지연될 것으로 예상되는 등 필요하다고 인정되는 때에는 계약상대자와 협의한 후에 증가되는 수량을 계약상대자가 직접 구입하여 투입하도록 서면으로 계약상대자에게 통보할 수 있다.
  ③ 제1항에 의하여 자재의 수급방법을 변경한 경우에는 계약담당공무원은 통보당시의 가격에 의하여 그 대가(기성부분에 실제 투입된 자재에 대한 대가)를 제39조 내지 제40조에 의한 기성대가 또는 준공대가에 합산하여 지급하여야 한다. 다만, 계약상대자의 대체사용 승인신청에 따라 자재가 대체사용된 경우에는 계약상대자와 합의된 장소 및 일시에 현품으로 반환할 수도 있다.
  ④ 계약담당공무원은 당초계약시의 사급자재를 관급자재로 변경할 수 없다. 다만, 원자재의 수급 불균형에 따른 원자재가격 급등 등 사급자재를 관급자재로 변경하지 않으면 계약목적을 이행할 수 없다고 인정될 때에는 계약당사자간의 협의에 의하여 변경할 수 있다.
  ⑤ 제2항 및 제4항에 의하여 추가되는 관급자재를 사급자재로 변경하거나 사급자재를 관급자재로 변경한 경우에는 제20조에 정한 바에 따라 계약금액을 조

정하여야 하며, 제3항 본문에 의하여 대가를 지급하는 경우에는 제20조제5항을 준용한다.

제19조의7(설계변경에 따른 추가조치 등) ①계약담당공무원은 제19조제1항에 의하여 설계변경을 하는 경우에 그 변경사항이 목적물의 구조변경 등으로 인하여 안전과 관련이 있는 때에는 하자발생시 책임한계를 명확하게 하기 위하여 당초 설계자의 의견을 들어야 한다.

② 계약담당공무원은 제19조의2, 제19조의3 및 제19조의5에 의하여 설계변경을 하는 경우에 계약상대자로 하여금 다음 각호의 사항을 계약담당공무원과 공사감독관에게 동시에 제출하게 할 수 있으며, 계약상대자는 이에 응하여야 한다.
 1. 해당공종의 수정공정예정표
 2. 해당공종의 수정도면 및 수정상세도면
 3. 조정이 요구되는 계약금액 및 기간
 4. 여타의 공정에 미치는 영향

③ 계약담당공무원은 제2항제2호에 의하여 당초의 설계도면 및 시공상세도면을 계약상대자가 수정하여 제출하는 경우에는 그 수정에 소요된 비용을 제23조에 의하여 계약상대자에게 지급하여야 한다.

제20조(설계변경으로 인한 계약금액의 조정) ①계약담당공무원은 설계변경으로 시공방법의 변경, 투입자재의 변경 등 공사량의 증감이 발생하는 경우에는 다음 각호의 어느 하나의 기준에 의하여 계약금액을 조정하여야 한다.
 1. 증감된 공사량의 단가는 계약단가로 한다. 다만 계약단가가 예정가격단가보다 높은 경우로서 물량이 증가하게 되는 때에는 그 증가된 물량에 대한 적용단가는 예정가격단가로 한다.
 2. 산출내역서에 없는 품목 또는 비목(동일한 품목이라도 성능, 규격 등이 다른 경우를 포함한다. 이하 "신규비목"이라 한다)의 단가는 설계변경당시(설계도면의 변경을 요하는 경우에는 변경도면을 발주기관이 확정한 때, 설계도면의 변경을 요하지 않는 경우에는 계약당사자간에 설계변경을 문서에 의하여 합의한 때, 제19조제3항에 의하여 우선시공을 한 경우에는 그 우선시공을 하게 한 때를 말한다. 이하 같다)를 기준으로 산정한 단가에 낙찰율(예정가격에 대한 낙찰금액 또는 계약금액의 비율을 말한다. 이하 같다)을 곱한 금액으로 한다.

② 발주기관이 설계변경을 요구한 경우(계약상대자의 책임없는 사유로 인한 경우를 포함한다. 이하 같다)에는 제1항에도 불구하고 증가된 물량 또는 신규비목의 단가는 설계변경당시를 기준으로 하여 산정한 단가와 동 단가에 낙찰율을 곱한 금액의 범위안에서 발주기관과 계약상대자가 서로 주장하는 각각의 단가기준에 대한 근거자료 제시 등을 통하여 성실히 협의(이하 "협의"라 한다)하여 결정한다. 다만, 계약당사자간에 협의가 이루어지지 아니하는 경우에는 설계변경당시를 기준으로 하여 산정한 단가와 동 단가에 낙찰율을 곱한 금액을 합한 금액의 100분의 50으로 한다.
③ 제2항에도 불구하고 표준시장단가가 적용된 공사의 경우에는 다음 각호의 어느 하나의 기준에 의하여 계약금액을 조정하여야 한다. 〈신설 2012.7.4, 개정 2014.1.10, 2015.3.1.〉
　1. 증가된 공사량의 단가는 예정가격 산정시 표준시장단가가 적용된 경우에 설계변경 당시를 기준으로 하여 산정한 표준시장단가로 한다.
　2. 신규비목의 단가는 표준시장단가를 기준으로 산정하고자 하는 경우에 설계변경 당시를 기준으로 산정한 표준시장단가로 한다.
④ 제19조의4에 의한 설계변경의 경우에는 해당 절감액의 100분의 30에 해당하는 금액을 감액한다. 〈제3항에서 이동 2012.7.4.〉
⑤ 제1항 및 제2항에 의한 계약금액의 증감분에 대한 간접노무비, 산재보험료 및 산업안전보건관리비 등의 승율비용과 일반관리비 및 이윤은 산출내역서상의 간접노무비율, 산재보험료율 및 산업안전보건관리비율 등의 승율비용과 일반관리비율 및 이윤율에 의하되 설계변경당시의 관계법령 및 기획재정부장관 등이 정한 율을 초과할 수 없다. 〈개정 2008.12.29, 제4항에서 이동 2012.7.4〉
⑥ 계약담당공무원은 예정가격의 100분의 86미만으로 낙찰된 공사계약의 계약금액을 제1항에 따라 증액조정하고자 하는 경우로서 해당 증액조정금액(2차 이후의 계약금액 조정에 있어서는 그 전에 설계변경으로 인하여 감액 또는 증액조정된 금액과 증액조정하려는 금액을 모두 합한 금액을 말한다)이 당초 계약서의 계약금액(장기계속공사의 경우에는 시행령 제69조제2항에 따라 부기된 총공사금액)의 100분의 10 이상인 경우에는 시행령 제94조에 따른 계약심의, 「국가재정법 시행령」 제49조에 따른 예산집행심의회 또는 「건설기술 진흥법 시행령」 제19조에 따른 기술자문위원회의 심의를 거쳐 소속중앙관서의

장의 승인을 얻어야 한다. 〈제5항에서 이동 2012.7.4, 개정 2016.1.1.〉
⑦ 일부 공종의 단가가 세부공종별로 분류되어 작성되지 아니하고 총계방식으로 작성(이하 "1식단가"라 한다)되어 있는 경우에도 설계도면 또는 공사시방서가 변경되어 1식단가의 구성내용이 변경되는 때에는 제1항 내지 제5항에 의하여 계약금액을 조정하여야 한다. 〈제6항에서 이동 2012.7.4.〉
⑧ 발주기관은 제1항 내지 제7항에 의하여 계약금액을 조정하는 경우에는 계약상대자의 계약금액조정 청구를 받은 날부터 30일이내에 계약금액을 조정하여야 한다. 이 경우에 예산배정의 지연 등 불가피한 경우에는 계약상대자와 협의하여 그 조정기한을 연장할 수 있으며, 계약금액을 조정할 수 있는 예산이 없는 때에는 공사량 등을 조정하여 그 대가를 지급할 수 있다. 〈제7항에서 이동 2012.7.4.〉
⑨ 계약담당공무원은 제8항에 의한 계약상대자의 계약금액조정 청구 내용이 부당함을 발견한 때에는 지체없이 필요한 보완요구 등의 조치를 하여야 한다. 이 경우 계약상대자가 보완요구 등의 조치를 통보받은 날부터 발주기관이 그 보완을 완료한 사실을 통지받은 날까지의 기간은 제8항에 의한 기간에 산입하지 아니한다. 〈제8항에서 이동 2012.7.4.〉
⑩ 제8항 전단에 의한 계약상대자의 계약금액조정 청구는 제40조에 의한 준공대가(장기계속계약의 경우에는 각 차수별 준공대가) 수령전까지 조정신청을 하여야 한다. 〈제9항에서 이동 2012.7.4.〉

제21조 (설계변경으로 인한 계약금액조정의 제한 등) ① 다음 각 호의 어느 하나의 방법으로 체결된 공사계약에 있어서는 설계변경으로 계약내용을 변경하는 경우에도 정부에 책임있는 사유 또는 천재·지변 등 불가항력의 사유로 인한 경우를 제외하고는 그 계약금액을 증액할 수 없다.

1. 〈신설 2011.5.13., 삭제 2016.1.1.〉
2. 시행령 제78조에 따른 일괄입찰 및 대안입찰(대안이 채택된 부분에 한함)을 실시하여 체결된 공사계약
3. 시행령 제98조에 따른 기본설계 기술제안입찰 및 실시설계 기술제안입찰(기술제안이 채택된 부분에 한함)을 실시하여 체결된 공사계약 〈개정 2010.9.8.〉

② 계약담당공무원은 시행령 제14조제1항 각 호 외의 부분 단서에 따라 물량내역

서를 작성하는 경우에는 물량내역서의 누락사항이나 오류 등으로 설계를 변경하는 경우에도 그 계약금액을 변경할 수 없다. 다만, 입찰참가자가 교부받은 물량내역서의 물량을 수정하고 단가를 적은 산출내역서를 제출하는 경우에는 입찰참가자의 물량수정이 허용되지 않은 공종에 대하여는 그러하지 아니하다. 〈신설 2010.9.8. 개정 2016.1.1.〉

③ 각 중앙관서의 장 또는 계약담당공무원은 시행령 제78조에 따른 일괄입찰과 제98조에 따른 기본설계 기술제안입찰의 경우 계약체결 이전에 실시설계적격자에게 책임이 없는 다음 각 호의 어느 하나에 해당하는 사유로 실시설계를 변경한 경우에는 계약체결 이후에 즉시 설계변경에 의한 계약금액 조정을 하여야 한다. 〈개정 2010.9.8.〉

1. 민원이나 환경·교통영향평가 또는 관련 법령에 따른 인허가 조건 등과 관련하여 실시설계의 변경이 필요한 경우
2. 발주기관이 제시한 기본계획서·입찰안내서 또는 기본설계서에 명시 또는 반영되어 있지 아니한 사항에 대하여 해당 발주기관이 변경을 요구한 경우
3. 중앙건설기술심의위원회 또는 기술자문위원회가 실시설계 심의과정에서 변경을 요구한 경우 〈개정 2016.1.1.〉

④ 제1항 또는 제3항의 경우에서 계약금액을 조정하고자 할 때에는 다음 각호의 기준에 의한다. 〈제3항에서 이동 2010.9.8.〉

1. 실시설계 기술제안입찰은 시행령 제65조 제3항에 의한다. 〈개정 2008.12.29, 2010.9.8.〉
2. 제1항제2호의 경우와 기본설계 기술제안입찰은 시행령 제91조 제3항에 의한다. 〈개정 2008.12.29, 2010.9.8.〉

⑤ 제1항에 정한 정부의 책임있는 사유 또는 불가항력의 사유란 다음 각호의 어느 하나의 경우를 말한다. 다만, 설계시 공사관련법령 등에 정한 바에 따라 설계서가 작성된 경우에 한한다. 〈제4항에서 이동 2010.9.8.〉

1. 사업계획 변경 등 발주기관의 필요에 의한 경우
2. 발주기관 외에 해당공사와 관련된 인허가기관 등의 요구가 있어 이를 발주기관이 수용하는 경우
3. 공사관련법령(표준시방서, 전문시방서, 설계기준 및 지침 등 포함)의 제·개정으로 인한 경우

4. 공사관련법령에 정한 바에 따라 시공하였음에도 불구하고 발생되는 민원에 의한 경우
5. 발주기관 또는 공사 관련기관이 교부한 지하매설 지장물 도면과 현장 상태가 상이하거나 계약이후 신규로 매설된 지장물에 의한 경우
6. 토지·건물소유자의 반대, 지장물의 존치, 관련기관의 인허가 불허 등으로 지질조사가 불가능했던 부분의 경우
7. 제32조에 정한 사항 등 계약당사자 누구의 책임에도 속하지 않는 사유에 의한 경우

⑥ 제4항에 따라 계약금액을 증감조정하고자 하는 경우에 증감되는 공사물량은 수정전의 설계도면과 수정후의 설계도면을 비교하여 산출한다. 〈개정 2010.9.8.〉

⑦ 제3항 각호의 사유 및 제5항 각호의 사유에 해당되지 않는 경우로서 현장상태와 설계서의 상이 등으로 인하여 설계변경을 하는 경우에는 전체공사에 대하여 증·감되는 금액을 합산하여 계약금액을 조정하되, 계약금액을 증액할 수는 없다. 〈개정 2010.9.8, 2016.12.30.〉

⑧ 계약담당공무원은 제7항에 따른 계약금액 조정과 관련하여 연차계약별로 준공되는 장기계속공사의 경우에는 계약체결시 전체공사에 대한 증·감 금액의 합산처리 방법, 합산잔액의 다음 연차계약으로의 이월 등 필요한 사항을 정하여 운영하여야 한다. 〈개정 2010.9.8.〉

⑨ 제1항 내지 제8항에 따른 계약금액조정의 경우에는 제20조제5항 및 제8항 내지 제10항을 준용한다. 〈개정 2010.9.8.〉

제22조 (물가변동으로 인한 계약금액의 조정) ①물가변동으로 인한 계약금액의 조정은 시행령 제64조 및 시행규칙 제74조에 정한 바에 의한다.

② 계약담당공무원이 동일한 계약에 대한 계약금액을 조정할 때에는 품목조정율 및 지수조정율을 동시에 적용하여서는 아니되며, 계약을 체결할 때에 계약상대자가 지수조정율 방법을 원하는 경우외에는 품목조정율 방법으로 계약금액을 조정하도록 계약서에 명시하여야 한다. 이 경우 계약이행중 계약서에 명시된 계약금액 조정방법을 임의로 변경하여서는 아니된다. 다만, 시행령 제64조제6항에 따라 특정규격의 자재별 가격변동으로 계약금액을 조정할 경우에는 본문에도 불구하고 품목조정율에 의한다.

③ 제1항에 의하여 계약금액을 증액하는 경우에는 계약상대자의 청구에 의하여야 하고, 계약상대자는 제40조에 의한 준공대가(장기계속계약의 경우에는 각 차수별 준공대가) 수령전까지 조정신청을 하여야 조정금액을 지급받을 수 있으며, 조정된 계약금액은 직전의 물가변동으로 인한 계약금액조정기준일부터 90일이내에 이를 다시 조정할 수 없다. 다만, 천재·지변 또는 원자재의 가격급등으로 해당 기간내에 계약금액을 조정하지 아니하고는 계약이행이 곤란하다고 인정되는 경우에는 계약을 체결한 날 또는 직전 조정기준일로부터 90일 이내에도 계약금액을 조정할 수 있다.
④ 계약상대자는 제3항에 의하여 계약금액의 증액을 청구하는 경우에 계약금액 조정 내역서를 첨부하여야 한다.
⑤ 발주기관은 제1항 내지 제4항에 의하여 계약금액을 증액하는 경우에는 계약상대자의 청구를 받은 날부터 30일 이내에 계약금액을 조정하여야 한다. 이 때 예산배정의 지연 등 불가피한 경우에는 계약상대자와 협의하여 그 조정기한을 연장할 수 있으며, 계약금액을 증액할 수 있는 예산이 없는 때에는 공사량 등을 조정하여 그 대가를 지급할 수 있다.
⑥ 계약담당공무원은 제4항 및 제5항에 의한 계약상대자의 계약금액조정 청구내용이 일부 미비하거나 분명하지 아니한 경우에는 지체없이 필요한 보완요구를 하여야 하며, 이 경우 계약상대자가 보완요구를 통보받은 날부터 발주기관이 그 보완을 완료한 사실을 통지받은 날까지의 기간은 제5항에 의한 기간에 산입하지 아니한다. 다만, 계약상대자의 계약금액조정 청구내용이 계약금액 조정요건을 충족하지 않았거나 관련 증빙서류가 첨부되지 아니한 경우에는 그 사유를 명시하여 계약상대자에게 해당 청구서를 반송하여야 하며, 이 경우에 계약상대자는 그 반송사유를 충족하여 계약금액조정을 다시 청구하여야 한다.
⑦ 시행령 제64조제6항에 따른 계약금액 조정요건을 충족하였으나 계약상대자가 계약금액 조정신청을 하지 않을 경우에 하수급인은 이러한 사실을 계약담당공무원에게 통보할 수 있으며, 통보받은 계약담당공무원은 이를 확인한 후에 계약상대자에게 계약금액 조정신청과 관련된 필요한 조치 등을 하도록 하여야 한다.

제23조 (기타 계약내용의 변경으로 인한 계약금액의 조정) ①계약담당공무원은 공사계약에 있어서 제20조 및 제22조에 의한 경우 외에 공사기간·운반거리의

변경 등 계약내용의 변경으로 계약금액을 조정하여야 할 필요가 있는 경우에는 그 변경된 내용에 따라 실비를 초과하지 아니하는 범위안에서 이를 조정(하도급업체가 지출한 비용을 포함한다)하며, 계약예규「정부입찰·계약 집행기준」제16장(실비의 산정)을 적용한다. 〈개정 2014.1.10., 2018.12.31., 2019.12.18.〉
② 제1항에 의한 계약내용의 변경은 변경되는 부분의 이행에 착수하기 전에 완료하여야 한다. 다만, 계약담당공무원은 계약이행의 지연으로 품질저하가 우려되는 등 긴급하게 계약을 이행하게 할 필요가 있는 때에는 계약상대자와 협의하여 계약내용 변경의 시기 등을 명확히 정하고, 계약내용을 변경하기 전에 계약을 이행하게 할 수 있다.
③ 제1항의 경우에는 제20조제5항을 준용한다.
④ 제1항에 의하여 계약금액이 증액될 때에는 계약상대자의 신청에 따라 조정하여야 한다.
⑤ 제1항 내지 제4항에 의한 계약금액조정의 경우에는 제20조제8항 내지 제10항을 준용한다.

제23조의2 (설계변경 등에 따른 통보) 제20조 내지 제23조에 따라 계약금액을 조정한 경우에는 계약담당공무원은 건설산업기본법 관련 규정에 따라 계약금액의 조정사유와 내용을 하수급인에게 통보하여야 한다. [본조 신설 2008.12.29.]

제23조의3 (건설폐기물량의 초과발생에 따른 계약금액의 조정) 시행령 제78조에 따라 체결된 계약에 있어서「건설폐기물의 재활용 촉진에 관한 법률」제15조에 따라 건설공사와 건설폐기물처리용역을 분리발주한 경우로서 공사수행과정에서 건설폐기물이 계약상대자가 설계시 산출한 물량을 초과하여 발생한 때에는 해당 초과물량에 대하여 발주기관이 실제 폐기물처리업체에 지급한 처리비용만큼 계약금액에서 감액조정한다. [본조 신설 2010.11.30.]

제24조 (응급조치) ①계약상대자는 시공기간중 재해방지를 위하여 필요하다고 인정할 때에는 미리 공사감독관의 의견을 들어 필요한 조치를 취하여야 한다.
② 공사감독관은 재해방지 기타 시공상 부득이할 때에는 계약상대자에게 필요한 응급조치를 취할 것을 구두 또는 서면으로 요구할 수 있다. 이 경우에 구두로 응급조치를 요구한 때에는 추후 서면으로 보완하여야 한다.
③ 계약상대자는 제2항에 의한 요구를 받은 때에는 즉시 이에 응하여야 한다. 다만 계약상대자가 요구에 응하지 아니할 때에는 계약담당공무원은 일방적으로

계약상대자 부담으로 제3자로 하여금 응급조치하게 할 수 있다.
④ 제1항 내지 제3항의 조치에 소요된 경비중에서 계약상대자가 계약금액의 범위내에서 부담하는 것이 부당하다고 인정되는 때에는 제23조에 의하여 실비의 범위안에서 계약금액을 조정할 수 있다.

제 25 조 (지체상금) ① 계약상대자는 계약서에 정한 준공기한(계약서상 준공신고서 제출기일을 말한다. 이하 같다)내에 공사를 완성하지 아니한 때에는 매 지체일수마다 계약서에 정한 지체상금률을 계약금액(장기계속공사계약의 경우에는 연차별 계약금액)에 곱하여 산출한 금액(이하 "지체상금"이라 한다)을 현금으로 납부하여야 한다. 다만, 납부할 금액이 계약금액(제2항에 따라 기성부분 또는 기납부분에 대하여 검사를 거쳐 이를 인수한 경우에는 그 부분에 상당하는 금액을 계약금액에서 공제한 금액을 말한다)의 100분의 30을 초과하는 경우에는 100분의 30으로 한다. 〈단서신설 2018.12.31〉

② 계약담당공무원은 제1항의 경우에 제29조에 의하여 기성부분에 대하여 검사를 거쳐 이를 인수(인수하지 아니하고 관리·사용하고 있는 경우를 포함한다. 이하 이 조에서 같다)한 때에는 그 부분에 상당하는 금액을 계약금액에서 공제한다. 이 경우에 기성부분의 인수는 그 성질상 분할할 수 있는 공사에 대한 완성부분으로 인수하는 것에 한한다.

③ 계약담당공무원은 다음 각호의 어느 하나에 해당되어 공사가 지체되었다고 인정할 때에는 그 해당일수를 제1항의 지체일수에 산입하지 아니한다.
 1. 제32조에서 규정한 불가항력의 사유에 의한 경우
 2. 계약상대자가 대체 사용할 수 없는 중요 관급자재 등의 공급이 지연되어 공사의 진행이 불가능하였을 경우
 3. 발주기관의 책임으로 착공이 지연되거나 시공이 중단되었을 경우
 4. 〈삭제 2010.9.8.〉
 5. 계약상대자의 부도 등으로 보증기관이 보증이행업체를 지정하여 보증시공할 경우
 6. 제19조에 의한 설계변경(계약상대자의 책임없는 사유인 경우에 한한다)으로 인하여 준공기한내에 계약을 이행할 수 없을 경우 〈개정 2015.9.21.〉
 7. 발주기관이 「조달사업에 관한 법률」 제27조 제1항에 따른 혁신제품을 자재로 사용토록 한 경우로서 혁신제품의 하자가 직접적인 원인이 되어 준공기

한내에 계약을 이행할 수 없을 경우 〈신설 2020.12.28.〉
  8. 원자재의 수급 불균형으로 인하여 해당 관급자재의 조달지연 또는 사급자재(관급자재에서 전환된 사급자재를 포함한다)의 구입곤란 등 기타 계약상대자의 책임에 속하지 아니하는 사유로 인하여 지체된 경우
④ 〈삭제 2014.1.10〉
⑤ 제3항제5호에 의하여 지체일수에 산입하지 아니하는 기간은 발주기관으로부터 보증채무 이행청구서를 접수한 날부터 보증이행개시일 전일까지(단, 30일 이내에 한한다)로 한다.
⑥ 계약담당공무원은 제1항에 의한 지체일수를 다음 각호에 따라 산정하여야 한다.
  1. 준공기한내에 준공신고서를 제출한 때에는 제27조에 의한 준공검사에 소요된 기간은 지체일수에 산입하지 아니한다. 다만, 준공기한 이후에 제27조제3항에 의한 시정조치를 한 때에는 시정조치를 한 날부터 최종 준공검사에 합격한 날까지의 기간(검사기간이 제27조에 정한 기간을 초과한 경우에는 동조에 정한 기간에 한한다. 이하 같다)을 지체일수에 산입한다.
  2. 준공기한을 경과하여 준공신고서를 제출한 때에는 준공기한 익일부터 준공검사(시정조치를 한 때에는 최종 준공검사)에 합격한 날까지의 기간을 지체일수에 산입한다.
  3. 준공기한의 말일이 공휴일(관련 법령에 의하여 발주기관의 휴무일이거나 「근로자의 날 제정에 관한 법률」에 따른 근로자의 날(계약상대자가 실제 업무를 하지 아니한 경우에 한함)인 경우를 포함한다)인 경우에 지체일수는 공휴일의 익일 다음날부터 기산한다. 〈개정 2018.12.31.〉
⑦ 계약담당공무원은 제1항 내지 제3항에 의한 지체상금은 계약상대자에게 지급될 대가, 대가지급지연에 대한 이자 또는 기타 예치금 등과 상계할 수 있다.

제 26 조 (계약기간의 연장) ① 계약상대자는 제25조제3항 각호의 어느 하나의 사유가 계약기간(장기계속공사의 경우에는 연차별 계약기간을 말한다. 이하 이 조에서 같다.)내에 발생한 경우에는 계약기간 종료전에 지체없이 제17조제1항제2호의 수정공정표를 첨부하여 계약담당공무원과 공사감독관에게 서면으로 계약기간의 연장신청을 하여야 한다. 다만, 연장사유가 계약기간내에 발생하여 계약기간 경과후 종료된 경우에는 동 사유가 종료된 후 즉시 계약기간의 연장신청을 하

여야 한다. 〈개정 2010.11.30., 2020.6.19.〉
② 계약담당공무원은 제1항에 의한 계약기간연장 신청이 접수된 때에는 즉시 그 사실을 조사 확인하고 공사가 적절히 이행될 수 있도록 계약기간의 연장 등 필요한 조치를 하여야 한다.
③ 계약담당공무원은 제1항에 의한 연장청구를 승인하였을 경우에는 동 연장기간에 대하여는 제25조에 의한 지체상금을 부과하여서는 아니된다.
④ 제2항에 의하여 계약기간을 연장한 경우에는 제23조에 의하여 그 변경된 내용에 따라 실비를 초과하지 아니하는 범위안에서 계약금액을 조정한다. 다만, 제25조제3항 제5호의 사유에 의한 경우에는 그러하지 아니하다. 〈개정 2016.12.30.〉
⑤ 계약상대자는 제40조에 의한 준공대가(장기계속계약의 경우에는 각 차수별 준공대가) 수령전까지 제4항에 의한 계약금액 조정신청을 하여야 한다. 〈개정 2010.11.30.〉
⑥ 계약담당공무원은 제1항 내지 제5항에도 불구하고 계약상대자의 의무불이행으로 인하여 발생한 지체상금이 시행령 제50조제1항에 의한 계약보증금상당액에 달한 경우로서 계약목적물이 국가정책사업 대상이거나 계약의 이행이 노사분규 등 불가피한 사유로 인하여 지연된 때에는 계약기간을 연장할 수 있다.
⑦ 제6항에 의한 계약기간의 연장은 지체상금이 계약보증금상당액에 달한 때에 하여야 하며, 연장된 계약기간에 대하여는 제25조에도 불구하고 지체상금을 부과하여서는 아니된다.
⑧ 계약담당공무원은 장기계속공사의 연차별 계약기간 중 제1항에 의한 계약기간 연장신청(제25조제3항 제1호부터 제3호까지 및 제6호·제7호에 따른 사유로 인한 경우에 한한다)이 있는 경우, 당해 연차별 계약기간의 연장을 회피하기 위한 목적으로 당해 차수계약을 해지하여서는 아니된다.〈신설 2020.6.19.〉

제 27 조 (검사) ①계약상대자는 공사를 완성하였을 때에는 그 사실을 준공신고서 등 서면으로 계약담당공무원(「건설기술 진흥법」 제39조제2항에 의하여 건설사업관리 또는 감리를 하는 공사에 있어서는 건설기술용역업자를 말한다. 이하 이조 제2항, 제3항 및 제6항에서 같다)에게 통지하고 필요한 검사를 받아야 한다. 〈개정 2016.1.1.〉

② 계약담당공무원은 제1항의 통지를 받은 날로부터 14일 이내에 계약서, 설계서, 준공신고서 기타 관계 서류에 의하여 계약상대자의 입회하에 그 이행을 확인하기 위한 검사를 하여야 한다. 다만, 천재·지변 등 불가항력적인 사유로 인하여 검사를 완료하지 못한 경우에는 해당사유가 존속되는 기간과 해당사유가 소멸된 날로부터 3일까지는 이를 연장할 수 있으며, 공사계약금액(관급자재가 있는 경우에는 관급자재 대가를 포함한다)이 100억원이상이거나 기술적 특수성 등으로 인하여 14일이내에 검사를 완료할 수 없는 특별한 사유가 있는 경우에는 7일 범위내에서 검사기간을 연장할 수 있다.

③ 계약담당공무원은 제2항의 검사에서 계약상대자의 계약이행내용의 전부 또는 일부가 계약에 위반되거나 부당함을 발견한 때에는 계약상대자에게 필요한 시정조치를 요구하여야 한다. 이 경우에는 계약상대자로부터 그 시정을 완료한 사실을 통지받은 날로부터 제2항의 기간을 계산한다.

④ 제3항에 의하여 계약이행기간이 연장될 때에는 계약담당공무원은 제25조에 의한 지체상금을 부과하여야 한다.

⑤ 계약상대자는 제2항에 의한 검사에 입회·협력하여야 한다. 계약상대자가 입회를 거부하거나 검사에 협력하지 아니함으로써 발생하는 지체에 대하여는 제3항 및 제4항을 준용한다.

⑥ 계약담당공무원은 검사를 완료한 때에는 그 결과를 지체없이 계약상대자에게 통지하여야 한다. 이 경우에 계약상대자는 검사에 대한 이의가 있을 때에는 재검사를 요청할 수 있으며, 계약담당공무원은 필요한 조치를 하여야 한다.

⑦ 계약상대자는 제6항에 의한 검사완료통지를 받은 때에는 모든 공사시설, 잉여자재, 폐기물 및 가설물을 공사장으로부터 즉시 철거반출하여야 하며 공사장을 정돈하여야 한다.

⑧ 제39조에 의한 기성대가지급시의 기성검사는 공사감독관이 작성한 감독조서의 확인으로 갈음할 수 있다. 다만, 기성 검사 3회마다 1회는 제1항에 의한 검사를 실시하여야 한다.

⑨ 제8항에 의한 기성검사 시에 검사에 합격된 자재라도 단순히 공사현장에 반입된 것만으로는 기성부분으로 인정되지 아니한다. 다만, 다음 각 호의 경우에는 해당 자재의 특성, 용도 및 시장거래상황 등을 고려하여 반입(해당 자재를 계약목적물에 투입하는 과정의 특수성으로 인하여 가공·조립 또는 제작하는

공장에서 기성검사를 실시, 동 검사에 합격한 경우를 포함)된 자재를 기성부분으로 인정할 수 있다. 〈개정 2018.12.31.〉
1. 강교 등 해당공사의 기술적·구조적 특성을 고려하여 가공·조립·제작된 자재로서, 다른 공사에 그대로 사용하기 곤란하다고 인정되는 자재: 자재의 100분의 100 범위내에서 기성부분으로 인정 가능〈신설 2018.12.31.〉
2. 기타 계약상대자가 직접 또는 제3자에게 위탁하여 가공·조립 또는 제작된 자재: 자재의 100분의 50 범위내에서 기성부분으로 인정 가능〈신설 2018.12.31.〉
⑩ 제2항에도 불구하고「재난 및 안전관리 기본법」제3조제1호의 재난이나 경기침체, 대량실업 등으로 인한 국가의 경제위기를 극복하기 위해 기획재정부장관이 기간을 정하여 고시한 경우에는 제2항의 14일을 7일로 본다.〈신설 2020.4.20.〉

제 28 조 (인수) ①계약담당공무원은 제27조제6항에 의하여 검사완료통지를 한 후에 계약상대자가 서면으로 인수를 요청하였을 때에는 즉시 현장인수증명서를 발급하고 해당 공사목적물을 인수하여야 한다.
② 계약담당공무원은 제1항에 의하여 인수를 요청받은 경우에 공사규모 등을 고려하여 필요하다고 인정할 때에는 계약상대자로 하여금 다음 각호의 사항이 첨부된 준공명세서를 제출하게 하여야 한다.
1. 완성된 공사목적물의 전면·후면·측면사진(10"×15") 각 5매 및 사진원본 파일
2. 제27조의 주요검사과정을 촬영한 동영상물(CD 등) 5본
3. 착공에서 준공까지의 행정처리과정, 참여기술자, 관련참여업체 등의 내용을 포함하는「건설기술 진흥법 시행령」제78조에 의한 준공보고서〈개정 2016.1.1.〉
③ 계약담당공무원은 계약상대자가 검사완료통지를 받은 날부터 7일이내에 제1항에 의한 인수요청을 아니할 때에는 계약상대자에게 현장인수증명서를 발급하고 해당 공사목적물을 인수할 수 있다. 이 경우 계약상대자는 지체없이 제2항에 의한 준공명세서를 제출하여야 한다.
④ 계약담당공무원은 공사목적물을 인수한 때에는 다음 사항을 기재한 표찰을 부착하여 공시하여야 한다.

1. 공사명 및 발주기관(관리청)
2. 착공 및 준공년월일
3. 공사금액
4. 계약상대자
5. 공사감독관 및 검사관
6. 하자발생시 신고처
7. 기타 필요한 사항

⑤ 발주관서는 제3항에 의하여 인수된 공사목적물을 계약상대자에게 유지관리를 요구하는 경우에는 이에 필요한 비용을 지급하여야 한다.

제 29 조 (기성부분의 인수) ①계약담당공무원은 전체 공사목적물이 아닌 기성부분(성질상 분할할 수 있는 공사에 대한 완성부분에 한한다)에 대하여 이를 인수할 수 있다.

② 제1항의 경우에는 제28조를 준용한다.

제 30 조 (부분사용 및 부가공사) ①발주기관은 계약목적물의 인수전에 기성부분이나 미완성부분을 사용할 수 있으며, 이 경우에 사용부분에 대해서는 해당 구조물 안전에 지장을 주지 아니하는 부가공사를 할 수 있다.

② 제1항의 경우 계약상대자와 부가공사에 대한 계약상대자는 계약담당공무원의 지시에 따라 공사를 진행하여야 한다.

③ 계약담당공무원은 제1항에 의한 부분사용 또는 부가공사로 인하여 계약상대자에게 손해가 발생한 경우 또는 추가공사비가 필요한 경우로서 계약상대자의 청구가 있는 때에는 제23조에 의하여 실비의 범위안에서 보상하거나 계약금액을 조정하여야 한다.

제 31 조 (일반적 손해) ①계약상대자는 계약의 이행중 공사목적물, 관급자재, 대여품 및 제3자에 대한 손해를 부담하여야 한다. 다만, 계약상대자의 책임없는 사유로 인하여 발생한 손해는 발주기관의 부담으로 한다.

② 제10조에 의하여 손해보험에 가입한 공사계약의 경우에는 제1항에 의한 계약상대자 및 발주기관의 부담은 보험에 의하여 보전되는 금액을 초과하는 부분으로 한다.

③ 제28조 및 제29조에 의하여 인수한 공사목적물에 대한 손해는 발주기관이 부담하여야 한다.

제 32 조 (불가항력) ①불가항력이라 함은 태풍·홍수 기타 악천후, 전쟁 또는 사변, 지진, 화재, 전염병, 폭동 기타 계약당사자의 통제범위를 벗어난 사태의 발생 등의 사유(이하 "불가항력의 사유"라 한다)로 인하여 공사이행에 직접적인 영향을 미친 경우로서 계약당사자 누구의 책임에도 속하지 아니하는 경우를 말한다. 〈개정 2019.12.18.〉
② 불가항력의 사유로 인하여 다음 각호에 발생한 손해는 발주기관이 부담하여야 한다.
  1. 제27조에 의하여 검사를 필한 기성부분
  2. 검사를 필하지 아니한 부분중 객관적인 자료(감독일지, 사진 또는 동영상 등)에 의하여 이미 수행되었음이 판명된 부분
  3. 제31조제1항 단서 및 동조제3항에 의한 손해
③ 계약상대자는 계약이행 기간 중에 제2항의 손해가 발생하였을 때에는 지체없이 그 사실을 계약담당공무원에게 통지하여야 하며, 계약담당공무원은 통지를 받았을 때에는 즉시 그 사실을 조사하고 그 손해의 상황을 확인한 후에 그 결과를 계약상대자에게 통지하여야 한다. 이 경우에 공사감독관의 의견을 고려할 수 있다.
④ 계약담당공무원은 제3항에 의하여 손해의 상황을 확인하였을 때에는 별도의 약정이 없는 한 공사금액의 변경 또는 손해액의 부담 등 필요한 조치에 대하여 계약상대자와 협의하여 이를 결정한다. 다만, 협의가 성립되지 않을 때에는 제51조에 의해서 처리한다.

제 33 조 (하자보수) ①계약상대자는 전체목적물을 인수한 날과 준공검사를 완료한 날 중에서 먼저 도래한 날(공사계약의 부분 완료로 관리·사용이 이루어지고 있는 경우에는 부분 목적물을 인수한 날과 공고에 따라 관리·사용을 개시한 날 중에서 먼저 도래한 날을 말한다)부터 시행령 제60조에 의하여 계약서에 정한 기간(이하 "하자담보책임기간"이라 한다)동안에 공사목적물의 하자(계약상대자의 시공상의 잘못으로 인하여 발생한 하자에 한함)에 대한 보수책임이 있다. 〈개정 2019.12.18.〉
② 하자담보책임기간은 시행규칙 제70조에 정해진 바에 따라 공종을 구분(하자책임을 구분할 수 없는 복합공사의 경우에는 주된 공종)하여 설정하여야 한다. 〈개정 2016.12.30.〉

③ 제2항에도 불구하고 하자담보책임기간을 공종 구분없이 일률적으로 정하였거나 시행규칙 제70조제1항각호에 정해진 기간과 다르게 정하여 계약이행중인 경우에는 시행규칙에서 정한 대로 계약서상 하자담보책임기간을 조정하여야 한다. 〈개정 2019.12.18.〉

④ 계약상대자는 하자보수통지를 받은 때에는 즉시 보수작업을 하여야 하며 해당 하자의 발생원인 및 기타 조치사항을 명시하여 발주기관에 제출하여야 한다.

제34조 (하자보수보증금) ① 계약상대자는 공사의 하자보수를 보증하기 위하여 계약서에서 정한 하자보수보증금율을 계약금액(당초 계약금액이 조정된 경우에는 조정된 계약금액을 말한다)에 곱하여 산출한 금액(이하 "하자보수보증금"이라 한다)을 시행령 제62조 및 시행규칙 제72조에서 정한 바에 따라 납부하여야 한다.

② 계약상대자가 제33조제1항에 의한 하자담보책임기간중 계약담당공무원으로부터 하자보수요구를 받고 이에 불응한 경우에 계약담당공무원은 제1항에 의한 하자보수보증금을 국고에 귀속한다.

③ 계약담당공무원은 제35조제2항에 의한 하자보수완료확인서의 발급일까지 하자보수보증금을 계약상대자에게 반환하여야 한다. 다만, 하자담보책임기간이 서로 다른 공종이 복합된 건설공사에 있어서는 시행규칙 제70조에 의한 공종별 하자담보책임기간이 만료되어 보증목적이 달성된 공종의 하자보수보증금은 계약상대자의 요청이 있을 경우 즉시 반환하여야 한다.

제35조 (하자검사) ① 계약담당공무원은 제33조제1항의 하자담보책임기간중 연2회이상 정기적으로 하자발생 여부를 검사하여야 한다.

② 계약담당공무원은 하자담보책임기간이 만료되기 14일 전부터 만료일까지의 기간 중에 따로 최종검사를 하여야 하며, 최종검사를 완료하였을 때에는 즉시 하자보수완료확인서를 계약상대자에게 발급하여야 한다. 이 경우에 최종검사에서 발견되는 하자사항은 하자보수완료확인서가 발급되기 전까지 계약상대자가 자신의 부담으로 보수하여야 한다. 〈개정 2018.12.31.〉

③ 계약상대자는 제1항 및 제2항의 검사에 입회하여야 한다. 다만, 계약상대자가 입회를 거부하는 경우에 계약담당공무원은 일방적으로 검사를 할 수 있으며 검사결과에 대하여 계약상대자가 동의한 것으로 간주한다.

④ 계약상대자의 책임과 의무는 제2항에 의한 하자보수완료확인서의 발급일부터 소멸한다.

제 36 조 (특별책임) ①계약담당공무원은 제35조제2항에 의한 하자보수완료확인서의 발급에도 불구하고 해당공사의 특성 및 관련법령에서 정한 바에 따라 건축물의 구조적 안정성 확보, 이용자 안전 제고 등을 위해 필요하다고 인정하는 경우에는 계약상대자와 협의하여 제27조 및 제35조에 의한 검사과정에서 발견되지 아니한 시공상의 하자에 대하여는 계약상대자의 책임으로 하는 특약을 정할 수 있다. 이 경우 계약상대자의 책임기간은 해당계약에 대한 하자담보책임의 2배를 초과하여서는 아니된다. 〈개정 2020.9.24.〉

② 계약담당공무원은 제1항에 따른 특약을 설정하려는 경우, 특약 설정의 필요성 및 계약상대자의 책임기간 등에 대하여 시행령 제94조에 따른 계약심의위원회의 심의를 거쳐야 한다. 〈신설 2020.9.24.〉

제 37 조 (특허권 등의 사용) 공사의 이행에 특허권 기타 제3자의 권리의 대상으로 되어 있는 시공방법을 사용할 때에는 계약상대자는 그 사용에 관한 일체의 책임을 져야 한다. 그러나 발주기관이 제3조의 계약문서에 시공방법을 지정하지 아니하고 그 시공을 요구할 때에는 계약상대자에 대하여 제반편의를 제공·알선하거나 소요된 비용을 지급할 수 있다.

제 38 조 (발굴물의 처리) ①공사현장에서 발견한 모든 가치있는 화석·금전·보물 기타 지질학 및 고고학상의 유물 또는 물품은 관계법규에서 정하는 바에 의하여 처리한다.

② 계약상대자는 제1항의 물품이나 유물을 발견하였을 때에는 즉시 계약담당공무원에게 통지하고 그 지시에 따라야 하며 이를 취급할 때에는 파손이 없도록 적절한 예방조치를 하여야 한다.

제 39 조 (기성대가의 지급) ①계약상대자는 최소한 30일마다 제27조제8항에 의한 검사를 완료하는 날까지 기성부분에 대한 대가지급청구서[(하수급인 및 자재·장비업자에 대한 대금지급 계획과 하수급인과 직접 계약을 체결한 자재·장비업자(이하 '하수급인의 자재·장비업자'라 한다)에 대한 대금지급계획을 첨부하여야 한다)]를 계약담당공무원과 공사감독관에게 동시에 제출할 수 있다. 〈개정 2010.9.8, 2012.7.4.〉

② 계약담당공무원은 검사완료일부터 5일이내에 검사된 내용에 따라 기성대가를 확정하여 계약상대자에게 지급(「전자조달의 이용 및 촉진에 관한 법률」 제9조의2제1항에 따른 시스템을 통한 지급 포함. 이하 이 조에서 같다.)하여야 한다.

다만, 계약상대자가 검사완료일후에 대가의 지급을 청구한 때에는 그 청구를 받은 날부터 5일이내에 지급하여야 한다. 〈개정 2009.7.3., 2019.12.18.〉
③ 계약담당공무원은 제2항에 따른 기성대가지급시에 제1항의 대금 지급 계획상의 하수급인, 자재·장비업자 및 하수급인의 자재·장비업자에게 기성대가지급 사실을 통보하고, 이들로 하여금 대금 수령내역(수령자, 수령액, 수령일 등) 및 증빙서류를 제출(「전자서명법」제2조에 따른 전자문서에 의한 제출을 포함한다. 이하 제40조제3항 및 제43조의2제1항에 따른 제출 및 통보에 있어 같다)하게 하여야 한다. 〈신설 2010.9.8, 2012.7.4.〉
④ 계약담당공무원은 제27조제9항 단서에 의한 자재에 대하여 기성대가를 지급하는 경우에는 계약상대자로 하여금 그 지급대가에 상당하는 보증서(시행령 제37조제2항에 규정된 증권 또는 보증서 등을 말한다)를 제출하게 하여야 한다. 〈제3항에서 이동 2010.9.8.〉
⑤ 계약담당공무원은 제1항에 의한 청구서의 기재사항이 검사된 내용과 일치하지 아니할 때에는 그 사유를 명시하여 계약상대자에게 이의 시정을 요구하여야 한다. 이 경우에 시정에 소요되는 기간은 제2항에서 규정한 기간에 산입하지 아니한다. 〈제4항에서 이동 2010.9.8.〉
⑥ 기성대가는 계약단가에 의하여 산정·지급한다. 다만, 계약단가가 없을 경우에는 제20조제1항제2호 및 동조 제2항에 의하여 산정된 단가에 의한다. 〈제5항에서 이동 2010.9.8.〉
⑦ 기성대가 지급의 경우에는 제40조제5항을 준용한다. 〈제6항에서 이동 2010.9.8.〉
⑧ 제2항에도 불구하고 「재난 및 안전관리 기본법」 제3조제1호의 재난이나 경기침체, 대량실업 등으로 인한 국가의 경제위기를 극복하기 위해 기획재정부장관이 기간을 정하여 고시한 경우에는 제2항의 5일을 3일로 본다. 〈신설 2020.4.20.〉

제39조의 2 (계약금액조정전의 기성대가지급) ①계약담당공무원은 물가변동, 설계변경 및 기타계약내용의 변경으로 인하여 계약금액이 당초 계약금액보다 증감될 것이 예상되는 경우로서 기성대가를 지급하고자 하는 경우에는 「국고금관리법 시행규칙」 제72조에 의하여 당초 산출내역서를 기준으로 산출한 기성대가를 개산급으로 지급할 수 있다. 다만, 감액이 예상되는 경우에는 예상되는 감액금액

을 제외하고 지급하여야 한다.

② 계약상대자는 제1항에 의하여 기성대가를 개산급으로 지급받고자 하는 경우에는 기성대가신청시 개산급신청사유를 서면으로 작성하여 첨부하여야 한다.

제 40 조 (준공대가의 지급) ①계약상대자는 공사를 완성한 후 제27조에 의한 검사에 합격한 때에는 대가지급청구서(하수급인, 자재·장비업자 및 하수급인의 자재·장비업자에 대한 대금지급계획을 첨부하여야 한다)를 제출하는 등 소정절차에 따라 대가지급을 청구할 수 있다. 〈개정 2010.9.8, 2012.7.4.〉

② 계약담당공무원은 제1항의 청구를 받은 때에는 그 청구를 받은 날로부터 5일(공휴일 및 토요일은 제외한다. 이하 이조에서 같다)이내에 그 대가를 지급(「전자조달의 이용 및 촉진에 관한 법률」제9조의2제1항에 따른 시스템을 통한 지급 포함. 이하 이 조에서 같다)하여야 하며, 동 대가지급기한에도 불구하고 자금사정 등 불가피한 사유가 없는 한 최대한 신속히 대가를 지급하여야 한다. 다만, 계약당사자와의 합의에 의하여 5일을 초과하지 아니하는 범위안에서 대가의 지급기간을 연장할 수 있는 특약을 정할 수 있다. 〈개정 2009.7.3., 2019.12.18.〉

③ 계약담당공무원은 제2항에 따른 대가지급시에 제1항의 대금 지급 계획상의 하수급인, 자재·장비업자 및 하수급인의 자재·장비업자에게 대가지급 사실을 통보하고, 이들로 하여금 대금 수령내역(수령자, 수령액, 수령일 등) 및 증빙서류를 제출하게 하여야 한다. 〈신설 2010.9.8, 2012.7.4.〉

④ 천재·지변 등 불가항력의 사유로 인하여 대가를 지급할 수 없게 된 경우에는 계약담당공무원은 해당사유가 존속되는 기간과 해당사유가 소멸된 날로부터 3일까지는 대가의 지급을 연장할 수 있다. 〈제3항에서 이동 2010.9.8.〉

⑤ 계약담당공무원은 제1항의 청구를 받은 후 그 청구내용의 전부 또는 일부가 부당함을 발견한 때에는 그 사유를 명시하여 계약상대자에게 해당 청구서를 반송할 수 있다. 이 경우에는 반송한 날로부터 재청구를 받은 날까지의 기간은 제2항의 지급기간에 산입하지 아니한다. 〈제4항에서 이동 2010.9.8.〉

⑥ 제2항에도 불구하고 「재난 및 안전관리 기본법」제3조제1호의 재난이나 경기침체, 대량실업 등으로 인한 국가의 경제위기를 극복하기 위해 기획재정부장관이 기간을 정하여 고시한 경우에는 제2항의 5일을 3일로 본다. 〈신설 2020.4.20.〉

제 40 조의 2 (국민건강보험료, 노인장기요양보험료 및 국민연금보험료의 사후정산) 계약담당공무원은 「정부 입찰·계약 집행기준」 제93조에 의하여 국민건강보험료, 노인장기요양보험료 및 국민연금보험료를 사후정산 하기로 한 계약에 대하여는 제39조 및 제40조에 의한 대가지급시 계약예규 「정부 입찰·계약 집행기준」제94조에 정한 바에 따라 정산하여야 한다. 〈개정 2016.12.30.〉

제 41 조 (대가지급지연에 대한 이자) ①계약담당공무원은 대가지급청구를 받은 경우에 제39조 및 제40조에 의한 대가지급기한(국고채무부담행위에 의한 계약의 경우에는 다음 회계년도 개시후 「국가재정법」에 의하여 해당 예산이 배정된 날부터 20일)까지 대가를 지급하지 못하는 경우에는 지급기한의 다음날부터 지급하는 날까지의 일수(이하 "대가지급지연일수"라 한다)에 해당 미지급금액에 대하여 지연발생 시점의 금융기관 대출평균금리(한국은행 통계월보상의 금융기관 대출평균금리를 말한다)를 곱하여 산출한 금액을 이자로 지급하여야 한다.

② 불가항력의 사유로 인하여 검사 또는 대가지급이 지연된 경우에 제27조제2항 단서 및 제40조제4항에 의한 연장기간은 대가지급 지연일수에 산입하지 아니한다.

제 42 조 (하도급의 승인 등) ①계약상대자가 계약된 공사의 일부를 제3자에게 하도급 하고자 하는 경우에는 「건설산업기본법」 등 관련법령에 정한 바에 의하여야 한다.

② 계약담당공무원은 제1항에 의하여 계약상대자로부터 하도급계약을 통보받은 때에는 국토교통부장관이 고시한 건설공사하도급심사기준에 정한 바에 따라 하도급금액의 적정성을 심사하여야 한다. 〈개정 2015.9.21.〉

제 43 조 (하도급대가의 직접지급 등) ①계약담당공무원은 계약상대자가 다음 각호의 어느 하나에 해당하는 경우에 「건설산업기본법」 등 관련법령에 의하여 체결한 하도급계약중 하수급인이 시공한 부분에 상당하는 금액에 대하여는 계약상대자가 하수급인에게 제39조 및 제40조에 의한 대가지급을 의뢰한 것으로 보아 해당 하수급인에게 직접 지급하여야 한다.

  1. 하수급인이 계약상대자를 상대로 하여 받은 판결로서 그가 시공한 분에 대한 하도급대금지급을 명하는 확정판결이 있는 경우

  2. 계약상대자가 파산, 부도, 영업정지 및 면허취소 등으로 하도급대금을 하수급인에게 지급할 수 없게 된 경우

3. 「하도급거래 공정화에 관한 법률」 또는 「건설산업기본법」에 규정한 내용에 따라 계약상대자가 하수급인에 대한 하도급대금 지급보증서를 제출하여야 할 대상 중 그 지급보증서를 제출하지 아니한 경우
② 계약담당공무원은 제1항에도 불구하고 하수급인이 해당 하도급계약과 관련하여 노임, 중기사용료, 자재대 등을 체불한 사실을 계약상대자가 객관적으로 입증할 수 있는 서류를 첨부하여 해당 하도급대가의 직접지급 중지를 요청한 때에는 해당 하도급대가를 직접 지급하지 아니할 수 있다.
③ 계약상대자는 제27조제1항에 의한 준공신고 또는 제39조에 의한 기성대가의 지급청구를 위한 검사를 신청하고자 할 경우에는 하수급인이 시공한 부분에 대한 내역을 구분하여 신청하여야 하며, 제39조 및 제40조에 의하여 제1항의 하도급대가가 포함된 대가지급을 청구할 때에는 해당 하도급대가를 분리하여 청구하여야 한다.

제 43 조의 2 (하도급대금 등 지급 확인) ① 계약상대자는 제39조 및 제40조에 의한 대가를 지급받은 경우에 15일 이내에 하수급인 및 자재·장비업자가 시공·제작·대여한 분에 상당한 금액(이하 "하도급대금 등"이라 한다)을 하수급인 및 자재·장비업자에게 현금으로 지급(「전자조달의 이용 및 촉진에 관한 법률」 제9조의2제1항에 따른 시스템을 통한 지급 포함. 이하 이 조에서 같다.)하여야 하며, 하도급대금 등의 지급 내역(수령자, 지급액, 지급일 등)을 5일(공휴일 및 토요일은 제외한다) 이내에 발주기관 및 공사감독관에게 통보하여야 한다. 〈신설 2010.9.8., 개정 2019.12.18〉
② 계약상대자는 제1항에 따라 하수급인에게 하도급대금 등을 지급한 경우에 하수급인으로 하여금 제1항을 준용하여 하수급인의 자재·장비업자가 제작·대여한 분에 상당한 금액을 하수급인의 자재·장비업자에게 지급하고, 이들로 하여금 그 내역(수령자, 지급액, 지급일 등)을 발주기관 및 공사감독관에게 통보하도록 하여야 한다. 〈신설 2010.9.8, 개정 2012.7.4.〉
③ 계약담당공무원은 제1항 및 제2항에 의한 대금 지급내역을 제39조제3항 또는 제40조제3항에 따라 하수급인, 자재·장비업자 및 하수급인의 자재·장비업자로부터 제출받은 대금 수령내역과 비교·확인하여야 하며, 하수급인이 하수급인의 자재·장비업자에게 대금을 지급하지 않은 경우에는 계약상대자에게 즉시 통보하여야 한다. 〈신설 2012.7.4.〉

제43조의 3(노무비의 구분관리 및 지급확인) ① 계약상대자는 발주기관과 협의하여 정한 노무비 지급기일에 맞추어 매월 모든 근로자(직접노무비 대상에 한하며, 하수급인이 고용한 근로자를 포함)의 노무비 청구내역(근로자 개인별 성명, 임금 및 연락처 등)을 제출하여야 한다.

② 계약담당공무원은 현장인 명부 등을 통해 제1항에 따른 노무비 청구내역을 확인하고 청구를 받은 날부터 5일 이내에 계약상대자의 노무비 전용계좌로 해당 노무비를 지급(「전자조달의 이용 및 촉진에 관한 법률」 제9조의2제1항에 따른 시스템을 통한 지급 포함. 이하 이 조에서 같다.)하여야 한다. 〈개정 2019.12.18.〉

③ 계약상대자는 제2항에 따라 노무비를 지급받은 날부터 2일(공휴일 및 토요일은 제외한다) 이내에 노무비 전용계좌에서 이체하는 방식으로 근로자에게 노무비를 지급하여야 하며, 동일한 방식으로 하수급인의 노무비 전용계좌로 노무비를 지급하여야 한다. 다만, 근로자가 계좌를 개설할 수 없거나 다른 방식으로 지급을 원하는 경우 또는 계약상대자(하수급인 포함)가 근로자에게 노무비를 미리 지급하는 경우에는 그에 대한 발주기관의 승인을 받아 그러하지 아니할 수 있다.

④ 계약상대자는 제1항에 따라 노무비 지급을 청구할 때에 전월 노무비 지급내역(계약상대자 및 하수급인의 노무비 전용계좌 이체내역 등 증빙서류)을 제출하여야 하며, 계약담당공무원은 동 지급내역과 계약상대자가 이미 제출한 같은 달의 청구내역을 비교하여 임금 미지급이 확인된 경우에는 해당 사실을 지방고용노동(지)청에 통보하여야 한다. [본조신설 2012.1.1.]

제44조 (계약상대자의 책임있는 사유로 인한 계약의 해제 및 해지) ① 계약담당공무원은 계약상대자가 다음 각호의 어느 하나에 해당하는 경우에는 해당 계약의 전부 또는 일부를 해제 또는 해지할 수 있다. 다만, 제3호의 경우에 계약상대자의 계약이행 가능성이 있고 계약을 유지할 필요가 있다고 인정되는 경우로서 계약상대자가 계약이행이 완료되지 아니한 부분에 상당하는 계약보증금(당초 계약보증금에 제25조제1항에 따른 지체상금의 최대금액을 더한 금액을 한도로 한다)을 추가납부하는 때에는 계약을 유지한다. 〈개정 2010.9.8, 2014.1.10, 2018.12.31〉

  1. 정당한 이유없이 약정한 착공시일을 경과하고도 공사에 착수하지 아니할

경우
    2. 계약상대자의 책임있는 사유로 인하여 준공기한까지 공사를 완공하지 못하거나 완성할 가능성이 없다고 인정될 경우
    3. 제25조제1항에 의한 지체상금이 시행령 제50조제1항에 의한 해당 계약(장기계속공사계약인 경우에는 차수별 계약)의 계약보증금상당액에 달한 경우
    4. 장기계속공사의 계약에 있어서 제2차공사 이후의 계약을 체결하지 아니하는 경우
    5. 계약의 수행중 뇌물수수 또는 정상적인 계약관리를 방해하는 불법·부정행위가 있는 경우
    6. 제47조의3에 따른 시공계획서를 제출 또는 보완하지 않거나 정당한 이유 없이 계획서대로 이행하지 않을 경우 〈신설 2012.4.2.〉
    7. 입찰에 관한 서류 등을 허위 또는 부정한 방법으로 제출하여 계약이 체결된 경우 〈신설 2014.1.10.〉
    8. 기타 계약조건을 위반하고 그 위반으로 인하여 계약의 목적을 달성할 수 없다고 인정될 경우
② 계약담당공무원은 제1항에 의하여 계약을 해제 또는 해지한 때에는 그 사실을 계약상대자 및 제42조에 의한 하수급자에게 통지하여야 한다.
③ 제2항에 의한 통지를 받은 계약상대자는 다음 각호의 사항을 준수하여야 한다.
    1. 해당 공사를 즉시 중지하고 모든 공사자재 및 기구 등을 공사장으로부터 철거하여야 한다.
    2. 제13조에 의한 대여품이 있을 때에는 지체없이 발주기관에 반환하여야 한다. 이 경우에 해당 대여품이 계약상대자의 고의 또는 과실로 인하여 멸실 또는 파손되었을 때에는 원상회복 또는 그 손해를 배상하여야 한다.
    3. 제13조에 의한 관급재료중 공사의 기성부분으로서 인수된 부분에 사용한 것을 제외한 잔여재료는 발주기관에 반환하여야 한다. 이 경우에 해당 재료가 계약상대자의 고의 또는 과실로 인하여 멸실 또는 파손되었을 때, 또는 공사의 기성부분으로서 인수되지 아니하는 부분에 사용된 때에는 원상회복 하거나 그 손해를 배상하여야 한다.
    4. 발주기관이 요구하는 공사장의 모든 재료, 정보 및 편의를 발주기관에 제공하여야 한다.

④ 계약담당공무원은 제1항에 의하여 계약을 해제 또는 해지한 경우 및 제48조에 의하여 보증기관이 보증이행을 하는 경우에 기성부분을 검사하여 인수한 때에는 해당부분에 상당하는 대가를 계약상대자에게 지급하여야 한다. 〈개정 2010.9.8.〉

⑤ 제1항에 의하여 계약이 해제 또는 해지된 경우에 계약상대자는 지급받은 선금에 대하여 미정산잔액이 있는 경우에는 그 잔액에 대한 약정이자상당액[사유발생 시점의 금융기관 대출평균금리(한국은행 통계월보상의 대출평균금리를 말한다)에 의하여 산출한 금액을 가산하여 발주기관에 상환하여야 한다.

⑥ 제5항의 경우에 계약담당공무원은 선금잔액과 기성부분에 대한 미지급액을 상계하여야 한다. 다만, 「건설산업기본법」 및 「하도급 거래공정화에 관한 법률」에 의하여 하도급대금 지급보증이 되어 있지 않은 경우로서 제43조제1항에 의하여 하도급대가를 직접 지급하여야 하는 때에는 우선적으로 하도급대가를 지급한 후에 기성부분에 대한 미지급액의 잔액이 있으면 선금잔액과 상계할 수 있다.

제 45 조(사정변경에 의한 계약의 해제 또는 해지) ①발주기관은 제44조제1항 각 호의 경우외에 다음 각 호의 사유와 같이 객관적으로 명백한 발주기관의 불가피한 사정이 발생한 때에는 계약을 해제 또는 해지할 수 있다. 〈개정 2021.12.1.〉

    1. 정부정책 변화 등에 따른 불가피한 사업취소
    2. 관계 법령의 제·개정으로 인한 사업취소
    3. 과다한 지역 민원 제기로 인한 사업취소
    4. 기타 공공복리에 의한 사업의 변경 등에 따라 계약을 해제 또는 해지하는 경우

② 제1항에 의하여 계약을 해제 또는 해지하는 경우에는 제44조제2항 본문 및 제3항을 준용한다.

③ 발주기관은 제1항에 의하여 계약을 해제 또는 해지하는 경우에는 다음 각호에 해당하는 금액을 제44조제3항 각호의 수행을 완료한 날부터 14일이내에 계약상대자에게 지급하여야 한다. 이 경우에 제7조에 의한 계약보증금을 동시에 반환하여야 한다.

    1. 제32조제2항제1호 및 제2호에 해당하는 시공부분의 대가중 지급하지 아니한 금액

2. 전체공사의 완성을 위하여 계약의 해제 또는 해지일 이전에 투입된 계약상
      대자의 인력·자재 및 장비의 철수비용
 ④ 계약상대자는 선금에 대한 미정산잔액이 있는 경우에는 이를 발주기관에 상
   환하여야 한다. 이 경우에 미정산잔액에 대한 이자는 가산하지 아니한다.
제 46 조 (계약상대자에 의한 계약해제 또는 해지) ①계약상대자는 다음 각호의 어
   느 하나에 해당하는 사유가 발생한 경우에는 해당계약을 해제 또는 해지할 수
   있다.
   1. 제19조에 의하여 공사내용을 변경함으로써 계약금액이 100분의 40이상 감
      소되었을 때
   2. 제47조에 의한 공사정지기간이 공기의 100분의 50을 초과하였을 경우
 ② 제1항에 의하여 계약이 해제 또는 해지되었을 경우에는 제45조제2항 내지 제
   4항을 준용한다.
제 47 조 (공사의 일시정지) ①공사감독관은 다음 각호의 경우에는 공사의 전부 또
   는 일부의 이행을 정지시킬 수 있다. 이 경우에 계약상대자는 정지기간중 선량한
   관리자의 주의의무를 게을리 하여서는 아니된다.
   1. 공사의 이행이 계약내용과 일치하지 아니하는 경우
   2. 공사의 전부 또는 일부의 안전을 위하여 공사의 정지가 필요한 경우
   3. 제24조에 의한 응급조치의 경우
   4. 기타 발주기관의 필요에 의하여 계약담당공무원이 지시한 경우
 ② 공사감독관은 제1항에 의하여 공사를 정지시킨 경우에는 지체없이 계약상대
   자 및 계약담당공무원에게 정지사유 및 정지기간을 통지하여야 한다.
 ③ 제1항 각호의 사유가 발생한 경우로서 공사감독관이 제2항에 따른 통지를 하
   지 않는 경우 계약상대자는 서면으로 공사감독관 또는 계약담당공무원에게
   공사 일시정지 여부에 대한 확인을 요청할 수 있다. 〈신설 2019.12.18.〉
 ④ 공사감독관 또는 계약담당공무원은 제3항의 요청을 받은 날부터 10일 이내에
   공사계약상대자에게 서면으로 회신을 발송하여야 한다. 〈신설 2019.12.18.〉
 ⑤ 제1항 및 제4항에 의하여 공사가 정지된 경우에 계약상대자는 계약기간의 연
   장 또는 추가금액을 청구할 수 없다. 다만, 계약상대자의 책임있는 사유로 인
   한 정지가 아닌 때에는 그러하지 아니한다. 〈개정 2019.12.18.〉
 ⑥ 발주기관의 책임있는 사유에 의한 공사정지기간(각각의 사유로 인한 정지기

간을 합산하며, 장기계속계약의 경우에는 해당 차수내의 정지기간을 말함)이 60일을 초과한 경우에 발주기관은 그 초과된 기간에 대하여 잔여계약금액(공사중지기간이 60일을 초과하는 날 현재의 잔여계약금액을 말하며, 장기계속 공사계약의 경우에는 차수별 계약금액을 기준으로 함)에 초과일수 매 1일마다 지연발생 시점의 금융기관 대출평균금리(한국은행 통계월보상의 금융기관 대출평균금리를 말한다)를 곱하여 산출한 금액을 준공대가 지급시 계약상대자에게 지급하여야 한다. 〈제4항에서 이동 2019.12.18.〉

⑦ 제6항에서 정하는 발주기관의 책임있는 사유란, 부지제공 · 보상업무 · 지장물 처리의 지연, 공사 이행에 필요한 인 · 허가 등 행정처리의 지연과 계약서 및 관련 법령에서 정한 발주기관의 명시적 의무사항을 정당한 이유없이 불이행하거나 위반하는 경우를 말하며, 그 외 계약상대자의 책임있는 사유나 천재 · 지변 등 불가항력에 의한 사유는 제외한다. 〈신설 2021.12.1.〉

제 47 조의 2 (계약상대자의 공사정지 등) ①계약상대자는 발주기관이 「국가를 당사자로 하는 계약에 관한 법률」과 계약문서 등에서 정하고 있는 계약상의 의무를 이행하지 아니하는 때에는 발주기관에 계약상의 의무이행을 서면으로 요청할 수 있다.

② 계약담당공무원은 계약상대자로부터 제1항에 의한 요청을 받은 날부터 14일 이내에 이행계획을 서면으로 계약상대자에게 통지하여야 한다.

③ 계약상대자는 계약담당공무원이 제2항에 규정한 기한내에 통지를 하지 아니하거나 계약상의 의무이행을 거부하는 때에는 해당 기간이 경과한 날 또는 의무이행을 거부한 날부터 공사의 전부 또는 일부의 시공을 정지할 수 있다.

④ 계약담당공무원은 제3항에 의하여 정지된 기간에 대하여는 제26조에 의하여 공사기간을 연장하여야 한다.

제 47 조의 3 (공정지연에 대한 관리) ①계약상대자는 자신의 책임 있는 사유로 다음 각호의 사례가 발생한 경우에는 즉시 이를 해소하기 위한 시공계획서를 제출하여야 한다.

  1. 실행공정률이 계획공정률에 비해 10%p 이상 지연된 경우
  2. 골조공사 등 주된 공사의 시공이 1개월 이상 중단된 경우

② 발주기관과 계약상대자는 상호 협의하여 공사의 규모나 종류 · 특성 등에 따라 제1항 각호의 내용을 조정하거나 새로운 내용을 추가할 수 있다.

③ 계약담당공무원은 제1항에 따라 계약상대방이 제출한 계획서를 검토하고 필요한 경우에 보완을 요구할 수 있다. [본조신설 2012.4.2.]

제48조 (공사계약의 이행보증) ①계약담당공무원은 계약상대자가 제44조제1항 각호의 어느 하나에 해당하는 경우로서 시행령 제52조제1항제3호에 의한 공사이행보증서가 제출되어 있는 경우에는 계약을 해제 또는 해지하지 아니하고 제9조에 의한 보증기관에 대하여 공사를 완성할 것을 청구하여야 한다. 〈개정 2010.9.8.〉

② 제1항의 청구가 있을 때에는 보증기관은 지체없이 그 보증의무를 이행하여야 한다. 이 경우에 보증의무를 이행한 보증기관은 계속공사에 있어서 계약상대자가 가지는 계약체결상의 이익을 가진다. 다만, 보증기관은 보증이행업체를 지정하여 보증의무를 이행하는 대신 공사이행보증서에 정한 금액을 현금으로 발주기관에 납부함으로써 보증의무이행에 갈음할 수 있다. 〈개정 2010.9.8.〉

③ 제2항에 의하여 해당 계약을 이행하는 보증기관은 계약금액중 보증이행부분에 상당하는 금액을 발주기관에 직접 청구할 수 있는 권리를 가지며 계약상대자는 보증기관의 보증이행부분에 상당하는 금액을 청구할 수 있는 권리를 상실한다. 〈개정 2010.9.8.〉

④ 〈삭제 2010.9.8.〉

⑤ 보증기관은 공사진행 상황 및 계약상대자의 이행능력 등을 조사할 수 있으며, 제44조제1항 각호의 사유가 발생하는 경우 계약담당공무원에게 보증이행의 청구를 건의할 수 있다. 〈신설 2012.4.2.〉

⑥ 제1항 내지 제3항 외에 공사이행보증서 제출에 따른 보증의무이행에 대하여는 계약예규 「정부 입찰·계약 집행기준」 제11장(공사의 이행보증제도 운용)에 정한 바에 의한다.

제49조 (부정당업자의 입찰참가자격 제한) ①계약상대자가 시행령 제76조에 해당하는 경우에는 1월 이상 2년 이하의 범위내에서 입찰참가자격 제한조치를 받게 된다. 〈개정 2010.9.8.〉

② 〈삭제 2014.1.10〉

제50조 (기술지식의 이용 및 비밀엄수의무) ① 계약담당공무원은 사업목적 달성 또는 공공의 이익 등을 위해 필요하다고 인정되는 경우, 계약내용에 따라 계약상대자가 제출하는 각종 보고서, 정보 기타 자료 및 이에 의하여 얻은 기술지식(계

약목적물의 내용에 포함되는 경우는 제외한다. 이하 이 조에서 "기술지식 등"이라 한다)의 전부 또는 일부를 계약상대자의 승인을 얻어 복사·이용 또는 공개할 수 있다.〈개정 2020.6.19.〉

② 계약상대자는 해당 계약을 통하여 얻은 정보 또는 국가의 비밀사항을 계약이행의 전후를 막론하고 외부에 누설할 수 없다.

③ 계약담당공무원은 시장에서 거래되는 등 재산적 가치가 있는 기술지식 등을 제1항에 따라 복사·이용 또는 공개하려는 경우에는 계약상대자에게 정당한 이용대가를 지급하여야 한다. 이 경우 기술지식 등의 이용대가는 시장거래가격 등을 기초로 계약상대자와 협의하여 결정한다.〈신설 2020.6.19.〉

제51조 (분쟁의 해결) ①계약의 수행중 계약당사자간에 발생하는 분쟁은 협의에 의하여 해결한다.

② 제1항에 의한 협의가 이루어지지 아니할 때에는 법원의 판결 또는 「중재법」에 의한 중재에 의하여 해결한다. 다만 「국가를 당사자로 하는 계약에 관한 법률」제28조에서 정한 이의신청 대상에 해당하는 경우 국가계약분쟁조정위원회 조정결정에 따라 분쟁을 해결할 수 있다.〈개정 2015.9.21.〉

③ 제2항에도 불구하고 계약을 체결하는 때에 「국가를 당사자로 하는 계약에 관한 법률」제28조의2에 따라 분쟁해결방법을 정한 경우에는 그에 따른다.〈신설 2018.3.20.〉

④ 계약상대자는 제1항부터 제3항까지의 분쟁처리절차 수행기간중 공사의 수행을 중지하여서는 아니된다.〈신설 2018.3.20.〉

제52조 (공사관련자료의 제출) 계약담당공무원은 필요하다고 인정할 경우에 계약상대자에게 산출내역서의 기초가 되는 단가산출서 또는 일위대가표의 제출을 요구할 수 있으며 이 경우에 계약상대자는 이에 응하여야 한다.

제53조 (적격·PQ심사·종합심사낙찰제 관련사항 이행) ①계약상대자는 계약예규 「입찰참가자격사전심사요령」, 「적격심사기준」 및 「종합심사낙찰제 심사기준」별표의 심사항목에 규정된 사항에 대하여 심사당시 제출한 내용대로 철저하게 이행하여야 한다.〈개정 2012.1.1, 2016.1.1.〉

② 계약담당공무원(「조달사업에 관한 법률」 제3조에 따라 조달청에 의뢰하여 계약한 공사로서 수요기관이 공사관리를 하는 경우에는 수요기관)은 제1항에 규

정한 이행상황을 수시로 확인하여야 하며, 제출된 내용대로 이행이 되지 않고 있을 때에는 즉시 시정토록 조치하여야 한다. 〈개정 2008.12.29, 2015.9.21.〉
③ 계약상대자는 제40조에 따른 대가지급을 청구할 때에 계약예규 「입찰참가자격사전심사요령」 제4조에 따른 표준계약서 사용계획의 이행결과로서 하도급 및 건설기계임대차 계약서를 제출하여야 한다. 〈신설 2012.1.1.〉
④ 계약상대자가 제3항에 따른 계약서를 제출하지 않거나 하수급인 등의 계약상 이익을 제한하는 내용으로 표준계약서의 일부를 수정·삭제한 경우 또는 이면계약을 체결한 경우에는 표준계약서를 사용하지 않은 것으로 본다. 〈신설 2012.1.1.〉
⑤ 계약담당공무원은 계약상대자가 표준계약서를 사용하지 않은 경우에 해당 업체명, 부여한 가점과 그에 따른 감점, 표준계약서 사용계획 대비 미사용 비율(계약금액 기준)을 전자조달시스템에 게재하고 동 사실을 계약상대자에게 통보하여야 한다. 〈신설 2012.1.1.〉

제54조 (재검토기한) 「훈령·예규 등의 발령 및 관리에 관한 규정」에 따라 이 예규에 대하여 2016년 1월 1일 기준으로 매3년이 되는 시점(매 3년째의 12월 31일까지를 말한다)마다 그 타당성을 검토하여 개선 등의 조치를 하여야 한다. 〈개정 2015.9.21.〉

부 칙 (2007.10.12.)

제1조(시행일) 이 회계예규는 2007년 10월 12일부터 시행한다.
다만, 제2조제4호가목 및 제21조제1항제1호의 개정규정은
2008년 1월 1일부터 시행한다.
제2조(일괄입찰 등의 설계변경으로 인한 계약금액 조정에 관한 적용례)
제21조제2항의 개정규정은 이 예규 시행 후 계약금액을 조정하는 분부터 적용한다.
제3조(특정규격의 자재별 가격변동으로 인한 계약금액 조정 등에 관한 경과조치)
제22조제2항단서 및 제7항의 개정규정은 「국가를 당사자로 하는
계약에 관한 법률 시행령」(대통령령 제19782호, 2006.12.29.) 시행일 이후
입찰공고를 한 분부터 적용한다.

부 칙 (2008.12.29.)

제1조(시행일) 이 회계예규는 2009년 6월 29일부터 시행한다.
제2조(유효기간) 제9조제6항제2호및제7항의 개정규정은 2010년 12월 31일까지 효력을 가진다. 다만, 2010년 12월 31일까지 입찰공고한 사업에 대해서는 그 사업이 종료될 때까지 제9조제6항제2호및제7항의 개정규정을 적용한다.
제3조(공동수급체 구성원별 최소지분율에 관한 적용례) 제9조제6항제2호의 개정규정은 이 예규 시행일이후 입찰공고를 한 분부터 적용한다.
제4조(지역업체 소재기간에 관한 적용례) 제9조제7항의 개정규정은 이 예규 시행일이후 해당 공사현장을 관할하는 특별시·광역시 및 도로 주된 영업소를 이전하거나 신설한 업체부터 적용한다.

부 칙 (2009.6.29.)

제1조(시행일) 이 회계예규는 2009년 6월 29일부터 시행한다.
제2조(적용례) 제7조, 제18조 개정규정은 이 예규 시행후 입찰공고를 한 분부터 적용한다.

부 칙 (2009.7.3.)

① (시행일) 이 회계예규는 2009년 7월 3일부터 시행한다.
② (대가지급에 관한 적용례) 제39조제2항 및 제40조제2항의 개정 규정은 대통령령 제21578호 국가를 당사자로 하는 계약에 관한 법률 시행령 일부개정령의 시행일(2009. 6.29)이후 대가지급을 청구하는 분부터 적용한다.

부 칙 (2009.9.21.)

제1조(시행일) 이 회계예규는 2009년 9월 21일부터 시행한다.
제2조(적용례) 이 예규 시행후 입찰공고를 한 분부터 적용한다.

부 칙 (2010.9.8.)

제1조(시행일) 이 회계예규는 2010년 9월 8일부터 시행한다. 다만, 제2조 제4호 가목, 제2조 제8호, 제10조 제1항, 제21조(제1항 제3호, 제3항,

제4항 제2호 개정부분은 제외함), 제44조 제1항의 개정 규정은 2010년 10월 22일부터 시행하고, 제7조 제2항, 제9조, 제10조 제5항, 제25조, 제44조 제4항, 제48조, 제49조의 개정규정은 2011년 1월 1일부터 시행한다.
제2조(적용례) 이 회계예규 시행 후 입찰공고를 한 분부터 적용한다.

부 칙 (2010.11.30.)

제1조(시행일) 이 회계예규는 2010년 11월 30일부터 시행한다.
제2조(적용례) 이 예규 시행 후 입찰공고를 한 분부터 적용한다.

부 칙 (2011.5.13.)

제1조(시행일) 이 계약예규는 2011년 5월 13일부터 시행한다.
제2조(적용례) 이 예규 시행일 이후 입찰공고를 한 분부터 적용한다.

부 칙 (2012.1.1.)

제1조(시행일) 이 계약예규는 2012년 1월 1일부터 시행한다.

부 칙 (2012.7.4.)

제1조(시행일) 이 계약예규는 2012년 7월 9일부터 시행한다.
제2조(적용례) 이 예규 시행일 이후 입찰공고를 한 분부터 적용한다.

부 칙 (2012.4.2.)

제1조(시행일) 이 계약예규는 2012년 4월 2일부터 시행한다.
제2조(적용례) 이 예규 시행일 이후 입찰공고를 한 분부터 적용한다.

부 칙 (2014.1.10.)

제1조(시행일) 이 계약예규는 2014년 1월 10일부터 시행한다.
제2조(적용례) 이 예규는 시행일 이후 입찰공고를 한 분부터 적용한다.
제3조(실적공사비가 적용된 공사의 설계변경에 관한 적용례) 제20조 제3항의 개정규정은 이 예규 시행일 이후 계약체결을 한 분부터 적용한다.

부 칙 (2014.4.1.)
제1조(시행일) 이 계약예규는 2014년 4월 1일부터 시행한다.
제2조(적용례) 이 예규 시행일 이후 입찰공고를 한 분부터 적용한다.

부 칙 (2015.1.1.)
제1조(시행일) 이 계약예규는 2015년 1월 1일부터 시행한다.
제2조(적용례) 이 예규 시행일 이후 입찰공고를 한 분부터 적용한다.

부 칙 (2015.3.1.)
제1조(시행일) 이 예규는 2015년 3월 1일부터 시행한다.

부 칙 (2015.9.21.)
제1조(시행일) 이 예규는 2015년 9월 21일부터 시행한다.

부 칙 (2016.1.1.)
제1조(시행일) 이 계약예규는 2016년 1월 1일부터 시행한다.
제2조(최저가낙찰제의 폐지에 따른 경과규정) 이 계약예규 시행일 이전에 최초로 입찰공고를 한 분에 대하여는 제3조, 제21조 제1항 및 제2항의 개정규정에도 불구하고 종전 규정을 적용한다.

부 칙 (2016.12.30.)
제1조(시행일) 이 계약예규는 2016년 12월30일부터 시행한다.
제2조(적용례) 제26조의 개정규정은 이 계약예규 시행일 이후 최초로 입찰공고하는 분부터 적용한다.

부 칙 (2018.3.20.)
제1조(시행일) 이 계약예규는 2018년 3월 20일부터 시행한다.
제2조(적용례) 제51조의 개정규정은 이 예규 시행후 최초로 입찰공고를 하거나, 체결하는 계약부터 적용한다.

부　　칙 (2018.12.31.)

제1조(시행일) 이 계약예규는 2019년 1월 1일부터 시행한다.
제2조(일반적 적용례) 이 계약예규는 부칙 제1조에 따른 시행일 이후 입찰공고 하거나 계약체결 하는 경우부터 적용한다.
제3조(지체상금 부과 및 계약보증금 추가 납부 한도에 관한 적용례) 제25조제1항 및 제44조제1항의 개정규정은 2018년 12월 4일 이후에 계약기간이 만료되어 지체상금이 발생하는 경우부터 적용한다.

부　　칙 (2019.6.1.)

제1조(시행일) 이 계약예규는 2019년 6월 1일부터 시행한다.
제2조(적용례) 제26조의 개정규정은 이 예규 시행일 이후 입찰공고를 하거나 수의계약을 체결하는 분부터 적용한다.

부　　칙 (2019.12.18.)

제1조(시행일) 이 계약예규는 2020년 3월18일부터 시행한다.
제2조(적용례) 이 계약예규는 부칙 제1조에 따른 시행일 이후 입찰공고를 하거나 수의계약을 체결하는 분부터 적용한다.

부　　칙 (2020.4.20.)

제1조(시행일) 이 계약예규는 2020년 5월 6일부터 시행한다.

부　　칙 (2020.6.19.)

제1조(시행일) 이 계약예규는 2020년 9월 19일부터 시행한다.

부　　칙 (2020.9.24.)

제1조(시행일) 이 계약예규는 2020년 12월 24일부터 시행한다.
제2조(적용례) 이 계약예규는 시행일 이후 입찰공고하는 경우부터 적용한다.

부 칙 (2020.12.28.)
제1조(시행일) 이 계약예규는 2021년 3월 28일부터 시행한다.
제2조(적용례) 이 계약예규는 부칙 제1조에 따른 시행일 이후 입찰공고를 하거나 수의계약을 체결하는 경우부터 적용한다.

부 칙 (2021.12.1.)
제1조(시행일) 이 계약예규는 2021년 12월 1일부터 시행한다.
제2조(적용례) 이 계약예규는 부칙 제1조에 따른 시행일 이전에 입찰공고된 계약으로서 시행일 이후 제45조제1항에 따른 사정변경에 의해 계약을 해제 또는 해지하는 경우, 제47조제6항, 제7항에 따라 공사지연기간을 계산하는 경우에 적용한다.

부 칙 (2023.6.30.)
제1조(시행일) 이 계약예규는 2023년 6월 30일부터 시행한다.
제2조(적용례) 이 계약예규는 부칙 제1조에 따른 시행일 이후 입찰공고를 하거나 수의계약을 체결하는 경우부터 적용한다.

부록 3 **2025년 상반기 적용 시중노임단가**

Ⅰ. 건설부문 시중노임단가(대한건설협회)

1. 직종별 임금산출 방법

   ○ 직종별 임금 = $\dfrac{\text{직종별 조사된 총임금}}{\text{직종별 조사된 총인원}}$

   - 이상치 처리방법 : 이상치에 대한 가중치 감소 방법 적용
     - 사분위편차*를 활용하여 이상치를 판단하고 이상치에 대한 가중치를 조정하여 영향력을 감소시키는 방법적용

       * 관측값을 순서대로 정렬했을 때 25%에 위치한 값을 1사분위수(Q1), 75%에 위치한 값을 3분위수(Q3)라 하며, 사분위편차(IQR)란 3분위 수와 1분위수의 차이를 의미함. 사분위편차를 이용한 이상치 판단방법에서의 이상치는 1.5×IQR 벗어나는 값임

2. 이용상의 주의사항

   가. 통계전반에 걸쳐 사용한 「-」의 기호는 조사되지 않았거나, 비교불능을 나타냄.

   나. 직종번호 앞의 「*」 표시는 조사 현장수가 5개 미만인 직종, 「**」 표시는 조사되지 않은 직종이므로 유의하여 적용 (Ⅱ. 임금적용 요령 참조)

   다. 본 조사임금은 1일 8시간 기준(단, 잠수부는 6시간 기준)금액임.

   $$\text{8시간환산임금} = \dfrac{\text{총임금}}{8+(\text{총작업시간}-8-\text{점심시간}-\text{간식시간})\times 1.5^*}\times 8$$

   * 8시간이상 근무시 적용

3. 평균임금현황

구 분	2023.1.1 (2022년9월)	2023.9.1 (2023년5월)	2024.1.1 (2023년9월)	2024.9.1 (2024년5월)	2025.1.1 (2024년9월)
전체직종(132)					276,011
전체직종(127)	255,426	265,516	270,789	274,286	276,020
일반공사 직종	244,456	253,310	258,359	262,067	264,277
광전자직종	388,623	406,117	417,636	427,059	430,013
국가유산직종(18)	292,142	309,641	321,713	321,129	322,178
원자력직종	234,019	242,393	230,344	240,045	234,847
기타직종(16)					272,223
기타직종(11)	257,558	264,351	264,952	269,511	270,610

[주] ① 2025.1.1 공표 임금부터는 신설된 5개 직종을 포함한 132개 직종으로 조사됨
② 2020.9.1 공표 임금부터는 신설된 4개 직종을 포함한 127개 직종으로 조사됨
③ 2018.1.1 공표 임금부터는 신설된 6개 직종을 포함한 123개 직종으로 조사됨
④ 2010.1.1 공표 당시 직종 및 직종수가 조정(145→117개)되어 이전 공표된 평균임금과 차이가 있음
⑤ 따라서 물가변동으로 인한 계약금액 조정시 다음의 평균임금을 참고하시기 바람

공표일(조사기준)	전 체 직 종	일 반 공 사 직 종	광전자 직 종	문 화 재 직 종	원자력 직 종	기 타 직 종
2025. 1. 1 (2024년 9월)	(132)276,011	264,277	430,013	322,178	234,847	(132)272,223
	(127)276,020					(127)270,610
2024. 9. 1 (2024년 5월)	274,286	262,067	427,059	321,129	240,045	269,511
2024. 1. 1 (2023년 9월)	270,789	258,359	417,636	321,713	230,344	264,952
2023. 9. 1 (2023년 5월)	265,516	253,310	406,117	309,641	242,393	264,351
2023. 1. 1 (2022년 9월)	255,426	244,456	388,623	292,142	234,019	257,558
2022. 9. 1 (2022년 5월)	248,819	237,006	379,757	286,364	239,564	252,767
2022. 1. 1 (2021년 9월)	242,931	231,044	365,485	283,907	230,632	245,273
2021. 9. 1 (2021년 5월)	235,815	223,499	357,168	276,915	229,990	239,470
2021. 1. 1 (2020년 9월)	(127)230,798	219,213	348,470	268,825	224,194	(127)234,726
	(123)231,779					(123)254,205
2020. 9. 1 (2020년 5월)	(127)226,947	215,178	348,564	264,191	222,691	(127)231,739
	(123)227,923					(123)251,635
2020. 1. 1 (2019년 9월)	222,803	209,168	335,522	262,914	224,686	247,534
2019. 9. 1 (2019년 5월)	216,770	203,891	330,433	252,022	220,229	242,858
2019. 1. 1 (2018년 9월)	210,195	197,897	316,642	244,131	219,314	231,976
2018. 9. 1 (2018년 5월)	(123)203,332	190,702	305,604	(123)237,460	224,152	224,043
	(117)201,386			(117)235,551		
2018. 1. 1 (2017년 9월)	(123)193,770	181,134	282,575	(123)230,322	222,895	209,344
	(117)191,599			(117)227,439		
2017. 9. 1 (2017년 5월)	186,026	175,804	273,471	221,051	222,305	200,653

일반공사직종 : 직종번호 1001~1091번	광전자직종 : 직종번호 2001~2003번
문화재직종 : 직종번호 3001~3018번	원자력직종 : 직종번호 4001~4004번
기 타 직 종 : 직종번호 5001~5011번	

4. 임금 적용 시점
   o 2025. 1. 1
   ※ 차기 임금공표 예정일 : 2025.9.1

5. 통합 및 명칭변경 직종
   가. 통합직종

연번	당 초	통합직종	연번	당 초	통합직종
1	수작업반장+작업반장	작업반장	19	계령공+모래분사공+도장공	도장공
2	선부+검조부+양생공+보통인부	보통인부	20	기와공+슬레이트공	지붕잇기공
3	갱부+특별인부	특별인부	21	함석공+덕트공	덕트공
4	조림인부+조력공	조력공	22	철도궤도공 + 궤도공	궤도공
5	특수비계공+비계공	비계공	23	기계설치공+기계공	기계설비공
6	동발공(터널)+형틀목공	형틀목공	24	준설선기관사+준설선기관장+준설선전기사	준설선기관사
7	철근공+절단공	철근공	25	보통선원+고급선원	선원
8	철공+절단공	철공	26	플랜트배관공+원자력배관공	플랜트배관공
9	철판공+절단공	철판공	27	플랜트제관공+원자력제관공	플랜트제관공
10	절단공+리벳공+철골공	철골공	28	플랜트특별인부+원자력특별인부	플랜트특별인부
11	용접공(일반)+용접공(철도)	용접공	29	플랜트케이블전공+원자력케이블전공	플랜트케이블전공
12	노즐공+바이브레타공+콘크리트공	콘크리트공	30	플랜트계장공+원자력계장공	플랜트계장공
13	우물공 + 보링공	보링공	31	플랜트덕트공+원자력덕트공	플랜트덕트공
14	치장벽돌공+연돌공+조적공	조적공	32	플랜트보온공+원자력보온공	플랜트보온공
15	창호목공+샷시공+셔터공	창호공	33	특급원자력비파괴시험공 + 고급원자력비파괴시험공	비파괴시험공
16	미장공 + 온돌공	미장공	34	광케이블설치사+광통신설치사	광케이블설치사
17	루핑공 + 방수공	방수공	35	H/W설치사+H/W시험사	H/W시험사
18	아스타일공 + 타일공	타일공	36	S/W시험사+CPU시험사	S/W시험사

※ 밑줄된 직종은 2010년 1월 1일 공표부터 통합된 직종임

나. 직종명칭 변경(2010.1.1 공표부터)

연번	당초	변경 명칭	연번	당초	변경 명칭
1	보링공(지질조사)	보링공	8	원자력계장공	플랜트계장공
2	목도	인력운반공	9	원자력덕트공	플랜트덕트공
3	건설기계운전기사	건설기계운전사	10	원자력보온공	플랜트보온공
4	운전사(운반차)	화물차운전사	11	시험관련기사	특급품질관리원
5	운전사(기계)	일반기계운전사	12	시험관련산업기사	고급품질관리원
6	원자력특별인부	플랜트특별인부	13	시험관련기능사	초급품질관리원
7	원자력케이블전공	플랜트케이블전공	–		

다. 신설직종(2018.1.1 공표부터)

직종번호	직종명	직종번호	직종명
3013	드잡이공편수	3016	한식단청공편수
3014	한식미장공편수	3017	한식석공조공
3015	한식와공편수	3018	한식미장공조공

라. 신설직종(2020.9.1 공표부터)

직종번호	직종명	직종번호	직종명
5008	특급품질관리기술인	5010	중급품질관리기술인
5009	고급품질관리기술인	5011	초급품질관리기술인

마. 신설직종(2025.1.1 공표부터)

직종번호	직종명	직종번호	직종명
5012	플로어링마루시공공	5015	흙막이공
5013	교통정리원	5016	전철전공
5014	철 거 공		

6. 개별직종노임단가

(단위 : 원)

번호	직종명	공표일 2025.1.1	2024.9.1	2024.1.1	2023.9.1
1001	작업반장	213,033	209,949	208,713	204,626
1002	보통인부	169,804	167,081	165,545	161,858
1003	특별인부	221,506	219,321	214,222	208,527
1004	조력공	180,331	178,077	176,618	171,630
*1005	제도사	232,099	230,134	223,779	217,544
1006	비계공	279,433	282,352	280,472	281,721
1007	형틀목공	272,831	275,108	274,978	274,955
1008	철근공	264,104	261,934	260,137	261,936
1009	철공	237,754	237,480	233,754	230,289
1010	철판공	219,236	216,258	211,998	208,846
1011	철골공	250,239	247,269	243,126	238,762
1012	용접공	278,326	270,724	267,021	262,551
1013	콘크리트공	266,361	264,080	261,283	255,373
1014	보링공	225,273	221,816	223,458	220,391
1015	착암공	220,081	212,500	210,152	207,037
1016	화약취급공	258,751	252,322	254,202	246,180
1017	할석공	236,986	233,977	229,326	220,443
*1018	포설공	216,121	211,355	205,982	201,946
1019	포장공	267,989	266,931	258,360	255,303
1020	잠수부	388,892	388,408	379,657	362,612
1021	조적공	266,624	269,836	260,473	250,950
1022	견출공	243,075	247,288	240,918	240,727
1023	건축목공	277,894	279,267	268,058	267,639
1024	창호공	248,350	249,088	248,238	242,050
1025	유리공	248,139	247,778	247,643	241,506
1026	방수공	220,722	219,996	212,562	206,323
1027	미장공	272,354	274,502	266,787	256,225
1028	타일공	284,337	279,575	274,325	269,214
1029	도장공	253,409	256,854	250,776	249,977
1030	내장공	252,249	245,524	243,538	236,263
1031	도배공	222,618	221,362	215,675	211,861
**1032	연마공	–	–	201,535	–

(단위 : 원)

번호	직종명 공표일	2025.1.1	2024.9.1	2024.1.1	2023.9.1
1033	석공	266,246	263,972	258,935	249,245
*1034	줄눈공	202,696	200,341	195,370	189,100
1035	판넬조립공	237,854	232,729	226,601	216,928
*1036	지붕잇기공	224,113	229,334	222,346	219,230
*1037	벌목부	248,681	251,041	243,490	237,386
1038	조경공	224,132	222,504	219,533	213,634
1039	배관공	238,145	229,664	229,482	224,209
1040	배관공(수도)	250,572	248,510	243,168	237,446
*1041	보일러공	233,255	230,103	–	216,022
1042	위생공	219,040	214,222	213,253	204,242
1043	덕트공	201,482	207,557	207,048	203,376
1044	보온공	213,722	214,086	204,285	201,180
*1045	인력운반공	180,404	178,347	174,273	166,401
**1046	궤도공	–	213,095	209,325	199,932
*1047	건설기계조장	202,954	200,944	194,091	–
1048	건설기계운전사	273,971	272,996	267,360	255,803
*1049	화물차운전사	237,500	233,960	226,709	218,549
*1050	일반기계운전사	170,920	167,059	161,142	–
1051	기계설비공	237,652	242,281	233,722	232,974
**1052	준설선선장	–	–	–	231,855
**1053	준설선기관사	–	–	–	204,039
**1054	준설선운전사	–	–	–	198,611
**1055	선원	–	204,255	–	191,869
1056	플랜트배관공	324,130	318,247	310,129	292,829
*1057	플랜트제관공	259,128	253,759	249,947	242,760
1058	플랜트용접공	299,776	289,294	286,083	276,653
**1059	플랜트특수용접공	–	335,294	337,986	330,000
1060	플랜트기계설치공	236,640	238,910	240,652	236,212
1061	플랜트특별인부	218,614	215,290	216,634	207,815
1062	플랜트케이블전공	261,587	268,376	274,097	285,303
*1063	플랜트계장공	202,712	205,259	211,930	209,366
**1064	플랜트덕트공	–	–	210,034	196,957
*1065	플랜트보온공	247,028	244,203	241,557	248,017
**1066	제철축로공	–	349,464	326,780	323,683

(단위 : 원)

번호	직종명	공표일 2025.1.1	2024.9.1	2024.1.1	2023.9.1
1067	비파괴시험공	217,619	215,484	216,221	211,797
**1068	특급품질관리원	-	-	196,399	192,294
**1069	고급품질관리원	-	192,704	189,751	-
*1070	중급품질관리원	172,227	173,658	178,723	175,758
*1071	초급품질관리원	144,810	146,440	147,314	146,453
1072	지적기사	263,991	256,260	256,928	255,175
1073	지적산업기사	236,718	234,723	233,365	231,699
1074	지적기능사	181,822	185,830	192,899	189,226
1075	내선전공	268,915	272,860	270,251	269,968
1076	특고압케이블전공	436,458	414,989	431,830	421,236
1077	고압케이블전공	370,529	354,400	363,241	354,087
1078	저압케이블전공	300,337	301,374	295,784	290,333
1079	송전전공	627,960	621,630	597,707	592,622
1080	송전활선전공	662,709	652,757	636,410	618,655
1081	배전전공	408,559	402,995	402,085	397,884
1082	배전활선전공	557,881	537,271	563,401	528,123
1083	플랜트전공	266,062	262,536	250,164	259,896
1084	계장공	315,484	310,890	302,065	304,711
1085	철도신호공	297,049	302,209	291,991	290,890
1086	통신내선공	278,565	275,107	267,277	263,371
1087	통신설비공	308,930	305,050	296,882	293,037
1088	통신외선공	405,235	397,952	387,376	380,953
1089	통신케이블공	433,400	423,830	414,944	407,575
*1090	무선안테나공	350,908	347,927	339,642	334,429
*1091	석면해체공	203,923	203,469	196,351	202,830
2001	광케이블설치사	460,429	455,593	444,142	430,849
*2002	H/W시험사	384,609	381,052	375,020	364,183
*2003	S/W시험사	445,000	444,532	433,747	423,318
**3001	도편수	-	506,030	514,479	508,529
**3002	드잡이공	-	-	312,305	301,714
*3003	한식목공	351,481	341,397	325,343	321,528
*3004	한식목공조공	246,154	241,318	235,748	234,248
*3005	한식석공	398,051	394,554	412,988	377,463

(단위 : 원)

번호	직종명	공표일 2025.1.1	2024.9.1	2024.1.1	2023.9.1
*3006	한식미장공	342,548	339,449	322,458	308,123
3007	한식와공	353,051	346,952	362,888	339,525
*3008	한식와공조공	268,333	266,667	279,091	271,844
**3009	목조각공	-	-	-	-
**3010	석조각공	-	-	-	-
**3011	특수화공	-	-	-	-
*3012	화공	311,263	308,505	286,414	271,248
**3013	드잡이공편수	-	-	-	-
**3014	한식미장공편수	-	-	362,214	-
*3015	한식와공편수	457,143	-	464,213	458,667
**3016	한식단청공편수	-	-	280,976	-
*3017	한식석공조공	311,114	309,302	325,281	300,729
*3018	한식미장공조공	249,266	-	257,173	255,320
4001	원자력플랜트전공	226,275	231,772	223,276	234,603
4002	원자력용접공	215,662	210,448	202,005	209,427
4003	원자력기계설치공	227,074	232,968	225,448	234,810
4004	원자력품질관리사	270,376	284,993	270,646	290,732
*5001	통신관련기사	316,183	315,804	305,806	305,033
*5002	통신관련산업기사	297,137	296,036	294,019	292,400
*5003	통신관련기능사	244,717	243,776	242,587	240,768
5004	전기공사기사	327,381	322,514	316,876	314,544
5005	전기공사산업기사	289,211	287,871	281,837	281,158
5006	변전전공	477,832	474,414	458,700	451,145
5007	코킹공	206,732	204,830	200,603	199,797
*5008	특급품질관리기술인	261,200	260,378	262,005	265,252
5009	고급품질관리기술인	212,471	215,530	212,228	214,819
*5010	중급품질관리기술인	183,944	185,457	185,082	185,766
5011	초급품질관리기술인	159,901	158,008	154,726	157,179
5012	플로어링마루시공공	253,241	-	-	-
5013	교통정리원	170,990	-	-	-
5014	철거공	264,828	-	-	-
5015	흙막이공	278,476	-	-	-
5016	전철전공	411,319	-	-	-

주) 「*」표시 직종은 조사현장수가 5개미만 직종임
「**」표시 직종은 조사되지 않은 직종이므로 그 적용은 '6페이지 4.참고사항 라.'를 참고하시기 바람

Ⅱ. 2024 엔지니어링업체 임금실태조사결과(한국엔지니어링협회)

가. 엔지니어링기술부문별* 기술자 평균임금(엔지니어링 노임단가)

(단위 : 원, 1인 1일 기준)

구분	기계/설비	전기	정보통신	건설	환경	원자력	기타**
기술사	470,112	451,475	450,075	452,718	451,020	555,998	433,045
특급기술자	391,791	350,252	330,713	358,273	347,410	451,676	346,423
고급기술자	327,056	300,034	301,470	300,980	311,177	377,211	297,079
중급기술자	281,925	283,992	272,298	284,046	260,926	360,023	246,345
초급기술자	247,713	238,294	234,973	223,644	234,568	284,926	219,507
고급숙련기술자	290,015	289,668	253,886	267,012	258,712	345,896	273,830
중급숙련기술자	223,521	237,151	219,833	240,710	222,595	331,533	223,447
초급숙련기술자	204,830	197,097	190,539	204,392	190,631	223,252	182,031

- 상기 제시된 임금은 1일 평균임금(만근한 기술자 월 인건비(원) ÷ 1개월 근무일수(일)
- 2022년부터 엔지니어링 활동분류별 기술자 평균임금 미공표
* 엔지니어링기술부문은 엔지니어링산업진흥법 시행령 엔지니어링기술(제3조 관련) 별표1에 따름
** 기타 : 엔지니어링 기술부문 중 선박, 항공우주, 금속, 화학, 광업, 농림, 산업, 해양·수산 해당

나. 월평균 근무일수 : 20.5일
다. 적용일 : 2025년 1월 1일부터

Ⅲ. 2024년도 측량업체 임금실태조사 결과(한국공간정보산업협회)

가. 측량기술자 노임단가

(단위 : 원, 1인 1일 기준)

구 분		직 종	단 가
기 술 계		기 술 사	429,789
		특 급	315,285
		고 급	280,278
		중 급	244,289
		초 급	207,826
기 능 계	측 량	고 급	250,450
		중 급	227,604
		초 급	193,697
	지 도 제 작	고 급	258,447
		중 급	234,179
		초 급	192,075
	도 화	고 급	291,056
		중 급	229,940
		초 급	221,287
	항 공 사 진	고 급	288,282
		중 급	262,165
		초 급	229,362
기 타		사 업 용 조 종 사	303,998
		항 법 사	292,421
		항 공 정 비 사	281,046

나. 월평균 근무일수 : 20.6일

다. 적용일 : 2025년 1월 1일부터

Ⅳ. 2025년도 건설사업관리기술인 노임가격(한국건설엔지니어링협회)

구 분	일임금액(원)	환산비(Si)
특 급	396,707	1.070
고 급	370,635	1.000
중 급	341,029	0.920
초 급	264,639	0.714

1. 환산비(Si)는 '고급 건설사업관리기술인'의 노임가격 기준(1.000)에 따른 등급별 (특급, 중급, 초급) 노임가격 비율(소숫점 넷째 자리에서 반올림)임.
2. 이 노임가격은 2025년 1월 1일부터 적용함.

MEMO

2025년 적용 건설공사 표준품셈

1984年 11月 政府(建設部)		複製承認
1985年 1月 15日 初版	1986年 1月 10日 改訂
1987年 1月 10日 改訂	1987年 1月 20日 再版
1988年 1月 1日 改訂	1989年 1月 1日 改訂
1990年 1月 1日 改訂	1991年 1月 1日 改訂
1992年 1月 1日 改訂	1992年 1月 10日 再版
1993年 1月 1日 改訂	1993年 1月 10日 再版
1993年 1月 25日 三版	1994年 1月 1日 改訂
1995年 1月 1日 改訂	1995年 1月 10日 再版
1996年 1月 1日 改訂	1996年 1月 10日 再版
1997年 1月 1日 改訂	1997年 1月 10日 再版
1998年 1月 1日 改訂	1999年 1月 1日 改訂
2000年 1月 1日 改訂	2001年 1月 1日 改訂
2002年 1月 1日 改訂	2003年 1月 1일 改訂
2004年 1月 1日 改訂	2005年 1月 1日 改訂
2006年 1月 1日 改訂	2007年 1月 1日 改訂
2008年 1月 1日 改訂	2009年 1月 1日 改訂
2010年 1月 1日 改訂	2011年 1月 1日 改訂
2012年 1月 1日 改訂	2013年 1月 1日 改訂
2014年 1月 1日 改訂	2015年 1月 1日 改訂
2016年 1月 1日 改訂	2017年 1月 1日 改訂
2018年 1月 1日 改訂	2019年 1月 1日 改訂
2020年 1月 1日 改訂	2021年 1月 1日 改訂
2022年 1月 1日 改訂	2023年 1月 1日 改訂
2024年 1月 1日 改訂	2025年 1月 1日 改訂

발행 및 편저 : 대한건설진흥회
(주)건설교통저널 표준품셈편찬위원회
편집 및 보급 : 서울시 서초구 논현로 87, B동 602호
전　화 : 02)3473-2842(代)　FAX : 3473-7370
홈페이지 : www.ltm.or.kr
인　쇄 : 제이엔씨커뮤니케이션
등　록 : 1999년 7월 3일(제22-1583호)

값 40,000원
破本이나 落帳된 책은 交換해 드립니다.
ISBN 978-89-85149-95-2